| 10 | 11 | 12 | 13 | 14 | | 18 | 族 / 周期 |

JN112198

常温・常圧における
単体の状態

気体　液体　固体

1

$_2$He ヘリウム 4.003 — 1

| $_5$B ホウ素 10.81 | $_6$C 炭素 12.01 | $_7$N 窒素 14.01 | $_8$O 酸素 16.00 | $_9$F フッ素 19.00 | $_{10}$Ne ネオン 20.18 | 2 |

| $_{13}$Al アルミニウム 26.98 | $_{14}$Si ケイ素 28.09 | $_{15}$P リン 30.97 | $_{16}$S 硫黄 32.07 | $_{17}$Cl 塩素 35.45 | $_{18}$Ar アルゴン 39.95 | 3 |

| $_{28}$Ni ニッケル 58.69 | $_{29}$Cu 銅 63.55 | $_{30}$Zn 亜鉛 65.38 | $_{31}$Ga ガリウム 69.72 | $_{32}$Ge ゲルマニウム 72.63 | $_{33}$As ヒ素 74.92 | $_{34}$Se セレン 78.96 | $_{35}$Br 臭素 79.90 | $_{36}$Kr クリプトン 83.80 | 4 |

| $_{46}$Pd パラジウム 106.4 | $_{47}$Ag 銀 107.9 | $_{48}$Cd カドミウム 112.4 | $_{49}$In インジウム 114.8 | $_{50}$Sn スズ 118.7 | $_{51}$Sb アンチモン 121.8 | $_{52}$Te テルル 127.6 | $_{53}$I ヨウ素 126.9 | $_{54}$Xe キセノン 131.3 | 5 |

| $_{78}$Pt 白金 195.1 | $_{79}$Au 金 197.0 | $_{80}$Hg 水銀 200.6 | $_{81}$Tl タリウム 204.4 | $_{82}$Pb 鉛 207.2 | $_{83}$Bi ビスマス 209.0 | $_{84}$Po ポロニウム (210) | $_{85}$At アスタチン (210) | $_{86}$Rn ラドン (222) | 6 |

| $_{110}$Ds ダームスタチウム (281) | $_{111}$Rg レントゲニウム (280) | $_{112}$Cn コペルニシウム (285) | $_{113}$Nh ニホニウム (284) | $_{114}$Fl フレロビウム (289) | $_{115}$Mc モスコビウム (288) | $_{116}$Lv リバモリウム (293) | $_{117}$Ts テネシン (293) | $_{118}$Og オガネソン (294) | 7 |

ハロゲン　貴ガス

| $_{63}$Eu ユウロビウム 152.0 | $_{64}$Gd ガドリニウム 157.3 | $_{65}$Tb テルビウム 158.9 | $_{66}$Dy ジスプロシウム 162.5 | $_{67}$Ho ホルミウム 164.9 | $_{68}$Er エルビウム 167.3 | $_{69}$Tm ツリウム 168.9 | $_{70}$Yb イッテルビウム 173.1 | $_{71}$Lu ルテチウム 175.0 | ランタノイド |

| $_{95}$Am アメリシウム (243) | $_{96}$Cm キュリウム (247) | $_{97}$Bk バークリウム (247) | $_{98}$Cf カリホルニウム (252) | $_{99}$Es アインスタイニウム (252) | $_{100}$Fm フェルミウム (257) | $_{101}$Md メンデレビウム (258) | $_{102}$No ノーベリウム (259) | $_{103}$Lr ローレンシウム (262) | アクチノイド |

大学入学共通テスト・理系大学　受験

化学の新標準演習 第3版

化学基礎収録

卜部吉庸 ［著］

Urabe　Yoshinobu

C H E M I S T R Y

三省堂

本書の構成

　本書は，高等学校「化学基礎」「化学」の学習内容を完全に理解するとともに，大学入学共通テストを含めた大学入試全般に必要とされる真の実力の養成を目的とした，総合的な問題集です。編集にあたっては，次の点に，とくに留意しました。

> ① 　進度に応じて，こまめに学習が進められるよう，章立てを比較的細かくしました。
> ② 　「要点のまとめ」〜「発展問題」まで段階を追って学習がすすめられるよう配慮しました。
> ③ 　「化学基礎」「化学」の学習内容を網羅した良問を厳選し，基本的な問題や標準的な問題，および発展的なレベルの問題で構成しました。

本書の構成

要点のまとめ ……問題を解く上で，確実に覚えておかなければならない基礎的な重要事項を，図・表を用いて簡潔にまとめてあります。

確認&チェック ……重要事項の理解と暗記ができているかを確認できるように，穴埋め形式や一問一答形式のチェック問題を中心に構成してあります。

例　　題 ……典型的な問題を取り上げ，必ず身に付けなければならない考え方や解き方を，丁寧に解説してあります。

標 準 問 題 ……必ず出題されそうな重要な問題を多く集めてあります。学習効率を上げるために，それぞれの問題で内容が重複することを避けると同時に，学習内容を網羅できるような問題から構成してあります。

発 展 問 題 ……やや難しい問題，発展的な内容を含む問題で構成してあります。

表示マーク

> **必** 　**標 準 問 題** のなかでもとりわけ重要な必須問題です。時間がない人は，ここから先に取り組むことをおすすめします。
>
> **→** 　**確認&チェック** で，**要点のまとめ** の該当部分を示します。
>
> **➡** 　**確認&チェック** で，解答を補足する簡単な解説です。
>
> **□□** 　チェックボックス：各自で使い方を工夫してみて下さい。チェックボックスの使い方の一例を，次のページの「本書の利用法」で示しましたので，参考にして下さい。

別冊　標準問題・発展問題の解答・解説集
　　解答・解説集には詳しい解説をつけ，自学・自習できるようにしました。解説を熟読することで，学習内容の理解がすすむように配慮してあります。解答・解説集の詳しい使い方は，解答・解説集の表紙裏に示したので，そちらも参照して下さい。

本書の利用法

1 「要点のまとめ」を熟読して、これまでの学習内容を総復習し、覚えるべき事項を覚えます。忘れていたり、理解できていなかった事項は、教科書などで確認します。

2 「確認&チェック」に取り組み、基本事項の理解がどの程度かを確認します。理解できていなかった事項や忘れていた事項は、すぐに「要点のまとめ」や教科書で確認します。ここまでの段階できちんと理解・暗記しておくことが大切です。この準備が中途半端だと、これ以降、つまずく原因となるので、必ず解決しておきます。

3 「例題」で、問題の考え方と解き方、その手順を身につけます。ここでは、なぜそのようにするのかを理解することが大切です。「例題」では、解き方の基本方法を学ぶので、飛ばしてはいけません。

4 「標準問題」に取り組みます。時間がない時や最初の時は、必が付いた問題を解くことから始めます。必が付いた問題では、代表的な頻出事項を扱っているので、必ず解いて下さい。

5 「発展問題」に取り組みます。発展的な内容を含む問題も多いので、解けそうな問題から解き始めるのも一つの方法です。

6 「標準問題」「発展問題」では、初めから自分で解けたとしても、必ず別冊「解答・解説集」の解説を熟読します。単に答え合わせだけに終わらせてはいけません。解説を読むことで、自動的に復習ができ、さらに受験に役立つ知識や、テクニックなどが自然に身に付くよう工夫されています。特に、「発展問題」は、初めから解けなくても構いません。解説をじっくり読んで理解することが大切です。再度問題を解いて、解けるようになっていれば、演習の目的は達成されています。そのために、問題番号の後にチェックボックス□□が2つあります。最初に解くのに苦労したら□に✓や×、簡単にできたら◎や○などの印を付けておきます。最終的に全部が◎になるように反復すれば、受験のための実力は万全なものとなります。

7 「解答・解説集」の解説でわからないこと、調べたいこと、さらに詳しく知りたいことが出てきたら、姉妹本の『化学の新研究　第3版』(三省堂刊)で、その項目を調べてみて下さい。その問題の背景となる内容が書かれているので、さらに実力が付くと思います。

CONTENTS

別冊：解答・解説集

1 物質の成分と元素

1 混合物と純物質

❶元素 物質を構成する基本的な成分で，約 120 種類ある。元素記号で表す。

❷原子 物質を構成する基本的な粒子。原子を表す記号にも元素記号が用いられる。

❸物質の分類

物質 ┬ 純物質 … 1 種類の物質からなる。一定の融点・沸点・密度を示す。
　　 │ 　　　　 **例** 水，酸素，二酸化炭素，エタノール，塩化ナトリウム
　　 └ 混合物 … 2 種類以上の物質からなる。混合割合によって性質が異なる。
　　 　　　　　 例 空気，海水，石油，岩石，しょう油

純物質 ┬ 単体 … 1 種類の元素だけからなる物質。　**例** 水素，酸素，鉄
　　　 └ 化合物 … 2 種類以上の元素からなる物質。　**例** 水，塩化ナトリウム

❹混合物の分離・精製

分離　混合物から目的の物質を取り出す操作。

精製　不純物を取り除き，より純度の高い物質を得る操作。

名　称	方　　　　法	例
ろ　過	液体中の不溶性の固体をろ紙などで分離する。	泥水から泥を分離
蒸　留	液体混合物を加熱し，生じた蒸気を冷却して，再び液体として分離する。	海水から水を分離
分　留	液体混合物を沸点の違いを利用して，各成分に分離する。	液体空気から窒素と酸素を分離
再結晶	高温の溶液を冷却して，純粋な結晶を分離する。	固体中の不純物を除く
抽　出	適切な液体(溶媒)を加えて，目的物質を溶かし出して分離する。	大豆から大豆油を分離
昇華法	固体の混合物を加熱し，直接気体になる物質(昇華性物質)を分離する。	ヨウ素の精製
クロマトグラフィー	ろ紙などに対する吸着力の違いを利用して，各成分に分離する。	黒色インクから各色素の分離

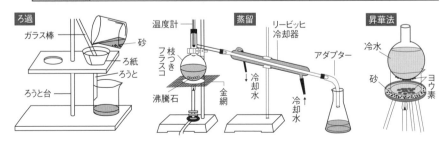

❷ 同素体

❶同素体　同じ元素からできている単体で，性質が異なる物質。SCOP(スコップ)で探せ！

構成元素	同素体
硫黄 S	斜方硫黄，単斜硫黄，ゴム状硫黄
炭素 C	ダイヤモンド，黒鉛，フラーレン
酸素 O	酸素，オゾン
リン P	黄リン，赤リン

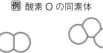

例 酸素 O の同素体

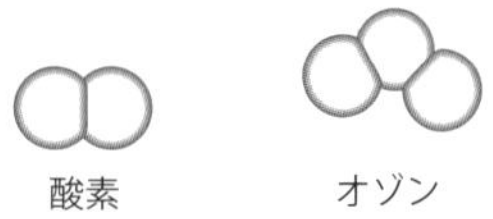
酸素
オゾン

❸ 成分元素の確認

❶炎色反応　物質を高温の炎の中に入れると，成分元素に特有の色を示す現象。

元　素	Li	Na	K	Cu	Ba	Ca	Sr
炎　色	赤	黄	赤紫	青緑	黄緑	橙赤	紅(深赤)
覚え方	リアカー	なき	K 村	動力に	馬力	借りると	するもくれない

試料水溶液を白金線につけ，ガスバーナーの外炎に入れる。なお，白金線は濃塩酸で洗浄し，外炎に入れて空焼きする操作を繰り返し，炎が無色になることを確認してから行う。

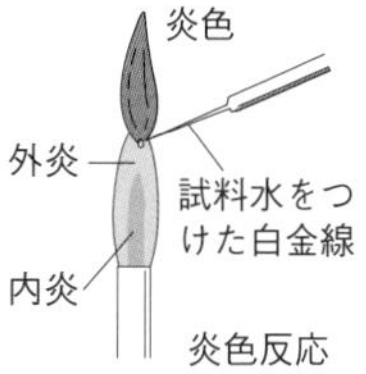
炎色
外炎
試料水をつけた白金線
内炎
炎色反応

❷沈殿反応　溶液中から生じた不溶性の固体物質を沈殿という。

例 Cl の検出：硝酸銀水溶液を加えると白色の沈殿(塩化銀 AgCl)を生成。

CO_2 の検出：石灰水に通じると白色の沈殿(炭酸カルシウム $CaCO_3$)を生成。

❹ 物質の三態

❶熱運動　物質の構成粒子が絶えず行う不規則な運動。

❷拡散　物質が自然に広がっていく現象。構成粒子の熱運動により起こる。

❸物質の三態　物質の固体，液体，気体の３つの状態。温度や圧力により変化する。

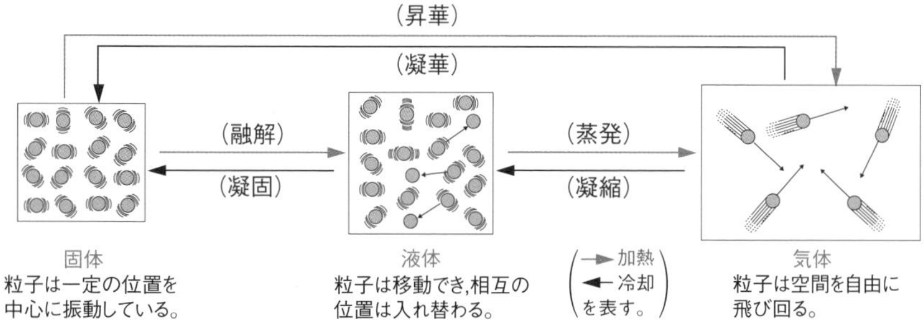
(昇華)
(凝華)
(融解)
(凝固)
(蒸発)
(凝縮)
固体
粒子は一定の位置を中心に振動している。
液体
粒子は移動でき,相互の位置は入れ替わる。
→ 加熱
← 冷却
を表す。
気体
粒子は空間を自由に飛び回る。

物質の状態は，粒子の熱運動と粒子間にはたらく引力の大小関係によって決まる。

❹物理変化　物質そのものは変化せず，その状態だけが変わる変化。

例 物質の状態変化，物質の溶解・析出など。

❺化学変化　ある物質から別の物質が生じる変化。化学反応ともいう。

例 水の電気分解，物質の燃焼，金属の酸化など。

確認&チェック

解答

1 次の記述に当てはまる化学用語を答えよ。

(1) 1種類の物質からなる物質。

(2) 2種類以上の物質が混じり合った物質。

(3) 1種類の元素だけからなる物質。

(4) 2種類以上の元素からなる物質。

(5) 混合物から純物質を取り出す操作。

(6) 不純物を取り除き，より純度の高い物質を得る操作。

2 次のような混合物の分離法を何というか。

(1) 液体混合物を加熱し，生じた蒸気を冷却して，再び液体として分離する。

(2) 高温の溶液を冷却して，純粋な結晶を分離する。

(3) 固体の混合物を加熱し，直接気体になる物質を分離する。

(4) 適切な溶媒を加えて，目的物質を溶かし出して分離する。

(5) 液体混合物を沸点の違いを利用して，各成分に分離する。

(6) ろ紙などに対する吸着力の違いを利用して，各成分に分離する。

3 次の物質のうち，同素体の関係にあるものを3組選べ。

(ア) 赤リン   (イ) 酸素   (ウ) ダイヤモンド

(エ) 黄リン   (オ) 硫黄   (カ) オゾン

(キ) 黒鉛   (ク) 二酸化炭素   (ケ) 一酸化炭素

4 次の記述に当てはまる化学用語を答えよ。

(1) 物質を高温の炎の中に入れると，成分元素に特有の色を示す現象。

(2) 溶液中から生じた不溶性の固体物質。

(3) 物質が自然に広がっていく現象。

(4) 物質の構成粒子が絶えず行う不規則な運動。

5 次の変化を，物理変化は A，化学変化は B と区別せよ。

(1) 水を加熱すると水蒸気になった。

(2) 空気中で鉄くぎがさびて褐色になった。

(3) 水を電気分解すると，水素と酸素が発生した。

(4) 水に砂糖を入れてかき混ぜたら，溶けた。

解答

1
(1) 純物質
(2) 混合物
(3) 単体
(4) 化合物
(5) 分離
(6) 精製
→ p.6 ①

2
(1) 蒸留
(2) 再結晶
(3) 昇華法
(4) 抽出
(5) 分留
(6) クロマトグラフィー
→ p.6 ①

3
(ア)と(エ)
(イ)と(カ)
(ウ)と(キ)
→ p.7 ②

4
(1) 炎色反応
(2) 沈殿
(3) 拡散
(4) 熱運動
→ p.7 ③, ④

5
(1) A
(2) B
(3) B
(4) A
→ p.7 ④

例題 1 物質の分類 ■■□

次の各物質を混合物と純物質に分類し，さらに，純物質は単体と化合物に分類し，記号で答えよ。

(ア) 水 　(イ) 黄銅 　(ウ) ダイヤモンド 　(エ) 石油

(オ) 白金 　(カ) 食塩水 　(キ) 塩酸 　(ク) アンモニア

考え方 ・混合物は，一定の融点・沸点を示さず，成分物質の混合割合(**組成**という)によって，その性質がしだいに変化する。

混合物は，1つの化学式(物質を元素記号で表した式)で表すことはできない。

・純物質は，一定の融点・沸点を示し，1つの化学式で表すことができる。

化学式で表したとき，その中に，1種類の元素記号を含めば単体，2種類以上の元素記号を含めば化合物と判断できる。

・1つの化学式で表せる物質は，純物質である。

(ア) H_2O(化合物) 　(ウ) C(単体)

(オ) Pt(単体) 　(ク) NH_3(化合物)

・混合物は1つの化学式では表せない物質。

(イ) 黄銅…銅と亜鉛の混合物(合金)。

(エ) 石油…沸点の異なる各種の炭化水素(炭素と水素の化合物)の混合物。

(カ) 食塩水…水と塩化ナトリウムの溶液。

(キ) 塩酸…水と塩化水素(HCl)の溶液。

一般に，溶液は混合物と判断してよい。

解答 混合物…(イ)，(エ)，(カ)，(キ)

純物質 $\begin{cases} 単\ 体…(ウ)，(オ) \\ 化合物…(ア)，(ク) \end{cases}$

例題 2 液体混合物の分離 ■■□

右図は，液体混合物を分離する装置を示す。次の各問いに答えよ。

(1) 図のような分離法を何というか。

(2) 器具 A，B，C の名称を答えよ。

(3) 器具 B に流す冷却水は，x，y のどちらから流すのが適切か。

(4) 温度計の球部をフラスコの枝分かれの部分に置く理由を述べよ。

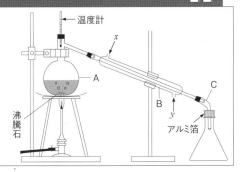

温度計
x
A
C
B
y
沸騰石
アルミ箔

考え方 (1) 液体混合物(溶液)を加熱すると，低沸点の揮発性の成分が先に蒸発する。この蒸気を冷却すれば，純粋な液体として分離できる。このような混合物の分離法を蒸留という。

沸騰石には素焼きの小片などが用いられる。突沸(急激に起こる沸騰)を防ぐために，蒸留を行う前に液体混合物に入れておく。

(3) 冷却水を冷却器の上方から入れると，冷却器の内部が冷却水で満たされずに，冷却効率はきわめて悪くなる(不適)。

(4) 温度計の球部(温度を測定する部分)をフラスコの枝分かれの部分に置くのは，フラスコから冷却器に向かう蒸気の温度を正確に測るためである(球部を溶液に浸し，溶液の温度を測定しても意味がない)。

解答 (1) 蒸留 (2) A…枝付きフラスコ

B…リービッヒ冷却器 　C…アダプター

(3) y

(4) 冷却器に向かう蒸気の温度を正確に測るため。

次の混合物から（　）内の物質を分離するには，どの方法が最も適切か。あとの語群から1つずつ選べ。

(1) 食塩水　（水）　　　　　(2) 砂とグルコース　（砂）

(3) 原油　（ガソリン）　　　(4) 砂とヨウ素　（ヨウ素）

【語群】 ろ過　　蒸留　　分留　　昇華法

考え方 混合物は，物理変化（状態変化など物質の種類が変わらない変化）を利用して，純物質に分離することができる。

(1) 加熱すると**揮発性物質**（気体になりやすい物質）の水が蒸発するが，**不揮発性物質**（気体になりにくい物質）の食塩は蒸発しない。発生した水蒸気を冷却すると，純粋な水が得られる。この操作を蒸留という。

(2) 水を加えてかき混ぜると，グルコースだけが溶ける。この水溶液をろ紙を用いてろ過すると，砂だけがろ紙上に分離される。

(3) 原油は炭化水素の複雑な混合物で，酸素の供給を絶った状態で穏やかに加熱する

と，沸点の低いものから順に，ガソリン（ナフサ）・灯油・軽油・重油などの各成分に分けられる。このように，液体混合物を沸点の違いによって，各成分に分離する方法を分留（分別蒸留）という。

(4) 砂とヨウ素の混合物を穏やかに加熱すると，ヨウ素だけが固体から気体になる（昇華）。この蒸気を冷却すると，純粋なヨウ素の結晶が得られる。

　　昇華性物質には，ヨウ素，ナフタレン，パラジクロロベンゼンなどがある。

解答 (1)…蒸留　　(2)…ろ過
　　　　 (3)…分留　　(4)…昇華法

　次の文中の下線部の語句は，元素と単体のどちらの意味で用いられているか。

(1) 塩素は酸化力が強く，水道水の殺菌・消毒に利用されている。

(2) 地球の表層部（地殻）の質量の約46％は，酸素が占めている。

(3) 成長期にはカルシウムの多い食品を摂取するように心がけなさい。

考え方 単体は，1種類の元素からできている物質の種類を表し，**具体的な性質をもつ**。

　元素は，物質を構成する成分の種類を表し，**具体的な性質をもたない**。

　単体と元素は同じ名称が使用されるため，しばしば混同されることが多く，互いに区別して用いる必要がある。

　単体は具体的な性質をもち，その語の前に「単体の」という言葉を補うとより文意がはっきりとわかる場合は，単体名と判断できる。また，元素は具体的な性質をもたず，その語の後に「～という成分」という言葉を補うと，

文意がよく通じる場合は，元素名と判断してよい。

(1) 実在する単体の塩素ガス Cl_2 の具体的な性質を述べているので，単体名。

(2) 地殻中では，酸素 O は Si，Al，Fe などと化合物をつくって存在しており，物質を構成する成分としての酸素を述べているので，元素名。

(3) 食品中には，単体のカルシウムが含まれているのではなく，カルシウムを成分として含む物質が含まれているので，元素名。

解答 (1) 単体　(2) 元素　(3) 元素

必 **1** □□ ◀物質の分類▶　次の各物質を混合物・単体・化合物に分類せよ。

(1)　ドライアイス　　　(2)　牛乳　　　　　(3)　都市ガス　　　(4)　水銀

(5)　グルコース　　　　(6)　カコウ岩　　　(7)　空気　　　　(8)　青銅

(9)　塩化ナトリウム　　(10)　アンモニア水　(11)　塩素

必 **2** □□ ◀混合物・化合物・単体▶　次の記述のうち，混合物に該当するものはA，化合物に該当するものはB，単体に該当するものはCと記入せよ。

(1)　蒸留などの物理的方法によって，2種類以上の物質に分けられる。

(2)　電気分解などの化学的方法によってのみ，2種類以上の物質に分けられる。

(3)　化学的方法によっても，それ以上，別の成分に分けることはできない。

(4)　成分物質の割合(組成)を変えると，その性質も変化する。

(5)　固体が融解し始める温度と，液体が凝固し始める温度が異なっている。

3 □□ ◀硫黄の同素体▶　(a)〜(c)の硫黄の同素体の名称を記し，あとの問いに答えよ。

(a)　　　　　　　　　　　(b)　　　　　　　　　　　(c)

(1)　約120℃の硫黄の融解液を空気中で放冷してつくるのは，(a)〜(c)のいずれか。

(2)　250℃の硫黄の融解液を水中に注ぎ急冷してつくるのは，(a)〜(c)のいずれか。

(3)　常温・常圧で最も安定な硫黄の同素体は，(a)〜(c)のいずれか。

4 □□ ◀ヨウ素溶液の分離▶　ガラス器具に，ヨウ素溶液(ヨウ素－ヨウ化カリウム水溶液)と，ヘキサンを加えてよく振り静置した。この操作により，ヨウ素は水層からヘキサン層へ移り，上層が紫色になった。次の問いに答えよ。

a (上層)

b (下層)

(1)　このガラス器具の名称を記せ。

(2)　この分離操作を何というか。

(3)　ヘキサン層は図のa，bのどちらか。

(4)　この操作と同じ原理を利用した分離法を下の(ア)〜(エ)から

　　1つ選べ。

　　(ア)　原油からガソリンを取り出す。　　(イ)　大豆から大豆油を取り出す。

　　(ウ)　食塩水から食塩を取り出す。　　　(エ)　鉄鉱石から鉄を取り出す。

必 **5**□□ ◀物質の分離法▶ 次の(1)～(7)の混合物からそれぞれ指定された物質を取り出すには，下の(ア)～(ク)のどの操作を行うのが最も適切か。1つずつ記号で選べ。

(1) 塩化ナトリウム水溶液から塩化ナトリウムを取り出す。

(2) 塩化ナトリウム水溶液から純水を取り出す。

(3) 液体空気から窒素と酸素をそれぞれ分離する。

(4) 白濁した石灰水から無色透明の石灰水をつくる。

(5) 少量の塩化ナトリウムを含む硝酸カリウムから純粋な硝酸カリウムを取り出す。

(6) 植物の緑葉から葉緑素（クロロフィル）を取り出す。

(7) 黒色インクの中に含まれる各色素を分離する。

【操作】

  (ア) 分留　　(イ) ろ過　　(ウ) クロマトグラフィー

  (エ) 再結晶　　(オ) 蒸発　　(カ) 蒸留　　(キ) 抽出　　(ク) 昇華法

6□□ ◀混合物の分離▶ 次の図は，砂の混じった食塩水から，砂を取り除く操作を示している。あとの問いに答えよ。

(1) 図の(a)・(b)に相当する器具の名称を記せ。

(2) 図のような混合物の分離操作を何というか。

(3) 図の(a)を通過して下へ流れ出てくる液体を何というか。

(4) 図の装置で，実験操作上，不適切な点が3か所ある。
　　どのように訂正すればよいか，簡潔に説明せよ。

(5) この操作で分離できないものを，すべて記号で選べ。

  (ア) 食塩水　　(イ) 砂が混じった水　　(ウ) 牛乳

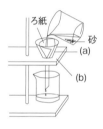

ろ紙

砂

(a)

(b)

必 **7**□□ ◀同素体▶ 次の(ア)～(カ)の文のうち，正しいものをすべて記号で選べ。

(ア) 同素体は単体にだけに存在し，化合物には存在しない。

(イ) 黄リンと赤リンは，物理的性質はかなり異なるが，化学的性質はほぼ同じである。

(ウ) 互いに同素体である酸素とオゾンを混ぜ合わせたものは，純物質である。

(エ) 水と過酸化水素はいずれも同じ元素からできており，互いに同素体である。

(オ) 同素体は，ある温度・圧力を境にして，一方から他方へと移り変わることがある。

(カ) ダイヤモンドと黒鉛は，完全燃焼させるといずれも二酸化炭素になる。

8□□ ◀元素・単体▶ 次の文中の下線部の語句のうち，単体に該当するものは A，元素に該当するものは B を記せ。

(1) 周期表中の<u>酸素</u>の位置は，窒素とフッ素の間にある。

(2) 人間は<u>酸素</u>を吸って二酸化炭素を吐き出す。

(3) 二酸化炭素は炭素と<u>酸素</u>からなる化合物である。

(4) 湖沼中の溶存<u>酸素</u>量は，水の汚染と密接な関係がある。

9□□ ◀物質の成分元素▶ 次の(1)～(5)の各操作によって，下線部の物質から検出された成分元素は何か。それぞれ元素記号を示せ。
(1) 食塩水に白金線を浸して炎色反応を調べると，黄色を示した。
(2) 石灰石に希塩酸を加えたら気体が発生した。この反応液に白金線を浸して炎色反応を調べると，橙赤色を示した。
(3) 食塩水に硝酸銀水溶液を加えたら，白色沈殿を生じた。
(4) スクロース(ショ糖)と酸化銅(Ⅱ)を混合し，加熱して生じた気体を石灰水に通じたら，白濁した。
(5) スクロース(ショ糖)と酸化銅(Ⅱ)を混合し，加熱して生じた液体を硫酸銅(Ⅱ)無水塩につけると，青色を示した。

必**10**□□ ◀物質の三態▶ 分子からなる物質の状態変化について答えよ。
(1) 図のア～カの状態変化の名称を記せ。
(2) ① 分子の熱運動が最も激しく行われているのはどの状態か。
　　② 分子間にはたらく引力が最も強いのはどの状態か。
　　③ 分子間の平均距離が最大であるのはどの状態か。
(3) 次の現象は，図のどの変化に関連するか。ア～カの記号で示せ。
　(a) 真冬に屋外の水道管が破裂した。
　(b) 暖かい日に洗濯物がよく乾いた。
　(c) 冷水を入れたコップの表面に水滴がついた。
　(d) 防虫剤のナフタレンを放置すると，なくなった。
　(e) 真夏にチョコレートが融けた。
　(f) フリーズドライ食品は，凍結した食品を減圧することによって水分を除いている。

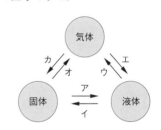

11□□ ◀混合物の分離▶ ガラスの破片が混じったヨウ素がある。これをビーカーに入れ，固体と気体との間の状態変化を利用して，できるだけ多くのヨウ素をフラスコの底面に集めたい。次の問いに答えよ。
(1) この分離法の名称を記せ。
(2) このときの方法として最も適切なものはどれか。次の①～④から1つ選べ。

12 □□ ◀炎色反応▶　炎色反応の実験について，次の問いに答えよ。

ある化合物の水溶液を白金線の先につけ，ガスバーナーの炎の中に入
れたら，炎の色が変化した。

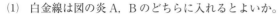

(1)　白金線は図の炎 A，B のどちらに入れるとよいか。

(2)　次の水溶液で観察される炎の色を下から記号で選べ。

  (a)　塩化カルシウム　　　(b)　塩化バリウム　　　　(c)　塩化銅(Ⅱ)

  (d)　塩化リチウム　　　　(e)　塩化ナトリウム　　　(f)　塩化カリウム

  [　(ア)　赤　　(イ)　黄　　(ウ)　黄緑　　(エ)　青緑　　(オ)　赤紫　　(カ)　橙赤　]

(3)　異なる水溶液で炎色反応を観察する際には，一度使用した白金線を濃塩酸に浸して
から，空焼きをしなければならないのはなぜか。

13 □□ ◀三態変化とエネルギー▶　次の図は，−100℃の氷を一様に加熱したときの
加熱時間と温度の関係を示している。あとの問いに答えよ。

(1)　a，b の温度をそれぞれ何というか。

(2)　ア，イでの状態変化をそれぞれ何というか。

(3)　AB，BC，CD，DE，EF 間では，水はそれ
ぞれどのような状態にあるか。

(4)　BC 間，DE 間では，加熱しているにも関わ
らず温度が上昇しない理由を説明せよ。

(5)　この物質は純物質と混合物のどちらか。理
由も含めて答えよ。

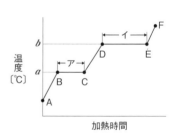

◎**14** □□ ◀混合物の分離▶　次の図は海水から純水を分離するための装置である。あと
の問いに答えよ。

(1)　この分離操作の名称を記せ。

(2)　器具(ア)～(オ)の名称を記せ。

(3)　器具(ウ)には冷却水を通すが，その
入口は①，②のどちらがよいか。

(4)　器具(イ)にある a，b は，それぞれ
何の量を調節するねじか。

(5)　器具(ア)に沸騰石を入れておくのは
なぜか。

(6)　実験操作上，不適切なところが図
中に 3 か所ある。どこをどのように直せばよいかを説明せよ。

(7)　ウイスキーを蒸留してエタノールを分離する場合，上図の装置のどこをどのよう
に変更すればよいか。ただし，(6)の不適切なところは適切に直したものとする。

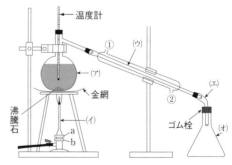

2 原子の構造と周期表

1 原子の構造

❶**原子** 物質を構成する基本的な粒子。直径は 10^{-10}m 程度。

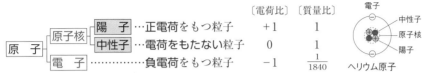

		〔電荷比〕	〔質量比〕
原子核	陽 子…正電荷をもつ粒子	+1	1
	中性子…電荷をもたない粒子	0	1
電 子…………負電荷をもつ粒子		-1	$\frac{1}{1840}$

❷**原子の構成の表示法** 元素記号の左下に原子番号，左上に質量数を書く。

質量数＝陽子の数＋中性子の数……12 **C** $\left(\begin{array}{l}陽子6個\\中性子6個\end{array}\right)$

原子番号＝陽子の数＝電子の数…… 6

❸**同位体（アイソトープ）** 原子番号が同じで，質量数の異なる原子。

陽子の数は同じであるが，中性子の数が異なる。化学的性質はほぼ等しい。

同位体	陽子の数	中性子の数	質量数	天然存在比〔%〕
$^{1}_{1}H$	1	0	1	99.9885
$^{2}_{1}H$	1	1	2	0.0115
$^{3}_{1}H$	1	2	3	極微量
$^{12}_{6}C$	6	6	12	98.93
$^{13}_{6}C$	6	7	13	1.07
$^{14}_{6}C$	6	8	14	極微量

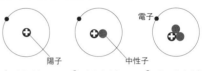

$^{1}_{1}H$(水素)　$^{2}_{1}H$(重水素)　$^{3}_{1}H$(三重水素)

・$^{1}_{1}H$ だけは中性子をもたない。
・同位体の存在しない元素(F, Na, Al, P など)は，天然に約20種類ある。

❹**放射性同位体（ラジオアイソトープ）** 放射線を放出して他の原子に変わる（**壊変す**る）同位体。**例** $^{3}_{1}H$：トレーサー（追跡子），$^{14}_{6}C$：遺跡の年代測定，$^{60}_{27}Co$：がんの治療

2 原子の電子配置

❶**電子殻** 原子核の周囲に存在する電子は，いくつかの層に分かれて存在する。この層を電子殻という。内側から順に，K 殻，L 殻，M 殻，N 殻……という。

内側から n 番目の電子殻へ入る電子の最大数は $2n^2$ 個

原子核
電子殻(最大数)
N殻(32個)
M殻(18個)
L 殻 (8個)
K殻 (2個)

❷**電子配置** 電子殻への電子の入り方。

〔規則〕
(1) 電子は，内側の K 殻から入り始める。
(2) 電子は，各電子殻の最大収容数を超えて入ることはできない。

❸**最外殻電子** 原子の最も外側の電子殻（**最外殻**という）に存在する電子。

❹**価電子** 最外殻電子のうち，他の原子との結合などに重要な役割をする電子。

❺**貴ガス（希ガス）** ヘリウム He，ネオン Ne，アルゴン Ar，クリプトン Kr，キセノン Xe などの元素の総称。各原子の電子配置は安定で，他の原子と結合をつくらない。価電子の数は 0 個とする。貴ガスのように，価電子の数の等しい原子どうしは，化学的性質がよく似ている。

価電子の数	1	2	3	4	5	6	7	0
K殻	1 H $(1+)$							2 He $(2+)$
L殻	3 Li $(3+)$	4 Be $(4+)$	5 B $(5+)$	6 C $(6+)$	7 N $(7+)$	8 O $(8+)$	9 F $(9+)$	10 Ne $(10+)$
M殻	11 Na $(11+)$	12 Mg $(12+)$	13 Al $(13+)$	14 Si $(14+)$	15 P $(15+)$	16 S $(16+)$	17 Cl $(17+)$	18 Ar $(18+)$

注）最外殻に最大数の電子が入った電子殻を閉殻（へいかく）といい，きわめて安定な状態である。また，M 殻以上では，最外殻に 8 個の電子が入った電子殻（オクテットという）も閉殻と同様に安定である。

❻**電子式** 元素記号の周囲に最外殻電子を点・で示した式。

族／周期	1	2	13	14	15	16	17	18
1	H·							He:
2	Li·	·Be·	·B·	·C·	·N·	:O·	:F·	:Ne:
3	Na·	·Mg·	·Al·	·Si·	·P·	·S·	:Cl·	:Ar:
4	K·	·Ca·						

電子式の書き方
- 元素記号の上下左右に 4 つの場所を考える。各場所には最大 2 個まで電子を入れられる。
- 1〜4 個目の電子は，別々の場所に入れる。
- 5〜8 個目の電子は，ペアをつくるように入れる。

※Heの電子式は例外的に電子対:で示す。

❸ イオンの生成

❶**イオンの生成** 生成したイオンは，最も近い貴ガス原子の電子配置をとる。

❷**イオンの価数** 原子がイオンになるとき，授受した電子の数。

❸**イオンの化学式（イオン式）** 元素記号の右上に価数と電荷の符号をつけた式。**例** Mg^{2+}

❹**イオンの分類** 原子 1 個からなる単原子イオン，2 個以上からなる多原子イオン。

価数	陽イオン（正の電荷をもつ）	陰イオン（負の電荷をもつ）
1価	ナトリウムイオンNa^+，アンモニウムイオンNH_4^+	塩化物イオンCl^-，硝酸イオンNO_3^-
2価	カルシウムイオンCa^{2+}，亜鉛イオンZn^{2+}	酸化物イオンO^{2-}，硫酸イオンSO_4^{2-}
3価	アルミニウムイオンAl^{3+}，鉄（Ⅲ）イオンFe^{3+}	リン酸イオンPO_4^{3-}

※ □ は多原子イオンを表し，それ以外は単原子イオンを表す。

❺単原子イオンの名称　陽イオンは○○イオン，陰イオンは○化物イオンと読む。
　多原子イオンの名称　それぞれに固有の名称がある。　　例 NO_3^- 硝酸イオン
❻イオンの大きさ

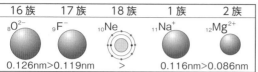

16 族	17 族	18 族	1 族	2 族
$_8O^{2-}$	$_9F^-$	$_{10}Ne$	$_{11}Na^+$	$_{12}Mg^{2+}$
0.126nm>0.119nm		>	0.116nm>0.086nm	

● 同族元素では，原子番号が大きくなるほどイオン半径が大きくなる。
● 同じ電子配置をもつイオンでは，原子番号が大きくなるほどイオン半径が小さくなる。

❼イオン化エネルギー　原子から電子を1個取り去り，1価の陽イオンにするのに必要なエネルギー。
　イオン化エネルギーが小 → 陽イオンになりやすい。
❽電子親和力　原子が電子を1個取り込み，1価の陰イオンになるときに放出されるエネルギー。
　電子親和力が大 → 陰イオンになりやすい。

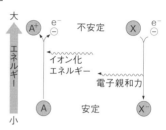

④ 元素の周期表

❶元素の周期律　元素を原子番号順に並べると，その性質が周期的に変化する。
　例 原子の価電子の数，原子のイオン化エネルギー，原子半径など。
❷元素の周期表　元素の周期律に基づき，性質の類似した元素が同じ縦の列に並ぶように配列した表。縦の列を族，横の行を周期という。
❸同族元素　同じ族に属する元素。互いに化学的性質がよく似ている。
　H を除く 1 族元素…アルカリ金属　　　17 族元素…ハロゲン
　2 族元素…アルカリ土類金属　　　18 族元素…貴ガス（希ガス）
❹典型元素　1 族，2 族および，13 族〜18 族の元素。金属元素と非金属元素がある。
　価電子の数は原子番号とともに変化し，周期表では縦の類似性が強い。
❺遷移元素　3 族〜12 族の元素。すべて金属元素。原子番号が増しても価電子数はほとんど変化せず，周期表では縦の類似性に加え，横の類似性も見られる。
❻金属元素　単体が金属光沢をもち，電気をよく導く。陽イオンになりやすい。
❼非金属元素　金属元素以外の元素。周期表では右上に位置する。水素 H も含む。

アルカリ土類金属から Be，Mg を除くこともある。　　Rf 〜 Og については，詳しいことはわかっていない。

確認＆チェック

1 次の図は, ある原子の模式図である。あとの問いに答えよ。

(1) (a)〜(c)の各粒子を何というか。

(2) この原子の原子番号と, 質量数は
それぞれいくらか。

(3) この原子を元素記号で書け。

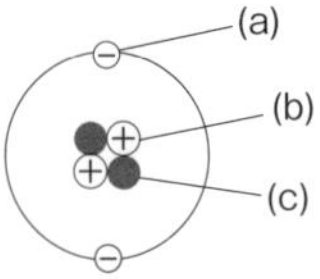

2 3種類の水素原子(図)について, あとの問いに答えよ。

(1) このような原子を互いに
何というか。

(2) 最も重い水素原子の質量
は, 最も軽い水素原子の質量のおよそ何倍か。

(3) $^3_1$H のように, 放射線を放出して別の原子に変わってい
く同位体を何というか。

3 次の文の □ に適切な語句または数を入れよ。

原子核の周囲に存在する電子は, いくつかの層に分かれて
存在する。この層を①□といい, 内側から順に②□殻,
③□殻, ④□殻という。また, ①に入る電子の最大数は,
内側から順に⑤□個, ⑥□個, ⑦□個である。最も外側
の電子殻に存在する電子を⑧□といい, このうち他の原子
との結合などに重要な役割をする電子を⑨□という。

4 ネオン $_{10}$Ne 原子の電子配置を, 次の図に
電子を • を用いて表せ。また, ①最外殻電子の
数, ②価電子の数をそれぞれ答えよ。

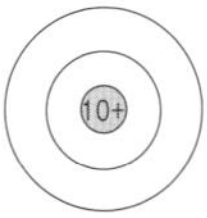

5 次の文の □ に適語を入れよ。

元素を①□の順に並べると, その性質が周期的に変化す
る。これを元素の②□という。②に基づき, 性質の類似し
た元素を同じ縦の列に配列した表を元素の③□という。

周期表における縦の列を④□, 横の行を⑤□という。
また, H を除く1族元素は⑥□, 17族元素は⑦□, 18
族元素は⑧□, 2族元素は⑨□と総称される。

解答

1 (1) (a) 電子
    (b) 陽子
    (c) 中性子

(2) 原子番号 2
    質量数 4

(3) He

→ p.15 **1**

2 (1) 同位体
    (アイソトープ)

(2) 3倍

(3) 放射性同位体
    (ラジオアイソトープ)

→ p.15 **1**

3 ① 電子殻

② K ③ L

④ M ⑤ 2

⑥ 8 ⑦ 18

⑧ 最外殻電子

⑨ 価電子

→ p.15 **2**

4

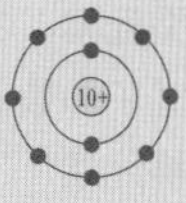

① 8個 ② 0個

➡貴ガスの価電子の数
は0個である。
→ p.16 **2**

5 ① 原子番号

② 周期律

③ 周期表

④ 族 ⑤ 周期

⑥ アルカリ金属

⑦ ハロゲン

⑧ 貴ガス(希ガス)

⑨ アルカリ土類金属

→ p.17 **4**

例題 5 | **原子の構造・同位体** ■■■

天然の塩素原子には，$^{35}_{17}\text{Cl}$ と $^{37}_{17}\text{Cl}$ の2種類の原子が存在する。次の問いに答えよ。
(1) このように，原子番号が同じで質量数の異なる原子を互いに何というか。
(2) 下の表の空欄に，適切な数字を入れよ。

	原子番号	質量数	陽子の数	電子の数	中性子の数
$^{35}_{17}\text{Cl}$	①	②	③	④	⑤

考え方 (1) 原子番号は等しいが，質量数の異なる原子を互いに同位体という。言い換えると，陽子の数は等しいので同種の原子であるが，中性子の数が異なるため，質量が異なっている原子どうしが同位体といえる。

陽子の数＝電子の数より，同位体どうしは電子の数も等しいため，化学的性質はほぼ等しい。

(2) 元素記号の左下の数字が原子番号，左上の数字が質量数を表す。

質量数＝陽子の数＋中性子の数＝35　　　質量数 $\quad 35$

原子番号＝陽子の数＝電子の数＝17　　　原子番号 $\quad 17$ Cl

中性子の数＝質量数－原子番号より，$^{35}_{17}\text{Cl}$ の中性子の数＝35－17＝18

解答 (1) 同位体　(2) ① 17　② 35　③ 17　④ 17　⑤ 18

例題 6 | **原子の電子配置** ■■■

次の(ア)～(オ)の電子配置で示された原子について，あとの問いに答えよ。

●は原子核，●は電子，原子核のまわりの同心円は電子殻を示す。

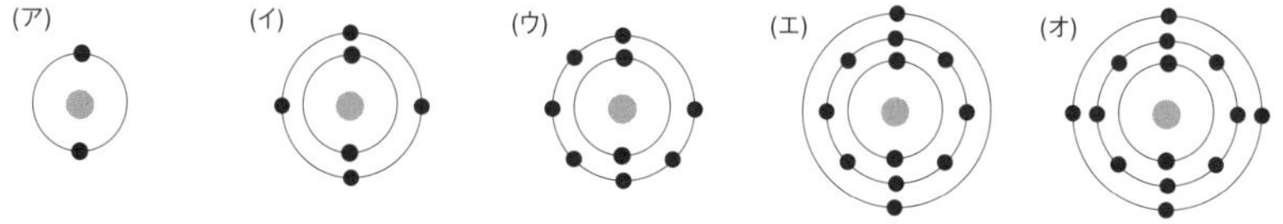

(ア) (イ) (ウ) (エ) (オ)

(1) (ア)～(オ)の各原子の価電子の数を答えよ。
(2) 化学的に安定で，他の原子と結合しない原子はどれか。元素記号で答えよ。
(3) 周期表の第3周期に属する原子をすべて選び，元素記号で答えよ。
(4) 同族元素に属する原子はどれとどれか。元素記号で答えよ。

考え方 電子の数＝陽子の数＝原子番号の関係から，(ア)は $_2\text{He}$，(イ)は $_6\text{C}$，(ウ)は $_9\text{F}$，(エ)は $_{12}\text{Mg}$，(オ)は $_{14}\text{Si}$ と決まる。

(1) 一般に，最外殻電子＝価電子であるが，貴ガス(希ガス)(He，Ne，Ar…)の原子の場合，最外殻電子の数は He が2個，Ne，Ar…などは8個であっても，<u>価電子の数はすべて0個</u>であることに注意する。

(2) 貴ガス(希ガス)の原子は化学的に安定で，

他の原子と結合しない。よって，(ア)の He である。

(3) 第3周期に属する原子は，内側から数えて3番目の M 殻に電子が配置されていく原子なので，(エ)の Mg と(オ)の Si である。

(4) 典型元素の同族元素は，価電子の数が等しい。よって，(イ)の C と(オ)の Si となる。

解答 (1)(ア) 0　(イ) 4　(ウ) 7　(エ) 2　(オ) 4
(2) He　(3) Mg，Si　(4) C と Si

例題 7 周期表と原子の性質

第２周期，第３周期の原子について，あとの問いに答えよ。

周期＼族	1	2	13	14	15	16	17	18
2	(ア)	(イ)	(ウ)	(エ)	(オ)	(カ)	(キ)	(ク)
3	(ケ)	(コ)	(サ)	(シ)	(ス)	(セ)	(ソ)	(タ)

(1) L 殻に２個の電子をもつ原子を選び，記号で答えよ。
(2) M 殻に６個の電子をもつ原子を選び，記号で答えよ。
(3) (ア)〜(キ)の原子のうち，原子半径が最も大きい原子を選び，記号で答えよ。
(4) 陽性，陰性が最も強い原子を選び，それぞれ記号で答えよ

考え方 (1) L 殻に２個の電子をもつのは，第２周期の２族元素の Be。
(2) M 殻に６個の電子をもつのは，第３周期の 16 族元素の S。
(3) 同周期の原子では，周期表の左側の原子ほど原子半径が大きく，右側の原子ほど原子半径は小さい(貴ガスを除く)。これは，原子核の正電荷が大きくなると，電子が原子核に強く引きつけられるためである。
(4) 周期表では，左下側の原子ほど陽性(金属性)が強く，右上側の原子ほど陰性(非金属性)が強くなる(貴ガスを除く)。

解 答 (1) (イ)　(2) (セ)　(3) (ア)
(4) **陽性…(ケ)**　**陰性…(キ)**

例題 8 原子の電子配置

次の(1)〜(3)の記述に当てはまる原子を，あとの(ア)〜(オ)から記号で選べ。
(1) 最外殻電子の数が２個である原子。(２つ)
(2) 価電子の数が２個である原子。
(3) ２価の陰イオンになるとネオン Ne と同じ電子配置をもつ原子。

(ア) $_{2}He$　(イ) $_{6}C$　(ウ) $_{8}O$　(エ) $_{12}Mg$　(オ) $_{17}Cl$

考え方 (1) **原子番号＝陽子の数＝電子の数**
最外殻電子の数＝電子の数－内殻電子の数
・第１周期 H，He…内殻電子は０個。
最外殻電子の数＝原子番号 である。
・第２周期 Li〜Ne…内殻電子は K 殻(２個)。
最外殻電子の数＝原子番号－2 である。
・第３周期 Na〜Ar…内殻電子は K 殻(２個)と L 殻(８個)で，合計 10 個。
最外殻電子の数＝原子番号－10 である。
以上のことから，最外殻電子の数は，
He ⇒ 2－0＝2，C ⇒ 6－2＝4
O ⇒ 8－2＝6，Mg ⇒ 12－10＝2
Cl ⇒ 17－10＝7
(2) 貴ガス(希ガス)の原子の電子配置は安定で，イオンになったり，他の原子と結合しない。よって，**貴ガスの原子の価電子の数は０個**とする。貴ガス以外の原子では，最外殻電子が価電子となる。He の価電子の数は０個だから，価電子の数が２個の原子は Mg のみとなる。
(3) Ne の原子番号は 10 なので，電子の数も 10 個である。２価の陰イオンになると，もとの原子より電子が２個多くなる。よって，もとの原子のもつ電子の数は 10－2＝8 個より，酸素 O となる。

解 答 (1) (ア)，(エ)　(2) (エ)　(3) (ウ)

必 15 □□ ◀原子の構造▶　次の文の□□□に適語を入れよ。

原子の中心部には正の電荷をもつ①□□□があり，その周囲には負の電荷をもつ②□□□が存在する。さらに，①は，正の電荷をもつ③□□□と，電荷をもたない④□□□からできている。

原子の種類は③の数によって決まり，この数を⑤□□□という。また，原子の質量はほぼ①の質量によって決まり，③と④の数の和を⑥□□□という。

16 □□ ◀同位体▶　天然の塩素原子には ^{35}Cl と ^{37}Cl の2種類の同位体が存在し，その存在比は3:1である。次の問いに答えよ。

(1) 塩素分子 Cl_2 には，質量の異なる何種類の分子が存在するか。

(2) 塩素分子のうち，^{35}Cl と ^{37}Cl からなる塩素分子の占める割合〔%〕を小数第1位まで求めよ。ただし，^{35}Cl 原子と ^{37}Cl 原子の結合のしやすさは等しいものとする。

必 17 □□ ◀原子の構成の表示▶　次の各原子について，あとの問いに答えよ。

(a) $^{14}_{6}C$　　(b) $^{17}_{8}O$　　(c) $^{16}_{8}O$　　(d) $^{24}_{12}Mg$　　(e) $^{20}_{10}Ne$

(1) 電子の数が等しい原子をすべて選び，記号で答えよ。

(2) (b)と(c)のような関係にある原子を，互いに何というか。

(3) 原子核中の中性子の数が等しい原子をすべて選び，記号で答えよ。

(4) 最外殻電子の数と，価電子の数が最も少ない原子をそれぞれ選び，記号で答えよ。

18 □□ ◀周期律と周期表▶　次の文の□□□に適切な語句，数値を入れよ。

ロシアの化学者①□□□は，1869年，元素を原子量*の順に並べると，性質のよく似た元素が周期的に現れること，すなわち元素の②□□□を発見し，周期表の原型となるものを発表した。その後，周期表は改良され，現在では元素は③□□□の順に配列されている。周期表の横の行は④□□□，縦の列は⑤□□□とよばれる。現在の周期表は1族〜⑥□□□族，第1周期〜第⑦□□□周期で構成されている。

第1周期には⑧□□□種類，第2，第3周期にはいずれも⑨□□□種類の元素が並び，すべて⑩□□□元素に分類される。一方，第4周期以降に初めて登場するのが⑪□□□元素である。　　　　　　　　　　　　　*原子量は，原子の相対質量のことである。

19 □□ ◀イオン▶　次の各原子から形成される安定なイオンについて，あとの問いに答えよ。

(a) Al　　(b) Cl　　(c) Ca　　(d) O　　(e) Br

(1) それぞれどのようなイオンになるか。そのイオンの化学式と名称を答えよ。

(2) 各イオンと等しい電子配置をもつ貴ガス(希ガス)の原子を，元素記号で答えよ。

必**20** □□ ◀原子の電子配置と電子式▶　(1)〜(5)の文に当てはまる電子配置をもつ原子を，図(ア)〜(カ)から選び元素記号で答えよ。また，(6)にも答えよ。◯は原子核，●は電子，原子核のまわりの同心円は電子殻を表す。

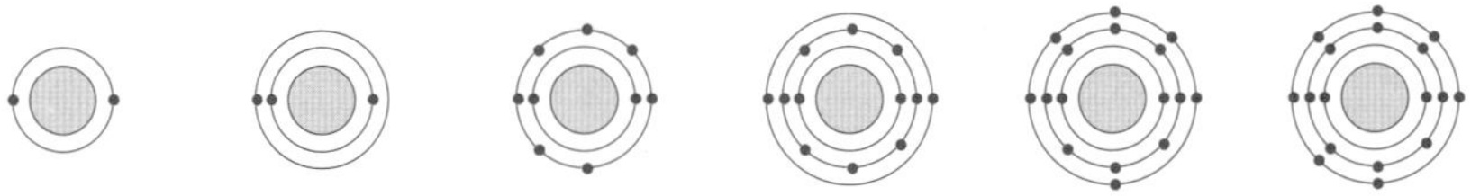

(ア)　　　　(イ)　　　　(ウ)　　　　(エ)　　　　(オ)　　　　(カ)

(1)　1価の陽イオンになりやすい原子はどれか。

(2)　2価の陰イオンになりやすい原子はどれか。

(3)　最も安定な電子配置をもつ原子はどれか。

(4)　陽イオンになると，ネオン Ne と同じ電子配置になる原子はどれか。

(5)　周期表で同じ族に属する原子はどれとどれか。

(6)　(ア)〜(カ)の各原子の電子式を示せ。

必**21** □□ ◀イオン▶　(1)〜(12)はイオンの名称に，(13)〜(24)はイオンの化学式に直せ。

(1)　Al^{3+}　　(2)　Cl^-　　(3)　Ca^{2+}　　(4)　CO_3^{2-}　　(5)　NO_3^-　　(6)　K^+

(7)　O^{2-}　　(8)　OH^-　　(9)　SO_4^{2-}　　(10)　PO_4^{3-}　　(11)　NH_4^+　　(12)　S^{2-}

(13)　ナトリウムイオン　　(14)　アルミニウムイオン　　(15)　塩化物イオン

(16)　酸化物イオン　　(17)　アンモニウムイオン　　(18)　硫化物イオン

(19)　水酸化物イオン　　(20)　硫酸イオン　　(21)　硝酸イオン

(22)　炭酸イオン　　(23)　鉄(Ⅲ)イオン　　(24)　リン酸イオン

必**22** □□ ◀イオン化エネルギー▶　次の文の □□ に適語を入れよ。

原子から電子を1個取り去って1価の陽イオンにするのに必要なエネルギーを①□□といい，この値が②□□ほど陽イオンになりやすい。

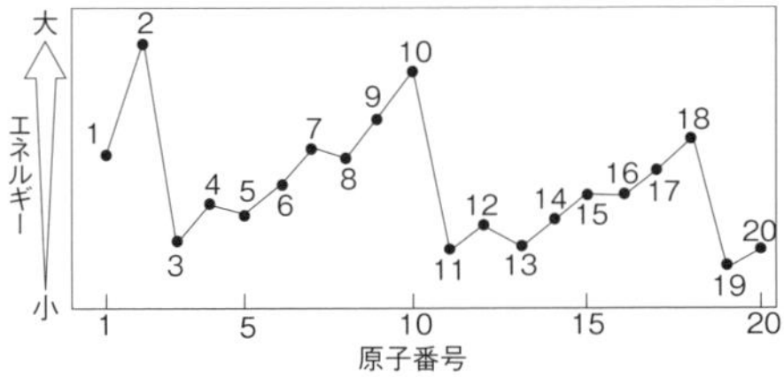

このエネルギーを原子番号順に示すと右図のように周期性を示し，折れ線グラフにおいて，極大値をとるのが③□□の元素群で，極小値をとるのが④□□の元素群である。

原子番号1〜20の原子の中で，最も陽イオンになりやすい原子は⑤□□で，最も陽イオンになりにくい原子は⑥□□である。

また，同周期の原子では，原子番号が増加すると，このエネルギーは⑦□□くなるが，同族の原子では，原子番号が増加すると，このエネルギーは⑧□□くなる。

一方，原子が電子を1個取り込んで1価の陰イオンになるときに放出されるエネルギーを⑨□□といい，この値が⑩□□ほど陰イオンになりやすい。

必23 □□ ◀元素の周期表▶　次の図は元素の周期表の概略図である。あとの問いに答えよ。

(1) 非金属元素を含む領域を，すべて記号で答えよ。

(2) ①最も陽性の強い元素と，②最も陰性の強い元素は，それぞれどの領域にあるか。記号で答えよ。

(3) 最も反応性に乏しい元素を含む領域を記号で答えよ。

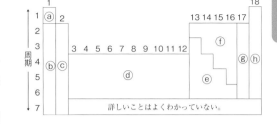

(4) ⓑ，ⓒ，ⓓ，ⓖ，ⓗで示した元素群の名称をそれぞれ何というか。

24 □□ ◀第3周期の元素▶　周期表の第3周期の元素について，次の問いに答えよ。

(1) 炭素の同族元素の原子番号はいくつか。

(2) 単原子分子をつくる元素の原子番号はいくつか。

(3) 常温で単体が気体である元素の数は何個か。

(4) 価電子の数が3個の原子の名称は何か。

(5) イオン化エネルギーが最小の原子の元素記号は何か。

25 □□ ◀原子の構造▶　次の文のうち，正しいものをすべて選び，記号で答えよ。

(ア) 原子は，原子核とその約$\frac{1}{1840}$の質量をもつ何個かの電子から構成されている。

(イ) 最外殻に8個の電子が配置されているすべての原子は，化学的に安定である。

(ウ) 同じ周期に属する原子では，最外殻電子の数が多いほど，陽イオンになりやすい。

(エ) 原子核は，いくつかの陽子と，それと同数の中性子で構成されている。

(オ) 原子の種類は，原子核中に含まれる陽子の数で決まる。

(カ) すべての原子の最外殻電子は，価電子とよばれる。

26 □□ ◀同位体▶　次の(ア)～(ク)は，同位体について説明したものである。正しいものをすべて選び，記号で答えよ。

(ア) 質量数は等しいが，原子番号が異なる。

(イ) 質量数も原子番号も等しい。

(ウ) 質量数は異なるが，原子番号が等しい。

(エ) 質量数も原子番号も異なる。

(オ) 同位体どうしの化学的性質は，ほとんど同じである。

(カ) 同位体には，放射能をもつものと，放射能をもたないものがある。

(キ) 地球上では，各元素の同位体の存在する割合はほぼ一定である。

(ク) すべての元素には，天然に同位体が存在する。

27 □□ ◀典型元素▶　次の(ア)～(オ)は，典型元素について説明したものである。正しいものには○，誤っているものには×を記せ。

(ア)　アルカリ金属元素は陽性の元素で，原子番号が大きいほど陽性が強い。

(イ)　ハロゲン元素は陰性の元素で，原子番号が大きいほど陰性が強い。

(ウ)　原子番号が 4，12，19 の元素は，周期表においてすべて同族元素である。

(エ)　周期表で 15 族の元素の原子は，いずれも 5 個の価電子をもっている。

(オ)　典型元素の原子の価電子の数は 1 個または 2 個で，周期表では横に並んだ元素どうしの化学的性質がよく似ている。

必28 □□ ◀電子配置▶　次の(ア)～(カ)の原子について，あとの(1)～(5)の文に当てはまる原子をすべて記号で答えよ。ただし，(3)については数値で答えよ。

(ア) Li　　(イ) C　　(ウ) Na　　(エ) Al　　(オ) S　　(カ) Cl

(1)　互いに価電子の数の等しい原子はどれとどれか。

(2)　安定なイオンになったとき，その電子配置がネオン Ne と同じ原子はどれか。

(3)　Al 原子が安定な陽イオンになったときの電子の数は何個か。

(4)　イオン化エネルギーの最も小さい原子はどれか。

(5)　安定なイオンになったとき，イオン半径の最も大きい原子はどれか。

29 □□ ◀元素の周期性▶　次の図は，元素の性質が原子番号(横軸)とともに変化する様子を示す。それぞれの縦軸は何の変化を示しているか。(ア)～(エ)から選べ。

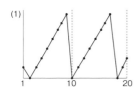 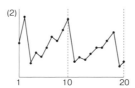 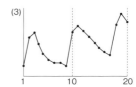

(ア) 原子の質量　　(イ) イオン化エネルギー　　(ウ) 原子半径　　(エ) 価電子の数

30 □□ ◀電子の総数▶　次のイオンに含まれる電子の総数は何個か。

(1) $_{26}Fe^{3+}$　　(2) NH_4^+　　(3) NO_3^-　　(4) SO_4^{2-}

31 □□ ◀イオン半径▶　O^{2-}，F^-，Na^+，Mg^{2+} のイオン半径を次の図に示す。

(1)　各イオンはいずれもネオン Ne 原子と同じ電子配置をもつが，原子番号が大きくなると，イオン半径が小さくなる理由を説明せよ。

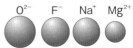

(2)　同族元素のイオンである Na^+ と K^+ では，どちらのイオン半径が大きいか。また，そのようになる理由を説明せよ。

発展問題

32 □□ ◀同位体と分子の種類▶ 水素原子には ^1H と ^2H と ^3H，窒素原子には ^{14}N と ^{15}N，酸素原子には ^{16}O，^{17}O，^{18}O のような，同位体がそれぞれ自然界に存在する。次の問いに答えよ。

(1) 上記の同位体を組み合わせたとき，自然界にはそれぞれ何種類の水分子，およびアンモニア分子が存在することになるか。

(2) 各分子の質量を質量数の違いで区別したとき，自然界には，質量の異なる水分子，およびアンモニア分子はそれぞれ何種類ずつ存在することになるか。

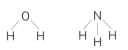

水分子　　　アンモニア分子

33 □□ ◀原子・イオンの半径▶ 典型元素の原子について述べた(ア)〜(オ)の文について，誤っているものをすべて記号で選べ。

(ア) 同じ周期の原子では，正電荷の大きい原子核ほど電子を強く引きつけるので，原子番号が大きいほど原子半径も大きくなる。

(イ) 同じ電子配置をもつ陽イオンでは，イオンの価数が大きいほど，原子核の正電荷が大きくなるので，イオン半径は小さくなる。

(ウ) 同じ電子配置をもつ陰イオンでは，イオンの価数が大きいほど，原子核の正電荷が小さくなるので，イオン半径は大きくなる。

(エ) 原子が陽イオンになると，その半径はもとの原子半径よりも小さくなる。

(オ) 原子が陰イオンになると，その半径はもとの原子半径と変わらない。

34 □□ ◀放射性同位体の半減期▶ $^{14}_{6}C$ は放射線を放出して他の原子に変わる（壊変という）性質がある。この壊変によって，$^{14}_{6}C$ の量が元の量の半分になる時間（半減期という）は5700年とする。次の問いに答えよ。

(1) $^{14}_{6}C$ のように，放射線を放出して壊変する同位体を何というか。

(2) $^{14}_{6}C$ の原子核が β 線（電子の流れ）という放射線を放出すると，どんな原子に変化するか，元素記号に原子番号と質量数を添えた方法で表せ。

(3) 現在の大気中の $^{12}_{6}C$ と $^{13}_{6}C$ の総和に対する $^{14}_{6}C$ の割合は 1.2×10^{-12} である。ある遺跡から発掘された木片中の $^{12}_{6}C$ と $^{13}_{6}C$ の総和に対する $^{14}_{6}C$ の割合は 7.5×10^{-14} であった。このことから，この木片は何年前に伐採されたものと推定されるか。

(4) ある植物の化石中に含まれる $^{14}_{6}C$ 濃度は，現在の大気中の $^{14}_{6}C$ 濃度の75%であった。このことから，この植物は何年前に枯死したと推定されるか。（$\log_{10}2 = 0.30$，$\log_{10}3 = 0.48$）

3 化学結合①

1 イオン結合

❶イオン結合 陽イオンと陰イオンが静電気力(**クーロン力**)によって引き合う結合。方向性はない。陽性の強い金属元素と陰性の強い非金属元素の原子間で生じる。

❷イオン結晶 陽イオンと陰イオンが, イオン結合により規則的に配列した結晶。
陽イオンと陰イオンは, 正・負の電荷が等しくなる割合で規則的に配列している。
結晶全体では電荷は 0(電気的に中性)である。

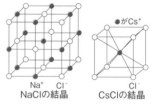
NaClの結晶　CsClの結晶

(性質)・融点が高く, 硬いがもろい。
・強い力を加えると, 特定の面に沿って割れる性質(**へき開性**)がある。
・固体は電気を導かないが, 液体や水溶液は電気を導く。
・水に溶けやすいものが多い。(例外) $CaCO_3$, $AgCl$ などは水に不溶。

❸組成式 イオン結合でできた物質は, 構成イオンの種類とその数の割合を最も簡単な整数比で示した化学式(組成式)で表す。

陽イオンの価数×陽イオンの数 ＝ 陰イオンの価数×陰イオンの数
　　正電荷の総和　　　　　　　　　　　負電荷の総和

(書き方)
(1) 正・負の電荷がつり合うように, 陽イオンと陰イオンの個数の比を求める。
(2) 陽イオン・陰イオンの順に, イオンの電荷を省略して並べる。
(3) (1)で求めた数を, 各元素記号の右下に書く(1 は省略)。

(例) Al^{3+} ： O^{2-} ＝ 2 ： 3 ──イオンの電荷を省略──→ 組成式　Al_2O_3
　　価数の比3：2　　個数の比(価数の比の逆比になる)

陰イオン ＼ 陽イオン	Na^+ ナトリウムイオン	Ca^{2+} カルシウムイオン	Al^{3+} アルミニウムイオン
Cl^- 塩化物イオン	$NaCl$ 塩化ナトリウム	$CaCl_2$ 塩化カルシウム	$AlCl_3$ 塩化アルミニウム
SO_4^{2-} 硫酸イオン	Na_2SO_4 硫酸ナトリウム	$CaSO_4$ 硫酸カルシウム	$Al_2(SO_4)_3$ 硫酸アルミニウム
PO_4^{3-} リン酸イオン	Na_3PO_4 リン酸ナトリウム	$Ca_3(PO_4)_2$ リン酸カルシウム	$AlPO_4$ リン酸アルミニウム

・多原子イオンが2個以上のときは(　)でくくり,その数を右下に書く。1個のときは(　)は不要。

〔読み方〕 陰イオン→陽イオンの順に,「イオン」「物イオン」を省略して読む。

❷ 共有結合

❶共有結合 原子どうしが価電子を出し合い，互いに電子を共有してできる結合。

❷電子対 原子の最外殻電子のうち，2個で対になった電子。

不対電子 原子の最外殻電子のうち，対になっていない電子。

> 非金属元素の原子間で生じる。

❸共有電子対 2原子間で共有されている電子対。

非共有電子対 2原子間で共有されていない電子対。

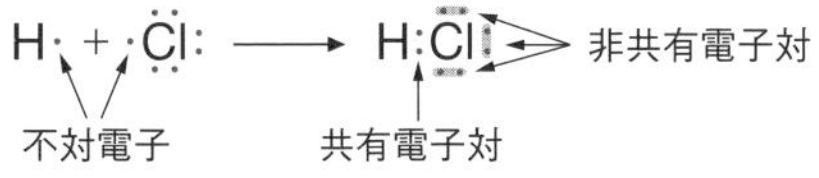

$$H· + ·\ddot{C}\ddot{l}: \longrightarrow H:\ddot{C}\ddot{l}:$$ →非共有電子対

不対電子　　共有電子対

> 共有結合した各原子は，H は He，Cl は Ar と同じ貴ガスの電子配置をとる。

❹分子式 分子を構成する原子の種類と数を表した化学式。

❺構造式 1組の共有電子対を1本の線(価標)で表した化学式。各原子の価標の数(原子価)を満たすように書く。

❻電子式 各原子の不対電子を組み合わせて，電子対をつくるように書く(上図参照)。

> **分子式の表し方**
> 構成原子の元素記号
> # H_2O
> 原子の数(1は省略)

❼分子の形 分子は固有の立体構造をもつ。中心の原子のもつ共有電子対や非共有電子対どうしの反発が最小になるような構造をとる。

	塩化水素	水	アンモニア	メタン	二酸化炭素
立体構造	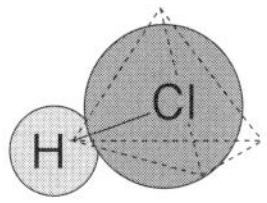 H—Cl	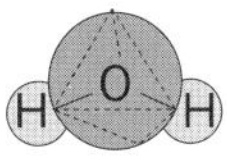 H—O—H	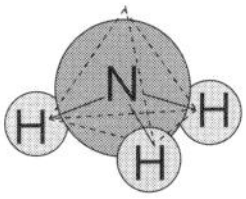 H—N—H（H）	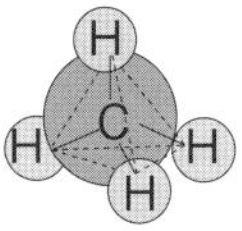 H—C（H）—H（H）	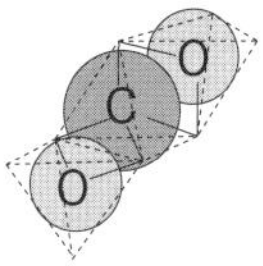 O—C—O
形	直線形	折れ線形	三角錐形	正四面体形	直線形
電子式	$H:\ddot{C}l:$	$H:\ddot{O}:H$	$H:\ddot{N}:H$（H）	$H:\overset{H}{\underset{H}{C}}:H$	$\ddot{O}::C::\ddot{O}$
構造式	H–Cl	H–O–H	H–N–H（H）	$H–\overset{H}{\underset{H}{C}}–H$	O=C=O

価標1本，2本，3本で表される共有結合を，それぞれ単結合，二重結合，三重結合という。

❽配位結合 非共有電子対を他の分子や陽イオンに提供してできる共有結合。

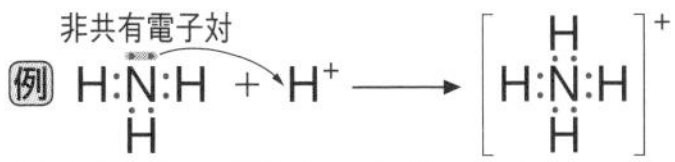

> 非共有電子対
> 例 $H:\ddot{N}:H$（H） $+ H^+ \longrightarrow \left[H:\overset{H}{\underset{H}{N}}:H\right]^+$ アンモニウムイオン

❾共有結合の結晶 多数の原子が共有結合でつながってできた結晶。

> 例 ダイヤモンド C，ケイ素 Si，二酸化ケイ素 SiO_2

(性質)きわめて硬く，融点が非常に高い。電気伝導性はない*。

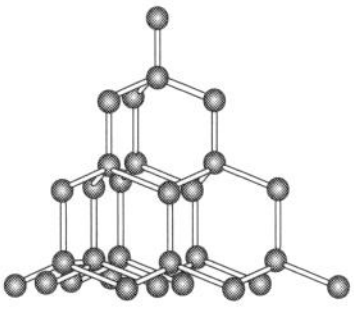

ダイヤモンド

*黒鉛 C は軟らかく，薄くはがれやすい。価電子の一部が自由に動けるため電気伝導性を示す。

確認＆チェック

❶ 次の文の［　　　］に適語を入れよ。

陽イオンと陰イオンが^①［　　　］(クーロン力)によって引き合う結合を^②［　　　］という。この結合は，陽性の強い^③［　　　］元素と陰性の強い^④［　　　］元素の原子間で生じる。

また，陽イオンと陰イオンがイオン結合によって規則的に配列した結晶を^⑤［　　　］という。

❷ 次の文の［　　　］に適切な語句，数字を入れよ。

原子どうしが価電子を出し合い，互いに電子を共有してできる結合を^①［　　　］という。水素原子と塩素原子は下図のように，^{②}［　　　］個ずつ不対電子を出し合い，それらを共有して塩化水素分子を形成する。このとき，水素原子は貴ガスの^③［　　　］原子，塩素原子は貴ガスの^④［　　　］原子と同じ安定な電子配置をとる。

$$H \cdot \overset{\cdot\cdot}{\underset{\cdot\cdot}{Cl}} : \longrightarrow H : \overset{\cdot\cdot}{\underset{\cdot\cdot}{Cl}} : \text{非共有電子対}$$

　不対電子　　　　共有電子対

❸ 次の記述に当てはまる化学用語を答えよ。
(1) 原子の最外殻電子のうち，対になっていない電子。
(2) 原子の最外殻電子のうち，対になっている電子。
(3) 2原子間で共有されている電子対。
(4) 2原子間で共有されていない電子対。

❹ 水分子を表す(1)～(3)の化学式を，それぞれ何というか。
(1) H_2O　　　(2) $H-O-H$　　　(3) $H : \overset{\cdot\cdot}{\underset{\cdot\cdot}{O}} : H$

❺ 次の分子の分子式を記せ。また，分子の形を下の(ア)～(エ)から記号で選べ。
(1) 水　　　(2) 二酸化炭素　　　(3) メタン
(4) アンモニア　　　(5) 塩化水素
$\begin{pmatrix} (ア) & 直線形 & (イ) & 折れ線形 \\ (ウ) & 三角錐形 & (エ) & 正四面体形 \end{pmatrix}$

❶ ① 静電気力
② イオン結合
③ 金属
④ 非金属
⑤ イオン結晶
→ p.26 ①

❷ ① 共有結合
② 1
③ ヘリウム(He)
④ アルゴン(Ar)
→ p.27 ②

❸ (1) 不対電子
(2) 電子対
(3) 共有電子対
(4) 非共有電子対
→ p.27 ②

❹ (1) 分子式
(2) 構造式
(3) 電子式
→ p.27 ②

❺ (1) H_2O, (イ)
(2) CO_2, (ア)
(3) CH_4, (エ)
(4) NH_3, (ウ)
(5) HCl, (ア)
→ p.27 ②

例題 9 エタノールの化学式 ■■□

右図のエタノール分子について，次の問いに答えよ。

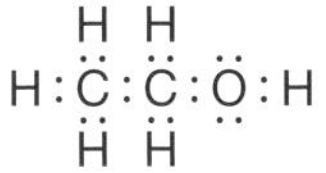

(1) 右図のような化学式を何というか。

(2) 共有電子対，非共有電子対は，それぞれ何組ずつあるか。

(3) エタノールの構造式を書け。

$$
\begin{array}{ccc}
H & H & \\
H\!:\!\overset{\cdot\cdot}{C}\!:\!\overset{\cdot\cdot}{C}\!:\!\overset{\cdot\cdot}{\underset{\cdot\cdot}{O}}\!:\!H \\
H & H & \\
\end{array}
$$

考え方 (1) 各原子の最外殻電子を点・で表した化学式を電子式という。分子の電子式は，各原子の電子式の不対電子を組み合わせて電子対をつくるように書けばよい。

$$H\,\overset{\frown}{\cdot}\,H \longrightarrow H\!:\!H$$

(2) 2原子間に共有され，共有結合に関与する電子対を共有電子対という。一方，2原子間で共有されておらず，共有結合に関与していない電子対を非共有電子対という。

エタノール分子には，10組の電子対があるが，このうち非共有電子対はO原子

に所属する2組だけであり，他の8組は共有電子対である。

(3) 〈電子式から構造式を書く方法〉

① 共有電子対1組ごとに，価標1本に直す。

② 非共有電子対は省略する。

共有電子対1組は，価標1本の単結合とする。

共有電子対2組は，価標2本の二重結合とする。

共有電子対3組は，価標3本の三重結合とする。

解答 (1) 電子式

(2) 共有電子対…8組　　非共有電子対…2組

(3)
$$
\begin{array}{ccc}
H & H & \\
| & | & \\
H\!-\!C\!-\!C\!-\!O\!-\!H \\
| & | & \\
H & H & \\
\end{array}
$$

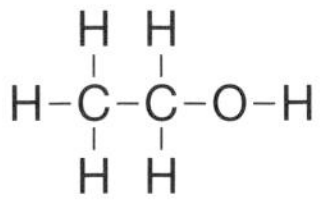

例題 10 物質の化学式 ■■□

次に示す各物質について，あとの問いに記号で答えよ。

　(ア) N_2　　(イ) MgO　　(ウ) O_2　　(エ) CH_4　　(オ) $NaOH$

(1) イオン結合でできた物質をすべて選べ。

(2) 原子価が最大である原子を含む分子を選べ。

(3) 二重結合，三重結合をもつ分子をそれぞれ選べ。

考え方 (1) 一般に，金属元素と非金属元素どうしの結合はイオン結合であり，非金属元素どうしの結合は共有結合，金属元素どうしの結合は金属結合と考えてよい。

(イ)では金属元素の Mg^{2+} と非金属元素の O^{2-} がイオン結合しており，(オ)では金属元素の Na^+ と非金属元素の OH^- とがイオン結合している（ただし，OとHは共有結合である）。

(2) 各原子のもつ価標の数を原子価という。原子価は原子のもつ不対電子の数に等しい。

価標(−)	−H	−O−	−N−	−C−	−Cl
原子価	(1)	(2)	(3)	(4)	(1)

各原子の原子価を過不足なく満たすように組み合わせると，分子の構造式(原子間の結合を価標(−)を用いて表した化学式)が書ける。最大の原子価4をもつC原子を含むメタン CH_4 分子を選べばよい。

(3) (イ)，(オ)以外は，すべて非金属元素からなり，共有結合を形成して分子をつくる。

(ア)　　　　(ウ)　　　　(エ)

$$N \equiv N \qquad O = O \qquad \begin{array}{c} H \\ | \\ H\!-\!C\!-\!H \\ | \\ H \end{array}$$

三重結合　　二重結合　　　すべて単結合

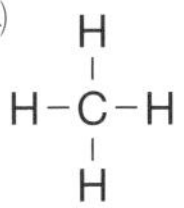

解答 (1)…(イ)，(オ)　　(2)…(エ)

(3) 二重結合…(ウ)，三重結合…(ア)

右表の陽イオンと陰イオンの組み合わせで生じる化合物①～③について，その組成式を記せ。

	Cl^-	SO_4^{2-}
NH_4^+	NH_4Cl	②
Al^{3+}	①	③

考え方 イオンからなる物質は，構成するイオンの数の割合（組成）を最も簡単な整数比で表した組成式で表す。

陽イオンと陰イオンがイオン結合して結晶をつくるとき，次の関係が成り立つ。

陽イオンの電荷×数＝陰イオンの電荷×数
⊕の個数：⊖の個数＝⊖の電荷：⊕の電荷

陽イオンと陰イオンの価数の比を前後で入れかえたもの（逆比）が，結合する陽イオンと陰イオンの個数の比に等しくなる。

① Al^{3+} と Cl^- の価数の比は $3:1$ だから，結合する Al^{3+} と Cl^- の個数の比は $1:3$ である。
② NH_4^+ と SO_4^{2-} の価数の比は $1:2$ だから，

結合する NH_4^+ と SO_4^{2-} の個数の比は $2:1$ である。
③ Al^{3+} と SO_4^{2-} の価数の比は $3:2$ だから，結合する Al^{3+} と SO_4^{2-} の個数の比は $2:3$ である。

〈組成式の書き方〉
・陽イオン→陰イオンの順に，電荷を省略して並べる。なお，各原子の個数の比は元素記号の右下に書く（1 は省略）。
・多原子イオンが 2 個以上ある場合は（ ）でくくり，その数を右下に書く。

解答 ① $AlCl_3$ ② $(NH_4)_2SO_4$
③ $Al_2(SO_4)_3$

次の分子式で表された各物質を，構造式と電子式でそれぞれ示せ。
(1) NH_3 (2) H_2O (3) CO_2

考え方

〈構造式の書き方〉
構造式は，各原子の原子価を過不足なく満たすように書く。このとき，**原子価の多い原子を中心に書き**，原子価の少ない原子をその周囲に並べていくとよい。

(1)   (2)
$-N-$ ⇒ H–N–H $-O-$ ⇒ H–O–H
　　　　　　　｜
　　　　　　 H
（構造式では，分子の形は考慮しなくてよい）
(3)
　　｜
$-C-$ ⇒ =C= ⇒ O=C=O
　　｜

〈構造式から電子式を書く方法〉
① 価標 1 本を，共有電子対 1 組 : に直す。

② 分子中では，各原子は安定な貴ガスの電子配置をとるから，各原子の周囲に 8 個（H 原子だけは 2 個）の電子が並ぶように，非共有電子対 : を書き加える。

(1) 〔構造式〕　〔途中〕　〔電子式〕
H–N–H ⇒ H:N:H ⇒ H:N:H
　｜
　H
（N 原子に非共有電子対 1 組を加える）

(2) H–O–H ⇒ H:O:H ⇒ H:O:H
（O 原子に非共有電子対 2 組を加える）

(3) O=C=O ⇒ O::C::O ⇒ O::C::O
（O 原子に非共有電子対 2 組を加える）

解答 考え方を参照。

標準問題

必は重要な必須問題。時間のないときはここから取り組む。

必 35 □□ ◀化学結合▶ 次の文の［　　］に適切な化学式，語句，数字を入れよ。

Na 原子と Cl 原子が近づくと①［　　］原子は電子 1 個を失って②［　　］となる。一方，③［　　］原子は電子 1 個を受け取り④［　　］となる。こうしてできた陽イオンと陰イオンは，静電気力(⑤［　　］力)で引き合う。このような結合を⑥［　　］という。

Cl 原子の価電子のうち，⑦［　　］個は対をつくっているが，⑧［　　］個は対をつくらずに存在する。このような電子を⑨［　　］という。一般に，2 個の原子が⑨を出し合って電子対をつくり，それを共有することで生じる結合を⑩［　　］という。このとき，2 原子間で共有されている電子対を⑪［　　］，2 原子間で共有されていない電子対を⑫［　　］という。

1 組の共有電子対を⑬［　　］とよばれる 1 本の線(－)で表した化学式を⑭［　　］という。また，原子 1 個のもつ⑬の数を，その原子の⑮［　　］という。

必 36 □□ ◀組成式▶ 次の問いに答えよ。

(1) 次のイオンで構成される物質の組成式を示せ。

① Na^+，S^{2-}　② Mg^{2+}，NO_3^-　③ Al^{3+}，SO_4^{2-}　④ Ca^{2+}，PO_4^{3-}

(2) 次の組成式で表される物質の名称を記せ。

① CaO　② $ZnCl_2$　③ $Fe(OH)_2$　④ $Al(OH)_3$　⑤ Na_2CO_3

37 □□ ◀分子式▶ 次の分子式で表される物質の名称を答えよ。

(1) NO　(2) NO_2　(3) N_2O_4　(4) SO_2
(5) H_2O_2　(6) P_4O_{10}　(7) HNO_3　(8) H_2SO_4
(9) C_2H_6　(10) C_3H_8　*(11) CH_3OH　*(12) C_2H_5OH
(13) HClO　(14) $HClO_2$　(15) $HClO_3$　(16) $HClO_4$

＊ (11)，(12)のように，分子の特徴を表す原子団(－OH)を明示した化学式を**示性式**という。

38 □□ ◀ダイヤモンドと黒鉛▶ 次の図を参考にして，表の空欄①～⑧に当てはまる語句を，あとの語群より選べ。

	ダイヤモンド	黒鉛
機械的性質	①	②
融点	③	④
電気的性質	⑤	⑥
光学的性質	⑦	⑧

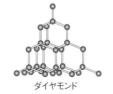

ダイヤモンド　　黒鉛

【語群】［軟らかい　絶縁体　良導体　透明　不透明
硬い　高い　低い　半導体　非常に高い］

必39□□ ◀イオン結合▶　イオン結合について，次の問いに答えよ。

(1) 次の物質のうち，イオン結合からなる物質をすべて選べ。

　　N_2　　$CuCl_2$　　C_2H_6　　CO_2　　KI　　I_2　　$Al_2(SO_4)_3$　　SiO_2

(2) 次の①〜⑤の記述のうち，正しいものを2つ選び，番号で記せ。

　① イオン結晶は，強い力で分子が集まっており，融点が高く割れにくい。

　② アンモニウムイオンは，アンモニア分子と水素イオンのイオン結合で生じる。

　③ イオン結晶は，陽イオンと陰イオンでできているため，固体状態でも電気を通す。

　④ イオン結晶を融解させて直流電圧をかけると，陽イオンは陰極に，陰イオンは陽極に移動する。

　⑤ イオン結合の強さは，陽イオンと陰イオンの電荷の積が大きいほど強くなる。また，両イオン間の距離が小さいほど強くなる。

40□□ ◀配位結合▶　次の文の□□に適語を入れよ。

　　空気中でアンモニアと塩化水素が出会うと①□□の白煙を生じる。このとき，NH_3分子の窒素原子がもっていた②□□がHCl分子から生じた③□□に提供されて，アンモニウムイオンNH_4^+が生成する。このとき新しく形成された結合を④□□という。生じたアンモニウムイオンに含まれる4本の$N-H$結合はすべて同等で，区別することが⑤□□。アンモニウムイオンの立体構造は⑥□□形である。また，水分子と水素イオンが④すると⑦□□が生成するが，その立体構造は⑧□□形である。

必41□□ ◀電子配置と化学結合▶　(a)〜(d)の電子配置をもつ原子について，次の問いに答えよ。

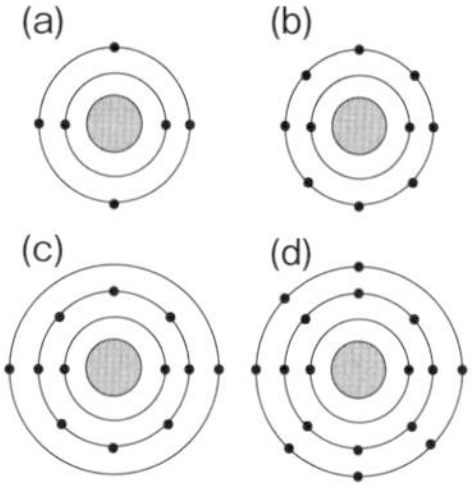

(1) 単原子分子となるものを選び，記号で答えよ。

(2) 共有結合の結晶をつくるものを選び，記号で答えよ。

(3) 金属結晶をつくるものを選び，記号で答えよ。

(4) (c)と(d)からなる化合物の結合の種類と化学式を答えよ。

(5) (a)1個と酸素原子2個からなる化合物の結合の種類と化学式を答えよ。

必42□□ ◀電子式と構造式▶　次の表は，いろいろな分子の構造をいくつかの方法で示したものである。例にならって空欄①〜⑫を埋めよ。また，あとの問いに答えよ。

分子式	(例)H_2	(ア)N_2	(イ)HCl	(ウ)H_2O	(エ)NH_3	(オ)CH_4	(カ)CO_2
構造式	H−H	①	②	③	④	⑤	⑥
電子式	H：H	⑦	⑧	⑨	⑩	⑪	⑫

(1) (ア)～(カ)の分子の形を，下の(a)～(e)から選び，記号で答えよ。
  (a) 直線形　　(b) 折れ線形　　(c) 三角錐形　　(d) 正四面体形　　(e) 正方形
(2) 二重結合をもつ分子を(ア)～(カ)から1つ選び，記号で答えよ。
(3) ⓐ 共有電子対の数が最も少ない分子を(ア)～(カ)から1つ選び，記号で答えよ。
  　ⓑ 非共有電子対の数が最も多い分子を(ア)～(カ)から1つ選び，記号で答えよ。
(4) 水素イオン H^+ と配位結合を形成する分子を(ア)～(カ)からすべて選び，記号で答えよ。

発展問題

43 □□ ◀電子式と分子の構造▶　次の(1)～(3)に当てはまる分子を，下の解答群(ア)～(キ)の中から選び，記号で答えよ。また，該当するものがない場合は「なし」と答えよ。
  (1) (a) 二重結合をもつ分子
  　　(b) 三重結合をもつ分子
  (2) (a) 非共有電子対を最も多くもつ分子
  　　(b) 非共有電子対をもたない分子
  (3) (a) 正四面体形の分子　　(b) 三角錐形の分子　　(c) 折れ線形の分子
  　　(d) 正三角形の分子　　　(e) 直線形の分子

【解答群】
  (ア) HF　　(イ) N_2　　(ウ) H_2S　　(エ) CS_2
  (オ) SiH_4　　(カ) PH_3　　(キ) BH_3

44 □□ ◀イオン結晶の融点▶　次の表は各種のイオン結晶の融点を示したものである。あとの各問いに答えよ。

(1) ナトリウムのハロゲン化物よりも2族元素の酸化物の方が融点が高い。その理由を説明せよ。

ナトリウムのハロゲン化物	NaF	NaCl	NaBr	NaI
融点(℃)	993	801	743	651
2族元素の酸化物	MgO	CaO	SrO	BaO
融点(℃)	2826	2572	2430	1918

(2) ナトリウムのハロゲン化物の融点は，$NaF > NaCl > NaBr > NaI$ の順となる。この理由を説明せよ。

45 □□ ◀電子式と分子の構造▶　分子中にある電子対どうしの反発は，分子の立体構造に大きく影響する。電子対反発則によれば，電子対は負電荷をもち相互に反発し，その反発力が最小になるように分子やイオンの形が決まる。その反発力の大きさは，およそ
  (非共有電子対間の反発) > (非共有電子対と共有電子対の反発)
  　　　　> (共有電子対間の反発) > (不対電子と共有電子対の反発)　　である。
このことを考慮して，亜硝酸イオン NO_2^-，二酸化窒素 NO_2，ニトロニウムイオン NO_2^+ における，O-N-O の結合角(∠ONO)の大きい順に並べよ。

4 化学結合②

1 分子の極性

❶電気陰性度 原子が共有電子対を引きつける強さを表す数値。周期表上では貴ガス（希ガス）を除いて，**右上の元素ほど大きく，左下の元素ほど小さい。**

全元素中でフッ素(F)が最大。18族の貴ガス（希ガス）は値が求められていない。

元　素	F	O	N	Cl	S	C	H	Na	K
電気陰性度	4.0	3.4	3.0	3.2	2.6	2.6	2.2	0.9	0.8

❷結合の極性 共有結合している2原子間に見られる電荷の偏り（極性）。

2原子間の電気陰性度の差が大きいほど，**結合の極性**は大きくなる。

> 2原子間の電気陰性度の差 ── **大きい：イオン結合の性質が大**
> ── **小さい：共有結合の性質が大**

❸分子の極性 分子全体に見られる電荷の偏り（極性）。

分子全体で極性をもつ分子が極性分子。極性をもたない分子が無極性分子。

二原子分子では，分子の極性は結合の極性と一致する。

極性分子…**例** フッ化水素 HF, 塩化水素 HCl

無極性分子…**例** 水素 H_2, 酸素 O_2, 窒素 N_2

多原子分子では，分子の極性は，立体構造（形）の影響を受ける。

極性分子	結合に極性があり，分子全体でその極性が打ち消されない。中心原子に非共有電子対あり。(例)水，アンモニア	折れ線形	三角錐形
無極性分子	結合に極性があるが，分子全体でその極性が打ち消される。中心原子に非共有電子対なし。(例)二酸化炭素，メタン	直線形	正四面体形

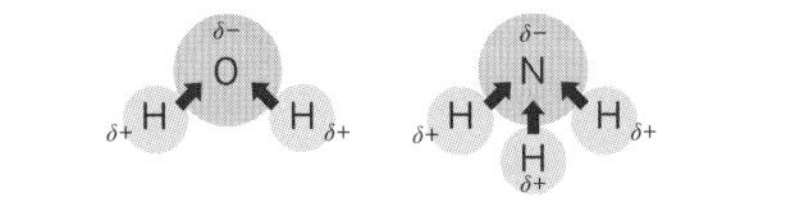

$\delta+$ はわずかな正電荷，$\delta-$ はわずかな負電荷を表す。

2 分子間の結合

❶分子間力 分子間にはたらく比較的弱い引力の総称。

水素結合(→ p.93)を除く分子間力をファンデルワールス力という。

分子量(→ p.42)が大きい物質ほど，分子間力が強くはたらき，融点・沸点が高くなる。

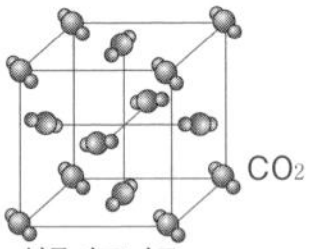

CO_2

ドライアイス

❷分子結晶 分子が分子間力によって，規則的に配列した結晶。

例 ドライアイス CO_2, ヨウ素 I_2, ナフタレン $C_{10}H_8$, 氷 H_2O

（性質）軟らかく，融点が低い。電気伝導性はない。**昇華性**を示すものが多い。

❸ 金属結合

❶自由電子 金属中を自由に動き回る電子。

❷金属結合 自由電子を仲立ちとした金属原子間の
結合。

❸金属結晶 金属結合によってできた結晶。

❹金属の性質 すべて自由電子のはたらきで生じる。

・金属光沢 特有の輝きを示す。

・電気伝導性，熱伝導性 電気，熱をよく伝える。

・展性(叩くと薄く広がる性質)，延性(引っ張ると長く延びる性質)に富む。

金属結晶は，下の3種類の単位格子[*1]のいずれかをとる→(p.132)。

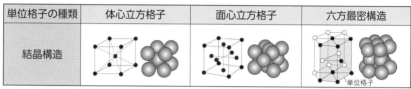

単位格子の種類	体心立方格子	面心立方格子	六方最密構造
結晶構造			単位格子

*1)結晶内での粒子の配列構造(結晶格子)の最小の繰り返し単位を単位格子という。

❹ 結晶の種類と性質

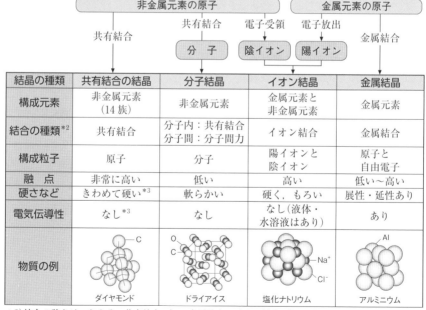

結晶の種類	共有結合の結晶	分子結晶	イオン結晶	金属結晶
構成元素	非金属元素 (14族)	非金属元素	金属元素と 非金属元素	金属元素
結合の種類[*2]	共有結合	分子内：共有結合 分子間：分子間力	イオン結合	金属結合
構成粒子	原子	分子	陽イオンと 陰イオン	原子と 自由電子
融点	非常に高い	低い	高い	低い～高い
硬さなど	きわめて硬い[*3]	軟らかい	硬く，もろい	展性・延性あり
電気伝導性	なし[*3]	なし	なし(液体・ 水溶液はあり)	あり
物質の例	ダイヤモンド	ドライアイス	塩化ナトリウム	アルミニウム

*2)結合の強さは，およそ 共有結合 ＞ 金属結合・イオン結合 ≫ 分子間力 である。

*3)黒鉛は多数の原子が共有結合で結びついた共有結合の結晶であるが，軟らかく，電気伝導性を示す。

1 次の記述に当てはまる化学用語を答えよ。

(1) 原子が共有電子対を引きつける強さを表す数値。

(2) 全元素中で，電気陰性度が最大の元素。

(3) 共有結合している 2 原子間に見られる電荷の偏り。

(4) 分子全体に見られる電荷の偏り。

(5) 分子全体で極性をもつ分子。

(6) 分子全体で極性をもたない分子。

2 次の記述に当てはまる化学用語を答えよ。

(1) 分子間にはたらく比較的弱い引力の総称。

(2) 分子が分子間力で引き合い，規則的に配列した結晶。

(3) 多数の原子が共有結合で結びついてできた結晶。

3 次の記述に当てはまる化学用語を答えよ。

(1) 金属中を自由に動き回る電子。

(2) 自由電子を仲立ちとした金属原子間の結合。

(3) 金属結合によってできた結晶。

(4) 金属の示す特有の輝き。

(5) 金属を引っ張ると長く延びる性質。

(6) 金属を叩くと薄く広がる性質。

4 次の金属結晶の単位格子の名称をそれぞれ答えよ。

 ① ② ③

単位格子

5 (a)～(d)の結晶に当てはまる性質を，(ア)～(エ)より選べ。

(a) イオン結晶　　(b) 共有結合の結晶

(c) 金属結晶　　　(d) 分子結晶

(ア) 融点は非常に高く，きわめて硬い。

(イ) 融点は低く，軟らかい。

(ウ) 融点は高く，硬くてもろい。

(エ) 固体でも液体でも電気をよく導く。

解答

1 (1) 電気陰性度

(2) フッ素

(3) 結合の極性

(4) 分子の極性

(5) 極性分子

(6) 無極性分子

→ p.34 **1**

2 (1) 分子間力

(2) 分子結晶

(3) 共有結合の結晶

→ p.34 **2**

3 (1) 自由電子

(2) 金属結合

(3) 金属結晶

(4) 金属光沢

(5) 延性

(6) 展性

→ p.35 **3**

4 ① 面心立方格子

② 体心立方格子

③ 六方最密構造

→ p.35 **3**

5 (a) (ウ)

(b) (ア)

(c) (エ)

(d) (イ)

→ p.35 **4**

次の各分子を極性分子，無極性分子に分類せよ。（　）は分子の形を表す。
(1)　H_2O（折れ線形）　　　(2)　CO_2（直線形）

考え方　共有結合している2原子間に見られる電荷の偏りを，結合の極性という。

・同種の2原子からなる共有結合…極性なし
・異種の2原子からなる共有結合…極性あり

結合の極性を共有電子対が引きつけられる方向に矢印（ベクトル）で示すと，次のようになる。

(1)　$\overset{\delta-}{O} - \overset{\delta+}{H}$　　　(2)　$\overset{\delta+}{C} = \overset{\delta-}{O}$

分子の極性は，分子の立体構造に基づいて，このベクトルを合成した合成ベクトルで判断する。結合の極性と分子の極性の関係は，次のようになる。

(1)　H_2O　　　　　　　(2)　CO_2

（折れ線形）　　　　　（直線形）
⟶ 結合の極性　　⟹ 分子の極性

(1)　H_2Oの場合，分子全体においては，結合の極性は互いに打ち消し合わず，H_2Oは**極性分子**となる。

(2)　CO_2では，結合の極性ベクトルの大きさが同じで逆向きなので，これらは互いに打ち消し合い，CO_2は**無極性分子**となる。

解答　(1)　**極性分子**　　(2)　**無極性分子**

次の(a)〜(e)は，原子の電子配置を示す。下の(1)〜(5)の組み合わせで，原子どうしは，どのような結合で結びつくか。その化学結合の種類を答えよ。

(a) 　　(b) 　　(c) 　　(d) 　　(e)

(1)　(a)と(e)　　(2)　(b)と(c)　　(3)　(d)と(e)　　(4)　(b)どうし　　(5)　(d)どうし

考え方　電子の数＝陽子の数＝原子番号より，電子の数から原子の種類がわかる。

(a)はH，(b)はC，(c)はO，(d)はNa，(e)はClである。

(d)だけが金属元素で，(a)，(b)，(c)，(e)はすべて非金属元素である。

一般に，原子どうしの化学結合の種類は，構成元素の種類と次のような関係がある。

非金属元素どうし………共有結合
金属元素と非金属元素…イオン結合
金属元素どうし…………金属結合

(1)　非金属元素のHとClは共有結合で結びつき，HCl分子をつくる。

(2)　非金属元素のCとOは共有結合で結びつき，CO_2やCOなどの分子をつくる。

(3)　金属元素のNaと非金属元素のClは，電子の授受によりNa⁺，Cl⁻となりイオン結合で結びつき，**イオン結晶NaCl**をつくる。

(4)　非金属元素のCどうしは共有結合で次々と結びつき，**共有結合の結晶C**をつくる。

(5)　金属元素のNaどうしは金属結合で次々と結びつき，**金属結晶Na**をつくる。

解答　(1)　**共有結合**　　　　(2)　**共有結合**
(3)　**イオン結合**　　(4)　**共有結合**
(5)　**金属結合**

次の(1)～(4)の各結晶の実例を A 群から，その特性を表している記述を B 群からそれぞれ記号で選べ。

  (1) 金属結晶   (2) イオン結晶   (3) 共有結合の結晶   (4) 分子結晶

【A 群】(a) 塩化カリウム   (b) ダイヤモンド   (c) 鉄   (d) ヨウ素

【B 群】(ア) 融点が非常に高く，きわめて硬い。

      (イ) 固体は電気を導かないが，液体・水溶液にすると電気を導く。

      (ウ) 融点が低く，電気を導かない。

      (エ) 展性・延性があり，固体でも電気を導く。

考え方 構成元素の種類（金属元素か非金属元素）によって，結晶の種類が次のようになる。

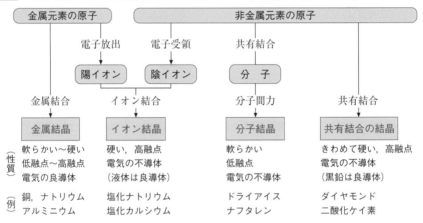

・結合力の強さは，共有結合＞イオン結合・金属結合≫分子間力である。

  一般に，粒子間の結合力が強いほど，結晶は硬く，融点も高くなる傾向がある。

(1) 金属元素どうしがつくるのは金属結晶で，実例は鉄(Fe)。金属中には自由電子が存在し，電気・熱をよく導き，外力により原子どうしの位置が多少ずれても，金属結合の強さはほとんど変わらない。したがって，金属結晶は展性・延性を示す。

(2) 金属元素と非金属元素からできるものはイオン結晶で，実例は塩化カリウム(KCl)。

  イオン結晶は固体のままでは電気を導かないが，イオンが移動できる状態（液体や水溶液）にすると，電気を導くようになる。

(3) 14 族の非金属元素どうし(C，Si の単体)は，共有結合で結びついた共有結合の結晶をつくる。実例はダイヤモンド(C)。化学結合の中では共有結合が最も強いので，融点は非常に高く，きわめて硬い。

(4) 一般に，非金属元素（貴ガスを除く）の原子は，共有結合で分子を形成し，それらが分子間力で集まって分子結晶をつくる。実例はヨウ素(I_2)，ドライアイス(CO_2)。分子間力は他の化学結合に比べてはるかに弱いので，分子結晶の融点は低く，軟らかい。

解答 (1)…(c)，(エ)   (2)…(a)，(イ)

       (3)…(b)，(ア)   (4)…(d)，(ウ)

標準問題　必は重要な必須問題。時間のないときはここから取り組む。

必 46 □□ ◀電気陰性度と極性▶　次の文の［　　］に適語を入れ，あとの問いにも答えよ。

原子が①［　　］を引きつける強さを数値で表したものを電気陰性度という。電気陰性度の値は，貴ガス(希ガス)を除いて，周期表の右上にある元素ほど②［　　］く，全元素中では③［　　］が最も大きい。

電気陰性度の異なる2原子間の共有結合では，電気陰性度の④［　　］い方の原子に共有電子対が引きつけられるため，その原子はわずかに⑤［　　］の電荷をもち，他方の原子はわずかに⑥［　　］の電荷をもつ。このように，結合した2原子間に電荷の偏りがあることを，結合に⑦［　　］があるという。

一般に，電気陰性度の差の小さい原子間の結合では，⑧［　　］結合の性質が強くなり，電気陰性度の差の大きい原子間の結合では，⑨［　　］結合の性質が強くなる。

また，分子全体として電荷の偏り(極性)をもつか否かは，分子の⑩［　　］が影響する。分子全体として，電荷の偏りをもつ分子を⑪［　　］，電荷の偏りをもたない分子を⑫［　　］という。

〔問〕 次の(ア)～(エ)に示す結合のうち，結合の極性が最も大きいものはどれか。ただし，各原子の電気陰性度は，O＝3.4，H＝2.2，N＝3.0，F＝4.0とする。

(ア) O－H　　(イ) N－H　　(ウ) F－H　　(エ) F－F

必 47 □□ ◀分子の極性▶　次の文の［　　］に適切な語句を記入せよ。

塩化水素分子 HCl の H－Cl 結合には極性があるので，分子全体でも①［　　］となる。

メタン分子 CH_4 の C－H 結合には極性があるが，分子が②［　　］形であるため，結合の極性が互いに打ち消し合って，分子全体では③［　　］となる。また，アンモニア分子 NH_3 の N－H 結合にも極性があるが，分子が④［　　］形であるため，結合の極性が互いに打ち消し合わず，分子全体では⑤［　　］となる。

水分子 H_2O の O－H 結合には極性があるが，分子が⑥［　　］形であるため，結合の極性が互いに打ち消し合わず，分子全体では⑦［　　］となる。

二酸化炭素分子 CO_2 の C＝O 結合には⑧［　　］がある。しかし，分子が⑨［　　］形であり，C＝O 結合が同一直線上で逆向きに並んでいるため，分子全体では⑩［　　］となる。

48 □□ ◀分子の極性▶　次の(ア)～(カ)の分子を極性分子，無極性分子に分類せよ。ただし，(　)内は分子の形を示す。

(ア) フッ素 F_2(直線形)　　(イ) フッ化水素 HF(直線形)
(ウ) 二硫化炭素 CS_2(直線形)　　(エ) 硫化水素 H_2S(折れ線形)
(オ) ホスフィン PH_3(三角錐形)　　(カ) 四塩化炭素 CCl_4(正四面体形)

必49 □□ ◀金属結合▶　次の文の□□□に適語を入れよ。

　同種の金属原子が多数集まると，価電子はもとの原子から離れ，金属中を自由に動き回るようになる。このような電子を①□□□□といい，①による金属原子間の結合を②□□□□という。

　金属は特有の金属光沢をもち，固体でも③□□□□や熱をよく導く。また，薄く広げて箔や板などに加工できる④□□□□や，細く延ばして棒や針金などに加工できる⑤□□□□がある。これらの特性はいずれも⑥□□□□のはたらきによるものである。

50 □□ ◀金属の利用▶　次の(1)～(5)に該当する金属を，元素記号で答えよ。
(1)　単体が常温・常圧で液体の金属。圧力計や蛍光灯に用いられる。
(2)　電気伝導性が最も大きい金属。鏡や電気配線などに利用される。
(3)　電気・熱の伝導性に優れた金属。硬貨や電線に用いられる。
(4)　ボーキサイトから得られる。電気・熱の伝導性に優れた軽い金属。
(5)　最も多量に使われている金属で，建築物の構造材や機械材料などに用いられる。

必51 □□ ◀化学結合▶　次の文の□□□に適する語句を，下の語群から選べ。ただし，同じ語句を繰り返し用いてもよい。
(1)　分子結晶は，分子どうしが①□□□□という弱い力で集まっているため，その結晶は②□□□□く，融点は③□□□□いものが多い。
(2)　共有結合の結晶は，原子どうしが④□□□□という強い結合で結びついているため，その結晶はきわめて⑤□□□□く，融点は非常に⑥□□□□いものが多い。
(3)　イオン結晶は，陽イオンと陰イオンが⑦□□□□という強い結合で結びついているため，その結晶は⑧□□□□いが，外力を加えると特定の面に沿って割れてしまうという特徴がある。融点は一般的に⑨□□□□く，固体では電気の⑩□□□□であるが，水溶液は電気の⑪□□□□となる。
(4)　金属結晶は，原子どうしが⑫□□□□という結合で結びついている。金属は，電気・熱の⑬□□□□であり，展性・延性に富み，他の物質には見られない独特な輝き（＝⑭□□□□）が見られる。

【語群】┌共有結合　　分子間力　　金属結合　　イオン結合　　高　　　低┐
　　　　└硬　　　軟らか　　良導体　　不導体（絶縁体）　　金属光沢┘

52 □□ ◀結晶と性質▶　次の①～⑤の記述のうち，正しいものをすべて選べ。
①　金属元素と非金属元素が化合すると，イオン結晶ができやすい。
②　二酸化ケイ素などの共有結合の結晶は，水によく溶け，電気を導きやすい。
③　黒鉛が電気を導くのは，金属結合をしているためである。
④　ヨウ素や硫黄などの分子結晶は，分子内に共有結合を含むので，融点が高い。
⑤　金属結晶内では，自由電子が存在するため，展性や延性に富む。

必**53** □□ ◀結晶とその分類▶　結晶には，構成粒子間の結合のしかたで，次の4種類がある。

　　(1)　イオン結晶　　(2)　共有結合の結晶　　(3)　分子結晶　　(4)　金属結晶

　下のA群には結晶を構成する粒子の種類が，B群にはその粒子間の結合力の種類が，C群には結晶の特徴的な性質が，D群には結晶の実例が示されている。上の(1)〜(4)に対応するものを各群より記号で選べ。ただし，D群からは2個ずつ選べ。

【A群】(ア)　原子　　(イ)　分子　　(ウ)　原子と自由電子　　(エ)　陽イオンと陰イオン

【B群】(オ)　自由電子による結合　　　(カ)　静電気力

　　　　(キ)　電子対の共有による結合　　(ク)　分子間力

【C群】(ケ)　きわめて硬く，融点も非常に高い。

　　　　(コ)　外力を加えると展性・延性を示し，電気伝導性がよい。

　　　　(サ)　電気伝導性はないが，水溶液や融解状態では電気の良導体となる。

　　　　(シ)　一般に軟らかく融点が低い。昇華性を示すものもある。

【D群】(a)　ヨウ素　　　(b)　塩化鉄(Ⅲ)　　(c)　ナトリウム　　(d)　臭化カリウム

　　　　(e)　鉄　　　　(f)　炭化ケイ素　　(g)　ドライアイス　　(h)　ダイヤモンド

発展問題

54 □□ ◀化学結合の種類▶　次に示す各物質が結晶状態にあるとき，それぞれの結晶に存在している結合および力の種類を，下の(ア)〜(オ)からすべて選べ。

　(1)　ダイヤモンド　　(2)　二酸化炭素　　(3)　マグネシウム

　(4)　二酸化ケイ素　　(5)　塩化銅(Ⅱ)　　(6)　塩化アンモニウム　　(7)　アルゴン

　　　⎡(ア)　金属結合　　(イ)　イオン結合　　(ウ)　共有結合　　　⎤
　　　⎣(エ)　配位結合　　(オ)　分子間力　　　　　　　　　　　　　⎦

55 □□ ◀電気陰性度と分子の極性▶　元素の周期表を参考にして，次の問いに答えよ。

(1)　表中から，電気陰性度が最大の元素と最小の元素を選び，元素名で答えよ。

(2)　電気陰性度が求められていないのは，周期表の何族元素か。また，その理由を答えよ。

周期＼族	1	2	13	14	15	16	17	18
1	H							He
2	Li	Be	B	C	N	O	F	Ne
3	Na	Mg	Al	Si	P	S	Cl	Ar

(3)　次の各物質のうち，①イオン結合性の最も強いもの，②共有結合性の最も強いもの，をそれぞれ1つ選び，物質名で答えよ。

　　　〔　HCl　　O_2　　HF　　NaCl　　NaF　〕

(4)　次の各物質のうち，無極性分子をすべて選び，物質名で答えよ。

　　　〔　CH_3Cl　　H_2S　　F_2　　CS_2　　NH_3　〕

5 物質量と濃度

1 原子量・分子量・式量

❶原子の相対質量 質量数 12 の炭素原子 ^{12}C の質量を 12(基準)とした各原子の質量の相対値。単位はない。各原子の質量数にほぼ等しい。

❷元素の原子量 各元素の原子の相対質量の平均値を表す。

・同位体の存在する元素の原子量は，各原子の相対質量に存在比をかけて求めた平均値[*1]となる。

例 塩素の原子量 = $35.0 \times \dfrac{76.0}{100} + 37.0 \times \dfrac{24.0}{100} ≒ 35.5$

原子	相対質量	天然存在比
^{35}Cl	35.0	76.0%
^{37}Cl	37.0	24.0%

[*1] 同位体の存在しない元素の原子量は，その原子の相対質量に一致する。

❸分子量 原子量と同じ基準で求めた分子の相対質量。
分子を構成する全原子の原子量の総和で求める。

例 H_2O の分子量 = $1.0 \times 2 + 16 = 18$
CO_2 の分子量 = $12 + 16 \times 2 = 44$

酸素(=16)
水素(=1.0)
水分子

❹式量 組成式やイオンの化学式を構成する全原子の原子量の総和。
分子が存在しない物質では，分子量の代わりに用いる。

例 OH^- の式量 = $16 + 1.0 = 17$[*2]
NaCl の式量 = $23.0 + 35.5 = 58.5$

炭素(=12)
酸素(=16)
二酸化炭素分子

[*2] 電子の質量は陽子や中性子の質量に比べてきわめて小さいので，無視できる。

2 物質量

❶アボガドロ数 ^{12}C 原子 12g 中に含まれる ^{12}C の数にほぼ等しい。6.0×10^{23} [*3]

❷1mol(モル) 物質を構成する粒子(原子，分子，イオンなど)の 6.0×10^{23} 個の集団[*4]。

❸物質量 mol(モル)を単位として表した物質の量。

❹アボガドロ定数(N_A) 物質 1mol あたりの粒子の数。
$N_A = 6.0 \times 10^{23}$/mol で表される。

❺モル質量 物質 1mol あたりの質量。
原子量・分子量・式量に，単位〔g/mol〕をつけた質量。

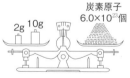
炭素原子
6.0×10^{23}個
2g 10g
1molの定義

[*3] アボガドロ数の詳しい値は，6.02×10^{23} である(別冊p.27 参考 参照)。

[*4] 鉛筆 12 本を 1 ダースとするのと同様に，粒子 6.0×10^{23} 個をまとめて 1mol として扱う。

物質量　1mol
粒子数　6.0×10^{23} 個

物質量　2mol
粒子数　1.2×10^{24} 個

物質量　0.5mol
粒子数　3.0×10^{23} 個

❻気体1molあたりの体積(モル体積) 0℃, $1.013×10^5$Pa(= 標準状態)において, 気体1molあたりの体積は, 気体の種類に関係なく, 22.4〔L/mol〕である。

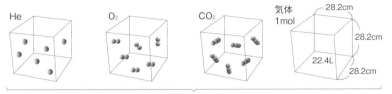

同温・同圧のとき, 同体積の気体は, 同数の分子を含む (アボガドロの法則)。

❼気体の密度 気体1Lあたりの質量で表される。

$$気体の密度(標準状態)〔g/L〕 = \frac{気体1molあたりの質量}{気体1molあたりの体積} = \frac{モル質量〔g/mol〕}{22.4〔L/mol〕}$$

❽気体の密度と分子量 気体の分子量はその密度から求められる。

分子量…モル質量〔g/mol〕= 気体の密度(標準状態)〔g/L〕× 22.4〔L/mol〕

例 標準状態において, 密度1.25g/Lの気体の分子量は,

1.25g/L $× 22.4$L/mol $= 28.0$〔g/mol〕 ⟶ 分子量 = 28.0
　　　　　　　　　　　　　　　　　単位をとる

❸ 物質量の相互関係

❶物質量と粒子の数, 質量, 気体の体積の関係

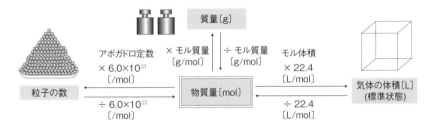

上図のように, 粒子の数, 質量, 気体の体積との間で相互変換する場合は, いったん, 物質量〔mol〕を経由して行うとよい。

❷物質量の求め方

$$物質量〔mol〕 = \frac{粒子の数}{6.0×10^{23}〔/mol〕} = \frac{質量〔g〕}{モル質量〔g/mol〕} = \frac{気体の体積(標準状態)〔L〕}{22.4〔L/mol〕}$$

物質量〔mol〕に, それぞれ, アボガドロ定数, モル質量, モル体積をかければ, 粒子の数, 質量, 気体の体積(標準状態)を求めることができる。

4 物質の溶解性

❶溶液 物質が液体に溶けてできた均一な混合物。

溶液
- 溶媒 …物質を溶かしている液体。(水，エタノールなど)
- 溶質 …液体に溶けている物質。(固体，液体，気体)

❷物質の溶解 極性の似たものどうしがよく溶け合う。

イオン結晶
極性分子 …極性のある溶媒に溶けやすい。　例 グルコース(極性分子)が水に溶ける。

無極性分子 …極性のない溶媒に溶けやすい。　例 ヨウ素がヘキサンに溶ける。

5 溶液の濃度

❶濃度 溶液中に溶けている溶質の割合。

濃度	定義	単位	利用
質量パーセント濃度	溶液 100g 中に溶けている溶質の質量。	%	日常，最もよく使われる濃度。
モル濃度	溶液 1L 中に溶けている溶質の物質量〔mol〕。	mol/L	化学の計算でよく使われる濃度。

$$質量パーセント濃度〔\%〕 = \frac{溶質の質量〔g〕}{溶液の質量〔g〕} \times 100$$

$$モル濃度〔mol/L〕 = \frac{溶質の物質量〔mol〕}{溶液の体積〔L〕}$$

※モル濃度のわかっている溶液は，体積をはかれば直ちに溶質の物質量がわかるので便利である。
溶質の物質量〔mol〕＝モル濃度〔mol/L〕×溶液の体積〔L〕で求められる。

❷正確なモル濃度の溶液の調製法

例 1.0mol/L の塩化ナトリウム水溶液の調製

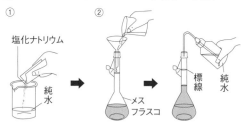

① 塩化ナトリウム　純水　メス　フラスコ

② 標線　純水　メスフラスコ

① NaCl 0.10mol(5.85g) を約 50mL(メスフラスコの容量の半分程度)の純水に溶かす。

② 100mL のメスフラスコに移す。ビーカー内部を少量の純水で洗い，その洗液もメスフラスコに入れる。

③ 純水を標線まで加えて，ちょうど100mLの溶液とする。栓をしてよく振り混ぜ，均一な溶液にする。
$$\frac{0.10mol}{0.10L} = 1.0〔mol/L〕$$

❸濃度の換算 質量％濃度とモル濃度の換算は，溶液 1L(＝1000mL＝1000cm³)あたりで考えるとよい。モル質量M〔g/mol〕の溶質を溶かした質量パーセント濃度A〔％〕，密度d〔g/cm³〕の水溶液のモル濃度C〔mol/L〕は，次式で表される。

$$C〔mol/L〕 = 1000〔cm^3〕 \times d〔g/cm^3〕 \times \frac{A}{100} \times \frac{1}{M〔g/mol〕}$$

確認&チェック

1 次の文の ☐ に適切な語句，数値を入れよ。

原子の質量はきわめて小さいので，質量数 12 の炭素原子 ^{12}C の質量を ^{①}☐ (基準)とした，各原子の質量の相対値を用いる。これを，原子の ^{②}☐ という。

同位体の存在する元素では，各同位体の相対質量に存在比をかけて求めた平均値を，その元素の ^{③}☐ という。

分子を構成する全原子の原子量の総和を ^{④}☐ ，組成式やイオンの化学式を構成する全原子の原子量の総和を ^{⑤}☐ という。

2 天然の塩素には，^{35}Cl(相対質量 35.0)と ^{37}Cl(相対質量 37.0)の 2 種類の同位体が存在し，その存在比はそれぞれ 76.0 %，24.0%である。☐を埋め，塩素の原子量を求めよ。

$$35.0 \times \frac{^{①}\boxed{}}{100} + 37.0 \times \frac{^{②}\boxed{}}{100} \fallingdotseq {}^{③}\boxed{}$$

3 次の文の ☐ に適語を入れよ。

物質を構成する粒子(原子・分子・イオン)の 6.0×10^{23} 個の集団を ^{①}☐ という。モル(mol)を単位として表した物質の量を ^{②}☐ という。また，6.0×10^{23}/mol という定数を ^{③}☐ という。

物質 1mol あたりの質量を ^{④}☐ といい，物質の構成粒子が原子の場合は ^{⑤}☐ に，分子の場合は ^{⑥}☐ に，イオンの場合は ^{⑦}☐ に単位〔g/mol〕をつけたものに等しい。

4 次の文の ☐ に適切な語句，数値を入れよ。

「同温・同圧で，同体積の気体は ^{①}☐ の分子を含む。」これを ^{②}☐ の法則という。0℃，1.013×10^5Pa の状態を ^{③}☐ といい，このとき気体 1mol の体積は，気体の種類に関係なく，^{④}☐ L である。

5 次の表の空欄①〜④を埋めよ。

濃度	単位	定義
①	②	溶液 100g 中に溶けている溶質の質量。
③	④	溶液 1L 中に溶けている溶質の物質量。

解答

1
① 12
② 相対質量
③ 原子量
④ 分子量
⑤ 式量
→ p.42 ①

2
① 76.0
② 24.0
③ 35.5
→ p.42 ①

3
① 1mol(モル)
② 物質量
③ アボガドロ定数
④ モル質量
⑤ 原子量
⑥ 分子量
⑦ 式量
→ p.42 ②

4
① 同数
② アボガドロ
③ 標準状態
④ 22.4
→ p.43 ②

5
① 質量パーセント濃度
② %
③ モル濃度
④ mol/L
→ p.44 ⑤

次の問いに答えよ。ただし，アボガドロ定数は 6.0×10^{23}/mol とする。

(1) 天然の銅原子には，^{63}Cu（相対質量 62.9）と ^{65}Cu（相対質量 64.9）の同位体が存在
し，それぞれの存在比は 70.0％と 30.0％である。これより銅の原子量を小数第1
位まで求めよ。

(2) アルミニウムの結晶を調べたところ，アルミニウム原子4個の質量が 1.8×10^{-22}g
であることがわかった。アルミニウムの原子量を求めよ。

考え方 (1) 同位体の存在する元素の原子量
は，各同位体の相対質量にその存在比をか
けて計算した平均値で求められる。

（元素の原子量）＝（原子の相対質量×存在
比）の和より，

$$銅の原子量 = 62.9 \times \frac{70.0}{100} + 64.9 \times \frac{30.0}{100}$$
$$= 63.5$$

(2) 原子 1mol の質量は，原子量に単位〔g〕を
つけたものになる。したがって，アルミニ

ウム原子 6.0×10^{23} 個の質量を求めればよい。

Al 原子1個の質量は $\dfrac{1.8 \times 10^{-22}}{4}$〔g〕

∴ Al 原子 1mol の質量は次のようになる。

$$\frac{1.8 \times 10^{-22}}{4} \times 6.0 \times 10^{23} = 27〔g〕$$

単位〔g〕をとると，Al の原子量は 27。

解答 (1) 63.5　　(2) 27

メタン分子 CH_4 について，次の問いに答えよ。原子量は H＝1.0，C＝12，アボ
ガドロ定数は 6.0×10^{23}/mol とする。

(1) メタン 2.4g の物質量はいくらか。

(2) メタン 2.4g の体積は標準状態で何 L か。

(3) メタン 2.4g に含まれるメタン分子および，水素原子はそれぞれ何個か。

解説 (1) メタンの分子量は，$CH_4 = 12 + 1.0 \times 4 = 16$ より，そのモル質量は 16g/mol である。
メタン 2.4g の物質量は，

$$物質量 = \frac{質量〔g〕}{モル質量〔g/mol〕} = \frac{2.4g}{16g/mol} = 0.15〔mol〕$$

CH₄分子

(2) 気体 1mol あたりの体積（モル体積）は，標準状態で 22.4L/mol であるから，
気体の体積（標準状態）＝物質量〔mol〕×気体のモル体積〔L/mol〕より，
メタンの体積（標準状態）＝ $0.15mol \times 22.4L/mol = 3.36 \fallingdotseq 3.4〔L〕$

(3) 物質量 1mol 中には，アボガドロ数（6.0×10^{23}）個の粒子が含まれる。
粒子数＝物質量〔mol〕×アボガドロ定数〔/mol〕より，
CH_4 分子の数 ＝ $0.15mol \times 6.0 \times 10^{23}/mol = 0.90 \times 10^{23} = 9.0 \times 10^{22}〔個〕$
CH_4 1分子中には，C 原子1個と H 原子4個が含まれるから，
H 原子の数 ＝ $9.0 \times 10^{22} \times 4 = 36 \times 10^{22} = 3.6 \times 10^{23}〔個〕$

C原子　H原子

解答 (1) 0.15mol　　(2) 3.4L　　(3) CH_4：9.0×10^{22} 個　H：3.6×10^{23} 個

次の気体の分子量を求めよ。

(1) 標準状態での密度が 1.25g/L である気体の分子量。

(2) 標準状態で 1.12L を占める気体の質量が 2.40g である気体の分子量。

考え方 気体の密度は，体積 1L あたりの質量で示し，単位は〔g/L〕で表す。

物質 1mol あたりの質量をモル質量〔g/mol〕といい，分子量に単位〔g/mol〕をつけたものである。

したがって，分子量は，モル質量から単位〔g/mol〕をとった数値にほぼ一致する。

(1) 気体の種類によらず，気体 1mol の体積は標準状態で 22.4L だから，この気体 1mol（標準状態で 22.4L）に相当する質量を求めると，

$$1.25g/L × 22.4L = 28.0〔g〕$$

この気体の分子量は，上記の 28.0g から単位〔g〕をとった 28.0 である。

(2) この気体 1mol（標準状態で 22.4L）に相当する質量は，

$$2.40g × \frac{22.4L}{1.12L} = 48.0〔g〕$$

この気体の分子量は，上記の 48.0g から単位〔g〕をとった 48.0 である。

解答 (1) 28.0　(2) 48.0

---

(1) グルコース $C_6H_{12}O_6$ 9.0g を水に溶かして 200mL の水溶液をつくった。この水溶液のモル濃度を求めよ。（分子量は，$C_6H_{12}O_6 = 180$）

(2) 質量パーセント濃度が 27.0%で，密度が 1.20g/cm³ の希硫酸について，次の問いに答えよ。（分子量は，$H_2SO_4 = 98$）

① この希硫酸 1000mL 中に，溶質として含まれる硫酸は何 g か。

② この希硫酸のモル濃度は何 mol/L か。

解説 (1) グルコースの分子量は $C_6H_{12}O_6$ =180 より，そのモル質量は 180g/mol である。グルコース 9.0g の物質量は，

$$\frac{質量}{モル質量} = \frac{9.0g}{180g/mol} = 0.050〔mol〕$$

水溶液の体積は 200mL = 0.20L だから，

$$モル濃度 = \frac{溶質の物質量〔mol〕}{溶液の体積〔L〕}$$

$$= \frac{0.050mol}{0.20L} = 0.25〔mol/L〕$$

(2) ① 質量〔g〕=密度〔g/cm³〕×体積〔cm³〕から，この希硫酸 1000mL（=1000cm³）の質量を求め，その質量の 27%が溶質である硫酸の質量である。

希硫酸 1000mL 中に含まれる溶質の質量は，

$$1000cm³ × 1.20g/cm³ × \frac{27.0}{100} = 324〔g〕$$

② ①で求めた溶質の H_2SO_4 324g の物質量は，硫酸 H_2SO_4 の分子量が 98 より，そのモル質量は 98g/mol なので，

$$\frac{324g}{98g/mol} ≒ 3.306 ≒ 3.31〔mol〕$$

よって，希硫酸のモル濃度は 3.31mol/L。

解答 (1) 0.25mol/L

(2) ① 324g　② 3.31mol/L

必56 □□ ◀同位体と原子量▶　次の問いに答えよ。

(1) 天然のホウ素には, ^{10}B が 20.0%, ^{11}B が 80.0%(存在比)含まれる。各ホウ素の相対質量は質量数に等しいとして, ホウ素の原子量を小数第 1 位まで求めよ。

(2) 天然の塩素には 2 種類の同位体 ^{35}Cl(相対質量 34.97)と ^{37}Cl(相対質量 36.97)が存在し, 塩素の原子量は 35.45 である。^{35}Cl と ^{37}Cl の存在比〔%〕をそれぞれ小数第 1 位まで求めよ。

57 □□ ◀原子量▶　次の文のうち, 正しいものをすべて記号で選べ。

(ア) 原子量の基準は, 現在, 質量数 12 の炭素原子の質量を 12 としている。

(イ) 原子量は原子の相対的な質量を表したものなので, 単位はない。

(ウ) 同位体の存在する元素の原子量は存在比が最大である同位体の相対質量と等しい。

(エ) 原子量の基準は, 地球上のすべての炭素原子の相対質量の平均を 12 としている。

(オ) 同位体が存在しなければ, 元素の原子量はすべて整数値で表される。

58 □□ ◀モル質量▶　次の各物質の 1mol あたりの質量(モル質量)は, それぞれ何 g/mol か。(原子量は, H = 1.0, C = 12, N = 14, O = 16, S = 32)

① 水　H_2O　　　　　　② 二酸化炭素　CO_2

③ 硝酸　HNO_3　　　　④ 硫酸イオン　SO_4^{2-}

59 □□ ◀物質量の定義▶　次の文の□□□に適切な語句, 数字を入れよ。

^{12}C 原子を①□□□g はかり取ったとき, その中に含む ^{12}C 原子の数はほぼ 6.0×10^{23} 個となり, この数を②□□□という。また, 6.0×10^{23} 個の粒子の集団を③□□□という。このように, mol を単位として表した物質の量を④□□□といい, mol は国際単位系の基本単位の 1 つである。1mol あたりの粒子の数を, ⑤□□□という。また, 物質 1mol あたりの質量を⑥□□□といい, 原子の場合は⑦□□□に g/mol を, 分子の場合は⑧□□□に g/mol を, イオンの場合は⑨□□□に g/mol をつけたものになる。また, 0℃, 1.013×10^5 Pa の状態を⑩□□□といい, ⑩における気体 1mol の体積は, 気体の種類に関係なく⑪□□□L である。

必60 □□ ◀物質量の計算▶　次の文の□□□に当てはまる数値を記入せよ。原子量は, C = 12, O = 16, アボガドロ定数は 6.0×10^{23}/mol とする。

二酸化炭素 1.1g の物質量は①□□□mol で, その体積は標準状態で②□□□L である。また, この中には③□□□個の二酸化炭素分子が含まれ, さらに, その中には, 炭素原子と酸素原子あわせて④□□□個の原子が存在する。

必61 □□ ◀物質量の計算▶　次の問いに答えよ。ただし，原子量は，H = 1.0，C = 12，N = 14，O = 16，Cl = 35.5，アボガドロ定数は 6.0×10^{23}/mol とする。

(1) 窒素分子 2.4×10^{24} 個の物質量を求めよ。

(2) 塩化水素分子 7.3g の物質量を求めよ。

(3) 標準状態で 11.2L のアンモニア分子の物質量を求めよ。

(4) 水 2.0mol 中には，何個の水分子が含まれるか。

(5) 酸素原子 1.5mol の質量は何 g か。

(6) 二酸化炭素 0.25mol の占める体積は，標準状態で何 L か。

必62 □□ ◀物質量の計算▶　次の問いに答えよ。ただし，原子量は，H = 1.0，C = 12，O = 16，アボガドロ定数は 6.0×10^{23}/mol とする。

(1) 1.5×10^{23} 個の酸素分子の質量は何 g か。

(2) 3.2g のメタン分子の占める体積は，標準状態で何 L か。

(3) 標準状態で 5.6L の水素中には，何個の水素分子が含まれるか。

(4) 標準状態で 2.8L を占める二酸化炭素の質量は何 g か。

63 □□ ◀物質量▶　次の文の □□□ に適切な数値を入れよ。ただし，原子量は，H = 1.0，N = 14，O = 16，Cl = 35.5，アボガドロ定数は 6.0×10^{23}/mol とする。

(1) 酸素分子 1.2×10^{23} 個は標準状態で① □□□ L を占める。

(2) 窒素 8.4g と酸素 6.4g の混合気体に含まれる分子の数は② □□□ 個である。

(3) 塩化水素 0.20mol は③ □□□ g であり，その体積は標準状態で④ □□□ L である。

64 □□ ◀平均分子量▶　空気は窒素と酸素が 4:1 の体積の比で混合した気体である。次の問いに答えよ。ただし，原子量は，H = 1.0，C = 12，N = 14，O = 16 とする。

(1) 空気中の窒素と酸素の物質量の比はいくらか。

(2) 空気の平均分子量を小数第 1 位まで求めよ。

(3) 次の各気体の中から，空気より軽いものをすべて記号で選べ。

　(ア)　NH_3　　(イ)　C_3H_8　　(ウ)　NO_2　　(エ)　CH_4

必65 □□ ◀気体の分子量▶　次の問いに答えよ。ただし，原子量は，H = 1.0，C = 12，O = 16，Cl = 35.5 とする。

(1) 標準状態における密度が 1.96g/L の気体の分子量を求めよ。

(2) 同温・同圧で同体積のある気体と酸素の質量を比較したら，その気体の質量は酸素の 2.22 倍であった。この気体の分子量を求めよ。

(3) 同温・同圧において，次の気体を密度の小さいものから順に，化学式で書け。

　(a)　二酸化炭素　　(b)　メタン　　(c)　酸素　　(d)　塩化水素

必**66** □□ ◀物質量▶　水酸化カルシウム $Ca(OH)_2$ について，次の問いに答えよ。原子量は，$H = 1.0$，$O = 16$，$Ca = 40$，アボガドロ定数は 6.0×10^{23}/mol とする。

(1)　この物質 0.20mol の質量は何 g か。

(2)　この物質 37g の物質量は何 mol か。

(3)　この物質 37g 中に含まれるイオンの総数を求めよ。

必**67** □□ ◀モル濃度▶　次の問いに答えよ。ただし，$C_6H_{12}O_6$ の分子量は180，NaOH の式量は 40 とする。

(1)　9.0g のグルコース $C_6H_{12}O_6$ を，水に溶かして 200mL にした水溶液は何 mol/L か。

(2)　0.25mol/L の水酸化ナトリウム NaOH 水溶液 200mL 中に，NaOH は何 mol 含まれるか。また，含まれる NaOH の質量は何 g か。

(3)　0.16mol/L の硫酸水溶液 100mL と 0.24mol/L の硫酸水溶液 300mL を混合した水溶液の体積が 400mL であるとする。この硫酸水溶液の濃度は何 mol/L か。

68 □□ ◀水溶液の調製▶　0.200mol/L の塩化ナトリウム水溶液を 100mL つくりたい。次の問いに答えよ。

(1)　塩化ナトリウムは何 g 必要か。（式量：NaCl = 58.5）

(2)　水溶液を調製する操作を次に示してある。正しい順序に記号で並べかえよ。

　(ア)　メスフラスコの標線までピペットで純水を加える。

　(イ)　(1)で求めた質量分の塩化ナトリウムを天秤ではかり取る。

　(ウ)　約 50mL の純水を 100mL のビーカーに入れ，そこにはかり取った塩化ナトリウムを加えて溶かし，メスフラスコに入れる。

　(エ)　メスフラスコに栓をしてよく振り，均一な溶液にする。

　(オ)　純水でビーカーの内壁を洗い，その洗った液もメスフラスコに入れる。

69 □□ ◀硫酸銅(Ⅱ)水溶液の調製▶　硫酸銅(Ⅱ)五水和物 $CuSO_4 \cdot 5H_2O$ の結晶を水に溶かして，0.10mol/L の硫酸銅(Ⅱ)水溶液を 1.0L つくりたい。その方法として最も適切なものを選び，番号で答えよ。（式量：$CuSO_4 = 160$，$CuSO_4 \cdot 5H_2O = 250$）

　①　$CuSO_4 \cdot 5H_2O$ 16g を水 1.0L に溶かす。

　②　$CuSO_4 \cdot 5H_2O$ 25g を水 1.0L に溶かす。

　③　$CuSO_4 \cdot 5H_2O$ 25g を水に溶かし 1.0L とする。

　④　$CuSO_4 \cdot 5H_2O$ 25g を水 975g に溶かす。

必**70** □□ ◀濃度の換算▶　次の濃度を求めよ。ただし，NaOH の式量は 40.0，H_2SO_4 の分子量は 98.0 とする。

(1)　6.00mol/L の水酸化ナトリウム水溶液（密度 1.20g/cm³）の質量パーセント濃度

(2)　20.0％希硫酸（密度 1.14g/cm³）のモル濃度

71 □□ ◀組成式と原子量▶ 次の問いに答えよ。

(1) ある金属 X 4.2g を十分に酸化したところ，組成式 X_3O_4 で表される酸化物 5.8g を生じた。この金属 X の原子量を求めよ。ただし，原子量は $O=16$ とする。

(2) 元素 A と B からなる化合物には A が質量百分率で 70% 含まれる。A の原子量が B の原子量の 3.5 倍であるとき，この化合物の組成式は次のうちどれか。

 (ア) AB (イ) AB_2 (ウ) AB_3 (エ) A_2B (オ) A_2B_3 (カ) A_3B (キ) A_3B_2

72 □□ ◀水溶液の調製▶ 96.0% 濃硫酸(硫酸の分子量 98.0)の密度を $1.84g/cm^3$ として，次の問いに有効数字 3 桁で答えよ。

(1) この濃硫酸のモル濃度を求めよ。

(2) この濃硫酸から 3.00mol/L 希硫酸 500mL をつくるには，この濃硫酸が何 mL 必要か。

(3) 右図の器具を用いて，(2)の希硫酸をつくる操作方法を順に説明せよ。

メスシリンダー ビーカー メスフラスコ 純水 ガラス棒

73 □□ ◀メタンハイドレート▶ メタンハイドレートは，水分子のつくるかご状構造の中にメタン分子が取り囲まれたもので，外見は氷によく似ている。水分子がつくる正十二面体中にメタン 1 分子が取り込まれたメタンハイドレートについて，次の問いに答えよ。

(原子量：$H=1.0$, $C=12$, $O=16$)

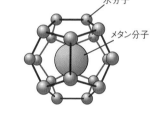

水分子
メタン分子

(1) このメタンハイドレートの分子量はいくらか。

(2) このメタンハイドレート 2.2kg から得られるメタンの体積は標準状態で何 L か。

74 □□ ◀アボガドロ定数の測定(実験)▶ ステアリン酸 $C_{17}H_{35}COOH$ 0.0284g をヘキサン 100mL に溶かし，その 0.250mL を水面に滴下すると，ヘキサンは蒸発し，水面上にステアリン酸の分子が一層に並んだ単分子膜 $340cm^2$ を生じた。次の問いに答えよ。ただし，分子量は $C_{17}H_{35}COOH=284$ とする。

(1) 水面に滴下したステアリン酸分子の物質量は何 mol か。

(2) $340cm^2$ の単分子膜中には何個のステアリン酸分子が含まれるか。ただし，水面上でステアリン酸 1 分子の占める面積(断面積)を $2.20×10^{-15}cm^2$ とする。

単分子膜

(3) この実験から求められるアボガドロ定数はいくらか。有効数字 3 桁で答えよ。

6 化学反応式と量的関係

1 化学反応式

❶**化学変化** 物質の種類が変わる変化。 **例** 物質の燃焼，水の電気分解など。

❷**化学反応式（反応式）** 化学変化を化学式を用いて表した式。

❸**化学反応式のつくり方**

① 反応物を左辺に，生成物を右辺にそれぞれ**化学式**で書き，両辺を→で結ぶ。

② 両辺の各原子の数が等しくなるように，化学式の前に係数をつける。
係数は最も簡単な整数比とする。係数の1は省略する。

③ 化学変化しなかった溶媒や触媒*などは，反応式中には書かない。

*触媒…自身は変化せず，化学反応を促進させるはたらきをもつ物質。MnO_2 が代表的。

❹**係数のつけ方**

目算法 最も複雑な（多種類の原子を含む）物質の係数を1とおき，他の物質の係数を暗算で決める。係数が分数になれば，分母を払って整数にしておく。

化学反応式を書き表す順序（例）	プロパンと酸素が反応して二酸化炭素と水を生じる反応	
① 反応物と生成物の化学式を書き，矢印で結ぶ。	$C_3H_8 + O_2 \rightarrow CO_2 + H_2O$	
② C_3H_8 の係数を1とおき，炭素原子の数を合わせる。	$1C_3H_8 + O_2 \rightarrow 3CO_2 + H_2O$	C原子が左辺で3個なので，CO_2 の係数を3にする。
③ 水素原子の数を合わせる。	$1C_3H_8 + O_2 \rightarrow 3CO_2 + 4H_2O$	H原子が左辺で8個なので，H_2O の係数を4にする。
④ 酸素原子の数を合わせる。	$1C_3H_8 + 5O_2 \rightarrow 3CO_2 + 4H_2O$	O原子が右辺で10個なので，O_2 の係数を5にする。
⑤ 係数の「1」を省略する。	$C_3H_8 + 5O_2 \rightarrow 3CO_2 + 4H_2O$	係数に分数がある場合は，最も簡単な整数比にする。

・登場回数の少ない C，H 原子の数を先に，登場回数の多い O 原子の数を最後に合わせるとよい。

未定係数法 各係数を未知数の a，b，c，…とおき，連立方程式を解いて求める。

例 $a\,\mathrm{FeS_2} + b\,\mathrm{O_2} \longrightarrow c\,\mathrm{Fe_2O_3} + d\,\mathrm{SO_2}$

Fe 原子について　　　　　　　$a = 2c$　　　　…①

S 原子について　　　　　　　$2a = d$　　　　…②

O 原子について　　　　　　　$2b = 3c + 2d$　　…③

$a = 1$ とおくと，①より $c = \dfrac{1}{2}$，②より $d = 2$，③より $b = \dfrac{11}{4}$

係数全体を4倍して，$a = 4$，$b = 11$，$c = 2$，$d = 8$

❺**イオン反応式** 反応に関係したイオンだけで表した反応式。

両辺で，各原子の数だけでなく，電荷の総和も等しく合わせること。

例 硝酸銀水溶液に塩化ナトリウム水溶液を加えると，塩化銀の沈殿を生じる反応。

$AgNO_3 + NaCl \longrightarrow AgCl + NaNO_3$ （化学反応式）

$Ag^+ + Cl^- \longrightarrow AgCl$ （イオン反応式）

2 化学反応式の量的関係

- 反応式の係数の比は，反応に関係する**物質の物質量(mol)**の比を表す。
- 気体の反応の場合，反応式の係数の比は，同温，同圧における**体積の比**も表す。

❶化学反応式の示す量的関係

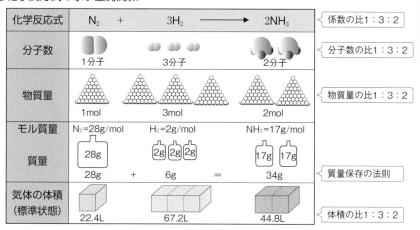

❷化学反応式の量的計算

〔1〕 与えられた物質の物質量を求める。

〔2〕 反応式の係数の比から，目的物質の物質量を求める。

〔3〕 目的物質の物質量を，指定された量に変換する。

❸反応物に過不足がある反応の量的計算

一方の物質が余る場合，すべてが反応する(不足する)方の物質の物質量を基準として，生成物の物質量を求めるようにする。

3 化学の基本法則

法則(発見者，年)	内容
質量保存の法則 (ラボアジエ　1774年)	化学変化の前後で，反応物と生成物の質量の総和は変わらない。
定比例の法則 (プルースト　1799年)	化合物を構成する元素の質量比は常に一定である。
倍数比例の法則 (ドルトン　1803年)	2種類の元素からなる2種類以上の化合物では，一方の元素の一定質量と化合する他方の元素の質量比は簡単な整数比になる。
気体反応の法則 (ゲーリュサック　1808年)	気体が関係する反応では，反応・生成する気体の体積は，同温・同圧の下で簡単な整数比になる。
アボガドロの法則 (アボガドロ　1811年)	すべての気体は，同温・同圧で同体積中に同数の分子を含む。

確認&チェック

1 次の文の□□□に適語を入れよ。

　物質の種類が変わる変化を①□□□という。化学変化を化学式を用いて表した式を②□□□という。また，イオンが関係する反応において，反応に関係したイオンだけで表した反応式を③□□□という。

2 次の文の□□□に適語を入れよ。

　化学反応式は，反応前の物質(①□□□)の化学式を左辺に，反応後の物質(②□□□)の化学式を右辺に書き，矢印で結ぶ。このとき，両辺にある各原子の数が等しくなるように，化学式の前に③□□□(1は省略)をつける必要がある。

3 次の化学反応式に係数をつけよ。(1も省略しないこと)

(1) □Mg + □O_2 ⟶ □MgO

(2) □CH_4 + □O_2 ⟶ □CO_2 + □H_2O

4 下の表中の①〜⑤に適切な数値を単位も含めて入れよ。

化学反応式	$2H_2$	+	O_2	⟶ $2H_2O$(気体)
物質量	2mol		①	②
標準状態の体積	③		22.4L	④
質　量	4.0g		32g	⑤

5 一酸化炭素が燃焼すると，二酸化炭素が生成する。

$$2CO + O_2 \longrightarrow 2CO_2$$

(1) CO 1.0mol を完全燃焼させると CO_2 は何 mol 生成するか。

(2) CO 5.0mol を完全燃焼させるのに O_2 は何 mol 必要か。

6 次の文に該当する化学の基本法則の名称を答えよ。

(1) 気体どうしの反応では，反応に関係する気体の体積間に簡単な整数比が成り立つ。

(2) 化学変化の前後では，物質の質量の総和は変わらない。

(3) 化合物を構成する元素の質量比は，常に一定である。

(4) 同温・同圧において，同体積の気体は同数の分子を含む。

(5) 2種類の元素 A，B からなる複数の化合物について，一定質量の A と化合する B の質量は，簡単な整数比となる。

解答

1
① 化学変化
② 化学反応式
③ イオン反応式
→ p.52 1

2
① 反応物
② 生成物
③ 係数
→ p.52 1

3
(1) 2, 1, 2
(2) 1, 2, 1, 2
→ p.52 1

4
① 1mol
② 2mol
③ 44.8L
④ 44.8L
⑤ 36g
→ p.53 2

5
(1) 1.0mol
(2) 2.5mol
→ p.53 2

6
(1) 気体反応の法則
(2) 質量保存の法則
(3) 定比例の法則
(4) アボガドロの法則
(5) 倍数比例の法則
→ p.53 3

次の化学反応式の係数を求め，化学反応式を完成させよ。

(1) (　)C_2H_2 + (　)O_2 ⟶ (　)CO_2 + (　)H_2O

(2) (　)Fe + (　)O_2 ⟶ (　)Fe_2O_3

(3) (　)NH_3 + (　)O_2 ⟶ (　)NO + (　)H_2O

考え方 化学変化は，原子の組み合わせが変わるだけで，原子が生成・消滅することはない。よって，化学反応式では，両辺の各原子の数が等しくなるように，化学式の前に係数をつける必要がある。簡単な反応式の場合，ある物質の係数を1とおき，両辺を見ながら暗算で係数を決めていく目算法が有効である。

(1)①原子の種類が多くて複雑な化学式の C_2H_2 の係数を，まず1とおく。

②両辺に登場する回数の少ない原子(C, H)に着目し，順次，CO_2 の係数を2，H_2O の係数を1と決めていく。

$$1C_2H_2 + (　)O_2 \longrightarrow 2CO_2 + 1H_2O$$

③右辺のO原子の数が5個だから，O_2 の係数をとりあえず $\frac{5}{2}$ と決める。

④全体を2倍して，係数の分母を払い，最

も簡単な整数に直す。

(2) 最も複雑な Fe_2O_3 の係数を1とおく。右辺のFe原子の数は2個より，左辺Feの係数は2。右辺のO原子の数が3個より，O_2 の係数をとりあえず $\frac{3}{2}$ と決める。最後に，全体を2倍して係数を整数に直す。

(3) とりあえず NH_3 の係数を1とおく。H原子の数は，左辺が3個，右辺が2個だから，最小公倍数の6個に合わせる。

$$2NH_3 + (　)O_2 \longrightarrow 2NO + 3H_2O$$

右辺のO原子の数が5個より，O_2 の係数をとりあえず $\frac{5}{2}$ と決める。最後に，全体を2倍して係数を最も簡単な整数に直す。

解答 (1) $2C_2H_2 + 5O_2 \rightarrow 4CO_2 + 2H_2O$

(2) $4Fe + 3O_2 \rightarrow 2Fe_2O_3$

(3) $4NH_3 + 5O_2 \rightarrow 4NO + 6H_2O$

次の化学反応式の係数を求め，化学反応式を完成させよ。

(　)Cu + (　)HNO_3 ⟶ (　)$Cu(NO_3)_2$ + (　)NO + (　)H_2O

考え方 複雑な化学反応式の場合，各化学式の係数を $a, b, c, \cdots$ のように未知数とし，両辺の各原子の数が等しくなるように連立方程式を立て，それを解いて係数が求められる。この方法を未定係数法という。

$$aCu + bHNO_3 \longrightarrow cCu(NO_3)_2 + dNO + eH_2O$$

Cuについて：$a = c$ ⋯①
Hについて：$b = 2e$ ⋯②
Nについて：$b = 2c + d$ ⋯③
Oについて：$3b = 6c + d + e$ ⋯④

未知数が5つで方程式が4つしかないので，この連立方程式は解けない。そこで，ある係数を1とおき，係数の比を求めるとよい。

$b = 1$ とおくと②より $e = \frac{1}{2}$

③より $1 = 2c + d$ ⋯③′

④より $\frac{5}{2} = 6c + d$ ⋯④′

④′−③′より $c = \frac{3}{8}$ ①より $a = \frac{3}{8}$

③より $d = \frac{1}{4}$

分母を払うために，係数全体を8倍する。

$a = 3, b = 8, c = 3, d = 2, e = 4$

解答

$$3Cu + 8HNO_3 \longrightarrow 3Cu(NO_3)_2 + 2NO + 4H_2O$$

例題 22 化学反応式の量的関係 ■■

プロパン C_3H_8 の完全燃焼反応について，次の問いに答えよ。ただし，分子量は，$C_3H_8 = 44$，$H_2O = 18$，$O_2 = 32$ とする。

$$C_3H_8 + 5O_2 \longrightarrow 3CO_2 + 4H_2O$$

(1) プロパン 22g を完全燃焼させたとき，発生する二酸化炭素は標準状態で何 L か。

(2) プロパン 22g を完全燃焼させたとき，生成する水は何 g か。

(3) プロパン 22g を完全燃焼させるのに，必要な酸素は何 g か。

解き方 化学反応の量的計算では，**係数の比 ＝物質量の比**の関係を利用して解く。

プロパンの完全燃焼についての量的関係は次のようになる。

$$C_3H_8 + 5O_2 \longrightarrow 3CO_2 + 4H_2O$$

物質量比　1mol　5mol　　　　　3mol　　4mol

(1) プロパンの分子量が $C_3H_8 = 44$ より，モル質量は 44g/mol である。

プロパン 22g の物質量は，

$$\frac{質量}{モル質量} = \frac{22g}{44g/mol} = 0.50〔mol〕$$

発生する CO_2 の物質量は $C_3H_8 : CO_2 = 1 : 3$（体積の比）より，$0.50mol \times 3 = 1.5〔mol〕$

CO_2 1.5mol の体積（標準状態）は，

$$1.5mol \times 22.4L/mol = 33.6 ≒ 34〔L〕$$

(2) 生成する H_2O の物質量は，係数の比より，

$$0.50mol \times 4 = 2.0〔mol〕$$

水の分子量が $H_2O = 18$ より，モル質量は 18g/mol なので，水 2.0mol の質量は，

$$2.0mol \times 18g/mol = 36〔g〕$$

(3) 燃焼に必要な O_2 の物質量は，係数の比より，

$$0.50mol \times 5 = 2.5〔mol〕$$

酸素の分子量が $O_2 = 32$ より，モル質量は 32g/mol なので，O_2 2.5mol の質量は，

$$2.5mol \times 32g/mol = 80〔g〕$$

解答 (1) 34L　(2) 36g　(3) 80g

例題 23 過不足ある反応の量的関係 ■■

メタン CH_4 の完全燃焼は，$CH_4 + 2O_2 \longrightarrow CO_2 + 2H_2O$ の反応式で表される。1.0mol のメタンと 3.0mol の酸素を反応させた場合について，次の問いに答えよ。

(1) 反応せずに余る気体は何か。また，何 mol 余るか。

(2) 生成した二酸化炭素と水の物質量はそれぞれ何 mol か。

解き方 反応物の量に過不足がある場合，反応物の物質量の大小関係を調べる。そして，完全に反応する（不足する）方の物質の物質量を基準にして，生成物の物質量を求めるとよい。

(1) 反応式の係数から，1.0mol のメタンとちょうど反応する酸素は 2.0mol である。酸素は 3.0mol あるので，全部は反応せずに，$3.0 - 2.0 = 1.0〔mol〕$ 余る。

(2) メタン 1.0mol は完全に反応するから，これを基準として，生成する CO_2 と H_2O の物質量は反応式の係数から次のようにまとめられる。

	CH_4	+	$2O_2$	$\longrightarrow$	CO_2	+	$2H_2O$
反応前	1.0mol		3.0mol		0mol		0mol
変化量	− 1.0mol		− 2.0mol		+ 1.0mol		+ 2.0mol
反応後	0mol		1.0mol		1.0mol		2.0mol

解答 (1)酸素，1.0mol　(2)二酸化炭素…1.0mol，水…2.0mol

例題 24 化学反応の量的関係

ある質量のマグネシウムをはかり取り，濃度未知の塩酸 10mL を加えて，発生する水素の体積を標準状態で測定した。

$$Mg + 2HCl \longrightarrow MgCl_2 + H_2$$

マグネシウムの質量を変えて，同様の測定を繰り返し，右図のようなグラフを得た。(原子量：Mg = 24)

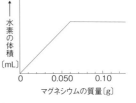

(1) 塩酸とちょうど反応したマグネシウムの質量は何 g か。

(2) 用いた塩酸の濃度は何 mol/L であったか。

考え方 (1) Mg が 0.060g までは，Mg の質量に比例して水素の発生量が増加している。それ以降は反応する HCl がなくなり，Mg を加えても水素の発生量は増加しない。よって，グラフが屈曲して横軸に平行となる点が Mg と HCl が過不足なく反応した点を示し，そのときの Mg の質量は 0.060g である。

(2) Mgの原子量は 24 なので，そのモル質量は 24g/mol。反応した Mg 0.060g の物質量は，

$$\frac{\text{質量}}{\text{モル質量}} = \frac{0.060\text{g}}{24\text{g/mol}} = 2.5\times10^{-3}\text{〔mol〕}$$

Mg : HCl = 1 : 2 (物質量比)で反応するから，2.5×10^{-3}mol の Mg とちょうど反応した HCl の物質量は $2.5\times10^{-3}\text{mol}\times2 = 5.0\times10^{-3}$〔mol〕

これが塩酸 10mL 中に含まれるから，

$$\text{モル濃度} = \frac{5.0\times10^{-3}\text{mol}}{0.010\text{L}} = 0.50\text{〔mol/L〕}$$

解答 (1) **0.060g** (2) **0.50mol/L**

例題 25 気体反応の量的計算

右図のような装置に酸素 100mL を通して無声放電したところ，その体積が 96.0mL となった。ただし，温度，圧力は変化しないものとする。

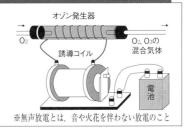

※無声放電とは，音や火花を伴わない放電のこと

(1) 反応した酸素は何 mL か。

(2) 反応後の混合気体中のオゾンは体積で何％を占めているか。

考え方 化学反応の量的計算は，通常は，**係数の比＝物質量の比**の関係から，物質量に直して行う。しかし，本問のように気体どうしの反応の場合，同温・同圧では，**係数の比＝体積の比**の関係が成り立つので，気体の体積の増減だけで量的計算を行うことができる。

(1) 反応式 $3O_2 \longrightarrow 2O_3$ より

物質量比 3mol 2mol

反応した O_2 を x〔mL〕とおくと，生成した O_3 は $\frac{2}{3}x$〔mL〕だから，

	$3O_2$	$\longrightarrow$ $2O_3$	
(反応前)	100	0	〔mL〕
(反応量)	$-x$	$+\frac{2}{3}x$	〔mL〕
(反応後)	$100-x$	$\frac{2}{3}x$	〔mL〕

反応後の気体の体積は $100-\frac{1}{3}x$〔mL〕

$100-\frac{1}{3}x = 96.0$ ∴ $x = 12.0$〔mL〕

(2) $\frac{O_3\text{の体積}}{\text{全体積}} = \frac{8.00}{96.0}\times100 \fallingdotseq 8.33$〔％〕

解答 (1) **12.0mL** (2) **8.33％**

標準問題　必は重要な必須問題。時間のないときはここから取り組む。

必 75 □□ ◀化学反応式の係数▶　次の化学反応式の係数を定めよ(1も答えよ)。

(1)　(　)Al　+(　)HCl　⟶　(　)$AlCl_3$　+(　)H_2

(2)　(　)P　+(　)O_2　⟶　(　)P_4O_{10}

(3)　(　)C_4H_{10}　+(　)O_2　⟶　(　)CO_2　+(　)H_2O

(4)　(　)FeS_2　+(　)O_2　⟶　(　)Fe_2O_3　+(　)SO_2

(5)　(　)MnO_2　+(　)HCl　⟶　(　)$MnCl_2$　+(　)Cl_2　+(　)H_2O

(6)　(　)NO_2　+(　)H_2O　⟶　(　)HNO_3　+(　)NO

必 76 □□ ◀化学反応式▶　次の化学変化を化学反応式で示せ。

(1)　エタン C_2H_6 を完全燃焼させると，二酸化炭素と水を生成する。

(2)　メタノール CH_4O を完全燃焼させると，二酸化炭素と水を生成する。

(3)　過酸化水素水に触媒として酸化マンガン(Ⅳ)を加えると，酸素が発生する。

(4)　アルミニウムを酸素中で燃やすと，酸化アルミニウム Al_2O_3 を生成する。

(5)　石灰水 $Ca(OH)_2$ に二酸化炭素を通じると，炭酸カルシウム $CaCO_3$ が沈殿する。

(6)　ナトリウム Na を水に入れると，水酸化ナトリウム NaOH と，水素が生成する。

必 77 □□ ◀イオン反応式の係数▶　次のイオン反応式の係数を定めよ(1も答えよ)。

(1)　(　)Ag^+　+(　)Cu　⟶　(　)Ag　+(　)Cu^{2+}

(2)　(　)Al　+(　)H^+　⟶　(　)Al^{3+}　+(　)H_2

(3)　(　)Fe^{3+}　+(　)Sn^{2+}　⟶　(　)Fe^{2+}　+(　)Sn^{4+}

(4)　(　)Fe^{2+}　+(　)H_2O_2　+(　)H^+　⟶　(　)Fe^{3+}　+(　)H_2O

(5)　(　)SO_2　+(　)O_2　+(　)OH^-　⟶　(　)SO_4^{2-}　+(　)H_2O

78 □□ ◀化学の基本法則▶　次の文の［　　］に適切な語句，人物名を入れよ。

18世紀末に，ラボアジエは「化学反応の前後で，物質の質量の総和は変化しない」という①［　　］を発見した。同じころ，プルーストにより，「化合物を構成する元素の質量比は常に一定である」という②［　　］も発見された。

これらの実験事実を説明するために，③［　　］は「すべての物質は原子からなる」という④［　　］を主張するとともに，「2種類の元素からなる複数の化合物において，一方の元素の一定質量と化合する他方の元素の質量は，それらの化合物の間では簡単な整数比になる」という⑤［　　］を発表した。

一方，ゲーリュサックは「気体の化学反応では，反応前後の体積の間に簡単な整数比が成り立つ」という⑥［　　］を発表した。しかし，⑥に対して④を適用しても，うまく説明できなかった。その後，⑦［　　］は，「すべての気体は同種・異種を問わず，一定数個の原子が結合した分子からなる」という⑧［　　］を提唱し，⑥を矛盾なく説明した。

必 **79** □□ ◀化学反応の量的関係▶　プロパン C_3H_8 を完全燃焼させた。この反応について，次の問いに答えよ。ただし，原子量は H＝1.0，C＝12，O＝16 とする。

(1)　この変化を化学反応式で示せ。

(2)　プロパン 4.4g を完全燃焼させた。発生した二酸化炭素は標準状態で何 L か。

(3)　プロパン 4.4g を完全燃焼させた。生成した水は何 g か。

(4)　プロパン 4.4g を完全燃焼させるのに，必要な酸素は標準状態で何 L か。

必 **80** □□ ◀化学反応の量的関係▶　塩素酸カリウム $KClO_3$ に酸化マンガン(Ⅳ)MnO_2 を加え，図のような装置で加熱すると，塩化カリウムと酸素 O_2 が発生する。ただし，この反応で MnO_2 は，触媒としてはたらく。（原子量は O＝16，K＝39，Cl＝35.5）

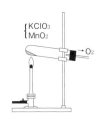

(1)　0.20mol の $KClO_3$ から何 g の O_2 が発生するか。

(2)　0.60mol の O_2 を得るには，$KClO_3$ が何 g 必要か。

必 **81** □□ ◀過不足のある反応▶　標準状態で，一酸化炭素 5.6L と酸素 5.6L を混合して点火した。次の問いに答えよ。（原子量は C＝12，O＝16）

(1)　生成した二酸化炭素は，標準状態で何 L か。

(2)　反応後の気体の体積は，標準状態で何 L か。

(3)　生成した二酸化炭素の質量は何 g か。

82 □□ ◀混合気体の燃焼▶　メタン CH_4 とプロパン C_3H_8 の混合気体を完全燃焼させると，標準状態で 0.56L の二酸化炭素と，0.72g の水が得られた。次の問いに答えよ。（原子量は C＝12，O＝16）

(1)　燃焼前の混合気体中のメタンとプロパンの物質量の比を整数比で示せ。

(2)　この混合気体を完全燃焼させるのに消費された酸素は，標準状態で何 L か。

83 □□ ◀化学反応の量的関係▶　図のようなふたまた試験管を用いて，石灰石（主成分を $CaCO_3$ とする）15.0g に十分量の希塩酸を反応させたら，標準状態で 2.80L の二酸化炭素が発生した。次の問いに答えよ。ただし，原子量は H＝1.0，C＝12，O＝16，Ca＝40 とする。

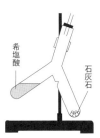

(1)　発生した二酸化炭素の物質量は何 mol か。

(2)　この石灰石の純度は何 % か。

ただし，純度〔%〕＝ $\dfrac{\text{主成分の質量〔g〕}}{\text{混合物の質量〔g〕}} \times 100$ で表される。

必 **84** ☐☐ ◀過不足のある量的計算▶　2.00mol/L の塩酸 150mL に亜鉛 6.54g を加えたら，気体が発生した。次の問いに答えよ。(H＝1.0，Zn＝65.4)

(1)　発生した気体の体積は，標準状態で何 L か。

(2)　反応が終わったあとの溶液は，さらに何 g の亜鉛を溶かすことができるか。

必 **85** ☐☐ ◀化学反応の量的関係▶　一定量のアルミニウムに一定濃度の塩酸を加えて水素を発生させた。

$$2Al \;+\; 6HCl \longrightarrow 2AlCl_3 \;+\; 3H_2$$

　このとき，加えた塩酸の体積と発生した水素の体積（標準状態）の関係はグラフのようになった。次の問いに答えよ。原子量は Al＝27 とする。

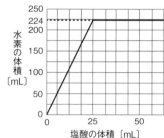

(1)　一定量のアルミニウムと過不足なく反応した塩酸の体積は何 mL か。

(2)　実験に用いたアルミニウムの質量は何 g か。

(3)　実験に用いた塩酸のモル濃度は何 mol/L か。

86 ☐☐ ◀溶液反応の量的計算▶　0.10mol/L 硝酸銀水溶液 50mL に 0.15mol/L 希塩酸 50mL を加えた。次の問いに答えよ。ただし，原子量は，Cl＝35.5，Ag＝108 とする。

(1)　生じた塩化銀の沈殿は何 g か。

(2)　反応後の溶液中に含まれる塩化物イオンのモル濃度は何 mol/L か。

87 ☐☐ ◀混合気体の燃焼▶　プロパン C_3H_8 に酸素を加えた混合気体を点火し，完全燃焼させた後，発生した気体を塩化カルシウム管を通して乾燥させたら，体積は 45mL になった。さらに，その中の二酸化炭素をソーダ石灰管を通してすべて除いたら，体積は 15mL になった。はじめのプロパンの体積および，加えた酸素の体積はそれぞれ何 mL か。ただし，体積はすべて標準状態の値とする。

必 **88** ☐☐ ◀化学反応の計算▶　次の問いに答えよ。

(1)　エタン C_2H_6 とプロパン C_3H_8 の混合気体が 1.0L ある。これを完全燃焼させるのに必要な酸素は，同温・同圧の下で 4.4L であった。この混合気体中のエタンとプロパンの体積の比を求めよ。

(2)　マグネシウム Mg とアルミニウム Al と銅 Cu の合金 4.50g に，十分な量の塩酸を加えて完全に反応させたら，標準状態で 4.48L の水素が発生し，0.60g の金属が溶けずに残った。この合金中のアルミニウムの質量パーセントを求めよ。（原子量は，Mg＝24，Al＝27，Cu＝64 とする。）

89 □□ ◀化学反応の考察▶　ふたまた試験管
のAに0.12gのマグネシウムを，Bに1.0mol/Lの希
硫酸20mLを入れた。Bの希硫酸をAに移して，
発生する水素を，水上置換により100mLのメスシリ
ンダー中に捕集し，その体積(20℃，1013hPa)を正
確に測定したい。この実験について，正しい意見
には○，誤った意見には×をつけよ。ただし，原
子量はMg＝24とする。

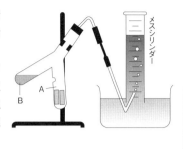

① 硫酸の量は十分にあり，マグネシウムはすべて溶解する。
② 100mLのメスシリンダーでは小さすぎて，発生するすべての気体の体積が測れ
　ない。
③ 最初に発生してくる気体には試験管内の空気を含むから，しばらくしてから，メ
　スシリンダーに気体を集めるようにする。

90 □□ ◀過不足のある量的計算▶　右図
は，一端を閉じた目盛り付きのガラス管に白金
電極を挿入した装置(ユージオメーター)であ
る。この装置の管内に水素0.40gと酸素4.0gを
図のように入れ，両電極間に高電圧を与えて放
電させたときに生じる電気火花により点火し，
完全燃焼させた。次の問いに答えよ。ただし，
原子量はH＝1.0，O＝16とする。

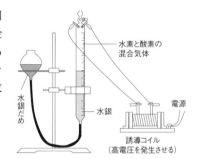

(1) 反応後に残るのは水素，酸素のいずれか。
　　また，その質量を求めよ。
(2) 生成した水の質量は何gか。

91 □□ ◀硫酸の製造▶　硫黄から硫酸をつくる工程は，次の反応式で示される。

$$S + O_2 \longrightarrow SO_2 \quad \cdots ①$$
$$2SO_2 + O_2 \longrightarrow 2SO_3 \quad \cdots ②$$
$$SO_3 + H_2O \longrightarrow H_2SO_4 \quad \cdots ③$$

　これらの反応式を参考にして，次の問いに答えよ。ただし，原子量はH＝1.0，O＝
16，S＝32とする。
(1) 上記の3つの反応式を，1つにまとめた化学反応式で示せ。
(2) 16kgの硫黄から生成する98％硫酸は，理論上，何kgになるか。
(3) 16kgの硫黄をすべて硫酸にするのに必要な酸素の体積は，標準状態で何Lか。

92 □□ ◀炭酸水素ナトリウムと塩酸の反応▶

炭酸水素ナトリウム $NaHCO_3$ を塩酸に加えると，二酸化炭素 CO_2 が発生する。この反応に関する次の実験について，あとの問い(1), (2)に答えよ。

〔実験〕 7個のビーカーに塩酸を50mL ずつはかり取り，各ビーカーに 0.5g から 3.5g まで 0.5g きざみの質量の $NaHCO_3$ を加えた。発生した CO_2 と加えた $NaHCO_3$ の質量の間に，右図の関係が得られた。

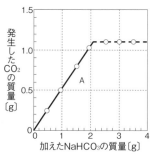

(1) 図の直線 A(実線)の傾きに関して正しいものを，①～④のうちから一つ選べ。

① 直線 A の傾きは，$NaHCO_3$ の式量に対する CO_2 の分子量の比に等しい。

② 直線 A の傾きは，未反応の $NaHCO_3$ の質量に比例する。

③ 各ビーカー中の塩酸の体積を2倍にすると，直線 A の傾きは2倍になる。

④ 各ビーカー中の塩酸の濃度を2倍にすると，直線 A の傾きは2倍になる。

(2) 実験に用いた塩酸の濃度は何 mol/L であったか。

93 □□ ◀化学反応の量的関係▶

メタン CH_4 とプロパン C_3H_8 の混合気体 A 1.00L を，9.00L の酸素と混合して燃焼させたら，7.38L の気体が残った。この気体を十分量の水酸化バリウム水溶液に通じると，白色沈殿 B を生じ，同時に気体 C が残った。次の問いに答えよ。原子量は，$H = 1.0$，$C = 12$，$O = 16$，$Ba = 137$。また，気体の体積はすべて 0℃, $1.013 \times 10^5 Pa$ で測定され，燃焼で生成した水はすべて液体とする。

(1) 混合気体 A に含まれるメタンとプロパンの体積はそれぞれ何 L か。

(2) 生じた白色沈殿 B の質量は何 g か。

(3) 残った気体 C の体積は何 L か。

94 □□ ◀混合気体の燃焼▶

物質量比でメタン 80% と水素 20% からなる混合気体 A と，メタン 60%，水素 40% からなる混合気体 B がある。最初に，0.50mol の混合気体 A に 1.0mol の酸素を混合して，密閉容器 X 内で燃焼させたら，水素とメタンは完全燃焼した。次に，0.50mol の混合気体 B に 0.60mol の酸素を混合して，密閉容器 Y 内で燃焼させたら，すべての酸素が消費された。このとき，すべての水素と一部のメタンは完全燃焼したが，残りのメタンは酸素不足のために不完全燃焼して一酸化炭素を生成した。次の問いに答えよ。（原子量：$H = 1.0$，$C = 12$，$O = 16$）

(1) 燃焼後の容器 X に含まれる酸素，二酸化炭素，水，それぞれの質量(g)を求めよ。

(2) 燃焼後の容器 Y に含まれる一酸化炭素，二酸化炭素，水，それぞれの質量(g)を求めよ。

7 酸と塩基

1 酸と塩基

❶**酸・塩基の定義** 塩基のうち，水に溶けやすいものを特に**アルカリ**という。

	酸	塩基
アレニウスの定義 (1887年)	水に溶けて水素イオン H^{+*} を生じる物質。 $HCl + H_2O \longrightarrow H_3O^+ + Cl^-$	水に溶けて水酸化物イオン OH^- を生じる物質。 $NaOH \longrightarrow Na^+ + OH^-$
ブレンステッド・ローリーの定義 (1923年)	相手に水素イオン H^+(陽子)を与える物質。	相手から水素イオン H^+(陽子)を受け取る物質。
	塩基 　 酸 NH_3 ＋ HCl $\longrightarrow$ NH_4Cl └─ H^+ ─┘　　　　　　塩化アンモニウム	

＊酸の水溶液中では，水素イオン H^+ は H_2O と結合して，**オキソニウムイオン** H_3O^+ として存在する。H_3O^+ は H_2O を省略して，単に H^+ として示されることがある。

2 酸・塩基の分類

❶**酸の価数** 酸1分子から放出することができる H^+ の数。

❷**塩基の価数** 塩基の化学式から放出することができる OH^- の数。または，塩基1分子が受け取ることのできる H^+ の数。

価数	酸	塩基
1価	塩化水素 HCl　硝酸 HNO_3 酢酸 CH_3COOH	水酸化ナトリウム $NaOH$ アンモニア NH_3
2価	硫酸 H_2SO_4　炭酸 H_2CO_3 シュウ酸 $(COOH)_2$	水酸化カルシウム $Ca(OH)_2$ 水酸化バリウム $Ba(OH)_2$
3価	リン酸 H_3PO_4	水酸化アルミニウム $Al(OH)_3$

注) 2価以上の酸(**多価の酸**)は多段階の電離を行うが，第1段階の電離度が最も大きい。

❸**電離度** 電解質が水溶液中で電離する度合い。

$$電離度\ \alpha = \frac{電離した電解質の物質量}{溶解した電解質の物質量}\quad (0 < \alpha \leqq 1)$$

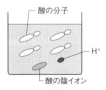

電離度 $\alpha = \dfrac{1}{5} = 0.2$

❹**酸・塩基の強弱** 同濃度の水溶液で電離度の大小を比較。

強酸・強塩基 電離度が1に近い酸・塩基。

弱酸・弱塩基 電離度が1より著しく小さい酸・塩基。

	強酸	弱酸		強塩基	弱塩基
酸	HCl　HNO_3 H_2SO_4	CH_3COOH H_2S　$(COOH)_2$ H_2CO_3	塩基	$NaOH$　KOH $Ca(OH)_2$ $Ba(OH)_2$	NH_3　$Mg(OH)_2$ $Cu(OH)_2$ $Al(OH)_3$

3 水素イオン濃度と pH

❶水の電離　水はわずかに電離している。　$H_2O \rightleftarrows H^+ + OH^-$

純水では，水素イオン濃度[H^+]と水酸化物イオン濃度[OH^-]は等しい。

$[H^+] = [OH^-] = 1.0 \times 10^{-7}$mol/L　(25℃)

❷水のイオン積 K_w　水溶液中では，[H^+]と[OH^-]の積(水のイオン積という)は，一定温度では一定の値となる。

$K_w = [H^+] \times [OH^-] = 1.0 \times 10^{-14} (\text{mol/L})^2$　(25℃)

この関係は，酸性，中性，塩基性いずれの水溶液中でも成立する。

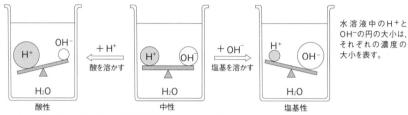

水溶液中のH^+とOH^-の円の大小は，それぞれの濃度の大小を表す。

❸水素イオン濃度[H^+]と水酸化物イオン濃度[OH^-]

C〔mol/L〕の a 価の酸(電離度 α)の水溶液　　$[H^+] = aC\alpha$〔mol/L〕

C〔mol/L〕の b 価の塩基(電離度 α)の水溶液　　$[OH^-] = bC\alpha$〔mol/L〕

※2価の強酸(H_2SO_4)，2価の強塩基($Ba(OH)_2$，$Ca(OH)_2$)の場合は，価数2を代入する。

❹水素イオン指数 pH(ピーエイチ)

水溶液中の[H^+]は，通常，10^{-n}mol/L のように小さい値をとる。そこで，[H^+]の値を10の累乗で表し，その指数の符号を逆にした数値を pH という。

$[H^+] = 1.0 \times 10^{-n}$mol/L　のとき　pH$=n$

別の表し方では，$\text{pH} = -\log_{10}[H^+]$

例 $[H^+] = 1.0 \times 10^{-7}$mol/L　のとき　pH＝7(中性)

❺水溶性の性質(液性)と pH の関係(25℃)

酸　性：$[H^+] > 1 \times 10^{-7}\text{mol/L} > [OH^-]$，pH$<7$

中　性：$[H^+] = 1 \times 10^{-7}\text{mol/L} = [OH^-]$，pH$=7$

塩基性：$[H^+] < 1 \times 10^{-7}\text{mol/L} < [OH^-]$，pH$>7$

性質	(強)			酸性			(弱)	中性	(弱)			塩基性			(強)
pH	0	1	2	3	4	5	6	7	8	9	10	11	12	13	14
H^+	$10^0=1$	10^{-1}	10^{-2}	10^{-3}	10^{-4}	10^{-5}	10^{-6}	10^{-7}	10^{-8}	10^{-9}	10^{-10}	10^{-11}	10^{-12}	10^{-13}	10^{-14}
OH^-	10^{-14}	10^{-13}	10^{-12}	10^{-11}	10^{-10}	10^{-9}	10^{-8}	10^{-7}	10^{-6}	10^{-5}	10^{-4}	10^{-3}	10^{-2}	10^{-1}	$10^0=1$

濃度 $\frac{1}{10}$ pH1 増加　　濃度 $\frac{1}{100}$ pH2 増加

うすめる → pH7 ← うすめる

(酸,塩基を水でうすめると,pHは限りなく7に近づく)

濃度 $\frac{1}{100}$ pH2 減少　　濃度 $\frac{1}{10}$ pH1 減少

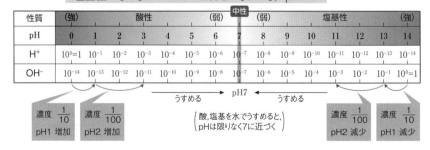

確認&チェック

1 次の文の ___ に適語を記せ。

アレニウスの定義では，水に溶けて^{①}___を生じる物質を酸，水に溶けて^{②}___を生じる物質を塩基という。ブレンステッド・ローリーの定義では，相手にH^+(陽子)を与える物質を^{③}___，相手からH^+を受け取る物質を^{④}___という。

2 次の記述に当てはまる化学用語を答えよ。
(1) 酸1分子から放出することができるH^+の数。
(2) 塩基の化学式から放出することができるOH^-の数。
(3) 電離度が1に近い酸。
(4) 電離度が1より著しく小さい塩基。

3 次の酸・塩基の強弱，および，価数をそれぞれ示せ。
(1) HCl (2) $Ca(OH)_2$
(3) CH_3COOH (4) NH_3
(5) H_2SO_4 (6) $NaOH$

4 ある酸が水に溶けたとき，右図のような状態となった。この酸の電離度は，いくらになるか。

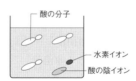

酸の分子
水素イオン
酸の陰イオン

5 水溶液中でのH^+とOH^-のモル濃度は，それぞれ$[H^+]$，$[OH^-]$で表される。次の表の ___ に適する数値を入れよ。

液性	酸 性			中 性	塩 基 性		
$[H^+]$	①	10^{-3}	10^{-5}	10^{-7}	10^{-9}	⑤	10^{-13}
$[OH^-]$	10^{-13}	10^{-11}	③	④	10^{-5}	10^{-3}	10^{-1}
pH	②	3	5	7	9	⑥	⑦

6 次の問いに答えよ。
(1) 純水(25℃)では，$[H^+]=[OH^-]=$ ① ___ mol/L
(2) 水溶液(25℃)では，$[H^+]\times[OH^-]=$ ② ___ $(mol/L)^2$

例題 26　酸・塩基の定義

次の①，②の酸・塩基の反応について，あとの問いに答えよ。

$$CO_3^{2-} + H_2O \rightleftarrows HCO_3^- + OH^- \quad \cdots ①$$

$$CH_3COOH + H_2O \rightleftarrows CH_3COO^- + H_3O^+ \quad \cdots ②$$

(1) ブレンステッド・ローリーの定義によると，①，②の反応における H_2O はそれぞれ酸・塩基のどちらのはたらきをしているか。

(2) ①，②の逆反応(右辺から左辺への反応)において，ブレンステッド・ローリーの酸としてはたらいている物質をそれぞれ化学式で示せ。

考え方　ブレンステッドとローリーは，**H^+(陽子)を与える物質を酸，H^+(陽子)を受け取る物質を塩基**と定義した。

(1) H^+の動きだけに着目すればよい。

①では，H_2O は H^+を CO_3^{2-} に与えているから酸，②では，H_2O は CH_3COOH から H^+を受け取っているので塩基としてはたらく。このように，一般に，物質が酸としてはたらくか，塩基としてはたらくかは，最初から決まっているわけではない。そのはたらきは相手によって相対的に決まる。

(2) ①の逆反応においては，HCO_3^-が H^+を OH^-に与えているから酸，②の逆反応では，H_3O^+が H^+を CH_3COO^-に与えているから酸としてはたらいている。

解 答　(1) ①酸　②塩基
(2) ① HCO_3^-　② H_3O^+

例題 27　酸・塩基の水溶液の pH

次の各水溶液の pH を求めよ。ただし，25℃における水のイオン積は，$K_w = [H^+][OH^-] = 1.0 \times 10^{-14} (mol/L)^2$ とする。

(1) 0.010mol/L の硝酸

(2) 0.10mol/L の酢酸(電離度は 0.010)

(3) 0.010mol/L の水酸化ナトリウム水溶液

考え方　まず，酸の水溶液では，水素イオン濃度$[H^+]$を求める。塩基の水溶液では，水酸化物イオン濃度$[OH^-]$を求め，水のイオン積 K_w の関係から$[H^+]$を求めること。

C〔mol/L〕の a 価の酸(電離度 α)の電離で生じる水素イオン濃度は，$[H^+] = aC\alpha$ **〔mol/L〕**で求められる。C〔mol/L〕の b 価の塩基(電離度 α)の電離で生じる水酸化物イオン濃度は，$[OH^-] = bC\alpha$ **〔mol/L〕**で求められる。

(1) 硝酸は1価の強酸なので，電離度は1である。

$[H^+] = aC\alpha = 1 \times 0.010 \times 1$
$= 1.0 \times 10^{-2}$〔mol/L〕

よって，pH = 2

(2) 酢酸は 1 価の弱酸で，電離度は 0.010。

$[H^+] = aC\alpha = 1 \times 0.10 \times 0.010$
$= 1.0 \times 10^{-3}$〔mol/L〕

よって，pH = 3

(3) 水酸化ナトリウムは 1 価の強塩基なので，電離度は 1 である。

$[OH^-] = bC\alpha = 1 \times 0.010 \times 1$
$= 1.0 \times 10^{-2}$〔mol/L〕

$K_w = [H^+][OH^-] = 1.0 \times 10^{-14} (mol/L)^2$

$$[H^+] = \frac{K_w}{[OH^-]} = \frac{1.0 \times 10^{-14}}{1.0 \times 10^{-2}}$$

$= 1.0 \times 10^{-12}$〔mol/L〕　よって，pH = 12

解 答　(1) 2　(2) 3　(3) 12

例題 28 アンモニア水の [H⁺] ■■

標準状態で 224mL のアンモニアを水に溶かして 500mL の溶液にした。このアンモニア水の水素イオン濃度[H⁺]を求めよ。ただし，このアンモニア水での NH_3 の電離度を 0.010 とする。水のイオン積 $K_w = [H^+][OH^-] = 1.0 \times 10^{-14}\,(\text{mol/L})^2$。

考え方 塩基性の強さは，水酸化物イオン濃度，記号[OH⁻]の大小で表す。

アンモニア水の濃度を C〔mol/L〕，アンモニアの電離度を α とすると，次の関係が成り立つ。

$$NH_3 + H_2O \rightleftharpoons NH_4^+ + OH^-$$
$$C(1-\alpha) \quad 一定 \qquad C\alpha \quad\ C\alpha$$
$$〔\text{mol/L}〕$$

標準状態で 224mL の NH_3 の物質量は 0.010mol であり，これが溶液 500mL 中に存在しているので，アンモニア水のモル濃度は，

$$\frac{0.010\text{mol}}{0.50\text{L}} = 0.020〔\text{mol/L}〕$$

水酸化物イオン濃度[OH⁻]は，

$$[OH^-] = bC\alpha = 1 \times 0.020 \times 0.010$$
$$= 2.0 \times 10^{-4}〔\text{mol/L}〕$$

水素イオン濃度[H⁺]を求めるには，
水のイオン積 K_w

$$= [H^+][OH^-] = 1.0 \times 10^{-14}\,(\text{mol/L})^2$$

の関係を利用して，[OH⁻]を[H⁺]に変換すればよい。

$$\therefore\ [H^+] = \frac{K_w}{[OH^-]} = \frac{1.0 \times 10^{-14}}{2.0 \times 10^{-4}}$$
$$= 0.5 \times 10^{-10}$$
$$= 5.0 \times 10^{-11}〔\text{mol/L}〕$$

解答 5.0×10^{-11}mol/L

例題 29 酸・塩基の混合溶液の pH ■■

0.20mol/L の塩酸 200mL と，0.15mol/L の水酸化ナトリウム水溶液 300mL を混合した。この混合溶液の pH を小数第 1 位まで求めよ。ただし，混合前後で溶液の体積変化はなく，水のイオン積 $K_w = [H^+][OH^-] = 1.0 \times 10^{-14}\,(\text{mol/L})^2$ とする。

考え方 酸と塩基を混合すると，H⁺ と OH⁻は中和して水になる。

$$H^+ + OH^- \longrightarrow H_2O$$

したがって，H⁺ または OH⁻の物質量の大きい方が，混合水溶液の酸性・塩基性を決定する。

〈強酸・強塩基の混合水溶液の pH の求め方〉
① 過剰になった H⁺ または OH⁻の物質量を求める。
② 混合水溶液の体積に注意して，[H⁺]または[OH⁻]を求める。
③ pH $= -\log_{10}[H^+]$ を利用して，pH を求める。

塩酸から生じる H⁺の物質量は，

$$0.20\text{mol/L} \times \frac{200}{1000}\text{L} = 0.040〔\text{mol}〕$$

NaOH 水溶液から生じる OH⁻の物質量は，

$$0.15\text{mol/L} \times \frac{300}{1000}\text{L} = 0.045〔\text{mol}〕$$

中和後に残るのは OH⁻であり，その物質量は，0.045 − 0.040 = 0.005〔mol〕
これが混合水溶液 500mL 中に含まれるから，

$$[OH^-] = \frac{0.005\text{mol}}{0.50\text{L}}$$
$$= 0.010 = 1.0 \times 10^{-2}〔\text{mol/L}〕$$

水のイオン積 K_w

$$= [H^+][OH^-] = 1.0 \times 10^{-14}\,(\text{mol/L})^2$$

を用いて，[OH⁻]を[H⁺]に変換すると，

$$[H^+] = \frac{1.0 \times 10^{-14}}{1.0 \times 10^{-2}} = 1.0 \times 10^{-12}〔\text{mol/L}〕$$

pH $= -\log_{10}[H^+] = -\log(1.0 \times 10^{-12}) = 12.0$

解答 12.0

標準問題　必は重要な必須問題。時間のないときはここから取り組む。

95 □□ ◀酸性・塩基性▶　次の文について，酸性を示すものはA，塩基性を示すものはBに分類し，記号で答えよ。

(1) 水溶液に苦味がある。　(2) 水溶液に酸味がある。
(3) 青色リトマス紙を赤変する。　(4) 赤色リトマス紙を青変する。
(5) 指につけるとぬるぬるする。　(6) BTB溶液を黄色にする。
(7) 多くの金属と反応して水素を発生する。
(8) フェノールフタレイン溶液を赤色にする。

96 □□ ◀酸・塩基の定義▶　次の文の［　］に適語を入れよ。

1887年，アレニウスは，水溶液の酸・塩基に対して次のような定義を行った。「酸とは水溶液中で①［　］を生じる物質，塩基とは水溶液中で②［　］を生じる物質である」。

その後，1923年，ブレンステッドとローリーは，水溶液以外でも酸・塩基の反応が説明できるように，「酸とは③［　］を放出する物質，塩基とは④［　］を受け取る物質である」と定義した。これによると，空気中でアンモニアと塩化水素が直接反応して塩化アンモニウムの白煙を生じる反応では，HClが⑤［　］，NH_3が⑥［　］としてはたらいていることになる。

$$NH_3 + HCl \longrightarrow NH_4Cl$$

アレニウスの定義では，水素イオンは現在では⑦［　］イオンに相当するものであり，ブレンステッド・ローリーの定義では，水素イオンは⑧［　］そのものである。

97 □□ ◀酸と塩基の定義▶　アンモニア水中で，アンモニアは次式のように電離する。これについて述べた(a)～(f)のうち，正しいものをすべて記号で示せ。

$$NH_3 + H_2O \rightleftarrows NH_4^+ + OH^-$$

(a) アレニウスの定義によれば，NH_3とH_2Oはいずれも塩基である。
(b) アレニウスの定義によれば，NH_3は塩基で，H_2Oは酸である。
(c) アレニウスの定義によれば，NH_3は塩基で，H_2Oは酸でも塩基でもない。
(d) ブレンステッド・ローリーの定義によれば，NH_3とNH_4^+はいずれも塩基である。
(e) ブレンステッド・ローリーの定義によれば，NH_3は塩基で，NH_4^+は酸である。
(f) ブレンステッド・ローリーの定義によれば，H_2Oは酸でも塩基でもない。

必 **98** □□ ◀酸・塩基の強弱▶　次の酸・塩基の名称を書け。また，強酸はA，弱酸はa，強塩基はB，弱塩基はbに分類し，記号で答えよ。

(1) HCl	(2) HNO_3	(3) KOH	(4) H_2SO_4
(5) CH_3COOH	(6) $Ba(OH)_2$	(7) $Ca(OH)_2$	(8) NH_3
(9) H_3PO_4	(10) $(COOH)_2$	(11) $Cu(OH)_2$	(12) H_2CO_3

必 **99** □□ ◀酸・塩基の分類▶　酸，塩基に関して，それぞれの問いに答えよ。

(1) (ア)～(ク)の各酸の化学式を示せ。また，酸の価数を答えよ。

(2) (ア)～(ク)の各酸を，(a)強酸　(b)弱酸　に分類せよ。

　(ア)　塩酸　　　　(イ)　硫酸　　　　(ウ)　硝酸　　　　　(エ)　炭酸

　(オ)　リン酸　　　(カ)　酢酸　　　　(キ)　シュウ酸　　　(ク)　硫化水素

(3) (ケ)～(セ)の各塩基の化学式を示せ。また，塩基の価数を答えよ。

(4) (ケ)～(セ)の各塩基を，(a)強塩基　(b)弱塩基　に分類せよ。

　(ケ)　水酸化ナトリウム　　　(コ)　水酸化バリウム　　　　(サ)　アンモニア

　(シ)　水酸化カルシウム　　　(ス)　水酸化アルミニウム　　(セ)　水酸化銅(Ⅱ)

100 □□ ◀水の電離，pH▶　次の文の□□□に適切な語句，数字(有効数字2桁)を入れよ。

　純水もわずかに電離し，25℃では$[H^+] = [OH^-] = $①□□□mol/Lである。したがって，$[H^+][OH^-] = $②□□□$(mol/L)^2$となる。この関係は，純水だけでなく，酸・塩基の水溶液を含めて，すべての水溶液で成り立つ。

　たとえば，酸の水溶液では酸の電離で生じるH^+のため，$[H^+]$は1.0×10^{-7}mol/Lより③□□□くなる。また，塩基の水溶液では$[OH^-]$が1.0×10^{-7}mol/Lより大きくなるので，$[H^+]$は1.0×10^{-7}mol/Lより④□□□くなる。

　さらに，水素イオン濃度$[H^+]$を10^{-n}mol/Lの形で表し，その指数の符号を逆にした数値nを⑤□□□という。酸性水溶液のpHは7より⑥□□□，塩基性水溶液のpHは7より⑦□□□。

必 **101** □□ ◀水溶液のpH▶　次の各水溶液のpHを小数第1位まで求めよ。水のイオン積$K_w = [H^+][OH^-] = 1.0 \times 10^{-14}(mol/L)^2$とする。

(1) 0.10mol/Lの酢酸(電離度は0.010)

(2) 0.010mol/Lの水酸化ナトリウム水溶液

(3) 5.0×10^{-3}mol/Lの硫酸(電離度は1)

(4) 0.010mol/Lの塩酸55mLと0.010mol/Lの水酸化ナトリウム水溶液45mLの混合水溶液

(5) 0.10mol/Lの塩酸10mLに0.30mol/Lの水酸化ナトリウム水溶液10mLを加えた混合水溶液

必 **102** □□ ◀水溶液のpH▶　次の文の(　　)に適切な数値(整数)を記入せよ。

　pHが3の塩酸を水で100倍にうすめると，pHは①(　　)になり，pHが12の水酸化ナトリウム水溶液を水で100倍にうすめると，pHは②(　　)になる。一方，pHが6の塩酸を水で100倍にうすめると，pHは約③(　　)になる。

103 □□ ◀酸と塩基▶　次の文(1)～(8)のうち，正しいものを1つ選べ。

(1)　1価の酸よりも2価の酸の方が強い酸である。

(2)　酸はすべて酸素原子を含んでいる。

(3)　塩酸は電離度が大きいので，強酸である。

(4)　アレニウスの定義によると塩基は必ず OH をもつので，NH_3 は塩基ではない。

(5)　水酸化鉄(Ⅱ)$Fe(OH)_2$ はほとんど水に溶けないので，塩基ではない。

(6)　酸1分子中に含まれる水素原子の数を，酸の価数という。

(7)　分子中に OH をもつ化合物は，すべて塩基としてはたらく。

(8)　0.1mol/L の塩酸の pH と 0.1mol/L の硫酸の pH は等しい。

発展問題

104 □□ ◀電離度▶　次の問いに答えよ。

(1)　5.0×10^{-3}mol/L の酢酸水溶液の pH は4であった。この酢酸水溶液中での酢酸の電離度を求めよ。

(2)　ある塩基 $M(OH)_2$ の 5.0×10^{-2}mol/L 水溶液がある。この水溶液中の水酸化物イオン濃度[OH^-]は 8.0×10^{-2}mol/L であった。この塩基の電離度を求めよ。

105 □□ ◀弱酸の濃度と電離度▶　右図に，酢酸

水溶液の濃度と電離度の関係を示す。これをもとにして，次の問いに答えよ。水のイオン積 $K_w = [H^+][OH^-] = 1.0 \times 10^{-14} (mol/L)^2$

(1)　0.010mol/L の酢酸の水素イオン濃度[H^+]を求めよ。

(2)　0.050mol/L の酢酸中の水素イオン濃度[H^+]は，水酸化物イオン濃度[OH^-]の何倍か。

(3)　0.10mol/L の酢酸を純水で 0.010mol/L に希釈すると，水素イオン濃度は何分の1になるか。

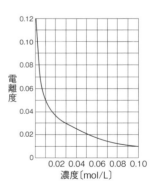

106 □□ ◀多段階電離▶　2価の酸 H_2A は水溶液中で次のように2段階に電離する。

$$H_2A \rightleftarrows H^+ + HA^-$$
$$HA^- \rightleftarrows H^+ + A^{2-}$$

モル濃度 C〔mol/L〕の硫酸水溶液において，硫酸の1段階目の電離は完全に進行し，2段階目は一部が電離した状態になっているとする。2段階目の電離度を α_2 として，この水溶液の水素イオン濃度[H^+]を表している式はどれか。ただし，水の電離によって生じた水素イオン濃度は無視できるものとする。

① 0　　② C　　③ $2C$　　④ $C(1 + \alpha_2)$　　⑤ $C(1 - \alpha_2)$　　⑥ $C\alpha_2$

8 中和反応と塩

1 中和反応

❶中和反応 酸の H^+ と塩基の OH^- が反応して，水 H_2O が生成する反応。

（イオン反応式） $H^+ + OH^- \longrightarrow H_2O$

❷中和の量的関係 酸と塩基が過不足なくちょうど中和する条件。

酸の出す H^+ の物質量 ＝ 塩基の出す OH^- の物質量

酸の物質量 × 価数 ＝ 塩基の物質量 × 価数

〈中和の公式〉

$$a \times C \times \frac{v}{1000} = b \times C' \times \frac{v'}{1000}$$

a, b …酸，塩基の価数
C, C' …酸・塩基の濃度〔mol/L〕
v, v' …酸・塩基の体積〔mL〕

注）この関係は，酸・塩基の強弱に関係なく成り立つ。

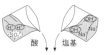
酸　　塩基

加えたH^+と
OH^-の数が等
しいとき,過不足
なく中和する。

2 塩とその分類

❶塩 中和反応で，塩基の陽イオンと酸の陰イオンがイオン結合してできた物質。

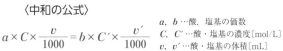

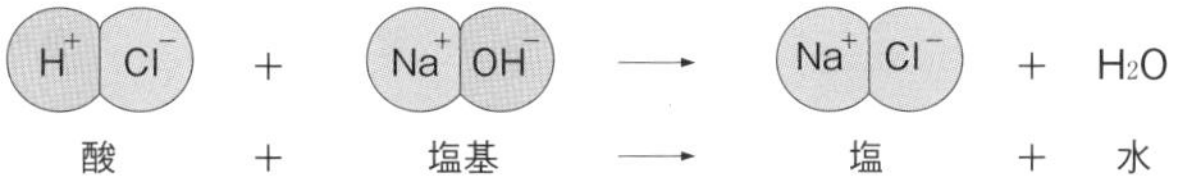

酸　　　＋　　　塩基　　 ⟶ 　　　塩　 ＋　　水

❷塩の分類

分　類	定　　　義	例
正　塩	酸の H も塩基の OH も残っていない塩。	$NaCl$, Na_2SO_4, CH_3COONa
酸性塩	酸の H が残っている塩。	$NaHCO_3$, $NaHSO_4$
塩基性塩	塩基の OH が残っている塩。	$MgCl(OH)$塩化水酸化マグネシウム

注）塩の組成に基づく分類で，塩の液性（中性，酸性，塩基性）とは無関係である。

❸塩の水溶液の性質（液性） 塩を構成する酸・塩基の強弱（→p.63）により決まる。

塩のタイプ	水溶液の液性	例
強酸と強塩基の正塩	中　　性	$NaCl$, Na_2SO_4, KNO_3
弱酸と強塩基の正塩	塩　基　性	CH_3COONa, Na_2CO_3
強酸と弱塩基の正塩	酸　　性	NH_4Cl, $CuSO_4$

注）ただし，強酸と強塩基からなる酸性塩の硫酸水素ナトリウム $NaHSO_4$ は，
$NaHSO_4 \longrightarrow Na^+ + H^+ + SO_4^{2-}$ と電離して，酸性を示す。

❹酸化物の分類

酸性酸化物	酸としてはたらく酸化物。	非金属元素の酸化物。	例 CO_2, SO_2
塩基性酸化物	塩基としてはたらく酸化物。	金属元素の酸化物。	例 Na_2O, CaO
両性酸化物	酸，塩基としてはたらく酸化物。	両性金属*の酸化物。	例 Al_2O_3, ZnO

＊酸・塩基いずれの水溶液とも反応する金属。例 Al, Zn, Sn, Pb

3 中和滴定

❶中和滴定 濃度が正確にわかった酸(塩基)の水溶液(標準溶液という)を用いて，濃度未知の塩基(酸)の水溶液の濃度を求める操作。次のような器具を用いて行う。

器　具	使　用　目　的	洗　浄　法
メスフラスコ	一定濃度の溶液をつくる。	純水でぬれていてもよい。
ホールピペット	一定体積の溶液をはかり取る。	使用する溶液で洗う(共洗い)。
ビュレット	溶液の任意の滴下量をはかる。	使用する溶液で洗う(共洗い)。
コニカルビーカー	中和滴定の反応容器として使用。	純水でぬれていてもよい。

〈操作〉 酢酸水溶液の水酸化ナトリウム水溶液による中和滴定。

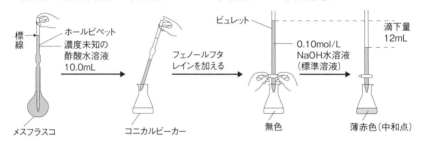

❷滴定曲線 中和滴定に伴う混合水溶液の pH の変化を表す曲線。

❸ pH 指示薬 水溶液の pH の変化により色の変わる色素。酸・塩基が過不足なく中和した点(中和点)を知るのに用いる。指示薬の変色する pH の範囲を変色域という。

変色域

指示薬　　　　　pH	1	2	3	4	5	6	7	8	9	10	11	12
メチルオレンジ			赤		黄							
メチルレッド				赤		黄						
ブロモチモールブルー					黄		青					
フェノールフタレイン								無		赤		

注) リトマスは変色域が広く，色の変化が鋭敏ではないので，中和滴定の指示薬には用いない。

❹指示薬の選択 中和点付近では，pH の急激な変化(pH ジャンプ)が起こる。この pH ジャンプの範囲内に変色域をもつ指示薬を用いて中和点を知る。

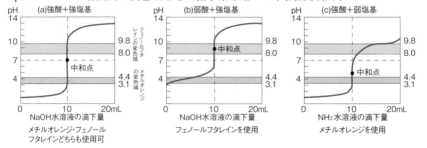

確認&チェック

1 次の文の___内に適語を入れよ。

酸の①___イオンと塩基の②___イオンが反応して，水 H_2O が生成する反応を③___という。また，塩基の陽イオンと酸の陰イオンがイオン結合してできた物質を④___という。

2 次の塩を，(a)正塩，(b)酸性塩，(c)塩基性塩に分類せよ。

(1) $NaCl$　　　　(2) $NaHSO_4$

(3) $MgCl(OH)$　　(4) Na_2SO_4

3 次の各塩の水溶液は，何性を示すかを答えよ。

(1) 強酸と強塩基からなる正塩

(2) 強酸と弱塩基からなる正塩

(3) 弱酸と強塩基からなる正塩

4 中和滴定の実験において，次の操作に最も適した器具を1つずつ記号で選べ。

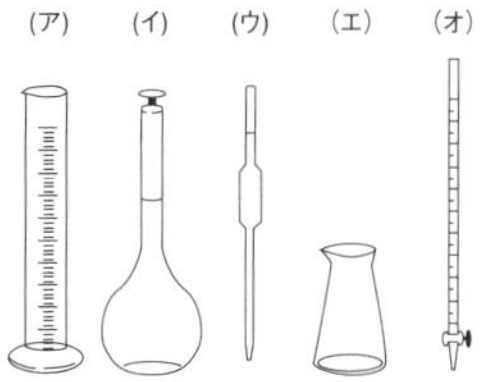

(ア)　(イ)　(ウ)　(エ)　(オ)

(1) 一定体積の溶液を正確にはかり取る。

(2) 一定濃度の酸・塩基の標準溶液をつくる。

(3) 溶液の任意の滴下量を正確にはかる。

(4) 中和滴定の反応容器として使用する。

5 次の図は，代表的な pH 指示薬の変色域を示す。該当する指示薬の名称を，あとの(ア)～(エ)から選べ。　　□ 変色域

pH 指示薬	1	2	3	4	5	6	7	8	9	10	11	12	13
(1)		赤		黄									
(2)			赤		黄								
(3)					黄		青						
(4)							無		赤				

(ア) メチルレッド　　(イ) ブロモチモールブルー（BTB）

(ウ) メチルオレンジ　(エ) フェノールフタレイン

解答

1 ① 水素

② 水酸化物

③ 中和

④ 塩

→ p.71 1, 2

2 (1) (a)　(2) (b)

(3) (c)　(4) (a)

→ p.71 2

3 (1) 中性

(2) 酸性

(3) 塩基性

→ p.71 2

4 (1) (ウ)

(2) (イ)

(3) (オ)

(4) (エ)

→ p.72 3

5 (1) (ウ)

(2) (ア)

(3) (イ)

(4) (エ)

→ p.72 3

(1) ある濃度の硫酸 100mL を中和するのに，0.10mol/L の水酸化ナトリウム水溶液が 50mL 必要であった。この硫酸の濃度は何 mol/L か。

(2) ある濃度の硫酸 25.0mL を中和するのに，標準状態で 112mL のアンモニアが必要であった。この硫酸のモル濃度を求めよ。

考え方 酸と塩基の水溶液が過不足なく中和した点を中和点という。

中和点では，(酸の放出した H$^+$ の物質量)＝(塩基の放出した OH$^-$ の物質量)，または (酸の物質量×価数)＝(塩基の物質量×価数)が成り立つ。

この関係は，酸・塩基が水溶液だけでなく，固体や気体の場合も成り立つ。

「a 価，C mol/L，v mL」の酸の水溶液と，「b 価，C' mol/L，v' mL」の塩基の水溶液がちょうど中和する条件は，

$$a \times C \times \frac{v}{1000} = b \times C' \times \frac{v'}{1000} \text{（中和の公式）}$$

中和の量的関係には，酸・塩基の強弱は関係しないが，酸・塩基の価数が関係する。

(1) 硫酸の濃度を x〔mol/L〕とおくと，H$_2$SO$_4$ は 2 価の酸，NaOH は 1 価の塩基であり，中和点では次式が成り立つ。

$$2 \times x \times \frac{100}{1000} = 1 \times 0.10 \times \frac{50}{1000}$$

$$\therefore \quad x = 0.025 \text{〔mol/L〕}$$

(2) 2 価の酸である硫酸の濃度を y〔mol/L〕とする。アンモニアは 1 価の塩基であるので，中和点では次式が成り立つ。

$$2 \times y \text{ mol/L} \times \frac{25.0}{1000} \text{ L} = 1 \times \frac{0.112 \text{ L}}{22.4 \text{ L/mol}}$$

$$\therefore \quad y = 0.100 \text{〔mol/L〕}$$

解答 (1) **0.025mol/L** (2) **0.100mol/L**

濃度不明の硫酸 10.0mL を 0.10mol/L の水酸化ナトリウム水溶液で中和滴定したが，誤って中和点を越え，12.5mL を滴下してしまった。そこで，この混合溶液を 0.010mol/L の塩酸で再び中和滴定したところ，5.0mL 加えた時点でちょうど中和点に達した。最初の硫酸の濃度は何 mol/L であったか。

考え方 過剰に加えた塩基(酸)の残りを，別の酸(塩基)で滴定することを逆滴定という。

逆滴定は，本問のように，中和滴定実験を失敗して，中和点を越えてしまった場合のほか，気体や固体の酸・塩基の物質量を求める場合によく使われる。

たとえば，① CO$_2$(酸性気体)を過剰の塩基の水溶液に吸収させ，残った塩基を別の酸の水溶液で滴定して，CO$_2$ の物質量を求める。

② NH$_3$(塩基性気体)を過剰の酸の水溶液に吸収させ，残った酸を別の塩基の水溶液で滴定して NH$_3$ の物質量を求めるなどの場合がある。

逆滴定のように，2 種類以上の酸・塩基が関係する場合でも，最終的に，中和点では次の関係が成り立つ。

(酸の放出した H$^+$ の総物質量)
＝(塩基の放出した OH$^-$ の総物質量)

求める硫酸の濃度を x〔mol/L〕とおくと，硫酸は 2 価の酸，塩酸は 1 価の酸，水酸化ナトリウムは 1 価の塩基であり，中和点では次式が成り立つ。

$$2 \times x \times \frac{10.0}{1000} + 1 \times 0.010 \times \frac{5.0}{1000}$$

$$= 1 \times 0.10 \times \frac{12.5}{1000}$$

$$\therefore \quad x = 0.060 \text{〔mol/L〕}$$

解答 **0.060mol/L**

例題 32 | 塩の水溶液の性質（液性） ■■■

次の(ア)～(エ)の塩の水溶液は，酸性，中性，塩基性のいずれを示すか。

(ア) NaCl   (イ) CH₃COONa   (ウ) NH₄Cl   (エ) CuSO₄

考え方 正塩（酸の H も塩基の OH も残っていない塩）の水溶液の液性（酸性，中性，塩基性）は，その塩がどのような酸と塩基の中和で生成した塩であるかを考え，もとの酸・塩基の強弱から，次のように判定できる。したがって，主な酸・塩基の強弱(p.63)を覚えておくことが必要である。

- ・強酸と強塩基からなる正塩は中性
- ・強酸と弱塩基からなる正塩は酸性
- ・弱酸と強塩基からなる正塩は塩基性

(ア) HCl（強酸）と NaOH（強塩基）からなる正塩だから，水溶液は中性を示す。

(イ) CH₃COOH（弱酸）と NaOH（強塩基）からなる正塩だから，水溶液は塩基性を示す。

(ウ) HCl（強酸）と NH₃（弱塩基）からなる正塩だから，水溶液は酸性を示す。

(エ) H₂SO₄（強酸）と Cu(OH)₂（弱塩基）からなる正塩だから，水溶液は酸性を示す。

解答 (ア) 中性   (イ) 塩基性
     (ウ) 酸性   (エ) 酸性

例題 33 | 中和滴定 ■■■

シュウ酸二水和物$(COOH)_2 \cdot 2H_2O$（式量 126）0.567g をはかり取り，100mL の水溶液とした。この水溶液 10.0mL をコニカルビーカーにとり，濃度未知の水酸化ナトリウム水溶液で滴定したところ 12.5mL を要した。

(1) シュウ酸水溶液と水酸化ナトリウム水溶液との中和反応を化学反応式で示せ。

(2) シュウ酸の水溶液の濃度は何 mol/L か。

(3) 水酸化ナトリウム水溶液の濃度は何 mol/L か。

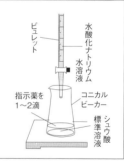

考え方 通常，中和点は適切な pH 指示薬の変色で知ることができる。シュウ酸（弱酸）と水酸化ナトリウム（強塩基）の中和滴定では，中和点は塩基性側に偏るので，塩基性側に変色域をもつフェノールフタレインという指示薬を使う必要がある。

ビュレットから NaOH 水溶液を滴下するごとにコニカルビーカーを振り混ぜ，溶液の色が無色→淡赤色になったときが中和点である。

(1) シュウ酸（2 価の酸）のように，多価の酸の中和反応式は，完全に中和して，正塩が生成するまでを書く。

(2) シュウ酸二水和物（結晶）の式量は 126 より，モル質量は 126g/mol。シュウ酸二水和

物 0.567g の物質量は，$\frac{0.567}{126}$ mol。

これが溶液 100mL 中に含まれるので，シュウ酸水溶液のモル濃度は，

$$\frac{0.567}{126} \times \frac{1000}{100} = 0.0450 \,[mol/L]$$

(3) NaOH 水溶液の濃度を $x\,[mol/L]$ とすると，シュウ酸は 2 価の酸，水酸化ナトリウムは 1 価の塩基であり，中和点では次式が成り立つ。

$$2 \times 0.0450 \times \frac{10.0}{1000} = 1 \times x \times \frac{12.5}{1000}$$

∴ $x = 0.0720\,[mol/L]$

解答 (1) $(COOH)_2 + 2NaOH$
      $\longrightarrow (COONa)_2 + 2H_2O$

(2) 0.0450mol/L   (3) 0.0720mol/L

次の図は，0.10 mol/L 酢酸水溶液10 mL に，濃度不明の水酸化ナトリウム水溶液を加えたときの混合水溶液の pH 変化を表す。あとの問いに答えよ。

(1) このようなグラフは何とよばれるか。

(2) この水酸化ナトリウム水溶液のモル濃度〔mol/L〕を求めよ。

(3) 中和点を知るのに用いる指示薬は，次のうちどちらが適切か。

⑦ フェノールフタレイン　　④ メチルオレンジ

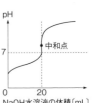

考え方 (2) 中和滴定で，酸・塩基の水溶液が過不足なく中和した点(**中和点**)では，次の関係が成り立つ。

$$a \times C \times \frac{v}{1000} = b \times C' \times \frac{v'}{1000}$$

NaOH 水溶液の濃度を x〔mol/L〕とすると，CH_3COOH は 1 価の酸，NaOH も 1 価の塩基なので，中和点では次式が成り立つ。

$$1 \times 0.10 \times \frac{10}{1000} = 1 \times x \times \frac{20}{1000}$$

$x = 0.050$〔mol/L〕

(3) フェノールフタレインの変色域は 8.0 〜 9.8(塩基性側)，メチルオレンジの変色域は 3.1 〜 4.4(酸性側)である。酢酸(弱酸)と NaOH(強塩基)の中和滴定では，中和点は塩基性側に偏るので，指示薬はフェノールフタレインが適する。

解答 (1) 滴定曲線

(2) 0.050mol/L

(3) ⑦

次の図は，0.1mol/L の酸の水溶液 a〔mL〕に，0.1mol/L の塩基の水溶液を加えたときの滴定曲線である。(1)〜(4)の酸−塩基の組み合わせを，(ア)〜(エ)より選べ。

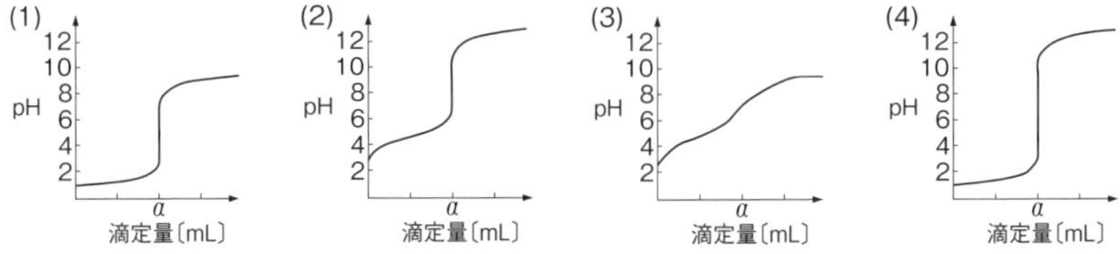

(1)

(2)

(3)

(4)

(ア) $HCl - NH_3$　(イ) $CH_3COOH - NH_3$　(ウ) $HCl - NaOH$　(エ) $CH_3COOH - NaOH$

考え方 滴定曲線の概形(開始点，中和点，終了点の pH)から，酸と塩基の強弱の組み合わせを判断する。滴定曲線で pH が急激に変化する範囲を pH ジャンプといい，その中点を中和点とみなすことができる。

(1) pH1 付近から始まり pH10 へ近づく。中和点は酸性側に偏っている。

　　→強酸−弱塩基の組み合わせ⇒(ア)

(2) pH3 付近から始まり pH13 へ近づく。

中和点は塩基性側に偏っている。

　　→弱酸−強塩基の組み合わせ⇒(エ)

(3) pH3 付近から始まり pH10 へ近づく。中和点ははっきりしない。

　　→弱酸−弱塩基の組み合わせ⇒(イ)

(4) pH1 付近から始まり pH13 へ近づく。中和点は中性の pH7 である。

　　→強酸−強塩基の組み合わせ⇒(ウ)

解答 (1)···(ア)　(2)···(エ)　(3)···(イ)　(4)···(ウ)

必107 □□ ◀中和の量的関係▶　次の問いに答えよ。

(1) 濃度不明の希硫酸 10.0mL を 0.500mol/L の水酸化ナトリウム水溶液で中和滴定したら，12.0mL 加えた時点で中和点に達した。この希硫酸の濃度は何 mol/L か。

(2) 水酸化カルシウム Ca(OH)₂ 0.020mol を，完全に中和するのに必要な 1.0mol/L 塩酸は何 mL か。

(3) 0.500mol/L の希硫酸 200mL に，ある量のアンモニアを完全に吸収させたところ，まだ酸性を示した。そこで，この水溶液を中和するのに 1.00mol/L の水酸化ナトリウム水溶液を加えたところ，42.0mL を要した。吸収させたアンモニアの物質量を求めよ。

108 □□ ◀中和滴定に使用する器具▶　図は中和滴定に用いられるガラス器具を示す。

(1) 器具 A〜D の名称をそれぞれ記せ。

(2) 器具 A〜D のおもな役割を次から記号で選べ。

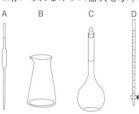

　⑦　一定濃度の溶液(標準溶液)をつくる。

　④　滴下した液体の正確な体積をはかる。

　⑨　一定体積の液体を正確にはかり取る。

　㉑　酸と塩基の中和反応を行う反応容器。

(3) 器具 A〜D の最適な使用法を次から記号で選べ。重複して選んでもよい。

　(a)　純水でぬれたまま使用してもよい。

　(b)　清潔な布で内部をよくふいてから使用する。

　(c)　これから使用する溶液で内部を数回すすいでから，ぬれたまま使用する。

(4) 器具 A〜D のうち，加熱乾燥してもよいものを記号で選び，理由も示せ。

必109 □□ ◀中和滴定▶　次の実験について，あとの問いに答えよ。

① 食酢を正確に 10.0mL はかり取り，メスフラスコに入れ，純水で薄めて正確に 100mL とした。

② ①で 10 倍に薄めた水溶液をホールピペットで 10.0mL 正確にはかり取り，コニカルビーカーへ移した。

③ ここへフェノールフタレイン溶液を 2 滴加え，ビュレットから 0.100mol/L 水酸化ナトリウム水溶液を滴下したら，ちょうど中和するのに 7.20mL を要した。

(1) このような実験は，一般に何とよばれるか。

(2) 中和点付近での指示薬の色の変化を答えよ。

(3) この滴定の指示薬にフェノールフタレインを用いた理由を答えよ。

(4) 純水で薄める前の食酢中の酢酸の濃度は何 mol/L か。

必110 □□ ◀塩の分類と液性▶　次の塩について，あとの問いに記号で答えよ。

(1)　次の塩を，①正塩，②酸性塩，③塩基性塩に分類せよ。

　　(a)　KNO_3 　　　　(b)　$(NH_4)_2SO_4$ 　　　(c)　$MgCl(OH)$

　　(d)　Na_2CO_3 　　 (e)　$NaHCO_3$ 　　　　(f)　CH_3COONa

(2)　次の塩の水溶液が，酸性を示せば A，塩基性を示せば B，中性を示せば N と記せ。

　　(a)　KCl 　　　　　(b)　$(NH_4)_2SO_4$ 　　　(c)　Na_2CO_3

　　(d)　$Ba(NO_3)_2$ 　　(e)　CH_3COOK 　　　(f)　Na_2S

　　(g)　$CuCl_2$ 　　　　(h)　$NaHCO_3$ 　　　　(i)　$NaHSO_4$

111 □□ ◀滴定曲線と指示薬▶　次の図は，0.1 mol/L の酸に，0.1 mol/L の塩基の水溶液を加えたときの滴定曲線である。これらの図に該当する最適な酸と塩基の組み合わせを[A]から，最適な指示薬を[B]からそれぞれ選べ。

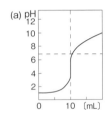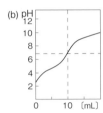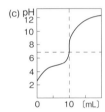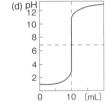

[A]　(ア)　塩酸とアンモニア水　　(イ)　酢酸と水酸化ナトリウム水溶液

　　　(ウ)　酢酸とアンモニア水　　(エ)　塩酸と水酸化ナトリウム水溶液

[B]　(オ)　メチルオレンジのみが使用できる。

　　　(カ)　フェノールフタレインのみが使用できる。

　　　(キ)　メチルオレンジまたはフェノールフタレインのいずれでもよい。

　　　(ク)　メチルオレンジもフェノールフタレインもともに使用できない。

必112 □□ ◀リン酸の中和滴定▶　0.10 mol/L リン酸水溶液 10.0mL を，0.10mol/L NaOH 水溶液で中和滴定したときの滴定曲線をみて，次の問いに答えよ。

(1)　リン酸水溶液 A 10.0mL を，指示薬にフェノールフタレインを用いて 0.10mol/L NaOH 水溶液で滴定すると，16.4mL で中和点に達した。リン酸水溶液 A の濃度は何 mol/L か。

(2)　リン酸水溶液 B 10.0mL を，指示薬にメチルオレンジを用いて 0.10mol/L $Ba(OH)_2$ 水溶液で滴定すると，12.0mL で中和点に達した。リン酸水溶液 B の濃度は何 mol/L か。

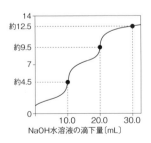

必 **113** ☐☐ ◀中和滴定の実験▶　食酢中の酢酸の濃度を求める操作(a)〜(d)を行った。食酢中の酸はすべて酢酸であるとして次の問いに答えよ。ただし，原子量は H = 1.0，C = 12，O = 16 とする。

(a)　シュウ酸の結晶 $(COOH)_2 \cdot 2H_2O$ 3.15g に少量の純水を加えて溶かしてから，器具①に移し，その標線まで純水を加えて 500mL の水溶液とした。

(b)　固体の水酸化ナトリウム約 2.0g を純水に溶かし，500mL の水溶液とした。

(c)　(a)のシュウ酸標準溶液 20.0mL を器具②を用いて器具③にとり，器具④を用いて(b)の水酸化ナトリウム水溶液で滴定したら，19.6mL を要した。なお，滴定する際には，指示薬としてフェノールフタレインを，あらかじめ器具③に加えておいた。

(d)　市販の食酢を純水で 10 倍に希釈し，その 20.0mL をとり，(b)の水酸化ナトリウム水溶液で滴定したら，15.0mL で中和点に達した。

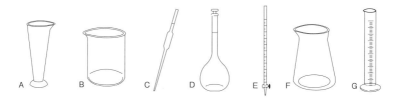

A　　　B　　　C　　　D　　　E　　F　　　G

(1)　器具①〜④に適する器具の名称を答えよ。また，外形を図の A〜G から選べ。

(2)　器具①〜④の最も適切な使用方法を，次の(ア)〜(エ)からそれぞれ選べ。

　(ア)　純水で洗ったのち，ぬれたまま使用する。

　(イ)　そのまま熱風を当ててよく乾燥してから使用する。

　(ウ)　これから使用する溶液で数回すすぎ，ぬれたまま使用する。

　(エ)　水道水で洗ったのち，そのまま使用する。

(3)　(c)の滴定で，指示薬としてフェノールフタレインを用いた理由を記せ。

(4)　(a)のシュウ酸標準溶液の濃度は何 mol/L か。

(5)　(b)の水酸化ナトリウム水溶液の濃度は何 mol/L か。

(6)　(b)の水酸化ナトリウム水溶液の濃度は，(c)の滴定を行わなければ正確にはわからない。その理由を簡潔に記せ。

(7)　市販の食酢(密度 1.02g/cm³)の質量パーセント濃度を求めよ。

114 ☐☐ ◀中和と滴定曲線▶　図は，ある濃度の塩酸 50mL に，0.20mol/L の水酸化ナトリウム水溶液を少量ずつ加えたときの，pH の変化を示した滴定曲線である。

点 A(滴定開始点)，点 B(中和点)，点 C(滴定終了点)の pH を，それぞれ小数第 1 位まで求めよ。

水のイオン積 $K_w = [H^+][OH^-] = 1.0 \times 10^{-14}$ $(mol/L)^2$ とする。

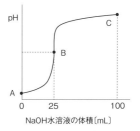

NaOH水溶液の体積[mL]

115 □□ ◀逆滴定▶

ある気体中の二酸化炭素の量を調べるために，標準状態で次のような実験を行った。

よく
振る。

ある
気体

Ba(OH)₂水溶液

0.020mol/L の水酸化バリウム水溶液 100mL を上記の気体 1.00L とともに密閉容器中でよく振ったところ白濁した。しばらく放置した後，その上澄液 10.0mL をとり，二酸化炭素のない条件下でこの溶液を中和するのに，0.010mol/L の塩酸 8.0mL を要した。次の問いに有効数字 2 桁で答えよ。

(1) 二酸化炭素と反応した水酸化バリウムの物質量は何 mol か。

(2) この気体に含まれていた二酸化炭素の体積百分率〔%〕を求めよ。

116 □□ ◀二段階中和▶

炭酸ナトリウムを含む水酸化ナトリウムの結晶約 1g を純水に溶かして 100mL の溶液とした。このうち 10.0mL をコニカルビーカーにとり，フェノールフタレインを指示薬として 0.100mol/L 塩酸で滴定したところ，18.6mL を加えた時点で⒜指示薬が変色した。（第一中和点）

続いて，指示薬のメチルオレンジを加えて，さらに同濃度の塩酸で滴定したところ，3.00mL 加えた時点で⒝指示薬が変色した。（第二中和点）

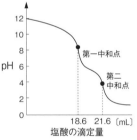

(1) 下線部⒜，⒝での水溶液の色の変化を記せ。

(2) (i)滴定開始〜第一中和点，および(ii)第一中和点〜第二中和点までに起こる変化を化学反応式で示せ。

(3) もとの水溶液 100mL 中に含まれる水酸化ナトリウムと炭酸ナトリウムの質量〔g〕を求めよ。NaOH の式量 40.0，Na₂CO₃ の式量を 106 とする。

117 □□ ◀電気伝導度滴定▶

電解質の水溶液では，電離によって生じた陽イオンと陰イオンが，水溶液に電気を流す役割を果たしている。次の(1)〜(3)の混合溶液に電流を流し，その電流の強さを電流計ではかった。それぞれの結果を最もよく表しているグラフを，下の(ア)〜(オ)より 1 つずつ選べ。

(1) 希硫酸に水酸化バリウム水溶液を滴下する。

(2) 希塩酸に水酸化ナトリウム水溶液を滴下する。

(3) 酢酸水溶液に水酸化ナトリウム水溶液を滴下する。

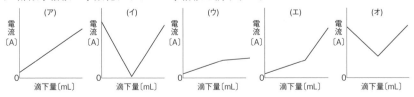

酸化還元反応

1 酸化と還元

❶酸化・還元の定義

定　義	酸素原子	水素原子	電　子	酸化数
酸化	受け取る	失う	失う	増加する
還元	失う	受け取る	受け取る	減少する

例
$$\underset{\text{還元された}}{\overset{\text{酸化された}}{CuO + H_2 \longrightarrow Cu + H_2O}}$$

（通常，「酸化された」「還元された」のように受身形で表現する。）

❷酸化数　原子，イオンの酸化の程度を表す数値。

・原子1個あたりの整数値で示し，必ず＋，－の符号をつける。

・±1，±2，…と算用数字で表すほか，±Ⅰ，±Ⅱ，…とローマ数字でも表す。

酸 化 数 の 決 め 方	例
単体中の原子の酸化数は0。	$H_2(H\cdots0)$, $Cu(Cu\cdots0)$
化合物中の原子の酸化数の総和は0。 水素原子の酸化数は＋1，酸素原子の酸化数は－2。	$H_2S(S\cdots-2)$ $SO_2(S\cdots+4)$
単原子イオンの酸化数は，イオンの電荷に等しい。	$Na^+(Na\cdots+1)$
多原子イオン中の原子の酸化数の総和はイオンの電荷に等しい。	$NH_4^+(N\cdots-3)$

（例外）過酸化水素H_2O_2(H−O−O−H)のように，−O−O−結合があると，Oの酸化数は−1。

❸酸化還元反応　酸化と還元は常に同時に起こる。（酸化還元反応の同時性）

・酸化数の変化した原子を含む反応…酸化還元反応である。

例
$$\underset{\text{還元された}}{\overset{\text{酸化された}}{\underset{(+2)}{CuO} + \underset{(0)}{H_2} \longrightarrow \underset{(0)}{Cu} + \underset{(+1)}{H_2O}}}$$
酸化数

・酸化数の変化した原子を含まない反応…酸化還元反応ではない。

例
$$\underset{(+2)}{CuO} + \underset{(+1)}{H_2SO_4} \longrightarrow \underset{(+2)}{CuSO_4} + \underset{(+1)}{H_2O}$$
酸化数

2 酸化剤と還元剤

❶酸化剤　相手の物質を酸化し，自身は還元される物質。

❷還元剤　相手の物質を還元し，自身は酸化される物質。

酸化剤	どちらにでも なる物質 SO_2, H_2O_2	還元剤
・自身は還元される。 ・電子を受け取る。 ・酸化数は減少する。		・自身は酸化される。 ・電子を失う。 ・酸化数は増加する。

酸化剤（電子を受け取る）		還元剤（電子を放出する）	
Cl_2, Br_2, I_2	$Cl_2 + 2e^- \longrightarrow 2Cl^-$	Na	$Na \longrightarrow Na^+ + e^-$
$KMnO_4$（酸性）	$MnO_4^- + 8H^+ + 5e^- \longrightarrow Mn^{2+} + 4H_2O$	$FeSO_4$	$Fe^{2+} \longrightarrow Fe^{3+} + e^-$
$K_2Cr_2O_7$（酸性）	$Cr_2O_7^{2-} + 14H^+ + 6e^- \longrightarrow 2Cr^{3+} + 7H_2O$	$SnCl_2$	$Sn^{2+} \longrightarrow Sn^{4+} + 2e^-$
HNO_3（濃）	$HNO_3 + H^+ + e^- \longrightarrow NO_2 + H_2O$	$(COOH)_2$	$(COOH)_2 \longrightarrow 2CO_2 + 2H^+ + 2e^-$
HNO_3（希）	$HNO_3 + 3H^+ + 3e^- \longrightarrow NO + 2H_2O$	H_2S	$H_2S \longrightarrow S + 2H^+ + 2e^-$
H_2SO_4（熱濃）	$H_2SO_4 + 2H^+ + 2e^- \longrightarrow SO_2 + 2H_2O$	KI	$2I^- \longrightarrow I_2 + 2e^-$
H_2O_2	$H_2O_2 + 2H^+ + 2e^- \longrightarrow 2H_2O$	H_2O_2	$H_2O_2 \longrightarrow O_2 + 2H^+ + 2e^-$
SO_2	$SO_2 + 4H^+ + 4e^- \longrightarrow S + 2H_2O$	SO_2	$SO_2 + 2H_2O \longrightarrow SO_4^{2-} + 4H^+ + 2e^-$

❸電子の授受を表すイオン反応式（半反応式）のつくり方

例 酸性水溶液中における MnO_4^-（酸化剤）と SO_2（還元剤）の半反応式。

(1) 左辺に反応前の物質（反応物），右辺に反応後の物質（生成物）を書く。

$MnO_4^- \longrightarrow Mn^{2+}$	$SO_2 \longrightarrow SO_4^{2-}$

(2) 両辺の O 原子の数が等しくなるように，水 H_2O を加える。

$MnO_4^- \longrightarrow Mn^{2+} + \boxed{4H_2O}$	$SO_2 + \boxed{2H_2O} \longrightarrow SO_4^{2-}$

(3) 両辺の H 原子の数が等しくなるように，水素イオン H^+ を加える。

$MnO_4^- + \boxed{8H^+} \longrightarrow Mn^{2+} + 4H_2O$	$SO_2 + 2H_2O \longrightarrow SO_4^{2-} + \boxed{4H^+}$

(4) 両辺の電荷の総和が等しくなるように，電子 e^- を加える。

$MnO_4^- + 8H^+ + \boxed{5e^-} \longrightarrow Mn^{2+} + 4H_2O$	$SO_2 + 2H_2O \longrightarrow SO_4^{2-} + 4H^+ + \boxed{2e^-}$

❹酸化還元反応の反応式のつくり方

・酸化剤と還元剤の半反応式の電子 e^- の係数を合わせてから，両式を足し合わせる。

例 二酸化硫黄と硫化水素の反応

酸化剤：$SO_2 + 4H^+ + 4e^- \longrightarrow S + 2H_2O$ …(1)

還元剤：$H_2S \longrightarrow S + 2H^+ + 2e^-$ …(2)

(2)式を 2 倍して(1)式に加える。両辺で同じ $4H^+$ は消去する。

$SO_2 + 2H_2S \longrightarrow 3S + 2H_2O$ …(3)

3 酸化還元滴定

酸化剤と還元剤が過不足なく（ちょうど）反応するための条件

$$\begin{pmatrix} 酸化剤の受け取る \\ 電子\,e^-\,の物質量 \end{pmatrix} = \begin{pmatrix} 還元剤の放出する \\ 電子\,e^-\,の物質量 \end{pmatrix}$$

❶過マンガン酸塩滴定　酸化剤の過マンガン酸カリウム $KMnO_4$（指示薬を兼ねる）の色の変化を利用し，還元剤の濃度を決定することができる。

$MnO_4^- + 8H^+ + 5e^- \longrightarrow Mn^{2+} + 4H_2O$ …①

$(COOH)_2 \longrightarrow 2CO_2 + 2H^+ + 2e^-$ …②

①×2+②×5 より，両辺から e^- を消去すると，

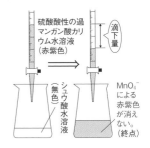

$$2MnO_4^- + 6H^+ + 5(COOH)_2 \longrightarrow 2Mn^{2+} + 10CO_2 + 8H_2O$$

以上より，$KMnO_4$ 2mol と $(COOH)_2$ 5mol は，過不足なく反応する。

・滴定の終点…MnO_4^- の赤紫色が消えなくなり，薄い赤紫色になったとき。

❷**ヨウ素滴定** KI（還元剤）と濃度未知の酸化剤を反応させてヨウ素 I_2 を遊離させる。
この I_2 をデンプン溶液を指示薬として，濃度のわかっているチオ硫酸ナトリウム
$Na_2S_2O_3$ 水溶液（還元剤）で滴定すると，酸化剤の濃度を決定できる。

・滴定の終点…ヨウ素デンプン反応の青紫色が消え，無色になったとき。

❹ 金属のイオン化傾向

❶**金属のイオン化傾向** 金属の単体が水溶液中で陽イオンとなる性質。

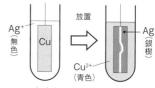

> イオン化傾向大＝電子を失いやすい＝還元力が強い
> イオン化傾向小＝電子を失いにくい＝還元力が弱い

❷**金属イオンと別の金属の単体の反応**
硝酸銀 $AgNO_3$ 水溶液に銅 Cu 片を入れる。

$$Cu + 2Ag^+ \longrightarrow Cu^{2+} + 2Ag$$
$$Cu^{2+} + 2Ag \nrightarrow \text{反応しない}$$

以上より，イオン化傾向は，Cu＞Ag とわかる。

$AgNO_3$ 水溶液に Cu 片を入れると，Cu 片の表面に黒色〜灰色の苔（こけ）状の析出物（Ag）が付着する。放置すると，白色の金属光沢をもつ**銀樹**が成長する。

❸**イオン化列** 金属をイオン化傾向の大きい順に並べたもの（ボルタによる）。

（覚え方）リッチ（に）貸（そう）か な ま あ あ て に す な ひ ど す ぎ（る）借 金

イオン化列	Li K Ca Na Mg Al Zn Fe Ni Sn Pb (H₂) Cu Hg Ag Pt Au				
	大 ←――――――――― イオン化傾向 ――――――――→ 小				

空気中での反応(常温)	すみやかに酸化される	酸化され，表面に酸化物の被膜を生じる			酸化されない
水との反応	常温の水と反応*1	熱水と反応	高温の水蒸気と反応	反応しない	
酸との反応	塩酸，希硫酸と反応し，水素を発生して溶ける*2			酸化力のある酸（硝酸，熱濃硫酸）に溶ける*3	王水に溶ける

注）①Pb を塩酸や希硫酸に浸してもほとんど溶けない。それは Pb の表面を，水に溶けない $PbCl_2$ や $PbSO_4$ が覆うため，それ以上 Pb が酸と反応するのを妨げるからである。

②Al, Fe, Ni は，濃硝酸には不動態となって溶けない。不動態とは，金属の表面がち密な酸化被膜で覆われて，内部が保護されている状態のことである。

③王水は，濃硝酸と濃塩酸を 1:3 の体積比で混合したもので，酸化力がきわめて強い。

＊1) **例** ナトリウムを常温の水に入れる。 $2Na + 2H_2O \longrightarrow 2NaOH + H_2$

＊2) **例** 鉄を希硫酸に入れる。 $Fe + H_2SO_4 \longrightarrow FeSO_4 + H_2$

＊3) **例** 銅を希硝酸に入れる。 $3Cu + 8HNO_3 \longrightarrow 3Cu(NO_3)_2 + 4H_2O + 2NO$
銅を濃硝酸に入れる。 $Cu + 4HNO_3 \longrightarrow Cu(NO_3)_2 + 2H_2O + 2NO_2$
銅を熱濃硫酸に入れる。 $Cu + 2H_2SO_4 \longrightarrow CuSO_4 + 2H_2O + SO_2$

確認&チェック

1 酸化と還元を定義する次の表の中に適語を入れよ。

定　義	酸素原子	水素原子	電　子	酸化数
酸化	受け取る	①	③	⑤
還元	失う	②	④	⑥

2 次の物質中で，下線をつけた原子の酸化数を求めよ。
(1) $\underline{Cl}_2$　　　(2) $\underline{N}H_3$
(3) $\underline{Ca}^{2+}$　(4) $\underline{N}O_3^-$

3 次の文の □ に適語を入れよ。
　相手の物質を①□するはたらきのある物質を酸化剤といい，その結果，酸化剤自身は②□される。一方，相手の物質を③□するはたらきのある物質を還元剤といい，その結果，還元剤自身は④□される。

4 次の物質を酸化剤と還元剤に分けよ。
(ア) $KMnO_4$　　(イ) H_2S
(ウ) HNO_3　　(エ) $FeSO_4$

5 図は，Ag^+ を含む水溶液に銅片を入れ，しばらく放置したようすを示す。次の問いに答えよ。

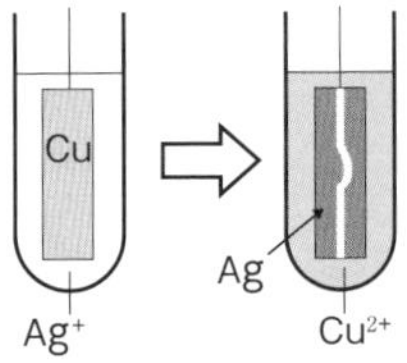

(1) 銅片に析出した樹枝状の銀の結晶を何というか。
(2) 銅と銀では，どちらがイオン化傾向が大きいか。
(3) このとき起こった変化を，イオン反応式で示せ。

6 次の(1)～(4)に当てはまる金属を〔　〕から選べ。
(1) 常温の水と反応する。
(2) 熱水とは反応しないが，塩酸には溶ける。
(3) 塩酸には溶けないが，希硝酸には溶ける。
(4) 希硝酸にも溶けないが，王水には溶ける。
〔 Cu　Na　Fe　Au 〕

解答

1 ① 失う
② 受け取る
③ 失う
④ 受け取る
⑤ 増加する
⑥ 減少する
→ p.81 **1**

2 (1) 0　　(2) −3
(3) +2　(4) +5
➡(4) $x+(-2)\times3=-1$
∴ $x=+5$
→ p.81 **1**

3 ① 酸化
② 還元
③ 還元
④ 酸化
→ p.81 **2**

4 酸化剤 (ア)，(ウ)
還元剤 (イ)，(エ)
→ p.81 **2**

5 (1) 銀樹
(2) 銅
(3) $Cu+2Ag^+$
　$\rightarrow Cu^{2+}+2Ag$
→ p.83 **4**

6 (1) Na
(2) Fe
(3) Cu
(4) Au
→ p.83 **4**

次の各反応の下線部の原子の酸化数の変化を調べ，酸化剤および還元剤に相当する物質をそれぞれ化学式で答えよ。

(1) $\underline{I}_2$ + SO$_2$ + 2H$_2$O $\longrightarrow$ 2HI + H$_2$$SO_4$

(2) $\underline{Cu}$ + 4H$\underline{N}$O$_3$ $\longrightarrow$ Cu(NO$_3$)$_2$ + 2NO$_2$ + 2H$_2$O

考え方 反応前後で，次のように考える。

原子の酸化数が増加 $\longrightarrow$ 原子が酸化された $\longrightarrow$ その物質が**酸化された**
原子の酸化数が減少 $\longrightarrow$ 原子が還元された $\longrightarrow$ その物質が**還元された**

(1) ┌───── 酸化数増加(酸化された) ─────┐
$\underline{I}_2$ + SO$_2$ + 2H$_2$O $\longrightarrow$ 2HI + H$_2$$SO_4$
(0)　(+4)　　　　　　　　(−1)　(+6)
└───── 酸化数減少(還元された) ─────┘

(2) ┌───── 酸化数減少(還元された) ─────┐
$\underline{Cu}$ + 4H$\underline{N}$O$_3$ $\longrightarrow$ Cu(NO$_3$)$_2$ + 2NO$_2$ + 2H$_2$O
(0)　(+5)　　　　　　(+2)　　(+4)
└── 酸化数増加(酸化された) ─┘

酸化剤 → 相手を酸化する物質(自身は還元される…酸化数が減少する)
還元剤 → 相手を還元する物質(自身は酸化される…酸化数が増加する)

解答 (1) I：0 → −1　酸化剤は I$_2$，　S：+4 → +6　還元剤は SO$_2$

(2) Cu：0 → +2　還元剤は Cu，　N：+5 → +4　酸化剤は HNO$_3$

次の問いに答えよ。

(1) 過酸化水素 H$_2$O$_2$(酸性)が酸化剤としてはたらくときのイオン反応式を示せ。

(2) 過酸化水素 H$_2$O$_2$ が還元剤としてはたらくときのイオン反応式を示せ。

考え方 酸化剤(還元剤)の電子の授受を示すイオン反応式を，とくに半反応式という。半反応式を書くには，それぞれの酸化剤・還元剤(反応物)が，反応後にどんな物質(生成物)になるのかを知っておく必要がある。

(1) 過酸化水素が酸化剤としてはたらく場合
① 反応物は H$_2$O$_2$, 生成物は H$_2$O である。
H$_2$O$_2$ $\longrightarrow$ H$_2$O
② 両辺の O 原子の数を H$_2$O で合わせる。
H$_2$O$_2$ $\longrightarrow$ 2H$_2$O
③ 両辺の H 原子の数を H$^+$で合わせる。
H$_2$O$_2$ + 2H$^+$ $\longrightarrow$ 2H$_2$O

④ 両辺の電荷の総和を e$^-$で合わせる。
解答 H$_2$O$_2$ + 2H$^+$ + 2e$^-$ $\longrightarrow$ 2H$_2$O

(2) 過酸化水素が還元剤としてはたらく場合
① 反応物は H$_2$O$_2$, 生成物は O$_2$ である。
H$_2$O$_2$ $\longrightarrow$ O$_2$
② 両辺の O 原子の数を H$_2$O で合わせる。
(合っている)
③ 両辺の H 原子の数を H$^+$で合わせる。
H$_2$O$_2$ $\longrightarrow$ O$_2$ + 2H$^+$
④ 両辺の電荷の総和を e$^-$で合わせる。
解答 H$_2$O$_2$ $\longrightarrow$ O$_2$ + 2H$^+$ + 2e$^-$

　二クロム酸カリウムの硫酸酸性水溶液と二酸化硫黄の水溶液を反応させると，溶液の色は赤橙色から暗緑色に変化する。この酸化還元反応の化学反応式を書け。

考え方　酸化剤は相手を酸化する物質，還元剤は相手を還元する物質のことである。酸化剤と還元剤を混合すると，電子の授受に基づく酸化還元反応が起こる。

〈酸化剤 $K_2Cr_2O_7$ の半反応式のつくり方〉
① 酸化剤とその生成物の化学式を書く。
　（中心原子 Cr の数は，先に合わせておく）
$$Cr_2O_7^{2-} \longrightarrow 2Cr^{3+}$$
② O 原子の数は，H_2O で合わせる。
$$Cr_2O_7^{2-} \longrightarrow 2Cr^{3+} + 7H_2O$$
③ H 原子の数は，H^+ で合わせる。
$$Cr_2O_7^{2-} + 14H^+ \longrightarrow 2Cr^{3+} + 7H_2O$$
④ 両辺の電荷の総和は，e^- で合わせる。
$$Cr_2O_7^{2-} + 6e^- + 14H^+ \longrightarrow 2Cr^{3+} + 7H_2O$$

〈還元剤 SO_2 の半反応式のつくり方〉
⑤ $SO_2 \longrightarrow SO_4^{2-}$
⑥ $SO_2 + 2H_2O \longrightarrow SO_4^{2-}$
⑦ $SO_2 + 2H_2O \longrightarrow SO_4^{2-} + 4H^+$
⑧ $SO_2 + 2H_2O \longrightarrow SO_4^{2-} + 4H^+ + 2e^-$

　2つの半反応式の電子 e^- の数を合わせ，e^- を消去すると，イオン反応式になる。
④＋⑧×3 より，
$$Cr_2O_7^{2-} + 3SO_2 + 2H^+ \longrightarrow 2Cr^{3+} + 3SO_4^{2-} + H_2O$$
反応に関係しなかった $2K^+$ と SO_4^{2-} を両辺に加えて整理すると，化学反応式になる。

解答　$K_2Cr_2O_7 + 3SO_2 + H_2SO_4$
$$\longrightarrow Cr_2(SO_4)_3 + K_2SO_4 + H_2O$$

　ある濃度の過酸化水素水 10.0mL に硫酸を加えて酸性にした。この水溶液に 0.0200mol/L の過マンガン酸カリウム水溶液を滴下したところ，14.0mL で反応が終点に達した。次のイオン反応式を参考にして，問いに答えよ。
$$MnO_4^- + 8H^+ + 5e^- \longrightarrow Mn^{2+} + 4H_2O \quad \cdots ①$$
$$H_2O_2 \longrightarrow O_2 + 2H^+ + 2e^- \quad \cdots ②$$
(1)　滴定の終点はどう決めたらよいか。
(2)　過酸化水素水の濃度は何 mol/L か。

考え方　酸化還元反応を利用して，濃度既知の酸化剤（還元剤）から，還元剤（酸化剤）の濃度を決定する操作を酸化還元滴定という。
(1)　反応容器に H_2O_2 が残っている間は，滴下した MnO_4^-（赤紫色）と反応して直ちに Mn^{2+}（無色）になる。しかし，H_2O_2 がなくなると，MnO_4^- の色が消えなくなる。このときが滴定の終点となる。すなわち，酸化剤の $KMnO_4$ は指示薬としての役割も兼ねている。
(2)　①より MnO_4^- 1mol は電子 5mol を受け取り，②より H_2O_2 1mol は電子 2mol を放

出することができる。
　酸化剤と還元剤が過不足なく（ちょうど）反応するときには，**（酸化剤の受け取った e^- の物質量）＝（還元剤の与えた e^- の物質量）**の関係が成り立つ。
過酸化水素水の濃度を x〔mol/L〕とすると，
$$0.0200 \times \frac{14.0}{1000} \times 5 = x \times \frac{10.0}{1000} \times 2$$
$$\therefore \quad x = 0.0700 〔mol/L〕$$

解答　(1)　溶液の色が無色から薄い赤紫色に変化したとき。　(2)　**0.0700mol/L**

例題 40 金属のイオン化傾向 ■■□

次の反応式のうち，反応が進まないものはどれか。番号で記せ。

① $Cu^{2+} + Mg \longrightarrow Cu + Mg^{2+}$　　② $Zn^{2+} + Cu \longrightarrow Zn + Cu^{2+}$

③ $Mg + 2H^+ \longrightarrow Mg^{2+} + H_2$　　④ $2Ag^+ + Fe \longrightarrow 2Ag + Fe^{2+}$

考え方 イオン化傾向が大きい方が単体で，イオン化傾向が小さい方がイオンのとき，電子の授受による酸化還元反応が進み，イオン化傾向が大きい方がイオンとなり，イオン化傾向が小さい方が単体となって安定化する。

① イオン化傾向は Mg＞Cu なので，この反応は進む。

② イオン化傾向は Zn＞Cu なので，この反応は進まない。

③ イオン化傾向は Mg＞H_2 なので，この反応は進む。

④ イオン化傾向は Fe＞Ag なので，この反応は進む。

解答 ②

例題 41 金属の反応性 ■■□

次の(1)～(5)の記述に当てはまる金属を，〔　〕から選び元素記号で答えよ。

(1) 常温の水と激しく反応し，H_2 を発生する。

(2) 常温の水とは反応しにくいが，熱水とは反応して H_2 を発生する。

(3) 王水とだけ反応し，溶ける。

(4) 塩酸や希硫酸とは反応しないが，酸化力のある濃硝酸には NO_2 を発生して溶ける。

(5) 熱水とは反応しないが，塩酸や希硫酸とは反応して H_2 を発生する。

〔　Zn　Cu　Na　Mg　Au　〕

考え方 各金属をイオン化傾向の大きいものから順に並べると，次の通りである。

　　Na＞Mg＞Zn＞(H_2)＞Cu＞Au

H_2 よりイオン化傾向の大きい金属は，塩酸や希硫酸と反応して溶ける。金属と酸の H^+ による酸化還元反応によって，H_2 が発生する。

H_2 よりもイオン化傾向が小さい Cu，Hg，Ag は酸化力のない塩酸や希硫酸には溶けないが，酸化力のある硝酸や熱濃硫酸には溶ける。

(1) イオン化傾向の特に大きい Li，K，Ca，Na などは，常温の水とも激しく反応して H_2 を発生する。

(2) Mg は常温の水とは反応しにくいが，熱水とは徐々に反応して H_2 を発生する。

(3) イオン化傾向がきわめて小さい Pt，Au は酸化力の非常に強い王水にしか溶けない。

※王水は濃塩酸と濃硝酸の混合溶液(体積比は3：1)である。濃塩酸と濃硝酸が反応して塩化ニトロシル NOCl が生成するために，非常に強い酸化作用を示す。

(4) H_2 よりもイオン化傾向の小さい Cu，Ag は，酸化力のある希硝酸，濃硝酸，熱濃硫酸とは反応して溶け，それぞれ NO，NO_2，SO_2 の気体を発生する。

(5) Al，Zn，Fe は熱水には溶けないが，高温の水蒸気とは反応して H_2 を発生する。また，これらの金属は，H_2 よりもイオン化傾向が大きいので，酸化力のない塩酸や希硫酸と反応して H_2 を発生する。

解答 (1) Na　(2) Mg　(3) Au
　　　　(4) Cu　(5) Zn

118 □□ ◀酸化と還元▶ 次の文の□□□に適語を入れよ。

(1) ある物質が酸素原子を受け取ったとき，その物質は①□□□されたといい，ある物質が酸素原子を失ったとき，その物質は②□□□されたという。

(2) ある物質が水素原子を受け取ったとき，その物質は③□□□されたといい，ある物質が水素原子を失ったとき，その物質は④□□□されたという。

(3) ある物質中の原子が電子を失ったとき，その原子，およびその原子を含む物質は⑤□□□されたといい，ある物質中の原子が電子を受け取ったとき，その原子，およびその原子を含む物質は⑥□□□されたという。

(4) ある物質中の原子の酸化数が増加したとき，その原子，およびその原子を含む物質は⑦□□□されたといい，ある物質中の原子の酸化数が減少したとき，その原子，およびその原子を含む物質は⑧□□□されたという。

必119 □□ ◀酸化数▶ 次の下線をつけた原子の酸化数を求めよ。

(1) $\underline{O}_3$　　(2) $H_2\underline{S}$　　(3) $\underline{N}_2O_5$　　(4) $\underline{Mn}O_2$

(5) $\underline{Ca}^{2+}$　　(6) $\underline{S}O_4{}^{2-}$　　(7) $K\underline{Mn}O_4$　　(8) $K_2\underline{Cr}_2O_7$

必120 □□ ◀酸化還元反応▶ 次の化学反応のうち，酸化還元反応であるものをすべて選べ。また，選んだそれぞれについて，下線部の原子の酸化数の変化も示せ。

(1) $\underline{Fe}_2O_3 + 3CO \longrightarrow 2\underline{Fe} + 3CO_2$

(2) $H_2\underline{S}O_3 + 2NaOH \longrightarrow Na_2\underline{S}O_3 + 2H_2O$

(3) $\underline{Mn}O_2 + 4HCl \longrightarrow \underline{Mn}Cl_2 + Cl_2 + 2H_2O$

(4) $\underline{N}H_3 + 2O_2 \longrightarrow H\underline{N}O_3 + H_2O$

(5) $\underline{Sn}Cl_2 + 2FeCl_3 \longrightarrow \underline{Sn}Cl_4 + 2FeCl_2$

121 □□ ◀正誤問題▶ 次の記述のうち，正しいものをすべて記号で選べ。

(ア) 電子を受け取った物質は，必ず還元されたといえる。

(イ) 酸化還元反応では，必ず酸化数の変化した原子が存在する。

(ウ) 自身が酸化された物質は，酸化剤とよばれる。

(エ) 酸化剤にも還元剤にもはたらく物質もある。

(オ) 酸化還元反応では，必ず酸素原子あるいは水素原子の授受を伴う。

(カ) 同一種類の物質間であっても，お互いに電子の授受が行われ，一方が酸化剤，他方が還元剤としてはたらく場合がある。

(キ) アルカリ金属は電子を失いやすく，他の物質を酸化する力が強い。

(ク) 酸化還元反応では，酸化数が増加した原子の数と，酸化数が減少した原子の数は常に等しい。

122 □□ ◀酸化剤と還元剤の半反応式▶　次の酸化剤・還元剤のはたらきを示すイオン反応式の（　）に適する係数を入れよ（1 も答えよ）。

(1) H_2O_2 + （　）H^+ + （　）e^- ⟶ （　）H_2O

(2) HNO_3 + （　）H^+ + （　）e^- ⟶ NO + （　）H_2O

(3) $(COOH)_2$ ⟶ （　）CO_2 + （　）H^+ + （　）e^-

(4) MnO_4^- + （　）H_2O + （　）e^- ⟶ MnO_2 + （　）OH^-

123 □□ ◀酸化還元反応式▶　次の反応を，イオン反応式と化学反応式の両方で示せ。

(1) 硫酸酸性にした過酸化水素水にヨウ素ヨウ化カリウム水溶液を加えると，溶液の色が無色から褐色になる。

(2) 硫酸酸性の二クロム酸カリウム $K_2Cr_2O_7$ 水溶液に硫酸鉄(Ⅱ)$FeSO_4$ 水溶液を加えると，溶液の色が赤橙色から暗緑色になる。

必124 □□ ◀酸化剤の強さ▶　酸性の水溶液中で，次の(a)〜(c)の酸化還元反応が起こった。このことから，I_2, Br_2, Cl_2, S を酸化剤として作用の強いものから順に並べよ。

(a) $2KI$ + Br_2 ⟶ $2KBr$ + I_2

(b) I_2 + H_2S ⟶ $2HI$ + S

(c) $2KBr$ + Cl_2 ⟶ $2KCl$ + Br_2

必125 □□ ◀酸化剤・還元剤▶　次の文の□□□に適語を入れよ。また，下線部ⓐ，ⓑを化学反応式で示せ。

　一般に，還元剤として作用する物質でも，より強力な還元剤の作用を受けると還元されて，自身は①□□□として作用することがある。

　たとえば，ⓐ褐色のヨウ素ヨウ化カリウム水溶液に二酸化硫黄を通じると，溶液の色は消える。一方，ⓑ硫化水素水に二酸化硫黄を通じると，溶液は白濁する。

　ⓐの反応では，二酸化硫黄はヨウ素に対して②□□□として作用しているが，ⓑの反応では，二酸化硫黄は硫化水素に対して③□□□として作用している。

126 □□ ◀金属のイオン化傾向▶　次の金属の中から，(1)〜(6)の条件に当てはまるものを〔　〕内の数だけ元素記号で示せ。

　　　　　　Al, Zn, Ag, K, Au, Cu, Fe, Ca

(1) 常温で水と激しく反応して水素を発生するもの。〔2〕

(2) 常温の水とは反応しないが，希塩酸と反応して溶けるもの。〔3〕

(3) 希塩酸とは反応しないが，濃硝酸と反応して溶けるもの。〔2〕

(4) 濃硝酸に溶けないもの。〔3〕

(5) 空気中で放置しても酸化されないもの。〔2〕

(6) 濃硝酸には溶けず，王水にしか溶けないもの。〔1〕

必**127** □□ ◀金属の反応性▶　各金属のイオン化傾向の違いによる反応性を比較して，次表のようにまとめた。①〜⑧に当てはまる性質をア〜クの記号で選べ。

イオン化列	Li K Ca Na Mg Al Zn Fe Ni Sn Pb （H₂） Cu Hg Ag Pt Au			
空気中での反応	①	②		反応しない
水との反応	③	④	⑤	反応しない
酸との反応	⑥			⑦　⑧

ア．塩酸や希硫酸と反応し，水素を発生して溶ける。
イ．すみやかに内部まで酸化される。
ウ．表面に酸化物の被膜を生じる。
エ．硝酸や熱濃硫酸と反応して溶ける。
オ．王水にのみ溶ける。
カ．熱水と反応し，水素を発生して溶ける。
キ．常温の水と反応し，水素を発生して溶ける。
ク．高温の水蒸気と反応し，水素を発生する。

必**128** □□ ◀酸化還元滴定▶　濃度 5.00×10^{-2} mol/L のシュウ酸水溶液 20.0mL をコニカルビーカーにとり，6mol/L の硫酸水溶液を約20mL 加えて酸性にし，水を加えて液量を約70mL にした。この@溶液を 70℃前後に温め，かき混ぜながら濃度不明の過マンガン酸カリウム水溶液をゆっくり滴下した。過マンガン酸カリウム水溶液を 12.5mL 滴下したとき，溶液の⑥色の変化が見られ，これを滴定の終点とした。次の問いに答えよ。

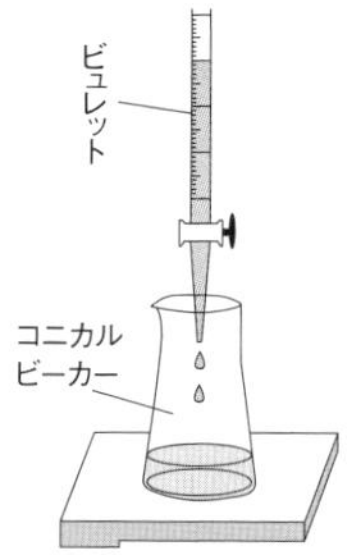

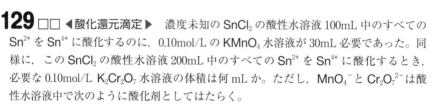

ビュレット

コニカルビーカー

(1)　この実験で酸性にするのに硫酸を用い，塩酸や硝酸を使用しない理由を述べよ。
(2)　下線部@で溶液を温める理由を述べよ。
(3)　下線部⑥の溶液の色の変化を示せ。
(4)　この滴定の化学反応式を示せ。
(5)　過マンガン酸カリウム水溶液のモル濃度を求めよ。

129 □□ ◀酸化還元滴定▶　濃度未知の $SnCl_2$ の酸性水溶液 100mL 中のすべての Sn^{2+} を Sn^{4+} に酸化するのに，0.10mol/L の $KMnO_4$ 水溶液が 30mL 必要であった。同様に，この $SnCl_2$ の酸性水溶液 200mL 中のすべての Sn^{2+} を Sn^{4+} に酸化するとき，必要な 0.10mol/L $K_2Cr_2O_7$ 水溶液の体積は何 mL か。ただし，MnO_4^- と $Cr_2O_7^{2-}$ は酸性水溶液中で次のように酸化剤としてはたらく。

$$MnO_4^- + 8H^+ + 5e^- \longrightarrow Mn^{2+} + 4H_2O$$
$$Cr_2O_7^{2-} + 14H^+ + 6e^- \longrightarrow 2Cr^{3+} + 7H_2O$$

130 □□ ◀金属のイオン化傾向▶　次の(a)～(d)の文中の A ～ G は，[　]のどの金属に該当するか。それぞれの元素記号で示せ。

(a) C は常温の水と反応するが，他は反応しない。

(b) A，D，F は希硫酸と反応して水素を発生するが，B，E，G は反応しない。
　B，E，G に希硝酸を作用させると，B，G は溶けたが E は溶けなかった。

(c) B の金属塩の水溶液に G を入れると，G の表面に B が析出した。

(d) A に F と D をメッキしたものを比べると，傷がついた場合，D をメッキしたものの方が，F をメッキしたものよりも内部の A が速く腐食された。

　　【金属】[　鉄　　ナトリウム　　白金　　銅　　スズ　　亜鉛　　銀　]

131 □□ ◀ヨウ素滴定▶　次の文を読み，あとの問いに答えよ。

〔実験1〕　濃度のわからない過酸化水素水 100mL を硫酸酸性として，過剰量のヨウ化カリウム水溶液を加えたところヨウ素が遊離した。

〔実験2〕　〔実験1〕で生じたヨウ素を含む水溶液に，ある指示薬を加えてから，0.0800mol/L のチオ硫酸ナトリウム $Na_2S_2O_3$ 水溶液で滴定したところ，終点までに 37.5mL 要した。ただし，この変化は次式のような反応式で示される。
$$I_2 + 2Na_2S_2O_3 \longrightarrow 2NaI + Na_2S_4O_6$$

(1) 〔実験1〕で起こった変化をイオン反応式で示せ。

(2) この過酸化水素水のモル濃度を求めよ。

(3) 〔実験2〕の滴定の終点は，どのように決定すればよいか述べよ。

132 □□ ◀ COD ▶　河川や海水の有機物等による水質汚染の状態を知る重要な指標として，COD（化学的酸素要求量）がある。COD は，試料水 1L に強力な酸化剤を加えて煮沸したとき，消費された酸化剤の量を酸素の質量〔mg〕に換算して表される。

　いま，ある河川水 100mL に 6mol/L 硫酸 10mL を加えて酸性とした。ここへ，$5.0×10^{-3}$mol/L 過マンガン酸カリウム $KMnO_4$ 水溶液 10mL を加えて 30 分間煮沸した。この溶液を熱いうちに $4.0×10^{-3}$mol/L シュウ酸 $(COOH)_2$ 水溶液で滴定したところ，25mL 加えたとき終点に達した。次の問いに答えよ。

(1) 河川水 100mL 中に含まれる有機物との酸化還元反応により消費された過マンガン酸カリウムの物質量を求めよ。

(2) この河川水の COD は何 mg/L か。（分子量：$O_2 = 32$）
　ただし，水中の酸素 O_2 は，次式のように酸化剤として作用するものとする。
$$O_2 + 2H_2O + 4e^- \longrightarrow 4OH^-$$

10 物質の状態変化

1 物質の三態

❶熱運動 物質の構成粒子(原子, 分子, イオンなど)が行う不規則な運動。

❷拡散 粒子の熱運動により, 気体分子や液体中の粒子が一様に広がる現象。

❸物質の三態 温度・圧力により, 物質は**固体・液体・気体**のいずれかの状態をとる。

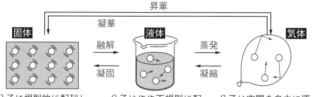

分子は規則的に配列し, 一定の位置でわずかに振動・回転している。

分子はやや不規則に配列し, 相互に位置を変えている(流動性)。

分子は空間を自由に運動している。分子間の引力(分子間力)はほぼ0。

❹融解熱 固体1molを液体にするのに必要な熱量。 **例** 水 6.0kJ/mol(0℃)

❺蒸発熱 液体1molを気体にするのに必要な熱量。 **例** 水 41kJ/mol(100℃)

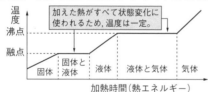

エネルギー…気体>液体>固体
密度…固体>液体>気体
(水の密度は, 液体>固体>気体)

2 状態変化と分子間力

❶分子間力 分子間にはたらく弱い引力の総称。

(a)構造の似た分子では, **分子量が大きいほど融点・沸点は高くなる。**

例

分子(分子量)	$H_2(2)$	$O_2(32)$	$Cl_2(71)$	$Br_2(160)$
分子間力	弱(小) ⟶			強(大)
沸点(℃)	−253	−183	−35	59

(b)分子量が同程度の分子では, 無極性分子より極性分子の方が融点・沸点は高くなる。

❷分子結晶 多数の分子が分子間力によって, 規則的に配列してできた結晶。

 例 ドライアイス CO_2, ヨウ素 I_2, ナフタレン $C_{10}H_8$

 (性質)軟らかく, 融点が低い。電気伝導性はない。昇華性を示すものが多い。

❸水素結合 電気陰性度の大きい F, O, N の原子の間に, H 原子が介在して生じる分子間の結合。本書では, 記号------で表す。

(a) HF, H_2O, NH_3 など強い極性分子間に生じる静電気力による結合。方向性がある。

(b)水素結合を形成している物質は, 分子量に比べて, 融点・沸点が著しく高くなる。

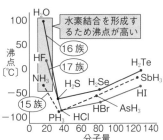

❹分子間力の強さ

水素結合＞極性分子間にはたらく引力＞すべての分子間にはたらく引力

❸ 気体の圧力と蒸気圧

❶気体の圧力 気体分子が器壁に衝突するとき, 単位面積あたりにおよぼす力。

1Pa（パスカル）は, $1m^2$ の面積に 1N（ニュートン）の力がはたらいたときの圧力。

❷圧力の測定 気体の圧力は水銀柱の高さを測定して求める。

1atm（気圧） = 760mmHg（ミリメートル水銀柱） = $1.013 × 10^5$ Pa

❸気液平衡 密閉容器に液体を入れて放置すると, やがて(蒸発分子の数) ＝ (凝縮分子の数)となり, 見かけ上, 蒸発や凝縮が止まった状態になる。この状態を気液平衡という。

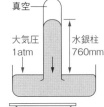

❹飽和蒸気圧(蒸気圧) 気液平衡のとき, 蒸気の示す圧力。

(a) 温度が高くなると, 急激に大きくなる。

(b) 一定温度では, 空間の体積, 他の気体によらず一定。

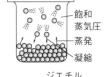

❺蒸気圧曲線 温度と蒸気圧の関係を表したグラフ。

分子間力の大きい物質ほど, 蒸気圧は低く, 沸点は高い。

❻沸騰と沸点 (飽和蒸気圧) ＝ (外圧(大気圧))になると, 液体表面だけでなく, 液体内部からも気泡が発生する。

この現象を沸騰といい, このときの温度を沸点という。

・外圧が低くなると, 沸点は低くなる。

例 富士山頂（約 $0.54 × 10^5$ Pa）で, 水の沸点は約 92℃。

・外圧が高くなると, 沸点は高くなる。例 圧力鍋

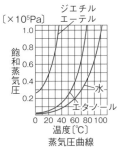

蒸気圧曲線

❼状態図 温度・圧力に応じて, 物質がとる状態を示した図。

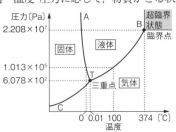

水の状態図

固体・液体・気体が共存する T：三重点。

固体と液体を区切る曲線 AT：融解曲線

液体と気体を区切る曲線 BT：蒸気圧曲線

固体と気体を区切る曲線 CT：昇華曲線

これらの曲線上では両側の状態が共存する。

液体と気体の区別ができない状態：超臨界状態

超臨界状態にある物質：超臨界流体

❶ 次の文は，固体 A，液体 B，気体 C のいずれに該当するか。

(1) 分子間力がほとんどはたらいていない。

(2) 分子が規則正しく配列している。

(3) 分子間力が最も強くはたらいている。

(4) 分子は不規則に配列し，流動性を示す。

(5) 他の状態に比べて，体積が著しく大きい。

❷ 次の文の □ に適語を記せ。

構造の似た分子では，分子量が大きいほど，融点・沸点は
①□ なる。

分子量が同程度の分子では，無極性分子よりも極性分子の方が融点・沸点は②□ なる。

HF，H_2O，NH_3 など強い極性分子では，分子間に③□ 結合が形成されるため，融点・沸点は著しく④□ なる。

❸ 次の文の □ に適語を入れよ。

密閉容器に液体を入れ放置すると，やがて，(蒸発分子の数) = (凝縮分子の数) となる。このような状態を①□ という。このときの蒸気の示す圧力を②□ といい，温度が高いほど③□ なる。

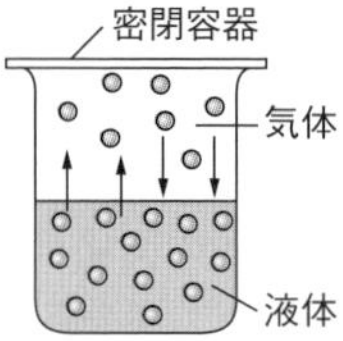

密閉容器

気体

液体

(飽和蒸気圧) = (外圧)になると，液体表面だけでなく，液体内部からも気泡が発生する。この現象を④□ といい，このときの温度を⑤□ という。

❹ 右の図は二酸化炭素について，温度・圧力によってその状態が変化する様子を示したものである。

(1) このような図を何というか。

(2) 領域 I，II，III，IV のとき，二酸化炭素はどのような状態にあるか。

(3) T 点，B 点を何というか。

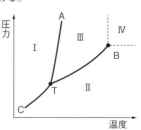

圧力

A

III

IV

I

B

T

II

C

温度

❶
(1) C
(2) A
(3) A
(4) B
(5) C
→ p.92 ①

❷
① 高く
② 高く
③ 水素
④ 高く
→ p.92 ②

❸
① 気液平衡
② 飽和蒸気圧（蒸気圧）
③ 大きく
④ 沸騰
⑤ 沸点
→ p.93 ③

❹
(1) 状態図
(2) I：固体
II：気体
III：液体
IV：超臨界状態
(3) T：三重点
B：臨界点
→ p.93 ③

3
-
10

例題 42 | 物質の状態変化 ■■■

右図は，−20℃の氷 9.0g を一様に加熱したときの温度変化のようすを示す。次の問いに答えよ。

(1) BC 間で，加熱しても温度が上昇しないのはなぜか。

(2) BE 間で加えられた熱エネルギーは何 kJ か。ただし，水の比熱を 4.2J/(g・K)，融解熱を 6.0kJ/mol，蒸発熱を 41kJ/mol，分子量 $H_2O = 18$ とする。

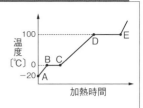

考え方 (1) B 点で氷が融け始めてから，C 点で融け終わるまで，0℃のままで温度の変化はない。このように，BC 間で温度が上昇しないのは，<u>加えられた熱エネルギーが運動エネルギーの増加ではなく，水の状態変化（水の融解）</u>に使われるためである。

(2) $H_2O = 18$ より，モル質量は18g/mol。水9.0g は0.50mol である。0℃の氷0.50mol を 100℃の水蒸気にするには，

① 0℃の氷を0℃の水にするための熱量は，
$6.0 \times 0.50 = 3.0$〔kJ〕

② 比熱は，物質 1g の温度を 1K 上昇させるのに必要な熱量〔J/(g・K)〕である。

(熱量) = (比熱) × (質量) × (温度変化)

0℃の水を100℃の水にするための熱量は，$4.2 \times 9.0 \times 100 = 3780$〔J〕$= 3.78$〔kJ〕

③ 100℃の水を 100℃の水蒸気にするための熱量は，$41 \times 0.50 = 20.5$〔kJ〕

①＋②＋③より，

$3.0 + 3.78 + 20.5 = 27.3 \fallingdotseq 27$〔kJ〕

解答 (1) 考え方の波線部分参照。
(2) 27kJ

例題 43 | 分子間にはたらく力と沸点 ■■■

次の(ア)～(ウ)の分子性物質の中で，沸点が高い方の物質を選び，化学式で答えよ。
（原子量：H = 1.0，O = 16，F = 19，S = 32，Cl = 35.5）

(ア) F_2，Cl_2 (イ) O_2，H_2S (ウ) HF，HCl

考え方 分子性物質では，分子間にはたらく引力が強いほど，融点・沸点は高くなる。

(ア) 構造の似た分子では，分子量が大きいほど，分子間力は強くなり，沸点が高くなる。分子量は，F_2(38) < Cl_2(71)で，どちらも直線形の無極性分子なので，この順に沸点が高くなる。

(イ) 分子量は，O_2(32)，H_2S(34)でほぼ等しい。O_2 は直線形の無極性分子であるが，H_2S は H_2O と同じ折れ線形の極性分子である。

このように，分子量が同程度の分子では，極性分子の方が無極性分子より沸点が高くなる。これは，極性分子では無極性分子に比べて静電気力が加わるので，分子間

力が強くはたらくためである。

(ウ) HF，HCl はどちらも直線形の極性分子である。このうち，HF は分子量が小さいにも関わらず，沸点が高い。これは，HF は強い極性分子で，分子間に水素結合が形成されるためである。

水素結合を形成する分子には，ファンデルワールス力よりも強い静電気力がはたらくので，沸点が著しく高くなる。

解答 (ア) Cl_2 (イ) H_2S (ウ) HF

右図の蒸気圧曲線を見て，次の問いに答えよ。

(1) 物質 A の沸点は約何℃か。

(2) 外圧 $4.0×10^4$Pa で，物質 C の沸点は約何℃か。

(3) 物質 B を 50℃で沸騰させるには，外圧を約何 Pa にすればよいか。

(4) 物質 A ～ C を分子間力の大きい順に並べよ。

(5) 物質 C を点 P の状態から，外圧を $2.0×10^4$Pa に保ったまま温度を下げたら，約何℃で液体が生じ始めるか。

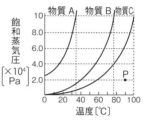

考え方 (1) 沸点は，液体の飽和蒸気圧が外圧に等しくなる温度である。外圧が表示されていないときは，外圧が $1.0×10^5$Pa であると考えればよい。A の蒸気圧が外圧 $1.0×10^5$Pa に達する温度をグラフから読み取ると，約34℃。

(2) 外圧が変化すると，液体の沸点も変化する。グラフより，C の蒸気圧が外圧 $4.0×10^4$Pa に達する温度を読み取ると，約78℃。

(3) B の 50℃での蒸気圧は約 $3.0×10^4$Pa。こ

れと等しい外圧をかけると，B は沸騰する。

(4) 液体の分子間にはたらく分子間力が大きくなるほど，同温での蒸気圧は小さくなる。

(5) 蒸気圧曲線より上側では，液体と気体(蒸気)が共存するが，蒸気圧曲線より下側の P 点では，気体のみが存在する。P 点から横軸に平行に左へ移動すると，約 60℃で C の蒸気圧曲線と交わり，凝縮が起こる。

解 答 (1) 約34℃ (2) 約78℃ (3) 約$3.0×10^4$Pa
(4) C ＞ B ＞ A (5) 約60℃

水の状態図(右図)を見て，次の問いに答えよ。

(1) 領域①，②，③で水はどんな状態にあるか。

(2) 3 曲線が交わる点 X は何とよばれるか。

(3) $1.0×10^5$Pa における矢印 A，B の状態変化をそれぞれ何というか。

(4) 状態図から，0℃の氷に高い圧力を加えると，その状態はどのように変化するか。

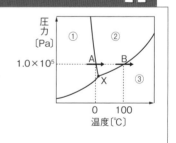

考え方 (1) $1.0×10^5$Pa で温度を上げると，固体→液体→気体への状態変化が起こる。

(2) 固体と液体の境界線は融解曲線，液体と気体の境界線は蒸気圧曲線，固体と気体の境界線は昇華圧曲線とよばれ，3 つの曲線が交わる点は，固体・液体・気体が共存する物質に固有の定点で三重点とよばれる。

(3) $1.0×10^5$Pa では，0℃で融解(矢印 A)，100℃で沸騰(矢印 B)が起こる。

(4) 水の状態図では，融解曲線が右下がりで，その傾きが負である。したがって，氷(固体領域①)に対して，0℃で高い圧力を加えていくと，融解曲線を下から上に横切り，水(液体領域②)へと状態変化が起こる。

解 答 (1) ① 固体 ② 液体 ③ 気体
(2) 三重点
(3) A：融解 B：沸騰
(4) 液体になる。

標準問題 | 必は重要な必須問題。時間のないときはここから取り組む。

必 **133** ☐☐ ◀物質の状態変化▶　次の文の◯◯◯に適語を入れよ。

　分子性の固体物質では，分子間に①◯◯◯がはたらいており，分子は定められた位置で振動・回転などの②◯◯◯を行っているが，分子相互の平均距離は変わらない。

　固体の温度が上昇して③◯◯◯に達すると，分子は互いの位置を入れ替えることができるようになり，流動し始める。このような物質の状態は④◯◯◯とよばれ，このとき起こった状態変化は⑤◯◯◯とよばれる。

　液体の表面付近では，比較的大きな⑥◯◯◯エネルギーをもつ分子は，分子間力に打ち勝って空間に飛び出す。この現象が⑦◯◯◯である。さらに温度が上昇して⑧◯◯◯に達すると，液体内部からも気泡が発生するようになる。この現象が⑨◯◯◯である。しかし，ドライアイスのように，固体から直接気体になるものもある。このような状態変化を⑩◯◯◯という。

固体　　液体　　気体

必 **134** ☐☐ ◀状態変化とエネルギー▶　図は，1.0×10^5 Pa の下で，ある固体物質 5.0mol に毎分 10kJ の割合で熱エネルギーを加えたときの温度変化を示す。次の問いに答えよ。

(1)　図の a, b の温度をそれぞれ何というか。

(2)　AB，CD 間で起こる現象名と，AB，CD 間でのこの物質の状態を答えよ。

(3)　この物質の融解熱，蒸発熱を求めよ。

(4)　一般に，蒸発熱の方が融解熱よりも大きい。この理由を簡単に説明せよ。

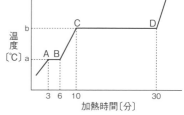

135 ☐☐ ◀気体分子の速度分布▶　次の文の◯◯◯に適切な語句，数値，記号を入れよ。ただし，1 気圧 (atm) を 1.0×10^5 Pa とし，④は有効数字 2 桁で答えよ。

　一定温度でも，気体分子の速度には一定の幅があり，温度が①◯◯◯ほど，速度の大きい分子の割合が大きくなる。右図は，異なる温度における一定容積中での気体分子の速度分布を表すが，曲線 A〜C のうち，最も高温で測定されたものは，②◯◯◯である。

　一方，気体の圧力は，分子が器壁に衝突するとき，単位③◯◯◯あたりにおよぼす力のことであり，水銀柱の高さから簡単に測定できる。たとえば，水銀柱の高さが 608mm であるとき，気体の圧力は④◯◯◯Pa に等しい。

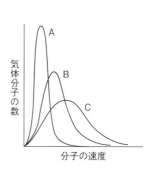

136 □□ ◀物質の三態▶　次の各文のうち，正しいものをすべて番号で選べ。
(1)　気体は，分子間の平均距離は大きいが，分子のもつエネルギーは小さい。
(2)　気体は，分子が空間を自由に運動をしている。
(3)　液体は，分子が不規則に配列している。
(4)　液体は，分子間の平均距離が小さく，分子が規則正しく配列している。
(5)　固体は，分子間の平均距離が小さく，分子間にはたらく引力が最も強い。
(6)　固体では，分子は一定の位置で静止している。
(7)　物質のもつエネルギーは，固体，液体，気体の順に大きくなっていく。
(8)　どの物質でも，密度は，固体，液体，気体の順に小さくなっていく。
(9)　温度が一定ならば，圧力を変化させても，状態変化は起こらない。

必**137** □□ ◀蒸気圧の性質▶　ピストン付きの容器に空気と少量の水を入れてしばらく放置したところ，水の一部が蒸発して気液平衡の状態になった。そこへ次の操作を行って平衡状態になったとき，水の蒸気圧および，空間を占める水分子の数はそれぞれどう変化するか。あとの(ア)〜(ウ)より選べ。ただし，容器内には常に液体の水が存在するものとする。

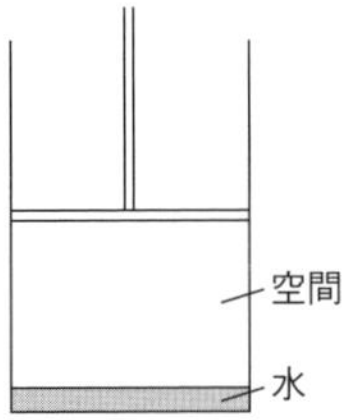

空間

水

(1)　体積を一定に保ち，ゆっくり温度を上げる。
(2)　温度を一定に保ち，ゆっくり体積を大きくする。
(3)　温度を一定に保ち，ゆっくり体積を小さくする。
　　(ア)　増加する。　　　　(イ)　減少する。　　　　(ウ)　変化しない。

必**138** □□ ◀分子間力と沸点▶　次の(1)〜(4)の各組み合わせの物質について，沸点の高い方を選べ。また，その理由として最も適するものを(a)〜(c)から選べ。
原子量：H＝1.0，C＝12，O＝16，F＝19，S＝32，Cl＝35.5，Br＝80
(1)　CH_4 と CCl_4　　　　(2)　H_2O と H_2S
(3)　HBr と HF　　　　(4)　F_2 と HCl
(理由)　(a)　分子量が大きく，ファンデルワールス力が大きい。
　　　　(b)　分子の極性が大きく，ファンデルワールス力が大きい。
　　　　(c)　分子間にはたらく水素結合の影響が大きい。

139 □□ ◀水の特性▶　次の文中の□□□に適語を記入せよ。
　氷の結晶では，水分子が①□□□結合を形成し，1個の水分子は4個の水分子によって②□□□状に取り囲まれている。氷の結晶は，液体の水に比べて隙間が③□□□ので，水よりも密度が④□□□。温度が上昇して氷が融解すると，①結合が部分的に切れて結晶がくずれ，体積が⑤□□□する。一方，温度の上昇に伴って，水分子の熱運動が活発になり，体積が⑥□□□する。この2つの相反する効果の兼ね合いのために，水は4℃で密度が⑦□□□の $1.000 g/cm^3$ となる。
　水の融点・沸点は，他の16族の水素化合物に比べて著しく⑧□□□い。

140 □□ ◀正誤問題▶　次の記述で，正しいものに○，誤っているものに×をつけよ。

(1) 密閉容器中で液体と気体が共存するとき，蒸発も凝縮も起こっていない。

(2) 平地よりも高山の上の方が，液体は低い温度で沸騰する。

(3) 一般に，同温度で蒸気圧の大きい物質ほど，沸点は高くなる。

(4) 同温度で比較したとき，分子間力の大きい物質ほど蒸気圧が小さくなる。

(5) 一定温度で液体と蒸気が平衡状態にある場合，同一物質の液体を加えると蒸気圧は大きくなる。

(6) 大気圧の下で液体を加熱し続けると，沸騰後も液体の温度は上昇する。

(7) 室温，1.01×10^5 Pa の空気の入った容器に一定量の水を入れ，密閉してから加熱すると，容器内の水は100℃になると沸騰する。

(8) 液体が蒸発するときに外部から吸収する熱量は，その蒸気が凝縮するときに外部へ放出する熱量と等しい。

(9) 固体が融解すると，密度は必ず小さくなる。

⊛ 141 □□ ◀水の状態図▶　右図は水の状態図を示している。次の問いに答えよ。

(1) 領域 I ～IV の状態をそれぞれ何というか。

(2) 曲線 OA，OB，OC をそれぞれ何というか。

(3) 点O，点A は，それぞれどんな状態かを説明せよ。

(4) 次の記述のうち，正しいものをすべて選べ。

　(ア) 点O より低圧の領域では，いかなる温度でも沸騰は起こらない。

　(イ) 点O より高圧の領域では，水の融点・沸点はともに上昇する。

　(ウ) 374℃ より高温の領域では，いかなる圧力でも水は凝縮しない。

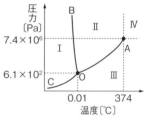

142 □□ ◀気液の判定▶　容積を任意に調節できる真空容器に，水，ベンゼンを1molずつ入れた。蒸気圧曲線（右図）をもとに次の問いに答えよ。ただし，水とベンゼンは互いに溶け合わないものとする。

(1) 温度70℃，容器内の圧力を 1.0×10^5 Pa になるように調節した。このとき，水およびベンゼンは次の(a)～(c)のいずれの状態で存在するか。

　(a) すべて気体として存在する。

　(b) 液体よりも気体として多く存在する。

　(c) 気体よりも液体として多く存在する。

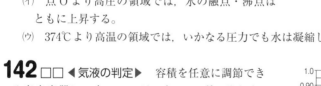

(2) 容器内の圧力が 1.0×10^5 Pa のとき，容器内の物質がすべて気体として存在するためには，温度を約何℃以上にすればよいか。

発展問題

143 □□ ◀蒸気圧▶

20℃の室内で，一端を閉じた長さ1mのガラス管に水銀を満たして水銀槽に倒立させると，図1のようになった。このガラス管の下から，ある液体を少量注入すると，水銀柱の高さは670mmになり，水銀柱の上部に少量の液体が残っ

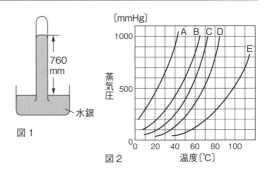

図1

図2

た。また，図2は，物質A～Eについての蒸気圧曲線である。次の問いに答えよ。

(1) 実験を行った室内の大気圧は何mmHgか。

(2) 注入した液体は，図2のA～Eのどれか。

(3) (2)の液体を注入した後，室温を30℃にすると，水銀柱の高さは約何mmになるか。ただし，水銀柱の上部にはまだ液体が残っているとする。

(4) 注入した液体の沸点は，図2から約何℃か。

144 □□ ◀水素化合物の沸点▶　次の文を読み，あとの問いに答えよ。

右の図は，一部の典型元素の水素化合物の沸点を示したものである。一般に，①各族とも分子量が大きくなるにしたがって，沸点が高くなる傾向が見られる。ところが，第2周期元素の水素化合物には，この傾向からはずれ，著しく高い沸点を示すものがある。たとえば，16族の水素化合物の沸点は，$H_2Te > H_2Se > H_2S$ の順に直線的に低くなっているが，②H_2Oの沸点は期待される値より著しく高い。なお，図中には，③15族の第2周期元素の化合物は示されていない。

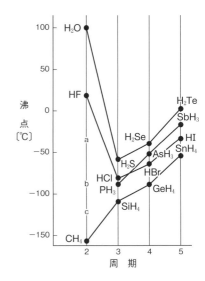

(1) 下線部①についてその理由を説明せよ。

(2) 下線部②についてその理由を説明せよ。

(3) 下線部③の化合物を化学式で示し，その沸点は図に示されたa，b，cいずれの点であるか記せ。

(4) H_2OとHFの沸点を比較すると，H_2Oの方がかなり高い。その理由を説明せよ。

11 気体の法則

1 気体の法則

❶**ボイルの法則** 一定温度では,一定量の気体の体積 V は,圧力 P に反比例する。　　$P_1V_1 = P_2V_2$

❷**セルシウス温度** 水の凝固点と沸点の間を 100 等分し,1 ℃の温度差を定めた温度。

❸**絶対温度** 絶対零度(-273℃)を基点とした温度。単位〔K〕

絶対温度 T とセルシウス温度 t との関係

$$T\text{〔K〕} = t\text{〔℃〕} + 273$$

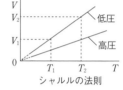

ボイルの法則

❹**シャルルの法則** 一定圧力では,一定量の気体の体積 V は,絶対温度 T に比例する。　$\dfrac{V_1}{T_1} = \dfrac{V_2}{T_2}$

❺**ボイル・シャルルの法則** 一定量の気体の体積 V は,圧力 P に反比例し,絶対温度 T に比例する。

$$\frac{P_1V_1}{T_1} = \frac{P_2V_2}{T_2}$$

シャルルの法則

❻**気体の状態方程式** 物質量 n〔mol〕の気体が,圧力 P〔Pa〕,絶対温度 T〔K〕で,体積 V〔L〕を占めるとき,次の関係が成り立つ。この比例定数を**気体定数 R** という。

$$PV = nRT^{*1}$$

*1)この式を使うとき,P,V,T の単位は,気体定数 R と同じ単位を用いなければならない。

❼**気体定数 R** アボガドロの法則より,0℃,1.013×10^5Pa(標準状態という)のとき,気体 1mol の体積は,どれも **22.4L** を占めるから,これを状態方程式に代入すると,

$$R = \frac{PV}{nT} = \frac{1.013 \times 10^5\text{〔Pa〕} \times 22.4\text{〔L〕}}{1\text{〔mol〕} \times 273\text{〔K〕}} ≒ 8.3 \times 10^3\text{〔Pa·L/(K·mol)〕}$$

❽**気体の分子量の求め方** 状態方程式を変形した次の式を用いる。

$$PV = \frac{w}{M}RT \quad \begin{pmatrix} w : 質量〔g〕 \\ M : 分子量 \end{pmatrix} \implies M = \frac{wRT}{PV}$$

2 混合気体の全圧と分圧

❶**全圧と分圧** 混合気体の示す圧力を**全圧 P**,混合気体中の各成分気体が,混合気体と同体積を占めるときの圧力を各成分気体の**分圧** p_A,p_B,…という。

P
p_A
p_B

混合気体 (n_A+n_B)mol 　気体A $n_A$mol 　気体B $n_B$mol

❷**ドルトンの分圧の法則** 混合気体の全圧 P は,各成分気体の分圧 p_A,p_B,…の和に等しい。　$P = p_A + p_B + \cdots$

❸全圧と分圧の関係

図の混合気体とその成分気体 A，B に関して，それぞれ状態方程式を適用すると，

$$PV = (n_A + n_B)RT \quad \cdots ①$$

$$p_A V = n_A RT \quad \cdots ② \qquad\qquad p_B V = n_B RT \quad \cdots\cdots ③$$

②÷③より，$\dfrac{p_A}{p_B} = \dfrac{n_A}{n_B}$　　　　∴（分圧の比）=（物質量の比）

②÷①より，$p_A = P \times \dfrac{n_A}{n_A + n_B}$　　∴（分圧）=（全圧）×（モル分率）[*2]

＊2）気体の全物質量に対する各成分気体の物質量の割合を，**モル分率**という。

❹水上捕集した気体

水上捕集した気体は，飽和水蒸気を含む混合気体である。

捕集気体の分圧 p = 大気圧 P − 飽和水蒸気圧 p_{H_2O}

❺平均分子量

混合気体を 1 種類の分子からなる気体とみなして求めた見かけの分子量。

混合気体 1mol の質量から単位〔g〕をとった数値。

囲 空気〔$N_2 : O_2 = 4 : 1$（物質量の比）〕の平均分子量は，

$$28.0 \times \frac{4}{5} + 32.0 \times \frac{1}{5} = 28.8$$

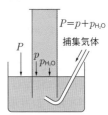

気体の水上捕集

容器内外の水面の高さを
一致させておく。
（容器内の気体の全圧を
大気圧にあわせるため）

❸ 理想気体と実在気体

❶理想気体：気体の状態方程式に完全に従う仮想の気体。

分子自身に大きさ
（体積）がない。

分子間力が
はたらかない。

❷実在気体：実際に存在する気体。状態方程式には完全には従わない。

分子自身に大きさ
（体積）がある。

分子間力が
はたらく。

高温ほど，主に分子間力の影響が小。
低圧ほど，主に分子の体積の影響が小。

→ 実在気体は高温・低圧にするほど，理想気体に近づく。

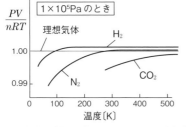

※実在気体は低温・高圧にするほど，理想気体からのずれが大きくなる。
※本書では，特にことわりがない場合，気体は理想気体として扱う。

確認&チェック

1 次の各文で述べている気体の法則名を書け。
- (1) 一定温度で，一定量の気体の体積は圧力に反比例する。
- (2) 一定圧力で，一定量の気体の体積は絶対温度に比例する。
- (3) 一定量の気体の体積は，圧力に反比例し，絶対温度に比例する。
- (4) 混合気体の全圧は，各成分気体の分圧の和に等しい。

2 次の文の□□□に適切な語句，数値を記せ。
- (1) 水の凝固点と沸点の間を100等分し，1℃の温度差を定めた温度を①□□□という。
- (2) 絶対零度（－273℃）を基点とし，①と同じ目盛り間隔をもつ温度を②□□□という。
- (3) 0℃は③□□□K，300Kは④□□□℃である。

3 次の文の□□□に適切な語句，数値を入れよ。
物質量 n〔mol〕の気体が圧力 P〔Pa〕，温度 T〔K〕の下で体積 V〔L〕を占めるとき，$PV = nRT$ の関係が成り立つ。この関係式を気体の①□□□という。また，この定数 R を②□□□といい，圧力の単位に〔Pa〕，体積の単位に〔L〕を用いた場合，$R =$ ③□□□〔Pa·L/（K·mol）〕となる。

4 次の記述に当てはまる化学用語を答えよ。
- (1) 混合気体が示す圧力。
- (2) 混合気体中の各成分気体が示す圧力。
- (3) 混合気体を1種類の分子からなる気体とみなして求めた見かけの分子量。

5 次の文の□□□に適切な語句，記号を入れよ。
状態方程式に完全に従う仮想の気体を①□□□という。一方，実際に存在する気体を②□□□といい，状態方程式には完全には従わない。
理想気体は，分子自身に大きさ（体積）がなく，③□□□がはたらかないと仮定している。
実在気体であっても，④□□□温・⑤□□□圧になるほど理想気体に近づく。

解答

3 - 11

1
- (1) ボイルの法則
- (2) シャルルの法則
- (3) ボイル・シャルルの法則
- (4) ドルトンの分圧の法則

→ p.101 ①，②

2
- ① セルシウス温度（セ氏温度）
- ② 絶対温度
- ③ 273
- ④ 27

→ p.101 ①

3
- ① 状態方程式
- ② 気体定数
- ③ 8.3×10^3

→ p.101 ①

4
- (1) 全圧
- (2) 分圧
- (3) 平均分子量

→ p.101 ②

5
- ① 理想気体
- ② 実在気体
- ③ 分子間力
- ④ 高
- ⑤ 低

→ p.102 ③

(1) 0℃，1.0×10^5 Pa で 91 L の気体(状態 A)を，27℃，2.0×10^5 Pa にすると体積は何 L(状態 B)になるか。

(2) 状態 B の気体を，3.0×10^5 Pa で 80L にするには温度を何℃にすればよいか。

考え方 気体の物質量は一定であるが，温度，圧力，体積が変化しているので，いずれもボイル・シャルルの法則を適用する。

$$\frac{P_1 V_1}{T_1} = \frac{P_2 V_2}{T_2}$$

圧力 P と体積 V の単位は両辺で揃えればよいが，温度 T は必ず，絶対温度 T〔K〕＝ 273 ＋ t〔℃〕を用いること。

(1) $\dfrac{1.0 \times 10^5 \times 91}{273} = \dfrac{2.0 \times 10^5 \times V}{273 + 27}$

$\therefore \quad V = \dfrac{91 \times 1.0 \times 10^5 \times 300}{2.0 \times 10^5 \times 273}$

$\qquad = 50$〔L〕

(2) $\dfrac{2.0 \times 10^5 \times 50}{300} = \dfrac{3.0 \times 10^5 \times 80}{T}$

$\therefore \quad T = \dfrac{80 \times 3.0 \times 10^5 \times 300}{50 \times 2.0 \times 10^5}$

$\qquad = 720$〔K〕

$t = T - 273 = 720 - 273 = 447$〔℃〕

解答 (1) 50L (2) 447℃

一定量の理想気体について，次の(1)〜(4)の関係を表すグラフを(ア)〜(オ)から記号で選べ。

(1) 温度一定で，圧力(x)と体積(y)との関係

(2) 圧力一定で，絶対温度(x)と体積(y)との関係

(3) 体積一定で，絶対温度(x)と圧力(y)との関係

(4) 温度一定で，圧力(x)と圧力と体積の積(y)との関係

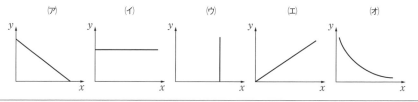

考え方 気体の状態方程式 $PV = nRT$ を変形した後，各値の間の関係を求める。このとき，変数以外の定数は，k としてまとめるとよい。

(1) $PV = nRT$ で，n，R，T が一定なので，$PV = k$ ⇨ P と V は反比例しており，ボイルの法則を表している。

(2) $PV = nRT$ で，n，R，P が一定なので $V = kT$ ⇨ V は T に比例しており，シャ

ルルの法則を表している。

(3) $PV = nRT$ を変形すると，$P = \dfrac{nRT}{V}$ で，V，n，R が一定なので，$P = kT$ ⇨ P は T に比例している。

(4) $PV = nRT$ で，n，R，T が一定なので，$PV = k$

$\therefore \quad PV$ は P の値に関わらず，常に一定。

解答 (1) (オ) (2) (エ) (3) (エ) (4) (イ)

例題 48 気体の状態方程式 ■■□

次の問いに答えよ。ただし，分子量は，$H_2 = 2.0$ とする。
(1) 27℃，6.0×10^4 Pa で，0.20mol の気体の体積は何 L を占めるか。
(2) 水素 4.0g を 127℃で 20L の容器に詰めると，圧力は何 Pa になるか。
(3) ある気体 2.0g を 27℃で 2.0L の容器に入れたら，5.0×10^4 Pa を示した。この気体の分子量を求めよ。

考え方 気体の物質量〔mol〕や質量〔g〕を求めるときは，まず，**気体の状態方程式 $PV = nRT$** の適用を考える（ボイル・シャルルの法則は使えない）。

気体の状態方程式 $PV=nRT$ で気体定数 $R = 8.3 \times 10^3$〔$\mathrm{Pa \cdot L/(K \cdot mol)}$〕を使う場合，圧力は〔Pa〕，体積は〔L〕，温度は〔K〕（絶対温度）しか代入できない。

(1) $PV = nRT$ にそれぞれの値を代入する。
$$6.0 \times 10^4 \times V = 0.20 \times 8.3 \times 10^3 \times (273 + 27)$$
$$V = \frac{0.20 \times 8.3 \times 10^3 \times 300}{6.0 \times 10^4} = 8.3 〔L〕$$

(2) $PV = \dfrac{w}{M}RT$ の変形式にそれぞれの値を代入する。

$$P = \frac{wRT}{VM}$$
$$P = \frac{4.0 \times 8.3 \times 10^3 \times 400}{20 \times 2.0}$$
$$= 3.32 \times 10^5 \fallingdotseq 3.3 \times 10^5 〔Pa〕$$

(3) $PV = \dfrac{w}{M}RT$ の変形式にそれぞれの値を代入する。

$$M = \frac{wRT}{PV}$$
$$M = \frac{2.0 \times 8.3 \times 10^3 \times 300}{5.0 \times 10^4 \times 2.0}$$
$$= 49.8 \fallingdotseq 50$$

解答 (1) 8.3L (2) 3.3×10^5 Pa (3) 50

例題 49 混合気体の全圧と分圧 ■■□

右図のように，27℃において容器に封入した水素と窒素を，コックを開いて混合した。
(1) 水素と窒素の分圧はそれぞれ何 Pa か。
(2) 混合気体の全圧は何 Pa か。

考え方 混合の前後で，各気体の物質量，温度は変化していない。変化しているのは，各気体の体積，圧力だけであるから，**ボイルの法則 $P_1V_1 = P_2V_2$** が適用できる。

(1) 混合後の水素の分圧を p_{H_2}〔Pa〕，窒素の分圧を p_{N_2}〔Pa〕とする。

混合気体の体積は，$2.0 + 3.0 = 5.0$〔L〕
〔水素について〕
$$2.0 \times 10^5 \times 2.0 = p_{H_2} \times 5.0$$
$$\therefore \quad p_{H_2} = 8.0 \times 10^4 〔Pa〕$$

〔窒素について〕
$$1.0 \times 10^5 \times 3.0 = p_{N_2} \times 5.0$$
$$\therefore \quad p_{N_2} = 6.0 \times 10^4 〔Pa〕$$

(2) ドルトンの分圧の法則より，全圧 P は分圧 p_{H_2} と p_{N_2} の和に等しいから，
$$P = p_{H_2} + p_{N_2} = 8.0 \times 10^4 + 6.0 \times 10^4$$
$$= 14 \times 10^4 = 1.4 \times 10^5 〔Pa〕$$

解答 (1) 水素の分圧：8.0×10^4 Pa
窒素の分圧：6.0×10^4 Pa
(2) 1.4×10^5 Pa

例題 50 水蒸気を含む気体　■■ □□

ピストン付き容器に，27℃で 0.010mol の水とある量の窒素を入れ，気体の体積を 3.0L にしたら，容器内の圧力は $6.3 \times 10^4\,\mathrm{Pa}$ で，液体の水が存在していた。次の問いに答えよ。27℃の水の飽和蒸気圧を $3.0 \times 10^3\,\mathrm{Pa}$，窒素は水に溶けないものとする。

(1) 気体の体積が 3.0L のとき，窒素の分圧は何 Pa か。

(2) 気体の体積を 2.0L にしたとき，容器内の全圧は何 Pa か。

(3) 容器内の水をすべて蒸発させるには，気体の体積を何 L 以上にすればよいか。

考え方 窒素の圧力はボイルの法則に従って変化するが，水蒸気の圧力は水が共存している間は，空間の体積には無関係に，<u>飽和蒸気圧（一定）</u>であることに留意する。

(1) 液体の水が残っているので，水蒸気の分圧は27℃の飽和蒸気圧 $3.0 \times 10^3\,\mathrm{Pa}$ である。

$$\therefore \quad p_{N_2} = P - p_{H_2O}$$
$$= 6.3 \times 10^4 - 3.0 \times 10^3$$
$$= 6.0 \times 10^4\,[\mathrm{Pa}]$$

(2) ボイルの法則より，窒素の分圧 p_{N_2} は，

$$6.0 \times 10^4 \times 3.0 = p_{N_2} \times 2.0$$
$$\therefore \quad p_{N_2} = 9.0 \times 10^4\,[\mathrm{Pa}]$$

気体の体積が変化しても，<u>液体の水が存在する限り，水蒸気の分圧は $3.0 \times 10^3\,\mathrm{Pa}$ のままである。</u>よって，全圧は，

$$9.0 \times 10^4 + 3.0 \times 10^3 = 9.3 \times 10^4\,[\mathrm{Pa}]$$

(3) 0.010mol の水がちょうど蒸発したとき，水蒸気の分圧は $3.0 \times 10^3\,\mathrm{Pa}$ である。そのときの気体の体積 V は，気体の状態方程式 $PV = nRT$ から求められる。

$$3.0 \times 10^3 \times V = 0.010 \times 8.3 \times 10^3 \times 300$$
$$\therefore \quad V = 8.3\,[\mathrm{L}]$$

解 答 (1) $6.0 \times 10^4\,\mathrm{Pa}$　(2) $9.3 \times 10^4\,\mathrm{Pa}$　(3) 8.3L

例題 51 混合気体の燃焼　■■ □□

8.3L の容器にメタン 0.10mol と酸素 0.30mol を入れた。この混合気体に点火して，メタンを完全に燃焼させた後，容器を27℃に保ったら，容器内の全圧は何 Pa になるか。ただし，27℃での飽和水蒸気圧は $3.0 \times 10^3\,\mathrm{Pa}$ とする。

考え方 化学反応式の量的関係を調べ，燃焼後にどの気体が何 mol 存在するかを考える。ただし，<u>水蒸気の分圧は，液体の水が存在するかどうかを，飽和水蒸気圧との大小関係に基づいて調べる必要がある。</u>

反応式　$\mathrm{CH_4 + 2O_2 \longrightarrow CO_2 + 2H_2O}$

	$\mathrm{CH_4}$	$\mathrm{2O_2}$	$\mathrm{CO_2}$	$\mathrm{2H_2O}$
（反応前）	0.10	0.30	0	0[mol]
（反応後）	0	0.10	0.10	0.20[mol]

残った $\mathrm{O_2}$ と $\mathrm{CO_2}$ の混合気体について，気体の状態方程式 $PV = nRT$ を適用すると，

$$P \times 8.3 = (0.10 + 0.10) \times 8.3 \times 10^3 \times 300$$
$$P = 6.0 \times 10^4\,[\mathrm{Pa}]$$

水がすべて気体（水蒸気）として存在すると仮定すると，気体の状態方程式を適用して，

$$p_{H_2O} = 6.0 \times 10^4\,[\mathrm{Pa}]$$

この値は，27℃における飽和水蒸気圧 $3.0 \times 10^3\,\mathrm{Pa}$ を超えており，過剰な水蒸気は凝縮して，液体の水が存在する。（重要）

したがって，水蒸気の分圧は，27℃の飽和水蒸気圧の $3.0 \times 10^3\,\mathrm{Pa}$ と等しくなる。

よって，混合気体の全圧は，

$$6.0 \times 10^4 + 3.0 \times 10^3 = 6.3 \times 10^4\,[\mathrm{Pa}]$$

解 答 $6.3 \times 10^4\,\mathrm{Pa}$

問題 145 ～ 148 で，必要な場合は，気体定数 $R = 8.3 \times 10^3\,Pa\cdot L/(K\cdot mol)$ として計算せよ。

3
–
11

標準問題　　必は重要な必須問題。時間のないときはここから取り組む。

必 145 □□ ◀ボイル・シャルルの法則▶　次の問いに答えよ。

(1)　27℃，$3.0 \times 10^5\,Pa$ で 50L を占める気体を，47℃，$2.0 \times 10^5\,Pa$ にすると，体積は何 L になるか。

(2)　27℃，$2.0 \times 10^5\,Pa$ で 5.0L を占める気体を，0℃，$1.0 \times 10^5\,Pa$ にすると，体積は何 L になるか。

(3)　27℃，$8.0 \times 10^4\,Pa$ の気体 2.5L を，圧力 $6.0 \times 10^4\,Pa$ の下で体積を 4.0L にするには，温度を何℃にすればよいか。

必 146 □□ ◀気体の分子量▶　次の気体の分子量を有効数字 2 桁で求めよ。ただし，ここでは標準状態の圧力は $1.0 \times 10^5\,Pa$ とする。

(1)　標準状態での密度が 0.76g/L である気体。

(2)　27℃，$1.5 \times 10^5\,Pa$ で 4.15L を占める気体の質量が 7.0g である気体。

(3)　酸素に対する比重が 1.25 である気体。（原子量：$O = 16$）

147 □□ ◀気体の比較▶　次の(1)～(3)の問いに当てはまる気体を，あとの(a)～(d)から記号で選び，(a)＞(b)＞(c)＞(d)のように答えよ。（原子量：$H = 1.0$，$C = 12$，$O = 16$）

(1)　同温・同圧における体積の大きいもの順

(2)　同温・同圧における密度の大きいもの順

(3)　同温・同体積の容器に詰めたとき，圧力の高いもの順

　(a)　0℃，$2.0 \times 10^5\,Pa$ の水素 1.0g

　(b)　4.0g のメタン

　(c)　27℃，$1.0 \times 10^5\,Pa$ の酸素 10L

　(d)　127℃，$2.0 \times 10^5\,Pa$ の二酸化炭素 5.0L

必 148 □□ ◀気体のグラフ▶　1mol の理想気体について，次の関係を表すグラフとして最も適切なものを，あとの①～④から 1 つずつ選べ。

(1)　温度 T が一定のとき，気体の体積 V と圧力 P との関係。ただし，$T_2 > T_1$ の関係が常に満たされているものとする。

(2)　圧力 P が一定のとき，気体の体積 V と温度 T との関係。ただし，$P_2 > P_1$ の関係が常に満たされているものとする。

問題 149 〜 154 で,必要な場合は,気体定数 $R = 8.3 \times 10^3 \, \text{Pa·L/(K·mol)}$ として計算せよ。

☑ **149** □□ ◀分圧と全圧▶

右図のような連結容
器の中央のコックを閉じ,容器 A に 4.0g のアル
ゴンを,容器 B には 8.4g の窒素を封入し,温度
を 27℃ に保った。次の問いに,有効数字 2 桁で
答えよ。(原子量:Ar = 40,N = 14)

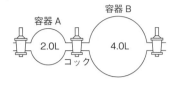

(1) 中央のコックを開き,容器内の気体が十分に
混合したとき,混合気体の全圧および,窒素の分圧はそれぞれ何 Pa か。

(2) (1)のとき,混合気体の平均分子量はいくらになるか。

(3) 容器 B に窒素の代わりに水 0.20mol を入れ,(1)と同様にして 67℃ に放置すると,
容器内の全圧は何 Pa になるか。ただし,67℃ の飽和水蒸気圧を 2.7×10^4 Pa とする。

150 □□ ◀混合気体と全圧▶

27℃ において,容積 3.0L の容器 A にヘリウム
0.40g を,容積 7.0L の容器 B には酸素が入れてある。容器 A と B を連結し,両気体
を混合させたら,全圧が 7.6×10^4 Pa となった。次の問いに答えよ。(He = 4.0)

(1) 混合前の容器 A 内の圧力は,何 Pa か。

(2) 混合前の容器 B 内の圧力は,何 Pa か。

(3) 混合後の He と O_2 の分子数の比は,次のどれに近いか。

  (a) 1:1   (b) 1:2   (c) 1:3   (d) 1:4   (e) 1:5   (f) 1:6

☑ **151** □□ ◀蒸気圧▶

図のように,ピス
トン付き容器に 67℃ で 1.0g の揮発性液体
が入っている(A)。温度を 67℃ に保ち,ピ
ストンをゆっくり上げると,液体の一部が
蒸発して気体を生じた(B)。さらにピストン

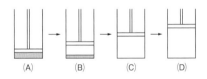

を上げると,容器の体積が 0.83L になったところで,液体はすべて気体になった(C)。
ここからさらにピストンを上げた(D)。次の問いに答えよ。

(1) (A)から(D)に変化させたとき,容器内の圧力 P と体積 V の関係はどのようになるか。
(ア)〜(オ)から記号で選べ。

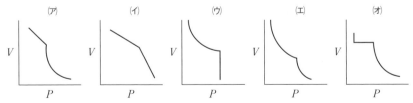

(2) (C)において,気体の圧力は 6.8×10^4 Pa であった。この液体の分子量はいくらか。

(3) (D)において,容器内の圧力は 2.0×10^4 Pa であった。このとき,容器の体積は何
L になるか。

必 **152** □□ ◀気体の水上捕集▶　水素を右図のように水
上置換で捕集したら，27℃，9.7×10^4 Pa で，その体積は
0.54L であった。27℃における飽和水蒸気圧を 4.0×10^3 Pa
として，次の問いに答えよ。

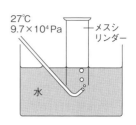

(1)　捕集した水素の物質量を求めよ。

(2)　メスシリンダーの内外の水面を一致させてから，体積
　の測定を行うのはなぜか。その理由を簡単に説明せよ。

必 **153** □□ ◀理想気体と実在気体▶　図は，0℃における 3 種類の実在気体と理想気
体各 1mol について，圧力 P に対する $\dfrac{PV}{RT}$ の関係を示す。ここで，V は気体の体積，
T は絶対温度，R は気体定数を示す。次の問いに答えよ。

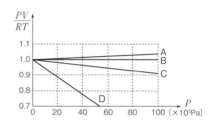

(1)　図中の気体 A ～ D は，それぞれメタ
　ン，水素，アンモニア，理想気体のど
　の気体に該当するか。

(2)　実在気体のうち，図の圧力範囲で，
　最も圧縮されにくい気体を記号で示せ。

(3)　曲線 D が曲線 C よりも下側にあるこ
　との原因として，最も適切と思われる
　ものを次から記号で選べ。

　　(ア)　分子の大きさの差　　(イ)　分子の極性の差　　(ウ)　分子の質量の差

　　(エ)　分子の原子数の差

(4)　100℃では，気体 C のグラフは 0℃のときのグラフに比べて，上方，下方のいず
　れにずれるか。

必 **154** □□ ◀分子量の測定▶　次の文を読み，あとの問いに答えよ。

　アルミ箔と輪ゴム，フラスコの質量を測定すると，合計
で 153.2g だった。このフラスコに 2.0g の揮発性の液体 A
を入れ，その口をアルミ箔でおおい，輪ゴムで止めた。ア
ルミ箔に針で小さな穴を開け，右図のように沸騰水（100℃）
で加熱して液体を十分に蒸発させた。冷却後，フラスコの
外側の水をよくふきとり，質量を測定すると 154.7g だっ

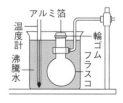

た。次に，このフラスコに水を満たし，その体積を測定したところ 0.50L だった。実
験時の大気圧は 1.0×10^5 Pa，室温での液体 A の蒸気圧は無視できるものとする。

(1)　この液体 A の分子量を，有効数字 2 桁で求めよ。

(2)　フラスコ内の気体の温度が湯の温度より 3℃低かった場合，フラスコ内の気体の
　温度が湯の温度と等しい場合と比較すると，分子量の測定値はどう変化するか。

155 ☐☐ ◀理想気体と実在気体▶　図を参考にして，次の記述の中から正しいもの
をすべて選べ。

(1) 各気体とも，圧力が0に近づくと，理想気体
として扱える。

(2) $4.5 × 10^7\,Pa$ では，1mol の H_2 と 1mol の CH_4
の体積はほぼ等しい。

(3) 各気体はいずれも無極性分子であるが，CO_2
が最も理想気体に近い挙動をする。

(4) 各気体の体積は，同温・同圧の理想気体の体
積より常に大きい。

(5) $6.0 × 10^7\,Pa$ 以上では，各気体 1mol の体積は，
いずれも $\dfrac{2.27 × 10^6}{P}$ 〔L〕より小さくなる。

(6) 各気体の温度をどんどん下げていくと，ついにはその体積は0になる。

(7) $6.0 × 10^7\,Pa$ 以上では，各気体の理想気体からのずれはさらに大きくなる。

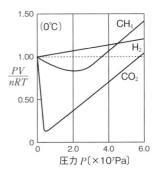

156 ☐☐ ◀混合気体と蒸気圧▶　体積を自由に変えることができる容器にヘキサ
ンと窒素を 0.20mol ずつ入れ，全圧を $1.0×$
$10^5\,Pa$，温度を 60℃ に保ったら，ヘキサンは
すべて気体となった。次の問いに有効数字2
桁で答えよ。

(1) 混合気体の全圧を $1.0×10^5\,Pa$ に保った
まま，温度を下げると，何℃でヘキサンが
凝縮しはじめるか。

(2) 混合気体の全圧を $1.0 × 10^5\,Pa$ に保った
まま温度を 17℃ に下げた。このときの混
合気体の体積は何 L か。

(3) 17℃ の下で，凝縮したヘキサンをすべ
て気体にするには，混合気体の体積を何 L
以上にしなければならないか。

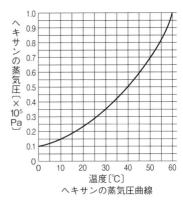

ヘキサンの蒸気圧曲線

157 ☐☐ ◀混合気体の燃焼▶　容積 10L の密閉容器に，0.10mol のメタンと 0.40mol
の酸素を入れ，完全燃焼させた。次の問いに答えよ。ただし，57℃ での飽和水蒸気圧
を $2.0 × 10^4\,Pa$，液体の体積や，液体への気体の溶解は無視できるものとする。

(1) 燃焼前，57℃ における混合気体の全圧は何 Pa か。

(2) 燃焼後，57℃ における混合気体の全圧は何 Pa か。

(3) (2)のとき，凝縮している水の物質量は何 mol か。

発展問題

158 □□ ◀混合気体と蒸気圧▶

ピストン付きの密閉容器内に，ヘリウム 0.70mol とメタノール 0.30mol を入れ，$1.0×10^5$Pa，70℃に保ったところ，容器内に液体のメタノールは観察されなかった。右のメタノールの蒸気圧曲線を利用して，次の問いに答えよ。

(1) この混合気体の体積を一定に保ったまま，容器全体を徐々に冷却していくと，液体のメタノールが生じはじめるのは約何℃のときか。

(2) 70℃に保ったままピストンを動かし，この混合気体をしだいに加圧していくと，液体のメタノールが生じはじめるのは，混合気体の全圧が何 Pa になったときか。

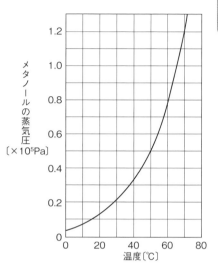

159 □□ ◀気体の温度と圧力▶　容積 1.0L の 2 つのフラスコを図のように連結し，27℃で $1.5×10^5$Pa の空気をそれぞれに満たした。フラスコを連結した部分の体積と，温度変化によるフラスコの体積変化は無視できるものとして，次の問いに答えよ。

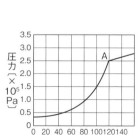

(1) コックを閉じ，A を 0℃，B を 100℃に保つと，それぞれのフラスコ内の圧力は何 Pa になるか。

(2) 次に，その温度を保ったままコックを開きしばらく放置すると，それぞれのフラスコ内の圧力は何 Pa になるか。

160 □□ ◀飽和蒸気圧▶　容積 2.0L の密閉容器に，0℃である量の空気と水を入れ，ゆっくり温度を上げると，容器内の気体の全圧は右図のように変化した。次の問いに答えよ。

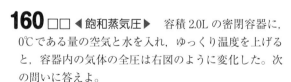

(1) 容器内に入れた空気の物質量は何 mol か。

(2) 120℃における水の飽和蒸気圧は何 Pa か。

(3) 容器内に入れた水の物質量は何 mol か。

12 溶解と溶解度

1 物質の溶解

❶**溶液** 液体(溶媒)に他の物質(溶質)が溶けた均一な混合物。

溶質	電解質	水に溶けて電離する物質	NaCl, NaOH, HCl など
	非電解質	水に溶けて電離しない物質	$C_6H_{12}O_6$, C_2H_5OH など

❷**水和(溶媒和)** 溶質粒子が水(溶媒)分子で取り囲まれ安定化する現象。

❸**溶解性の原則** 極性の似たものどうしがよく溶け合う。

溶媒＼溶質	イオン結晶	極性分子	無極性分子
	NaCl	$C_6H_{12}O_6$	I_2
水(極性分子)	溶ける	溶ける	不溶
ヘキサン(無極性分子)	不溶	不溶	溶ける

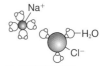

NaCl 水溶液中の
イオンの水和

　(a) イオン結晶…イオンが静電気力で**水和**されて溶ける。
　(b) 極性分子…分子が**水素結合**で水和されて溶ける。
　(c) 無極性分子…分子が分子間力で**溶媒和**されて溶ける。

2 固体の溶解度

❶**溶解度** 一定量の溶媒に溶けうる溶質の限度量。

❷**飽和溶液** 一定量の溶媒に溶質を溶解度まで溶かした溶液。

❸**溶解平衡** 飽和溶液では, (溶解する粒子数)＝(析出する粒子数)となり, 見かけ上, 溶解も析出も止まった状態にある。

❹**固体の溶解度** 溶媒100gに溶ける溶質の最大質量[g]の数値。

❺**溶解度曲線** 温度と溶解度の関係を表すグラフ。
　一般に, 固体の溶解度は, 温度が高くなると大きくなる。

❻**再結晶法** 高温の飽和溶液を冷却して, 純粋な結晶だけを析出させる方法。固体物質の精製に利用。
飽和溶液では, 次式が成り立つ。

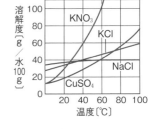

$$\frac{溶質の質量}{飽和溶液の質量} = \frac{S}{100 + S} \quad (S は溶解度)$$

例 不純物を含む硝酸カリウム KNO_3 から純粋な KNO_3 の結晶を析出させる。

❼温度変化による溶質の析出量の求め方

$$\frac{溶質の析出量[g]}{高温での飽和溶液の質量[g]} = \frac{S_1 - S_2}{100 + S_1}$$

S_1：高温での溶解度
S_2：低温での溶解度

❸ 気体の溶解度

❶気体の溶解度　気体の圧力が $1.013 \times 10^5\,\mathrm{Pa}$ のとき，溶媒 1L に溶ける気体の物質量，または気体の体積を標準状態(0℃，$1.013 \times 10^5\,\mathrm{Pa}$)に換算した値で表す。

❷温度と気体の溶解度　気体の溶解度は温度が高くなるほど，小さくなる。

❸圧力と気体の溶解度　次に述べるヘンリーの法則*が成り立つ。

(ⅰ) 温度一定で，気体の溶解度(物質量，質量)は，その気体の圧力に比例する。

(ⅱ) 温度一定で，気体の溶解度(体積)は，溶解した圧力の下では一定である。

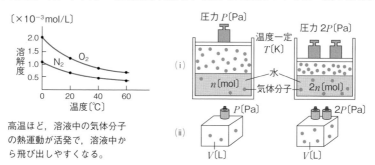

高温ほど，溶液中の気体分子の熱運動が活発で，溶液中から飛び出しやすくなる。

＊ヘンリーの法則は，HCl，NH_3 のような水への溶解度の大きい気体では成立しない。

❹ 溶液の濃度

❶濃度　溶液中に含まれる溶質の割合。次の3つの表し方がある。

濃度	単位	定義	公式
質量パーセント濃度	％	溶液 100g 中に溶けている溶質の質量〔g〕	$\dfrac{溶質の質量}{溶液の質量} \times 100$
モル濃度	mol/L	溶液 1L 中に溶けている溶質の物質量〔mol〕	$\dfrac{溶質の物質量〔mol〕}{溶液の体積〔L〕}$
質量モル濃度	mol/kg	溶媒 1kg 中に溶けている溶質の物質量〔mol〕	$\dfrac{溶質の物質量〔mol〕}{溶媒の質量〔kg〕}$

質量パーセント濃度　日常生活で最もよく使われる。

モル濃度　化学分野で，温度の変化しない溶液反応全般で用いる。

質量モル濃度　化学分野で，温度の変化する沸点上昇，凝固点降下で用いる。

❷質量パーセント濃度からモル濃度への変換

質量パーセント濃度 w〔％〕の溶液の密度が d〔g/cm³〕，モル濃度が C〔mol/L〕のとき，溶液 1L(＝ 1000mL ＝ 1000cm³)あたりで考えると，

$$C〔\mathrm{mol/L}〕 = \frac{1000〔\mathrm{cm^3}〕 \times d〔\mathrm{g/cm^3}〕 \times \dfrac{w}{100}}{M〔\mathrm{g/mol}〕}$$

M：溶質のモル質量〔g/mol〕

確認＆チェック

1 次の文の▢に適語を入れよ。

液体に他の物質が溶ける現象を①▢といい，生じた均一な混合物を②▢という。このとき，物質を溶かす液体を③▢，その中に溶けた物質を④▢という。

水溶液中で，溶質粒子が水分子で取り囲まれ安定化する現象を⑤▢という。一般に，溶質粒子が溶媒分子で取り囲まれ安定化する現象を⑥▢という。

2 表の溶媒と溶質の組み合わせ①〜⑥で，溶質が溶媒に溶ける場合は○，溶けない場合は×をつけよ。

溶質 溶媒	塩化ナトリウム	グルコース	ヨウ素
水（極性分子）	①	③	⑤
ヘキサン（無極性分子）	②	④	⑥

3 次の文の▢に適語を入れよ。

温度一定で，一定量の溶媒に溶質を溶解度まで溶かした溶液を①▢という。溶媒②▢ｇに溶ける溶質の最大質量〔g〕の数値を，固体の溶解度という。一般に，固体の溶解度は温度が高くなるほど③▢なる。

4 右図を見て，次の問いに答えよ。
(1) 右図のグラフを何というか。
(2) 図中の物質のうち，再結晶法により，①最も精製しやすいもの，②最も精製しにくいものをそれぞれ記号で答えよ。

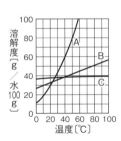

5 次の文の▢に適語を入れよ。

気体の溶解度は，温度が高くなるほど①▢なる。温度一定で，気体の溶解度（物質量，質量）は，その気体の②▢に比例する。これを③▢の法則という。

6 0.20mol の水酸化ナトリウムを水に溶かして 0.50L とした。この水溶液のモル濃度を求めよ。

例題 52 固体の溶解度 ■■■

右図はホウ酸の溶解度曲線である。次の問いに答えよ。

(1) 10%のホウ酸水溶液 100g を 60℃にすると，飽和するまでにさらに何 g のホウ酸が溶解するか。

(2) 60℃のホウ酸の飽和溶液 100g を 20℃に冷却すると，何 g のホウ酸が析出するか。

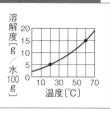

考え方 溶解量，析出量を求める問題では，各温度で $\dfrac{溶質}{溶媒}$，$\dfrac{溶質}{溶液}$ の質量比が一定であることを利用して解くとよい。

(1) **固体の溶解度**は，水 100g に溶質が最大何 g 溶けるかを数値で表したものだから，溶媒（水）の質量がわかれば，比例計算であと何 g の溶質が溶解できるかがわかる。

10%ホウ酸水溶液 100g は，ホウ酸 10g，水 90g を含む。あと x〔g〕が溶けるとすると，

$$\frac{溶質}{溶媒} = \frac{10 + x}{90} = \frac{15}{100} \qquad \therefore \quad x = 3.5〔g〕$$

(2) 60℃ の飽和溶液（100 + 15）g を 20℃に冷却すると，溶解度の差（15 − 5）g の溶質が析出する。したがって，100g の飽和溶液から析出する結晶を x〔g〕とおくと，

$$\frac{析出量}{溶液} = \frac{15 - 5}{100 + 15} = \frac{x}{100}$$

$$\therefore \quad x = 8.69 ≒ 8.7〔g〕$$

解答 (1) 3.5g (2) 8.7g

例題 53 溶液の濃度 ■■■

水 200g にグルコース $C_6H_{12}O_6$（分子量 180）を 50g 溶かした溶液の密度は 1.1g/mL である。次の濃度をそれぞれ求めよ。

(1) 質量パーセント濃度

(2) モル濃度

(3) 質量モル濃度

グルコース 50g

水 200g

考え方 各濃度を求める公式を利用する。

$$質量\%濃度 = \frac{溶質の質量〔g〕}{溶液の質量〔g〕} \times 100$$

$$モル濃度 = \frac{溶質の物質量〔mol〕}{溶液の体積〔L〕}$$

$$質量モル濃度 = \frac{溶質の物質量〔mol〕}{溶媒の質量〔kg〕}$$

(1) $\dfrac{溶質}{溶液} = \dfrac{50}{200 + 50} \times 100 = 20〔\%〕$

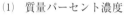

(2) モル濃度は，溶液の体積 1L（= 1000mL）を基準量として考えるとよい。この水溶液 1L（= 1000mL）の質量は，密度を用いて，1000mL × 1.1g/mL = 1100〔g〕

(1)より，この中に溶質が 20%含まれるから，

グルコース（溶質）の質量：1100 × 0.20 = 220〔g〕。グルコースの分子量が 180 より，モル質量は 180g/mol である。

グルコース 220g の物質量を求めると，

$$\therefore \quad \frac{220}{180} = 1.22 ≒ 1.2〔mol〕$$

これが溶液 1L 中に含まれるから，1.2mol/L

(3) **質量モル濃度**は，溶媒の質量 1kg（= 1000g）が基準量である。

（溶媒の質量）=（溶液の質量）−（溶質の質量）
= 1100 − 220 = 880〔g〕

$$\therefore \quad \frac{1.22mol}{0.88kg} = 1.38 ≒ 1.4〔mol/kg〕$$

解答 (1) 20% (2) 1.2mol/L (3) 1.4mol/kg

酸素は 25℃，1.0×10^5 Pa で，1L の水に 28 mL（標準状態に換算した値）溶ける。

(1) 25℃，4.0×10^5 Pa で，水 1L に溶ける酸素は何 g か。（分子量：$O_2 = 32$）

(2) 25℃，4.0×10^5 Pa で，水 1L に溶ける酸素は，0℃，4.0×10^5 Pa では何 mL か。

考え方 ヘンリーの法則の 2 通りの表現方法。

① 溶解する気体の物質量は，圧力に比例する。

② 溶解する気体の体積は，溶解した圧力の下では，圧力に関係なく一定である。

(1) まず，体積を物質量に直した後，モル質量を用いて質量に変換する。

O_2 の 28 mL（標準状態）の物質量は，

$$\frac{28}{22400} = 1.25 \times 10^{-3}\text{（mol）}$$

気体の溶解度（物質量）は圧力に比例する

から，4.0×10^5 Pa での O_2 の溶解量は，

$1.25 \times 10^{-3} \times 4.0 = 5.0 \times 10^{-3}$（mol）

$O_2 = 32$ より，モル質量は 32g/mol

∴ $5.0 \times 10^{-3} \times 32 = 0.16$（g）

(2) 気体の溶解度（体積）は，溶解した圧力の下では，圧力に関係なく一定である。

1.0×10^5 Pa で O_2 が 28 mL 溶けるならば，4.0×10^5 Pa でも O_2 は 28 mL 溶ける。

注）1.0×10^5 Pa に換算すると 112 mL になる。

解答 (1) 0.16g (2) 28mL

硫酸銅(Ⅱ)$CuSO_4$ の水に対する溶解度は，20℃で 20，80℃で 60 である。次の文の□□に適する数値を記入せよ。ただし，$H_2O = 18$，$CuSO_4 = 160$ とする。

80℃での硫酸銅(Ⅱ)の飽和溶液 400g には，硫酸銅(Ⅱ)が① □□ g，溶媒の水が② □□ g 含まれる。この溶液を 20℃に冷却すると，結晶析出後に残った溶液は 20℃の飽和溶液であるから，析出する硫酸銅(Ⅱ)五水和物の質量は③ □□ g である。

考え方 結晶中に取り込まれた水を**水和水**という。$CuSO_4 \cdot 5H_2O$ のように水和水をもつ物質を**水和物**，$CuSO_4$ のように水和水をもたない物質を**無水物**という。

水和物の溶解度も，飽和溶液中の**水 100g に溶ける無水物の質量（g）の数値**で表す。

①，② 飽和溶液では，次の関係が成り立つ。

$$\boxed{\frac{溶質}{溶液} = \frac{S}{100 + S} \quad (S：溶解度)}$$

80℃の飽和溶液 400g に溶けている溶質の質量を x（g）とすると，

$$\frac{x}{400} = \frac{60}{100 + 60} \qquad ∴ \quad x = 150\text{（g）}$$

よって，溶媒（水）は，$400 - 150 = 250$（g）

③ 水和物を構成する無水物と水和水の各質量は，水和物の質量を，無水物と水和水の式量にしたがって比例配分すればよい。

$CuSO_4$ の飽和溶液を冷却すると，$CuSO_4 \cdot 5H_2O$ が y（g）析出するとすると，

無水物：$\dfrac{160}{250} y$（g）

水和水：$\dfrac{90}{250} y$（g）

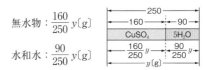

結晶析出後に残った溶液は，必ず，その温度での飽和溶液であるから，次式が成り立つ。

$$\frac{溶質}{溶液} = \frac{150 - \dfrac{160}{250} y}{400 - y} = \frac{20}{120}$$

または，$\dfrac{溶質}{溶媒} = \dfrac{150 - \dfrac{160}{250} y}{250 - \dfrac{90}{250} y} = \dfrac{20}{100}$

∴ $y = 176.0 ≒ 176$（g）

解答 ① 150 ② 250 ③ 176

標準問題

必は重要な必須問題。時間のないときはここから取り組む。

161 □□ ◀物質の溶解▶　次の文の □ に適切な語句を入れよ。

　水 H_2O 分子は，水素原子がやや正$(\delta +)$に，酸素原子がやや負$(\delta -)$に帯電した①□□分子である。そのため，塩化ナトリウム $NaCl$ の結晶を水に加えると，結晶表面の Na^+ は水分子の②□□原子と，Cl^- は水分子の③□□原子とそれぞれ静電気力(クーロン力)で引き合う。このように，溶質粒子が水分子に取り囲まれて安定化する現象を④□□という。一般に，溶質粒子が溶媒分子で取り囲まれて安定化する現象を⑤□□という。

　グルコース $C_6H_{12}O_6$ は水などの極性溶媒には溶けやすい。これは，グルコース分子中にある親水性の⑥□□基と水分子との間に⑦□□結合が生じて④され，この状態で水中に拡散するからである。一方，ヨウ素 I_2 などの⑧□□分子は，水分子との間に静電気力がはたらかず④されにくいので，水に溶けにくい。しかし，ヨウ素はベンゼン C_6H_6 やヘキサン C_6H_{14} などの無極性溶媒にはよく溶ける。これは，⑧分子は分子間力によって⑤され，分子の⑨□□によって溶媒中に拡散するからである。

必 162 □□ ◀物質の溶解性▶　次にあげた固体物質の溶解性について，該当するものをあとの(A)～(D)から選べ。なお，ヘキサン C_6H_{14} は無極性の溶媒である。

(1) 塩化ナトリウム　$NaCl$
(2) ヨウ素　I_2
(3) グルコース　$C_6H_{12}O_6$
(4) 硝酸カリウム　KNO_3
(5) 硫酸バリウム　$BaSO_4$
(6) ナフタレン　$C_{10}H_8$
(7) エタノール　C_2H_5OH
(8) 塩化銀　$AgCl$

(A) 水には溶けやすいが，ヘキサンには溶けにくい。
(B) 水には溶けにくいが，ヘキサンには溶けやすい。
(C) 水にもヘキサンにも溶けやすい。
(D) 水にもヘキサンにも溶けにくい。

※ヘキサンはガソリンに含まれる石油の一成分。

必 163 □□ ◀固体の溶解度▶　硝酸カリウム KNO_3 の溶解度曲線を利用して，次の問いに小数第1位まで答えよ。

(1) 40℃の飽和溶液 120g の温度を 60℃にすると，あと何 g の KNO_3 が溶解できるか。
(2) 60℃の飽和溶液 200g から温度を変えずに水 40g を蒸発させると，何 g の KNO_3 が析出するか。
(3) 40℃の飽和溶液 120g を 20℃まで冷却すると，何 g の KNO_3 が析出するか。
(4) 40℃の飽和溶液 120g から同温のまま水 40g を蒸発させたのち，さらに 20℃に冷却した。あわせて何 g の KNO_3 が析出するか。

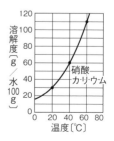

問題 164 ～ 171 で，必要な場合は，気体定数 $R = 8.3 \times 10^3$ Pa・L/(K・mol) として計算せよ。

必 164 □□ ◀**気体の溶解度**▶ 0℃，1.0×10^5 Pa の窒素 N_2 は，水 1.0L に対して 2.24×10^{-2} L まで溶ける。いま，5.0×10^5 Pa の窒素が水 10L に接している。次の問いに答えよ。

(1) この水に溶けている窒素の質量は何 g か。(分子量：N_2＝28)

(2) この水に溶けている窒素の体積は，0℃，5.0×10^5 Pa では何 L か。

(3) この水に溶けている窒素の体積は，0℃，1.0×10^5 Pa では何 L か。

165 □□ ◀**エタノールの水和数**▶ 室温でエタノール C_2H_5OH 52mL と水 48mL を混合すると，混合溶液の体積は最も収縮して 96.3mL となった。このエタノール水溶液について，次の問いに答えよ。(原子量は，H＝1.0，C＝12，O＝16)

(1) このエタノール水溶液では，エタノール 1 分子に対して水分子何個が水和していることになるか。ただし，エタノールの密度を 0.79g/mL，水の密度を 1.0g/mL とする。

(2) このエタノール水溶液 1.0L の質量は何 g か。

166 □□ ◀**溶解**▶ 次の文で，正しい記述には○，誤っている記述には×をつけよ。

(ア) エタノールは，親水基と疎水基の両方をもつので，水にもヘキサンにも溶ける。

(イ) 硫酸バリウムが水に溶けにくいのは，イオン結合が非常に強いためである。

(ウ) ナフタレンは分子結晶で，極性の大きな水によく溶ける。

(エ) グルコースがヘキサンに溶けにくいのは，グルコース分子の間にはたらく分子間力の方が，グルコースとヘキサン分子の間にはたらく分子間力よりも強いからである。

(オ) 塩化ナトリウムが水に溶けると，Na^+ は水分子の水素原子側で水和される。

(カ) ヨウ素は水にもヘキサンにも溶けにくい。

必 167 □□ ◀**気体の溶解度**▶ 右表は，1.0×10^5 Pa の下で，水 1.0L に溶ける気体の体積〔L〕を標準状態に換算した値で表したものである。次の問いに答えよ。(原子量：N ＝ 14，O ＝ 16)

温度〔℃〕	水素	窒素	酸素
a	0.016	0.011	0.021
b	0.018	0.015	0.030
c	0.021	0.023	0.049

(1) 表の温度 a，b，c は 0℃，20℃，50℃のいずれかを示している。0℃を示すのは，どの温度のときか。a ～ c の記号で答えよ。

(2) 0℃，4.0×10^5 Pa の水素が水 20L に接しているとき，この水に溶けている水素の体積は 0℃，4.0×10^5 Pa で何 L か。

(3) 窒素と酸素の体積比が 3：2 である混合気体がある。この気体が 20℃，1.0×10^5 Pa で水に接しているとき，この水に溶けている窒素と酸素の質量比を，整数比で求めよ。

168 □□ ◀シュウ酸水溶液の濃度▶　シュウ酸二水和物$(COOH)_2 \cdot 2H_2O$ 63g を水に溶かしてちょうど 1L とすると，密度が $1.02g/cm^3$ の水溶液ができた。この水溶液について，次の(1)～(3)の濃度を有効数字 2 桁で求めよ。ただし，式量を $(COOH)_2 = 90$，$(COOH)_2 \cdot 2H_2O = 126$ とする。

(1)　質量パーセント濃度　　(2)　モル濃度　　(3)　質量モル濃度

169 □□ ◀気体の溶解度▶　次の問いに答えよ。（原子量：$N = 14$，$O = 16$）

(1)　20℃，1.0×10^5 Pa の空気と接している水 10L には，窒素は何 g 溶けているか。空気の組成は N_2：$O_2 = 4：1$（体積比）とする。

(2)　酸素が 0℃，1.0×10^6 Pa で水 10L に接している。この状態から温度を 50℃に上げ，酸素の圧力を 1.0×10^5 Pa にした。このとき水中から気体として発生する酸素の物質量は何 mol か。

1.0×10^5 Pa の気体の水に対する溶解度〔L／水 1L〕（標準状態に換算した値）

温度〔℃〕	酸素	窒素
0	0.049	0.023
20	0.030	0.015
50	0.021	0.011

170 □□ ◀硫酸銅(Ⅱ)の溶解度▶　硫酸銅(Ⅱ)（無水物）$CuSO_4$ の水に対する溶解度は，30℃で 25，60℃で 40 である。次の問いに有効数字 3 桁で答えよ。（$CuSO_4 = 160$，$H_2O = 18$）

(1)　硫酸銅(Ⅱ)五水和物 $CuSO_4 \cdot 5H_2O$ 100g を完全に溶解させて 60℃の飽和溶液をつくるには，何 g の水を加えればよいか。

(2)　60℃の硫酸銅(Ⅱ)の飽和溶液 210g を 30℃まで冷却すると，何 g の硫酸銅(Ⅱ)五水和物の結晶が析出するか。

171 □□ ◀ヘンリーの法則▶　1.0×10^5 Pa の CO_2 の水への溶解度は，水 1.0L に対して，7℃で 8.3×10^{-2}mol，27℃で 4.5×10^{-2}mol である。ピストン付き容器を用いて実験を行った。次の問いに有効数字 2 桁で答えよ。ただし，CO_2 に対してはヘンリーの法則が成立し，水の蒸気圧は無視できるものとする。

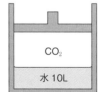

(1)　この容器に水 10L と CO_2 を加え，温度を 7℃に保ったところ，容器内の圧力が 2.0×10^5 Pa，気体の体積が 20L で溶解平衡になった。このとき容器内に存在する CO_2 の総物質量を求めよ。

(2)　(1)の状態からピストンを動かし，温度 7℃を保ちながら，気体の体積を 10L まで圧縮した。やがて溶解平衡に達するが，このとき容器内の気体の圧力は何 Pa か。

(3)　この容器の温度を 27℃に温め，気体の体積を 10L に保った。やがて溶解平衡に達するが，このとき容器内の気体の圧力は何 Pa か。

13 希薄溶液の性質

❶ 沸点上昇と凝固点降下

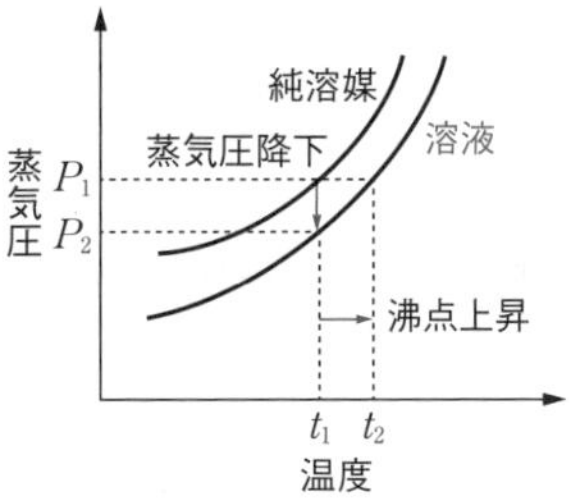

❶蒸気圧降下　不揮発性の物質を溶かした溶液の蒸気圧は，純溶媒の蒸気圧より低くなる。

❷沸点上昇　蒸気圧降下のため，不揮発性の物質を溶かした溶液の沸点は純溶媒の沸点より高くなる。

❸凝固点降下　溶液の凝固点は純溶媒の凝固点より低くなる。　**例** 海水の凝固点：約 $-1.8℃$

❹沸点上昇度と凝固点降下度と溶液の濃度の関係

　希薄溶液の沸点上昇度 Δt_b〔K〕や凝固点降下度 Δt_f〔K〕は，溶質の種類に関係なく，溶液の質量モル濃度 m〔mol/kg〕に比例する。

$$\Delta t_b = k_b \cdot m \qquad \begin{cases} k_b：モル沸点上昇 \\ k_f：モル凝固点降下 \end{cases} \left(\begin{array}{l} k_b, \ k_f \text{は溶媒の種類} \\ \text{によって決まる定数} \end{array} \right)$$
$$\Delta t_f = k_f \cdot m$$

❷ 浸透圧

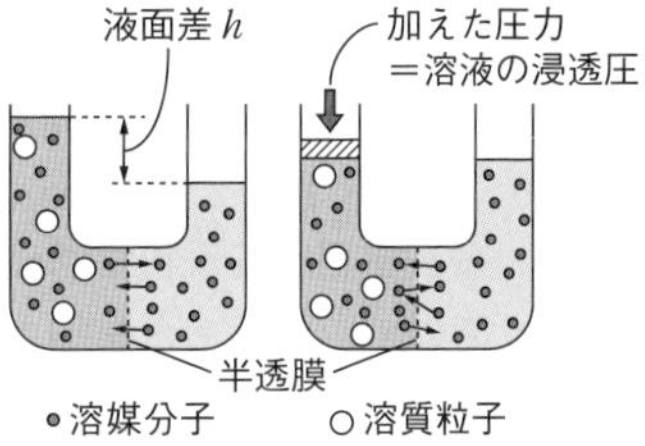

❶半透膜　水などの溶媒分子は通すが，比較的大きな溶質粒子は通さない膜。　**例** セロハン膜

❷浸透圧　半透膜で溶液と溶媒を仕切ると，半透膜を通って，溶媒分子が溶液側へ移動する。この現象を溶媒の浸透という。通常，溶媒分子が溶液側へ浸透するのを阻止するために，溶液側に加える圧力を，溶液の浸透圧という。

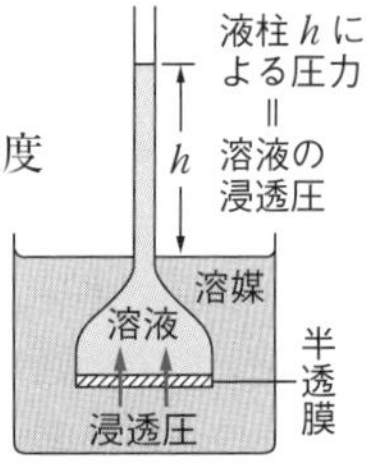

❸ファントホッフの法則　希薄溶液の浸透圧 Π〔Pa〕は，モル濃度 C〔mol/L〕と絶対温度 T〔K〕に比例する。

$$\Pi = CRT \qquad \left(\begin{array}{l} R = 8.3 \times 10^3 \text{〔Pa·L/(K·mol)〕で，} \\ \text{気体定数と全く同じ値} \end{array} \right)$$
$$\Pi V = nRT$$
$$\Pi V = \frac{w}{M}RT \qquad \begin{array}{l} V：溶液の体積〔L〕, n：溶質の物質量〔mol〕, \\ w：溶質の質量〔g〕, M：溶質のモル質量〔g/mol〕 \end{array}$$

❸ 電解質水溶液の取扱い

電解質水溶液では，溶質粒子が電離し，溶質粒子の数が増加する。

　例 塩化ナトリウム　$NaCl \longrightarrow Na^+ + Cl^-$（粒子数2倍）

　　　塩化カルシウム　$CaCl_2 \longrightarrow Ca^{2+} + 2Cl^-$（粒子数3倍）

それに応じて，沸点上昇度，凝固点降下度，浸透圧も非電解質に比べて大きくなる。

確認＆チェック

1 　右図のように，密閉容器のA側に純水，B側に高濃度のスクロース（ショ糖）水溶液を同じ高さまで入れる。この容器を室温で長く放置すると，水面の高さはどうなるか。正しいものを次から記号で選べ。

純水　スクロース水溶液

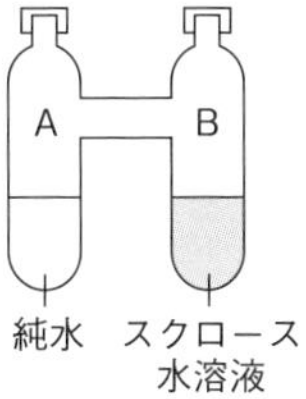

(ア)　変化なし　　(イ)　B側が高くなる。
(ウ)　A側が高くなる。　　(エ)　A側・B側ともに低くなる。

2 　次の(1)〜(3)で説明した現象を何というか。
(1)　不揮発性の物質を溶かした溶液の蒸気圧は，純溶媒の蒸気圧よりも低くなる。
(2)　不揮発性の物質を溶かした溶液の沸点は，純溶媒の沸点よりも高くなる。
(3)　溶液の凝固点は，純溶媒の凝固点よりも低くなる。

3 　右図は，純溶媒と溶液の蒸気圧曲線を示す。なお，横軸は温度〔℃〕，縦軸は蒸気圧〔$\times 10^5$Pa〕を示す。次の問いに答えよ。

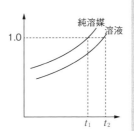
純溶媒　溶液

(1)　純溶媒の沸点は何℃か。
(2)　溶液の沸点は何℃か。
(3)　溶液の沸点上昇度は何 K か。

4 　次の文の□□□に適語を入れよ。

　右図のような装置で，溶液と溶媒をセロハン膜などの①□□□で仕切ると，溶媒分子は①を通って溶液側へ移動する。この現象を溶媒の②□□□という。

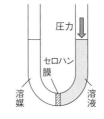
圧力
セロハン膜
溶媒　溶液

　通常，溶媒分子が溶液側へ浸透するのを阻止するためには，溶液側に圧力を加える必要がある。この圧力を溶液の③□□□という。

　希薄溶液の浸透圧は，溶液のモル濃度と絶対温度に比例する。これを④□□□の法則という。

解答

3
–
13

1 　(イ)
　➡純水の蒸気圧の方がスクロース水溶液の蒸気圧よりも高いため。
　→ p.120 **1**

2 　(1)　蒸気圧降下
　(2)　沸点上昇
　(3)　凝固点降下
　→ p.120 **1**

3 　(1)　t_1 ℃
　(2)　t_2 ℃
　(3)　$(t_2 - t_1)$ K
　→ p.120 **1**

4 　①　半透膜
　②　浸透
　③　浸透圧
　④　ファントホッフ
　→ p.120 **2**

次の(ア)〜(オ)の各物質1gを,それぞれ100gの水に溶かした溶液がある。この中で,沸点および凝固点が最も高いものはそれぞれ何か。化学式で答えよ。ただし,電解質は完全に電離しているものとする。原子量は,H = 1.0,C = 12,N = 14,O = 16,Na = 23,Cl = 35.5,K = 39,Ca = 40とする。

(ア) グルコース($C_6H_{12}O_6$)　　(イ) 尿素 $CO(NH_2)_2$　　(ウ) 硝酸カリウム

(エ) 塩化カルシウム　　　　　(オ) メタノール

考え方 沸点上昇や凝固点降下の大きさ(**沸点上昇度,凝固点降下度**)は,いずれも溶液の質量モル濃度に比例する。本問は,溶かした溶媒の質量が同じ100gなので,溶質粒子の物質量の大小を比較すればよい。

ただし,電解質の場合は,電離によって生じたイオンの総物質量で比較する必要がある。

〔電解質〕金属元素と非金属元素の化合物
　NaCl　KNO_3　Na_2SO_4　$CaCl_2$
〔非電解質〕非金属元素のみの化合物
　$C_6H_{12}O_6$　$C_{12}H_{22}O_{11}$　$CO(NH_2)_2$　C_2H_6O
　$KNO_3 \longrightarrow K^+ + NO_3^-$ （粒子数2倍）
　$CaCl_2 \longrightarrow Ca^{2+} + 2Cl^-$ （粒子数3倍）
分子量,および式量は,$C_6H_{12}O_6 = 180$,
$CO(NH_2)_2 = 60$,$KNO_3 = 101$,

$CaCl_2 = 111$,$CH_4O = 32$ より,

(ア)$\dfrac{1}{180}$ mol　　(イ)$\dfrac{1}{60}$ mol

(ウ)$\dfrac{1}{101} \times 2 = \dfrac{1}{50.5}$ mol

(エ)$\dfrac{1}{111} \times 3 = \dfrac{1}{37}$ mol　　(オ)$\dfrac{1}{32}$ mol

∴ 溶質粒子の総物質量の最も多い(エ)の沸点上昇度が最も大きく,沸点は最も高い。

（ただし,メタノールは揮発性物質なので,沸点上昇は起こらないことに注意すること。）

∴ 溶質粒子の総物質量の最も少ない(ア)の凝固点降下度が最も小さく,凝固点は最も高い。

解答 沸点：$CaCl_2$　凝固点：$C_6H_{12}O_6$

水100gにグルコース $C_6H_{12}O_6$（分子量180）9.0gを溶かした溶液の凝固点は,水の凝固点に比べて0.93K低かった。これをもとにして次の問いに答えよ。

(1) 水1kgに非電解質1molを溶かした溶液の凝固点降下度は何Kか。

(2) 水100gに塩化ナトリウム0.025mol溶かした溶液の凝固点は何℃か。

考え方 (1) グルコース(ブドウ糖)水溶液の質量モル濃度は,$C_6H_{12}O_6 = 180g/mol$ より,

$$\dfrac{9.0g}{180g/mol} \div 0.10kg = 0.50〔mol/kg〕$$

凝固点降下度は溶液の質量モル濃度に比例するから,1mol/kgの溶液の凝固点降下度を k_f(**モル凝固点降下**という)とおくと,

$0.50 : 0.93 = 1 : k_f$　∴ $k_f = 1.86〔K〕$

(2) 塩化ナトリウムは $NaCl \longrightarrow Na^+ + Cl^-$

のように電離し,溶質粒子数は2倍になる。Na^+ と Cl^- によるイオンの総質量モル濃度は,

$$\dfrac{0.025}{0.10} \times 2 = 0.50〔mol/kg〕$$

$\Delta t = k_f \cdot m = 1.86 \times 0.50 = 0.93〔K〕$

水の凝固点は0℃だから,この溶液の凝固点は,

$$0 - 0.93 = -0.93〔℃〕$$

解答 (1) 1.86K　(2) −0.93℃

例題 58 | 電解質の凝固点降下 ■■

右図のような装置により，100g の水に塩化バリウム $BaCl_2$ 2.08g を溶かした水溶液の凝固点を測定したところ$-0.481℃$であった。この水溶液中における塩化バリウムの電離度を求めよ。ただし，水のモル凝固点降下を1.85K·kg/mol，原子量 $Ba = 137, Cl = 35.5$ とする。

寒剤　デジタル温度計　スターラー　かくはん子

考え方 溶解した電解質のうち，電離したものの割合を**電離度（α）**という。

$$\alpha = \frac{電離した電解質の物質量}{溶解した電解質の全物質量}(0 < \alpha \leqq 1)$$

いま，C〔mol〕の $BaCl_2$ を水に溶かしたとき，電離度がαであるとすると，

$$BaCl_2 \Longleftrightarrow Ba^{2+} + 2Cl^-$$

（電離後）$C - C\alpha$　　$C\alpha$　　$2C\alpha$　〔mol〕

溶質粒子（分子，イオン）の総物質量は，

$$C - C\alpha + C\alpha + 2C\alpha = C(1 + 2\alpha) mol$$

となり，$BaCl_2$ の電離により溶質粒子数は $(1 + 2\alpha)$ 倍になる。$BaCl_2$ 水溶液の質量モル濃度は，$BaCl_2 = 208$ より，モル質量は 208g/mol。

$$\frac{2.08}{208} \div 0.100 = 0.100〔mol/kg〕$$

$\Delta t_f = k_f \cdot m$ の式に各値を代入して，

$$0.481 = 1.85 \times 0.100 \times (1 + 2\alpha)$$
$$1 + 2\alpha = 2.60 \quad \therefore \quad \alpha = 0.800$$

解答 0.800

例題 59 | 溶液の浸透圧 ■■

右図のように，U字管をセロハン膜で仕切り，水とスクロース水溶液を等量ずつ入れて放置した。次の問いに答えよ。ただし，気体定数は $R = 8.3 \times 10^3 Pa·L/(K·mol)$ とする。

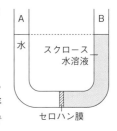

A　B　水　スクロース水溶液　セロハン膜

(1) 液面 A，B の高さはそれぞれどう変化したか。

(2) 47℃，0.20mol/L のスクロース水溶液の浸透圧は何 Pa か。

(3) あるタンパク質 0.50g を水に溶かして 100mL にした水溶液がある。この水溶液の 27℃ での浸透圧が $3.0 \times 10^2 Pa$ であった。このタンパク質の分子量を求めよ。

考え方 溶液の浸透圧 Π は，モル濃度 C と絶対温度 T に比例する（**ファントホッフの法則**）。

$\Pi = CRT$ $(R = 8.3 \times 10^3 Pa·L/(K·mol))$

溶液の体積を V，溶質粒子の物質量を n とすると，$\Pi V = nRT$（気体の状態方程式と同じ式）が成り立つ。

(1) 溶液と溶媒を半透膜で隔てると，溶媒分子だけが半透膜を通過できるので，溶媒分子が溶液側へ移動する。この現象を溶媒の**浸透**という。溶媒の浸透を防ぐために溶液側に加える圧力を，溶液の浸透圧という。

(2) $\Pi V = nRT$ の公式を利用する。

注）単位は，Πは〔Pa〕，Vは〔L〕，Tは〔K〕を使う。

$$\Pi \times 1.0 = 0.20 \times 8.3 \times 10^3 \times 320$$
$$\therefore \Pi = 5.31 \times 10^5 \fallingdotseq 5.3 \times 10^5〔Pa〕$$

(3) $\Pi V = \frac{w}{M}RT$ の公式を利用する。

$$3.0 \times 10^2 \times 0.10 = \frac{0.50}{M} \times 8.3 \times 10^3 \times 300$$
$$\therefore M = 4.15 \times 10^4 \fallingdotseq 4.2 \times 10^4$$

解答 (1) Aの液面が下がり，Bの液面が上がる。
(2) $5.3 \times 10^5 Pa$ (3) 4.2×10^4

標準問題

必は重要な必須問題。時間のないときはここから取り組む。

必 **172** ☐☐ ◀溶液の沸点・凝固点▶　次の水溶液について答えよ。ただし，水のモル沸点上昇を $0.52 \, \text{K·kg/mol}$，水のモル凝固点降下を $1.85 \, \text{K·kg/mol}$ とし，電解質水溶液中での電解質の電離度は 1 とする。

(1) 尿素 $CO(NH_2)_2$（分子量 60）$1.5 \, \text{g}$ を水 $100 \, \text{g}$ に溶かした水溶液の沸点は何℃か。小数第 2 位まで求めよ。

(2) $0.20 \, \text{mol/kg}$ の塩化ナトリウム水溶液の凝固点は何℃か。小数第 2 位まで求めよ。

173 ☐☐ ◀希薄溶液の性質▶　次の(1)〜(4)と最も関係が深い現象を，あとの(ア)〜(エ)から 1 つずつ選べ。

(1) 海水でぬれた水着は，真水でぬれた水着よりも乾きにくい。

(2) 道路に凍結防止剤（塩化カルシウム）をまいておくと，ぬれた路面の水分が凍結しにくくなる。

(3) 野菜に食塩をまぶしておくと，自然に水が染み出してくる。

(4) 沸騰水に食塩を加えると，しばらくは沸騰が止まる。

　　(ア) 沸点上昇　　(イ) 凝固点降下　　(ウ) 蒸気圧降下　　(エ) 浸透圧

必 **174** ☐☐ ◀冷却曲線▶　右図は，ある非電解質 $1.0 \, \text{g}$ を水 $50 \, \text{g}$ に溶かした水溶液を冷却したときの，冷却時間と温度の関係を示した冷却曲線である。次の問いに答えよ。ただし，水のモル凝固点降下を $1.86 \, \text{K·kg/mol}$ とする。

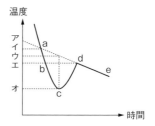

(1) 初めて結晶が析出するのは a 〜 e のどの点か。

(2) この水溶液の凝固点は，ア〜オのどの温度か。

(3) この水溶液の凝固点は -0.60℃ であった。この非電解質の分子量を有効数字 2 桁で求めよ。

(4) この水溶液を -1.0℃ まで冷却したとき，生じた氷の質量は何 g か。

必 **175** ☐☐ ◀溶液の浸透圧▶　次の問いに有効数字 2 桁で答えよ。ただし，電解質水溶液中では電解質は完全に電離しているものとする。

(1) 27℃ において，$0.10 \, \text{mol/L}$ のグルコース水溶液の浸透圧は何 Pa か。

(2) 27℃ において，$0.10 \, \text{mol/L}$ の塩化ナトリウム水溶液の浸透圧は何 Pa か。

(3) ある非電解質 $2.0 \, \text{g}$ を水に溶かして $200 \, \text{mL}$ とした水溶液の浸透圧は，27℃ で $3.0 \times 10^2 \, \text{Pa}$ であった。この物質の分子量を求めよ。

176 □□ ◀沸点上昇と凝固点降下▶　右図の⑦〜⑦
は，いずれも質量モル濃度 0.10mol/kg のグルコース，
塩化ナトリウム，塩化カルシウム水溶液の蒸気圧曲線で
ある。次の問いに答えよ。

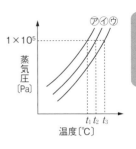

(1)　図の⑦〜⑦は，それぞれどの水溶液の蒸気圧曲線か。

(2)　t_1 と t_2 の差が 0.052K のとき，t_3 の温度は何℃か。
小数第 2 位まで求めよ。

(3)　図の⑦〜⑦のグラフが示す水溶液中で，最も凝固点
の低いものはどれか。

177 □□ ◀浸透圧▶　断面積 1.0cm^2 の U 字管の，半透膜を
介して左側にはある非電解質 6.0mg を純水に溶かして 100mL
にした溶液を，右側には純水 100mL を入れた。27℃で放置す
ると，左右に 8.0cm の液面差が生じて平衡状態に達した。次
の問いに有効数字 2 桁で答えよ。

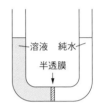

(1)　平衡に達したときの左側の溶液の濃度は何 g/L か。

(2)　この非電解質の分子量を求めよ。ただし，水溶液の密度は水と同じ 1.0g/cm^3 で，
1.0Pa の浸透圧は高さ 0.10mm の溶液柱が示す圧力に等しいものとする。

178 □□ ◀凝固点降下の測定▶　次の文を読み，あとの問いに答えよ。

　純水 50g を入れた試験管と，純水 50g に未知の物質 X
0.40g を溶かした水溶液を入れた試験管がある。これらを
図 1 のような装置でかくはんしながら冷却し，一定時間
ごとに温度を測定したところ，図 2 のような冷却曲線が
得られた。図 2 中の曲線Ⅰは純水の冷却曲線，曲線Ⅱは
水溶液の冷却曲線を示す。

(1)　図中の a_1 〜 a_2 間の状態を何というか。

(2)　曲線Ⅰで結晶が析出し始めるのは a_1 〜 a_2 のどの点か。

(3)　曲線Ⅰの a_2 〜 a_3 間で温度が上昇する理由を述べよ。

(4)　曲線Ⅰで a_3 〜 a_4 間で，冷却しているにも関わらず，
温度が一定になっている理由を述べよ。

(5)　曲線Ⅱで，d 〜 e 間の温度が一定にならずに，わず
かずつ下がっている理由を述べよ。

(6)　水溶液の凝固点は，図 2 のア〜エのどの点か。

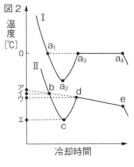

(7)　(6)で測定された温度を − 0.24℃として，非電解質 X
の分子量を有効数字 2 桁で求めよ。ただし，水のモル
凝固点降下を 1.86K・kg/mol とする。

発展問題

179 □□ ◀蒸気圧降下▶　次の文を読み，あとの問いに答えよ。

ビーカー A に塩化ナトリウム 2.34g，ビーカー B にグルコース 9.00g を入れ，それぞれ水 100g に溶かして図のような密閉容器に入れた。次にコックを開くと水の移動が始まった。（式量：NaCl＝58.5，分子量：$C_6H_{12}O_6$＝180）

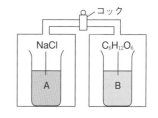

(1) 溶解直後の両液の質量モル濃度はそれぞれいくらか。

(2) 水の移動する方向は A → B，B → A のどちらか。理由も答えよ。

(3) 水の移動が止まったときビーカー A 内の溶液の総質量は何 g か。

(4) 「希薄溶液の蒸気圧は溶液中の溶媒のモル分率に比例する。」というラウールの法則を用いて，グルコース 18g を水 90g に溶かした 27℃ の水溶液の蒸気圧は何 Pa を示すか求めよ。ただし，27℃ の水の飽和蒸気圧を 3.6×10^3 Pa とする。

180 □□ ◀浸透圧の測定▶　グルコース $C_6H_{12}O_6$

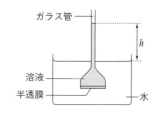

360mg を含む 1.0L の水溶液の浸透圧を，27℃ で右図のような装置を用いて測定した。次の問いに有効数字 2 桁で答えよ。ただし，水溶液の密度は 1.0g/cm^3 とし，ガラス管は非常に細く，水溶液の濃度変化は無視できるものとする。（分子量：$C_6H_{12}O_6$＝180）

(1) この水溶液の浸透圧は何 Pa か。

(2) 図の溶液柱の高さ h は何 cm を示すか。ただし，1.0×10^5Pa＝76cmHg とし，水銀の密度は 13.5g/cm^3 である。

181 □□ ◀凝固点降下▶　水のモル凝固点降下を 1.85K・kg/mol，ベンゼンのモル凝固点降下を 5.12K・kg/mol として，次の問いに答えよ。

(1) 水 30.0g に塩化カルシウム $CaCl_2$ を 0.333g 溶かした水溶液の凝固点は －0.520℃ であった。このとき，この水溶液中での $CaCl_2$ の電離度を有効数字 2 桁まで求めよ。（式量：$CaCl_2$＝111）

(2) 酢酸 CH_3COOH は，ベンゼン中では 2 個の分子が水素結合によって 1 個の分子のようにふるまう二量体を形成する。いま，ベンゼン 50g に酢酸 1.2g を溶かした溶液の凝固点は 4.4℃ であった。このことから，ベンゼン溶液中での酢酸のみかけの分子量を整数値で求めよ。ただし，ベンゼンの凝固点は 5.5℃，酢酸の真の分子量を 60 とする。

14 コロイド

1 コロイドとは

❶コロイド粒子 直径 $10^{-9} \sim 10^{-6}$m*1 程度の粒子。 *1) $\sim 10^{-7}$m とすることもある。

❷コロイド溶液 コロイド粒子(**分散質**)が,液体(**分散媒**)中に分散したもの。

分子コロイド	分子1個がコロイド粒子となる。 **例** デンプン,タンパク質
会合コロイド	多数の分子が集合してコロイド粒子となる。 **例** セッケン
分散コロイド	不溶性物質を分割してコロイド粒子とする。 **例** 金属,粘土

❸ゾル 流動性のあるコロイド溶液。 **ゲル** 流動性のない半固体状のコロイド。

2 コロイド溶液の性質

チンダル現象	コロイド溶液に横から強い光を当てると,コロイド粒子が光を散乱し,光の進路が明るく輝いて見える。
ブラウン運動	コロイド粒子が分散媒(水)分子の熱運動によって,不規則に動く現象。**限外顕微鏡**(集光器をつけた顕微鏡)では光点の動きとして観察できる。
透析	コロイド溶液を半透膜の袋に入れて純水中に浸すと,小さな分子やイオンが膜を通って水中へ出ていき,コロイド溶液が精製される。
電気泳動	コロイド粒子は正または負に帯電しているので,コロイド溶液に直流電圧をかけると,コロイド粒子は自身と反対符号の電極へ移動する。

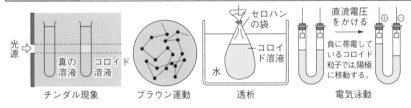

チンダル現象   ブラウン運動   透析   電気泳動

3 疎水コロイドと親水コロイド

種類	疎水コロイド	親水コロイド
構成粒子	無機物質のコロイドに多い。**例** 酸化水酸化鉄(Ⅲ),硫黄,粘土	有機化合物のコロイドに多い。**例** タンパク質,デンプン,セッケン
水和状態	水和している水分子が少ない。	多数の水分子が水和している。
安定性	同種の電荷の反発により安定化。	水和により安定化。
電解質を加える	少量加えると,電気的反発力を失い沈殿する(凝析)*2。	少量加えても沈殿しないが,多量に加えると水和水を失い沈殿する(塩析)。

※**保護コロイド** 疎水コロイドに少量の親水コロイド(保護コロイドという)を加えると,凝析しにくくなる。
   例 インク中のアラビアゴム(多糖類),墨汁中のにかわ(タンパク質)
*2)疎水コロイドの凝析は,コロイド粒子と反対符号で,価数の大きいイオンほど有効にはたらく。

確認&チェック

解答

1 次の記述に当てはまるコロイドを何というか。また，その物質例をあとの(ア)〜(ウ)から記号で選べ。

(1) 分子1個がコロイド粒子の大きさをもつ。

(2) 多数の分子が集合してコロイド粒子となる。

(3) 不溶性の物質を分割してコロイド粒子とする。

   (ア) セッケン　　(イ) デンプン　　(ウ) 金属

1 (1) 分子コロイド，(イ)

   (2) 会合コロイド，(ア)

   (3) 分散コロイド，(ウ)

   → p.127 ①

2 次の文の□□□に適語を入れよ。

直径 $10^{-9} \sim 10^{-6}$ m程度の大きさの粒子を①□□□という。この粒子が液体中に分散したものを②□□□という。一般に，分散しているコロイド粒子を③□□□，分散させている物質を④□□□という。

牛乳のように流動性のあるコロイドを⑤□□□，ゼリーのような流動性のない半固体状のコロイドを⑥□□□という。

2 ① コロイド粒子

   ② コロイド溶液

   ③ 分散質

   ④ 分散媒

   ⑤ ゾル

   ⑥ ゲル

   → p.127 ①

3 次の記述に関係の深い化学用語を答えよ。

(1) コロイド粒子が不規則に動く現象。

(2) 直流電圧をかけると，コロイド粒子が自身と反対符号の電極へ移動する現象。

(3) コロイド溶液に横から強い光を当てると，光の進路が輝いて見える現象。

(4) 半透膜を用いて，コロイド溶液を精製する操作。

3 (1) ブラウン運動

   (2) 電気泳動

   (3) チンダル現象

   (4) 透析

   → p.127 ②

4 次の記述に当てはまる化学用語を答えよ。

(1) 粘土のコロイドのように，水との親和力の小さいコロイド。

(2) タンパク質のコロイドのように，水との親和力の大きいコロイド。

(3) 少量の電解質を加えると，コロイド粒子が沈殿する現象。

(4) 少量の電解質では沈殿を生じないが，多量の電解質を加えると，コロイド粒子が沈殿する現象。

4 (1) 疎水コロイド

   (2) 親水コロイド

   (3) 凝析

   (4) 塩析

   → p.127 ③

5 次の物質の水溶液を，A：疎水コロイド，B：親水コロイドに分類し，記号で答えよ。

(ア) デンプン　　(イ) タンパク質　　(ウ) 酸化水酸化鉄(Ⅲ)

(エ) 硫黄　　(オ) 粘土　　(カ) セッケン

5 (ア) B　　(イ) B

   (ウ) A　　(エ) A

   (オ) A　　(カ) B

   → p.127 ③

コロイド溶液について，次の文を読み，あとの問いに答えよ。

塩化鉄(Ⅲ)水溶液を沸騰水に加えると，酸化水酸化鉄(Ⅲ)のコロイド溶液が生じた。このコロイド溶液を半透膜のチューブに入れ，蒸留水中に浸しておくと，純度の高いコロイド溶液が得られる。この操作を（ ア ）という。このコロイド溶液をU字管に入れ，直流電圧をかけると，コロイド粒子は陰極側へ移動する。この現象を（ イ ）という。また，酸化水酸化鉄(Ⅲ)のコロイドに少量の電解質を加えると沈殿が生じる。この現象を（ ウ ）といい，このようなコロイドを（ エ ）という。

コロイド溶液に横から強い光を当てると，光の進路が輝いて見える。この現象を（ オ ）という。これは，コロイド粒子が光をよく（ カ ）するために起こる。

一方，ゼラチンのコロイド溶液に少量の電解質を加えても沈殿を生じないが，多量に電解質を加えると沈殿が生じる。この現象を（ キ ）といい，このようなコロイドを（ ク ）という。

(1) 文中の（ ）に適語を入れよ。 (2) 波線部の変化を化学反応式で記せ。

(3) 下線部の操作について，同じモル濃度の次の電解質水溶液のうち，最も少量で沈殿が生じるものを記号で選べ。

(a) KNO_3 (b) Na_2SO_4 (c) $CaCl_2$ (d) $AlCl_3$

考え方 (1) コロイド溶液から，コロイド粒子以外の小さな分子やイオンを除き，コロイド溶液を精製する操作を**透析**という。

コロイド溶液

純水

コロイド溶液に，直流電圧をかけると，コロイド粒子は一方の電極へ移動する。このような現象を**電気泳動**という。

比較的大きなコロイド粒子は，可視光線をよく散乱するので，**チンダル現象**が見られる。

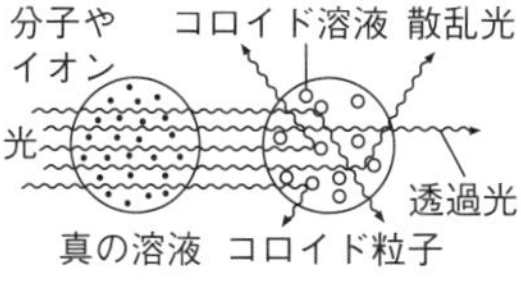

分子やイオン　　コロイド溶液　散乱光

光　　　　　　　　　　　　　透過光

真の溶液　コロイド粒子

無機物の酸化水酸化鉄(Ⅲ)などからなる**疎水コロイド**は，少量の電解質を加えると沈殿する（凝析）。一方，有機物のゼラチンなどからなる**親水コロイド**は，多量の電解質を加えないと沈殿しない（塩析）。

(2) 沸騰水に黄褐色の塩化鉄(Ⅲ)$FeCl_3$水溶液を加えると，加水分解（中和の逆反応）が起こり，赤褐色の酸化水酸化鉄(Ⅲ)$FeO(OH)$のコロイド溶液が生成する。

(3) 疎水コロイドの凝析には，コロイド粒子の電荷と反対の電荷をもち，その価数が大きいイオンほど有効である（少量で凝析が起こる）。$FeO(OH)$のコロイド粒子は陰極へ電気泳動したので，正の電荷をもつ**正コロイド**である。したがって，価数の大きい陰イオンを含む電解質の(b)を選べばよい。

(a) $NO_3{}^-$ (b) $SO_4{}^{2-}$ (c) Cl^-
(d) Cl^-

解答 (1) ア：透析 イ：電気泳動
ウ：凝析 エ：疎水コロイド
オ：チンダル現象 カ：散乱
キ：塩析 ク：親水コロイド

(2) $FeCl_3 + 2H_2O$
$\longrightarrow FeO(OH) + 3HCl$

(3) (b)

標準問題　必は重要な必須問題。時間のないときはここから取り組む。

必 182 □□ ◀コロイドとその性質▶　次の文の［　　］に適切な数値，語句を記入せよ。

コロイド粒子の直径は約①［　　～　　］mの大きさで，ろ紙は通過できるが，セロハン膜などの②［　　］は通過できない。この性質を利用して，コロイド溶液中に混じっている小さな分子やイオンを除く方法を③［　　］という。

一般に，コロイド溶液に横から強い光を当てると，光の進路が明るく輝いて見える。この現象を④［　　］という。また，酸化水酸化鉄(Ⅲ)のコロイド溶液を限外顕微鏡で観察すると，光った粒子が不規則に運動しているのが確認できる。この運動を⑤［　　］という。

硫黄のコロイド溶液に電極を入れ，直流電圧をかけると，コロイド粒子は陽極側へ移動した。このような現象を⑥［　　］という。このことから，硫黄のコロイド粒子は⑦［　　］に帯電していることがわかる。

硫黄や粘土のコロイド溶液に少量の電解質溶液を加えると沈殿が生じる。この現象を⑧［　　］といい，このようなコロイドを⑨［　　］という。一方，ゼラチンやデンプンのコロイド溶液に少量の電解質溶液を加えても沈殿を生じないが，多量に加えると沈殿が生じる。この現象を⑩［　　］といい，このようなコロイドを⑪［　　］という。

183 □□ ◀コロイド溶液の性質▶　次の記述のうち，正しいものには○，誤っているものには×をつけよ。

(1) コロイド溶液をろ過しても，ろ紙の上には何も残らない。

(2) 卵白水溶液に少量の電解質を加えると凝析が起こる。

(3) 寒天水溶液を冷却したときにできる固化した状態をゲルという。

(4) 親水コロイドが凝析しにくいのは，水を強く吸着しているためである。

(5) 疎水コロイドを凝析するためには，コロイド粒子と同じ符号の電荷をもつ多価のイオンを含む塩類を用いると効率がよい。

(6) セッケン水に横から光束を当てるとチンダル現象を示すが，これはコロイド粒子が光を強く吸収するためである。

(7) ブラウン運動は水分子が熱運動によってコロイド粒子に不規則に衝突するために起こる。

(8) 疎水コロイドである炭素のコロイドに，にかわを加えたものが墨汁である。この墨汁に少量の電解質を加えると，容易に凝析が起こる。

(9) 粘土で濁った河川の水を清澄な水にするには，硫酸ナトリウムよりも硫酸アルミニウムの方が有効である。

(10) 金は本来は水に溶けないが，コロイド粒子の大きさに分割して水と混合すると，沈殿せずコロイド溶液となる。

問題 184 ～ 185 で，必要な場合は，気体定数 $R = 8.3 \times 10^3\,\mathrm{Pa \cdot L/(K \cdot mol)}$ として計算せよ。

184 □□ ◀コロイドと日常生活▶　次の各事象(1)～(7)と関係の深い語句を下の(ア)～(ケ)から選び，記号で答えよ。

(1)　長い年月の間には，河口に三角州が発達する。

(2)　煙突の一部に高い直流電圧をかけておくと，ばい煙を除去することができる。

(3)　寒天水溶液を冷蔵庫で冷やすと，軟らかく固まってしまう。

(4)　墨汁にはにかわが入っているため，沈殿が生じにくい。

(5)　映画館では，映写機の光の進路が明るく見える。

(6)　濃いセッケンの水溶液に飽和食塩水を加えると，セッケンが沈殿する。

(7)　血液中の老廃物を除去するのに，セルロースの中空糸が利用されている。

(ア)　透析　(イ)　ゲル化　(ウ)　凝析　(エ)　塩析　(オ)　吸着
(カ)　電気泳動　(キ)　親水コロイド　(ク)　保護コロイド　(ケ)　チンダル現象

必 **185** □□ ◀コロイドの実験▶　次の実験操作について，あとの問いに答えよ。ただし，塩化鉄(Ⅲ)$FeCl_3$ の式量は 162.5 とする。

① つくりたての 45%塩化鉄(Ⅲ)水溶液 1g を沸騰水に加えて 100mL とした(右上図)。

② ①で得られた溶液をセロハン膜で包み，純水を入れたビーカーに浸した(右下図)。

③ 20 分後，ビーカー内の水を 2 本の試験管 A，B にとり，A には BTB 溶液，B には硝酸銀水溶液を加えた。

④ セロハン膜の中に残ったコロイド溶液を，2 本の試験管 C，D にとる。C に少量の硫酸ナトリウム水溶液を加えると沈殿を生じた。一方，D にゼラチン水溶液を加えた後，C と同量の硫酸ナトリウム水溶液を加えたが，沈殿は生じなかった。

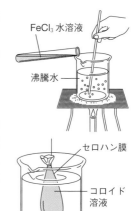

(1)　操作①で起こった変化を化学反応式で書け。

(2)　操作①で得られたコロイド溶液は何色か。

(3)　操作②を何というか。

(4)　操作③の試験管 A，B ではどんな変化が見られるか。また，その原因となったイオンをそれぞれイオンの化学式で記せ。

(5)　操作④の下線部の現象を何というか。

(6)　操作④で，ゼラチンのようなはたらきをするコロイドを一般に何というか。

(7)　一般に，正に帯電したコロイド粒子からなるコロイド溶液を凝析させるのに，最も少ない物質量でよい電解質は次の(ア)～(オ)のうちどれか。

(ア)　$NaCl$　(イ)　$AlCl_3$　(ウ)　$Mg(NO_3)_2$　(エ)　Na_2SO_4　(オ)　Na_3PO_4

(8)　生じた酸化水酸化鉄(Ⅲ)$FeO(OH)$ のコロイド溶液の浸透圧を 27℃で測定したところ，3.4×10^2 Pa であった。このコロイド粒子 1 個には平均何個の鉄原子を含むか。

15 固体の構造

1 結晶格子

❶結晶 原子，分子，イオンなどの粒子が規則正しく配列した固体。

❷結晶格子 結晶中の粒子の三次元的な配列構造。

❸単位格子 結晶格子の最小の繰り返し単位。

❹配位数 1つの粒子に最も近接する他の粒子の数。

❺結晶の種類 構成粒子の種類と結合方法により4種類ある。

　・金属結晶　・イオン結晶　・共有結合の結晶　・分子結晶

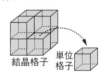

結晶格子　単位格子

2 金属結晶

❶金属結晶 金属原子が金属結合によって規則正しく配列した結晶。

　水銀（液体）を除いて，金属の単体は常温ではすべて固体（金属結晶）である。

単位格子の種類	体心立方格子	面心立方格子	六方最密構造
金属の結晶構造	$\frac{1}{8}$個　1個	$\frac{1}{8}$個　$\frac{1}{2}$個	単位格子　$\frac{1}{12}$個　$\frac{1}{6}$個 合わせて1個
単位格子中の原子数	各頂点$\frac{1}{8}$個×8 +中心1個 =2個	各頂点$\frac{1}{8}$個×8 +各面$\frac{1}{2}$個×6 =4個	1個+$\frac{1}{6}$個×4 +$\frac{1}{12}$個×4 =2個
配位数	8	12	12
金属の例	Na，K，Fe	Cu，Ag，Au，Ca，Al	Mg，Zn，Ti
充填率※	68%	74%	74%

※**充填率**とは，単位格子中の原子の占める体積の割合。

　面心立方格子と六方最密構造は，いずれも球を最も密に詰めた**最密構造**である。

❷単位格子の一辺の長さ l と原子半径 r の関係

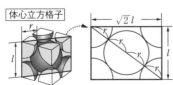

体心立方格子

原子は立方体の対角線上で接する。
∴　$4r=\sqrt{3}l$

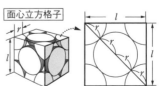

面心立方格子

原子は立方体の面の対角線上で接する。
∴　$4r=\sqrt{2}l$

3 イオン結晶

❶イオン結晶　陽イオンと陰イオンがイオン結合によって規則正しく配列した結晶。

	塩化セシウム型	塩化ナトリウム型	硫化亜鉛(閃亜鉛鉱)型
単位格子	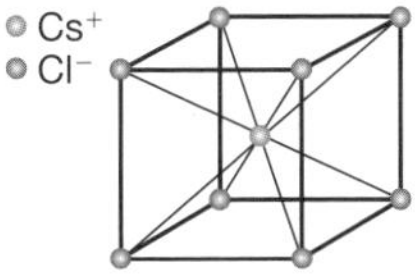 ○ Cs^+　● Cl^-	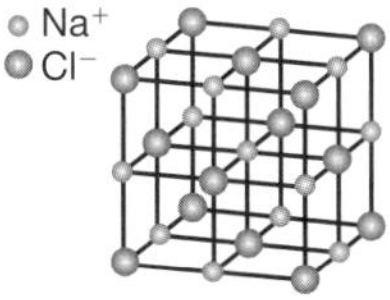 ● Na^+　● Cl^-	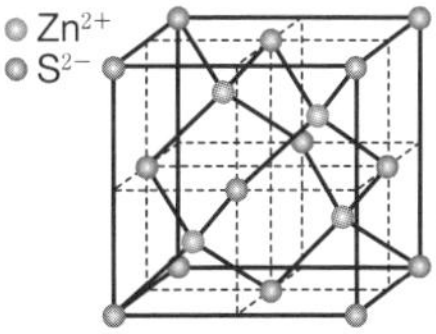 ○ Zn^{2+}　○ S^{2-}
単位格子中の粒子の数	Cs^+：1個　Cl^-：$\dfrac{1}{8}×8=1$個	Na^+：$\dfrac{1}{4}×12+1=4$個　Cl^-：$\dfrac{1}{8}×8+\dfrac{1}{2}×6=4$個	Zn^{2+}：$1×4=4$個　S^{2-}：$\dfrac{1}{8}×8+\dfrac{1}{2}×6=4$個
配位数	8	6	4

単位格子に含まれる陽イオンと陰イオンの数の比は組成式と一致する。

4 その他の結晶

❶共有結合の結晶　すべての原子が共有結合によって規則正しく配列した結晶。

ダイヤモンド	黒鉛(グラファイト)[*1]	二酸化ケイ素
C	C	C　Si

❷分子結晶　分子が分子間力によって規則正しく配列した結晶。

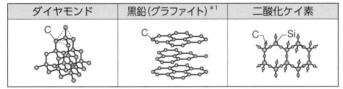

二酸化炭素（ドライアイス）	ヨウ素[*2]	氷[*3]
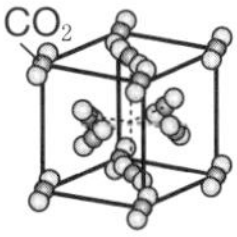 CO_2	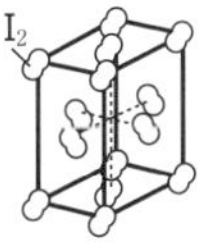 I_2	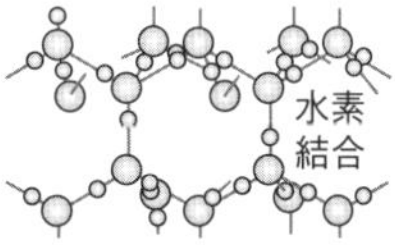 水素結合

*1) 各層どうしは分子間力で結びついている。
黒鉛は、平面構造内を自由に動ける電子が存在し、電気をよく通す。

*2) ヨウ素の単位格子は直方体である。

*3) 氷は隙間の多い結晶のため、融解して液体の水になると、体積が減少する。

5 非晶質

❶非晶質(アモルファス)　粒子の配列が不規則な固体物質。

（性質）・一定の融点を示さない。
　　　　・融解が徐々に進行する。
　　　　・決まった外形を示さない。

例　アモルファスシリコン，石英ガラス

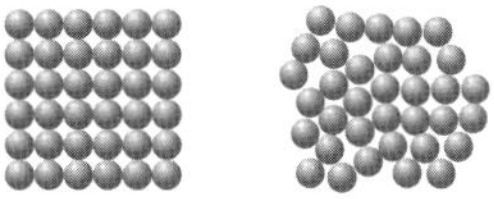

結晶

非晶質

確認＆チェック

1 次の記述に当てはまる化学用語を答えよ。
(1) 物質を構成する粒子が規則正しく配列した固体。
(2) (1)をつくる粒子の三次元的な配列構造。
(3) (2)の最小の繰り返し単位。
(4) 1つの粒子に最も近接する他の粒子の数。

2 図は代表的な金属結晶の単位格子を示す。単位格子の名称を答えよ。また，各単位格子に該当する金属を下から記号で選べ。

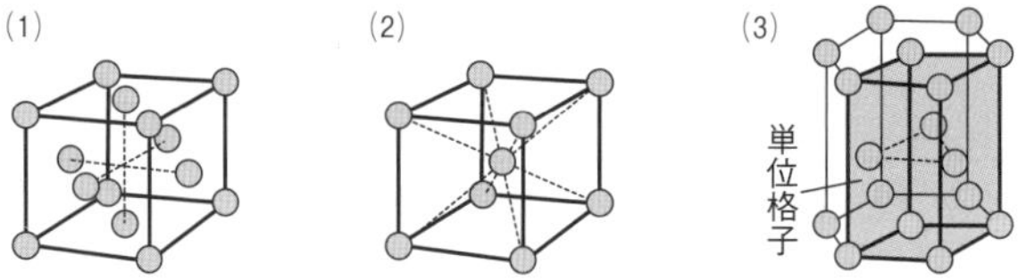

(1) 　(2) 　(3)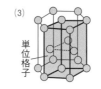

単位格子

(ア) Mg, Zn　(イ) Cu, Ag, Al　(ウ) Na, K, Fe

3 右図のイオン結晶について答えよ。
(1) 単位格子中には，陽イオンと陰イオンは何個ずつ含まれているか。
(2) この結晶の配位数はいくらか。

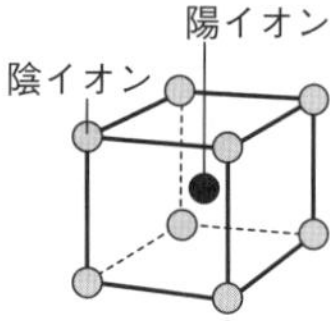

陽イオン
陰イオン

4 右図は，いずれも炭素の単体の結晶構造を示す。
(1) A，Bの物質名を答えよ。
(2) 電気をよく通すのは，A，Bのうちどちらか。
(3) A，Bのような結晶を何というか。

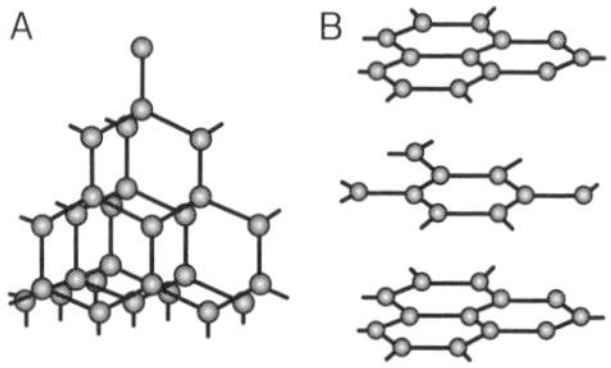

A　　　　　B

5 次の記述のうち，結晶の性質にはA，非晶質（アモルファス）の性質にはBをつけよ。
(1) 粒子の配列に規則性がある。
(2) 一定の融点を示さない。
(3) 決まった外形を示す。
(4) 粒子の配列が不規則である。

解答

1 (1) 結晶
(2) 結晶格子
(3) 単位格子
(4) 配位数
→ p.132 **1**

2 (1) 面心立方格子，(イ)
(2) 体心立方格子，(ウ)
(3) 六方最密構造，(ア)
→ p.132 **2**

3 (1) 陽イオン1個
陰イオン1個
➡ $\frac{1}{8} \times 8 = 1$〔個〕
(2) 8
→ p.133 **3**

4 (1) A：ダイヤモンド
B：黒鉛（グラファイト）
(2) B
(3) 共有結合の結晶
→ p.133 **4**

5 (1) A
(2) B
(3) A
(4) B
→ p.133 **5**

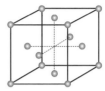

ある金属の結晶を X 線で調べたら，図のような単位格子をもち，一辺の長さが 4.06×10^{-8} cm であった。アボガドロ定数を 6.0×10^{23}/mol として，次の問いに答えよ。

(1) この単位格子を何というか。

(2) この単位格子中には何個の原子が含まれるか。

(3) この金属原子の半径は何 cm か。（$\sqrt{2} = 1.41$，$\sqrt{3} = 1.73$）

(4) この金属の結晶の密度を 2.70g/cm³ として，この金属の原子量を有効数字 3 桁で求めよ。（$4.06^3 = 66.9$）

考え方 (1) 上記の金属結晶の単位格子は，立方体の各頂点と各面の中心に原子が存在しているので，**面心立方格子**である。

(2)

面心立方格子

単位格子中に含まれる原子の割合は，

各頂点… $\dfrac{1}{8}$ 個　各面… $\dfrac{1}{2}$ 個

頂点は 8 つ，面は 6 つあるから，上記の単位格子中に含まれる原子の数は，

$$\left(\frac{1}{8} \times 8\right) + \left(\frac{1}{2} \times 6\right) = 4 〔個〕$$

(3) 面心立方格子では，面の対角線（面対角線）上で原子が接している。単位格子の 1 辺の長さを a とすると，面対角線の長さは $\sqrt{2}a$ で，この長さは原子半径 r の 4 倍に等しい。

$$\therefore \quad \sqrt{2}a = 4r$$

$$r = \frac{\sqrt{2}a}{4} = \frac{1.41 \times 4.06 \times 10^{-8}}{4} = 1.431 \times 10^{-8} \fallingdotseq 1.43 \times 10^{-8}〔cm〕$$

(4) 　$\boxed{単位格子の体積}〔cm^3〕 \times \boxed{結晶の密度}〔g/cm^3〕 = \boxed{単位格子の質量}〔g〕$ の関係を利用する。

(2)より，単位格子中には原子 4 個分が含まれるから，単位格子の質量を 4 で割れば，金属原子 1 個分の質量が求められる。

$$金属原子 1 個分の質量 = \frac{単位格子の質量}{4} = \frac{(4.06 \times 10^{-8})^3 \times 2.70}{4}〔g〕$$

$\boxed{金属原子 1 個分の質量}〔g〕 \times \boxed{アボガドロ定数}〔/mol〕 = \boxed{金属のモル質量}〔g/mol〕$

金属原子 1 個分の質量をアボガドロ定数倍したものが金属のモル質量となる。原子量は，原子 1mol あたりの質量（モル質量）から単位〔g/mol〕を取った数値に等しい。

$$\frac{(4.06 \times 10^{-8})^3 \times 2.70}{4} \times 6.0 \times 10^{23} = 27.09 \fallingdotseq 27.1〔g/mol〕$$

解答 (1) 面心立方格子　(2) 4 個　(3) 1.43×10^{-8}cm　(4) 27.1

右図は，ある金属の結晶構造を示し，単位格子の 1 辺の長さは 4.3×10^{-8} cm であった。アボガドロ定数を 6.0×10^{23}/mol として，次の問いに答えよ。

(1) この単位格子は何とよばれるか。

(2) この単位格子中には何個の原子が含まれるか。

(3) この金属原子の半径は何 cm か。（$\sqrt{2} = 1.41$，$\sqrt{3} = 1.73$）

(4) この金属の結晶の密度を 0.97 g/cm^3 として，この金属の原子量を有効数字 2 桁で求めよ。（$4.3^3 = 79.5$）

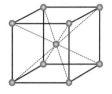

考え方 (1) 上記の金属結晶の単位格子は，立方体の各頂点とその中心に原子が存在しているので，**体心立方格子**である。

(2)

> **体心立方格子**
>
> 単位格子中に含まれる原子の割合は，
>
> 各頂点… $\dfrac{1}{8}$ 個　中心…1 個

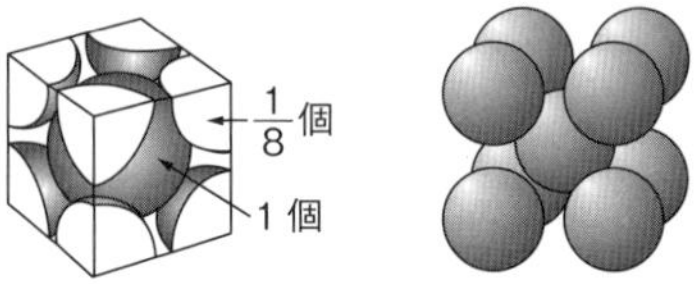

頂点は 8 つあるから，上記の単位格子中に含まれる原子の数は，

$$\left(\frac{1}{8} \times 8 \right) + 1 = 2 〔個〕$$

(3) 体心立方格子では，立方体の対角線（体対角線）上で原子が接している。単位格子の 1 辺の長さを a とすると対角線の長さは $\sqrt{3}a$ で，原子半径 r の 4 倍に等しい。

∴ $\sqrt{3}a = 4r$

$$r = \frac{\sqrt{3}a}{4} = \frac{1.73 \times 4.3 \times 10^{-8}}{4} = 1.85 \times 10^{-8} ≒ 1.9 \times 10^{-8} 〔cm〕$$

(4) 単位格子の体積 〔cm³〕 × 結晶の密度 〔g/cm³〕 = 単位格子の質量 〔g〕 の関係を利用する。

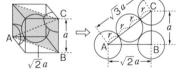

(2)より，単位格子中には原子 2 個分が含まれるから，単位格子の質量を 2 で割れば，金属原子 1 個分の質量が求められる。

$$金属原子 1 個分の質量 = \frac{単位格子の質量}{2} = \frac{(4.3 \times 10^{-8})^3 \times 0.97}{2} 〔g〕$$

金属原子 1 個分の質量 〔g〕 × アボガドロ定数 〔/mol〕 = 金属のモル質量 〔g/mol〕

金属原子 1 個分の質量をアボガドロ定数倍したものが金属のモル質量となる。
原子量は，原子 1mol あたりの質量（モル質量）から単位〔g/mol〕を取った数値に等しい。

$$\frac{(4.3 \times 10^{-8})^3 \times 0.97}{2} \times 6.0 \times 10^{23} = 23.1 ≒ 23 〔g/mol〕$$

解答 (1) **体心立方格子**　(2) **2 個**　(3) **1.9×10^{-8}cm**　(4) **23**

練習問題
必は重要な必須問題。時間のないときはここから取り組む。

186 □□ ◀結晶の種類▶　次の文の[　　]に適語を入れよ。

(1) 金属原子が自由電子によって結合し，規則的に配列した結晶を①[　　]という。

(2) 陽イオンと陰イオンが静電気力で引き合う結合を②[　　]といい，②によってできた結晶を③[　　]という。

(3) 分子間にはたらく弱い引力を④[　　]という。多数の分子が④によって規則的に配列した結晶を⑤[　　]という。

(4) 多数の原子が共有結合だけで結びついてできた結晶を⑥[　　]という。

必 187 □□ ◀金属の結晶構造▶　ある金属結晶は図のような単位格子をもち，1辺の長さは，0.32nm である。ただし，金属原子は球形で，最も近い原子は互いに接しているとする。次の問いに答えよ。

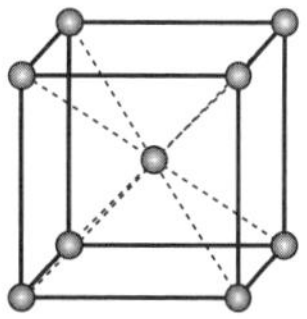

(1) この単位格子には，何個の原子が含まれるか。

(2) 1個の原子は何個の原子と接しているか。

(3) この金属原子の半径〔nm〕を有効数字2桁で求めよ。
ただし，$\sqrt{2} = 1.41$, $\sqrt{3} = 1.73$ とする。

(4) この金属の原子量を 51 とする。この金属結晶の密度〔g/cm³〕を有効数字2桁で求めよ。ただし，$3.2^3 = 32.8$ とする。

必 188 □□ ◀金属の結晶構造▶　ある金属結晶は図のような単位格子をもつ。ただし，金属原子は球形で，最も近い原子は互いに接しているとする。次の問いに答えよ。

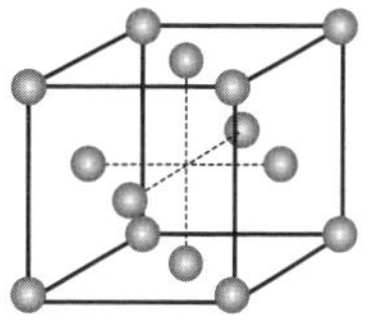

(1) この単位格子には，何個の原子が含まれるか。

(2) 1個の原子は，何個の原子と接しているか。

(3) この単位格子の一辺の長さを a〔cm〕とすると，
この金属原子の半径は何 cm か。（根号は開かなくてよい）

(4) この金属の原子量を M,アボガドロ定数を N として，この金属の結晶の密度〔g/cm³〕を求めよ。

必 189 □□ ◀イオン結晶▶　図の塩化ナトリウムの結晶の単位格子について，次の問いに答えよ。

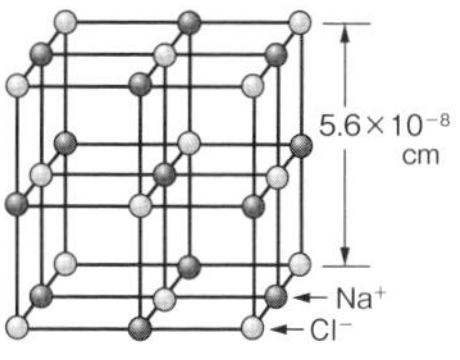

(1) 結晶中で，Na^+ は何個の Cl^- と接しているか。

(2) 結晶中で，Na^+ を最も近い距離で取り囲んでいる Na^+ の数は何個か。

(3) Cl^- の半径が 1.7×10^{-8}cm であるとして，Na^+ の半径は何 cm か。

(4) この結晶の密度〔g/cm³〕を有効数字2桁で求めよ。（NaCl の式量：58.5，$5.6^3 = 176$ とする。）

5.6×10^{-8} cm

Na⁺
Cl⁻

190 □□ ◀イオン結晶と組成式▶　図は,陽イオン Cu^+ と
陰イオン O^{2-} からできたイオン結晶の単位格子である。

(1) この化合物の組成式を求めよ。

(2) Cu^+ は何個の O^{2-} と,O^{2-} は何個の Cu^+ とそれぞれ近接
　　しているか。

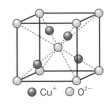

● Cu^+　○ O^{2-}

191 □□ ◀ヨウ素の結晶▶　ヨウ素の分子結晶の単位
格子は右図のように直方体であり,ヨウ素分子は直方体
の各頂点と,各面の中心に配置されている。ヨウ素の分
子量を 254 として,次の問いに答えよ。

(1) この単位格子に含まれるヨウ素分子の数を求めよ。

(2) 単位格子の体積は何 cm^3 か。

(3) ヨウ素の結晶の密度は何 g/cm^3 か。

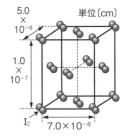

単位〔cm〕

5.0×10^{-8}

1.0×10^{-7}

7.0×10^{-8}

発展問題

必 **192** □□ ◀ダイヤモンドの結晶▶　ダイヤモンドを
X 線で調べると,図のような単位格子をもち,1 辺の
長さが 3.6×10^{-8}cm であった。次の問いに答えよ。

(1) この単位格子に含まれる炭素原子は何個か。

(2) 炭素原子の中心間距離〔cm〕を求めよ。ただし,
　　$\sqrt{2} = 1.41$,$\sqrt{3} = 1.73$ とする。

(3) ダイヤモンドの結晶の密度〔g/cm³〕を求めよ。原
　　子量は C = 12,$3.6^3 = 46.7$ とする。

(4) 炭化ケイ素 SiC は C と Si が交互に結合したダイヤモンド型の結晶構造をもち,
　　C と Si の中心間距離は 1.88×10^{-8}cm である。このことから炭化ケイ素の結晶の
　　密度を求めよ。(原子量:C = 12,Si = 28)

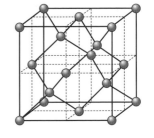

193 □□ ◀六方最密構造▶　マグネシウムの結晶は,右
図のような結晶構造をとっている。次の問いに答えよ。な
お,(2)と(3)は有効数字 3 桁で答えよ。

(1) 右図の結晶格子に含まれるマグネシウム原子の数を
　　求めよ。

(2) マグネシウムの結晶の結晶格子は,正六角柱で $a =$
　　0.320nm,$c = 0.520$nm であるとする。この結晶格子の
　　体積〔cm³〕を求めよ。($\sqrt{2} = 1.41$,$\sqrt{3} = 1.73$)

(3) マグネシウムの結晶の密度〔g/cm³〕を求めよ。(Mg の原子量:24.3)

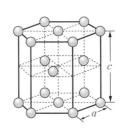

c

a

16 化学反応と熱・光

1 反応熱と反応エンタルピー

❶**発熱反応**　熱を発生する反応。　**吸熱反応**　熱を吸収する反応。

❷**反応熱**　化学反応に伴って出入りする熱量。記号 Q(単位 kJ/mol)で表す。

❸**エンタルピー**　定圧条件において，物質 1mol のもつ化学エネルギーの量。
記号 H(単位 kJ/mol)で表す。

❹**反応エンタルピー**　定圧反応において放出・吸収される熱量。記号 ΔH で表す。

> 反応エンタルピー ΔH =(生成物のエンタルピーの和)−(反応物のエンタルピーの和)
>
> 発熱反応($Q>0$)では，反応系のエンタルピーが減少するので，$\Delta H<0$ になる。
> 吸熱反応($Q<0$)では，反応系のエンタルピーが増加するので，$\Delta H>0$ になる。

反応熱 Q と反応エンタルピー ΔH は大きさが等しいが，符号が逆になる。

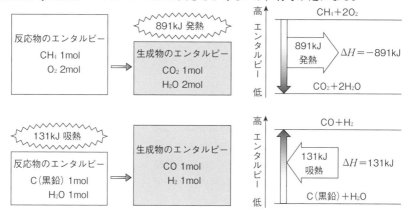

反応熱 Q は反応系から出入りしたエネルギー量を反応系外(外界)から観測しているが，反応エンタルピー ΔH は反応系内にある物質のもつエネルギー量の変化に着目しているので，お互いに符号が逆になる。

2 熱化学反応式*

❶**熱化学反応式**　化学反応式の後に，反応エンタルピー ΔH を書き加えた式。

> 〈書き方〉・着目する物質の係数を 1 にする。他の物質の係数は分数でも可。
>
> ・反応エンタルピーに，発熱反応は−，吸熱反応は＋(省略)をつける。
>
> ・各化学式に，(気)，(液)，(固)，aq などの物質の状態を付記する。
>
> ・同素体の存在する場合は，その種類を C(黒鉛)のように付記する。

例 水素 1mol が完全燃焼して，液体の水が生成するとき 286kJ の熱が発生する。

$$H_2(気) + \frac{1}{2}O_2(気) \longrightarrow H_2O(液) \qquad \Delta H = -286kJ$$

*「化学反応式に反応エンタルピーを書き加えた式」と表現することもあるが，本書ではこれを簡単に「熱化学反応式」と表現している。

❸ 反応エンタルピーの種類 着目する物質1molあたりの値で表し，単位は〔kJ/mol〕

反応エンタルピー	内容と例
燃焼エンタルピー	物質1molが完全燃焼するとき放出する熱量。 例　炭素の燃焼エンタルピー　$C(黒鉛) + O_2(気) \rightarrow CO_2(気)$　$\Delta H = -394kJ$
溶解エンタルピー	物質1molが多量の水に溶解するとき放出，吸収する熱量。 例　NaClの溶解エンタルピー　$NaCl(固) + aq \rightarrow NaClaq$　$\Delta H = 3.9kJ$
中和エンタルピー	酸と塩基の水溶液が中和し，水1molを生じるとき放出する熱量。 例　$HClaq + NaOHaq \rightarrow NaClaq + H_2O(液)$　$\Delta H = -56.5kJ$
生成エンタルピー	物質1molがその成分元素の単体から生成するとき放出，吸収する熱量。 例　COの生成エンタルピー　$C(黒鉛) + \frac{1}{2}O_2(気) \rightarrow CO(気)$　$\Delta H = -111kJ$

※物質の状態変化なども熱化学反応式で表せる。
例　水の融解エンタルピー　：$H_2O(固) \longrightarrow H_2O(液)$　$\Delta H = 6.0kJ$
　　水の蒸発エンタルピー　：$H_2O(液) \longrightarrow H_2O(気)$　$\Delta H = 41kJ$
　　黒鉛の昇華エンタルピー　：$C(黒鉛) \longrightarrow C(気)$　$\Delta H = 715kJ$

※燃焼エンタルピーの測定：鉄製ボンベに一定量の試料と十分量の酸素を入れ，試料を完全燃焼させる。発生した熱量は断熱容器(熱量計)に入れた水の温度上昇から次式で求められる。

　熱量Q〔J〕＝比熱C〔J/(g·K)〕×質量m〔g〕×温度変化t〔K〕　（1K＝1℃）

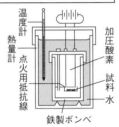

❹ ヘスの法則

❶ヘスの法則(総熱量保存の法則)

反応エンタルピーは，反応経路に関係なく，反応の最初と最後の状態だけで決まる。

❷ヘスの法則の利用
熱化学反応式も数学の方程式のように四則計算が可能であり，**測定が困難な反応エンタルピーを測定可能な反応エンタルピーから計算で求めることができる。**

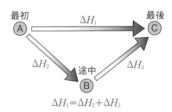

例　$H_2(気) + \frac{1}{2}O_2(気) \longrightarrow H_2O(液)$　$\Delta H_1 = ?$　　…(1)

$H_2(気) + \frac{1}{2}O_2(気) \longrightarrow H_2O(気)$　$\Delta H_2 = -242kJ$…(2)

$H_2O(気) \longrightarrow H_2O(液)$　　　　　　$\Delta H_3 = -44kJ$　…(3)

(2)+(3)より　$H_2(気) + \frac{1}{2}O_2(気) \longrightarrow H_2O(液)$

ΔHについても同様の計算を行うと，

$\Delta H_1 = \Delta H_2 + \Delta H_3 = -286(kJ)$

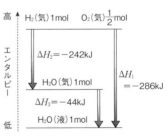

❸生成エンタルピーと反応エンタルピー
反応に関係するすべての物質の生成エンタルピーの値がわかっている場合，次の公式を用いて，反応エンタルピーが求められる。

反応エンタルピー ΔH ＝（生成物の生成エンタルピーの和）－（反応物の生成エンタルピーの和）

（ただし，単体の生成エンタルピーを0とする。）

5 結合エンタルピー

❶結合エンタルピー 気体分子内の共有結合1molを切断するのに必要なエネルギー。
ばらばらの原子から共有結合1molが形成されるとき放出されるエネルギー（単位は
kJ/mol）。熱化学反応式では，結合の切断は $\Delta H > 0$，結合の生成は $\Delta H < 0$ となる。

例 H−H結合の結合エンタルピーは436kJ/molである。

$$H_2（気） \longrightarrow 2H（気） \quad \Delta H = 436kJ$$

❷解離エンタルピー 気体分子1mol中の共有結合をすべて切断するのに必要なエネ
ルギー。解離エンタルピーは，分子を構成する結合エンタルピーの総和に等しい。

例 メタン CH_4 の解離エンタルピーは1664kJ/molである。

$$CH_4（気） \longrightarrow C（気）+ 4H（気） \quad \Delta H = 1664kJ$$

❸結合エンタルピーと反応エンタルピー 反応に関係するすべての結合エンタルピー
の値がわかっている場合，次のように反応エンタルピーを求めることができる。

例 H−H，Cl−Cl，H−Clの結合エンタルピーを436kJ/mol，243kJ/mol，432kJ/
molとして，次の反応の反応エンタルピー ΔH を求めよ。

$$H_2（気）+ Cl_2（気） \longrightarrow 2HCl（気） \quad \Delta H = ?$$

〔解〕H−H結合1molを切断するには436kJ，Cl−Cl結
合1molを切断するには243kJ，合計679kJのエネル
ギーが必要である。一方，H，Cl原子が結合してH−
Cl結合2molを生成するとき，432 × 2 = 864kJのエ
ネルギーが放出される。以上のエネルギー収支（和）を
計算すると，679kJの吸熱と864kJの発熱だから，
$\Delta H = 679 +（− 864）= − 185kJ$ となる。

〔別解〕次の公式を用いると，反応エンタルピーを簡単
に求めることができる。

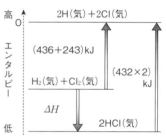

反応エンタルピー ΔH ＝（反応物の結合エンタルピーの和）−（生成物の結合エンタルピーの和）

この公式が使用できるのは，反応物，生成物がともに**気体**の場合に限られる。

6 化学反応と光

❶化学発光 化学反応によって，光エネルギーが放出される反応。
エネルギーの高い励起状態からエネルギーの低い基底状態へのエネルギー差が，可
視光線（波長 400 〜 800nm）の範囲にあれば，私達は発光を感じる。

例 ルミノール反応 ルミノール（$C_8H_7N_3O_2$）は鉄触媒があれば，過酸化水素 H_2O_2
で酸化すると，明るい青色光（波長460nm）を発する。血痕の鑑定に利用。

❷光化学反応 光エネルギーの吸収によって起こる反応。

例 植物の光合成 $6CO_2 + 6H_2O \longrightarrow C_6H_{12}O_6 + 6O_2 \quad \Delta H = 2803kJ$

この反応は大きな吸熱反応（$\Delta H > 0$）であり，その進行には光エネルギーの供給が必要である。

例 水素と塩素の反応 $H_2 + Cl_2 \longrightarrow 2HCl \quad \Delta H = − 185kJ$

この反応は発熱反応（$\Delta H < 0$）であるが，Cl_2 分子が光エネルギーを吸収して Cl 原子に解離する
と，爆発的に反応が次々に進行する（**連鎖反応**）。

確認&チェック

1 次の文の □ に適語を入れよ。

　熱が発生する反応を① □，熱を吸収する反応を② □ という。

　定圧条件において，物質 1mol のもつ化学エネルギーの量を ③ □ といい，記号 H で表す。

　定圧反応において，出入りする熱量を ④ □ といい，記号 ΔH で表す。

　化学反応式の後に反応エンタルピーを書き加えた式を ⑤ □ という。

2 次の熱化学反応式について，｜｜内で正しい方を選べ。

$$H_2(気) + \frac{1}{2} O_2(気) \longrightarrow H_2O(液) \quad \Delta H = -286kJ$$

(1) この反応は｜発熱，吸熱｜反応である。

(2) この反応が進むと，周囲の温度は｜上がる，下がる｜。

(3) この反応が進むと，反応系のエンタルピーは，｜増加する，減少する｜。

(4) エンタルピーの総和は，｜反応物，生成物｜の方が大きい。

3 次の①〜⑤の反応エンタルピーの名称を記せ。

① 物質 1mol が完全燃焼するときの発熱量。

② 物質 1mol が多量の水に溶解するときの発・吸熱量。

③ 化合物 1mol が成分元素の単体から生成するときの発・吸熱量。

④ 酸・塩基の水溶液が中和し，水 1mol 生成するときの発熱量。

⑤ 液体 1mol が蒸発するときの吸熱量。

4 右のエンタルピー図をみて，次の問いに答えよ。

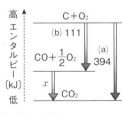

(1) 矢印(a)の反応の反応エンタルピーはいくらか。

(2) 矢印(b)の反応の反応エンタルピーを何というか。

(3) 矢印 x の反応の反応エンタルピーはいくらか。

解答

1 ① 発熱反応

② 吸熱反応

③ エンタルピー

④ 反応エンタルピー

⑤ 熱化学反応式

→ p.139 **1**，**2**

2 (1) 発熱

(2) 上がる

(3) 減少する

(4) 反応物

→ p.139 **2**

3 ① 燃焼エンタルピー

② 溶解エンタルピー

③ 生成エンタルピー

④ 中和エンタルピー

⑤ 蒸発エンタルピー

→ p.140 **3**

4 (1) $-394kJ/mol$

(2) CO の生成エンタルピー

(3) $-283kJ/mol$

➡ $x = (-394) - (-111)$
　　$= -283[kJ]$

→ p.140 **4**

例題 63　熱化学反応式の表し方　■■□

次の(1)〜(3)の内容を，それぞれ熱化学反応式で表せ。

(1)　メタン CH_4 1mol が完全燃焼すると，891kJ の発熱がある。生じる水は液体とする。

(2)　一酸化窒素 NO の生成エンタルピーは，90kJ/mol である。

(3)　硫酸 H_2SO_4 1mol が多量の水に溶けると，95kJ の発熱がある。

考え方　熱化学反応式は次のように表す。

①基準となる物質の係数が1になるように，化学反応式を書く。

②反応エンタルピー ΔH は，発熱反応は−，吸熱反応は＋(省略)の符号と，単位〔kJ〕をつけて，右辺の最後に書く。

③物質の状態を（ ）をつけて付記する。同素体が存在する物質は区別すること。

(1)　$CH_4 + 2O_2 \longrightarrow CO_2 + H_2O$

　　CH_4 の係数が1なので，そのままでよい。発熱反応なので，$\Delta H = -891$kJ を加える。

　　$CH_4(気) + 2O_2 \longrightarrow CO_2(気) + H_2O(液)$
$$\Delta H = -891\text{kJ}$$

(2)　$N_2 + O_2 \longrightarrow 2NO$

　　NO の係数を1とするため，両辺を2で割る。それに，$\Delta H = 90$kJ を加える。

$$\frac{1}{2}N_2(気) + \frac{1}{2}O_2(気) \longrightarrow NO(気)$$
$$\Delta H = 90\text{kJ}$$

(3)　硫酸は H_2SO_4(液)，多量の水は aq，硫酸水溶液は H_2SO_4aq と表される。

　　発熱反応なので，$\Delta H = -95$kJ を加える。

　　$H_2SO_4(液) + aq \longrightarrow H_2SO_4\,aq$
$$\Delta H = -95\text{kJ}$$

解答　考え方を参照

例題 64　溶解エンタルピーの測定　■■□

右図のような断熱容器に 20.0℃の水を 98mL とり，水酸化ナトリウムの結晶 2.0g を加えてすばやくかくはんし，完全に溶解した直後の水溶液の温度は 25.0℃であった。これより，水酸化ナトリウムの水への溶解エンタルピーを求めよ。ただし，水の密度を 1.0g/cm³，水溶液の比熱を 4.2J/(g・K)，NaOH の式量を 40 とする。

かくはん棒／温度計／断熱容器

考え方　物質1gの温度を1K上昇させるのに必要な熱量を比熱(単位：J/(g・K))という。

水溶液の温度上昇から，発熱量を求める公式は，次の通りである。

発熱量 Q〔J〕＝比熱 C〔J/(g・K)〕
×質量 m〔g〕×温度変化 t〔K〕

水の密度 1.0g/cm³ より，水 98mL の質量は 98g。したがって，水溶液の質量は，

98 ＋ 2.0 ＝ 100〔g〕であることに留意する。

NaOH 2.0g を水 98g に溶解したときの発熱量は，

$4.2 \times 100 \times 5.0 = 2100$〔J〕

これを NaOH 1mol(40g)あたりに換算すると

$$2100 \times \frac{40}{2.0} = 42000\text{〔J〕} \quad \Rightarrow \quad 42.0\text{〔kJ〕}$$

NaOH の溶解エンタルピーは発熱なので −の符号をつけて，$\Delta H = -42.0$kJ/mol。

これを熱化学反応式で表すと，

$$NaOH(固) + aq \longrightarrow NaOHaq$$
$$\Delta H = -42.0\text{kJ}$$

解答　−42.0kJ/mol

次の熱化学反応式を用いて，プロパン C_3H_8 の生成エンタルピーを求めよ。

$$C(黒鉛) + O_2(気) \longrightarrow CO_2(気) \quad \Delta H = -394\,kJ \quad \cdots ①$$

$$H_2(気) + \frac{1}{2}O_2(気) \longrightarrow H_2O(液) \quad \Delta H = -286\,kJ \quad \cdots ②$$

$$C_3H_8(気) + 5O_2(気) \longrightarrow 3CO_2(気) + 4H_2O(液) \quad \Delta H = -2220\,kJ \quad \cdots ③$$

考え方　熱化学反応式は，ヘスの法則より，化学式を移項したり，四則計算を行うことができる。熱化学反応式を用いて反応エンタルピーを求める方法は次の通りである。

(1)　目的とする熱化学反応式を書く。
(2)　(1)に含まれていない化学式を消去する方法(**消去法**)か，(1)に含まれる化学式を与えられた熱化学反応式から集め，それを組み立てる方法(**組立法**)がある。

目的とする熱化学反応式は次の通り。

$$3C(黒鉛) + 4H_2(気) \longrightarrow C_3H_8(気)$$
$$\Delta H = x\,kJ \quad \cdots ④$$

本問のように，目的の式が比較的簡単なときは，組立法を用いるほうが便利である。

左辺の $3C$(黒鉛)に着目して $\longrightarrow$ ①×3
左辺の $4H_2$(気)に着目して $\longrightarrow$ ②×4
右辺の C_3H_8(気)に着目して $\longrightarrow$ ③×(-1)

（C_3H_8は③式の左辺にあるが，④式では右辺に移項が必要で，このとき符号が逆になるので，③式を(-1)倍しておく）

④式は，①×3 + ②×4 - ③で求められる。
ΔHについても，同様の計算を行うと，

$$x = (-394 \times 3) + (-286 \times 4) - (-2220)$$
$$= -106 \text{〔kJ〕}$$

解答　$-106\,kJ/mol$

$H–H$，$O=O$，$O–H$ の各結合の結合エンタルピーを $436\,kJ/mol$，$498\,kJ/mol$，$463\,kJ/mol$ として，次の反応の反応エンタルピーを求めよ。

$$H_2(気) + \frac{1}{2}O_2(気) \longrightarrow H_2O(気) \quad \Delta H = x\,kJ$$

考え方　結合エンタルピーを使って反応エンタルピーを求める場合，**エンタルピー図**を用いる方法がある。

①　反応物(H_2, $\frac{1}{2}O_2$)を各原子に解離する。
②　各原子を組み換え，生成物(H_2O)をつくる。

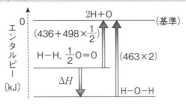

ΔH の大きさは，エンタルピー図より，

$$(463 \times 2) - \left(436 + 498 \times \frac{1}{2}\right) = 241 \text{〔kJ〕}$$

エンタルピー図より，$H_2 + \frac{1}{2}O_2$(反応物)から H_2O(生成物)へ向かう矢印($\Rightarrow$)が下向き(発熱反応)なので，反応エンタルピーに負(-)の符号をつけて，$-241\,kJ/mol$ となる。

〔別解〕次の公式を利用する方法もある。

(反応エンタルピー)
　＝(反応物の結合エンタルピーの和)
　　−(生成物の結合エンタルピーの和)

ただし，反応物，生成物がともに気体の場合に限る。

$$\Delta H = 436 + \left(498 \times \frac{1}{2}\right) - (463 \times 2)$$
$$= -241 \text{〔kJ〕}$$

解答　$-241\,kJ/mol$

194 □□ ◀反応エンタルピーの種類▶　次の熱化学反応式で表される反応エンタルピーの種類を下から記号で選べ。ただし，2つ以上あるときは，すべてを選べ。

(1) $NaCl$(固) + aq $\longrightarrow$ $NaClaq$　　$\Delta H = 3.9kJ$

(2) H_2O(液) $\longrightarrow$ H_2O(気)　　$\Delta H = 44kJ$

(3) C(黒鉛) $+ \dfrac{1}{2}O_2$(気) $\longrightarrow$ CO(気)　　$\Delta H = -111kJ$

(4) Al(固) $+ \dfrac{3}{4}O_2$(気) $\longrightarrow$ $\dfrac{1}{2}Al_2O_3$(固)　　$\Delta H = -838kJ$

(5) S(斜方) $+ O_2$(気) $\longrightarrow$ SO_2(気)　　$\Delta H = -297kJ$

(6) $HClaq + NaOHaq \longrightarrow NaClaq + H_2O$(液)　　$\Delta H = -56.5kJ$

```
[ (ア) 燃焼エンタルピー    (イ) 生成エンタルピー    (ウ) 溶解エンタルピー  ]
[ (エ) 融解エンタルピー    (オ) 蒸発エンタルピー    (カ) 中和エンタルピー  ]
```

必**195** □□ ◀熱化学反応式▶　次の各内容を熱化学反応式で表せ。

(1) エチレン C_2H_4 0.10mol を完全燃焼させると，141kJ の熱が発生する。

(2) メタノール CH_4O の生成エンタルピーは，$-239kJ/mol$ である。

(3) 水酸化ナトリウム 0.10mol を多量の水に溶解すると，4.4kJ の熱が発生する。

(4) $Cl-Cl$ 結合の結合エンタルピーは239kJ/mol である。

(5) 1mol/L塩酸0.5Lと0.5mol/L $NaOH$水溶液1Lを混合すると，28kJの熱が発生する。

(6) 炭素(黒鉛)の昇華エンタルピーは，715kJ/mol である。

(7) メタン CH_4 の解離エンタルピー*は，1664kJ/mol である。
　　　*解離エンタルピーは，気体分子中の各結合エンタルピーの総和に等しい。

必**196** □□ ◀熱化学反応式の利用▶　次の各問いに答えよ。

(1) メタノール CH_3OH の燃焼エンタルピーは $-726kJ/mol$ である。メタノールの完全燃焼によって100kJ の熱量を得るには何 g のメタノールが必要か。(分子量：$CH_3OH = 32$)

(2) 1.00mol/L 塩酸 500mL と 2.00mol/L 水酸化ナトリウム水溶液 500mL を混合すると，何 kJ の熱が発生するか。ただし，この反応の熱化学反応式は次の通りとする。
　　$HClaq + NaOHaq \longrightarrow NaClaq + H_2O$(液)　　$\Delta H = -56.5kJ$

(3) メタン CH_4 とエタン C_2H_6 の混合気体112L(標準状態)を完全燃焼させたところ，5254kJ の発熱があった。この混合気体中のメタンの体積百分率〔%〕を求めよ。ただし，メタンの燃焼エンタルピーを $-890kJ/mol$，エタンの燃焼エンタルピーを $-1560kJ/mol$ とする。

197 □□ ◀反応エンタルピー▶ 反応エンタルピーに関する記述のうち，正しいものをすべて選べ。

(ア) 反応物のもつエンタルピーが生成物のもつエンタルピーよりも大きい場合は吸熱反応となり，その逆の場合は発熱反応となる。

(イ) 燃焼エンタルピーは物質1molが完全に燃焼するときの反応エンタルピーをいい，その値はすべて正の値を示す。

(ウ) 物質1molがその成分元素の単体から生成するときの反応エンタルピーを生成エンタルピーといい，その値は正または負の両方を示す。

(エ) 物質1molを多量の溶媒に溶解するときに吸収または放出される熱量を溶解エンタルピーといい，その値は正または負の両方を示す。

(オ) 酸と塩基の水溶液が中和し，1molの水が生成するときの反応エンタルピーを中和エンタルピーという。強酸と強塩基による中和エンタルピーは，その種類によっていくらか異なった値を示す。

198 □□ ◀反応エンタルピー▶ 次の熱化学反応式に関する記述のうち，正しいものをすべて選べ。

$$C(黒鉛) + O_2(気) \longrightarrow CO_2(気) \quad \Delta H = -394kJ \quad \cdots ①$$

$$CO(気) + \frac{1}{2}O_2(気) \longrightarrow CO_2(気) \quad \Delta H = -283kJ \quad \cdots ②$$

$$H_2O(液) \longrightarrow H_2O(気) \quad \Delta H = 44kJ \quad \cdots ③$$

$$H_2(気) + \frac{1}{2}O_2(気) \longrightarrow H_2O(気) \quad \Delta H = -242kJ \quad \cdots ④$$

(1) 0.50molの水を蒸発させると，22kJの熱量が発生する。

(2) 液体の水の生成エンタルピーは−242kJ/molである。

(3) $CO(気) + H_2O(気) \longrightarrow CO_2(気) + H_2(気)$ の反応エンタルピー ΔH は41kJである。

(4) 炭素(黒鉛)の燃焼エンタルピーと二酸化炭素の生成エンタルピーは等しい。

199 □□ ◀結合エンタルピー▶ 右図は，C

(黒鉛) + $2H_2(気) \longrightarrow CH_4(気)$ の反応エンタルピーと各物質のエンタルピーとの関係を示す。図を参考にして，次の各値をそれぞれ求めよ。

(1) C(黒鉛)の昇華エンタルピー

(2) H−H結合の結合エンタルピー

(3) CH_4 の解離エンタルピー

(4) C−H結合の結合エンタルピー

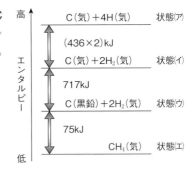

200 □□ ◀ヘスの法則▶　次の熱化学反応式を用いて，エタン C_2H_6 の燃焼エンタルピーを求めよ。ただし，燃焼で生成する水は液体とする。

$$C(黒鉛) + O_2(気) \longrightarrow CO_2(気) \qquad \Delta H = -394kJ \quad \cdots ①$$

$$H_2(気) + \frac{1}{2}O_2(気) \longrightarrow H_2O(液) \qquad \Delta H = -286kJ \quad \cdots ②$$

$$2C(黒鉛) + 3H_2(気) \longrightarrow C_2H_6(気) \qquad \Delta H = -84kJ \quad \cdots ③$$

201 □□ ◀生成エンタルピーと反応エンタルピー▶　次の各問いに答えよ。

(1) 下記の生成エンタルピーの値を用いて，次の反応の反応エンタルピーを求めよ。

$$4NH_3(気) + 5O_2(気) \longrightarrow 4NO(気) + 6H_2O(気)$$

〔NH_3：$-46kJ/mol$，NO：$90kJ/mol$，H_2O(気)：$-242kJ/mol$〕

(2) 下記の燃焼エンタルピーの値を用いて，アセチレン C_2H_2 の生成エンタルピーを求めよ。ただし，燃焼で生成する水は液体とする。

〔炭素(黒鉛)：$-394kJ/mol$，水素：$-286kJ/mol$，アセチレン：$-1301kJ/mol$〕

202 □□ ◀結合エンタルピーと反応エンタルピー▶　水素の H–H 結合，窒素の N≡N 結合，アンモニアの N–H 結合の結合エンタルピーをそれぞれ $436kJ/mol$，$946kJ/mol$，$391kJ/mol$ として，$N_2(気) + 3H_2(気) \longrightarrow 2NH_3(気)$ の反応エンタルピーを求めよ。

必**203** □□ ◀反応エンタルピーの測定▶　図1のような発泡ポリスチレン製の断熱容器を用いて，次の実験(a), (b)を行った。なお，すべての水溶液の比熱を $4.20J/(g \cdot K)$，密度を $1.00g/mL$，$NaOH$ の式量を 40.0 として下の問いに答えよ。

(a) 純水 $48.0g$ に $NaOH$ の結晶 $2.00g$ を加え，かくはんしながら液温を測定したら，図2のような結果となった。

(b) $1.00mol/L$ 塩酸 $50.0mL$ に $NaOH$ の結晶 $2.00g$ を加え，(a)と同様に測定し，グラフを書いて真の最高温度を求めたら，液温は実験前に比べて $23.0K$ 上昇していることがわかった。

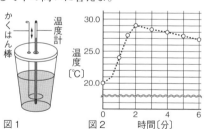

(1) 実験(a)で発生した熱量は何 kJ か。

(2) 水酸化ナトリウムの水への溶解エンタルピーを求め，これを熱化学反応式(式中の熱量の値は小数第1位まで)で示せ。

(3) 実験(b)の反応を熱化学反応式(式中の熱量の値は小数第1位まで)で示せ。

(4) 塩酸と水酸化ナトリウム水溶液との中和エンタルピーを求めよ。

204 □□ ◀結合エンタルピーと反応エンタルピー▶　次の各問いに答えよ。

(1) 次の熱化学反応式と，H–H 結合の結合エンタルピー 436kJ/mol，C（黒鉛）の昇華エンタルピー 716kJ/mol の値を用いて，メタン CH_4 分子中の C–H 結合の結合エンタルピーを求めよ。ただし，メタン分子中の C–H 結合の結合エンタルピーはすべて等しいとする。

$$C（黒鉛）+ 2H_2（気）\longrightarrow CH_4（気）\qquad \Delta H = -76kJ \quad \cdots ①$$

(2) (1)の結果と，クロロメタン CH_3Cl 中の C–Cl 結合の結合エンタルピーを 346kJ/mol，Cl–Cl 結合の結合エンタルピー 243kJ/mol，H–Cl 結合の結合エンタルピー 432kJ/mol の値を用いて，次の②の反応エンタルピー ΔH を求めよ。

$$CH_4（気）+ Cl_2（気）\longrightarrow CH_3Cl（気）+ HCl（気）\qquad \cdots ②$$

205 □□ ◀溶解エンタルピーの測定▶　断熱容器に入れた水 46.0g に尿素 $CO(NH_2)_2$（分子量 60）4.0g を加えてよくかき混ぜ，すべて溶解させた。このときの液温の変化を右図に示す。図中の点 A，B，C，D，E の各温度は，それぞれ 20.0℃，15.8℃，16.4℃，15.2℃，15.5℃であった。この結果から尿素の水への溶解エンタルピーを求めよ。ただし，水溶液の比熱は 4.2J/（g・K）とする。

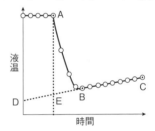

206 □□ ◀格子エンタルピー▶　イオン結晶 1mol を解離して，それを構成するばらばらのイオンの状態にするのに必要なエネルギーを格子エンタルピーという。格子エンタルピーを直接測定することは困難であるが，次にあげる(A)～(E)のエネルギーの値を使うと，ヘスの法則を用いて間接的に求めることができる。

熱化学反応式		
(A)	$Na（固）\longrightarrow Na（気）$	$\Delta H = 89kJ$ $\cdots$(A)
(B)	$Cl_2（気）\longrightarrow 2Cl（気）$	$\Delta H = 244kJ$ $\cdots$(B)
(C)	$Na（気）\longrightarrow Na^+（気）+ e^-$	$\Delta H = 496kJ$ $\cdots$(C)
(D)	$Cl（気）+ e^- \longrightarrow Cl^-（気）$	$\Delta H = -349kJ$ $\cdots$(D)
(E)	$Na（固）+ \dfrac{1}{2}Cl_2（気）\longrightarrow NaCl（固）$	$\Delta H = -413kJ$ $\cdots$(E)

(1) (A)～(E)の熱化学反応式の反応エンタルピー ΔH が表す内容をそれぞれ答えよ。

(2) (A)～(E)の値より，塩化ナトリウム NaCl（固）の格子エンタルピー〔kJ/mol〕を求めよ。

17 電池

1 電池の原理

❶**電池** 酸化還元反応で放出される化学エネルギーを，電気エネルギーとして取り出す装置。→イオン化傾向の異なる2種類の金属 M_1, M_2(**電極**)を電解質水溶液(**電解液**)に浸し，導線でつなぐと，両電極間に電位差(**電圧**)を生じる。

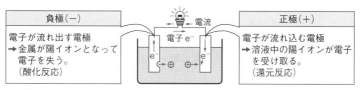

負極(−)		正極(+)
電子が流れ出す電極 →金属が陽イオンとなって 　電子を失う。 (酸化反応)	電子 e⁻ ← 電流	電子が流れ込む電極 →溶液中の陽イオンが電子 　を受け取る。 (還元反応)

❷**電池の構成**

・イオン化傾向の大きい金属→**負極**(−)となる。 酸化反応が起こる。

・イオン化傾向の小さい金属→**正極**(+)となる。 還元反応が起こる。

❸**電池式** 電池の構成を化学式で表したもの。

$$(-)\text{負極物質}\ |\ \text{電解質 aq}\ |\ \text{正極物質}(+)$$

❹**電池の起電力** 電池の両電極間に生じる電位差(電圧)。単位〔V(ボルト)〕

金属 M_1 と M_2 のイオン化傾向の差が大きいほど，起電力は大きくなる。

❺**負極活物質** 負極で電子を放出する物質(還元剤)。

　正極活物質 正極で電子を受け取る物質(酸化剤)。

❻**放電** 電池から電流を取り出すこと。起電力が徐々に低下する。

　充電 放電の逆反応を起こし，起電力を回復させる操作。

2 電池の反応

❶**ダニエル電池** $(-)\text{Zn}\ |\ \text{ZnSO}_4\text{aq}\ |\ \text{CuSO}_4\text{aq}\ |\ \text{Cu}(+)$ 起電力 1.1V

負極(−): $\text{Zn} \longrightarrow \text{Zn}^{2+} + 2\text{e}^-$

正極(+): $\text{Cu}^{2+} + 2\text{e}^- \longrightarrow \text{Cu}$

全体の反応: $\text{Zn} + \text{Cu}^{2+} \longrightarrow \text{Zn}^{2+} + \text{Cu}$

多孔質の素焼き板は，両電解液の混合を防ぎつつ，イオンを通過させて，両液を電気的に接続する役割をもつ。

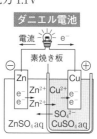

ダニエル電池

❷**ボルタ電池** $(-)\text{Zn}\ |\ \text{H}_2\text{SO}_4\text{aq}\ |\ \text{Cu}(+)$

放電すると，起電力が急激に低下する現象を**電池の分極**という。

(原因) 正極で発生する水素 H_2 が電流の流れを妨げるため。

❸**一次電池** 充電できない使い切りの電池。 例 マンガン乾電池

❹**二次電池(蓄電池)** 充電すると繰り返し使用できる電池。 例 鉛蓄電池

❺鉛蓄電池 $(-)Pb \mid H_2SO_4aq \mid PbO_2(+)$ 　起電力 2.0V

負極$(-)$： $Pb + SO_4^{2-} \longrightarrow PbSO_4 + 2e^-$

正極$(+)$： $PbO_2 + SO_4^{2-} + 4H^+ + 2e^- \longrightarrow PbSO_4 + 2H_2O$

全体の反応： $Pb + PbO_2 + 2H_2SO_4 \underset{充電}{\overset{放電}{\rightleftarrows}} 2PbSO_4 + 2H_2O$

放電すると，両極の質量は増加し，希硫酸の濃度は減少する。

充電すると，両極の質量は減少し，希硫酸の濃度は増加する。

❻マンガン乾電池 $(-)Zn \mid ZnCl_2aq, NH_4Claq \mid MnO_2(+)$ 　起電力 1.5V

負極$(-)$： $Zn \longrightarrow Zn^{2+} + 2e^-$

正極$(+)$： $MnO_2 + H^+ + e^- \longrightarrow MnO(OH)^{*1}$ 　＊1)酸化水酸化マンガン(Ⅲ)

アルカリマンガン乾電池 　電解液に KOHaq を用いたもの。電池容量が大きい。

❼リチウムイオン電池 $(-)Li_xC \mid 有機溶媒 + Li の塩 \mid Li_{(1-x)}CoO_2(+)$

負極$(-)$： $Li_xC \underset{充電}{\overset{放電}{\rightleftarrows}} C + xLi^+ + xe^-$ 　$(0 < x < 0.5)$

正極$(+)$： $Li_{(1-x)}CoO_2 + xLi^+ + xe^- \underset{充電}{\overset{放電}{\rightleftarrows}} LiCoO_2$ 　$(0 < x < 0.5)$

❽燃料電池 　燃料のもつ化学エネルギーを直接，電気エネルギーに変える装置。

$(-)H_2 \mid H_3PO_4aq \mid O_2(+)$ 　［リン酸形］ 起電力 1.2V

負極$(-)$： $H_2 \longrightarrow 2H^+ + 2e^-$ 　｝負極活物質：H_2

正極$(+)$： $O_2 + 4H^+ + 4e^- \longrightarrow 2H_2O$ 　正極活物質：O_2

(特徴)・電気エネルギーへの変換効率が大。　・生成物が水で，環境への負荷が少ない。

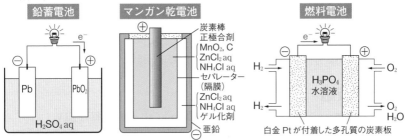

❾その他の実用電池 　＊2)MH は，条件により水素を吸収・放出する水素吸蔵合金である。

電池の名称		電池の構成			起電力〔V〕
		負極活物質	電解質	正極活物質	
一次電池	酸化銀電池	Zn	KOH	Ag_2O	1.55
	リチウム電池	Li	有機溶媒	MnO_2	3.0
	空気電池	Zn	KOH	O_2	1.65
二次電池	ニッケル・カドミウム電池	Cd	KOH	$NiO(OH)^{*3}$	1.3
	ニッケル・水素電池	MH^{*2}	KOH	$NiO(OH)$	1.3
	リチウムイオン電池	Li^+ を含む黒鉛	有機溶媒	$LiCoO_2{}^{*4}$	4.0

＊3)酸化水酸化ニッケル(Ⅲ)　　＊4)コバルト酸リチウム

確認＆チェック

1 次の文の□□□に適語を入れよ。

酸化還元反応で放出される化学エネルギーを，電気エネルギーとして取り出す装置を^①□□□という。イオン化傾向の異なる2種類の金属を電解質水溶液に浸し，導線でつなぐと，両電極間に電位差（電圧）を生じる。このとき，イオン化傾向の大きい金属が^②□□□極，小さい金属が^③□□□極となる。

電池の両電極間に生じる電位差（電圧）を，電池の^④□□□といい，2種の金属のイオン化傾向の差が大きいほど^⑤□□□なる。また，電池の負極で電子を放出する物質（還元剤）を^⑥□□□，正極で電子を受け取る物質（酸化剤）を^⑦□□□という。

電池から電流を取り出すことを^⑧□□□といい，⑧の逆反応を起こし，起電力を回復させる操作を^⑨□□□という。

2 右図に示した電池について答えよ。 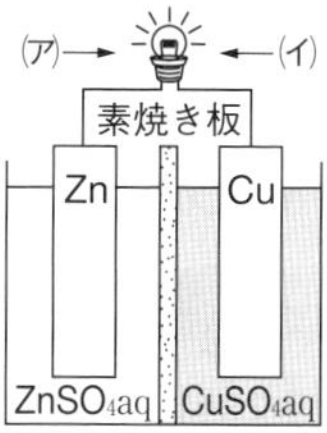
(1) この電池を何と言うか。
(2) この電池の起電力は何Vか。
(3) 負極，正極となる金属を，それぞれ元素記号で示せ。
(4) 電子の移動する方向を，(ア)，(イ)の記号で示せ。
(5) 電流の流れる方向を，(ア)，(イ)の記号で示せ。

3 次の文の□□□に適語を入れよ。

希硫酸に銅板と亜鉛板を浸した電池を^①□□□といい，銅板が^②□□□極，亜鉛板が^③□□□極となる。この電池を放電すると，起電力が急激に低下する。この現象を電池の^④□□□という。

4 次の(1)〜(4)の電池式で表される電池の名称を記せ。
(1) $(-)Zn \mid ZnCl_2aq, NH_4Claq \mid MnO_2(+)$
(2) $(-)Pb \mid H_2SO_4aq \mid PbO_2(+)$
(3) $(-)Zn \mid KOHaq \mid MnO_2(+)$
(4) $(-)H_2 \mid H_3PO_4aq \mid O_2(+)$

解答

1
① 電池
② 負
③ 正
④ 起電力
⑤ 大きく
⑥ 負極活物質
⑦ 正極活物質
⑧ 放電
⑨ 充電
→ p.149 ①

2
(1) ダニエル電池
(2) 1.1 V
(3) 負極：Zn
正極：Cu
(4) (ア)
(5) (イ)
→ p.149 ②

3
① ボルタ電池
② 正
③ 負
④ 分極
→ p.149 ②

4
(1) マンガン乾電池
(2) 鉛蓄電池
(3) アルカリマンガン乾電池
(4) 燃料電池
→ p.150 ②

1mol/L の金属イオンの水溶液と, それと同種の金属を浸した電池(半電池)(a)～(d)を用意し, このうち任意の2個を塩橋*(記号 ∥)でつなぐと, 電池が形成された。次の問いに答えよ。

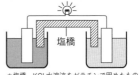

*塩橋 KCl 水溶液をゼラチンで固めたもの。

(a)(Zn, ZnSO₄aq)　(b)(Cu, CuSO₄aq)

(c)(Fe, FeSO₄aq)　(d)(Ag, AgNO₃aq)　例 $(-)$Zn｜ZnSO₄aq∥CuSO₄aq｜Cu$(+)$

(1) 起電力が最大になる電池の組合せを選び, その電池式を上の例にならって示せ。

(2) 塩橋の役割について簡単に述べよ。

(3) 極板の表面積を大きくすると, 電池の起電力はどう変化するか。

考え方 ある金属とその塩の水溶液でつくられた電池を**半電池**という。2つの**半電池**を塩橋で接続すると, **ダニエル型電池**ができる。このとき, イオン化傾向の大きい金属が負極, 小さい金属が正極となり, 電子は負極から正極へ, 電流は正極から負極へと流れる。

電池の起電力は, 電極に用いた金属のイオン化傾向の差が大きいほど, 大きくなる。

(1) イオン化傾向は, Zn > Fe > Cu > Ag の順なので, Zn の半電池と Ag の半電池を組み合わせた電池の起電力が最大となる。

(3) 極板の表面積を大きくすると, 電池から流れ出す電流が大きくなるだけで, 電池の起電力そのものは変化しない。

解答 (1) $(-)$Zn｜ZnSO₄aq∥AgNO₃aq｜Ag$(+)$

(2) **2種の電解液の混合を防ぎつつ, 両液を電気的に接続するはたらき。**

(3) **変化しない。**

次の文の ▢▢▢ に適切な語句, 数値を入れよ。(O = 16, S = 32, Pb = 207)

鉛蓄電池は, 負極に鉛, 正極に①▢▢▢, 電解液に②▢▢▢を用いたもので, 放電すると, 負極・正極ともに③▢▢▢が生成され, 質量が増加する。たとえば, 放電により負極の鉛 1mol が反応すると, 負極板は④▢▢▢g, 正極板は⑤▢▢▢g ずつ重くなる。鉛蓄電池に放電時とは逆向きに電流を流すと, 逆反応が起こり起電力が回復する。この操作を⑥▢▢▢といい, ⑥の可能な電池を⑦▢▢▢(蓄電池)という。

考え方 鉛蓄電池の構成は, 次の通り。

$(-)$Pb｜H₂SO₄aq｜PbO₂$(+)$

放電時の反応は,

$(-)$Pb + SO₄²⁻ $\longrightarrow$ PbSO₄ + 2e⁻

$(+)$PbO₂ + 4H⁺ + 2e⁻ + SO₄²⁻ $\longrightarrow$ PbSO₄ + 2H₂O

両電極の変化を1つにまとめると,

Pb + PbO₂ + 2H₂SO₄ $\xrightarrow{2e⁻}$ 2PbSO₄ + 2H₂O

放電により, 両極には水に不溶な PbSO₄ が極板に付着するため, 質量が増加する。

放電の逆の反応を**充電**といい, 充電が可能で繰り返し使用できる電池を二次電池, 充電できない使い切りの電池を一次電池という。

④ Pb1mol(207g)が消費され, PbSO₄1mol(303g)が生成するので, 質量は 303 − 207 = 96〔g〕重くなる。

⑤ PbO₂1mol(239g)が消費され, PbSO₄ 1mol(303g)が生成するので, 質量は 303 − 239 = 64〔g〕重くなる。

解答 ① 酸化鉛(Ⅳ)　② 希硫酸

③ 硫酸鉛(Ⅱ)　④ 96　⑤ 64　⑥ 充電　⑦ 二次電池

次の文を読み，あとの問いに答えよ。

燃料のもつ化学エネルギーを，直接[①□□□]エネルギーとして取り出すようにつくられた装置を[②□□□]という。

(1) 上の文の□□□に適語を入れよ。

(2) 図の電池の A 極，B 極で起こるイオン反応式の[　　]に，適当な化学式と係数を入れよ。

A：$H_2 \longrightarrow$ ③[　　] $+ 2e^-$

B：$O_2 +$ ④[　　] $+ 4e^- \longrightarrow$ ⑤[　　]

(3) 電解液としてリン酸水溶液の代わりに水酸化カリウム水溶液を用いた場合，A 極，B 極で起こる反応をそれぞれ電子 e^- を用いたイオン反応式で示せ。

(4) この電池を放電させたら，負極で 0.20mol の水素が消費された。このとき取り出された電気量は何 C か。電子 1mol のもつ電気量は 9.65×10^4C とする。

(5) この電池の特徴を 1 つ答えよ。

白金触媒を付着した
多孔質の炭素電極

リン酸
水溶液

考え方 (1) 水素などの燃料を酸素と反応（燃焼）させて熱エネルギーを得る代わりに，負極では酸化反応，正極では還元反応を起こすことによって，直接，電気エネルギーを取り出すようにつくられた装置を，**燃料電池**という。

本問で取り上げた燃料電池は，**負極活物質**(還元剤)に水素，**正極活物質**(酸化剤)に酸素，電解液にリン酸水溶液を用いたもので，この燃料電池の構成は次式で表される。

$(-) H_2 \mid H_3PO_4 aq \mid O_2 (+)$

(2) 負極(A 極)：H_2(還元剤)は電極に電子を放出して H^+ となる。

$H_2 \longrightarrow 2H^+ + 2e^-$

〔炭素電極に付着させた白金触媒は，この反応を促進する。〕

正極(B 極)：O_2(酸化剤)は電極から電子を受け取り，まず O^{2-} となるが，直ちに溶液中の H^+ と結合して H_2O となる。

$O_2 + 4H^+ + 4e^- \longrightarrow 2H_2O$

(3) 負極(A 極)：H_2 は電極に電子を放出して H^+ となるが，直ちに水溶液中の OH^- で中和されて H_2O となる。

$H_2 + 2OH^- \longrightarrow 2H_2O + 2e^-$

正極(B 極)：O_2 は電極から電子を受け取り，まず O^{2-} となるが，直ちに水溶液中の H_2O と反応して，OH^- が生成する。

$O_2 + 4e^- + 2H_2O \longrightarrow 4OH^-$

(4) 負極での反応式　$H_2 \longrightarrow 2H^+ + 2e^-$
より H_2 0.20mol が反応すると，電子 0.40mol 分の電気量が取り出される。

∴　$0.40 \times 9.65 \times 10^4 = 3.86 \times 10^4$
$\fallingdotseq 3.9 \times 10^4$〔C〕

(5) 燃料電池の電気エネルギーへの変換効率は 45 〜 50 ％で，火力発電の変換効率(35 〜 40％)に比べて大きい。

解答 (1)① 電気　② 燃料電池

(2)③ $2H^+$　④ $4H^+$　⑤ $2H_2O$

(3) 考え方を参照。

(4) 3.9×10^4C

(5)・電気エネルギーへの変換効率が高い。

・生成物が水だけで，環境への負荷が少ない。

・燃料と酸素を供給する限り，いくらでも発電できる。(いずれか1つ)

207 ☐☐ ◀ボルタ電池▶　次の文を読み，あとの問いに答えよ。

図のように希硫酸に亜鉛板と銅板を離して浸すと，最初，豆電球は明るく点灯し電圧計は約 1V を示した。すぐに①豆電球は消え，このときの両極間の電圧は 0.4V であった。しかし，この電池に②過酸化水素水を加えると銅板付近の気泡は消え，再び豆電球が明るく点灯した。

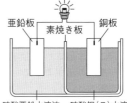

(1) 豆電球が点灯しているとき，亜鉛板と銅板で起こる変化を，電子 e^- を用いた反応式で示せ。

(2) (1)のとき，電子の移動した向きと，電流の流れた向きを，図の a，b から選べ。

(3) 下線部①の現象名を答えよ。また，その理由について説明せよ。

(4) 下線部②で豆電球が再び明るく点灯した理由を述べよ。

必 208 ☐☐ ◀ダニエル電池▶　図はダニエル電池の構造を示す。次の問いに答えよ。

(1) 負極，正極で起こる変化を，それぞれ電子 e^- を用いた反応式で示せ。

(2) 素焼き板を（ⅰ）左から右へ，（ⅱ）右から左へ移動する主なイオンは何か。それぞれイオンの化学式で示せ。

(3) 図中の素焼き板の役割について簡単に述べよ。

(4) この電池の素焼き板をガラス板に取り替えると，起電力はどう変化するか。

(5) 電解液の濃度を次のように変えた場合，最も長時間電流が流れるものを A～D のうちから1つ選べ。

（各水溶液は 100mL とする）	A	B	C	D
硫酸亜鉛水溶液〔mol/L〕	1.0	0.5	0.5	2.0
硫酸銅(Ⅱ)水溶液〔mol/L〕	0.5	1.0	2.0	0.5

(6) この電池で，銅板と硫酸銅(Ⅱ)水溶液の代わりに，ニッケル板と硫酸ニッケル(Ⅱ)水溶液に変えると，その電池の起電力はどう変化するか。

209 ☐☐ ◀マンガン乾電池▶　次の文の ☐☐☐ に適切な語句，（　　）に適切な化学式を入れよ。

マンガン乾電池は，負極活物質に① ☐☐☐ ，正極活物質に② ☐☐☐ ，電解液には③ ☐☐☐ などの水溶液に合成糊などのゲル化剤を加えて固めたものを用いてつくられた代表的な実用電池である。放電すると，負極・正極では次のような反応が起こる。

$$Zn \longrightarrow Zn^{2+} + 2e^-　　　　MnO_2 + e^- + H^+ \longrightarrow ④(　　　　　)$$

必 210 □□ ◀鉛蓄電池▶　次の文を読み，あとの問いに答えよ。

　　鉛蓄電池は密度約 $1.25g/cm^3$ の希硫酸の中に，負極として灰色の① [　　　]，正極として黒褐色の② [　　　] を交互に浸したものである。

$$③(\qquad) + SO_4^{2-} \longrightarrow ④(\qquad) + 2e^-$$
$$⑤(\qquad) + SO_4^{2-} + 4H^+ + 2e^- \longrightarrow (\quad④\quad) + 2H_2O$$

　　放電するにつれて，両極とも白色の⑥ [　　　] でおおわれ，電解液（希硫酸）の濃度も⑦ [　　　] するので，しだいに起電力が低下する。

(1)　文中の [　　　] に適切な語句，(　　) に適切な化学式を入れよ。

(2)　放電により 1.0mol の電子が流れた場合，負極板・正極板の質量は放電前に比べてそれぞれ何 g ずつ増減したか。（原子量：Pb＝207，H＝1.0，O＝16，S＝32）

(3)　放電により 2.0mol の電子が流れた場合，放電前の希硫酸が 35％，1.0kg であったとすると，放電後の希硫酸の濃度は何％になるか。

(4)　鉛蓄電池を充電する場合，外部電源の（－）極に鉛蓄電池の何極をつなげばよいか。

211 □□ ◀濃淡電池▶　図のように，電極の物質は同じであるが，溶液の濃度差だけではたらく電池を濃淡電池という。この電池について，次の問いに答えよ。

(1)　A 槽，B 槽における変化を，それぞれイオン反応式で示せ。

(2)　電流計のところでは，電流はどの槽の電極から，どの槽の電極に向かって流れるか。

(3)　B 槽に純水を加えると，この電池の起電力はどう変化するか。

(4)　A 槽を，0.1mol/L の $AgNO_3$ 水溶液中に銀板を電極として浸したものに取り替えると，電流の向きと起電力はどうなるか。

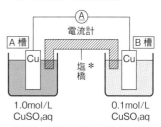

1.0mol/L
$CuSO_4$aq
0.1mol/L
$CuSO_4$aq
＊KNO_3 の濃厚水溶液をゼラチンで固めたもの。

212 □□ ◀ニッケル・水素電池▶　ニッケル・水素電池は代表的な二次電池であり，次の電池式で表される。　　(－)MH｜KOHaq｜NiO(OH)(＋)

　　また，放電時に Ni の酸化数が＋3 から＋2 に変化し，その全体反応は次式で表される。

$$NiO(OH) + MH \longrightarrow Ni(OH)_2 + M$$

（M は条件により水素を吸収・放出する水素吸蔵合金を表す。）

　　二次電池に蓄えられる電気量は，A・h（アンペア時）を用いて表され，1A・h とは 1A の電流が 1 時間流れたときの電気量である。完全に放電した状態で 9.3g の $Ni(OH)_2$ を用いたニッケル・水素電池が，1 回の充電で蓄えることのできる最大の電気量は何 A・h か。ただし，式量：$Ni(OH)_2$＝93，電子 1mol のもつ電気量の大きさは 9.65×10^4C とし，1C（クーロン）＝1A・s（アンペア・秒）とする。

213 □□ ◀燃料電池▶ 　図は，白金を添加した多孔質の炭素電極，電解液にリン酸
水溶液を用いた水素－酸素型の燃料電池の構造を示す。次の問いに答えよ。

(1) 負極・正極で起こる変化を，電子 e^- を用いた
反応式で示せ。

(2) ある時間の放電により，負極で1.12L(標準状態)
の水素が消費された。このとき得られた電気量は
何 C か。ただし，電子 1mol のもつ電気量を 9.65
$\times 10^4$ C とする。

(3) 放電時の平均電圧が0.700Vとすると，何 kJ の電気エネルギーが得られたか。た
だし，電気エネルギー[J]＝電気量[C]×電圧[V]で表されるものとする。

214 □□ ◀リチウムイオン電池▶ 　リチウムイオン電池は代表的な二次電池で，起
電力は約 4V である。その正極にはコバルト酸リチウム $LiCoO_2$ から一部の Li^+ が失
われた $Li_{(1-x)}CoO_2$ が用いられる。負極には，黒鉛(化学式 C_6 で表す)に一部の Li^+ が
収容された Li_xC_6 が用いられる。(通常，負極・正極ともに $0 < x < 0.5$ の範囲で使用

される。)また，電解液には Li^+ を含む有
機溶媒が用いられ，充・放電の際には，
Li^+ が黒鉛，および酸化コバルトの層状
構造を出入りすることが知られている。
リチウムイオン電池を充電すると，正極
では $LiCoO_2$ 中のコバルトが酸化され，
それに伴って，Li^+ の一部が抜け出し
$Li_{(1-x)}CoO_2$ になる。一方，負極では電
解液中から Li^+ の一部が黒鉛の層状構造
に収容され Li_xC_6 になる。次の各問いに
答えよ。(原子量：Li＝7.0，C＝12，O＝16，Co＝59)

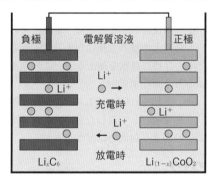

(1) 本文中の記述を参考にして，放電時におけるリチウムイオン電池の負極・正極で
の反応を，それぞれ電子 e^- を含むイオン反応式で示せ。

(2) リチウムイオン電池の放電に伴い，負極の質量が0.35g減少したとき，外部に流
出した電子の物質量を求めよ。

(3) 電解液に Li^+ を含む水溶液ではなく，Li^+ を含む有機溶媒を用いる理由を答えよ。

(4) リチウムイオン電池が十分に充電された状態($x = 0.4$ とする)から完全に放電し
た状態($x = 0$)になるまでに，外部に 0.40mol の電子を取り出すには，両電極で合
わせて何 g の活物質が必要となるか。

215 □□ ◀標準電極電位と電池の起電力▶　次の文を読み，あとの各問いに答えよ。

金属のイオン化傾向は，標準電極電位という数値で定量的に表せる。1mol/L 塩酸に白金板を浸し，その表面に25℃，$1.0 \times 10^5\,Pa$ の水素を接触させた電極を標準水素電極という。これとある金属 **M** をその金属イオン M^{n+} の1mol/L 水溶液を浸した電極とを塩橋で組み合わせた電池の起電力が，その金属の標準電極電位 $E°$ となる。

$$Zn^{2+} + 2e^- \rightleftarrows Zn \cdots ① \qquad E° = -0.76V$$
$$Fe^{2+} + 2e^- \rightleftarrows Fe \cdots ② \qquad E° = -0.44V$$
$$Cu^{2+} + 2e^- \rightleftarrows Cu \cdots ③ \qquad E° = +0.34V$$
$$Ag^+ + e^- \rightleftarrows Ag \cdots ④ \qquad E° = +0.80V$$

イオン化傾向の大きな亜鉛，鉄では①，②の平衡は左へ偏り $E°$ は負の値を示す。一方，イオン化傾向の小さな銅，銀では，③，④の平衡は右へ偏り，$E°$ は正の値を示す。

ダニエル電池（$(-)Zn\ |\ ZnSO_4aq\ \|\ CuSO_4aq\ |\ Cu(+)$）の起電力は，

（起電力 E）＝（正極活物質の $E°$）－（負極活物質の $E°$）で求められる。

ただし，この起電力は電解液中の$[Zn^{2+}]$と$[Cu^{2+}]$がともに 1mol/L の場合の値であり，電解液の濃度が変化すると，電池の起電力はわずかに変化する。

理論的には，正確な電池の起電力は，ネルンストの式から求められる。たとえば，異種の金属 M_1，M_2 で構成される電池において，金属イオンの価数が異なる場合，次のような電池の反応式

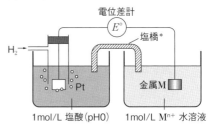

電位差計

塩橋*

$H_2 \rightarrow$　Pt

金属M

1mol/L 塩酸(pH0)　1mol/L M^{n+} 水溶液

＊濃厚な塩の水溶液を寒天などで固めたもの。
両電解液を電気的につなぐはたらきをする。

$$M_1(固) + 2M_2^+aq \xrightarrow{2e^-} M_1{}^{2+}aq + 2M_2(固)$$

に対して，ネルンストの式は次式で与えられる。

$$E = E° - \frac{0.059}{n}\log_{10}\frac{[M_1{}^{2+}]}{[M_2{}^+]^2} \quad \left(\begin{matrix} n：反応した電子\,e^-\,の物質量 \\ [M_1(固)]，[M_2(固)]は一定とみなす \end{matrix} \right)$$

(1) 次に示す電池の標準起電力を小数第2位まで求めよ。（‖は塩橋を表す）

　　電池の標準起電力とは，各電極の電解液の濃度が1mol/Lであるときの電池の起電力のことである。

　(i)　$(-)Fe\ |\ FeSO_4aq(1mol/L)\ \|\ CuSO_4aq(1mol/L)\ |\ Cu(+)$

　(ii)　$(-)Zn\ |\ ZnSO_4aq(1mol/L)\ \|\ FeSO_4aq(1mol/L)\ |\ Fe(+)$

(2) 次に示す電池の起電力を小数第2位まで求めよ。

　(i)　$(-)Zn\ |\ ZnSO_4aq(0.1mol/L)\ \|\ CuSO_4aq(1mol/L)\ |\ Cu(+)$

　(ii)　$(-)Zn\ |\ ZnSO_4aq(1mol/L)\ \|\ AgNO_3aq(0.1mol/L)\ |\ Ag(+)$

(3) 次に示す銀の濃淡電池の起電力を求めよ。また，この電池から取り出せる電子の物質量は最大何 mol か。ただし，負極，正極の電解液はいずれも 1.0L とする。

　　　$(-)Ag\ |\ AgNO_3aq(0.1mol/L)\ \|\ AgNO_3aq(1mol/L)\ |\ Ag(+)$

18 電気分解

❶ 電気分解

❶電気分解　電気エネルギーを用いて、電解質に化学変化を起こさせること。

→電解質の水溶液や融解液に電極を入れ、外部から直流電流を通じる。

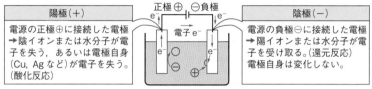

陽極（＋）	陰極（−）
電源の正極⊕に接続した電極 ➡陰イオンまたは水分子が電子を失う、あるいは電極自身（Cu, Ag など）が電子を失う。（酸化反応）	電源の負極⊖に接続した電極 ➡陽イオンまたは水分子が電子を受け取る。（還元反応） 電極自身は変化しない。

通常、電極には化学変化しにくい白金 Pt、炭素 C を用いる。

❷水溶液の電気分解　水溶液中に存在する電解質の電離で生じたイオンと、水分子自身の酸化還元反応の起こりやすさを考える。

陰極での反応　水溶液中の陽イオンまたは、水分子が電子を受け取る（還元反応）。

還元反応の起こりやすさ

$$\underbrace{Ag^+,\ Cu^{2+}}_{①還元されやすい} > H^+,\ H_2O \gg \underbrace{Al^{3+} \sim Na^+,\ K^+}_{②還元されない}$$

陽イオン	生成物	反応例
①イオン化傾向の小さい重金属イオン Cu^{2+}, Ag^+ など	金属が析出	$Cu^{2+} + 2e^- \longrightarrow Cu$ $Ag^+ + e^- \longrightarrow Ag$
②イオン化傾向の大きい軽金属イオン K^+, Ca^{2+}, Na^+, Mg^{2+}, Al^{3+}	H_2 が発生	$2H_2O + 2e^- \longrightarrow H_2 + 2OH^-$ （H^+ が多いとき）$2H^+ + 2e^- \longrightarrow H_2$

注）イオン化傾向が中程度の金属イオンの場合、濃度により、金属の析出と H_2 発生が起こる。

陽極での反応　水溶液中の陰イオンまたは、水分子が電子を放出する（酸化反応）。

酸化反応の起こりやすさ

$$\underbrace{I^-,\ Br^-,\ Cl^-}_{①酸化されやすい} > OH^-,\ H_2O \gg \underbrace{NO_3^-,\ SO_4^{2-}}_{②酸化されない}$$

(a)　電極に白金 Pt または炭素 C を用いたときの変化

陰イオン	生成物	反応例
①ハロゲン化物イオン Cl^-, Br^-, I^-（F^- 除く）	ハロゲン単体 Cl_2 など	$2Cl^- \longrightarrow Cl_2 + 2e^-$
② SO_4^{2-}, NO_3^- などの多原子イオン	O_2 が発生	$2H_2O \longrightarrow O_2 + 4H^+ + 4e^-$ （OH^- が多いとき）$4OH^- \longrightarrow 2H_2O + O_2 + 4e^-$

(b)　陽極に Cu, Ag などの金属を用いたときの変化

電極自身が酸化され、陽イオンとなって溶け出す。

例 陽極（Cu）：$Cu \longrightarrow Cu^{2+} + 2e^-$　　　　陽極（Ag）：$Ag \longrightarrow Ag^+ + e^-$

❷ 電気分解の量的関係

❶電気量 電気量 Q〔C〕＝電流 I〔A〕×時間 t〔秒〕で求める。

1 クーロン〔C〕 1A の電流が 1 秒〔s〕間流れたときの電気量。

　例 2A の電流を 1 分間流したときの電気量：2A × 60s = 120C

❷ファラデー定数 F 電子 1mol あたりの電気量の大きさ。

　$\boxed{F = 9.65 \times 10^4 〔C/mol〕}$ →電気量〔C〕と電子の物質量〔mol〕の変換に利用する。

❸ファラデーの電気分解の法則

(1) 各電極で変化する物質の量は，流れた**電気量**に比例する。

(2) 同じ電気量で変化するイオンの物質量は，その**イオンの価数**に反比例する。

　例 $CuSO_4$ 水溶液の電気分解（Pt 電極）で，電子が 1.0mol 反応したとき，

　　（陰極）　$Cu^{2+} + 2e^- \longrightarrow Cu$ より，Cu が 0.50mol 析出する。

　　（陽極）　$2H_2O \longrightarrow O_2 + 4H^+ + 4e^-$ より，O_2 が 0.25mol 発生する。

❸ 電気分解の応用

❶水酸化ナトリウムの製造　炭素電極を用いて，飽和食塩水を電気分解すると，陽極では塩素 Cl_2，陰極では水素 H_2 と水酸化ナトリウム NaOH を生成する。高純度の NaOH を得るため，両電極間を陽イオン交換膜で仕切って電気分解を行う（**イオン交換膜法**）。

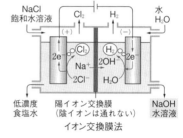

イオン交換膜法

❷銅の精錬　黄銅鉱を溶鉱炉で還元して粗銅（Cu：約 99％）をつくる。粗銅を陽極，**純銅**（Cu：約 99.99％）を陰極として，硫酸酸性の硫酸銅（Ⅱ）水溶液を電気分解する（**電解精錬**）。粗銅中の不純物 Ag，Au などはそのまま陽極の下に沈殿する（**陽極泥**）。

❸アルミニウムの製錬　ボーキサイトから純粋な酸化アルミニウム（**アルミナ**）をつくる。これを氷晶石（融剤）とともに加熱融解し，炭素電極を用いて溶融塩電解（**融解塩電解**）すると，陰極にアルミニウムが析出する。（**ホール・エルー法**）

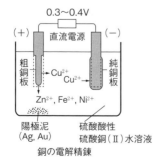

銅の電解精錬

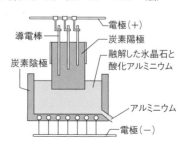

アルミニウムの溶融塩電解

確認&チェック

1 図を参考に，次の文の____に適語を入れよ。

電気エネルギーを用いて，電解質に化学変化を起こさせることを①____という。このとき，直流電源の負極⊖，正極⊕につないだ電極を，それぞれ②____，③____という。

陰極では，陽イオンが電子を受け取る④____反応が起こる。陽極では，陰イオンが電子を失う⑤____反応が起こる。

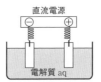

直流電源

電解質 aq

2 次のイオンを含む水溶液を炭素電極を用いて電気分解したとき，その生成物として適切なものを(ア)～(エ)から選べ。

(1) Ag^+，Cu^{2+}を含む水溶液
(2) Al^{3+}，Na^+を含む水溶液
(3) H^+を多く含む酸性の水溶液
(4) Cl^-，Br^-を含む水溶液
(5) NO_3^-，SO_4^{2-}を含む水溶液
(6) OH^-を多く含む塩基性の水溶液

　(ア) H_2が発生　　(イ) Cl_2，Br_2が生成
　(ウ) O_2が発生　　(エ) Ag，Cuが析出

3 次の文の____に適切な数値，語句を入れよ。

1クーロン[C]とは，1Aの電流が①____秒間流れたときの電気量である。電子1molあたりの電気量の大きさを②____といい，記号Fで表す。$F = 9.65 \times 10^4$C/molである。

(1) 各電極で変化する物質の量は，流れた③____に比例する。
(2) 同じ電気量で変化するイオンの物質量は，そのイオンの④____に反比例する。

4 次の(1)～(3)の電気分解を何というか。

(1) 両電極間を陽イオン交換膜で仕切り，$NaCl$水溶液を電気分解して，高純度の$NaOH$を製造する。
(2) 酸化アルミニウム(アルミナ)を氷晶石とともに加熱融解しながら電気分解して，Alを製造する。
(3) 粗銅を陽極，純銅を陰極とし，硫酸酸性の硫酸銅(Ⅱ)水溶液を電気分解して，Cuを精錬する。

解答

1 ① 電気分解
　② 陰極
　③ 陽極
　④ 還元
　⑤ 酸化
　→ p.158 1

2 (1) (エ)
　(2) (ア)
　(3) (ア)
　(4) (イ)
　(5) (ウ)
　(6) (ウ)
　→ p.158 1

3 ① 1
　② ファラデー定数
　③ 電気量
　④ 価数
　→ p.159 2

4 (1) イオン交換膜法
　(2) 溶融塩電解
　　　(融解塩電解)
　(3) 電解精錬
　→ p.159 3

例題 72 食塩水の電気分解

図のような装置を用いて，2.0A の電流を 80 分 25 秒間流して飽和食塩水の電気分解を行った。ファラデー定数 $F = 9.65 \times 10^4$C/mol とする。

(1) 陽極で発生する気体の物質量は何 mol か。

(2) 陰極付近で生成した水酸化ナトリウムの物質量は何 mol か。

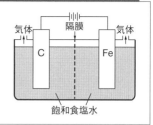

考え方 〈電気分解の計算のポイント〉

① **電気量〔C〕＝電流〔A〕×時間〔秒〕**で求めた電気量〔C〕を，ファラデー定数を使って，**電子の物質量〔mol〕**に変換する。

② **各電極の反応式を書き**，係数比を使って生成物の物質量〔mol〕を求める。

(1) 流れた電気量 Q は，

$Q = 2.0 \times (80 \times 60 + 25) = 9650$〔C〕

ファラデー定数 $F = 9.65 \times 10^4$C/mol より，反応した電子の物質量は，

$$\frac{9650\,\mathrm{C}}{9.65 \times 10^4\,\mathrm{C/mol}} = 0.10〔\mathrm{mol}〕$$

陽極では，陰イオン Cl^- が酸化される。

$2Cl^- \longrightarrow Cl_2 + 2e^-$

電子 2mol が反応すると，Cl_2 1mol が発生するから，

Cl_2 の発生量は，$0.10 \times \frac{1}{2} = 0.050$〔mol〕

(2) 陰極ではイオン化傾向の大きい Na^+ は還元されず，代わりに水分子が還元される。

$2H_2O + 2e^- \longrightarrow H_2 + 2OH^-$

電子 2mol が反応すると，H_2 1mol が発生するとともに，OH^- 2mol が生成するから，NaOH の生成量は 0.10mol。

解 答 (1) **0.050mol** (2) **0.10mol**

例題 73 硫酸銅（Ⅱ）水溶液の電気分解

銅板を電極として，1.0mol/L の硫酸銅（Ⅱ）水溶液 500mL を，1.5A の電流で 1 時間，電気分解を行った。次の問いに答えよ。

(1) 流れた電気量は何 C か。

(2) 電気分解後の硫酸銅（Ⅱ）水溶液は何 mol/L か。

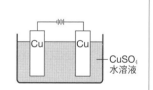

考え方 陽極が白金・炭素電極の場合は，陰イオンが酸化される。このとき，SO_4^{2-} は水溶液中では酸化されず，代わりに，水分子が酸化されて酸素が発生する。

$2H_2O \longrightarrow O_2 + 4H^+ + 4e^-$

一方，陽極が銅，銀などの場合は，極板自身が酸化される。また，陰極では，電極の種類によらず，イオン化傾向の小さい金属イオンが還元される。

(1) **電気量 Q〔C〕＝電流 I〔A〕×時間 t〔秒〕**より，

$Q = 1.5 \times 3600 = 5.4 \times 10^3$〔C〕

(2) 陽極が銅の場合，陰イオンの酸化は起こらず，銅自身が酸化されて溶解する。

$Cu \longrightarrow Cu^{2+} + 2e^-$……①

一方，陰極ではイオン化傾向の小さい Cu^{2+} が還元され，銅が析出する。

$Cu^{2+} + 2e^- \longrightarrow Cu$……②

①，②より，電子 2mol が反応すると，陽極で Cu^{2+} 1mol が生成し，陰極で Cu^{2+} 1mol が減少する。

∴ Cu^{2+} の濃度は変化しない。

解 答 (1) **5.4×10^3C** (2) **1.0mol/L**

問題 216 ～ 222 で，必要な場合は，ファラデー定数 $F = 9.65 \times 10^4 C/mol$ として計算せよ。

標準問題

必は重要な必須問題。時間のないときはここから取り組む。

必 216 □□ ◀電解生成物▶　下表の電解質水溶液と電極の組み合わせで電気分解を行った。(a)～(h)に当てはまる生成物を化学式で示せ。

電解質	$CuSO_4$		$CuSO_4$		NaOH		NaCl	
電　極	(＋)白金	(－)白金	(＋)銅	(－)銅	(＋)炭素	(－)炭素	(＋)炭素	(－)鉄
生成物	(a)	(b)	(c)	(d)	(e)	(f)	(g)	(h)

必 217 □□ ◀電気分解▶　右図の装置を用いて，1.00A の電流を 32 分 10 秒間流して電気分解を行った。次の問いに答えよ。（原子量：Cu = 63.5）

(1) 流れた電気量は何 C か。

(2) 陰極で析出した金属は何 g か。

(3) 陽極で発生した気体は，標準状態で何 L か。

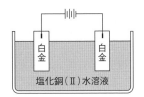

塩化銅(Ⅱ)水溶液

必 218 □□ ◀陽イオン交換膜法▶　下図は，イオン交換膜法による塩化ナトリウム水溶液の電気分解を示している。2.00A の電流を 1 時間 36 分 30 秒間流したとして，次の問いに答えよ。

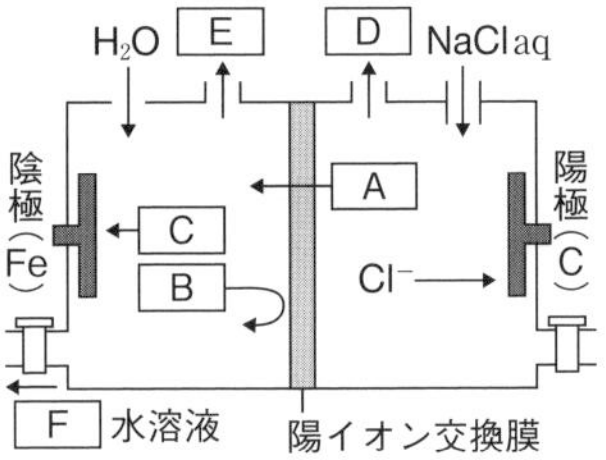

(1) 図中の ┃ A ┃ ～ ┃ F ┃ に適する化学式を入れよ。

(2) 陰極での反応を電子 e^- を用いた反応式で示せ。

(3) 陽極で発生する気体は，標準状態で何 L か。ただし，気体の水への溶解・反応はないものとする。

(4) ┃ F ┃水溶液が 100L 生成したとすると，その濃度は何 mol/L か。

必 219 □□ ◀直列接続の電気分解▶　電解槽(a)には硝酸銀 $AgNO_3$ 水溶液，電解槽(b)には 0.500mol/L の塩化銅(Ⅱ)水溶液を 200mL ずつ入れ，64 分 20 秒間電気分解したら，(a)槽の陰極の質量が 2.16g 増加した。次の問いに答えよ。（Cu = 63.5，Ag = 108）

(1) この電気分解において，

(ⅰ) 反応した電子の物質量を求めよ。

(ⅱ) 流れた平均電流〔A〕を求めよ。

(2) (a)槽・(b)槽で発生した気体の標準状態での体積は合計何 mL か。ただし，発生した気体は水に溶けないものとする。

(3) この電気分解後，(b)槽の塩化銅(Ⅱ)水溶液の濃度は何 mol/L になったか。

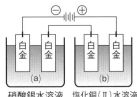

硝酸銀水溶液　　塩化銅(Ⅱ)水溶液

発展問題

220 □□ ◀銅の精錬▶ 銅の鉱石(主成分：$CuFeS_2$)である①□□□□にコークス，石灰石などを加えて溶鉱炉で加熱すると，粗銅(Cu：約99%)が得られる。粗銅から純銅(Cu：99.99%)を得るには，電解液に硫酸酸性の②□□□□水溶液を用い，<u>低電圧で電気分解を行う</u>。このとき，陽極の下にたまる金属の沈殿物を③□□□□という。このように粗銅から純銅を得る方法を銅の④□□□□という。

(1) 上の文の□□□□に適切な語句を入れよ。

(2) 陽極，陰極には，それぞれ粗銅と純銅のどちらを接続すればよいか。

(3) 下線部で，低電圧で電気分解を行わなければならない理由を説明せよ。

(4) 不純物として，亜鉛・金・銀・鉄・鉛を含んだ粗銅を用いたとき，③となって沈殿する金属をすべて元素記号で答えよ。

(5) 銀とニッケルを含む粗銅を，1.0A の電流で96分30秒間電気分解したら，粗銅は1.94g 減少し，0.03g の沈殿が生じた。粗銅中のニッケルの質量%を求めよ。(原子量：$Ni = 59$，$Cu = 64$，$Ag = 108$)

221 □□ ◀Al の溶融塩電解▶ アルミニウムを製造するには，氷晶石の融解液に酸化アルミニウム(アルミナ)を少しずつ加えながら，<u>炭素電極を用いて約960℃で溶融塩電解を行う</u>。このとき，陰極では融解状態のアルミニウムが析出し，陽極では一酸化炭素や二酸化炭素が発生する。

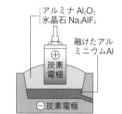

アルミナ Al_2O_3
氷晶石 Na_3AlF_6

融けたアルミニウムAl

炭素電極

⊕炭素電極

⊖炭素電極

(1) 陰極，陽極での変化を電子 e^- を用いた反応式で示せ。

(2) この電気分解で氷晶石を用いるのはなぜか。

(3) Al^{3+} を含む水溶液の電気分解では，Al の単体は得られない。この理由を述べよ。

(4) ある条件で下線部の操作を行ったところ，陽極では $CO : CO_2 = 1 : 4$(体積比)で発生し，その体積は標準状態で224L であった。このとき，陰極で生成したアルミニウムの単体は理論上何 g か。(原子量：$C = 12$，$O = 16$，$Al = 27$)

222 □□ ◀並列接続の電気分解▶ 右図のように電解槽を連結し，1.00A の電流で16分5秒間電気分解したところ，(a)槽の陰極が0.648g 増加した。次の問いに答えよ。ただし，原子量は $Ag = 108$，$\log_{10}2 = 0.30$，$\log_{10}3 = 0.48$ とする。

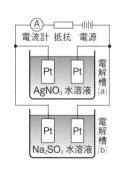

Ⓐ
電流計 抵抗 電源

Pt Pt
$AgNO_3$ 水溶液

電解槽(a)

Pt Pt
Na_2SO_4 水溶液

電解槽(b)

(1) 回路全体を流れた全電気量は何 C か。

(2) (a)槽を流れた電流の平均値は何 A か。

(3) (b)槽の両極で発生した気体は標準状態で何 mL か。

(4) (a)槽の電解液の体積が100mL あったとすれば，電気分解後の電解液のpH を小数第1位まで求めよ。

19 化学反応の速さ

❶ 反応速度

❶反応速度の表し方　単位時間あたりの，反応物の物質量（濃度）の減少量，または生成物の物質量（濃度）の増加量で表す。（単位）mol/s，mol/(L·s)，mol/(L·min)など。

例　$A + B \longrightarrow 2C$　の反応において，

$$\begin{array}{lll} \text{Aの減少} & \text{Bの減少} & \text{Cの生成} \\ \text{速度 } v_A = -\dfrac{\Delta[A]}{\Delta t} & \text{速度 } v_B = -\dfrac{\Delta[B]}{\Delta t} & \text{速度 } v_C = \dfrac{\Delta[C]}{\Delta t} \end{array}$$

$$v_A : v_B : v_C = 1 : 1 : 2$$

反応式の係数比は，各物質の反応速度の比を表す。

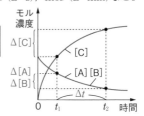

❷ 活性化エネルギーと触媒

❶化学反応の起こり方　化学反応は，一定以上のエネルギーをもつ分子どうしが衝突し，途中に**エネルギーの高い不安定な状態**（遷移状態）を経て進行する。

❷活性化エネルギー　反応物を遷移状態にするのに必要な最小のエネルギー。単位〔kJ/mol〕

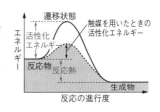

活性化エネルギー　┌─小……反応速度は大きい。
　　　　　　　　　└─大……反応速度は小さい。

❸触媒　それ自身は変化せず，反応速度を大きくする物質。反応熱は変化しない。

❹反応速度と温度　一般に，10K 上昇するごとに反応速度が 2 〜 4 倍になる。

❺反応速度式　反応速度と反応物の濃度の関係式を表す式。この式の比例定数 k を**反応速度定数（速度定数）**といい，温度の変化と触媒の有無によって変化する。

$aA + bB \longrightarrow cC$　（a, b, c は係数）の反応において，
Cの生成速度は　$v = k[A]^x[B]^y$　（$x + y$ を**反応次数**という）

※反応次数は実験によって決められ，必ずしも反応式の係数とは一致しない。

例　$2H_2O_2 \longrightarrow 2H_2O + O_2$　　$v = k[H_2O_2]$　（一次反応）

❸ 反応速度を変える条件

（注）固体の**表面積**を大きくしたり，光を当てると反応速度が大きくなる反応もある。

条件	反応速度の変化	理　由
濃度 （圧力）	高濃度（気体では 高圧）ほど大	反応する分子の衝突回数が増加するため（気体では単位体積あたりの分子の数が増加するため）。
温度	高温ほど大	活性化エネルギーを超えるエネルギーをもつ分子の割合が増加するため。
触媒	触媒を使うと大	活性化エネルギーの小さい別の反応経路を通って反応が進むため。　**例** MnO_2, Pt, Fe_3O_4 など

1 A $\longrightarrow$ 2B の反応において，反応開始から Δt 秒間で，A の濃度は $\Delta[\text{A}]$，B の濃度は $\Delta[\text{B}]$ だけ変化した。次の問いに答えよ。

(1) A の減少速度 v_A を表す式を書け。

(2) B の生成速度 v_B を表す式を書け。

(3) v_A と v_B の関係を正しく表したものを(ア)～(ウ)から選べ。

(ア) $v_\text{A} = v_\text{B}$　　(イ) $v_\text{A} = 2v_\text{B}$　　(ウ) $2v_\text{A} = v_\text{B}$

2 図は，反応物の分子が衝突して生成物になるときのエネルギー変化を示す。

(1) 反応途中の状態 X を何というか。

(2) 反応物が状態 X になるのに必要な最小のエネルギーを何というか。

(3) 反応物と生成物のエネルギーの差を何というか。

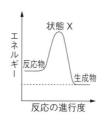

3 図は，ある温度における気体分子のエネルギー分布を示す。次の問いに答えよ。

(1) T_1，T_2 のうち，どちらが高温か。

(2) 温度が 10 K 上昇すると，通常，反応速度は何倍になるか。次から選べ。

(ア) 1 ～ 2 倍　　(イ) 2 ～ 4 倍　　(ウ) 4 ～ 5 倍

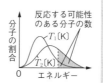

4 反応 A+B $\longrightarrow$ C において，C の生成速度 v が A および B のモル濃度 $[\text{A}]$，$[\text{B}]$ のそれぞれに比例するとき，$v = k$①□□□ という関係が成り立つ。このような式を②□□□といい，比例定数 k を③□□□という。

5 次のように条件を変えると，反応速度はどう変化するか。A ～ C から記号で選べ。

(1) 反応物の濃度を大きくする。

(2) 温度を低くする。

(3) 触媒を加える。

(4) 気体の圧力を低くする。

A. 速くなる　　　B. 遅くなる　　　C. 変化しない

1
(1) $v_\text{A} = -\dfrac{\Delta[\text{A}]}{\Delta t}$

(2) $v_\text{B} = \dfrac{\Delta[\text{B}]}{\Delta t}$

(3) (ウ)

➡ $v_\text{A} : v_\text{B} = 1 : 2$ より，$2v_\text{A} = v_\text{B}$

→ p.164 **1**

2 (1) 遷移状態

(2) 活性化エネルギー

(3) 反応熱

→ p.164 **2**

3 (1) T_2

(2) (イ)

→ p.164 **2**

4 ① $[\text{A}][\text{B}]$

② 反応速度式

③ 反応速度定数（速度定数）

→ p.164 **2**

5 (1) A

(2) B

(3) A

(4) B

→ p.164 **3**

水素とヨウ素を高温で反応させると，$H_2 + I_2 \longrightarrow 2HI$ のようにヨウ化水素が生成する。ヨウ化水素の生成速度 v は，水素の濃度 $[H_2]$〔mol/L〕とヨウ素の濃度 $[I_2]$〔mol/L〕のそれぞれに比例することがわかっている。次の問いに答えよ。

(1) ヨウ化水素の生成速度は，水素の減少速度の何倍か。

(2) ヨウ化水素の生成速度 v を $[H_2]$，$[I_2]$ および反応速度定数 k を用いて表せ。

(3) 反応容器の体積を半分にすると，ヨウ化水素の生成速度はもとの何倍になるか。

考え方 (1) 反応式より，H_2，I_2 各 1mol が減少すると，HI 2mol が生成する。H_2，I_2 の減少速度を v_{H_2}，v_{I_2}，HI の生成速度を v_{HI} とすると，$v_{H_2} : v_{I_2} : v_{HI} = 1 : 1 : 2$

(2) 問題文の 2〜3 行目の記述より，$v = k[H_2][I_2]$ とわかる。

このように，反応速度と反応物の濃度の関係を表す式を，**反応速度式**という。

(3) 体積を半分にすると，$[H_2]$，$[I_2]$ がそれぞれ 2 倍になる。温度一定なので k は変化せず，反応速度は $2 \times 2 = 4$〔倍〕になる。

解答 (1) 2 倍 (2) $v = k[H_2][I_2]$ (3) 4 倍

過酸化水素の分解反応 $2H_2O_2 \longrightarrow 2H_2O + O_2$ において，過酸化水素のモル濃度と時間との関係を右図に示す。次の問いに答えよ。

(1) 反応開始後 4〜8 分における過酸化水素の平均の分解速度 $\bar{v}$ は何 mol/(L·s)か。また，この間の過酸化水素の平均の濃度 $\overline{[H_2O_2]}$ は何 mol/L か。

(2) 過酸化水素の分解における反応速度式は，$v = k[H_2O_2]$ で表されることが判明している。(1)の結果より，反応速度定数 k〔/s〕の値を求めよ。

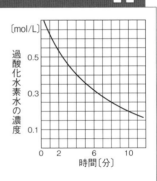

考え方 反応速度は，単位時間あたりの，反応物の濃度の減少量，または生成物の濃度の増加量で表される。

(1) 反応物が時刻 $t_1 \sim t_2$ の間に，濃度が $c_1 \sim c_2$ に変化したとき，この間の平均の反応速度は，$\bar{v} = -\dfrac{c_2 - c_1}{t_2 - t_1}$〔mol/(L·s)〕

グラフより，$[H_2O_2]$ は 4 分で 0.40mol/L，8 分で 0.25mol/L なので，

$$\bar{v} = -\frac{0.25 - 0.40 \text{〔mol/L〕}}{(8-4) \times 60 \text{〔s〕}} = 6.25 \times 10^{-4} \text{〔mol/(L·s)〕}$$

$$\doteqdot 6.3 \times 10^{-4} \text{〔mol/(L·s)〕}$$

平均の濃度は，各時刻の濃度を足して 2

で割ればよい。

$$\overline{[H_2O_2]} = \frac{0.40 + 0.25}{2} = 0.325$$

$$\doteqdot 0.33 \text{〔mol/L〕}$$

(2) 反応速度式で，反応速度 v が反応物の濃度の何乗に比例するかは，実験で求まるもので，反応式の係数からは判断できない。

実験より，$v = k[H_2O_2]$ が判明しているので，この式に(1)のデータを代入すると，

$$k = \frac{v}{[H_2O_2]} = \frac{6.25 \times 10^{-4}}{0.325} \doteqdot 1.9 \times 10^{-3} \text{〔/s〕}$$

解答 (1) 6.3×10^{-4} mol/(L·s)，0.33mol/L
(2) 1.9×10^{-3}/s

例題 76　反応のエネルギー変化　■■□

$H_2 + I_2 \rightleftarrows 2HI$ の反応に関して，次の文の □ に適切な数値を記入せよ。

(1)　触媒を用いない場合，$H_2 + I_2 \longrightarrow 2HI$ の反応の活性化エネルギーは① □ kJ，反応熱は② □ kJ である。また，逆反応の $2HI \longrightarrow H_2 + I_2$ の活性化エネルギーは③ □ kJ である。

(2)　白金触媒を用いた場合，正反応の活性化エネルギーは④ □ kJ，反応熱は⑤ □ kJ，逆反応の活性化エネルギーは⑥ □ kJ となる。

※正反応は右向きの反応，逆反応は左向きの反応を表す。

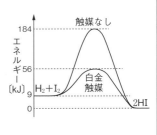

考え方　化学反応は，反応途中にエネルギーの高い不安定な状態(遷移状態)を経て進行する。反応物を遷移状態にするのに必要な最小のエネルギーを，活性化エネルギーという。

(1)　①反応物と遷移状態とのエネルギー差，即ち，反応物から見た山の高さに相当するのが正反応の活性化エネルギーである。

$184 - 9 = 175$〔kJ〕

②反応物と生成物とのエネルギー差。本問は，反応物より生成物のエネルギーの方が小さいので，発熱反応である。$9 - 0 = 9$〔kJ〕

③生成物から見た山の高さに相当するエネルギーなので，184kJ となる。

(2)　④触媒を用いると，活性化エネルギーの小さい，別の反応経路を通って反応が進行する。反応物から見た山の高さは，

$56 - 9 = 47$〔kJ〕

⑤触媒を用いても，反応物と生成物のエネルギーは同じで，反応熱は変化しない。

⑥生成物から見た山の高さで，56kJ。

解答　① 175　② 9　③ 184
④ 47　⑤ 9　⑥ 56

例題 77　反応速度式　■■□

過酸化水素水に酸化マンガン(Ⅳ)を加えると，$2H_2O_2 \longrightarrow 2H_2O + O_2$ の分解反応が起こった。反応開始 t 分後の H_2O_2 の濃度 $[H_2O_2]$ は 0.40mol/L で，このときの過酸化水素の分解速度は 0.035mol/(L·min)であった。過酸化水素の分解速度 v はその濃度 $[H_2O_2]$ に比例するものとして，次の問いに答えよ。

(1)　反応速度定数 k の値を求めよ。

(2)　$[H_2O_2] = 0.25$mol/L のとき，過酸化水素の分解速度は何 mol/(L·min)か。

考え方　本問は，反応開始 t 分後の瞬間の反応速度 0.035mol/(L·min)と，そのときの濃度 0.40mol/L が与えられていることに留意する。

(1)　問題文より，H_2O_2 の分解速度 v は，H_2O_2 の濃度 $[H_2O_2]$ に比例するとあるので，反応速度定数を k とすると，この反応の反応速度式は $v = k[H_2O_2]$ である。ここへ与えられた数値を代入すると，

$$k = \frac{v}{[H_2O_2]} = \frac{0.035}{0.40} = 0.0875〔/min〕$$

(2)　反応物の濃度が変化しても，温度，触媒の条件が一定なら，k の値は変化しない。

$v = k[H_2O_2]$ に数値を代入すると，

$v = 0.0875 \times 0.25 ≒ 0.022〔mol/(L·min)〕$

解答　(1) 8.8×10^{-2}/min

(2) 2.2×10^{-2}mol/(L·min)

五酸化二窒素 N_2O_5 を四塩化炭素(溶媒)に溶かして温めると，次式のように二酸化窒素 NO_2 と酸素 O_2 に分解するが，NO_2 は溶媒に溶け，O_2 だけが発生した。

$$2N_2O_5 \longrightarrow 4NO_2 + O_2$$

次の表は，45℃で五酸化二窒素を分解したときの実験結果である。五酸化二窒素の分解反応の反応速度式は $v = k[N_2O_5]$ で表されるものとして，次の問いに答えよ。

時間 t〔min〕	濃度 $[N_2O_5]$〔mol/L〕	平均の濃度 $\overline{[N_2O_5]}$〔mol/L〕	平均の反応速度 $\overline{v}$〔mol/(L·min)〕	$\dfrac{\overline{v}}{\overline{[N_2O_5]}}$〔/min〕
0	5.32			
		5.11	(イ)	4.11×10^{-2}
2	4.90			
		(ア)	0.187	4.04×10^{-2}
5	4.34			
		3.94	0.160	(ウ)
10	3.54			

(1) 表の空欄(ア)〜(ウ)に適する数値を入れよ。

(2) 実験データより，反応速度定数 k の平均値を求めよ。

(3) $t = 10\,min$ における N_2O_5 の分解速度と NO_2 の生成速度をそれぞれ求めよ。

考え方 (1) (ア) 平均の濃度は，各時間間隔の最初と最後の濃度の平均値となる。

$$\overline{[N_2O_5]} = \frac{4.90 + 4.34}{2} = 4.62\,〔mol/L〕$$

(イ) 平均の反応速度 $\overline{v}$ は，

$$\overline{v} = \frac{濃度の変化量}{反応時間}\,で求める。$$

$$\overline{v} = -\frac{\Delta[N_2O_5]}{\Delta t} = -\frac{4.90 - 5.32}{2 - 0}$$

$$= 0.210\,〔mol/(L·min)〕$$

(ウ) 反応速度式 $v = k[N_2O_5]$ より，

$$k = \frac{v}{[N_2O_5]}$$

v に平均の反応速度 $\overline{v}$，$[N_2O_5]$ に平均の濃度 $\overline{[N_2O_5]}$ の値を代入する[*1]。

$$k = \frac{\overline{v}}{\overline{[N_2O_5]}} = \frac{0.160}{3.94} \fallingdotseq 4.06 \times 10^{-2}\,〔/min〕$$

[*1] 実験により求まる反応速度はすべて平均の反応速度 $\overline{v}$ であるから，反応速度式を用いて k を求める場合，$[N_2O_5]$ も平均の濃度 $\overline{[N_2O_5]}$ を使わなければならないことに留意すること。

(2) 表の3つの反応速度定数の値を平均すると，

$$k = \frac{(4.11 + 4.04 + 4.06) \times 10^{-2}}{3}$$

$$= 4.07 \times 10^{-2}\,〔/min〕$$

〔参考〕 こうして求めた k の値が，各時間間隔において一定であるから，反応速度式は $v = k[N_2O_5]$ が成り立つことが示された。

(3) (2)で求めた k の値を用いると，各時刻における瞬間の反応速度も求められる。

$t = 10$〔min〕における N_2O_5 の分解速度(瞬間の反応速度)v は，

$$v = 4.07 \times 10^{-2}\,〔/min〕 \times 3.54\,〔mol/L〕$$

$$= 1.44 \times 10^{-1}\,〔mol/(L·min)〕$$

NO_2 の生成速度を v' とすると反応式の係数比より，$v : v' = 1 : 2$

$$v' = 1.44 \times 10^{-1} \times 2$$

$$= 2.88 \times 10^{-1}\,〔mol/(L·min)〕$$

解答 (1)(ア) 4.62 (イ) 0.210
(ウ) 4.06×10^{-2}
(2) 4.07×10^{-2}/min
(3) $N_2O_5 : 1.44 \times 10^{-1}\,mol/(L·min)$
　　$NO_2 : 2.88 \times 10^{-1}\,mol/(L·min)$

223 □□ ◀反応速度▶　次の文の□□□に適語を入れよ。

反応の速さは，単位時間あたりに減少する①□□□の濃度の変化量，または単位時間あたりに増加する②□□□の濃度の変化量によって比較できる。

反応物の③□□□が大きくなると，反応物どうしの④□□□回数が多くなり，反応速度は大きくなる。また，温度を高くしても，反応速度は⑤□□□なる。これは，温度が上昇すると，反応物の⑥□□□エネルギーが大きくなり，反応が起こるのに必要となる⑦□□□以上のエネルギーをもつ分子の割合が多くなるからである。

また，固体が関係する反応では，固体の⑧□□□が大きいほど，反応速度は大きくなる。反応速度を支配する因子には，気体の⑨□□□の影響のほかに，第三の物質，すなわち⑩□□□の影響がある。⑩は，反応の⑦を小さくすることで，反応速度を大きくするが，それ自身は反応により変化しない。

必 224 □□ ◀反応の速さ▶　次の(1)～(6)の内容に最も関係の深い語句を，語群から一つずつ重複なく選べ。

(1) 鉄は，塊状よりも粉末状の方がはやくさびる。
(2) 濃硝酸は，褐色のびんに入れて保存する。
(3) 過酸化水素水に少量の塩化鉄(Ⅲ)水溶液を加えると，酸素が激しく発生する。
(4) 同量の亜鉛に1mol/Lの塩酸と酢酸を加えると，塩酸の方が激しく水素を発生する。
(5) マッチは，空気中よりも酸素中の方が激しく燃焼する。
(6) 過酸化水素水は，なるべく冷蔵庫で保存する方がよい。
【語群】　圧力，　濃度，　触媒，　温度，　表面積，　光

225 □□ ◀反応速度▶　次の(1)～(10)の記述内容について，正しいものには○，誤っているものには×をつけよ。

(1) 温度一定のとき，反応速度は反応物の濃度によらず，一定の値を示す。
(2) 温度一定の条件では，反応熱の等しい2つの反応の反応速度は等しい。
(3) 反応物どうしが衝突しても，必ず反応が起こるとは限らない。
(4) 活性化エネルギーが大きい反応ほど，反応速度は大きい。
(5) 一定体積で温度を上げると，反応速度は大きくなる。
(6) 一定温度で体積を大きくすると，反応速度は大きくなる。
(7) 一定体積中での反応では，反応物を添加すると反応速度は大きくなる。
(8) 触媒は，その反応の反応熱を小さくするはたらきがある。
(9) 触媒は，正反応の速度を大きくし，逆反応の速度は変えない。
(10) 触媒は，反応の前後でそれ自身変化してしまうことがある。

226 □□ ◀過酸化水素の分解▶ 過酸化水素の分解反応についての問いに答えよ。

0.50mol/L 過酸化水素水 1.0L に触媒を加え，温度20℃に保ったら，次式のように分解し，2分間に 0.060mol の酸素が発生した。 $2H_2O_2 \longrightarrow 2H_2O + O_2$

(1) この2分間における酸素の発生速度は，何 mol/s か。

(2) この2分間における過酸化水素の分解速度は，何 mol/(L·s) か。

(3) この反応が 20℃ で 40 分で完了したとすると，50℃では何分かかることになるか。ただし，この反応は温度が 10K 上昇するごとに，反応速度が2倍に増加するものとする。

227 □□ ◀反応速度式▶ $aA + bB \longrightarrow cC$ (a, b, c は係数) で表される反応がある。いま，A と B の濃度を変えて，C の生成速度 v を求めたら，表の結果が得られた。次の問いに答えよ。

(1) この反応の反応速度式として，どれが適当か。次から記号で選べ。

実験	[A][mol/L]	[B][mol/L]	v[mol/(L·s)]
1	0.30	1.20	3.6×10^{-2}
2	0.30	0.60	9.0×10^{-3}
3	0.60	0.60	1.8×10^{-2}

(ア) $v = k[A][B]$　(イ) $v = k[A]^2[B]$　(ウ) $v = k[A][B]^2$　(エ) $v = k[A]^2[B]^2$

(2) 速度定数 k (単位も含む) を求めよ。

(3) [A] = 0.40mol/L，[B] = 0.80mol/L のとき，C の生成速度は何 mol/(L·s) になるか。

(4) この反応は，温度を 10K 上げるごとに3倍ずつ速くなるとする。反応温度を 10℃ から 25℃ にすると，C の生成速度はもとの何倍になるか。($\sqrt{3} = 1.73$ とする。)

228 □□ ◀反応の速さ▶ 3.0% 過酸化水素水 10mL に酸化マンガン(Ⅳ)の粉末 0.50g を加えたときのグラフは，図のアであった。この実験を次の条件で行ったときのグラフを図中の記号で答えよ。

(1) 過酸化水素水の温度を 10℃ 高くする。

(2) 粒状の酸化マンガン(Ⅳ)0.50g を用いる。

(3) 6.0% 過酸化水素水 10mL を用いる。

(4) 1.5% 過酸化水素水 10mL を用いる。

(5) 3.0% 過酸化水素水 20mL を用いる。

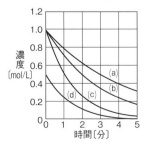

229 □□ ◀反応の速さ▶ 図の曲線は，ある物質が異なる3つの温度で分解するときの反応物の濃度変化を表す。次の問いに答えよ。

(1) 反応開始1分後の分解反応の速さが，最も大きいのは(a)～(c)のうちどれか。

(2) 反応物の濃度が 0.5mol/L になるまでの平均の分解速度は，(a)は(c)の何倍か。

(3) 曲線(d)は，曲線(a)～(c)のどの温度と等しいか。

(4) 高温ほど反応速度が大きくなる理由を説明せよ。

発展問題

230 □□ ◀反応速度の式▶ 　五酸化二窒素 N_2O_5 を四塩化炭素（溶媒）に溶かして45℃に温めたところ，次式のように分解した。なお，生成した二酸化窒素 NO_2 は溶媒に溶け，酸素だけが発生したものとする。

$$2N_2O_5 \longrightarrow 4NO_2 + O_2$$

発生した酸素の体積から N_2O_5 の分解速度 v〔mol/(L·s)〕を計算して，N_2O_5 の濃度と比較したら，表のような結果が得られた。次の問いに答えよ。

$[N_2O_5]$〔mol/L〕	2.00	1.50	0.90
v〔mol/(L·s)〕	1.24×10^{-3}	9.30×10^{-4}	5.49×10^{-4}

(1)　$v = k[N_2O_5]$ の式が成り立つことを，表の結果から説明せよ。

(2)　表の結果から，速度定数 k の平均値を求めよ。

(3)　(2)の値を用いて，$[N_2O_5]$ が1.00mol/Lのときの N_2O_5 の分解速度を求めよ。

(4)　(3)の場合，溶液の体積が10.0Lであれば，1分間で何 mol の酸素が発生するか。

231 □□ ◀アレニウスの式▶ 　五酸化二窒素 N_2O_5 の分解反応 $2N_2O_5 \longrightarrow 4NO_2 + O_2$ の反応速度式は $v = k[N_2O_5]$ で表されるが，この反応速度定数 k と絶対温度 T との間には次の関係式（アレニウスの式）が成り立つことが知られている。

$$k = A \cdot e^{-\frac{E}{RT}} \quad \begin{pmatrix} E：活性化エネルギー，R：気体定数 \\ A：比例定数，e：自然対数の底 \end{pmatrix}$$

いま，$T_1 = 300$K から $T_2 = 310$K になると，反応速度定数はちょうど2倍になった。これよりこの反応の活性化エネルギー〔kJ/mol〕を求めよ。ただし，$R = 8.3$J/(K·mol)，$\log_e 2 = 0.69$，この温度範囲においては，E と A は変化しないものとする。

232 □□ ◀一次反応の半減期▶ 　反応速度 v が反応物 A の濃度 $[A]$ の1乗に比例する反応を一次反応といい，反応速度式は $v = k[A]$ （k：速度定数）と表せる。一次反応の場合，反応開始時の A の濃度 $[A]_0$ と時刻 t における A の濃度 $[A]$ の間には，①式の関係が成り立つ。また，$[A]$ が $[A]_0$ の半分になるのに要する時間をその反応の半減期という。

$$[A] = [A]_0 e^{-kt} \quad (e：自然対数の底) \qquad \cdots ①$$

（$\log_e 2 = 0.69$，$\log_e 3 = 1.10$，$\log_e 5 = 1.61$，$\log_{10} 2 = 0.30$，$\log_{10} 3 = 0.48$）

(1)　いま，速度定数 k が 1.0×10^{-2} min^{-1} の一次反応がある。(i)この反応の半減期〔min〕

を求めよ。(ii)$[A]$ が $[A]_0$ の $\frac{1}{2}$ から $\frac{1}{3}$ になるまでの時間〔min〕を求めよ。

(2)　放射性同位体 ^{14}C が壊変する反応も一次反応で，その半減期は 5.7×10^3 年である。

　(i)　この反応の速度定数〔年$^{-1}$〕を求めよ。

　(ii)　^{14}C が最初の量の80%になるまでの時間〔年〕を求めよ。

20 化学平衡

❶ 可逆反応と化学平衡

❶可逆反応　正反応(右向きの反応)も逆反応(左向きの反応)もいずれにも進む反応。

❷不可逆反応　一方向だけにしか進まない反応。

❸化学平衡　可逆反応で,正反応と逆反応の反応速度が等しくなり,見かけ上,反応が停止したような状態を化学平衡の状態(平衡状態)という。

$$\boxed{例}\quad H_2 + I_2 \underset{v_2}{\overset{v_1}{\rightleftharpoons}} 2HI \quad (平衡状態)v_1 = v_2$$

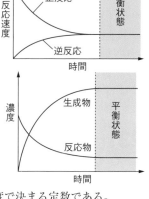

❷ 化学平衡の量的関係

❶化学平衡の法則(質量作用の法則)　可逆反応が平衡状態にあるとき,次の関係式が成り立つ。

$$aA + bB \rightleftharpoons xX + yY \,(a,\ b,\ x,\ y：係数)$$

$$\frac{[X]^x[Y]^y}{[A]^a[B]^b} = K(一定) \quad \left(\begin{array}{l}[\ ]は平衡時の各\\物質のモル濃度。\end{array}\right)$$

この K を平衡定数*(**濃度平衡定数 K_c**)といい,温度で決まる定数である。

＊固体の関係した平衡では,[(固)]は常に一定なので,平衡定数の式には含めない。

❷圧平衡定数　気体間の反応で,各成分気体の分圧を用いて表した平衡定数。

$$\frac{p_X{}^x \cdot p_Y{}^y}{p_A{}^a \cdot p_B{}^b} = K_p(一定) \quad この K_p を圧平衡定数といい,温度で決まる定数である。$$

K_c と K_p の関係は,気体の状態方程式より,$K_c = K_p \times (RT)^{(a+b)-(x+y)}$ である。

❸ 化学平衡の移動

❶ルシャトリエの原理　可逆反応が平衡状態にあるとき,濃度,圧力,温度などの条件を変えると,その影響を打ち消す(緩和する)方向へ平衡が移動し,新しい平衡状態となる。これをルシャトリエの原理または平衡移動の原理という。

条件	平衡が移動する方向	例 $N_2 + 3H_2 \rightleftharpoons 2NH_3$ $\Delta H = -92kJ$
濃度	反応物の濃度を増すと正反応の方向 生成物の濃度を増すと逆反応の方向 $\Big\}$ に移動	N_2 や H_2 を加える ⇒ 右に移動 NH_3 を加える　　　 ⇒ 左に移動
圧力 (気体)	加圧すると気体分子数の減少する方向 減圧すると気体分子数の増加する方向 $\Big\}$ に移動	加圧する ⇒ 右に移動 減圧する ⇒ 左に移動
温度	温度を上げると吸熱反応($\Delta H>0$)の方向 温度を下げると発熱反応($\Delta H<0$)の方向 $\Big\}$ に移動	温度を上げる ⇒ 左に移動 温度を下げる ⇒ 右に移動

※気体の分子数が変わらない反応では,圧力を変えても平衡は移動しない。
※触媒を用いると,平衡に達するまでの時間は短縮されるが,平衡そのものは移動しない。

確認&チェック

1 次の文の ☐ に適語を入れよ。

(1) 化学反応において、右向きの反応を①☐，左向きの反応を②☐といい、正・逆いずれの方向にも進む反応を③☐という。これに対して、一方向だけにしか進まない反応を④☐という。

(2) 可逆反応が一定時間が経過すると、正反応と逆反応の反応速度が等しくなり、見かけ上、反応が停止したような状態になる。この状態を⑤☐という。

2 可逆反応 $H_2 + I_2 \rightleftarrows 2HI$ が一定温度で平衡状態にある。このときの状態について正しい記述を次から選べ。

(1) H_2 と I_2 と HI の分子数の比が 1:1:2 である。

(2) H_2 と I_2 の分子数の和と HI の分子数が等しい。

(3) 正反応と逆反応の速さは等しい。

(4) 正反応も逆反応も起こらず、反応が停止している。

3 次の文の ☐ に適する語句を入れよ。

可逆反応 $aA + bB \rightleftarrows cC + dD$（a, b, c, d は係数）が平衡状態にあるとき、平衡時の濃度を[A]，[B]，[C]，[D]とすると、反応物と生成物の濃度の間には、

$\dfrac{[C]^c[D]^d}{[A]^a[B]^b} = K$（一定）の関係が成り立つ。この K を①☐

といい、この式で表される関係を、②☐の法則という。

4 次の可逆反応の平衡定数を表す式を書け。ただし、指定のない物質は、すべて気体とする。

(1) $H_2 + I_2 \rightleftarrows 2HI$

(2) $2NO_2 \rightleftarrows N_2O_4$

(3) $CO_2 + C(固) \rightleftarrows 2CO$

5 可逆反応 $N_2 + 3H_2 \rightleftarrows 2NH_3$ $\Delta H = -92kJ$ が平衡状態にある。次の操作を行うと、平衡はどちら向きに移動するか。

① 温度を上げる。

② 圧力を高くする。

③ NH_3 を除く。

解答

1 ① 正反応

② 逆反応

③ 可逆反応

④ 不可逆反応

⑤ 化学平衡の状態（平衡状態）

→ p.172 1

2 (3)

➡(1), (2) 平衡状態における各物質の分子数の比は、反応式の係数とは無関係である。

→ p.172 1

3 ① 平衡定数

② 化学平衡

→ p.172 2

4 (1) $K = \dfrac{[HI]^2}{[H_2][I_2]}$

(2) $K = \dfrac{[N_2O_4]}{[NO_2]^2}$

(3) $K = \dfrac{[CO]^2}{[CO_2]}$

➡平衡定数は、固体成分を除き、気体成分のみで表す。

→ p.172 2

5 ① 左 （吸熱方向）

② 右 （分子数が減少する方向）

③ 右 （NH_3 を生成する方向）

→ p.172 3

例題 79 | 平衡の移動 ■■

次の可逆反応が平衡状態にあるとき，①〜④の条件変化によって，それぞれ平衡はどう移動するか。「左」，「右」，「移動しない」で答えよ。

$$2SO_2(気) + O_2(気) \rightleftharpoons 2SO_3(気) \quad \Delta H = -198kJ$$

① 温度を上げる。　② 体積を小さくする。

③ 触媒を加える。　④ SO₃ を取り除く。

考え方 可逆反応が平衡状態にあるとき，反応の条件（濃度，圧力，温度）を変化させると，その変化を打ち消す（緩和する）方向へ平衡が移動する（ルシャトリエの原理）。

① 温度を上げると，吸熱反応（$\Delta H > 0$）の方向（左）へ平衡が移動する。

② 体積を小さくすると，圧力が大きくなる。そのため，圧力を減少させる方向，つまり気体分子の数が減少する方向（右）へ平衡が移動する。

（注意） 体積を小さくすると，体積が大きくなる方向，気体分子の数が増加する方向（左）へ平衡が移動すると考えてはいけない。平衡の移動は，粒子の数に関係する示量変数である体積ではなく，粒子の数に関係しない示強変数である圧力で考える必要がある。

③ 触媒を加えると，反応速度が増大するが，平衡に達した反応系では，何も変化はない。

④ 生成物の SO₃ を除くと，SO₃ の濃度が増加する方向（右）へ平衡が移動する。

解答 ① 左　② 右　③ 移動しない　④ 右

例題 80 | ルシャトリエの原理 ■■

気体 A と気体 B から気体 C が生成する反応は次式で表せる。

$$aA + bB \rightleftharpoons cC \quad (a, b, c \text{ は係数})$$

この反応が平衡に達したとき，各温度，圧力での C の体積百分率〔%〕を右図に示した。次の問いに答えよ。

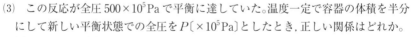

(1) 右向きの反応は，発熱反応か，吸熱反応か。

(2) 反応式の係数についての関係式で正しいのはどれか。

　(ア) $a + b = c$　　(イ) $a + b > c$　　(ウ) $a + b < c$

(3) この反応が全圧 500×10^5 Pa で平衡に達していた。温度一定で容器の体積を半分にして新しい平衡状態での全圧を P〔$\times 10^5$ Pa〕としたとき，正しい関係はどれか。

　(ア) $P = 500$　(イ) $500 < P < 1000$　(ウ) $P = 1000$　(エ) $1000 < P < 2000$

考え方 (1) グラフより，高温ほど C の体積%が減少している。ルシャトリエの原理より，高温になると，吸熱方向（$\Delta H > 0$）へ平衡が移動する。よって，C の生成反応は発熱反応（$\Delta H < 0$）である。

(2) グラフより，高圧ほど C の体積%が増加している。ルシャトリエの原理より，高圧になると，気体分子の数が減少する方向へ平衡が移動する。よって，C の生成反応

は，気体分子の数が減少する反応である。係数については，$a + b > c$ である。

(3) 平衡移動が起こらなければ，ボイルの法則より，圧力は2倍の 1000×10^5 Pa になる。しかし，ルシャトリエの原理より，圧力を高くすると，圧力の増加を打ち消す（緩和する）方向へ平衡が移動し，圧力は 1000×10^5 Pa よりやや小さくなる。

解答 (1) 発熱反応　(2)…(イ)　(3)…(イ)

例題 81 | 反応速度と平衡 ■■

水素とヨウ素の混合物を密閉容器に入れ，450℃で反応させると，ヨウ化水素が生成し，やがて平衡状態に達する。　$H_2 + I_2 \underset{逆反応}{\overset{正反応}{\rightleftarrows}} 2HI$

反応開始後の正反応と逆反応の速さを正しく表した図を，次のア〜オから選べ。

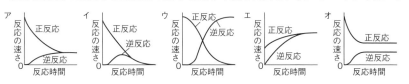

考え方 正反応の速度式は $v_1 = k_1[H_2][I_2]$，逆反応の速度式は $v_2 = k_2[HI]^2$ で表される。
正反応…反応物の多い反応初期は，反応の速さは大きい。反応が進むにつれて，反応物が少なくなり，反応の速さは小さくなる。
逆反応…反応初期はHIが存在せず，反応の

速さは0。反応が進むにつれてHIが生成してくるので，反応の速さは大きくなる。
平衡状態…正反応の速さ v_1 と逆反応の速さ v_2 が等しくなる（しかし，$v_1 = v_2 = 0$ ではない）。

解答 ア

例題 82 | 平衡定数と平衡の量的関係 ■■

700K に保った一定容積の容器に水素 1.0mol，ヨウ素 1.0mol を入れたら，次のように反応が起こり平衡に達した。

$$H_2(気) + I_2(気) \rightleftarrows 2HI(気)$$

また，ヨウ化水素 HI の生成量は図のように変化した。

(1) 700K でのこの反応の平衡定数を求めよ。

(2) 別の同じ容器に，ヨウ化水素を 2.0mol 入れ，700K に保った。平衡状態に達したとき，水素とヨウ素はそれぞれ何 mol ずつ存在しているか。

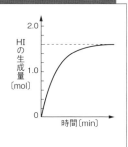

考え方 可逆反応 $aA + bB \rightleftarrows cC$（$a$, b, c は係数）が平衡状態にあるとき，各物質の濃度の間には次の関係が成り立つ。この関係を**化学平衡の法則（質量作用の法則）**という。

$$\frac{[C]^c}{[A]^a[B]^b} = K \text{（平衡定数という）}$$

平衡定数を求めるときは，平衡時に存在する各物質の物質量を正確に把握し，それをモル濃度に変換してから，上式に代入すること。

(1) グラフより，生成した HI が 1.6mol で一定になっているから，平衡時における各物質の物質量は次の通りである。

	H_2	+	I_2	$\rightleftarrows$	2HI
平衡時	$(1.0 - 0.80)$		$(1.0 - 0.80)$		1.6 mol

反応容器の容積を V〔L〕として，平衡定数の式に上記の値を代入する。

$$K = \frac{[HI]^2}{[H_2][I_2]} = \frac{\left(\dfrac{1.6}{V}\right)^2}{\left(\dfrac{0.20}{V}\right)\left(\dfrac{0.20}{V}\right)} = 64$$

(2) 1.0mol ずつの H_2 と I_2 から反応が出発しても，2.0mol の HI から反応が出発しても，反応系に存在する H と I の物質量が同一ならば，同温では，同じ平衡状態に到達する。

解答 (1) 64　(2) H_2 : 0.20mol　I_2 : 0.20mol

ある一定容積の反応容器に 2.0mol の水素と 1.5mol のヨウ素を入れ,一定温度に保つと,次の反応が平衡状態に達した。このとき,ヨウ化水素が 2.0mol 生成していた。次の問いに答えよ。($\sqrt{2}$ = 1.4, $\sqrt{3}$ = 1.7, $\sqrt{5}$ = 2.2, $\sqrt{7}$ = 2.6)

$$H_2 + I_2 \rightleftharpoons 2HI$$

(1) この反応の平衡定数を求めよ。

(2) 別の同じ容積の容器に水素 1.0mol とヨウ素 1.0mol を入れて,同じ温度に保つと,平衡に達した。このとき生成しているヨウ化水素は何 mol か。

(3) (2)の平衡混合物に,さらに水素 1.0mol を加えて放置した。平衡に達したとき,ヨウ化水素は何 mol 存在しているか。

考え方「可逆反応が平衡状態に達したとき,反応物の濃度の積と生成物の濃度の積の比は,温度が変わらなければ一定である」。これを化学平衡の法則という。

可逆反応 $aA + bB \rightleftharpoons cC + dD$ が平衡状態にあるとき,

$$K = \frac{[C]^c[D]^d}{[A]^a[B]^b} \quad K は平衡定数$$

[A], [B], [C], [D]は平衡時の各物質のモル濃度,a, b, c, d は各物質の係数を表す。

(1) この反応によってヨウ化水素が 2.0mol 生成したので,反応した水素とヨウ素はそれぞれ 1.0mol である。平衡時の各物質の物質量は次のようになる。

	H_2	+	I_2	$\rightleftharpoons$	2HI	
反応前	2.0		1.5		0	〔mol〕
変化量	− 1.0		− 1.0		+ 2.0	〔mol〕
平衡時	1.0		0.5		2.0	〔mol〕

反応容器の容積を V〔L〕とおき,H_2, I_2, HI のモル濃度を平衡定数の式に代入する。

$$K = \frac{[HI]^2}{[H_2][I_2]} = \frac{\left(\frac{2.0}{V}\right)^2}{\left(\frac{1.0}{V}\right)\left(\frac{0.5}{V}\right)} = \frac{2.0^2}{1.0 \times 0.5} = 8.0$$

(K の式の分母・分子がともに〔mol/L〕² だから,平衡定数の単位はない。)

(2) 同じ温度だから,平衡定数 K の値も 8.0 で変化しない。H_2, I_2 がそれぞれ x〔mol〕ずつ反応したとすると,平衡時の各物質の物質量は次のようになる。

	H_2	+	I_2	$\rightleftharpoons$	2HI	
反応前	1.0		1.0		0	〔mol〕
変化量	− x		− x		+ 2x	〔mol〕
平衡時	1.0 − x		1.0 − x		2x	〔mol〕

反応容器の容積を V〔L〕とおき,H_2, I_2, HI のモル濃度を平衡定数の式に代入する。

$$K = \frac{[HI]^2}{[H_2][I_2]} = \frac{\left(\frac{2x}{V}\right)^2}{\left(\frac{1.0-x}{V}\right)\left(\frac{1.0-x}{V}\right)}$$

$$\therefore \quad \frac{(2x)^2}{(1.0-x)^2} = 8.0$$

完全平方式なので両辺の平方根をとる。
$0 < x < 1$, $\sqrt{2}$ = 1.4 より,

$$\frac{2x}{1.0-x} = 2\sqrt{2} \quad x \fallingdotseq 0.583〔mol〕$$

$\therefore$ HI : $2x = 2 \times 0.583 = 1.16 \fallingdotseq 1.2$〔mol〕

(3) 最初に H_2 2.0mol, I_2 1.0mol から反応を開始したと考えればよい。H_2, I_2 がそれぞれ y〔mol〕ずつ反応したとすると,平衡時の H_2, I_2, HI のモル濃度を平衡定数の式に代入して,

$$K = \frac{[HI]^2}{[H_2][I_2]} = \frac{\left(\frac{2y}{V}\right)^2}{\left(\frac{2.0-y}{V}\right)\left(\frac{1.0-y}{V}\right)} = 8.0$$

整理して,$y^2 - 6y + 4 = 0$
$0 < y < 1$, $\sqrt{5}$ = 2.2 より,
$y = 3 - \sqrt{5} = 0.80$〔mol〕
$\therefore$ HI : $2y = 2 \times 0.80 = 1.6$〔mol〕

解答 (1) 8.0 (2) 1.2mol (3) 1.6mol

必 **233** □□ ◀平衡の移動と温度・圧力▶　(1), (2)の可逆反応について，生成物の生成量と温度・圧力の関係を正しく表したグラフを，それぞれ記号で選べ。ただし，温度は $T_1 < T_2$ とする。

(1)　N_2(気) + O_2(気) $\rightleftarrows$ 2NO(気)　$\Delta H = 181\text{kJ}$

(2)　N_2(気) + 3H_2(気) $\rightleftarrows$ 2NH_3(気)　$\Delta H = -92\text{kJ}$

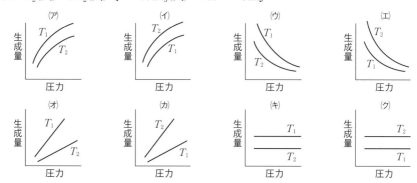

必 **234** □□ ◀平衡の移動▶　C(固) + H_2O(気) $\rightleftarrows$ H_2(気) + CO(気)　$\Delta H = 135\text{kJ}$
の反応が平衡に達している。次の(A)～(F)の操作を行った場合，平衡はどう移動するか。(ア)～(エ)から選べ。

(A)　圧力一定で，温度を上げる。　　　(B)　温度一定で，体積を小さくする。

(C)　温度・圧力ともに上げる。　　　(D)　温度・圧力一定で，触媒を加える。

(E)　温度・体積を一定に保ったまま，アルゴンを加える。

(F)　温度・圧力を一定に保ったまま，アルゴンを加える。

> (ア)　左へ移動　　　(イ)　右へ移動　　　(ウ)　移動しない。
> (エ)　この条件では判断できない。

必 **235** □□ ◀平衡定数▶　酢酸とエタノールの混合物に少量の濃硫酸を加えて，ある一定の温度で反応させると，次式で示される反応が起こり，酢酸エチルが生成する。

$$CH_3COOH + C_2H_5OH \rightleftarrows CH_3COOC_2H_5 + H_2O$$

いま，酢酸 1.0mol とエタノール 1.2mol を混合して 70℃ で反応させたところ，酢酸エチルが 0.80mol 生じて平衡状態になった。次の問いに答えよ。($\sqrt{2} = 1.4$)

(1)　この反応の 70℃ における平衡定数はいくらか。

(2)　酢酸 2.0mol とエタノール 2.0mol を混合して 70℃ に保ち，平衡状態になったとき，酢酸エチルは何 mol 生成しているか。

(3)　酢酸 1.0mol，エタノール 1.0mol，水 2.0mol の混合物を反応させ，70℃ で平衡状態に達したとき，酢酸エチルは何 mol 生成しているか。

236 □□ ◀平衡移動の実験▶　常温では，二酸化窒素 NO_2 は，この2分子が結合した四酸化二窒素 N_2O_4 と次式で示すような平衡状態にある。

$$2NO_2(赤褐色) \rightleftarrows N_2O_4(無色)$$

図1

この混合気体を用いて行った次の実験について，下の問いに答えよ。

実験Ⅰ：混合気体を2本の試験管に入れ，図1のように連結した。この試験管をそれぞれ氷水および熱湯に浸して色の変化を観察したところ，高温側の色が濃くなった。

実験Ⅱ：図2のように混合気体を注射器に入れ，筒の先をゴム栓で押さえ，注射器を強く圧縮し，矢印の方向から気体の色を観察した。

実験Ⅲ：この混合気体を密閉容器に入れ，25℃，1.0×10^5 Pa において，それぞれの濃度を調べたら，NO_2 は 0.010mol/L，N_2O_4 は 0.030mol/L であった。

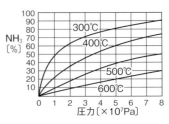

注射器

ゴム栓

図2

(1)　実験Ⅰより N_2O_4 の生成反応は，発熱反応，吸熱反応のどちらか。

(2)　実験Ⅱで，注射器を圧縮すると，混合気体の色はどのように変化するか。正しい記述を次のア～エから選べ。

　　ア　圧縮した直後から赤褐色が濃くなる。

　　イ　圧縮した直後から赤褐色がうすくなる。

　　ウ　圧縮した直後は赤褐色が濃くなり，その後，赤褐色はうすくなる。

　　エ　圧縮した直後は赤褐色がうすくなり，その後，赤褐色は濃くなる。

(3)　実験Ⅲの結果より，この反応の平衡定数を求めよ。

⊕237 □□ ◀アンモニアの合成▶　図は，体積比 1：3 の N_2 と H_2 の混合気体から出発し，$N_2 + 3H_2 \rightleftarrows 2NH_3$ の可逆反応が平衡に達したとき，全気体に対する NH_3 の体積百分率〔％〕を各温度ごとに示したものである。次の文の □□□ に適切な語句・数値を記入せよ。

　　この反応が① □□□ 反応であることは，圧力を一定にして温度を② □□□ と，NH_3 の体積百分率が増加することからわかる。また，温度を一定にして圧力を増加させると，平衡は気体の分子数が③ □□□ する方向へ移動している。よって，工業的に NH_3 を合成するには，温度は④ □□□，圧力は⑤ □□□ の条件が有利であるが，④では⑥ □□□ が低下するので，実際には⑦ □□□ が使用される。また，400℃，5×10^7 Pa で平衡に達したとき，N_2 の体積百分率は⑧ □□□ ％である。

縦軸：NH_3〔％〕　横軸：圧力〔$\times 10^7$Pa〕

300℃　400℃　500℃　600℃

必**238** □□ ◀反応速度と平衡▶　図中のグラフ S はある温度，圧力で窒素と水素を反応させたときの，時間経過に伴うアンモニアの生成量の変化を示す。

$$N_2 + 3H_2 \rightleftarrows 2NH_3 \quad \Delta H = -92kJ$$

　いま，次の(1)〜(5)のように反応条件を変えたとき，予想されるグラフは a 〜 e のどれになるか。

(1)　温度を上げる。

(2)　温度を下げる。

(3)　圧力を上げる。

(4)　圧力を下げる。

(5)　触媒を加える。

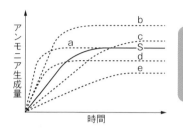

必**239** □□ ◀平衡定数▶　水素 0.70mol とヨウ素 1.00mol を混ぜ，ある一定温度に保つと，すべて気体となり，ヨウ化水素が 1.20mol 生じて平衡状態となった。次の問いに答えよ。

(1)　この温度における可逆反応 $H_2 + I_2 \rightleftarrows 2HI$ の平衡定数を求めよ。

(2)　ヨウ化水素 2.0mol を同温度の同容器に保ち，平衡状態に達したとき，水素とヨウ素はそれぞれ何 mol ずつ生成しているか。

(3)　同温度の同容器に水素，ヨウ素，ヨウ化水素を各 1.0mol ずつ入れたとき，上式の反応はどちらの方向に進むか。平衡定数を用いて説明せよ。

240 □□ ◀化学平衡▶　正しい記述には○，誤っている記述には×をつけよ。

(1)　平衡定数 K が大きいことは，反応の活性化エネルギーが大きいことを表している。

(2)　温度を高くすると，平衡定数 K の値はつねに大きくなる。

(3)　圧力を高くすると，平衡定数 K の値は大きくなる。

(4)　平衡状態にあるときは，正反応，逆反応ともに反応の速さは 0 である。

(5)　平衡状態にあるとき，温度を上げると，正反応，逆反応の速さはともに速くなる。

(6)　反応物の初濃度を 2 倍にして反応させると，平衡定数 K の値は 2 倍になる。

(7)　平衡定数 K の値は，反応における触媒の有無とは関係しない。

241 □□ ◀平衡定数▶　四酸化二窒素と二酸化窒素の間には，次の化学平衡が成り立つ。　　$N_2O_4 \rightleftarrows 2NO_2$ 　…①

　いま，5.0L の容器に N_2O_4 1.0mol を入れ，70℃ に保ち平衡状態になったとき，容器内には N_2O_4 が 0.50mol 存在していた。次の問いに答えよ。

(1)　70℃ における①式の平衡定数を求めよ。

(2)　10L の容器に N_2O_4 1.0mol を入れて 70℃ に保ち平衡状態になったとき，容器内には何 mol の N_2O_4 が存在しているか。$\sqrt{2} = 1.41$，$\sqrt{5} = 2.23$ とする。

問題 242 ～ 244 で，必要な場合は，気体定数 $R = 8.3 \times 10^3$ Pa・L/(K・mol) として計算せよ。

発展問題

242 □□ ◀化学平衡と平衡定数▶　窒素と水素からアンモニアを合成する反応の熱化学反応式は次の通りである。

$N_2 + 3H_2 \rightleftarrows 2NH_3 \quad \Delta H = -92\text{kJ}$

容積可変の反応容器に 3.0mol の窒素と 9.0mol の水素を入れ，触媒の存在下で 450℃，4.0×10^7 Pa の条件で反応させたところ，平衡状態に達し，体積百分率で 50％のアンモニアを含むようになった。気体はすべて理想気体であるとして次の問いに答えよ。

(1)　平衡状態での窒素，水素，アンモニアの物質量はそれぞれ何 mol か。

(2)　反応により発生した熱量は何 kJ か。

(3)　平衡状態での混合気体の体積は何 L か。

(4)　この反応の平衡定数 K を求めよ。

243 □□ ◀固体を含む平衡▶　図のようなピストン付きの容器の中に，CO(気体)と CO_2(気体)と少量の C(固体)が入っていて，次式で示す平衡状態となっている。

CO_2(気) + C(固) $\rightleftarrows$ 2CO(気)

いま，この容器を 1.0×10^5 Pa，627℃に保ったとき，平衡混合気体中の CO の体積百分率は 40％で，容器内の気体の体積は 1.0L を示した。次の問いに答えよ。ただし，容器内での C(固体)の体積は無視できるものとする。

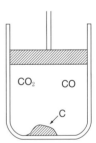

(1)　容器内での CO および CO_2 の分圧を求め，この反応条件での圧平衡定数 K_p を求めよ。

(2)　容器内に存在する CO と CO_2 の物質量をそれぞれ求め，この反応条件での濃度平衡定数 K_c を求めよ。

244 □□ ◀濃度平衡定数と圧平衡定数▶　ピストン付きの容器に 1.0mol の四酸化二窒素を入れ，容器内の温度を一定に保つと，一部が解離して二酸化窒素を生じ，次式で示す平衡状態に達した。次の問いに答えよ。

$N_2O_4 \rightleftarrows 2NO_2$

(1)　反応容器の容積を 10L，温度を 47℃に保ち，平衡状態に達したとき，N_2O_4 の解離度は 0.20 であった。これより，この反応の濃度平衡定数 K_C を求めよ。

(2)　(1)の平衡状態における気体の全圧は何 Pa か。

(3)　47℃において，この反応の圧平衡定数 K_P を求めよ。

(4)　47℃において，ピストンを引き，容器の容積を 100L にした。平衡状態に達したとき，N_2O_4 の解離度はいくらになるか。

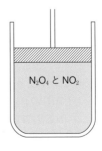

21 電解質水溶液の平衡

1 電離平衡

❶**強電解質** 水に溶けると完全に電離する物質。**例** 強酸，強塩基など
弱電解質 水に溶けても一部しか電離しない物質。**例** 弱酸，弱塩基など

❷**電離平衡** 弱電解質を水に溶かすと，その一部が電離して，平衡状態となる。
この状態を電離平衡という。

❸**電離度** 電解質が電離する割合を**電離度**(α)という。$0 < \alpha \leqq 1$

❹**電離定数** 電離平衡における平衡定数を**電離定数**といい，$[H_2O]$は定数と扱う。

例 酢酸水溶液のモル濃度 $C[mol/L]$，電離度 α とする。	**例** アンモニア水のモル濃度 $C[mol/L]$，電離度 α とする。

$$CH_3COOH \rightleftharpoons CH_3COO^- + H^+$$
$$C(1-\alpha) \qquad C\alpha \qquad C\alpha\,[mol/L]$$

$$K_a = \frac{[CH_3COO^-][H^+]}{[CH_3COOH]} = \frac{C\alpha^2}{1-\alpha} \cdots ⓐ$$

K_a を酸の電離定数という。

$$NH_3 + H_2O \rightleftharpoons NH_4^+ + OH^-$$
$$C(1-\alpha) \quad 一定 \qquad C\alpha \qquad C\alpha\,[mol/L]$$

$$K_b = \frac{[NH_4^+][OH^-]}{[NH_3]} = \frac{C\alpha^2}{1-\alpha}$$

K_b を塩基の電離定数という。

❺**オストワルトの希釈律** 弱酸の電離度 α は，濃度 C が薄くなるほど大きくなる。
弱酸の濃度が極端に薄くない限り，$\alpha \ll 1$ なので，$1-\alpha \fallingdotseq 1$ と近似できる。

ⓐ式は，$K_a = C\alpha^2$ これを解いて，$\alpha = \sqrt{\dfrac{K_a}{C}}$

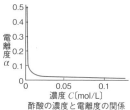

酢酸の濃度と電離度の関係

❻**水素イオン濃度$[H^+]$と電離定数K_aの関係**
$[H^+] = C\cdot\alpha$ だから，$[H^+] = \sqrt{C\cdot K_a}$
⇨この式を使うと，弱酸水溶液の pH が求められる。

❼**段階的電離** 2価以上の弱酸は，段階的に電離する。

$$H_2S \rightleftharpoons H^+ + HS^- \quad K_1 = \frac{[H^+][HS^-]}{[H_2S]}$$

$$HS^- \rightleftharpoons H^+ + S^{2-} \quad K_2 = \frac{[H^+][S^{2-}]}{[HS^-]}$$

$\left.\begin{array}{l} K_1 \times K_2 = K_a \\ K_a：H_2S の電離 \\ 定数 \end{array}\right\}$

※一般に，第二電離定数 K_2 の方が，第一電離定数 K_1 よりかなり小さい。

2 水のイオン積と pH

❶**水のイオン積** 温度一定のとき，水溶液中の水素イオン濃度$[H^+]$と水酸化物イオン濃度$[OH^-]$の積は，常に一定である。この値を**水のイオン積** K_w という。

$$\boxed{K_w = [H^+][OH^-] = 1.0 \times 10^{-14}\,(mol/L)^2 \quad (25℃)}$$

この関係は純水だけでなく，酸性・中性・塩基性のいずれの水溶液でも成り立つ。

$$[H^+] = 1 \times 10^{-n} \text{mol/L} \iff pH = n \qquad pH = -\log_{10}[H^+]$$

$$[OH^-] = 1 \times 10^{-n} \text{mol/L} \iff pOH = n \quad pOH = -\log_{10}[OH^-]$$

$$[H^+] \times [OH^-] = 1 \times 10^{-14} (\text{mol/L})^2 \iff pH + pOH = 14$$

③ 塩の加水分解

❶**塩の加水分解** 塩から生じた弱酸(弱塩基)のイオンの一部が水と反応して，もとの弱酸(弱塩基)に戻る現象。この現象により，水溶液は塩基性や酸性を示す。

❷**強酸と強塩基からできた塩** 加水分解しない。電離するだけ。

❸**弱酸と強塩基からできた塩** 加水分解する。水溶液は塩基性を示す。

例 $CH_3COONa \longrightarrow CH_3COO^- + Na^+$

$CH_3COO^- + H_2O \rightleftarrows CH_3COOH + OH^-$

加水分解定数 $K_h = \dfrac{[CH_3COOH][OH^-] \times [H^+]}{[CH_3COO^-] \times [H^+]} = \dfrac{K_w}{K_a}$ ⇦(水のイオン積) ⇦(酢酸の電離定数)

❹**強酸と弱塩基からできた塩** 加水分解する。水溶液は酸性を示す。

例 $NH_4Cl \longrightarrow NH_4^+ + Cl^-$

$NH_4^+ + H_2O \rightleftarrows NH_3 + H_3O^+$ $[H_3O^+]$を$[H^+]$と略記すると，

加水分解定数 $K_h = \dfrac{[NH_3][H^+] \times [OH^-]}{[NH_4^+] \times [OH^-]} = \dfrac{K_w}{K_b}$ ⇦(水のイオン積) ⇦(アンモニアの電離定数)

④ 緩衝溶液

❶**緩衝溶液** 少量の強酸や強塩基を加えても，pH がほとんど変化しない溶液。弱酸とその塩，弱塩基とその塩の混合水溶液は，緩衝溶液(緩衝液)となる。

例 **酢酸と酢酸ナトリウムの混合水溶液** CH_3COOH と CH_3COO^- が多量に存在。

・酸を加える⇨ $CH_3COO^- + H^+ \longrightarrow CH_3COOH$ ⇨$[H^+]$はさほど増えない。

・塩基を加える⇨ $CH_3COOH + OH^- \longrightarrow CH_3COO^- + H_2O$ ⇨$[OH^-]$はさほど増えない。

⑤ 溶解平衡と溶解度積

❶**溶解平衡** 飽和溶液中にその固体(結晶)が存在するとき，(溶解する粒子数) = (析出する粒子数)となった状態(右図)。

❷**共通イオン効果** 電解質の水溶液に，電解質と同種のイオンを加えると，そのイオンが減少する方向に平衡が移動する。

❸**溶解度積** 水に難溶性の塩が溶解平衡の状態にあるとき，水溶液中の各イオンの濃度の積は，温度一定ならば，一定の値(溶解度積 K_{sp} という)をとる。

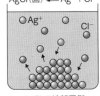

AgCl(固)⇌Ag$^+$+Cl$^-$

AgCl の溶解平衡

例 $AgCl(固) \rightleftarrows Ag^+ + Cl^-$ $K_{sp} = [Ag^+][Cl^-]$

$PbCl_2(固) \rightleftarrows Pb^{2+} + 2Cl^-$ $K_{sp} = [Pb^{2+}][Cl^-]^2$

・一般に，溶解度積 K_{sp} は，沈殿生成の判定に用いる。

$[M^+][X^-] > K_{sp}$…沈殿を生じる。 $[M^+][X^-] \leqq K_{sp}$…沈殿を生じない。

確認&チェック

1 次の文の▢に適切な語句または化学式を入れよ。

弱電解質を水に溶かすと，その一部が電離して平衡状態となる。この状態を①▢という。

酢酸の場合：$CH_3COOH \rightleftarrows CH_3COO^- + H^+$

$$K_a = \frac{[CH_3COO^-][H^+]}{[CH_3COOH]} \quad \cdots\cdots ①$$

①式で表される K_a を酸の②▢といい，温度によって決まる定数である。

2 次の電離平衡について，電離定数を表す式を書け。

(1) $H_2S \rightleftarrows H^+ + HS^-$

(2) $HS^- \rightleftarrows H^+ + S^{2-}$

(3) $NH_3 + H_2O \rightleftarrows NH_4^+ + OH^-$

3 次の文の▢に適切な語句または化学式を入れよ。

酢酸ナトリウムを水に溶かすと電離し，生じた酢酸イオンは，次式のように水と反応して，①▢性を示す。

$CH_3COO^- + H_2O \rightleftarrows$ ②▢ $+ OH^-$

このように，弱酸のイオンの一部が水と反応して，もとの弱酸に戻る現象を塩の③▢という。

4 次の文の▢に適語を入れよ。

弱酸とその塩または，①▢とその塩の混合水溶液では，少量の強酸・強塩基を加えても，pH はほとんど変化しない。このような溶液を②▢という。

5 次の文の▢に適語を入れよ。

塩化銀 AgCl のような水に難溶性の塩が溶解平衡の状態にあるとき，温度一定ならば，$[Ag^+]$ と $[Cl^-]$ の積は一定となる。この一定値 K_{sp} を AgCl の①▢という。

一般に，$K_{sp} = [M^+][X^-]$ は，沈殿生成の判定に用いられる。

$[M^+][X^-] > K_{sp}$ ······沈殿を②▢

$[M^+][X^-] \leqq K_{sp}$ ······沈殿を③▢

解答

1 ① 電離平衡

② 電離定数

→ p.181 ①

2 (1) $K = \dfrac{[H^+][HS^-]}{[H_2S]}$

(2) $K = \dfrac{[H^+][S^{2-}]}{[HS^-]}$

(3) $K = \dfrac{[NH_4^+][OH^-]}{[NH_3]}$

➡ $[H_2O]$ は定数とみなして K に含める。

→ p.181 ①

3 ① 塩基

② CH_3COOH

③ 加水分解

→ p.182 ③

4 ① 弱塩基

② 緩衝溶液（緩衝液）

→ p.182 ④

5 ① 溶解度積

② 生じる

③ 生じない

→ p.182 ⑤

4
-
21

0.10mol/L 酢酸水溶液中の酢酸の電離度は 0.016 である。この酢酸水溶液の pH を小数第 1 位まで求めよ。ただし，$\log_{10}1.6 = 0.20$ とする。

考え方 酸性の強さは，水素イオンのモル濃度(水素イオン濃度，記号 $[H^+]$)の大小で表す。弱酸である酢酸は，水中ではその一部が電離し，電離平衡の状態にある。酢酸の濃度が C 〔mol/L〕，その電離度を α とすると，電離平衡時の各成分の濃度は次の通り。

(平衡時)$CH_3COOH \rightleftharpoons CH_3COO^- + H^+$
〔mol/L〕 $C(1-\alpha)$　　 $C\alpha$　　 $C\alpha$

すなわち，$[H^+] = C \cdot \alpha$〔mol/L〕で表される。(なお，強酸の場合，$\alpha = 1$ と考えてよい。)

本問では，$C = 0.10$mol/L，$\alpha = 0.016$ より，
$[H^+] = 0.10 \times 0.016 = 1.6 \times 10^{-3}$〔mol/L〕
$[H^+]$ は非常に小さく，そのままの値では取り扱いが不便である。そこで，$[H^+] = 10^{-n}$ の形で表し，その指数である $-n$ の符号を変えた値 n を，水素イオン指数(pH)という。

$[H^+] = 1 \times 10^{-n}$〔mol/L〕のとき　pH $= n$
数学では，$x = 10^n$ のとき，n を x の常用対数といい，$n = \log_{10}x$ と表す。
$[H^+] = 1.0 \times 10^{-n}$mol/L の場合，そのまま常用対数をとると，$-n$ という負の値になるので，次式のように $[H^+]$ の常用対数にマイナスをつけた値を pH と定義する。

pH $= -\log_{10}[H^+]$

〔常用対数の計算規則〕
$\log_{10}10 = 1$，$\log_{10}10^a = a$，$\log_{10}1 = 0$
$\log_{10}(a \times b) = \log_{10}a + \log_{10}b$
$\log_{10}(a \div b) = \log_{10}a - \log_{10}b$

pH $= -\log_{10}(1.6 \times 10^{-3})$
　　 $= -(\log_{10}1.6 + \log_{10}10^{-3})$
　　 $= -\log_{10}1.6 + 3 = 3 - 0.20 = 2.8$

解答 2.8

弱酸である酢酸は，水溶液中で一部が電離し，次式のような電離平衡が成立する。また，酢酸の電離定数 K_a は 25℃ で 2.7×10^{-5}mol/L である。

$$CH_3COOH \rightleftharpoons CH_3COO^- + H^+$$

(1) 0.030mol/L の酢酸の電離度 α を求めよ。
(2) 0.030mol/L の酢酸の pH を小数第 1 位まで求めよ。($\log_{10}2 = 0.30$，$\log_{10}3 = 0.48$)

考え方 弱酸の濃度と電離定数から，電離度や pH を求める頻出の重要問題である。よく練習して，完璧にマスターしておくこと。

(1) 酢酸の濃度を C〔mol/L〕，電離度を α とすると，平衡時の各成分の濃度は次の通り。

$CH_3COOH \rightleftharpoons CH_3COO^- + H^+$
$C(1-\alpha)$　　 $C\alpha$　　 $C\alpha$〔mol/L〕

$$\therefore\ K_a = \frac{[CH_3COO^-][H^+]}{[CH_3COOH]} = \frac{C\alpha \cdot C\alpha}{C(1-\alpha)} = \frac{C\alpha^2}{1-\alpha}$$

$C \gg K_a$ のとき $\alpha \ll 1$ とみなしてよく，$1-\alpha \doteqdot 1$ と近似できる。上式は $K_a = C\alpha^2$ となる。

$$\therefore\ \alpha = \sqrt{\frac{K_a}{C}} = \sqrt{\frac{2.7 \times 10^{-5}}{3.0 \times 10^{-2}}} = 3.0 \times 10^{-2}$$

(2) $[H^+] = C\alpha = C \times \sqrt{\frac{K_a}{C}} = \sqrt{C \cdot K_a}$ より，

$[H^+] = \sqrt{3.0 \times 10^{-2} \times 2.7 \times 10^{-5}} = \sqrt{81 \times 10^{-8}}$
　　　 $= 9.0 \times 10^{-4}$〔mol/L〕

pH $= -\log_{10}[H^+]$ より，
pH $= -\log_{10}(9.0 \times 10^{-4})$
　　 $= 4 - 2\log_{10}3 = 4 - 0.96$
　　 $= 3.04 \doteqdot 3.0$

解答 (1) 3.0×10^{-2}　(2) 3.0

例題 86 アンモニアの電離平衡 ■■

アンモニア水中では，次式のような電離平衡が成立している。

$$NH_3 + H_2O \rightleftarrows NH_4^+ + OH^-$$

アンモニアの電離定数 $K_b = 2.3 \times 10^{-5}$ mol/L として，0.23mol/L アンモニア水の pH を小数第1位まで求めよ。ただし，$\log_{10}2.3 = 0.36$ とする。

考え方 アンモニア水の濃度を C[mol/L]，電離度を α とすると，電離平衡時における各成分の濃度は次のようになる。

$$NH_3 + H_2O \rightleftarrows NH_4^+ + OH^-$$
$$C(1-\alpha) \quad 一定 \quad C\alpha \quad C\alpha \,[mol/L]$$

$$K_b = \frac{[NH_4^+][OH^-]}{[NH_3]} = \frac{C\alpha \cdot C\alpha}{C(1-\alpha)}$$

$C \gg K_b$ のとき，$\alpha \ll 1$ とみなしてよく，$1 - \alpha \fallingdotseq 1$ と近似できる。

$$K_b = C\alpha^2 \qquad \therefore \quad \alpha = \sqrt{\frac{K_b}{C}}$$

$$[OH^-] = C\alpha = C \times \sqrt{\frac{K_b}{C}} = \sqrt{C \cdot K_b}$$

ここへ，$C = 0.23$，$K_b = 2.3 \times 10^{-5}$ を代入。

$$[OH^-] = \sqrt{0.23 \times 2.3 \times 10^{-5}}$$
$$= 2.3 \times 10^{-3} [mol/L]$$

水酸化物イオン指数 $pOH = -\log_{10}[OH^-]$ より，

$$pOH = -\log_{10}(2.3 \times 10^{-3})$$
$$= 3 - \log_{10}2.3 = 2.64$$

$pH + pOH = 14$ より，

$$pH = 14 - 2.64 = 11.36 \fallingdotseq 11.4$$

解答 11.4

例題 87 塩の加水分解 ■■

塩化アンモニウム NH_4Cl の水溶液では，電離によって生じたアンモニウムイオンの一部が次のように加水分解して，弱酸性を示す。

$$NH_4^+ + H_2O \rightleftarrows NH_3 + H_3O^+$$

0.50mol/L の塩化アンモニウム水溶液の pH を小数第1位まで求めよ。ただし，アンモニアの電離定数を $K_b = 2.0 \times 10^{-5}$ mol/L，$\log_{10}5 = 0.70$ とする。

考え方 NH_4^+ の加水分解では，次式の関係が成立する。この K_h を加水分解定数という。

$$K_h = \frac{[NH_3][H^+]}{[NH_4^+]} \quad \cdots ①$$

①の右辺の分母，分子に $[OH^-]$ を掛けて整理すると，K_h を K_b と K_w を含む式に変形できる。

$$K_h = \frac{[NH_3][H^+][OH^-]}{[NH_4^+][OH^-]} = \frac{K_w}{K_b}$$

$$= \frac{1.0 \times 10^{-14}}{2.0 \times 10^{-5}} = 5.0 \times 10^{-10} [mol/L]$$

最初の NH_4^+ の濃度を C[mol/L]とし，こ

のうち x[mol/L]だけ加水分解したとすると，

$$NH_4^+ + H_2O \rightleftarrows NH_3 + H_3O^+$$
$$(C-x) \quad 一定 \quad x \quad x\,[mol/L]$$

$\left(\begin{array}{l}K_h が小さいので，加水分解はわずかしか起\\こらない。よって，C-x \fallingdotseq C と近似できる。\end{array}\right)$

①より，$K_h = \dfrac{x^2}{C}$ $\quad \therefore \quad x = \sqrt{C \cdot K_h}$

$$\therefore \quad [H^+] = \sqrt{0.50 \times 5.0 \times 10^{-10}} = \sqrt{25 \times 10^{-11}}$$
$$= 5.0 \times 10^{-\frac{11}{2}} [mol/L]$$

$$pH = -\log_{10}(5 \times 10^{-\frac{11}{2}}) = \frac{11}{2} - \log_{10}5 = 4.8$$

解答 4.8

21　電解質水溶液の平衡　**185**

0.10mol/L の酢酸水溶液 100mL に，0.20mol/L 酢酸ナトリウム水溶液 100mL を混合して緩衝溶液をつくった。この溶液の pH を小数第 1 位まで求めよ。ただし，酢酸の電離定数 $K_a = 2.7 \times 10^{-5}$mol/L，$\log_{10}2 = 0.30$，$\log_{10}2.7 = 0.43$ とする。

考え方 $CH_3COOH \rightleftarrows CH_3COO^- + H^+ \cdots ①$
酢酸と酢酸ナトリウムの混合水溶液中でも，①式の電離平衡は成立している。

酢酸に酢酸ナトリウムを加えると，水溶液中には CH_3COO^- が増加する。すると，①式の平衡は大きく左へ移動して，酢酸の電離はかなり抑えられ，酢酸の電離はほとんど無視できるようになる。

いま，a[mol]の酢酸とb[mol]の酢酸ナトリウムを水に溶かして 1L とした溶液の場合，
$[CH_3COOH] = a$[mol/L]…もとの酢酸の濃度
$[CH_3COO^-] = b$[mol/L]…酢酸ナトリウムの濃度
これらを酢酸の電離定数 K_a の式に代入すれば，この緩衝溶液の pH が求まる。混合水

溶液の体積は 200mL（もとの 2 倍）となっており，各濃度が$\frac{1}{2}$となることに注意する。

$$[CH_3COOH] = 0.10 \times \frac{1}{2} = 0.050 \text{[mol/L]}$$
$$[CH_3COO^-] = 0.20 \times \frac{1}{2} = 0.10 \text{[mol/L]}$$

上記の値を，酢酸の電離定数 K_a の式に代入。
$$K_a = \frac{[CH_3COO^-][H^+]}{[CH_3COOH]} \Longrightarrow [H^+] = K_a \frac{[CH_3COOH]}{[CH_3COO^-]}$$

$$\therefore \ [H^+] = 2.7 \times 10^{-5} \times \frac{0.050}{0.10} = \frac{2.7}{2} \times 10^{-5} \text{[mol/L]}$$
$$pH = -\log_{10}(2.7 \times 2^{-1} \times 10^{-5})$$
$$= 5 - \log_{10}2.7 + \log_{10}2$$
$$= 5 - 0.43 + 0.30 = 4.87 \fallingdotseq 4.9$$

解答 4.9

塩化銀の飽和水溶液中では，次式のような溶解平衡が成立しており，一定温度では Ag^+ と Cl^- の積は常に一定になる。この値を塩化銀の溶解度積 K_{sp} という。
$$AgCl(固) \rightleftarrows Ag^+ + Cl^-$$
塩化銀の溶解度は，20℃の水1Lに対して1.1×10^{-5}molである。次の問いに答えよ。
(1) 塩化銀の 20℃における溶解度積 K_{sp} を求めよ。
(2) 1.0×10^{-3}mol/L 硝酸銀水溶液 100mL に，1.0×10^{-3}mol/L 塩化ナトリウム水溶液 0.20mL を加えたとき，塩化銀の沈殿は生じるか。(1)の値を用いて判断せよ。

考え方 塩化銀の飽和水溶液では，わずかに溶けた Ag^+ と Cl^- と，溶けずに残っている $AgCl$(固)の間で溶解平衡の状態が成立し，$[Ag^+][Cl^-] = K_{sp}$(=一定)の関係がある。
(1) 溶けた $AgCl$ 1.1×10^{-5}mol は，次のように完全に電離するので，
$$AgCl \longrightarrow Ag^+ + Cl^-$$
$$[Ag^+] = [Cl^-] = 1.1 \times 10^{-5} \text{[mol/L]}$$
$$[Ag^+][Cl^-] = (1.1 \times 10^{-5})^2 \fallingdotseq 1.2 \times 10^{-10} \text{[(mol/L)}^2\text{]}$$
(2) 混合直後の各イオン濃度の積と，溶解度

積 K_{sp} との大小関係を比較すればよい。
$[Ag^+][Cl^-] > K_{sp}$…沈殿を生じる。
$[Ag^+][Cl^-] \leq K_{sp}$…沈殿を生じない。

$$[Ag^+] = 1.0 \times 10^{-3} \times \frac{100}{100 + 0.20} \fallingdotseq 1.0 \times 10^{-3} \text{[mol/L]}$$

$$[Cl^-] = 1.0 \times 10^{-3} \times \frac{0.20}{100 + 0.20} \fallingdotseq 2.0 \times 10^{-6} \text{[mol/L]}$$

$[Ag^+][Cl^-] = 2.0 \times 10^{-9} > K_{sp}(= 1.2 \times 10^{-10})$
したがって，$AgCl$ の沈殿は生じる。

解答 (1) 1.2×10^{-10}(mol/L)^2 (2) 生じる。

245 □□ ◀電離平衡の移動▶　酢酸水溶液中では，次のような電離平衡が成立している。

$$CH_3COOH \rightleftarrows CH_3COO^- + H^+$$

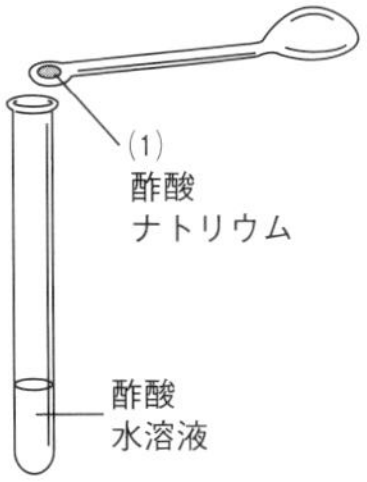

次の各物質を加えたとき，平衡はどちらに移動するか。

(1) 酢酸ナトリウム（固体）を加える。

(2) 塩化ナトリウム（固体）を加える。

(3) 水を加えて希釈する。

(4) 塩酸を加える。

(5) 水酸化ナトリウム（固体）を加える。

（1）
酢酸
ナトリウム

酢酸
水溶液

246 □□ ◀水溶液の pH ▶　次の各水溶液の pH を小数第 1 位まで求めよ。ただし，強酸，強塩基は完全に電離するものとし，$\log_{10}2 = 0.30$，$\log_{10}3 = 0.48$ とする。

(1) 0.010mol の水酸化バリウムを水に溶かして，500mL とした水溶液。

(2) 0.10mol/L の塩酸 150mL と，0.10mol/L の水酸化ナトリウム水溶液 100mL を混合した水溶液。

(3) 3.0×10^{-3}mol/L の希硫酸。

(4) pH = 1.0 の塩酸と，pH = 4.0 の塩酸を 100mL ずつ混合した水溶液。

247 □□ ◀弱酸の電離平衡▶　酢酸は，水溶液中で次式のような電離平衡の状態にある。

$$CH_3COOH \rightleftarrows CH_3COO^- + H^+$$

(1) 0.040mol/L の酢酸の電離度は 0.026 であることから，酢酸の電離定数 K_a を求めよ。

(2) (1)で求めた K_a を用いて，0.010mol/L の酢酸の pH を小数第 1 位まで求めよ。$\log_{10}2 = 0.30$，$\log_{10}3 = 0.48$ とする。

248 □□ ◀弱塩基の電離平衡▶　アンモニアは，水溶液中で次のような電離平衡の状態にある。下の問いに答えよ。

$$NH_3 + H_2O \rightleftarrows NH_4^+ + OH^-$$

(1) アンモニア水のモル濃度を C，電離定数を K_b とすると，アンモニア水における水酸化物イオン濃度 $[OH^-]$ を表す式は，次のうちどれか。ただし，アンモニアの電離度 α は 1 よりはるかに小さいものとする。

(ア) $\sqrt{\dfrac{C}{K_b}}$　　(イ) $C\sqrt{C \cdot K_b}$　　(ウ) $\sqrt{\dfrac{K_b}{C}}$　　(エ) $\sqrt{C \cdot K_b}$

(2) 標準状態で，1.12L のアンモニアを水に溶かして，250mL の水溶液をつくった。25℃におけるアンモニア水の pH を小数第 1 位まで求めよ。ただし，アンモニアの電離定数 $K_b = 2.3 \times 10^{-5}$mol/L，$\log_{10}2 = 0.30$，$\log_{10}2.3 = 0.36$ とする。

249 ☐☐ ◀温度と pH ▶　次の(ア)〜(ケ)のうち，正しいものをすべて記号で選べ。

(ア) 同一温度における弱酸の電離度は，濃度が変化してもほとんど 1 のまま変わらない。

(イ) 電離度の大きい酸と塩基を，それぞれ強酸，強塩基という。

(ウ) 2 価の弱酸において，第一段と第二段の電離度はほぼ等しい。

(エ) 1 価の弱酸のモル濃度を C，その電離度を α とすれば，この水溶液の水素イオン濃度は $C\alpha$ で示される。

(オ) 0.10mol/L の硫酸中の水素イオン濃度が 0.14mol/L のとき，硫酸の電離度は 1.4 である。

(カ) pH = 2 の塩酸と pH = 12 の水酸化ナトリウム水溶液を等体積ずつ混合すると，その水溶液は pH = 7 となる。

(キ) pH = 2 の塩酸を純水で 100 倍に希釈すると，その水溶液は pH = 4 になる。

(ク) pH = 5 の塩酸を純水で 1000 倍に希釈すると，その水溶液は pH = 8 になる。

(ケ) 水溶液の pH は，常に $0 \leqq pH \leqq 14$ の範囲にある。

⊕250 ☐☐ ◀水素イオン濃度と pH ▶　次の問いに答えよ。$\sqrt{2}$ =1.4, $\sqrt{5}$ =2.2, $\log_{10}2$ = 0.30, $\log_{10}3$ = 0.48 とする。

(1) pH = 9.7 の水酸化ナトリウム水溶液の水酸化物イオン濃度[OH^-]を示せ。

(2) 0.0800mol/L の塩酸 70.0mL と，0.0400mol/L の水酸化ナトリウム水溶液 130mL を混合した。混合後の水溶液の pH を小数第 1 位まで求めよ。

(3) 0.10mol/L 塩酸 10.0mL に，0.10mol/L 水酸化ナトリウム水溶液を何 mL 加えたとき，その混合水溶液の pH がちょうど 12 となるか。答えは小数第 1 位まで求めよ。

(4) 1.0×10^{-7} mol/L 塩酸の pH を小数第 1 位まで求めよ。ただし，希薄な酸の水溶液では，水の電離で生じる水素イオンの濃度が無視できないことを考慮せよ。

251 ☐☐ ◀硫化物の溶解平衡▶　Fe^{2+} と Cu^{2+} の濃度がいずれも 1.0×10^{-2} mol/L である混合水溶液に硫化水素 H_2S を十分に通じた。また，H_2S は水中で次のように電離する。

$$H_2S \rightleftarrows H^+ + HS^- \quad \cdots ①$$
$$HS^- \rightleftarrows H^+ + S^{2-} \quad \cdots ②$$

①，②式の電離定数 K_1, K_2 はそれぞれ 1.0×10^{-7} mol/L，1.0×10^{-15} mol/L である。また，硫化鉄(Ⅱ)FeS と硫化銅(Ⅱ)CuS の溶解度積 K_{sp} はそれぞれ 1.0×10^{-16} $(mol/L)^2$，6.0×10^{-30} $(mol/L)^2$ である。H_2S の飽和水溶液中での濃度を[H_2S] = 1.0×10^{-1} mol/L として，次の問いに答えよ。

(1) CuS のみを沈殿させることができる[S^{2-}]の範囲を答えよ。

(2) CuS のみを沈殿させるには，水溶液の pH をいくらより小さくすればよいか。

必**252**□□ ◀緩衝溶液▶　次の文の□□□に適する語句を入れよ。また，あとの問い
にも答えよ。酢酸の電離定数 $K_a = 2.7 \times 10^{-5}$ mol/L，$\log_{10}2 = 0.30$，$\log_{10}2.7 = 0.43$ とする。
　酢酸は，水中でわずかに電離し，次のような電離平衡が成立する。

　　$CH_3COOH \rightleftarrows CH_3COO^- + H^+$ …(A)

　酢酸ナトリウムは，水中でほとんど完全に電離している。

　　$CH_3COONa \rightleftarrows CH_3COO^- + Na^+$ …(B)

　酢酸水溶液に酢酸ナトリウムを加えた混合水溶液をつくる。これに少量の酸を加え
ると，増加した H^+ が水溶液中に多量にある①□□□と結合するため，(A)式の平衡は
②□□□方向に移動し，混合水溶液中の $[H^+]$ はほとんど変化しない。また，少量の
塩基を加えると，増加した OH^- が水溶液中に多量にある③□□□と反応するため，
混合水溶液中の $[OH^-]$ はほとんど変化しない。このような水溶液を④□□□という。

(1)　0.20mol/L 酢酸水溶液 100mL と 0.10mol/L 酢酸ナトリウム水溶液 100mL の混合
　　水溶液の pH を小数第 1 位まで求めよ。

(2)　(1)の水溶液に NaOH の結晶を 0.010mol 加えて溶解させた。この水溶液の pH を小
　　数第 1 位まで求めよ。ただし，NaOH の溶解による溶液の体積変化はないものと
　　する。

253□□ ◀溶解度積▶　塩化銀は水溶液中で①式のように溶解平衡となり，②式の
関係が成り立つ。水溶液の温度は 20℃ として，あとの問いに答えよ。

　　$AgCl(固) \rightleftarrows Ag^+ + Cl^-$ …①

　　$[Ag^+][Cl^-] = 1.8 \times 10^{-10}$ (mol/L)^2 …②

(1)　塩化銀の飽和水溶液中では，$[Ag^+]$ は何 mol/L になっているか。$\sqrt{1.8} = 1.3$ とする。

(2)　塩化銀の飽和水溶液 1.0L に塩化ナトリウムの結晶 0.010mol を溶かした。この水
　　溶液中での $[Ag^+]$ は何 mol/L か。ただし，溶解による体積変化はないものとする。

(3)　1.0×10^{-4} mol/L の硝酸銀水溶液 10mL に，1.0×10^{-4} mol/L の塩化ナトリウム
　　水溶液を少量ずつ加えた。何 mL 加えたとき，塩化銀の沈殿が生成し始めるか。た
　　だし，加えた塩化ナトリウム水溶液による溶液の体積変化は無視してよい。

254□□ ◀2価の弱酸の電離平衡▶　二酸化炭素は水に溶解すると炭酸 H_2CO_3 に
なり，次のように 2 段階に電離する。K_1，K_2 はそれぞれ①式，②式の電離定数である。

　　$H_2CO_3 \rightleftarrows H^+ + HCO_3^-$ …①　　　$K_1 = 4.5 \times 10^{-7}$ mol/L

　　$HCO_3^- \rightleftarrows H^+ + CO_3^{2-}$ …②　　　$K_2 = 4.3 \times 10^{-11}$ mol/L

　二酸化炭素が水に溶けて溶解平衡となり，炭酸の水溶液が生じた。次の問いに答え
よ。ただし，②式の第二電離は①式の第一電離に比べてきわめて小さく無視すること
ができる。また，$\log_{10}2 = 0.30$，$\log_{10}3 = 0.48$ とする。

(1)　4.0×10^{-3} mol/L の炭酸 H_2CO_3 の水溶液の pH を求めよ。

(2)　(1)の水溶液中の炭酸イオン CO_3^{2-} のモル濃度を求めよ。

255 □□ ◀中和滴定と pH▶　0.10mol/L の酢酸水溶液 20mL をコニカルビーカーにとり，0.10mol/L の水酸化ナトリウム水溶液で滴定したところ，図に示すような中和滴定曲線が得られた。酢酸の電離定数を K_a $= 2.0 \times 10^{-5}$mol/L，$\log_{10}2 = 0.30$，$\log_{10}3 = 0.48$ として，次の問いに答えよ。

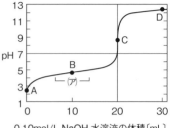

0.10mol/L NaOH 水溶液の体積〔mL〕

(1)　A 点での pH を小数第1位まで求めよ。

(2)　図中の(ア)の範囲は，その前後に比べて pH の変化が小さい。その理由を簡単に述べよ。

(3)　B 点では，初めの酢酸の半分だけが中和されている。この点の pH を小数第1位まで求めよ。

(4)　C 点(酢酸ナトリウムの水溶液)の pH を小数第1位まで求めよ。

(5)　NaOH 水溶液を 30mL 加えた D 点での pH を小数第1位まで求めよ。

256 □□ ◀沈殿滴定(モール法)▶　ある濃度の塩化ナトリウム水溶液 20mL に，指示薬として 1.0×10^{-1}mol/L クロム酸カリウム水溶液を 0.10mL 加えたのち，4.0×10^{-2}mol/L 硝酸銀水溶液を 5.0mL 加えたところ，クロム酸銀の赤褐色沈殿が生成し始めた。次の問いに答えよ。ただし，塩化銀の溶解度積 $K_{sp} = [Ag^+][Cl^-] = 2.0 \times 10^{-10}$ $(mol/L)^2$，クロム酸銀の溶解度積 $K'_{sp} = [Ag^+]^2[CrO_4^{2-}] = 4.0 \times 10^{-12} (mol/L)^3$ とする。また，加えたクロム酸カリウム水溶液による溶液の体積変化は無視できるものとする。

(1)　この塩化ナトリウム水溶液の濃度は何 mol/L か。

(2)　クロム酸銀の沈殿が生成し始めたとき，溶液中の塩化物イオンの濃度は何 mol/L になっているか。

257 □□ ◀溶解度積▶　塩化鉛(Ⅱ)$PbCl_2$ は水にわずかに溶けて電離し，未溶解の固体と溶液中のイオンとの間に，次のような溶解平衡が成り立つ。

　　$PbCl_2$(固) $\rightleftarrows$ $Pb^{2+} + 2Cl^-$

いま，15℃において，塩化鉛(Ⅱ)は，1L の水に 3.0×10^{-3}mol 溶解するものとする。

(1)　15℃における塩化鉛(Ⅱ)の溶解度積 K_{sp} を求めよ。

(2)　15℃の 1.0×10^{-1}mol/L の塩酸 1L 中には，塩化鉛(Ⅱ)は何 mol 溶解するか。ただし，溶解による溶液の体積変化は無視できるものとする。

(3)　15℃において，3.0×10^{-3}mol/L 酢酸鉛(Ⅱ)$(CH_3COO)_2Pb$ 水溶液 10mL に，1.0×10^{-1}mol/L 塩酸を少量ずつ加え続けた。塩酸を何 mL 加えたとき，ちょうど塩化鉛(Ⅱ)の沈殿が生成し始めるか。ただし，加えた塩酸の体積は少量であり，溶液の混合による体積変化は無視できるものとする。

258 □□ ◀指示薬の電離平衡▶　中和滴定に用いる酸塩基指示薬は，その多くが弱い酸または塩基である。酸型指示薬 HA，塩基型指示薬 BOH の電離平衡は次式で表されるとする。

$$HA \rightleftharpoons H^+ + A^- \quad \cdots ①$$
$$BOH \rightleftharpoons B^+ + OH^- \quad \cdots ②$$

①の場合，酸性溶液では（　ア　）の色を示し，塩基性溶液では（　イ　）の色を示す。一方，②の場合，酸性溶液では（　ウ　）の色を示し，塩基性溶液では（　エ　）の色を示す。

(1)　文中の（　　）に適する化学式を答えよ。

(2)　ブロモチモールブルーは酸型指示薬であり，その変色域は pH6.0 ～ 7.6 である。変色域の中間値で $[HA] = [A^-]$ になるとして，その酸電離定数 K_a の値を求めよ。（$10^{0.1} = 1.26$ とする）

(3)　メチルレッドは塩基型指示薬であり，その塩基電離定数 $K_b = 2.0 \times 10^{-9}$ mol/L である。$\dfrac{[B^+]}{[BOH]}$ の値が 0.1 ～ 10 となる pH の範囲をこの指示薬の変色域とするとき，変色域の pH の範囲を示せ。（$\log_{10} 2 = 0.30$）

259 □□ ◀硫酸水溶液の pH▶　硫酸は水溶液中で次のように電離する。

$$H_2SO_4 \longrightarrow H^+ + HSO_4^- \quad \cdots ①$$
$$HSO_4^- \rightleftharpoons H^+ + SO_4^{2-} \quad \cdots ②$$

第一段目の電離度は常に 1.0 であるが，第二段目は電離平衡が成り立ち，その電離定数は 1.0×10^{-2} mol/L である。次の問いに答えよ。（$\sqrt{2} = 1.41$，$\log_{10} 2 = 0.30$）

(1)　1.0×10^{-2} mol/L の硫酸水溶液の第 2 段目の電離度を求めよ。

(2)　1.0×10^{-2} mol/L の硫酸水溶液の pH を小数第 1 位まで求めよ。

260 □□ ◀分配平衡▶　互いに溶け合わずに 2 液相をなす 2 種の液体に他の溶質を溶かした場合，その溶質が両液相中で同じ化学種の状態で存在するとき，両液相中での濃度の比は一定となる。たとえば，ヨウ素の水，四塩化炭素に対する濃度〔g/mL〕を C_1，C_2 とすれば，$K = \dfrac{C_2}{C_1} = 85$（25℃のとき）となる。この K を分配係数という。次の各問いに答えよ。

(1)　ある薬品 1.0g を溶かした水溶液 100mL に有機溶媒 50mL を加え振り混ぜ静置した。この操作により有機層に抽出された薬品量〔g〕を求めよ。この薬品の水，有機溶媒に対する分配係数を 8.0 とする。

(2)　(1)において，使用する有機溶媒を 25mL とし，2 回に分けて同様の抽出操作を行ったとき有機層に抽出された全薬品量〔g〕を求めよ。

22 非金属元素①

1 周期表と元素の分類

単体の状態(常温)：　○液体　○気体　□固体(□分子結晶　□金属結晶　□共有結合の結晶)

典型元素(1, 2, 13〜18族)	遷移元素(3〜12族)
金属元素と非金属元素。	すべて金属元素。
最外殻電子の数は族番号の1位の数と一致。(ただし，貴ガス(希ガス)を除く)	最外殻電子の数は2個，または1個。
同族元素の性質が類似。	同周期元素の性質も類似。
無色のイオン・化合物が多い。	有色のイオン・化合物が多い。
決まった酸化数を示す。	いろいろな酸化数を示す。

2 ハロゲン(17族)の単体と化合物

❶ハロゲン(17族)F・Cl・Br・I　価電子を7個もち，1価の陰イオンになりやすい。

単体・分子式	融点・沸点	状態・色	反応性	水素との反応性
フッ素　F_2	分子量　融点・沸点	気体・淡黄色	大　酸化作用	冷暗所でも爆発的に反応。
塩素　Cl_2		気体・黄緑色		光により爆発的に反応。
臭素　Br_2		液体・赤褐色		高温にすると反応。
ヨウ素　I_2	大　　高	固体・黒紫色		高温で一部が反応(平衡状態)。

❷塩素の実験室的製法

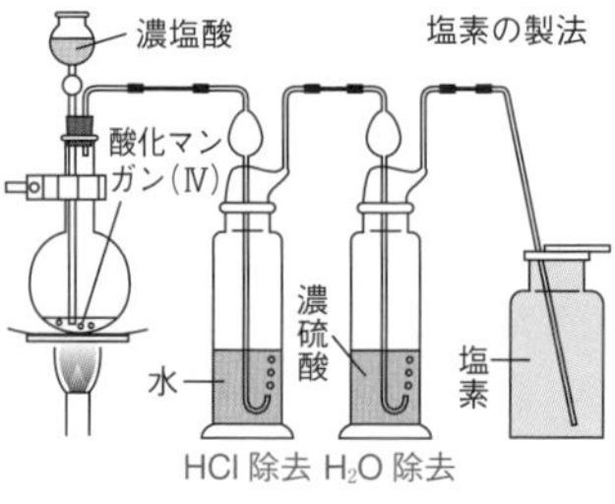

(a) 酸化マンガン(Ⅳ)(酸化剤)に濃塩酸を加えて加熱する。
（刺激臭）
$$MnO_2 + 4HCl \longrightarrow MnCl_2 + Cl_2 + 2H_2O$$

(b) 高度さらし粉に希塩酸を加える。
$$Ca(ClO)_2 \cdot 2H_2O + 4HCl \longrightarrow CaCl_2 + 2Cl_2 + 4H_2O$$

(性質)　水溶液(塩素水)中に，強い酸化作用のある HClO(次亜塩素酸)を生じ，殺菌・漂白作用を示す。　$Cl_2 + H_2O \rightleftharpoons HCl + HClO$

濃塩酸　塩素の製法
酸化マンガン(Ⅳ)
濃硫酸
水　塩素
HCl除去　H₂O除去

❸ハロゲン化水素　すべて無色・刺激臭の気体(有毒)で，水によく溶ける。

ハロゲン化水素	フッ化水素	塩化水素	臭化水素	ヨウ化水素
化学式(酸性)	HF(弱酸)	HCl(強酸)	HBr(強酸)	HI(強酸)
沸点〔℃〕	20 [*1]	-85	-67	-35
Ag塩(ハロゲン化銀)	AgF(可溶)	AgCl↓(白沈)	AgBr↓(淡黄沈)	AgI↓(黄沈)

　＊1)HFの分子間には，H−F‥‥Hのような水素結合が形成されるため，沸点が著しく高くなる。

(a)　フッ化水素　HF

　　(製法)　$CaF_2 + H_2SO_4 \xrightarrow{加熱} CaSO_4 + 2HF\uparrow$

　　(性質)　ガラス(主成分 SiO_2)を溶かす。

　　　　　　$SiO_2 + 6HF(水溶液) \longrightarrow H_2SiF_6 + 2H_2O$

　　　　　　　　　　　　　ヘキサフルオロケイ酸

フッ化水素の水素結合

(b)　塩化水素　HCl

　　(製法)　$NaCl + H_2SO_4 \xrightarrow{加熱} NaHSO_4 + HCl\uparrow$

　　(検出)　アンモニアと反応し，白煙を生成。

　　　　　　$NH_3 + HCl \longrightarrow NH_4Cl$

❸ 酸素・硫黄(16族)の単体と化合物

単体	同素体	酸素 O_2	無色・無臭の気体，支燃性あり	製法	$2H_2O_2 \longrightarrow 2H_2O + O_2$
		オゾン O_3	淡青色・特異臭の気体，酸化作用が強い	製法	$3O_2 \xrightarrow{放電} 2O_3$
	同素体	斜方硫黄	黄色・八面体の結晶	S_8 環状分子	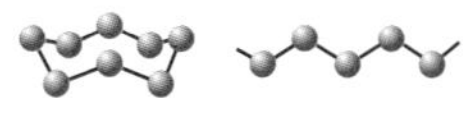
		単斜硫黄	黄色・針状の結晶	S_8 環状分子	
		ゴム状硫黄	暗褐色・無定形固体，弾性	S_x 鎖状分子	
化合物		二酸化硫黄 SO_2	無色・刺激臭の有毒気体。弱酸性(亜硫酸)，還元性あり。	製法	銅に濃硫酸を加え加熱する。亜硫酸塩に希硫酸を加える。
		硫化水素 H_2S	無色・腐卵臭の有毒気体。弱酸性，強い還元性あり。	製法	硫化鉄(Ⅱ)に希塩酸，または希硫酸を加える。

S_8 環状分子　　鎖状分子 S_x

❶硫酸の工業的製法　固体触媒を用いるので，接触法という。

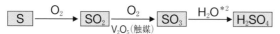

$$S \xrightarrow{O_2} SO_2 \xrightarrow[V_2O_5(触媒)]{O_2} SO_3 \xrightarrow{H_2O^{*2}} H_2SO_4$$

　＊2)三酸化硫黄 SO_3 を濃硫酸に吸収させて発煙硫酸とし，希硫酸で薄めて濃硫酸をつくる。

❷濃硫酸の性質　電離度は小さく，強酸性を示さない。

　(a)　不揮発性：沸点(338℃)が高い。*　＊水素結合の形成による。

　(b)　吸湿性：水分を吸収する。乾燥剤として使う。

　(c)　脱水作用：有機化合物からH：O＝2：1の割合で奪う。

　(d)　酸化作用：加熱時，銅・銀なども溶解する。

　(e)　溶解熱が大。74.4kJ/mol(発熱)。水に加えて希釈する。

希硫酸の調製法

❸希硫酸の性質　電離度は大きく，強酸性を示す。

1 次の文のうち，典型元素に該当するものはA，遷移元素に該当するものはBと答えよ。
- (1) 最外殻電子の数は，2個または1個である。
- (2) 金属元素と非金属元素の両方が含まれる。
- (3) 周期表の中央部に位置している。
- (4) 最外殻電子の数は，族番号の1位の数と等しい。
- (5) 化合物やイオンには有色のものが多い。
- (6) 金属元素のみが含まれている。

2 ハロゲンの単体に関する下の表の空欄をうめよ。

	フッ素 F_2	塩素 Cl_2	臭素 Br_2	ヨウ素 I_2
色	①	②	④	⑥
状態（常温）	気体	③	⑤	⑦
水素との反応	冷暗所でも爆発的に反応	⑧ により爆発的に反応	⑨ にすると反応	高温で一部反応（平衡）

3 図を参考に，次の文の □ に適語を入れよ。
高度さらし粉に希塩酸を加えると，①□ が発生する。①は②□ 臭のある有毒気体で，水に溶けると塩化水素と③□ を生じるが，③には強い④□ 作用がある。

希塩酸
高度さらし粉
塩素水

4 次の文の □ に適切な語句，化学式を入れよ。
硫黄の単体には，3種類の①□ が存在する。②□ は黄色の八面体の結晶で，③□ は黄色の針状の結晶であり，いずれも分子式は④□ で表される。一方，⑤□ は弾性のある暗褐色の無定形固体で，結晶構造をもたない。

5 次の濃硫酸に関する文の □ に適語を入れよ。
- (1) 濃硫酸は有機化合物から $H：O＝2：1$ の割合で奪う ①□ 作用がある。
- (2) 濃硫酸は②□ 性が強く，乾燥剤として用いる。
- (3) 熱濃硫酸は③□ 作用が強く，銅や銀をも溶解する。
- (4) 濃硫酸は沸点の高い④□ 性の酸である。
- (5) 濃硫酸は⑤□ 熱が大きく，水に加えて希釈する。

解答

1 (1) B
(2) A
(3) B
(4) A
(5) B
(6) B
→ p.192 ①

2 ① 淡黄色　② 黄緑色
③ 気体　④ 赤褐色
⑤ 液体　⑥ 黒紫色
⑦ 固体　⑧ 光
⑨ 高温
→ p.192 ②

3 ① 塩素
② 刺激
③ 次亜塩素酸
④ 酸化
→ p.192 ②

4 ① 同素体
② 斜方硫黄
③ 単斜硫黄
④ S_8
⑤ ゴム状硫黄
→ p.193 ③

5 ① 脱水
② 吸湿
③ 酸化
④ 不揮発
⑤ 溶解
→ p.193 ③

次の表の空欄を埋め，完成した周期表について，あとの問いに元素記号で答えよ。

周期＼族	1	2	3	4	5	6	7	8	9	10	11	12	13	14	15	16	17	18
1	H																	He
2	Li	Be											B	C	N	O	F	Ne
3	Na	Mg											Al	Si	P	S	Cl	Ar
4	K	Ca	Sc	Ti	V	①	②	③	Co	Ni	④	⑤	Ga	Ge	As	Se	⑥	⑦

(1) 原子半径が最大の元素　　　　(2) イオン化エネルギーが最大の元素

(3) 原子番号が最小の遷移元素　　(4) 単体の融点が最高の典型元素

考え方　原子番号 1 〜 20 番の元素と，上図の①〜⑦は必ず覚える。他に，1 族，2 族，14 族，17 族，18 族は覚えておく必要がある。

(1) 原子半径は同周期では，アルカリ金属が最も大きく，原子番号が増加すると，しだいに減少する。ただし，貴ガス（希ガス）でやや増加する。周期表の左下（K）で最大。

(2) 安定な電子配置の貴ガス（希ガス）で大き

な値をとる。周期表の右上（He）で最大。

(3) 遷移元素は第 4 周期の 3 族（Sc）から 12 族（Zn）までの 10 元素。

(4) 14 族の（C，Si）の単体は，共有結合の結晶をつくり，融点がきわめて高い（ダイヤモンド：約 4430℃，黒鉛：3530℃）。

解答　① Cr　② Mn　③ Fe　④ Cu　⑤ Zn
⑥ Br　⑦ Kr　(1) K　(2) He　(3) Sc　(4) C

次の文の　　　　に適切な語句または数値を入れよ。

周期表の 17 族の元素は①　　　　とよばれ，その原子はいずれも最外殻に②　　　　個の価電子をもつため，③　　　　価の陰イオンになりやすい。

単体は，④　　　　結合からなる⑤　　　　分子であり，融点・沸点は原子番号が増すにつれて⑥　　　　くなる。常温でフッ素は淡黄色の⑦　　　　体，塩素は⑧　　　　色の⑨　　　　体で，臭素は⑩　　　　色の⑪　　　　体，ヨウ素は黒紫色の⑫　　　　体である。また，単体の化学的性質は，相手の物質から電子を奪う⑬　　　　作用があり，その強さは原子番号が増すにつれて⑭　　　　くなる。

考え方　ハロゲン原子の価電子は 7 個で，いずれも 1 価の陰イオンになりやすい。

一般に，構造が類似した分子では，分子量が大きくなるほど，分子間力が強くなり，融点・沸点は高くなる（$F_2 < Cl_2 < Br_2 < I_2$）。

また，ハロゲンの単体 X_2 は相手の物質から電子を奪って，ハロゲン化物イオン X^- になりやすい。ハロゲン原子は，原子半径が小さいほど，電子を取り込む作用（酸化作用）が強

い。したがって，単体の反応性（酸化作用）は，$F_2 > Cl_2 > Br_2 > I_2$ の順に小さくなる。

また，ハロゲンの単体はいずれも有毒であり，原子番号が増加するほど密度は大きくなり，また，色も濃くなる傾向がある。

解答　① ハロゲン　② 7　③ 1　④ 共有
⑤ 二原子　⑥ 高　⑦ 気　⑧ 黄緑
⑨ 気　⑩ 赤褐　⑪ 液　⑫ 固
⑬ 酸化　⑭ 小さ（弱）

乾燥した塩素をつくる実験装置(支持具は省略)を見て，次の問いに答えよ。

(1) この実験において，酸化マンガン(Ⅳ)はどんなはたらきをしているか。

(2) 塩素を水で湿らせたヨウ化カリウムデンプン紙に当てると，何色に変化するか。

(3) この実験装置には不適切な点が3つある。それらを見つけ，正しい方法を記せ。

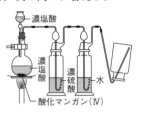

考え方 酸化マンガン(Ⅳ)に濃塩酸を加えて熱すると，酸化還元反応で塩素が発生する。

$$MnO_2 + 4HCl \longrightarrow MnCl_2 + Cl_2 + 2H_2O$$

(1) 上式で，Mn の酸化数は $+4$ から $+2$ へと減少したので，MnO_2 は酸化剤である。

(2) 酸化力は $Cl_2 > I_2$ なので，<u>Cl_2 は I^- から電子を奪い取ってヨウ素 I_2 が遊離し，さらにヨウ素デンプン反応で青紫色を示す</u>。

(3) ①このまま滴下ろうとのコックを開く

と，ろうとから気体が吹き出してくる。

②塩酸を加熱すると，塩素とともに塩化水素が発生する。まず，水に通して塩化水素を除き，次に濃硫酸に通して乾燥させる。

③塩素は水に溶け，空気より重い気体である。

解 答 (1) 酸化剤 (2) 青紫色

(3)・滴下ろうとの下端をフラスコの底近くまでつける。 ・洗気びんを水，濃硫酸の順につなぐ。 ・塩素は下方置換で捕集する。

次の文を読み，第3周期元素の酸化物 A ～ E の化学式をそれぞれ示せ。

(a) A は水に溶けないが，塩酸にも水酸化ナトリウム水溶液にも溶ける。

(b) B は水と反応して，強塩基性の水酸化物を生成する。

(c) C は $+2$ の酸化数の元素を含み，水には溶けないが希塩酸には溶ける。

(d) D はフッ化水素とは反応し，メタンと同じ分子構造をもつ気体を生じる。

(e) E は最も高い酸化数の元素を含み，水に溶解すると強酸を生成する。

元素	Na	Mg	Al	Si	P	S	Cl
酸化物 (酸化数)	Na_2O ($+1$)	MgO ($+2$)	Al_2O_3 ($+3$)	SiO_2 ($+4$)	P_4O_{10} ($+5$)	SO_3 ($+6$)	Cl_2O_7 ($+7$)
水酸化物， オキソ酸	NaOH 強←塩基性→弱	$Mg(OH)_2$	$Al(OH)_3$ 両性	弱 H_2SiO_3	酸性 H_3PO_4	H_2SO_4	強 $HClO_4$

考え方 (a) A は，酸にも強塩基の水溶液にも溶けるので，両性酸化物の Al_2O_3 である。

(b) 水と反応すると強塩基性の水酸化物を生成する元素は，アルカリ金属の Na である。よって，B は Na_2O である。

$$Na_2O + H_2O \longrightarrow 2NaOH$$

(c) 酸化数が $+2$ の酸化物 C は MgO のみ。MgO は塩基性酸化物で，酸には溶ける。

(d) SiO_2 はフッ化水素により腐食される。

$$SiO_2 + 4HF(気体) \longrightarrow SiF_4 + 2H_2O$$

SiF_4(四フッ化ケイ素)は，正四面体構造をもつ，刺激臭のある有毒な気体である。

(e) E は最高の酸化数 $+7$ をもつ Cl_2O_7 のみ。

$$Cl_2O_7 + H_2O \longrightarrow 2HClO_4(過塩素酸)$$

解 答 A：Al_2O_3 B：Na_2O C：MgO

D：SiO_2 E：Cl_2O_7

標準問題　必は重要な必須問題。時間のないときはここから取り組む。

必 **261** □□ ◀塩素の製法▶　次の文の[　　]に適語を入れ，あとの問いに答えよ。

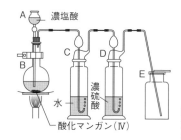

塩素の製法には，ⓐ酸化マンガン(Ⅳ)に濃塩酸を加えて熱する方法がある。この反応では，酸化マンガン(Ⅳ)は①[　　]として作用する。右図は乾いた塩素をつくる装置であるが，器具C，Dに入れた液体はそれぞれ②[　　]，③[　　]の除去を目的としている。

ⓑ塩素は水に溶けると，その一部は水と反応して④[　　]と強い酸化作用のある⑤[　　]を生じ，殺菌・漂白作用を示す。ⓒヨウ化カリウム水溶液に塩素を通じると⑥[　　]色を呈する。塩素と水素の混合物に光を当てると爆発的に反応して⑦[　　]を生成する。

また，ⓓフッ素は水と激しく反応して酸素を発生するとともに，ⓔ生じた酸の水溶液は，ガラスの主成分である二酸化ケイ素を溶かす性質がある。

(1)　器具A，B，C，Eの名称を記せ。
(2)　下線部ⓐ～ⓔに相当する化学反応式を示せ。
(3)　Eで捕集した塩素に加熱した銅線を入れた。生成物の化学式を示せ。
(4)　下線部ⓐで述べた製法以外の塩素の実験室的製法を，化学反応式で示せ。
(5)　次亜塩素酸の電子式を示せ。
(6)　水で湿らせた青色リトマス紙に塩素が触れると2段階に変色する理由を説明せよ。

262 □□ ◀酸素の製法▶　過酸化水素水に少量の酸化マンガン(Ⅳ)を加えると，酸素が発生する。次の問いに答えよ。

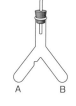

(1)　右図のA，Bに入れる物質名をそれぞれ記せ。
(2)　この反応における酸化マンガン(Ⅳ)のはたらきを記せ。
(3)　酸素は，塩素酸カリウム $KClO_3$ と酸化マンガン(Ⅳ)の混合物を加熱しても得られる。$KClO_3$ 4.90gから，標準状態で最大何Lの酸素が得られるか。ただし，式量は $KClO_3 = 122.5$ とする。
(4)　次の酸化物と水の反応で生成するオキソ酸または水酸化物の化学式を示せ。
　(ア)　CaO　　(イ)　CO_2　　(ウ)　SO_3　　(エ)　Na_2O

263 □□ ◀硫黄の同素体▶　次の文の[　　]に適切な語句，化学式を入れよ。

硫黄の同素体のうち，常温・常圧で最も安定なものは黄色八面体状の①[　　]で，その分子式は②[　　]である。これを約120℃に加熱して得られる黄色の液体を空気中で放冷すると，黄色針状の③[　　]が得られる。さらに，約250℃に加熱して得られる暗褐色の液体を水中で急冷すると，やや弾性のある④[　　]が得られる。

264 □□ ◀**貴ガス（希ガス）**▶　次の文の□□に適切な語句または数字を入れよ。

①□□は空気中に体積で約 0.9% 含まれ，電球の封入ガスに用いる。

②□□は水素に次いで軽く，爆発の危険がない。また，あらゆる物質中で最も沸点が③□□ので，気球の充填ガスや超伝導磁石の冷却剤として用いられる。

④□□は低圧で放電させると，赤色光を発するので，各種の広告灯などに使われる。これらの元素はいずれも周期表⑤□□族に属し，価電子の数はすべて⑥□□である。

265 □□ ◀**オゾン**▶　次の文の□□に適語を入れよ。また，あとの問いにも答えよ。

自然界のオゾンは，地上 20 ～ 40km 付近にある①□□に多く存在し，ここでは太陽から放射される強い②□□を吸収して，③□□からつくられる。なお，①は，太陽光中に含まれる②を吸収し，地上の生物を保護するはたらきをもつ。

オゾンは，実験室では酸素中で④□□を行うか，強い⑤□□を当てると生成する。オゾンは特有の生臭いにおいのする⑥□□色の気体で有毒である。オゾンは O_2 に分解しやすく，強い⑦□□作用を示し，飲料水の殺菌や消毒および繊維の漂白などに用いられる。オゾンは水で湿らせたヨウ化カリウムデンプン紙が⑧□□色に変わることで検出される。

(1)　下線部で起こる化学変化を化学反応式で表せ。

(2)　オゾンの電子式を示し，分子の形を答えよ。

必 **266** □□ ◀**硫化水素の製法と性質**▶　次の文を読み，あとの問いに答えよ。

ⓐ鉄粉と硫黄を加熱すると黒褐色の①□□が生成する。ⓑ①を右図の装置に入れ希硫酸を注ぐと，②□□臭の気体が発生する。ⓒこの気体を硝酸銀水溶液に通じると③□□が沈殿する。

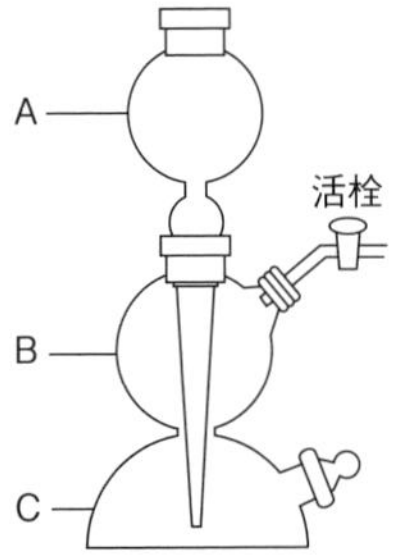

(1)　文中の①～③の□□に適当な語句を入れよ。

(2)　下線部ⓐ，ⓑ，ⓒを化学反応式で示せ。

(3)　図の装置名を記せ。また，生成物①は図の A ～ C のどの部分へ入れたらよいか。

(4)　気体が発生している状態から図の活栓を閉じたとき，装置内で起こる現象を説明せよ。

(5)　硫化水素を発生させるのに，希硫酸のかわりに希硝酸を用いることはできない。その理由を簡単に示せ。

(6)　発生した硫化水素の乾燥剤として適当なものを次からすべて選べ。

　(ア) 濃硫酸　　(イ) 十酸化四リン　　(ウ) 酸化カルシウム　　(エ) 塩化カルシウム

267 □□ ◀ハロゲンの単体▶　次のうち正しい文には○，誤った文には×を記せ。

(1) ハロゲンの単体の沸点は，$F_2 > Cl_2 > Br_2 > I_2$ である。

(2) 水素とハロゲンの単体との反応の起こりやすさは，$F_2 > Cl_2 > Br_2 > I_2$ である。

(3) ハロゲンの単体 X_2 を水と反応させると，すべて HX と HXO が生成する。

(4) ハロゲンの単体は，いずれも水によく溶解する。

(5) ハロゲンの単体は，いずれも常温・常圧において有色である。

(6) ハロゲンは，すべて単体として天然に存在する。

(7) ハロゲンの単体は，すべて二原子分子であり，有毒なものと無毒なものとがある。

(必)**268** □□ ◀硫酸の製法▶　次の文を読んで，図を参考にしながら，あとの問いに答えよ。

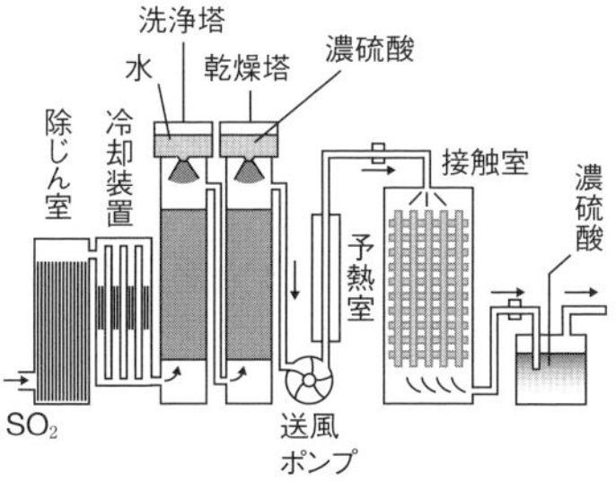

(a) 硫黄または⒜黄鉄鉱(FeS_2)を燃焼させると酸化鉄(Ⅲ)と二酸化硫黄が生成する。

(b) ⒝二酸化硫黄を空気中の酸素と反応させて，三酸化硫黄をつくる。

(c) ⒞三酸化硫黄を濃硫酸中の水分に吸収させて濃硫酸をつくる。

洗浄塔　乾燥塔　濃硫酸　水　冷却装置　除じん室　接触室　濃硫酸　予熱室　SO_2　送風ポンプ

(1) このような硫酸の工業的製法を何というか。

(2) 触媒を必要とする反応を(a)〜(c)から選び，その触媒の化学式を示せ。

(3) 下線部⒜，⒝，⒞の変化を，それぞれ化学反応式で示せ。

(4) 三酸化硫黄は，直接水に吸収させずに，下線部⒞のように濃硫酸に吸収させる。その理由を述べよ。

(5) 理論上，硫黄 1.6kg から 98% 硫酸は何 kg できるか。(H = 1.0, O = 16, S = 32)

(6) ある量の三酸化硫黄を18mol/L 濃硫酸10mL に完全に吸収させた後，冷水を加えて希釈した。この水溶液を2.0mol/L 水酸化ナトリウム水溶液で中和するのに200mL を要した。吸収させた三酸化硫黄の物質量を求めよ。

(必)**269** □□ ◀硫酸の性質▶　次の(1)〜(6)の文に当てはまる硫酸の性質を，選択肢(ア)〜(カ)からそれぞれ1つずつ選べ。

(1) 銅に濃硫酸を加えて加熱すると，二酸化硫黄が発生する。

(2) スクロース(ショ糖)に濃硫酸を滴下すると，炭素が遊離する。

(3) 亜鉛や鉄に希硫酸を加えると，水素が発生する。

(4) 塩化ナトリウムに濃硫酸を加えて加熱すると，塩化水素が発生する。

(5) 発生した気体を濃硫酸に通じると，乾燥した気体が得られる。

(6) 濃硫酸を水で希釈すると，液温が上昇した。

【選択肢】　(ア) 脱水作用　　(イ) 強酸性　　(ウ) 吸湿性
　　　　　　(エ) 酸化作用　　(オ) 不揮発性　　(カ) 溶解熱が大

270 □□ ◀各族の性質▶ 次の(1)～(4)の文は，元素の周期表の各族の性質について
記したものである。それぞれ該当する族の番号と，文中の(ア)～(エ)に該当する元素の
元素記号を答えよ。

(1) 非常に反応性に富み，炭酸塩は水に難溶である。多くは炎色反応を呈し，常温の
水と反応して水素を発生するが，(ア)は炎色反応を示さず，熱水とは反応する。

(2) 単体はすべて有色で，陰イオンになりやすい。水素との化合物はすべて水によく
溶け，多くは強酸であるが，(イ)の水素化合物は弱酸であり，ガラスを溶かす。

(3) すべてイオン化傾向が水素より小さい金属である。(ウ)以外の金属結晶は特有の色
を示すが，(ウ)は普通の金属結晶と同様な色を示し，その化合物は一般に光に対して
不安定である。

(4) すべて化学的にきわめて安定な電子配置をもつ。最外殻電子の数は，(エ)以外は8
個であるが，(エ)は2個である。

271 □□ ◀第3周期元素の酸化物▶ 次の表は，第3周期の元素の最高の酸化数
をもつ酸化物(最高酸化物)をま
とめたものである。あとの問いに答
えよ。

族	1	2	13	14	15	16	17
酸化物	Na_2O	(a)	(b)	(c)	P_4O_{10}	SO_3	Cl_2O_7

(1) 表中の空欄(a)～(c)に当てはまる酸化物の化学式を記せ。

(2) 水と反応して強い塩基性の水酸化物を生じる酸化物を1つ選び，その名称を記せ。
また，その反応を化学反応式で示せ。

(3) 両性酸化物とよばれる酸化物を1つ選び，その名称を記せ。

(4) 水と反応して強い酸性のオキソ酸を生じる酸化物が2つある。それらのオキソ酸
の名称を記せ。

272 □□ ◀周期表と元素の推定▶ (1)～(6)の問いに該当する元素を，次の表中の(ア)
～(サ)で示された元素の中から選び，それぞれ元素記号で答えよ。

周期＼族	1	2	3	4	5	6	7	8	9	10	11	12	13	14	15	16	17	18
2	Li	Be											B	C	N	(ア)	(イ)	Ne
3	(ウ)	Mg											(エ)	Si	P	S	(オ)	Ar
4	(カ)	Ca	Sc	Ti	V	Cr	(キ)	(ク)	Co	Ni	(ケ)	(コ)	Ga	Ge	As	Se	(サ)	Kr

(1) 電気陰性度の最も大きい元素。

(2) 希塩酸とも水酸化ナトリウム水溶液ともよく反応する元素。(2つ)

(3) イオン化エネルギーの最も小さい元素。

(4) 遷移元素はScからこの元素までである。

(5) 常温・常圧で単体が液体である元素。

(6) 単体の融点が最も低い金属元素。

273 □□ ◀ハロゲン化水素▶　次の文を読み，あとの問いに答えよ。

　ⓐハロゲン化水素は無色・刺激臭の気体で，その水溶液はいずれも酸性を示し，その沸点は，ⓑある化合物を除いて分子量の増加に伴って高くなる。また，ハロゲン化物イオンを含む水溶液に硝酸銀水溶液を加えると，ⓒハロゲン化銀を生成する。

(1)　下線部ⓐのうち，弱酸のものは何か，化学式で示せ。

(2)　下線部ⓑの化合物を化学式で示し，その理由を簡単に示せ。

(3)　あるハロゲン化カリウム水溶液に塩素を通じると褐色を呈し，デンプン水溶液を加えても色の変化はなかった。このハロゲン化カリウムは何か。化学式で答えよ。

(4)　下線部ⓒのうち，沈殿を生じないものを化学式で示せ。

(5)　右図の装置で気体が発生するときの化学反応式を示せ。

(6)　発生した気体を検出する方法を説明せよ。

(7)　水素との反応において，冷暗所でも爆発的に反応するハロゲンの単体と，高温で反応するが逆反応も起こってしまうハロゲンの単体をそれぞれ化学式で示せ。

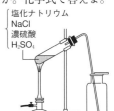

塩化ナトリウム
NaCl
濃硫酸
H₂SO₄

274 □□ ◀元素の周期表▶　第2～第4周期までの元素をA～Dのグループに分け，周期表として示す。これを見て，あとの問いに答えよ。

周期＼族	1	2	3	4	5	6	7	8	9	10	11	12	13	14	15	16	17	18
2																	D	
3	A																	
4							B						C					

(1)　グループAの元素の中で，炎色反応を示し，単体の融点が最も低い元素と最も高い元素はそれぞれ何か。元素記号で示せ。

(2)　グループBの元素の最外殻電子が存在する電子殻の名称を記せ。

(3)　グループBの中のある元素は，+2，+3，+4，+6，+7の酸化数をとり，酸化数+4の酸化物は黒色の粉末である。その酸化物を化学式で示せ。

(4)　グループBの元素の中で，有色の金属光沢をもち，希塩酸には溶けないが，希硝酸に溶けるものは何か。元素記号で示せ。

(5)　グループCの元素の中で，両性金属であり，濃硝酸には不動態となり溶けないものは何か。元素記号で示せ。

(6)　グループDの元素の中で，地殻中での存在率が最も大きいものを元素記号で示せ。

(7)　グループDに属する14族元素の酸化物のうち，共有結合の結晶をつくるものはどれか。化学式で示せ。

(8)　グループDの元素の中で，その酸化物が酸性雨の主な原因となるものはどれか。2つ選び，元素記号で示せ。

23 非金属元素②

❶ 窒素・リン（15 族）の単体と化合物

❶窒素 N，リン P の単体

窒素 N_2	空気の主成分，無色・無臭の気体。常温では化学的に不活発。不燃性。		
リン P（同素体）| 黄リン	淡黄色固体，**猛毒**	自然発火（**水中保存**）| 高純度のものは白リンという。
	赤リン	暗赤色粉末，微毒	自然発火しない。|

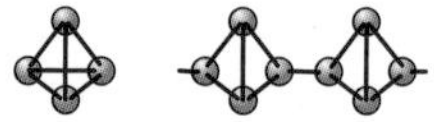

（反応）空気中で白煙をあげて燃焼。$4P + 5O_2 \longrightarrow P_4O_{10}$
十酸化四リン

黄リン（P_4） 赤リン（P）

	アンモニア NH_3	無色・刺激臭の気体。水に溶け塩基性，HCl と白煙生成。	塩化アンモニウムと水酸化カルシウムを加熱。$2NH_4Cl + Ca(OH)_2 \longrightarrow CaCl_2 + 2NH_3 + 2H_2O$
窒素の化合物	一酸化窒素 NO	無色の気体。水に難溶。酸素と反応して NO_2 になる。	銅に希硝酸を加える。$3Cu + 8HNO_3 \longrightarrow 3Cu(NO_3)_2 + 2NO + 4H_2O$
	二酸化窒素 NO_2	赤褐色・刺激臭の有毒気体。水に溶け酸性（硝酸生成）。	銅に濃硝酸を加える。$Cu + 4HNO_3 \longrightarrow Cu(NO_3)_2 + 2NO_2 + 2H_2O$

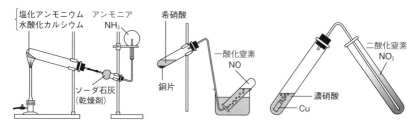

	十酸化四リン P_4O_{10}	白色粉末，強い吸湿性（乾燥剤）・脱水剤。水と煮沸すると，リン酸を生成。$P_4O_{10} + 6H_2O \longrightarrow 4H_3PO_4$
リンの化合物	リン酸 H_3PO_4	無色・潮解性の結晶（融点 42℃）。水に溶け，水溶液は中程度の強さの酸性を示す。

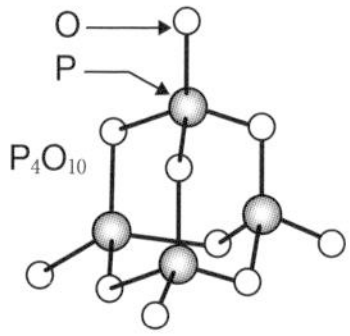

O → P P_4O_{10}

❷硝酸の工業的製法 オストワルト法という。

加熱した白金網（触媒）で NH_3 を酸化して得る。

$$NH_3 \xrightarrow[\text{(a)}]{O_2\,(Pt)} NO \xrightarrow[\text{(b)}]{O_2} NO_2 \xrightarrow[\text{(c)}]{H_2O} HNO_3 + NO$$

(a) $4NH_3 + 5O_2 \longrightarrow 4NO + 6H_2O$

(b) $2NO + O_2 \longrightarrow 2NO_2$

(c) $3NO_2 + H_2O \longrightarrow 2HNO_3 + NO$

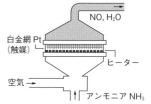

NO, H_2O

白金網 Pt（触媒）
ヒーター
空気
↑↑ アンモニア NH_3

NH_3 と空気の混合物を約 800℃の白金触媒で酸化して NO とし，冷却して NO_2 とする。

（性質）（i）無色・揮発性の強酸，光で分解しやすい（**褐色びんで保存**）。

（ii）強い酸化作用，ただし，Al，Fe，Ni は濃硝酸には**不動態**となり不溶。

② 炭素・ケイ素（14 族）の単体と化合物

C₆₀ の分子

炭素C（同素体）	ダイヤモンド	無色・透明，硬度最大，電気伝導性なし。	
	黒鉛	黒色，軟らかい，電気伝導性あり。	
	無定形炭素	黒鉛の微結晶の集合体，多孔質，電気伝導性あり。	
	フラーレン	球状の炭素分子，C_{60}，C_{70} など。電気伝導性なし。	

ケイ素 Si	金属光沢をもつ暗灰色の共有結合の結晶。半導体として利用。	

化合物	二酸化炭素 CO_2	無色・無臭の気体。水溶液は弱い酸性。石灰水を白濁し，CO_2 過剰で沈殿は溶解。	$CaCO_3 + 2HCl \longrightarrow$ $CaCl_2 + CO_2 + H_2O$
	一酸化炭素 CO	無色・無臭の有毒気体。可燃性（青い炎）。水に不溶，高温では還元性あり。	ギ酸に濃硫酸を加え加熱。 $HCOOH \longrightarrow CO + H_2O$
	二酸化ケイ素 SiO_2	石英，水晶，ケイ砂の主成分。無色透明の固体，ガラスの原料。強塩基と反応 $SiO_2 + 2NaOH \xrightarrow{融解} Na_2SiO_3 + H_2O$	

二酸化ケイ素の反応

$$SiO_2 \xrightarrow[融解]{NaOH} \boxed{\begin{array}{c}ケイ酸ナトリウム\\ Na_2SiO_3\end{array}} \xrightarrow[加熱]{水} \boxed{\begin{array}{c}水ガラス\\(粘性大)\end{array}} \xrightarrow{HCl} \boxed{\begin{array}{c}ケイ酸\\H_2SiO_3\end{array}} \xrightarrow{乾燥} \boxed{\begin{array}{c}シリカゲル\\(乾燥剤)\end{array}}$$

③ 気体の製法と性質

❶気体の発生装置 試薬が固体か液体か，加熱が必要か不要かで決める。

固体と固体　加熱が必要…(A)の装置

固体と液体
- 加熱が必要な場合…(B)の装置（濃硫酸か濃塩酸を使う場合）
- 加熱が不要の場合…(C)，(D)，(E)のいずれの装置でもよい。

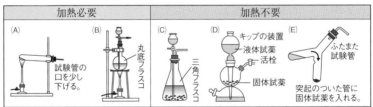

加熱必要		加熱不要		
(A)	(B)	(C)	(D)	(E)
試験管の口を少し下げる。	丸底フラスコ	三角フラスコ	キップの装置 液体試薬 活栓 固体試薬	ふたまた試験管 突起のついた管に固体試薬を入れる。

❷気体の捕集法 水に対する溶解性と，空気に対する比重で決める。

水に溶けにくい気体：H_2，O_2，NO，CO など ………………… 水上置換

水に溶ける気体
- 空気より軽い（分子量 < 29）：NH_3 のみ ………… 上方置換
- 空気より重い：HCl，Cl_2，NO_2 など …………… 下方置換

❸気体の乾燥剤 気体と反応しない乾燥剤を選択する。

酸性の乾燥剤	P_4O_{10}，濃硫酸	塩基性気体（NH_3）は吸収され，不適。H_2S は濃硫酸で酸化され，不適。
中性の乾燥剤	$CaCl_2$	$CaCl_2 \cdot 8NH_3$ をつくる（NH_3 は不適）。
塩基性の乾燥剤	CaO，ソーダ石灰	酸性気体（Cl_2，HCl，SO_2，NO_2 など）は吸収され，不適。

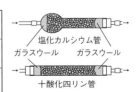

塩化カルシウム管
ガラスウール　　ガラスウール

十酸化四リン管

確認&チェック

1 次の文の[　　]に適語を入れよ。

リンの同素体のうち，①[　　]は淡黄色の固体で猛毒である。空気中で自然発火するため，②[　　]中に保存する。一方，③[　　]は暗赤色の粉末で微毒であり，空気中で自然発火④[　　]。

リンは空気中で白煙をあげて燃焼し，⑤[　　]を生成する。⑤を熱水と反応させると，⑥[　　]を生成する。

2 次の文で，一酸化窒素に該当するものは A，二酸化窒素に該当するものは B，アンモニアに該当するものは C と記せ。
 (1) 水に溶けにくい。
 (2) 水に溶けて酸性を示す。
 (3) 水に溶けて塩基性を示す。
 (4) 銅と濃硝酸の反応で発生する。
 (5) 銅と希硝酸の反応で発生する。
 (6) 赤褐色，刺激臭のある気体で，有毒である。
 (7) 無色の気体で，酸素と容易に反応して赤褐色になる。

3 次の文の[　　]に適語を入れよ。

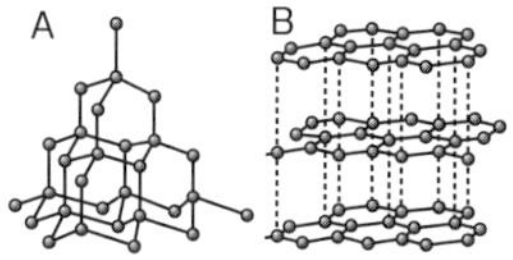

炭素の単体のうち図 A の結晶は①[　　]で，非常に硬く，電気伝導性は②[　　]。一方，図 B の結晶は③[　　]で，軟らかく，電気伝導性は④[　　]。このほか，炭素の単体には，③の微結晶の集合体で多孔質な構造をもつ⑤[　　]や，C_{60}，C_{70} など球状の炭素分子からなる⑥[　　]もある。

4 次の文で，一酸化炭素に該当するものは A，二酸化炭素に該当するものは B，二酸化ケイ素に該当するものは C と記せ。
 (1) 水に不溶な気体である。
 (2) 水に溶けて弱酸性を示す。
 (3) 無色・無臭の気体で，きわめて有毒である。
 (4) 無色透明な固体で水に不溶である。
 (5) 石灰水を白濁させる。
 (6) 空気中では青い炎を出して燃焼する。

解答

1
 ① 黄リン
 ② 水
 ③ 赤リン
 ④ しない
 ⑤ 十酸化四リン
 ⑥ リン酸
 → p.202 1

2
 (1) A
 (2) B
 (3) C
 (4) B
 (5) A
 (6) B
 (7) A
 → p.202 1

3
 ① ダイヤモンド
 ② ない
 ③ 黒鉛
　　 (グラファイト)
 ④ ある
 ⑤ 無定形炭素
 ⑥ フラーレン
 → p.203 2

4
 (1) A
 (2) B
 (3) A
 (4) C
 (5) B
 (6) A
 → p.203 2

例題 94 窒素の化合物 ■■□

次の文の ☐ に適語を入れ，あとの問いに答えよ。

濃硝酸は無色，揮発性の液体で，強い①☐性と②☐作用を示す。イオン化傾向の小さな銅や銀とも反応し，③☐が発生する。ただし，鉄やアルミニウムは濃硝酸とは全く反応しない。この状態を④☐という。

(1) 濃硝酸は褐色びんで保存する。この理由を記せ。

(2) 文中の④は，どういう状態であるかを記せ。

(3) 銅と希硝酸を反応させたときの化学反応式を示せ。

考え方 濃硝酸，希硝酸は，ともに強い**酸性**と**酸化作用**を示し，イオン化傾向が小さな Cu, Ag をも溶かす。銅と濃硝酸が反応すると，二酸化窒素(赤褐色)の気体が発生する。

$$Cu + 4HNO_3 \longrightarrow Cu(NO_3)_2 + 2NO_2\uparrow + 2H_2O$$

鉄，アルミニウム，ニッケルは濃硝酸には溶けない。この状態を**不動態**という。

(1) 濃硝酸は光が当たると次のように分解され，NO_2 の生成により淡黄色を帯びる。

$$4HNO_3 \xrightarrow{\text{光}} 4NO_2 + 2H_2O + O_2$$

(3) 銅と希硝酸が反応すると，一酸化窒素(無色)の気体が発生する。

解答 ① 酸 ② 酸化 ③ 二酸化窒素
④ 不動態

(1) 光による濃硝酸の分解を防ぐため。

(2) 金属表面にち密な酸化物の被膜を生じ，それ以上反応が進まなくなった状態。

(3) $3Cu + 8HNO_3 \longrightarrow 3Cu(NO_3)_2 + 2NO + 4H_2O$

例題 95 気体の性質 ■■□

次の性質に該当する気体をあとの語群から選び，それぞれ化学式で示せ。

(1) 無色・刺激臭の気体で，水にきわめて溶けやすく，水溶液は酸性を示す。

(2) 赤褐色・刺激臭の気体で，水に溶けて，水溶液は酸性を示す。

(3) 無色の気体で，空気に触れると直ちに赤褐色になる。

(4) 無色・腐卵臭の気体で，酢酸鉛(Ⅱ)水溶液に通じると黒色沈殿を生じる。

(5) 無色・刺激臭の気体で，水溶液に赤色リトマス紙を浸すと青変する。

(6) 無色・刺激臭の気体で，赤い花の色素を脱色する。

(7) 有色の気体で，水素との混合気体に光を当てると，爆発的に反応する。

【語群】 一酸化炭素　塩素　硫化水素　アンモニア
塩化水素　一酸化窒素　二酸化硫黄　二酸化窒素

考え方 次の代表的な気体は覚えておく。
- 水に不溶の気体…$H_2 \cdot O_2 \cdot N_2 \cdot CO \cdot NO$
- 水に非常に溶けやすい気体…$HCl \cdot NH_3$
- 有色の気体…$Cl_2 \cdot NO_2 \cdot O_3$
- 酸化力のある気体…$Cl_2 \cdot NO_2 \cdot O_3$
- 還元力のある気体…$H_2S \cdot SO_2, CO(高温)$

(1) 水に非常に溶けやすい気体は HCl と NH_3 で，水溶液が酸性なのは HCl。

(2) 赤褐色より NO_2。水に溶け硝酸を生成。

(3) $2NO + O_2 \rightarrow 2NO_2$(赤褐色)より NO。

(4) 腐卵臭は H_2S。$Pb^{2+} + S^{2-} \rightarrow PbS\downarrow$ (黒)

(5) 水溶液が塩基性を示すのは NH_3 のみ。

(6) 無色の気体で漂白作用を示すのは SO_2。

(7) $H_2 + Cl_2 \xrightarrow{\text{光}} 2HCl$ より，Cl_2。

解答 (1) HCl (2) NO_2 (3) NO
(4) H_2S (5) NH_3 (6) SO_2 (7) Cl_2

次の文の□に適切な語句または数値を記入せよ。

炭素の同素体のうち，①□は無色透明な結晶で，各炭素原子は隣接する②□個の原子と③□結合で結ばれた立体網目構造をもつ。そのため，非常に硬く，電気伝導性は示さ④□。

⑤□は黒色の結晶で，各炭素原子は隣接する⑥□個の原子と③結合で結ばれた平面層状構造をつくる。この構造は互いに⑦□で積み重なっているだけなので軟らかい。⑤の細かな粉末は，結晶状の外観を示さないので，⑧□とよばれ，印刷のインクやプリンターのトナーなどに利用される。

また，1985 年には黒鉛にレーザーを照射してできた煤の中から⑨□とよばれる中空の球状構造をもった C_{60} などの炭素分子が発見された。この物質は電気伝導性は⑩□。1991 年には黒鉛のシート構造を円筒状に丸めた構造をもつ⑪□が発見された。この物質は層の巻き方の違いによって電気伝導性が変わるという性質をもち，電子材料などへの利用が開始されている。2004 年には⑫□とよばれる黒鉛のシート一層分が単離された。

考え方 ダイヤモンドは天然物質の中で最も硬く，各炭素原子は 4 個の価電子すべてを用いて共有結合でつながり，正四面体を基本単位とする**立体網目構造**の共有結合の結晶で，電気伝導性は示さない。

黒鉛(グラファイト)は，各炭素原子が 3 個の価電子を使って共有結合し，正六角形を基本単位とする**平面層状構造**を形成し，この構造が比較的弱い**分子間力**で積み重なったものである。残る 1 個の価電子は平面上を自由に動くことができるので，電気伝導性を示す。

無定形炭素は黒鉛の微結晶の集合体で，多孔質で吸着力が大きい。活性炭も無定形炭素で，脱臭剤や脱色剤として利用される。

1985 年，クロトー，スモーリーらによって発見された C_{60}，C_{70} などの球状の炭素分子はフラーレンと総称される。フラーレンは面心立方格子からなる分子結晶をつくり，電気伝導性を示さない。しかし，K，Rb などのアルカリ金属を添加してつくられたフラーレンは，19K 以下で電気抵抗が 0 となる**超伝導**の性質を示し，注目されている。

1991 年，日本の飯島澄男博士によって，

黒鉛のシート構造を円筒状に丸めた構造をもつカーボンナノチューブが発見された。この物質は層の巻き方の違いによって，金属の性質を示すものや，半導体の性質を示すものなどがあり，電子部品などさまざまな分野への利用が開始されている。

2004 年，ガイムとノボセロフらによって，黒鉛のシート一層分だけが単離され，グラフェンと命名された。

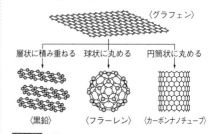

解答 ① ダイヤモンド ②4 ③ 共有
④ ない ⑤ 黒鉛(グラファイト) ⑥3
⑦ 分子間力(ファンデルワールス力)
⑧ 無定形炭素 ⑨ フラーレン
⑩ ない ⑪ カーボンナノチューブ
⑫ グラフェン

標準問題　必は重要な必須問題。時間のないときはここから取り組む。

必275 □□ ◀アンモニア▶　図のアンモニアの発生装置について，次の問いに答えよ。

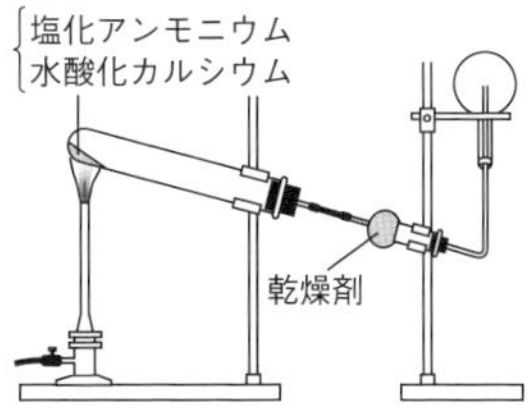

(1)　この変化を化学反応式で示せ。
(2)　この気体の捕集法を何というか。
(3)　試験管を図のように傾ける理由を示せ。
(4)　アンモニアの乾燥剤として適切なものを選べ。
　(ア)　ソーダ石灰　　(イ)　塩化カルシウム
　(ウ)　十酸化四リン　　(エ)　濃硫酸
(5)　アンモニアがフラスコに満たされたことを確認する方法を簡潔に示せ。
(6)　水酸化カルシウムの代わりに用いることができる物質を，次から選べ。
　(ア)　HCl　　(イ)　$CaCl_2$　　(ウ)　H_2SO_4　　(エ)　NaOH

必276 □□ ◀硝酸の製法▶　次の文の□に適語を入れ，あとの問いに答えよ。(原子量は H = 1.0，N = 14，O = 16)
(a)　アンモニアと空気の混合気体を，約 800℃ に加熱した白金網に触れさせると，①□色の気体の②□が生成する。
(b)　②はさらに空気中の酸素と反応して，③□色の気体の④□になる。
(c)　④を水と反応させると，⑤□と②を生成する。ここで副生する②は(b)と(c)の反応を繰り返すことで，すべて⑤に変えることができる。
(1)　(a)，(b)，(c)を，それぞれ化学反応式で示せ。
(2)　(a)，(b)，(c)を，1つにまとめた化学反応式で示せ。
(3)　上のような硝酸の工業的製法を何というか。
(4)　(i)　上記の方法で，アンモニア 1.7kg から 63% 硝酸は何 kg 得られるか。
　(ii)　②の回収・再利用を一切行わないとすると，アンモニア 1.7kg から 63% 硝酸は何 kg 得られることになるか。

277 □□ ◀二酸化炭素▶　次の文を読み，あとの問いに答えよ。

二酸化炭素は常温で無色・無臭の①□であり，約 5×10^6 Pa に加圧すると，②□して液体となる。この高圧の二酸化炭素をボンベの中から空気中に噴き出させると，急激な膨張のために温度が下がり，③□する。これを押し固めたものが④□であり，冷却剤に使用される。ⓐ二酸化炭素は水に溶け，弱酸性を示す。また，ⓑ二酸化炭素は水酸化ナトリウム水溶液に吸収される性質をもつ。近年，ⓒ大気中の二酸化炭素濃度は増加しており，地球の⑤□の一因と考えられている。
(1)　文の①～⑤の□に適切な語句を入れよ。
(2)　下線部ⓐをイオン反応式，ⓑを化学反応式で示せ。
(3)　下線部ⓒの主な原因について2つ示せ。

5-23

278 □□ ◀炭素とその化合物▶　次の文の□□□に適語を入れ，問いに答えよ。

　炭素の単体には，性質の異なるいくつかの①□□□が存在する。すなわち，電気を導かない結晶状の②□□□や，軟らかく電気をよく導く③□□□のほか，木炭のように結晶状の外観を示さない④□□□がある。このほか，分子式 C_{60}，C_{70} などで表される球状の炭素分子は⑤□□□とよばれる。

　ⓐ炭素の安定な酸化物である⑥□□□を石灰水に通じると，白色の沈殿を生じるが，ⓑさらに過剰に通じるとこの沈殿は溶けて無色透明な溶液となる。石灰岩地帯で下線ⓑの反応が起こると⑦□□□が，この逆反応が起こると⑧□□□などが形成される。

　炭素のもう1つの酸化物であるⓒ⑨□□□は，ギ酸を濃硫酸で脱水すると発生するきわめて有毒な気体である。ⓓ空気中で点火すると，青白い炎をあげて燃焼する。このほか，⑨は高温では⑩□□□性を示すので，鉄の製錬などに利用されている。

〔問〕　下線部ⓐ～ⓓを化学反応式で示せ。

必279 □□ ◀気体の発生と捕集法▶　次の気体について，その気体を発生させる試薬の組み合わせを[A]から，気体の発生装置を[B]から，発生させた気体の捕集装置を[C]から，それぞれ1つずつ選んで，記号で記せ。

(1) H_2S　　(2) NH_3　　(3) SO_2　　(4) Cl_2　　(5) H_2

(6) NO_2　　(7) CO_2　　(8) CO　　(9) HCl　　(10) NO

[A]　(ア) 亜鉛と希硫酸　　　　　　　　　　(イ) 塩化アンモニウムと消石灰

　　　(ウ) 過酸化水素水と酸化マンガン(Ⅳ)　(エ) 塩化ナトリウムと濃硫酸

　　　(オ) 硫化鉄(Ⅱ)と希硫酸　　　　　　　(カ) フッ化カルシウムと濃硫酸

　　　(キ) ギ酸と濃硫酸　　　　　　　　　　(ク) 銅と希硝酸

　　　(ケ) 大理石と希塩酸　　　　　　　　　(コ) 酸化マンガン(Ⅳ)と濃塩酸

　　　(サ) 銅と濃硝酸　　　　　　　　　　　(シ) 銅と濃硫酸

[B]　(a)　　　　　　　　　(b) 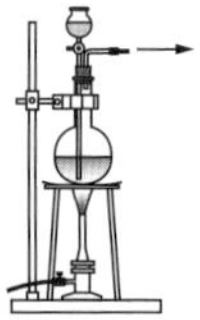　　　　　　　　　(c)

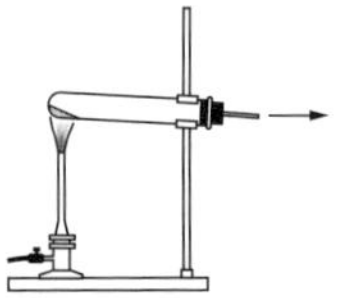

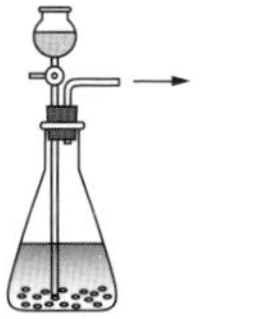

[C]　(d)　　　　　　　　　(e) 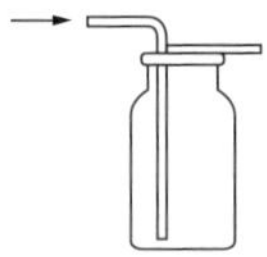　　　　　　　　　(f)

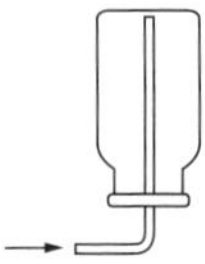

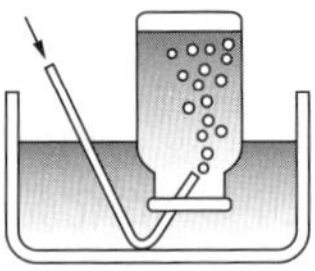

必**280** □□ ◀リンとその化合物▶　次の文の_____に適語を入れ，問いに答えよ。

　　リンの単体には，代表的な2種の①_____が存在する。分子式が P_4 の②_____は，毒性が強く，空気中では自然発火するので③_____中に保存する。一方，②を空気を絶って約250℃で長時間加熱してできる④_____は，毒性は少なく，空気中で安定に存在する暗赤色の高分子で，⑤_____の側薬などに用いる。

　　リンを空気中で燃焼させると，⑥_____を生じる。⑥は吸湿性に富む白色の粉末で⑦_____として用いる。⑥に水を加えて煮沸すると⑧_____が得られる。

　　リン鉱石（主成分 $Ca_3(PO_4)_2$）は水に溶けないが，これに適量の硫酸を作用させると，水溶性の⑨_____が生成し，リン酸肥料として用いられる。

〔問〕　$Ca_3(PO_4)_2$ を82％（質量パーセント）含むリン鉱石500gから得られる黄リンは何gか。（原子量は，$O = 16$，$P = 31$，$Ca = 40$）

必**281** □□ ◀ケイ素と化合物▶　次の文の_____に適語を入れ，問いに答えよ。

　　ケイ素の単体は，炭素の単体の①_____と同じ結晶構造をもつ②_____の結晶である。高純度のものは③_____として電子部品の材料に用いられる。

　　二酸化ケイ素は，天然に④_____という鉱物として存在し，透明で大きな結晶を⑤_____，砂状のものを⑥_____という。高純度の二酸化ケイ素を繊維状に加工したものは⑦_____とよばれ，光通信に利用されている。

　　ⓐ二酸化ケイ素を水酸化ナトリウムの固体と強く熱するとガラス状の⑧_____となる。⑧の水溶液を長時間加熱すると⑨_____とよばれる粘性の大きな液体が得られる。

　　ⓑ⑨の水溶液に塩酸を加えると，白色ゲル状の⑩_____が沈殿する。⑩を水洗いし，加熱乾燥させると⑪_____が得られる。⑪は乾燥剤や吸着剤として用いられる。

(1)　下線部ⓐ，ⓑを化学反応式で示せ。

(2)　⑨の粘性が大きい理由を記せ。

(3)　⑪が乾燥剤として用いられる理由を，その構造に基づいて説明せよ。

発展問題

282 □□ ◀気体の精製▶　次のA〜Eに示す混合気体中の不純物を除去したい。下の(ア)〜(エ)の中から最も適した方法を1つずつ選べ。

混合気体	A	B	C	D	E
主成分	N_2	N_2	N_2	NH_3	Cl_2
不純物	CO_2	O_2	H_2	H_2O	H_2O

(ア)　熱した銅網の中を通す。　　　　　(イ)　濃硫酸の中を通す。

(ウ)　ソーダ石灰の中を通す。

(エ)　熱した酸化銅(Ⅱ)片の中を通したのち，塩化カルシウム管の中を通す。

24 典型金属元素

❶ アルカリ金属　Hを除く1族元素　Li, Na, K, Rb, Cs, Frの6元素

<table>
<tr>
<td rowspan="3">単体</td>
<td colspan="2">原子は1個の価電子をもち，1価の陽イオンになる。
銀白色の軟らかい軽金属で，低融点，密度小。
(a)水や酸素と反応しやすく，石油中で保存する。
(b)常温の水と激しく反応し，水素を発生する。
$2Na + 2H_2O \longrightarrow 2NaOH + H_2\uparrow$</td>
</tr>
</table>

化合物	水酸化ナトリウム NaOH	白色の固体で潮解性を示す。水溶液は強い塩基性で皮膚を侵す。CO_2 をよく吸収する。$2NaOH + CO_2 \longrightarrow Na_2CO_3 + H_2O$
	炭酸ナトリウム Na_2CO_3	白色粉末，$Na_2CO_3 \cdot 10H_2O$ は風解性を示し，一水和物になる。水溶液は加水分解して塩基性を示す。加熱しても分解しない。
	炭酸水素ナトリウム $NaHCO_3$	白色粉末，重曹（じゅうそう）ともいう。水溶液は加水分解して弱い塩基性を示す。加熱すると分解し，CO_2 を発生する。

注)単体，化合物は炎色反応を示す。例 Li(赤)，Na(黄)，K(赤紫)，Rb(深赤)，Cs(青紫)

アンモニアソーダ法（ソルベー法）

Na_2CO_3 の工業的製法。飽和食塩水に NH_3 と CO_2 を通して，比較的水に溶けにくい $NaHCO_3$ を沈殿させ，これを熱分解して Na_2CO_3 をつくる。

（主反応）$NaCl + NH_3 + CO_2 + H_2O$
$$\longrightarrow NaHCO_3 + NH_4Cl$$

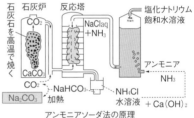

アンモニアソーダ法の原理

❷ アルカリ土類金属　Be, Mg, Ca, Sr, Ba, Raの6元素

アルカリ土類金属に Be, Mg を含めない場合もある。

	マグネシウム Mg	Ca, Sr, Ba, Ra
電子配置	原子は2個の価電子をもち，2価の陽イオンになる。	
単体の特徴	銀白色の軽金属，低融点（1族よりやや高い）。	
反応性	Mg < Ca < Sr < Ba	
水との反応（水酸化物）	熱水と反応（弱塩基）	常温の水と反応（強塩基）
硫酸塩	水に可溶	水に不溶（沈殿）
炎色反応	なし	Ca(橙赤)，Sr(紅)，Ba(黄緑)

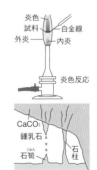

Caの化合物

炭酸カルシウム $CaCO_3$	石灰石，大理石の主成分，熱分解する。
酸化カルシウム CaO	生石灰，白色固体，吸湿性（乾燥剤）
水酸化カルシウム $Ca(OH)_2$	消石灰，白色粉末，水溶液（石灰水）
硫酸カルシウム $CaSO_4$	$CaSO_4 \cdot 2H_2O \underset{固化}{\overset{加熱}{\rightleftarrows}} CaSO_4 \cdot \frac{1}{2}H_2O + \frac{3}{2}H_2O$ セッコウ　　　　焼きセッコウ

石灰石 $CaCO_3$ は，CO_2 を含む地下水に溶ける。
$$CaCO_3 + CO_2 + H_2O \underset{鍾乳石}{\overset{鍾乳洞}{\rightleftarrows}} Ca(HCO_3)_2$$

❸ アルミニウムとその化合物

単体	原子は 3 個の価電子をもち，3 価の陽イオンになる。 銀白色の軽金属，電気・熱の良導体，濃硝酸に不溶(不動態)。 両性金属　例　$2Al + 6HCl \longrightarrow 2AlCl_3 + 3H_2 \uparrow$ $2Al + 2NaOH + 6H_2O \longrightarrow 2Na[Al(OH)_4] + 3H_2 \uparrow$ 　　　　　　　　　　　テトラヒドロキシドアルミン酸ナトリウム 〔製法〕ボーキサイトを精製して得た Al_2O_3(アルミナ)を，氷晶石 　　　Na_3AlF_6 の融解液に少しずつ加えて溶融塩電解する。	

化合物	酸化アルミニウム Al_2O_3	白色粉末，高融点。結晶は硬度大，ルビー (赤)やサファイア(青)で産出。 両性酸化物で，酸や強塩基の水溶液と反応し溶ける。
	水酸化アルミニウム $Al(OH)_3$	(生成) $Al^{3+} + 3OH^- \rightarrow Al(OH)_3$　白色ゲル状沈殿 両性水酸化物で，酸や過剰の $NaOH$ 水溶液に可溶，過剰の NH_3 水に不溶。 $Al(OH)_3 + NaOH \longrightarrow Na[Al(OH)_4]$ (無色)
	ミョウバン	化学式は $AlK(SO_4)_2 \cdot 12H_2O$ 無色・正八面体の結晶。二種の塩が組み合わさっ た複塩で，水中では各成分イオンに分かれる。 $AlK(SO_4)_2 \cdot 12H_2O \longrightarrow Al^{3+} + K^+ + 2SO_4^{2-} + 12H_2O$

❹ 亜鉛・水銀とその化合物

12 族元素(Zn, Hg)は遷移元素(p.219)に分類される場合も多いが，典型金属との類似性が高いので，本書ではあえてここで扱う。

亜鉛 (Zn)	単体	原子は 2 個の価電子をもち，2 価の陽イオンになる。 青白色の重金属，低融点，トタン(Fe + Zn めっき)，黄銅(+ Cu 合金)。 両性金属　例　$Zn + 2NaOH + 2H_2O \longrightarrow Na_2[Zn(OH)_4] + H_2 \uparrow$ 　　　　　　　　　　　　テトラヒドロキシド亜鉛(Ⅱ)酸ナトリウム
	酸化亜鉛 ZnO	白色粉末，水に不溶。亜鉛の燃焼で得られる。 両性酸化物で，酸や強塩基の水溶液と反応し溶ける。
	水酸化亜鉛 $Zn(OH)_2$	(生成) $Zn^{2+} + 2OH^- \longrightarrow Zn(OH)_2$ 白色ゲル状沈殿 両性水酸化物，酸や過剰の $NaOH$ 水溶液，過剰の NH_3 水に可溶。 $Zn(OH)_2 + 2NaOH \longrightarrow Na_2[Zn(OH)_4]$ $Zn(OH)_2 + 4NH_3 \longrightarrow [Zn(NH_3)_4]^{2+} + 2OH^-$ 　　　　　　　　　　　　テトラアンミン亜鉛(Ⅱ)イオン
水銀 (Hg)		12 族，銀白色の重金属，常温で液体。蒸気は有毒，Hg の合金はアマルガム。 Hg_2Cl_2 塩化水銀(Ⅰ)は水に難溶。$HgCl_2$ 塩化水銀(Ⅱ)は水に可溶，猛毒。

❺ スズ・鉛とその化合物

スズ (Sn)	14 族，銀白色の重金属，低融点，両性金属，ブリキ(Fe + Sn めっき)，青銅(+Cu 合金)。 $SnCl_2$ 塩化スズ(Ⅱ)は還元性が大($Sn^{2+} \rightarrow Sn^{4+} + 2e^-$)，無鉛はんだ(+ Ag, Cu)。
鉛 (Pb)	14 族，灰白色の重金属，密度大($11.4g/cm^3$)，軟らかい。 両性金属。放射線をよく遮蔽する。有毒。 水に不溶性の沈殿をつくりやすい。 $PbCl_2$(白)，$PbSO_4$(白)，PbS(黒)，$PbCrO_4$(黄)

クロムイエロー
(黄色顔料)

クロムイエローは
$PbCrO_4$ が
主成分である。

確認＆チェック

1 次の文の□□□に適語を入れよ。

ナトリウム Na の単体は，銀白色の軟らかい軽金属で，水や
酸素と反応しやすいので，^①□□□中で保存する。Na は水と
激しく反応し，^②□□□を発生する。

水酸化ナトリウム NaOH は白色の固体で，空気中に放置す
ると水分を吸収して溶ける。この現象を^③□□□という。また，
NaOH の水溶液は^④□□□性を示す。

2 次の文の｛ ｝内より，正しい方を記号で示せ。

炭酸ナトリウム Na_2CO_3 は白色の粉末で，その水溶液は^①｛(ア)
塩基性，(イ)弱い塩基性｝を示す。また，加熱した場合，分解^②｛(ア)
する，(イ)しない｝。炭酸水素ナトリウム $NaHCO_3$ は白色の粉
末で，その水溶液は^③｛(ア)塩基性，(イ)弱い塩基性｝を示す。また，
加熱した場合，分解^④｛(ア)する，(イ)しない｝。

3 右図のように，ある化合物の水溶液を白
金線につけて，バーナーの外炎に入れたら，
特有の色が現れた。次の問いに答えよ。

(1) このような反応を何というか。

(2) 次の水溶液は何色の炎色を示すか。

(ア) $MgCl_2$ (イ) $CaCl_2$

(ウ) $SrCl_2$ (エ) $BaCl_2$

炎色
試料
外炎
白金線

4 次の文に当てはまるカルシウム化合物の名称を書け。

(1) 石灰石や大理石として産出し，強熱すると分解する。

(2) 白色固体で，(1)の熱分解で生成し，吸湿性が強く乾燥剤
に用いられる。

(3) 白色粉末で，その水溶液は石灰水とよばれる。

5 次の文のうち，Al に当てはまるものは A，Zn に当てはま
るものは B，両方に当てはまるものは C と記せ。

(1) 塩酸にも水酸化ナトリウム水溶液にも溶ける。

(2) 水酸化物は，過剰のアンモニア水に溶ける。

(3) 酸化物の結晶は硬く，ルビーやサファイアとして産出する。

(4) 濃硝酸を加えても反応せず，不動態となる。

解答

1 ① 石油

② 水素

③ 潮解

④ 強い塩基

→ p.210 1

2 ① (ア)

② (イ)

③ (イ)

④ (ア)

→ p.210 1

3 (1) 炎色反応

(2) (ア) 無色

(イ) 橙赤色

(ウ) 紅(深赤)色

(エ) 黄緑色

→ p.210 2

4 (1) 炭酸カルシウム

(2) 酸化カルシウム

(3) 水酸化カルシウム

→ p.210 2

5 (1) C

(2) B

(3) A

(4) A

→ p.211 3, 4

次の文の ▢ に適語を入れ，あとの問いに答えよ。

Na の単体は密度が水より①▢く，軟らかい軽金属である。ⓐNa は空気中の酸素と容易に反応し，ⓑ常温の水とも激しく反応するので②▢中に保存される。

ナトリウム
ろ紙
水

(1) 下線部ⓐ，ⓑの変化を化学反応式で示せ。

(2) Li，Na，K の単体を，融点の低いものから順に示せ。

(3) Li，Na，K の単体を，水との反応性が小さいものから順に示せ。

(4) Li，Na，K の各元素の炎色反応の色を記せ。

考え方 アルカリ金属の単体(Li, Na, K)が化合物になると，1価の陽イオンになる。

酸化ナトリウム…$Na_2O(Na^+ : O^{2-} = 2 : 1)$
水酸化ナトリウム…$NaOH(Na^+ : OH^- = 1 : 1)$

(2) アルカリ金属の単体の融点は，原子番号が大きいものほど低くなる。これは原子番号が大きくなるほど，原子半径が大きくなるため，自由電子の密度が小さくなり，金属結合が弱くなるからである。

K(63℃) < Na(98℃) < Li(181℃)

(3) アルカリ金属のイオン化エネルギーは，原子番号が大きくなるほど小さくなり，単体の反応性も大きくなる。Li < Na < K

解答 ① 小さ ② 石油

(1)ⓐ $4Na + O_2 \longrightarrow 2Na_2O$
   ⓑ $2Na + 2H_2O \longrightarrow 2NaOH + H_2$

(2)K < Na < Li (3)Li < Na < K

(4)Li…赤色，Na…黄色，K…赤紫色

図は，炭酸ナトリウムを工業的に製造する工程を示す。あとの問いに答えよ。

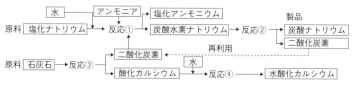

(1) 図中の反応①，②をそれぞれ化学反応式で示せ。

(2) アンモニアを回収して再利用する方法について説明せよ。

考え方 (1) 反応①：飽和食塩水に NH_3 と CO_2 を吹き込むと，水溶液中の4種のイオン(Na^+, Cl^-, NH_4^+, HCO_3^-)からなる塩のうち，溶解度の最も小さい $NaHCO_3$ が沈殿することで，反応が右向きに進行する。

反応②：$NaHCO_3$ は容易に熱分解し，目的の製品である Na_2CO_3 が得られる。

(反応②で発生する CO_2 は反応①で再利用され，不足分(50%)は，石灰石の熱分解(反応③)で補う。)

反応③：$CaCO_3 \longrightarrow CaO + CO_2$

(2) 反応③で生成した酸化カルシウム CaO(生

石灰)を水と反応させて，水酸化カルシウム $Ca(OH)_2$(消石灰)とする。

反応④：$CaO + H_2O \longrightarrow Ca(OH)_2$

反応⑤：$2NH_4Cl + Ca(OH)_2$
$\xrightarrow{加熱} CaCl_2 + 2NH_3 + 2H_2O$

解答 (1)① $NaCl + NH_3 + CO_2 + H_2O$
$\longrightarrow NaHCO_3 + NH_4Cl$

② $2NaHCO_3 \longrightarrow Na_2CO_3 + CO_2 + H_2O$

(2)反応①で生成した塩化アンモニウムと反応④で生成した水酸化カルシウムの混合物を加熱し，アンモニアを回収する。

5
-
24

次の文の□□□に適語を入れ，問いに答えよ。

周期表の2族元素は①□□□と総称され，そのうち，カルシウム，②□□□，③□□□の単体はいずれも常温の水と反応し，④□□□を発生する。また，これらの元素は特有の炎色反応を示し，カルシウムは⑤□□□色，②は紅色，③は⑥□□□色となる。一方，ベリリウムや⑦□□□の単体はいずれも常温の水とは反応せず，炎色反応を示さないので，①から除外する場合もある。

〔問〕 カルシウムの単体と水との反応を化学反応式で記せ。

考え方 2族元素は，一般にアルカリ土類金属とよばれ，①2価の陽イオンになりやすい，②炭酸塩が水に溶けにくい，③塩化物が水に溶けやすい，などの共通性がある。

そのうち，Ca, Sr, Ba, Ra の4元素は，①特有の炎色反応を示す，②単体は常温の水と反応して水素を発生する，③硫酸塩が水に溶けにくい，など性質が特によく似ている。

炎色反応は，Ca が橙赤色，Sr が紅色，Ba が黄緑色，Ra が桃色である。

2族元素のうち，Be, Mg は常温の水とは反応せず，炎色反応も示さないので，アルカリ土類金属に含めない場合もある。

〔問〕 イオン化傾向の大きい Ca は反応性が大きく，水を還元して水素を発生させる。

解答 ① アルカリ土類金属
② ストロンチウム　③ バリウム
④ 水素　⑤ 橙赤　⑥ 黄緑
⑦ マグネシウム
〔問〕 $Ca + 2H_2O \longrightarrow Ca(OH)_2 + H_2$

次の文の□□□に適語を入れ，下線部を化学反応式で示せ。

アルミニウムの鉱石である（a）①□□□を濃い水酸化ナトリウム水溶液とともに加熱すると，主成分の酸化アルミニウムは溶解するが，酸化鉄（Ⅲ）や二酸化ケイ素などの不純物は溶けずに沈殿する。この溶液を水でうすめると加水分解が起こり，②□□□の白色沈殿が生成する。（b）この沈殿を約1200℃に加熱すると，アルミナともよばれる純粋な③□□□が得られる。

考え方 両性金属（Al, Zn, Sn, Pb）の単体，酸化物，水酸化物は，いずれも酸，強塩基の水溶液と反応して溶ける。とくに，強塩基の NaOH 水溶液に溶けるのは，次のようなヒドロキシド錯イオンを生成するためである。

$[Al(OH)_4]^-$, $[Zn(OH)_4]^{2-}$, $[Pb(OH)_4]^{2-}$

アルミニウムの主な鉱石は，ボーキサイト。

（a） Al_2O_3 は両性酸化物なので，NaOH 水溶液に溶ける。

$Al_2O_3 + 2NaOH + 3H_2O \longrightarrow 2Na[Al(OH)_4]$

$Al(OH)_3$ に NaOH 水溶液を加えると，次の

式の平衡が右へ移動し，$Na[Al(OH)_4]$ を生成して溶ける。一方，$Na[Al(OH)_4]$ の水溶液に水を加えて pH を下げると，平衡が左へ移動し，$Al(OH)_3$ の白色沈殿が生成する。

$Al(OH)_3 + NaOH \rightleftharpoons Na[Al(OH)_4]$

（b） $Al(OH)_3$ を加熱すると，脱水反応が起こる。

$2Al(OH)_3 \longrightarrow Al_2O_3 + 3H_2O$

解答 ① ボーキサイト
② 水酸化アルミニウム
③ 酸化アルミニウム
化学反応式は，考え方を参照。

必は重要な必須問題。時間のないときはここから取り組む。

必 **283** □□ ◀ナトリウムとその化合物▶ 次の文の□□□に適語を入れよ。

Na の単体は融点が①□□□く，軟らかい銀白色の金属で，イオン化傾向が②□□□い。Na の単体は化学的に活発で水と激しく反応して③□□□を発生し，水溶液は④□□□性を示す。また，空気中で速やかに酸化されるので，⑤□□□中に保存する。

NaOH の結晶は湿った空気中では水分を吸収して溶ける。この現象を⑥□□□という。また，NaOH は空気中の CO_2 と反応してしだいに⑦□□□に変化する。⑦の水溶液を濃縮すると，無色透明な $Na_2CO_3 \cdot 10H_2O$ の結晶が得られる。これを空気中に放置すると，しだいに⑧□□□の一部を失って $Na_2CO_3 \cdot H_2O$ の白色の粉末となる。この現象を⑨□□□という。

必 **284** □□ ◀アンモニアソーダ法▶ 次の文を読み，あとの問いに答えよ。

ⓐ塩化ナトリウムの飽和水溶液にアンモニアを十分に溶かし，さらに二酸化炭素を吹きこむと，溶解度の比較的小さな炭酸水素ナトリウムが沈殿する。ⓑこの沈殿を分解すると炭酸ナトリウムが得られる。そのとき発生した二酸化炭素は反応ⓐで再利用され，不足分は，ⓒ石灰石を分解して供給される。このときⓓ得られた物質に水を加えて水酸化カルシウムとする。ⓔ反応ⓐで得られた塩化アンモニウムと水酸化カルシウムを反応させてアンモニアを回収する。

(1) この炭酸ナトリウムの工業的製法を何とよぶか。

(2) 下線部ⓐ〜ⓔをそれぞれ化学反応式で示せ。

(3) 下線部ⓐ〜ⓔの反応のうち，加熱しなければ進行しないものはどれか。

(4) この方法で 2.0t（トン）の炭酸ナトリウムをつくるためには，理論上，塩化ナトリウムは何 t 必要か。ただし，式量は $NaCl = 58.5$，$Na_2CO_3 = 106$ とする。

285 □□ ◀ナトリウムの化合物▶ 図は4種類のナトリウム化合物の相互関係を示す。反応(a)〜(i)には，下の(ア)〜(カ)のどの実験操作を用いたらよいか。記号で示せ。

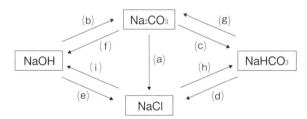

(ア) 水溶液に CO_2 および NH_3 を通じる。 (イ) 加熱する。

(ウ) 水溶液に CO_2 を通じる。 (エ) 塩酸を加える。

(オ) 水溶液を電気分解する。 (カ) 水溶液に $Ca(OH)_2$ を加える。

286 □□ ◀ 1族元素，2族元素▶ 　次の(ア)～(サ)の各項目の記述のうち，正しいものの記号をすべて示せ。

(ア) K^+ は Ne と，Li^+ は He と，Na^+ は Ar と同じ電子配置をとる。

(イ) K は Li よりも激しく水と反応する。

(ウ) K，Li，Na の硫化物は，いずれも水に溶けにくい。

(エ) 金属 Na の結晶は体心立方格子であるが，金属 K の結晶は面心立方格子である。

(オ) K は Li よりも原子量が大きいので，K の融点は Li の融点より高い。

(カ) K^+，Li^+，Na^+ のイオン半径は，$Li^+ < Na^+ < K^+$ の順である。

(キ) Ba^{2+}，Ca^{2+}，Mg^{2+} のイオン半径は，それぞれ Cs^+，K^+，Na^+ のイオン半径よりも小さい。

(ク) BaO，CaO は塩基性酸化物であるが，MgO は両性酸化物である。

(ケ) $BaSO_4$，$CaSO_4$，$MgSO_4$ はいずれも水に溶けにくい。

(コ) CaO を炭素 C と強熱すると，CaO は還元されて Ca の単体が生成する。

(サ) $CaCl_2$，$MgCl_2$ はいずれも水に溶けやすく，なかでも $CaCl_2$ は吸湿性が強く，乾燥剤として用いられる。

必287 □□ ◀ Mg と Ca の性質▶ 　次の記述のうち，Mg だけに当てはまる性質には A，Ca だけに当てはまる性質には B，Mg と Ca に共通する性質には C と示せ。

(1) 2価の陽イオンになりやすい。　　　(2) 炎色反応を示さない。

(3) 硫酸塩が水に溶けやすい。　　　(4) 塩化物が水に溶けやすい。

(5) 炭酸塩は水に溶けにくいが，炭酸水素塩は水に溶ける。

(6) 常温で水と容易に反応する。

(7) 炭酸塩を加熱すると分解し，二酸化炭素を発生する。

(8) 水酸化物の水溶液は強い塩基性を示す。

288 □□ ◀ 2族の化合物▶ 　次の化合物の性質をそれぞれ下から選び，記号で示せ。

(1) 酸化カルシウム　　　(2) 硫酸バリウム　　　(3) 塩化カルシウム

(4) 硫酸カルシウム二水和物　　　(5) 水酸化カルシウム　　　(6) 炭化カルシウム

(7) 炭酸カルシウム　　　(8) 次亜塩素酸カルシウム

　(ア) 吸湿性が強く，乾燥剤として用いる。

　(イ) 加熱後，水を加えて練ると膨張しながら固化する。

　(ウ) 水に対する溶解度がきわめて小さく，白色顔料や X 線造影剤として用いる。

　(エ) 吸湿性が強く，水と反応すると多量の熱を放出する。乾燥剤として用いる。

　(オ) 水と反応すると，可燃性の気体アセチレンを発生する。

　(カ) 水に少し溶けて塩基性を示し，二酸化炭素を通すと白濁する。

　(キ) 塩酸を加えると，塩素が発生する。

　(ク) 水に溶けにくいが，二酸化炭素を含む水には少し溶ける。

289 □□ ◀ Ca の化合物 ▶ カルシウム化合物の関係図を見て，次の問いに答えよ。

(1) (a)〜(e)の物質の化学式と名称を記せ。

(2) ①〜⑦の反応を化学反応式で示せ。

(3) 大理石に強酸を作用させて二酸化炭素を発生させる場合，希塩酸のかわりに希硫酸を用いるのは不適当である。その理由を記せ。

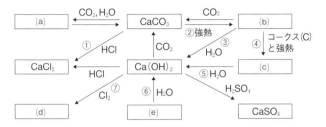

290 □□ ◀ Al とその化合物 ▶ 次の文の [   ] に適語を入れ，あとの問いに答えよ。

アルミニウムと亜鉛の単体は①[   ]金属であり，塩酸および(a)水酸化ナトリウム水溶液に②[   ]を発生しながら溶ける。酸化アルミニウムは③[   ]や④[   ]などの宝石の主成分であり，水には溶けないが，強酸および強塩基の水溶液にも溶ける。このような化合物を⑤[   ]という。また，アルミニウムは酸化されやすい。つまり⑥[   ]性が強く，(b)アルミニウムと酸化鉄(Ⅲ)の粉末の混合物に点火すると激しい反応が起こり，融解した鉄が得られる。この反応を⑦[   ]という。

硫酸アルミニウムと硫酸カリウムの混合水溶液を濃縮すると，⑧[   ]とよばれる正八面体状の結晶が得られ，⑧は水溶液中で各成分イオンに電離する。このような塩を⑨[   ]という。また，アルミニウムイオンを含む水溶液に水酸化ナトリウム水溶液を加えると，白色沈殿が生成する。(c)この白色沈殿に過剰に水酸化ナトリウム水溶液を加えると，溶解して無色の溶液となる。

(1) 下線部(a)〜(c)の反応を化学反応式で示せ。

(2) ⑧を水に溶かすと酸性を示す。この理由を示せ。

291 □□ ◀ Zn の反応 ▶ 図は，亜鉛およびその化合物の反応系統図で，[   ]は固体，(   )は溶液を示す。(a)〜(f)に該当する物質の化学式を示せ。

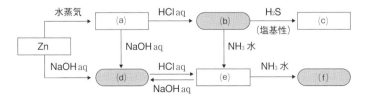

問題292～294で，必要な場合は，気体定数 $R = 8.3 \times 10^3 Pa \cdot L/(K \cdot mol)$ として計算せよ。

発展問題

292 □□ ◀塩の推定▶　次の文に該当する塩を(ア)～(ク)から1つずつ記号で選べ。

(a)　加熱すると分解し，気体を発生する。水溶液は黄色の炎色反応を示す。

(b)　水に溶けにくく，塩酸を加えると気体を発生する。

(c)　水に溶けて中性の水溶液になり，塩化バリウム水溶液を加えると白色沈殿を生じる。

(d)　水溶液にアンモニア水を加えると白色沈殿を生じる。さらに過剰のアンモニア水を加えると，この沈殿は溶ける。

(e)　水溶液にアンモニア水を加えると白色沈殿を生じる。さらに過剰のアンモニア水を加えても，この沈殿は溶けない。

(ア)　$Al(NO_3)_3$　(イ)　$CaCl_2$　(ウ)　$CaCO_3$　(エ)　$CaSO_4$

(オ)　Na_2CO_3　(カ)　$NaHCO_3$　(キ)　Na_2SO_4　(ク)　$Zn(NO_3)_2$

293 □□ ◀陽イオンの推定▶　A～Fの各水溶液に含まれるイオンを下から選べ。

(1)　塩酸を加えると，Aのみ沈殿を生じた。

(2)　Eは黄緑色，Fは橙赤色の炎色反応を示し，他の溶液は炎色反応を示さなかった。

(3)　水酸化ナトリウム水溶液を加えると，A，B，C，Dでは沈殿が生じたが，E，Fでは変化が見られなかった。さらに，過剰の水酸化ナトリウム水溶液を加えると，A，B，Cの沈殿は溶けたが，Dの沈殿は溶けなかった。

(4)　(3)で生じた沈殿に，過剰のアンモニア水を加えると，Cの沈殿のみが溶けた。

［Ca^{2+}　Mg^{2+}　Zn^{2+}　Pb^{2+}　Ba^{2+}　Al^{3+}］

294 □□ ◀炭酸塩の解離圧▶　炭酸カルシウムを密閉容器に入れ一定温度に保ち，$CaCO_3$(固) $\rightleftarrows$ CaO(固) + CO_2(気)の反応が平衡状態に達したとき，CO_2 の示す圧力を $CaCO_3$ の解離圧という。この圧力は温度にのみ依存し，1000Kにおける $CaCO_3$ の解離圧は 5.4×10^3 Paで，容器内の CO_2 の圧力がこれより低いときは $CaCO_3$ はさらに解離するが，これより高いときは CaO と CO_2 から $CaCO_3$ が生成する。

容積10Lの密閉容器に下表に示す物質を入れ1000Kに保ち放置した。次の問いに答えよ。ただし，固体の体積は無視し，原子量：C = 12，O = 16，Ca = 40とする。

	$CaCO_3$	CaO	CO_2
実験1	6.0×10^{-3} mol	0	0
実験2	1.0×10^{-2} mol	0	0
実験3	0	5.0×10^{-3} mol	1.0×10^{-2} mol

(1)　実験1のとき，容器内の圧力と残った固体物質の質量を求めよ。(有効数字2桁)

(2)　実験2のとき，容器内の圧力と残った固体物質の質量を求めよ。(有効数字2桁)

(3)　実験3のとき，容器内の圧力と残った固体物質の質量を求めよ。(有効数字2桁)

25　遷移元素

❶ 遷移元素と錯イオン

- **❶遷移元素**　周期表 3 〜 12 族の元素。すべて金属元素，同周期元素の性質も類似。複数の酸化数をとるものが多く，イオンや化合物には有色のものが多い。
- **❶錯イオン**　金属イオンに非共有電子対をもつ分子や陰イオンが配位結合して生じたイオン。配位結合した分子や陰イオンを**配位子**，その数を**配位数**という。
  - （配位子の種類）NH_3：アンミン，H_2O：アクア，CN^-：シアニド，OH^-：ヒドロキシド
  - （錯イオンの例）$[Fe(CN)_6]^{4-}$　（名称）ヘキサシアニド鉄（Ⅱ）酸イオン
    - 金属イオン┘配位子└配位数（2：ジ，4：テトラ，6：ヘキサと読む）
  - （錯イオンの名称）　陽イオンでは「〜イオン」，陰イオンでは「〜酸イオン」とする。

$$[Ag(NH_3)_2]^+$$
ジアンミン銀（Ⅰ）イオン
（直線形）

$$[Cu(NH_3)_4]^{2+}$$
テトラアンミン銅（Ⅱ）イオン
（正方形）

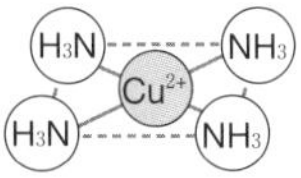

$$[Zn(NH_3)_4]^{2+}$$
テトラアンミン亜鉛（Ⅱ）イオン
（正四面体形）

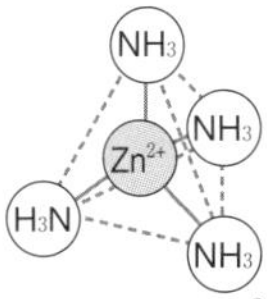

$$[Fe(CN)_6]^{3-}$$
ヘキサシアニド鉄（Ⅲ）酸イオン
（正八面体形）

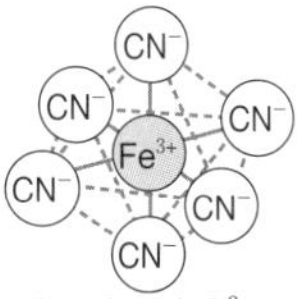

❷ 鉄とその化合物

単体	（製法）鉄鉱石（Fe_2O_3 など）を CO で還元して得る。 　$Fe_2O_3 \longrightarrow Fe_3O_4 \longrightarrow FeO \longrightarrow Fe$（段階的還元） 　主反応　$Fe_2O_3 + 3CO \longrightarrow 2Fe + 3CO_2$ 銑鉄…溶鉱炉から取り出した鉄（C を約 4% 含む） 鋼…炭素量を 2 〜 0.02% に減らした強靭な鉄 ステンレス鋼…Fe と Cr，Ni との合金で，さびにくい。 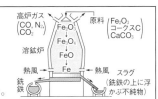
化合物	鉄の化合物は，+2，+3 の酸化数をとる。空気中では +3 の方が安定。 Fe_2O_3：酸化鉄（Ⅲ），赤褐色，赤鉄鉱。Fe_3O_4：四酸化三鉄，黒色，磁鉄鉱。 $FeSO_4 \cdot 7H_2O$：硫酸鉄（Ⅱ）七水和物，淡緑色の結晶。Fe^{2+} は Fe^{3+} に酸化されやすい。 $FeCl_3 \cdot 6H_2O$：塩化鉄（Ⅲ）六水和物，黄褐色の結晶，潮解性が強い。 $K_4[Fe(CN)_6]$：ヘキサシアニド鉄（Ⅱ）酸カリウム，黄色結晶（水溶液は淡黄色）。 $K_3[Fe(CN)_6]$：ヘキサシアニド鉄（Ⅲ）酸カリウム，暗赤色結晶（水溶液は黄色）。

鉄イオンの反応	加える試薬	Fe^{2+}（淡緑色）	Fe^{3+}（黄褐色）
	NaOH	$Fe(OH)_2 \downarrow$（緑白色沈殿）	$FeO(OH) \downarrow$（赤褐色沈殿）
	$K_4[Fe(CN)_6]$	青白色沈殿	濃青色沈殿（紺青）*
	$K_3[Fe(CN)_6]$	濃青色沈殿（ターンブル青）*	褐色溶液（酸性では緑色溶液）
	KSCN	変化なし	血赤色溶液

＊ターンブル青，紺青（ベルリン青）は，ともに $KFe[Fe(CN)_6]$ などの同一組成をもつ物質。

❸ 銅とその化合物

単体	赤味のある金属光沢，電気・熱の良導体。展性・延性が大。 湿った空気中で緑青 $CuCO_3 \cdot Cu(OH)_2$ をつくる。 塩酸，希硫酸に溶けず，硝酸，熱濃硫酸に溶ける。 　　$Cu + 2H_2SO_4(熱濃) \longrightarrow CuSO_4 + SO_2 + 2H_2O$ (製法)黄銅鉱 $CuFeS_2$ _{溶鉱炉} 粗銅(Cu：99%) 電解精錬で粗銅から純銅(Cu：99.99%)を得る(右図)。 黄銅：銅と亜鉛(Zn)の合金，青銅：銅とスズ(Sn)の合金。

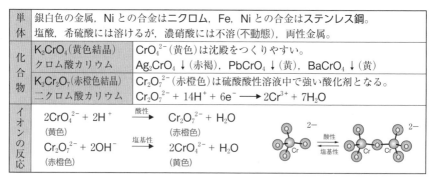

電源 ⊖ ⊕　約0.4V　e^- ↓ ↑ e^-　純銅　Cu^{2+}　Cu^{2+}　粗銅　Cu^{2+}
硫酸酸性 $CuSO_4 aq$　陽極泥
陽極に粗銅，陰極に純銅を接続

化 合 物	CuO 酸化銅(Ⅱ)	黒色粉末，銅を空気中で加熱，強酸に溶ける。
	Cu_2O 酸化銅(Ⅰ)	赤色粉末，銅を1000℃～で加熱，フェーリング液の還元で生成。
	$CuSO_4 \cdot 5H_2O$ 硫酸銅(Ⅱ)五水和物	$CuSO_4 \cdot 5H_2O$ _{青色結晶} ⇄ _{150℃～ / 水分} $CuSO_4$ _{白色粉末}　この反応は，水分の検出に利用。

Cu^{2+}	Cu^{2+} _{青色} _{NaOHaq}→ $Cu(OH)_2$↓ _{青白色沈殿} _{NH₃水過剰}→ $[Cu(NH_3)_4]^{2+}$ (テトラアンミン銅(Ⅱ)イオン) _{深青色溶液}

❹ 銀とその化合物

単体	銀白色の金属，電気・熱の最良導体，展性・延性に富む(Au に次ぐ)。 塩酸，希硫酸に溶けず，硝酸，熱濃硫酸には溶ける。空気中では酸化されない。 　　$Ag + 2HNO_3(濃) \longrightarrow AgNO_3 + H_2O + NO_2$↑ 銀の化合物は，常に＋1の酸化数をとる。光で分解しやすい(感光性)。

化 合 物	AgNO₃ 硝酸銀	無色の板状結晶。水に可溶，還元性物質と銀鏡をつくる。			
	AgX ハロゲン化銀 _(光が当たると Ag を遊離し，黒くなる)	ハロゲン化銀	AgF	AgCl	AgBr	AgI
		水への溶解性	可溶	白色沈殿	淡黄色沈殿	黄色沈殿
		NH₃水への溶解性	—	可溶	難溶	不溶

Ag^+	Ag^+ _{無色} _{NaOHaq}→ Ag_2O↓ _{褐色沈殿} _{NH₃水過剰}→ $[Ag(NH_3)_2]^+$ (ジアンミン銀(Ⅰ)イオン) _{無色溶液}

❺ クロムとその化合物

単体	銀白色の金属，Ni との合金はニクロム，Fe，Ni との合金はステンレス鋼。 塩酸，希硫酸には溶けるが，濃硝酸には不溶(不動態)，両性金属。

化 合 物	K_2CrO_4(黄色結晶) クロム酸カリウム	CrO_4^{2-} (黄色)は沈殿をつくりやすい。 Ag_2CrO_4↓(赤褐)，$PbCrO_4$↓(黄)，$BaCrO_4$↓(黄)
	$K_2Cr_2O_7$(赤橙色結晶) 二クロム酸カリウム	$Cr_2O_7^{2-}$ (赤橙色)は硫酸酸性溶液中で強い酸化剤となる。 $Cr_2O_7^{2-} + 14H^+ + 6e^- \longrightarrow 2Cr^{3+} + 7H_2O$

イオンの反応	$2CrO_4^{2-} + 2H^+$ _(黄色) _{酸性}→ $Cr_2O_7^{2-} + H_2O$ _(赤橙色) $Cr_2O_7^{2-} + 2OH^-$ _(赤橙色) _{塩基性}→ $2CrO_4^{2-} + H_2O$ _(黄色)

確認&チェック

1 次の錯イオンの立体構造を，(ア)～(エ)から選べ。

(1) $[Ag(NH_3)_2]^+$　　　(2) $[Cu(NH_3)_4]^{2+}$

(3) $[Zn(NH_3)_4]^{2+}$　　　(4) $[Fe(CN)_6]^{3-}$

　(ア)正方形　　(イ)正四面体形　　(ウ)直線形　　(エ)正八面体形

2 次の表中の（　　　）に適する語句を下から選べ。

試薬	Fe^{2+}（淡緑色）	Fe^{3+}（黄褐色）
NaOHaq	①（　　　　　）	②（　　　　　）
$K_4[Fe(CN)_6]$aq	青白色沈殿	③（　　　　　）
$K_3[Fe(CN)_6]$aq	④（　　　　　）	褐色溶液
KSCNaq	⑤（　　　　　）	⑥（　　　　　）

　　　┌濃青色沈殿，赤褐色沈殿，変化なし┐
　　　└緑白色沈殿，血赤色溶液　　　　　┘

3 次の文の▭に適する語句を入れよ。

　白色の光沢をもつ金属の①▭は，空気中でも酸化されず，電気・熱の最良導体である。

　赤色の光沢をもつ金属の②▭は，湿った空気中で③▭とよばれる緑色のさびを生じる。この金属と亜鉛との合金を④▭，この金属とスズとの合金を⑤▭という。

4 次の図の▭内に，適切な化学式を入れよ。

Cu^{2+} →(NaOHaq)→ ①▭ →(NH₃水過剰)→ ②▭

Ag^+ →(NaOHaq)→ ③▭ →(NH₃水過剰)→ ④▭

5 次の文の▭に適語を入れよ。

　クロム酸イオン CrO_4^{2-} は①▭色を示し，Ag^+ と②▭（赤褐色），Pb^{2+} とは③▭（黄色）の沈殿をつくる。

　二クロム酸イオン $Cr_2O_7^{2-}$ は④▭色を示し，酸性条件では強い⑤▭剤として作用する。

　CrO_4^{2-} の水溶液を酸性にすると，溶液は⑥▭色に変化し，$Cr_2O_7^{2-}$ の水溶液を塩基性にすると，溶液は⑦▭色に変化する。

解答

1 (1) (ウ)
(2) (ア)
(3) (イ)
(4) (エ)
→ p.219 **1**

2 ① 緑白色沈殿
② 赤褐色沈殿
③ 濃青色沈殿
④ 濃青色沈殿
⑤ 変化なし
⑥ 血赤色溶液
→ p.219 **2**

3 ① 銀　② 銅
③ 緑青　④ 黄銅
⑤ 青銅
→ p.220 **3**，**4**

4 ① $Cu(OH)_2$
② $[Cu(NH_3)_4]^{2+}$
③ Ag_2O
④ $[Ag(NH_3)_2]^+$
→ p.220 **3**，**4**

5 ① 黄
② クロム酸銀
③ クロム酸鉛(Ⅱ)
④ 赤橙　⑤ 酸化
⑥ 赤橙　⑦ 黄
→ p.220 **5**

5
-
25

　溶鉱炉に鉄鉱石，①□□□，石灰石を入れ，下から熱風を送ると，ⓐ鉄鉱石（主成分Fe_2O_3）は一酸化炭素によって②□□□され，鉄が得られる。この鉄を③□□□といい，炭素を約 4% 含み，硬くてもろい。③を転炉に移し酸素を吹き込むと，粘りが強く丈夫な④□□□となる。一方，溶鉱炉内では，ⓑ石灰石が熱分解した物質と鉄鉱石中の不純物（主成分SiO_2）が反応して，⑤□□□とよばれる物質を生成する。

(1)　文の □□□ に適語を入れよ。

(2)　下線部ⓐ，ⓑを化学反応式で示せ。

考え方　(1)　溶鉱炉から出てきた**銑鉄**は，硬くて展性・延性に乏しいが，純鉄よりも融けやすく，加工しやすい。銑鉄を転炉（右図）に入れて酸素を吹き込み，P，S などの不純物を除き，炭素を約 2% 以下に減らすと粘り強い**鋼**（スチール）となる。

酸素 / 銑鉄 / 転炉

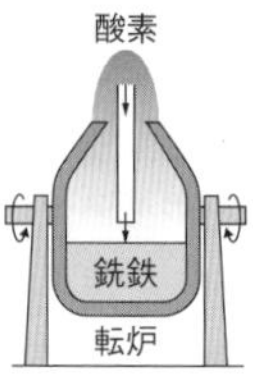

(2)　ⓐ　コークス C が燃焼してできた CO_2 が高温の C に触れると，CO が生成する。

　代表的な鉄鉱石である赤鉄鉱の主成分は酸化鉄（Ⅲ）で，一部は高温の C によっても還元されるが，大部分は CO によって次のように段階的に Fe へと還元される。

$$Fe_2O_3 \longrightarrow Fe_3O_4 \longrightarrow FeO \longrightarrow Fe$$

　ⓑ　石灰石は熱分解して CaO となり，これが鉄鉱石中の主な不純物である SiO_2 と反応して**スラグ**となる。スラグ（密度約 $3.5g/cm^3$）は，銑鉄（密度約 $7.0g/cm^3$）の上に浮かび，銑鉄の酸化を防止する。

解答　(1)① コークス　② 還元　③ 銑鉄
　　　　④ 鋼　⑤ スラグ
(2)ⓐ $Fe_2O_3 + 3CO \longrightarrow 2Fe + 3CO_2$
　　ⓑ $CaO + SiO_2 \longrightarrow CaSiO_3$

　金属イオンに陰イオンや分子が①□□□結合して生じたイオンを錯イオンといい，①結合した陰イオンや分子を②□□□，その数を③□□□という。また，④□□□元素のイオンは水溶液中で特徴的な色を示すものが多いが，この色はⓐ$[Cu(H_2O)_4]^{2+}$やⓑ$[Fe(H_2O)_6]^{3+}$のような水分子が①結合した⑤□□□錯イオンの存在による。

(1)　文中の □□□ に適語を入れよ。

(2)　下線部ⓐ，ⓑの錯イオンの名称，立体構造をそれぞれ記せ。

考え方　(1)　錯イオンの立体構造は，金属イオンの種類と，配位数によって決まる。

　錯イオンの電荷は，金属イオンと配位子の電荷の和に等しい。

　例　$Fe^{2+} + 6CN^- \longrightarrow [Fe(CN)_6]^{4-}$

　遷移元素の多くは，有色の錯イオンをつくるが，銀と 12 族の錯イオン$[Ag(NH_3)_2]^+$，$[Ag(CN)_2]^-$，$[Zn(NH_3)_4]^{2+}$などは無色である。

(2)　金属イオンに対して配位子は対称的な配置をとるので，配位数 2 の Ag^+ は直線形，配位数 4 の Zn^{2+} は正四面体形，配位数 6 の Fe^{2+}，Fe^{3+} は正八面体形。ただし，配位数 4 の Cu^{2+} は正方形である。

解答　(1)① 配位　② 配位子
　　　　③ 配位数　④ 遷移　⑤ アクア
(2)ⓐ テトラアクア銅（Ⅱ）イオン
　　ⓑ ヘキサアクア鉄（Ⅲ）イオン
　　ⓐ 正方形　ⓑ 正八面体形

例題 103 | **銅の単体** ■ ■

次の文の□□□に適切な語句，数字を入れよ。

(1) 銅の単体には，赤味を帯びた金属光沢があり，電気伝導性は①□□□に次いで大きく，展性・延性も金と銀に次いで大きい。銅は電気材料のほか，黄銅や青銅などの②□□□の材料に用いられる。

(2) 銅の化合物には，銅の酸化数が + 2 のほか③□□□のものも存在する。銅を空気中で加熱すると，黒色の④□□□を，1000℃以上では，赤色の⑤□□□を生じる。また，銅を湿った空気中に放置すると，⑥□□□とよばれる緑色のさびを生成する。

考え方 (1) 金属の電気伝導性は，銀が最大で，銅，金の順である。また，金属の展性・延性は，金が最大で，銀，銅の順である。銅と亜鉛の合金を黄銅，銅とスズの合金を青銅，銅とニッケルの合金を白銅という。

(2) 銅の化合物には，酸化物 + 1 と + 2 のものがある。銅を空気中で加熱すると，酸化銅(II)CuO(黒色)を生成するが，さらに1000℃以上に強熱すると熱分解が起こり，酸化銅(I)Cu_2O(赤色)となる。

$$2Cu + O_2 \longrightarrow 2CuO$$
$$4CuO \longrightarrow 2Cu_2O + O_2$$

銅を湿った空気中に放置すると，空気中の水分や CO_2 と徐々に反応して，化学式 $CuCO_3 \cdot Cu(OH)_2$ などで表される緑青とよばれる青緑色のさびを生成する。

解 答 ① 銀 ② 合金 ③ + 1
④ 酸化銅(II) ⑤ 酸化銅(I) ⑥ 緑青

例題 104 | **遷移金属の推定** ■ ■

次の文中の遷移金属 A，B，C の名称を記せ。また，下線部を化学反応式で表せ。

(1) 金属 A は，希塩酸には気体を発生して溶け，淡緑色の水溶液になる。①この水溶液に塩素を通じると，黄褐色の水溶液になる。

(2) 金属 B は，希硫酸には溶けないが，濃硝酸には気体を発生して溶ける。②この水溶液に希塩酸を加えると，白色の沈殿を生じる。

(3) 金属 C を空気中で加熱すると，黒色の化合物を生じる。③この化合物に希硫酸を加えると，青色の水溶液が得られる。

考え方 (1) Fe^{2+} を含む水溶液は淡緑色を示す。よって，金属 A は鉄 Fe。鉄は水素よりイオン化傾向が大きいので，希塩酸に溶けて水素を発生する。

$$Fe + 2HCl \longrightarrow FeCl_2 + H_2$$

淡緑色の Fe^{2+} は Cl_2 などの酸化剤によって酸化されて，黄褐色の Fe^{3+} に変化する。

(2) 希硫酸に溶けず濃硝酸に溶けるのは，水素よりイオン化傾向の小さい Cu か Ag。希塩酸で生じる白色沈殿は AgCl。よって，金属 B は銀 Ag。銀は濃硝酸に NO_2 を発生して溶け，同時に $AgNO_3$ が生成する。

(3) Cu^{2+} を含む水溶液は青色を示す。よって，金属 C は銅 Cu。銅を空気中で熱すると，黒色の酸化銅(II)CuO に変化する。これは塩基性酸化物なので，酸とは中和反応により溶解し，硫酸銅(II)を生成する。

$$CuO + H_2SO_4 \longrightarrow CuSO_4 + H_2O$$

解 答 A：鉄 B：銀 C：銅
① $2FeCl_2 + Cl_2 \rightarrow 2FeCl_3$
② $AgNO_3 + HCl \longrightarrow AgCl + HNO_3$
③ $CuO + H_2SO_4 \longrightarrow CuSO_4 + H_2O$

標準問題　必は重要な必須問題。時間のないときはここから取り組む。

必295 □□ ◀遷移元素の性質▶ 次の文のうち，遷移元素に該当する性質をすべて選べ。

(1) 化合物，イオンに有色のものが多い。
(2) 最外殻電子の数は族の番号と一致する。
(3) 金属がほとんどで非金属がわずかである。
(4) 錯イオンや合金をつくるものが多い。
(5) Fe^{2+}, Fe^{3+}のように2種類のイオンになったり，何種類かの酸化数をとる元素が多い。
(6) 単体の密度は一般に大きく，4～5g/cm^3以上のものが多い。

必296 □□ ◀鉄とその化合物▶ 次の文の□に適語を入れ，問いに答えよ。

鉄を湿った空気中に放置すると，赤褐色のさびを生じる。このさびの主成分は①□である。一方，ⓐ鉄を高温の水蒸気と反応させると，黒色のさびを生じる。このさびの主成分は②□である。

鉄は希硫酸と反応し③□を発生して溶ける。一方，鉄は濃硝酸には溶けない。この状態を④□という。ⓑ硫酸鉄(Ⅱ)水溶液にNaOH水溶液を加えると，⑤□の緑白色沈殿を生じる。ⓒ塩化鉄(Ⅲ)水溶液にNaOH水溶液を加えると，⑥□の赤褐色沈殿を生じる。また，鉄(Ⅱ)イオンを含む水溶液に⑦□(化学式は$K_3[Fe(CN)_6]$)水溶液を加えると濃青色沈殿を生じる。一方，鉄(Ⅲ)イオンを含む水溶液に⑧□(化学式は$K_4[Fe(CN)_6]$)水溶液を加えても濃青色沈殿を生じ，⑨□(化学式はKSCN)水溶液を加えると血赤色を呈する。

(1) 下線部ⓐ，ⓑ，ⓒを化学反応式で示せ。
(2) 鉄の腐食を防ぐため，鉄にクロムやニッケルを混ぜた合金を何というか。

必297 □□ ◀銅とその化合物▶ 次の文の□に適語を入れ，問いに答えよ。

銅は塩酸や希硫酸には溶けないが，ⓐ希硝酸とは反応して無色の気体①□を発生して溶ける。この水溶液に水酸化ナトリウム水溶液を加えると②□の青白色沈殿を生じ，ⓑこの沈殿を加熱すると黒色の③□となる。これを二つに分け，一方を1000℃以上に加熱すると赤色の④□に変化する。③に希硫酸を加えて溶解し，濃縮したのち，室温で放置すると青色の⑤□の結晶が析出する。ⓒ⑤の水溶液に水酸化ナトリウム水溶液を加えると⑥□色の沈殿を生じるが，さらにⓓ過剰のアンモニア水を加えると⑦□とよばれる錯イオンをつくって溶け，⑧□色の溶液となる。また，ⓔ⑤の水溶液に硫化水素を通じると⑨□の黒色沈殿を生じる。

(1) 下線部ⓐ～ⓔの変化を化学反応式で示せ。
(2) 銅を湿った空気中に放置しておくと生成する青緑色のさびの一般名を記せ。
(3) ⑤の結晶を150℃以上に加熱したとき，起こる変化について説明せよ。

298 □□ ◀銀イオンの反応▶ 硝酸銀水溶液を出発物質とした反応系統図を示す。

⬚⬚ には沈殿の化学式を，⬚⬚ には生成する錯イオンの化学式を示せ。

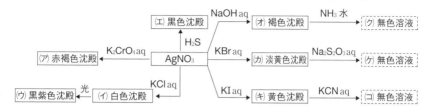

(ｴ) 黒色沈殿 ──NaOH aq→ (ｵ) 褐色沈殿 ──NH₃水→ (ｸ) 無色溶液

H₂S

(ｱ) 赤褐色沈殿 ←K₂CrO₄aq── AgNO₃ ──KBr aq→ (ｶ) 淡黄色沈殿 ──Na₂S₂O₃aq→ (ｹ) 無色溶液

KCl aq

光

(ｳ) 黒紫色沈殿 ← (ｲ) 白色沈殿 ──KI aq→ (ｷ) 黄色沈殿 ──KCN aq→ (ｺ) 無色溶液

必299 □□ ◀金属と錯イオン▶ 次の文中のＡ～Ｄに該当する金属を元素記号で示せ。また，下線部ⓐ～ⓒの錯イオンの化学式，名称および立体構造を答えよ。

金属Ａは水酸化ナトリウム水溶液と反応して水素を発生した。金属Ａのイオンを含む水溶液にアンモニア水を加えると白色沈殿を生じ，さらにアンモニア水を加えると，この沈殿はⓐ錯イオンを生じて溶けた。

金属Ｂは塩酸に溶けないが，濃硝酸には溶けた。金属Ｂのイオンを含む水溶液にアンモニア水を加えると褐色沈殿を生じ，さらにアンモニア水を加えると，この沈殿はⓑ錯イオンを生じて溶けた。

金属Ｃは常温の水と反応して水素を発生した。金属Ｃのイオンを含む水溶液に炭酸ナトリウム水溶液を加えると白色沈殿を生じた。また，Ｃのイオンを含む水溶液にクロム酸カリウム水溶液を加えると，黄色沈殿を生じた。

金属Ｄは塩酸に溶けないが，熱濃硫酸には溶けた。金属Ｄのイオンを含む水溶液にアンモニア水を加えると青白色沈殿を生じ，さらにアンモニア水を加えると，この沈殿はⓒ錯イオンを生じて溶けた。

300 □□ ◀金属の推定▶ 次の性質を示すＡ～Ｆの金属を，語群から選び元素名で記せ。

(1) Ａは希塩酸に不溶であるが，希硝酸には溶ける。空気中で加熱すると，黒色または赤色の酸化物になる。

(2) Ｂは空気中で加熱しても酸化されない。金属中で最も電気伝導度が大きい。

(3) Ｃは希塩酸には溶けにくいが，希硝酸には溶ける。Ｃのイオンを含む水溶液にアンモニア水を加えると白色沈殿を生じる。

(4) Ｄは有色の金属光沢をもち，濃塩酸や濃硝酸には不溶だが，王水には溶ける。

(5) Ｅは希硫酸には溶けるが，濃硝酸には不溶である。水中または湿った空気中では，しだいに赤褐色の酸化物となる。

(6) Ｆは希塩酸には溶けるが，濃硝酸には不溶である。Ｆのイオンを含む水溶液に水酸化ナトリウム水溶液を加えると緑色沈殿を生じる。

【語群】〔 Ag Au Cu Fe Pb Zn Pt Al Ni 〕

301 □□ ◀クロムの化合物▶ 次の文の□□□に適語を入れ，下線部をイオン反応式で示せ。

二クロム酸カリウムの水溶液は，$Cr_2O_7^{2-}$ に特有な①□□□色を呈するが，ₐこの水溶液を塩基性にすると，$Cr_2O_7^{2-}$ は②□□□色の CrO_4^{2-} に変化する。

CrO_4^{2-} は，Pb^{2+} と反応して黄色の沈殿③□□□を生じ，Ag^+ と反応して赤褐色の沈殿④□□□を生じる。また，ₑ硫酸酸性の二クロム酸カリウム水溶液に過酸化水素水を加えると，⑤□□□を発生するとともに，水溶液は⑥□□□色に変化する。

この水溶液に水酸化ナトリウム水溶液を加えると，暗緑色の⑦□□□が沈殿する。さらに，ₑ過剰の水酸化ナトリウム水溶液を加えるとこの沈殿は溶解したが，過剰のアンモニア水を加えてもこの沈殿は溶解しなかった。

302 □□ ◀チタンの製錬▶ チタンは天然に酸化物として存在するが，炭素と容易に反応して炭化物をつくるため，鉄のように炭素で還元して単体を得ることはできない。そこで次のような特別な製錬法（クロール法）が行われる。次の問いに答えよ。

[工程1] 酸化チタン(Ⅳ)を含むチタン鉱石とコークスを約 700℃ に加熱し，さらに塩素を反応させて塩化チタン(Ⅳ)にする。

[工程2] 蒸留で精製した塩化チタン(Ⅳ)をマグネシウムで還元してチタンを得る。

[工程3] [工程2]で得られる副生成物を電気分解し，塩素とマグネシウムを再生する。

(1) [工程1]，[工程2]の反応を化学反応式で書け。

(2) クロール法で 1.5t のチタンを得るには，酸化チタン(Ⅳ)を 50%（質量%）含むチタン鉱石は何 t 必要か。（原子量：$C = 12$，$O = 16$，$Ti = 48$）

(3) 1.5t のチタンを得るのに必要なマグネシウムを[工程3]の副生成物から得るには何クーロンの電気量が必要か。（原子量：$Ti = 48$，$Mg = 24$）

303 □□ ◀錯イオンの立体構造▶ 次の文を読み，あとの問いに答えよ。

$CrCl_3 \cdot 6H_2O$ の組成式で表される錯塩 A，B，C がある。それぞれ 0.01mol を水に溶かして硝酸銀水溶液を十分加えたところ，A からは 0.03mol，B からは 0.01mol の塩化銀が沈殿したが，C からは沈殿は生じなかった。

(1) 錯塩 A，B，C の示性式は，それぞれ次のどれに相当するか。記号で示せ。

(ア) $[Cr(H_2O)_6]Cl_3$　　　　　　　(イ) $[CrCl(H_2O)_5]Cl_2 \cdot H_2O$

(ウ) $[CrCl_2(H_2O)_4]Cl \cdot 2H_2O$　　　(エ) $[CrCl_3(H_2O)_3] \cdot 3H_2O$

(2) これらクロム(Ⅲ)イオン Cr^{3+} の錯イオンはすべて正八面体形（右図）の構造をもつとすれば，錯塩 B，C に含まれる錯イオンには，それぞれ配位子の立体配置の違いに基づく何種類の立体異性体が存在することになるか。

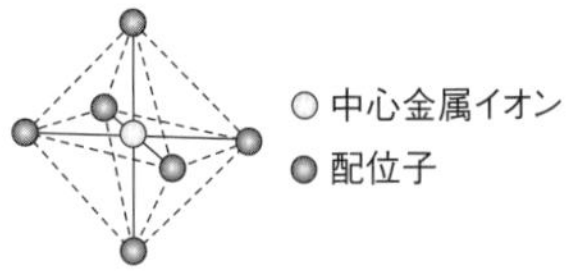

○ 中心金属イオン
● 配位子

304 □□ ◀鉄の複塩の組成式▶ 次の文を読み，あとの問いに答えよ。

（原子量：H = 1.0，N = 14，O = 16，S = 32，Fe = 56，Ba = 137）

　鉄釘を熱した希硫酸に入れて溶解させた。このとき，鉄釘に含まれていた鉄以外の成分が黒い沈殿として残った。この沈殿をろ過して除き，ろ液に硫酸アンモニウムを加えて完全に溶解させた。この溶液を氷冷し，析出した結晶をろ過して，物質Aを得た。物質Aは，Fe^{2+}，NH_4^+，SO_4^{2-}，水和水からなる化合物（複塩）である。

(a) 物質A 1.96gを100℃に加熱すると，水和水がすべて失われて質量が1.41gになった。

(b) 物質A 1.96gを水40mLに溶かし，これに$BaCl_2$水溶液を十分に加えると，白色の沈殿Bが2.33g生成した。

(c) 物質A 1.96gを水40mLに溶かし，これにNaOH水溶液を十分に加えると，緑白色の沈殿Cが生成した。この沈殿Cは空気中で徐々に酸化されて赤褐色の沈殿Dとなるが，沈殿Cをろ過して取り出し，これを空気中で十分に加熱すると，赤褐色の固体Eが0.400g得られた。

(d) 沈殿Cをろ過したろ液を加熱すると，刺激臭の気体Fが発生した。この気体Fを0.400mol/Lの硫酸20.0mLに完全に吸収後，0.400mol/LNaOH水溶液で滴定したら15.0mLで終点に達した。

(1) 文中の物質B，C，D，E，Fの化学式を記せ。

(2) (a)〜(d)の実験から，物質A（複塩）の組成式を記せ。

305 □□ ◀コバルト錯塩の化学式▶ 次の文を読み，あとの問いに答えよ。

　組成式$CoCl_xN_yH_z$で表され，Co^{3+}を1個含むコバルト（Ⅲ）錯塩Aがあり，その式量は250.5である。錯塩Aの化学式（示性式）を求めるため，次の実験を行った。

(a) 強い光を当てないように注意しながら，錯塩A 0.100gを溶かした水溶液にうすい硝酸を加えて微酸性とし，これに十分量の硝酸銀水溶液を加え，生じた白色沈殿をろ過・乾燥したところ，質量は0.115gであった。

(b) 錯塩A 0.100gを溶かした水溶液にNaOH水溶液を加えて塩基性とし，しばらく加熱した後，(a)と同様の操作を行ったところ0.172gの白色沈殿が得られた。

(c) 錯塩A 0.100gを溶かした水溶液に十分量のNaOH水溶液を加えて加熱し，錯塩を完全に分解した。この反応で発生した気体を0.100mol/L硫酸30.0mL中にすべて吸収させ，この溶液を0.100mol/L NaOH水溶液でメチルレッド（変色域pH4.4〜6.2）を指示薬として滴定したところ，終点までに40.0mLを要した。

(1) 実験(a)で，強い光を当てないように注意した理由を述べよ。

(2) 実験(a)，(b)から，Co^{3+}1個に(i)配位結合しているCl^-と(ii)配位結合していないCl^-の数を求めよ。（原子量：Cl = 35.5，Ag = 108）

(3) 実験(c)で，Co^{3+}に配位結合しているNH_3の数を求めよ。

(4) 実験(a)〜(c)より，適切と考えられる錯塩Aの化学式（示性式）を答えよ。

26 金属イオンの分離と検出

❶ 金属イオンの沈殿反応

❶塩類の溶解性　塩類(イオン性物質)の水への溶解性は，次のように整理できる。

(a)　アルカリ金属の塩，アンモニウム塩，硝酸塩，酢酸塩はどれも水によく溶ける。

(b)　強酸の塩(塩化物，硫酸塩)は水に溶けやすいものが多いが，例外もある。

　(i)　塩化物が水に不溶であるもの

　　　$AgCl$(白) … NH_3 水に溶ける。光により分解しやすい。
　　　$PbCl_2$(白) … 熱湯に溶ける。NH_3 水には溶けない。

　(ii)　硫酸塩が水に不溶であるもの

　　　$CaSO_4$(白)，$SrSO_4$(白)，$BaSO_4$(白)，$PbSO_4$(白)　(強酸にも不溶)

(c)　水酸化物は水に溶けにくいものが多いが，例外的に，アルカリ金属，アルカリ
　　土類金属(Be，Mg を除く)の水酸化物は水に可溶。水酸化物の沈殿のうち，

　(i)　両性水酸化物のように，過剰の NaOH 水溶液に溶解するもの[*1]

　　　$Al(OH)_3 \longrightarrow [Al(OH)_4]^-$，$Zn(OH)_2 \longrightarrow [Zn(OH)_4]^{2-}$

　(ii)　過剰の NH_3 水に対して，アンミン錯イオンをつくって溶解するもの

　　　Ag_2O[*2] $\longrightarrow [Ag(NH_3)_2]^+$，$Cu(OH)_2 \longrightarrow [Cu(NH_3)_4]^{2+}$
　　　$Zn(OH)_2 \longrightarrow [Zn(NH_3)_4]^{2+}$

　　　*1) $Pb(OH)_2$ に過剰の NaOH 水溶液を加えると，$[Pb(OH)_4]^{2-}$ や $[Pb(OH)_3]^-$ の形で溶ける。
　　　*2) 水酸化銀 AgOH は不安定で，常温でも分解し，酸化銀 Ag_2O として沈殿する。

(d)　炭酸塩は水に溶けにくいものが多いが，例外的に，アルカリ金属の炭酸塩だけ
　　が水に可溶。したがって，アルカリ土類金属(Be，Mg を除く)のイオンは通常，
　　炭酸塩として沈殿させる。(なお，炭酸塩は硫酸塩と異なり，強酸に可溶である。)

　　　$CaCO_3$(白)，$SrCO_3$(白)，$BaCO_3$(白)

(e)　いかなる試薬とも沈殿をつくらないアルカリ金属は，炎色反応で検出する。

〔強酸の塩で沈殿するイオン〕

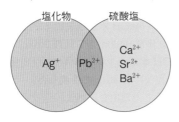

〔水酸化物の溶解性〕

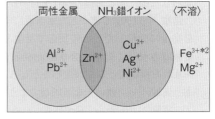

　　　上図で，異なる円に 2 種の金属イオンが属するように試薬の種類を選べば，それぞれを沈殿と
ろ液に分離することができる。　　　*2) Fe^{3+} は $FeO(OH)$ として沈殿する。

❷ **H₂S による硫化物の沈殿**　金属の硫化物は，水溶液の pH により，沈殿するものと，沈殿しないものに分けられる。

酸性, 中性, 塩基性のいずれでも沈殿	$Cu^{2+} \longrightarrow CuS$(黒色)　$Ag^+ \longrightarrow Ag_2S$(黒色)　$Pb^{2+} \longrightarrow PbS$(黒色) $Cd^{2+} \longrightarrow CdS$(黄色)
中性, 塩基性のときに沈殿	$Fe^{2+} \longrightarrow FeS$(黒色)　$Zn^{2+} \longrightarrow ZnS$(白色)　$Ni^{2+} \longrightarrow NiS$(黒色) 注)$Fe^{3+}$は還元されて Fe^{2+} となり，FeS として沈殿。
沈殿を生じない (炎色反応で確認)	Li^+(赤色)　Na^+(黄色)　K^+(赤紫色)　Ca^{2+}(橙赤色) Sr^{2+}(深赤色)　Ba^{2+}(黄緑色)　注) ( )内は炎色反応の色を示す。

硫化水素の電離平衡　$H_2S \rightleftharpoons 2H^+ + S^{2-}$ で考えると，
・酸性では平衡が左に偏る(S^{2-}の濃度小) $\longrightarrow$ 硫化物の沈殿が生成しにくい。
　溶解度積 K_{sp} のきわめて小さな CuS, Ag_2S, PbS のみが沈殿する。
・塩基性では平衡が右へ偏る(S^{2-}の濃度大) $\longrightarrow$ 硫化物の沈殿が生成しやすい。
　溶解度積 K_{sp} の比較的大きな FeS, ZnS なども沈殿する。
　(溶解度の大きな Na_2S, K_2S, CaS などは，いかなる条件でも硫化物は沈殿しない。)

❷ 金属イオンの系統分離

　多くの金属イオンを含む混合水溶液に特定の試薬(分属試薬という)を加えて，性質の類似した金属イオンのグループに分類する。この操作を金属イオンの系統分離という。さらに，分離した沈殿を溶解したのち，より細かく分析する。

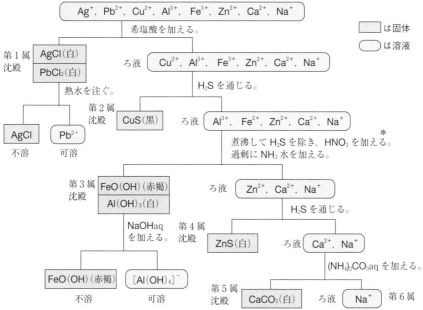

(* Fe^{3+}は H_2S で還元され Fe^{2+} になっている。これに HNO_3(酸化剤)を加えて Fe^{3+} に戻す。Fe^{2+} でも $Fe(OH)_2$ が沈殿するが，FeO(OH)の方が溶解度が小さく，より完全に鉄イオンを沈殿させることができる。)

❶ 下の金属イオンのうち，(1)～(4)に該当するものをすべて選べ。

(1) 希塩酸を加えると，白色沈殿を生じる。

(2) 希硫酸を加えると，白色沈殿を生じる。

(3) 希塩酸・希硫酸いずれとも白色沈殿をつくる。

(4) 希塩酸，希硫酸いずれとも沈殿をつくらない。

 (ア) Cu^{2+} (イ) Ba^{2+} (ウ) Ag^+ (エ) Pb^{2+}

❷ 下の化合物のうち，(1)～(4)に該当するものをすべて選べ。

(1) 過剰の $NaOH$ 水溶液に溶ける。

(2) 過剰の NH_3 水に溶ける。

(3) 過剰の $NaOH$ 水溶液，過剰の NH_3 水いずれにも溶ける。

(4) 過剰の $NaOH$ 水溶液，NH_3 水いずれにも溶けない。

 (ア)$Zn(OH)_2$ (イ)$FeO(OH)$ (ウ)$Cu(OH)_2$ (エ)$Al(OH)_3$

❸ 下の金属イオンを含む水溶液に硫化水素を通じた。(1)～(3)に該当するものすべてを示せ。

(1) 酸性，中性，塩基性のいずれの場合も，硫化物が沈殿する。

(2) 酸性では沈殿を生じないが，中性，塩基性では硫化物が沈殿する。

(3) 酸性，中性，塩基性のいずれの場合も，硫化物が沈殿しない。

 ← H₂S

 金属イオンを含む水溶液

 (ア) Cu^{2+} (イ) Ca^{2+} (ウ) Pb^{2+} (エ) Zn^{2+}

❹ Fe^{3+}，Ag^+，Cu^{2+} の混合水溶液から，図のように各イオンを沈殿として分離した。下の問いに答えよ。

(1) 沈殿 A の化学式と色を示せ。

(2) 沈殿 B の化学式と色を示せ。

(3) ろ液 c に含まれる金属イオンの化学式を示せ。

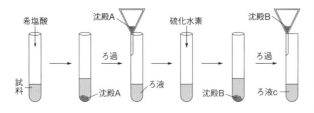

希塩酸   沈殿A   硫化水素   沈殿B

試料   ろ過   沈殿A   ろ液   沈殿B   ろ過   ろ液c

❶ (1) (ウ), (エ)

 (2) (イ), (エ)

 (3) (エ)

 (4) (ア)

 → p.228 ❶

❷ (1) (ア), (エ)

 (2) (ア), (ウ)

 (3) (ア)

 (4) (イ)

 → p.228 ❶

❸ (1) (ア), (ウ)

 (2) (エ)

 (3) (イ)

 → p.229 ❶

❹ (1) $AgCl$, 白色

 (2) CuS, 黒色

 (3) Fe^{2+}

 ➡ Fe^{3+}はH_2Sで還元され，Fe^{2+}になっている。

 → p.229 ❷

例題 105 ｜ 金属イオンの反応

次の(1)～(5)に該当する金属イオンをあとの〔　〕からすべて選べ。

(1)　希塩酸を加えたとき，沈殿を生じるイオン。

(2)　希硫酸を加えたとき，沈殿を生じるイオン。

(3)　酸性条件で硫化水素を通じたとき，沈殿を生じるイオン。

(4)　酸性条件では硫化水素を通じても沈殿を生じないが，中性・塩基性条件で硫化水素を通じると，沈殿を生じるイオン。

(5)　水溶液の pH によらず，硫化水素を通じても沈殿を生じないイオン。

〔　Ag^{+}，Ba^{2+}，Cu^{2+}，Fe^{2+}，Na^{+}，Pb^{2+}，Zn^{2+}　〕

考え方　(1)　塩酸を加えたとき，AgCl と $PbCl_2$ が沈殿する。よって，塩酸を加えて沈殿する金属イオンは，Ag^{+} と Pb^{2+}。

(2)　希硫酸を加えたときに沈殿するのは，$CaSO_4$，$BaSO_4$，$PbSO_4$ である。よって，硫酸を加えて沈殿する金属イオンは，Ba^{2+} と Pb^{2+}。

(3)　酸性条件でも硫化物が沈殿するのは，Sn よりもイオン化傾向の小さい金属イオン（Ag^{+}，Cu^{2+}，Pb^{2+} など）である。

(4)　酸性条件では硫化物が沈殿しないが，中性・塩基性条件で硫化物が沈殿するのは，イオン化傾向が中程度の金属イオン（Fe^{2+}，Zn^{2+} など）である。

(5)　イオン化傾向が大きい金属イオン（Na^{+}，K^{+}，Ca^{2+}，Ba^{2+} など）は，いかなる条件でも，硫化物は沈殿しない。

解答　(1) Ag^{+}，Pb^{2+}　(2) Ba^{2+}，Pb^{2+}　(3) Ag^{+}，Cu^{2+}，Pb^{2+}　(4) Fe^{2+}，Zn^{2+}　(5) Ba^{2+}，Na^{+}

例題 106 ｜ 金属イオンの系統分離

3 種類の金属イオンを含む混合水溶液がある。これに図のような操作①～③を順に行った。

図中の操作①，②，③によって生じた沈殿 A，B，C の化学式をそれぞれ答えよ。

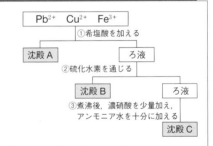

考え方　金属イオンの混合水溶液に特定の試薬（分属試薬）を加え，原則として，イオン化傾向の小さい金属イオンから大きい金属イオンの順序で，各金属イオンを沈殿として分離する操作を，**金属イオンの系統分離**という。

操作①では，HCl を加えており，白色の塩化鉛(Ⅱ)$PbCl_2$ が沈殿する。

操作②では，酸性条件で H_2S を通じており，黒色の硫化銅(Ⅱ)CuS が沈殿する。

操作②で H_2S を通じると，H_2S の還元作用によって，Fe^{3+} は Fe^{2+} へと還元されてしまう。Fe^{2+} の水酸化物 $Fe(OH)_2$ の溶解度はやや大きいので，操作③では，煮沸して H_2S を除いたのち，酸化剤である濃硝酸を少量加えて Fe^{2+} を酸化し，Fe^{3+} に戻す必要がある。さらに，NH_3 水を十分に加えて生じる沈殿 C は，赤褐色の酸化水酸化鉄(Ⅲ)FeO(OH)である。

解答　A：$PbCl_2$　B：CuS　C：FeO(OH)

例題 107 金属イオンの分離

次の 2 種類の金属イオンを含む混合溶液から，下線をつけたイオンだけを沈殿させる試薬を(ア)～(オ)からすべて選べ。また，生じた沈殿の化学式を示せ。

(1) <u>Ag^{+}</u>，Fe^{3+}　(2) Ag^{+}，<u>Fe^{3+}</u>　(3) <u>Cu^{2+}</u>，Ba^{2+}

(4) Cu^{2+}，<u>Ba^{2+}</u>　(5) <u>Al^{3+}</u>，Zn^{2+}　(6) Al^{3+}，<u>Zn^{2+}</u>

(ア) 希塩酸　(イ) 希硫酸　(ウ) 水酸化ナトリウム水溶液(過剰)

(エ) アンモニア水(過剰)　(オ) 硫化ナトリウム水溶液

考え方　金属イオンと各試薬との沈殿反応の有無を調べる表を書くとわかりやすい。

水溶液		HCl	H_2SO_4	NaOH	NH_3	Na_2S
(1)	Ag^{+}	○		○	＊	○
(2)	Fe^{3+}			○	○	○
(3)	Cu^{2+}			○	＊	○
(4)	Ba^{2+}		○			
(5)	Al^{3+}			＊	○	
(6)	Zn^{2+}			＊	＊	○

○は沈殿生成　＊は錯イオン生成

硫化ナトリウム Na_2S は，塩基性条件で硫化水素 H_2S ガスを通じるのと同じ効果がある。

表をよく見て，○や○のように，一方が沈殿し，他方は沈殿をつくらない試薬をそれぞれ選択する。

解答　(1)…(ア)，AgCl　(2)…(エ)，FeO(OH)

(3)…(ウ)，$Cu(OH)_2$　(オ)，CuS

(4)…(イ)，$BaSO_4$

(5)…(エ)，$Al(OH)_3$　(6)…(オ)，ZnS

例題 108 金属イオンの系統分離

右図のような操作で，5 種類の金属イオンを含む水溶液から各イオンを分離した。次の問いに答えよ。

(1) 沈殿 A ～ D の化学式を示せ。

(2) ろ液 E に分離される錯イオンを化学式で示せ。

(3) ろ液 F に含まれる金属イオンを確認する方法を示せ。

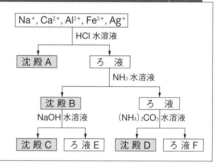

考え方　金属イオンの混合水溶液に，次の 1 ～ 5 の分属試薬を順に加えて，生じる沈殿をろ別し，第 1 ～第 6 属のグループに分離する操作を，**金属イオンの系統分離**という。

属	試 薬	イオン	沈 殿
1	HCl	Ag^{+}, Pb^{2+}	塩化物：白色沈殿
2	H_2S(酸性)	Cu^{2+}, Cd^{2+}, Hg^{2+}	硫化物：CdS黄，他は黒
3	NH_3 水	Fe^{3+}，Al^{3+}	水酸化物：FeO(OH)赤褐，$Al(OH)_3$白
4	H_2S(塩基性)	Zn^{2+}，Ni^{2+}	硫化物：ZnS白，他は黒
5	$(NH_4)_2CO_3$	Ca^{2+}，Ba^{2+}	炭酸塩：白色沈殿
6	沈殿しない	Na^{+}，K^{+}	炎色反応：Na^{+}黄，K^{+}赤紫

希塩酸で沈殿するのは Ag^{+} で，AgCl を生成する。残る 4 種類の金属イオンのうち，NH_3 水で沈殿するのは，Al^{3+} と Fe^{3+} で，それぞれ $Al(OH)_3$，FeO(OH)を生成する。そのうち，$Al(OH)_3$ は過剰の NaOH 水溶液に錯イオン $[Al(OH)_4]^{-}$ を生成して溶解する。

Na^{+} と Ca^{2+} のうち，$(NH_4)_2CO_3$ 水溶液で沈殿するのは Ca^{2+} で，$CaCO_3$ を生成する。

解答　(1) A：AgCl　B：FeO(OH)と $Al(OH)_3$　C：FeO(OH)　D：$CaCO_3$　(2) $[Al(OH)_4]^{-}$

(3) 炎色反応の黄色によって Na^{+} を確認する。

標準問題

必は重要な必須問題。時間のないときはここから取り組む。

必 **306** □□ ◀金属イオンの反応▶ 次の〔 〕内の金属イオンのうち，(1)～(7)の内容に該当するものを（ ）の中の数だけ選べ。

〔Cu^{2+}，Fe^{3+}，Zn^{2+}，Ag^+，Ba^{2+}，Pb^{2+}，Mg^{2+}〕

(1) 有色のイオンである。(2つ)　　　　(2) 塩酸によって沈殿する。(2つ)

(3) 硫酸によって沈殿する。(2つ)　　　(4) 酸性条件で硫化物が沈殿する。(3つ)

(5) いかなる条件下でも，硫化物が沈殿しない。(2つ)

(6) 水酸化ナトリウム水溶液を加えると沈殿を生じ，その過剰に溶ける。(2つ)

(7) アンモニア水によって沈殿を生じ，その過剰に溶ける。(3つ)

必 **307** □□ ◀金属イオンの分離▶ A群の水溶液から下線をつけたイオンだけを沈殿として分離したい。それぞれ適切な方法をB群から1つ記号で選べ。また，生成した沈殿の化学式を示せ。

〔A群〕(1) Cu^{2+}，Fe^{3+}，$\underline{Ag^+}$　　(2) Al^{3+}，$\underline{Fe^{3+}}$，Zn^{2+}　　(3) $\underline{Ba^{2+}}$，K^+，Na^+

(4) Fe^{3+}，$\underline{Cu^{2+}}$，Zn^{2+}　　(5) Ag^+，Ca^{2+}，$\underline{Fe^{3+}}$

〔B群〕(ア) 希硫酸を加える。　　　(イ) 希塩酸を加える。

(ウ) アンモニア水を加えて塩基性としたのち，硫化水素を通じる。

(エ) 希塩酸を加えて酸性としたのち，硫化水素を通じる。

(オ) 過剰の水酸化ナトリウム水溶液を加える。

(カ) 過剰のアンモニア水を加える。

308 □□ ◀金属イオンの推定▶ 次の(1)～(4)の文は下の(ア)～(カ)のどの水溶液について述べたものか。重複しないように，適切なものを1つずつ選べ。また，文中の□□□に適切な化学式を入れよ。

(1) 有色の溶液で，アンモニア水を加えると青白色沈殿①□□□を生じるが，過剰に加えると沈殿は溶けて深青色の溶液②□□□になる。

(2) 塩化バリウム溶液を加えると白色沈殿③□□□を生じる。また，水酸化ナトリウム水溶液を加えると白色沈殿④□□□を生じるが，過剰に加えると沈殿は溶けて無色の溶液⑤□□□になる。

(3) アンモニア水や水酸化ナトリウム水溶液を加えると赤褐色沈殿⑥□□□を生じる。この沈殿はアンモニア水を過剰に加えても溶けない。

(4) 希塩酸を加えると白色沈殿⑦□□□を生じ，温めるとその沈殿は溶解する。また，水酸化ナトリウム水溶液を加えると白色沈殿⑧□□□を生じ，過剰に加えると沈殿は溶けて無色の溶液となる。

(ア) $AgNO_3$　　(イ) $CuSO_4$　　(ウ) $ZnCl_2$

(エ) $Al_2(SO_4)_3$　　(オ) $FeCl_3$　　(カ) $(CH_3COO)_2Pb$

309 □□ ◀金属イオンの推定▶　次の実験(a)~(d)より，A ~ D に含まれる金属イオンの種類をあとの語群から選べ。

(a)　炎色反応を調べると，B は青緑色，D は黄色であった。

(b)　希硝酸で酸性にしたのち硫化水素を通じると，B，C は黒色の沈殿を生じたが，A，D は沈殿を生じなかった。

(c)　水酸化ナトリウム水溶液を加えると A，B，C は沈殿を生じたが，D は生じなかった。過剰の水酸化ナトリウム水溶液を加えると，A から生じた沈殿のみ溶解した。

(d)　塩化カリウム水溶液を少量加えると，C のみが白色の沈殿を生じた。

【語群】〔　Na^+　Mg^{2+}　Fe^{2+}　Cu^{2+}　Ca^{2+}　Al^{3+}　Ag^+　〕

必 310 □□ ◀金属イオンの系統分離▶　硝酸ナトリウム，硝酸カルシウム，硝酸鉄(Ⅲ)，硝酸銅(Ⅱ)および硝酸銀を含む混合水溶液を，図の操作に従って，各金属イオンを分離した。次の問いに答えよ。

(1)　①~⑤に対応する操作を，次の(ア)~(オ)から選べ。

(ア)　アンモニア水を十分に加える。

(イ)　煮沸する。冷却後，濃硝酸を少量加える。

(ウ)　希塩酸を加える。

(エ)　硫化水素を通じる。

(オ)　炭酸アンモニウム水溶液を加える。

(2)　沈殿(a)にアンモニア水を加えると，沈殿は溶解した。このとき生じる錯イオンの名称を記せ。

(3)　沈殿(b)，(c)，(d)の化学式をそれぞれ示せ。

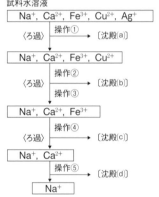

311 □□ ◀金属塩の推定▶　次の文を読んで，A ~ E は(ア)~(キ)のいずれの水溶液であるかを推定せよ。ただし，同じものは2回以上使用しないこととする。

(1)　A，B に水酸化ナトリウム水溶液を加えると白色沈殿ができるが，過剰の水酸化ナトリウム水溶液を加えると溶けて無色の溶液になる。

(2)　A，B にアンモニア水を加えるとどちらも白色沈殿ができるが，過剰のアンモニア水を加えると A は溶けないが，B は溶ける。

(3)　C，E に水酸化ナトリウム水溶液，アンモニア水を加えるとどちらも有色の沈殿ができ，これらは過剰の水酸化ナトリウム水溶液，アンモニア水にも溶けない。

(4)　C，E に希塩酸を加えて硫化水素を通じたら，E だけから黒色沈殿ができた。

(5)　A，B，D に塩化バリウム水溶液を加えるといずれも白色沈殿ができる。これらに過剰のアンモニア水を加えると D にできた沈殿だけが溶ける。

(ア)　KCl　　　(イ)　$Pb(NO_3)_2$　　(ウ)　$FeCl_3$　　(エ)　$ZnSO_4$

(オ)　Na_2SO_4　　(カ)　$AgNO_3$　　(キ)　$HgCl_2$

発展問題

312 □□ ◀金属イオンの系統分離▶ Ag^+, Al^{3+}, Ba^{2+}, Cu^{2+}, Pb^{2+}, Zn^{2+}, Fe^{3+}, Na^+ の金属イオンを含む硝酸塩水溶液を，下図の要領で各イオンに分離した。次の問いに答えよ。

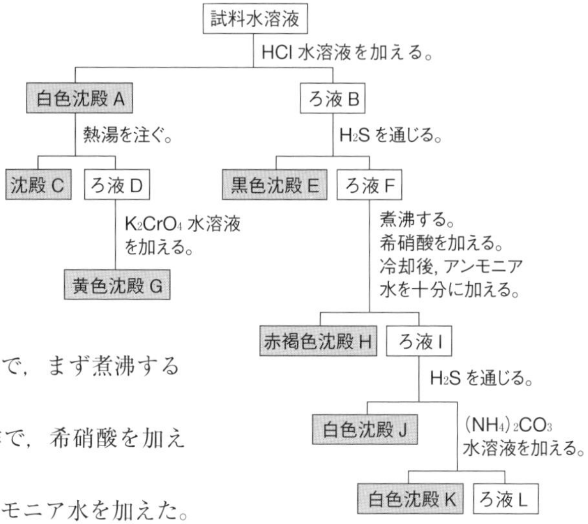

(1) 沈殿 C, E, G, H, J, K の化学式を示せ。ただし，H には 2 種類の化合物を含む。

(2) ろ液 L に最も多く含まれる金属イオンの化学式と，そのイオンの確認法を説明せよ。

(3) ろ液 F に対する操作で，まず煮沸する理由を説明せよ。

(4) ろ液 F に対する操作で，希硝酸を加える理由を説明せよ。

(5) 沈殿 C に過剰にアンモニア水を加えた。この反応を化学反応式で示せ。

(6) 沈殿 H に水酸化ナトリウム水溶液を加えたところ，一方の化合物は溶解した。この反応を化学反応式で示せ。

試料水溶液
HCl 水溶液を加える。
→ **白色沈殿 A** / **ろ液 B**

白色沈殿 A：熱湯を注ぐ。→ **沈殿 C** / **ろ液 D**
ろ液 D：K_2CrO_4 水溶液を加える。→ **黄色沈殿 G**

ろ液 B：H_2S を通じる。→ **黒色沈殿 E** / **ろ液 F**
ろ液 F：煮沸する。希硝酸を加える。冷却後，アンモニア水を十分に加える。→ **赤褐色沈殿 H** / **ろ液 I**
ろ液 I：H_2S を通じる。→ **白色沈殿 J** / $(NH_4)_2CO_3$ 水溶液を加える。→ **白色沈殿 K** / **ろ液 L**

313 □□ ◀陰イオンの推定▶ A ～ F 水溶液には Cl^-, I^-, CrO_4^{2-}, NO_3^-, SO_4^{2-}, CO_3^{2-} のいずれか 1 種類が約 1mol/L の濃度で含まれている。次の問いに答えよ。

(a) A ～ F の水溶液を少量ずつ取り 1mol/L 塩化バリウム水溶液を加えたところ，B, E には白色沈殿，D には黄色沈殿が生じ，A, C, F では変化が見られなかった。

(b) (a)で B, E から生じた沈殿をろ別し，2mol/L 希塩酸を加えたところ，B から生じた沈殿は気体を発生して溶けたが，E から生じた沈殿は変化が見られなかった。

(c) D の水溶液を少量取り，希硫酸を加えると溶液の色は黄色から橙赤色に変化した。

(d) A, C, D, F の水溶液を少量ずつとり，1mol/L 硝酸銀水溶液を加えたところ，A, C, D に沈殿が見られた。

(e) (d)で A, C から生じた沈殿に，2mol/L アンモニア水を過剰に加えると，A から生じた沈殿は溶けたが，C から生じた沈殿は溶けなかった。

(1) A ～ F に含まれている陰イオンのイオンの化学式を示せ。

(2) (a)で B, D, E から生じた沈殿の化学式と色を示せ。

(3) (d)で A, C, D から生じた沈殿の化学式と色を示せ。

27 無機物質と人間生活

1 金属の分類と製錬・利用

❶**軽金属** 密度が $4 \sim 5g/cm^3$ 以下の金属。 **例** Al, Ti, Mg など。

❷**重金属** 密度が $4 \sim 5g/cm^3$ より大きい金属。 **例** Fe, Cu, Ag など多数。

❸**卑金属** 空気中で容易にさびる金属。 **例** Fe, Pb, Zn など。

❹**貴金属** 空気中で安定でさびない金属。 **例** Au, Ag, Pt など。

❺**金属の製錬** 金属の化合物（鉱石）から金属の単体を取り出す操作。

❻**鉄の製錬** 鉄鉱石（Fe_2O_3 など）を CO などで還元してつくる。

❼**銅の精錬** 粗銅（Cu：99%）を電気分解により純銅（Cu：99.99%）にする（電解精錬）。

❽**アルミニウムの製錬** 酸化アルミニウムを氷晶石（融剤）とともに溶融塩電解する。

❾**金属の利用例** 鉄（Fe） 機械的強度大，生産量第1位 **例** 建造物，機械材料

金（Au） 展性・延性が最大，電気・熱の伝導性大 **例** 装飾品，電子機器の配線

白金（Pt） イオン化傾向小，触媒作用が大 **例** 電気分解の電極，工業用触媒

銅（Cu） 電気・熱の伝導性大 **例** 電線，硬貨（合金の形），熱交換器

アルミニウム（Al） 軽くて加工しやすい，生産量第2位 **例** 飲料缶，窓枠（サッシ）

チタン（Ti） 軽量，強度大，耐食性大 **例** 眼鏡フレーム，人工関節

水銀（Hg） 常温で液体の金属，蒸気は有毒 **例** 圧力計，温度計，蛍光灯

銀（Ag） 電気，熱の伝導性最大 **例** 鏡，写真材料，太陽電池

鉛（Pb） 軟らかく密度大，低融点 **例** 鉛蓄電池，放射線遮蔽材料

タングステン（W） 硬く，融点が最高 **例** 電球のフィラメント，切削工具

2 金属の腐食とその防止

❶**腐食** 金属が酸素や水と徐々に反応し，変質・劣化する現象。

さび 金属表面に生じる腐食生成物。主成分は酸化物で，塩類があるとさびやすい。

❷**さびの防止** **めっき** 金属表面をさびにくい他の金属の薄膜でおおう。

トタン 亜鉛めっき鋼板。 **例** 建築材料 **ブリキ** スズめっき鋼板。 **例** 缶詰の缶

アルマイト アルミニウムの表面に人工的に酸化被膜をつけたもの。

❸**合金** 2種以上の金属を混合し，融解させたもの。優れた性質をもつものが多い。

名称	成分	特徴	名称	成分	特徴
黄（おう）銅	Cu，Zn	美しい，加工性大	ジュラルミン	Al，Cu，Mg	軽くて丈夫
青（せい）銅	Cu，Sn	硬い，さびにくい	易融（いゆう）合金	Pb，Sn，Bi，Cd	融点が非常に低い
白（はく）銅	Cu，Ni	美しい，加工性大	アルニコ磁性体	Fe，Al，Ni，Co	強い磁性をもつ
ステンレス鋼	Fe，Cr，Ni	さびにくい	形状記憶合金	Ni，Ti	変形しても，もとの形に戻る
ニクロム	Ni，Cr	電気抵抗が大	水素吸蔵合金	La，Ni など	水素を安全に貯蔵
無鉛はんだ	Sn，Ag，Cu	融点が低い	超伝導合金	Sn，Nb など	低温で電気抵抗が0

③ セラミックス

❶セラミックス 金属以外の無機物質を高温で加熱して得られた固体。
陶磁器，ガラス，セメントなどがあり，セラミックスをつくる工業を窯業という。

❷陶磁器 粘土などを高温で焼き固めたもので，次の3種類がある。

種類	原料	焼成温度	吸水性	強度	打音	用途
土器	粘土	比較的低温	大	劣る	濁音	れんが，瓦，植木鉢
陶器	粘土，石英	比較的高温	小	中間	やや濁音	食器，タイル，衛生器具
磁器	粘土，石英，長石	高温	なし	優れる	金属音	高級食器，碍子（がいし）

陶磁器の製造 成形→乾燥→素焼き（約700℃）→本焼き（約1300℃，釉薬[*1]をかける）

*1) **釉薬** うわ薬ともいい，石英，長石，粘土，石灰石などの粉末を水で練って泥状にしたもの。

焼結 高温では，粘土の微粒子が少し融け，接着しあい固化する。

粘土　　　　　　　素焼き・土器　　　　　　陶器　　　　　　　磁器

❸ガラス ガラスは**非晶質**で，一定の融点をもたず，ある温度（軟化点）で軟化する。

名称	ソーダ石灰ガラス	鉛ガラス	ホウケイ酸ガラス	石英ガラス
主原料	ケイ砂（SiO_2） 炭酸ナトリウム（Na_2CO_3） 石灰石（$CaCO_3$）	ケイ砂（SiO_2） 炭酸ナトリウム（Na_2CO_3） 酸化鉛（II）（PbO）	ケイ砂（SiO_2） ホウ砂（$Na_2B_4O_7$）	ケイ石（SiO_2）
用途	最も多量に使用 窓ガラス，ビン	光学レンズ X線遮蔽ガラス	耐熱容器 理化学器具	プリズム 光ファイバー

❹セメント 建築材料に用いる**ポルトランドセメント**は，石灰石，粘土などを高温で焼成後，生じた塊（クリンカー）を粉砕し，セッコウ（$CaSO_4 \cdot 2H_2O$）を加えたもの。

コンクリート セメント，砂，砂利の混合物。水と練ると固化する。

❺ファインセラミックス 高純度の材料を用い，厳密に制御して焼き固めた製品。

成分	特徴	用途
窒化ケイ素 炭化ケイ素 Si_3N_4，SiC	硬い。耐熱性，耐摩耗性が大。	自動車エンジン，ガスタービン
ヒドロキシアパタイト $Ca_5(PO_4)_3OH$	生体との適合性に優れる。	人工骨，人工関節，人工歯根
アルミナ 窒化アルミニウム Al_2O_3，AlN	電気絶縁性，放熱性がよい。	集積回路（LSI）の放熱基板
シリカ 酸化ゲルマニウム SiO_2，GeO_2	透明で光をよく透過する。	光ファイバー
アルミナ ジルコニア Al_2O_3，ZrO_2	超硬度，耐久性が大。	ハサミ，切削工具
チタン酸ジルコン酸鉛（II） $Pb[Zr, Ti]O_2$	圧力により電圧を生じる。	ガスコンロなどの圧電素子
チタン酸バリウム $BaTiO_3$	温度が変わると，電気抵抗が変化。	温度センサー（サーミスター）
チタン酸鉛（II） $PbTiO_3$	赤外線を当てると電圧が発生。	赤外線センサー

必は重要な必須問題。時間のないときはここから取り組む。

必 **314** □□ ◀金属の利用▶　次の文と関係のある金属をあとの語群から選び，元素記号で答えよ。

(1) 電気抵抗が小さく電線として用いるほか，スズとの合金は昔から利用されてきた。

(2) 金属単体として産出し，装飾品のほか，高価なので蓄財の対象となる。

(3) 機械的強度が大きく，金属中で第1位の生産量をあげている。

(4) 融点が比較的低く，乾電池の電極のほかめっきや合金の材料として利用される。

(5) 軽金属の代表で，現在，金属中で第2位の生産量をあげている。

(6) 金属のうち，これだけが常温で液体で，他の多くの金属と合金をつくる。

(7) 融点がきわめて高く，白熱電球や電子管のフィラメントに用いられる。

(8) 電気伝導度が最大で，装飾品のほか電子材料，太陽電池などに利用されている。

(9) 融点が高く丈夫な軽金属で，合金の材料として最近，使用量が増加している。

(10) 軟らかい重金属で，二次電池の電極のほか，放射線の遮蔽材として利用される。

【語群】 アルミニウム　鉄　銅　金　水銀
　　　　 亜鉛　銀　チタン　タングステン　鉛

315 □□ ◀陶磁器の種類▶　表は，陶磁器の特徴を示したものである。空欄に適当な語句を，右の語群から選び記号で答えよ。

	土 器	陶 器	磁 器
原料	粘土のみ	良質の粘土＋石英	良質の粘土＋石英・長石
焼成温度〔℃〕	①	②	③
吸水性	④	⑤	⑥
打音のようす	⑦	⑧	⑨
釉薬の有無	な　し	有　り	有　り
用途	⑩	⑪	⑫

【語群】(ア) 1100 ～ 1250　(イ) 約 700
　　　　(ウ) 1300 ～ 1450　(エ) 大きい
　　　　(オ) なし　(カ) 小さい
　　　　(キ) 金属音　(ク) やや濁音
　　　　(ケ) 濁音　(コ) 植木鉢，瓦
　　　　(サ) 衛生器具・食器
　　　　(シ) 高級食器・美術品

必 **316** □□ ◀ガラスの種類▶　次のガラスについて，その原料を〔A群〕から，特徴や用途を〔B群〕からそれぞれ1つずつ選べ。

(1) ソーダ石灰ガラス　　　(2) ホウケイ酸ガラス

(3) 鉛ガラス　　　(4) 石英ガラス

〔A群〕(ア) ケイ砂，炭酸ナトリウム，酸化鉛(Ⅱ)　　(イ) ケイ砂
　　　　(ウ) ケイ砂，炭酸ナトリウム，石灰石　　(エ) ケイ砂，ホウ砂

〔B群〕(a) 窓ガラスや飲料水のビンなど多くの製品に使われる。

　　　　(b) 光の屈折率が大きく，光学レンズの他，装飾用ガラスにも使われる。

　　　　(c) 熱・薬品に対して安定で，耐熱容器，理化学器具などに使われる。

　　　　(d) 耐熱性がきわめて大きく，純粋なものは光ファイバーとして使われる。

317 □□ ◀合金▶　次の合金の成分元素を〔A群〕より，特徴と用途を〔B群〕より選べ。

(1)　青銅　　　　　(2)　黄銅　　　　(3)　ステンレス鋼　　　(4)　ニクロム
(5)　無鉛はんだ　　(6)　白銅　　　　(7)　ジュラルミン　　　(8)　超伝導合金
(9)　水素吸蔵合金　⑩　形状記憶合金　⑪　アルニコ磁性体

〔A群〕(ア)　Ni, Cr　　　　　　　(イ)　Cu, Sn　　　　　(ウ)　Fe, Cr, Ni
　　　(エ)　Cu, Zn　　　　　　　(オ)　Sn, Ag, Cu　　　(カ)　Cu, Ni
　　　(キ)　Sn, Nb　　　　　　　(ク)　Al, Cu, Mg　　　(ケ)　La, Ni
　　　(コ)　Al, Ni, Co, Fe　　　(サ)　Ni, Ti

〔B群〕(a)　黄色，加工性大－楽器　　　　　　　　(b)　電気抵抗が大－電熱線
　　　(c)　硬い，さびにくい－鐘，銅像　　　　　(d)　さびにくい－台所用品，食器
　　　(e)　融点が低い－電気部品の接合材料　　　(f)　白色の光沢－貨幣，熱交換器
　　　(g)　軽量で強度大－航空機の構造材料　　　(h)　保磁力が強い－永久磁石
　　　(i)　高温(低温)時の形状を記憶－歯列矯正，ロボット
　　　(j)　水素を安全に貯蔵する－蓄電池の電極，水素を燃料とする自動車
　　　(k)　低温で電気抵抗が0になる－強力磁石，医療機器(MRI)

318 □□ ◀金属の表面処理▶　次の項目に該当するものを，(ア)～(カ)から選べ。

(1)　トタン　　　　(2)　ブリキ　　　　(3)　ペイント
(4)　アルマイト　　(5)　クロムめっき　(6)　ステンレス鋼

(ア)　硬くて美しい光沢を保つため，水道の蛇口などに使われる。
(イ)　顔料を混ぜた合成樹脂などで，被膜をつけたもの。
(ウ)　傷がついても鉄はさびず，屋根板にも使われる。
(エ)　アルミ製品の表面に，ち密で厚い酸化被膜をつけたもの。
(オ)　缶詰の缶に使われるが，傷がつくと鉄はさびやすくなる。
(カ)　鉄に，クロム，ニッケルを混ぜて，さびにくくした合金。

319 □□ ◀セラミックス▶　次の文で，正しいものには○，誤っているものには×をつけよ。

(1)　セラミックスの中には，金属並みの電気伝導性をもつものがある。
(2)　セラミックスには，金属元素を含むものはない。
(3)　セラミックスの原料には，豊富で安価なものが多い。
(4)　セラミックスには，熱に強く，腐食しないものが多い。
(5)　ソーダ石灰ガラスの原料は，ケイ砂，炭酸ナトリウム，炭酸カルシウムである。
(6)　ガラスの中で，最も多く使われているのは石英ガラスである。
(7)　コンクリートは，セメントに水，砂を加えて固めたもので，酸・アルカリに強い。
(8)　陶磁器の色やガラスの着色には，種々の金属の酸化物などが用いられる。
(9)　人工骨や人工歯には，ある種のファインセラミックスが使われている。

28 有機化合物の特徴と構造

1 有機化合物の特徴

炭素原子を骨格とした化合物を有機化合物という。(CO_2, $CaCO_3$, KCN などを除く）

(a) 炭素原子が共有結合で次々とつながり，鎖状や環状の構造をとる。

(b) 構成元素の種類は少ない（C，H，O，N，S など）が，化合物の種類は多い。

(c) ほとんどが分子性物質で，融点・沸点が低く，可燃性のものが多い。

(d) 極性の小さい分子が多く，水に溶けにくく，有機溶媒に溶けやすいものが多い。

2 有機化合物の分類

❶炭素骨格による分類　炭素と水素だけからなる化合物を炭化水素という。

分類	飽和炭化水素 （炭素間の結合がすべて単結合）	不飽和炭化水素 （炭素間に二重結合や三重結合を含む）
鎖式炭化水素	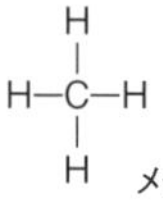 メタン 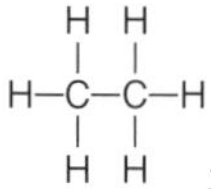　エタン	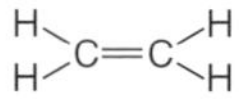 エチレン　アセチレン
環式炭化水素	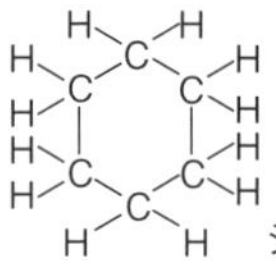 シクロヘキサン	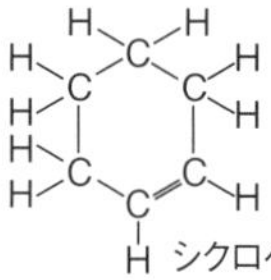 シクロヘキセン 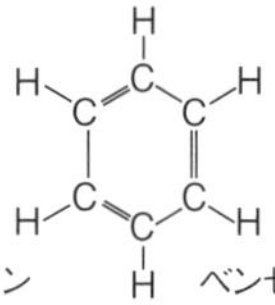　ベンゼン

❷炭化水素基　炭化水素から H 原子がとれた原子団(基)を炭化水素基（記号R−）という。特に，鎖式飽和炭化水素（アルカン）から H 原子1個がとれた基をアルキル基という。

名称	化学式	名称	化学式
メチル基	CH_3-	ビニル基	$CH_2=CH-$
エチル基	C_2H_5-	メチレン基	$-CH_2-$
プロピル基	C_3H_7-	フェニル基	C_6H_5-

(左端に縦書き「アルキル基」)

❸官能基による分類　有機化合物の特性を表す原子団を官能基という。

官能基	官能基の名称	一般名	例		性質
−OH	ヒドロキシ基	アルコール	メタノール	CH_3OH	中性
		フェノール類	フェノール	C_6H_5OH	弱酸性
−CHO	ホルミル(アルデヒド)基	アルデヒド	ホルムアルデヒド	$HCHO$	還元性
＞CO	カルボニル(ケトン)基	ケトン	アセトン	CH_3COCH_3	中性
−COOH	カルボキシ基	カルボン酸	酢酸	CH_3COOH	弱酸性
−NH₂	アミノ基	アミン	アニリン	$C_6H_5NH_2$	弱塩基性
−NO₂	ニトロ基	ニトロ化合物	ニトロベンゼン	$C_6H_5NO_2$	中性
−SO₃H	スルホ基	スルホン酸	ベンゼンスルホン酸	$C_6H_5SO_3H$	強酸性
−O−	エーテル結合	エーテル	ジエチルエーテル	$C_2H_5OC_2H_5$	中性
−COO−	エステル結合	エステル	酢酸エチル	$CH_3COOC_2H_5$	中性

❹**有機化合物の表し方**　分子式以外に，次の化学式をよく用いる。
・**示性式**　分子式から官能基を抜き出して表した化学式。⇒炭化水素基＋官能基
・**構造式**　分子内の原子間の結合を価標（−）を用いて表した化学式。

❸ 有機化合物の構造決定

※元素分析によって
　求められた組成式
　を実験式ともいう。

❶**元素分析**　試料中の成分元素の質量と割合を求める操作。

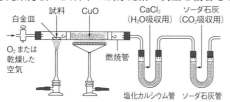

・一定質量の試料を燃焼管に入れ，完全燃焼させる。
・酸化銅（Ⅱ）CuO は，試料を完全燃焼させるために加える。
・燃焼管には，先に $CaCl_2$ 管，次にソーダ石灰管をつなぐ。

C の質量：CO_2 の質量 $\times \dfrac{C の原子量(12)}{CO_2 の分子量(44)}$　H の質量：H_2O の質量 $\times \dfrac{2H の原子量(2.0)}{H_2O の分子量(18)}$
酸素 O の質量は，（試料の質量）−（他のすべての元素の質量の和）で求める。

❷**組成式の決定**　各元素の質量を原子量で割り，各元素の原子数の比を求める。

$\underset{\text{(原子数の比)}}{C : H : O} = \dfrac{C の質量}{12} : \dfrac{H の質量}{1.0} : \dfrac{O の質量}{16} = x : y : z$　組成式は $C_xH_yO_z$

❸**分子式の決定**　分子式は組成式を整数倍したものだから，
$(C_xH_yO_z) \times n = $ 分子量　の関係から，整数 n を求める。分子式は $C_{nx}H_{ny}O_{nz}$

❹**構造式の決定**　試料の化学的性質に基づき，官能基の種類や数を決定する。

❹ 異性体　分子式は同じであるが，構造や性質の異なる化合物を異性体という。

❶**構造異性体**　原子の結合の仕方，つまり構造式が異なる異性体。

(a) **炭素骨格の違い**　　　(b) **官能基の種類の違い**　　(c) **官能基の位置の違い**

$CH_3-CH_2-CH_2-CH_3$　　　CH_3-CH_2-OH　　　　$CH_3-CH_2-CH_2-OH$

$CH_3-\underset{\underset{\displaystyle CH_3}{|}}{CH}-CH_3$　　　CH_3-O-CH_3　　　　$CH_3-\underset{\underset{\displaystyle OH}{|}}{CH}-CH_3$

❷**立体異性体**　構造式では区別できず，各原子（団）の立体配置が異なる異性体。

(a) **シス−トランス異性体（幾何異性体）**　　(b) **鏡像異性体（光学異性体）**

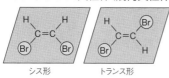

シス形　　　　トランス形

二重結合をはさんだ原子（団）の結合位置が異なる。
（二重結合が自由に回転できないために生じる。）

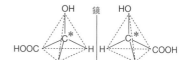

D-乳酸　　　　　　　　L-乳酸

中心の不斉炭素原子＊に結合する 4
つの原子（団）の立体配置が異なる。

確認&チェック

1 次の物質のうち，有機化合物であるものをすべて選べ。

(ア) CH_4
(イ) CO_2
(ウ) $CO(NH_2)_2$
(エ) $CaCO_3$
(オ) CH_3COOH
(カ) KCN

2 有機化合物の官能基(下線)をまとめた次の表を完成させよ。

有機化合物	下線部の官能基名	官能基をもつ化合物の一般名
$C_2H_5\underline{OH}$	①	②
$CH_3\underline{CHO}$	③	④
$CH_3\underline{O}CH_3$	⑤	⑥
$CH_3\underline{COOH}$	⑦	⑧
$CH_3\underline{CO}CH_3$	⑨	⑩
$C_6H_5\underline{NO_2}$	⑪	⑫
$C_6H_5\underline{SO_3H}$	⑬	⑭
$C_6H_5\underline{NH_2}$	⑮	⑯

3 C，H，O からなる有機化合物を，図のような装置で分析した。次の問いに答えよ。

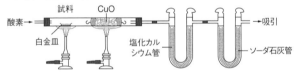

酸素　試料　CuO　→吸引
白金皿　塩化カルシウム管　ソーダ石灰管

(1) 試料中の成分元素の質量と割合を求める操作を何というか。
(2) 塩化カルシウム管で吸収される物質名を記せ。
(3) ソーダ石灰管で吸収される物質名を記せ。
(4) 燃焼管中に CuO を入れる目的は何か。

4 ある有機化合物を4つの方法で表した。次の問いに答えよ。

(a)
```
    H  O
    |  ‖
H―C―C―O―H
    |
    H
```

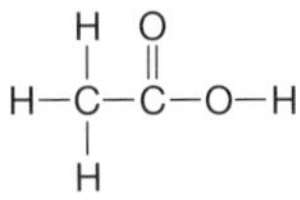

(b) CH_3COOH
(c) $C_2H_4O_2$
(d) CH_2O

(1) (a)のように，原子間の結合を価標(-)で表した化学式を何というか。
(2) (b)のように，官能基を抜き出して表した化学式を何というか。
(3) (c)のように，分子を構成する原子の種類と数を表した化学式を何というか。
(4) (d)のように，成分元素の原子の数の割合を最も簡単な整数比で表した化学式を何というか。

解答

1 (ア)，(ウ)，(オ)
→ p.240 ①

2 ① ヒドロキシ基
② アルコール
③ ホルミル基(アルデヒド基)
④ アルデヒド
⑤ エーテル結合
⑥ エーテル
⑦ カルボキシ基
⑧ カルボン酸
⑨ カルボニル基(ケトン基)
⑩ ケトン
⑪ ニトロ基
⑫ ニトロ化合物
⑬ スルホ基
⑭ スルホン酸
⑮ アミノ基
⑯ アミン
→ p.240 ②

3 (1) 元素分析
(2) 水
(3) 二酸化炭素
(4) 試料を完全燃焼させるため。
→ p.241 ③

4 (1) 構造式
(2) 示性式
(3) 分子式
(4) 組成式(実験式)
→ p.241 ②，③

例題 111 | 官能基　■■□

メタン CH_4 の水素原子１個を，次の原子団(基)で置き換えた各化合物に含まれる官能基の名称と，その官能基をもつ化合物の一般名をそれぞれ記せ。

(a) $-OH$　　(b) $-COOH$　　(c) $-CHO$　　(d) $-OCH_3$　　(e) $-COCH_3$

(f) $-NO_2$　　(g) $-NH_2$　　(h) $-SO_3H$　　(i) $-COOC_2H_5$

考え方　メタンから水素原子１個を取り去るとメチル基$-CH_3$となる。メチル基にそれぞれの基を結合させた化合物を書いてみる。

　有機化合物の特性を表す原子団を官能基という。炭化水素(炭素と水素のみからなる化合物)以外の有機化合物は，官能基の種類ごとにいくつかのグループに分類される。また，同じ官能基をもち，共通の一般式で表される化合物を同族体といい，化学的性質が類似している。

解答　(a) ヒドロキシ基，アルコール
　(b) カルボキシ基，カルボン酸
　(c) ホルミル基(アルデヒド基)，アルデヒド
　(d) エーテル結合，エーテル
　(e) カルボニル基(ケトン基)，ケトン
　(f) ニトロ基，ニトロ化合物
　(g) アミノ基，アミン
　(h) スルホ基，スルホン酸
　(i) エステル結合，エステル

例題 112 | 元素分析　■■□

　$C，H，O$ からなる有機化合物 40.0mg を完全燃焼させたところ，CO_2 58.7mg と H_2O 24.3mg を生じた。また，この物質の分子量は別の方法によって 180 と求められている。次の問いに答えよ。原子量は $H = 1.0，C = 12，O = 16$ とする。

(1) この有機化合物の組成式(実験式)を示せ。

(2) この有機化合物の分子式を示せ。

考え方　〈有機化合物の構造決定の方法〉

成分元素の検出 → 成分元素の定量 → 組成式・分子式・構造式
分子量・官能基
　　元素分析という

　化合物を構成する原子の数を最も簡単な整数比で表した式が**組成式**，分子を構成する原子の種類と数を表した式が**分子式**である。

〈組成式(実験式)の求め方〉

　$C，H，O$ のみからなる有機化合物の場合，まず，$CO_2，H_2O$ の質量から，この有機化合物 40.0mg 中に含まれる C 原子と H 原子の質量を求め，残りを O 原子の質量とする。

（酸素は，試料中と燃焼のために供給された O_2 および酸化剤 CuO に由来するものがあり，試料中の O 原子の質量だけを特定できないため。）

C の質量：$58.7 \times \dfrac{C}{CO_2} = 58.7 \times \dfrac{12}{44} \fallingdotseq 16.0 (\text{mg})$

H の質量：$24.3 \times \dfrac{2H}{H_2O} = 24.3 \times \dfrac{2.0}{18} = 2.70 (\text{mg})$

O の質量：$40.0 - (16.0 + 2.70) = 21.3 (\text{mg})$

　各元素の質量を原子量で割ると，物質量の比，つまり各原子数の比が求まる。

$$C : H : O = \dfrac{16.0}{12} : \dfrac{2.70}{1.0} : \dfrac{21.3}{16}$$
(原子数の比)
$$= 1.33 : 2.70 : 1.33 \fallingdotseq 1 : 2 : 1$$

∴　組成式は CH_2O　組成式の式量は30。

〈分子式の求め方〉

　分子式は組成式を整数倍したものだから，分子式を $(CH_2O)_n$(n は整数)とおくと，分子量は組成式の式量の整数倍になる。

$30n = 180$　∴　$n = 6$

　したがって，分子式は $C_6H_{12}O_6$

解答　(1) CH_2O　(2) $C_6H_{12}O_6$

分子式が C_5H_{12}，C_6H_{14} の化合物には，それぞれ何種類の構造異性体があるか。

考え方 異性体のうち，原子のつながり方，つまり，構造式の異なる化合物を**構造異性体**という。

〈構造異性体の書き方〉

① C 原子の並び方(炭素骨格)だけで構造の違いを区別する。

② 最後に，C 原子の価標が 4 本になるように，そのまわりに H 原子をつけ加える。

炭素骨格のうち，最も長い炭素鎖を**主鎖**，短い炭素鎖で枝にあたる部分を**側鎖**という。

① C_5H_{12}

(ⅰ) まず，直鎖状のものを書く。

C−C−C−C−C

(ⅱ) 主鎖の炭素数を 4 とし，側鎖 1 つを両端以外の炭素につける。

C−C−C−C （単結合は自由に回転できるので， C−C−C−C は，直鎖(ⅰ)と同じ。）
　　｜
　　C

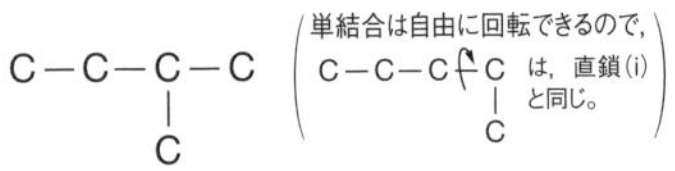

すなわち，**両端の炭素につけた側鎖は無意味**である。

(ⅲ) 主鎖の炭素数を 3 とし，側鎖 2 つを両端以外の炭素につける。

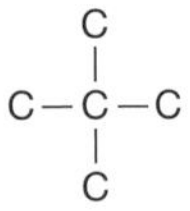

C
｜
C−C−C
｜
C
　　　　　　　　計 3 種類

② C_6H_{14}

(ⅰ) 直鎖状　C−C−C−C−C−C

(ⅱ) 主鎖の炭素数 5 つ，側鎖 1 つ

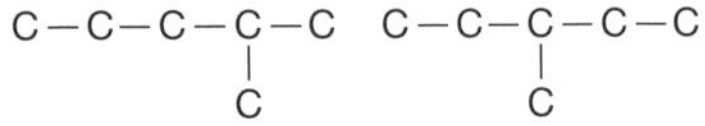

C−C−C−C−C　　C−C−C−C−C
　　｜　　　　　　　　　｜
　　C　　　　　　　　　C

(ⅲ) 主鎖の炭素数 4 つ，側鎖 2 つ

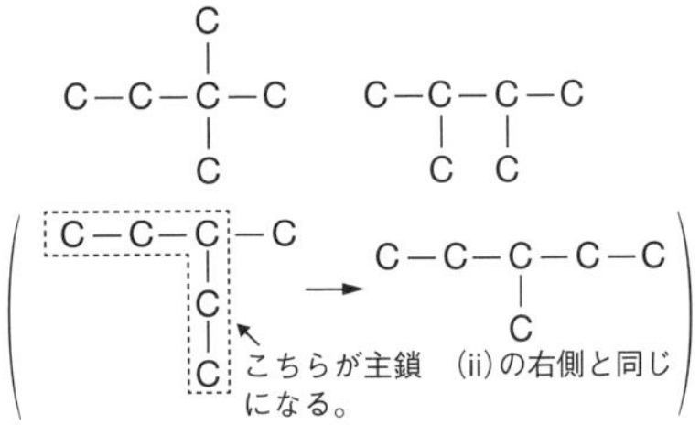

　　C
　　｜
C−C−C−C　　C−C−C−C
　　｜　　　　　｜ ｜
　　C　　　　　C C

（C−C−C−C　　→　C−C−C−C−C
　　　｜　　　　　　　　｜
　　　C　こちらが主鎖　C
　　　｜　　(ⅱ)の右側と同じ
　　　C　　になる。　）

すなわち，両端から x 番目の炭素には，炭素数が $(x-1)$ 個の側鎖しかつけられない。

　　　　　　　　計 5 種類

解答 C_5H_{12}…3 種類　C_6H_{14}…5 種類

分子式が C_7H_{16} の化合物の構造異性体をすべて示せ(炭素骨格だけでよい)。

考え方 (ⅰ) 主鎖の炭素数 7 つ，側鎖なし

C−C−C−C−C−C−C

(ⅱ) 主鎖の炭素数 6 つ，側鎖 1 つ

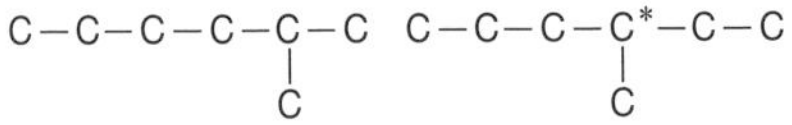

C−C−C−C−C−C　　C−C−C−C*−C−C
　　　｜　　　　　　　　　　｜
　　　C　　　　　　　　　　C

(ⅲ) 主鎖の炭素数 5 つ，側鎖 2 つ(1 つ)

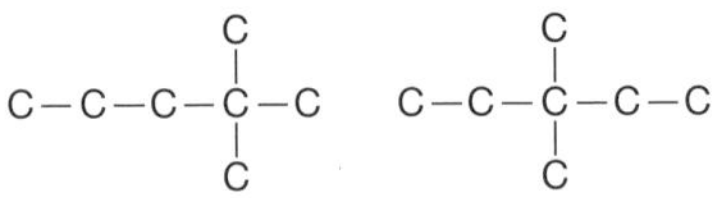

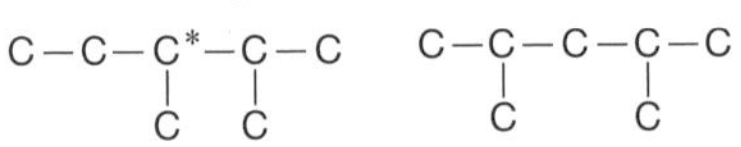

　　　C
　　　｜
C−C−C−C−C　　C−C−C−C−C
　　　｜　　　　　　｜
　　　C　　　　　　C

C−C−C*−C−C　　C−C−C−C−C
　　｜ ｜　　　　　　　｜ ｜
　　C C　　　　　　　C C

C−C−C−C−C
　　｜
　　C
　　｜
　　C

(ⅳ) 主鎖の炭素数 4 つ，側鎖 3 つ

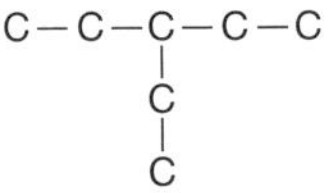

　　　C
　　　｜
C−C−C−C
　　｜ ｜
　　C C
　　　　　　　　計 9 種類

（ただし，C*は，4 種類の異なる原子・原子団が結合した**不斉炭素原子**である。
一般に，不斉炭素原子をもつ化合物には，原子・原子団の立体配置が異なる，互いに実像と鏡像の関係にある 1 対の鏡像異性体が存在する。）

解答 考え方を参照。

標準問題

㊙は重要な必須問題。時間のないときはここから取り組む。

必 320 □□ ◀有機化合物の特徴▶　次の(ア)～(キ)のうち，有機化合物の一般的な特徴を述べているものをすべて選べ。

(ア)　成分元素の種類が多いため，その化合物の種類も多い。
(イ)　水に溶けにくく，有機溶媒に溶けやすいものが多い。
(ウ)　融点が高く，熱や光に対して安定なものが多い。
(エ)　常温で固体の物質が多く，溶液中では電離してイオンを生じやすい。
(オ)　加熱しても，分解したり，燃焼したりはしない。
(カ)　分子性物質が多く，一般に反応の速さが小さい。
(キ)　炭素原子が共有結合で結びつき，分子量の大きい化合物もつくる。

321 □□ ◀異性体▶　次の文の□に当てはまる適切な語句を，下の(ア)～(カ)から選べ。

分子式が同じで構造・性質の異なる化合物を異性体という。異性体には，原子どうしの結合の順序，つまり構造式が異なる①□と，構造式では区別できないが，原子・原子団の立体配置が異なる②□がある。①には，炭素骨格の違いのほか，③□の種類やその位置の違いによるものなどがある。②はさらに2種類に分けられる。たとえば，二重結合をもつ化合物には④□が存在する場合がある。また，分子内に1個の不斉炭素原子をもつ化合物は必ず1組の⑤□が存在する。⑤どうしは互いに重ね合わすことができず，鏡に映したときの実像と鏡像の関係にある。⑤どうしは物理的・化学的性質は同じであるが，⑥□の方向が互いに逆である。

(ア)　立体異性体　　(イ)　構造異性体　　(ウ)　シス－トランス異性体
(エ)　鏡像異性体　　(オ)　旋光性　　(カ)　官能基

322 □□ ◀異性体の区別▶　次の各組の中で，2つの構造式が同一の化合物を表しているものにはAを，異性体であるものにはBを記せ。

(1)

(2)

(3)

(4)

(5)

(6)

(7)

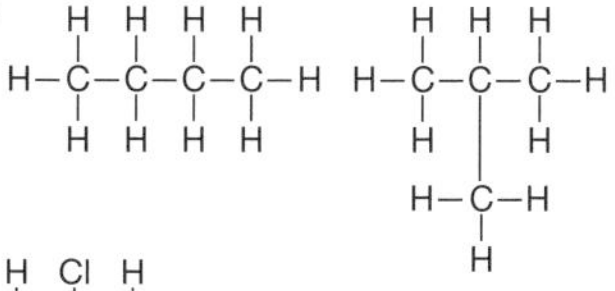

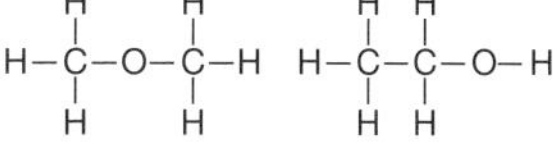

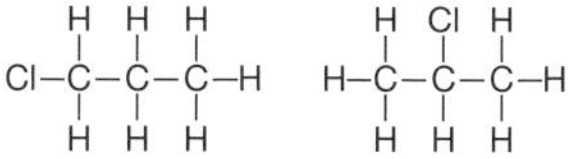

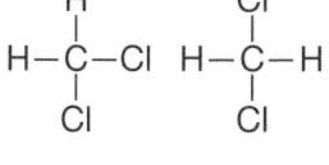

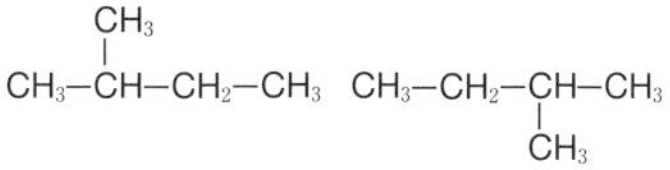

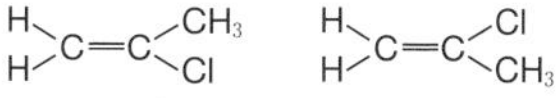

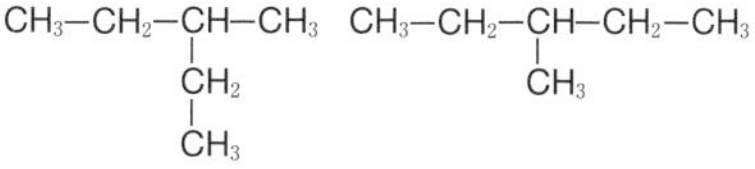

323 □□ ◀成分元素の検出▶　次の操作で検出できる元素を元素記号で答えよ。

(1)　ソーダ石灰と加熱し，発生した気体に濃塩酸を近づけると白煙を生じた。

(2)　酸化銅(Ⅱ)とよく混合して加熱し，発生した気体を石灰水に通じると白濁した。

(3)　黒く焼いた銅線につけてバーナーで加熱すると，炎は青緑色を呈した。

(4)　金属 Na と加熱融解後，酢酸鉛(Ⅱ)水溶液を加えると黒色沈殿が生成した。

(5)　完全燃焼後，生成物を塩化コバルト(Ⅱ)紙につけると青色から淡赤色になった。

㊙**324** □□ ◀元素分析(質量百分率)▶　ある有機化合物 A を元素分析したら，質量百分率で炭素 60.0%，水素 13.3%，酸素 26.7% であった。また，A の分子量を測定したら，60 であった。次の問いに答えよ。(原子量は H = 1.0，C = 12，O = 16)

(1)　化合物 A の組成式と分子式をそれぞれ示せ。

(2)　化合物 A の考えられる構造式をすべて示せ。

㊙**325** □□ ◀元素分析▶　炭素，水素，酸素からなる化合物 X の 45mg を下図の白金皿に入れ，完全燃焼させた。その結果，吸収管 A は 27mg，吸収管 B は 66mg の質量増加があった。また，化合物 X は 1 価の酸で，その 0.27g を中和するのに 0.10mol/L 水酸化ナトリウム水溶液 45mL を要した。次の問いに答えよ。(H = 1.0，C = 12，O = 16)

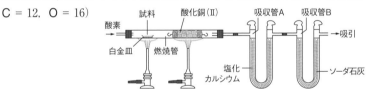

(1)　燃焼管の中の酸化銅(Ⅱ)のはたらきについて述べよ。

(2)　吸収管 A は吸収管 B よりも先につながなければならない。その理由を述べよ。

(3)　化合物 X の組成式と分子式を示せ。

発展問題

326 □□ ◀元素分析▶　炭素，水素，窒素，酸素からなる有機化合物 X36.2mg を前問(**325**)の図の装置で完全燃焼させたら，水 22.5mg と二酸化炭素 55.0mg を生じた。また，

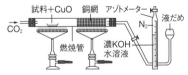

X36.2mg を右図の装置で完全燃焼させ，試料中の窒素成分をすべて窒素ガスに変化させたら，標準状態に換算して 6.96mL であった。また，X の分子量は 116 であった。次の問いに答えよ。原子量は H = 1.0，C = 12，N = 14，O = 16 とする。

(1)　有機化合物 X の組成式を示せ。

(2)　有機化合物 X の分子式を示せ。

29 脂肪族炭化水素

1 炭化水素の分類

〈一般式〉

炭化水素
- 鎖式炭化水素（脂肪族炭化水素）
  - 飽和炭化水素 ── アルカン（単結合のみ） C_nH_{2n+2}
  - 不飽和炭化水素
    - アルケン（二重結合1個） C_nH_{2n}
    - アルキン（三重結合1個） C_nH_{2n-2}
- 環式炭化水素
  - 飽和炭化水素 ── シクロアルカン[*1] C_nH_{2n}
  - 不飽和炭化水素
    - シクロアルケン（二重結合1個）[*1] C_nH_{2n-2}
    - 芳香族炭化水素（ベンゼン環をもつ）

*1）芳香族炭化水素を除く環式炭化水素を脂環式炭化水素という。

❶同族体　共通の一般式で表され，分子式が CH_2 ずつ異なる一群の化合物。一般に，同族体では，分子量が大きくなるほど，融点・沸点は高くなる。

2 飽和炭化水素

❶アルカン　単結合のみからなる鎖式の飽和炭化水素。一般式 C_nH_{2n+2}

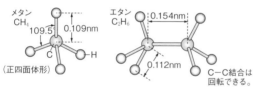

メタン CH_4 109.5° 0.109nm（正四面体形）

エタン C_2H_6 0.154nm 0.112nm C−C結合は回転できる。

名称	分子式	状態
メタン	CH_4	気体
エタン	C_2H_6	
プロパン	C_3H_8	
ブタン	C_4H_{10}	
ペンタン	C_5H_{12}	液体
ヘキサン	C_6H_{14}	

炭素数が増加すると，融点・沸点が高くなる。

炭素数が4以上で，構造異性体が存在する。

例　C_4H_{10}（2種），C_5H_{12}（3種），C_6H_{14}（5種）

（メタンの製法）酢酸ナトリウムにソーダ石灰を加えて加熱。

$$CH_3COONa + NaOH \longrightarrow CH_4\uparrow + Na_2CO_3$$

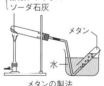

酢酸ナトリウム　ソーダ石灰　メタン　水　メタンの製法

（性質）化学的に安定。光存在下でハロゲンと置換反応を行う。

置換反応とは，原子が他の原子（団）と置き換わる反応。

| CH_4 | $\xrightarrow[光]{Cl_2}$ | CH_3Cl | $\xrightarrow[光]{Cl_2}$ | CH_2Cl_2 | $\xrightarrow[光]{Cl_2}$ | $CHCl_3$ | $\xrightarrow[光]{Cl_2}$ | CCl_4 |

メタン　クロロメタン（塩化メチル）　ジクロロメタン（塩化メチレン）　トリクロロメタン（クロロホルム）　テトラクロロメタン（四塩化炭素）

❷シクロアルカン　環式の飽和炭化水素。C_nH_{2n}（$n \geqq 3$），性質はアルカンに類似。

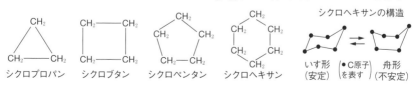

シクロプロパン　シクロブタン　シクロペンタン　シクロヘキサン

シクロヘキサンの構造　いす形（安定）　●C原子を表す　舟形（不安定）

3 不飽和炭化水素

①アルケン 炭素間の二重結合を1個もつ鎖式の不飽和炭化水素。一般式 C_nH_{2n}

シクロアルカンと構造異性体の関係にある。

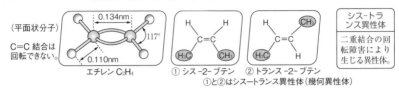

（平面状分子）
C＝C結合は回転できない。0.134nm　117°　0.110nm
エチレン C_2H_4

① シス-2-ブテン　② トランス-2-ブテン
①と②はシス-トランス異性体（幾何異性体）

シス-トランス異性体 二重結合の回転障害により生じる異性体。

（エチレンの製法）エタノールと濃硫酸の混合物を約170℃に加熱する。

$$CH_3CH_2OH \xrightarrow[170℃]{(H_2SO_4)} CH_2＝CH_2 + H_2O$$

（性質）・付加反応　二重結合が切れ，他の原子が結合する。

・付加重合　多数のアルケン分子が結合し，高分子になる。

・酸化反応　$KMnO_4$ 水溶液を脱色する。（二重結合の開裂）

・臭素水（赤褐色）の脱色は，不飽和結合の検出に利用。

温度計（約170℃）　エタノール＋濃硫酸　エチレン　沸騰石　水　砂ざら

エチレンの製法

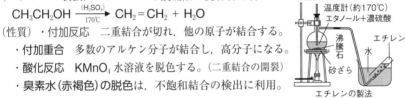

エチレンの付加反応

CH_2BrCH_2Br　1,2-ジブロモエタン　←Br_2— $CH_2＝CH_2$ エチレン —H_2 (Pt)→ CH_3CH_3 エタン

HCl　H_2O（リン酸）　付加重合*2

CH_3CH_2Cl クロロエタン　　CH_3CH_2OH エタノール　　$＋CH_2－CH_2＋_n$ ポリエチレン

*2）付加重合において，反応物を**単量体（モノマー）**，生成物を**重合体（ポリマー）**という。

②アルキン 炭素間の三重結合を1個もつ鎖式の不飽和炭化水素。一般式 C_nH_{2n-2}

アルカジエン（二重結合を2個もった炭化水素），シクロアルケン（$n ≧ 3$）と構造異性体の関係にある。

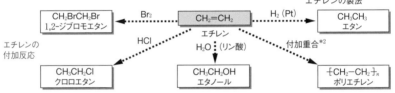

アセチレン C_2H_2　CH≡CH　0.106nm 0.120nm
（直線状分子）

他にプロピン C_3H_4　CH≡C－CH_3

アセチレン　水　カーバイド（CaC_2）　水

アセチレンの製法

（アセチレンの製法）炭化カルシウム（カーバイド）に水を加える。

$$CaC_2 + 2H_2O \longrightarrow Ca(OH)_2 + CH≡CH$$

（性質）アルケンと同様に，**付加反応**，**重合反応**を行う。

・$3CH≡CH \xrightarrow[500℃]{赤熱鉄管} ⬡$　ベンゼン（3分子重合）

・アンモニア性硝酸銀溶液で銀アセチリド Ag_2C_2 の白色沈殿を生成。

$$HC≡CH + 2[Ag(NH_3)_2]^+ \longrightarrow AgC≡CAg↓ + 2NH_3 + 2NH_4^+$$

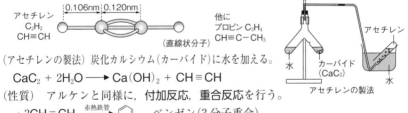

アセチレンの付加反応

$CH_2＝CH_2$ エチレン　←H_2— CH≡CH アセチレン —Br_2→ CHBr＝CHBr 1,2-ジブロモエチレン —Br_2→ $CHBr_2$－$CHBr_2$ 1,1,2,2-テトラブロモエタン

HCl　CH_3COOH　H_2O

$CH_2＝CHCl$ 塩化ビニル　　$CH_2＝CHOCOCH_3$ 酢酸ビニル　　$CH_2＝CHOH$（ビニルアルコール）（不安定）　　CH_3CHO アセトアルデヒド

❹ 炭化水素の命名法について

❶直鎖状のアルカン

$C_1 \sim C_4$ は慣用名。C_5 以上はギリシャ語(＊ラテン語)の数詞の語尾を -ane に変える。

n	1	2	3	4	5	6	7	8	9	10
分子式	CH_4	C_2H_6	C_3H_8	C_4H_{10}	C_5H_{12}	C_6H_{14}	C_7H_{16}	C_8H_{18}	C_9H_{20}	$C_{10}H_{22}$
名称	メタン	エタン	プロパン	ブタン	ペンタン	ヘキサン	ヘプタン	オクタン	ノナン	デカン
数詞	mono	di	tri	tetra	penta	hexa	hepta	octa	nona*	deca

アルキル基の名称はアルカンの語尾 -ane を -yl に変える。アルキル基は一般式 $C_nH_{2n+1}-$ で表される。

例 CH_3- メチル基， C_2H_5- エチル基， CH_3CH_2CH- プロピル基

❷枝分かれのあるアルカン・ハロゲン置換体

(a) 分子鎖で最長の炭素鎖を**主鎖**，短い枝分かれの炭素鎖を**側鎖**という。

(b) 主鎖の炭化水素の炭素数に対応した炭化水素の名称をつけ，その前に側鎖のアルキル基名をつける。側鎖の位置は，主鎖の端の炭素原子からつけた位置番号(なるべく小さい数)で示す。なお，位置番号と名称の間はハイフン(－)でつなぐ。

(c) 同じ置換基が複数あるときは，数詞を置換基の前につける。

(側鎖，置換基の例)

メチル CH_3-，エチル C_2H_5-，フルオロ F-，クロロ Cl-，ブロモ Br-，ヨード I-

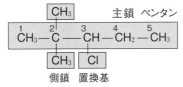

主鎖 ペンタン

3-クロロ-2,2-ジメチルペンタン

側鎖 置換基

(側鎖にアルキル基，置換基にハロゲンをもつ化合物では，両者をアルファベット順に並べる(数詞は考慮しない)。)

❸アルケン，アルキン

(a) 二重結合，三重結合を含む最長の炭素鎖(主鎖)の炭素数に対応するアルカンの語尾 -ane を，アルケンの場合は -ene に変え，アルキンの場合は -yne に変える。

(b) 二重結合，三重結合の位置も，主鎖の端からつけた位置番号(なるべく小さい数)で示す。

(c) 二重結合が 2 個，3 個あるときは，語尾 -ene を -diene，-triene などに変える。

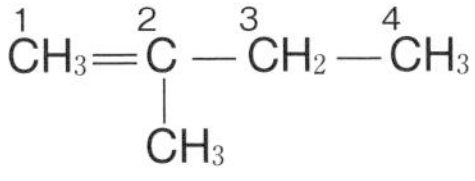

$$\overset{1}{C}H_3 = \overset{2}{C} - \overset{3}{C}H_2 - \overset{4}{C}H_3$$
$$\underset{CH_3}{|}$$

2-メチル -1-ブテン

$$\overset{1}{C}H_3 - \overset{2}{C}H = \overset{3}{C}H - \overset{4}{C}H - \overset{5}{C}H_3$$
$$\underset{CH_3}{|}$$

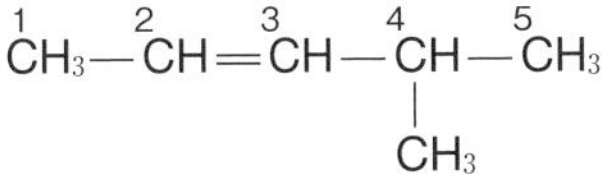

4-メチル -2-ペンテン

(側鎖よりも二重結合により小さな位置番号を与える。)

❹環式化合物

対応するアルカン，アルケンの名称の前に，接頭語(cyclo)をつける。

1 次の文の □ に適切な語句，分子式を入れよ。

鎖式の飽和炭化水素を^①□ といい，一般式は^②□ で表される。室温での状態は，$n = 1 \sim 4$ のものは^③□ 体，$n = 5 \sim 16$ のものは^④□ 体，$n = 17$ 以上のものは固体である。

また，環式の飽和炭化水素を^⑤□ といい，一般式は^⑥□ $(n \geq 3)$で表され，性質は^⑦□ とよく似ている。

炭素間二重結合を1個もつ鎖式の不飽和炭化水素を^⑧□ といい，一般式は^⑨□ で表される。また，炭素間三重結合を1個もつ鎖式の不飽和炭化水素を^⑩□ といい，一般式は^⑪□ で表される。

2 次の炭化水素基の名称をそれぞれ記せ。

(a) CH_3- 　　　　(b) CH_3CH_2-

(c) $CH_3CH_2CH_2-$ 　(d) $CH_2=CH-$

(e) C_6H_5- 　　　　(f) $-CH_2-$

3 メタンと塩素の混合気体に光を当てると，次式に示すように，H原子とCl原子の置換反応が順次進行した。次の □ に適する物質の示性式と名称をそれぞれ入れよ。

$$CH_4 \longrightarrow \boxed{①} \longrightarrow \boxed{②} \longrightarrow \boxed{③} \longrightarrow CCl_4$$

4 エチレンの付加反応について， □ に適する化合物の示性式を入れよ。（ ）は触媒を示す。

$$\boxed{①} \xleftarrow{Br_2} CH_2=CH_2 \xrightarrow[(Pt)]{H_2} \boxed{②}$$

5 アセチレンを図のような方法でつくり，捕集した。次の問いに答えよ。

(1) この反応を化学反応式で示せ。

(2) アセチレンを臭素水に通じたときの変化について述べよ。

炭化カルシウム

水

解答

1 ① アルカン
② C_nH_{2n+2}
③ 気　④ 液
⑤ シクロアルカン
⑥ C_nH_{2n}
⑦ アルカン
⑧ アルケン
⑨ C_nH_{2n}
⑩ アルキン
⑪ C_nH_{2n-2}
→ p.247 ①, ②

2 (a) メチル基
(b) エチル基
(c) プロピル基
(d) ビニル基
(e) フェニル基
(f) メチレン基
→ p.247 ②, 249 ④

3 ①CH_3Cl クロロメタン
②CH_2Cl_2 ジクロロメタン
③$CHCl_3$ トリクロロメタン
→ p.247 ②

4 ①CH_2BrCH_2Br
②CH_3CH_3
→ p.248 ③

5 (1) $CaC_2 + 2H_2O$
$\longrightarrow C_2H_2 + Ca(OH)_2$

(2) 臭素の赤褐色が消える。
→ p.248 ③

例題 115 | メタン・エチレン・アセチレン ■■

次の(A)〜(C)の化合物を発生させるための試薬と装置および捕集法を下図，語群から選べ。また，下の問いに答えよ。

〈装置〉

(A) メタン　(B) エチレン　(C) アセチレン

〈試薬〉①炭化カルシウムと水
　　　　②酢酸ナトリウムと水酸化ナトリウム
　　　　③エタノールと濃硫酸

〈捕集法〉(ア)水上置換　　(イ)上方置換
　　　　　(ウ)下方置換　　(エ)どれでもよい

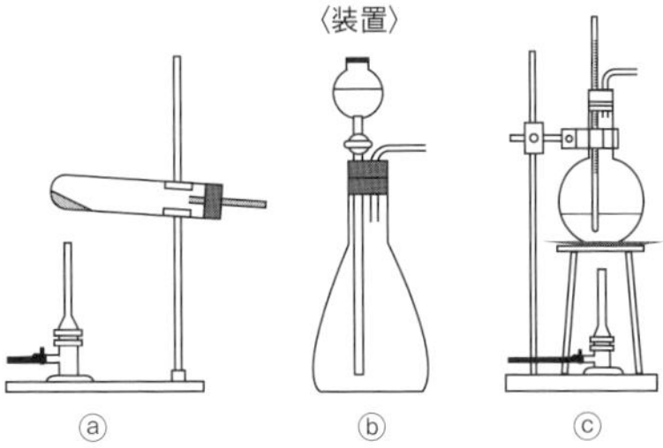

ⓐ　　　　　ⓑ　　　　　ⓒ

〔問〕　化合物(A)〜(C)は，次の文①〜③のいずれに当てはまるか。重複なく選べ。

① 完全燃焼させると高温の炎が得られ，金属の溶接に用いられる。
② 光を当てると臭素とゆっくりと置換反応を起こし，臭素の赤褐色が消える。
③ 臭素と速やかに付加反応を起こし，臭素の赤褐色が消える。

考え方 (A) メタンは，CH_3COONa と $NaOH$（いずれも固体）の混合物を加熱して発生させる。固体どうしの加熱では，試験管の口を少し下げ，試験管が割れないようにする。

(B) **エチレン**は，エタノールと濃硫酸の混合物を，温度（約170℃）に注意しながら加熱すると得られる。

(C) **アセチレン**は炭化カルシウム CaC_2（固体）に水を加えて発生させる。加熱は不要である。いずれの気体も，水上置換で捕集する。

〔問〕① **アセチレン**は燃焼熱が大きいので，完全燃焼させると，高温（約3000℃）の炎（酸素アセチレン炎）が得られる。

② **メタン（アルカン）**は，光の存在下で臭素とゆっくりと置換反応を起こし，臭素の赤褐色が消える。

③ **エチレン（アルケン）**は，臭素と速やかに付加反応を起こし，臭素の赤褐色が消える。

解答 (A)…②，ⓐ，(ア)　(B)…③，ⓒ，(ア)
(C)…①，ⓑ，(ア)　〔問〕(A)②　(B)③　(C)①

例題 116 | 炭化水素の分子式 ■■

ある炭化水素の気体1.0Lを完全燃焼させるのに，同温・同圧で6.0Lの酸素を必要とした。この炭化水素の分子式を示せ。

考え方 炭化水素の分子式を C_xH_y とおく。完全燃焼するときの化学反応式は，

$$C_xH_y + \left(x + \frac{y}{4}\right)O_2 \longrightarrow xCO_2 + \frac{y}{2}H_2O$$

化学反応式の係数比は，反応する気体の体積比に等しいので，炭化水素1.0Lの完全燃焼には $\left(x + \frac{y}{4}\right)$L の O_2 が必要である。

$x + \dfrac{y}{4} = 6.0$ （このままでは解けない。）

変形して　$4x + y = 24$　x, yは**整数**だから，

$x = 1$ のとき $y = 20$ （Hが多すぎる）
$x = 2$ のとき $y = 16$ （Hが多すぎる）
$x = 3$ のとき $y = 12$ （Hが多すぎる）
$x = 4$ のとき $y = 8$ （適する）
$x = 5$ のとき $y = 4$ （C_5H_4は液体なので不適）

$\left(\begin{array}{l}\text{飽和炭化水素の一般式 } C_nH_{2n+2} \text{ より}\\ \text{水素原子の数は最大でも } y \leq 2x+2\end{array}\right)$

解答 C_4H_8

分子式 C_4H_8 の化合物に存在する異性体をすべて構造式で示せ。ただし，立体異性体をもつものについては，立体構造がわかるように示せ。

考え方 炭化水素の異性体は次の順に考える。
① 飽和炭化水素（アルカン）に比べて不足する H 原子の数の $\frac{1}{2}$ を，その化合物の**不飽和度**という。不飽和度がわかると，炭化水素の大まかなグループが予測できる。

一般式	不飽和度	例
C_nH_{2n+2}	0	アルカン
C_nH_{2n}	1	アルケン，シクロアルカン
C_nH_{2n-2}	2	アルキン，アルカジエン，シクロアルケン　など

② 炭素骨格の形を考える。直鎖か分枝か。
③ 二重結合などの数，位置を考える。
　（シス－トランス異性体の存在に注意する）
④ 不斉炭素原子があれば鏡像異性体がある。
⑤ 環式化合物は，$n \geqq 3$ のとき存在する。

　C_4H_8 は一般式 C_nH_{2n} で表せるので，ア

ルケン(ⅰ)〜(ⅲ)と，シクロアルカン(ⅳ)，(ⅴ)の構造異性体がある。

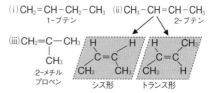

(ⅰ) $CH_2=CH-CH_2-CH_3$　1-ブテン
(ⅱ) $CH_3-CH=CH-CH_3$　2-ブテン
(ⅲ) $CH_2=C-CH_3$　CH_3　2-メチルプロペン
シス形　トランス形

　ただし，(ⅱ)2-ブテンには，**シス-トランス異性体**が存在する。
　環式化合物は $n \geqq 3$，つまり，環をつくる C 原子が 3 個以上について考えればよい。

(ⅳ) $\begin{array}{c} CH_2-CH_2 \\ | \quad\quad | \\ CH_2-CH_2 \end{array}$　シクロブタン

(ⅴ) $\begin{array}{c} CH_2 \\ / \ \backslash \\ CH_2-CH-CH_3 \end{array}$　メチルシクロプロパン

解答 考え方を参照。

エチレンの反応経路図の □ に適する化合物の示性式を入れよ。

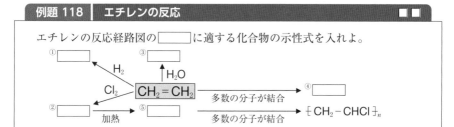

考え方 エチレンの二重結合は，結合力の強い結合（σ（シグマ）結合）とやや弱い結合（π（パイ）結合）からなり，エチレンに反応性の高い物質を作用させると，弱い方の π 結合が切れて単結合になる。このように，二重結合が開裂して各炭素原子に他の原子（原子団）が新たに結合する反応を付加反応という。
① エチレンに水素が付加すると，**エタン**が生成する（右図）。 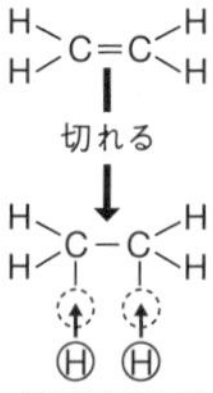
　　　　　　　　　　　　（Pt 触媒下で）
② $CH_2=CH_2 + Cl_2 \longrightarrow CH_2Cl-CH_2Cl$

③ $CH_2=CH_2 + H_2O \xrightarrow{(H_3PO_4)} CH_3CH_2OH$
　　エタノール
④ エチレン分子どうしが，付加反応によって次々に結びつく反応を**付加重合**といい，高分子の**ポリエチレン**が生成する。
⑤ 現在，塩化ビニルは，工業的には，次のような脱離反応（脱 HCl）でつくられる。
$CH_2Cl-CH_2Cl \xrightarrow{加熱} CH_2=CHCl + HCl$
1,2-ジクロロエタン　　　塩化ビニル

解答 ① CH_3CH_3　② CH_2ClCH_2Cl
③ CH_3CH_2OH　④ $\{CH_2-CH_2\}_n$
⑤ $CH_2=CHCl$

327 □□ ◀炭化水素の分類▶ 次の文の□□に適する語句，数を入れよ。

炭化水素は炭素骨格の形や構造に基づいて分類される。炭素間がすべて単結合からなるものを①□□，炭素間に二重結合や三重結合を含むものを②□□という。また，炭素骨格が鎖状のものを③□□，環状のものを④□□という。以上の分類を組み合わせて，鎖式の飽和炭化水素を⑤□□といい，二重結合を1個もつ鎖式の不飽和炭化水素を⑥□□，三重結合を1個もつ鎖式の不飽和炭化水素を⑦□□という。

また，環式の飽和炭化水素を⑧□□，二重結合を1個もつ環式の不飽和炭化水素を⑨□□という。いずれも環を構成する炭素原子の数は⑩□□以上である。

二重結合している2個の炭素原子とそれに直結する4個の原子は⑪□□上にあり，三重結合している2個の炭素原子とそれに直結する2個の原子は⑫□□上にある。

必 328 □□ ◀メタンの反応▶ メタンと十分量の塩素の混合気体に光(紫外線)を当てると，メタンの水素原子は塩素原子によって置換され，A，B，C，Dの順に塩素化される。この塩素置換体 A，B，C，Dの化学式と名称をそれぞれ記せ。

$$CH_4 \xrightarrow[光]{Cl_2} \boxed{A} \xrightarrow[光]{Cl_2} \boxed{B} \xrightarrow[光]{Cl_2} \boxed{C} \xrightarrow[光]{Cl_2} \boxed{D}$$

必 329 □□ ◀アセチレンの反応▶ 次の図はアセチレンの反応系統図である。□□に適する化合物の示性式と名称を入れよ。

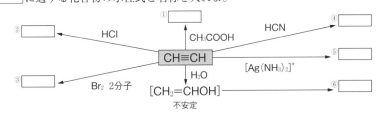

330 □□ ◀炭化水素の構造▶ 次の(1)～(5)に該当する化合物を，下からすべて選べ。

(1) すべての原子が一直線上にはないが，常に同一平面上にある。

(2) 光の存在下では，ハロゲンとの置換反応が起こる。

(3) ハロゲンとの付加反応を起こしやすい。

(4) 常温・常圧で液体である。

(5) 硫酸酸性の $KMnO_4$ 水溶液で酸化される。

(ア) エチレン　(イ) アセチレン　(ウ) エタン　(エ) プロペン　(オ) シクロヘキサン

331 □□ ◀異性体▶　次の分子式で示される化合物の異性体は全部で何種類あるか。

(1)　$C_2H_2Cl_2$

(2)　C_4H_9Cl

(3)　C_5H_{10}（鎖式化合物）

(4)　C_5H_{10}（環式化合物）

332 □□ ◀アルケン・シクロアルカンの構造▶　アルケン A，B の臭素付加生成物の分子量は，もとの約 3.8 倍である。A，B を白金を触媒として水素を付加させると，いずれも同一のアルカン C を生じた。また，A，B のうち，B にはシス−トランス異性体が存在する。A，B をそれぞれ臭素と反応させると，A からは D，B からは E が得られた。次の問いに答えよ。ただし，原子量は H = 1.0，C = 12，Br = 80 とする。

(1)　A，B，C の構造式と名称をそれぞれ示せ。

(2)　D，E について考えられる立体異性体には，それぞれ何種類あるか。

(3)　アルケン A，B と同一の分子式をもち，臭素の四塩化炭素溶液を加えても変化が見られない化合物がある。その構造式をすべて答えよ。

333 □□ ◀アルキン・アルカジエンの構造▶　次の文を読み，あとの問いに答えよ。

(1)　同一の分子式 C_4H_6 を持つ鎖式炭化水素 A，B，C，D 各 1mol に対して十分量の臭素を反応させると，いずれも 2mol の臭素が付加して E，F，G，H に変化した。

(2)　A〜D をアンモニア性硝酸銀溶液に通じると，A のみから白色沈殿を生じた。

(3)　E〜H のうち，鏡像異性体を有するのは F，G のみで，不斉炭素原子の数は F の方が G よりも多かった。

(4)　A に硫酸水銀（Ⅱ）を触媒として水を付加すると，主に J が生成し，J はヨードホルム反応を示した。

〔問〕　化合物 A，B，C，D および J の構造式を答えよ。

334 □□ ◀アルケンの構造決定▶　次の文を読み，A，B，C の構造式を示せ。

(a)　ある鎖式の不飽和炭化水素 A，B，C の各 1mol を完全燃焼させるのに，いずれも 7.5mol の酸素を必要とした。

(b)　A，B，C 各 1mol に対して，Ni 触媒下でいずれも 1mol の水素が付加し，A，B は E に，C は F に変化した。また，F は直鎖の飽和炭化水素である。

(c)　A，B，C を硫酸酸性の過マンガン酸カリウムと反応させると，A からは CO_2 とケトンが，B からはカルボン酸と CO_2 が，C からはカルボン酸のみが生成した。

　　ただし，アルケンを硫酸酸性の $KMnO_4$ 水溶液と反応させると，次式のように二重結合が酸化・開裂して，カルボン酸あるいはケトンが得られる。$R_1 = H$ の場合は，さらに酸化されて CO_2 になる。

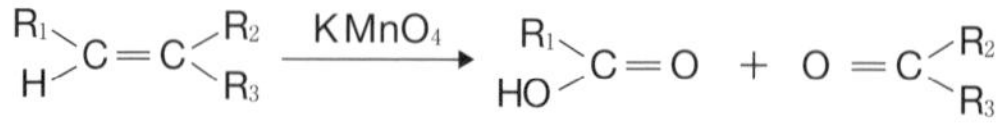

$$\begin{array}{c} R_1 \\ H \end{array} C = C \begin{array}{c} R_2 \\ R_3 \end{array} \xrightarrow{KMnO_4} \begin{array}{c} R_1 \\ HO \end{array} C = O \ + \ O = C \begin{array}{c} R_2 \\ R_3 \end{array}$$

335 □□ ◀オゾン分解▶

炭化水素 A，B，C および D は，いずれも CH_2 の組成式をもち，互いに構造異性体である。A，B，C および D の各 2.1g と臭素を暗所で完全に反応させると，いずれの場合も，4.0g の臭素が消費された。

アルケンに酸化剤のオゾンを作用させて適当な条件で分解すると，次式に示すようにアルデヒドまたはケトンが得られる。この反応はオゾン分解とよばれ，アルケンの構造決定に用いられる。

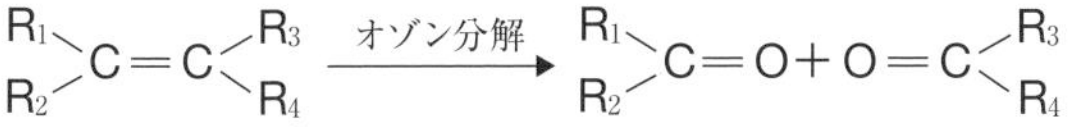

$$\begin{matrix} R_1 \\ R_2 \end{matrix} C = C \begin{matrix} R_3 \\ R_4 \end{matrix} \xrightarrow{\text{オゾン分解}} \begin{matrix} R_1 \\ R_2 \end{matrix} C = O + O = C \begin{matrix} R_3 \\ R_4 \end{matrix}$$

（R_1, R_2, R_3, R_4 はアルキル基または水素原子）

A，B および C をオゾン分解すると，A からはアセトアルデヒドとケトンが，B からは1種類のケトンのみが，C からは1種類のアルデヒドのみが得られた。また，D をオゾン分解すると，ホルムアルデヒドと対称的な構造をもつケトンが得られた。以上より，次の各問いに答えよ。原子量を $H = 1.0$，$C = 12$，$Br = 80$ とする。

(1) 炭化水素 A 〜 D の分子式を求めよ。

(2) 炭化水素 A 〜 D の構造式をそれぞれ記せ。

(3) A 〜 D のうち，シス-トランス異性体をもつものを記号で選べ。

336 □□ ◀トランス付加▶ 次の文を読んで，あとの問いに答えよ。

アルケンには水素 H_2 や臭素 Br_2 が付加反応することが知られているが，その反応形式は異なる。すなわち，アルケンに白金 Pt やニッケル Ni の金属触媒の存在下で水素を反応させると，2つの水素原子はアルケンの二重結合に対して同じ側から付加する（これをシス付加という）。一方，アルケンに対する臭素の付加反応の場合，2つの臭素原子がそれぞれアルケンの二重結合に対して反対側から付加する（これをトランス付加という）。

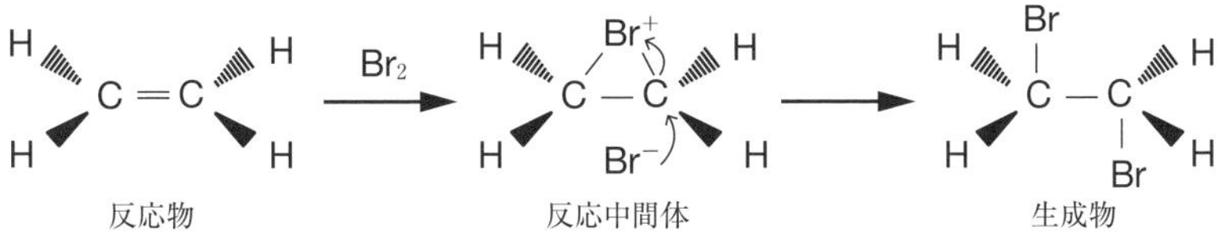

反応物 　　　　　　　反応中間体 　　　　　　　生成物

C 原子を紙面上に置いたとき，── は紙面上にある結合，◀ は紙面の手前側に向かう結合，〜〜〜 は紙面の奥側に向かう結合を示す。

〔問〕シス-2-ブテンとトランス-2-ブテンをそれぞれ臭素と反応させた。それぞれについて考えられる生成物の立体異性体の構造式を上図の例にならってすべて記せ。

30 アルコールとカルボニル化合物

1 アルコール

脂肪族炭化水素の H 原子を**ヒドロキシ基 –OH** で置換した化合物。R–OH

❶アルコールの分類

ヒドロキシ基の数による分類		–OH が結合した C 原子がもつ R の数による分類	
1 価アルコール （–OH 1個）	CH_3OH メタノール	第一級アルコール $R-CH_2-OH$	CH_3-OH　CH_3-CH_2-OH メタノール　エタノール
2 価アルコール （–OH 2個）	$\begin{array}{c}CH_2-OH\\\|\\CH_2-OH\end{array}$ エチレングリコール	第二級アルコール $\begin{array}{c}R_1\\R_2\end{array}\!\!>\!CH-OH$	$\begin{array}{c}CH_3\\CH_3\end{array}\!\!>\!CH-OH$ 2-プロパノール
3 価アルコール （–OH 3個）	$\begin{array}{c}CH_2-OH\\\|\\CH-OH\\\|\\CH_2-OH\end{array}$ グリセリン	第三級アルコール $\begin{array}{c}R_1\\\|\\R_2-C-OH\\\|\\R_3\end{array}$	$\begin{array}{c}CH_3\\\|\\CH_3-C-OH\\\|\\CH_3\end{array}$ 2-メチル-2-プロパノール

注）炭素原子の数の少ないものを**低級アルコール**，多いものを**高級アルコール**という。

❷物理的性質
(a)炭素数 1～3 のものは水に可溶，炭素数 4 以上で水に難溶。（水素結合で水和し溶ける）

(b)分子間に**水素結合**を形成し，同程度の分子量の炭化水素に比べ，**沸点が高い**。**水溶液は中性**。

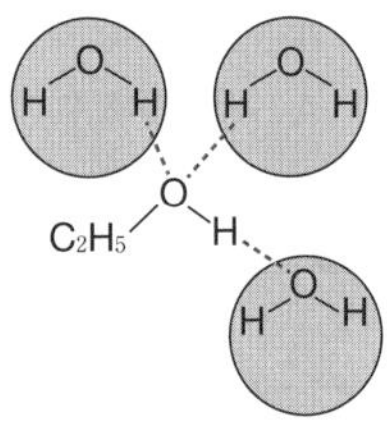

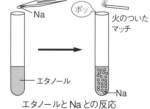

エタノールと水の水素結合

❸化学的性質

(a)**置換反応**　金属 Na と反応し，水素を発生する。

$$2C_2H_5OH + 2Na \longrightarrow 2C_2H_5ONa + H_2$$

ナトリウムエトキシド(塩)

(b)**脱水反応**　濃硫酸との加熱によって脱水される。反応温度により，生成物が異なる。

$$2C_2H_5OH \xrightarrow[130\sim140℃]{(H_2SO_4)} C_2H_5OC_2H_5 + H_2O$$

ジエチルエーテル

$$C_2H_5OH \xrightarrow[160\sim170℃]{(H_2SO_4)} CH_2=CH_2 + H_2O$$

エチレン

エタノールと Na との反応

(c)**酸化反応**　硫酸酸性の二クロム酸カリウム $K_2Cr_2O_7$（酸化剤）で酸化される。

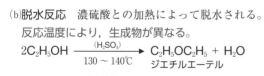

$$\cdot R-CH_2-OH \xrightarrow[-H_2O]{(O)} R-CHO \xrightarrow{(O)} R-COOH$$

第一級アルコール　　　　アルデヒド　　カルボン酸

$$\cdot \begin{array}{c}R_1\\R_2\end{array}\!\!>\!CH-OH \xrightarrow[-H_2O]{(O)} \begin{array}{c}R_1\\R_2\end{array}\!\!>\!C=O$$

第二級アルコール　　　　ケトン

・第三級アルコールは，酸化されにくい。

② エーテル

エーテル結合 –O– をもつ化合物を**エーテル**という。

・炭素数の同じ1価アルコールとは構造異性体。

・融点・沸点は，1価アルコールより著しく低い
（水素結合が形成されないため）。

・金属ナトリウム Na とは反応しない。

・ジエチルエーテル（沸点 34℃）は揮発性の液体で，水に難溶。
有機溶媒として利用される。引火性，麻酔性がある。

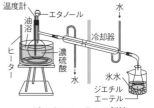

ジエチルエーテルの製法

③ アルデヒドとケトン

アルデヒド，ケトンはカルボニル基 $>C=O$
をもち，**カルボニル化合物**という。

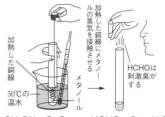

❶アルデヒド

構造	ホルミル基（アルデヒド基）–CHO をもつ。
製法	第一級アルコールの酸化
性質	容易に酸化され，還元性を示す。銀鏡反応を示し，フェーリング液を還元する。
例	HCHO　ホルムアルデヒド CH_3CHO　アセトアルデヒド

$$CH_3OH + CuO \longrightarrow HCHO + Cu + H_2O$$

約 40% 水溶液はホルマリンとよばれる。

ホルムアルデヒドの製法

(a)**銀鏡反応**　アンモニア性硝酸銀溶液 $[Ag(NH_3)_2]^+$ 中の
Ag^+ を還元し，銀 Ag が析出する。

(b)**フェーリング液の還元**　フェーリング液中の Cu^{2+} を還元し，酸化銅（I）Cu_2O の赤色沈殿を生成する。

低級のアルデヒドは，沸点が比較的低く，水に溶けやすい。

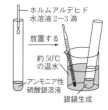

❷ケトン

構造	カルボニル基（ケトン基）$>C=O$ をもつ。
製法	第二級アルコールの酸化
性質	酸化されにくく，還元性はなし。
例	CH_3COCH_3　アセトン（芳香臭あり）

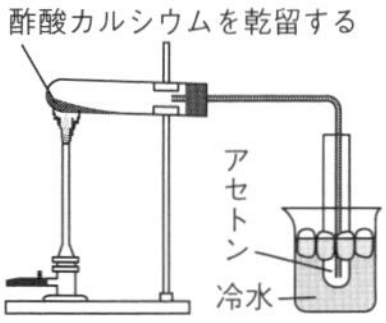

❸ヨードホルム反応　アセトン CH_3COCH_3 にヨウ素 I_2 と
NaOH 水溶液を加えて温めると，特異臭のあるヨードホルム CHI_3 の黄色沈殿を生成。この反応がヨードホルム反応。

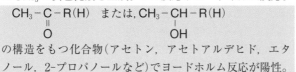

の構造をもつ化合物（アセトン，アセトアルデヒド，エタノール，2-プロパノールなど）でヨードホルム反応が陽性。

$$CH_3COCH_3 + 3I_2 + 4NaOH$$

$$\longrightarrow CH_3COONa + CHI_3\downarrow + 3NaI + 3H_2O$$

アセトンの製法

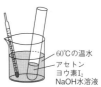

ヨードホルム反応

確認＆チェック

1 次のアルコールは第何級アルコールに分類されるか。また，各アルコールの名称も答えよ。

(1) CH₃－CH₂－CH₂－OH

(2) CH₃－CH－CH₃
    |
    OH

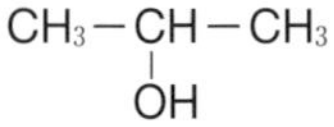

(3)
    CH₃
    |
CH₃－C－CH₃
    |
    OH

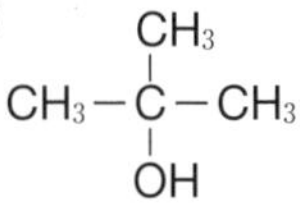

2 次の反応で生成する有機化合物の名称を答えよ。

(1) エタノールを金属ナトリウムと反応させた。

(2) エタノールと濃硫酸の混合物を約 130℃ に加熱した。

(3) エタノールと濃硫酸の混合物を約 170℃ に加熱した。

(4) 第二級アルコールを硫酸酸性の $K_2Cr_2O_7$ で酸化した。

3 次の記述のうち，ジエチルエーテル $C_2H_5OC_2H_5$ に当てはまるものを記号で選べ。

(1) 金属 Na と反応する。 (2) 金属 Na と反応しない。

(3) 常温で気体である。 (4) 常温で液体である。

(5) 水に可溶である。 (6) 水に難溶である。

4 次の文の □ に適語を入れよ。

アルデヒドは，酸化されてカルボン酸に変化しやすい。つまり，①□性をもつ化合物である。

ホルムアルデヒドの水溶液をアンモニア性硝酸銀溶液に加えて温めると，試験管の内壁に②□が析出する。この反応を③□という。

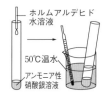
ホルムアルデヒド水溶液
50℃温水
アンモニア性硝酸銀溶液

ホルムアルデヒドの水溶液をフェーリング液に加えて加熱すると，④□（Cu_2O）の⑤□色の沈殿を生じる。この反応をフェーリング液の還元という。

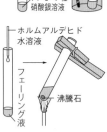
ホルムアルデヒド水溶液
フェーリング液
沸騰石

アセトンにヨウ素 I_2 と NaOH 水溶液を加えて温めると，特異臭のある黄色沈殿を生成する。この反応を⑥□という。

解答

1 (1) 第一級アルコール
 1-プロパノール

(2) 第二級アルコール
 2-プロパノール

(3) 第三級アルコール
 2-メチル-2-プロパノール

→ p.256 1

2 (1) ナトリウムエトキシド

(2) ジエチルエーテル

(3) エチレン

(4) ケトン

→ p.256 1

3 (2), (4), (6)

→ p.257 2

4 ① 還元

② 銀

③ 銀鏡反応

④ 酸化銅(Ⅰ)

⑤ 赤

⑥ ヨードホルム反応

→ p.257 3

次の文の□□□に適語を入れよ。

エタノールに金属ナトリウムを加えると、水素を発生して、①□□□を生じる。エタノールを二クロム酸カリウムの硫酸酸性溶液によって穏やかに酸化すると②□□□になり、さらに、②を酸化すると③□□□を生成する。また、エタノールと濃硫酸の混合物を、約130℃に加熱すると④□□□を生じ、約170℃に加熱すると⑤□□□を生成する。

考え方 工業用のエタノールは、エチレンを原料としてリン酸を触媒に用いた水の付加反応でつくられる。

$$CH_2 = CH_2 + H_2O \longrightarrow CH_3CH_2OH$$

飲料用のエタノールは、デンプンを原料としたグルコースの**アルコール発酵**でつくられる。

$$C_6H_{12}O_6 \longrightarrow 2C_2H_5OH + 2CO_2$$

アルコールは金属 Na と置換反応を行う。

$$2C_2H_5OH + 2Na \longrightarrow 2C_2H_5ONa + H_2$$

ナトリウムエトキシド（塩）

この反応は、−OH の検出に用いられる。

エタノールを $K_2Cr_2O_7$（酸化剤）で穏やかに酸化するとアセトアルデヒド CH_3CHO を生じ、さらに酸化すると**酢酸** CH_3COOH になる。

（$KMnO_4$ や HNO_3 などの酸化剤を使うと、エタノールは一気に酢酸まで酸化される。）

エタノールの濃硫酸による脱水反応では、

(i) 130～140℃では、主に分子間脱水が起こり、ジエチルエーテルが生成する。

(ii) 160～170℃では、主に分子内脱水が起こり、エチレンが生成する。

解答 ① ナトリウムエトキシド
② アセトアルデヒド　③ 酢酸
④ ジエチルエーテル　⑤ エチレン

6
-
30

エタノールに関して述べた次の(ア)～(エ)のうち、誤っているものをすべて選べ。

(ア) エタノールを濃硫酸とともに130～140℃に加熱すると、エチレンが生成する。

(イ) エタノールにヨウ素と水酸化ナトリウム水溶液を加えて加熱すると、黄色のヨードホルムの沈殿が生成する。

(ウ) エタノールは疎水性を示すエチル基をもつが、水と任意の割合に溶けあう。

(エ) エタノールのヒドロキシ基の水素原子は、水素イオンとして電離するので、その水溶液は弱い酸性を示す。

考え方 (ア) エタノールの濃硫酸による脱水反応では、温度によって生成物の種類が変わることに留意する。

130～140℃では**ジエチルエーテル**が生成し、160～170℃では**エチレン**が生成する。

(イ) エタノールは、$CH_3CH(OH)-$ の部分構造をもつので、ヨウ素と水酸化ナトリウム水溶液とともに加熱すると、ヨードホル

ム CHI_3 の黄色沈殿が生成する。この反応を、**ヨードホルム反応**という。

(ウ) 低級アルコール（$C_1 \sim C_3$）は、親水基のヒドロキシ基−OH の影響が大きくて、水とは無制限に溶けあう。

(エ) アルコールのヒドロキシ基の電離度は水よりもかなり小さく、中性の物質である。

解答 (ア), (エ)

次の文で示される有機化合物 A ～ F を，それぞれ示性式で示せ。

分子式 C₃H₈O で示される有機化合物 A，B，C がある。A と B は金属ナトリウムと反応して水素を発生するが，C は反応しない。また，硫酸酸性の二クロム酸カリウム水溶液と加熱すると，A からは D が，B からは E が得られる。D は，フェーリング液を還元して赤色沈殿を生じたが，E は生成しなかった。D をさらに酸化すると F を生じたが，E はこれ以上酸化されなかった。

考え方 分子式 C₃H₈O は，一般式 $C_nH_{2n+2}O$ に該当するので，**アルコールかエーテル**。

(i)   (ii) OH   (iii)

CH₃–CH₂–CH₂–OH   CH₃–CH–CH₃   CH₃–O–CH₂–CH₃
  1-プロパノール   2-プロパノール   エチルメチルエーテル

アルコールは Na と反応して H₂ を発生するが，エーテルは Na とは反応しない。よって，C はエーテルの(iii)である。

第一級アルコールを酸化すると，還元性を示すアルデヒドを生成する。よって，A は第一級アルコールの(i)である。

CH₃CH₂CH₂OH
A 1-プロパノール
$\xrightarrow{(O)}$ CH₃CH₂CHO $\xrightarrow{(O)}$ CH₃CH₂COOH
  D プロピオンアルデヒド   F プロピオン酸

第二級アルコールを酸化すると，還元性を示さないケトンを生成する。よって，B は第二級アルコールの(ii)である。

CH₃CH(OH)CH₃ $\xrightarrow{(O)}$ CH₃COCH₃
B 2-プロパノール   E アセトン

解答 A：CH₃(CH₂)₂OH   B：CH₃CH(OH)CH₃
C：CH₃OCH₂CH₃   D：CH₃CH₂CHO
E：CH₃COCH₃   F：CH₃CH₂COOH

次の(1)～(5)の性質に当てはまる化合物を，あとの(ア)～(オ)からすべて選べ。
(1) アンモニア性硝酸銀溶液を加えて温めると，銀が析出する。
(2) 水によく溶け，その水溶液は酸性を示す。
(3) 金属ナトリウムと反応して，水素を発生する。
(4) 水に溶けにくく，引火性のある揮発性の物質で，麻酔性がある。
(5) ヨウ素と水酸化ナトリウム水溶液を加えて温めると，黄色沈殿が生成する。

  (ア) エタノール   (イ) アセトアルデヒド   (ウ) 酢酸
  (エ) アセトン   (オ) ジエチルエーテル

考え方 親水基の–OH，–COOH，–CHO，–NH₂ などをもち，炭素数の少ない低級の有機化合物は，水に可溶である。
(1) ホルミル(アルデヒド)基をもつ化合物は還元性を示し，銀鏡反応が陽性である。
(2) カルボキシ基–COOH をもつ化合物は，弱い酸性を示す。
(3) ヒドロキシ基–OH をもつ化合物は，金属 Na と反応し，水素を発生する。ただし，ア

ルコールだけでなく，カルボン酸にも–OH があり，激しく Na と反応する。
(4) 水に溶けにくく，引火性，揮発性，麻酔性をもつ物質は，ジエチルエーテルである。
(5) CH₃CO–R(または H)，CH₃CH(OH) –R(または H)の部分構造をもつ化合物は，**ヨードホルム反応**を示す。

解答 (1)…(イ)   (2)…(ウ)   (3)…(ア)，(ウ)
        (4)…(オ)   (5)…(ア)，(イ)，(エ)

標準問題　必は重要な必須問題。時間のないときはここから取り組む。

必 337 □□ ◀エタノールの反応▶　次の図は，エタノールを中心とした反応系統図である。あとの問いに答えよ。ただし，図中の→の矢印は，その先にある物質を生成する化学反応を表す矢印である。

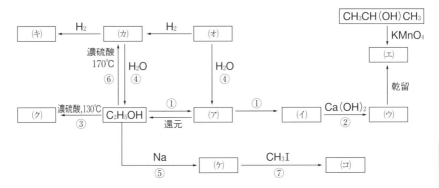

(1)　図中の□に適切な有機化合物の示性式を入れよ。

(2)　①～⑤に最も適する反応名を，次の(ア)～(カ)から選べ。

(ア)　酸化　　(イ)　中和　　(ウ)　還元　　(エ)　縮合　　(オ)　置換　　(カ)　付加

(3)　③，⑥，⑦の反応を化学反応式で示せ。

(4)　一般式 $C_nH_{2n+1}OH$ で表される飽和1価アルコール A 3.70g に，十分量のナトリウムを加えると，標準状態で 0.560L の水素が発生した。考えられるアルコール A の示性式をすべて示せ。(原子量は H = 1.0，C = 12，O = 16，Na = 23)

338 □□ ◀ホルムアルデヒドの生成▶　次の文の□に適語を入れよ。

らせん状に巻いた銅線を赤熱してから空気に触れさせて表面を黒色の①□にし，熱いうちにメタノールの蒸気に触れさせる。この操作を数回繰り返すと，刺激臭をもつ②□が発生する。

②の水溶液にフェーリング液を加えて煮沸すると，③□の赤色沈殿を生じる。

また，②の水溶液にアンモニア性硝酸銀溶液を加えて温めると，銀イオンが還元されて銀が析出する。この反応を④□という。

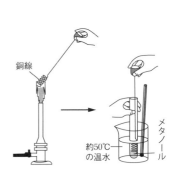

④では，銀のほかに②が酸化されて⑤□という化合物も生成する。⑤は一般のカルボン酸とは異なり，⑥□基をもつために還元性を示す。

6-30

339 □□ ◀ジエチルエーテルの生成▶ 次の文を読み，あとの問いに答えよ。

　下図の装置で，濃硫酸を 130℃ に加熱しながらエタノールを徐々に加えて反応させたところ，化合物 A，B および C の混合物が留出した。この留出液に酸化カルシウムを加えると，A だけがすべて反応し，除去された。

　次に，この混合物を 100℃ 以下で蒸留後，留出液に金属ナトリウムを加えると，B だけが気体を発生しながら反応した。また，この留出液を再び蒸留すると，純粋な C が留出した。

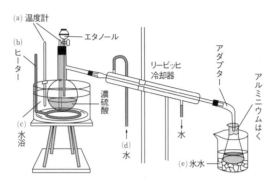

(1)　図中の(a)〜(e)のうち，不適切な点があるものをすべて記号で答えよ。

(2)　A の化学式と B，C の示性式を示せ。

(3)　B と C に関する次の文を読み，正しいものを2つ選べ。

　(ア)　C は B より沸点が低く，その蒸気は空気より重い。

　(イ)　B と C はともに水と任意の割合で溶けあう。

　(ウ)　酸化剤によって，B は酸化されるが，C は酸化されにくい。

　(エ)　C に水酸化ナトリウム水溶液を加えて加熱すると，B を生じる。

必340 □□ ◀ $C_4H_{10}O$ の異性体▶ 次の文を読み，あとの問いに答えよ。

　分子式 $C_4H_{10}O$ でヒドロキシ基をもつ化合物は，A，B，C，D の4種類の構造異性体が存在する。A，B を銅を触媒として酸化すると，それぞれ E，F が生じる。

　E，F はアンモニア性硝酸銀溶液を還元して銀を析出する。また，A の沸点は B よりも高く，C には鏡像異性体が存在する。この C を酸化すると G を生成する。また，D は4種類の構造異性体 A，B，C，D の中で，最も酸化されにくい。

(1)　化合物 A 〜 D の構造式をそれぞれ示せ。

(2)　化合物 A の沸点は同じ分子量をもつアルカンに比べて高い。その理由を述べよ。

(3)　化合物 A 〜 G のうち，ヨードホルム反応が陽性であるものをすべて選べ。

(4)　分子式 $C_4H_{10}O$ で表される化合物のうち，金属ナトリウムと反応しないものをすべて示性式で示せ。

341 □□ ◀カルボニル化合物▶ 分子式が $C_6H_{12}O$ で示されるカルボニル化合物について，次の問いに答えよ。

(1) (a)アルデヒド，(b)ケトンの構造異性体は，それぞれ何種類ずつあるか。

(2) (a)のうち，鏡像異性体が存在するものは何種類あるか。

(3) (b)のうち，ヨードホルム反応を示すものは何種類あるか。

(4) 1-ヘキサノールを酸化して得られる2種類の化合物を，それぞれ構造式で示せ。

342 □□ ◀C_3H_6O の異性体▶ 次の文を読み，あとの問いに答えよ。

(a) 有機化合物 A，B，C，D はいずれも分子式が C_3H_6O の鎖式化合物である。

(b) A と B は臭素水を脱色する。また，ニッケル触媒を用いて水素化反応を行うと，A からは E が生成し，B からは F が生成した。E と F はともに分子量は同じであるが，E の沸点は分子間で水素結合を形成するために F の沸点より高かった。

(c) C は二クロム酸カリウムの希硫酸溶液で容易に酸化され，カルボン酸 G となった。

(d) D は酸化を受けなかったが，ヨウ素と水酸化ナトリウム水溶液を加えて温めたところ，特有の臭いのある黄色結晶が析出した。

(1) 化合物 A，B，C，D の構造式を書け。

(2) 分子式 C_3H_6O の環式化合物について，考えられる異性体は全部で何種類あるか。

343 □□ ◀$C_5H_{12}O$ の異性体▶ 分子式が $C_5H_{12}O$ の化合物 A，B，C，D，E，F，G，H がある。化合物 A ～ H について述べた文(a)～(g)を読み，あとの問いに答えよ。

(a) A ～ H は，いずれも金属ナトリウムと反応して水素を発生した。

(b) A ～ H を二クロム酸カリウムの硫酸酸性溶液を用いて酸化すると，A ～ D は銀鏡反応が陽性な化合物へ酸化され，E ～ G は銀鏡反応が陰性な化合物へと酸化された。しかし，H はこの条件では酸化されなかった。

(c) E，G は，ヨウ素と水酸化ナトリウム水溶液と加熱すると，黄色沈殿を生成した。

(d) B，E，G には鏡像異性体が存在する。

(e) 濃硫酸を用いた脱水反応により，G から生じるアルケンにはシス－トランス異性体は存在しなかった。

(f) D に対して濃硫酸を用いた脱水反応を行っても，アルケンは生成しなかった。

(g) A と F をそれぞれ濃硫酸で脱水して得られるアルケンに水素を付加すると，いずれも同一の生成物が得られた。

(1) 化合物 A ～ H の構造式をそれぞれ示せ。

(2) 分子式 $C_5H_{12}O$ をもつ有機化合物のうち，金属ナトリウムと反応しない異性体は全部で何種類あるか。

31 カルボン酸・エステルと油脂

1 カルボン酸

❶カルボン酸　カルボキシ基 −COOH をもつ化合物。R−COOH

鎖式の炭化水素基をもつ 1 価カルボン酸を，特に脂肪酸という。

また，炭素原子の数が少ない脂肪酸を低級脂肪酸，数が多い脂肪酸(一般に 10 以上)を高級脂肪酸という。

	1 価カルボン酸(−COOH 1つ)		2 価カルボン酸(−COOH 2つ)	
飽和カルボン酸 (C=C 結合なし)	CH_3COOH 酢酸	C_2H_5COOH プロピオン酸	$(COOH)_2$　シュウ酸　還元性あり $(CH_2-COOH)_2$　コハク酸	
不飽和カルボン酸 (C=C 結合あり)	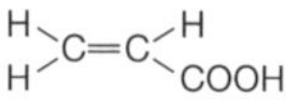 $\underset{H}{\overset{H}{>}}C=C\underset{COOH}{\overset{H}{<}}$ アクリル酸 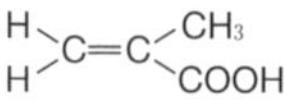	$\underset{H}{\overset{H}{>}}C=C\underset{COOH}{\overset{CH_3}{<}}$ メタクリル酸	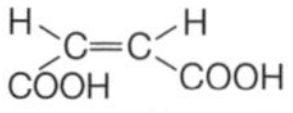 $\underset{COOH}{\overset{H}{>}}C=C\underset{COOH}{\overset{H}{<}}$ マレイン酸(シス形) 脱水しやすい。 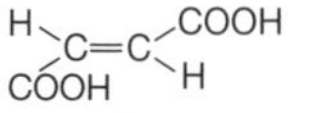	$\underset{COOH}{\overset{H}{>}}C=C\underset{H}{\overset{COOH}{<}}$ フマル酸(トランス形) 脱水しにくい。

(性質)・低級脂肪酸は，刺激臭のある無色の液体。(高級脂肪酸は白色の固体)

　　　・低級脂肪酸は水によく溶け，**弱酸性**を示す。(高級脂肪酸は水に不溶)

　　　・炭酸より強い酸で，炭酸塩，炭酸水素塩を分解し CO_2 を発生(−COOHの検出)。

❷主なカルボン酸

ギ酸 HCOOH	脂肪酸の中では最も強い酸性。 ホルミル基をもち，還元性あり。 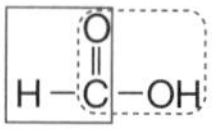	ホルミル基 (アルデヒド基)　$H-\overset{\overset{O}{\|}}{C}-OH$　カルボキシ基
酢酸 CH_3COOH	純粋なものは，冬期に氷結するので，**氷酢酸**(融点17℃)ともいう。 脱水縮合すると，無水酢酸(酸無水物)を生成する。 $2CH_3COOH \longrightarrow (CH_3CO)_2O + H_2O$	(酸無水物は，加水分解する と，もとの酸に戻る。)
乳酸 $CH_3CHCOOH$ $\|$ OH $(C_3H_6O_3)$	−OH をもつカルボン酸を**ヒドロキシ酸**という。 不斉炭素原子 C^*(4 個の異なる原子(団)と結合 した炭素原子)をもつ化合物には，1 対の**鏡像異 性体**(**光学異性体**)が存在する。 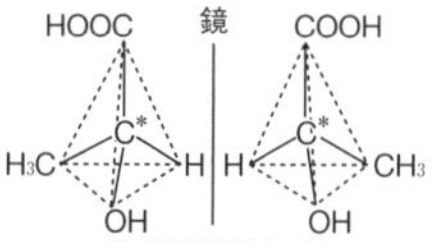	乳酸の鏡像異性体

2 エステル

❶エステル　カルボン酸とアルコールの混合物に，濃硫酸
(触媒)を加えて加熱すると，脱水縮合(**エステル化**)が起
こり，エステルが生成する。

$$R-CO\boxed{OH} + \boxed{H}O-R' \underset{-H_2O}{\rightleftharpoons} R-\boxed{COO}-R' + H_2O$$

　　　　　　　　　　　　　　　　　　　　エステル結合

(性質)・水に難溶。低級のエステルは芳香のある液体。

　　　・構造異性体の関係にあるカルボン酸よりも沸点が低い
(水素結合が形成されないため)。

酢酸エチル(エステル)の合成

❷無機酸エステル　オキソ酸(硫酸，硝酸など)もアルコールとエステルをつくる。

例　$C_3H_5(OH)_3 + 3HO-NO_2 \longrightarrow C_3H_5(ONO_2)_3 + 3H_2O$
　　　グリセリン　　　　　　　　　　　　　ニトログリセリン(硝酸エステル。ニトロ化合物ではない)

❸エステルの加水分解　エステルに希酸(触媒)を加えて加熱すると，酸とアルコールに加水分解される。一方，塩基を用いたエステルの加水分解を**けん化**という。

$$R-COO-R' + NaOH \xrightarrow{\text{けん化}} R-COONa + R'-OH$$
　　　　　　　　　　　　　　　　　　　(カルボン酸塩)　　(アルコール)

3 油脂

❶油脂　高級脂肪酸とグリセリン(3価アルコール)とのエステル。

(構造)
$$CH_2-OCO-R_1$$
$$CH-OCO-R_2$$
$$CH_2-OCO-R_3$$
　　(R_1, R_2, R_3は炭化水素基)

飽和脂肪酸	不飽和脂肪酸
$C_{15}H_{31}COOH$ パルミチン酸	$C_{17}H_{33}COOH$ (1)オレイン酸
$C_{17}H_{35}COOH$ ステアリン酸	$C_{17}H_{31}COOH$ (2)リノール酸
	$C_{17}H_{29}COOH$ (3)リノレン酸

油脂を構成する主な高級脂肪酸　($C=C$結合の数)

(分類)

脂肪(常温で固体)　飽和脂肪酸が多い。　例アマニ油

脂肪油(常温で液体)┌**乾性油**($C=C$結合が多い。空気中で固化しやすい。)
　　不飽和脂肪酸が多い└**不乾性油**($C=C$結合が少ない。空気中で固化しにくい。)
　　　　　　　　　　　　　　　　　　　　　　　　　　　　　└例オリーブ油

※脂肪油にNi触媒を用いてH_2を付加させ，固体状にした油脂を**硬化油**という。

4 セッケンと合成洗剤

❶セッケン　高級脂肪酸のアルカリ金属の塩。油脂の**けん化**でつくる。

$$C_3H_5(OCOR)_3 + 3NaOH \longrightarrow 3RCOONa(セッケン) + C_3H_5(OH)_3$$

〈セッケンの洗浄作用〉

(i)油をセッケン水に入れて振り混ぜると，(ii)セッケン分子は疎水基を油滴側(内側)に向けて取り囲み，(iii)のような安定なコロイド粒子(ミセル)となって，水溶液中に分散させる(乳化作用)。

❷合成洗剤　高級アルコールの硫酸エステル塩など。
セッケンよりも洗浄力が大きい。

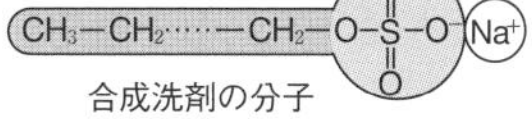

洗剤	化学式	水溶液	強酸を加える	硬水(Ca^{2+}, Mg^{2+}を含む水)中
セッケン	$R-COO^-Na^+$	弱塩基性	$R-COOH$が遊離(洗浄力を失う)	沈殿を生じ，洗浄力を失う
合成洗剤	$R-O-SO_3^-Na^+$　$R-\bigcirc-SO_3^-Na^+$	中性	変化なし	沈殿せず，洗浄力は変化なし

確認&チェック

1 次の有機化合物の名称をそれぞれ記せ。

(1) HCOOH   (2) CH_3COOH (3) $(COOH)_2$

(4)   (5)   (6)

$(CH_3CO)_2O$ 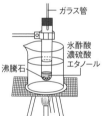

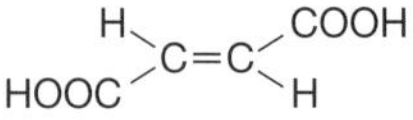

2 次の性質をもつ有機化合物を下から記号で選べ。

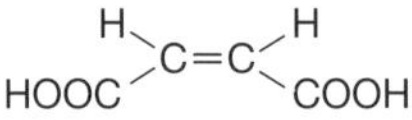

(1) 還元性をもつ1価カルボン酸(脂肪酸)

(2) 還元性をもつ2価カルボン酸

(3) 酢酸2分子が脱水縮合してできた物質

(4) 水を含まない純粋な酢酸

(5) 分子式 $C_3H_6O_3$ で不斉炭素原子をもつヒドロキシ酸

   (ア) 氷酢酸   (イ) 無水酢酸   (ウ) 乳酸

   (エ) ギ酸   (オ) シュウ酸   (カ) プロピオン酸

3 右図のように，エタノールと氷酢酸の混合物に少量の濃硫酸を加えて温めたら，果実臭のある物質Aが生成した。

(1) 物質Aの示性式と名称を記せ。

(2) この反応名を何というか。

(3) 濃硫酸の役割を答えよ。

(4) 反応生成物に冷水を加えた。物質Aは上層，下層どちらに分離されるか。

ガラス管
氷酢酸
濃硫酸
エタノール
沸騰石

4 次の文の□□□に適語を入れよ。

油脂は高級脂肪酸と①□□□とのエステルであり，常温で固体のものを②□□□，液体のものを③□□□という。アマニ油のように，空気中で固化しやすい油脂を④□□□，オリーブ油のように，空気中で固化しにくい油脂を⑤□□□という。

5 次の文の□□□に適語を入れ，{ }から適切な記号を選べ。

セッケン水に油を加えて振り混ぜると，油滴は①□□□というコロイド粒子となって水中に分散する。この現象をセッケンの②□□□作用という。

セッケンの水溶液は③{(ア) 中性   (イ) 弱い塩基性}を示す。

解答

1
(1) ギ酸   (2) 酢酸
(3) シュウ酸
(4) 無水酢酸
(5) マレイン酸
(6) フマル酸
→ p.264 1

2
(1) (エ)
(2) (オ)
(3) (イ)
(4) (ア)
(5) (ウ)
→ p.264 1

3
(1) $CH_3COOC_2H_5$
   酢酸エチル
(2) エステル化
   (脱水縮合)
(3) 触媒
(4) 上層
➡エステルは水に溶けにくく，水よりも軽い物質である。
→ p.264 2

4
① グリセリン
② 脂肪
③ 脂肪油
④ 乾性油
⑤ 不乾性油
→ p.265 3

5
① ミセル
② 乳化
③ (イ)
→ p.265 4

次の記述に当てはまる A ～ E の物質を，あとの語群から記号で選べ。

(1) A，B，C は脂肪酸で，A は還元性を示すが，B，C は還元性を示さない。
C は分子中にヒドロキシ基をもち，1 対の鏡像異性体をもつ。

(2) D，E は 2 価カルボン酸で，互いにシス－トランス異性体である。加熱すると，
D は容易に酸無水物に変化するが，E は酸無水物に変化しにくい。

$$\begin{bmatrix} \text{(ア) フマル酸} & \text{(イ) シュウ酸} & \text{(ウ) ギ酸} \\ \text{(エ) マレイン酸} & \text{(オ) 酢酸} & \text{(カ) 乳酸} \end{bmatrix}$$

考え方 (ア)～(カ)の示性式，構造式は次の通り。

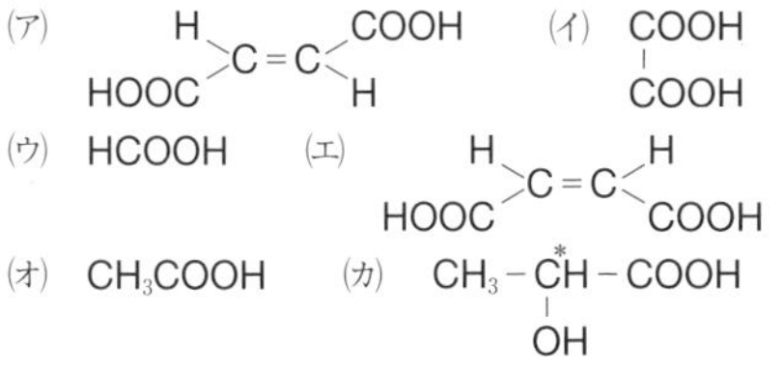

(ア)
$$\underset{HOOC}{\overset{H}{>}} C = C \underset{H}{\overset{COOH}{<}}$$

(イ)
$$\begin{array}{c} COOH \\ | \\ COOH \end{array}$$

(ウ) HCOOH

(エ)
$$\underset{HOOC}{\overset{H}{>}} C = C \underset{COOH}{\overset{H}{<}}$$

(オ) CH$_3$COOH

(カ) CH$_3 -$ *CH $-$ COOH
            |
            OH

(1) ギ酸 HCOOH もシュウ酸 (COOH)$_2$ も還元性を示すが，脂肪酸（鎖式 1 価カルボン酸）に該当するのは，ギ酸である（→ A）。
分子中にヒドロキシ基 $-$OH をもつカルボ

ン酸をヒドロキシ酸といい，乳酸が該当する（→ C）。また，乳酸は不斉炭素原子 * をもつので，1 対の鏡像異性体をもつ。したがって，脂肪酸 B は酢酸である。

(2) 分子式 C$_4$H$_4$O$_4$ のマレイン酸とフマル酸は互いにシス－トランス異性体の関係にある。シス形のマレイン酸は $-$COOH どうしが近い位置にあり，加熱すると約 160℃で脱水して無水マレイン酸（酸無水物）になる（→ D）。トランス形のフマル酸は $-$COOH どうしが離れた位置にあり，脱水しにくい（→ E）。

解答 A：(ウ) B：(オ) C：(カ) D：(エ) E：(ア)

分子式 C$_3$H$_6$O$_2$ をもつエステル A，B を水酸化ナトリウム水溶液とともに加熱すると，A からは C の塩と D が，B からは E の塩と F がそれぞれ得られた。C は銀鏡反応を示したが，E は示さなかった。また，D を酸化すると，E が生成した。これより，エステル A，B の示性式をそれぞれ答えよ。

考え方 エステルは，NaOH 水溶液と温めると加水分解され，カルボン酸 Na（塩）とアルコールを生じる。この反応をけん化という。
エステルは R$-$COO$-$R′ で表されるから，分子式 C$_3$H$_6$O$_2$ から $-$COO$-$ を引くと，R＋R′＝C$_2$H$_6$ が得られる。これを R と R′ にふり分ければ，エステルの示性式が下のように得られる。

	R	R′	示性式	名称
(i)	H$-$	C$_2$H$_5$$-$	H$-$COO$-$C$_2$H$_5$	ギ酸エチル
(ii)	CH$_3$$-$	CH$_3$$-$	CH$_3$$-COO-CH_3$	酢酸メチル

注）アルコール側の R′＝H のときは，エステルではなく，カルボン酸であることに注意する。
エステル A の加水分解生成物のカルボン酸 C は，還元性を示すのでギ酸である。
　∴　A は(i)のギ酸エチル HCOOC$_2$H$_5$
エステル A の加水分解生成物 D はエタノール，これを酸化すると，酢酸 E が生成する。
　∴　B は(ii)の酢酸メチル CH$_3$COOCH$_3$
エステル B は加水分解されて，酢酸 E の Na 塩とメタノール F が生成する。

解答 A：HCOOC$_2$H$_5$ B：CH$_3$COOCH$_3$

6
－
31

次の実験について，あとの問いに答えよ。

試験管に@氷酢酸 2mL とエタノール 3mL を入れ，よく振って混合したのち，少量の①濃硫酸と沸騰石を入れて，右図のように水浴でしばらく加熱した。反応後，試験管を放冷してから，約 10mL の②冷水を加えてよく混合して静置すると，内容物は上下二層に分かれ，上層は甘い果実のような香りがした。

⑤上層の液体約 1mL を試験管にとり，3mol/L の水酸化ナトリウム水溶液 5mL を加え，ゴム栓をして激しく振り混ぜたところ，内容物は一層となった。冷却後，③希塩酸を加えて酸性にしたところ，酢酸の刺激臭がした。

氷酢酸
濃硫酸(少量)
エタノール

ガラス管

@の反応

ゴム栓を押さえてよく振り混ぜる。

⑤の反応

(1) 下線部@，⑤の変化を，化学反応式で示せ。
(2) 上図のガラス管は，どんな役割をしているのか述べよ。
(3) 波線部①で，濃硫酸を加えた理由を述べよ。
(4) 波線部②で，冷水を加えた理由を述べよ。
(5) 波線部③の現象が起こった理由を述べよ。

考え方 (1) 氷酢酸(純粋な酢酸)とエタノールの混合物に，触媒として少量の濃硫酸を加えて加熱すると，脱水縮合が起こり，酢酸エチルと水を生じる。

この反応を**エステル化**という。

@ $CH_3CO-OH+H-O-C_2H_5$
 $\quad\quad\quad -H_2O$
 $\rightleftarrows CH_3COOC_2H_5+H_2O$

一方，酢酸エチルに希塩酸を加えて加熱すると，上式の逆反応(**エステルの加水分解**)が起こる。とくに，エステルを塩基によって加水分解することを**けん化**という。

⑤ $CH_3COOC_2H_5 + NaOH$
 $\quad\longrightarrow CH_3COONa + C_2H_5OH$

(2) 試験管やフラスコで揮発性の有機化合物を加熱する際，内容物が蒸発して失われないように，**還流冷却器**(ガラス管，リービッヒ冷却器など)を取りつける。

(3) エステル化の反応速度はそれほど大きくないので，反応速度を大きくするために，**触媒**として濃硫酸を使用する。

(4) エステル化は代表的な可逆反応で，反応は完全には進行せず，生成物のエステルと水の他に，未反応の酢酸やエタノールとの混合物が得られる。ここへ冷水を多量に加えると，反応溶液から，水に溶けやすい酢酸とエタノールが下の水層に移るので，結局，水に溶けにくく水より軽いエステルは，上層に分離されることになる。

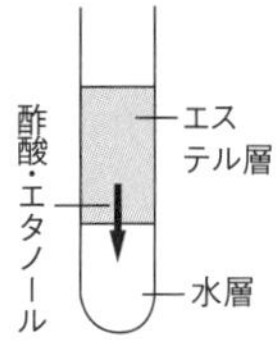

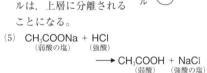

エステル層
酢酸・エタノール
水層

(5) $CH_3COONa + HCl$
 (弱酸の塩) (強酸)
 $\longrightarrow CH_3COOH + NaCl$
 (弱酸) (強酸の塩)

解答 (1) 考え方を参照。
(2) 試験管の内容物が蒸発して失われないようにするため。
(3) エステル化の触媒として作用させるため。
(4) 溶液中に含まれる未反応の酢酸とエタノールを水層に溶かして除くため。
(5) 強酸を加えると，弱酸の塩が分解され，弱酸の酢酸が遊離したため。

(1) ある油脂 1.1g をけん化するのに，水酸化ナトリウム 0.15g を要した。この油脂の分子量を求めよ。（式量：NaOH = 40）

(2) (1)の油脂 100g にヨウ素 86.6g が付加した。この油脂はただ 1 種類の脂肪酸のみからなるとして，この脂肪酸中に含まれる C＝C 結合は何個か。（I_2 = 254）

考え方 〈油脂の計算のポイント〉

① けん化に要する NaOH の物質量から，油脂の分子量が求まる。

② 付加する I_2 の物質量から，油脂の不飽和度（C＝C 結合の数）が決まる。

(1) $C_3H_5(OCOR)_3$ + 3NaOH
$\xrightarrow{\text{けん化}}$ $C_3H_5(OH)_3$ + 3RCOONa

油脂 1mol のけん化には，NaOH 3mol が必要である。油脂の分子量を M とすると，

$$\frac{1.1}{M} \times 3 = \frac{0.15}{40} \quad \therefore M = 880$$

(2) この油脂を構成する脂肪酸 1 分子あたりの C＝C 結合の数を x 個とすると，油脂 1 分子ではこの 3 倍の $3x$ 個含まれる。

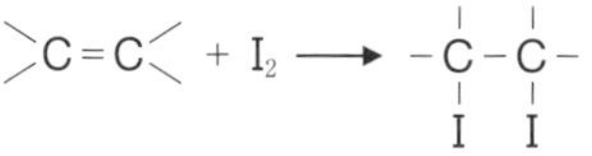

$$>C=C< \ + \ I_2 \longrightarrow \ -\overset{|}{\underset{|}{C}}-\overset{|}{\underset{|}{C}}- \ \ より，$$

C＝C 結合 1mol には，$I_2$1mol が付加する。

$$\frac{100}{880} \times 3x = \frac{86.6}{254} \quad \therefore x \fallingdotseq 1$$

解答 (1) 880 (2) 1 個

6
‐
31

次の文の□□□に適語を入れよ。

セッケンは，① □□□性の炭化水素基と ② □□□性の －COONa の構造をもち，水溶液中では炭化水素基を ③ □□□側に向けて集合し ④ □□□とよばれるコロイド粒子を形成する。また，繊維に付着した油汚れは，この ④ の中に取り込まれて水中に分散する。このような作用をセッケンの ⑤ □□□という。Ca^{2+} や Mg^{2+} を多く含む ⑥ □□□中では，水に不溶性の塩を生じるためセッケンは洗浄力を失う。

考え方 セッケンは脂肪酸（RCOOH）と強塩基（NaOH）からなる塩で，R－COONa で表される。炭化水素基 R－ の部分は無極性で**疎水性（親油性）**を示す。一方，－COO^- の部分は負電荷をもち，**親水性**を示す。

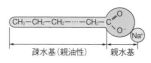

疎水基（親油性）　　親水基

セッケン分子は，一定濃度以上の水溶液中では，疎水基を内側に親水基を外側に向けて集まり，球状のコロイド粒子（ミセル）となる。

セッケンは，繊維に付着した油汚れを，このミセルの内部に取り込んだような状態で，水中に分散させる。このような作用をセッケンの乳化作用という。また，得られるコロイド溶液を乳濁液という。

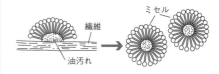

ミセル

繊維

油汚れ

硬水（Ca^{2+} や Mg^{2+} を多く含む水）中でセッケンを使用すると，Ca^{2+} や Mg^{2+} と水に不溶性の塩をつくり，セッケンは洗浄能力を失う。

解答 ① 疎水（親油） ② 親水 ③ 内
④ ミセル ⑤ 乳化作用 ⑥ 硬水

344 □□ ◀酢酸の誘導体▶　次の(a)〜(e)の反応で生成する有機化合物 A 〜 E について，あとの問いに答えよ。

(a) 酢酸亜鉛を触媒として，アセチレンに酢酸を作用させると，A を生じる。

(b) 酢酸に水酸化カルシウムを作用させると，B を生じる。

(c) 空気を絶って B を加熱すると，C を生じる。

(d) 酢酸に強力な脱水剤を加えて熱すると，D を生じる。

(e) 濃硫酸を触媒として，酢酸にエタノールを作用させると，E を生じる。

(1) 化合物 A 〜 E の示性式をそれぞれ示せ。

(2) (a)〜(e)の反応の名称を，次の語群から選べ。同じものを繰り返し用いてよい。

【語群】[酸化　還元　付加　置換　中和　重合　縮合　熱分解]

(3) その性質が下の①〜⑤に当てはまるものを，化合物 A 〜 E から，重複なく選べ。

① 芳香のある無色の液体で，水にもエタノールにもよく溶ける。

② エステルで，加水分解すると生成物の1つとして酢酸を生じる。

③ 付加重合して長い鎖状の高分子となる。

④ 水より重い液体で，水と徐々に反応して酢酸を生じる。

⑤ 白色の固体で，水によく溶け弱い塩基性を示す。

必 345 □□ ◀エステルの合成実験▶　丸底フラスコにエタ
ノール 0.15mol と酢酸 0.10mol を入れ，よく混合したもの
に，ⓐ濃硫酸 1mL を振り混ぜて冷却しながら徐々に加え
た。リービッヒ冷却器を取り付け，ⓑ水浴中で混合物を穏
やかに 10 分間沸騰させた。反応液を冷やした後，ⓒ分液
ろうとに移して飽和炭酸水素ナトリウム水溶液を加え，
注意して振り混ぜた。下層液を流し，ⓓ残りの液を 50%
塩化カルシウム水溶液とよく振り混ぜた。下層液を流し，
ⓔ残りの液を三角フラスコに移し，無水塩化カルシウムの
固体を少量加えて一晩放置した。塩化カルシウムをろ過し
て除き，ろ液を蒸留して沸点 75 〜 79℃で留出する部分を
集めると，エステル 5.3g が得られた。次の問いに答えよ。

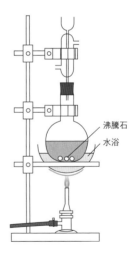

沸騰石
水浴

(1) 下線部ⓑの変化を化学反応式で示せ。また，この反応
での濃硫酸のはたらきを述べよ。

(2) この実験でのリービッヒ冷却器のはたらきを述べよ。

(3) 下線部ⓐ，ⓒ，ⓓ，ⓔの操作を行う理由をそれぞれ述べよ。

(4) この反応の収率〔%〕を有効数字 2 桁で求めよ。ただし，収率とは，理論的に予想
される生成物の質量に対する，実際に得られた生成物の質量の割合をいう。

必**346** □□ ◀エステルの構造決定▶　次の文を読み，化合物 A，B，C，D の構造式と化合物名をそれぞれ答えよ。

　分子式 $C_4H_8O_2$ で示される 4 種類のカルボン酸エステル A，B，C，D がある。それぞれを水酸化ナトリウム水溶液を用いてけん化し，対応するカルボン酸のナトリウム塩とアルコールを得た。カルボン酸のナトリウム塩については，いずれも希硫酸を用いてカルボン酸を遊離させた後，過マンガン酸カリウム水溶液を加えて温めると，A と D から得られたカルボン酸だけが赤紫色を脱色した。

　一方，得られたアルコールの沸点は，相当するエステルに対して B ＜ C ＜ A ＜ D の順であり，ヨードホルム反応は A と C から得られたアルコールのみ陽性であった。

347 □□ ◀セッケンと合成洗剤▶　次の文の □□□□ に適語を入れよ。

　セッケンは①□□□□ を水酸化ナトリウム水溶液などで②□□□□ して得られる高級脂肪酸のアルカリ金属塩の総称である。セッケン分子は，炭化水素基のような③□□□□ 基と，イオンの部分からなる④□□□□ 基の部分でできている。このような物質を，一般に⑤□□□□ という。セッケン分子が一定濃度以上になると，③基を内側に，④基を外側に向けたコロイド粒子をつくる。これを⑥□□□□ という。また，セッケン水は水よりも⑦□□□□ が小さく，繊維などの細かな隙間に浸透しやすい。

　水と脂肪油とは混ざらないが，セッケン水に脂肪油を加えて振り混ぜると，セッケン分子は，③基を油滴(内)側に，④基を水(外)側に向けて取り囲み，やがて，油滴を細かく分割して水溶液中に分散させる。このような作用をセッケンの⑧□□□□ といい，できたコロイド溶液を⑨□□□□ という。

　セッケンの水溶液は加水分解して⑩□□□□ 性を示し，絹や⑪□□□□ などの動物性繊維を傷めたり，Mg^{2+} や Ca^{2+} を多く含む⑫□□□□ 中で使用すると，水に⑬□□□□ の塩を生じ，洗浄力が低下する。一方，合成洗剤では親水基の部分が $-OSO_3Na$ や，$-SO_3Na$ のため，水溶液は⑭□□□□ 性であり，⑫中で使用しても沈殿をつくらず，その洗浄力は低下しない。

348 □□ ◀セッケンと合成洗剤▶　次の文で，正しいものには○，誤っているものには×をつけよ。

(1) セッケンも合成洗剤も，動・植物性の油脂からつくられる。

(2) 合成洗剤として用いられるアルキルベンゼンスルホン酸ナトリウムの水溶液に，フェノールフタレインを加えると赤く着色する。

(3) 合成洗剤は，合成繊維の洗浄に適しているが，天然繊維の洗浄には適さない。

(4) セッケンは Na^+ と水に不溶性の塩をつくるため，海水では泡立ちが悪い。

(5) セッケン，合成洗剤はともに，分子内に親水基と疎水基の 2 つの部分をもつ。

(6) セッケンや合成洗剤は，疎水性の部分が繊維に付着した汚れ(油状物質)と結びつき，繊維から汚れを落とす。

必**349** □□ ◀油脂の構造▶ ある油脂 A 30.0g を完全にけん化するのに，水酸化カリウム 7.00g を要した。けん化後，塩酸を加えてエーテル抽出を行ったところ，飽和脂肪酸 B と不飽和脂肪酸 C が 2：1 の物質量比で含まれていた。また，油脂 A 100g に対して，ヨウ素 35.3g が付加した。一方，B の 0.520g をエタノールに溶かして，0.100mol/L の水酸化カリウム水溶液で中和したところ，26.0mL を要した。次の問いに答えよ。ただし，原子量は H = 1.0, C = 12, O = 16, K = 39, I = 127 とする。

(1) 油脂 A の分子量を求めよ。

(2) 脂肪酸 B, C の示性式をそれぞれ示せ。

(3) 油脂 A の可能な構造式をすべて示せ。

(4) 油脂 A 100g に完全に水素を付加するには，標準状態の水素が何 L 必要か。

発展問題

350 □□ ◀カルボン酸の構造決定▶ 次の文を読み，化合物 A〜E の構造式を示せ。

リンゴに含まれるリンゴ酸 $HOOCCH(OH)CH_2COOH$ を少量の濃硫酸とともに加熱すると，分子内脱水反応が起こって，同一の分子式 $C_4H_4O_4$ で表される 3 種の化合物 A, B, C が得られた。A, B, C のそれぞれに臭素水を加えると，A, B は臭素水を脱色したが，C は脱色しなかった。また，A, B を穏やかに加熱したところ，A は分子式 $C_4H_2O_3$ の D に変化したが，B は変化しなかった。また，A, B に白金触媒を使って水素を反応させると，同一の化合物 E を生成した。

351 □□ ◀エステルの構造決定▶ 次の文を読み，あとの問いに答えよ。

炭素，水素，酸素からなる有機化合物 A の分子量は 228 で，その 114mg を完全燃焼させたら，二酸化炭素 264mg と，水 90.0mg を生じた。

次に，A を水酸化ナトリウム水溶液に加えて，長時間煮沸した後，冷却した。これにエーテルを加えてよく振り，静置したら，2 層に分離した。このうち，エーテル層からはいずれも分子式が $C_4H_{10}O$ である化合物 B と C が得られた。また，水層を酸性にしたところ化合物 D が析出した。

B と C をそれぞれ二クロム酸カリウムの硫酸酸性水溶液を用いて酸化したところ，B は酸化されて銀鏡反応が陽性の化合物を生成したが，C は酸化されなかった。また，B と C を濃硫酸で脱水すると，いずれも同一のアルケンが生成した。

一方，D を 160℃ に加熱しても何も変化は起こらなかったが，D のシス-トランス異性体の関係にある E を 160℃ に加熱すると，容易に脱水反応が起こった。

(1) 化合物 A の分子式を示せ。原子量は H = 1.0, C = 12, O = 16 とする。

(2) 化合物 B, C, D, E の名称と，化合物 A の構造式をそれぞれ記せ。

352 □□ ◀油脂の反応▶　次の文を読み，あとの問いに答えよ。

　3種類の脂肪酸のみからなる純粋な油脂 A がある。A 1mol を加水分解すると，グリセリン 1mol と，リノレン酸，ステアリン酸，および脂肪酸 X が各 1mol ずつ生成した。また，A 1mol に白金触媒の存在下で十分量の水素を作用させると，5mol の水素を消費して固体状の油脂 B に変化した。

　次に，油脂 B 1mol に水酸化ナトリウム水溶液を加えて熱したところ，3mol のステアリン酸ナトリウムを生成した。

(1)　グリセリンに濃硫酸と濃硝酸の混合物を作用させた。生成物の名称を記せ。

(2)　油脂 B 100g を完全にけん化するのに，NaOH(式量：40)は何 g 必要か。

(3)　脂肪酸 X を示性式で示せ。

(4)　油脂 A の構造異性体として考えられるものをすべて構造式で示せ。

353 □□ ◀酒石酸の立体構造▶　酒石酸は2個の不斉炭素原子を持つ2価カルボン酸で，3種類の立体異性体をもつ。その1つの立体構造を右図に示す。ここで，実線 ── は結合が紙面上に，楔形の太い実線 ◀ は紙面手前側への結合，楔形の破線 ⅷ は紙面奥側への結合を示す。

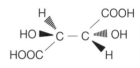

(1)　酒石酸の残りの2種類の立体異性体の立体構造を上の例にならって示せ。

(2)　下の化合物 a の鏡像異性体であるものを，b, c, d の中から選べ。

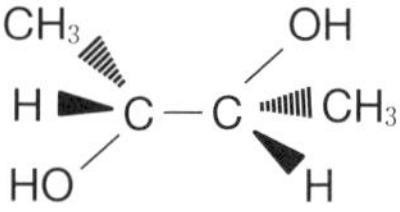

a 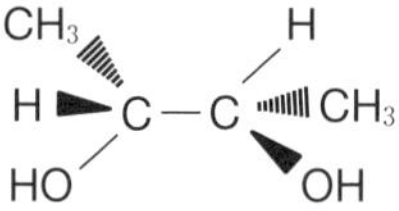　b 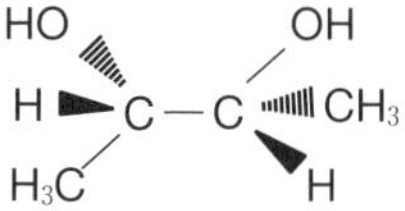　c 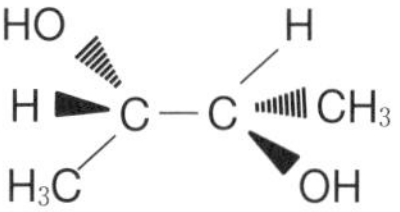　d

354 □□ ◀エノール型エステルの構造▶　炭素，水素，酸素からなる酸性の有機化合物 A の元素分析値は C：53.8%，H：5.1% であり，A の分子量は 130 以上 170 以下である。A に水酸化ナトリウム水溶液を加えて加熱すると，化合物 B のナトリウム塩と中性の化合物 C を生成した。B の分子量は 116 であり，容易に臭素と反応した。また，B 1分子を加熱すると，容易に水1分子を失って D に変化した。また C は金属ナトリウムを加えても気体は発生せず，フェーリング液を加えて加熱しても赤色沈殿を生成しなかったが，ヨウ素と水酸化ナトリウム水溶液を加えて加温すると黄色沈殿を生成した。

(1)　化合物 A の分子式を求めよ。(原子量：H = 1.0，C = 12，O = 16)

(2)　化合物 A，B，C，D の構造式を示せ。

(3)　化合物 A に十分量の臭素を反応させて得られる化合物には，何種類の立体異性体が存在するか。

32 芳香族化合物①

1 芳香族炭化水素

❶ベンゼン C₆H₆ の構造 正六角形の平面状分子。

炭素原子間の結合は単結合と二重結合の中間状態にある。

❷芳香族炭化水素 ベンゼン環をもつ炭化水素。

無色で独特の匂いをもつ液体や固体。有毒。水に不溶。

ベンゼンの二置換体には, *o-*, *m-*, *p-* の構造異性体がある。

ベンゼンの構造式 （略記法）
0.14nm

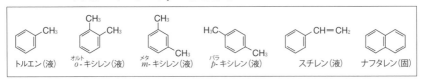

トルエン(液)　オルト o-キシレン(液)　メタ m-キシレン(液)　パラ p-キシレン(液)　スチレン(液)　ナフタレン(固)

❸ベンゼンの反応

・付加反応よりも**置換反応**が起こりやすい。

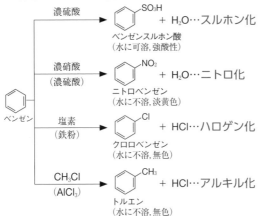

濃硫酸 → ベンゼンスルホン酸 + H₂O…スルホン化
（水に可溶, 強酸性）

濃硝酸（濃硫酸） → ニトロベンゼン + H₂O…ニトロ化
（水に不溶, 淡黄色）

塩素（鉄粉） → クロロベンゼン + HCl…ハロゲン化
（水に不溶, 無色）

CH₃Cl（AlCl₃） → トルエン + HCl…アルキル化
（水に不溶, 無色）

ベンゼン

ときどき振る
ベンゼン
濃硫酸
温水(約100℃)
ベンゼンスルホン酸の生成

ときどき振る
冷水
ベンゼン
濃硝酸
濃硫酸
温水(約60℃)　ニトロベンゼン
ニトロベンゼンの生成

※ ( )は触媒を表す。

・特別な条件下では, **付加反応**も起こる。

シクロヘキサン C₆H₁₂　←(3H₂, Pt/Ni, 250℃ 高圧)　ベンゼン　→(3Cl₂, 紫外線)　1,2,3,4,5,6-ヘキサクロロシクロヘキサン C₆H₆Cl₆

❹酸化反応 ベンゼン環は酸化されにくいが, ベンゼン環に結合した炭化水素基(側鎖)は, その炭素数に関係なく, 酸化されると**カルボキシ基−COOH**になる。

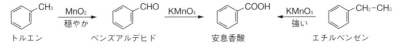

トルエン　→(MnO₂, 穏やか)　ベンズアルデヒド　→(KMnO₄)　安息香酸　←(KMnO₄ 強い)　エチルベンゼン

❷ フェノール類

❶フェノール類 ベンゼン環にヒドロキシ基－OH が直接結合した化合物。
塩化鉄(Ⅲ)FeCl₃ 水溶液を加えると，青〜赤紫色を呈する(検出)。
水に少し溶け，**弱酸性**を示す。酸の強さは，**炭酸 H_2CO_3 ＞フェノール類**である。

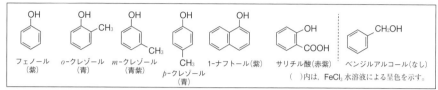

フェノール (紫)　　*o*-クレゾール (青)　　*m*-クレゾール (青紫)　　*p*-クレゾール (青)　　1-ナフトール(紫)　　サリチル酸(赤紫)　　ベンジルアルコール(なし)

（ ）内は，FeCl₃ 水溶液による呈色を示す。

❷フェノール C_6H_5OH 特有の匂いのある無色の結晶(融点 41℃)。
NaOH 水溶液と反応し，水溶性の塩(ナトリウムフェノキシド)を生成して溶ける。

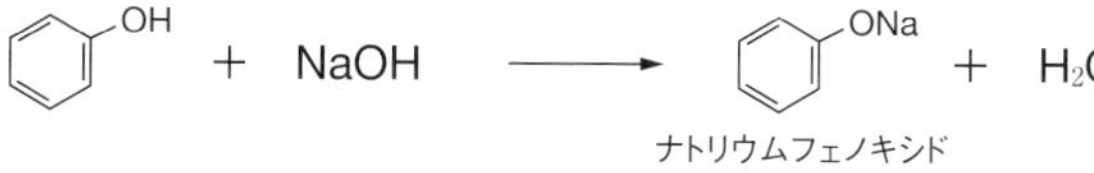

$$\text{（C}_6\text{H}_5\text{OH）} + NaOH \longrightarrow \text{（C}_6\text{H}_5\text{ONa）} + H_2O$$

ナトリウムフェノキシド

・ナトリウムフェノキシドの水溶液に CO_2 を通じると，フェノールが遊離する。

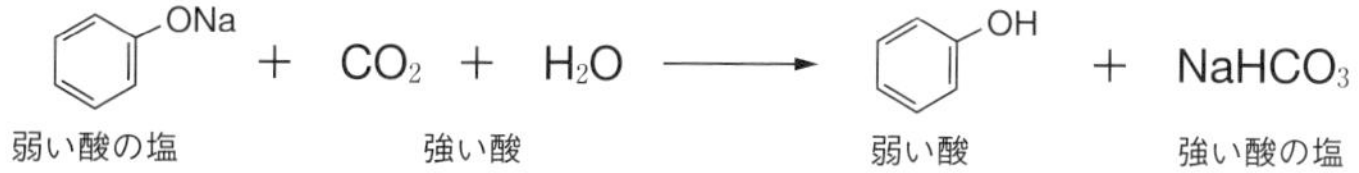

$$\text{（ONa）} + CO_2 + H_2O \longrightarrow \text{（OH）} + NaHCO_3$$

弱い酸の塩　　　　　　強い酸　　　　　　　　　　弱い酸　　　　　　　強い酸の塩

・無水酢酸と反応し，エステルを生成する(酢酸とは反応しにくい)。

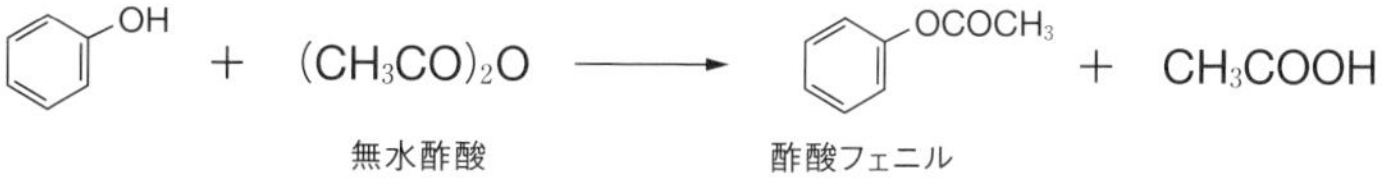

$$\text{（OH）} + (CH_3CO)_2O \longrightarrow \text{（OCOCH}_3\text{）} + CH_3COOH$$

無水酢酸　　　　　　　　酢酸フェニル

(反応) ベンゼンよりも反応性に富み，*o*-，*p*-位で置換反応が起こりやすい。

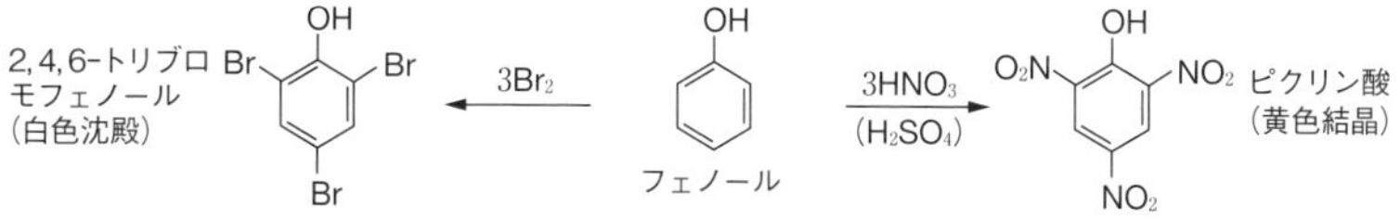

2,4,6-トリブロモフェノール (白色沈殿) ←3Br₂← フェノール →3HNO₃ (H₂SO₄)→ ピクリン酸 (黄色結晶)

(製法) (a)フェノールの工業的製法をクメン法という。

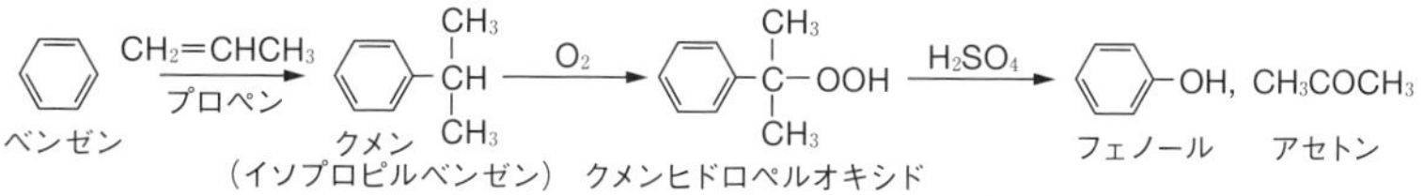

ベンゼン →CH₂=CHCH₃ プロペン→ クメン (イソプロピルベンゼン) →O₂→ クメンヒドロペルオキシド →H₂SO₄→ フェノール，アセトン

(b)その他の製法

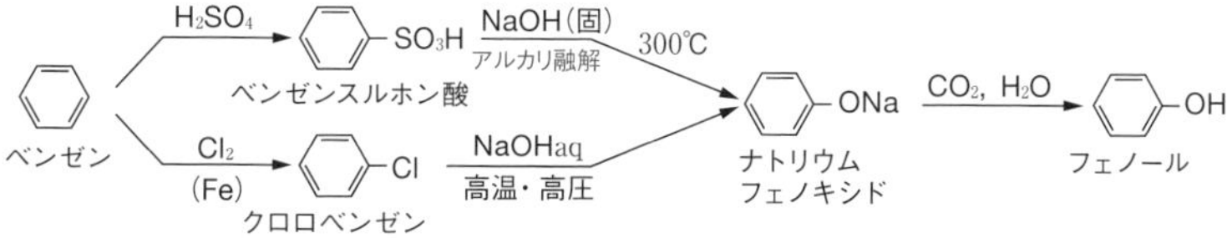

ベンゼン →H₂SO₄→ ベンゼンスルホン酸 →NaOH(固)アルカリ融解 300℃→ ナトリウムフェノキシド →CO₂, H₂O→ フェノール

ベンゼン →Cl₂(Fe)→ クロロベンゼン →NaOHaq 高温・高圧→ ナトリウムフェノキシド →CO₂, H₂O→ フェノール

確認&チェック

1 次の芳香族炭化水素の名称を記せ。

(1)

(2) 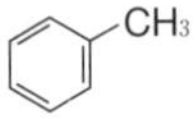 CH₃

(3) 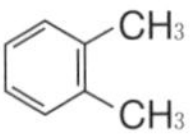 CH₃ CH₃

(4) 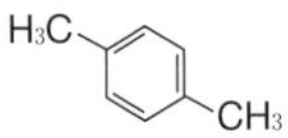 H₃C—　—CH₃

(5) 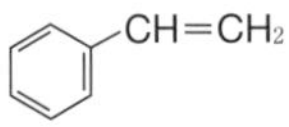 —CH=CH₂

(6)

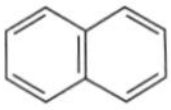

2 次の芳香族化合物の名称を記せ。

(1) 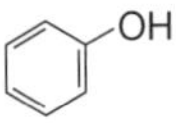 —OH

(2) 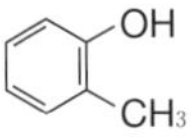 OH CH₃

(3) 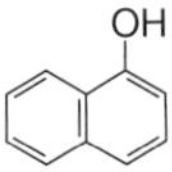 OH

(4) 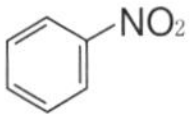 —NO₂

(5) 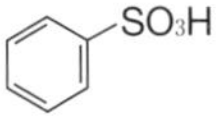 —SO₃H

(6) 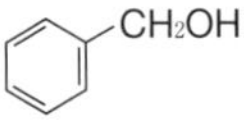 —CH₂OH

3 次の反応で生成する有機化合物の名称を記せ。また，それぞれの反応名を下の(ア)〜(オ)から選べ。

(1) ベンゼンに濃硝酸と濃硫酸の混合物を作用させる。
(2) ベンゼンに濃硫酸を作用させる。
(3) 鉄粉を触媒として，ベンゼンに塩素を作用させる。
(4) 白金を触媒として，ベンゼンに高圧の水素を作用させる。
(5) トルエンに過マンガン酸カリウムを作用させる。

　(ア) ハロゲン化　　(イ) 付加反応　　　(ウ) 酸化反応
　(エ) ニトロ化　　　(オ) スルホン化

4 次の文の□□□に適語を入れよ。

ベンゼン環にヒドロキシ基が直接結合した化合物を①□□□といい，その水溶液は②□□□性を示す。

フェノールは水に少量しか溶けないが，水酸化ナトリウム水溶液には③□□□とよばれる塩を生成して溶ける。また，③の水溶液に CO_2 を十分に通じると，④□□□が遊離する。また，フェノールに⑤□□□水溶液を加えると，紫色に呈色する。

現在，フェノールは⑥□□□法によって工業的に生産されている。このとき，フェノールとともに⑦□□□が生成する。

解答

1 (1) ベンゼン
(2) トルエン
(3) o-キシレン
(4) p-キシレン
(5) スチレン
(6) ナフタレン
→ p.274 ①

2 (1) フェノール
(2) o-クレゾール
(3) 1-ナフトール
(4) ニトロベンゼン
(5) ベンゼンスルホン酸
(6) ベンジルアルコール
→ p.274 ①, 275 ②

3 (1) ニトロベンゼン, (エ)
(2) ベンゼンスルホン酸, (オ)
(3) クロロベンゼン, (ア)
(4) シクロヘキサン, (イ)
(5) 安息香酸, (ウ)
→ p.274 ①

4 ① フェノール類
② 弱酸
③ ナトリウムフェノキシド
④ フェノール
⑤ 塩化鉄(Ⅲ)
⑥ クメン
⑦ アセトン
→ p.275 ②

次の文に相当する化合物を1つずつ下から重複なく記号で選び，名称も答えよ。
(1) 水に可溶の固体で，水溶液は強い酸性を示す。
(2) 水には不溶の淡黄色の液体で，水よりも密度が大きい。
(3) 水には不溶の液体で金属 Na とも反応しない。強く酸化すると安息香酸になる。
(4) 水にも NaOH 水溶液にも溶けない。金属 Na とは反応して水素を発生する。
(5) 水に少量しか溶けないが，NaOH 水溶液にはよく溶ける。
(6) 芳香をもつ無色の液体で，容易に酸化されて安息香酸になる。

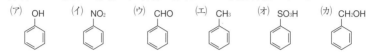

(ア) OH　(イ) NO₂　(ウ) CHO　(エ) CH₃　(オ) SO₃H　(カ) CH₂OH

考え方 (1) スルホ基 $-SO_3H$ は電離度が大きい。ベンゼンスルホン酸 $C_6H_5SO_3H$ は水に可溶で，水溶液は強酸性を示す。

(2) 淡黄色の原因は，ニトロ基 $-NO_2$ にある。ニトロベンゼン $C_6H_5NO_2$ は水に不溶の油状の液体で，水よりも密度が大きい($1.2g/cm^3$)。

(3) トルエン $C_6H_5CH_3$ の側鎖 $-CH_3$ を強く酸化するとカルボキシ基 $-COOH$ となり，安息香酸 C_6H_5COOH を生成する。

(4) NaOH 水溶液に溶けない中性物質には，(イ)，(ウ)，(エ)，(カ)が該当するが，金属 Na と反応するのは，$-OH$ をもつ(カ)だけである。

(5) NaOH 水溶液に溶けるのは酸性物質の(ア)，(オ)が該当するが，水に少量しか溶けないのは弱酸であるフェノール(ア)である。

(6) ホルミル(アルデヒド)基 $-CHO$ は酸化されやすく，容易に $-COOH$ に変化する。

6 − 32

解答 (1)…(オ) ベンゼンスルホン酸
(2)…(イ) ニトロベンゼン
(3)…(エ) トルエン
(4)…(カ) ベンジルアルコール
(5)…(ア) フェノール
(6)…(ウ) ベンズアルデヒド

次の各化合物のベンゼン環の水素原子1個を塩素原子で置換した場合，何種類の構造異性体が生じるか。その数を示せ。
(1) o-キシレン　(2) m-キシレン　(3) p-キシレン　(4) ナフタレン

考え方 ベンゼン環は正六角形の構造なので異性体を考える際は，どこに対称面があるのかによく注意して，重複しないように数える。ベンゼンの二置換体には，オルト(o-)，メタ(m-)，パラ(p-)の3種類の構造異性体がある。

(o-)　(m-)　(p-)

図(1)〜(4)の→は Cl 原子の置換位置を，----

は対称面を，①，②はそれぞれ等価な炭素原子を示す。

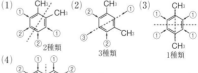

(1) 2種類　(2) 3種類　(3) 1種類

(4) 2種類

（ナフタレンの①位を α 位，②位を β 位ともいう。）

解答 (1) 2　(2) 3　(3) 1　(4) 2

次の(1)～(4)のうち，ベンゼン C_6H_6 とシクロヘキサン C_6H_{12} の両方に当てはまるときは A を，ベンゼンだけに当てはまるときは B を，シクロヘキサンだけに当てはまるときは C を記せ。

(1) 分子内のすべての原子が，同一平面上にある。

(2) 分子内の炭素原子間の結合距離，結合角はすべて等しい。

(3) 水素原子 1 個をヒドロキシ基で置換した化合物は，中性の物質である。

(4) 鉄を触媒として塩素を作用させると，置換反応が起こる。

考え方 (1) C_6H_6 は正六角形の平面状構造を，C_6H_{12} ではいす形の立体構造をとる。

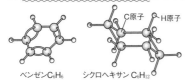

ベンゼンC_6H_6　　シクロヘキサン C_6H_{12}

(2)

	C－C 結合距離	結合角
C_6H_6	0.140nm	120°
C_6H_{12}	0.154nm	109.5°

結合距離，結合角ともに等しい。

(3) C_6H_5OH はフェノールで**弱酸性**を示すが，$C_6H_{11}OH$ はシクロヘキサノールという芳香族のアルコールで中性物質である。

(4) C_6H_6 に鉄を触媒として塩素を作用させると，置換反応が起こりクロロベンゼンが生成する。C_6H_{12}は飽和炭化水素で，鉄触媒を用いても塩素と置換反応はしない（塩素が置換反応するには，光(紫外線)を照射する必要がある）。

解答 (1) B　(2) A　(3) C　(4) B

(a)シクロヘキサン C_6H_{12} (b)シクロヘキセン C_6H_{10} (c)ベンゼン C_6H_6　各 1mL を試験管に取り，下記の実験を行った。次の問いに答えよ。

(1) 光が当たらない条件で，(a)～(c)に臭素の四塩化炭素溶液 2 滴を加え振り混ぜた。反応が起こったものはどれか。

(2) (a)～(c)に硫酸酸性の過マンガン酸カリウム水溶液 2 滴を加え振り混ぜた。反応が起こったものはどれか。

考え方 (1) **シクロヘキサン**は飽和炭化水素で，アルカンとよく似た性質をもち，いかなる条件でも付加反応はしない。また，光が当たらなければ臭素とは置換反応はしない。

シクロヘキセンは不飽和炭化水素で，アルケンに似た性質をもち，触媒なしでハロゲンと付加反応を行う。本問では臭素(赤褐色)が付加して，溶液の色は消える。

ベンゼンの炭素間の結合は，単結合と二重結合の中間的な結合であり，付加反応よ

りも置換反応が起こりやすい。光が当たらなければ臭素とは置換反応しない。（鉄触媒がなければ臭素とは置換反応もしない。）

(2) シクロヘキセンの二重結合は，$KMnO_4$(酸化剤)によって酸化されて開裂する。

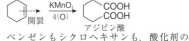

アジピン酸

ベンゼンもシクロヘキサンも，酸化剤の $KMnO_4$ に対しては安定で，反応しない。

解答 (1)(b) (2)(b)

必は重要な必須問題。時間のないときはここから取り組む。

必355 □□ ◀ベンゼンの反応▶ 次の文の□□□に適切な語句または数値を入れよ。また，下線部ⓐ〜ⓕの反応の化学反応式をそれぞれ記せ。

　ⓐベンゼンに鉄粉または塩化鉄(Ⅲ)を触媒として塩素を作用させると，^①□□□が生成する。ⓑベンゼンに濃硫酸を加えて加熱すると^②□□□が生成する。

　また，ⓒベンゼンに濃硝酸と濃硫酸の混合物を作用させると，^③□□□が生成する。ⓓベンゼンに塩化アルミニウムを触媒としてクロロメタンを作用させると^④□□□が生成するが，このとき同時に，2個のメチル基が置換した^⑤□□□も生成する。

　⑤には，ベンゼン環に結合する置換基の位置の違いによる^⑥□□□種類の異性体が存在し，これらは芳香族炭化水素である^⑦□□□と構造異性体の関係にある。⑦の脱水素反応により^⑧□□□が合成され，⑧は臭素の四塩化炭素溶液を容易に脱色する。

　ⓔベンゼンに白金を触媒として高温・高圧の水素を反応させると^⑨□□□が生成する。また，ⓕベンゼンと塩素の混合物に紫外線を照射すると^⑩□□□が生成する。

必356 □□ ◀エタノールとフェノール▶ 次に示す性質の中で，エタノールに関するものにはE，フェノールに関するものにはP，両方に関するものには○をつけよ。

(1) 金属ナトリウムと反応する。　　　(2) 水に少し溶け，弱酸性を示す。

(3) 水酸化ナトリウム水溶液と反応し溶ける。

(4) 塩化鉄(Ⅲ)水溶液で紫色に呈色する。

(5) 水と任意の割合で溶け合う。　　　(6) 酸化されてアルデヒドを生じる。

(7) 無水酢酸と反応してエステルになる。　　(8) 濃い溶液は皮膚を激しく侵す。

必357 □□ ◀フェノールの製法・性質▶ フェノールは次の3つの方法で合成できる。

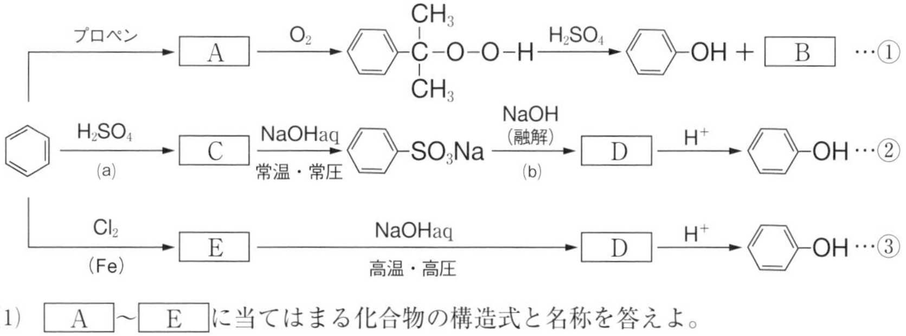

(1) ┃A┃〜┃E┃に当てはまる化合物の構造式と名称を答えよ。

(2) ①のフェノールの工業的製法，および，(a)，(b)の反応名をそれぞれ何というか。

(3) フェノールに次の各物質を作用させた場合，生成する有機化合物の構造式を書け。

　(a) ナトリウム　　(b) 水酸化ナトリウム水溶液　　(c) 無水酢酸

$\mathbf{358}$ □□ ◀芳香族炭化水素▶　次の文を読み，あとの問いに答えよ。

分子式が C_8H_{10} で表される芳香族炭化水素 A，B，C，D を $KMnO_4$ で酸化すると，A からは安息香酸が得られ，B，C，D からは分子式 $C_8H_6O_4$ の芳香族ジカルボン酸 B′，C′，D′ がそれぞれ得られた。B′ を加熱すると容易に脱水反応が起こり，分子式が $C_8H_4O_3$ の化合物 E に変化した。また，B′，C′，D′ のベンゼン環の水素原子 1 個を臭素原子で置換した化合物には，それぞれ 2 種，1 種，3 種の異性体が存在した。

(1)　A，B，C，D，E の構造式をそれぞれ記せ。

(2)　化合物 E は，分子式 $C_{10}H_8$ の芳香族炭化水素を酸化バナジウム（V）の触媒下で空気酸化しても得られる。この変化を構造式を用いた化学反応式で示せ。

$\mathbf{359}$ □□ ◀芳香族化合物▶　炭素，水素，酸素からなる分子量 108 の芳香族化合物 A ～ C について，あとの問いに答えよ。原子量は H＝1.0，C＝12，O＝16 とする。

(a)　A ～ C はどれも完全燃焼により，二酸化炭素と水を物質量比 7：4 で生じる。

(b)　常温で液体の A と B に，それぞれ金属 Na の小片を加えると，A は水素を発生するが，B は金属 Na と反応しない。

(c)　NaOH 水溶液に対して，C はよく溶けるが，A は溶けない。

(d)　A を硫酸酸性 $K_2Cr_2O_7$ 水溶液と反応させるとカルボン酸 D が得られる。この化合物 D は，トルエンを酸化しても生成する。

(e)　C を無水酢酸でアセチル化した化合物を適切な酸化剤で酸化した後，酸触媒を用いて加水分解すると，サリチル酸が得られる。

(1)　A，B，C を表す分子式を示せ。

(2)　A，B，C，D の構造式をそれぞれ示せ。

$\mathbf{360}$ □□ ◀芳香族炭化水素▶　次の文を読み，あとの問いに答えよ。

化合物 A ～ E は分子式 C_9H_{10} のベンゼンの一置換体または二置換体であり，その側鎖には環状の構造をもたない。A ～ E に触媒を用いて水素を反応させると，分子式 C_9H_{12} の化合物 F，G，H のいずれかが得られた。化合物 A，B，C からは同一の化合物 F が，D からは G，E からは H がそれぞれ生成した。G はフェノールの工業的製法に利用されている。H を触媒を用いて空気酸化すると，PET 樹脂の原料となる化合物に変換された。また，A と B は互いにシス－トランス異性体の関係にあり，B よりも A の方が融点が高かった。

(1)　分子式が C_9H_{12} の芳香族炭化水素には，全部で何種類の構造異性体が存在するか。

(2)　化合物 A，B，C，D，E の構造式を示せ。ただし，A，B についてはその置換基の立体配置の違いを区別して示すこと。

33 芳香族化合物②

1 芳香族カルボン酸

❶芳香族カルボン酸　ベンゼン環の−Hを−COOHで置換した化合物。

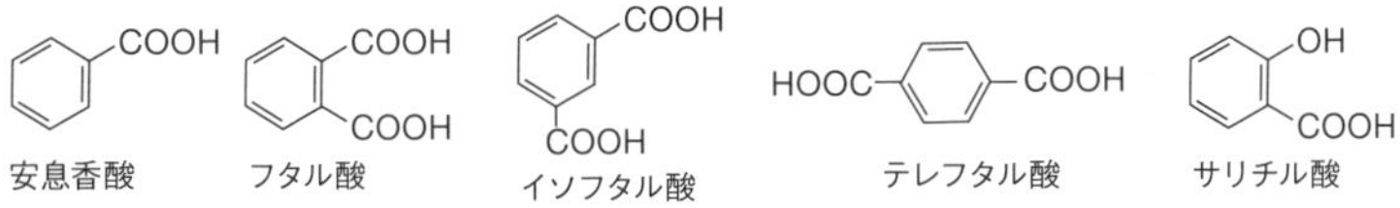

安息香酸　　フタル酸　　イソフタル酸　　テレフタル酸　　サリチル酸

❷安息香酸 C_6H_5COOH　トルエンの酸化で得られる。無色の結晶。食品の防腐剤。

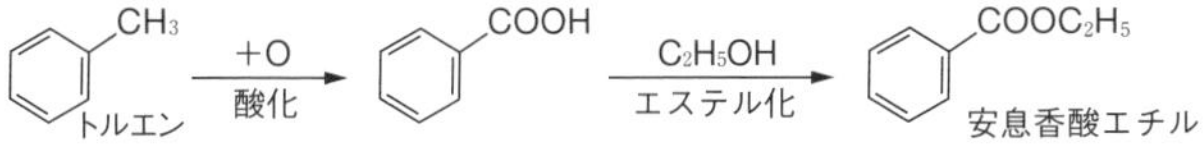

（性質）・水に少し溶け，**弱酸性**を示す（炭酸 H_2CO_3 より強い酸）。

・炭酸水素ナトリウム水溶液に溶け，CO_2 を発生する（−COOH の検出）。

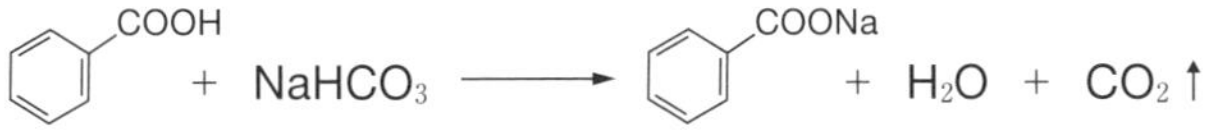

❸フタル酸とテレフタル酸　o−キシレンと p−キシレンの酸化で得られる。無色の結晶。

o−キシレン　　フタル酸　　無水フタル酸　　ナフタレン

p−キシレン　　テレフタル酸

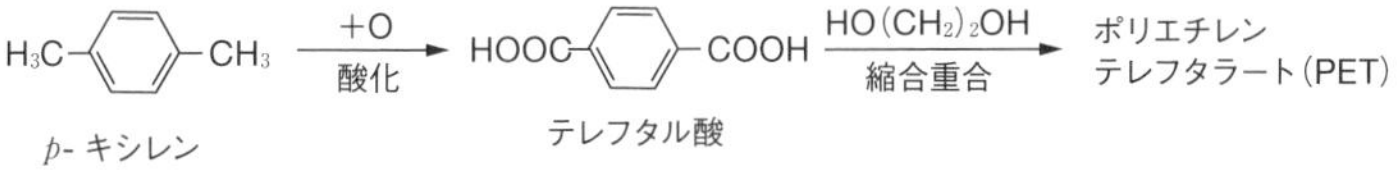

❹サリチル酸　無色の結晶。フェノールとカルボン酸の両方の性質を示す。

塩化鉄(Ⅲ)水溶液で**赤紫色**を示す。

（製法）　ナトリウムフェノキシドに高温・高圧の下で CO_2 を作用させる。

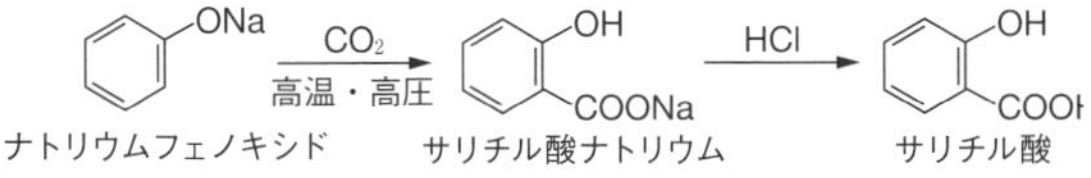

ナトリウムフェノキシド　　サリチル酸ナトリウム　　サリチル酸

（反応）　無水酢酸や，メタノールと反応し，2種類のエステルを生成する。

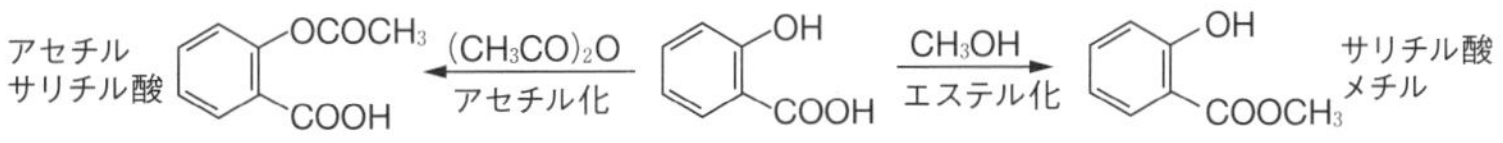

名称	アセチルサリチル酸	サリチル酸	サリチル酸メチル
$FeCl_3$aq	呈色しない	赤紫色	赤紫色
$NaHCO_3$aq	溶解する	溶解する	溶解しない
用途	解熱鎮痛剤	医薬品の原料	消炎鎮痛剤

❷ 芳香族アミン

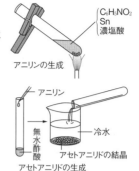

アニリンの生成

❶アニリン $C_6H_5NH_2$　ニトロベンゼンを Sn または Fe と塩酸で還元。$C_6H_5NO_2 + 6(H) \longrightarrow C_6H_5NH_2 + 2H_2O$

(性質)　(a)　水に難溶の液体，弱塩基で塩酸に溶ける。

$$C_6H_5NH_2 + HCl \longrightarrow C_6H_5NH_3Cl(アニリン塩酸塩)$$

(b)　酸化されやすい。さらし粉水溶液で赤紫色に呈色。

(c)　硫酸酸性の $K_2Cr_2O_7$ で，アニリンブラックを生成。

(d)　無水酢酸と反応し，アセトアニリドを生成する。

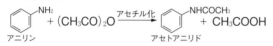

アニリン　　　　　　　　　　　　　　アセトアニリド

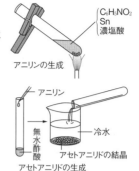

アニリン

無水酢酸　冷水

アセトアニリドの結晶

アセトアニリドの生成

❷ジアゾ化　アニリンを，低温で塩酸と亜硝酸ナトリウム $NaNO_2$ と反応させる。

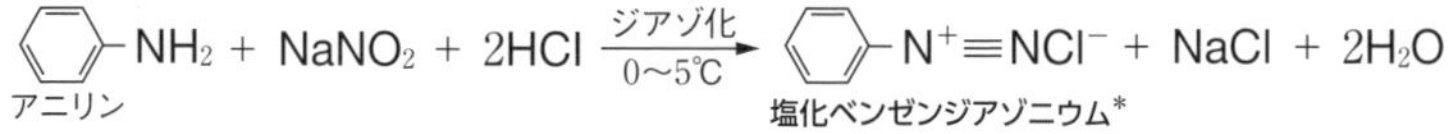

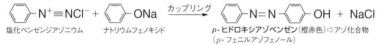

アニリン　　　　　　　　　　　　　　　　　　　塩化ベンゼンジアゾニウム*

＊塩化ベンゼンジアゾニウムは不安定な物質で，加温するとフェノールと N_2 に分解する。

❸カップリング　ジアゾニウム塩をフェノール類，芳香族アミンなどと反応させる。

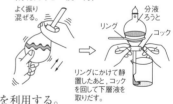

塩化ベンゼンジアゾニウム　　ナトリウムフェノキシド　　　　p-ヒドロキシアゾベンゼン(橙赤色)⇨アゾ化合物
（p-フェニルアゾフェノール）

❸ 芳香族化合物の分離

芳香族化合物は極性が小さくエーテルなどの有機溶媒に溶けやすい。適切な酸，塩基との中和反応で水溶性の塩にすれば，下図のように芳香族化合物と分離できる。

溶媒	溶ける芳香族化合物
ジエチルエーテル	ほとんどの芳香族化合物
塩酸	アミン
$NaHCO_3$ 水溶液	カルボン酸
NaOH 水溶液	カルボン酸，フェノール類

〈分液ろうとの使い方〉

よく振り混ぜる。

分液ろうと

リング　　コック

リングにかけて静置したあと，コックを回して下層液を取りだす。

〈酸の強さ〉

塩酸，硫酸＞カルボン酸＞炭酸＞フェノール類

（弱酸の塩）＋（強酸）→（強酸の塩）＋（弱酸）の関係を利用する。

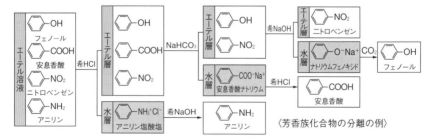

〈芳香族化合物の分離の例〉

確認＆チェック

1 次の芳香族化合物の名称を答えよ。

(1) 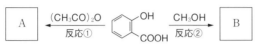—COOH

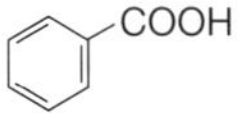

(2) 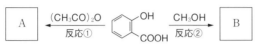—COOH / COOH

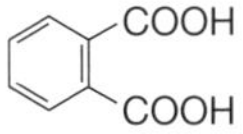

(3) COOH / COOH

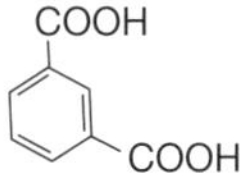

(4) HOOC—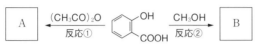—COOH

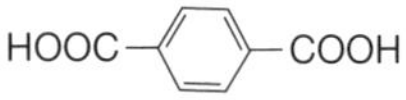

(5) OH / COOH

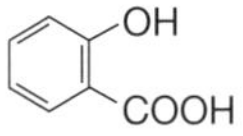

(6) —NH₂

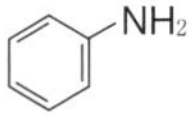

2 サリチル酸の反応について，次の問いに答えよ。

A ←(CH₃CO)₂O／反応① ── OH / COOH ── CH₃OH／反応② → B

(1) 化合物 A，B の名称を記せ。
(2) ①，②の反応名を答えよ。
(3) 塩化鉄（Ⅲ）水溶液で呈色するのは，A，B のどちらか。
(4) 消炎鎮痛剤に用いられるのは，A，B のどちらか。
(5) NaHCO₃ 水溶液に溶けるのは，A，B のどちらか。
(6) 解熱鎮痛剤に用いられるのは，A，B のどちらか。

3 次の文の ☐ に適する語句を入れよ。

アニリン C₆H₅NH₂ は水に難溶な液体だが，①☐ 性の物質であり，希塩酸にはよく溶ける。また，酸化されやすく，②☐ 水溶液を加えると赤紫色に呈色することで検出される。

アニリンを硫酸酸性の K₂Cr₂O₇ 水溶液で酸化すると③☐ とよばれる黒色物質を生成する。また，アニリンを無水酢酸と反応させると，④☐ とよばれる白色結晶を生成する。

4 次の文の ☐ に適する語句を入れよ。

アニリンを，低温で塩酸と亜硝酸ナトリウム NaNO₂ 水溶液と反応させると，①☐ を生成する（右図）。この反応を②☐ という。また，①にナトリウムフェノキシドの水溶液を加えると，橙赤色の③☐ を生成する。この反応を④☐ という。

10%亜硝酸ナトリウム水溶液
アニリン＋塩酸
氷水

解答

1 (1) 安息香酸
(2) フタル酸
(3) イソフタル酸
(4) テレフタル酸
(5) サリチル酸
(6) アニリン
→ p.281 ①, 282 ②

2 (1) A アセチルサリチル酸
B サリチル酸メチル
(2) ① アセチル化
② エステル化
(3) B
(4) B
(5) A
(6) A
→ p.281 ①, 282 ②

3 ① 塩基
② さらし粉
③ アニリンブラック
④ アセトアニリド
→ p.282 ②

4 ① 塩化ベンゼンジアゾニウム
② ジアゾ化
③ p-ヒドロキシアゾベンゼン
（p-フェニルアゾフェノール）
④ カップリング
→ p.282 ②

6 - 33

例題 132　サリチル酸の合成と反応

次の反応系統図について，下の問いに答えよ。

ONa
CO2
高温・高圧
A
HCl
OH
COOH
CH3OH
(a)
B

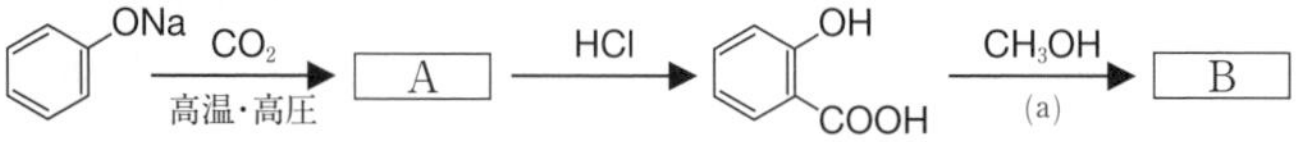

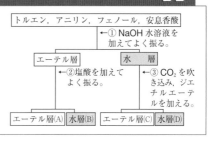

(1)　化合物 A，B の構造式および，(a)の反応名を記せ。
(2)　サリチル酸と無水酢酸の反応で生成する芳香族化合物の構造式と反応名を記せ。

考え方　(1)　ナトリウムフェノキシドの固体に高温・高圧下で二酸化炭素を反応させると，**サリチル酸ナトリウム**(A)が生成する(コルベ・シュミットの反応)。これに強酸を加えると，**サリチル酸**(弱酸)が遊離する。

サリチル酸をメタノールと反応させると，そのカルボキシ基が**エステル化**(a)されて，**サリチル酸メチル**(B)が生成する。

OH
COOH
+ CH3OH
OH
COOCH3
+ H2O

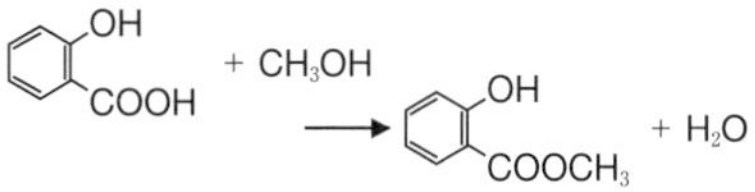

(2)　サリチル酸を無水酢酸と反応させると，そのヒドロキシ基が**アセチル化**されて，**アセチルサリチル酸**が生成する。

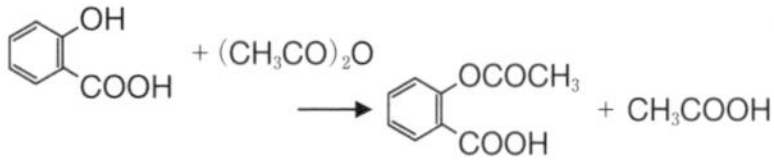

OH
COOH
+ (CH3CO)2O
OCOCH3
COOH
+ CH3COOH

解答　(1) A
OH
COONa
B
OH
COOCH3

(a)**エステル化**

(2)
OCOCH3
COOH
アセチル化

例題 133　芳香族化合物の分離

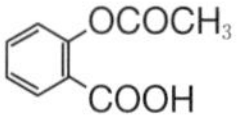

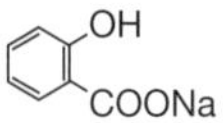

4 種類の芳香族化合物トルエン，アニリン，フェノール，安息香酸を溶解したエーテル溶液がある。右図の順序にしたがって，①～③の操作を行い，各成分を分離した。

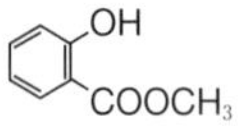

(A)～(D)の各層にはどの化合物がどんな形で含まれているか。その構造式を示せ。

トルエン，アニリン，フェノール，安息香酸
←① NaOH 水溶液を加えてよく振る。
エーテル層
水　層
←②塩酸を加えてよく振る。
←③ CO2 を吹き込み，ジエチルエーテルを加える。
エーテル層(A)
水層(B)
エーテル層(C)
水層(D)

考え方　水に不溶性の芳香族化合物でも，酸，塩基と中和して塩(イオン)にすると，水に可溶となる。逆に，塩の状態からもとの分子に戻すには，**(弱酸の塩)＋(強酸)→(強酸の塩)＋(弱酸)** の反応を利用する。

このように，芳香族化合物の分離には，酸・塩基の強弱の違いが巧みに利用される。

〔酸の強さ〕
塩酸＞カルボン酸＞炭酸＞フェノール類

①　酸性物質のフェノール，安息香酸がともに水溶性の塩をつくって，水層へ移る。

②　塩基性物質のアニリンが水溶性の塩をつくって，水層(B)へ移る。

中性物質のトルエンは，酸・塩基とは塩をつくらず，エーテル層(A)に存在する。

③　水層に CO_2 を吹きこむと，炭酸より弱い酸であるフェノールが遊離し，エーテル層(C)へ移る。安息香酸 Na は水層(D)にとどまる。

解答　(A)
CH3
(B)
NH3+Cl−
(C)
OH
(D)
COO−Na+

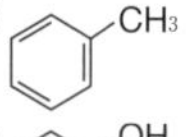

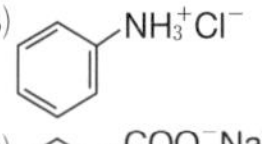

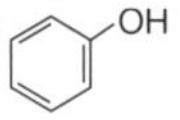

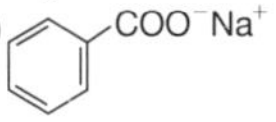

例題 134 サリチル酸メチルの合成

次の文を読み，下の問いに答えよ。

① (ｱ)乾いた試験管にサリチル酸 1.0g をとり，メタノール 4mL を加えて溶かした。これをよく振りながら濃硫酸を 0.5mL 加え，さらに沸騰石を入れた。右図のように(ｲ)40cm ガラス管をつけたコルク栓をし，試験管を穏やかに 20 分間加熱した。

② 試験管を冷却後(ｳ)内容物を飽和炭酸水素ナトリウム水溶液を入れたビーカーに注ぐと，油状物質が得られた。

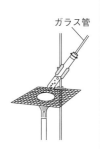
ガラス管

(1) ①で起こった変化を，構造式を用いた化学反応式で表せ。

(2) 下線部(ｱ)で，乾いた試験管を使う理由を述べよ。

(3) 下線部(ｲ)，(ｳ)の実験操作を行う理由を述べよ。

考え方 エステル化は典型的な可逆反応で，平衡状態となる。反応液はサリチル酸，メタノール，エステル，水の混合物となり，ここからエステルだけを取り出す操作が必要となる。

(1) 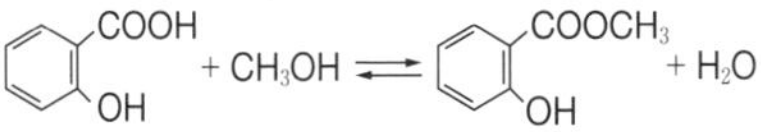
サリチル酸（COOH, OH） + CH₃OH ⇌ サリチル酸メチル（COOCH₃, OH） + H₂O

(2) もし水が存在すると，上式の平衡が左へ移動して，エステルの生成量は減少する。

(3) (ｲ) ガラス管による還流冷却器の代わりにリービッヒ冷却器を用いてもよい。

(ｳ) 未反応のサリチル酸は炭酸より強い –COOH をもち，NaHCO₃ と反応しサリチル酸ナトリウム(塩)となり水層へ移動する。

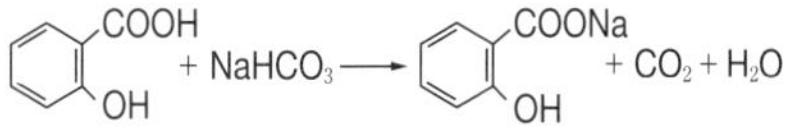

（COOH, OH） + NaHCO₃ ⟶ （COONa, OH） + CO₂ + H₂O

解答 (1) 考え方を参照。 (2) エステル化の平衡を，できるだけ右方向に移動させるため。

(3)(ｲ) 蒸発した内容物を反応容器に戻すため。

(ｳ) 未反応のサリチル酸をナトリウム塩に変えて，水層へ分離するため。

例題 135 アニリン ■■

次の文の ▢ に適する語句を入れよ。

アニリンは水に溶けにくい油状の液体であるが，希塩酸を加えると，中和されて①▢に変化し，水に溶けるようになる。アニリンは，ニトロベンゼンをスズと濃塩酸によって②▢することで得られる。アニリンに無水酢酸を作用させると，③▢が生成する。この反応は④▢とよばれる。

考え方 弱塩基のアニリン $C_6H_5NH_2$ は水に不溶であるが，希塩酸と中和してアニリン塩酸塩 $C_6H_5NH_3Cl$ にすると，水に可溶となる。

$$C_6H_5NH_2 + HCl \longrightarrow C_6H_5NH_3Cl$$

ニトロベンゼンをスズと濃塩酸で還元してアニリンを生成する反応式は次の通りである。
（酸性条件のため，アニリン塩酸塩が生成する）

$$2C_6H_5NO_2 + 3Sn + 14HCl$$
$$\longrightarrow 2C_6H_5NH_3Cl + 3SnCl_4 + 4H_2O$$

アニリンに無水酢酸を加えると，アミド結合（–NHCO–）をもつアセトアニリドを生成する。

この反応は，アニリンの –NH₂ の –H をアセチル基 CH₃CO– で置換していることから，アセチル化とよばれる。

$$C_6H_5NH_2 + (CH_3CO)_2O$$
$$\longrightarrow C_6H_5NHCOCH_3 + CH_3COOH$$

解答 ① アニリン塩酸塩 ② 還元
③ アセトアニリド ④ アセチル化

標準問題

必は重要な必須問題。時間のないときはここから取り組む。

必 361 □□ ◀サリチル酸▶　次の文を読み，あとの問いに答えよ。

フェノールに水酸化ナトリウム水溶液を加えると，A が生成する。また，A の水溶液に常温・常圧で二酸化炭素を通じると B を生成する。

A の結晶と高温・高圧の二酸化炭素を反応させると C を生成し，この水溶液に希塩酸を加えて酸性にすると D が得られる。

D に無水酢酸を反応させるとエステル E が生成する。

D に濃硫酸を触媒としてメタノールを反応させるとエステル F が生成する。

(1)　A ～ F の構造式をそれぞれ答えよ。

(2)　D，E，F のうち，(i)酸性の最も強いもの，(ii)酸性の最も弱いものを記号で示せ。

(3)　B に濃硝酸と濃硫酸の混合物を反応させた。生成物の名称を答えよ。

(4)　B の水溶液に臭素水を加えたら白色沈殿を生じた。この物質の構造式を答えよ。

362 □□ ◀アニリンの合成▶　A ～ E の各実験操作について，あとの問いに答えよ。

A：ニトロベンゼンを入れた試験管に固体の① ＿＿＿ と液体の② ＿＿＿ を入れた。

B：液体中の油滴がなくなるまで，約 60℃で穏やかに加熱した。

C：反応終了後，固体を残して溶液を三角フラスコに移し，その溶液を十分に冷却しながら③ ＿＿＿ 水溶液を少しずつ加えていくと，はじめに白色沈殿が生じたが，やがて沈殿が消失するとともに油滴が遊離した。

D：冷却後フラスコにジエチルエーテルを加え，よく振って静置し二層に分離させた。

E：生成物に無水酢酸を反応させた後，冷水に注ぐと白色結晶④ ＿＿＿ が析出した。

(1)　文中の ＿＿＿ に適切な物質名を記せ。

(2)　操作 B，C の油滴は何か。それぞれ名称を記せ。

(3)　操作 C で起こる変化を 3 つの化学反応式で示せ。

(4)　操作 D で，アニリンが含まれているのは上層と下層のどちらか。

(5)　アニリンが合成されていることの確認方法を記せ。

(6)　操作 E で起こる変化を化学反応式で示せ。

必 363 □□ ◀アゾ染料の合成▶　次の文中の芳香族化合物 A ～ D の構造式を記せ。

(1)　ベンゼンに濃硝酸と濃硫酸を加えて加熱し，化合物 A を合成した。

(2)　化合物 A にスズと濃塩酸を加えて加熱した後，水酸化ナトリウム水溶液を加えると，化合物 B が得られた。

(3)　化合物 B に塩酸を加え，氷冷しながら，亜硝酸ナトリウム水溶液を加えると，化合物 C が得られた。

(4)　化合物 C の水溶液にナトリウムフェノキシドの水溶液を加えると，アゾ染料 D が生じた。

収率〔%〕 = (実際の生成量) / (理論的な生成量) × 100 である。

必**364** □□ ◀アスピリンの合成▶　次の文を読んで，あとの問いに答えよ。

① (ア)乾いた試験管にサリチル酸 1.0g をとり，無水酢酸 2mL を加えた。よく振り混ぜながら，濃硫酸を数滴加えたのち，試験管を 60℃ の温水に 10 分間浸した。

② 試験管を温水から取り出し流水で冷やしたのち，(イ)水 15mL を加えガラス棒でよくかき混ぜると結晶が析出した。この結晶をろ過してよく乾燥すると，0.95g 得られた。

(1) 下線部(ア)で乾いた試験管を用いる理由を記せ。

(2) 下線部(イ)の操作は，何の目的で行うのか。

(3) この実験で起こった変化を，構造式を用いた反応式で書け。

(4) この反応の収率〔%〕を整数で求めよ。（原子量：H = 1.0, C = 12, O = 16）

必**365** □□ ◀有機化合物の分離▶　図示する操作により，5 種類の有機化合物のジエチルエーテル混合溶液をそれぞれ分離した。あとの問いに答えよ。

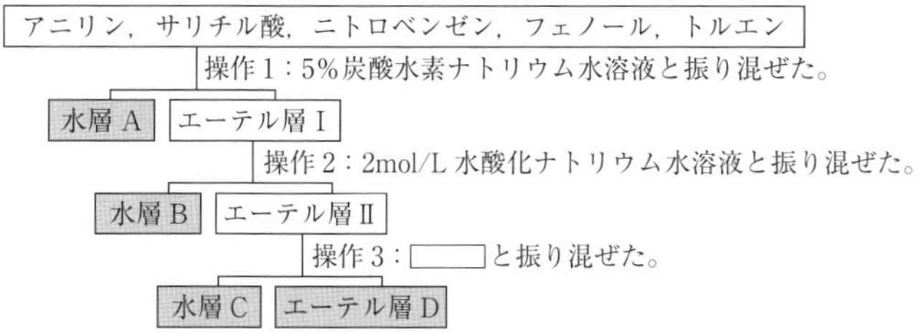

| アニリン，サリチル酸，ニトロベンゼン，フェノール，トルエン |
操作 1：5％炭酸水素ナトリウム水溶液と振り混ぜた。

| 水層 A | エーテル層 I |
操作 2：2mol/L 水酸化ナトリウム水溶液と振り混ぜた。

| 水層 B | エーテル層 II |
操作 3：□□□と振り混ぜた。

| 水層 C | エーテル層 D |

(1) 上図の操作 3 の □□□ に適する試薬を次の(ア)～(オ)から選べ。
(ア) 10％塩化ナトリウム水溶液　(イ) 10％酢酸ナトリウム水溶液　(ウ) 2mol/L 塩酸
(エ) 2mol/L 炭酸水素ナトリウム水溶液　(オ) 0.1mol/L 水酸化ナトリウム水溶液

(2) 水層 A，B，C に溶解している有機化合物の各溶液中での構造式をそれぞれ示せ。

(3) 次の文の □□□ に適切な構造式を入れよ。
　　水層 A に希塩酸を十分に加えると白色の①□□□が析出した。水層 B に二酸化炭素を十分に通じると②□□□が得られた。水層 C に水酸化ナトリウム水溶液を十分に加えると③□□□が得られた。エーテル層 D を蒸留すると，油状物質の④□□□が容器中に残った。

(4) 代表的な解熱鎮痛剤である(ア)～(ウ)を，上図にしたがって分離操作を行ったとき，それぞれ水層 A，水層 B，水層 C，エーテル層 D のいずれに分離されるかを答えよ。

(ア) アセトアミノフェン　　(イ) フェナセチン 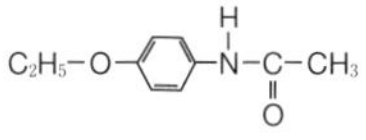　　(ウ) イブプロフェン

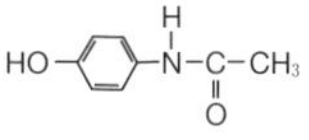

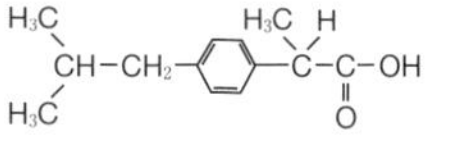

366 □□ ◀医薬品の合成▶　抗菌剤として使用されるプロントジルは，次の図のような操作によって合成される。あとの問いに答えよ。

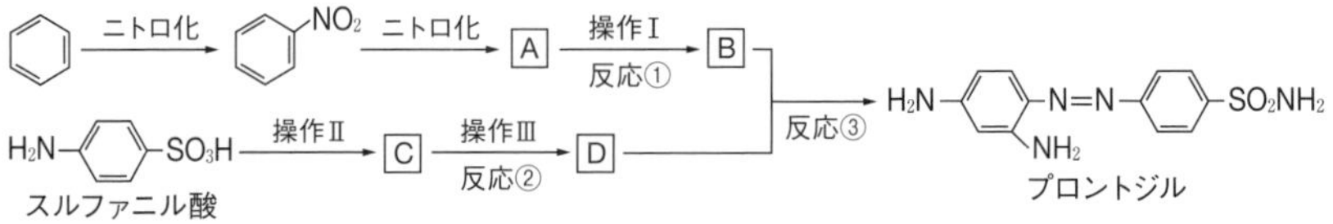

(1)　化合物 A 〜 D の構造式をそれぞれ書け。

(2)　操作Ⅰ〜Ⅲに当てはまる記述を次から選び，記号で答えよ。

　　(ア) 無水酢酸を加えて加熱する。　　　(イ) 希塩酸を加えて温める。

　　(ウ) 濃アンモニア水を加える。　　　(エ) 水酸化ナトリウム水溶液を加える。

　　(オ) スズと濃塩酸を加えて温め，その後，水酸化ナトリウム水溶液で中和する。

　　(カ) 塩酸酸性で，氷冷しながら亜硝酸ナトリウム水溶液を加える。

(3)　上図の①〜③の反応名を答えよ。

367 □□ ◀芳香族カルボン酸▶　　次の文を読み，化合物 A 〜 F の構造式を示せ。

　分子式 $C_8H_8O_2$ の芳香族化合物 A，B，C に炭酸水素ナトリウム水溶液を加えると，いずれも気体を発生しながら溶解した。また，過マンガン酸カリウム水溶液で酸化すると，A からは分子式 $C_7H_6O_2$ の化合物 D が，B と C からはそれぞれ分子式 $C_8H_6O_4$ の化合物 E，F が得られた。D はトルエンを過マンガン酸カリウムで酸化して得られる化合物と同一であった。E を加熱すると，容易に 1 分子の水を失った化合物を生成したが，F は加熱しても変化しなかった。ただし，C のベンゼン環の水素原子 1 つを臭素原子で置換した化合物には，2 種類の異性体が存在する。

368 □□ ◀芳香族エステル▶　　分子式が $C_8H_8O_2$ で表される芳香族エステル A，B，C についてあとの問いに答えよ。なお，A, B, C はいずれもベンゼンの一置換体である。

　(a)　A，B，C を加水分解したのち，水溶液から分離が容易な芳香族化合物のみを分離，精製した。その結果，A からは D，B からは E，C からは F が得られた。

　(b)　D は水酸化ナトリウム水溶液とは反応しなかったが，金属ナトリウムとは反応して水素を発生した。また，D を過マンガン酸カリウム水溶液で酸化すると，芳香族カルボン酸 F になった。

　(c)　E は炭酸水素ナトリウム水溶液とは反応しなかったが，水酸化ナトリウム水溶液とは塩をつくって溶けた。

(1)　化合物 A 〜 F の構造式を示せ。

(2)　A 〜 F のうち，塩化鉄(Ⅲ)水溶液と呈色反応するものはどれか。すべて記号で選べ。

(3)　化合物 E に濃硝酸と濃硫酸の混合物を作用させたとき，得られる生成物の構造式と名称をそれぞれ記せ。

369 □□ ◀芳香族カルボニル化合物▶　次の文を読み，あとの問いに答えよ。

　分子式 C_8H_8O の芳香族化合物のうち，カルボニル基をもつ5種類の構造異性体を A，B，C，D，E とする。A，B，C は空気中で酸化されやすく，それぞれ酸性の F，G，H となる。これらは $KMnO_4$ で十分に酸化すると，いずれも分子式 $C_8H_6O_4$ の化合物となる。F の酸化生成物は加熱すると容易に酸無水物となり，G の酸化生成物は合成繊維の原料の1つとなる。D はフェーリング液を還元するが，E は還元しない。D，E を触媒を用いて水素で還元すると，それぞれ同じ官能基をもつ I，J となる。J には鏡像異性体が存在するが，I には存在しない。

(1)　化合物 A，B，C，D，E の構造式を書け。

(2)　化合物 F，G，H のうち，G の融点が F，H よりも高い理由を答えよ。

370 □□ ◀芳香族アミド▶　次の(a)～(f)の文を読み，あとの問いに答えよ。

(a)　化合物 A は，炭素，水素，窒素，酸素を含み，分子量は 300 以下で，その元素組成は，C が 79.98%，H が 6.69%，N が 6.22% であった。

(b)　化合物 A を 6.0mol/L 塩酸中で数時間加熱還流してから，反応溶液を分液ろうとに移し，エーテルを加えてよく振り混ぜた後，エーテル層 I と水層 II を分離した。

(c)　エーテル層 I からエーテルを留去すると，芳香族化合物 B が得られた。

(d)　水層 II に水酸化ナトリウム水溶液を加えると，芳香族化合物 C が遊離した。

(e)　化合物 C には，ベンゼン環に直接結合する水素原子が4個あり，このうち1個を塩素原子に置き換えると，2種類の異性体が生成する。

(f)　化合物 B を $KMnO_4$ 水溶液中で加熱還流して得られた化合物を，230℃ に加熱すると，昇華性のある化合物 D に変化した。

(1)　化合物 A の分子式を示せ。（原子量は H = 1.0，C = 12，N = 14，O = 16）

(2)　化合物 A，B，C，D の構造式をそれぞれ示せ。

371 □□ ◀芳香族化合物▶　次の文を読み，あとの問いに答えよ。

　分子式 $C_8H_{10}O$ のヒドロキシ基をもつ化合物 A，B，C，D がある。A，B，C はベンゼンの一置換体または二置換体であり，D はベンゼンの三置換体である。A を硫酸酸性の二クロム酸カリウム水溶液を用いて穏やかに酸化したら，銀鏡反応を示す E が得られた。また，A と B をそれぞれ濃硫酸を加えて脱水したら，どちらからも F が得られた。C，D に塩化鉄(III)水溶液を加えると，D は青紫色を呈したが，C は変化がなかった。核磁気共鳴装置(NMR)を用いて C の水素原子の状態を調べたら，異なる環境下にある5種類の H 原子が 1：2：2：2：3 の割合で得られた。

(1)　化合物 A，B，C，E，F の構造式をそれぞれ示せ。

(2)　化合物 D には何種類の構造異性体が存在するか。

34 有機化合物と人間生活

1 染料と染色法

❶染着　色素がイオン結合，水素結合，配位結合，分子間力により繊維と結びつく。

❷染料　水に可溶で，繊維に染着できる色素。

❸顔料　水に不溶で，繊維に染着できない色素。

❹天然染料　植物，動物，鉱物などから得られる染料。

例 アリザリン（赤）－茜の根，インジゴ（青）－藍の葉，
カルタミン（赤）－紅花の花，貝紫（紫）－アクキ貝，
ケルメス（赤）－エンジ虫，シコニン（紫）－紫の根。

染着前　染着後

○ 染料の分子　━ 布の繊維

❺合成染料　石油，石炭などから合成された染料。例 アニリンブラック（黒）
オレンジⅡ（赤橙）

❻染色法による染料の分類

種類	特徴
直接染料	繊維の非晶質の部分に入り，分子間力で染着する。
酸性・塩基性染料	染料分子中の酸性や塩基性の官能基が，繊維中の塩基性，酸性の部分とイオン結合で染着する。
建染染料	水に不溶の染料を化学変化させて水に可溶とし，染着後，化学処理してもとの色素を再生させる。*
媒染染料	最初に金属塩に繊維を浸した後，染料を加える。金属イオンと色素が配位結合などで染着する。
分散染料	水に不溶の染料だが，界面活性剤（分散剤）を使って，微粒子状に分散させて染着する。

例 アリザリン
（媒染染料）

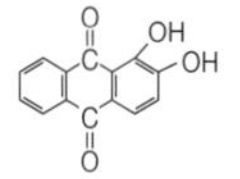

オレンジⅡ
（酸性染料）

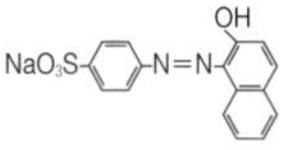

NaO_3S

＊インジゴは水に不溶なので，塩基性条件で還元して水に可溶な化合物に変えて繊維に吸着させた後，空気酸化により繊維中にインジゴを再生させて染着させる。この染色法を**建染法**という。

2 医薬品とその作用

❶医薬品　病気の診断，治療，予防などに使われる物質の総称。

(a)**生薬**　天然物をそのまま，あるいは粉末にして病気の治療に用いる。

(b)**対症療法薬**　病気の症状を緩和し，自然治癒を促すための薬。

(c)**化学療法薬**　病気の根本原因を取り除き，病気を治療する薬。

(d)**ワクチン**　病気の予防のためにあらかじめ接種する，弱毒化した病原体や死菌など。

❷感染症　体内への微生物等の侵入・増殖で起こる。

❸主作用（薬効）　医薬品が本来もっている有効な作用。薬が細胞や酵素の受容体と結合して起こる。

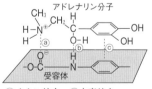

アドレナリン分子

受容体

ⓐイオン結合　ⓑ水素結合
ⓒファンデルワールス力
アドレナリンと受容体の結合モデル

④副作用 医薬品が示す望ましくない作用。

⑤耐性菌 抗生物質などに強い抵抗性をもつ細菌。抗生物質の多用によって，それに耐えられるように性質を変えた菌が出現し，生き残っていったもの。

③ さまざまな医薬品

①アスピリン(アセチルサリチル酸) 解熱鎮痛剤，リウマチの治療薬にも利用。
サリチル酸をアセチル化して酸性を弱め，胃腸障害の副作用を軽減した薬。
アセトアミノフェン アセトアニリド(p.282)の副作用を軽減した解熱鎮痛剤。

②サルファ剤 細菌と結合するアゾ染料の一種(プロントジル)の誘導体。
スルファニルアミドを基本骨格とする抗菌作用のある薬を**サルファ剤**という。

③抗生物質 微生物が生産し，他の微生物の繁殖を阻止するはたらきをもつ物質。
　例 ペニシリン(アオカビからフレミングが発見，細菌の細胞壁合成を阻害)
　　ストレプトマイシン(放線菌からワックスマンが発見,細菌のタンパク質合成を阻害)

④抗ウイルス剤 ウイルスの増殖を抑える医薬品。　例 インフルエンザ治療薬

⑤抗ガン剤 ガンの増殖を抑制する。　例 シスプラチン，ブレオマイシンなど

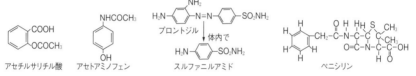

アセチルサリチル酸　　アセトアミノフェン　　スルファニルアミド　　　　　　ペニシリン

④ 界面活性剤とその作用

①界面活性剤 親水基と疎水基の両方をもち，水と油をなじませるはたらきをもつ。

②セッケン(石鹸) 油脂のけん化でつくられた高級脂肪酸のアルカリ金属の塩。

③合成洗剤 石油などを原料に合成された界面活性剤。
　(a) 高級アルコール系 高級アルコールの硫酸エステル塩。　例 $RCH_2OSO_3^-Na^+$
　(b) 石油系 アルキルベンゼンのスルホン酸塩。　例 $RC_6H_4SO_3^-Na^+$

④乳化作用 セッケン水に油を加えてかくはんすると，油滴はセッケンのコロイド粒子(ミセル)に取り込まれ，水中に分散させる。この作用を乳化作用という。

⑤界面活性剤の種類

	分類	親水性部分	特徴	用途
イオン系	陰イオン界面活性剤	$-COO^-Na^+$	硬水では使えない(セッケン)。	身体洗浄用洗剤
		$-OSO_3^-Na^+$ $-SO_3^-Na^+$	硬水でも使える(合成洗剤)。	シャンプー，衣料・台所用洗剤
	陽イオン界面活性剤	$-N^+(CH_3)_3Cl^-$	殺菌力あり,負電荷を打ち消す。	殺菌消毒剤，リンス，柔軟剤
	両性界面活性剤	$-N^+-(CH_3)_2$ CH_2-COO^-	酸性でも塩基性でも作用する。	工業用洗剤帯電防止剤
非イオン系	非イオン界面活性剤	$-(O-CH_2CH_2)_n-OH$	水中でイオン化しない。	液体洗剤，乳化剤

34 有機化合物と人間生活　291

標準問題

必は重要な必須問題。時間のないときはここから取り組む。

必 372 □□ ◀染料の種類▶ 次の記述に当てはまる染料の種類を，あとの語群から記号で選べ。

(1) 水に不溶性の染料を化学処理して水溶性の化合物に変え，繊維に浸み込ませた後，別の化学処理により，繊維上でもとの染料を再生させる。

(2) 染料分子中の酸性の官能基と，繊維の塩基性の部分とが化学的に結合する。

(3) 染料分子中の塩基性の官能基と，繊維の酸性の部分とが化学的に結合する。

(4) 水に溶けやすい染料で，色素が繊維中に入り込み，分子間力で染着する。

(5) Cr^{3+}，Al^{3+}，Fe^{3+}などのイオンを含む水溶液に浸した後，染料の水溶液に浸して染色する。金属イオンが仲立ちとなって，繊維と染料分子を結合させる。

(6) 水に溶けない染料を，界面活性剤を使って，繊維と染料分子を結合させる。

【語群】

ア．直接染料	イ．間接染料	ウ．酸性染料
エ．媒染染料	オ．分散染料	カ．建染染料
キ．反応性染料	ク．中性染料	ケ．塩基性染料

373 □□ ◀医薬品など▶ 次の記述に最も関係のある語句を記せ。

(1) 医薬品の作用のうち，本来の目的にかなう有効なはたらきのこと。

(2) 医薬品の作用のうち，生体に有害なはたらきのこと。

(3) 異物が動物の体内に侵入するのを防いだり，侵入した異物を排除したりするしくみ。

(4) 病気を予防するため，予め接種しておく弱毒化した病原体や死菌などのこと。

(5) 抗生物質を多用するとき現れる，抗生物質に抵抗性をもつ病原菌のこと。

(6) 病気の根本原因を取り除き，病気を治療する医薬品のこと。

(7) 病気に伴う不快な症状を緩和するための医薬品のこと。

374 □□ ◀界面活性剤▶ 次図の①～④の界面活性剤の分子について，該当するものを下から選び，記号で答えよ。

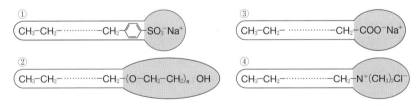

①
CH3−CH2−…………−CH2−⟨benzene⟩−SO3−Na+
③
CH3−CH2− …………−CH2−COO−Na+
②
CH3−CH2−…………−CH2−(O−CH2−CH2)n OH
④
CH3−CH2−…………−CH2−N+(CH3)3Cl−

(ア) 陽イオン界面活性剤。洗浄力は大きくないが，殺菌力が強い。

(イ) 陰イオン界面活性剤。硬水中でも洗浄力は失わず，生分解性はやや小さい。

(ウ) 非イオン界面活性剤。生体に対する作用が小さく，液体洗剤に使用される。

(エ) 陰イオン界面活性剤。硬水中では洗浄力を失うが，生分解性は大きい。

35 糖類（炭水化物）

1 単糖類

❶**糖類（炭水化物）**　分子式が $C_m(H_2O)_n$（$m \geq 3$, $m \geq n$）で，複数の $-OH$ をもつ物質。

❷**単糖類 $C_6H_{12}O_6$**　これ以上，加水分解されない糖類の最小単位。

無色の結晶で甘味がある。$-OH$ を多くもつため，水によく溶ける。

五炭糖（ペントース）　炭素数 5 の単糖。分子式は $C_5H_{10}O_5$　**例** リボース

六炭糖（ヘキソース）　炭素数 6 の単糖。分子式は $C_6H_{12}O_6$　**例** グルコース

グルコース（ブドウ糖）	動・植物体内に広く分布。	すべて還元性あり。（フェーリング液の還元・銀鏡反応が陽性）
フルクトース（果糖）	果実，蜂蜜などに含まれ，最も甘味が強い。	
ガラクトース	寒天に含まれるガラクタンの構成単糖。	
マンノース	こんにゃくに含まれるマンナンの構成単糖。	

❸**グルコース**　普通の結晶は α 型。水溶液中で次の 3 種類の異性体が**平衡状態**にある。

グルコース水溶液の還元性は，**鎖状構造に含まれるホルミル基**（アルデヒド基）による。

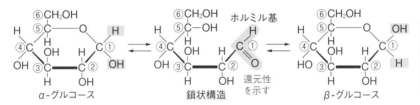

α-グルコース　　　　鎖状構造　　　　β-グルコース

※グルコースの C 原子を区別するため，$-CHO$ 基を 1 位（上図の①）として時計回りに順に番号をつける。

　6 位の $-CH_2OH$ を環の上側に置いたとき，1 位の $-OH$ が下側にあるのを α 型，上側にあるのを β 型という。

❹**フルクトース**　水溶液中では，六員環（α 型，β 型），五員環（α 型，β 型），鎖状構造の 5 種類の異性体が平衡状態にある。フルクトース水溶液が還元性を示すのは，**鎖状構造に含まれるヒドロキシケトン基**（$-COCH_2OH$）による。

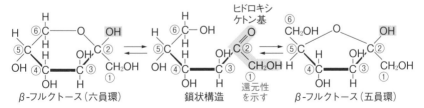

β-フルクトース（六員環）　　　鎖状構造　　　β-フルクトース（五員環）

※鎖状構造にホルミル基（アルデヒド基）をもつ単糖をアルドース，カルボニル基をもつ単糖をケトースという。

　グルコース，ガラクトース，マンノースはアルドースで，フルクトースはケトースに属している。

❺**アルコール発酵**　単糖類（六炭糖に限る）は酵母菌のもつ酵素群**チマーゼ**の作用で，エタノールと二酸化炭素を生成する。　$C_6H_{12}O_6 \longrightarrow 2C_2H_5OH + 2CO_2$

2 二糖類・多糖類

❶二糖類 $C_{12}H_{22}O_{11}$ 単糖2分子が脱水縮合した糖類。

名称	還元性	構成単糖	加水分解酵素	所在
マルトース(麦芽糖)	あり	グルコース	マルターゼ	水あめ
スクロース(ショ糖)	なし	グルコース，フルクトース	スクラーゼ	サトウキビ
ラクトース(乳糖)	あり	グルコース，ガラクトース	ラクターゼ	乳汁
セロビオース	あり	グルコース	セロビアーゼ	マツの葉

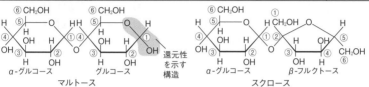

※転化糖　スクロースの加水分解で得られるグルコースとフルクトースの混合物で，還元性を示す。蜂蜜は，花の蜜(スクロース)がミツバチの酵素(スクラーゼ)によって加水分解されて生じた天然の転化糖である。スクロースの加水分解では，旋光性が右旋性から左旋性へと変化するので，特に**転化**という。
※スクロースは，α-グルコースの①の-OH，β-フルクトースの②の-OHのいずれも還元性を示す部分どうしで脱水縮合しており，水溶液中でも開環できず，鎖式構造をとれないので**還元性は示さない**。

❷多糖類 $(C_6H_{10}O_5)_n$ 多数の単糖が縮合重合した糖類。どれも還元性なし。

(a)**デンプン** **α-グルコースの縮合重合体**で，**らせん構造**をとる。

アミロース	直鎖状構造(1,4結合のみ)	熱水に可溶	ヨウ素デンプン反応で濃青色に呈色
アミロペクチン	枝分かれ構造(1,4と1,6結合)	熱水に不溶	ヨウ素デンプン反応で赤紫色に呈色

(b)**グリコーゲン** 動物デンプンともいい，アミロペクチンよりさらに枝分かれが多い。水に可溶。ヨウ素デンプン反応で赤褐色に呈色。

※デンプンのらせん構造に I_3^- などが入り込むことで呈色する(**ヨウ素デンプン反応**)。らせんの長さが長い場合は濃青色であるが，しだいに短くなると，赤紫色→赤褐色→無色に変化する。

(c)**セルロース** **β-グルコースの縮合重合体**で，**直線状構造**をとる。
植物の細胞壁の主成分。レーヨン，綿火薬の原料。示性式は $[C_6H_7O_2(OH)_3]_n$
熱水にも溶けない。ヨウ素デンプン反応を示さない。ヒトは消化できない。

❸糖類の加水分解反応 $(C_6H_{10}O_5)_n + nH_2O \longrightarrow nC_6H_{12}O_6$

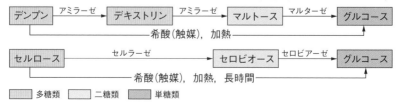

確認&チェック

1 次の文の□□□□に適語を入れよ。

　単糖類は，これ以上加水分解されない糖の最小単位で，六炭糖（ヘキソース）の分子式は^①□□□□で表され，分子中に^②□□□□基を多くもつため，水によく溶け甘味がある。また，単糖類の水溶液はすべて還元性を示し，^③□□□□反応を示したり，^④□□□□液を還元したりする。

2 次の記述に当てはまる化学用語を答えよ。

(1) 多数の単糖が縮合重合した糖類。

(2) (1)のうち，α-グルコースが縮合重合したもの。

(3) (1)のうち，β-グルコースが縮合重合したもの。

3 下表の空欄①〜⑥に適する糖類の名称を記せ。⑦〜⑨は適するものを(ア)〜(ウ)から記号で選べ。

種類	名称	構成単糖	存在
二糖類	①	グルコース，フルクトース	⑦
	②	グルコース，ガラクトース	⑧
	③	グルコース，グルコース	⑨
多糖類	④	α-グルコース	穀類，いも
	⑤	β-グルコース	細胞壁
	⑥	α-グルコース	肝臓，筋肉

〔(ア) 水あめ　　(イ) 牛乳　　(ウ) サトウキビ〕

4 次の糖類を，①単糖類，②二糖類，③多糖類に分類せよ。

(ア) グルコース　　(イ) デンプン
(ウ) マルトース　　(エ) スクロース
(オ) セルロース　　(カ) フルクトース
(キ) ラクトース　　(ク) ガラクトース

5 次の各問いに答えよ。

(1) 熱水に可溶なデンプンの成分を何というか。

(2) 熱水に不溶なデンプンの成分を何というか。

(3) デンプンにヨウ素溶液（ヨウ素ヨウ化カリウム水溶液）を加えると青紫色を示す反応を何というか。

(4) デンプンを酵素アミラーゼで加水分解して得られる二糖類を何というか。

解答

1 ① $C_6H_{12}O_6$
② ヒドロキシ
③ 銀鏡
④ フェーリング
→ p.293 **1**

2 (1) 多糖類
(2) デンプン
(3) セルロース
→ p.294 **2**

3 ① スクロース（ショ糖）
② ラクトース（乳糖）
③ マルトース（麦芽糖）
④ デンプン
⑤ セルロース
⑥ グリコーゲン
⑦ (ウ)　⑧ (イ)　⑨ (ア)
➡血液中に含まれる糖はグルコースである。
→ p.294 **2**

4 ① (ア), (カ), (ク)
② (ウ), (エ), (キ)
③ (イ), (オ)
→ p.293 **1**, 294 **2**

5 (1) アミロース
(2) アミロペクチン
(3) ヨウ素デンプン反応
(4) マルトース
→ p.294 **2**

7
-
35

例題 138 | 糖類の判別

次の(1)~(5)の実験結果より，A ～ F に相当する糖類を(ア)~(カ)から記号で選べ。

(1) A，B，C はフェーリング液を還元したが，D は還元しなかった。

(2) D を希塩酸と加熱したら，A，C の等量混合物となった。

(3) B を希塩酸と加熱したら，A だけが得られた。

(4) E，F は冷水に溶けないが，E は熱水に溶け，F は熱水にも溶けなかった。

(5) E の水溶液にヨウ素ヨウ化カリウム水溶液を加えると青紫色になった。

> (ア) スクロース(ショ糖) (イ) フルクトース(果糖)
> (ウ) セルロース   (エ) グルコース(ブドウ糖)
> (オ) マルトース(麦芽糖) (カ) デンプン

考え方 糖類は**還元性**の有無で区別される。
単糖類…すべて還元性を示す。
二糖類…スクロース以外は還元性を示す。
多糖類…すべて還元性を示さない(非還元性)。
(1)，(2)より，還元性を示すA，B，Cは単糖類か，スクロース以外の二糖類である。

D は非還元性の二糖類の**スクロース**。加水分解で得られた A，C はともに単糖類。よって，B は二糖類の**マルトース**。

(3)より，Bのマルトースを加水分解して得られる A は**グルコース**。よって，C は**フルクトース**。

(4)，(5)より，E，F は多糖類だが，熱水に溶ける E は**デンプン**。熱水にも溶けない F は**セルロース**である。

デンプン E は，**ヨウ素デンプン反応**を示す。

解答 A…(エ)　B…(オ)　C…(イ)
　　　　D…(ア)　E…(カ)　F…(ウ)

例題 139 | 単糖類の構造

次の文の 　　　 に適する語句，〔　　〕に適する化学式を入れ，あとの問いに答えよ。

グルコースのように，分子式[1]〔　　〕で表され，それ以上加水分解されない糖を[2]　　　という。グルコースの水溶液中では，α-グルコース(Ⅰ)が鎖状構造の(Ⅱ)を経て環状構造の(Ⅲ)となり，これらが平衡状態となっている。

$$\text{(Ⅰ)} \rightleftharpoons \text{(Ⅱ)} \rightleftharpoons \text{(Ⅲ)}$$

(1) 右図の(Ⅲ)の構造式を(Ⅰ)にならって記せ。

(2) グルコースの水溶液が還元性を示す理由を説明せよ。

考え方 (1) α-グルコースを水に溶かすと，その一部は開環し，最終的にはα型：β型：鎖状構造≒1：2：少量 の平衡混合物となる。α-グルコースとβ-グルコースは，1位の炭素原子に結合する−Hと−OHの立体配置が異なる**立体異性体**である。

(2) グルコースの鎖状構造には**ホルミル基**が存在するため，グルコースの水溶液は還元性を示す。すなわち，アンモニア性硝酸銀溶液を還元して銀を析出させたり(銀鏡反応)，フェーリング液を還元して酸化銅(Ⅰ) Cu_2O の赤色沈殿を生成させる。

解答 [1] $C_6H_{12}O_6$　[2] 単糖類

(1) p.293のβ-グルコースの構造式を参照。

(2) 鎖状構造の中に**ホルミル基(アルデヒド基)**が存在するため。

右のスクロースの構造式を参考にして，次の問いに答えよ。
(1) スクロースが加水分解したとき，生じる単糖類の名称をそれぞれ記せ。
(2) スクロースの水溶液が還元性を示さない理由を説明せよ。

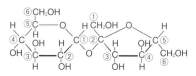

考え方 (1) **スクロース（ショ糖）**は，単糖類2分子が脱水縮合した**二糖類**で，左側の六員環構造が*α*-グルコースに，右側の五員環構造が*β*-フルクトースに由来する。

(2) *α*-グルコースは，水溶液中で開環して鎖状構造となり，①（1位）の炭素がホルミル基として存在するので還元性を示す。

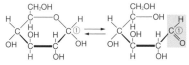

β-フルクトースも水溶液中で開環して鎖状構造となり，②（2位）の炭素がヒドロキシケトン基として存在するので還元性を示す。

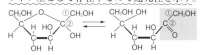

スクロースは，*α*-グルコースの①（1位）の-OHと，*β*-フルクトースの②（2位）の-OHの間で脱水縮合した二糖である。

解答 (1) グルコース，フルクトース
(2) スクロースは，*α*-グルコースの1位の-OHと*β*-フルクトースの2位の-OHという還元性を示す部分どうしで脱水縮合しており，水溶液中で開環できず，鎖状構造がとれないため。

7 - 35

次の文の□□□に適語を入れよ。
デンプンは多数の①□□□が脱水縮合した高分子で，分子内の②□□□結合により③□□□構造をとるので，ヨウ素溶液により青紫色に呈色する。一方，セルロースは多数の④□□□が脱水縮合した高分子で，分子間の②結合により⑤□□□状構造をとるので，ヨウ素溶液により呈色しない。

考え方 デンプンは*α*-グルコースの縮合重合体で，1,4結合のみからなる直鎖状構造の**アミロース**と，1,4結合のほかに1,6結合をもち，枝分かれ構造のアミロペクチンからなる。

デンプンの水溶液にヨウ素溶液を加えると，そのらせん状構造の中にI_3^-（三ヨウ化物イオン）などが取りこまれ，ヨウ素とデンプン分子の間で電荷移動が起こって青紫色に呈色する。

デンプン分子

I_3^- など

セルロースは*β*-グルコースの縮合重合体で，直線状構造をしており，ヨウ素溶液により呈色反応しない。また，平行に並んだ分子間では，多数の**水素結合**が形成され，強い繊維状の物質となる。

セルロースが熱水にも溶けないのは，分子間に多数の水素結合が形成されて，結晶化しているためである。

解答 ① *α*-グルコース ② 水素
③ らせん ④ *β*-グルコース
⑤ 直線

標準問題

必は重要な必須問題。時間のないときはここから取り組む。

必 375 □□ ◀**単糖類と二糖類**▶　次の文を読み，あとの問いに答えよ。

グルコースやフルクトースのように，分子式がア〔　　〕で表され，それ以上加水分解されない糖類をイ［　　］といい，いずれも水に溶けやすく甘味をもつ。グルコースの水溶液中には，α型，β型のほかに，ウ［　　］基をもつ鎖状構造が存在する。一方，フルクトースは最も甘味の強い糖で，グルコースとはエ［　　］異性体の関係にある。水溶液中には，α型，β型のほかに，オ［　　］基をもつ鎖状構造が存在するため，還元性を示す。

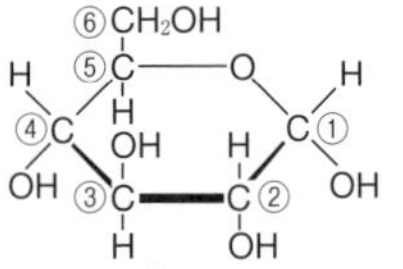

α-グルコース

β-フルクトース

マルトースやスクロースのように分子式がカ〔　　〕で表され，加水分解で単糖 2 分子を生じる糖類をキ［　　］という。マルトースはα-グルコースと別のグルコースが脱水縮合した構造を，スクロースはα-グルコースとβ-フルクトースが脱水縮合した構造をもつ。スクロースの水溶液は還元性をク［　　］が，希酸や酵素ケ［　　］で加水分解すると，コ［　　］とよばれる単糖の混合物が得られ，還元性をサ［　　］。

(1) ［　　］に適する語句を，〔　　〕には適する化学式を記入せよ。

(2) マルトースとスクロースの構造式を，右上の構造式にならって記せ。

(3) スクロース 2.4g を完全に加水分解して得られた単糖の混合物に，フェーリング液を十分に加えて熱すると，何 g の赤色沈殿が生じるか。ただし，単糖 1mol から酸化銅(I) 1mol が生成するものとし，原子量は H = 1.0，C = 12，O = 16，Cu = 63.5 とする。

必 376 □□ ◀**多糖類**▶　次の文の［　　］に適切な語句，または化学式を入れ，あとの問いに答えよ。原子量は H = 1.0，C = 12，O = 16 とする。

デンプンは，多数の①［　　］が縮合重合した構造をもつ高分子化合物で，分子内の水素結合により②［　　］構造をとり，その水溶液にヨウ素ヨウ化カリウム水溶液(ヨウ素溶液)を加えると青紫色になる。この呈色反応を③［　　］という。

デンプンは，一般に，直鎖状構造で熱水に可溶な④［　　］と，枝分かれ構造をもち熱水に不溶な⑤［　　］の混合物であるが，モチ米のように⑤のみからなるデンプンもある。

デンプンを希塩酸を触媒として加水分解すると，⑥［　　］を生成するが，酵素アミラーゼを用いて加水分解すると⑦［　　］を経て，マルトースが生成する。

なお，動物体内にも⑤と似た構造をもつ多糖が存在し，これを⑧［　　］という。

一方，セルロースは，多数の⑨［　　］が縮合重合した構造をもつ高分子化合物で，分子間の水素結合により⑩［　　］状構造をとり，熱水にも溶けず，ヨウ素溶液とも呈色反応しない。セルロースを酵素⑪［　　］を用いて加水分解すると，二糖類の⑫［　　］が生成し，さらに酵素⑬［　　］がはたらくと，最終的に⑭［　　］が生成する。

〔問〕 デンプン 9.0g を希硫酸で完全に加水分解すると何 g のグルコースが生じるか。

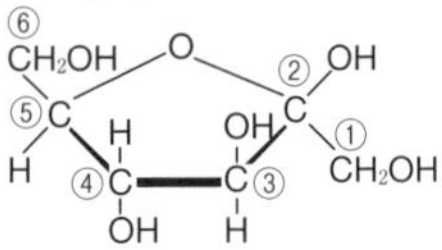

377 □□ ◀糖類の分類▶　(1)〜(4)の結果から，A 〜 H に該当する糖類をあとの語群から選べ。

(1) A 〜 F はいずれも常温の水によく溶けたが，G，H は溶けなかった。そこで，熱水を加えたところ，G は溶けたが H は不溶であった。

(2) D，G，H を除き，いずれもフェーリング液を還元し，赤色沈殿を生成した。

(3) D を希硫酸と加熱したら A と C の等量混合物が得られた。同様に，E を希硫酸と加熱したら A と F の等量混合物が得られた。

(4) B を希硫酸と加熱したら A のみが得られた。

【語群】
フルクトース	スクロース	グルコース	ガラクトース
マルトース	セルロース	ラクトース	デンプン

378 □□ ◀糖類▶　次の(1)〜(8)の記述のうち，正しいものをすべて選べ。

(1) フルクトースの水溶液は還元性を示し，その鎖状構造はホルミル基をもつ。

(2) スクロースは，グルコースとフルクトースが脱水縮合した構造で還元性を示す。

(3) グルコースは環状構造でも鎖状構造でも，同数のヒドロキシ基をもつ。

(4) グルコース 1 分子が完全にアルコール発酵すると，エタノール 2 分子を生じる。

(5) セルロースを酵素セルラーゼによって加水分解すると，グルコースを生じる。

(6) グルコースとフルクトースは，互いに立体異性体の関係にある。

(7) 酸を触媒としてデンプンを加水分解すると α-グルコースのみが得られ，セルロースを同様に加水分解すると β-グルコースのみが得られる。

(8) セルロースに濃硝酸と濃硫酸の混合物を反応させたものは，ニトロ化合物である。

必 # 379 □□ ◀単糖類の構造▶　次の文を読み，あとの各問いに答えよ。

糖類のうち，それ以上加水分解されないものを①（　　）という。①は分子中に多くの②（　　）基をもち，水に溶けやすく，甘みがある。グルコースは③（　　）ともよばれ，結晶中では下図の A，B のような環状構造をとる。水溶液中では④（　　）基をもつ鎖状構造も存在するため，フェーリング液を還元し，化学式⑤（　　）の赤色沈殿を生成する。グルコースに酵母菌を加えると，酵素群チマーゼによって⑥（　　）と二酸化炭素に分解される。この過程を⑦（　　）という。フルクトースは⑧（　　）ともよばれ，最も甘味が強く，グルコースの⑨（　　）異性体である。

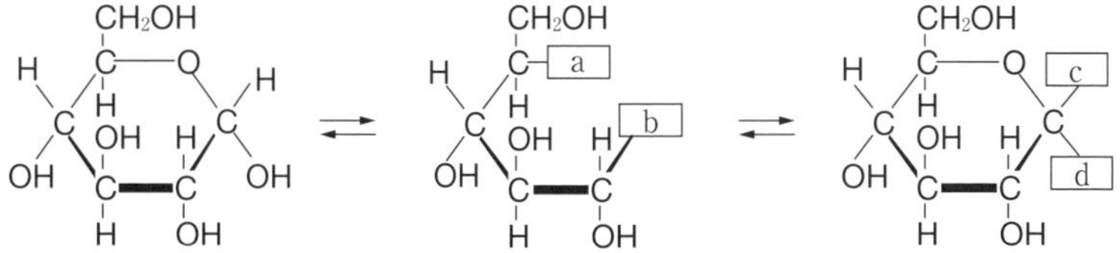

A　　鎖状構造　　B

(1) 文中の（　　）に適する語句や化学式を入れよ。

(2) 図中の A, B の物質名と，□□□に適する化学式を答えよ。

(3) 構造 A のグルコースには，不斉炭素原子がいくつあるか。

(4) フルクトースの還元性の原因となる構造を次の(ア)～(オ)から選び，記号で答えよ。

(ア) $-CH_2OH$ 　　(イ) $-OH$ 　　(ウ) $-CHO$ 　　(エ) $-COOH$ 　　(オ) $-COCH_2OH$

380 □□ ◀シクロデキストリン▶

複数の α-グルコース分子がグリコシド結合を結成して環状構造になったものをシクロデキストリンという。図に示すシクロデキストリン 0.10mol を完全に加水分解するとグルコースのみが得られた。このとき反応した水は何 g か。最も適当な数値を次の①～⑥のうちから1つ選べ。（原子量：H = 1.0, C = 12, O = 16）

① 1.8 　　② 3.6 　　③ 5.4

④ 7.2 　　⑤ 9.0 　　⑥ 10.8

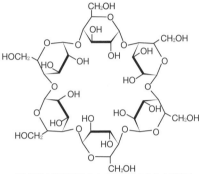

（六員環の炭素原子 C とこれに結合する水素原子 H は省略してある）

発展問題

381 □□ ◀デンプンの構造▶ 　次の文の□□□に適する数値（整数）を入れよ。原子量は H = 1.0, C = 12, O = 16 とする。

ある植物の種子から得た分子量 4.05×10^5 のデンプンがある。このデンプンは①□□□個のグルコースが脱水縮合したものである。

このデンプンの $-OH$ にメチル基を導入（メチル化）して，すべて $-CH_3O$ としたのち，希硫酸で加水分解すると，次の A ～ C の化合物が得られた。

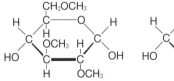

A：分子式 $C_9H_{18}O_6$ 　　　　B：分子式 $C_8H_{16}O_6$ 　　　　C：分子式 $C_{10}H_{20}O_6$

いま，このデンプン 2.430g を完全にメチル化し加水分解すると，A が 3.064g，B は 0.125g，C は 0.142g 生じた。

この結果から，A, B, C の分子数の比は，②□□□：1：1 となる。したがって，このデンプンではグルコース③□□□分子あたり1個の割合で枝分かれがあり，このデンプン1分子中には④□□□か所の枝分かれが存在していることになる。

382 □□ ◀二糖類の異性体▶ 次の文の□□□に適する数値(整数)を入れよ。

　二糖類は，単糖2分子がグリコシド結合でつながった構造をもつ。ただし，グリコシド結合とは，一方の単糖の1位のヘミアセタール構造*の$-OH$と他方の単糖の$-OH$との間で脱水縮合してできたエーテル結合($C-O-C$)のことである。

　いま，2つの六員環構造のグルコース分子がグリコシド結合でつながった二糖分子Aの異性体について考えよう。ただし，六員環構造のグルコースには，α型，β型の2種類の立体異性体が存在することを考慮するものとする。二糖分子Aのうち，水溶液が還元性を示さないものは^{ア}□□□種類あり，水溶液が還元性を示すものは^{イ}□□□種類ある。また，二糖分子Aの水溶液が平衡状態になったとき，同じ組成の平衡混合物になるものはまとめて1種類とみなすとすると，二糖分子Aの水溶液が還元性を示すものは^{ウ}□□□種類存在することになる。

*同じC原子に$-OH$と$-O-$が1個ずつ結合した構造をヘミアセタール構造といい，水溶液中ではこの部分で開環することができる。

383 □□ ◀三糖類の構造▶ α-グルコース3分子が1,4-グリコシド結合，および1,6-グリコシド結合した三糖類Xについて，以下の文を読み，その構造式を記せ。

(1) Xを酵素を用いて部分的に加水分解すると，マルトースとイソマルトース*が得られた。

*イソマルトースはα-グルコースが1,6-グリコシド結合した二糖である。

(2) Xをヨウ化メチルCH_3Iと反応させ，ヒドロキシ基$-OH$のすべてをメトキシ基$-OCH_3$に変換後，希硫酸を用いて加水分解すると，X 1molからY 2molとZ 1molが得られた。このとき，1位のメトキシ基は反応性が大きく，加水分解されてヒドロキシ基に戻るものとする。

384 □□ ◀三糖類の構造▶ α-グルコースとβ-フルクトースからなる三糖類Aがある。Aを部分的に加水分解すると，スクロースとフルクトース，およびグルコースと別の二糖類Bが得られた。Aのすべてのヒドロキシ基をヨウ化メチルCH_3Iを用いてCH_3O-基に変えたのち希硫酸で加水分解すると，グルコースの2,3,4,6位の$-OH$が$-OCH_3$になった化合物Xと，フルクトースの3,4,6位の$-OH$が$-OCH_3$になった化合物Yと，フルクトースの1,3,4,6位の$-OH$が$-OCH_3$になった化合物Zが得られた。ただし，希硫酸による加水分解においては，グルコースの1位の$-OCH_3$は$-OH$に戻るが，フルクトースの2位の$-OCH_3$は$-OH$に戻らないとする。

(1) 三糖類Aの構造式を記せ。

(2) 三糖類Aの還元性の有無とその理由を答えよ。

(3) 二糖類Bの構造式を記せ。

(4) 二糖類Bの還元性の有無とその理由を答えよ。

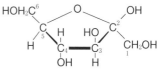

β-フルクトース
(1～6は位置番号を示す)

36 アミノ酸とタンパク質，核酸

1 アミノ酸

❶α-アミノ酸　R−CH(NH₂)−COOH　同一の炭素原子にアミノ基−NH₂とカルボキシ基−COOH が結合した化合物。タンパク質は約 20 種の α-アミノ酸で構成される。

(a)グリシン以外は不斉炭素原子をもち，**鏡像異性体**が存在する。

(b)**ニンヒドリン反応**　ニンヒドリン溶液と加熱すると，紫色に呈色。

(c)酸・塩基とも反応する**両性化合物**で，結晶中では分子内塩をつくり，双性イオンの形で存在する。

(d)比較的融点が高く，水に溶けやすく，有機溶媒に溶けにくい。

名称	側鎖(R)	等電点
グリシン	−H	6.0
アラニン	−CH₃	6.0
セリン	−CH₂−OH	5.7
システイン	−CH₂−SH	5.1
リシン	−CH₂−CH₂−CH₂−CH₂−NH₂	9.7
アスパラギン酸	−CH₂−COOH	2.8
グルタミン酸	−CH₂−CH₂−COOH	3.2
メチオニン	−CH₂−CH₂−S−CH₃	5.7
フェニルアラニン	−CH₂−⟨⟩	5.5
チロシン	−CH₂−⟨⟩−OH	5.7

□中性アミノ酸　▨酸性アミノ酸　▨塩基性アミノ酸

(e)水溶液の pH により，その電荷の状態が次のように変化し，3 種類のイオンが平衡状態にある。

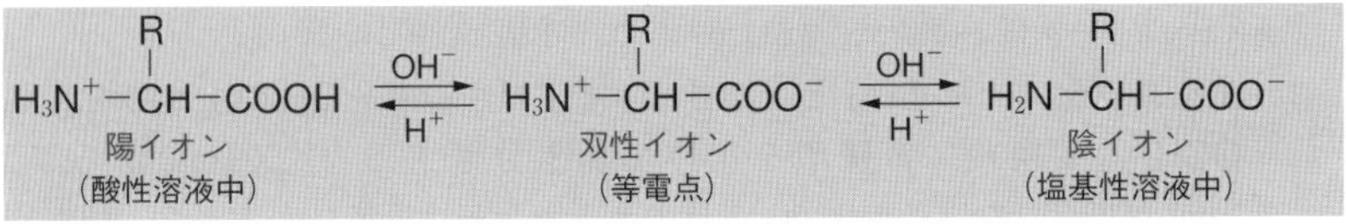

$$H_3N^+{-}CH{-}COOH \underset{H^+}{\overset{OH^-}{\rightleftarrows}} H_3N^+{-}CH{-}COO^- \underset{H^+}{\overset{OH^-}{\rightleftarrows}} H_2N{-}CH{-}COO^-$$

陽イオン　　　　　　　　　双性イオン　　　　　　　　　陰イオン
（酸性溶液中）　　　　　　（等電点）　　　　　　　　（塩基性溶液中）

※中性アミノ酸を水に溶かすと，双性イオンの濃度が最も大きくなる。その水溶液を酸性にすると上記の平衡が左に移動して陽イオンが多くなり，塩基性にすると平衡が右へ移動して陰イオンが多くなる。

(f)**等電点**　アミノ酸の電荷が全体として 0 になる pH の値。このとき，電気泳動を行ってもアミノ酸は移動しない。等電点の違いで，各アミノ酸が分離できる。

❷ペプチド　複数のアミノ酸が**ペプチド結合**(−CONH−)でつながった化合物。

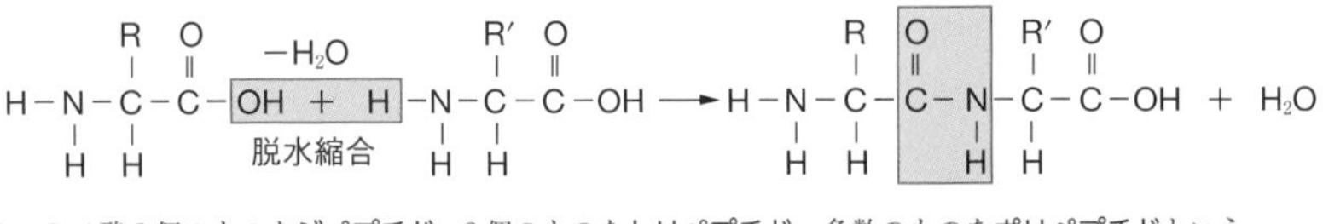

$$H{-}N{-}C{-}C{-}\boxed{OH + H}{-}N{-}C{-}C{-}OH \longrightarrow H{-}N{-}C{-}\boxed{C{-}N}{-}C{-}C{-}OH + H_2O$$

脱水縮合

※アミノ酸 2 個のものを**ジペプチド**，3 個のものを**トリペプチド**，多数のものを**ポリペプチド**という。
ポリペプチドのうち構成アミノ酸の数が数十個以上で，特有の機能をもつものを**タンパク質**とよぶ。

2 タンパク質

❶タンパク質　多数の α-アミノ酸がペプチド結合によってつながった高分子化合物（ポリペプチド）。

❷タンパク質の構造　タンパク質の二次構造以上を**高次構造**という。

(a)タンパク質の種類は，基本的にアミノ酸の配列順序（一次構造）で決まる。

(b)ペプチド結合の部分ではたらく**水素結合**により，らせん状の**α-ヘリックス構造**や，波形状の**β-シート構造**などの基本構造(**二次構造**)ができる。

(c)側鎖(R−)の間にはたらく種々の相互作用や，**ジスルフィド結合(S−S)**などによりポリペプチド鎖が折りたたまれて，特有の立体構造(**三次構造**)ができる。

(d)三次構造(**サブユニット**)が集まって(**四次構造**)，特有のはたらきをする場合がある。

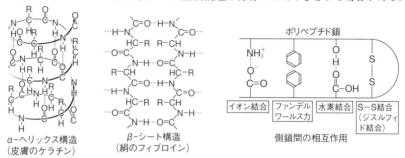

α-ヘリックス構造 　β-シート構造 　　　　側鎖間の相互作用
(皮膚のケラチン)　 (絹のフィブロイン)

❸**タンパク質の変性**　熱，強酸，強塩基，有機溶媒，重金属イオン(Cu^{2+}，Pb^{2+}，Hg^{2+}など)によってタンパク質の高次構造が壊れ，タンパク質が凝固・沈殿する現象。タンパク質は，通常，約60℃〜70℃で変性する。一度，変性したタンパク質をもとに戻すことは難しい。

変性

❹**塩析**　タンパク質は**親水コロイド**なので，その水溶液に多量の電解質を加えると，水和水が奪われて沈殿する。もとの状態に戻すことは可能である。

❺**タンパク質の分類**　アミノ酸だけからなるものを**単純タンパク質**，アミノ酸以外に糖，リン酸，色素，核酸などを含むものを**複合タンパク質**という。このほか，分子の形が球状をした**球状タンパク質**，繊維状をした**繊維状タンパク質**に分けられる。

単純タンパク質	球状	アルブミン	水に可溶。卵白・血清アルブミンなど。
		グロブリン	水に不溶。食塩水に可溶。卵白・血清グロブリンなど。
		グルテリン	水に不溶。酸・アルカリに可溶。小麦など。
	繊維状	ケラチン	毛髪，爪など。動物体の保護の役割。
		コラーゲン	軟骨，腱，皮膚など。動物体の組織の結合。
		フィブロイン	絹糸，クモの糸。
複合タンパク質	糖タンパク質		多糖が結合したもの。ムチン(だ液，粘液)
	リンタンパク質		リン酸が結合したもの。カゼイン(牛乳)
	色素タンパク質		色素が結合したもの。ヘモグロビン(血液)
	核タンパク質		核酸が結合したもの。ヒストン(細胞の核)
	リポタンパク質		脂質が結合したもの。LDL，HDL[*1](血液中)

＊1)LDL…低密度リポタンパク質，HDL…高密度リポタンパク質

❻タンパク質の呈色反応

呈色反応	操作方法	呈色	原因
ビウレット反応	NaOHaq を加えたのち，少量の $CuSO_4$aq を加える。	赤紫色	Cu^{2+} がペプチド結合と錯イオンを形成
キサントプロテイン反応	濃 HNO_3 を加え加熱する。冷却後，NH_3 水を加える。	黄色橙黄色	ベンゼン環に対するニトロ化
硫黄反応	NaOH（固）と加熱後，$(CH_3COO)_2$Pb aq を加える。	黒色(PbS)	硫黄との反応(含硫アミノ酸の検出)
ニンヒドリン反応	ニンヒドリンaqを加え，加熱。	紫色	遊離 NH_2 基の反応

❸ 酵素

❶酵素　生体内でつくられる**触媒作用**をもつ物質。主成分は**タンパク質**。

※酵素(生体触媒)に対して，Pt や MnO_2 のような触媒を無機触媒という。

❷基質特異性　酵素が，それぞれ決まった物質(基質)にだけ作用する性質。

例　酵素アミラーゼは，デンプンを分解するが，セルロースは分解できない。

⇨酵素のはたらきは，酵素の中のある特定の部分(**活性部位**)で行われるため。

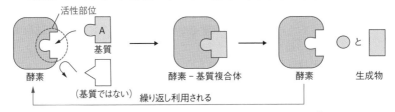

❸最適温度　酵素が最もよくはたらく温度。

多くの酵素の最適温度は，35℃ ～ 40℃。

高温(60℃～)では，酵素ははたらきを失う(**失活**)。

⇨酵素のタンパク質が熱により**変性**するため。

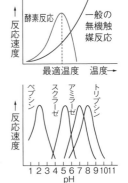

❹最適 pH　酵素が最もよくはたらく pH。

多くの酵素の最適 pH は，中性(pH = 7)付近。

⇨酸性，塩基性が強くなると，タンパク質が変性する。

例外　ペプシン(胃液 pH ≒ 2)，トリプシン(膵液 pH ≒ 8)

❺補酵素　酵素のはたらきに必要な成分を**補助因子**という。

このうち酵素のはたらきを調節する低分子の有機化合物を**補酵素**といい，熱に比較的強い。

例　脱水素酵素の補酵素 NAD，NADP，ビタミン B 群など。

❻酵素の種類　基質の種類ごとに，3000 種類以上の酵素が存在する(ヒトの場合)。

種類	はたらき	種類	はたらき
加水分解酵素	基質に水を加えて分解する。	合成酵素	単量体から重合体をつくる。
酸化還元酵素	基質を酸化・還元する。	転移酵素	基質から基を別の分子に移動する。
脱離酵素	基質から基や分子を取り去る。	異性化酵素	基質中の原子の配列を変える。

4 核酸

❶核酸 生物の遺伝情報を担い，遺伝現象の重要な役割をもつ高分子化合物。

❷ヌクレオチド リン酸，糖，窒素 N を含む塩基（核酸塩基）各 1 分子が結合した化合物をヌクレオチドという。**核酸**は，多数のヌクレオチドが，糖とリン酸の部分で脱水縮合してできた鎖状の高分子化合物（ポリヌクレオチド）である。

❸DNA デオキシリボ核酸　主に核に存在する。遺伝子の本体で，2 本鎖の構造をもつ。

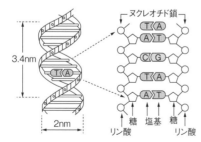

DNAのヌクレオチド

②の下側のHがOHにかわった糖がリボースである。

❹RNA リボ核酸　核と細胞質の両方に存在。タンパク質の合成に関与し，主に 1 本鎖の構造をもつ。

	DNA	RNA
糖	デオキシリボース（$C_5H_{10}O_4$）	リボース（$C_5H_{10}O_5$）
塩基	アデニン（A），チミン（T）グアニン（G），シトシン（C）	アデニン（A），ウラシル（U）グアニン（G），シトシン（C）
分子量	$10^6 \sim 10^8$	$10^4 \sim 10^6$
はたらき	遺伝情報の保持，複製など。	遺伝情報の転写，翻訳など。

❺DNA の二重らせん構造

(a)**シャルガフの法則**　DNA の塩基組成を調べると，どの生物でも，A と T，G と C の割合はほぼ等しい（1949 年）。

生物 ＼ 塩基	A	G	C	T
ヒ　ト	30.9	19.9	19.8	29.4
酵母菌	31.3	18.7	17.1	32.9
大腸菌	24.7	26.0	25.7	23.6
バッタ	29.3	20.5	20.7	29.3

（単位：モル％）

(b)**DNA の X 線回折像**　ウィルキンスとフランクリンは，DNA がらせん構造をもつことを示唆する X 線回折像の撮影に成功した（1952 年）。

(c)**二重らせん構造**　ワトソンとクリックは，2 本の DNA のヌクレオチド鎖が，A と T，G と C という塩基対どうしの**水素結合**によって結ばれ，分子全体が大きならせんを描いているモデルを発表した（1953 年）。このような構造を，**DNA の二重らせん構造**という。

※各塩基どうしが水素結合をつくる相手は，A と T，G と C に決まっている。この関係を相補性という。

A，T，G，C の塩基配列が全生物に共通する遺伝情報として利用されている。

DNAの二重らせん構造

(d)**DNA の複製**　細胞分裂の前には，DNA の 2 本鎖が部分的にほどけて 1 本鎖となり，各鎖が鋳型となってもとの 2 本鎖 DNA と全く同じ DNA 鎖がつくられる。

確認&チェック

1 次の問いに答えよ。
(1) 不斉炭素原子をもたない α-アミノ酸は何か。
(2) タンパク質を構成する α-アミノ酸は何種類あるか。
(3) 結晶中では，アミノ酸はどんな形で存在しているか。
(4) 側鎖（−R）に −COOH をもつアミノ酸を何というか。
(5) 側鎖（−R）に −NH₂ をもつアミノ酸を何というか。

2 タンパク質は，次の(A)〜(D)のような構造に分けられる。下の問いに答えよ。

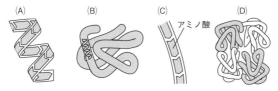

(1) それぞれのタンパク質の構造を，何構造というか。
(2) 高次構造に該当しないものは，(A)〜(D)のうちどれか。
(3) 血液中のヘモグロビンの構造は，(A)〜(D)のうちどれか。

3 タンパク質の水溶液に次の操作を行うと何色を呈するか。
(1) NaOH 水溶液を加え，硫酸銅(Ⅱ)水溶液を少量加える。
(2) 濃硝酸を加えて加熱する。
(3) NaOH（固）を加えて熱し，酢酸鉛(Ⅱ)水溶液を加える。
(4) ニンヒドリン水溶液を加えて加熱する。

4 酵素について次の問いに答えよ。
(1) 酵素が最もよくはたらく温度を何というか。
(2) 酵素が最もよくはたらく pH を何というか。
(3) 酵素が決まった基質にだけ作用する性質を何というか。
(4) 酵素の主成分は何という物質か。

5 核酸について次の問いに答えよ。
(1) 核酸を構成するリン酸・糖・塩基が結合した物質を何というか。
(2) 遺伝子の本体としてはたらく核酸を何というか。
(3) タンパク質の合成に関与する核酸を何というか。
(4) DNA の立体構造は，一般に何とよばれているか。

解答

1 (1) グリシン
(2) 20種類
(3) 双性イオン
(4) 酸性アミノ酸
(5) 塩基性アミノ酸
→ p.302 **1**

2 (1)(A) 二次構造
(B) 三次構造
(C) 一次構造
(D) 四次構造
(2) (C)　(3) (D)
➡ヘモグロビンは，4つの三次構造（サブユニット）が集まってできている。
→ p.302 **2**

3 (1) 赤紫色
(2) 黄色
(3) 黒色
(4) 紫色
→ p.304 **2**

4 (1) 最適温度
(2) 最適 pH
(3) 基質特異性
(4) タンパク質
→ p.304 **3**

5 (1) ヌクレオチド
(2) DNA
(3) RNA
(4) 二重らせん構造
→ p.305 **4**

次の文を読み，あとの各問いに答えよ。

α-アミノ酸は，分子中の同じ炭素原子に酸性の①[   ]基と塩基性の②[   ]基が結合した構造をもち，酸・塩基の両方の性質を示す③[   ]化合物である。アミノ酸は結晶中では(A)④[   ]イオンとして存在するが，(B)酸性の水溶液，(C)塩基性の水溶液ではそれぞれ異なるイオンとして存在する。

(1) [   ] に適語を入れよ。

(2) 下線部(A)，(B)，(C)の各イオンの構造式を(例)にならって示せ。

(例)
$$\begin{array}{c} H \\ | \\ R-C-COOH \\ | \\ NH_2 \end{array}$$

考え方 (1) アミノ酸は分子中に酸性の $-COOH$ と，塩基性の $-NH_2$ の両方をもつ**両性化合物**である。アミノ酸は，結晶中では，$-COOH$ から $-NH_2$ へ H^+ が移って分子内で塩をつくり，双性イオンとして存在する。そのため，有機物であるが，イオン結晶のように融点が高く，水に溶けやすく，有機溶媒に溶けにくいものが多い。

(2) α-アミノ酸の水溶液では，その pH に応じて，次のように電荷の状態が変化し，3 種類のイオンが平衡状態にある。

陽イオン	双性イオン	陰イオン
$\begin{array}{c} R-CHCOOH \\ | \\ NH_3^+ \end{array}$	$\underset{H^+}{\overset{OH^-}{\rightleftarrows}}$ $\begin{array}{c} R-CHCOO^- \\ | \\ NH_3^+ \end{array}$	$\underset{H^+}{\overset{OH^-}{\rightleftarrows}}$ $\begin{array}{c} R-CHCOO^- \\ | \\ NH_2 \end{array}$

双性イオンは強酸性水溶液中では H^+ を受け取って陽イオンになり，強塩基性水溶液中では H^+ を放出して陰イオンとなる。中性水溶液中では主に双性イオンとして存在する（中性アミノ酸の場合）。

解答 ① **カルボキシ** ② **アミノ** ③ **両性** ④ **双性**

(A) $\begin{array}{c} H \\ | \\ R-C-COO^- \\ | \\ NH_3^+ \end{array}$ (B) $\begin{array}{c} H \\ | \\ R-C-COOH \\ | \\ NH_3^+ \end{array}$ (C) $\begin{array}{c} H \\ | \\ R-C-COO^- \\ | \\ NH_2 \end{array}$

分子量が 200 以下のあるジペプチドを加水分解して，α-アミノ酸 A，B を単離したところ，アミノ酸 A には鏡像異性体が存在しなかった。また，アミノ酸 B を元素分析したところ，その 0.178g から標準状態で 22.4mL の窒素 N_2 が発生した。これよりアミノ酸 A，B の示性式と名称をそれぞれ記せ。（H＝1.0, C＝12, N＝14, O＝16）

考え方 2 分子のアミノ酸が脱水縮合してできた化合物を**ジペプチド**という。

(i)鏡像異性体が存在しない α-アミノ酸 A は，側鎖（R−）が H−である**グリシン**である。

(ii)アミノ酸 B から発生した N_2 の物質量は，

$$\frac{22.4}{22400} = 1.00 \times 10^{-3} \text{[mol]}$$

α-アミノ酸 B 1 分子に $-NH_2$ を 1 個含むと，アミノ酸 1mol から N_2 0.5mol が発生する。アミノ酸 B の分子量を M とおくと，

$$\frac{0.178}{M} \times \frac{1}{2} = 1.00 \times 10^{-3} \quad \therefore \quad M = 89.0$$

アミノ酸 B が $-NH_2$ を 2 個含むとすると分子量は 178 となり，アミノ酸 A のグリシン（分子量 75）とからなるジペプチドの分子量は，178 + 75 − 18 = 235 となり，題意に反する。よって，アミノ酸 B の分子量は 89 である。

α-アミノ酸の一般式は，下記の通りで，共通部分の分子量 $\begin{array}{c} R-CH-COOH \\ | \\ NH_2 \ (74) \end{array}$ は 74 である。よって，側鎖（R−）の分子量は 89 − 74 = 15 となり，メチル基（CH_3-）が該当する。したがって，アミノ酸 B は**アラニン**である。

解答 A：$CH_2(NH_2)COOH$，**グリシン**

B：$CH_3CH(NH_2)COOH$，**アラニン**

7
–
36

例題 144 タンパク質の呈色反応

次の文の ［ ］ に適語を入れよ。

(1) タンパク質の水溶液に濃硝酸を加えて加熱すると^①［　　　］色に変化する。冷却後，アンモニア水を加えて塩基性にすると^②［　　　］色を呈した。この反応を^③［　　　］という。

(2) タンパク質の水溶液に水酸化ナトリウム水溶液を加えた後，少量の硫酸銅(Ⅱ)水溶液を加えたら^④［　　　］色を呈した。この反応を^⑤［　　　］という。

(3) タンパク質の水溶液に水酸化ナトリウム(固体)を加えて加熱後，酢酸鉛(Ⅱ)水溶液を加えて^⑥［　　　］色の沈殿を生じた場合，試料中の^⑦［　　　］元素が検出される。

考え方 (1) タンパク質に濃硝酸を加えて加熱すると，しだいにベンゼン環に対するニトロ化が進行して黄色に変化する。冷却後，アンモニア水を加えて溶液を塩基性にすると呈色が強くなり，橙黄色を示す。この反応は，**キサントプロテイン反応**とよばれる。

(2) この反応は**ビウレット反応**とよばれ，ペプチド結合(－CONH－)中の N 原子部分が Cu^{2+} と配位結合して錯イオンを生じることによって，赤紫色に呈色する。

2 個以上のペプチド結合をもつ化合物(トリペプチド以上)であれば呈色する。

(3) タンパク質中の硫黄 S が，強塩基によって分解されて生じた S^{2-} が Pb^{2+} と反応して，硫化鉛(Ⅱ)PbS の黒色沈殿を生成する(**硫黄反応**)。この反応では，タンパク質中の硫黄元素(S)が検出できる。

解答 ① 黄 ② 橙黄
③ キサントプロテイン反応 ④ 赤紫
⑤ ビウレット反応 ⑥ 黒 ⑦ 硫黄

例題 145 酵素の性質

次の文の ［ ］ に適語を入れよ。また，あとの問いにも答えよ。

生体内でつくられる触媒作用をもつ物質を^①［　　　］といい，化学反応の^②［　　　］を低下させることで，反応速度を増大させる。酵素が作用する物質を^③［　　　］といい，酵素は特定の^③にしか作用しない。これを酵素の^④［　　　］という。酵素は，無機触媒とは異なり，<u>高温ではそのはたらきを失う。</u>酵素が最もよくはたらく温度を^⑤［　　　］といい，一般に 35 ～ 40℃である。また，酵素が最もよくはたらく pH を^⑥［　　　］という。酵素の主成分は^⑦［　　　］であるが，その触媒作用には^⑧［　　　］という低分子の有機物が必要なものもある。

〔問〕 下線部の現象名を何というか。また，このような現象が起こる理由を書け。

考え方 酵素の主成分はタンパク質であり，そのはたらきは，酵素の特定の部分(活性部位)で行われ，その構造に合致する物質(基質)とのみ反応できる。この性質を酵素の**基質特異性**という。

酵素には，その触媒作用に低分子の有機物(補酵素)や金属等を必要とするものもある。

酵素はタンパク質でできているため，高温や，

強酸性，強塩基性では，不可逆的にその立体構造が変化し(変性)，はたらきを失う(失活)。

解答 ① 酵素 ② 活性化エネルギー ③ 基質
④ 基質特異性 ⑤ 最適温度
⑥ 最適 pH ⑦ タンパク質 ⑧ 補酵素
〔問〕現象名：失活 理由：酵素をつくるタンパク質が，加熱によって変性するため。

標準問題

必は重要な必須問題。時間のないときはここから取り組む。

必385 □□ ◀アミノ酸▶　次の文の□□□に適語を入れ，あとの問いに答えよ。

　タンパク質を加水分解すると，約①□□□種類のα-アミノ酸が生じる。α-アミノ酸は，②□□□以外はすべて不斉炭素原子をもち，③□□□が存在する。なお，タンパク質を構成するのは，すべて④□□□型のα-アミノ酸である。α-アミノ酸は，一般式 R−CH(NH₂)COOH で表され，酸と塩基の両方の性質を示す⑤□□□化合物である。そのため，結晶内で分子内塩をつくり，⑥□□□として存在する。アミノ酸が水に可溶で，融点が⑦□□□ものが多いのは，この理由による。中性アミノ酸は，一般に(A)酸性水溶液中では⑧□□□イオン，(B)中性に近い水溶液中では⑨□□□イオン，(C)塩基性水溶液中では⑩□□□イオンとして存在する。また，アミノ酸がほぼ⑨のみで占められ，溶液全体の電荷が0になるときのpHを，そのアミノ酸の⑪□□□という。

〔問〕下線部(A)，(B)，(C)の各イオンの構造式を，α-アミノ酸の一般式にならって記せ。

必386 □□ ◀アミノ酸の分離▶　次の文を読み，あとの問いに答えよ。

　α-アミノ酸の水溶液は，特定のpHにおいて双性イオンの状態になる。このとき，正・負の電荷がつりあい，全体としての電荷が0になる。このときのpHをα-アミノ酸の①□□□といい，アラニンは6.0，グルタミン酸は3.2，リシンは9.7である。

　アラニン，グルタミン酸，およびリシンが等物質量ずつ含まれている pH = 6.0 の水溶液がある。この混合水溶液の1滴を細長いろ紙の中央部に塗布した後，pH = 6.0 の緩衝液で湿らせ，左下図のような②□□□装置にかけた。直流電圧を一定時間加えた後，ろ紙を乾燥し，これに③□□□試薬を噴霧した。このろ紙をドライヤーで熱した結果，右下図のような3個の④□□□色のスポット a，b，c が観察された。

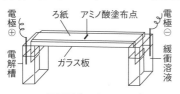 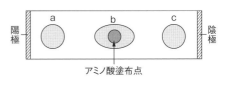

(1) 文中の□□□に適切な語句を入れよ。
(2) スポット a〜c は，文中の3つのアミノ酸の中のどれに由来するか答えよ。

387 □□ ◀ペプチド▶　2種類のα-アミノ酸 X，Y が複数個結合したペプチドがある。X は分子量が最小のα-アミノ酸で，Y は2番目に小さな分子量をもつα-アミノ酸である。このペプチド 32.2g を完全に加水分解すると，X が 22.5g，Y が 17.8g 生じた。次の問いに答えよ。（原子量は H = 1.0，C = 12，N = 14，O = 16）

(1) このペプチドを構成するα-アミノ酸 X と Y の名称をそれぞれ答えよ。
(2) このペプチドの分子量はいくらか。整数で答えよ。

必388 □□ ◀ペプチド▶　次の問いに答えよ。(原子量：H = 1.0, C = 12, O = 16)

(1) 分子量 3.7×10^4 のポリペプチドを加水分解すると，グリシンとアラニンが物質量比 2：1 の割合で生じた。このポリペプチド 1 分子中に含まれるペプチド結合の数を有効数字 2 桁で求めよ。

(2) グリシン 1 分子とアラニン 2 分子が縮合してできた鎖状のトリペプチドがある。この構造異性体は何種類あるか。

(3) グリシンとアラニンおよびフェニルアラニン各 1 分子が縮合してできた鎖状のトリペプチドがある。この構造異性体は何種類あるか。

389 □□ ◀トリペプチド▶　次の文を読み，あとの問いに答えよ。原子量は H = 1.0, C = 12, N = 14, O = 16, S = 32 とする。

あるタンパク質を部分的に加水分解したところ，天然に存在する α-アミノ酸 A, B, C からなる鎖状のトリペプチドを単離した。α-アミノ酸 A は旋光性を示さなかったが，B, C は旋光性を示した。B の分子式は $C_9H_{11}NO_3$ で，キサントプロテイン反応が陽性で，塩化鉄(Ⅲ)水溶液で青紫色を示した。

また，C の元素分析を行ったところ，C：29.8％，H：5.8％，N：11.6％，O：26.4％で，残りは S で，メチル基をもたず，分子量は 121 であった。

(1) α-アミノ酸 A, B, C を，それぞれ構造式で書け。

(2) トリペプチド X には，何種類の立体異性体が考えられるか。ただし，鏡像異性体の存在を考慮するものとする。

390 □□ ◀アミノ酸の電離平衡▶　次の文を読み，あとの問いに答えよ。

グリシン水溶液中では，グリシンの陽イオン A^+，および陰イオン C^- と，双性イオン B との間に，次に示す平衡関係がある。ただし，$\log_{10}2 = 0.30$，$\log_{10}3 = 0.48$ とする。

$$\overset{A^+}{H_3N^+ - CH_2 - COOH} \underset{}{\overset{K_1}{\rightleftharpoons}} \overset{B}{H_3N^+ - CH_2 - COO^-} + H^+ \quad \cdots ①$$

$$\overset{B}{H_3N^+ - CH_2 - COO^-} \underset{}{\overset{K_2}{\rightleftharpoons}} \overset{C^-}{H_2N - CH_2 - COO^-} + H^+ \quad \cdots ②$$

ここで，①，②式の電離定数は，$K_1 = 5.0 \times 10^{-3}$ mol/L, $K_2 = 2.0 \times 10^{-10}$ mol/L とする。

(1) グリシン水溶液に塩酸を加えて，pH を 3.5 に調整した。このとき，$\dfrac{[A^+]}{[C^-]}$ の濃度比はいくらになるか。

(2) $[A^+] = [C^-]$ となるとき，グリシン水溶液のもつ電荷は全体として 0 になる。このときの pH を小数第 1 位まで求めよ。

(3) 0.10 mol/L のグリシン水溶液 10 mL に，0.10 mol/L 水酸化ナトリウム水溶液 6.0 mL 加えた。この混合水溶液の pH を小数第 1 位まで求めよ。

必 **391** □□ ◀タンパク質の性質▶　次の(1)～(5)の反応，現象名を書け。また，文中の
　　　□□□に最も適する色を，あとの語群から選び記号で答えよ。

(1)　タンパク質の水溶液に濃硝酸を加えて加熱すると□(ア)□色になる。さらにアン
　　モニア水を加えて塩基性にすると□(イ)□色になる。

(2)　タンパク質の水溶液に水酸化ナトリウム水溶液を加えてから，少量の硫酸銅(Ⅱ)
　　水溶液を加えると□(ウ)□色になる。

(3)　卵白は無色透明だが，加熱すると□(エ)□色の沈殿に変化する。

(4)　タンパク質やアミノ酸の水溶液にニンヒドリン溶液を加えて加熱すると，□(オ)□
　　色になる。

(5)　タンパク質の水溶液に濃い水酸化ナトリウム水溶液を加えて加熱した後，酢酸鉛
　　(Ⅱ)水溶液を加えると□(カ)□色の沈殿を生じる。

【語群】┌(a)　白　　　(b)　黒　　　(c)　黄　　　(d)　青　　┐
　　　　└(e)　赤紫　　(f)　橙黄　　(g)　緑　　　(h)　紫　　┘

必 **392** □□ ◀タンパク質の構造▶　次の文の□□□に適切な語句を入れ，あとの問
　　いに答えよ。

a.　タンパク質は多数のアミノ酸が①□□□結合で連結したポリペプチドからできて
　　いる。ポリペプチド鎖中のアミノ酸の配列順序をタンパク質の②□□□という。

b.　タンパク質では，同一のポリペプチド鎖のペプチド結合の部分で，〉C＝O---H－N〈の
　　ように③□□□結合が形成され，らせん状の④□□□構造をつくったり，同一また
　　は隣接するポリペプチド鎖で③結合が形成され，波形状の⑤□□□構造をつくった
　　りする。このような部分的な立体構造をタンパク質の⑥□□□という。

c.　さらに，ポリペプチド鎖は，一定の位置で，ジスルフィド結合(S－S結合)をつ
　　くったり，側鎖(R－)間の相互作用によって折りたたまれ，特有の立体構造をつく
　　る。このような構造をタンパク質の⑦□□□という。

d.　複数の⑦が集合して複合体をつくったとき，その全体をタンパク質の⑧□□□と
　　いう。

(1)　下線部の相互作用の具体的な例を2つ答えよ。

(2)　ジスルフィド結合を形成するアミノ酸の名称を書け。

(3)　次のA～Fのはたらきをもつタンパク質を，(ア)～(キ)から重複なく選べ。

　　A　生体組織の構成成分　　　B　酵素　　　　C　物質の輸送
　　D　生体防御　　　E　筋収縮　　　F　酸素の運搬
　　(ア)　コラーゲン　　　(イ)　ヘモグロビン　　　(ウ)　アクチン　　　(エ)　ペプシン
　　(オ)　アルブミン　　　(カ)　ケラチン　　　(キ)　免疫グロブリン

393 □□ ◀タンパク質▶　次の文で，正しいものには○，誤っているものには×をつけよ。

(1)　すべてのタンパク質は，酵素としての機能をもつ。

(2) すべてのタンパク質は，加水分解すると α-アミノ酸だけを生じる。

(3) すべてのタンパク質は，折りたたまれた球状の構造をとっている。

(4) タンパク質の変性は，タンパク質をつくるペプチド結合が切断されて起こる。

(5) タンパク質に含まれている硫黄は，水酸化ナトリウム水溶液を加えて加熱した後，酢酸鉛(Ⅱ)水溶液を加えると，黒色沈殿を生じることで検出できる。

(6) タンパク質の水溶液は，すべてビウレット反応を示す。

(7) タンパク質の水溶液は，すべてキサントプロテイン反応を示す。

(8) 熱によるタンパク質の変性は，アミノ酸の配列順序が変わるために起こる。

(9) 水に溶けたタンパク質はコロイド溶液であり，多量に無機塩類を加えると塩析が起こり沈殿が生じる。

(10) タンパク質に窒素が含まれていることは，タンパク質の水溶液に水酸化ナトリウムと少量の酢酸鉛(Ⅱ)水溶液を加えて加熱すると，色が変化することで検出する。

(11) 生命を維持するために生体内で合成されるアミノ酸を，必須アミノ酸という。

必394 □□ ◀ペプチドの構造決定▶　次の文を読み，あとの問いに答えよ。

(A) ペプチド X は，一端に α-アミノ基(N末端)，他端に α-カルボキシ基(C末端)をもち，直鎖状であった。

(B) ペプチド X は，右表のアミノ酸のうち5個からなる。

アミノ酸	略号
グリシン	Gly
グルタミン酸	Glu
システイン	Cys
チロシン	Tyr
リシン	Lys
アラニン	Ala

(C) N末端のアミノ酸は酸性アミノ酸であった。

(D) C末端のアミノ酸を亜硝酸でジアゾ化したのち加水分解すると，乳酸 $CH_3CH(OH)COOH$ が得られた。

(E) 塩基性アミノ酸のカルボキシ基側のペプチド結合のみを加水分解する酵素を作用させると，ペプチド Ⅰ，Ⅱが得られた。

(F) ペプチド Ⅰ，Ⅱのうち，Ⅱだけがビウレット反応を示した。

(G) 水酸化ナトリウム水溶液を加えて加熱し，酢酸鉛(Ⅱ)水溶液を加えたらペプチド Ⅰのみに黒色沈殿を生じた。

(H) 右表のアミノ酸の1つは，適当な条件下で酸化すると，二量体構造をもつアミノ酸に変化した。

(I) 濃硝酸を加えて加熱後，塩基性にすると，ペプチド Ⅱのみが橙黄色を示した。

(1) 下線部の反応で，新たに形成された化学結合の名称を記せ。

(2) ペプチド X のアミノ酸配列を N 末端から略号で記せ。

(3) ペプチド Ⅱを完全に加水分解して得られたアミノ酸の酸性水溶液を，pH2.5 の緩衝液中で電気泳動を行った。

(a) 最も移動速度の大きいアミノ酸の名称を記せ。

(b) そのアミノ酸は陽極・陰極どちらの方向に移動するか。

395 □□ ◀タンパク質の定量▶

大豆中のタンパク質の質量百分率を求めるため，次の実験を行った。大豆1.0gを分解して，タンパク質中の窒素をすべてアンモニアに変え，発生したアンモニアを 0.050mol/L の硫酸 50mL に吸収させた。残っている硫酸を 0.050mol/L の水酸化ナトリウム水溶液で中和滴定したところ 30mL を要した。この結果に基づいて，次の問いに答えよ。（原子量は H = 1.0，N = 14）

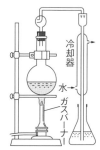

(1) 発生したアンモニアの物質量は何 mol か。

(2) 大豆のタンパク質が 16％ の窒素 N を含むものとすれば，もとの大豆中にはタンパク質は何％含まれていたか。発生したアンモニアの質量から求めよ。

396 □□ ◀酵素の性質▶ 次の文の □ に適語を入れよ。

酵素は，生物が生命活動を営むために行う種々の化学反応（①□ という）を促進させるが，自身は変化を受けない一種の②□ である。酵素は③□ を主成分としているため，ある温度以上になると④□ して失活する。酵素の反応に最も適した温度を⑤□ といい，通常 35 ～ 40℃で活性が最大となる。

また，酵素は酸やアルカリの影響を受けやすく，各酵素が最もよくはたらく pH を⑥□ という。多くの酵素は，pH が 7 付近で最もよくはたらくが，胃液に含まれる⑦□ は pH が 2 付近で，膵液に含まれる⑧□ は pH が 8 ～ 9 付近で活性が最大になる。1 つの酵素は，特定の物質である⑨□ にだけ作用する。この性質を酵素の⑩□ という。

397 □□ ◀アミノ酸の決定▶ 次の文を読み，アミノ酸 A ～ E の構造を決定せよ。（原子量は H=1.0，C=12，N=14，O=16，S=32 とする。）

(1) A の分子式は $C_9H_{11}NO_3$ でベンゼン環を含み，等電点は 5.7 である。A の水溶液に塩化鉄(Ⅲ)水溶液を加えると青紫色に呈色する。また，濃硝酸の作用によって A のベンゼン環の水素原子を 1 つだけニトロ基で置換するとき，生成可能な化合物は 2 種類存在する。

(2) B の分子式は $C_4H_9NO_3$ で 2 個の不斉炭素原子を含み，等電点は 6.2 である。B の水溶液にヨウ素と水酸化ナトリウム水溶液を加えて加熱すると黄色沈殿を生じる。

(3) C の分子式は $C_4H_7NO_4$ で，等電点は 2.8 である。C のエタノール溶液に少量の濃硫酸を加えて加熱すると，得られる生成物の分子量は 189 である。

(4) D の分子式は $C_3H_7NO_2S$ で，等電点は 5.1 である。D の水溶液にフェーリング溶液を加えて加熱すると，赤色沈殿を生じる。

(5) E の分子式は $C_6H_{13}NO_2$ で，2 個の不斉炭素原子を含み，等電点は 6.0 である。

398 □□ ◀核酸▶　次の記述のうち，DNA のみに該当するものは A，RNA のみ
に該当するものは B，両方に該当するものは C，両方に該当しないものは D と記せ。

(1) 窒素 N を含む塩基と五炭糖，およびリン酸からなる高分子化合物からなる。

(2) 構成塩基は，アデニン，グアニン，シトシン，チミンの 4 種である。

(3) 構成する糖は，デオキシリボース $C_5H_{10}O_4$ である。

(4) 多くは 1 本鎖の構造である。

(5) 核と細胞質の両方に存在する。

(6) C，H，O，N の 4 種類の元素からできている。

必399 □□ ◀ DNA の構造 ▶　図は，DNA の構造を示す模式図である。次の問いに
答えよ。

(1) DNA の正式名称を何というか。

(2) 図 2 の赤色で示した部分を何というか。

(3) 図 1 のような DNA の構造を何という
　　か。また，この構造を初めて提唱した 2
　　人の人物名を答えよ。

(4) 図 2 の a 〜 d の各名称を答えよ。

(5) 図 2 に示した点線---を何結合というか。

(6) DNA の成分中で，A（アデニン）の占め
　　る割合が 27.5〔mol％〕であったとき，C
　　（シトシン）の占める mol％を求めよ。

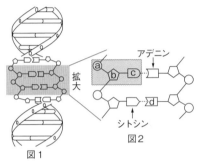

図1　図2

(7) DNA を構成する元素には，炭素，水素，酸素の他にあと 2 種類ある。その元素
　　名を答えよ。

(8) DNA のらせん 1 回転には塩基対 10 個を含み，その長さは 3.4nm である。30 億
　　個の塩基対をもつヒトの DNA のらせんの長さは何 m になるか。

400 □□ ◀核酸の塩基対▶　DNA 中ではシトシンと
グアニンは右図のように塩基対を形成する（---は水素結
合，R はデオキシリボース部分を示す）。

　ある塩基 A と 3 本の水素結合を形成する塩基は，①，
②，③のどれか。また，形成される水素結合の様子を図
のシトシン-グアニン塩基対にならって書け。

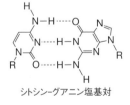

シトシン-グアニン塩基対

401 □□ ◀ジペプチド▶　次の文の□□□に当てはまる数値を答えよ。

　天然に存在する2種類のα-アミノ酸からなる分子量が204のジペプチドAがある。このAをエタノールを用いてエステル化すると分子量が56増え，無水酢酸を用いてアセチル化すると分子量が42増えた。また，Aをアセチル化した化合物はビウレット反応を示した。したがって，Aには1分子あたりアミノ基が①□□□個，カルボキシ基が②□□□個含まれている。また，上に述べた性質を満たすジペプチドAの立体異性体には，全部で③□□□種類考えられる。

402 □□ ◀合成甘味料，アスパルテーム▶　次の文を読み，あとの問いに答えよ。
$H = 1.0$, $C = 12$, $N = 14$, $O = 16$ とする。

　スクロースの約180倍の甘味を有する合成甘味料Aは，ジペプチドのエステルであり，分子量は294である。Aの元素組成を調べたところ，炭素57.1%，水素6.2%，窒素9.5%，酸素27.2%の結果が得られた。

　酸を触媒に用いてAを加水分解すると，化合物B，Cおよびメタノールが得られた。B，Cはともに天然に存在するα-アミノ酸である。一方，酵素を用いてAを加水分解すると，化合物B，Dが得られ，Dの分子式は$C_{10}H_{13}NO_2$であった。化合物Bの水溶液は弱酸性を示し，化合物Cはメチル基をもたず，ベンゼン環をもつ芳香族アミノ酸であった。また，Aはβ-アミノ酸としての構造をもつことがわかった。

　(注)下線部は，「α-アミノ酸としての構造をもたない」と考えてもよい。

(1)　合成甘味料Aの分子式を記せ。　　(2)　α-アミノ酸BおよびCの構造式を記せ。

(3)　合成甘味料Aの構造式を記せ。

403 □□ ◀ペプチドの構造▶　ペプチドAのアミノ酸配列をN末端から略号で表せ。

① ペプチドAは，構成する各アミノ酸のα-アミノ基とα-カルボキシ基が脱水縮合したもので，一端にα-アミノ基(N末端という)，他端にα-カルボキシ基(C末端という)をもつ。

② ペプチドAは，右表に示したアミノ酸7個からなる。

③ ペプチドAのC末端は酸性アミノ酸で，N末端は不斉炭素原子をもたないアミノ酸である。

④ 塩基性アミノ酸のカルボキシ基側のペプチド結合のみを加水分解する酵素をペプチドAに作用させると，ペプチドB，Cおよびグルタミン酸が生成した。

アミノ酸	略号
グリシン	Gly
アラニン	Ala
グルタミン酸	Glu
セリン	Ser
リシン	Lys
ロイシン	Leu

⑤ ペプチドB，Cのうち，Bだけがビウレット反応を示した。

⑥ ペプチドBを2つのペプチドに部分的に加水分解すると，一方はリシンとロイシン，他方はアラニンとグリシンからなることがわかった。

404 □□ ◀オクタペプチドの一次構造▶　α-アミノ酸8個からなるオクタペプチ
ド A の一次構造を決める実験を行った。（原子量：H = 1.0，C = 12，O = 16）

　　アミノ末端　1 － 2 － 3 － 4 － 5 － 6 － 7 － 8　カルボキシ末端

(1)　ペプチド A を加水分解すると，下表に示す7種類のアミノ酸が得られた。

名称	略号	分子量	等電点	名称	略号	分子量	等電点
グリシン	Gly	75	6.0	グルタミン酸	Glu	147	3.2
アラニン	Ala	89	6.0	リシン	Lys	146	9.7
システイン	Cys	121	5.1	チロシン	Tyr	181	5.7
アスパラギン酸	Asp	133	2.8				

(2)　アミノ酸4には，鏡像異性体が存在しない。

(3)　アミノ酸8に対して，濃硝酸を加えて加熱すると，黄色を呈した。

(4)　アミノ酸1～8の混合液を pH5.1 に調整し電気泳動を行うと，アミノ酸5,6は陽
　　極側へ，アミノ酸2,4,7,8は陰極側へ移動したが，アミノ酸1,3は移動しなかった。

(5)　アミノ酸5 190mg を十分量のメタノールと反応させると，メチルエステル
　　230mg が得られた。

(6)　アミノ酸2,7,8の混合液を pH8.0 に調整し電気泳動を行うと，アミノ酸2,8は陽
　　極側へ，アミノ酸7は陰極側へ移動した。

〔問〕　上図の1～8に該当するアミノ酸を，上表中の略号を用いて示せ。

405 □□ ◀グルタチオンの構造▶　生体に広く分布する抗酸化性物質のグルタチオ
ンは，鎖状のトリペプチドで，表に示した側鎖のいずれかをもつα-アミノ酸のうち
3つ（X，Y，Z）から構成され，通常のα位の炭素に結合したアミノ基とカルボキシ基
により生じたペプチド結合の他に，側鎖（R-）に含まれる官能基が関与するアミド結
合をもつ。また，アミノ酸 X は分子間でジスルフィド結合を形成して二量体になる
ことができる。アミノ酸 Y は不斉炭素原子をもたない。アミノ酸 Z 1mol を完全にエ
ステル化するには 2mol のメタノールが必要である。また，グルタチオンを部分的に
加水分解すると，アミノ酸 X，Y からなるジペプチドが得られ，その N 末端はアミ
ノ酸 X であった。

側鎖(R-)	$-CH_2-$〈〉$-OH$	$-(CH_2)_2-S-CH_3$	$-CH_3$
	$-CH_2-OH$	$-(CH_2)_4-NH_2$	$-CH_2-SH$
	$-(CH_2)_2-COOH$	$-H$	

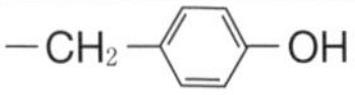

(1)　グルタチオンの構造式を N 末端から順に記せ。

(2)　下線部で，アミノ酸 X の二量体の構造式を書け。また，アミノ酸 X の二量体に
　　は何種類の立体異性体が存在するか。

(3)　グルタチオンを構成するアミノ酸からなる鎖状トリペプチドには，グルタチオン
　　を含めて全部で何種類の構造異性体が存在するか。

37 プラスチック・ゴム

１ 合成高分子化合物

❶**高分子化合物（高分子）**　分子量が 10000 以上の化合物。

❷**合成高分子化合物**　分子量の小さな**単量体（モノマー）**を重合させると，**重合体（ポリマー）**が得られる。重合体をつくる単量体の数を**重合度**といい，n で表す。

付加重合	C＝C 結合をもつ単量体が二重結合を開きながら重合する。	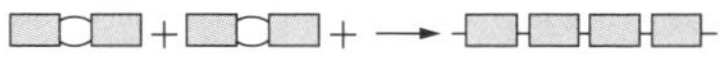 ▭▭＋▭▭＋ → ▭▭▭▭
縮合重合	単量体どうしの間で水などの簡単な分子がとれながら重合する。	 ⬤○＋⬤○＋ → …⬤○⬤○ 水など

共重合　2 種類以上の単量体を混合して重合すること。

開環重合　環状構造の単量体が，環を開きながら重合すること。

❸**合成高分子化合物の性質**

(1) 分子量が一定でない。
(2) 明確な融点を示さない。
(3) 溶媒に溶けにくく，電気を導かない。
(4) 結晶部分と非結晶部分を合わせもつ。

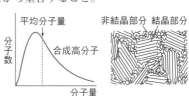

２ プラスチック（合成樹脂）

❶**合成樹脂**　合成繊維，合成ゴム以外の合成高分子で，成型・加工が可能なもの。

熱可塑性樹脂	加熱すると軟化し，冷やすと硬くなる性質（**熱可塑性**）をもつ。**鎖状構造**の高分子。	**付加重合**で得られるすべての高分子。2 個の官能基をもつ単量体（**2 官能性モノマー**）どうしが**縮合重合**して得られる高分子。
熱硬化性樹脂	加熱すると硬くなり，再び軟化しない性質（**熱硬化性**）をもつ。**立体網目構造**の高分子。	3 個以上の官能基をもつ単量体（**多官能性モノマー**）が**付加縮合**，または**縮合重合**して得られる高分子。

❷**付加重合で得られる合成樹脂（付加重合体）**

性質	名称	単量体	重合反応の形式	X の化学式
熱可塑性	ポリエチレン	エチレン		－H
	ポリ塩化ビニル	塩化ビニル		－Cl
	ポリプロピレン	プロピレン	$n\,C=C \longrightarrow \left[\begin{array}{c}C-C\end{array}\right]_n$	－CH_3
	ポリスチレン	スチレン		－C_6H_5
	ポリ酢酸ビニル	酢酸ビニル		－$OCOCH_3$
	ポリアクリロニトリル	アクリロニトリル		－CN

※ メタクリル酸メチル $CH_2＝C(CH_3)COOCH_3$ を付加重合させた**メタクリル樹脂**や，塩化ビニリデン $CH_2＝CCl_2$ を付加重合させた**ポリ塩化ビニリデン**もある。

※ テトラフルオロエチレン $CF_2＝CF_2$ を付加重合させた**ポリテトラフルオロエチレン（テフロン ®）**は，耐熱性，耐薬品性が大きく，摩擦係数が小さい。

❸縮合重合で得られる合成樹脂（縮合重合体）

性質	名称（一般名）	単量体	重合体	用途
熱可塑性	ナイロン66（ポリアミド）	アジピン酸，ヘキサメチレンジアミン	$\left[\begin{matrix}O & & O & H & & H \\ \parallel & & \parallel & \mid & & \mid \\ C-(CH_2)_4-C-N-(CH_2)_6-N \end{matrix}\right]_n$	合成繊維としても利用される。
	ポリエチレンテレフタラート（ポリエステル，PET）	テレフタル酸，エチレングリコール	$\left[\begin{matrix}O & & O \\ \parallel & & \parallel \\ C-\bigcirc-C-O-(CH_2)_2-O \end{matrix}\right]_n$	
	ポリカーボネート	ビスフェノールA，ホスゲン	$\left[O-\bigcirc-\overset{CH_3}{\underset{CH_3}{C}}-\bigcirc-O-\overset{O}{\overset{\parallel}{C}}\right]_n$	ヘルメット，CD基盤など

❹付加縮合で得られる合成樹脂（付加縮合体）

　単量体の付加反応と縮合反応を繰り返して進む重合（付加縮合）で生成する。

　単量体の一方にホルムアルデヒド HCHO を用いたものが多い。

性質	名称	単量体	重合体	特性	用途
熱硬化性	フェノール樹脂（ベークライト）	C_6H_5OH HCHO	［フェノール樹脂の構造式］	耐熱性，電気絶縁性，耐薬品性	配電盤，ソケット
	尿素樹脂（ユリア樹脂）	$CO(NH_2)_2$ HCHO	［尿素樹脂の構造式］	接着性，透明，着色性，電気絶縁性	合板の接着剤，成形品
	メラミン樹脂	$C_3N_3(NH_2)_3$ HCHO	［メラミン樹脂の構造式］	耐久性，耐熱性，高強度，光沢大	化粧板，塗料，木材の接着剤

※このほか，熱硬化性樹脂には，無水フタル酸とグリセリンの縮合重合で得られる**グリプタル樹脂**もある。

3 ゴム

❶**天然ゴム（生ゴム）**　熱分解するとイソプレン $CH_2=CH-C(CH_3)=CH_2$ が得られる。
　イソプレンが付加重合した $\{CH_2-CH=C(CH_3)-CH_2\}_n$ の構造（**シス形**）をもつ。

❷**加硫**　天然ゴムに硫黄（数％）を加えて加熱すると，S原子による架橋構造が生じ，弾性，耐久性が増す。硫黄を多量（数十％）に反応させると，黒色の**エボナイト**になる。

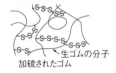
生ゴムの分子
加硫されたゴム

❸**合成ゴム**　ブタジエン系の化合物の付加重合でつくる。

名称（略称）	単量体	重合体	重合反応	特徴
ブタジエンゴム	ブタジエン	$\{CH_2-CH=CH-CH_2\}_n$	付加重合	気体不透過性
クロロプレンゴム	クロロプレン	$\{CH_2-CH=CCl-CH_2\}_n$		耐熱性
スチレン－ブタジエンゴム（SBR）	スチレン，ブタジエン	$\left[(CH_2-CH=CH-CH_2)\underset{C_6H_5}{(CH-CH_2)}\right]_n$	共重合	耐摩耗性
アクリロニトリル－ブタジエンゴム（NBR）	アクリロニトリル，ブタジエン	$\left[(CH_2-CH=CH-CH_2)_n\underset{CN}{(CH-CH_2)}_m\right]$		耐油性

確認＆チェック

1 次の文の□□□に適語を入れよ。

合成高分子化合物は，石油などを原料として分子量の小さな
^①□□□を重合させると，^②□□□として得られる。

高分子化合物をつくる重合反応には，二重結合を開きなが
ら重合する^③□□□と，水などの簡単な分子がとれて重合する
^④□□□がある。さらに，2種類以上の単量体を混合して重合す
る^⑤□□□と，環状構造の単量体が環を開きながら重合する
^⑥□□□もある。

2 次の構造をもつプラスチックの名称を答えよ。

(1) $\left[CH_2-CH_2 \right]_n$　(2) $\left[\begin{array}{c} CH_2-CH \\ | \\ Cl \end{array} \right]_n$　(3) $\left[\begin{array}{c} CH_2-CH \\ | \\ C_6H_5 \end{array} \right]_n$

(4) $\left[\begin{array}{c} CH_2-CH \\ | \\ CH_3 \end{array} \right]_n$　(5) $\left[\begin{array}{c} CH_2-CH \\ | \\ CN \end{array} \right]_n$　(6) $\left[\begin{array}{c} CH_2-CH \\ | \\ OCOCH_3 \end{array} \right]_n$

3 次の記述の中で，熱可塑性樹脂の特徴にはA，熱硬化性
樹脂の特徴にはBをつけよ。

(1) 加熱すると軟化する。
(2) 加熱しても軟化しない。
(3) 図Xの構造をもつ。
(4) 図Yの構造をもつ。

図X

図Y

4 次のプラスチックのうち，熱可塑性樹脂にはA，熱硬化
性樹脂にはBをつけよ。

(1) ポリエチレン　　(2) ポリスチレン
(3) フェノール樹脂　(4) 尿素樹脂
(5) ポリ塩化ビニル　(6) メラミン樹脂

5 天然ゴム(生ゴム)について，次の問いに答えよ。

(1) 天然ゴムを熱分解して得られる炭化水素の名称を記せ。
(2) 天然ゴムの弾性を高めるために行う操作を何というか。
(3) 下記の反応式で，(　　)に適する構造式を記せ。

$$nCH_2=CH-\underset{\underset{CH_3}{|}}{C}=CH_2 \longrightarrow (\qquad\qquad)$$

解答

1 ① 単量体(モノマー)
② 重合体(ポリマー)
③ 付加重合
④ 縮合重合
⑤ 共重合
⑥ 開環重合
→ p.317 ①

2 (1) ポリエチレン
(2) ポリ塩化ビニル
(3) ポリスチレン
(4) ポリプロピレン
(5) ポリアクリロニトリル
(6) ポリ酢酸ビニル
→ p.317 ②

3 (1) A
(2) B
(3) A
(4) B
→ p.317 ②

4 (1) A　(2) A
(3) B　(4) B
(5) A　(6) B
→ p.317 ②

5 (1) イソプレン
(2) 加硫
(3)

$$\left[CH_2-CH=\underset{\underset{CH_3}{|}}{C}-CH_2 \right]_n$$

→ p.318 ③

7
–
37

次の(a)〜(e)の合成高分子化合物の単位構造を参考にして，あとの問いに答えよ。

(a)

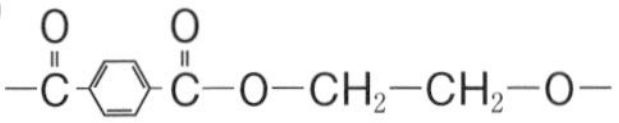

$$-\overset{O}{\overset{\|}{C}}-\underset{}{\bigcirc}-\overset{O}{\overset{\|}{C}}-O-CH_2-CH_2-O-$$

(b)

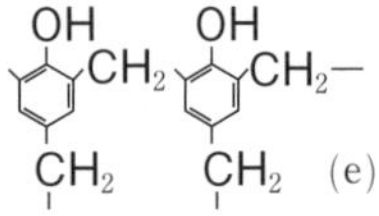

$$\underset{CH_2}{\overset{OH}{\underset{|}{\bigcirc}}}-CH_2-\underset{CH_2}{\overset{OH}{\bigcirc}}-CH_2-$$

(c)

$$-CH_2-\underset{COOCH_3}{\overset{CH_3}{\underset{|}{C}}}-$$

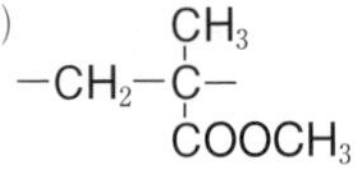

(d)

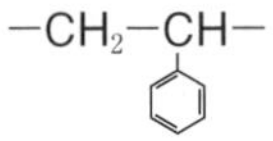

$$-CH_2-\underset{\bigcirc}{\overset{}{CH}}-$$

(e)

$$-CH_2-\underset{OCOCH_3}{\overset{}{CH}}-$$

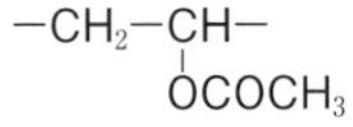

(1) 各高分子化合物の名称を記せ。また，その原料を次の物質からすべて選べ。

酢酸ビニル　　　ホルムアルデヒド　　　メタクリル酸メチル

スチレン　　　テレフタル酸　　　フェノール　　　エチレングリコール

(2) (a)〜(e)の中で，熱硬化性樹脂を，すべて記号で選べ。

考え方 (1) (a) **テレフタル酸とエチレングリコール**の縮合重合で得られる**ポリエチレンテレフタラート**である。

(b) **フェノールとホルムアルデヒド**の付加縮合で得られる**フェノール樹脂**である。

(c) **メタクリル酸メチル**の付加重合で得られる**ポリメタクリル酸メチル**である。

(d) **スチレン**の付加重合で得られる**ポリスチレン**である。

(e) **酢酸ビニル**の付加重合で得られる**ポリ酢酸ビニル**である。

(2) 鎖状構造をもつ高分子が**熱可塑性**，立体網目構造をもつ高分子が**熱硬化性**を示す。問題の単位構造から明らかなように，フェノール樹脂だけが立体網目構造をもつので，**熱硬化性樹脂**である。

解答 (1) 考え方の太字の部分を参照。

(2) (b)

次の文の□□□に適語を入れよ。

天然ゴムは炭化水素の①□□□を単量体とする高分子で，図のような構造をもち，−X の部分は②□□□基である。通常，これに適量の③□□□を加え加熱すると，弾性・強度・耐久性が向上したゴムになる。この操作を④□□□という。

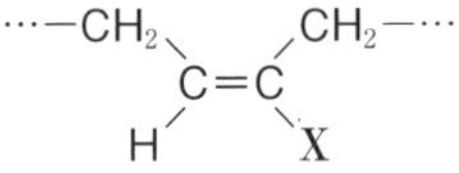

$$\cdots-CH_2\diagdown\overset{}{\underset{}{C=C}}\diagup CH_2-\cdots$$
$$\underset{H}{\diagup}\quad\underset{X}{\diagdown}$$

考え方 天然ゴム（生ゴム）は，炭化水素のイソプレン C_5H_8 が付加重合してできた**シス形のポリイソプレン**である。

イソプレンの付加重合では，分子の両端の1位と4位の炭素原子で付加重合(1, 4 付加)するので，中央の2位と3位の炭素原子間に新たに二重結合が生じる。

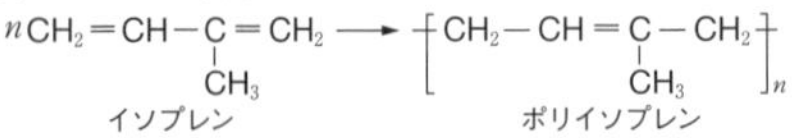

$$nCH_2=CH-\underset{\underset{CH_3}{|}}{C}=CH_2 \longrightarrow \left[CH_2-CH=C-CH_2\right]_n$$
$$\underset{イソプレン}{}\qquad\qquad\underset{\underset{CH_3}{|}}{}\underset{ポリイソプレン}{}$$

天然ゴム（生ゴム）に硫黄（数%）を加えて加熱する操作を加硫という。この操作により，ゴム分子内の C＝C 結合に S 原子が付加して−S−，−S−S− などの架橋構造ができ，鎖状構造であったポリイソプレンが立体網目構造となる。そのため，化学的にも安定になり，弾性・強度・耐久性も大きくなる。

日常，使用されている天然ゴムは，みな加硫されたゴム（弾性ゴム）である。

解答 ① **イソプレン** ② **メチル**

③ **硫黄** ④ **加硫**

例題 148 | 合成ゴム

次の文の ☐ に適語を入れよ。

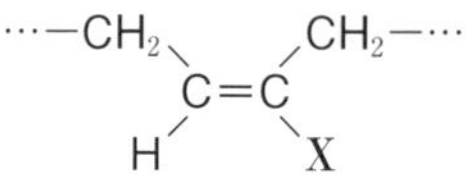

合成ゴムには，図の X の部分が，Cl である① ☐ を付加重合させた② ☐ がある。

また，ブタジエンとスチレンを共重合してつくられた③ ☐ や，ブタジエンとアクリロニトリルを共重合してつくられた④ ☐ もある。

$$\cdots-CH_2 \quad\quad CH_2-\cdots$$
$$C=C$$
$$H \quad\quad X$$

考え方 天然ゴム(生ゴム)は，イソプレンC_5H_8を単量体とする高分子で，$\{CH_2-CH=C(CH_3)-CH_2\}_n$のような構造をもつ。一方，イソプレンとよく似た構造をもつ単量体を付加重合させて，合成ゴムがつくられる。X＝Clである単量体は**クロロプレン**で，その重合体が**ポリクロロプレン(クロロプレンゴム)** である。

$$nCH_2=CH-CCl=CH_2 \longrightarrow \{CH_2-CH-CCl-CH_2\}_n$$

合成ゴムには，2種類以上の単量体を混合して重合させる**共重合**でつくるものもある。

スチレンとブタジエンの共重合体は，**スチ**レン−ブタジエンゴム(SBR)である。

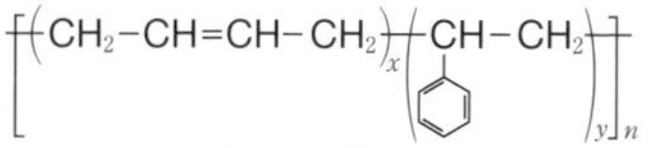

$$\{CH_2-CH=CH-CH_2\}_x \{CH-CH_2\}_y \}_n$$

アクリロニトリルとブタジエンの共重合体は，**アクリロニトリル−ブタジエンゴム(NBR)** である。

$$\{CH_2-CH=CH-CH_2\}_x \{CH-CH_2\}_y \}_n$$
$$\quad\quad CN$$

解答 ① クロロプレン ② クロロプレンゴム
③ スチレン−ブタジエンゴム(SBR)
④ アクリロニトリル−ブタジエンゴム(NBR)

例題 149 | 共重合体の構成

ブタジエン 50g とアクリロニトリル 15g を混合し，密閉容器で適当な条件の下で共重合させた。反応後，未重合の単量体を除くと，45g の高分子化合物が得られ，この中の窒素含有率は 6.5% であった。次の問いに答えよ。(H＝1.0, C＝12, N＝14)

(1) この高分子化合物中の，ブタジエンとアクリロニトリルの物質量の比を $m:1$ としたとき，m の値を整数で求めよ。

(2) はじめに与えられたアクリロニトリルの何%が反応したか。

考え方 ブタジエンとアクリロニトリルの示性式は，それぞれ $CH_2=CH-CH=CH_2$, $CH_2=CHCN$ で，互いに共重合させると，アクリロニトリル−ブタジエンゴム(NBR)が得られる。

(1) 共重合体の構成単位は，次のようである。

$$\cdots\{CH_2-CH=CH-CH_2\}_m \{CH_2-CH\}_1\cdots$$
$$\quad\quad\quad\quad CN$$
(分子量 54) (分子量 53)

このゴムの窒素含有率が 6.5% なので，

$$\frac{14}{54m+53}\times 100 = 6.5 \quad \therefore m ≒ 3$$

(2) 共重合体のブタジエン:アクリロニトリル＝3:1(物質量比)だから，反応した単量体の物質量比もそれぞれ 3:1 である。

反応したブタジエンを x〔g〕，アクリロニトリルを y〔g〕とすると，

$$\begin{cases} \dfrac{x}{54}:\dfrac{y}{53} = 3:1 \\ x+y = 45 \end{cases}$$

これを解いて，$x ≒ 34$〔g〕，$y ≒ 11$〔g〕

$\therefore$ 反応した割合〔%〕: $\dfrac{11}{15}\times 100 ≒ 73$〔%〕

解答 (1) 3 (2) 73%

標準問題　必は重要な必須問題。時間のないときはここから取り組む。

406 ☐☐ ◀合成樹脂の構造と性質▶　次の文の ☐☐ に適語を入れよ。

合成高分子のうち，合成繊維と合成ゴム以外のものを，① ☐☐ または合成樹脂といい，ポリエチレン，ポリ塩化ビニルなどは，単量体の② ☐☐ とよばれる重合反応で合成される。それらは③ ☐☐ 構造をもつ高分子で，加熱すると軟らかくなり，冷やすと硬くなる性質をもつので，④ ☐☐ とよばれる。

一方，フェノール樹脂や尿素樹脂などは，単量体の⑤ ☐☐ とよばれる重合反応で合成される。それらは⑥ ☐☐ 構造をもつ高分子で，加熱しても軟らかくならず，加熱によって，さらに⑥構造が発達して硬くなる性質をもつので，⑦ ☐☐ とよばれる。

必407 ☐☐ ◀合成高分子▶　次の(a)～(f)の構造をもつ合成高分子について答えよ。

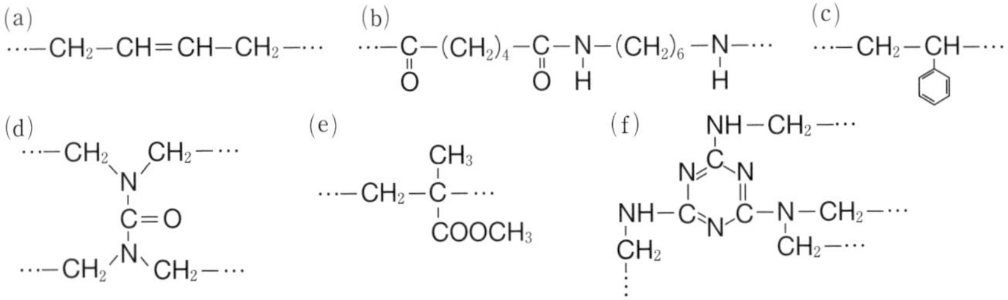

(a)
$$\cdots-CH_2-CH=CH-CH_2-\cdots$$

(b)
$$\cdots-\underset{O}{C}-(CH_2)_4-\underset{O}{C}-\underset{H}{N}-(CH_2)_6-\underset{H}{N}-\cdots$$

(c)
$$\cdots-CH_2-CH-\cdots$$
（ベンゼン環）

(d)
$$\cdots-CH_2\quad CH_2-\cdots$$
$$N$$
$$C=O$$
$$N$$
$$\cdots-CH_2\quad CH_2-\cdots$$

(e)
$$\cdots-CH_2-\underset{COOCH_3}{\overset{CH_3}{C}}-\cdots$$

(f)
$$NH-CH_2-$$
（トリアジン環構造）
$$NH-C\quad C-N-CH_2-$$
$$CH_2\quad CH_2-\cdots$$

(1) それぞれの合成高分子の名称を記せ。

(2) それぞれの合成高分子の原料となる単量体の名称をすべて記せ。

(3) 次の(ア)～(カ)の記述に関係の深い合成高分子を，上の(a)～(f)から1つずつ選べ。

(ア) 熱可塑性樹脂で，発泡させたものは断熱材に使用される。

(イ) 硫黄を加えて加熱すると，適度な弾性をもつゴムになる。

(ウ) ポリアミドともよばれ，合成繊維としての利用が多い。

(エ) 熱硬化性樹脂で，家庭用品，電気器具などに使用される。

(オ) 透明な有機ガラスとして，プラスチックレンズに使用される。

(カ) 熱硬化性樹脂で，耐熱性に優れ，化粧板や食器などに使用される。

408 ☐☐ ◀プラスチックの特徴▶　プラスチックの一般的な特徴として，正しいものをすべて記号で選べ。

(ア) 電気絶縁性があり，熱に対して比較的弱い。

(イ) 酸や塩基(アルカリ)に対して，侵されやすい。

(ウ) 成型・加工しやすいが，着色は困難である。

(エ) 金属よりも軽量で，かつ，機械的強度は大きい。

(オ) 腐食しにくく，微生物により分解されにくい。

409 □□ ◀合成高分子の特徴▶　次の文のうち，正しいものをすべて記号で選べ。
(1) 合成高分子は，構成単位の低分子化合物が分子間力で集まったものである。
(2) 合成高分子の分子量は，一定の分布(幅)をもち，平均分子量で表される。
(3) 合成高分子には，一定の融点を示すものは少ない。
(4) すべての合成高分子は，加熱によって軟らかくなる性質をもつ。
(5) 合成高分子は，分子が規則正しく配列して，結晶をつくっている。
(6) 合成高分子は，加熱すると液体を経て気体に変化するものが多い。
(7) 合成高分子の中には溶媒に溶け，接着剤や塗料として用いられるものもある。

必 **410** □□ ◀高分子化合物▶　次の高分子化合物について，[A群]よりその原料となる単量体を，[B群]よりその高分子化合物に該当する記述を，それぞれ記号で選べ。
(1) フェノール樹脂　　　(2) ポリ塩化ビニル　　　(3) 尿素樹脂
(4) ポリブタジエン　　　(5) ナイロン6　　　(6) ポリアクリロニトリル
(7) ポリエチレンテレフタラート　(8) ポリ酢酸ビニル

[A群]　ア．ホルムアルデヒド　　　イ．1,3-ブタジエン　　　ウ．アジピン酸
　　　　エ．フェノール　　　オ．テレフタル酸　　　カ．アクリロニトリル
　　　　キ．尿素　　　ク．カプロラクタム　　　ケ．エチレングリコール
　　　　コ．塩化ビニル　　　サ．酢酸ビニル

[B群]　a．ポリエステルとよばれ，衣料や飲料容器に広く用いられる。
　　　　b．熱硬化性樹脂で，アミノ樹脂に分類されている。
　　　　c．付加重合で得られるが，分子中に二重結合をもち弾性がある。
　　　　d．熱可塑性樹脂で燃えにくく，可塑剤の量により軟質と硬質のものがある。
　　　　e．付加重合で得られ，分子中にシアノ基−CNをもつ。
　　　　f．開環重合で得られるポリアミドで，樹脂だけでなく繊維にも利用される。
　　　　g．熱可塑性樹脂で軟化点が低く，樹脂よりも塗料，接着剤の用途が多い。
　　　　h．熱硬化性樹脂で電気絶縁性に優れ，電子基板や電気部品に用いる。

411 □□ ◀重合体▶　次の記述に該当する重合体すべてを，語群から記号で選べ。
(1) 縮合重合で合成される。
(2) 分子内にエステル結合をもつ。
(3) ペット(PET)ボトルとして多く利用される。
(4) エボナイトの合成原料となる。
(5) 分子構造中に窒素を含んでいる。

【語群】　ア．ポリエチレン　　　イ．ナイロン66　　　ウ．ポリスチレン
　　　　　エ．ポリ酢酸ビニル　　　オ．ポリエチレンテレフタラート
　　　　　カ．ポリイソプレン　　　キ．ポリアクリロニトリル

必412□□ ◀天然ゴム▶　次の文の□□に適切な語句または構造式を記せ。

ゴムの木の幹に傷をつけると①□□とよばれる乳白色の樹液が得られる。これに②□□などを加えると凝固し，得られる沈殿を乾燥させたものを③□□という。

③を空気を遮断して加熱すると，その単量体である④□□が得られ，その構造式は⑤□□である。したがって，③は④が⑥□□重合してできた高分子化合物であり，その構造式は⑦□□である。

③に数％の硫黄を加えて加熱すると，弾力性・強度・耐久性の優れた弾性ゴムになる。これは，硫黄S原子が鎖状のゴム分子の間に⑧□□構造をつくるためであり，この操作を⑨□□という。また，③に数十％の硫黄を加えて加熱すると，黒色で硬いプラスチック状の⑩□□が得られる。

413□□ ◀プラスチックの種類▶　次の文に当てはまるプラスチックを記号で選べ。
(1)　電気絶縁性が高く，ベークライトともよばれる。
(2)　軟質から硬質まであり，家庭用品などに最も多量に使用される。
(3)　塩素を含み難燃性であるが，燃焼させると有毒なガスを発生する。
(4)　有機ガラスともよばれ，透明でかつ強度がある。
(5)　耐熱性，耐久性，耐薬品性に富み，硬度が大きい。
(6)　耐熱性，撥水性，耐薬品性に富み，テフロンとよばれている。
　　　ア．ポリ塩化ビニル　　　　イ．メラミン樹脂　　　　ウ．ポリエチレン
　　　エ．フェノール樹脂　　　　オ．フッ素樹脂　　　　　カ．メタクリル樹脂

414□□ ◀ポリエチレンの構造▶　次の文の□□に適する語句をあとの(ア)〜(サ)から重複なく選んで記号で答え，問いにも答えよ。

ポリエチレンなどの高分子の固体には，高分子鎖が規則正しく配列した結晶部分と不規則に配列した非結晶部分が混在する。エチレンを $1.0 \times 10^8 \sim 2.5 \times 10^8$ Pa，150〜300℃で付加重合させて得られる<u>低密度ポリエチレン</u>は，①□□構造を多く含む。一方，触媒を用いて $1.0 \times 10^5 \sim 5.0 \times 10^6$ Pa，60〜80℃で付加重合させて得られる<u>高密度ポリエチレン</u>は，②□□構造を多く含む。ⓐとⓑの分子間力を比較すると，③□□ポリエチレンの方が強い。また，高密度ポリエチレンは低密度ポリエチレンに比べて④□□，軟化点が⑤□□，透明度が⑥□□などの特徴をもつ。

　　　(ア)　直鎖状　　　(イ)　枝分かれ　　　(ウ)　大きい　　　(エ)　小さい　　　(オ)　高密度
　　　(カ)　低密度　　　(キ)　軟らかく　　　(ク)　硬く　　　(ケ)　高く　　　(コ)　低く
〔問〕　下線部ⓐ，ⓑの分子構造として，それぞれふさわしい図を下から記号で選べ。

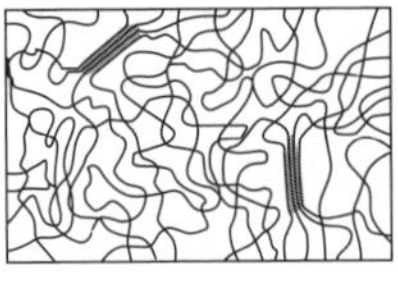

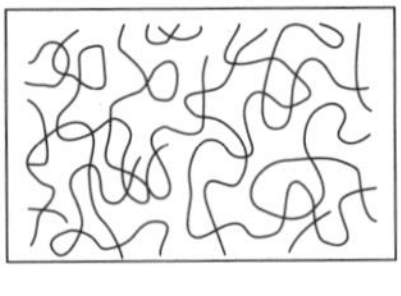

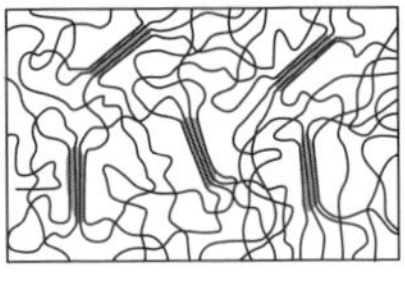

415 □□ ◀フェノール樹脂▶　フェノール樹脂の合成法には，酸を触媒としてフェノールとホルムアルデヒドを反応させる方法と，塩基を触媒としてフェノールとホルムアルデヒドを反応させる方法がある。ただし，フェノールの o, p-位は反応が起こりやすいが，m-位は反応が起こらないものとする。

(1) 最初にフェノールとホルムアルデヒドとの付加反応(反応 1)が起こる。反応 1 で生成が予想される化合物 A(分子式：$C_7H_8O_2$)の構造式をすべて書け。

(2) 続いて，化合物 A と別のフェノールとの縮合反応(反応 2)が起こる。反応 2 で生成が予想される化合物 B(分子式：$C_{13}H_{12}O_2$)の構造式をすべて書け。

(3) 酸触媒を用いてフェノール過剰で反応させると，分子量が 1000 程度の中間生成物(ノボラック)が得られる。一方，塩基触媒を用いてホルムアルデヒド過剰で反応させると，分子量が数百程度の中間生成物(レゾール)が得られる。レゾールはそのまま加熱すると硬化してフェノール樹脂となるが，ノボラックは硬化剤を一緒に加熱することではじめてフェノール樹脂となる。この違いについて説明せよ。

(4) フェノール 94g とホルムアルデヒド 45g を過不足なく完全に重合させたとする。このとき生成するフェノール樹脂は理論上何 g か。ただし，他の物質は何も加えないものとする。原子量：H = 1.0, C = 12, N = 14, O = 16

416 □□ ◀天然・合成ゴム▶　次の文を読み，あとの問いに答えよ。原子量は H = 1.0, C = 12, N = 14 とする。答えの数値は有効数字 2 桁で答えよ。

　天然ゴム(生ゴム)は①(　　　)が付加重合してできた高分子で，ⓐ空気中に放置するとしだいに弾性を失い老化する。そこで，天然ゴムに硫黄を 3 ～ 8%加えて加熱処理すると弾性ゴムが得られる。この操作を②(　　　)という。

　代表的な合成ゴムの原料であるⓑブタジエンは，2 分子のアセチレンから得られるビニルアセチレンに特別な触媒を用いて水素を作用させてつくる。このブタジエンを付加重合させるとポリブタジエンが得られる。ポリブタジエンには，天然ゴムと同じようなゴム弾性を示す③□□□□□と，ゴム弾性に乏しい④□□□□□のシス-トランス異性体が存在する。このほか，スチレンとブタジエンを共重合させると⑤(　　　)という合成ゴムが得られる。また，アクリロニトリルとブタジエンを共重合させると⑥(　　　)とよばれる合成ゴムが得られる。

(1) 上の文の□□□□□に適切な構造式を，(　　　)には適する物質名・語句を記せ。

(2) 天然ゴムが，下線部ⓐのようになる理由を説明せよ。

(3) 下線部ⓑの反応式(2 つ)を記せ。

(4) スチレンとブタジエンが 1：4 の物質量比で合成された合成ゴム(⑤)4.0g に，触媒存在下で水素を完全に反応させると，標準状態で何 L の水素が消費されるか。

(5) 窒素を 8.75%(質量百分率)含む合成ゴム(⑥)を 10kg つくるには，計算上，何 kg のブタジエンが必要か。

38 繊維・機能性高分子

1 合成繊維

❶付加重合で得られる合成繊維

ポリビニル系	アクリル繊維	アクリロニトリル, アクリル酸メチル	$\left[\begin{array}{c}CH_2-CH \\ | \\ CN\end{array}\right]_m\left[\begin{array}{c}CH_2-CH \\ | \\ COOCH_3\end{array}\right]_n$	セーター, 毛布
	ビニロン[*1]	ポリビニルアルコール, ホルムアルデヒド	$\left[\begin{array}{c}CH_2-CH-CH_2-CH-CH_2-CH \\ | \quad\quad | \quad\quad | \\ O-CH_2-O \quad\quad OH\end{array}\right]_n$	漁網, ロープ

*1) ビニロンの製法

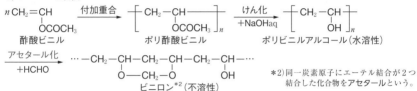

$n\,CH_2=CH$ ─ 付加重合 → ─$\left[\begin{array}{c}CH_2-CH \\ | \\ OCOCH_3\end{array}\right]_n$ ─ けん化 +NaOHaq → ─$\left[\begin{array}{c}CH_2-CH \\ | \\ OH\end{array}\right]_n$

酢酸ビニル　　　　　　　　　ポリ酢酸ビニル　　　　　ポリビニルアルコール(水溶性)

アセタール化 +HCHO → $\cdots-CH_2-CH-CH_2-CH-CH_2-CH-\cdots$
$\qquad\qquad\qquad\quad O-CH_2-O\qquad OH$
ビニロン[*2](不溶性)

*2) 同一炭素原子にエーテル結合が2つ結合した化合物をアセタールという。

❷縮合重合で得られる合成繊維

ナイロン66	アジピン酸, ヘキサメチレンジアミン	$\left[\overset{O}{\overset{\|}{C}}-(CH_2)_4-\overset{O}{\overset{\|}{C}}-\overset{H}{\overset{\|}{N}}-(CH_2)_6-\overset{H}{\overset{\|}{N}}\right]_n$ アミド結合	ポリアミド系	くつ下, ストッキング
ポリエチレンテレフタラート	テレフタル酸, エチレングリコール	$\left[\overset{O}{\overset{\|}{C}}-\bigcirc-\overset{O}{\overset{\|}{C}}-O-(CH_2)_2-O\right]_n$ エステル結合	ポリエステル系	ワイシャツ, ペットボトル
アラミド繊維 (ケブラー®)	テレフタル酸ジクロリド, p-フェニレンジアミン	$\left[\overset{O}{\overset{\|}{C}}-\bigcirc-\overset{O}{\overset{\|}{C}}-\overset{H}{\overset{\|}{N}}-\bigcirc-\overset{H}{\overset{\|}{N}}\right]_n$ アミド結合	ポリアミド系	消防服, スポーツ用品

❸開環重合で得られる合成繊維

ナイロン6	カプロラクタム $\left[\begin{array}{c}(CH_2)_5 \\ CONH\end{array}\right]$	$\left[\overset{O}{\overset{\|}{C}}-(CH_2)_5-\overset{H}{\overset{\|}{N}}\right]_n$ アミド結合	ポリアミド系	歯ブラシ, タイヤコード

❹合成繊維の特徴

ナイロン 絹に似た感触をもち, 丈夫で耐久性があり耐薬品性が大。吸湿性は小さい。
ポリエステル 軽く丈夫で, しわになりにくい。吸湿性に乏しく, 乾燥が速い。
アクリル繊維 羊毛に似た感触をもち, 保温性, 弾力性に富む。吸湿性は小さい。
ビニロン 綿に似た性質をもち, 耐摩耗性や耐薬品性が大。適度な吸湿性をもつ。

❺ナイロン66の製法

　　アジピン酸ジクロリド $ClCO-(CH_2)_4-COCl$ のシクロヘキサン溶液を, ヘキサメチレンジアミン $H_2N-(CH_2)_6-NH_2$ の NaOH 水溶液に静かに加える。境界面に生成した薄膜がナイロン66 $\left[CO-(CH_2)_4-CONH-(CH_2)_6-NH\right]_n$ である。

2 天然繊維

❶綿 ワタの種子の表面の毛(約 3cm)を利用。**セルロース**が主成分。

扁平で，天然のねじれ「撚り」があり，紡糸しやすい。摩擦にも強い。

内部に中空部分(ルーメン)があり，吸湿性も大きい。水にぬれると強くなる。

❷羊毛 羊の体毛(数 cm)を繊維として利用。タンパク質の**ケラチン**が主成分。

システインを多く含み，ジスルフィド結合(S-S)で架橋結合をしている。

表面に鱗状の表皮(キューティクル)をもち，撥水性，吸湿性，保温性，弾力性が大。

❸絹 カイコガの繭の繊維(約 1500m)を利用。タンパク質の**フィブロイン**が主成分。

生糸の表面を覆うにかわ質のセリシン(タンパク質)を除いて，絹糸をつくる。

繊維の表面はなめらかで，しなやかで美しい光沢をもつ。光に弱く黄ばみやすい。

❹各繊維の燃え方と酸・塩基に対する強さ

綿	速やかに燃え，紙が燃える弱いにおい。	比較的酸に弱い。	比較的塩基に強い。
絹・羊毛	徐々に燃え，毛髪や爪が燃える強いにおい。	比較的酸に強い。	塩基に弱い。

3 再生繊維

❶レーヨン 天然繊維を溶媒に溶解してから再生させた繊維を再生繊維という。セルロース系の再生繊維を**レーヨン**という。セルロースの-OH には変化なし。

綿に似た吸湿性と光沢があるが，水にぬれると弱く，しわになりやすい。

❷銅アンモニアレーヨン(キュプラ) コットンリンター[*1]を**シュワイツァー試薬**[*2]に溶かしたものを，希硫酸中へ噴出させてセルロースを再生したもの。

　*1)コットンリンター 綿の種子毛(リント)に付着しているごく短い繊維。

　*2)シュワイツァー試薬 $Cu(OH)_2$ を濃 NH_3 水に溶かした溶液。$[Cu(NH_3)_4](OH)_2$ が主成分。

❸ビスコースレーヨン 木材パルプを原料として，次の工程でつくる。

パルプ	→	ビスコース	→	ビスコースレーヨン
水酸化ナトリウム水溶液と二硫化炭素CS₂で処理する。		コロイド溶液(赤褐色)	凝固液(希硫酸)中に引き出して紡糸したのち，乾燥する。	膜状に加工すると，セロハンになる。

4 半合成繊維

❶アセテート繊維 セルロースの-OH のすべてを無水酢酸でアセチル化したものが**トリアセチルセルロース**で，アセトンに溶けない。そこで，水を加えて加水分解してできる**ジアセチルセルロース**をアセトンに溶かした溶液を温かい空気中に噴出させて，紡糸後，乾燥してアセトンを蒸発させると，**アセテート繊維**が得られる。

アセテート繊維は，適度な吸湿性があり絹に似た光沢がある。

天然繊維の官能基の一部を変化させてつくられた繊維を半合成繊維という。

$$\text{セルロース} (C_6H_{10}O_5)_n \xrightarrow[\text{アセチル化}]{\text{無水酢酸}} \text{トリアセチルセルロース} [C_6H_7O_2(OCOCH_3)_3]_n \xrightarrow[\text{加水分解}]{H_2O} \text{ジアセチルセルロース} [C_6H_7O_2(OH)(OCOCH_3)_2]_n$$

5 機能性高分子

❶イオン交換樹脂　溶液中のイオンを別のイオンと交換する作用をもつ合成樹脂。

合成法　スチレンと p-ジビニルベンゼンの共重合体に，適当な官能基を導入する。

(a) 陽イオン交換樹脂

酸性のスルホ基やカルボキシ基をもち
H^+ と陽イオンが交換される。

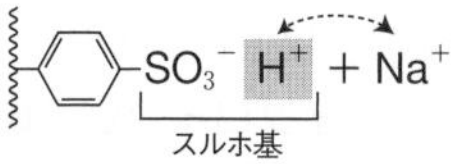

(b) 陰イオン交換樹脂

塩基性のトリメチルアンモニウム基をもち
OH^- と陰イオンが交換される。

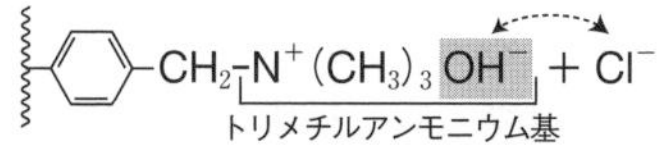

$$\text{-SO}_3^-\ \boxed{H^+} + Na^+$$
スルホ基

$$\text{-CH}_2\text{-N}^+(CH_3)_3\ \boxed{OH^-} + Cl^-$$
トリメチルアンモニウム基

※イオン交換反応は可逆反応なので，(a)を強酸，(b)を強塩基で洗うと，もとの状態に再生できる。

❷導電性高分子　金属並みの電気伝導性をもった高分子。

　アセチレンの付加重合体の**ポリアセチレン**(トランス形)にハロゲンを少量注入したもの。コンデンサー，ポリマー型の二次電池などに利用。

$$n\text{CH} \equiv \text{CH} \longrightarrow \left[\text{CH} = \text{CH}\right]_n \text{ ポリアセチレン}$$

❸感光性高分子　光の作用により物理・化学的変化を生じる高分子。

　光が当たると，熱可塑性の鎖状の高分子から熱硬化性の立体網目状の高分子に変化し，溶媒に不溶となる。印刷用凸版，プリント配線，金属加工などに利用。

❹高吸水性高分子　吸水力が強く，樹脂中に多量の水を保持できる高分子。

$$n\text{CH}_2=\overset{\displaystyle |}{\underset{\displaystyle \text{COONa}}{\text{CH}}} \longrightarrow \left[\text{CH}_2-\overset{\displaystyle |}{\underset{\displaystyle \text{COONa}}{\text{CH}}}\right]_n \text{ ポリアクリル酸ナトリウム}$$

　ポリアクリル酸ナトリウムは水に溶けずに，多量の水を吸収して膨らむ。紙おむつ，生理用品，土壌保水剤などに利用。

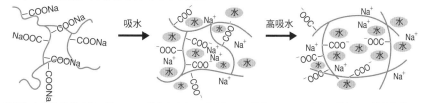

乾燥した固体状態では，分子鎖がからみ合っている。

吸水すると，-COONaの部分が-COO⁻とNa⁺に電離する。

-COO⁻どうしの静電気的な反発力で網目が拡大する。

❺生分解性高分子　生体内や微生物などによって分解されやすい高分子。

　ポリグリコール酸 $\left[O-CH_2-CO\right]_n$ やポリ乳酸 $\left[O-CH(CH_3)-CO\right]_n$ など外科手術用の縫合糸，釣り糸，砂漠緑化用の土壌保水材などに利用。

6 プラスチックのリサイクル(再生利用)

❶マテリアルリサイクル　製品を融かしてもう一度製品として利用する。

❷ケミカルリサイクル　原料物質(単量体)まで分解し，再び材料を合成して利用する。

❸サーマルリサイクル　燃焼させて発生する熱エネルギーを利用する。

確認＆チェック

1　次の単量体からつくられる合成繊維の名称を，語群から記号で選べ。
　(1)　アジピン酸とヘキサメチレンジアミン
　(2)　テレフタル酸とエチレングリコール
　(3)　ポリビニルアルコールとホルムアルデヒド
　(4)　カプロラクタム
　(5)　テレフタル酸ジクロリドと p-フェニレンジアミン
　【語群】　(ア) アラミド繊維　　　　(イ) ナイロン 6
　　　　　　(ウ) ナイロン 66　　　　(エ) ビニロン
　　　　　　(オ) ポリエチレンテレフタラート

2　次の記述に当てはまる繊維の一般名を，語群から記号で選べ。
　(1)　植物や動物などからつくられた繊維。
　(2)　天然繊維を適当な溶媒に溶かしてから再生させた繊維。
　(3)　石油などを原料として，化学的な方法でつくられた繊維。
　(4)　天然繊維の官能基の一部を変化させてつくられた繊維。
　【語群】　(ア) 合成繊維　　(イ) 半合成繊維
　　　　　　(ウ) 天然繊維　　(エ) 再生繊維　　(オ) 化学繊維

3　次の記述に当てはまる合成繊維の名称を，語群から記号で選べ。
　(1)　羊毛に似た感触があり，保温性，弾力性に富む。
　(2)　絹に似た光沢があり丈夫で，耐久性がある。
　(3)　吸湿性に乏しく，しわになりにくい。乾燥が速い。
　(4)　綿に似た性質をもち，耐摩耗性が大。吸湿性がある。
　【語群】　(ア) ナイロン　　　　(イ) ポリエステル
　　　　　　(ウ) ビニロン　　　　(エ) アクリル繊維

4　次のプラスチックのリサイクルの方法を何というか。
　(1)　加熱して融かし，再び製品として利用する。
　(2)　燃焼させて発生する熱エネルギーを利用する。
　(3)　もとの原料(単量体)に戻し，再び材料を合成して利用する。

解答

1　(1)　(ウ)
　(2)　(オ)
　(3)　(エ)
　(4)　(イ)
　(5)　(ア)
　→ p.326 **1**

2　(1)　(ウ)
　(2)　(エ)
　(3)　(ア)
　(4)　(イ)
　➡化学繊維とは，(ウ)を除く(ア)，(イ)，(エ)の総称である。
　→ p.326 **1**
　　p.327 **2**～**4**

3　(1)　(エ)
　(2)　(ア)
　(3)　(イ)
　(4)　(ウ)
　→ p.326 **1**

4　(1)　マテリアルリサイクル
　(2)　サーマルリサイクル
　(3)　ケミカルリサイクル
　→ p.328 **6**

7
–
38

例題 150　ポリエステルの重合度

　テレフタル酸 p-$C_6H_4(COOH)_2$ とエチレングリコール $(CH_2OH)_2$ の縮合重合で得られた平均分子量 4.8×10^5 のポリエチレンテレフタラート(ポリエステル)について，次の問いに答えよ。原子量は，$H = 1.0$，$C = 12$，$O = 16$ とし，この高分子の末端の構造は考慮しなくてよい。

(1)　このポリエステルの繰り返し単位の数(重合度)を求めよ。

(2)　このポリエステル 1 分子中には，何個のエステル結合が含まれるか。

考え方 (1)　ポリエチレンテレフタラートは，テレフタル酸(2価カルボン酸)とエチレングリコール(2価アルコール)の縮合重合によりつくられ，その反応式は次の通り。ただし，題意より，高分子の末端にある $-H$，$-OH$ の構造は省略して示してある。

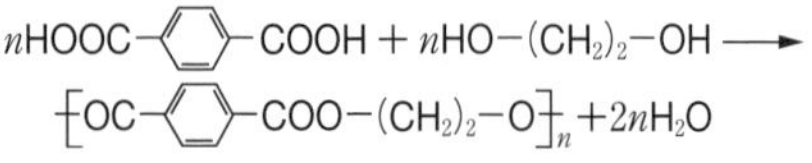

nHOOC─◯─COOH + nHO─$(CH_2)_2$─OH ⟶

[OC─◯─COO─$(CH_2)_2$─O]$_n$ + $2n$H$_2$O

繰り返し単位 $C_{10}H_8O_4$ の式量は 192 であ

り，重合度が n だから，このポリエステルの分子量は $192n$ である。

$$192n = 4.8 \times 10^5$$
$$n = 2500 = 2.5 \times 10^3$$

(2)　このポリエステル 1 分子中に含まれるエステル結合の数は，縮合重合によって取れた水分子の数 $2n$ 個と等しい。

$$2 \times 2500 = 5000 = 5.0 \times 10^3 〔個〕$$

解答 (1) 2.5×10^3　(2) 5.0×10^3 個

例題 151　セルロースの反応

(1)　セルロースを構成している単糖類は何か。その名称を記せ。

(2)　セルロースのもつ官能基がわかるように，その示性式を書け。

(3)　次の(a)〜(c)の各操作により生成する物質の示性式を書け。

　(a)　セルロースをシュワイツァー試薬に溶かし，これを希硫酸中に押し出す。

　(b)　セルロースに十分量の無水酢酸を作用させる。

　(c)　セルロースに濃硝酸と濃硫酸の混合溶液を作用させる。

考え方 (1)　セルロースは，β-グルコースがその上下の向きを反転しながら縮合重合した高分子で，直線状構造をもつ。

(2)　セルロースの分子式は $(C_6H_{10}O_5)_n$ であるが，分子中に 3 個の $-OH$ が存在するので，示性式では $[C_6H_7O_2(OH)_3]_n$ と表す。

(3)　(a)　セルロースは熱水にも不溶だが，濃アンモニア水に $Cu(OH)_2$ を溶かしたシュワイツァー試薬 $[Cu(NH_3)_4](OH)_2$ に溶ける。これを希硫酸中に押し出すと，もとのセルロースが再生する。これを銅アンモニアレーヨン(キュプラ)という。

(b)　セルロースに無水酢酸(主薬)，氷酢酸(溶媒)，濃硫酸(触媒)を作用させると，セルロース中の $-OH$ のすべてがアセチル化され，トリアセチルセルロースができる。

(c)　セルロースに濃硝酸(主薬)，濃硫酸(触媒)を作用させると，セルロースの硝酸エステルであるトリニトロセルロースが得られ，綿火薬に用いられる。

解答 (1) β-グルコース　(2) $[C_6H_7O_2(OH)_3]_n$

(3)(a) $[C_6H_7O_2(OH)_3]_n$　(b) $[C_6H_7O_2(OCOCH_3)_3]_n$

　(c) $[C_6H_7O_2(ONO_2)_3]_n$

ビニロンは，水溶性のポリビニルアルコールを① [   ] で処理して不溶化したもので，この操作を② [   ] という。ポリビニルアルコールはビニルアルコールの付加重合体としての構造をもつが，実際には，単量体の酢酸ビニルを③ [   ] した後，塩基の水溶液で④ [   ] してつくる。次の問いに答えよ。(H = 1.0，C = 12，O = 16)

(1) 上記の文の [   ] に適語を入れよ。

(2) 酢酸ビニル 10g から理論的に何 g のポリビニルアルコールが得られるか。

考え方 (1) ポリビニルアルコールは分子中に親水性の -OH をもち，水に溶けやすい。そこで，ポリビニルアルコールに HCHO を加えて，-OH どうしをメチレン基 -CH₂- で結びつけ，疎水性の構造に変えたものがビニロンである。この操作をアセタール化という。

ポリビニルアルコールが，ビニルアルコールの付加重合で合成されないのは，ビニルアルコールが不安定で，すぐに安定な異性体のアセトアルデヒドに変化するためである。CH₂＝CH ⟶ CH₃-C-H
　　　　　　　|　　　　　‖
　　　　　　OH　　　　O

したがって，ポリビニルアルコールは，ポリ酢酸ビニルを強塩基の NaOH 水溶液

で加水分解(けん化)してつくる。

$$n\text{CH}_2=\text{CH} \longrightarrow \left[\text{CH}_2-\text{CH}\right]_n \longrightarrow \left[\text{CH}_2-\text{CH}\right]_n$$
$$\quad\quad\quad |\quad\quad\quad\quad\quad |\quad\quad\quad\quad\quad\quad |$$
$$\quad\quad\text{OCOCH}_3\quad\quad\text{OCOCH}_3\quad\quad\quad\text{OH}$$

(2) 酢酸ビニル(分子量 86)n[mol] から，ポリビニルアルコール(分子量 44n)1mol が得られる。

$$\therefore \quad \frac{10}{86} \times \frac{1}{n} \times 44n \fallingdotseq 5.1 [\text{g}]$$

高分子の生成反応では，物質量が $\frac{1}{n}$ になるが，分子量が n 倍になるので，結局，n は消去され，n の値は質量計算には影響を与えない。

解答 (1) ① ホルムアルデヒド ② アセタール化
③ 付加重合 ④ けん化(加水分解)

(2) 5.1g

陽イオン交換樹脂($R-SO_3H$)を詰めたカラムがある。これに 0.20mol/L 食塩水 10mL を流した後，十分に水洗したところ，100mL の流出液が得られた。

(1) 上記のイオン交換反応により，流出した水素イオンの物質量は何 mol か。

(2) 流出液 100mL を 0.10mol/L 水酸化ナトリウム水溶液で中和すると，何 mL 必要か。

考え方 陽イオン交換樹脂は，架橋構造をもつポリスチレンの一部をスルホン化して，$-SO_3H$ を導入したもので，樹脂中の H^+ と溶液中の陽イオンが交換される。

(1) 流した陽イオンが1価の場合，$Na^+ : H^+$ = 1 : 1 の割合で交換される点に注目して，反応式を書けばよい。

$$R-SO_3H + NaCl \longrightarrow R-SO_3Na + HCl$$

反応式の係数比より，加えた NaCl と流出した HCl の物質量は等しい。

よって，流出した H^+ の物質量は，

$$0.20 \times \frac{10}{1000} = 2.0 \times 10^{-3} [\text{mol}]$$

(2) イオン交換のあと，樹脂を水洗するのは，交換された H^+ を完全に集めるためである。流出した HCl を中和するのに必要な NaOH 水溶液を x[mL] とすると，

$$2.0 \times 10^{-3} = 0.10 \times \frac{x}{1000} \quad \therefore \quad x = 20 [\text{mL}]$$

解答 (1) 2.0×10^{-3}mol (2) 20mL

必 **417** □□ ◀繊維の種類▶　次の文の□□に適語を入れよ。

　繊維には，天然繊維と化学繊維があり，化学繊維はさらに，再生繊維，半合成繊維，① □□に分類される。

　天然繊維のうち，綿や麻の主成分は② □□，羊毛や絹の主成分は③ □□である。セルロースからつくられる再生繊維を④ □□という。水酸化銅(Ⅱ)を濃アンモニア水に溶かした溶液を⑤ □□といい，⑤にセルロースを溶解し，希硫酸中に押し出して繊維としたものを⑥ □□という。一方，木材パルプを水酸化ナトリウム水溶液と二硫化炭素 CS_2 と反応させると⑦ □□とよばれる粘性のある液体になる。これを希硫酸中に押し出して繊維としたものを⑧ □□，膜状に加工したものを⑨ □□という。

　半合成繊維の⑩ □□は，木材パルプを⑪ □□でアセチル化した後，部分的に加水分解して得られたジアセチルセルロースを，アセトン溶液にしてから繊維としたものである。

必 **418** □□ ◀合成繊維▶　次の文を読み，あとの問いに答えよ。

　絹に似た合成繊維の①ナイロン66は ［ア］ とヘキサメチレンジアミンの ［イ］ 重合で合成され，②ナイロン6はカプロラクタムの ［ウ］ 重合で合成される。一方，ポリエステル系合成繊維の③ポリエチレンテレフタラートは分子中に ［エ］ 結合をもち，テレフタル酸と ［オ］ を ［イ］ 重合させて合成される。羊毛に似た風合いをもつアクリル繊維には，④アクリロニトリルが ［カ］ 重合したもののほか，アクリロニトリルに塩化ビニルなどを混合したものを ［キ］ 重合させたものもある。また，高強度で，耐熱性に優れた⑤アラミド繊維は，テレフタル酸ジクロリドと *p*-フェニレンジアミンを ［ク］ 重合させて得られる。

(1) 上の文の□□に適切な語句，化合物名を入れよ。

(2) 下線部①〜⑤の化合物の構造式を示せ。高分子の末端の構造は考慮しなくてよい。

(3) ナイロンが引っ張り力に強い繊維である理由を，分子構造から説明せよ。

(4) 分子量 2.0×10^5 のナイロン66の1分子中には，何個のアミド結合が存在するか。ただし，高分子の末端の構造は考慮しなくてよい。また，原子量を H=1.0，C=12，N=14，O=16 とする。

419 □□ ◀機能性高分子▶　次の(1)〜(5)に該当する機能性高分子の名称を記せ。

(1) 自身の質量の数百倍以上の水を吸収・保存する高分子。

(2) 金属並みの電気伝導性をもつ高分子。

(3) 体内や微生物によって分解されやすい高分子。

(4) 光が当たると硬化し，不溶化する高分子。

(5) 光の透過性に優れ，有機ガラスとしても用いられる高分子。

420 □□ ◀繊維の区別▶　次の記述に該当する繊維を下から1つずつ記号で選べ。

(1)　撥水性，保温性に優れ，吸湿性が最も大きい天然繊維。

(2)　摩擦や引っ張りに強く，絹に似た構造をもつ合成繊維。

(3)　美しい光沢をもつ天然繊維で，光に弱く黄ばみやすい。

(4)　吸湿性に富み，水にぬれるとかえって強くなる天然繊維。

(5)　吸湿性がなく，乾きが速くしわになりにくい。生産量が最大の合成繊維。

(6)　木材パルプを原料とした化学繊維で，吸湿性は高いが水にぬれると弱くなる。

(7)　羊毛のような感触と風合いをもつ合成繊維で，高温処理すると炭素繊維が得られる。

(8)　綿に似た性質をもち，適度な吸湿性をもつ国産初の合成繊維。

(9)　軽量で引っ張りに強く，電気の良導体で，無機繊維に属する。

(10)　非常に高い弾性と強度，および耐熱性をもつ合成繊維。

ア．綿	イ．絹	ウ．羊毛	エ．炭素繊維
オ．ポリエステル	カ．アクリル繊維	キ．ナイロン	
ク．ビニロン	ケ．レーヨン	コ．アラミド繊維	

必 421 □□ ◀アクリル繊維▶　アクリロニトリル $CH_2=CH(CN)$ とアクリル酸メチル $CH_2=CH(COOCH_3)$ を共重合したアクリル繊維がある。この共重合体の平均重合度を500，平均分子量を29800としたとき，アクリロニトリルとアクリル酸メチルの物質量比を整数比で求めよ。（原子量　$H=1.0$，$C=12$，$N=14$，$O=16$）

422 □□ ◀共重合体▶　乳酸 $(HO-CH(CH_3)-COOH)$ とグリコール酸 $(HO-CH_2-COOH)$ を物質量比 $3:1$ で共重合させた高分子の平均分子量は 1.37×10^5 であった。この共重合体1分子中には，平均何個のエステル結合が含まれるか。ただし，この高分子の末端の構造は考慮しなくてもよい。原子量は $H=1.0, C=12, O=16$ とする。

423 □□ ◀共重合体▶　スチレン $C_6H_5CH=CH_2$ 8.32g に p-ジビニルベンゼン $C_6H_4(CH=CH_2)_2$ を1.30g 加えて，過不足なく完全に共重合させたところ，平均分子量が 8.0×10^4 の高分子化合物を得た。次の問いに答えよ。（原子量は $H=1.0$，$C=12$，$S=32$）

(1)　この共重合体のスチレンと p-ジビニルベンゼンの物質量比を整数比で表せ。

(2)　この共重合体1分子中に含まれるスチレン単位の数を有効数字2桁で答えよ。

(3)　この共重合体50g をスルホン化すると，何g の陽イオン交換樹脂が得られるか。ただし，スチレン単位のベンゼン環にのみ1個のスルホ基が結合するものとする。

(4)　(3)で得られた陽イオン交換樹脂5.61g を円筒ガラス管に詰め，0.50mol/L 硝酸ナトリウム水溶液100mL を通じた後，純水で完全に洗浄し400mL の流出液を得た。この流出液の pH を小数第1位まで求めよ。（$\log_{10}2=0.30$，$\log_{10}3=0.48$，$\log_{10}7=0.85$）

424 □□ ◀ナイロン 66 の合成▶　次の実験について，あとの問いに答えよ。

〔1〕 ビーカーに有機溶媒 A 約 30mL を入れ，アジピ
ン酸ジクロリド ClCO－(CH₂)₄－COCl 0.010mol を
完全に溶かした。

〔2〕 別のビーカーに約 50mL の水をとり，NaOH 0.80g
と化合物 B 0.010mol を完全に溶かした。

〔3〕〔1〕の溶液に〔2〕の溶液をゆっくり加えると，2 種
の溶液の境界面にナイロン 66 の薄膜が生成した。

(1) 有機溶媒 A として適当なものを，下から記号で選べ。

　　ア．アセトン　　　　イ．ジクロロメタン　　　　ウ．ジエチルエーテル

(2) 化合物 B の名称を記せ。

(3) この反応の反応式を記せ。

(4) アジピン酸ジクロリドの 70%が反応したとき，ナイロン 66 は何 g 生成するか。
　　(原子量：H＝1.0，C＝12，N＝14，O＝16)

必 425 □□ ◀イオン交換樹脂▶　次の文の □ に適語を入れ，あとの問いに答えよ。

①□ に少量の p-ジビニルベンゼンを混合して ②□ 重合させると，立体網目
構造をもつ水に不溶性の合成樹脂（樹脂 A とする）が得られる。

樹脂 A に濃硫酸を作用させて，③□ 基をつけたものは，水溶液中の ④□ を
捕捉し，同時に，水素イオンを放出できる。このような樹脂を ⑤□ という。一方，
樹脂 A に－CH₂－N(CH₃)₃OH のような基をつけたものは，水溶液中の ⑥□ を捕
捉し，同時に，水酸化物イオンを放出できる。このような樹脂を ⑦□ という。

(1) ⑤を円筒に詰め，塩化ナトリウム水溶液を通したとき，流出する液体は何か。

(2) ⑤を使用してその機能がなくなったとき，その機能を回復する方法を述べよ。

(3) ⑤と⑦の混合物を円筒に詰め，食塩水を通したとき，流出する液体は何か。

(4) 十分量の⑤を詰めたガラス管に濃度不明の塩化カルシウム水溶液 10mL を通じ，
次いでこの樹脂を純水で洗い，流出液のすべてを 0.10mol/L の水酸化ナトリウム水
溶液で滴定したら 40mL を要した。この塩化カルシウム水溶液のモル濃度を求めよ。

426 □□ ◀ビニロン▶　次の文の □ に適語を入れ，あとの問いに答えよ。

わが国で開発されたビニロンは，まず，酢酸ビニルを ①□ させてポリ酢酸ビニ
ルとした後，水酸化ナトリウム水溶液を作用させて ②□ すると，ポリビニルアル
コール（PVA）が得られる。PVA は水に溶けやすいので，そのままでは繊維にならな
い。そこで，飽和硫酸ナトリウム水溶液中で紡糸した後，③□ 水溶液で処理する。
この際，PVA 分子鎖中で隣接する ④□ 基の一部が互いに反応して，メチレン基
（－CH₂－）で結ばれた，疎水性の構造ができる。この操作を ⑤□ という。

〔問〕 ビニロンが適度な吸湿性をもつ理由を説明せよ。

427 □□ ◀ビニロン▶　次の問いに有効数字2桁で答えよ。(H=1.0, C=12, O=16)

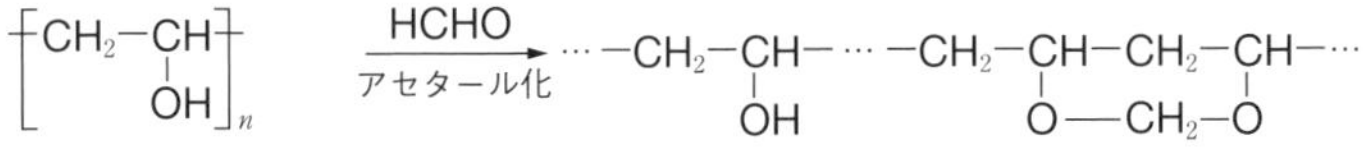

$$\left[\begin{array}{c} CH_2-CH \\ | \\ OH \end{array} \right]_n \xrightarrow[\text{アセタール化}]{HCHO} \cdots-CH_2-CH\cdots-CH_2-CH-CH_2-CH\cdots$$

ポリビニルアルコール　　　　　　　　　　　　　　　ビニロン

(1)　ポリビニルアルコール 500g 中のヒドロキシ基の 40% をホルムアルデヒドと反応させたビニロンをつくりたい。生成するビニロンの質量は何 g か。

(2)　ポリビニルアルコール 100g にホルムアルデヒドを反応させたら，その質量は 4.5g 増加した。生成したビニロンはもとのポリビニルアルコールのヒドロキシ基の何%がホルムアルデヒドと反応(アセタール化)したものか。

(3)　ポリビニルアルコール 100g 中のヒドロキシ基の 44% がホルムアルデヒドと反応してビニロンが生成した。このとき必要な 30% ホルムアルデヒド水溶液は何 g か。

428 □□ ◀アセチルセルロース▶　次の文を読み，あとの問いに答えよ。ただし，原子量を H=1.0, C=12, O=16 とする。

　セルロースを無水酢酸と氷酢酸，少量の濃硫酸と反応させると，セルロース中のすべての -OH がアセチル化され，トリアセチルセルロースになる。トリアセチルセルロースを穏やかに加水分解すると，アセトンに可溶なアセチルセルロースが得られる。

(1)　セルロースが無水酢酸と反応して，トリアセチルセルロースが生成する変化を，化学反応式で記せ。

(2)　セルロース 324g を完全にアセチル化するには，無水酢酸が何 g 必要か。

(3)　トリアセチルセルロース 576g を加水分解したとき，アセトンに可溶なアセチルセルロースが 508g 得られた。この化合物は，はじめのセルロース中のヒドロキシ基の何%がアセチル化されたものか。

429 □□ ◀生分解性高分子▶　図に示した高分子 I は，自然界で加水分解を受けやすい生分解性高分子であり，トウモロコシなどを原料として製造される。次の問いに答えよ。ただし，原子量を H=1.0, C=12, O=16 とする。

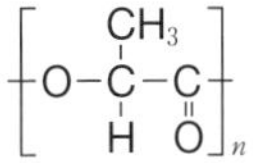

高分子 I の
構造式

(1)　高分子 I を水酸化ナトリウム水溶液で十分にけん化した。このとき生成する化合物 A の構造式を示せ。

(2)　化合物 A の水溶液を希塩酸で酸性にしたとき生成する化合物 B の名称を記せ。

(3)　化合物 B に少量の濃硫酸を加えて加熱すると，2分子の化合物 B から2分子の水が失われて，1分子の環状化合物 C が生成する。化合物 C の構造式を示せ。

(4)　化合物 C には，何種類の立体異性体が存在するか。鏡像異性体も区別せよ。

(5)　分子量 1.8×10^5 の高分子 I は，何分子の化合物 B からできているか。

＊装丁	(株)志岐デザイン事務所(岡崎善保)
＊本文デザイン	島田淳一　江口正文
＊組版・図表作成	(株)群企画
＊編集協力	(株)群企画

大学入学共通テスト・理系大学受験

化学の新標準演習 第3版

2023 年 5 月 10 日　第 1 刷発行

著　者	卜　部　吉　庸
発 行 者	株式会社 三　　省　　堂
	代 表 者 瀧 本 多 加 志
印 刷 者	三 省 堂 印 刷 株 式 会 社
発 行 所	株式会社 三　　省　　堂

〒 102-8371　東京都千代田区麴町五丁目 7 番地 2
電話　(03)3230-9411
https://www.sanseido.co.jp/

©Yoshinobu Urabe 2023　　　　Printed in Japan

〈3 版化学の新標準演習・336 ＋ 256pp.〉

落丁本・乱丁本はお取り替えいたします。　ISBN978-4-385-26100-3

本書の内容に関するお問い合わせは、弊社ホームページの
「お問い合わせ」フォーム(https://www.sanseido.co.jp/support/)にて承ります。

［2］原子量概数，基本定数，単位の関係

原子量概数

水　　　素	H	……	1.0	アルゴン	Ar	……	40
ヘ リ ウ ム	He	……	4.0	カ リ ウ ム	K	……	39
リ チ ウ ム	Li	……	7.0	カルシウム	Ca	……	40
炭　　　素	C	……	12	ク ロ ム	Cr	……	52
窒　　　素	N	……	14	マ ン ガ ン	Mn	……	55
酸　　　素	O	……	16	鉄	Fe	……	56
フ ッ 素	F	……	19	ニ ッ ケ ル	Ni	……	59
ネ オ ン	Ne	……	20	銅	Cu	……	63.5
ナトリウム	Na	……	23	亜　　　鉛	Zn	……	65.4
マグネシウム	Mg	……	24	臭　　　素	Br	……	80
アルミニウム	Al	……	27	銀	Ag	……	108
ケ イ 素	Si	……	28	ス ズ	Sn	……	119
リ ン	P	……	31	ヨ ウ 素	I	……	127
硫　　　黄	S	……	32	バ リ ウ ム	Ba	……	137
塩　　　素	Cl	……	35.5	鉛	Pb	……	207

基本定数

アボガドロ定数　$N_A = 6.02 \times 10^{23}$〔/mol〕

モル体積　標準状態(0℃，1.013×10^5Pa)の気体　22.4〔L/mol〕

水のイオン積　$K_w = [H^+] \cdot [OH^-] = 1.0 \times 10^{-14}$〔mol/L〕^{2}

ファラデー定数　$F = 9.65 \times 10^4$〔C/mol〕

気体定数　$R = 8.31 \times 10^3$〔Pa・L/(K・mol)〕$= 8.31$〔J/(K・mol)〕

　　　　　　体積の単位に〔m^3〕を用いると　8.31〔Pa・m^3/(K・mol)〕

単位の関係

長さ　　　1nm(ナノメートル) $= 10^{-7}$cm $= 10^{-9}$m

圧力　　　1013hPa(ヘクトパスカル) $= 1.013 \times 10^5$Pa(パスカル)

　　　　　　　　　　　　　　　　$= 1$atm $= 1$気圧 $= 760$mmHg

熱量　　　1cal $= 4.18$J(ジュール)，　1J $= 0.24$cal

[3] 指数の意味とその計算方法

　化学では，非常に大きな数や小さな数を扱うことが多いが，このような数を簡単かつ正確に表す方法を考えてみよう。

指数の意味

　ある数を繰り返し掛けることを累乗といい，$10000(=10 \times 10 \times 10 \times 10)$ は，1 に 10 を 4 回掛けた数と考え，1×10^4 と書く。一般に，ある数 A に 10 を n 回掛けた数を $A \times 10^n$ と表し，n を 10 の指数という。

　一方，$0.001(=1 \div 10 \div 10 \div 10)$ は，1 を 10 で 3 回割った数と考え 1×10^{-3} とかく。一般に，ある数 A を 10 で n 回割った数を $A \times 10^{-n}$ と表す。このように，大きな数や小さな数は 10 の累乗を使って表すと便利である。

指数の表し方

　すべての数は，$A \times 10^n$，すなわち，測定値 A と位取りを表す 10^n との積の形で表せる。ただし，$A=1$ のときは，単に 10^n と表してもよい。

例　$600000 = 6 \times 10^5$　　　$0.0002 = 2 \times 10^{-4}$

指数の計算規則

(1)　$10^0 = 1$

(2)　$10^a \times 10^b = 10^{a+b}$　　**例**　$10^4 \times 10^2 = 10^{4+2} = 10^6$

(3)　$10^a \div 10^b = 10^{a-b}$　　**例**　$10^6 \div 10^4 = 10^{6-4} = 10^2$

(4)　$(10^a)^b = 10^{ab}$　　**例**　$(10^3)^4 = 10^{3 \times 4} = 10^{12}$

　指数で表された数 $A \times 10^m$ と $B \times 10^n$ どうしの計算は，A と B の部分および，10^m と 10^n の部分に分けて行えばよい。

例　$(3.0 \times 10^{-3}) \times (5.0 \times 10^7) = (3.0 \times 5.0) \times 10^{-3+7}$
$$= 15 \times 10^4 = 1.5 \times 10^5$$

　15×10^4 と 1.5×10^5 は全く同じ値であるが，$A \times 10^n$ の形で数を表す場合，A は $1 \leqq A < 10$ にする約束があるので，1.5×10^5 と表す方がよい。

例　$(3.0 \times 10^5) \div (6.0 \times 10^{-3}) = \left(\dfrac{3.0}{6.0} \right) \times 10^{5-(-3)}$
$$= 0.50 \times 10^8 = 5.0 \times 10^7$$

化学の
新標準演習 第3版

化学基礎収録

【解答・解説集】

CHEMISTRY

三省堂

解答・解説集の使い方

　この小冊子は，本冊にある標準問題・発展問題の解答・解説集です。

　それぞれの問題を解くための解答と解説を書いたものですが，ただ単に解き方を解説するだけでなく，それを解くための背景となる既習事項のほか，内容は高度だが知っておきたい諸知識などについても丁寧に説明しています。それぞれの問題で完結するように解説したので，同様の説明が重複して出てくるところがありますが，理解の再確認のために読むようにしてください。

【解答・解説集で用いた記号など】

覚えておきたい語句や重要な化合物名などは，**太字**

解説文中の特に注意すべき事項には，波のアンダーライン

特に重要で理解しておきたい事項には，紙面の地のグレー

解説に関連した補足事項は，**参考の囲み**

また，「∴」は「**ゆえに**」と読み，**結果など**を示します。

　各ページの中央上には，そのページで解答・解説が始まる問題番号が示してあります。問題の解答・解説を探すときに利用して下さい。

CONTENTS

1　物質の成分と元素

1　[解 説]　**混合物**は，2種類以上の物質が混じり合った物質であり，1つの化学式では表せない。一方，**純物質**は，混合物の分離・精製などによって得られた1種類の物質であり，1つの化学式で表せる。また，自然界に存在する多くの物質は混合物であることから判断してもよい。

(1)　ドライアイスは，**二酸化炭素**(CO_2)の固体で純物質である。

(2)　牛乳は，水にタンパク質・脂肪・糖類などが溶け込んだ溶液である。一般に，溶液は混合物と考えてよい。

(3)　都市ガスは，メタン(CH_4)を主成分とし，他の**炭化水素**(炭素と水素の化合物)として，エタン(C_2H_6)なども少量含む混合物である。

(4)　水銀(Hg)は，常温で唯一の液体の金属で，純物質である。

(5)　ブドウ糖($C_6H_{12}O_6$)ともよばれ，植物の光合成により二酸化炭素と水からつくられる純物質である。

> [参考]　市販のグラニュー糖や氷砂糖は，純粋なスクロース(ショ糖)の結晶で，化学式は $C_{12}H_{22}O_{11}$ である。

(6)　カコウ岩(花崗岩)は，石英(白色)，長石(灰色)，雲母(黒色)などの鉱物が不均一に混じり合った混合物である。一般に，岩石は混合物と考えてよい。

(7)　空気は，体積で窒素(78%)，酸素(21%)，アルゴン(0.9%)，二酸化炭素(0.04%)などを含む混合物である。

(8)　青銅は銅 Cu とスズ Sn をいろいろな割合で含んだ合金で，混合物である。青銅は十円硬貨や銅像，鐘などさまざまな方面に利用されている。

> [参考]　五円硬貨は銅と亜鉛 Zn の合金(**黄銅**)。五十円硬貨，百円硬貨は銅とニッケル Ni の合金(**白銅**)でできている。一般に，2種類以上の金属を融かしてできる**合金**は混合物に分類される。

(9)　食塩ともよばれる純物質。化学式は $NaCl$ である。

(10)　アンモニア水はアンモニアの水溶液で混合物である。

(11)　塩素は黄緑色で強い刺激臭のある有毒な気体で，純物質である。化学式は Cl_2 と表される。黄色のボンベで市販され，水道水の殺菌などに利用される。

> 純物質のうち，化学式で表したとき，1種類の元素記号だけを含めば**単体**，2種類以上の元素記号を含めば**化合物**と判断できる。

[解 答]　混合物 (2)，(3)，(6)，(7)，(8)，(10)
　　　　単体 (4)，(11)　化合物 (1)，(5)，(9)

2　[解 説]　混合物から純物質を取り出す操作を**分離**といい，分離した物質から不純物を取り除き，物質の純度を高める操作を**精製**という。一般に，分離と精製は同時に行われることが多い。

(1)　混合物の分離は，ろ過や蒸留などの**物理的方法**(物理変化を利用した方法)によって行う。**混合物**は物理的方法によって各成分物質に分離できるが，**純物質**は物理的方法では別の物質に分けることはできない。

(2)，(3)　純物質のうち，電気分解や熱分解などの**化学的方法**(化学変化を利用した方法)によって，2種類以上の成分に分けられるものが**化合物**，化学的方法によって別の成分に分けられないものが**単体**である。物質を構成する基本的成分を**元素**ということから，1種類の元素からなる物質が**単体**，2種類以上の元素からなる物質が**化合物**であるといえる。

(4)　混合物は，成分物質の割合(**組成**)を任意に変えることができ，それに伴って物理的・化学的性質は変化する。たとえば，食塩水を加熱すると，水の蒸発により，しだいにその濃度が大きくなり，沸点も高くなる。

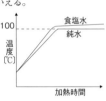

(5)　純物質は，その物質固有の性質(融点，沸点，密度など)を示す。また，純物質の固体が融解しはじめる温度(**融点**)と，純物質の液体が凝固しはじめる温度(**凝固点**)は等しいが，混合物では等しくならない。それは融解，凝固に伴って，混合物に含まれる成分物質の割合がしだいに変化するためである。

[解 答]　(1) A　(2) B　(3) C　(4) A　(5) A

3　[解 説]　(1)　硫黄の粉末を試験管に入れ，穏やかに120℃くらいまで加熱し，黄色の液体をつくる。これを，乾いたろ紙上に流し込み，空気中で放冷すると，黄色で針状の**単斜硫黄**(図b)の結晶が得られる。

(2)　硫黄の融解液をさらに250℃くらいまで加熱し，生じた暗褐色の液体を，冷水に流し込んで急冷すると，暗褐色でやや弾性のある**ゴム状硫黄**(図a)が得られる。(ただし，高純度の結晶硫黄からつくられたゴム状硫黄は黄色のものもある。)

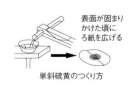

表面が固まりかけた頃にろ紙を広げる

単斜硫黄のつくり方

ゴム状硫黄のつくり方

(3) 硫黄の粉末を二硫化炭素 CS_2 という溶媒に溶かし，その溶液を蒸発皿に移し，CS_2 を蒸発させると，黄色で八面体状の**斜方硫黄**(図c)の結晶が析出する。

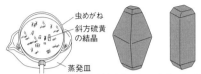

虫めがね
斜方硫黄の結晶
蒸発皿
斜方硫黄の結晶　単斜硫黄の結晶

単斜硫黄もゴム状硫黄も，常温で一週間ほど放置すると，徐々に斜方硫黄に変化する。これは，<u>常温では斜方硫黄が最も安定であるため</u>である。

> **参考** **同素体**は，反応の起こりやすさなどの化学的性質のほか，融点・沸点・密度などの物理的性質も異なる。同素体には，酸素 O_2 とオゾン O_3 のように，分子を構成する原子の数が異なるものと，ダイヤモンドと黒鉛のように，原子の結合の仕方が異なるものの他，斜方硫黄と単斜硫黄のように，結晶の構造が異なるものなどがある。

解答 (a) **ゴム状硫黄** (b) **単斜硫黄** (c) **斜方硫黄**
(1) **(b)** (2) **(a)** (3) **(c)**

4 **解説** ヨウ素 I_2 は水には溶けにくいが，ヨウ化カリウム KI 水溶液には**三ヨウ化物イオン** I_3^- となってよく溶ける($I_2 + I^- \rightarrow I_3^-$(褐色))。この褐色の溶液を**ヨウ素溶液**(ヨウ素−ヨウ化カリウム水溶液)という。
ヨウ素溶液からヨウ素だけを取り出すには，ヨウ素をよく溶かし，水には溶けない性質をもつ有機溶媒を用いる。石油から分離されたヘキサンや石油ベンジン(ガソリンを精製した工業用溶媒)などが適切である。
(1) ヨウ素溶液とヘキサンをよく混合するために，**分液ろうと**とよばれるガラス器具が使われる。
(2)

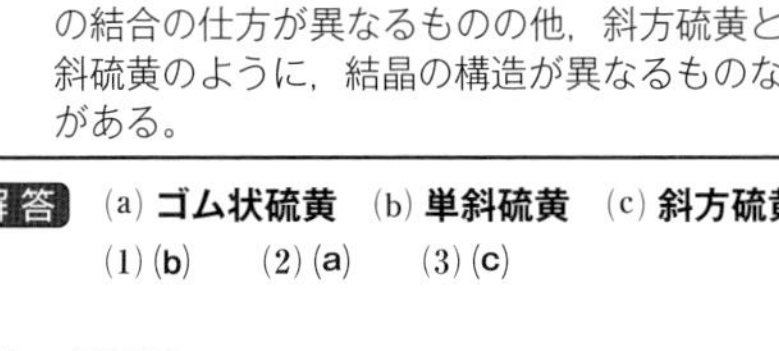

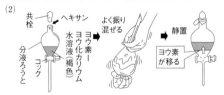

共栓
ヘキサン
よく振り混ぜる
静置
ヨウ素−ヨウ化カリウム水溶液(褐色)
分液ろうと
コック
ヨウ素が移る

ヨウ素溶液とヘキサンを分液ろうとに入れてよく振り混ぜて静置すると，ヘキサン(密度 0.66g/cm^3)は，水(密度 1.0g/cm^3)の上部に分離する。なお，ヘキサンは無色の液体であるが，ヨウ素を溶解すると，紫色を示す(これがヨウ素分子 I_2 の色である)。
このように，適当な溶媒を用いて，混合物中の特定の物質だけを溶かし出して分離する方法を**抽出**と

いう。抽出後，下層(ヨウ化カリウム水溶液)は分液ろうとのコックを開けて下から流出させる。その後，上層(ヨウ素を溶かしたヘキサン溶液)を分液ろうとの上方の口から取り出す。
(3) ヨウ素 I_2 は水よりもヘキサンに溶けやすいので，ヨウ素溶液中の I_3^- は I_2 となってヘキサンに転溶していく($I_3^- \rightarrow I_2 + I^-$)。問題文より，抽出後，上層が紫色になったことから，a(上層)がヘキサン層である。
(4)(ア) 原油は，各種の炭化水素(炭素と水素の化合物)の混合物で，沸点の違いを利用して，ガソリン・灯油・軽油・重油などの各成分に分離される(**分留**)。
(イ) 大豆の中に含まれる油脂は，水よりも有機溶媒に溶けやすい。そこで，ヘキサンを用いた**抽出**によって大豆油を取り出す。

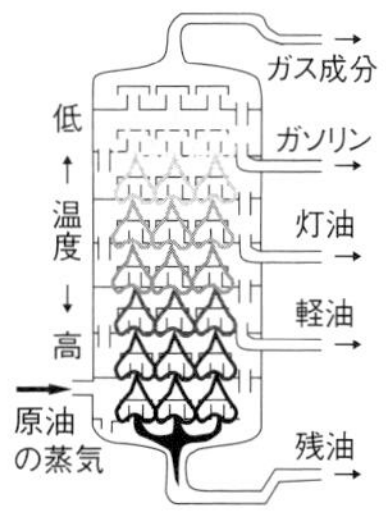

〔分留塔〕
ガス成分
ガソリン
灯油
軽油
残油
低←温度→高
原油の蒸気

(ウ) 海水の**蒸発**で食塩がつくられる。
(エ) 鉄鉱石から酸素を取り除く方法(**還元**)で，鉄を取り出す。これは，化学変化を利用して，金属の化合物から単体を取り出す方法(**金属の製錬**)である。

解答 (1) **分液ろうと** (2) **抽出** (3) **a** (4) **(イ)**

5 **解説** (1) 不揮発性物質(塩化ナトリウム)と，揮発性物質(水)の混合溶液である塩化ナトリウム水溶液を加熱すると，揮発性物質の水だけが蒸発し，あとに塩化ナトリウムの結晶が残る(右図)。この操作を**蒸発**(**蒸発乾固**)という。

塩化ナトリウム水溶液
蒸発皿
湯浴

(2) 塩化ナトリウム水溶液から水だけを取り出すには，塩化ナトリウム水溶液を加熱し，蒸発した水蒸気を冷却すればよい。この操作を**蒸留**という。
液体と固体の混合物(溶液)から，液体を取り出す場合には**蒸留**が適しており，固体を取り出す場合には**蒸発**(**蒸発乾固**)が適している(ただし，蒸発乾固では固体の純度は高くならない)。
(3) 液体空気をゆっくりと温めると，沸点の低い窒素($-196℃$)が先に多く蒸発し，あとに酸素($-183℃$)が多く残る。これを繰り返すことで，窒素と酸素を分離することができる。この操作を**分留**(**分別蒸留**)という。
(4) 石灰水は，水酸化カルシウムの水溶液で，無色透

明である。しかし，空気中の二酸化炭素を徐々に吸収して，炭酸カルシウムの白色沈殿(固体)を生じて白濁する。したがって，白濁した石灰水を**ろ過**して白色の沈殿を除けば，無色透明な石灰水が得られる。

(5) 不純物を含む硝酸カリウムの結晶を，温水に溶かして飽和水溶液をつくる。これを冷却すると，純粋な硝酸カリウムの結晶が得られる(不純物は，少量のため冷却しても飽和に達せず，溶液中に残る)。このように，温度による溶解度の差を利用して，固体物質を精製する方法を**再結晶**という。

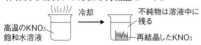

高温のKNO_3飽和水溶液 — 冷却 — 不純物は溶液中に残る — 再結晶したKNO_3

(6) すりつぶした植物の緑葉に，温めたアルコールを加えよくかき混ぜると，葉の細胞中に含まれていた葉緑素(クロロフィル)がアルコール中へ溶け出す。このように，溶媒に対する溶解性の違いを利用して，特定の物質を分離する方法を**抽出**という。茶葉に熱湯を加えてお茶(飲料)を入れるのは，熱水による抽出の例である。

(7) 黒色インクの中には，赤，黄，青などさまざまな色素が含まれる。これを，細長いろ紙の一端につけ，適当な展開液(アルコール・酢酸・水の混合溶液など)に浸すと，各色素のろ紙への吸着力の違いに応じて，異なる位置に分離される。たとえば，展開液への溶解度が大きく，ろ紙への吸着力の小さい色素は上方に分離され，展開液への溶解度が小さく，ろ紙への吸着力の大きい色素は下方に分離される。このような操作を**クロマトグラフィー**といい，特に，吸着剤としてろ紙を用いるクロマトグラフィーを**ペーパークロマトグラフィー**という。

ゴム栓／太い試験管／ろ紙／試料(混合物)／展開液

[解答] (1) (オ) (2) (カ) (3) (ア) (4) (イ) (5) (エ)
(6) (キ) (7) (ウ)

6 [解説] (2) 液体中に混じっている不溶性の固体物質(砂)は，**ろ過**によって分離できる。

(4) ろ過における留意点は次の通り。

① 図のように，四つ折りにしたろ紙を円錐状に開き，ろうとに当てる。次に，ろ紙に少量の純水を注ぎ，ろうとに密着させる。

② 液体は，飛び散らないようにガラス棒に伝わらせてゆっくりと注ぐ(ガラス棒は，ろ紙が三重になったところ(図の灰色の部分)に軽

③ ろ紙上に注ぐ液体の量は，ろ紙の高さの8分目より多くならないようにする。

④ ろうとの先端(長い方)はビーカーの内壁につける。これは，ろ液がはねるのを防ぐためと，ろ液が絶え間なくビーカーの器壁を流れ落ちるようになり，ろ過速度を大きくするためである。

⑤ ビーカー内の不溶物が沈殿したのち，上澄み液の部分からろ過し始めると，効率的にろ液が出てくる。

(5) ろ過では，液体に溶けない程度の大きさの沈殿粒子は分離できるが，液体に溶けた溶質粒子は分離できない。

ろ紙の目の大きさは10^{-6}m程度であり，食塩水の成分(Na^+，Cl^-，H_2Oの大きさは10^{-9}m程度)，牛乳の成分(タンパク質の大きさは$10^{-8} \sim 10^{-7}$m程度)はろ紙の目を通り抜けることができる。一方，砂は$10^{-5} \sim 10^{-3}$m程度の大きさの粒子なので，ろ紙の目を通り抜けることはできない。

[解答] (1) (a) **ろうと** (b) **ろうと台**
(2) **ろ過** (3) **ろ液**
(4) ・**ガラス棒を使用し，液体をガラス棒に伝わらせながら，静かに流し込む。**
・**ろ紙に少量の水を注ぎ，ろ紙をろうとに密着させておく。**
・**ろうとの先端(長い方)をビーカーの内壁につけておく。**
(5) (ア)，(ウ)

7 [解説] (ア) 同素体は単体にしか存在しない。たとえば，酸素O_2(融点$-218℃$，沸点$-183℃$)，オゾンO_3(融点$-193℃$，沸点$-111℃$)のように，同素体は互いに別の物質で，その性質は異なる。〔○〕

[参考] 同素体の存在する元素には，スコップ(S，C，O，P)がよく知られているが，ヒ素As，セレンSe，アンチモンSb，スズSnなどの元素にも同素体が存在する。たとえば，As(灰色ヒ素，黄色ヒ素，黒色ヒ素)，Se(金属セレン，無定形セレン)，Sb(金属アンチモン，黄色アンチモン)，Sn(白色スズ，灰色スズ)などが知られている。これらは金属元素と非金属元素の境界付近に位置する元素である。全元素を調べると，同素体をもたない元素の方が圧倒的に多い。

(イ) 黄リン(融点$44℃$)と赤リン(融点$590℃$)は，融点のような物理的性質だけでなく，自然発火する性質などの化学的性質も異なる。〔×〕

P_4 黄リン
有毒
自然発火する。
(発火点$35℃$)

P 赤リン
微毒
自然発火しない。
(発火点$260℃$)

㋒　同素体は，性質の異なる別の物質であるから，酸素とオゾンを混ぜ合わせたものは混合物になる。〔×〕

　　氷と水は状態（固体と液体）が異なるだけで，水H_2Oという同じ物質である。よって，純物質である。

㋓　水H_2Oと過酸化水素H_2O_2は化合物なので，同素体ではない。〔×〕

㋔　ふつうの硫黄（斜方硫黄）は，$1.01×10^5 Pa$（1気圧）では，95.6℃以上に長時間放置すると単斜硫黄に徐々に変化する。また，常温・常圧では，単斜硫黄はゆっくりと斜方硫黄へ変化する。〔○〕

㋕　ダイヤモンドと黒鉛（グラファイト）はいずれも炭素の同素体で，完全燃焼させると，ともに二酸化炭素になる。ただし，空気中では黒鉛は500〜600℃以上で燃焼するが，ダイヤモンドは800℃以上でないと燃焼しない。〔○〕

参考　ダイヤモンドと黒鉛の性質の違い
　　ダイヤモンドは非常に硬い物質であるのに対して，黒鉛は軟らかい。このような性質の違いは，炭素原子の結合の仕方の違いによる。
　　ダイヤモンドでは，炭素原子が正四面体状に強く結びついた立体の網目構造をしており，きわめて硬い。一方，**黒鉛**では炭素原子が正六角形状に結びついた平面の層状構造をしており，これらは弱い分子間力で引き合い，積み重なっているため軟らかい。すなわち，炭素の同素体では，炭素原子の結合の仕方が異なる。

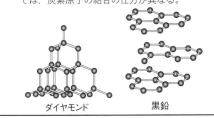

ダイヤモンド　　　黒鉛

解答　㋐，㋔，㋕

8　解説　単体と元素は同じ名称でよばれるため，しばしば混同されて使用される。**単体**は実在する具体的な物質を指し，**元素**は物質を構成する成分（要素）を指す。また，元素は物質を構成する最小の粒子である**原子**の種類を表す名称としても用いられる。

したがって，実際には，具体的な物質やその性質が思い浮かべば「単体名」として使用され，具体的な性質が思い浮かばなければ「元素名」として使用されている。また，その語句の前に「単体の」という言葉を補うと文意がよく通じれば「単体名」と判断できるし，

その語句の後に「〜という成分」という言葉を補うと文意がよく通じれば「元素名」と判断してよい。
(1)　実在する気体の酸素（単体）ではなく，物質の成分の種類（元素）としての酸素を指している。
(2)　空気中に存在する気体の酸素（単体）を指している。
(3)　二酸化炭素はCO_2で表される気体で，炭素と酸素という2つの成分（元素）からなる化合物である。
(4)　一定量の水に溶けた気体の酸素（単体）を指している。

解答　(1) B　(2) A　(3) B　(4) A

9　解説　沈殿反応，炎色反応など各元素に特有な反応を利用して，物質中の成分元素が検出できる。たとえば，化学反応などにより，溶液中に生じた不溶性の固体物質を**沈殿**といい，溶液中に沈殿が生じる反応を**沈殿反応**という。

ある元素を含む物質をガスバーナーの外炎の中に入れると，その元素に特有な色が現れることがある。この現象を**炎色反応**という。

炎色
外炎　白金線
内炎

元素名と元素記号		炎色反応の色
リチウム	Li	赤
ナトリウム	Na	黄
カリウム	K	赤紫
カルシウム	Ca	橙赤
バリウム	Ba	黄緑
ストロンチウム	Sr	紅（深赤）
銅	Cu	青緑

参考　炎色反応の覚え方
Li	Na	K	Cu
赤	黄	赤紫	青緑

リアカーなき　K村，動力に

Ba	Ca	Sr
黄緑	橙赤	紅（深赤）

馬力　借る(と)　する(も)くれない

(1)　黄色の炎色反応を示す元素は，ナトリウムNa。
(2)　橙赤色の炎色反応を示す元素は，カルシウムCa。
(3)　生じた白色沈殿は塩化銀AgClである。
$$Ag^+ + Cl^- \longrightarrow AgCl$$
　　Ag^+は硝酸銀水溶液から供給され，Cl^-は食塩水から供給されたものである。よって，食塩水中に含まれる元素として，塩素Clが検出される。
(4)　石灰水を白濁させる気体は二酸化炭素である。二酸化炭素には，炭素Cと酸素Oの2種の元素が含まれる。
　　二酸化炭素中の炭素Cはスクロースに由来するが，酸素Oは酸化銅（Ⅱ），空気中の酸素，スクロースのどれに由来するかは明らかではない。よってこの実験からは，酸素Oがスクロースの成分元素であるかどうかは確認されたことにはならない。

また，酸化銅(Ⅱ)はスクロースを完全燃焼させるための酸化剤として加えてある。

(5)　硫酸銅(Ⅱ)無水塩 $CuSO_4$ は水分を吸収して，硫酸銅(Ⅱ)五水和物 $CuSO_4 \cdot 5H_2O$ になる性質がある。

$$CuSO_4 + 5H_2O \longrightarrow CuSO_4 \cdot 5H_2O$$
（白色）　　　　　　　　　　　　（青色）

したがって，白色の硫酸銅(Ⅱ)無水塩の青色への変化から，この液体は水であり，スクロース中に含まれる元素として水素 H が検出される。

　スクロースと酸化銅(Ⅱ)の混合物を左図のように加熱すると，試験管の口付近に液体(水)がたまってくる。

解答 (1) Na　(2) Ca　(3) Cl　(4) C　(5) H

10 **解説** (1)　物質の状態は，温度と圧力によって，固体，液体，気体の間で変化する。この3つの状態を**物質の三態**という。また，三態間での変化を**状態変化**という。

　固体では，粒子間の引力が強くはたらき，各粒子は定位置で振動しているだけである。そのため，形も体積も一定である。

　液体では，固体よりも熱運動がやや活発であり，各粒子の位置は変化するので，形は変化する(**流動性**という)が，粒子間の引力はかなり強くはたらいているので，体積は一定である。

　気体では，粒子間の引力はほとんどはたらいておらず，各粒子は空間を自由に運動している。そのため，形も体積も一定ではない。

　物質の三態間での状態変化には，それぞれ固有の名称があるので，必ず覚えておく必要がある。

参考　**気化と液化について**
　広義の意味では，気化とは気体になることであり，「液体→気体」と「固体→気体」の両方に用い，また，液化とは液体になることであり，「固体→液体」と「気体→液体」の両方に用いられることもある。
　したがって，誤解をまねかないよう，状態変化の名称には，気化や液化という用語はなるべく用いない方がよい。

(2)　物質に熱エネルギーを加えると，物質の構成粒子が温度に応じて行う運動(**熱運動**)が激しくなる。それに伴い，物質の状態は，固体→液体→気体と変化する。

①　分子の熱運動が最も激しく行われている状態は

気体である。

②　分子の間にはたらく引力が最も強い状態は固体である。

③　通常の物質では，固体の体積を1とすると，液体の体積は1.1倍，気体の体積は1000倍程度である。したがって，分子間の平均距離は，固体<液体<気体の順になる。

(3) (a)　通常の物質では，液体が固体になると体積が減少する。しかし，水は例外的な性質をもち，水(液体)が**凝固**して氷(固体)になると，体積が約10%増加する。したがって，冬季には屋外の水道管が水の凝固によって破裂することがある。

(b)　洗濯物に含まれていた水(液体)が**蒸発**して水蒸気(気体)となり，空気中へ拡散していく。

(c)　空気中の水蒸気(気体)がコップの冷水で冷やされて**凝縮**し，水滴(液体)となる。

(d)　ナフタレンの固体が直接気体に変化し(**昇華**)，空気中に拡散していく。

(e)　チョコレートは純物質ではないので融点は一定ではないが，気温が高くなるとしだいに軟らかくなり，やがて**融解**する。

(f)　水分を含んだ食品を凍らせ，真空に近い減圧状態で氷だけを**昇華**させて，水蒸気の形で取り除く方法を**フリーズドライ(凍結乾燥)法**といい，加工食品の製造に利用される。

参考　**フリーズドライ法について**
　水分を含む食品を-30℃程度で急速に凍結させ，さらに真空に近い減圧状態で，水分を昇華させて乾燥させる方法を**フリーズドライ(凍結乾燥)法**という。
　乾燥過程で，食品に熱を加えていないので，食品の色，香り，風味を保ち，ビタミンなどの栄養価も損なわれにくい。水分が抜けた場所には多くの隙間が生じていて，水に水や湯が浸入しやすいため，食品としての復元性もよい。インスタントコーヒーや乾燥野菜，即席の味噌汁・スープなどにも利用される

解答 (1) ア　融解，イ　凝固，ウ　蒸発，
　　　　エ　凝縮，オ　昇華，カ　凝華
　　　(2) ① 気体　② 固体　③ 気体
　　　(3)(a) イ　(b) ウ　(c) エ　(d) オ　(e) ア　(f) オ

11 **解説** (1)　固体が直接気体になる状態変化を**昇華**，気体が直接固体になる状態変化を**凝華**という。ヨウ素は黒紫色の結晶であるが，昇華しやすい性質(**昇華性**)をもち，加熱すると液体にならずに直接，紫色の気体になる。これを冷却すると再び固体になるので，**昇華法**によって不純物を除く(精製)することができる(ガラス片は昇華しない)。

12 ～ 13

(2) 不純物を含んだヨウ素を，昇華法を利用して純粋なヨウ素に精製するには，通常は加熱により混合物からヨウ素だけを昇華させる。そしてその気体を，冷たい水を入れたフラスコなどに触れさせて冷却することによって，ヨウ素の気体を固体に凝華させる。したがって，加熱器具と冷水が入ったフラスコのある②の装置が適切である。

参考 ヨウ素を穏やかに加熱すると，融点(114℃)に達する前に，直接，昇華して気体となる。一方，ヨウ素を急激に加熱すると，融点に達し，液体となってから蒸発して気体となる。したがって，ヨウ素の昇華を観察するには，ガスバーナーで急激に加熱するのではなく，砂皿を使って間接的に穏やかに加熱する必要がある。

解答 (1) 昇華法 (2) ②

12 解説 (1) ガスバーナーを正常に燃焼させたとき，中央の青色の炎Aを**内炎**，外側のほぼ無色の炎を**外炎**という。内炎では，空気の供給が不十分なため不完全燃焼しており，炎の温度は低い(約500℃)。一方，外炎では空気の供給が十分なため完全燃焼しており，炎の温度は高い(最高約1500℃)。炎色反応を調べるには，白金線を高温の外炎へ入れる。(内炎では温度が低く，炎色は現れない。)

(2) 炎色反応を行う試料には，揮発性の塩化物($CaCl_2$, $BaCl_2$, $CuCl_2$, $LiCl$, $NaCl$, KCl)の各水溶液を用いる。

Li	Na	K	Cu	Ba	Ca	Sr
赤	黄	赤紫	青緑	黄緑	橙赤	紅(深赤)

(3) 異なる水溶液で炎色反応を調べるときは，白金線を濃塩酸に浸してから，外炎に入れる操作(空焼き)を繰り返し，外炎に白金線を入れても炎に色がつかないことを確認してから行う。

参考 **白金線を濃塩酸で洗う理由**
炎色反応において，白金線につけた塩化物(試料)がすべて揮発してしまうわけではない。その一部は高温で熱せられたため，酸化物に変化し，白金線に付着している可能性が高い。(白金自身は化学的に安定で，加熱しても酸化されない。)そのため，白金線に付着した金属元素の酸化物(塩基性酸化物)を濃塩酸に溶かし，揮発性の塩化物に変化させた後，空焼きするという操作を繰り返すことで，白金線に付着した酸化物などを取り除かなければならない。
例 $CuO + 2HCl → CuCl_2 + H_2O$

解答 (1) B
(2) (a) (カ) (b) (ウ) (c) (エ)
(d) (ア) (e) (イ) (f) (オ)
(3) 白金線に前の元素を残さないため。

(白金線をきれいな状態にするため。)

13 解説 (1), (2) 物質を加熱すると，粒子の熱運動が激しくなり，温度が上昇する。しかし，グラフ中には温度が変化していない区間が2か所ある。この区間では**状態変化**が起こっている。
最初のBC間では，固体から液体への状態変化(**融解**)が起こっており，その温度 a は水の**融点**である。2番目のDE間では，液体から気体への状態変化(**沸騰**)が起こっており，その温度 b は水の**沸点**である。

(3) BC間では融解が進行中で，固体と液体が共存している。DE間では沸騰が進行中で，液体と気体が共存している。

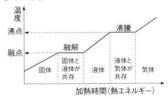

(4) 物質を加熱すると温度が上がるが，これは粒子の熱運動の運動エネルギーが大きくなるからである。一方，物質が状態変化するときは温度は一定に保たれる。それは，加えられた熱エネルギーが粒子間の位置エネルギー(ポテンシャルエネルギー)の増加に費されるためである。たとえば，融解のときは，加えられた熱エネルギーが構成粒子間の結合を弱め，粒子の規則的な配列を崩すのに用いられるからである。また，沸騰のときは，加えられた熱エネルギーが粒子間の結合を切り，粒子をばらばらにするのに用いられるからである。一般に，融解に必要な熱エネルギーよりも沸騰に必要な熱エネルギーの方が大きい。

(5) 純物質では，融解中や沸騰中の温度は一定である。しかし，混合物では，融解している間や，沸騰している間に温度は徐々に上昇していく。それは，融解や沸騰などの状態変化に伴って，混合物に含まれる成分物質の割合(組成)がしだいに変化するためである。

解答 (1) a 融点，b 沸点
(2) ア 融解，イ 沸騰
(3) AB間 **固体**，BC間 **固体と液体**，CD間 **液体**，DE間 **液体と気体**，EF間 **気体**
(4) 加えられた熱エネルギーが固体から液体への状態変化，または，液体から気体への状態変化に使われるためである。
(5) 融点や沸点において温度が一定なので，純物質である。

14 〔解説〕 蒸留装置では，フラスコ内の液量，温度計の位置，沸騰石の有無，冷却器に流す冷却水の方向などに注意する。

(1) **溶液**(混合物)中に溶けている物質(**溶質**)と溶かしている液体(**溶媒**)から，溶媒だけを取り出すには，**蒸留**が適している。

(3) 冷却水は，リービッヒ冷却器内に冷却水が満たされるように，下方から入れ，上方から出すように流す。逆方向に流すと，冷却器内を水で満たすことができず，冷却効果が非常に悪くなる。(高温の蒸気が当たる部分に低温の水が触れ，温度差で器具が破損する恐れもある。)

水
(冷却水を逆に流した場合)
水

(4) 〔点火方法〕コックを開いたのち，ガス調節ねじ b を開いて点火し，ガス量を調節する。次に，空気調節ねじ a を開いて空気量を調節し，適正な炎の状態にする。
〔消火方法〕空気調節ねじ a を閉じ，次にガス調節ねじ b を閉じて消火する。最後にコックも閉めておく。

(5) **沸騰石**には，素焼きの小片や一方を封じた細いガラス管を用いる。液体を加熱し続けると，突然，急激な沸騰が起こり，液体が吹き出すことがある。この現象を**突沸**といい，これを防ぐために，沸騰石を加えてから液体を加熱するとよい(加熱している途中から**沸騰石**を加えてはいけない)。

細いガラス管
(閉じた方を上にする)

　沸騰石に用いる素焼きの小片は多孔質で，小孔の中に空気を含んでいる。この空気が，液体が沸騰するきっかけをつくるので，突沸を防ぎながら，穏やかに沸騰を続けることができる。

(6) ・温度計は，蒸気の温度が正しく測れるように，温度の測定部(球部)を枝付きフラスコの枝元に置く。(正確に測定したいのは，沸騰している溶液の温度ではなく，冷却器に導かれる蒸気の温度である。蒸気の温度が目的物質の沸点と一致している間に得られる留出液(純物質)だけを，受器(三角フラスコ)に集めるとよい。)

　・液量があまり多いと，液面と枝の部分までの距離が短くなり，沸騰の際に生じた溶液のしぶき(飛沫)が枝の部分へ入り，受器にたまる液体に不純物が混入する恐れがある。また，液量が多いと，液面の面積が小さくなり，蒸留の効率も悪くなる。

　・アダプターと受器である三角フラスコとの間はゴム栓などで密閉せず，開放状態にしておく。ただし，ゴミが入らないように，脱脂綿を軽くつめるか，アルミ箔をかぶせておく方がよい。

参考 **受器(三角フラスコ)に密栓をしない理由**
　密栓をすると，加熱とともに蒸留装置内の圧力が高くなって，目的物が沸騰する温度も変わってしまう。また，装置全体が加圧状態となると，蒸留中に接続部がはずれたり，器具が破損することもあり，危険である。

(7) エタノールのような可燃性の液体を蒸留するときは，**水浴器**(右図)などを用いて，間接的に穏やかに加熱するようにする(**水浴**)。可燃性の液体を直火で加熱すると，火災を引き起こす危険性がある。

水浴器(銅製)
沸騰石
水浴

参考 **その他の蒸留の際の注意事項**
1)初留(最初に留出したもの)は捨てる。
2)沸騰石は，毎回，新しいものを使う。
3)酢酸(沸点 118℃)のように，沸点が 100℃以上の液体を蒸留するときは，水浴ではなく，油を入れた**油浴**を用いる。
4)有機溶媒を蒸留するときは，ゴム栓ではなくコルク栓を用いる。
5)金網を敷いて，フラスコ内の溶液が均一に加熱されるようにする。

〔解答〕 (1) 蒸留
(2) (ア) 枝付きフラスコ
(イ) ガスバーナー　(ウ) リービッヒ冷却器
(エ) アダプター　(オ) 三角フラスコ
(3) ②
(4) a 空気，b ガス
(5) 突沸(急激に起こる激しい沸騰)を防ぐため。
(6) ・温度計の球部をフラスコの枝元の位置に置く。
　・フラスコ内の液量は，半分以下にする。
　・三角フラスコ(受器)の口は，脱脂綿などを軽くつめるか，アルミ箔をかぶせる。
(7) 直火ではなく，水浴や電熱ヒーターなどを用いて間接的に加熱する。

2　原子の構造と周期表

15　[解説]　原子は，中心部に存在する正の電荷をもつ**原子核**と，その周囲に存在する負の電荷をもついくつかの**電子**からなる。原子核は，さらに，正の電荷をもつ**陽子**と，電荷をもたない**中性子**から構成される（水素原子 ${}^{1}_{1}H$ の原子核だけは陽子のみからなる）。

　陽子と中性子の質量はほぼ等しい（中性子の方がわずかに重い）が，電子の質量は陽子や中性子の質量の約 $\dfrac{1}{1840}$ と非常に小さいので，原子の質量は，ほぼ原子核の質量に等しいといえる。

　また，各元素の原子では，陽子の数は決まっており，この数を**原子番号**といい，原子の種類を区別するのに使われる。一方，原子核中の陽子の数と中性子の数の和を**質量数**といい，原子の質量を比較するのに使われる。

[解答]　① **原子核**　② **電子**　③ **陽子**　④ **中性子**　⑤ **原子番号**　⑥ **質量数**

原子番号1～20までの元素名と元素記号は，次のようにして完全に覚えておかねばならない。原子番号と元素記号は，指を折りながら，次のような文章とともに覚えていけばよい。	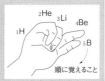順に覚えること

水	兵	リーベ	ぼ	く		の	船
H	He	Li	Be	B	C	N	O	F	Ne
なな	まがり	シップ	ス		クラーク		か
Na	Mg	Al	Si	P	S	Cl	Ar	K	Ca

リーベ＝ドイツ語で love の意味
シップス＝ship's　クラーク＝船長の名前

16　[解説]　(1)　陽子の数（＝電子の数）は等しいが，中性子の数の異なる原子を互いに**同位体**という。
　質量の異なる分子の種類は，同位体の組み合わせで考えればよい。自然界の塩素原子には，${}^{35}Cl$，${}^{37}Cl$ の2種類の同位体があり，この中から2個選ぶ組み合わせは，${}^{35}Cl \cdot {}^{35}Cl$，${}^{35}Cl \cdot {}^{37}Cl$，${}^{37}Cl \cdot {}^{37}Cl$ の3種類が考えられる。
(2)　${}^{35}Cl \cdot {}^{35}Cl$，${}^{35}Cl \cdot {}^{37}Cl$，${}^{37}Cl \cdot {}^{37}Cl$ の各塩素分子の存在割合は，各同位体の存在比の積となる。ただし，${}^{35}Cl \cdot {}^{37}Cl$ からなる塩素分子については，${}^{35}Cl \cdot {}^{37}Cl$ と ${}^{37}Cl \cdot {}^{35}Cl$ の2通りあるので，

$$\left(\dfrac{3}{4} \times \dfrac{1}{4}\right) \times \underline{2} = \dfrac{6}{16} \Rightarrow 37.5\%$$

〈別解〉　${}^{35}Cl_2$ の占める割合は，$\left(\dfrac{3}{4} \times \dfrac{3}{4}\right) = \dfrac{9}{16}$

${}^{37}Cl_2$ の占める割合は，$\left(\dfrac{1}{4} \times \dfrac{1}{4}\right) = \dfrac{1}{16}$

∴ ${}^{35}Cl \cdot {}^{37}Cl$ の占める割合は，全体の割合が1なので，

$$1 - \left(\dfrac{9}{16} + \dfrac{1}{16}\right) = \dfrac{6}{16} \Rightarrow 37.5\%$$

[解答]　(1) **3種類**　(2) **37.5%**

17　[解説]　(1)　元素記号の左下の数は**原子番号**（陽子の数）を示し，左上の数字は**質量数**（陽子の数＋中性子の数）を示す。
　電気的に中性な原子では，**陽子の数＝電子の数**だから，左下の数字は電子の数も表している。
(2)　(b)と(c)のように，原子番号が等しく質量数の異なる原子を，互いに**同位体**という。同位体は，同じ元素の原子なので，化学的性質は等しい。
(3)　**中性子の数＝質量数－原子番号**で求められる。
　各原子の中性子の数は，
　　(a)　14－6＝8個　(b)　17－8＝9個
　　(c)　16－8＝8個　(d)　24－12＝12個
　　(e)　20－10＝10個
(4)　**最外殻電子の数＝電子の数－内殻電子の数**である。
　第2周期（Li～Ne）の原子のとき，
　　最外殻電子の数＝電子の数－2（K 殻）
　第3周期（Na～Ar）の原子のとき，
　　最外殻電子の数＝電子の数－10（K 殻，L 殻）
　よって，最外殻電子の数は，
　　(a)　6－2＝4個　　(b), (c)　8－2＝6個
　　(d)　12－10＝2個　(e)　10－2＝8個
　貴ガス（希ガス）以外の原子では，**最外殻電子の数＝価電子の数**である。しかし，最外殻電子の数に関係なく，**貴ガス（希ガス）（He，Ne，Ar，Kr，…）の原子は，価電子の数はすべて0個**であることに留意する。
　よって，価電子の数は，
　　(a)　4　　(b), (c)　6　　(d)　2　　(e)　0
〈別解〉　典型元素では，最外殻電子の数は周期表の族番号の1位の数と一致する。（ただし，貴ガスのHeは2個。）
(a) C は14族で4個。(b), (c) O は16族で6個。
(d) Mg は2族で2個。(e) Ne は18族で8個。

[参考]　**最外殻電子と価電子の関係**
　各電子殻に入る電子の最大数は，原子核に近い方から $n=1$，2，3…とすると，n 番目の電子殻には最大 $2n^2$ 個と決まっている。最も外側の電子殻（**最外殻**）に入っている電子を**最外殻電子**という。最外殻電子のうち，原子どうしの

結びつき(化学結合)に重要な役割をするものを，とくに**価電子**という。貴ガス(希ガス)の原子(He，Ne，Ar，Kr…)の価電子の数はすべて0個であるが，これ以外の原子の場合，最外殻電子の数と価電子の数は等しくなる。

解答 (1)(b)，(c) (2)**同位体(アイソトープ)**
(3)(a)，(c) (4)最外殻電子の数 (d)
価電子の数 (e)

18 **解説** ロシアの化学者メンデレーエフは，1869年，当時発見されていた63種類の元素を**原子量**(原子の相対質量)の順に配列して**元素の周期律**を発見し，性質の似た元素を同じ縦の列に並べて，**元素の周期表**の原型となるものを発表した。しかし，その後の研究によると，元素を**原子番号**の順に並べた方がその周期性がより明確に現れることから，改良が加えられた。現在，元素の化学的性質の周期的変化は，原子番号の増加に伴って価電子の数が周期的に変化することと関係が深いことが明らかになっている。

現在の周期表は，1族〜18族，第1周期〜第7周期で構成されており，第1周期には2元素，第2，3周期には8元素，第4，5周期には18元素が含まれる。

第1〜第3周期の元素は，電子が最外殻へと配置される**典型元素**で，原子番号の増加とともに価電子の数が変化し，元素の化学的性質も周期的に変化する。一方，第4周期以降では，典型元素に加えて**遷移元素**が現れる。遷移元素では，最外殻ではなく内殻へ電子が配置されるため，最外殻電子の数は2個(または1個)で変化せず，原子番号が増加しても，元素の化学的性質はあまり変化しない。

解答 ① メンデレーエフ ② 周期律 ③ 原子番号
④ 周期 ⑤ 族 ⑥ 18 ⑦ 7 ⑧ 2 ⑨ 8
⑩ 典型 ⑪ 遷移

19 **解説** 価電子の数が1，2，3個の原子は，それぞれ価電子を1，2，3個放出して，1価，2価，3価の陽イオンとなりやすい。一方，価電子の数が6個の原子は，電子を2個取り入れて2価の陰イオンに，価電子が7個の原子は電子を1個取り入れて1価の陰イオンになりやすい。すなわち，単原子イオンの電子配置は，すべてHe，Ne，Ar，Krなどの安定な**貴ガスの電子配置**をとっている。

(a) Al(K2，L8，M3)⇒Al³⁺(K2，L8)
(b) Cl(K2，L8，M7)⇒Cl⁻(K2，L8，M8)
(c) Ca(K2，L8，M8，N2)⇒Ca²⁺(K2，L8，M8)

カルシウム $_{20}$Ca では，電子の数が20であり，K殻に2個，L殻に8個，M殻に10個入ることができるはずであるが，実際には，M殻に8個入ると電子配置は

安定(**オクテット**)となり，残る2個の電子はさらに外側のN殻に配置されることに留意する。

(d) O(K2，L6)⇒O²⁻(K2，L8)
(e) Br(K2，L8，M18，N7)⇒Br⁻(K2，L8，M18，N8)

参考 **貴ガス(希ガス)の電子配置について**
貴ガス(希ガス)の原子の電子配置を見ると，Heの最外殻電子は2個，Ne，Ar，Kr，Xe，Rnの最外殻電子はいずれも8個である。HeのK殻やNeのL殻のように，最大数の電子が収容された電子殻を**閉殻**という。最外殻が閉殻になると，その電子配置はきわめて安定となる。

また，Ar，Kr，Xe，Rnのように，最外殻に8個の電子をもつ原子の電子殻(**オクテット**という)も閉殻と同様に安定である。これは，電子は2個で対(ペア)をつくると安定な状態になる性質があるためである。すなわち，貴ガスの原子の最外殻電子はすべて電子対となって存在しているため，その電子配置は安定なのである。

参考 **カルシウム $_{20}$Ca の電子配置について**
電子殻は，K殻，L殻，M殻…からなり，それぞれに入ることのできる電子の最大数は2，8，18個…であることを学んだ。

各電子殻を調べてみると，さらに小さな**電子軌道(オービタル)**が集まってできている。第4周期の原子では，必ずしも電子殻の内側から順に電子が入るわけではない。

たとえば，$_{20}$Caの電子配置は，K殻2個，L殻8個，M殻10個ではなく，K殻2個，L殻8個，M殻8個，N殻2個となる理由を考えてみよう。

電子殻を構成する電子軌道は，その形状によって**s軌道**(球形)，**p軌道**(亜鈴形)，**d軌道**(四ツ葉形)…と区別される。K殻(n＝1)にはs軌道1つ，L殻(n＝2)にはs軌道1つとp軌道3つ，M殻(n＝3)にはs軌道1つ，p軌道3つ，d軌道5つがそれぞれ存在する。各電子軌道は，所属する電子殻を区別する数(n)を前につけて，1s軌道，2p軌道…のように表す。また，各電子軌道のエネルギー準位は次のような関係にある。

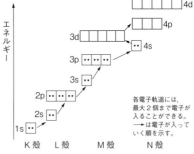

各電子軌道には，最大2個まで電子が入ることができる。
➡は電子が入っていく順を示す。

上図を見ると，M殻の3d軌道よりもN殻

の 4s 軌道の方がエネルギー準位が少し低い。このため，$_{20}$Ca 原子の場合，K 殻に 2 個，L 殻に 8 個の電子が入り，さらに，M 殻の 3s 軌道に 2 個，3p 軌道に 6 個の電子が入り，Ar と同じ電子配置（**オクテット**）となる。残る 2 個の電子は，エネルギー準位の高い内側の M 殻の 3d 軌道ではなく，エネルギー準位の低い外側の N 殻の 4s 軌道に入ることになるのである。

解答　(1)(a) Al^{3+}，**アルミニウムイオン**
(b) Cl^-，**塩化物イオン**
(c) Ca^{2+}，**カルシウムイオン**
(d) O^{2-}，**酸化物イオン**
(e) Br^-，**臭化物イオン**
(2)(a) **Ne** (b) **Ar** (c) **Ar** (d) **Ne** (e) **Kr**

20　**解説**　電子の数＝陽子の数＝原子番号より，(ア)は $_2$He，(イ)は $_3$Li，(ウ)は $_9$F，(エ)は $_{12}$Mg，(オ)は $_{16}$S，(カ)は $_{17}$Cl である。

各原子の**価電子の数**は，(ア)～(カ)の電子配置の図の最も外側の電子殻（**最外殻**）の電子の数を読み取ればよい。ただし，貴ガス（希ガス）（He，Ne，Ar…）の原子の価電子の数は 0 個となる。

(ア)　He は貴ガスなので 0 個　　(イ)　Li は 1 個
(ウ)　F は 7 個　　(エ)　Mg は 2 個
(オ)　S は 6 個　　(カ)　Cl は 7 個

(1)　価電子を 1 個もつ Li は，電子 1 個を放出して 1 価の陽イオンになりやすい。
(2)　価電子を 6 個もつ S は，電子 2 個を受け取り 2 価の陰イオンになりやすい。
(3)　貴ガスの電子配置（最外殻電子が，He は 2 個，Ne，Ar，Kr，…はすべて 8 個）はきわめて安定で，他の原子と結合しない。
(4)　ネオン Ne は最外殻の L 殻が閉殻である。よって，(エ)の Mg の価電子 2 個が放出されて生じたマグネシウムイオン Mg^{2+} は，ネオンの電子配置と同じである。
(5)　典型元素の同族元素は，価電子の数が等しい。よって，価電子の数が 7 個である F と Cl が**同族元素**である。
(6)　元素記号のまわりに最外殻電子を点・で表した化学式を**電子式**という。

参考　**原子の電子式の書き方**
各原子の**電子式**は，次の規則に従って書く。
①　元素記号の上下左右に 4 つの場所（電子軌道）を考える。各場所には，最大 2 個まで電子が入ることができる。
②　電子はできるだけ分散する方が安定になるので，4 個目までの電子は，別々の場所へ入れる（すべて**不対電子・**となる）。
③　5 個目からの電子は，すでに 1 個入った場

所のいずれかに入れる（**電子対：**をつくるようにする）。

〔注意〕　O 原子の価電子の数は 6 個，電子式では電子対が 2 組，不対電子が 2 個ある。したがって，$\overset{\cdot}{\underset{\cdot}{O}}\cdot$ または $\overset{\cdot\cdot}{O}\cdot$ のどちらで表してもよいが，$\overset{\cdot\cdot}{\underset{\cdot\cdot}{O}}$ のように電子対が 3 組あるように表してはいけない。また，第 1 周期の He には電子軌道が 1 つしかないので，2 個の電子は不対電子 2 個ではなく，電子対：として表すこと。

H　　　　　　　　　　　　　　He

Li　Be　$\cdot$B　$\cdot$C$\cdot$　$\cdot$N$\cdot$　$\cdot$O$\cdot$　$\cdot$F$\cdot$　$\cdot$Ne$\cdot$

Na　Mg　$\cdot$Al　$\cdot$Si$\cdot$　$\cdot$P$\cdot$　$\cdot$S$\cdot$　$\cdot$Cl$\cdot$　$\cdot$Ar$\cdot$

K　Ca

解答　(1) Li　(2) S　(3) He　(4) Mg　(5) F と Cl
(6)(ア) $\overset{\cdot\cdot}{He}$　(イ) Li$\cdot$　(ウ) $\overset{\cdot\cdot}{F}\cdot$　(エ)Mg　(オ) $\cdot\overset{\cdot}{S}\cdot$　(カ) $\cdot\overset{\cdot\cdot}{Cl}\cdot$

21　**解説**　イオンの化学式（**イオン式**）の書き方と読み方は次の通りである。

〈イオンの化学式の書き方〉
イオンの化学式は，元素記号の右上にイオンの価数と電荷の符号（＋，－）をつけて表し，価数の 1 は省略する。
〈イオンの化学式の読み方〉
単原子イオンの場合，陽イオンは元素名に「イオン」をつける。陰イオンは元素名の語尾を「化物イオン」に変える。
Fe^{2+}，Fe^{3+} のように，同じ元素で価数の異なるイオンの場合は，元素名のあとの（　）内に価数をローマ数字のⅠ，Ⅱ，Ⅲ，…で書く。たとえば，
Fe^{2+} 鉄（Ⅱ）イオン　Fe^{3+} 鉄（Ⅲ）イオン
多原子イオンは，それぞれに固有の名称が用いられており，これは覚えるしかない。
NH_4^+ アンモニウムイオン　OH^- 水酸化物イオン
NO_3^- 硝酸イオン　　　　CO_3^{2-} 炭酸イオン
SO_4^{2-} 硫酸イオン　　　　PO_4^{3-} リン酸イオン
どのイオンも重要なものばかりである。イオンの化学式，名称は完全に覚えてしまうことが必要である。

解答　(1) **アルミニウムイオン**　(2) **塩化物イオン**
(3) **カルシウムイオン**　(4) **炭酸イオン**
(5) **硝酸イオン**　(6) **カリウムイオン**
(7) **酸化物イオン**　(8) **水酸化物イオン**
(9) **硫酸イオン**　(10) **リン酸イオン**
(11) **アンモニウムイオン**　(12) **硫化物イオン**
(13) Na^+　(14) Al^{3+}　(15) Cl^-　(16) O^{2-}
(17) NH_4^+　(18) S^{2-}　(19) OH^-　(20) SO_4^{2-}
(21) NO_3^-　(22) CO_3^{2-}　(23) Fe^{3+}　(24) PO_4^{3-}

22 〔解説〕 ①，② 原子から電子１個を取り去って１価の陽イオンにするのに必要なエネルギーを，その原子の**イオン化エネルギー**といい，イオン化エネルギーが小さいほど，その原子は陽イオンになりやすいことを示す。

③ グラフが増加から減少に変わる点を**極大点**といい，そのときの値を**極大値**という。**貴ガス（希ガス）**（$_2$He，$_{10}$Ne，$_{18}$Ar）は，電子配置が安定で，いずれも陽イオンになりにくい。つまり，イオン化エネルギーは極大値をとる。

④ グラフが減少から増加に変わる点を**極小点**といい，そのときの値を**極小値**という。**アルカリ金属**（$_3$Li，$_{11}$Na，$_{19}$K）は，価電子の数が１個で，いずれも１価の陽イオンになりやすい。つまり，イオン化エネルギーは極小値をとる。

⑤ 原子番号１〜20の原子の中で，最も陽イオンになりやすいのは，イオン化エネルギーが最小値をとるカリウム $_{19}$K である。

⑥ 原子番号１〜20の原子の中で，最も陽イオンになりにくいのは，イオン化エネルギーが最大値をとるヘリウム $_2$He である。

⑦ 同周期の原子では，原子番号が大きくなるほど原子核の正電荷が大きくなり，原子核が電子を引きつける力が強くなるので，イオン化エネルギーは大きくなる。

⑧ 同族の原子では，原子番号が大きくなるほど，原子半径が大きくなり，原子核が電子を引きつける力が弱くなるので，イオン化エネルギーは小さくなる。

⑨ 原子が電子を１個取り込んで１価の陰イオンになるときは，イオン化エネルギーの場合とは逆に，エネルギーが放出される。このエネルギーをその原子の**電子親和力**という。

⑩ 電子親和力が大きいほど，その原子は陰イオンになりやすいといえる。下図を見ると，フッ素 F，塩素 Cl などのハロゲン元素の電子親和力が大きく，これらの原子は陰イオンになりやすいことがわかる。

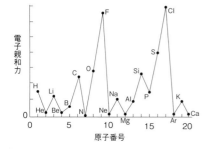

参考 **イオン化エネルギーの周期性について**

よく考えると，同族の原子では，原子番号が増加すると原子核の正電荷が増加する。しかし，最外殻が外側へ移っても，最外殻電子が受ける原子核の正味の正電荷（**有効核電荷**という）は，内殻にある電子の負電荷によって遮蔽されるので，ほとんど変わらない。たとえば，$_3$Li では，K殻（2個）は閉殻であり，原子核の正電荷＋３のうち＋２相当分は有効に遮蔽されているため，最外殻電子にはたらく原子核の正電荷は＋１とみなせる。$_{11}$Na ではK殻（2個），L殻（8個）はともに閉殻であり，原子核の正電荷＋11のうち，＋10相当分は有効に遮蔽されているため，最外殻電子にはたらく原子核の正電荷は＋１とみなせる。したがって，Li，Na，K…の有効核電荷はいずれも＋１で等しいから，原子半径が大きくなるほど，原子核が最外殻電子を引きつける力が弱くなり，イオン化エネルギーは小さくなる。

〔解答〕 ① **イオン化エネルギー** ② **小さい**
③ **貴ガス（希ガス）** ④ **アルカリ金属**
⑤ **カリウム** ⑥ **ヘリウム** ⑦ **大き**
⑧ **小さ** ⑨ **電子親和力** ⑩ **大きい**

23 〔解説〕 (1) 典型元素だけで考えると，金属元素と非金属元素の境界線は右図の通りである。

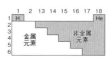

非金属元素は，水素 H を除いて，周期表の右上側に位置している（金属元素は，周期表の左下側に位置している）。ただし，水素は，H^+ という陽イオンになるが，単体 H_2 が電気の絶縁体であるなど，金属としての性質を示さないので，非金属元素に分類される。

(2) 周期表では，**左下の元素ほど陽性が強く，右上の元素ほど陰性が強い**（18族元素を除く）。

(3) **貴ガス原子の電子配置はきわめて安定**で，通常，他の元素と化合物をつくらない。つまり，最も安定で反応性に乏しい元素といえる。

(4) 周期表の第４周期以降に登場する3〜12族の元素ⓓを**遷移元素**といい，すべて金属元素に属する。ⓑは１族元素のうち，H を除いた**アルカリ金属**である。ⓒは２族元素の**アルカリ土類金属**，ⓖは**ハロゲン**，ⓗは**貴ガス（希ガス）**である。

〔解答〕 (1) ⓐ，ⓕ，ⓖ，ⓗ
(2) ⓑ，ⓒ，ⓖ (3) ⓗ
(4) ⓑ **アルカリ金属** ⓒ **アルカリ土類金属**
ⓓ **遷移元素** ⓖ **ハロゲン**
ⓗ **貴ガス（希ガス）**

24 〔解説〕　第3周期の元素は，次の8元素である。
　　　Na, Mg, Al, Si, P, S, Cl, Ar

(1) 炭素は第2周期の14族元素で原子番号は6。第3周期の14族元素はケイ素 Si で，原子番号は $6 + 8 = 14$ である。

(2) **単原子分子**とは，1つの原子がそのまま分子となったもので，電子配置が安定な貴ガスが該当する。第3周期の貴ガスはアルゴン $_{18}Ar$ である。

(3) 常温で単体が気体なのは，ハロゲンの Cl_2 と貴ガスの Ar のみ。他の単体はすべて固体である。
　　第1〜第3周期の元素で，常温で単体が気体のものは，$H_2, N_2, O_2, O_3, F_2, Cl_2$, He, Ne, Ar である。

(4) 第3周期で価電子の数が3個の原子は，K(2)L(8)M(3)の電子配置をもつアルミニウム Al である。

(5) **イオン化エネルギー**は，原子1個から電子を取り去り，1価の陽イオンにするのに必要なエネルギーである。このエネルギーが小さいほど陽イオンになりやすい。周期表では，左下にある原子ほど，イオン化エネルギーが小さく，陽性が強い。第3周期の原子では Na が最小である。

〔解答〕　(1) **14**　(2) **18**　(3) **2個**　(4) **アルミニウム**
　　　　(5) **Na**

25 〔解説〕　(ア) 電子1個の質量は，原子核ではなく陽子または中性子1個の質量の約 $\frac{1}{1840}$ である。〔×〕

(イ) 貴ガスの最外殻電子は，He だけが2個，他はすべて8個で，その電子配置は安定である。〔○〕

(ウ) 同一周期の原子では，最外殻電子が多いほど，イオン化エネルギーは大きくなり，陽イオンになりにくくなる。〔×〕

(エ) 同位体の存在からわかるように，陽子の数と中性子の数は必ずしも同数ではない。なお，原子番号が小さい原子では，陽子の数≒中性子の数であるが，原子番号が大きい原子では，陽子の数＜中性子の数となる。〔×〕

(オ) 陽子の数は，各元素の原子によって固有のものであり，**原子番号**と等しい。すなわち，原子の種類は陽子の数，つまり，原子番号によって決まる。〔○〕

(カ) 貴ガス以外の典型元素の原子では，最外殻電子がすべて価電子となる。一方，**貴ガスの原子では，最外殻電子の数に関係なく，価電子の数は0個である。**〔×〕

〔解答〕　(イ), (オ)

26 〔解説〕　**同位体**とは，陽子の数は等しく，同種の原子であるが，中性子の数が異なる原子のことである。

(ア) $^{14}_{6}C$ と $^{14}_{7}N$ のように，質量数が等しくても原子番号が異なれば異種の原子であり，同位体ではない。〔×〕

(イ) 質量数も原子番号も等しければ，全く同じ原子である。〔×〕

(ウ) $^{16}_{8}O$ と $^{17}_{8}O$ のように，原子番号が同じで質量数の異なる原子が**同位体**である。〔○〕

(エ) 質量数も原子番号も異なれば，全く別の原子である。〔×〕

(オ) 原子の化学的性質は，原子核のまわりに存在する電子，とくに最外殻電子によって決まる。したがって，同位体は電子の数が等しいので，化学的性質はほとんど同じである。〔○〕

(カ) ほとんどの同位体は放射能（α線，β線，γ線などの放射線を出す性質）をもたない**安定同位体**であるが，^3_1H, $^{14}_6C$ などのように，放射線を出して別の原子に変化していく**放射性同位体**もある。〔○〕

(キ) 地球上では，各元素の同位体は完全に混合しており，その存在する割合（存在比）は場所に関係なく，ほぼ一定である。〔○〕

(ク) 多くの元素には同位体が存在するが，F, Na, Al, P などのように，天然に同位体が存在しない元素は約20種類ある。〔×〕

〔参考〕　**放射線の種類とはたらき**
　　放射線には，**α線**（^{4}He の原子核の流れ），**β線**（電子の流れ），**γ線**（短波長の電磁波）などがあり，α線を放つと，原子番号が2小さく質量数が4小さい原子になる。β線を放つと原子番号が1大きく質量数が同じ原子になる。すなわち，原子の種類の変換が起こる。どの放射線も生物にとって有害であるから，放射性同位体の取り扱いには，十分な注意が必要である。下図は，α線，β線，γ線の物質に対する透過力の違いを表したものである。α線は透過力は小さいが，2価の正電荷を帯び，質量も大きいので，衝突した相手の物質を電離させて破壊する力は最も大きい。生物に対する影響は，同じエネルギーあたりで比較した場合，β線，γ線を1（基準）とすると，α線はその20倍もある。

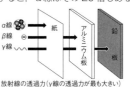

放射線の透過力（γ線の透過力が最も大きい）

〔解答〕　(ウ), (オ), (カ), (キ)

27 〔解説〕　周期表では，**左下の元素ほど陽性が大，右上の元素ほど陰性は大である（貴ガスを除く）。**

(ア) 1族のアルカリ金属元素では，原子番号が大きいほど原子半径は大きく，電子を放出しやすいので，

陽イオンになりやすい。〔○〕

(イ) 17族のハロゲン元素では、原子番号が小さいほど原子半径は小さく、電子を取り込みやすいので、陰イオンになりやすい。〔×〕

(ウ) 原子番号4(Be)は第2周期である。第2、第3周期は、ともに8個の元素を含むので、原子番号に8を足すと、次の周期の同族元素の原子番号になる。

$4 + 8 = 12$

$12 + 8 = 20$

よって、原子番号4(Be)、12(Mg)、20(Ca)が同族元素となる。〔×〕

(エ) 15族元素は典型元素なので、族番号の一の位の数5が価電子の数に等しい。〔○〕

(オ) 問題文の記述は、遷移元素の特徴である。

一方、典型元素では、原子番号が増加すると価電子の数が変化するので、周期表で縦に並んだ元素(**同族元素**)どうしの化学的性質がよく似ている。〔×〕

解答 (ア)○ (イ)× (ウ)× (エ)○ (オ)×

28 解説 各元素の原子の化学的性質は、価電子数によって決まるから、原子番号1～20までの原子の電子配置、とくに、最外殻電子を点・で表した**電子式**は、完全に書けるようになっておくこと。

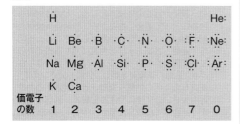

価電子の数	1	2	3	4	5	6	7	0

(1) 価電子の数は、上の通りである。

(ア) Liは1個 (イ) Cは4個 (ウ) Naは1個

(エ) Alは3個 (オ) Sは6個 (カ) Clは7個

(2) 原子は、原子番号が最も近い貴ガスの原子と同じ電子配置をもつイオンになる傾向がある。Li^+はHe型、Cはふつうイオンにならない。Na^+はNe型、Al^{3+}はNe型、S^{2-}はAr型、Cl^-はAr型の電子配置をもつイオンである。

(3) 原子では、**陽子の数＝電子の数**であるが、陽イオンになると、その価数の分だけ電子の数は減る。

電子の数は原子番号13の$_{19}Al$は13個、Al^{3+}では$13 - 3 = 10$個になる。

(4) 周期表では、左下にある原子ほど陽イオンになりやすい、つまり、イオン化エネルギーは小さい。

LiとCは第2周期、Na、Al、S、Clは第3周期、このうち周期表で最も左下にある原子はNaである。

(5) イオン半径は、He型<Ne型<Ar型の順になる。同じ電子配置のイオンの場合、原子番号が大きいほど、原子核の正電荷が大きくなり、より強く電子を引きつけるので、イオン半径は小さくなる。

Ar型の電子配置をもつS^{2-}とCl^-の大きさを比べると、$S^{2-} > Cl^-$である。

Ar型の電子配置をもつイオンの大きさ

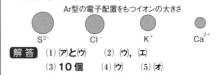

S^{2-}　　Cl^-　　K^+　　Ca^{2+}

解答 (1) (ア)と(ウ) 　(2) (ウ)、(エ)

(3) **10個** 　(4) (ウ) 　(5) (オ)

29 解説 (ア) 原子の質量は、原子番号とともに増加するだけで、**周期性は示さない**。

(イ) イオン化エネルギーは、アルカリ金属(1族)から貴ガス(18族)に向けてしだいに大きくなる周期性を示す。

(ウ) 原子半径は、同一周期では、周期表の左側の原子ほど大きく右側の原子ほど小さくなる(貴ガスは除く)。また、同族では、周期表の下にいくほど大きくなる。

(エ) 典型元素の価電子の数は、族番号の一の位の数に等しい(ただし、**貴ガスの価電子の数はすべて0個**)。

図(1)は、原子番号2(He)、10(Ne)、18(Ar)の貴ガスの値が0で、原子番号2～9、10～17、18～20の間では、規則的な増加が繰り返されているので、**価電子の数**を表す。

図(2)は、原子番号2、10、18の貴ガスで極大値をとり、原子番号3、11、19のアルカリ金属で極小値をとる。このような周期性を示すのは、**イオン化エネルギー**である。

図(3)は原子番号3、11、19のアルカリ金属の原子で数値が大きく、同一周期では原子番号が増加するにつれて、しだいに小さくなっている。このような周期性を示すのは、**原子半径**である。

参考 **原子半径の周期性について**

原子の大きさ(半径)の決め方には、次の3種類がある。

(1) **金属原子の大きさ** 金属原子が金属結合(本冊p.35)をつくったとき、その原子間距離の1/2を**金属結合半径**という。

(2) **非金属原子の大きさ** 非金属原子が共有結合(本冊p.27)で分子をつくったとき、その結合距離の1/2を**共有結合半径**という。一方、分子どうしが接触したとき、その原子間距離の1/2を**ファンデルワールス半径**という。どの原子においても、結合状態での共

30 ~ 32

有結合半径の方が非結合状態のファンデル
ワールス半径よりも小さな値になる。

ファンデルワールス半径（非結合状態）
共有結合半径（結合状態）

典型元素の原子半径を調べると，次のような
関係がある。
(A)周期表で下へいくほど，原子半径は大きく
なる。これは，電子がより外側の電子殻に配
置されているからである。
(B)周期表で右へいくほど，原子半径は小さく
なる。これは，原子核の正電荷が増えて，電
子がより強く原子核に引きつけられるためで
ある。
(C)どの周期でも，貴ガス（希ガス）で原子半径
が急激に大きくなる。これは，次の理由によ
る。貴ガス以外の原子では，ファンデルワール
ス半径より小さな値をもつ金属結合半径や共
有結合半径で，原子半径を表している。一方，
貴ガスの原子は共有結合を形成しないので，
共有結合半径は求められず，その代わりに，
より大きな値をもつファンデルワールス半
径で原子半径を表しているためである。

解答 (1)**(エ)**　(2)**(イ)**　(3)**(ウ)**

30 **解説** 原子番号＝陽子の数＝電子の数より，
イオンを構成する各原子のもつ電子の数は，原子番号
の総和に等しい。したがって，原子番号1～20の原
子については，その原子番号を覚えておかなければな
らない。さらに，陽イオンでは，その価数分だけ電子
の数を減らしておくこと。また，陰イオンでは，その
価数分だけ電子の数を増やしておくこと。
(1) $_{26}Fe^{3+}$　26－3＝23 個
(2) NH_4^+　7＋(1×4)－1＝10 個
(3) NO_3^-　7＋(8×3)＋1＝32 個
(4) SO_4^{2-}　16＋(8×4)＋2＝50 個
解答 (1)**23個**　(2)**10個**　(3)**32個**　(4)**50個**

31 **解説** (1) 電子の数はいずれも10個で，最
外電子殻は同じL殻であるが，原子核の正電荷は，
$_8O<_9F<_{11}Na<_{12}Mg$ である。原子核の正電荷が大
きいほど，まわりの電子をより強く引きつけるので，
イオン半径は小さくなる。28 **解説** (5)参照。
(2) 同族元素の単原子イオンでは，原子番号の大きい
ものほど，より外側の電子殻に電子が配置されてい
るため，イオン半径が大きくなる。**33** **解説** (ア)参
照。
解答 (1)**原子番号が大きいほど，原子核の正電荷**

が大きいため，電子がより強く原子核に
引きつけられるから。
(2)**K⁺**　（理由）原子番号が大きい原子ほど，
より外側の電子殻に電子が配置されてい
るため。

32 **解説** **同位体**とは，陽子の数が同じで中性子
の数の異なる原子どうしをいう。
(1) 自然界に存在する水素原子には，^1H(水素)，^2H(重
水素)，^3H(三重水素)の3種類があり，この中から
重複を許して2個とる組み合わせは，
(i)(^1H, ^1H)，(ii)(^2H, ^2H)，(iii)(^3H, ^3H)
(iv)(^1H, ^2H)，(v)(^1H, ^3H)，(vi)(^2H, ^3H)
の6通りある。また，酸素原子の同位体には，^{16}O，
^{17}O，^{18}O の3種類がある。よって，(i)～(vi)のそれぞ
れに ^{16}O，^{17}O，^{18}O を組み合わせると，6×3＝18種類
の水分子が存在する。
　同様に，水素の同位体の中から重複を許して3個
とる組み合わせは，(^1H, ^1H, ^1H)，(^2H, ^2H, ^2H)，
(^3H, ^3H, ^3H)，(^1H, ^1H, ^2H)，(^1H, ^1H, ^3H)，(^2H,
^2H, ^1H)，(^2H, ^2H, ^3H)，(^3H, ^3H, ^1H)，(^3H, ^3H,
^2H)，(^1H, ^2H, ^3H)の10種類がある。それぞれに
ついて ^{14}N，^{15}N を組み合わせると，10×2＝20種類
のアンモニア分子が存在する。
〈**別解**〉数学では，異なる n 個のものから重複を許し
て r 個とる組み合わせ（**重複組み合わせ**）の総数は
$$_nH_r = {}_{n+r-1}C_r$$
よって，3種類の水素の同位体から重複を許して2
個とる重複組み合わせは
$$_3H_2 = {}_4C_2 = \frac{4×3}{2×1} = 6 \text{ 通り}$$
同様に，3種類の水素の同位体から重複を許して3
個とる重複組み合わせは
$$_3H_3 = {}_5C_3 = \frac{5×4×3}{3×2×1} = 10 \text{通り}$$
(2) 水分子の質量の違いは，構成する水素原子と酸素
原子の質量数の和で区別できる。最も軽い水分子は
$^1H_2{}^{16}O$ で質量数は18。最も重い水分子は $^3H_2{}^{18}O$ で
質量数は24。よって，天然の水分子の質量数には，
18，19，20，21，22，23，24 の7種類がある。
　同様に，最も軽いアンモニア分子は $^{14}N^1H_3$ で質量
数は17。最も重いアンモニア分子は $^{15}N^3H_3$ で質量
数は24。よって，天然のアンモニア分子の質量数に
は，17，18，19，20，21，22，23，24 の8種類があ
る。
解答 (1)H_2O **18種類**，NH_3 **20種類**
(2)H_2O **7種類**，NH_3 **8種類**

33 〔解説〕 (ア) 同じ周期の原子では，原子番号が大きくなるほど，原子核の正電荷が大きくなり，原子核からの電子に対する静電気的な引力が強くなるので，原子半径は小さくなる。〔×〕

(イ) 電子配置が同じ陽イオンでは，イオンの価数が大きいほど，原子核の正電荷が大きくなり，原子核からの静電気的な引力が強くなるので，イオン半径は小さくなる。〔○〕

例 $Na^+ > Mg^{2+} > Al^{3+}$

(ウ) 電子配置が同じ陰イオンでは，イオンの価数が大きいほど，原子核の正電荷は小さくなり，原子核からの電子を引きつける静電気的な引力が弱くなるので，イオン半径は大きくなる。〔○〕

例 $O^{2-} > F^-$

(エ) 原子が陽イオンになると，最外殻に電子がなくなり，1つ内側の電子殻が新たに最外殻となるので，イオン半径はかなり小さくなる。〔○〕

(オ) 原子が陰イオンになっても最外殻は変わらないが，もとの電子と新たに入った電子が静電気的に反発しあうため，イオン半径は少し大きくなる。〔×〕

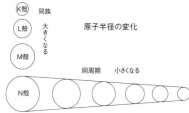

原子半径の変化

（同族の場合，原子番号が増すほど，最外殻がK殻，L殻，M殻，…と，より外側の電子殻に電子が配置されるので，原子半径は大きくなる。）

〔解答〕 (ア)，(オ)

34 〔解説〕 (1) 原子核が不安定で，放射線（α線，β線，γ線など）を放出しながら別の原子に変わっていく（壊変する）同位体を，**放射性同位体**（ラジオアイソトープ）という。

(2) $^{14}_{6}C$ の原子核は不安定で，原子核中の1個の中性子が陽子と電子に変化し，この電子がβ線として核外に放射される（**β壊変**）。その結果，質量数は変わらないが陽子の数（原子番号）が1増える。

$^{14}_{6}C \xrightarrow{\text{β壊変}} {}^{14}_{7}N + e^-$

(3) 放射性同位体が元の量の $\frac{1}{2}$ になるまでの時間を **半減期**といい，温度・圧力などの外部条件の影響を受けず，各放射性同位体に固有な値となる。

$^{14}_{6}C$ は太陽からの宇宙線（宇宙空間を飛び交う放射線の総称）によって大気中で生成され続けており，大気中の $^{12}_{6}C$ と $^{13}_{6}C$ の総和に対する $^{14}_{6}C$ の割合は

1.2×10^{-12} で一定である。しかし，その生物が死ぬと，外界からの $^{14}_{6}C$ の供給が止まるので，$^{14}_{6}C$ はβ線（電子の流れ）を放射しながら半減期5700年かかって $^{14}_{7}N$ に変化していく。したがって，この木片中の $^{14}_{6}C$ の割合と大気中の $^{14}_{6}C$ の割合を比較すれば，その生物の死後の経過年数が推定できる。

$$\frac{\text{木片中の}\,^{14}_{6}C\,\text{の割合}}{\text{大気中の}\,^{14}_{6}C\,\text{の割合}} = \frac{7.5 \times 10^{-14}}{1.2 \times 10^{-12}} = 6.25 \times 10^{-2}$$

$$= \frac{6.25}{100} = \frac{1}{16} = \left(\frac{1}{2}\right)^4$$

$^{14}_{6}C$ の半減期が5700年であるので，$^{14}_{6}C$ の割合は5700年で元の $\frac{1}{2}$ に，さらに5700年で元の $\frac{1}{4}$…と減少する。つまり，木片中の $^{14}_{6}C$ の割合が大気中の $\frac{1}{16} = \left(\frac{1}{2}\right)^4$ に減少するには，$^{14}_{6}C$ の半減期の4倍，つまり，$5700 \times 4 = 22800$ 年の時間を要することになる。

(4) $\dfrac{\text{植物中の}\,^{14}_{6}C\,\text{の濃度}}{\text{大気中の}\,^{14}_{6}C\,\text{の濃度}} = \dfrac{75}{100} = \dfrac{3}{4}$

これが半減期の何倍（x倍とする）に相当するかを求めればよい。

$\dfrac{3}{4} = \left(\dfrac{1}{2}\right)^x$ とおき，両辺の常用対数をとると，

$$\log_{10}\frac{3}{2^2} = \log_{10}2^{-x}$$

$$\log_{10}3 - 2\log_{10}2 = -x\log_{10}2$$

$$x = \frac{2\log_{10}2 - \log_{10}3}{\log_{10}2} = \frac{0.12}{0.30} = 0.4$$

$^{14}_{6}C$ の濃度が大気中の $\left(\dfrac{1}{2}\right)^{0.4}$ に減少するには，$^{14}_{6}C$ の半減期の0.4倍，$5700 \times 0.4 = 2280$ 年を要する。

〔解答〕 (1) **放射性同位体**（ラジオアイソトープ）
(2) $^{14}_{7}N$
(3) 2.28×10^4 年前
(4) 2.28×10^3 年前

参考　**^{14}C による年代測定法の限界**
　試料中の ^{14}C 濃度が大気中の ^{14}C 濃度の約0.1%になると，^{14}C 濃度の測定誤差とほぼ等しくなってしまうため，^{14}C による年代測定法は適用できなくなる。これに要する年数を ^{14}C の半減期の何倍（x倍とする）かを求めると，

$$\frac{1}{1000} = \left(\frac{1}{2}\right)^x$$

両辺の常用対数をとると

$$\log_{10}10^{-3} = \log_{10}2^{-x}$$

$$-3 = -x\log_{10}2 \quad x = \frac{3}{\log_{10}2} = 10$$

よって，^{14}C による年代測定法の限界は，約 $5700 \times 10 = 5.7 \times 10^4$ 年前までとなる。

3 化学結合①

35 [解説] 金属元素の Na 原子は，価電子を1個放出してナトリウムイオン Na^+ になり，非金属元素の Cl 原子は，その電子1個を受け取って塩化物イオン Cl^- になる。このように，陽イオンと陰イオンの間にはたらく**静電気力（クーロン力）**によって引き合う結合を**イオン結合**という。

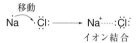

移動
Na ⇀ :Cl: ⟶ Na^+……:Cl:⁻
　　　　イオン結合

一方，非金属元素の Cl 原子どうしが結合することもある。Cl 原子の電子式 :Cl・でわかるように，6個の価電子は**電子対**をつくっているが，1個だけは対をつくらず**不対電子**として存在する。2個の Cl 原子がそれぞれの不対電子を出し合って電子対をつくり，それを互いに共有することで生じる結合を**共有結合**という。

このとき，2個の Cl 原子に共有されている電子対を**共有電子対**という。また，2原子間で共有されていない電子対を**非共有電子対**という。

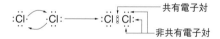

:Cl: :Cl: ⟶ :Cl:Cl: ────共有電子対
　　　　　　　　　　　└───非共有電子対

分子中での各原子の結合のようすを**価標**とよばれる線（−）で表した化学式を**構造式**という。構造式では，1組の共有電子対（:）を1本の価標（−）で表す約束がある。

H−H，Cl−Cl のように，1本の価標で結ばれた共有結合を**単結合**といい，O＝O，N≡N のように，2本，3本の価標で結ばれた共有結合をそれぞれ**二重結合**，**三重結合**という。なお，構造式は，分子中の原子の結合を平面的に示したもので，必ずしも実際の分子の形を正確に表すものではない。また，原子1個のもつ価標の数を，その原子の**原子価**という。原子価はその原子のもつ不対電子の数にも等しい。

参考　**どうして四重結合は存在しないのか**
　H−H は単結合，O＝O は二重結合，N≡N は三重結合で結合した分子で実在するが，C≡C の四重結合は存在せず，炭素分子 C_2 も存在しないのはなぜだろうか。
　実は，共有結合はイオン結合や金属結合などとは異なり，決まった方向でのみ結合する性質，つまり，**方向性**をもった結合なのである。すなわち，単結合は，共有結合をつくる2原子間を結ぶ方向（この方向を x 軸とする）で結合している。また，二重結合は，x 軸方向と x 軸に直交する y 軸方向でも結合している。さらに，三重結合は x 軸，y 軸，z 軸の3つの方向軸で結合している。

したがって，四重結合をつくるにはもう1つの方向軸が必要となるが，私たちの暮らす三次元空間には3つの方向軸しか存在しないので，共有結合では，四重結合はつくることはできないのである。

[解答] ① Na ② Na^+ ③ Cl ④ Cl^- ⑤ **クーロン**
⑥ **イオン結合** ⑦ **6** ⑧ **1** ⑨ **不対電子**
⑩ **共有結合** ⑪ **共有電子対**
⑫ **非共有電子対** ⑬ **価標** ⑭ **構造式**
⑮ **原子価**

36 [解説] 塩化ナトリウム NaCl のように，陽イオンと陰イオンがイオン結合によって規則的に配列した結晶を**イオン結晶**という。イオン結晶では，Na^+ と Cl^- が交互に規則的に並んでいるだけで，分子に相当する単位粒子がない。これは，銅のような**金属結晶**やダイヤモンドのような**共有結合の結晶**でも同様である。こうした物質では分子式の代わりに，物質を構成する原子や原子団の数の比を最も簡単な整数比で表した**組成式**を用いて表す。組成式は分子の存在しない物質を化学式で表すときに用いる。

〈イオンからなる物質の組成式の書き方〉
① 陽イオンと陰イオンの正・負の電荷が等しくなるような割合（個数の比）を考える。たとえば，陽イオン Ca^{2+} と陰イオン NO_3^- の価数の比が2：1なので，Ca^{2+}：NO_3^-＝1：2の個数の比で結合する。
② 陽イオンを先に，陰イオンを後に電荷を省略して書き，その個数を元素記号の右下に書く（数字の1は省略）。
　《注》 多原子イオンが2個以上のときは（ ）でくくり，右下に数を書く。1個のときは（ ）も不要。
　　　　$Ca^{2+}(NO_3^-)_2 \Rightarrow Ca(NO_3)_2$

(1) ① Na^+ と S^{2-} の価数の比は1：2だから，Na^+ と S^{2-} は2：1の個数の比で結合する。
② Mg^{2+} と NO_3^- の価数の比は2：1だから，Mg^{2+} と NO_3^- は1：2の個数の比で結合する。
③ Al^{3+} と SO_4^{2-} の価数の比は3：2だから，Al^{3+} と SO_4^{2-} は2：3の個数の比で結合する。
④ Ca^{2+} と PO_4^{3-} の価数の比は2：3だから，Ca^{2+} と PO_4^{3-} は3：2の個数の比で結合する。

〈イオンからなる物質の組成式の読み方〉
① 組成式 AB は，B（陰性部分）→ A（陽性部分）と逆に読む。すなわち，右側の陰イオンの「物イオン」や「イオン」を省略して読み，次に，左側の陽イオンの「イオン」を省略して読む。
② Cu，Fe のように2種類以上の価数をもつ原子は，原子名のあとに，2価の場合は（Ⅱ）を，3価の場合は（Ⅲ）のように，ローマ数字で区別する。

[解答] (1) ① Na_2S ② $Mg(NO_3)_2$

③ Al₂(SO₄)₃　④ Ca₃(PO₄)₂
(2)① 酸化カルシウム　② 塩化亜鉛
　　③ 水酸化鉄(Ⅱ)　④ 水酸化アルミニウム
　　⑤ 炭酸ナトリウム

37 〔解説〕 H_2, O_2, CO_2, H_2O のように，分子で構成されている物質は，分子を構成する原子の種類とその数を示した**分子式**で表す。本問に取り上げたような代表的な分子の分子式や名称は確実に覚えておく必要がある。

〈分子式の書き方・読み方〉
① 元素は次の順に書き，その個数を右下に書く。
　B, Si, C, P, N, H, S, O, I, Br, Cl, F
② 右側の元素名から"素"をとって"化"をつけ，左側の元素名を続けて読む。同じ元素からなる複数の化合物がある場合，原子の数を漢数字で区別する（「一」も省略しない）。
　(例)CO ⇒ 一酸化炭素　CO_2 ⇒ 二酸化炭素
③ 分子からなる物質には，古くからの慣用名が使われていることが多く，これらは覚えるしかない。
④ **オキソ酸**(酸素を含む酸)の化学式は「H原子＋中心原子＋O原子」の形で表され，その命名は最も一般的な化合物を基準とし，酸素原子の多少は次の接頭語をつけて表す。
　　過…1つ多い　亜…1つ少ない
　　次亜…2つ少ない
　　(例)H_2SO_4 ⇒ 硫酸，H_2SO_3 ⇒ 亜硫酸
　　HClO ⇒ 次亜塩素酸
　　$HClO_2$ ⇒ 亜塩素酸
　　$HClO_3$ ⇒ 塩素酸
　　$HClO_4$ ⇒ 過塩素酸

〔解答〕 (1) **一酸化窒素** (2) **二酸化窒素**
(3) **四酸化二窒素** (4) **二酸化硫黄**
(5) **過酸化水素** (6) **十酸化四リン**
(7) **硝酸** (8) **硫酸**
(9) **エタン** (10) **プロパン** (11) **メタノール**
(12) **エタノール** (13) **次亜塩素酸**
(14) **亜塩素酸** (15) **塩素酸** (16) **過塩素酸**

38 〔解説〕 ダイヤモンドと黒鉛(グラファイト)は炭素Cの**同素体**で，ともに共有結合だけでできた**共有結合の結晶**に分類されるが，性質が大きく異なる。これは，炭素原子の共有結合の仕方に違いがあるためである。
　ダイヤモンドは，無色透明の結晶であり，電気伝導度は小さく，電気の絶縁体である（ただし，熱伝導率はきわめて大きい）。天然物の中では最も硬く，宝石のほか，ガラスカッター，削岩機などに利用される。

ダイヤモンドは各炭素原子が4個の価電子すべてを共有結合に使って，**正四面体**を基本単位とした**立体の網目構造**をもつ結晶である。これらの炭素原子は強い共有結合だけで結合しているので，硬くて融点も非常に高い（約4430℃）。また，炭素原子のもつ価電子がすべて共有結合に使われているので，電気を通さない。
　黒鉛は，黒色不透明の結晶であり，電気伝導度は大きく，電気の良導体である。電池や電気分解の電極などに利用される。また，軟らかく，減摩剤，鉛筆の芯などに利用される。
　黒鉛(グラファイト) は各炭素原子が3個の価電子を共有結合に使って，**正六角形**を基本単位とした**平面の層状構造**をつくり，さらにこの平面どうしが積み重ってできた結晶である。しかし，この平面どうしは弱い**分子間力**で引き合っているだけなので，黒鉛はこの方向に薄くはがれやすく軟らかい。また，各炭素原子に残った1個の価電子は平面構造の中を自由に動くことができるので，黒鉛は電気をよく通す。
　いずれも融点は非常に高く，酸・塩基などの薬品にも安定で侵されないが，空気中で加熱すると燃焼して二酸化炭素となる。

〔参考〕 1985年，クロトー，スモーリーらによって発見されたC_{60}，C_{70} などの球状や球状の炭素分子は，建築家バックミンスター・フラーの設計したドーム状建築物にちなんで，**フラーレン**と名づけられた。
　1991年，飯島澄男博士によって，黒鉛の平面構造が筒状に丸まった構造をもつ**カーボンナノチューブ**が発見され，同質量で比較すると，鋼鉄の約20倍もの引っ張り強度があり，銀よりも電気伝導度が高く，ダイヤモンドよりも熱伝導率が高いなど，その特異な性質に注目が集まっている。

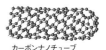

フラーレン(C_{60})　　カーボンナノチューブ

〔解答〕 ① **硬い** ② **軟らかい** ③ **非常に高い**
④ **非常に高い** ⑤ **絶縁体** ⑥ **良導体**
⑦ **透明** ⑧ **不透明**

39 〔解説〕 (1) イオン結合は，金属元素と非金属元素の間で形成される。したがって，金属元素と非金属元素の化合物である $CuCl_2$, KI, $Al_2(SO_4)_3$ を選べばよい。

$\underset{非}{N_2}$　$\underset{金}{Cu}$　$\underset{非}{Cl_2}$　$\underset{非}{C_2}$　$\underset{非}{H_6}$　$\underset{非}{C}$　$\underset{非}{O_2}$　$\underset{金}{K}$　$\underset{非}{I}$

$\underset{非}{I_2}$　$\underset{金}{Al_2}$　$\underset{非}{(SO_4)_3}$　$\underset{非}{Si}$　$\underset{非}{O_2}$

（金：金属元素
　非：非金属元素）

40 ～ 42

(2) ① イオン結晶は多数の陽イオンと陰イオンが静電気力で結合したものであり，分子が集まっているわけではない。また，イオン結晶は硬いが，強い力を加えると特定の面に沿って割れやすい性質（**へき開性**という）がある。〔×〕

② アンモニア分子と水素イオンが配位結合をして，アンモニウムイオンを生じる。〔×〕

③ イオン結晶の固体では，イオンが動くことができないので，電気を通さない。〔×〕

④ イオン結晶を融解させて直流電圧をかけると，陽イオンは陰極に，陰イオンは陽極に移動する。〔○〕

⑤ イオン結合は，陽イオンと陰イオンの電荷が大きいほど強くなる。また，両イオン間の距離が小さいほど強くなる。〔○〕

陽イオンと陰イオンの間にはたらく**静電気力（クーロン力）** f は，各イオンの電荷を q_1, q_2, イオンの中心間距離を r, 比例定数を k とすると，次式で表される（**クーロンの法則**）。

$$f = k \cdot \frac{q_1 \cdot q_2}{r^2}$$

解答 (1) $CuCl_2$, KI, $Al_2(SO_4)_3$
(2) ④, ⑤

40 **解説** 2個の原子が不対電子を出し合って電子対をつくり，これを共有することで生じた結合が**共有結合**である。これに対して，一方の原子の**非共有電子対**が他方の原子や陽イオンに提供され，これを共有することで生じた結合が**配位結合**である。共有結合と配位結合は，結合のでき方が異なるだけで，生じた結合は同種の共有結合と全く同じ性質（結合距離や結合の強さなど）をもち，区別することができない。

アンモニア分子 NH_3 の N 原子の非共有電子対が水素イオン H^+ に提供されると，アンモニウムイオン NH_4^+ を生じる。

（図）非共有電子対／空軌道／アンモニウムイオン（正四面体形）

同様に，水分子 H_2O の O 原子の 2 組の非共有電子対のうち 1 組だけが水素イオン H^+ に提供されると，オキソニウムイオン H_3O^+ を生成する（もう 1 組の非共有電子対はそのまま残っている）。

（図）非共有電子対／空軌道／オキソニウムイオン（三角錐形）

解答 ① 塩化アンモニウム ② 非共有電子対
③ 水素イオン ④ 配位結合
⑤ できない ⑥ 正四面体
⑦ オキソニウムイオン ⑧ 三角錐

41 **解説** 原子では，**電子の数＝陽子の数＝原子番号**の関係が成り立つので，電子の数から原子番号がわかる。(a)は $_6C$ (b)は $_{10}Ne$ (c)は $_{12}Mg$ (d)は $_{17}Cl$

(1) **単原子分子**として存在するのは，安定な電子配置をもつ貴ガス（希ガス）の(b) Ne である。

(2) **共有結合の結晶**は，共有結合のみによって形成された結晶である。(a)の C の単体であるダイヤモンドや黒鉛は，共有結合の結晶の代表的な物質である。

(3) **金属結晶**は金属原子どうしでつくられる金属結合によって形成された結晶である。この中で金属元素は(c)の Mg である。

(4) (c)の Mg は金属元素，(d)の Cl は非金属元素である。一般に，金属元素の原子が陽イオン，非金属元素の原子が陰イオンとなり，**イオン結合**を形成する。Mg は2価の陽イオン Mg^{2+}, Cl は1価の陰イオン Cl^- となるので，生成する化合物の組成式は $MgCl_2$ となる。

(5) (a)の C 原子も O 原子も非金属元素の原子である。非金属元素の原子どうしでは，互いに不対電子を出し合って共有電子対をつくり，**共有結合**によって分子を形成する。C 原子は不対電子を 4 個もち，O 原子は不対電子を 2 個もつので，C 原子 1 個と O 原子 2 個が共有結合を形成すると，二酸化炭素 CO_2 分子をつくる。

解答 (1) (b) (2) (a) (3) (c)
(4) **イオン結合**, $MgCl_2$
(5) **共有結合**, CO_2

42 **解説** 分子中の各原子の結合のようすを**価標**とよばれる線（−）を用いて表した化学式が**構造式**である。各原子のもつ価標の数を**原子価**（下表に示す）といい，各原子の原子価を過不足がないように組み合わせると，正しい分子の構造式が書ける。このとき，原子価の多い原子を中心に置き，原子価の少ない原子をその周囲に並べていくとよい。

最下段は各族の原子の原子価を表す。

1 族	14 族	15 族	16 族	17 族
H−	−C−	−N−	−O−	F−
	−Si−	−P−	−S−	Cl−
1	4	3	2	1

(ア) N≡ + ≡N ⟶ N≡N （窒素）

(イ) H− + Cl− ⟶ H−Cl （塩化水素）

(ウ) −O− + 2H− ⟶ H−O−H （水）

(エ) −N− + 3H− ⟶ H−N−H （アンモニア）

(オ) $-\overset{|}{\underset{|}{C}}-$ + 4H$-$ $\longrightarrow$ H$-\overset{H}{\underset{H}{\overset{|}{C}}}-$H （メタン）

(カ) $=$C$=$ + 2O$=$ $\longrightarrow$ O$=$C$=$O （二酸化炭素）

参考   分子の構造式の書き方

(1) 酸素原子Oは2価なので, (i)$-$O$-$（単結合2本）, (ii)O$=$（二重結合1本）の2通りの結合方法がある。

(i)の例 $-$O$-$ + 2H$-$ $\longrightarrow$ H$-$O$-$H（水）

(ii)の例   O$=$ + $=$O $\longrightarrow$ O$=$O（酸素）

(2) 窒素原子Nは3価なので, (i)$-$N$-$（単結合3本）, (ii)$=$N$-$（二重結合1本, 単結合1本）, (iii) N$\equiv$（三重結合1本）の3通りの結合方法がある。

(i)の例 $-$N$-$ + 3H $\longrightarrow$ H$-$N$-$H（アンモニア）下にH

(ii)の例 $=$N$-$ + O $=$ + Cl$-$ $\longrightarrow$ O$=$N$-$Cl（塩化ニトロシル）

(iii)の例   N$\equiv$ + $\equiv$N $\longrightarrow$ N$\equiv$N（窒素）

(3) 炭素原子Cは4価なので, (i)$-\overset{|}{\underset{|}{C}}-$（単結合4本）

(ii) $>$C$=$（二重結合1本, 単結合2本）

(iii) $=$C$=$（二重結合2本）

(iv) $-$C$\equiv$（三重結合1本, 単結合1本）

の4通りの結合方法がある。

(i)の例 $-\overset{|}{\underset{|}{C}}-$ + 4H$-$ $\longrightarrow$ H$-\overset{H}{\underset{H}{\overset{|}{C}}}-$H （メタン）

(ii)の例   2$>$C$=$ + 4H$-$ $\longrightarrow$ $\overset{H}{\underset{H}{}}C=C\overset{H}{\underset{H}{}}$ （エチレン）

(iii)の例 $=$C$=$ + 2O $\longrightarrow$ O$=$C$=$O （二酸化炭素）

(iv)の例   2$-$C$\equiv$ + 2H$-$ $\longrightarrow$ H$-$C$\equiv$C$-$H （アセチレン）

$-$C$\equiv$ + H$-$ + N$\equiv$ $\longrightarrow$ H$-$C$\equiv$N （シアン化水素）

元素記号の周りに最外殻電子を点・で表した化学式を**電子式**という。

〈分子の電子式の書き方〉

①構造式の価標1本($-$)を共有電子対1組(:)で表す。

②分子をつくったとき, 各原子は安定な貴ガスの電子配置をとっているので, 各原子の周囲に8個の電子(H原子だけは2個の電子)になるように, 非共有電子対:を書き加える。

〔構造式〕 $\longrightarrow$ 〔途中〕 $\longrightarrow$ 〔電子式〕

(ア) N$\equiv$N $\longrightarrow$ N$\vdots\vdots$N $\longrightarrow$:N$\vdots\vdots$N:

(イ) H$-$Cl $\longrightarrow$ H:Cl $\longrightarrow$ H:C̈l̈:

(ウ) H$-$O$-$H $\longrightarrow$ H:O:H $\longrightarrow$ H:Ö:H

(エ) H$-$N$-$H $\longrightarrow$ H:N:H $\longrightarrow$ H:N̈:H

(オ) H$-\overset{H}{\underset{H}{\overset{|}{C}}}-$H $\longrightarrow$ H:$\overset{H}{\underset{H}{\overset{..}{C}}}$:H （: 共有電子対 ◯: 非共有電子対）

(カ) O$=$C$=$O $\longrightarrow$ O$\vdots\vdots$C$\vdots\vdots$O $\longrightarrow$:Ö::C::Ö:

(1) 代表的な分子の立体構造は覚えておく必要がある。中心原子が何個の原子と結合しているかによって, 分子の立体構造(形)が決まる。

CH₄ → $\boxed{C}$H$_4$ 4個の原子 → **正四面体形**

NH₃ → $\boxed{\ddot{N}}$H$_3$ 3個の原子 → **三角錐形**（非共有電子対あり）

BH₃ → BH$_3$ 3個の原子 → **正三角形**（非共有電子対なし）

H₂O → H$_2\ddot{\ddot{O}}$:   2個の原子 → **折れ線形**（非共有電子対あり）

CO₂ → $\boxed{C}$O$_2$ 2個の原子 → **直線形**（非共有電子対なし）

(2) 構造式において, 価標1本($-$)からなる共有結合を**単結合**, 価標2本($=$)からなる共有結合を**二重結合**, 価標3本($\equiv$)からなる共有結合を**三重結合**という。

(3) 電子式を書いて, 共有電子対や非共有電子対の数を判断する。

(4) H$^+$と配位結合が可能な分子は, 非共有電子対をもつ(ア), (イ), (ウ), (エ), (カ)。しかし, 実際に配位結合が形成されるのは, 生じたイオンが安定に存在できる(ウ), (エ)に限られる。

$\left[\begin{matrix} & H & \\ H:\ddot{O}:H \\ \end{matrix}\right]^+$ $\left[\begin{matrix} & H & \\ H:\ddot{N}:H \\ & H & \end{matrix}\right]^+$

オキソニウムイオン   アンモニウムイオン

解答 ① N$\equiv$N   ② H$-$Cl   ③ H$-$O$-$H

④ H$-$N$-$H（下にH）   ⑤ H$-\overset{H}{\underset{H}{\overset{|}{C}}}-$H   ⑥ O$=C=$O

⑦ :N::N: ⑧ H:C̈l: ⑨ H:Ö:H

⑩ H:N̈:H（下にH）   ⑪ H:$\overset{H}{\underset{H}{C}}$:H   ⑫ :Ö::C::Ö:

(1)(ア)(a)   (イ)(a)   (ウ)(b)

　(エ)(c)   (オ)(d)   (カ)(a)

(2)(カ)   (3) @(イ)   ⓑ(カ)

(4)(ウ), (エ)

---

43 **解説** (1) 1, 2, 3本の価標で結ばれた共有結合を, それぞれ**単結合, 二重結合, 三重結合**という。まず, (ア)〜(キ)の各分子を構造式で表すには, 各原子の**原子価**を覚えておく必要があり, これを過不足なく満たすように**構造式**を書けばよい。

原子	H− F− Cl−	−O− −S−	−N− −P−	$\underset{\underset{\mid}{\mid}}{-C-}$ $\underset{\underset{\mid}{\mid}}{-Si-}$
原子価	1価	2価	3価	4価

(ア)　H− ＋ F− ⟶ H−F　（フッ化水素）

(イ)　N≡ ＋ ≡N ⟶ N≡N　（窒素）

(ウ)　2H− ＋ −S− ⟶ H−S−H（硫化水素）

(エ)　2S= ＋ =C= ⟶ S=C=S（二硫化炭素）

(オ)　4H− ＋ $-\overset{\mid}{\underset{\mid}{Si}}-$ ⟶ $H-\overset{\overset{\displaystyle H}{\mid}}{\underset{\underset{\displaystyle H}{\mid}}{Si}}-H$（シラン）

(カ)　3H− ＋ $-\overset{\mid}{P}-$ ⟶ $H-\overset{\overset{\displaystyle H}{\mid}}{P}-H$（ホスフィン）

(キ)　ホウ素 B 原子は，3個の価電子をもち，原子価は3である。

　　3H− ＋ −B− ⟶ $H-\overset{\overset{\displaystyle H}{\mid}}{B}-H$（ボラン）

(a)　二重結合を含む分子は，(エ)の CS_2 である。

(b)　三重結合を含む分子は，(イ)の N_2 である。

(2)　非共有電子対の数を調べるには，**電子式**を書く必要がある。

> **構造式を電子式に変換する方法**
> ①　価標1本（−）を共有電子対1組（:）に直す。
> 　　価標2本（=）を共有電子対2組（::）に直す。
> 　　価標3本（≡）を共有電子対3組（⫶）に直す。
> ②　分子を構成する各原子は貴ガスの電子配置をとっているので，各原子の周囲に8個（H原子は2個）の電子が存在するように，構造式では省略されていた非共有電子対:を書き加える。

　　〔構造式〕　　　〔途中〕　　　〔電子式〕

(ア)　H−F ⟶ H:F ⟶ H:F̈

(イ)　N≡N ⟶ N⫶N ⟶ N⫶N

(ウ)　H−S−H ⟶ H:S:H ⟶ H:S̈:H

(エ)　S=C=S ⟶ S::C::S ⟶ S̈::C::S̈

(オ)　$H-\overset{\overset{H}{\mid}}{\underset{\underset{H}{\mid}}{Si}}-H$ ⟶ $H:\overset{\overset{H}{}}{\underset{\underset{H}{}}{Si}}:H$ 　（: 共有電子対
　　非共有電子対）

(カ)　$H-\overset{\overset{H}{\mid}}{P}-H$ ⟶ $H:\overset{\overset{H}{}}{\underset{\cdot\cdot}{P}}:H$

(キ)　$H-\overset{\overset{H}{\mid}}{B}-H$ ⟶ $H:\overset{\overset{H}{}}{B}:H$

分子を構成する各原子は貴ガスの電子配置をとっているが，ホウ素 B 原子は例外で，その周囲には6個の電子しか存在せず，貴ガスの電子配置をとっていない。したがって，ホウ素 B 原子に非共有

電子対:を書き加えてはいけない。

(a)　非共有電子対が最多の分子は(エ)の CS_2 で4組。

(b)　非共有電子対が0個の分子は(オ)の SiH_4 と，(キ)の BH_3 である。

(3)　分子の形については，**42** 解説 参照。

(ア)　HF は HCl と同じ**直線形**の分子。

(イ)　N_2 は H_2，O_2 と同じ**直線形**の分子

(ウ)　H_2S は H_2O と同じ**折れ線形**の分子。

(エ)　CS_2 は CO_2 と同じ**直線形**の分子。

(オ)　SiH_4 は CH_4 と同じ**正四面体形**の分子。

(カ)　PH_3 は NH_3 と同じ**三角錐形**の分子。

(キ)　BH_3 分子の中心原子の B には非共有電子対は存在せず，3組の共有電子対が正三角形の頂点方向に伸びており，**正三角形**の分子となる。

解答 (1)(a) (エ)　(b) (イ)

(2)(a) (エ)　(b) (オ)，(キ)

(3)(a) (オ)　(b) (カ)　(c) (ウ)

(d) (キ)　(e) (ア)，(イ)，(エ)

44 解説 **イオン結晶**は，陽イオンと陰イオンが**静電気力（クーロン力）**によって結合してできた結晶である。静電気力が強いほど，それぞれのイオンを引き離すために必要なエネルギーが大きくなるため，イオン結晶の融点は高くなる。

　陽イオンの電荷を q_1，その半径を r_1，陰イオンの電荷を q_2，その半径を r_2 とすると，陽イオンと陰イオン間にはたらく静電気力 f は次式で表される。

　この関係を，**クーロンの法則**という。

$$f = k\frac{q_1 \cdot q_2}{(r_1+r_2)^2} \quad (k：比例定数)$$

すなわち，イオンの価数が大きく，イオン半径が小さいほど，陽イオンと陰イオン間にはたらく静電気力は強くなり，イオン結晶の融点は高くなる。逆に，イオンの価数が小さく，イオン半径が大きいほど，陽イオンと陰イオン間にはたらく静電気力は弱くなり，イオン結晶の融点は低くなる。

解答 (1) **ナトリウムのハロゲン化物に比べ，2族元素の酸化物の方が，各イオンの価数が2倍となっているため，陽イオンと陰イオンの間にはたらく静電気力が強くなり，結晶の融点が高くなる。**

(2) **ナトリウムのハロゲン化物では，ハロゲン化物イオンの半径が $F^- < Cl^- < Br^- < I^-$ の順に大きくなるので，この順に陽イオンと陰イオンの間にはたらく静電気力が弱くなり，結晶の融点が低くなる。**

45 解説 N原子，O原子の電子式は $\dot{\ddot{N}}\cdot$, $\dot{\ddot{\ddot{O}}}\cdot$ である。

各原子の不対電子を解消して，電子対をつくるよう

に NO_2 の電子式を考える。

①Nの不対電子2個とOの不対電子2個から二重結合 N＝O をつくる。

②Nの非共有電子対を別のOに提供して，配位結合 N→O をつくる。

NO_2 のN原子にはまだ不対電子1個が残っている。

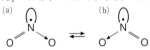

　NO_2 には上記(a), (b)の構造式が書けるが，実際には，その中間的な状態で存在する（このような状態を**共鳴**という）。したがって，NとOによる共有結合は平均1.5重結合となる。

　NO_2^- は NO_2 のN原子が電子を1個受け取ったものと考えられ，N原子には非共有電子対1組が存在する。

　NO_2, NO_2^- の中心のN原子には，いずれも3組の電子対（二重結合はまとめて1組と考える）が存在するので，正三角形（∠ONO＝120°）の基本構造となるはずである。

　題意より，NO_2^- では非共有電子対と共有電子対間の反発力が大きいため，左右のO原子が下へ押される形となり，∠ONO は120°より小さくなる。（文献値は115°）

　NO_2 では，不対電子と共有電子対間の反発力が小さいため，左右のO原子が上へ押される形となり，∠ONO は120°より大きくなる。（文献値は134°）

　NO_2^+ は NO_2 のN原子が電子を1個失ったもので，N原子には不対電子は存在しない。したがって，NO_2^+ の中心のN原子には2組の電子対しか存在しないので，直線形（∠ONO＝180°）の基本構造となり，次の(c), (d)の共鳴構造が考えられる。

(c)　　　　　　　　　　　　(d)

$$O = \overset{+}{N} \longrightarrow O \quad \rightleftarrows \quad O \longleftarrow \overset{+}{N} = O$$

　したがって，∠ONO の大きさの順は，

　　$NO_2^+ > NO_2 > NO_2^-$　となる。

解答 $NO_2^+ > NO_2 > NO_2^-$

参考　**分子の形と電子対反発則**

　分子に含まれる共有電子対や非共有電子対は，負の電荷をもっており，これらは互いに反発し，遠ざかろうとする。分子の形は，このような電子対の反発を考えることによって説明される。このような考え方を**電子対反発則**といい，1939年，槌田龍太郎博士によって初めて提唱された。たとえば，メタン分子 CH_4 では，炭素原子Cのまわりに4組の共有電子対があ

り，これらの電子対は互いに反発し合う。これらの電子対がCを中心として正四面体の頂点方向に位置するとき，その反発力は最小となる。したがって，メタン分子は**正四面体形**となる。同様に，アンモニア分子 NH_3 には，3組の共有電子対と1組の非共有電子対があり，これら4組の電子対が互いに反発し合い，四面体の頂点方向に伸びる。しかし，NH_3 分子の形はH原子の結合した共有電子対の伸びる方向で決まるので，**三角錐形**となる。同様に，水分子 H_2O には，2組の共有電子対と2組の非共有電子対があり，これら4組の電子対が互いに反発し合い，四面体の頂点方向に伸びる。しかし，H_2O 分子の形はH原子の結合した共有電子対の伸びる方向で決まるので，**折れ線形**となる。

CH₄分子　　　NH₃分子　　　H₂O分子

　また，二酸化炭素分子 CO_2 のように，二重結合をもつ分子の場合，二重結合をひとまとめとして考える。二酸化炭素分子では，Cのまわりに二重結合が2組あり，これらの反発を最小にすると，二酸化炭素分子は**直線形**になると予想できる。

　電子対の反発の大きさには，次のような関係がある。**非共有電子対どうし＞非共有電子対と共有電子対＞共有電子対どうし**　したがって，メタンの結合角（∠HCH＝109.5°）に比べて，アンモニアの結合角（∠HNH＝106.7°）はやや小さく，水の結合角（∠HOH＝104.5°）はさらに小さくなっている。

4 化学結合②

46 [解説] 原子が共有電子対を引きつける強さを数値で表したものを**電気陰性度**という。

周期表において、左下の元素ほど電気陰性度は小さく(陽性大)、右上の元素ほど電気陰性度は大きい(陰性大)。ただし、貴ガス(希ガス)の原子は共有結合をつくらないので、電気陰性度の値は求められていない。電気陰性度は全元素中では、**フッ素 F が最大**である。

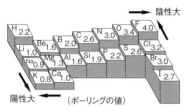

共有結合を形成した2原子間では、共有電子対が電気陰性度の大きい方の原子に引きつけられ、電荷の偏り(**極性**)を生じる。これを**結合の極性**という。一般に、2原子間の電気陰性度の差が大きいほど、結合の極性も大きくなる。

また、電気陰性度の差が大きくなるほど、その結合はイオン結合の性質(**イオン結合性**)が強くなり、共有結合の性質(**共有結合性**)は弱くなる。一方、電気陰性度の差が小さくなるほど、その結合は共有結合性が強くなり、イオン結合性は弱くなる。一般に、電気陰性度の差が 2.0 を超えると、その結合はイオン結合とみなしてよい。

参考 **共有結合のイオン結合性について**

いま、元素 A、B の電気陰性度の差を横軸、結合 A−B のイオン結合性の割合〔%〕を縦軸にとってグラフに表すと下図のようになる。グラフからわかるように、電気陰性度の差が 1.7 のとき、その結合のイオン結合性は 50% となる。したがって、電気陰性度の差が 2.0 以上では、その結合はイオン結合であるとみなしてよい。

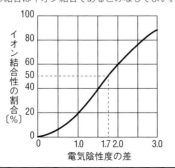

分子全体に見られる電荷の偏りを**分子の極性**という。たとえば、同種の原子からなる二原子分子では、結合に極性がないので、分子全体でも**無極性分子**となる。一方、異種の原子からなる二原子分子は、結合の極性と分子の極性が一致して、すべて**極性分子**となる。

しかし、異種の原子からなる多原子分子では、極性分子になる場合と、無極性分子になる場合とがある。この違いには、分子の立体構造(形)が影響する。すなわち、メタン(正四面体形)や二酸化炭素(直線形)では、分子全体では、各結合の極性が打ち消し合って**無極性分子**になる。しかし、水(折れ線形)やアンモニア(三角錐形)では、分子全体では各結合の極性が打ち消し合わずに**極性分子**となることに留意したい。

〔問〕各結合を構成する原子の電気陰性度の差が大きいほど、**結合の極性**も大きい。各結合を構成する原子の電気陰性度の差は、次の通りである。

(ア) O−H ⇒ 3.4 − 2.2 = 1.2
(イ) N−H ⇒ 3.0 − 2.2 = 0.8
(ウ) F−H ⇒ 4.0 − 2.2 = 1.8
(エ) F−F ⇒ 0

したがって、(ウ)の F−H 結合が最も電気陰性度の差が大きく、結合の極性が最も大きい。

[解答] ① 共有電子対 ② 大き ③ フッ素
④ 大き ⑤ 負 ⑥ 正 ⑦ 極性
⑧ 共有 ⑨ イオン ⑩ 立体構造(形)
⑪ 極性分子 ⑫ 無極性分子
〔問〕(ウ)

47 [解説] 同種の原子からなる共有結合では、2つの原子が共有電子対を引きつける強さは同じであり、**結合に極性はない**。一方、異種の原子からなる共有結合では、2つの原子の共有電子対を引きつける強さは異なり、**結合に極性が生じる**。

塩化水素分子 HCl では、H−Cl 結合に極性があり、結合の極性と分子の極性が一致して、分子全体として極性をもつ**極性分子**となる。

メタン分子 CH_4 では、C−H 結合に極性があるが、**正四面体形**なので、4つの C−H 結合の極性は互いに打ち消し合い、分子全体として極性をもたない**無極性分子**となる。

アンモニア分子 NH_3 では、N−H 結合に極性があり、分子が**三角錐形**であるため、3つの N−H 結合の極性は打ち消し合うことなく、分子全体として極性をもつ**極性分子**となる。

水分子 H_2O では、O−H 結合に極性があり、分子が**折れ線形**であるため、2つの O−H 結合の極性は打ち消し合うことなく、分子全体として極性をもつ**極性分子**となる。

二酸化炭素分子 CO_2 では，$C=O$ 結合に極性があるが，分子が**直線形**であり，2つの $C=O$ 結合の極性は，大きさが等しく逆向きなので，互いに打ち消し合い，分子全体として極性をもたない**無極性分子**となる。

[解答] ① 極性分子 ② 正四面体
③ 無極性分子 ④ 三角錐
⑤ 極性分子 ⑥ 折れ線
⑦ 極性分子 ⑧ 極性
⑨ 直線 ⑩ 無極性分子

48 [解説] 分子の極性は，結合の極性の有無と分子の形から判断できる。

(ア)，(イ) 二原子分子はすべて直線形であり，同種の原子からなるフッ素 F_2 は**無極性分子**，異種の原子からなるフッ化水素 HF は**極性分子**となる。

多原子分子では，分子の形から判断できる。(ウ)〜(カ)の分子の極性は図のようになる。

(ウ) 二硫化炭素 CS_2 は，二酸化炭素 CO_2 の O 原子を S 原子で置換した化合物で，CO_2 と同じ**直線形**をしている。したがって，分子の極性も CO_2 と同様に**無極性分子**となる。

(エ) 硫化水素 H_2S は，水 H_2O の O 原子を S 原子で置換した化合物で，H_2O と同じ**折れ線形**をしている。したがって，分子の極性も H_2O と同様に**極性分子**となる。

(オ) ホスフィン PH_3 は，アンモニア NH_3 の N 原子を P 原子で置換した化合物で，NH_3 と同じ**三角錐形**をしている。したがって，分子の極性も NH_3 と同様に**極性分子**となる。

(カ) 四塩化炭素 CCl_4 は，メタン CH_4 の H 原子を Cl 原子で置換した化合物で，CH_4 と同じ**正四面体形**をしている。したがって，分子の極性も CH_4 と同様に**無極性分子**となる。

(ア) F_2 (直線形) 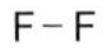
F−F
無極性分子

(イ) HF (直線形) 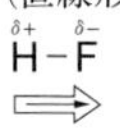
$\overset{\delta+}{H}-\overset{\delta-}{F}$
⇒
極性分子

(ウ) CS_2 (直線形) 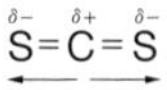
$\overset{\delta-}{S}=\overset{\delta+}{C}=\overset{\delta-}{S}$
無極性分子

(エ) H_2S (折れ線形) 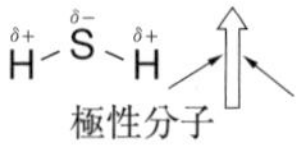
$\overset{\delta+}{H}-\overset{\delta-}{S}-\overset{\delta+}{H}$
極性分子

(オ) PH_3 (三角錐形) 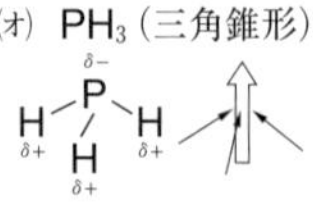
$\overset{\delta+}{H}-\overset{\delta-}{\underset{\underset{\overset{\delta+}{H}}{|}}{P}}-\overset{\delta+}{H}$
極性分子

(カ) CCl_4 (正四面体形) 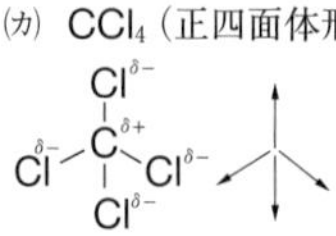
$\overset{Cl^-}{\underset{\underset{Cl^-}{|}}{\overset{|}{C}}}{}_{Cl^-}^{Cl^-}$
無極性分子

[解答] 極性分子 (イ)，(エ)，(オ)
無極性分子 (ア)，(ウ)，(カ)

49 [解説] 金属原子はイオン化エネルギーが小さく，価電子を放出しやすい性質をもつ。このため，多数の金属原子が集合した金属の単体では，価電子は特定の原子に所属することなく，金属中を自由に動き回ることができる。このような電子を**自由電子**といい，自由電子による金属原子間の結合を**金属結合**という。金属の単体には特有の光沢（**金属光沢**）が見られる。これは，自由電子が金属表面に入射する光のほとんどを反射してしまうからである。また，金属が電気・熱をよく導くのは，自由電子の移動によって電気や熱エネルギーが運ばれるからである。さらに，金属には，**展性**（薄く広げて箔状にできる性質）や**延性**（長く延ばして線状にできる性質）がある。これは，金属結合には，共有結合のような方向性がないので，原子相互の位置が多少ずれても，自由電子がすぐに移動してきて，以前と同じ強さの金属結合を回復できるからである（下図）。

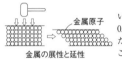

金属原子

金属の展性と延性

展性・延性の最も大きい金属は金で，1g で約 $0.52m^2$ の大きさの箔，または約 3200m の線にすることができる。

[参考] **金属結合の強さと単体の密度**
金属1原子あたりの自由電子の数が同数である場合，原子半径が小さいほど，1原子あたりの自由電子の密度が大きくなり，金属結合は強くなる。
(例)アルカリ金属の場合，金属1原子あたりの自由電子の数はいずれも1個で等しいが，原子半径は，Li(0.152nm)<Na(0.186nm)<K(0.231nm)であるから，1原子あたりの自由電子の密度は，Li > Na > K の順となり，単体の融点は Li(181℃) > Na(98℃) > K(64℃)の順となる。
第3周期の金属元素の融点は，Na(98℃)，Mg(649℃)，Al(660℃)の順に金属結合が強くなる。この事実を，金属1原子あたりの自由電子の数が1，2，3個と増加し，この順に金属結合が強くなるためと考えるのは早合点である。
金属の単体では，各電子軌道が重なり合いバンド（帯）を形成し，この中を価電子が移動することで金属結合が形成される。この考え方（**バンド理論**）によると，s バンド（球形），p バンド（亜鈴形），d バンド（四ツ葉形）の順に電子軌道の形が複雑になるので，電子は動きにくくなる。1族元素の Na は s バンドのみを電子が動くが，2族元素の Mg や 13族元素の Al は

50 〜 53

1-4　化学結合②　25

> sバンドとpバンドの両方を電子が動くので，1原子あたりの自由電子の数が2個から3個に増えても，自由電子の動きにくさを考慮すると，金属結合の強さはさほど変わらないと考えられ，MgとAlの融点はほぼ等しくなる。

解答　① **自由電子**　② **金属結合**　③ **電気**
④ **展性**　⑤ **延性**　⑥ **自由電子**

50　解説　(1)　常温・常圧で液体の金属は水銀だけで，その蒸気は有毒である。
(2)　銀は，金属中で最も電気・熱の伝導性が大きい。
(3)　銅は電気伝導性が銀に次いで大きく，電線などに多く利用される。
(4)　アルミニウムは軽くて，さびにくい。電気・熱の伝導性も銀・銅・金に次いで大きい。
(5)　鉄は生産量が最大の金属で，用途は幅広い。

解答　(1) Hg　(2) Ag　(3) Cu　(4) Al　(5) Fe

51　解説　(1)　分子どうしが**分子間力**で集まってできた結晶を**分子結晶**という。分子間力が弱いため，分子結晶は融点が低く，軟らかいものが多い。また，分子は電荷をもたない粒子なので，分子からなる物質は，固体，液体，気体のどの状態でも電気伝導性を示さない。
(2)　分子をつくらず，原子どうしが共有結合だけで結びついてできた結晶を**共有結合の結晶**という。共有結合の結合力はとても強いので，共有結合の結晶の融点は非常に高く，きわめて硬いものが多い。
(3)　陽イオンと陰イオン間の**静電気力（クーロン力）**による結合を**イオン結合**という。陽イオンと陰イオンが規則的に配列してできた結晶を**イオン結晶**という。イオン結合は強い結合であり，イオン結晶は硬い。しかし，強い力を加えて各イオンの位置が少しずれただけでも，同種のイオンどうしが接近して反発し合い，結晶が特定の面に沿って割れてしまう性質（**へき開性**）がある。
　イオン結晶は，固体状態ではイオンが動けないので電気を導かないが，融解液や水溶液にすると，イオンが動けるようになり，電気伝導性を示す。
(4)　金属原子から放出された価電子は**自由電子**となる。一方，規則正しく配列した金属原子の間を自由電子が動き回ることで生じる結合を**金属結合**といい，金属結合により生じた結晶を**金属結晶**という。金属結晶では，自由電子が金属原子の間を動くことで電気や熱をよく伝えたり，展性・延性に富み，金属に特有な輝き（**金属光沢**）を示す。

解答　① **分子間力**　② **軟らか**　③ **低**
④ **共有結合**　⑤ **硬**　⑥ **高**
⑦ **イオン結合**　⑧ **硬**　⑨ **高**
⑩ **不導体（絶縁体）**　⑪ **良導体**
⑫ **金属結合**　⑬ **良導体**
⑭ **金属光沢**

52　解説　原子，イオン間にはたらく強い結合（**化学結合**）は，次の3種類である。
- **イオン結合…金属元素と非金属元素**
- **共有結合…非金属元素どうし**
- **金属結合…金属元素どうし**

①　イオン結合によってイオン結晶ができる。〔○〕
②　共有結合の結晶は水に溶けにくい。〔×〕
③　黒鉛は金属ではなく，共有結合の結晶に分類されるが，結晶中を自由に動き回ることのできる電子が存在するため電気伝導性を示す。〔×〕
④　分子間力は弱いので，分子結晶の融点は低い。〔×〕
⑤　自由電子が金属原子を互いに結びつけている金属結合には，方向性がないので，金属結晶は展性・延性を示す。〔○〕

解答　①，⑤

53　解説　(1)　**イオン結晶**は，陽イオンと陰イオンからなり，これらの静電気力（クーロン力）による**イオン結合**で構成される。結晶状態では，イオンが固定されているため電気を導かないが，水溶液や融解して液体の状態にすると，イオンが移動できるようになり，電気をよく導くようになる。金属元素と非金属元素の化合物を選ぶ。
(2)　**共有結合の結晶**は，原子が共有結合によって次々に結合してできた結晶で，融点が非常に高く，硬いものが多い。14族のCやSiの単体とSiの化合物を選ぶ。
(3)　**分子結晶**は，分子間力によって分子が集合してできた結晶で，融点が低く，昇華性を示すものが多い。(2)を除く非金属元素の単体と化合物を選ぶ。
(4)　**金属結晶**は，自由電子による結合で，構成粒子は，陽イオンに近い状態にある金属原子である。金属には金属光沢，電気・熱の伝導性，展性・延性に富むなどの特徴がある。
　D群の物質を化学式に直し，金属元素，非金属元素の区別がつけば，ほぼ結晶の種類は推定できる。
　一般に，金属元素と非金属元素との結合はイオン結合，非金属元素どうしの結合は共有結合，金属元素どうしの結合は金属結合と考えてよい。
(a) $\underline{I_2}$　(b) $\underline{Fe}Cl_3$　(c) $\underline{Na}$　(d) $\underline{K}Br$
　　非　　　金　非　　　金　　　金　非

(e) <u>Fe</u>　(f) <u>SiC</u>　(g) <u>CO₂</u>　(h) <u>C</u>　　金：金属
　　金　　　非非　　　非非　　非　　非：非金属

　(f)の炭化ケイ素SiCはカーボランダムともいわれ，共有結合の結晶できわめて硬く，研磨剤・耐熱材などに用いる。

> **参考**　〈物質の融点をおおよそ比較する基準〉
> 1. 結合の強さ
> **共有結合＞イオン結合・金属結合＞分子間力**
> 2. イオン結晶の場合（静電気力）
> **価数大＞価数小**
> **イオン半径小＞イオン半径大**
> 3. 分子結晶の場合（分子間にはたらく力）
> **水素結合＞ファンデルワールス力**
> **極性分子＞無極性分子（分子量の似た分子）**
> **分子量大＞分子量小（構造の似た分子）**
> 4. 金属結晶の場合（金属結合）
> **自由電子の数多い＞自由電子の数少ない**
> **原子半径小＞原子半径大**

解答　(1)(エ)，(カ)，(サ)，(b)，(d)
　　　　(2)(ア)，(キ)，(ケ)，(f)，(h)
　　　　(3)(イ)，(ク)，(シ)，(a)，(g)
　　　　(4)(ウ)，(オ)，(コ)，(c)，(e)

54 **解説** (1)　ダイヤモンドは，C原子のみが**共有結合**だけで結びついた**共有結合の結晶**である。
(2)　CO_2の固体（ドライアイス）は，C原子とO原子が**共有結合**で分子をつくり，さらに，多数のCO_2分子が**分子間力**で集合してできた**分子結晶**である。
(3)　マグネシウムは，Mg原子が金属結合で結びついた**金属結晶**である。
(4)　二酸化ケイ素SiO_2は，Si原子とO原子が交互に共有結合だけで結びついた**共有結合の結晶**である。
(5)　塩化銅(Ⅱ)は，銅(Ⅱ)イオンCu^{2+}と，塩化物イオンCl^-が**イオン結合**で結びついた**イオン結晶**である。
(6)　塩化アンモニウムは，アンモニウムイオンNH_4^+とCl^-がイオン結合で結びついたイオン結晶である。また，NH_4^+は，共有結合でできたNH_3分子がH^+と**配位結合**してできたものである。
(7)　貴ガス（希ガス）のアルゴンArは単原子分子で，その固体は多数のAr分子（原子）が**分子間力**だけで集合し，**分子結晶**をつくる。

解答　(1)(ウ)　(2)(ウ)，(オ)　(3)(ア)　(4)(ウ)
　　　　(5)(イ)　(6)(イ)，(ウ)，(エ)　(7)(オ)

55 **解説** (1)　原子が共有電子対を引きつける強さを数値で表したものを，**電気陰性度**という。電気陰性度は，18族の貴ガス（希ガス）を除き，同一周期では原子番号の大きい原子ほど大きく，同族元素の原子では原子番号が小さいものほど大きい。した

がって，周期表では，電気陰性度は右上の元素ほど大きく，左下の元素ほど小さくなる。

（ポーリングの値）

(2)　貴ガスの原子は他の原子と共有結合をつくらないので，共有電子対が存在せず，電気陰性度が求められていない。
(3)　A－B結合の極性が大きいほど，イオン結合性が大きく，共有結合性は小さい。逆に，A－B結合の極性が小さいほど，イオン結合性は小さく，共有結合性は大きい。したがって，電気陰性度の差が大きい原子どうしの結合ほど，イオン結合性が強くなる。なお，電気陰性度の差は，周期表の左下に位置する**陽性（金属性）**の強い原子と，周期表の右上に位置する**陰性（非金属性）**の強い原子（貴ガスを除く）との組み合わせのとき最大となる。よって，イオン結合性の最も強い物質はNaFであり，共有結合性の最も強い物質は，電気陰性度の差がないO_2である。
(4)　分子の形は，CH_3Cl（四面体形），H_2S（折れ線形），F_2（直線形），CS_2（直線形），NH_3（三角錐形）である。二硫化炭素CS_2は，二酸化炭素CO_2と同じ直線形のS＝C＝Sの構造をしているため，無極性分子である。フッ素F_2は，同種の原子からなる二原子分子であり，無極性分子である。

　クロロメタンCH_3Clは，メタンCH_4（正四面体形）のH1個がClに置き換わっている化合物なので，四面体形ではあるが，正電荷と負電荷の中心が一致せず，極性分子となる。

CH_3Cl（四面体形）

—→ は結合の極性
⇒ は分子の極性 を示す
極性分子

解答　(1)最大 **フッ素**，最小 **ナトリウム**
　　　　(2)**18族元素**
　　　　（理由）**貴ガスの原子は他の原子と共有結合をつくらないため。**
　　　　(3)①**フッ化ナトリウム**　②**酸素**
　　　　(4)**フッ素，二硫化炭素**

参考　　**ケテラーの三角形について**

　化学結合には，イオン結合，共有結合，金属結合の３種類があるが，実際の物質中では，これらが単独で存在するのではなく，混ざり合って存在すると考えられる。1941 年，ケテラー(Ketelaar)は，貴ガスを除く単体，および異種の元素からなる化合物において，その物質を構成する主要な化学結合が，２つの元素の電気陰性度の差Δxを縦軸，電気陰性度の平均値$\bar{x}$を横軸とする三角形(**ケテラーの三角形**という)を用いて判別できることを示した。

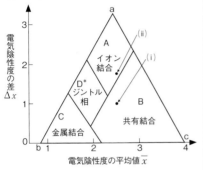

　イオン結合は，Δxが大きいことが特徴で，一般にxの小さい金属元素とxの大きい非金属元素から構成されるので，$\bar{x}$は中間程度の値になる。したがって，その領域はＡである。

　共有結合は，Δxが小さいことが特徴で，一般にxの大きい非金属元素から構成されるので，$\bar{x}$は大きな値になる。したがって，その領域はＢである。

　金属結合は，Δxが小さいことが特徴で，一般にxの小さい金属元素から構成されるので，$\bar{x}$は小さな値となる。したがって，その領域はＣである。

　各元素の電気陰性度(ポーリングの値)の最小値は Cs の 0.8，最大値は F の 4.0 であるから，ケテラーの三角形の頂点 a，b，c に相当する物質は，それぞれフッ化セシウム **CsF**，セシウム **Cs**，フッ素 **F₂** となる。

　たとえば，ゲルマニウム **Ge** は$(\bar{x}, \Delta x)=(2.0, 0)$であるから金属結合の領域に属しているが，共有結合との境界付近にあるので，電気の良導体と絶縁体の中間の半導体の性質を示す。

　フッ化水素 **HF** は$(\bar{x}, \Delta x)=(3.1, 1.8)$であるから共有結合の領域に属しているが，イオン結合の境界付近にあるので，強い極性をもつ共有結合であることを示す。

*イオン結合と金属結合の間にある領域Ｄは，**ジントル相**とよばれ，半導体的な電気伝導率とセラミックスのような性質をもちながら金属光沢を示すという不思議な物質群である。

〔問〕　次の化合物では，どの種類の化学結合が支配的かを答えよ。電気陰性度は次の値を用いよ。(Al 1.6，Sn 2.0，Br 3.0，O 3.4)
　　(i) **SnBr₄**　　　　　　(ii) **Al₂O₃**
　　$(\bar{x}, \Delta x)=(2.5, 1.0)$　　$(\bar{x}, \Delta x)=(2.5, 1.8)$
　これをケテラーの三角形にプロットすると(i) は共有結合の領域に属し，(ii)はイオン結合の領域に属していることがわかる。
(i) 共有結合，(ii) イオン結合　　答

5　物質量と濃度

56 **解説**　原子1個の質量はきわめて小さく，そのままの値で扱うのは不便である。そこで，**質量数12の炭素原子 ^{12}C の質量をちょうど12と定め**，これと他の原子の質量を比較することで，^{12}C 原子以外のすべての原子の**相対質量**が求められる。原子の相対質量は比の値なので，単位はない。

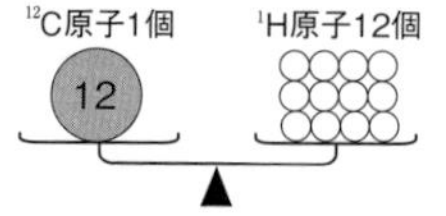

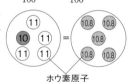

^{12}C原子1個　^1H原子12個

(12)

^{12}C原子1個と^1H原子12個がちょうどつり合うとき，^1H原子の相対質量は1.0と求められる。

原子の相対質量の意味

天然に存在する多くの元素には，質量の異なる同位体が一定の割合（存在比）で存在する。このような同位体が存在する元素では，各同位体の相対質量に存在比をかけて求めた平均値を，その**元素の原子量**という。

(1) 同位体の存在する元素の原子量は，各同位体の相対質量に存在比をかけて求めた平均値で表す。

ホウ素Bの各同位体の相対質量は与えられていないが，題意より，相対質量＝質量数とみなせるので，質量数をもとに計算する。

ホウ素の原子量 $= 10 \times \dfrac{20.0}{100} + 11 \times \dfrac{80.0}{100} = 10.8$

すなわち，天然のホウ素原子は，すべて相対質量が10.8のホウ素原子のみからなるとして扱うことができる（右図）。

(11)(11)
(10)(11)　＝　(10.8)(10.8)
(11)(11)　　　(10.8)
　　　　　　(10.8)(10.8)

ホウ素原子

(2) 各同位体の質量数と相対質量の両方が与えられているときは，相対質量を使って計算するほうが，より正確な元素の原子量を求めることができる。

^{35}Cl の存在比を x〔％〕とすると，^{37}Cl の存在比は $(100-x)$〔％〕となる。

$$34.97 \times \dfrac{x}{100} + 36.97 \times \dfrac{100-x}{100} = 35.45$$

$$\therefore \quad x = 76.0〔％〕$$

解答　(1) **10.8**　(2) ^{35}Cl **76.0%**，^{37}Cl **24.0%**

57 **解説**　(ア)　現在，原子の相対質量を求めるとき，基準となる原子は，質量数12の炭素原子 ^{12}C であり，その質量を12としている。〔○〕

(イ)　原子の相対質量は，^{12}C 原子を基準として，他の原子の質量を比較した相対値なので，単位はない。〔○〕

(ウ)　たとえば，炭素のように，2種の同位体 ^{12}C(98.9％)，^{13}C(1.1％)があり（他にごく微量の ^{14}C がある），一方の同位体の存在比が圧倒的に大きい場合，炭素の原子量は存在比の多い方の ^{12}C の相対質量の12に

きわめて近い値(12.01)になるが，全く同じ値にはならない。〔×〕

(エ)　1961年以前は，原子量の基準は，自然界に存在するすべての酸素原子の相対質量の平均値を16としてきたが，1961年からは ^{12}C 原子の相対質量を12とすることに変更された。〔×〕

(オ)　同位体が存在しなければ，原子の相対質量が元素の原子量と等しくなる。しかし，原子の相対質量と質量数の値はよく似ているが，厳密には一致しないので，原子の相対質量も整数にならない。したがって，同位体が存在しなくても，原子量は整数にならない。〔×〕

参考　一般に，原子核の質量は，これを構成する陽子と中性子の質量の和より小さい。この質量の差を**質量欠損**という。陽子と中性子が集まって原子核を構成するときにはエネルギーが必要で，そのエネルギーは原子核の質量欠損によってまかなわれている。すなわち，質量数の大きな原子核ほど，相対質量と質量数との差は大きくなる。

解答　(ア)，(イ)

58 **解説**　物質1molあたりの質量を**モル質量**という。具体的には，物質を構成する粒子が原子・分子・イオンの場合には，それぞれ原子量・分子量・式量に単位〔g/mol〕をつけたものに等しい。

① H_2O　$1.0 \times 2 + 16 = 18$　⇒　18〔g/mol〕
② CO_2　$12 + 16 \times 2 = 44$　⇒　44〔g/mol〕
③ HNO_3　$1.0 + 14 + 16 \times 3 = 63$　⇒　63〔g/mol〕
④ SO_4^{2-}　$32 + 16 \times 4 = 96$　⇒　96〔g/mol〕

電子の質量は，きわめて小さいので無視できる。したがって，イオンの式量は，イオンを構成する全原子の原子量の総和と等しくなる。

解答　① **18g/mol**　② **44g/mol**　③ **63g/mol**
④ **96g/mol**

59 **解説**　^{12}C 原子からなる集団12g中に含まれる ^{12}C 原子の数はほぼ 6.0×10^{23} 個であり，この数を**アボガドロ数**という。

6.0×10^{23} 個の同一粒子の集団を **1mol（モル）**という。

mol（モル）を単位として表した物質の量を**物質量**という。国際単位系では，すべての物理量※は，7種の基本単位および，その積・商で表される。物質量〔mol〕は，基本単位の1つに数えられている。

1molあたりの粒子の数を**アボガドロ定数 N_A** といい，6.0×10^{23}/mol である。

物質1molあたりの質量を**モル質量**といい，原子・分子・イオンの場合，それぞれ原子量・分子量・式量に

単位〔g/mol〕をつけたものに等しい。気体 1mol あたりの体積を**モル体積**といい，**標準状態**（0℃，1.013×10^5Pa）において，気体の種類を問わず **22.4L/mol** である。
＊物理量とは，単位をもつ量のことである。

[解答]　①**12**　②**アボガドロ数**　③**1mol**
④**物質量**　⑤**アボガドロ定数**
⑥**モル質量**　⑦**原子量**　⑧**分子量**
⑨**式量**　⑩**標準状態**　⑪**22.4**

[参考]　**アボガドロ数の基準の変更**
　これまでアボガドロ数は，「^{12}C 原子 12g に含まれる原子の数」と定義されていた。質量 1kg の基準となるキログラム原器であっても長い年月の間に質量のわずかの変動が見られる。したがって，厳密には，アボガドロ数も質量の基準の変動の影響を受けることになる。そこで，2019 年 5 月から，質量の基準の変動の影響を受けないように，これまでの測定値や精密な実験に基づいて決定された定義値へと変更された。すなわち，正確に 6.02214076×10^{23} 個の粒子を含む集団を**物質量 1mol** と定義し，物質量 1mol 中に含まれる粒子の数 6.02214076×10^{23} が**アボガドロ数**となった。したがって，^{12}C 原子 12g に含まれる原子の数は，これまではアボガドロ数と完全に一致したが，これからはアボガドロ数とほぼ等しいということになる。なお，今回のアボガドロ数の変更は，有効数字 7 桁目以降の数値の変更であり，高等学校や大学入試で行われる有効数字 2 ～ 3 桁の計算には，全く影響はないので，心配はいらない。

60 [解説]　**物質量**〔mol〕がわかると，粒子の数，質量，気体の体積へは，容易に変換することができる。物質量〔mol〕の計算をする際には，次の関係をよく頭に入れておく必要がある。

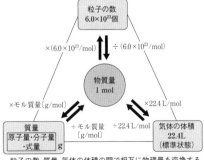

粒子の数，質量，気体の体積の間で相互に物理量を変換するときは，物質量（mol）を経由して行うとよい。

① 物質 1mol あたりの質量を**モル質量**といい，原子量・分子量・式量に単位〔g/mol〕をつけたものに等しい。二酸化炭素の分子量は，$CO_2=12+16\times2=44$ より，

CO_2 のモル質量は 44g/mol。
　よって，CO_2 1.1g の物質量は，
$$\frac{質量}{モル質量}=\frac{1.1g}{44g/mol}=0.025〔mol〕$$

② 気体 1mol あたりの体積を**モル体積**といい，標準状態では 22.4L/mol である。
　CO_2 0.025mol の標準状態での体積は，
$$0.025mol\times22.4L/mol=0.56〔L〕$$

③ 物質 1mol あたりの粒子の数を**アボガドロ定数** N_A といい，$N_A=6.0\times10^{23}$/mol である。
　CO_2 分子 0.025mol 中に含まれる分子の数は，
$$0.025mol\times6.0\times10^{23}/mol$$
$$=0.15\times10^{23}=1.5\times10^{22}\ 個$$

④ CO_2 1 分子中には，C 原子 1 個，O 原子 2 個の合計 3 個の原子が含まれる。

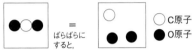

原子の総数＝$1.5\times10^{22}\times3=4.5\times10^{22}$ 個

[解答]　①**0.025**　②**0.56**　③**1.5×10^{22}**
④**4.5×10^{22}**

61 [解説]　原子，分子，イオン 1mol あたりの質量を**モル質量**とよび，原子量，分子量，式量に，単位〔g/mol〕をつけて表す。たとえば，メタンの分子量は，$CH_4=16$ なので，メタン 1mol あたりの質量は 16g という代わりに，メタンのモル質量は 16g/mol と表す。

同様に，物質 1mol 中に含まれる粒子の数 6.0×10^{23} を**アボガドロ数**という代わりに，物質 1mol あたりの粒子の数を**アボガドロ定数**といい，6.0×10^{23}/mol と表す。

さらに，気体 1mol の体積（標準状態）は **22.4L** であるという代わりに，標準状態における気体 1mol あたりの体積を**モル体積**といい，22.4L/mol と表す。

モル質量，アボガドロ定数，モル体積を使うと，物質量〔mol〕の計算において，両辺の単位は必ず一致する。したがって，単位に注目すれば，自分の立てた計算式が正しいか否かを即座に判断できるので，結果的に計算間違いを減らすことができる。

$$物質量〔mol〕=\frac{粒子の数}{アボガドロ定数〔/mol〕}=\frac{物質の質量〔g〕}{モル質量〔g/mol〕}$$
$$=\frac{気体の体積（標準状態）〔L〕}{気体のモル体積〔L/mol〕}$$

(1)　$物質量=\dfrac{粒子の数}{アボガドロ定数}$ より，
$$\frac{2.4\times10^{24}}{6.0\times10^{23}/mol}=4.0〔mol〕$$

(2) 塩化水素の分子量は HCl＝36.5 より，HCl のモル質量は 36.5g/mol である。

$$物質量 = \frac{物質の質量}{モル質量} より，$$

$$\frac{7.3g}{36.5g/mol} = 0.20〔mol〕$$

(3)

$$物質量 = \frac{気体の体積（標準状態）}{気体のモル体積（標準状態）} より，$$

$$\frac{11.2L}{22.4L/mol} = 0.500〔mol〕$$

(4) 粒子の数＝物質量×アボガドロ定数 より，

$$2.0mol \times 6.0 \times 10^{23}/mol = 1.2 \times 10^{24} 個$$

(5) 酸素の原子量は，O＝16 より，O 原子のモル質量は 16g/mol である。

物質の質量＝物質量×モル質量 より，

$$1.5mol \times 16g/mol = 24〔g〕$$

(6) 気体の体積（標準状態）＝物質量×気体のモル体積より，

$$0.25mol \times 22.4L/mol = 5.6〔L〕$$

解答 (1) **4.0mol** (2) **0.20mol** (3) **0.500mol**
(4) **1.2×10^{24} 個** (5) **24g** (6) **5.6L**

---

62 **解説** 「質量」⟷「粒子の数」⟷「気体の体積」の間で相互変換するときは，いったん，物質量に直してから行うとよい。

(1)

$$\frac{1.5 \times 10^{23}}{6.0 \times 10^{23}/mol} = 0.25mol であり，$$

分子量 O_2＝32 より，モル質量は 32g/mol。

$$\therefore 0.25mol \times 32g/mol = 8.0〔g〕$$

(2) 分子量 CH_4＝16 より，モル質量は 16g/mol。

$$\frac{3.2g}{16g/mol} = 0.20mol だから，$$

$$0.20mol \times 22.4L/mol = 4.48 \doteqdot 4.5〔L〕$$

(3)

$$\frac{5.6L}{22.4L/mol} = 0.25mol だから，$$

$$0.25mol \times 6.0 \times 10^{23}/mol = 1.5 \times 10^{23} 個$$

(4)

$$\frac{2.8L}{22.4L/mol} = 0.125〔mol〕であり，$$

分子量 CO_2＝44 より，モル質量は 44g/mol。

$$\therefore 0.125mol \times 44g/mol = 5.5〔g〕$$

解答 (1) **8.0g** (2) **4.5L** (3) **1.5×10^{23} 個**
(4) **5.5g**

---

63 **解説** 「質量」⟷「粒子の数」⟷「気体の体積」の間で相互変換するときは，いったん，物質量を経由してから行うとよい。

(1) 粒子の数 $\xrightarrow{\div (6.0 \times 10^{23})}$ 物質量 $\xrightarrow{\times 22.4}$ 気体の体積
（標準状態）

$$O_2 の物質量 = \frac{1.2 \times 10^{23}}{6.0 \times 10^{23}/mol} = 0.20〔mol〕$$

$$O_2 の体積 = 0.20mol \times 22.4L/mol = 4.48 \doteqdot 4.5〔L〕$$

(2) 窒素の分子量 N_2＝28 より，モル質量は 28g/mol，酸素の分子量 O_2＝32 より，モル質量は 32g/mol。

質量 $\xrightarrow{\div モル質量}$ 物質量 $\xrightarrow{\times (6.0 \times 10^{23})}$ 分子数

$$N_2 の物質量 = \frac{8.4g}{28g/mol} = 0.30〔mol〕$$

$$O_2 の物質量 = \frac{6.4g}{32g/mol} = 0.20〔mol〕$$

合計　0.30＋0.20＝0.50〔mol〕

分子数は，$0.50mol \times 6.0 \times 10^{23}/mol = 3.0 \times 10^{23}$ 個

(3) 物質量 $\xrightarrow{\times モル質量}$ 質量，質量 $\xrightarrow{\times 22.4}$ 気体の体積
（標準状態）

塩化水素の分子量 HCl＝36.5 より，モル質量は 36.5g/mol である。

HCl の質量＝$0.20mol \times 36.5g/mol = 7.3〔g〕$

HCl の体積＝$0.20mol \times 22.4L/mol = 4.48$
$\doteqdot 4.5〔L〕$

解答 ① **4.5** ② **3.0×10^{23}** ③ **7.3** ④ **4.5**

---

64 **解説** (1) アボガドロの法則より，同温・同圧で同体積の気体中には同数の分子が含まれる。よって，体積の比で 4：1 ということは，分子数の比も 4：1，つまり，物質量の比も 4：1 と考えてよい。

(2) 「空気の分子」というものは存在しない。混合気体を 1 種類の純粋な気体分子からなると考えた場合，この仮想分子の見かけの分子量を平均分子量という。アボガドロの法則より，同温・同圧・同体積の気体中には同数の分子を含むから，

体積の比＝分子数の比＝物質量の比

が成り立つ。

上記の関係より，空気 1mol 中には，窒素 0.8mol，酸素 0.2mol を含むから，空気 1mol の質量を求め，その単位〔g〕を取ると，空気の平均分子量が求まる。

$$28 \times 0.8 + 32 \times 0.2 = 28.8〔g〕 \Longrightarrow 28.8$$

(3) 気体は，同温・同圧では，同体積中に同数の分子を含むから，気体の密度の比は分子量の比と等しくなる。空気より軽い（密度が小さい）気体の分子量は空気の平均分子量の 28.8 より小さく，空気より重い（密度が大きい）気体の分子量は空気の平均分子量の 28.8 より大きい。

空気より軽い気体　　　　　　　　　空気

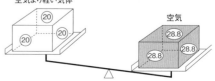

65 ～ 66

(ア)～(エ)の各気体の分子量は次の通りである。

- (ア) $NH_3 = 14 + 1.0 \times 3 = 17$
- (イ) $C_3H_8 = 12 \times 3 + 1.0 \times 8 = 44$
- (ウ) $NO_2 = 14 + 16 \times 2 = 46$
- (エ) $CH_4 = 12 + 1.0 \times 4 = 16$

解答 (1) 4：1 (2) **28.8** (3) (ア)，(エ)

> **参考** **ガスもれ警報器**
> 　都市ガスの主成分のメタン CH_4（分子量 16）は，空気（平均分子量28.8）よりも軽いので，もれたガスは部屋の上方に集まる。一方，LP ガスの主成分のプロパン C_3H_8（分子量44）は，空気よりも重いので，もれたガスは部屋の下方に集まる。このため，ガスもれ警報器は，都市ガスを使用している場合は部屋の天井近くに，LP ガスを使用している場合は，部屋の床近くにとりつけられている。

65 [解説] (1) **気体の密度**は，体積 1L あたりの質量で表される。また，気体1molの質量は，分子量に〔g〕をつけたものに等しい。したがって，気体1mol（22.4L）あたりの質量を求め，その単位〔g〕を取ると，気体の分子量が求まる。

$$1.96g/L \times 22.4L ≒ 43.90〔g〕 \Rightarrow 43.9$$

(2) **アボガドロの法則**より，気体は同温・同圧で同体積中に同数の分子を含むから，結局，気体の密度の比は，気体の分子量の比を表すことになる。

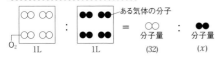

$1 : 2.22 = 32 : x$　∴　$x ≒ 71.04 ≒ 71.0$

(3) (2)で述べたように，気体の密度の比は気体の分子量の比に等しいから，分子量の大小を比較すればよい。

- (a) $CO_2 = 12 + 16 \times 2 = 44$
- (b) $CH_4 = 12 + 1.0 \times 4 = 16$
- (c) $O_2 = 16 \times 2 = 32$
- (d) $HCl = 1.0 + 35.5 = 36.5$

∴ CH_4，O_2，HCl，CO_2 の順に密度が大きくなる。

解答 (1) **43.9** (2) **71.0**
(3) **CH_4，O_2，HCl，CO_2**

66 [解説] (1) $Ca(OH)_2$ の式量は $40 + (16 + 1.0) \times 2 = 74$ より，そのモル質量は74g/molである。

物質量〔mol〕×モル質量〔g/mol〕=物質の質量〔g〕

より，求める $Ca(OH)_2$ の質量は，

$$0.20mol \times 74g/mol = 14.8 ≒ 15〔g〕$$

(2) 物質量〔mol〕＝$\dfrac{物質の質量〔g〕}{モル質量〔g/mol〕}$ より，

求める $Ca(OH)_2$ の物質量は，

$$\frac{37g}{74g/mol} = 0.50〔mol〕$$

(3) $Ca(OH)_2$ 1粒子には，Ca^{2+}1 個と OH^-2 個が含まれるから，$Ca(OH)_2$ 1mol 中には，Ca^{2+}1mol と OH^-2mol，つまり全部で 3mol のイオンが存在する。$Ca(OH)_2$ 0.50mol 中のイオンの総物質量は，

$$0.50mol \times 3 = 1.5〔mol〕$$

粒子の数＝物質量〔mol〕×アボガドロ定数〔/mol〕

より，イオンの総数は，

$$1.5mol \times 6.0 \times 10^{23}/mol = 9.0 \times 10^{23} 個$$

解答 (1) **15g** (2) **0.50mol** (3) **9.0×10^{23} 個**

> **参考** **有効数字とその計算方法**
> ①**有効数字とは**
> 　化学の計算問題に出てくる数字のほとんどは，各種の計量器で測定した測定値である。私たちが，物体の長さや質量を測定する際，普通，最小目盛りの $\frac{1}{10}$ までを目分量で読みとる。たとえば，測定値の 52.4mL のうち，末位の 4 という数は目分量で読みとったため，他の数に比べて多少不確実であるが，3 や 5 とするよりも真の値に近い。
> 　したがって，測定値の 52.4 という数は，すべて意味ある数と考えられ，このような，測定値のうちで信頼できる数字を**有効数字**という。なお，52.4 という数は，有効数字 3 桁である。有効数字の桁数が多くなるほど，その測定値の精度は高くなる。
> ②**有効数字の表し方**
> 　有効数字の桁数をはっきりさせたいときは，$A \times 10^n$ の形，つまり，有効数字 A（1≦A<10）と，位どりを表す 10^n の積で表すとよい。
> 　120　→　1.20×10^2（有効数字3桁）
> 　0.012　→　1.2×10^{-2}（有効数字2桁）
> 　このように，有効数字を考えるときは，数字の 0 の扱いに注意する。つまり，0.012 の 0 は位どりを示すだけなので有効数字とみなされないが，120 のように，末位の 0 は有効数字とみなされることに留意したい。もし，計算結果が120gと出た場合，問題に「有効数字 2 桁で答えよ」とあれば，1.2×10^2g と答えなければならない。
> ③**加法・減法の計算**
> 　測定値の加・減算では，四捨五入などにより，有効数字の末位の最も高い方にそろえてから計算する。一般的には，多くの測定値の加・減算では，有効数字の位取りの末位が最も高い値よりも 1 桁多くとって計算し，最後に答を出すときに四捨五入して，位取りの末位が最も高い値に合わせるとよい。

例　36.54+2.8=36.5+2.8=39.3

④**乗法・除法の計算**

　有効数字3桁の数と2桁の数のかけ算では，答えの有効数字は，桁数の少ない方の2桁までとなる。一般的に，<u>多くの測定値の乗・除算では，有効数字の桁数が最小のものより1桁多くとって計算し，最後に答を出すときに，四捨五入して，最小の桁数に合わせるとよい。</u>

例　4.26×0.82≒3.49　　（答）3.5
　　4.26÷0.82≒5.19　　（答）5.2

⑤**有効数字の例外**

　「水1mol」のように問題に与えられた数値や，「0℃，1気圧」のように確定した数値などは，有効数字1桁と考えずに，1.00…であるとして，これらの数値は，有効数字の考えから除外して計算する。

　問題文に有効数字3桁，3桁，2桁，2桁の数値が並んでいる場合，答は最小の桁数の有効数字2桁まで答えればよい。ただし，有効数字の桁数について指示のある問題では，その指示に従って計算しなければならないことはいうまでもない。

67　解説　モル濃度〔mol/L〕は，<u>溶液1L中に含まれる溶質の物質量〔mol〕で表される濃度</u>である。モル濃度を求めるには，まず，溶質の物質量を求め，最後に，溶液の体積が1Lになるように溶液の体積〔L〕で割れば，モル濃度が求められる。

$$モル濃度〔mol/L〕=\frac{溶質の物質量〔mol〕}{溶液の体積〔L〕}$$

(1)　分子量は $C_6H_{12}O_6=180$ より，そのモル質量は180g/molである。

　グルコース9.0gの物質量は，

$$\frac{9.0g}{180g/mol}=0.050〔mol〕$$

これが水溶液200mL中に存在するので，

$$モル濃度=\frac{0.050mol}{0.200L}=0.25〔mol/L〕$$

(2)　**溶質の物質量〔mol〕＝モル濃度〔mol/L〕×溶液の体積〔L〕**より，C〔mol/L〕の水溶液 v〔mL〕中に含まれる溶質の物質量は，

$$C〔mol/L〕×\frac{v}{1000}〔L〕 である。$$

　したがって，0.25mol/LのNaOH水溶液200mL中に含まれるNaOHの物質量は，

$$0.25mol/L×\frac{200}{1000}L=0.050〔mol〕$$

NaOHの式量は40で，モル質量は40g/mol。
NaOH 0.050molの質量は，
0.050mol×40g/mol=2.0〔g〕となる。

(3)　0.16mol/Lの硫酸水溶液100mL，0.24mol/Lの硫

酸水溶液300mLに含まれる硫酸の物質量はそれぞれ次のようになる。

$$0.16mol/L×\frac{100}{1000}L=0.016〔mol〕$$

$$0.24mol/L×\frac{300}{1000}L=0.072〔mol〕$$

　混合後の水溶液の体積は400mLなので，混合水溶液のモル濃度は，次のように求められる。

$$\frac{(0.016+0.072)mol}{0.400L}=0.22〔mol/L〕$$

解答　(1) **0.25mol/L**
　　　(2) **0.050mol，2.0g**
　　　(3) **0.22mol/L**

68　解説　(1)　0.200mol/L NaCl水溶液100mL中に含まれるNaClの物質量は，

　　溶質の物質量＝モル濃度×溶液の体積〔L〕より，

$$0.200mol/L×\frac{100}{1000}L=0.0200〔mol〕$$

　塩化ナトリウムの式量は NaCl=58.5 より，モル質量は58.5g/molである。

　よって，NaCl 0.0200molの質量は，

　　0.0200mol×58.5g/mol=1.17〔g〕

(2)　天秤で正確に質量をはかり取ったNaCl（溶質）を，直接メスフラスコに入れ，純水を加えて溶かしてはいけない。まず，別のビーカーにメスフラスコの容量の半分程度の純水を入れ，正確に質量をはかった溶質を加えて完全に溶かす。次に，つくった溶液をすべてメスフラスコに移す。しかし，ビーカーの内壁やガラス棒には少量の溶質が付着しているので，少量の純水で洗い，その洗液もメスフラスコに加える。最後に，ピペットでメスフラスコの標線まで純水を加え，栓をしてよく振り混ぜ，均一な濃度の溶液にすればよい。

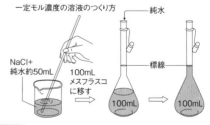

一定モル濃度の溶液のつくり方

解答　(1) **1.17g**　(2) **(イ) → (ウ) → (オ) → (ア) → (エ)**

69　解説　正確なモル濃度の水溶液を調製するには，まず正確な質量の溶質を純水に溶かし，その溶液をメスフラスコに移す。このとき，ビーカー内を純水

で洗い，その洗液もメスフラスコに移す。次に，メスフラスコの標線まで純水を加えて所定の体積にする。

硫酸銅（Ⅱ）五水和物 $CuSO_4 \cdot 5H_2O$ のような水和水をもつ物質を水に溶かしたときは，硫酸銅（Ⅱ）無水物 $CuSO_4$ が溶質となる。したがって，0.10mol/L の硫酸銅（Ⅱ）水溶液 1.0L をつくるには，硫酸銅（Ⅱ）無水物 $CuSO_4$ を 0.10mol/L×1.0L＝0.10〔mol〕用意する必要がある。

本問では，硫酸銅（Ⅱ）五水和物 $CuSO_4 \cdot 5H_2O$ を用いて，硫酸銅（Ⅱ）水溶液をつくる方法が問われている。

硫酸銅（Ⅱ）五水和物 $CuSO_4 \cdot 5H_2O$ の結晶 1mol 中には，硫酸銅（Ⅱ）無水物 $CuSO_4$ も 1mol 含まれているので，目的の水溶液をつくるには，0.10mol の $CuSO_4$ を用意する代わりに，$CuSO_4 \cdot 5H_2O$ を 0.10mol 使用すればよい。（実は，硫酸銅（Ⅱ）無水物 $CuSO_4$ は吸湿性があるので，正確に秤量するのは難しい。一方，硫酸銅（Ⅱ）五水和物 $CuSO_4 \cdot 5H_2O$ には吸湿性はないので，正確に秤量することができる。）

式量が $CuSO_4 \cdot 5H_2O＝250$ より，モル質量は 250g/mol だから，$CuSO_4 \cdot 5H_2O$ 0.10mol の質量は，0.10mol×250g/mol＝25〔g〕

① $CuSO_4 \cdot 5H_2O$ の結晶は，16g ではなく 25g 必要である。〔×〕
② $CuSO_4 \cdot 5H_2O$ の結晶 25g を水 1.0L に溶かしたとき，得られた水溶液の体積は 1.0L ではない（実際には，1.0L よりもわずかに体積は増加する）。したがって，正確な 0.10mol/L $CuSO_4$ 水溶液はつくれない。一般に，溶媒に溶質が溶けると，溶液の体積変化が起こることに留意すること。〔×〕
③ $CuSO_4 \cdot 5H_2O$ の結晶 25g を水に溶かしたのち，全体の体積を 1.0L とすることで，正確な 0.10mol/L $CuSO_4$ 水溶液が得られる。〔○〕
④ 溶質と溶媒の質量の合計を 1000g としても水溶液の密度が必ずしも 1.0g/cm^3 ではないので，1000g の水溶液の体積が 1000mL であるとは限らない。したがって，正確な 0.10mol/L $CuSO_4$ 水溶液はつくれない。〔×〕

解答 ③

70 解説
質量パーセント濃度とモル濃度の変換の仕方
　質量パーセント濃度は，溶液の質量が決められていないので，いくらで考えても構わないが，モル濃度は，溶液の体積が 1L（＝1000cm^3）と決められている。以上より，2つの濃度の相互変換では，いずれも，**溶液 1L あたりで考える**とよい。なお，質量パーセント濃度は溶液の質量が基準となっているが，モル濃度は溶液の体積が基準になっているので，溶液の密度〔g/cm^3〕を使うことも忘れないこと。

(1) **溶液 1L（＝1000cm^3）あたりで考える**と，
溶液の質量＝1000cm^3×1.20g/cm^3＝1200〔g〕
NaOH の式量は 40.0 で，そのモル質量は 40.0 g/mol より，
NaOH（溶質）の物質量＝6.00mol×40.0g/mol＝240〔g〕
よって，質量パーセント濃度
$$＝\frac{溶質}{溶液}×100＝\frac{240}{1200}×100＝20.0〔％〕$$

(2) **溶液 1L（1000cm^3）あたりで考える**と，
希硫酸の質量＝1000cm^3×1.14g/cm^3＝1140〔g〕
この中に 20.0％の硫酸（溶質）を含むから，
純硫酸の質量＝1140×0.200＝228〔g〕である。
また，硫酸の分子量は $H_2SO_4＝98.0$ で，モル質量は 98.0g/mol だから，
$$硫酸の物質量＝\frac{228g}{98.0g/mol}≒2.326≒2.33〔mol〕$$
よって，希硫酸のモル濃度は 2.33mol/L。
解答 (1)**20.0%** (2)**2.33mol/L**

71 解説　物質を構成する原子の種類と割合を最も簡単な整数比で表した化学式が**組成式**である。組成式を決定するには，構成する原子数の比が必要となるが，結局，各元素の物質量の比を求めればよい。
$$\frac{A の質量〔g〕}{A のモル質量〔g/mol〕}:\frac{B の質量〔g〕}{B のモル質量〔g/mol〕}＝x:y$$
とすると，組成式は A_xB_y となる。

(1) この金属原子の原子量を M とおき，金属原子 X と酸素原子 O の物質量の比が 3：4 になればよい。
$$X:O＝\frac{4.2}{M}:\frac{5.8-4.2}{16}＝3:4_{(原子数の比)}$$
これを解いて，$M＝56$

(2) この化合物の組成式を，A_xB_y とおき，各元素の原子数の比を求めればよい。B の原子量を M_B とおくと，A の原子量は $3.5M_B$ となる。
　また，化合物が 100g あるとすると，元素 A の質量は 70g，元素 B の質量は 30g となる。
$$A:B＝\frac{70}{3.5M_B}:\frac{30}{M_B}＝x:y_{(原子数の比)}$$
$$∴ x:y＝2:3$$
よって，この化合物の組成式は A_2B_3（エ）となる。
解答 (1)**56** (2)**エ**

72 解説　モル濃度は，溶液 1L 中に溶けている溶質の物質量〔mol〕で表した濃度であり，溶液の体積が 1L と決められているから，質量パーセント濃度とモル濃度を相互に変換するときは，**溶液 1L（＝1000cm^3）あたりで考える**とよい。
　また，溶液の体積と質量を変換するには，溶液の密

度〔g/cm³〕が必要であり，溶質の物質量と質量を変換するには，溶質のモル質量〔g/mol〕も必要となる。

(1) 濃硫酸 1L（＝1000cm³）の質量は，密度が 1.84g/cm³ だから，1.84×10^3g になる。この中に含まれる硫酸の質量は，質量パーセント濃度が 96.0% だから，$1.84 \times 10^3 \times 0.960$g である。硫酸 H_2SO_4 の分子量が 98.0 なので，そのモル質量は 98.0g/mol である。

$$H_2SO_4 \text{ の物質量} = \frac{1.84 \times 10^3 \times 0.960g}{98.0g/mol} \fallingdotseq 18.0 \text{〔mol〕}$$

よって，濃硫酸のモル濃度は 18.0mol/L。

(2) 濃硫酸を水で希釈しても，溶質である硫酸の物質量は変化しないから，濃硫酸が x〔mL〕必要であるとすると，

$$18.0 \times \frac{x}{1000} = 3.00 \times \frac{500}{1000}$$

$$\therefore \quad x \fallingdotseq 83.3 \text{〔mL〕}$$

(3) メスシリンダーで計量した濃硫酸は，直接メスフラスコの中で溶かさず，別のビーカーに入れたメスフラスコの容量の半分程度の水（本問では約 250mL）に少しずつ加えて溶かす。このときかなりの発熱があるのでしばらく放冷する。やがて，溶液の温度が室温と等しくなったら，つくった溶液および，ビーカーやガラス棒を少量の純水で洗った洗液をすべて 500mL 用のメスフラスコに入れる。メスフラスコの中にできる三日月形の液面（**メニスカス**という）の底の部分が標線に一致するまでピペットで純水を加え，最後に，栓をしてよく振り混ぜればよい。

解答 (1) **18.0mol/L** (2) **83.3mL**

(3)① メスシリンダーで濃硫酸 83.3mL をはかる。
② ビーカーに約 250mL の純水をとり，①ではかった濃硫酸を少しずつ撹拌（かくはん）しながら加える。
③ 溶液の温度が室温と等しくなったら，②の溶液を 500mL のメスフラスコに移す。このとき，ビーカーやガラス棒などを洗った洗液も一緒に加え，さらに標線まで純水を加えて栓をしてよく振り混ぜる。

参考　**一定モル濃度の溶液のつくり方**
　NaCl のように，水に溶けても，発熱量や吸熱量の小さい物質ならば，右図のように，メスフラスコの中で直接溶かしても差し支えない。しかし，NaOH，H_2SO_4，KNO_3 など，発熱量や吸熱量の大きい物質は，必ず，別の容器で溶かした溶液を室温になるまで放冷したのち，メスフラスコの中にビーカーやガラス棒を少量の純水で洗った洗液も含めて加え，所定体積になるまで純水を加えるという方法をとらなければならない。

溶質
水
メスフラスコ

73 解説 (1) 正十二面体は，正五角形が 12 個組み合わさった多面体であるから，正五角形の頂点の総数は $12 \times 5 = 60$ 個である。ただし，各頂点は 3 個の原子で共有されているから，実際の正十二面体の頂点の数，すなわち水分子の数は20個である。（問題文の図では 2 つの水分子がメタン分子の陰に隠れている。）このメタンハイドレートの化学式は $CH_4 \cdot 20H_2O$ と表せる。その分子量は，$12 + 1.0 \times 4 + 20 \times 18 = 376$

(2) 2.2kg＝2.2×10^3g より，このメタンハイドレート 2.2kg の物質量は

$$\frac{2.2 \times 10^3 g}{376 \text{ g/mol}} \fallingdotseq 5.85 \text{〔mol〕}$$

このメタンハイドレート 1 分子中には CH_4 1 分子が含まれるから，発生する CH_4 の体積（標準状態）は，$5.85 \text{mol} \times 22.4 \text{ L/mol} \fallingdotseq 131 \text{〔L〕}$

解答 (1) **376** (2) **131L**

参考　**メタンハイドレートについて**
　メタンハイドレートは，低温・高圧環境の下で，かご状構造の氷の結晶中にメタン分子が取り込まれた**包接化合物（クラスレート化合物）**である。外観は氷に似たシャーベット状の固体物質であるが，点火するとよく燃える。水深 500 〜 3000m 程度の海底の地層中に存在することが知られており，日本近海にも多量に存在し，石油などの代替エネルギーとして注目されている。しかし，掘削の仕方を誤ると，大量のメタン（CO_2 の約20倍の温室効果を示す）が大気中に放出され，重大な環境汚染を引き起こす可能性があることが指摘されており，採掘には高度な海底掘削技術が必要とされる。

74 解説 滴下したステアリン酸の物質量にアボガドロ定数をかけると，単分子膜中のステアリン酸分子の数がわかる。そこで，単分子膜中のステアリン酸分子の数を実験で測定できれば，アボガドロ定数を求めることができる。

(1) ステアリン酸の分子量 $C_{17}H_{35}COOH = 284$ より，そのモル質量は 284g/mol である。
　溶液 100mL 中のステアリン酸の物質量は，$\frac{0.0284}{284}$ mol であるが，実際に滴下したのは 0.250mL だから，滴下したステアリン酸の物質量は，

$$\frac{0.0284}{284} \text{ mol} \times \frac{0.250 \text{mL}}{100 \text{mL}} = 2.50 \times 10^{-7} \text{〔mol〕}$$

(2) ステアリン酸（$C_{17}H_{35}COOH$）は，分子中に**疎水基**（水となじみにくい部分）と**親水基**（水となじみやすい部分）を合わせもつ。ステアリン酸のヘキサン溶液を水面上に滴下すると，ステアリン酸分子は親水

基を水中に，疎水基を空気中に向けて，水面上に一層に隙間なく並ぶ性質がある。このような膜を**単分子膜**という。

　　単分子膜の面積 S をステアリン酸1分子が水面上で占める面積（断面積）s で割れば，単分子膜を構成するステアリン酸の分子の数が求まる。

$$分子の数 = \frac{340}{2.20 \times 10^{-15}} \fallingdotseq 1.545 \times 10^{17} \fallingdotseq 1.55 \times 10^{17} \, 個$$

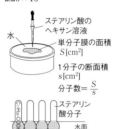

ステアリン酸のヘキサン溶液
水
単分子膜の面積 $S[cm^2]$
1分子の断面積 $s[cm^2]$
分子数 $= \dfrac{S}{s}$
ステアリン酸分子
水面

ステアリン酸分子中の炭化水素基（$C_{17}H_{35}-$）にはほとんど極性がなく**疎水基**としてはたらき，カルボキシ基（$-COOH$）には強い極性があり**親水基**としてはたらく。

(3)　以上より，2.50×10^{-7} mol のステアリン酸の分子の数が 1.545×10^{17} 個だから，ステアリン酸 1mol の中に含まれる分子の数，つまり，この実験で求められるアボガドロ定数を N_A〔/mol〕とすると，
$$2.50 \times 10^{-7} \, mol \times N_A / mol = 1.545 \times 10^{17}$$
$$\therefore \quad N_A = 6.18 \times 10^{23} 〔/mol〕$$

解答　(1) **2.50×10^{-7} mol**　(2) **1.55×10^{17} 個**
　　　　(3) **6.18×10^{23}/mol**

6　化学反応式と量的関係

75　[解説]　化学変化を化学式を用いて表した式を**化学反応式**という。化学反応式においては，左辺と右辺で各原子の数が等しくなるように，それぞれの化学式の前に**係数**をつける必要がある。係数は最も簡単な整数比となるようにする。多くの化学反応式の係数は，以下に説明する**目算法**でつけるとよい。

> ①　最も複雑な（多くの種類の原子を含む）物質の係数を1とおいて，これをもとに他の物質の係数を決める。
> ②　両辺に登場する回数の少ない原子の数から，順に係数を合わせる。
> ③　両辺に登場する回数の多い原子の数は，最後に合わせる。
> ④　分数でもかまわないから，すべての係数を決める。最後に，係数の分母を払い，最も簡単な整数とし，係数の1は省略する。

　各原子の数に関する連立方程式を立て，それを解いて係数を求める**未定係数法**は，大変時間がかかるので，特別な場合を除いて，なるべく用いないほうがよい。(6)のように，目算法で決められるところまで係数をつけられる場合は，未知数を減らしてから，未定係数法を使い，少しだけ計算を楽に行うことができるので，お勧めしたい。

(1)　$AlCl_3$ の係数を1とおくと，Al の係数は1，HCl の係数は3。左辺の H 原子は3個なので，H_2 の係数は $\frac{3}{2}$。全体を2倍して分母を払う。

(2)　P_4O_{10} の係数を1とおく。P の係数は4，O_2 の係数は5となる。

(3)　C_4H_{10} の係数を1とおくと，CO_2 の係数は4。H_2O の係数は5。右辺の O 原子は13個なので，O_2 の係数は $\frac{13}{2}$。全体を2倍して分母を払う。

(4)　Fe_2O_3 の係数を1とおくと，FeS_2 の係数は2。左辺の S 原子は4個なので，SO_2 の係数は4。右辺の O 原子の数は11個なので，O_2 の係数は $\frac{11}{2}$。全体を2倍して分母を払う。

(5)　MnO_2 の係数を1とおくと，$MnCl_2$ の係数は1，H_2O の係数は2。右辺の H 原子は4個なので，HCl の係数は4，左辺の Cl 原子は4個である。ただし，$MnCl_2$ には Cl 原子を2個含むので，Cl_2 の係数は1。

(6)　各原子の登場回数は，N は3回，H は2回，O は4回なので，H 原子の数は目算法で決められる。H_2O の係数を1とおくと，HNO_3 の係数は2。残る NO_2，NO の係数を x, y とおく。
$$x NO_2 + H_2O \rightarrow 2HNO_3 + y NO$$
N の数より　　$x = 2 + y$　…①

O原子の数より　　$2x+1=6+y$　…②

①を②へ代入　　$4+2y+1=6+y$

　　$\therefore y=1,\ x=3$

解答　(1) 2, 6, 2, 3　　　(2) 4, 5, 1
　　　　(3) 2, 13, 8, 10　　(4) 4, 11, 2, 8
　　　　(5) 1, 4, 1, 1, 2　　(6) 3, 1, 2, 1

76 **解説**　化学反応式を書くには，まず，**反応物**を左辺に，**生成物**を右辺にそれぞれ**化学式**で書き，両辺を ⟶ で結ぶ。問題文にはすべての物質が書かれているとは限らないので十分注意すること。特に，燃焼における酸素，反応で生成する水などは省略されることが多いので必要に応じて補うこと。また，反応式には，気体発生の記号↑や，沈殿生成の記号↓などがつけられることがあるが，必ずしも書く必要はない。

(1) エタンの燃焼には，酸素 O_2 が必要である。C_2H_6 の係数を1とおく。CO_2 の係数は2，H_2O の係数は3。右辺のO原子の数は7個なので，O_2 の係数は $\frac{7}{2}$。全体を2倍して分母を払う。

(2) メタノールの燃焼にも，酸素 O_2 が必要である。CH_4O の係数を1とおく。CO_2 の係数は1，H_2O の係数は2。右辺のO原子の数は4個である。ただし，CH_4O にはO原子を1個含むので，あとO原子3個が必要である。O_2 の係数は $\frac{3}{2}$。全体を2倍して分母を払う。

(3) 酸化マンガン(IV) MnO_2 は**触媒**(自身は変化せず化学反応を促進する物質)である。また，過酸化水素水の水は溶媒の水である。いずれもこの反応では変化しないので反応式中には書いてはいけない。

過酸化水素の分解反応では，酸素 O_2 のほかに水 H_2O も生成することに留意する。H_2O_2 の係数を1とおく。H_2O の係数は1，O_2 の係数は $\frac{1}{2}$。全体を2倍して分母を払う。

(4) Al_2O_3 の係数を1とおく。Al の係数は2，O_2 の係数は $\frac{3}{2}$。全体を2倍して分母を払う。

(5) 生成物は炭酸カルシウム $CaCO_3$ のほかに，水 H_2O が省略されていることに注意すること。

(6) NaOH の係数を1とおく。Na の係数は1。O原子の数に注目して，H_2O の係数も1。左辺のH原子の数は2個なので，H_2 の係数は $\frac{1}{2}$。全体を2倍して分母を払う。

解答　(1) $2C_2H_6+7O_2 \longrightarrow 4CO_2+6H_2O$
　　　　(2) $2CH_4O+3O_2 \longrightarrow 2CO_2+4H_2O$
　　　　(3) $2H_2O_2 \longrightarrow 2H_2O+O_2$
　　　　(4) $4Al+3O_2 \longrightarrow 2Al_2O_3$
　　　　(5) $Ca(OH)_2+CO_2 \longrightarrow CaCO_3+H_2O$
　　　　(6) $2Na+2H_2O \longrightarrow 2NaOH+H_2$

77 **解説**　反応に関係したイオンだけで表した反応式を，**イオン反応式**という。イオン反応式も化学反応式と同様に，なるべく目算法で係数を決定するとよいが，どうしてもつけられなくなったときは，未定係数法を使うとよい。ただし，イオン反応式では両辺の原子の数だけでなく，電荷も等しく合わせることに留意する。したがって，各原子の数を合わせたのち，両辺の電荷の総和が等しいかどうかを確認する必要がある。

(1) 左辺の電荷は+1，右辺の電荷は+2でつり合っていない。電荷を合わせるため，左辺の Ag^+ の係数を2とすると，右辺の Ag の係数は2となる。

　　$2Ag^+ + Cu \longrightarrow 2Ag + Cu^{2+}$

(2) 左辺の電荷は+1，右辺の電荷は+3でつり合っていない。電荷を合わせるため，左辺の H^+ の係数を3とすると，右辺の H_2 の係数は $\frac{3}{2}$ となる。全体を2倍して分母を払う。

　　$2Al + 6H^+ \longrightarrow 2Al^{3+} + 3H_2$

(3) 左辺の電荷は+5，右辺の電荷は+6でつり合っていない。この反応では，Fe は Fe^{3+} から Fe^{2+} へ電荷が1減少しているのに対して，Sn は Sn^{2+} から Sn^{4+} へ電荷が2増加している。

　　(電荷の増加量)＝(電荷の減少量)になるには，Sn^{2+} に対して Fe^{3+} が2倍量必要である。

　　$2Fe^{3+} + Sn^{2+} \longrightarrow 2Fe^{2+} + Sn^{4+}$

(4) H_2O_2 の係数を1とおくと，H_2O の係数は2。右辺のH原子の数は4個なので，左辺の H^+ の係数は2と決まる。これで各原子の数は等しくなったが，まだ電荷はつり合っていない。

　　$Fe^{2+} + H_2O_2 + 2H^+ \longrightarrow Fe^{3+} + 2H_2O$

Fe^{2+} と Fe^{3+} の係数をともに x とおくと，

　　$xFe^{2+} + H_2O_2 + 2H^+ \longrightarrow xFe^{3+} + 2H_2O$

電荷のつり合いより，

　　$2x+2=3x$　$\therefore x=2$

　　$2Fe^{2+} + H_2O_2 + 2H^+ \longrightarrow 2Fe^{3+} + 2H_2O$

(5) 各原子の登場回数は，S は2回，O は5回，H は2回なので，H原子の数から合わせる。右辺の H_2O の係数を1とおくと，左辺の OH^- の係数は2。電荷のつり合いより，SO_4^{2-} の係数は1。右辺のS原子の数は1個なので，左辺の SO_2 の係数も1。残る O_2 の係数を x とおくと，

　　$SO_2+xO_2+2OH^- \longrightarrow SO_4^{2-}+H_2O$

O原子の数より，

　　$2+2x+2=4+1$　　　$x=\frac{1}{2}$

全体を2倍して分母を払うと，

　　$2SO_2+O_2+4OH^- \longrightarrow 2SO_4^{2-}+2H_2O$

解答　(1) 2, 1, 2, 1　　　(2) 2, 6, 2, 3
　　　　(3) 2, 1, 2, 1　　　(4) 2, 1, 2, 2, 2
　　　　(5) 2, 1, 4, 2, 2

78 解説 化学変化の前後では，物質の質量の総和は変化しない。これを**質量保存の法則**（発見者：ラボアジエ）という。たとえば，水素 2.0g と酸素 16g がちょうど反応して，水 18g を生成する。

同一の化合物を構成する成分元素の質量比は常に一定である。これを**定比例の法則**（発見者：プルースト）という。たとえば，水素の燃焼で生じた水も，海水の蒸留で得られた水も，成分元素の水素と酸素の質量比は，常に1：8である。

これらの法則を説明するために，**ドルトン**は次のような**原子説**を提唱した。

①すべての物質は，**原子**という最小の粒子からなる。

②同じ元素の原子は，固有の質量と性質をもつ。

③化学変化では，原子間の組み合わせが変化するだけで，原子が新たに生成・消滅することはない。

元素 A，B からなる2種類以上の化合物において，一定質量の A と化合する B の質量は，それらの化合物の間では，簡単な整数比をなす。これを**倍数比例の法則**（発見者：ドルトン）という。たとえば，一酸化炭素と二酸化炭素で比べると，一定質量の炭素（12gとする）と化合している酸素の質量は，16g と 32g であるから，その質量比は1：2という整数比になる。

気体どうしの反応では，反応に関係する気体の体積比は，同温・同圧では簡単な整数比をなす。これを，**気体反応の法則**（発見者：ゲーリュサック）という。たとえば，水素2体積と酸素1体積が反応すると，水蒸気2体積を生じる。同体積中に同数の原子または，複合原子を含むと考えると，図(a)のように，酸素原子を分割しないと実験事実を説明することはできず，これはドルトンの**原子説**と矛盾する。

ドルトンは，異種の原子は結合して複合原子をつくるが，同種の原子は結合しないと考えていた。しかし，**アボガドロ**は，すべての気体は同種・異種を問わず，いくつかの原子が結合した分子という粒子からできているという**分子説**を提唱した。

アボガドロの分子説により，水素も酸素も2原子が結合して1分子をつくるとすれば，図(b)のように気体反応の法則とドルトンの原子説とを矛盾なく説明できる。

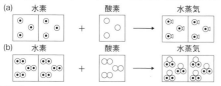

解答 ① 質量保存の法則 ② 定比例の法則
③ ドルトン ④ 原子説 ⑤ 倍数比例の法則
⑥ 気体反応の法則 ⑦ アボガドロ
⑧ 分子説

79 解説 まず，化学反応式を正しく書き，（**係数の比）＝（物質量の比）**の関係から，反応物と生成物の物質量〔mol〕に関する比例式を立てる。

(1), (2) プロパンの完全燃焼における量的関係は次のようになる。

$$C_3H_8 + 5O_2 \longrightarrow 3CO_2 + 4H_2O$$
1mol   5mol   3mol   4mol

プロパンの分子量 $C_3H_8 = 44$ より，モル質量は 44g/mol である。プロパン 4.4g の物質量は，

$$\frac{4.4g}{44g/mol} = 0.10〔mol〕$$

$C_3H_8 : CO_2 = 1 : 3$（物質量の比）で反応するので，プロパン 0.10mol から，CO_2 が 0.30mol 生成する。標準状態において，気体 1mol あたりの体積（**モル体積**）は，22.4L/mol より，発生する CO_2 の体積（標準状態）は，$0.30mol \times 22.4L/mol = 6.72 \fallingdotseq 6.7〔L〕$

(3) $C_3H_8 : H_2O = 1 : 4$（物質量の比）で反応するので，プロパン 0.10mol から，H_2O が 0.40mol 生成する。水の分子量 $H_2O = 18$ より，モル質量は 18g/mol だから，生成する水の質量は $0.40mol \times 18g/mol = 7.2〔g〕$

(4) $C_3H_8 : O_2 = 1 : 5$（物質量の比）で反応するから，プロパン 0.10mol を完全燃焼するのに必要な O_2 の物質量は 0.50mol であり，その体積（標準状態）は，$0.50mol \times 22.4L/mol = 11.2 \fallingdotseq 11〔L〕$

解答 (1) $C_3H_8 + 5O_2 \longrightarrow 3CO_2 + 4H_2O$
(2) **6.7L**   (3) **7.2g**   (4) **11L**

80 解説 (1) 酸化マンガン（Ⅳ）MnO_2 は触媒なので，化学反応式には書かない。塩素酸カリウムの熱分解における量的関係は次のようになる。

$$2KClO_3 \longrightarrow 2KCl + 3O_2\uparrow$$
2mol   2mol   3mol

反応式の係数比より，$KClO_3$ 2mol から O_2 3mol が発生する。よって，$KClO_3$ 0.20mol から発生する O_2 は 0.30mol である。酸素の分子量は $O_2 = 32$ より，モル質量は 32g/mol である。

発生する O_2 の質量は，$32g/mol \times 0.30mol = 9.6〔g〕$

(2) 反応式の係数比より，$KClO_3 : O_2 = 2 : 3$（物質量比）で反応するから，O_2 0.60mol を発生させるのに必要な $KClO_3$ の物質量は，

$$0.60 \times \frac{2}{3} mol = 0.40〔mol〕$$

塩素酸カリウムの式量は $KClO_3 = 122.5$ より，モル質量は 122.5g/mol である。必要な $KClO_3$ の質量は，$0.40mol \times 122.5g/mol = 49〔g〕$

解答 (1) **9.6g**   (2) **49g**

81 〔解説〕 このときの反応式は，次の通りである。

$$2CO + O_2 \longrightarrow 2CO_2$$
$$\text{2mol} \quad \text{1mol} \quad \text{2mol}$$

気体どうしの反応では，次の関係が成り立つ。

（係数の比）＝（物質量の比）＝（体積の比）

したがって，気体どうしの反応の場合，物質量の代わりに体積の変化量で量的計算を行うことができる。

(1) CO 5.6L と過不足なく反応する O_2 は2.8Lであり，CO_2 は 5.6L 生成する。

(2) 反応後に残った気体は，未反応の O_2 の2.8L と生成した CO_2 5.6L である。

$$2.8 + 5.6 = 8.4〔L〕$$

(3) 気体のモル体積（標準状態）は 22.4L/mol より，生成した CO_2 5.6L の物質量は，

$$\frac{5.6L}{22.4L/mol} = 0.25〔mol〕$$

分子量は $CO_2 = 44$ より，モル質量は 44g/mol。生成した CO_2 の質量は，

$$0.25mol \times 44g/mol = 11〔g〕$$

〔解答〕 (1) **5.6L** (2) **8.4L** (3) **11g**

82 〔解説〕 メタン CH_4 もプロパン C_3H_8 も炭素と水素からなる化合物なので，完全燃焼させると二酸化炭素 CO_2 と水 H_2O を生じる。

$$CH_4 + 2O_2 \longrightarrow CO_2 + 2H_2O$$
$$C_3H_8 + 5O_2 \longrightarrow 3CO_2 + 4H_2O$$

(1) 混合気体の燃焼によって生じた CO_2 および H_2O（モル質量 18g/mol）の物質量は，発生した CO_2 が 0.56L，生じた H_2O が 0.72g であることから，それぞれ次のようになる。

$$CO_2 \quad \frac{0.56L}{22.4L/mol} = 2.5 \times 10^{-2}〔mol〕$$

$$H_2O \quad \frac{0.72g}{18g/mol} = 4.0 \times 10^{-2}〔mol〕$$

混合気体中に含まれるメタンの物質量を $x〔mol〕$，プロパンの物質量を $y〔mol〕$ とすると，CO_2 および H_2O の生成量について，次式が成立する。

$$CO_2 \quad x + 3y = 2.5 \times 10^{-2} \quad \cdots ①$$
$$H_2O \quad 2x + 4y = 4.0 \times 10^{-2} \quad \cdots ②$$

①，②から，

$$x = 1.0 \times 10^{-2}〔mol〕 \quad y = 5.0 \times 10^{-3}〔mol〕$$

したがって，混合気体中に含まれるメタンとプロパンの物質量の比は，

メタン：プロパン $= 1.0 \times 10^{-2} : 5.0 \times 10^{-3} = 2 : 1$

(2) 反応式の係数比より，メタン $x〔mol〕$ の燃焼に必要な酸素の物質量は $2x〔mol〕$，プロパン $y〔mol〕$ の燃焼に必要な酸素の物質量は $5y〔mol〕$ である。したがって，この混合気体の燃焼で消費された酸素の物

質量は $2x + 5y〔mol〕$ となる。

$$2x + 5y = 2 \times 1.0 \times 10^{-2} + 5 \times 5.0 \times 10^{-3}$$
$$= 4.5 \times 10^{-2}〔mol〕$$

したがって，標準状態での酸素の体積は，

$$22.4L/mol \times 4.5 \times 10^{-2}mol = 1.008 ≒ 1.0〔L〕$$

〔解答〕 (1) **メタン：プロパン＝2：1**
　　　　(2) **1.0L**

83 〔解説〕 化学反応式が与えられていない問題では，まず，化学反応式を正しく書き，**（係数の比）＝（物質量の比）** の関係を導くことが必要である。

この反応の化学反応式は，次式の通りである。

$$CaCO_3 + 2HCl \longrightarrow CaCl_2 + CO_2 + H_2O$$
$$\text{1mol} \quad \text{2mol} \quad \text{1mol} \quad \text{1mol} \quad \text{1mol}$$

(1) 気体のモル体積は 22.4L/mol（標準状態）より，CO_2 2.80L の物質量は，

$$\frac{2.80L}{22.4L/mol} = 0.125〔mol〕$$

(2) 反応式の係数比より，$CaCO_3$ 1mol から CO_2 1mol が生成するから，反応した $CaCO_3$ の物質量も発生した CO_2 の物質量と同じ 0.125mol である。

炭酸カルシウムの式量は $CaCO_3 = 100$ より，モル質量は 100g/mol である。

よって，反応した $CaCO_3$ の質量は，

$$0.125mol \times 100g/mol = 12.5〔g〕$$

石灰石の純度は，$\dfrac{12.5}{15.0} \times 100 ≒ 83.33 ≒ 83.3〔\%〕$

〔解答〕 (1) **0.125mol** (2) **83.3%**

84 〔解説〕 反応物のうち一方だけの量が与えられている場合は，他方は十分な量があると考えて解く。しかし，本問のように，反応物の両方の量が与えられている場合は，通常，過不足のある問題と考えてよい。

すなわち，反応物に過不足があるときは，生成物の物質量は，完全に反応する方（不足する方）の反応物の物質量によって決定される。

(1) $$Zn + 2HCl \longrightarrow ZnCl_2 + H_2 \uparrow$$
$$\text{1mol} \quad \text{2mol} \quad \text{1mol} \quad \text{1mol}$$

亜鉛の原子量 $Zn = 65.4$ より，モル質量は 65.4g/mol。

$$Zn \text{ の物質量} = \frac{6.54g}{65.4g/mol} = 0.100〔mol〕$$

$$HCl \text{ の物質量} = 2.00mol/L \times \frac{150}{1000}L = 0.300〔mol〕$$

$Zn : HCl = 1 : 2$（物質量比）で反応するから，与えられた Zn と HCl の物質量を比べると，Zn のほうが不足する。したがって，発生する H_2 の物質量は，Zn の物質量で決まり，Zn の物質量と同じ 0.100mol となる。

H_2 の体積 $= 0.100\text{mol} \times 22.4\text{L/mol} = 2.24\text{[L]}$

(2) 反応後に残った HCl の物質量は，
$$0.300 - (0.100 \times 2) = 0.100\text{[mol]}$$
　この HCl と過不足なく反応する Zn の物質量は，
この半分の 0.0500mol であり，その質量は，
$$0.0500\text{mol} \times 65.4\text{g/mol} = 3.27\text{[g]}$$

解答 (1) **2.24L** (2) **3.27g**

85 **解説** (1) グラフから，次のようなことがわかる。

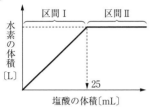

区間Ⅰ：塩酸の体積が増加すると，H_2 の発生量も
　増加している(反応物は HCl の方が不足している)。
区間Ⅱ：塩酸の体積が増加しても，H_2 の発生量は
　一定である(反応物は Al の方が不足している)。
　すなわち，グラフの屈曲点が Al と HCl が過不足な
く(ちょうど)反応した点を示す。

(2) 反応式は $2Al + 6HCl \longrightarrow 2AlCl_3 + 3H_2$
　　　　　　　2mol　　6mol　　　2mol　　3mol
　反応式の係数比より，グラフの屈曲点では，
　$Al : H_2 = 2 : 3$ (物質量比)の関係が成り立つ。
　反応した Al の質量を $x\text{[g]}$ とすると，
$$\frac{x}{27} : \frac{224}{22400} = 2 : 3$$
$$\therefore \quad x = 0.18\text{[g]}$$

(3) 反応式の係数比より，グラフの屈曲点では，
　$Al : HCl = 1 : 3$ (物質量比)の関係が成り立つ。
　反応した塩酸のモル濃度を $y\text{[mol/L]}$ とすると，
$$\frac{0.18}{27} : \left(y \times \frac{25}{1000} \right) = 1 : 3$$
$$\therefore \quad y = 0.80\text{[mol/L]}$$

解答 (1) **25mL** (2) **0.18g** (3) **0.80mol/L**

86 **解説** 硝酸銀と希塩酸との化学反応式は次式で表される。

$AgNO_3 + HCl \longrightarrow AgCl\downarrow + HNO_3$
1mol　　1mol　　　1mol　　　1mol

(1) 本問のように，反応物の量がそれぞれ与えられているときは，過不足のある問題とみてよい。すなわち，各反応物の物質量を比較しなければならない。

$AgNO_3$ $0.10\text{mol/L} \times \dfrac{50}{1000}\text{L} = 5.0 \times 10^{-3}\text{[mol]} \Rightarrow$ 不足

HCl $0.15\text{mol/L} \times \dfrac{50}{1000}\text{L} = 7.5 \times 10^{-3}\text{[mol]} \Rightarrow$ 余る

　反応物のうち，不足する方の物質量によって，生
成物の物質量が決定される。
　$AgNO_3$ の物質量の方が少ないので，$AgNO_3$ がすべて反応し，生成する $AgCl$ の物質量は，$AgNO_3$
の物質量と同じ $5.0 \times 10^{-3}\text{mol}$ である。
　$AgCl$ の式量は 143.5 より，モル質量は143.5g/mol。
生成する $AgCl$ の質量は，
$$5.0 \times 10^{-3}\text{mol} \times 143.5\text{g/mol} \fallingdotseq 0.717 \fallingdotseq 0.72\text{[g]}$$

(2) 最初に加えた塩化物イオンの物質量が 7.5×10^{-3}
mol で，このうち $5.0 \times 10^{-3}\text{mol}$ は沈殿したので，
残る $2.5 \times 10^{-3}\text{mol}$ が反応後の溶液 100mL 中に含まれることになる。
　塩化物イオンのモル濃度$[Cl^-]$は，
$$\frac{2.5 \times 10^{-3}\text{mol}}{0.100\text{L}} = 2.5 \times 10^{-2}\text{[mol/L]}$$

解答 (1) **0.72g** (2) **2.5×10⁻²mol/L**

87 **解説** 混合気体の燃焼において，生成物の水
蒸気(水)は塩化カルシウム(乾燥剤)に，酸性の気体である二酸化炭素は強塩基のソーダ石灰($CaO + NaOH$
の混合物)にそれぞれ吸収させる。それぞれの気体の
体積の減少量(または質量の増加量)から，もとの混合気体の体積百分率を知ることができる。混合気体の燃
焼装置は次図の通りである。

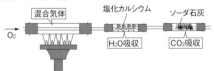

　混合気体中のプロパン C_3H_8 の体積を $x\text{[mL]}$，酸素
O_2 の体積を $y\text{[mL]}$ とする。
$$C_3H_8 + 5O_2 \longrightarrow 3CO_2 + 4H_2O\text{(気)}$$
(燃焼前)　x　　y　　　　0　　　0　[mL]
(燃焼後)　0　$(y-5x)$　　$3x$　　$4x$　[mL]
　燃焼で生じた水蒸気は，塩化カルシウムにすべて吸収
される。水蒸気が吸収されたあとの気体の体積が45mL
である。
　燃焼で生じた CO_2 は，ソーダ石灰に吸収され，このときの体積の減少量より，CO_2 の体積は $45-15=30\text{[mL]}$
である。
$$3x = 30 \quad \cdots ①$$
　最後に残ったのは未反応の O_2 で，15mLであるから，
$$y - 5x = 15 \quad \cdots ②$$
　①，②より，$x = 10\text{[mL]}$，$y = 65\text{[mL]}$

解答 プロパン **10mL**，酸素 **65mL**

88 **解説** (1) 気体どうしの反応では，反応式の**係数比＝体積比**の関係が成り立つから，体積の増減量だけでその量的関係を調べることができる。

エタンとプロパンの燃焼の反応式は，

$$2C_2H_6 + 7O_2 \longrightarrow 4CO_2 + 6H_2O$$
$$2 : 7（体積比）$$
$$C_3H_8 + 5O_2 \longrightarrow 3CO_2 + 4H_2O$$
$$1 : 5（体積比）$$

混合気体中のエタンを x [L]，プロパンを y [L] とする。

$$x + y = 1.0 \quad \cdots ①$$

反応式の係数比より，燃焼に必要な O_2 の体積は

$$\frac{7}{2}x + 5y = 4.4 \quad \cdots ②$$

①，②より，$x = 0.4$ [L]，$y = 0.6$ [L]

よって，$x : y = 2 : 3$

(2) 銅 Cu は塩酸には溶けないから，溶け残った 0.60g の金属は Cu である。

Mg と Al は，希塩酸と反応して H_2 を発生する。

$$Mg + 2HCl \longrightarrow MgCl_2 + H_2$$
$$2Al + 6HCl \longrightarrow 2AlCl_3 + 3H_2$$

発生した H_2 の物質量は，

$$\frac{4.48\ L}{22.4\ L/mol} = 0.20 \text{[mol]}$$

この合金中に含まれる Mg を x [mol]，Al を y [mol] とおく。

H_2 の発生量に関して，

$$x + 1.5y = 0.20 \quad \cdots ①$$

合金の質量（Cu を除く）に関して，Mg のモル質量は 24 g/mol，Al のモル質量は 27 g/mol なので，

$$24x + 27y = 3.90 \quad \cdots ②$$

①，②を解くと，$x = 0.050$ [mol]，$y = 0.10$ [mol]

Al の質量は，$0.10\ mol \times 27\ g/mol = 2.7$ [g]

よって，この合金中の Al の質量%は

$$\frac{2.7}{4.5} \times 100 = 60 \text{[\%]}$$

解答 (1) エタン：プロパン＝ **2：3** (2) **60%**

89 **解説**

① 反応式 $Mg + H_2SO_4 \longrightarrow MgSO_4 + H_2$
　　　　　　　　1mol　　1mol　　　　1mol　　1mol

Mg : H_2SO_4 ＝ 1：1（物質量比）で反応する。

Mg の原子量は 24 より，モル質量は 24g/mol。

Mg 0.12g の物質量は $\dfrac{0.12g}{24g/mol} = 0.0050$ [mol]

よって，Mg 0.0050mol と過不足なく反応する H_2SO_4 も 0.0050mol である。

1.0mol/L 希硫酸 20mL 中の硫酸の物質量は，

$1.0 \times \dfrac{20}{1000} = 2.0 \times 10^{-2}$ [mol] である。

Mg の物質量の方が少ないので，Mg は全部溶解する。　〔○〕

② 上記の反応式より，Mg 1mol(24g) から，H_2 1mol が発生する。

よって，Mg 0.0050mol から発生する H_2 も 0.0050 mol で，その体積($0℃$，1.013×10^5Pa) は，

$0.0050mol \times 22400mL/mol = 112$ [mL]

20℃では，H_2 の体積はやや膨張して 112mL より大きくなる。よって，100mL のメスシリンダーでは発生するすべての H_2 の体積は測れない。　〔○〕

③ ③の意見文には，純粋な H_2 を集める方法が述べてある。しかし，本問は，発生する H_2 の体積を測定するのが目的である。最初は空気の混じった水素が発生してくる。しかし，実験終了後，ふたまた試験管内に H_2 が満たされているので，体積に関しては，ふたまた試験管内の空気と水素が置換されたことになる。結局，メスシリンダーで測定された気体の体積は，発生した H_2 の体積と等しくなる。　〔×〕

> **参考** **ふたまた試験管の使い方**
> 　ふたまた試験管を用いて気体を発生させる場合，試験管が乾いている状態で，先に突起のある方に固体試薬を入れ，続いて突起のない方に液体試薬を入れる。（逆に，先に液体試薬を入れてしまうと，試験管内部がぬれてしまうため固体試薬をうまく入れることができなくなる。）試験管を突起のある方へ傾けると，固体と液体が接触して気体が発生する。気体の発生後は，試験管を突起のない方に傾けて，液体を元に戻すと固体は突起の部分で止まるので，固体と液体が分けられ，気体の発生が止まる。

解答 ① ○　② ○　③ ×

90 **解説** 本問のように，2種類の反応物の両方に量が与えられている場合は，反応物に過不足があると考えて解く必要がある。

このとき，生成物の物質量は，完全に反応する（不足する）方の反応物の物質量によって決まる。（重要）

(1) $2H_2 + O_2 \longrightarrow 2H_2O$

水素の分子量 H_2 ＝2.0 より，モル質量 2.0g/mol，酸素の分子量 O_2 ＝32 より，モル質量 32g/mol。

H_2 の物質量 ＝ $\dfrac{0.40g}{2.0g/mol} = 0.200$ [mol]

O_2 の物質量 ＝ $\dfrac{4.0g}{32g/mol} = 0.125$ [mol]

単に数字だけを比較すると，O_2 の方が少ないように見えるが，$H_2 : O_2 = 2 : 1$（物質量比）で反応することを考慮すると，H_2 0.200mol に対して，O_2 は 0.100mol あれば十分である。よって，不足するのは H_2 の方である。反応後に残る O_2 の物質量は，

$$0.125 - 0.100 = 0.025〔mol〕$$

O_2 のモル質量が 32g/mol より，その質量は，

$$32g/mol × 0.025mol = 0.80〔g〕$$

(2) 生成する H_2O の物質量は，完全に反応した H_2 の物質量と等しく，0.200mol である。

H_2O のモル質量は 18g/mol より，その質量は，

$$18g/mol × 0.200mol = 3.6〔g〕$$

解答 (1) 酸素，**0.80g** (2) **3.6g**

91 **解説** 反応物質（S）と最終生成物（H_2SO_4）の量的関係だけが問われているから，中間生成物（SO_2，SO_3）を省略して考えると，量的計算が楽になる。このとき，反応物中の原子のうち，そのすべてが目的生成物に移行している原子（S）に着目して，物質量の変化を調べていくとよい。

(1) ①×2＋②より，SO_2 を消去する。

$$2S + 3O_2 \longrightarrow 2SO_3 \quad \cdots④$$

④＋③×2より，SO_3 を消去する。

$$2S + 3O_2 + 2H_2O \longrightarrow 2H_2SO_4$$

(2) $$S \left[\xrightarrow{O_2} SO_2 \xrightarrow{\frac{1}{2}O_2} SO_3 \xrightarrow{H_2O} \right] H_2SO_4$$

S 1mol から H_2SO_4 1mol が生成する。S のモル質量が 32g/mol，H_2SO_4 のモル質量が 98g/mol より，生成した 98%硫酸を $x〔kg〕$ とおくと，

$$\underset{\text{(S の物質量)}}{\frac{16×10^3}{32}} = \underset{\text{(H_2SO_4 の物質量)}}{\frac{x×10^3×0.98}{98}} \quad \therefore \quad x = 50〔kg〕$$

(3) (1)の反応式の係数比より，S 2mol からは H_2SO_4 2mol が生成し，そのためには O_2 3mol が必要である。必要な O_2 の物質量は，

$$\frac{16×10^3}{32} × \frac{3}{2} = 750〔mol〕$$

必要な O_2 の体積（標準状態）は，

$$750 × 22.4 ≒ 1.68×10^4 ≒ 1.7×10^4〔L〕$$

解答 (1) $2S + 3O_2 + 2H_2O \longrightarrow 2H_2SO_4$
(2) **50kg** (3) **$1.7×10^4$L**

92 **解説** 炭酸水素ナトリウム $NaHCO_3$ を塩酸 HCl に加えると，次のように反応する。

$$NaHCO_3 + HCl \longrightarrow NaCl + H_2O + CO_2$$

図の実線で示される直線 A では，$NaHCO_3$ の質量が約 2.1g までは，$NaHCO_3$ の方が不足しており，$NaHCO_3$ のすべてが反応し，HCl が残ることになる。

さらに，$NaHCO_3$ を 2.1g よりも多く加えたときには，HCl の方が不足しており，HCl がすべて反応し，$NaHCO_3$ が残ることになるので，発生した CO_2 の質量は一定である。加えた $NaHCO_3$ の質量が 2.1g のとき，$NaHCO_3$ と HCl が過不足なく反応している。

(1) ① 直線 A の範囲では，化学反応式の係数比から，加えた $NaHCO_3$ の物質量と発生した CO_2 の物質量が等しいことがわかる。また，加えた $NaHCO_3$ の質量を $x〔g〕$，発生した CO_2 の質量を $y〔g〕$ とすると，

$$\frac{x}{NaHCO_3 \text{ の式量}} = \frac{y}{CO_2 \text{ の分子量}} \text{ より，}$$

$$y = \frac{CO_2 \text{ の分子量}}{NaHCO_3 \text{ の式量}} x$$

となる。〔○〕

② 直線 A の範囲では，$NaHCO_3$ はすべて反応するので，未反応の $NaHCO_3$ はない。〔×〕

③ 各ビーカー中の塩酸の体積を 2 倍にしても，直線 A の傾きは変化しない。〔×〕

④ 各ビーカーの中の塩酸の濃度を 2 倍にしても，直線 A の傾きは変化しない。〔×〕

塩酸の体積や濃度をそれぞれ 2 倍にすると，含まれる HCl の物質量も 2 倍になるから，ちょうど反応する $NaHCO_3$ の質量も 2 倍となるまで，直線 A は延長されることになり，発生する CO_2 の質量も 2 倍になる。したがってグラフの屈曲点(x, y)は，$(2.1, 1.1)$ から $(4.2, 2.2)$ となる。しかし，反応する $NaHCO_3$ と発生する CO_2 の物質量の比は 1：1 であり，その質量の比は($NaHCO_3$ の式量)：(CO_2 の分子量)＝84：44 のまま変化しないから，直線 A の傾きは変化しない。

(2) 図から，過不足なく反応する $NaHCO_3$（式量 84）の質量はグラフの屈曲点の x 座標を読むと，2.1g である。化学反応式から，$NaHCO_3$ 1mol は，HCl 1mol と過不足なく反応する。この $NaHCO_3$ 2.1g が塩酸 50mL とちょうど反応するので，塩酸の濃度を $x〔mol/L〕$とすると，

$$\underset{\text{(HCl の物質量)}}{x × \frac{50}{1000}} = \underset{\text{($NaHCO_3$ の物質量)}}{\frac{2.1}{84}}$$

$$\therefore \quad x = 0.50〔mol/L〕$$

解答 (1) ① (2) **0.50 mol/L**

93 **解説** 気体どうしの反応の場合，

（係数の比）＝（物質量の比）＝（体積の比）

の関係が成り立つから，物質量に変換しなくても，気体の体積の増減量だけで，その量的関係を考えることができる。

(1)　混合気体 A 中のメタン，プロパンの体積をそれぞれ x[L]，y[L] とおく。

$$CH_4 + 2O_2 \longrightarrow CO_2 + 2H_2O$$

体積比　　x　：　$2x$　：　x　　　（液体）

$$C_3H_8 + 5O_2 \longrightarrow 3CO_2 + 4H_2O$$

体積比　　y　：　$5y$　：　$3y$　　　（液体）

混合気体の体積について

$x + y = 1.00$　…①

燃焼後の気体の体積について

$(1.00 + 9.00) - x - 2x + x + y - 5y + 3y = 7.38$ より

　　$2x + 3y = 2.62$　…②

　　∴ $x = 0.38$[L]，$y = 0.62$[L]

(2)　二酸化炭素は水酸化バリウム水溶液に吸収され，次式のように中和反応を行う。生じた炭酸バリウム $BaCO_3$ は水に不溶性で，白色の沈殿 B が生成する。

$$Ba(OH)_2 + CO_2 \longrightarrow BaCO_3\downarrow + H_2O$$

生成した CO_2 は $(x + 3y)$L，つまり，標準状態で

$0.38 + (0.62 \times 3) = 2.24$[L] である。

CO_2 の物質量 $\dfrac{2.24}{22.4} = 0.10$[mol]

十分量の $Ba(OH)_2$ を加えているので，$CO_2\,0.10$mol から $BaCO_3\,0.10$mol を生成する。

$BaCO_3 = 197$ より，モル質量は 197g/mol

生成した $BaCO_3$ の質量は，$0.10 \times 197 = 19.7$[g]

(3)　残った気体 C は酸素 O_2 で，その体積は，

$(9.00 - 2x - 5y)$[L]，つまり，$9.00 - (2 \times 0.38 + 5 \times 0.62)$

$= 5.14$[L]

解答　(1) メタン **0.38L**，プロパン **0.62L**
　　　　　(2) **19.7g**　(3) **5.14L**

94　**解説**　(1)　混合気体 A の成分気体の物質量は，

CH_4　$0.50 \times 0.8 = 0.40$[mol]

H_2　$0.50 \times 0.2 = 0.10$[mol]

$$CH_4 + 2O_2 \longrightarrow CO_2 + 2H_2O$$

変化量　-0.40　-0.80　$+0.40$　$+0.80$　[mol]

$$H_2 + \frac{1}{2}O_2 \longrightarrow H_2O$$

変化量　-0.10　-0.05　　0.10　[mol]

混合気体 A の燃焼に必要な O_2 は 0.85mol で，与えられた O_2 が 1.0mol（過剰）なので，CH_4，H_2 ともに完全燃焼する。

　完全燃焼後の各成分の質量は，

モル質量が $O_2 = 32$g/mol，$CO_2 = 44$g/mol，$H_2O = 18$ g/mol なので，

O_2　$(1.0 - 0.85) \times 32 = 4.8$[g]

CO_2　$0.40 \times 44 = 17.6$[g]

H_2O　$(0.80 + 0.10) \times 18 = 16.2$[g]

(2)　混合気体 B の成分気体の物質量は，

CH_4　$0.50 \times 0.6 = 0.30$[mol]

H_2　$0.50 \times 0.4 = 0.20$[mol]

まず，H_2 が優先的に完全燃焼する。

$$H_2 + \frac{1}{2}O_2 \longrightarrow H_2O$$

変化量　-0.20　　-0.10　　　0.20　[mol]

次に，CH_4 の一部（x mol とする）が完全燃焼し，残り（y mol とする）が不完全燃焼したと考える。

CH_4 の燃焼に使える O_2 は，$0.60 - 0.10 = 0.50$mol しかない。

$$CH_4 + 2O_2 \longrightarrow CO_2 + 2H_2O$$

変化量　　$-x$　　$-2x$　　　$+x$　　$+2x$　[mol]

$$CH_4 + \frac{3}{2}O_2 \longrightarrow CO + 2H_2O$$

変化量　　$-y$　　$-1.5y$　　$+y$　　$+2y$　[mol]

メタンの物質量について

$x + y = 0.30$　…①

燃焼に使う O_2 の物質量について

$2x + 1.5y = 0.50$　…②

　　∴ $x = 0.10$[mol]，$y = 0.20$[mol]

燃焼後の各成分の質量は，

モル質量が $CO = 28$g/mol，$CO_2 = 44$g/mol，$H_2O = 18$g/mol より

CO　$0.20 \times 28 = 5.6$[g]

CO_2　$010 \times 44 = 4.4$[g]

H_2O　$(0.20 + 0.20 + 0.40) \times 18 = 14.4$[g]

解答　(1) O_2 **4.8g**，CO_2 **17.6g**，H_2O **16.2g**
　　　　　(2) CO **5.6g**，CO_2 **4.4g**，H_2O **14.4g**

7 酸と塩基

95 [解説] 酸の水溶液が示す共通の性質を**酸性**，塩基の水溶液が示す共通の性質を**塩基性**という。なお，水に溶けやすい塩基を**アルカリ**，その水溶液の示す性質を**アルカリ性**ともいう。

酸性	・薄い水溶液は酸味がある。 ・BTB溶液を黄色に変える。 ・青色リトマス紙を赤色に変える。 ・多くの金属と反応して水素を発生する。 ・塩基性を打ち消す。
塩基性	・薄い水溶液は苦味がある。 ・BTB溶液を青色に変える。 ・手につけるとぬるぬるする。 ・赤色リトマス紙を青色に変える。 ・フェノールフタレイン溶液を赤色に変える。 ・酸性を打ち消す。

[解答] (1) B (2) A (3) A (4) B (5) B
(6) A (7) A (8) B

96 [解説] **アレニウス**(スウェーデン)は，1887年，酸・塩基の水溶液が電気伝導性を示すことから，水溶液中では酸・塩基がイオンに電離していると考え，「**酸**とは，水に溶けて水素イオンH^+を生じる物質，**塩基**とは，水に溶けて水酸化物イオンOH^-を生じる物質である。」と定義した。この定義は，水溶液中での酸・塩基の反応を考えるには便利であったが，水に不溶性の物質や気体の酸・塩基どうしの反応などを説明することはできなかった。そこで，**ブレンステッド**(デンマーク)と**ローリー**(イギリス)は，1923年「**酸**とは相手に水素イオンH^+を与える物質，**塩基**とは相手から水素イオンH^+を受ける物質である。」と定義した。

この定義によると，塩化水素HClとアンモニアNH_3が気体どうしで直接反応し，塩化アンモニウムNH_4Clの白煙を生じる反応は，次のように酸・塩基の反応として説明できる。

$$\overset{\displaystyle H^+}{\overbrace{HCl + NH_3}} \longrightarrow NH_4Cl$$

H^+を与えているHClが酸，H^+を受け取っているNH_3が塩基としてはたらいている。

アレニウスの定義による水素イオンH^+とは，H^+がH_2O分子に配位結合して生じた**オキソニウムイオン**H_3O^+のことである。一方，ブレンステッド・ローリーの定義による水素イオンH^+とは，H原子から電子が放出されて生じた**陽子(プロトン)**そのものである点

が異なる。一般に，H_3O^+は単にH^+と略記することが多いので，混同しないようにする必要がある。

[解答] ① 水素イオン ② 水酸化物イオン
③ 水素イオン ④ 水素イオン ⑤ 酸
⑥ 塩基 ⑦ オキソニウム
⑧ 陽子(プロトン)

97 [解説] (a), (b), (c) **アレニウスの定義**によると，NH_3は分子内にOHを含まないが，水と反応してOH^-を生じるので塩基である。一方，H_2Oは酸とも塩基とも定義されない中性の物質である。

(d), (e), (f) **ブレンステッド・ローリーの定義**によると，

$$\underset{塩基}{NH_3} + \underset{酸}{H_2O} \rightleftharpoons \underset{酸}{NH_4^+} + \underset{塩基}{OH^-}$$

NH_3，OH^-はH^+を受け取るので塩基であり，H_2O，NH_4^+はH^+を放出するので酸である。

ブレンステッド・ローリーの定義によると，H_2Oのように，アレニウスの定義では酸でも塩基でもなかった物質が，酸，塩基のはたらきをすることがわかる。また，酸・塩基のはたらきは相対的なもので，H_2Oのように相手しだいで，酸としてはたらいたり，塩基としてはたらいたりすることがわかる。

[解答] (c), (e)

> [参考] $Al(OH)_3$のような水に不溶性の水酸化物は，アレニウスの定義では塩基に分類できなかった。しかし，ブレンステッド・ローリーの定義によると，$Al(OH)_3$は酸からH^+を受け取り中和されることから，塩基として分類できるようになった。
> $$Al(OH)_3 + 3HCl \longrightarrow AlCl_3 + 3H_2O$$

98 [解説] 水溶液中でほぼ完全に電離している酸・塩基を，**強酸・強塩基**という。一方，水溶液中で一部しか電離していない酸・塩基を，**弱酸・弱塩基**という。

強酸	塩酸HCl 硝酸HNO_3 硫酸H_2SO_4
弱酸	酢酸CH_3COOH 硫化水素H_2S，炭酸H_2CO_3 シュウ酸$(COOH)_2$
強塩基	水酸化ナトリウム$NaOH$ 水酸化カリウムKOH 水酸化カルシウム$Ca(OH)_2$ 水酸化バリウム$Ba(OH)_2$
弱塩基	アンモニアNH_3 水酸化銅(II)$Cu(OH)_2$ 水酸化鉄(II)$Fe(OH)_2$ 水酸化アルミニウム$Al(OH)_3$

酸・塩基の強弱は重要であるから，完全に覚えておく必要がある。なお，リン酸 H_3PO_4 は中程度の強さの酸性を示すが，分類上は弱酸である。

[解答]　(1) **塩酸(塩化水素)，A**　(2) **硝酸，A**
(3) **水酸化カリウム，B**　(4) **硫酸，A**
(5) **酢酸，a**　(6) **水酸化バリウム，B**
(7) **水酸化カルシウム，B**
(8) **アンモニア，b**　(9) **リン酸，a**
(10) **シュウ酸，a**　(11) **水酸化銅(Ⅱ)，b**
(12) **炭酸，a**

99　**[解説]**　(1)，(3) 酸1分子から放出することができる H^+ の数を**酸の価数**という。塩基の化学式から放出することができる OH^- の数，または塩基1分子が受け取ることができる H^+ の数を**塩基の価数**という。酸や塩基を化学式で正しく書くと，その価数がわかる。ただし，酢酸とアンモニアの価数は注意が必要である。

酢酸 CH_3COOH には4個の H があるが，4価の酸ではない。酸の性質を示すのは，カルボキシ基-COOH の H だけなので，1価の酸である。

アンモニア NH_3 は OH を含まないが，水と反応すると OH^- 1個を生じるので，1価の塩基である。

$$NH_3 + H_2O \rightleftarrows NH_4^+ + OH^-$$

また，NH_3 1分子は H^+ 1個を受け取って NH_4^+ になるので，1価の塩基であるともいえる。

$$NH_3 + H^+ \longrightarrow NH_4^+$$

(2)，(4) 酸・塩基の強弱は，水溶液中における酸・塩基の電離する割合(**電離度**，記号 α)の大小で分類する。

$$電離度\ \alpha = \frac{電離した酸・塩基の物質量(mol)}{溶解した酸・塩基の物質量(mol)}$$

水に溶かした酸・塩基が全く電離しないときは電離度は0，完全に電離したときは電離度は1とする。したがって，普通，電離度は，$0 < \alpha \leqq 1$ の値をとる。

・電離度が1に近い酸・塩基を**強酸・強塩基**という。
・電離度が1より著しく小さい酸・塩基を**弱酸・弱塩基**という。

繰り返しになるが，酸・塩基の強弱は重要なので，完全に覚えておくこと。

強酸	塩酸 HCl，硝酸 HNO_3 硫酸 H_2SO_4
強塩基	水酸化ナトリウム　　$NaOH$ 水酸化カリウム　　　KOH 水酸化カルシウム　$Ca(OH)_2$ 水酸化バリウム　　$Ba(OH)_2$

これ以外の酸・塩基は，弱酸・弱塩基と考えてよい。

[参考] **塩基の強弱について**
金属イオンと水酸化物イオン OH^- との化合物を**水酸化物**という。水酸化物は代表的な塩基である。水酸化物の塩基性の強弱は，水への溶解性をもとに，次のように分類される。一般には，水に溶けやすい水酸化物は，OH^- を多く放出するので**強塩基**，水に溶けにくい水酸化物は，OH^- をあまり放出しないので**弱塩基**と分類されている。強塩基は，アルカリ金属(Li，Na，K，…)の水酸化物と，アルカリ土類金属のうち Ca，Sr，Ba の水酸化物だけであり，これら以外の金属の水酸化物はすべて弱塩基である。

[解答]　(1)(ア) HCl，1価　(イ) H_2SO_4，2価
(ウ) HNO_3，1価　(エ) H_2CO_3，2価　(オ) H_3PO_4，3価
(カ) CH_3COOH，1価
(キ) $(COOH)_2$ または $H_2C_2O_4$，2価
(ク) H_2S，2価
(2)(a) (ア)，(イ)，(ウ)　(b) (エ)，(オ)，(カ)，(キ)，(ク)
(3)(ケ) $NaOH$，1価　(コ) $Ba(OH)_2$，2価　(サ) NH_3，1価
(シ) $Ca(OH)_2$，2価　(ス) $Al(OH)_3$，3価
(セ) $Cu(OH)_2$，2価
(4)(a) (ケ)，(コ)，(シ)　(b) (サ)，(ス)，(セ)

100　**[解説]**　純水は，わずかに電気伝導性を示す。これは水分子の一部が次のように電離しているからである。

$$H_2O \rightleftarrows H^+ + OH^-$$

純水では，水素イオン濃度 $[H^+]$ と水酸化物イオン濃度 $[OH^-]$ は等しく，25℃では，
$[H^+] = [OH^-] = 1.0 \times 10^{-7}(mol/L)$ である。
これより，
$[H^+] \times [OH^-] = 1.0 \times 10^{-14}(mol/L)^2 = K_w(25℃)$
の関係が成り立つ。この K_w を**水のイオン積**という。上記の関係は，純水だけでなく酸・塩基の水溶液を含めて，すべての水溶液で成り立つ。たとえば，$[H^+]$ が10倍になれば $[OH^-]$ は $\frac{1}{10}$ 倍になり，$[OH^-]$ が10倍になれば，$[H^+]$ は $\frac{1}{10}$ 倍になる。すなわち，水溶液中では $[H^+]$ と $[OH^-]$ は反比例の関係にある。この関係を使うと，$[H^+]$ と $[OH^-]$ の相互変換が可能となる。したがって，水溶液の酸性・塩基性の程度は，$[H^+]$ だけで表すことができる。

中性では　　$[H^+] = [OH^-] = 1.0 \times 10^{-7}(mol/L)$
酸性では　　$[H^+] > 1.0 \times 10^{-7}(mol/L) > [OH^-]$
塩基性では $[OH^-] > 1.0 \times 10^{-7}(mol/L) > [H^+]$

ここで重要なのは，酸の水溶液であっても，H^+ だけが存在するのではなく，わずかに OH^-(水の電離で生じたもの)が存在することである。塩基についても，

101

同様の関係が成り立つ。

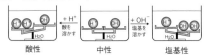

酸性　　　　中性　　　　塩基性

水溶液の酸性や塩基性の強弱は，いずれも水素イオン濃度[H⁺]の大小で比較できるが，[H⁺]は通常，その値は$10^0 \sim 10^{-14}$mol/Lの非常に広範囲にわたって変化するので，次のように定められた**pH(水素イオン指数)**を用いて酸性・塩基性の強弱が表される。

> [H⁺]=1.0×10^{-n}mol/L のとき，pH=n

中性の水溶液では，[H⁺]$=1.0×10^{-7}$mol/LよりpHは7である。酸性の水溶液はpHが7よりも小さく，その値が小さくなるほど酸性は強くなる。一方，塩基性の水溶液はpHが7よりも大きく，その値が大きくなるほど塩基性は強くなる。

解答　① $1.0×10^{-7}$　② $1.0×10^{-14}$　③ **大き**
　　　　④ **小さ**　⑤ **pH**　⑥ **小さく**
　　　　⑦ **大きい**

101 **解説**　水溶液中の水素イオン濃度[H⁺]を求め，[H⁺]$=1.0×10^{-n}$mol/L ⇒ pH=nの関係を用いてpHを計算する。塩基の水溶液の場合，最初に求められるのは水酸化物イオン濃度[OH⁻]であるから，これを水のイオン積$K_w=$[H⁺][OH⁻]$=1.0×10^{-14}$(mol/L)²の関係式から[H⁺]に変換してから，pHを計算するようにする。

(1) **水素イオン濃度[H⁺]=酸の濃度 C ×価数 a ×電離度 α の関係**を利用する。

　　酢酸は1価の弱酸であり，その電離度は0.010なので，

　　[H⁺]$=0.10×1×0.010=1.0×10^{-3}$[mol/L]

　　よって，pH=3.0

(2) **水酸化物イオン濃度[OH⁻]=塩基の濃度 C ×価数 b ×電離度 α の関係**を利用する。

　　水酸化ナトリウムは1価の強塩基であり，その電離度は1である。

　　[OH⁻]$=0.010×1×1=1.0×10^{-2}$[mol/L]

　　水のイオン積の公式より，

　　$K_w=$[H⁺][OH⁻]$=1.0×10^{-14}$(mol/L)²

　　[H⁺]$=\dfrac{K_w}{\text{[OH⁻]}}=\dfrac{1.0×10^{-14}}{1.0×10^{-2}}=1.0×10^{-12}$[mol/L]

　　よって，pH=12.0

参考　**塩基の水溶液の pH の求め方**
　塩基の水溶液のpHを求めるのに，**水酸化物イオン指数 pOH**を用いる方法がある。

> [OH⁻]=1.0×10^{-n}mol/L のとき，pOH=n

水のイオン積[H⁺][OH⁻]$=1.0×10^{-14}$より，

両辺の常用対数をとり，−1をかけると

$\log_{10}$[H⁺][OH⁻]$=\log_{10}10^{-14}$
$\log_{10}$[H⁺]$+\log_{10}$[OH⁻]$=-14$
$-\log_{10}$[H⁺]$-\log_{10}$[OH⁻]$=14$
∴　pH+pOH=14

この関係を知っていると，より簡単にpOHからpHを求めることができる。

(3) 硫酸は2価の強酸で，題意より，電離度は1で，次のように完全に電離する。

　　$H_2SO_4 \longrightarrow 2H^+ + SO_4^{2-}$

　　一般に，**[H⁺]=(酸の濃度)×(価数)×(電離度)**の関係を利用すると，

　　[H⁺]$=\underbrace{5.0×10^{-3}}_{\text{酸の濃度}}×\underbrace{2}_{\text{価数}}×\underbrace{1}_{\text{電離度}}=1.0×10^{-2}$[mol/L]

　　よって，pH=2.0

(4) 酸・塩基の混合溶液のpHを求めるときは，液性を見極めることが大切である。酸性ならば，[H⁺]を求めるとすぐにpHが求まる。塩基性ならば，[OH⁻]を求め，K_wを使って[H⁺]に直してからpHを求める。

　　HClの物質量とNaOHの物質量の比較から，混合溶液は酸性であることがわかる。

　　残ったH^+の物質量は，

　　$0.010×\dfrac{55}{1000}-0.010×\dfrac{45}{1000}=1.0×10^{-4}$[mol]

　　これが混合溶液55＋45＝100[mL]中に含まれるので，モル濃度にするには溶液1Lあたりに換算することが必要である。

　　[H⁺]$=\dfrac{1.0×10^{-4}\text{mol}}{0.10\text{L}}=1.0×10^{-3}$[mol/L]

　　よって，pH=3.0

(5) HClの物質量とNaOHの物質量の比較から，混合溶液は塩基性であることがわかる。残ったOH^-の物質量は，

　　$0.30×\dfrac{10}{1000}-0.10×\dfrac{10}{1000}=2.0×10^{-3}$[mol]

　　これが混合溶液10＋10＝20[mL]中に含まれるので，モル濃度にするには溶液1Lあたりに換算することが必要である。

　　[OH⁻]$=\dfrac{2.0×10^{-3}\text{mol}}{0.020\text{L}}=1.0×10^{-1}$[mol/L]

　　$K_w=$[H⁺][OH⁻]$=1.0×10^{-14}$(mol/L)²より，

　　[H⁺]$=\dfrac{1.0×10^{-14}}{1.0×10^{-1}}=1.0×10^{-13}$[mol/L]

　　よって，pH=13.0

解答　(1) **3.0**　(2) **12.0**　(3) **2.0**　(4) **3.0**
　　　　(5) **13.0**

102 解説 ① pHが3の塩酸は，

$[H^+] = 1 \times 10^{-3}$〔mol/L〕

これを水で100倍にうすめたので，塩酸の濃度は$\dfrac{1}{100}$倍になる。また，塩酸は1価の強酸なので，濃度に関わらず，電離度は1である。

$$\therefore [H^+] = 1 \times 10^{-3} \times \frac{1}{100} \times 1 = 1 \times 10^{-5} 〔mol/L〕$$

よって，pH＝5

強酸の水溶液を水でうすめると，濃度が$\dfrac{1}{10}$になるごとにpHは1ずつ大きくなる。たとえば，pH＝2の塩酸を水で10倍にうすめるとpHは3になる。

② pHが12の水酸化ナトリウム水溶液は，

$[H^+] = 1 \times 10^{-12}$〔mol/L〕

$K_w = [H^+][OH^-] = 1 \times 10^{-14}$〔mol/L〕^{2} より，

$[OH^-] = 1 \times 10^{-2}$〔mol/L〕

水で100倍にうすめたので，水酸化ナトリウム水溶液の濃度も$\dfrac{1}{100}$倍になる。また，水酸化ナトリウムは1価の強塩基なので，濃度に関わらず，電離度は1である。

$$[OH^-] = 1 \times 10^{-2} \times \frac{1}{100} \times 1 = 1 \times 10^{-4} 〔mol/L〕$$

$$\therefore [H^+] = \frac{1 \times 10^{-14}}{1 \times 10^{-4}} = 1 \times 10^{-10} 〔mol/L〕$$

よって，pH＝10

強塩基の水溶液を水でうすめると，濃度が$\dfrac{1}{10}$になるごとにpHは1ずつ小さくなる。たとえば，pH＝12の水酸化ナトリウム水溶液を水で10倍にうすめると，pHは11になる。

③ 酸を水でうすめる場合，最終的にpHは中性の7に限りなく近づく。しかし，酸をいくら水でうすめても，pHが7を超えて塩基性になることはない。この場合，pHは約7と考えてよい。

（同様に，塩基をいくら水でうすめても，中性の7を超えて酸性になることはない。）

解答 ① 5　② 10　③ 7

103 解説 (1) 酸1分子から放出することができるH$^+$の数を**酸の価数**という。塩基の化学式から放出することができるOH$^-$の数，または塩基1分子が受け取ることができるH$^+$の数を**塩基の価数**という。たとえば，硫酸1分子は，H$^+$を2個放出することができるので2価の酸である。

酸・塩基の強弱は，水溶液中における酸・塩基の電離する程度（電離度）の大小で決まる。酸・塩基の価数と酸・塩基の強弱とは全く関係がない。〔×〕

(2) H$_2$SO$_4$，HNO$_3$など酸素原子を含む**オキソ酸**のほ

かに，HClなどの酸素原子を含まない**水素酸**もある。〔×〕

(3) 塩化水素HClの水溶液を**塩酸**という。水に溶けたHClはすべて電離するので，塩酸は強酸である。〔○〕

(4) アレニウスの定義によると，NH$_3$は分子中にOH$^-$をもたないが，水に溶けるとその一部が次のように反応してOH$^-$を生じるので，塩基である。〔×〕

$$NH_3 + H_2O \rightleftarrows NH_4^+ + OH^-$$

(5) **ブレンステッド・ローリーの定義**によると，水に不溶性のFe(OH)$_2$，Al(OH)$_3$，Cu(OH)$_2$などの水酸化物も，酸と反応してH$^+$を受け取り，酸の性質を打ち消すはたらきがあるので**塩基**である。〔×〕

(6) 酢酸CH$_3$COOHのような有機酸では，分子中には全く電離しないHが多く存在するので，H原子の数が酸の価数とはならない。たとえば，CH$_3$COOHは，1分子中にH原子を4個含むが，H$^+$を放出することができるのはCOOHの部分のH原子1個だけなので，1価の酸である。〔×〕

(7) アルコールC$_2$H$_5$OHのように，OHをもつが全く電離しないものは，酸でも塩基でもない。〔×〕

> 参考　水もアルコールもごくわずかに電離し，H$^+$を生じている。一般に，水の電離度（$\alpha = 1.8 \times 10^{-9}$）よりも電離度の小さいアルコールなどは，中性物質として扱われる。

(8) 塩酸は1価の強酸なので，$[H^+] = 0.1$mol/Lとなり，pHはほぼ1である。硫酸は2価の強酸なので，$[H^+]$は0.1mol/Lよりも大きくなり，pHは1よりも少し小さくなる。〔×〕

解答 (3)

104 解説 (1) 弱酸である酢酸は，水に溶けてもその一部が電離するだけで，大部分は分子の状態にある。このように，電離が完全に進行していない状態を**電離平衡**といい，記号$\rightleftarrows$で表す。

C〔mol/L〕の酢酸水溶液の電離度がα（$0 < \alpha \leq 1$）であったとすると，各成分の濃度は次の通りである。

$$CH_3COOH \rightleftarrows CH_3COO^- + H^+ \cdots ①$$
$$C(1-\alpha) \qquad\qquad C\alpha \qquad C\alpha 〔mol/L〕$$

　　電離していない割合　　　電離した割合

水素イオン濃度$[H^+]$を10の累乗で表し，その指数を取り出し符号を逆にした数値を，**水素イオン指数pH**という。すなわち，

$[H^+] = 1.0 \times 10^{-n}$mol/Lのとき　pH＝$n$

pH＝4とは，$[H^+] = 1.0 \times 10^{-4}$〔mol/L〕の水溶液のことである。

①より，$[H^+] = C\alpha$〔mol/L〕へ数値を代入して，

$$1.0 \times 10^{-4} = 5.0 \times 10^{-3} \times \alpha$$

$\therefore$　$\alpha = 0.020$

(2)　$M(OH)_2$ の水溶液が電離平衡の状態にあるとき各成分の濃度は次の通りである。

$$M(OH)_2 \rightleftarrows M^{2+} + 2OH^-$$
$(5.0 \times 10^{-2} - 4.0 \times 10^{-2})$　　4.0×10^{-2}　8.0×10^{-2} [mol/L]

係数比より，OH^- が 8.0×10^{-2}mol/L 生じたということは，その半分の 4.0×10^{-2}mol/L 分だけ $M(OH)_2$ は電離したということである。

電離度とは，水に溶解した $M(OH)_2$ のうち，電離した $M(OH)_2$ の割合をいうので，

$$\alpha = \frac{4.0 \times 10^{-2}}{5.0 \times 10^{-2}} = 0.80$$

(注意)　電離した OH^- で電離度を計算しないこと！

$$\frac{8.0 \times 10^{-2}}{5.0 \times 10^{-2}} = 1.6 \text{ となる。}（\alpha \geqq 1 \text{ となり不適}）$$

解答　(1) **0.020**　(2) **0.80**

105 **解説**　強酸は，濃度によらず電離度は1と考えてよいが，弱酸は，濃度によって電離度が変化することに注意せよ(問題の図参照)。

(1)　0.010mol/L の酢酸(価数は1)の電離度は，グラフから 0.05 である。

$[H^+]$＝酸の濃度 C×価数 a×電離度 α

$[H^+] = Ca\alpha = 0.010 \times 1 \times 0.05$
　　　　$= 5.0 \times 10^{-4}$ [mol/L]

(2)　0.050mol/L の酢酸の電離度は，グラフから 0.02。

$[H^+] = Ca\alpha = 0.050 \times 1 \times 0.02$
　　　　$= 1.0 \times 10^{-3}$ [mol/L]

$[OH^-] = \dfrac{K_w}{[H^+]} = \dfrac{1.0 \times 10^{-14}}{1.0 \times 10^{-3}}$
　　　　　　　　　　$= 1.0 \times 10^{-11}$ [mol/L]

$\therefore$　$\dfrac{[H^+]}{[OH^-]} = \dfrac{1.0 \times 10^{-3}}{1.0 \times 10^{-11}}$
　　　　　　　$= 1.0 \times 10^8$ [倍]

(3)　0.10mol/L の酢酸の電離度は，グラフから 0.01 である。したがって，

$[H^+] = Ca\alpha = 0.10 \times 1 \times 0.01$
　　　　$= 1.0 \times 10^{-3}$ [mol/L]

0.010mol/L の酢酸の電離度は，グラフから 0.05 である。したがって，

$[H^+] = Ca\alpha = 0.01 \times 1 \times 0.05$
　　　　$= 5.0 \times 10^{-4}$ [mol/L]

よって，$\dfrac{5.0 \times 10^{-4}}{1.0 \times 10^{-3}} = \dfrac{1}{2}$

解答　(1) **5.0×10^{-4}mol/L**
　　　　(2) **1.0×10^8 倍**
　　　　(3) **$\dfrac{1}{2}$**

106 **解説**　硫酸は2価の強酸であり，その電離は2段階で進行する。

$$H_2SO_4 \longrightarrow HSO_4^- + H^+ \quad （第一電離）$$
$$HSO_4^- \rightleftarrows SO_4^{2-} + H^+ \quad （第二電離）$$

C [mol/L] の硫酸水溶液について，まず1段階目は完全に電離するので，その変化は濃度 C を用いて次のように表される。

$$H_2SO_4 \longrightarrow HSO_4^- + H^+$$

電離前　　C　　　　0　　　　0　　[mol/L]
電離後　　0　　　　C　　　　C　　[mol/L]

2段階目の電離度が α_2 なので，HSO_4^- の第二電離の電離平衡は次のように表される。

$$HSO_4^- \rightleftarrows SO_4^{2-} + H^+$$

電離前　　C　　　　　0　　　　C　　[mol/L]
変化量　　$-C\alpha_2$　　　$+C\alpha_2$　　$+C\alpha_2$　[mol/L]
電離後　$C(1-\alpha_2)$　　$C\alpha_2$　　$C+C\alpha_2$ [mol/L]

第一電離による $[H^+] = C$ [mol/L] と，第二電離による $[H^+] = C\alpha_2$ [mol/L] は区別できないので，結局，$[H^+] = C(1+\alpha_2)$ [mol/L] となる。

2価以上の酸を**多価の酸**といい，水溶液中では**段階的電離**が起こる。

一般に，段階的電離が起こる場合，1段階目の電離(第一電離)の電離度が最も大きく，2段階目の電離(第二電離)以降はかなり小さくなる。

解答　④

参考　**リン酸 H_3PO_4 の段階的電離について**
$$H_3PO_4 \rightleftarrows H^+ + H_2PO_4^- \quad （第一電離）$$
$$H_2PO_4^- \rightleftarrows H^+ + HPO_4^{2-} \quad （第二電離）$$
$$HPO_4^{2-} \rightleftarrows H^+ + PO_4^{3-} \quad （第三電離）$$

第一電離では，電気的に中性な H_3PO_4 分子からの H^+ の電離である。第二電離では，1価の陰イオン $H_2PO_4^-$ の負電荷の影響を受けるので，H^+ の電離は抑制されることになる。第三電離では，2価の陰イオン HPO_4^{2-} の負電荷の影響を強く受けるので，H^+ の電離はさらに抑制されることになる。したがって，リン酸の電離度は，第一電離＞第二電離＞第三電離の順に小さくなると考えられる。

参考　**多価の塩基(水酸化物)の電離について**
　金属の水酸化物 $M(OH)_n$ は，イオンからなる物質であるから，水に溶けさえすれば，陽イオンと陰イオンに完全に電離する。したがって，$Ca(OH)_2$ や $Ba(OH)_2$ のような水溶性の多価の強塩基では，第一電離も第二電離もきわめて大きく，多価の酸のような段階的電離は考える必要はなく，

$$Ca(OH)_2 \longrightarrow Ca^{2+} + 2OH^-$$
$$Ba(OH)_2 \longrightarrow Ba^{2+} + 2OH^-$$

のように，1段階の電離を考えればよい。

8 中和反応と塩

107 解説 酸と塩基が過不足なく中和した点を**中和点**といい，その条件は次の通りである。

（酸の出す H^+ の物質量）＝（塩基の出す OH^- の物質量）
または，

（価数×酸の物質量）＝（価数×塩基の物質量）

たとえば，ともに1価の塩酸 HCl，酢酸 CH_3COOH 各1molは，1価の NaOH 1molで中和されるが，2価の硫酸1molを中和するには，1価の NaOH は2molが必要となる。

酸・塩基がともに水溶液の場合は，

（酸の価数×酸のモル濃度×体積（L））
　　　＝（塩基の価数×塩基のモル濃度×体積（L））

たとえば，濃度 C〔mol/L〕，体積 v〔mL〕の a 価の酸の水溶液と，濃度 C'〔mol/L〕，体積 v〔mL〕の b 価の塩基の水溶液がちょうど中和する条件は，

$$a \times C \times \frac{v}{1000} = b \times C' \times \frac{v'}{1000}$$

または，$a \times C \times v = b \times C' \times v'$

重要なことは，中和の量的関係には，酸・塩基の強弱は全く関係しないことである。なぜなら，弱酸・弱塩基は電離度が小さいため，電離している H^+ や OH^- の量はわずかであるが，中和反応により H^+ や OH^- が消費されると，弱酸・弱塩基の電離が進み，最終的には最初に存在したすべての弱酸・弱塩基が中和されたとき，中和が終了するからである。

(1) 希硫酸の濃度を x〔mol/L〕とおくと，H_2SO_4 は2価の酸，NaOH は1価の塩基だから，

中和の公式 $a \times C \times \dfrac{v}{1000} = b \times C' \times \dfrac{v'}{1000}$ より

$$2 \times x \times \frac{10.0}{1000} = 1 \times 0.500 \times \frac{12.0}{1000}$$

$$\therefore \quad x = 0.300 〔mol/L〕$$

(2) 酸の水溶液と塩基（固体）を中和させる場合，

（酸の価数×酸のモル濃度×酸の体積）
　　　＝（塩基の価数×塩基の物質量）

の関係を利用する。

HCl は1価の酸，$Ca(OH)_2$ は2価の塩基より，必要な塩酸の体積を x〔mL〕とすると，

$$1 \times 1.0 \times \frac{x}{1000} = 2 \times 0.020$$

$$\therefore \quad x = 40〔mL〕$$

(3) 過剰の酸の水溶液に塩基の試料（気体または固体）を完全に反応させ，残った酸を別の塩基の水溶液でもう一度滴定することを**逆滴定**という。

通常は，酸の水溶液と塩基の水溶液を用いて中和滴定が行われるが，酸・塩基のうち一方が，気体あ

るいは固体のときには，逆滴定が行われることが多い。結局，本問の逆滴定では，1種類の酸を2種類の塩基で中和したことになる。

吸収させたアンモニアの物質量を x〔mol〕とする。H_2SO_4 は2価の酸，NH_3 と NaOH は1価の塩基だから，中和点では次の関係が成立する。

（酸の出した H^+ の総物質量）
　　　＝（塩基の出した OH^- の総物質量）

$$2 \times 0.500 \times \frac{200}{1000} = x + 1 \times 1.00 \times \frac{42.0}{1000}$$

$$\therefore \quad x = 1.58 \times 10^{-1} 〔mol〕$$

解答 (1) **0.300mol/L**　　(2) **40mL**
　　　(3) **1.58×10^{-1}mol**

108 解説 (1)，(2) A **ホールピペット**：中央部に膨らみのあるピペット（ゴムなし）で，一定体積の液体を正確にはかり取るために使う器具。

B **コニカルビーカー**：口が細くなったビーカーで，中に入れた液体を振り混ぜてもこぼれにくく，中和の反応容器に使う。

C **メスフラスコ**：細長い首をもつ平底フラスコで一定濃度の溶液（**標準溶液**）をつくったり，溶液を正確に希釈するのに使う器具。

D **ビュレット**：コックの付いた細長い目盛り付きのガラス管で，任意の液体の滴下量をはかるために使う器具。

(3) **ホールピペットやビュレット**は，内部が水でぬれたままで使用すると，中に入れた溶液が薄まってしまい，正確に溶液の体積をはかっても溶質の物質量が変化してしまう。したがって，これから使用する溶液で器具の内部を数回洗う操作（**共洗い**）をしてから使用する必要がある。

コニカルビーカーの場合，ここへ一定濃度の溶液を一定体積はかり取って入れる。すなわち，中和反応に関係する酸や塩基の物質量はすでに決まっている。そのため，容器内が純水でぬれていてもこれから行う中和滴定の結果には影響はない。

メスフラスコの場合，正確に質量をはかった溶質を加えさえすれば，その後で純水を加えるので，容器内が純水でぬれていてもでき上がった溶液の濃度には影響しない。

(4) コニカルビーカーだけは加熱乾燥してもよいが，これ以外の正確な目盛りが刻んであるビュレットや，標線が刻んであるホールピペットやメスフラスコは，加熱乾燥してはいけない。これは，ガラスは加熱すると膨張し，冷却するとき収縮するが，これを繰り返すと，ガラスが変形して，所定の体積を示さなくなるからである。

| 参考 | 中和滴定(共洗いをしなかった場合) |

①ホールピペットの内部を純水で洗浄し, そのまま用いると, ホールピペットに入れた溶液の濃度が小さくなるため, 中和滴定の滴定値は真の値より少し小さな値になる。

②ビュレットの内部を純水で洗浄し, そのまま用いると, ビュレットに入れた溶液の濃度が小さくなるため, 中和滴定の滴定値は真の値より少し大きな値になる。

【解答】 (1) A **ホールピペット**
　　　　　 B **コニカルビーカー**
　　　　　 C **メスフラスコ**
　　　　　 D **ビュレット**
　　　 (2) A ⑦, B ㊤, C ⑦, D ⑦
　　　 (3) A (c), B (a), C (a), D (c)
　　　 (4) B　理由：**ガラス器具に目盛りや標線を刻んでいないから。**

109 【解説】 (1)　中和反応における酸・塩基の量的関係を利用して, 濃度既知の酸(または塩基)の溶液(**標準溶液**)を用いて, 濃度不明の塩基(または酸)の溶液の濃度を求める操作を**中和滴定**という。

(2)　中和点付近では, 弱い酸性→弱い塩基性となり, フェノールフタレインは無色→薄赤色に変化する。

(3)　酢酸は弱酸, 水酸化ナトリウムは強塩基なので, 生成した塩の酢酸ナトリウム CH_3COONa の水溶液は塩基性を示すため, 中和点は塩基性側に偏る。したがって, 変色域が酸性側にあるメチルオレンジでは正確な中和点をみつけることはできず, 塩基性側に変色域をもつフェノールフタレインを指示薬として用いる必要がある。

(4)　純水で薄める前の食酢中の酢酸の濃度を x〔mol/L〕とすると, 酢酸は1価の酸, 水酸化ナトリウムも1価の塩基なので, 中和の公式より,

$$a \times C \times \frac{v}{1000} = b \times C' \times \frac{v'}{1000}$$

$$1 \times \frac{x}{10} \times \frac{10.0}{1000} = 1 \times 0.100 \times \frac{7.20}{1000}$$

$$\therefore \quad x = 0.720 \text{mol/L}$$

【解答】 (1) **中和滴定**
　　　 (2) **無色→薄赤色**
　　　 (3) **弱酸と強塩基の中和滴定では, 中和点が塩基性側に偏るから。**
　　　 (4) **0.720mol/L**

110 【解説】 (1)　酸と塩基の中和反応で, 水とともに生成する物質を**塩**という。塩は, 塩基由来の陽イオンと, 酸由来の陰イオンがイオン結合してできた

物質である。

塩の化学式中に, 酸の H や塩基の OH がいずれも残っていないものを**正塩**, 酸の H が残っているものを**酸性塩**, 塩基の OH が残っているものを**塩基性塩**という。この分類は, 塩の組成に基づく形式的なもので, あとで述べる塩の水溶液の性質(液性)とは無関係である。

(a) KNO_3 硝酸カリウム, (d) Na_2CO_3 炭酸ナトリウムには, 酸の H も塩基の OH も残っていないので正塩である。(b) $(NH_4)_2SO_4$ 硫酸アンモニウムには H が残っているように見えるが, この H は酸に由来しない(塩基の NH_3 に由来する)ので正塩に分類される。また, (f) CH_3COONa にも, H が残っているように見えるが, この H は酸の性質を示さないので, 正塩に分類される。

(c) $MgCl(OH)$ 塩化水酸化マグネシウムには, 塩基の OH が残っているので塩基性塩である。

(e) $NaHCO_3$ 炭酸水素ナトリウム, (h) $NaHSO_4$ 硫酸水素ナトリウムには, 酸の H が残っているので酸性塩である。

(2)　一般に, 化学式中に H も OH も含まない正塩の水溶液の性質(液性)は, その塩を構成する酸・塩基の強弱から次のように判断できる。

・強酸と強塩基の正塩は中性
・弱酸と強塩基の正塩は塩基性
・強酸と弱塩基の正塩は酸性
ただし, 強酸と強塩基の酸性塩は酸性

まず, 塩を陽イオンと陰イオンに分ける。次に, その陰イオンに H^+ を加えると酸の化学式に, 陽イオンに OH^- を加えると塩基の化学式に戻すことができる。

(a) $KCl \longrightarrow K^+ + Cl^-$
　Cl^- に H^+ を加えると, HCl(強酸)
　K^+ に OH^- を加えると, KOH(強塩基)
　　よって, KCl の水溶液は中性。

(b) $(NH_4)_2SO_4 \longrightarrow 2NH_4^+ + SO_4^{2-}$
　SO_4^{2-} に $2H^+$ を加えると, H_2SO_4(強酸)
　NH_4^+ に OH^- を加えると, NH_3(弱塩基) + H_2O
　　よって, $(NH_4)_2SO_4$ の水溶液は酸性。

(c) $Na_2CO_3 \longrightarrow 2Na^+ + CO_3^{2-}$
　CO_3^{2-} に $2H^+$ を加えると, H_2CO_3(弱酸)
　Na^+ に OH^- を加えると, $NaOH$(強塩基)
　　よって, Na_2CO_3 の水溶液は塩基性。

(d) $Ba(NO_3)_2 \longrightarrow Ba^{2+} + 2NO_3^-$
　NO_3^- に H^+ を加えると, HNO_3(強酸)
　Ba^{2+} に $2OH^-$ を加えると, $Ba(OH)_2$(強塩基)
　　よって, $Ba(NO_3)_2$ の水溶液は中性。

(e)　$CH_3COOK \longrightarrow CH_3COO^- + K^+$
　　CH_3COO^-にH^+を加えると，CH_3COOH(弱酸)
　　K^+にOH^-を加えると，KOH(強塩基)
　　よって，CH_3COOKの水溶液は塩基性。

(f)　$Na_2S \longrightarrow 2Na^+ + S^{2-}$
　　S^{2-}に$2H^+$を加えると，H_2S(弱酸)
　　Na^+にOH^-を加えると，$NaOH$(強塩基)
　　よって，Na_2Sの水溶液は塩基性。

(g)　$CuCl_2 \longrightarrow Cu^{2+} + 2Cl^-$
　　Cl^-にH^+を加えると，HCl(強酸)
　　Cu^{2+}に$2OH^-$を加えると，$Cu(OH)_2$(弱塩基)
　　よって，$CuCl_2$の水溶液は酸性。

(h)　$NaHCO_3$は，弱酸の炭酸H_2CO_3と強塩基$NaOH$から生じた酸性塩である。水溶液中では
$NaHCO_3 \longrightarrow Na^+ + HCO_3^-$のように電離して$HCO_3^-$を生じるが，$HCO_3^-$は弱酸由来のイオンであるため，さらに電離して$H^+$を生じることはない。むしろ，水と反応(加水分解)して，H_2CO_3(弱酸)に戻り，OH^-を生じるので，$NaHCO_3$の水溶液は塩基性を示す。
$$HCO_3^- + H_2O \rightleftharpoons H_2CO_3 + OH^-$$

(i)　$NaHSO_4$は，強酸の硫酸H_2SO_4と強塩基の$NaOH$から生じた酸性塩である。水溶液中では，$NaHSO_4 \longrightarrow Na^+ + HSO_4^{2-}$のように電離して$HSO_4^-$を生じるが，$HSO_4^-$は強酸由来のイオンであるため，さらに電離して$H^+$を生じるので，$NaHSO_4$の水溶液は酸性を示す。
$$HSO_4^- \longrightarrow H^+ + SO_4^{2-}$$

参考　炭酸水素ナトリウム$NaHCO_3$の液性について
$NaHCO_3$は水に溶けると，Na^+とHCO_3^-に電離する。二酸化炭素が水に溶けて生じた炭酸H_2CO_3は2価の酸で，2段階に電離する。
$$H_2CO_3 \rightleftharpoons H^+ + HCO_3^- \quad \cdots ①$$
$$HCO_3^- \rightleftharpoons H^+ + CO_3^{2-} \quad \cdots ②$$
炭酸は弱酸であるため，①の第一電離は起こりにくく，電離平衡はかなり左辺に偏っている。②の第二電離はもっと起こりにくく，ほぼ無視してよい。したがって，炭酸水素イオンHCO_3^-はH^+を放出してCO_3^{2-}になるよりも，H^+を受け取ってH_2CO_3に戻りやすいのである。すなわち，HCO_3^-はH_2OからH^+を受け取る塩基としてのはたらきをするので，$NaHCO_3$水溶液は塩基性を示す。
$$HCO_3^- + H_2O \rightleftharpoons H_2CO_3 + OH^-$$

硫酸水素ナトリウム$NaHSO_4$の液性について
$NaHSO_4$は水に溶けると，Na^+とHSO_4^-に電離する。硫酸H_2SO_4は2価の酸で，2段階に電離する。
$$H_2SO_4 \longrightarrow H^+ + HSO_4^- \quad \cdots ③$$
$$HSO_4^- \rightleftharpoons H^+ + SO_4^{2-} \quad \cdots ④$$

硫酸は強酸であるため，③の第一電離は起こりやすく，電離平衡はほとんど右辺に偏っている。④の第二電離もかなり起こりやすい。したがって，硫酸水素イオンHSO_4^-はH^+を放出してSO_4^{2-}になりやすく，逆に，H^+を受け取ってH_2SO_4には戻りにくいのである。すなわち，HSO_4^-はH^+を放出する酸としてのはたらきをするので，$NaHSO_4$水溶液は酸性を示す。

Na_3PO_4，Na_3HPO_4，NaH_2PO_4の液性
　Na_3PO_4，Na_2HPO_4，NaH_2PO_4のように，同じ強塩基と弱酸との塩の液性を比較するとNa_3PO_4は塩基性，Na_2HPO_4は弱い塩基性，NaH_2PO_4は弱い酸性を示す。一般に，弱酸と強塩基からなる酸性塩ではH原子が多くなるほど，塩基性が弱まり，酸性が強まる傾向を示す。

解答　(1)①(a)，(b)，(d)，(f)
　　　　　②(e)　　③(c)
　　　(2)(a) N　(b) A　(c) B
　　　　(d) N　(e) B　(f) B
　　　　(g) A　(h) B　(i) A

111　解説　中和滴定に伴う混合溶液のpHの変化を表すグラフを**滴定曲線**という。中和滴定に用いた酸・塩基の強弱は，滴定開始時のpH，中和点のpH，滴定終了時のpHの値から判断する。中和滴定において，中和点の付近では水溶液のpHが急激に変化する。中和滴定において，pHが急激に変化する範囲をpHジャンプといい，通常，その中点が**中和点**とみなされる。一般に，pHジャンプは中和点の許容範囲としてみなされ，中和滴定では使用する指示薬の**変色域**(色の変わるpHの範囲)がpHジャンプの範囲に含まれているものを選択しなければならない。
〔A〕

(a)　滴定開始時のpHが1に近いことから強酸のHClと，滴定終了時のpHが約10まで達しているだけなので弱塩基のNH_3の組み合わせである。また，強酸と弱塩基の中和滴定では，中和点は酸性側に偏る。

(b)　滴定開始時のpHが3に近いことから弱酸のCH_3COOHと，滴定終了時のpHが約10まで達しているだけなので弱塩基のNH_3の組み合わせである。弱酸と弱塩基の中和滴定では，pHジャンプはほとんど見られない。

(c)　滴定開始時のpHが3に近いので弱酸のCH_3COOHと，滴定終了時のpHが13近くに達しているので強塩基の$NaOH$の組み合わせである。弱酸と強塩基の中和滴定では，中和点は塩基性側に偏る。

(d)　滴定開始時のpHが1に近いので強酸のHClと，滴定終了時のpHが13近くに達しているので強塩基の$NaOH$の組み合わせである。強酸と強塩基の

中和滴定では，pH ジャンプが非常に広く，中和点は中性（pH＝7）である。

［B］

(a)　中和点が酸性側にあるので，酸性側に変色域をもつ指示薬のメチルオレンジを用いる。

(b)　pH ジャンプがほとんど見られず，適当な指示薬はない（反応溶液の電気伝導度の変化で，中和点を知る以外に方法はない）。

(c)　中和点が塩基性側にあるので，塩基性側に変色域をもつ指示薬のフェノールフタレインを用いる。

(d)　pH ジャンプが非常に広いので，メチルオレンジ，フェノールフタレインのどちらの指示薬も使用できる（通常は，色の変化が識別しやすいフェノールフタレインを用いることが多い）。

解答　(a) ⑦, ⑦　　(b) ⑦, ⑦
　　　　　(c) ⑦, ⑦　　(d) ⑦, ⑦

参考　**pH 指示薬（酸塩基指示薬）**

　　pH の変化によって変色する色素を **pH 指示薬（指示薬）** という。指示薬が pH の変化によって変色するのは，指示薬自身が弱い酸（または塩基）であり，水溶液の pH によって分子の構造の一部が変化することによる。また，pH がもとに戻ると，分子の構造が元に戻る（可逆的である）ため，色も元に戻る。

　　分子の構造の変化の起こる pH の範囲が指示薬の **変色域** である。メチルオレンジ MO の変色域は 3.1 〜 4.4，ブロモチモールブルー BTB の変色域は 6.0 〜 7.6，フェノールフタレイン PP の変色域は 8.0 〜 9.8 で，いずれも中和滴定の指示薬として用いられる。

　　一方，リトマスの変色域は 4.5 〜 8.3 と広く，変色があまり鋭敏ではないので，中和滴定の指示薬には用いない。

　　pH メーター は，ガラス電極内外の［H^+］の差に応じて発生した電圧から pH を求める装置で，小数第 1 位まで正確に pH を測定できる。

　　一方，**万能 pH 試験紙** は，変色域の異なる複数の pH 指示薬をろ紙に染み込ませて乾燥させたもので，水溶液に浸したものと標準変色表を比較することで，およその pH を求めることができる。

112 **解説**　リン酸 H_3PO_4 水溶液は，次のように 3 段階に電離し，第一段，第二段，第三段の電離度をそれぞれ α_1，α_2，α_3 とすると，$\alpha_1 > \alpha_2 > \alpha_3$ の関係がある。

$$H_3PO_4 \rightleftarrows H^+ + H_2PO_4^- \quad \cdots ①$$
$$H_2PO_4^- \rightleftarrows H^+ + HPO_4^{2-} \quad \cdots ②$$
$$HPO_4^{2-} \rightleftarrows H^+ + PO_4^{3-} \quad \cdots ③$$

リン酸水溶液に NaOHaq を加えていくと，まず，リン酸の第一電離（①式）で生じた H^+ が加えた OH^- と中和するため，混合溶液の pH は緩やかに上昇する。

やがて，第一電離が終了した時点（**第一中和点** という）で，1 度目の pH ジャンプが起こる。このとき，混合溶液は NaH_2PO_4 水溶液となり，pH が約 4.5 の弱い酸性を示すので，指示薬のメチルオレンジ（変色域 3.1 〜 4.4）の変色で知ることができる。つまり，第一中和点は，リン酸が 1 価の酸として中和されたことを示す。

　　さらに NaOHaq を加えていくと，リン酸の第二電離（②式）で生じた H^+ が加えた OH^- と中和するため，混合溶液の pH は緩やかに上昇する。やがて，第二電離が終了した時点（**第二中和点** という）で，2 度目の pH ジャンプが起こる。このとき，混合溶液は Na_2HPO_4 水溶液となり，pH が約 9.5 の弱い塩基性を示すので，指示薬のフェノールフタレイン（変色域 8.0 〜 9.8）の変色で知ることができる。つまり，第二中和点は，リン酸が 2 価の酸として中和されたことを示す。

　　さらに NaOHaq を加えていくと，リン酸の第三電離で生じた H^+ が加えた OH^- と中和するため，混合溶液の pH は緩やかに上昇する。やがて，第三電離が終了した時点（**第三中和点** という）は，Na_3PO_4 水溶液となり，pH が約 12.5 の強い塩基性を示すので，加えた NaOHaq とほぼ pH が等しく，3 度目の pH ジャンプは起こらない。つまり，第三中和点は指示薬の変色によって見つけることはできない。

(1)　フェノールフタレインを指示薬に用いたので，リン酸 H_3PO_4 は 3 価の酸であるが，実際は，2 価の酸としてはたらき，1 価の NaOH 水溶液で中和される。

　　リン酸水溶液 A の濃度を x〔mol/L〕とおくと，

$$2 \times x \times \frac{10.0}{1000} = 1 \times 0.10 \times \frac{16.4}{1000}$$
$$x = 8.2 \times 10^{-2}〔mol/L〕$$

(2)　メチルオレンジを指示薬に用いたので，リン酸 H_3PO_4 は 3 価の酸であるが，実際は，1 価の酸としてはたらき，2 価の $Ba(OH)_2$ 水溶液で中和される。

　　リン酸水溶液 B の濃度を y〔mol/L〕とおくと，

$$1 \times y \times \frac{10.0}{1000} = 2 \times 0.10 \times \frac{12.0}{1000}$$
$$y = 0.24〔mol/L〕$$

解答　(1) **8.2×10⁻²mol/L**
　　　　　(2) **0.24 mol/L**

113 **解説**　(1)　①メスフラスコは一定濃度の溶液（**標準溶液**）をつくる器具で外形は D。

②**ホールピペット** は一定体積の溶液を正確にはかり取る器具で外形は C。

③**コニカルビーカー** は酸と塩基の水溶液を反応させる容器で外形は F。

④**ビュレット** は滴下した溶液の体積をはかる器具で外形は E。

114

(2)　ガラス器具の洗い方は次の通りである。

　　ホールピペット，ビュレット…内壁が水でぬれていると溶液がうすまり，正確に体積をはかったとしても，これからはかり取ろうとする溶質の物質量が変化してしまう。したがって，これから使用する溶液で内部を2～3回洗う操作（**共洗い**）が必要となる。

　　ホールピペットに，これから使用する
　　溶液を半分ほど入れ，水平になるように手に持って，
　　数回，回転させる。
　　ホールピペットの共洗い

　　メスフラスコ…あとから純水を加えるので，正確に質量をはかった溶質を加えさえすれば，内壁が水でぬれていてもでき上がった溶液の濃度に変化はない。

　　コニカルビーカー…反応容器であり，酸と塩基の物質量はホールピペットとビュレットですでに決定されているので，内部が水でぬれていても滴定結果には影響を与えない。

(3)　弱酸（シュウ酸）と強塩基（水酸化ナトリウム）の中和滴定では，中和点は生じた塩（シュウ酸ナトリウム）の加水分解により，弱い塩基性を示す。したがって，塩基性側に変色域をもつ指示薬のフェノールフタレインを使用する必要がある。

(4)　シュウ酸二水和物の式量が，$(COOH)_2 \cdot 2H_2O = 126$ より，そのモル質量は126g/mol。

　　シュウ酸二水和物3.15gの物質量は，

$$\frac{3.15g}{126g/mol} = 0.0250 \text{〔mol〕}$$

　　シュウ酸二水和物は，水に溶けると次式のように無水物（溶質）と水和水（溶媒）に分かれる。

$$(COOH)_2 \cdot 2H_2O \longrightarrow (COOH)_2 + 2H_2O$$
$$\text{1mol} \qquad\qquad \text{1mol} \quad \text{2mol}$$

　　上式の係数比より，$(COOH)_2 \cdot 2H_2O$ 1mol 中には，$(COOH)_2$ 1mol が含まれる。つまり，シュウ酸二水和物の物質量と，シュウ酸無水物（溶質）の物質量はともに 0.0250mol で等しく，これが溶液500mL 中に含まれるから，シュウ酸水溶液のモル濃度は，

$$\frac{0.0250mol}{0.500L} = 0.0500 \text{〔mol/L〕}$$

(5)　シュウ酸は2価の酸，NaOHは1価の塩基である。NaOH水溶液の濃度を x〔mol/L〕とおくと，中和の公式より，

$$a \times C \times \frac{v}{1000} = b \times C' \times \frac{v'}{1000}$$

$$2 \times 0.0500 \times \frac{20.0}{1000} = 1 \times x \times \frac{19.6}{1000}$$

$$\therefore \quad x \fallingdotseq 0.1020 \fallingdotseq 0.102 \text{〔mol/L〕}$$

(6)　NaOH の結晶には空気中の水分を吸収して溶ける性質（**潮解性**）があり，正確に質量をはかることができない。また，NaOH（強塩基）は空気中の CO_2（酸性酸化物）を吸収して炭酸ナトリウム Na_2CO_3（塩）に変化するので，不純物を含む可能性が高く，水溶液をつくって保存していると，しだいに濃度が低下してしまう。したがって，使用直前に NaOH 水溶液を調製し，シュウ酸の標準溶液などによって中和滴定し，正確な濃度を求めておく必要がある。

(7)　希釈した食酢中の酢酸濃度を y〔mol/L〕とおくと，中和の公式より，

$$1 \times y \times \frac{20.0}{1000} = 1 \times 0.102 \times \frac{15.0}{1000}$$

$$\therefore \quad y = 0.0765 \text{〔mol/L〕}$$

　　元の食酢中の酢酸濃度はこの 10 倍の濃度なので，0.765mol/L である。

　　質量パーセント濃度とモル濃度の変換は，溶液 1L（$= 1000cm^3$）あたりで考えるとよい。

　　食酢 1L（$= 1000cm^3$）には，CH_3COOH（分子量 60.0）が 0.765mol 含まれるから，質量パーセント濃度は，

$$\frac{\text{溶質の質量}}{\text{溶液の質量}} \times 100 = \frac{60.0 \times 0.765}{1000 \times 1.02} \times 100 = 4.50 \text{〔％〕}$$

解答　(1)① **メスフラスコ，D**
　　　　②　**ホールピペット，C**
　　　　③　**コニカルビーカー，F**
　　　　④　**ビュレット，E**
　　(2)①〔ア〕　②〔ウ〕　③〔ア〕　④〔ウ〕
　　(3)**シュウ酸（弱酸）と水酸化ナトリウム（強塩基）の中和滴定では，中和点が塩基性側に偏る。このため，塩基性側に変色域をもつ指示薬のフェノールフタレインを用いる必要があるから。**
　　(4)**0.0500mol/L**
　　(5)**0.102mol/L**
　　(6)**NaOH には潮解性があり，正確に質量をはかることができないので，正確な濃度の水溶液が調製しにくいから。**
　　(7)**4.50%**

114　**解説**　塩酸の濃度を x〔mol/L〕とおくと，塩酸は1価の酸，NaOHは1価の塩基，中和点でのNaOH水溶液の滴定値が25mLだから，

中和の公式 $a \times C \times \dfrac{v}{1000} = b \times C' \times \dfrac{v}{1000}$ より，

$$1 \times x \times \frac{50}{1000} = 1 \times 0.20 \times \frac{25}{1000}$$

∴ $x=0.10$〔mol/L〕

塩酸は1価の強酸で，電離度 α は1.0であるから，

$[H^+]=aC\alpha=1\times0.10\times1.0=1.0\times10^{-1}$〔mol/L〕

よって，pH=1.0

点AのpHは1.0である。

点Bは，強酸と強塩基の中和滴定における中和点で，このときNaCl水溶液となり，中性のpH7.0である。

中和点B以降は，塩基性の水溶液となる。

混合水溶液に含まれる OH^- の物質量は，中和点以降に加えたNaOH水溶液の物質量と等しく，点Cにおいて，混合水溶液の体積は $50+100=150$〔mL〕となる。

NaOHは1価の強塩基で，電離度は1.0であるから，

$[OH^-]=\left(0.20\times\dfrac{75}{1000}\right)\times\dfrac{1000}{150}=0.10$〔mol/L〕

$K_w=[H^+][OH^-]=1.0\times10^{-14}$(mol/L)^2 より，

$[H^+]=\dfrac{1.0\times10^{-14}}{1.0\times10^{-1}}=1.0\times10^{-13}$〔mol/L〕

点CのpHは，$-\log_{10}(1.0\times10^{-13})=13.0$ を示す。

解答 点A **1.0**，点B **7.0**，点C **13.0**

115 解説 (1) 下図より CO_2 と中和した $Ba(OH)_2$ の物質量は，最初に加えた $Ba(OH)_2$ の全物質量から，中和後に残った $Ba(OH)_2$ の物質量を差し引いたものである。

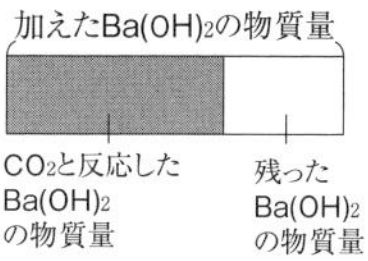

加えた$Ba(OH)_2$の物質量

| CO_2と反応した$Ba(OH)_2$の物質量 | 残った$Ba(OH)_2$の物質量 |

$Ba(OH)_2$ は2価の塩基，HClは1価の酸なので，酸と塩基の水溶液を中和したときの量的関係は，次の関係を利用する。

酸の価数×酸のモル濃度×酸の体積
＝塩基の価数×塩基の物質量

残った $Ba(OH)_2$ の物質量を x〔mol〕とおくと，

$1\times0.010\times\dfrac{8.0}{1000}=2\times x\times\dfrac{10.0}{100}$ （100mLのうち10mLだけを滴定に使ったから）

∴ $x=4.0\times10^{-4}$〔mol〕

はじめに加えた $Ba(OH)_2$ の物質量は，

$0.020\times\dfrac{100}{1000}=2.0\times10^{-3}$〔mol〕

したがって，CO_2 と反応した $Ba(OH)_2$ の物質量は，

$2.0\times10^{-3}-4.0\times10^{-4}=1.6\times10^{-3}$〔mol〕

(2) 水酸化バリウムと二酸化炭素(酸性酸化物)は，次式のように中和反応を行う。

$Ba(OH)_2+CO_2\longrightarrow BaCO_3\downarrow+H_2O$ …①

①の係数比より，中和反応した $Ba(OH)_2$ と CO_2 の物質量は等しいから，反応した CO_2 の物質量も 1.6×10^{-3}molである。その体積(標準状態)を求めると，

1.6×10^{-3}mol$\times22.4$L/mol$=0.0358$〔L〕

∴ CO_2 の体積%は，$\dfrac{0.0358}{1.00}\times100=3.58\doteqdot3.6$〔%〕

解答 (1) **1.6×10⁻³mol** (2) **3.6%**

116 解説 水酸化ナトリウムの固体を空気中に放置すると，まず，空気中の水分を吸収して水溶液となる。この現象を**潮解**という。このNaOH水溶液は空気中の CO_2(酸性酸化物)をよく吸収して炭酸ナトリウム Na_2CO_3 となるので，表面が白色を帯びてくる。一般に，水酸化ナトリウムの固体の表面には空気中の CO_2 との中和反応で生じた Na_2CO_3 が少し付着していると考えられる。

(1),(2) Na_2CO_3 を含む NaOH 水溶液をフェノールフタレインを指示薬として加えて，塩酸で中和滴定すると，まず，強塩基である NaOH と Na_2CO_3 の両方が中和され，NaCl と $NaHCO_3$ が生成する(**第一中和点**)。

$NaOH+HCl\longrightarrow NaCl+H_2O$ …①
$Na_2CO_3+HCl\longrightarrow NaHCO_3+NaCl$ …②

第一中和点は $NaHCO_3$ の加水分解によりpHが約8.4の弱い塩基性になるので，指示薬のフェノールフタレインは赤色→無色になる。

続いて，メチルオレンジを指示薬として加えて，同じ塩酸で滴定していくと，弱塩基である $NaHCO_3$ が中和され，NaCl と H_2O+CO_2 が生成する(**第二中和点**)。

$NaHCO_3+HCl\longrightarrow NaCl+CO_2+H_2O$ …③

第二中和点は生じた $H_2O+CO_2(H_2CO_3$，炭酸$)$ によりpHが約4.0の弱い酸性になるので，指示薬のメチルオレンジは黄色→赤色になる。

(3) 試料溶液 10.0mL 中の NaOH および Na_2CO_3 をそれぞれ x〔mol〕，y〔mol〕とおくと，第一中和点までに，NaOH と Na_2CO_3 の両方が中和される。

$x+y=0.100\times\dfrac{18.6}{1000}$ …Ⓐ

第一中和点から第二中和点までは，$NaHCO_3$ の中和だけが起こるが，②式の係数を比べると，$NaHCO_3$ と Na_2CO_3 の物質量は等しいから，

$y=0.100\times\dfrac{3.00}{1000}$ …Ⓑ

Ⓐ，Ⓑより，

$x=\dfrac{1.56}{1000}$〔mol〕，$y=\dfrac{0.300}{1000}$〔mol〕

モル質量は，NaOH＝40.0〔g/mol〕，Na_2CO_3＝106〔g/mol〕より，

もとの水溶液 100mL 中の NaOH の質量は，

$\dfrac{1.56}{1000}$mol$\times\underline{10}\times40.0g/mol=0.624$〔g〕
　　　　　　(溶液量を100mLにするため)

もとの水溶液 100mL 中の Na_2CO_3 の質量は，

$\dfrac{0.300}{1000}\,\text{mol} \times 10 \times 106\text{g/mol} = 0.318\,(\text{g})$

(溶液量を 100mL にするため)

解答 (1) ⓐ 赤色→無色   ⓑ 黄色→赤色

(2)(i) $NaOH + HCl \longrightarrow NaCl + H_2O$

$Na_2CO_3 + HCl \longrightarrow NaHCO_3 + NaCl$

(ii) $NaHCO_3 + HCl \longrightarrow NaCl + CO_2 + H_2O$

(3) NaOH **0.624g**, Na₂CO₃ **0.318g**

参考   **Na₂CO₃ の二段階中和について**

　Na₂CO₃ 水溶液と塩酸の滴定曲線を見ると，2か所でpHが急変し，2つの中和点が存在する。これは，Na₂CO₃ と HCl の中和反応が連続的に進行するのではなく，次のように二段階に進行することを示す。

$Na_2CO_3 + HCl \longrightarrow NaHCO_3 + NaCl$

$NaHCO_3 + HCl \longrightarrow NaCl + H_2O + CO_2$

すなわち，CO_3^{2-} は HCO_3^- よりも H^+ を受け取る力が強い。つまり，ブレンステッド・ローリーの定義に従うと，CO_3^{2-} は強塩基で，HCO_3^- は弱塩基である。したがって，CO_3^{2-} が H^+ を受け取る中和反応（②式）が先に起こり，その終了を示す点が**第一中和点**である。続いて，HCO_3^- が H^+ を受け取る中和反応（③式）が起こり，その終了を示す点が**第二中和点**である。

117 **解説**　電解質水溶液の電気伝導度は，温度一定のとき，溶解中のイオンの総濃度と各イオンの移動速度に比例する。

(1)　初め，溶液中には H^+ と SO_4^{2-} がある。ここへ，$Ba(OH)_2$（Ba^{2+} および OH^-）を加えると，Ba^{2+} が SO_4^{2-} と反応して $BaSO_4$ の沈殿が生じ，H^+ が OH^- と反応して H_2O ができる。このように溶液中のイオンが減少するので，電流値は減少する。中和点以降は，加えた Ba^{2+} および OH^- がそのまま溶液中に残るので，電流値が増加する。

　$BaSO_4$ のように水に不溶性の塩が生じる場合，中和点での電流値はほとんど0に近くなる。

(2)　初め，溶液中には H^+ と Cl^- がある。ここへ水酸化ナトリウム水溶液（Na^+ および OH^-）を加えると，H^+ が OH^- と反応して H_2O ができる。このとき，H^+ は減少するが，Na^+ が増加するので，イオンの総量は変わらない。したがって，電流値はほぼ一定値を示すはずである。しかし，H^+ と Na^+ の水溶液中での移動速度を比べると，H^+ の方が Na^+ よりもかなり大きい。すなわち，特別な理由（**参考** 参照）により，H^+ は他の陽イオンに比べて電気伝導度が大きいのである。したがって，中和点に達するまでは，H^+ が減少することで電流値が減少するが，中和点では NaCl 水溶液となり，電流値は0にはならない。中

和点以降は，加えた Na^+ と OH^- が溶液中にそのまま残るので，電流値が増加 する。なお，Na^+ と OH^- の水溶液中での移動速度を比べると，OH^- の方が Na^+ よりもかなり大きい。

(3)　初め，酢酸は大部分が酢酸分子のまま溶けているので，電流値は小さい。ここへ水酸化ナトリウム水溶液（Na^+ および OH^-）を加えると，酢酸ナトリウムと水が生じる。中和点以前は，酢酸ナトリウムは水溶液中でほぼ完全に電離して CH_3COO^- と Na^+ に分かれるので，電流値はしだいに増加する。中和点以降は，CH_3COO^- が生じる代わりに，OH^- が溶液中に残り，電流値が増加する。しかし，CH_3COO^- と OH^- の水溶液中での移動速度を比べると，OH^- の方が CH_3COO^- よりも大きい。すなわち，特別な理由（**参考** 参照）により，OH^- は他の陰イオンに比べて電気伝導度が大きいのである。したがって，中和点以降は OH^- が増加するので，電流値の増加は中和点以前よりも大きくなる。

　(ウ)は弱酸に弱塩基を加えたときの電気伝導度の変化を示す。初め，酢酸は弱酸なので電流値は小さい。中和点までは中和反応により塩 CH_3COONH_4 を生成するので溶液中のイオンの総量が増加し，電流値もしだいに増加する。中和点以降は弱塩基の NH_3 水を加えるだけで塩は生成しないので，溶液中のイオンの総量はほとんど変化せず，電流値はほぼ一定となる。

解答 (1) **(イ)**   (2) **(オ)**   (3) **(エ)**

参考   **水溶液中での H⁺ と OH⁻ の移動速度**

　水溶液中での H^+ の移動は，他のイオンとは異なり，隣接する水分子との**水素結合**を利用した H^+ の移動（**プロトンジャンプ**という）による電荷リレーの形で行われるため，H^+ と OH^- の移動速度は他のイオンに比べてかなり大きくなる。

$$H^+ \qquad H^+$$

$$H\!-\!O^+\!-\!H \cdots O\!-\!H \cdots O\!-\!H \;(\cdots は水素結合を示す)$$

$$\quad H \qquad\quad H \qquad\quad H$$

酸性の水溶液中では，H^+ は H_3O^+ として存在する。左端の H_3O^+ から H^+ が隣の H_2O 分子に移動すると，左端の H_3O^+ は H_2O に，中央の H_2O が H_3O^+ になる。これが繰り返されることで，短時間に H_3O^+ が水中を移動することができる。

$$H^+ \qquad H^+ \qquad H^+$$

$$O^-\!-\!H\!-\!O\!-\!H\!-\!O\!-\!H$$

$$\;H \qquad\; H \qquad\; H$$

塩基性の水溶液中では，OH^- が存在する。左端の OH^- に隣の H_2O 分子から H^+ が移動すると，左端の OH^- は H_2O に，中央の H_2O は OH^- になる。これが繰り返されることで，短時間に OH^- が水中を移動することができる。

9 酸化還元反応

118 [解説] 酸化と還元は，酸素原子，水素原子，電子の授受，または酸化数の増減などで定義される。

ある物質が酸素原子を受け取ると**酸化された**といい，逆に，酸素原子を失うと**還元された**という（酸化と還元は，「酸化された」というふうに受身的に表現するのが通例である）。一般に，酸素原子を失う物質があれば，必ず，酸素原子を受け取る物質があるので，酸化と還元は常に同時に起こり，酸化だけ，還元だけが起こることはない。

ある物質が水素原子を受け取ると**還元された**といい，逆に，水素原子を失うと**酸化された**という。

また，ある物質中の原子が電子を失ったとき，その原子，およびその原子を含む物質は**酸化された**といい，ある物質中の原子が電子を受け取ったとき，その原子，およびその原子を含む物質は**還元された**という。

酸化還元反応を理解しやすくするため，原子やイオンの酸化の程度を表す数値が決められた。この数値を**酸化数**という。ある原子が酸化も還元もされていないとき，酸化数は0とする。ある原子が電子をn個失うと，酸化数はnだけ増加し，$+n$となり，電子をn個受け取ると，酸化数はnだけ減少し，$-n$となる。つまり，ある物質中で，着目した原子の酸化数が増加したとき，その原子，およびその原子を含む物質は**酸化された**という。一方，着目した原子の酸化数が減少したとき，その原子，およびその原子を含む物質は**還元された**という。

[解答] ① 酸化　② 還元　③ 還元　④ 酸化
　　　 ⑤ 酸化　⑥ 還元　⑦ 酸化　⑧ 還元

119 [解説] イオンからなる物質では，電子の授受がはっきりしているが，分子からなる物質では，電子の授受がはっきりしない。そこで，**酸化数**は次のような規則で決められている。酸化数は必ず原子1個あたりの数値で表し，整数でなければならない。また，$+$，$-$の符号を忘れずにつけること。± 1，± 2，…のように算用数字の他に，$\pm$I，$\pm$II，…のようにローマ数字が使われることもある。

〈酸化数の決め方〉
①単体中の原子の酸化数はすべて0とする。
②単原子イオンの酸化数は，イオンの電荷と等しい。
③化合物中の酸素原子の酸化数は-2，水素原子の酸化数は$+1$，また，アルカリ金属の原子の酸化数は$+1$，アルカリ土類金属の原子の酸化数は$+2$とする。
　　ただし，過酸化物（$-$O$-$O$-$結合を含む化合物）

中の酸素原子の酸化数は-1とする。
④化合物では，**原子の酸化数の総和は0**とする。
⑤多原子イオン中の原子の酸化数の総和は，イオンの電荷と等しい。

(1) O_3は単体なので，O原子の酸化数は0。
(2) 化合物では，Hの酸化数は$+1$，Oの酸化数は-2であり，各原子の酸化数の総和は0になる。
　　H_2SのSの酸化数をxとおくと，
　　$(+1)\times 2+x=0$　　$x=-2$
(3) N_2O_5のNの酸化数をxとおくと，
　　$x\times 2+(-2)\times 5=0$　　$x=+5$
(4) MnO_2のMnの酸化数をxとおくと，
　　$x+(-2)\times 2=0$　　$x=+4$
(5) 単原子イオンCa^{2+}の酸化数は，イオンの電荷に等しいので，$+2$。
(6) 多原子イオンでは，原子の酸化数の総和がイオンの電荷に等しい。
　　SO_4^{2-}のSの酸化数をxとおくと，
　　$x+(-2)\times 4=-2$　　$x=+6$
(7) 化合物中のアルカリ金属Kの酸化数は常に$+1$であるから，$KMnO_4$のMnの酸化数をxとおくと，
　　$+1+x+(-2)\times 4=0$　　$x=+7$
〈別解〉 イオンからなる物質は，イオンに分けて考えれば原子の酸化数を求めやすい。
　　$KMnO_4 \longrightarrow K^+ + MnO_4^-$
　　MnO_4^-のMnの酸化数をxとおくと，
　　$x+(-2)\times 4=-1$　　$x=+7$
(8) $K_2Cr_2O_7$のCrの酸化数をxとおくと，化合物中のKの酸化数は常に$+1$だから，
　　$(+1)\times 2+2x+(-2)\times 7=0$　　$x=+6$
〈別解〉 イオンに分けて考えると，
　　$K_2Cr_2O_7 \longrightarrow 2K^+ + Cr_2O_7^{2-}$
　　$Cr_2O_7^{2-}$のCrの酸化数をxとおくと，
　　$2x+(-2)\times 7=-2$　　$x=+6$
[解答] (1) 0　(2) -2　(3) $+5$
　　　 (4) $+4$　(5) $+2$　(6) $+6$
　　　 (7) $+7$　(8) $+6$

[参考] **酸化数について**
　酸化還元反応において，イオンからなる物質，分子からなる物質を問わず，着目した物質が酸化されたのか，還元されたのかを区別できるように考案された概念が，**酸化数**である。
① イオンからなる物質では，単原子イオンはその電荷を酸化数とし，多原子イオンは，原子の酸化数の総和がその電荷と等しいとする。
② 分子からなる物質では，同種の原子が結合した**単体中の原子の酸化数をすべて0とする**。
　一方，異種の原子が結合した化合物の場合，共

有電子対を電気陰性度の大きい原子にすべて所属させたとき，各原子に割り当てられた電荷をその原子の酸化数とする。しかし，このようにして化合物中の原子の酸化数を求めるのは大変面倒である。そこで，通常，化合物中では，基準として**H原子の酸化数を+1，O原子の酸化数を-2**と決め，それに基づいて他の原子の酸化数を，酸化数の総和が0になるように決める。

また，エタノール CH_3CH_2OH のように，同一分子内に複数の原子(H，O以外)を含む場合，分子中のC原子の酸化状態は同じとは限らない。したがって，酸化数は必ず1原子あたりの数値で表す。また，電子は分割できない素粒子なので，酸化数は必ず整数となり，分数や小数になることはない。

酸化還元反応において，原子の酸化数が増加したとき，その原子，およびその原子を含む物質は**酸化された**，逆に，原子の酸化数が減少したとき，その原子，およびその原子を含む物質は**還元された**と判断できるので，酸化，還元を区別するのに非常に便利な概念である。

120 〔解説〕 反応前後の各原子の酸化数を比較し，酸化数が増加した原子および，その原子を含む物質は**酸化された**と判断する。また，酸化数が減少した原子および，その原子を含む物質は**還元された**と判断する。

以上のように，酸化数の変化が見られた反応は**酸化還元反応**であるが，酸化数の変化が見られない反応は酸化還元反応ではない別種の化学反応である。酸・塩基による中和反応や，イオンどうしが反応する沈殿反応などが，問題として登場することが多い。

一般に，化合物から単体，単体から化合物が生成する反応は，酸化還元反応といえる(ただし，(5)は化合物から化合物が生成する反応であるが，例外的に酸化還元反応である)。

各反応での下線部の原子の酸化数の変化は次の通り。

(1) $\underline{Fe_2}O_3 + 3CO \longrightarrow 2\underline{Fe} + 3CO_2$
　　(+3)　　　　　　　　(0)

(2) $H_2\underline{S}O_3 + 2NaOH \longrightarrow Na_2\underline{S}O_3 + 2H_2O$
　　　(+4)　　　　　　　　　　(+4)
　(この反応は，酸化数が変化していないので，酸化還元反応ではなく，中和反応である。)

(3) $\underline{Mn}O_2 + 4H\underline{Cl} \longrightarrow \underline{Mn}Cl_2 + \underline{Cl}_2 + 2H_2O$
　　(+4)　　　(-1)　　　(+2)　　(0)

(4) $\underline{N}H_3 + 2O_2 \longrightarrow H\underline{N}O_3 + H_2O$
　　(-3)　　　　　　　(+5)

(5) $\underline{Sn}Cl_2 + 2FeCl_3 \longrightarrow \underline{Sn}Cl_4 + 2FeCl_2$
　　(+2)　　　　　　　(+4)

〔解答〕 (1) +3 → 0 　(3) +4 → +2
　　　　　 (4) -3 → +5 　(5) +2 → +4

121 〔解説〕 (ア) ある物質が電子を受け取ると，還元されたといえる。〔○〕

(イ) 酸化還元反応で電子の授受が起これば，それに伴って，酸化数が変化する。〔○〕

(ウ) 相手の物質に電子を与えて，自身が酸化された物質が**還元剤**であり，逆に，相手の物質から電子を奪って，自身が還元された物質が**酸化剤**である。〔×〕

(エ) 原子がとり得る酸化数の範囲は，各原子ごとに決まっている。ある原子がとり得る上限の酸化数を**最高酸化数**，下限の酸化数を**最低酸化数**という。一般に，最高酸化数をとる化合物は，反応によって，酸化数が減少することはあっても増加することはないので，酸化剤としてのみはたらく。一方，最低酸化数をとる化合物は，反応によって，酸化数が増加することはあっても減少することはないので，還元剤としてのみはたらく。

中間段階の酸化数をとる化合物では，反応する相手物質しだいで，酸化剤，還元剤のいずれにもはたらくことがある。〔○〕

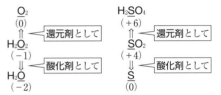

たとえば，過酸化水素 H_2O_2 は，ヨウ化カリウムKIと反応するときには酸化剤としてはたらき，過マンガン酸カリウム $KMnO_4$ と反応するときには還元剤としてはたらく。

二酸化硫黄 SO_2 は，過酸化水素 H_2O_2 と反応するときには還元剤としてはたらき，硫化水素 H_2S と反応するときは酸化剤としてはたらく。

(オ) たとえば，銅と塩素が反応して塩化銅(Ⅱ)が生成する反応は，電子の授受だけを伴う酸化還元反応である。〔×〕

$$\overset{\text{還元}}{\underset{\text{酸化}}{Cu + Cl_2 \longrightarrow Cu\,Cl_2}}$$
$$(0)\ \ \ (0)\ \ \ \ \ (+2)(-1)$$

(カ) たとえば，過酸化水素水に酸化マンガン(Ⅳ)MnO_2 を加えると，分解がおこり，酸素が発生する。

$$2H_2\underline{O}_2 \longrightarrow 2H_2\underline{O} + \underline{O}_2$$
酸化数 (-1)　　　　　(-2)　　(0)

このように，反応系に適切な酸化剤や還元剤が存

在しない場合，同種の物質間で電子の授受が行われ，異なる2種の物質が生成することがある。このような反応を**自己酸化還元反応**(不均化反応)という。〔○〕

(キ) アルカリ金属は容易に電子を放出し，相手を還元する力が高い。よって，強力な還元剤である。〔×〕

(ク) 酸化還元反応では，授受した電子の数は等しいので，
(酸化数の増加量)＝(酸化数の減少量)
の関係は常に成り立つが，(酸化数の増加した原子の数)と(酸化数の減少した原子の数)は必ずしも等しくない。〔×〕

解答 (ア)，(イ)，(エ)，(カ)

122 **解説** **酸化剤**とは相手の物質を酸化するはたらきをもつ物質で，自身は還元されやすい性質をもつ。一般に，高い酸化数をもつ原子を含む物質といえる。

例 $KMnO_4$, $K_2Cr_2O_7$, HNO_3, H_2SO_4(熱濃硫酸), Cl_2
還元剤とは相手を還元するはたらきをもつ物質で，自身は酸化されやすい性質をもつ。一般に，低い酸化数をもつ原子を含む物質といえる。

例 H_2S, $SnCl_2$, $FeSO_4$, $(COOH)_2$ など
中間段階の酸化数をもつ物質は，相手の物質により酸化剤，還元剤いずれにもはたらくことがある。

例 H_2O_2, SO_2
酸化剤・還元剤のはたらきを示すイオン反応式(**半反応式**という)は次のようにしてつくる。

> ① 反応物を左辺，生成物を右辺に書く。
> (酸化数の変化した中心原子の数をまず合わせる。)
> ② O原子の数は，水 H_2O で合わせる。
> ③ H原子の数は，水素イオン H^+ で合わせる。
> ④ 電荷の総和は，電子 e^- で合わせる。

(1) Oの数を合わせると，H_2O の係数は2。
Hの数を合わせると，H^+ の係数は2。
電荷の総和を合わせると，e^- の係数は2。

(2) Oの数を合わせると，H_2O の係数は2。
Hの数を合わせると，H^+ の係数は3。
電荷の総和を合わせると，e^- の係数は3。

(3) Oの数を合わせると，CO_2 の係数は2。
Hの数を合わせると，H^+ の係数は2。
電荷の総和を合わせると，e^- の係数は2。

(4) 各原子の登場回数は，Oは4回，Hは2回，Mnは2回であり，H原子の数から係数を合わせていく。H_2O の係数を1とおくと，OH^- の係数は2。残る MnO_4^- と MnO_2 の係数を x，e^- の係数を y とおく。
$$x MnO_4^- + H_2O + y e^- \longrightarrow x MnO_2 + 2OH^-$$
O原子の数より，
$$4x+1=2x+2 \quad \cdots ①$$

電荷の総和より，
$$x+y=2 \quad \cdots ②$$
$$\therefore \quad x=\frac{1}{2}, \quad y=\frac{3}{2}$$
全体を2倍して分母を払う。
$$MnO_4^- + 2H_2O + 3e^- \longrightarrow MnO_2 + 4OH^-$$

参考 **酸化剤 $KMnO_4$(中・塩基性条件)の半反応式**
①過マンガン酸イオン MnO_4^- は，酸性条件ではマンガン(Ⅱ)イオン Mn^{2+} になるが，中・塩基性条件では酸化マンガン(Ⅳ)になる。
$$MnO_4^- \longrightarrow MnO_2$$
②O原子の数を水 H_2O で合わせる。
$$MnO_4^- \longrightarrow MnO_2 + 2H_2O$$
③H原子の数を水素イオン H^+ で合わせる。
$$MnO_4^- + 4H^+ \longrightarrow MnO_2 + 2H_2O$$
④電荷の総和を電子 e^- で合わせる。
$$MnO_4^- + 4H^+ + 3e^- \longrightarrow MnO_2 + 2H_2O$$
⑤中・塩基性条件では $[H^+]$ はきわめて小さく，左辺に H^+ を残すのは不適切である。そこで，両辺に $4OH^-$ を加えて，左辺で水 H_2O が反応した形に改めておくこと。
$$MnO_4^- + 2H_2O + 3e^- \longrightarrow MnO_2 + 4OH^-$$

解答 左から順に係数を表すと，
(1) 2, 2, 2　(2) 3, 3, 2
(3) 2, 2, 2　(4) 2, 3, 4

参考 **酸化剤と還元剤について**
$KMnO_4$, $K_2Cr_2O_7$, HNO_3, H_2SO_4 では，
(+7)　(+6)　(+5)　(+6)
下線部の原子はいずれも高い酸化数をもち，相手の物質から電子を奪って低い酸化数をもつ安定な物質に変化するので，酸化剤としてはたらく。一方，Cl_2 の Cl の酸化数は0で，さほど高い酸化数とはいえない。しかし，Cl原子のとり得る酸化数では，Cl^- の酸化数−1が最も安定である。Cl_2 は相手の物質から電子を奪って Cl^- に変化しやすく，酸化剤としてはたらくことになる。

H_2S, $SnCl_2$, $FeSO_4$, $(COOH)_2$
(−2)　(+2)　(+2)　(+3)

下線部の原子のうち，低い酸化数をもつのは H_2S だけであり，相手の物質に電子を与えて酸化数0の単体のSに変化するので，還元剤としてはたらく。
スズイオンには，Sn^{2+} と Sn^{4+} があり，空気中では Sn^{4+} の方が安定である。同様に，鉄イオンには，Fe^{2+} と Fe^{3+} があり，空気中では Fe^{3+} の方が安定である。したがって，Sn^{2+} は相手の物質に電子を与えて Sn^{4+} に，Fe^{2+} は相手の物質に電子を与えて Fe^{3+} にそれぞれ変化しやすいので，還元剤としてはたらくことになる。
$(COOH)_2$ 中の C原子の酸化数+3は，C原子のとり得る酸化数の中ではかなり高い。そ

れにも関わらず，シュウ酸はどうして還元剤としてはたらくのだろうか。シュウ酸水溶液を穏やかに加熱すると，分解して CO_2（C の酸化数＋4）に変化しやすい性質がある。このとき，相手の物質に電子を与えることができるので，還元剤としてはたらくことになる。

123 (解説)　酸化還元反応は複雑な反応が多く，いきなり酸化還元反応式を作ることは難しい。そこで酸化剤，還元剤のはたらきを示すイオン反応式（**半反応式**）をつくり，それらを組み合わせることによって，酸化還元反応式を作ることができる。

〈酸化還元反応式の作り方〉
① 酸化剤，還元剤のはたらきを示すイオン反応式（**半反応式**）を書く。
② 2つの半反応式を整数倍して電子 e^- の数を合わせてから両式を足し合わせて，1つの**イオン反応式**をつくる。
③ 反応に直接関係せず省略されていたイオンを両辺に補い，**酸化還元反応式**を完成させる。

(1) 過酸化水素 H_2O_2 は，通常，相手物質から電子を奪う酸化剤としてはたらき，自身は水 H_2O になる。（例外的に，過酸化水素は，過マンガン酸カリウム $KMnO_4$ のような強力な酸化剤に対しては，還元剤としてはたらき，自身は O_2 になることもある。）
$$H_2O_2 \longrightarrow H_2O$$
・O 原子の数を合わせるため，右辺に H_2O を加える。
$$H_2O_2 \longrightarrow 2H_2O$$
・H 原子の数を合わせるため，左辺に $2H^+$ を加える。
$$H_2O_2 + 2H^+ \longrightarrow 2H_2O$$
・電荷を合わせるため，左辺に $2e^-$ を加える。
$$H_2O_2 + 2H^+ + 2e^- \longrightarrow 2H_2O \quad \cdots ①$$
一方，還元剤のヨウ化カリウム KI の I^-（無色）は，酸化されやすく，ヨウ素 I_2（褐色）になる。
$$2I^- \longrightarrow I_2 + 2e^- \quad ②$$
①＋②より，$2e^-$ を消去すると，イオン反応式になる。
$$H_2O_2 + 2H^+ + 2I^- \longrightarrow I_2 + 2H_2O$$
省略されていたイオン $2K^+$ と $SO_4{}^{2-}$ を両辺に補うと，化学反応式になる。
$$H_2O_2 + H_2SO_4 + 2KI \longrightarrow I_2 + 2H_2O + K_2SO_4$$
(2) 代表的な酸化剤のニクロム酸カリウム $K_2Cr_2O_7$ の $Cr_2O_7{}^{2-}$（赤橙色）は，酸性条件では，相手から電子を奪い，自身は Cr^{3+}（暗緑色）に変化する。
$$Cr_2O_7{}^{2-} \longrightarrow Cr^{3+}$$
・Cr 原子の数を合わせるため，右辺に Cr^{3+} を加える。
$$Cr_2O_7{}^{2-} \longrightarrow 2Cr^{3+}$$
・O 原子の数を合わせるため，右辺に $7H_2O$ を加える。

$$Cr_2O_7{}^{2-} \longrightarrow 2Cr^{3+} + 7H_2O$$
・H 原子の数を合わせるため，左辺に $14H^+$ を加える。
$$Cr_2O_7{}^{2-} + 14H^+ \longrightarrow 2Cr^{3+} + 7H_2O$$
・電荷を合わせるため，左辺に $6e^-$ を加える。
$$Cr_2O_7{}^{2-} + 14H^+ + 6e^- \longrightarrow 2Cr^{3+} + 7H_2O \quad \cdots ①$$
一方，還元剤の硫酸鉄(II) $FeSO_4$ の Fe^{2+}（淡緑色）は，空気中で酸化されやすく Fe^{3+}（黄褐色）になる。
$$Fe^{2+} \longrightarrow Fe^{3+} + e^- \quad \cdots ②$$
①＋②×6より，$6e^-$ を消去すると，イオン反応式になる。
$$Cr_2O_7{}^{2-} + 6Fe^{2+} + 14H^+$$
$$\longrightarrow 2Cr^{3+} + 6Fe^{3+} + 7H_2O$$
省略されていた $2K^+$，$13SO_4{}^{2-}$ を両辺に補うと，化学反応式になる。
$$K_2Cr_2O_7 + 6FeSO_4 + 7H_2SO_4$$
$$\longrightarrow Cr_2(SO_4)_3 + 3Fe_2(SO_4)_3 + 7H_2O + K_2SO_4$$

(解答)　イオン反応式，化学反応式の順に示す。
(1) $H_2O_2 + 2H^+ + 2I^- \longrightarrow I_2 + 2H_2O$
　　$H_2O_2 + H_2SO_4 + 2KI \longrightarrow I_2 + 2H_2O + K_2SO_4$
(2) $Cr_2O_7{}^{2-} + 6Fe^{2+} + 14H^+ \longrightarrow 2Cr^{3+} + 6Fe^{3+} + 7H_2O$
　　$K_2Cr_2O_7 + 6FeSO_4 + 7H_2SO_4$
　　　　$\longrightarrow Cr_2(SO_4)_3 + 3Fe_2(SO_4)_3 + 7H_2O + K_2SO_4$

124 (解説)　酸化剤と還元剤を混合すると，電子の授受，つまり酸化還元反応が起こる。いま，酸化剤 A と還元剤 B を混合したとする。酸化剤 A は相手から電子を奪って還元され，別の物質（還元剤 C）となる。一方，還元剤 B は相手に電子を与えて酸化され，別の物質（酸化剤 D）となる。
　　酸化剤 A＋還元剤 B ⇄ 還元剤 C＋酸化剤 D
　左辺と右辺にある酸化剤どうしを比較したとき，左辺の酸化剤 A のはたらき（**酸化力**）が強ければ，反応は右向きに進む。一方，右辺の酸化剤 D のはたらき（酸化力）が強ければ，反応は左向きに進むことになる。このように，反応の進んだ方向によって，酸化剤 A，D の酸化剤としてのはたらきの強さがわかる（還元剤 B，C のはたらきの強さについても同様である）。
(a) $2KI + \boxed{Br_2} \longrightarrow 2KBr + \boxed{I_2}$
　　反応が右へ進んだので，$Br_2 > I_2$　…①
(b) $\boxed{I_2} + H_2S \longrightarrow 2HI + \boxed{S}$
　　反応が右へ進んだので，$I_2 > S$　…②
(c) $2KBr + \boxed{Cl_2} \longrightarrow 2KCl + \boxed{Br_2}$
　　反応が右へ進んだので，$Cl_2 > Br_2$　…③
　　①，②，③をまとめて，$Cl_2 > Br_2 > I_2 > S$

参考　**酸化剤のはたらきの強さの判定**
　　通常，酸化剤としてはたらく物質 A，B で，ある反応においては，A は酸化剤としてはたらいたが，B は還元剤としてはたらいた場合，酸

125 〜 127

化剤としてのはたらきの強さは A＞B である
と判断できる。

例　$2\boxed{KMnO_4} + 5\boxed{H_2O_2} + 3H_2SO_4$
　　　$\longrightarrow 2MnSO_4 + 5O_2 + 8H_2O + K_2SO_4$
左辺にある 2 つの物質を比較し，$KMnO_4$ が酸
化剤，H_2O_2 が還元剤としてはたらいているので，
酸化剤としての強さは，$KMnO_4 > H_2O_2$ となる。

〔解答〕 $Cl_2 > Br_2 > I_2 > S$

125 〔解説〕

〈酸化剤・還元剤の半反応式の作り方〉
① 酸化剤(還元剤)を左辺に，生成物を右辺に書く。
② 酸素原子 O の数を，**水 H_2O** で合わせる。
③ 水素原子 H の数を，**水素イオン H^+** で合わせる。
④ 両辺の電荷を，**電子 e^-** で合わせる。

ⓐ 二酸化硫黄は，水溶液中で硫酸イオンに変化しや
すく，通常は**還元剤**として作用する。
　　　　　$SO_2 \longrightarrow SO_4^{2-}$
・O 原子の数を合わせるため左辺に $2H_2O$ を足す。
　　　　　$SO_2 + 2H_2O \longrightarrow SO_4^{2-}$
・H 原子の数を合わせるため右辺に $4H^+$ を足す。
　　　　　$SO_2 + 2H_2O \longrightarrow SO_4^{2-} + 4H^+$
・電荷を合わせるため右辺に $2e^-$ を足す。
　　$SO_2 + 2H_2O \longrightarrow SO_4^{2-} + 4H^+ + 2e^-$　…①
一方，ヨウ素(褐色)は還元されて，ヨウ化物イオン
(無色)に変化しやすく，**酸化剤**として作用する。
　　　　　$I_2 + 2e^- \longrightarrow 2I^-$　…②
　　①＋②より $2e^-$ を消去して，イオン反応式にする。
　　　$SO_2 + 2H_2O + I_2 \longrightarrow SO_4^{2-} + 2I^- + 4H^+$
右辺を整理して，化学反応式にする。
　　　$SO_2 + 2H_2O + I_2 \longrightarrow H_2SO_4 + 2HI$
ⓑ 二酸化硫黄は，強力な還元剤である硫化水素と反
応するときは，**酸化剤**としてはたらき，H_2S の放出
した電子を受け取り硫黄の単体(黄白色)になる。
　　　　　$SO_2 \longrightarrow S$
・O 原子の数を合わせるため右辺に $2H_2O$ を足す。
　　　　　$SO_2 \longrightarrow S + 2H_2O$
・H 原子の数を合わせるため左辺に $4H^+$ を足す。
　　　　　$SO_2 + 4H^+ \longrightarrow S + 2H_2O$
・電荷を合わせるため左辺に $4e^-$ を足す。
　　　$SO_2 + 4H^+ + 4e^- \longrightarrow S + 2H_2O$　…③
一方，硫化水素は**還元剤**としてはたらき，容易に
酸化され，硫黄の単体(黄白色)になる。
　　　　　$H_2S \longrightarrow S$
・H 原子の数を合わせるため右辺に $2H^+$ を足す。
　　　　　$H_2S \longrightarrow S + 2H^+$
・電荷を合わせるため右辺に $2e^-$ を足す。

　　　　　$H_2S \longrightarrow S + 2H^+ + 2e^-$　…④
　　③＋④×2 より，$4e^-$ を消去すると，化学反応式
となる。
　　　　　$SO_2 + 2H_2S \longrightarrow 3S + 2H_2O$

〔解答〕 ① 酸化剤　② 還元剤　③ 酸化剤
　　ⓐ $SO_2 + 2H_2O + I_2 \longrightarrow H_2SO_4 + 2HI$
　　ⓑ $SO_2 + 2H_2S \longrightarrow 3S + 2H_2O$

126 〔解説〕
金属の単体が水溶液中で陽イオンとな
ろうとする性質を**金属のイオン化傾向**といい，その大
きいものから順に並べたものが**イオン化列**である。本
問では，イオン化列の簡単な表をつくるとわかりやすい。

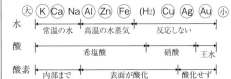

(1) 常温の水と反応するのはイオン化傾向が特に大き
い $K \sim Na \Rightarrow$ K, Ca
(2) 希塩酸と反応するのは H_2 よりイオン化傾向大(た
だし，K, Ca は題意より除く)$\Rightarrow$ Al, Zn, Fe
(3) 希塩酸と反応しないのは H_2 よりイオン化傾向が
小(Au は濃硝酸にも不溶なので除く)$\Rightarrow$ Cu, Ag
(4) 濃硝酸と反応しないのは，イオン化傾向が特に小さ
い Au，および**不動態**をつくる Al, Fe $\Rightarrow$ Au, Al, Fe
Al, Fe, Ni を濃硝酸に浸すと，表面にち密な酸化物
の被膜を生じ，それ以上反応しなくなる。この状態を
不動態という。
(5) Ag よりイオン化傾向が小のもの $\Rightarrow$ Ag, Au
(6) 王水にしか溶けないのは，イオン化傾向が特に小
さい Pt, Au $\Rightarrow$ Au

〔解答〕 (1) K, Ca　(2) Al, Zn, Fe　(3) Cu, Ag
　　(4) Au, Al, Fe　(5) Ag, Au　(6) Au

〔参考〕　**イオン化列の覚え方**

リッチ(に)	貸(そう)	か	な
Li	K	Ca	Na

ま	あ	て	に	す	な
Mg	Al	Zn	Fe	Ni	Sn	Pb

ひ	ど	す	ぎ(る)	借	金
(H_2)	Cu	Hg	Ag	Pt	Au

127 〔解説〕
金属(単体)が水溶液中で電子を放出し
て，陽イオンになろうとする性質を，**金属のイオン化
傾向**という。代表的な金属をイオン化傾向の大きいも
のから順に並べたものを**イオン化列**という。イオン化
傾向の大きい金属ほど酸化されやすく，相手の物質に
対する還元力(反応性)が大きいので，より穏やかな反

応条件でも反応が進行する。一方，イオン化傾向が小さい金属ほど酸化されにくく，相手の物質に対する還元力(反応性)が小さいので，より激しい反応条件を与えないと反応は進行しない。

　イオン化傾向の特に大きな Li〜Na は常温の空気中でもすみやかに内部まで酸化される。Mg〜Cu は常温の空気中に放置すると，表面から徐々に酸化され，酸化物の被膜を生じる。イオン化傾向の小さな Hg〜Au は常温の空気中に放置しても酸化されない。

　イオン化列で Li〜Na は常温の水，Mg は熱水，Al〜Fe は高温の水蒸気と，それぞれ反応して H_2 を発生する。Ni〜は，水とはいかなる条件でも反応しない。

　水素 H_2 よりもイオン化傾向の大きな Li〜Pb は，塩酸や希硫酸と反応して H_2 を発生する。しかし，水素 H_2 よりもイオン化傾向の小さな Cu〜Ag は塩酸や希硫酸とは反応せず，酸化力のある硝酸や熱濃硫酸によって酸化され溶解する。これらの反応は金属と $NO_3{}^-$，$SO_4{}^{2-}$ との酸化還元反応であるから H_2 は発生せず，希硝酸では NO，濃硝酸では NO_2，熱濃硫酸では SO_2 がそれぞれ発生する。イオン化傾向の特に小さな Pt，Au はきわめて強力な酸化作用をもつ**王水**(濃硝酸：濃塩酸 = 1：3)によって酸化され，溶解する。

> ただし，Pb は H_2 よりもイオン化傾向が大きいが，塩酸，希硫酸には溶けない。これは，水に不溶性の $PbCl_2$，$PbSO_4$ が金属の表面を覆い，それ以上 Pb と反応するのを妨げるからである。

解答 ①イ　②ウ　③キ　④カ　⑤ク　⑥ア　⑦エ　⑧オ

128 **解説** (1) 酸化還元反応において，多くの酸化剤がはたらきやすくするためには，酸性条件にする必要がある。このとき，強酸の水溶液を加えることが効率的である。代表的な強酸のうち，塩酸 HCl は $KMnO_4$(酸化剤)に対して還元剤として作用し，Cl_2 に酸化されてしまう。また，硝酸 HNO_3 は酸化剤として $(COOH)_2$ を酸化してしまうので，いずれも $KMnO_4$ と $(COOH)_2$ の酸化還元反応の定量関係を崩し，正確な滴定結果が得られないので具合が悪い。

　一方，硫酸 H_2SO_4 は水溶液中では酸化剤としても還元剤としても作用しない。したがって，酸化剤と還元剤の量的関係を調べる酸化還元滴定では，希硫酸を用いて水溶液を酸性にするのがよい。

(2) シュウ酸水溶液は常温では反応しにくいが，高温では生成物の CO_2 の水への溶解度が低下し，空気中へ拡散しやすくなるので，比較的速やかに酸化還元反応が進行するようになる。しかし，80℃を超えると $MnO_4{}^-$ の分解が始まるので，通常70℃位に温めて反応を行う。

(3) 反応溶液中に $(COOH)_2$ が残っている間は，

$MnO_4{}^- \longrightarrow Mn^{2+}$ の反応によって $MnO_4{}^-$ の赤紫色がすぐに消えるが，反応溶液中に $(COOH)_2$ がなくなると，$MnO_4{}^-$ の赤紫色が消えなくなる。よって，溶液が無色から薄い赤紫色になった時点がこの滴定の終点である。このように，$KMnO_4$ の色の変化を利用した酸化還元滴定を**過マンガン酸塩滴定**という。

(4) $MnO_4{}^- + 8H^+ + 5e^- \longrightarrow Mn^{2+} + 4H_2O$ …①
　$(COOH)_2 \longrightarrow 2CO_2 + 2H^+ + 2e^-$ …②
　①×2+②×5 より，$10e^-$ を消去すると，次のイオン反応式になる。

$2MnO_4{}^- + 5(COOH)_2 + 6H^+$
$\longrightarrow 2Mn^{2+} + 10CO_2 + 8H_2O$

上式に，省略されていた $2K^+$，$3SO_4{}^{2-}$ を両辺に補うと，解答に示した化学反応式になる。

(5) (4)の反応式の係数比より，$KMnO_4$ と $(COOH)_2$ は，2：5の物質量比で過不足なく反応するから，$KMnO_4$ の濃度を x [mol/L] として，

$$\left(x \times \frac{12.5}{1000}\right) : \left(5.00 \times 10^{-2} \times \frac{20.0}{1000}\right) = 2:5$$
$$x = 3.20 \times 10^{-2} \text{[mol/L]}$$

〈別解〉 酸化剤・還元剤の半反応式の電子 e^- の係数から，酸化剤と還元剤の量的関係を導くことができる。

$MnO_4{}^- + 8H^+ + 5e^- \longrightarrow Mn^{2+} + 4H_2O$ …①
$(COOH)_2 \longrightarrow 2CO_2 + 2H^+ + 2e^-$ …②
①より，$MnO_4{}^-$ 1mol は e^- 5mol を受け取り，②から $(COOH)_2$ 1mol は e^- 2mol を放出することがわかる。酸化還元滴定の終点では，次の関係が成り立つ。

(酸化剤が受け取る e^- の物質量)
　　=(還元剤が放出する e^- の物質量)

$$x \times \frac{12.5}{1000} \times 5 = 5.00 \times 10^{-2} \times \frac{20.0}{1000} \times 2$$
$$x = 3.20 \times 10^{-2} \text{[mol/L]}$$

解答 (1) 塩酸は過マンガン酸カリウムに対して還元剤として，硝酸はシュウ酸に対して酸化剤として作用する。したがって，本来の酸化剤と還元剤の酸化還元反応の定量関係を崩すことになるため。
(2) シュウ酸の場合，常温では反応がゆっくりとしか進まないので，温度を上げて反応速度を大きくするため。
(3) 無色→薄い赤紫色
(4) $2KMnO_4 + 5(COOH)_2 + 3H_2SO_4$
　$\longrightarrow 2MnSO_4 + 10CO_2 + 8H_2O + K_2SO_4$
(5) 3.20×10^{-2} mol/L

129 **解説** $MnO_4{}^-$ および $Cr_2O_7{}^{2-}$ は，酸性水溶液中で次のように酸化剤として作用する。

$MnO_4{}^- + 8H^+ + 5e^- \longrightarrow Mn^{2+} + 4H_2O$ …①

130 ～ 131

$Cr_2O_7{}^{2-} + 14H^+ + 6e^- \longrightarrow 2Cr^{3+} + 7H_2O$　…②
一方，Sn^{2+}は，次のように還元剤として作用する。
$Sn^{2+} \longrightarrow Sn^{4+} + 2e^-$　…③
　酸化還元反応では，酸化剤が受け取る電子の物質量と還元剤が与える電子の物質量が等しいとき，過不足なく反応が進行する。
　$SnCl_2$水溶液の濃度を$x[mol/L]$とすると，

$$\underset{(\text{KMnO}_4\text{が受け取る e}^-\text{の物質量})}{0.10 \times \frac{30}{1000} \times 5} = \underset{(\text{SnCl}_2\text{が与える e}^-\text{の物質量})}{x \times \frac{100}{1000} \times 2}$$

　∴　$x = 0.075[mol/L]$
　②と③から，必要な$K_2Cr_2O_7$水溶液の体積を$y[mL]$とすると，次式が成り立つ。

$$\underset{(\text{K}_2\text{Cr}_2\text{O}_7\text{が受け取る e}^-\text{の物質量})}{0.10 \times \frac{y}{1000} \times 6} = \underset{(\text{SnCl}_2\text{が与える e}^-\text{の物質量})}{0.075 \times \frac{200}{1000} \times 2}$$

　∴　$y = 50[mL]$
[解答]　**50 mL**

130　[解説]　イオン化列でLi～Naは常温の水，Mgは熱水，Al～Feは高温の水蒸気とそれぞれ反応してH_2を発生する。Ni～は水とはいかなる条件でも反応しない。
　水素H_2よりもイオン化傾向の大きいLi～Pbは，希塩酸や希硫酸とは反応してH_2を発生する。ただし，H_2よりもイオン化傾向の大きいPbは，希塩酸，希硫酸に溶けそうだが，実際は，その表面に不溶性の$PbCl_2$，$PbSO_4$を生じるため，Pbの溶解はすぐに停止してしまう。水素H_2よりもイオン化傾向の小さなCu～Agは希塩酸，希硫酸とは反応せず，酸化力のある硝酸や熱濃硫酸により酸化されて溶解する。これらの反応は金属と$NO_3{}^-$，$SO_4{}^{2-}$との酸化還元反応であるから，H_2は発生せず，希硝酸ではNO，濃硝酸ではNO_2，熱濃硫酸ではSO_2がそれぞれ発生する。Pt, Auは強力な酸化作用をもつ王水にのみ酸化されて溶解する。
　イオン化列から金属の種類を推定する問題では，まず，与えられた金属をイオン化傾向の大きい順に並べてみるとよい。それぞれにA～Gのどれが当てはまるかを考える方が楽に解ける。
(a) Cはイオン化傾向が最大⇒Na
(b) A，D，Fは水素よりイオン化傾向が(大)
　　　　　　　　　　　　　⇒Fe, Sn, Zn
　B，E，Gは水素よりイオン化傾向が(小)
　　　　　　　　　　　　　⇒Cu, Ag, Pt
　Eは希硝酸にも溶けず，イオン化傾向が最小⇒Pt
(c)　金属イオンと他の金属との反応では，イオン化傾向の大きいほうがイオンに，イオン化傾向の小さいほうが単体に戻る。Gがイオンとなり溶け出し，Bが単体として析出したので，B，Gのイオン化傾向は，
　　　$G > B$　　　∴　$G \Rightarrow Cu$　$B \Rightarrow Ag$

(d)　2種類の金属の接触部分では，図のような小規模な電池(**局部電池**)が形成される。このとき，イオン化傾向の大きい方の金属は単独で存在するよりも，一層腐食しやすくなる。

Aが腐食しやすいので，
イオン化傾向は
A > D

Aが腐食しにくいので，
イオン化傾向は
F > A

　∴　イオン化傾向は　F > A > D
　∴　F⇒Zn　A⇒Fe　D⇒Sn

> [参考]　**トタンとブリキの違い**
> 　鉄板の表面に，鉄Feよりイオン化傾向の小さいスズSnをメッキした**ブリキ**では，表面に傷がついて内部が露出すると，内部の鉄はメッキしない鉄よりさびやすくなる。
> 　一方，鉄板の表面に鉄Feよりイオン化傾向の大きい亜鉛Znをメッキした**トタン**では，表面に傷がついても，亜鉛が先に溶解し，生じた電子が鉄に供給されるため，内部の鉄はメッキしない鉄よりさびにくい。

[解答]　A Fe，B Ag，C Na，D Sn，E Pt，
　　　　F Zn，G Cu

131　[解説]　(1)　〔実験1〕では，過酸化水素H_2O_2は**酸化剤**としてはたらき，還元剤としてはたらくヨウ化カリウムKIと反応してヨウ素I_2を生成する。
　$H_2O_2 + 2H^+ + 2e^- \longrightarrow 2H_2O$　…①
　$2I^- \longrightarrow I_2 + 2e^-$　…②
　①＋②より，$2e^-$を消去するとイオン反応式になる。
　$H_2O_2 + 2H^+ + 2I^- \longrightarrow 2H_2O + I_2$　…③
(2)　〔実験1〕では，まず過剰のKI水溶液に酸化剤を加えてI_2を遊離させ($2I^- \longrightarrow I_2 + 2e^-$)，〔実験2〕では，この$I_2$をチオ硫酸ナトリウム$Na_2S_2O_3$水溶液で還元して($I_2 + 2e^- \longrightarrow 2I^-$)，もとの$I^-$に戻している。
　③のイオン反応式より，H_2O_2 1molからI_2 1molが生成することがわかる。
　$I_2 + 2Na_2S_2O_3 \longrightarrow 2NaI + Na_2S_4O_6$　…④
　④の反応式の係数比より，I_2 1molに対して$Na_2S_2O_3$ 2molが反応することがわかる。
（この反応式は難しいので，必ず問題に与えてある。自分でこの反応式を書く必要はない。）
　④より，滴定に要した$Na_2S_2O_3$の物質量の半分がI_2の物質量と等しく，③より，I_2の物質量はH_2O_2の物質量とも等しいので，過酸化水素水の濃度を$x[mol/L]$とおくと

$$\underset{\text{Na}_2\text{S}_2\text{O}_3\text{の物質量}}{\left(0.0800 \times \frac{37.5}{1000}\right) \times \frac{1}{2}} = \underset{\text{H}_2\text{O}_2\text{の物質量}}{x \times \frac{100}{1000}}$$

∴　$x = 0.0150$〔mol/L〕

(3)　酸化剤の H_2O_2 と還元剤の $Na_2S_2O_3$ はいずれも無色のため，直接反応させたのでは滴定の終点を見つけられない。そこで，H_2O_2（酸化剤）と KI（還元剤）を反応させてヨウ素 I_2 を遊離させる。この I_2（酸化剤）を $Na_2S_2O_3$（還元剤）によって滴定するのである。この滴定を続けていくとヨウ素の色（褐色）がうすくなり，終点を判別しにくくなる。そこで，指示薬としてデンプン水溶液を加えると，微量のヨウ素でもはっきり青紫色を呈する（**ヨウ素デンプン反応**）ので，滴定の終点が判別しやすくなる。ヨウ素 I_2 を含む水溶液に指示薬としてデンプン水溶液を加えると，水溶液は青紫色を呈する。これをチオ硫酸ナトリウム水溶液で滴定すると，反応溶液中にヨウ素が残っている間は水溶液は青紫色を示すが，ヨウ素がすべて反応した時点で水溶液が無色となる。これがこの滴定の終点となる。このように，デンプンを指示薬として，ヨウ素（酸化剤）とチオ硫酸ナトリウム（還元剤）を用いて，濃度未知の酸化剤を定量する酸化還元滴定を**ヨウ素滴定**という。

解答　(1) $H_2O_2 + 2H^+ + 2I^- \longrightarrow 2H_2O + I_2$
　　(2) **0.0150mol/L**
　　(3) **指示薬にデンプン水溶液を用い，溶液の青紫色が消えたときを滴定の終点とする。**

参考　**身の回りの酸化剤・還元剤**

酸化剤　うがい薬に使われるポビドンヨードは，ヨウ素 I_2 の穏やかな酸化力を利用した殺菌剤として知られている。

$$I_2 + 2e^- \longrightarrow 2I^-$$

ヨウ素は水に溶けにくいので，アルコール溶液（ヨードチンキ）として消毒薬に使用されてきたが，皮膚，粘膜への刺激が強かった。そこで，刺激性の少ないポビドンヨード（水溶性のヨウ素複合体）が開発された。この水溶液中では $I_2 + I^- \rightleftarrows I_3^-$ の平衡が成立しており，I_2 が消費されると，上式の平衡が左へ移動し，I_2 が供給される。ポビドンヨードの殺菌作用は，この I_2 の酸化作用に基づいており，うがい薬だけでなく，外科手術の際の消毒薬など広範囲に利用されている。

還元剤　緑茶は時間が経つとしだいに酸化され，色や風味が悪くなる。これを防ぐために，緑茶飲料の中にはビタミン C が少量添加されている。

ビタミン C（アスコルビン酸）は新鮮な果実，野菜などに多く含まれ，欠乏すると，貧血，皮下出血，免疫力の低下などが起こり，**壊血病**を発症する。比較的強い還元剤で，他の食品成分と一緒にあるときは，自身が先に酸化されることにより，食品成分の酸化を防ぐはたらきをする。このため，ビタミン C は緑茶飲料だ

けでなく，多くの食品の酸化防止剤として使用されている。

ビタミン C は糖類の酸化生成物の一種で，C＝C 結合にヒドロキシ基 −OH が 2 個結合した構造（エンジオール構造）をもつ。この構造は O_2 や Br_2，I_2 などのハロゲンにより容易に酸化され，ケトン基を 2 個持つ構造（ジケトン構造）に変化しやすい。このため，ビタミン C は比較的強い還元作用を示す。

アスコルビン酸の還元剤としての半反応式は，

$$C_6H_8O_6 \longrightarrow C_6H_6O_6 + 2H^+ + 2e^-$$

より，2 価の還元剤として作用する。

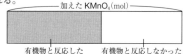

L-アスコルビン酸　　　　　　L-デヒドロアスコルビン酸
（還元型）　　　　　　　　　　（酸化型）

132 **解説**　(1)　試料水に含まれる有機物（還元性物質）は，$KMnO_4$ 水溶液と加熱すると酸化・分解される。

加えた $KMnO_4$（mol）

有機物と反応した　　　有機物と反応しなかった
$KMnO_4$（mol）　　　　　　$KMnO_4$（mol）

図より，有機物と反応した $KMnO_4$（mol）は，加えた $KMnO_4$（mol）から有機物と反応しなかった $KMnO_4$（mol）を差し引いて求められる。

反応後に残った $KMnO_4$ の物質量 x〔mol〕は，シュウ酸との反応式の係数比から求められる。

$$MnO_4^- + 8H^+ + 5e^- \longrightarrow Mn^{2+} + 4H_2O \quad \cdots ①$$
$$(COOH)_2 \longrightarrow 2CO_2 + 2H^+ + 2e^- \quad \cdots ②$$

①×2＋②×5 より，電子 e^- を消去すると，

$$2MnO_4^- + 5(COOH)_2 + 6H^+ \longrightarrow$$
$$2Mn^{2+} + 10CO_2 + 8H_2O \quad \cdots ③$$

③式より，加えたシュウ酸 5mol と MnO_4^- 2mol がちょうど反応するから，③式で，シュウ酸と反応した MnO_4^- の物質量は，加えたシュウ酸の物質量の $\dfrac{2}{5}$ 倍に相当する。

よって，有機物と反応した $KMnO_4$ の物質量は，

$$\underbrace{5.0 \times 10^{-3}\text{mol/L} \times \frac{10}{1000}\text{L}}_{\text{最初に加えた } KMnO_4（mol）} - \underbrace{4.0 \times 10^{-3}\text{mol/L} \times \frac{25}{1000}\text{L} \times \frac{2}{5}}_{\text{有機物と反応しなかった } KMnO_4（mol）}$$
$$= 1.0 \times 10^{-5}\text{〔mol〕}$$

(2)　MnO_4^- と O_2 の酸化剤のはたらきを示す半反応式の電子 e^- の係数に着目すると，

$$MnO_4^- + 8H^+ + 5e^- \longrightarrow Mn^{2+} + 4H_2O \quad \cdots ①$$
$$O_2 + 2H_2O + 4e^- \longrightarrow 4OH^- \quad \cdots ④$$

$KMnO_4$ 1 mol が受け取る電子 e^- は 5 mol であり，O_2 1 mol が受け取る電子 e^- は 4 mol である。したがって，反応式の e^- の数の違いに注目すると，酸化剤として同じだけのはたらきをするのに，O_2 は $KMnO_4$ の $\frac{5}{4}$ 倍の物質量が必要となる。

よって，試料水 100mL 中の有機物と反応した $KMnO_4$ の物質量は(1)より 1.0×10^{-5} mol であり，これに相当する O_2 の質量〔mg〕を求めると，

$$1.0 \times 10^{-5}\text{mol} \times \frac{5}{4} \times 32\text{g/mol} \times 10^3 = 0.40\text{(mg)}$$

COD は，試料水 1L あたりに換算して，

$$0.40\text{mg} \times \frac{1000}{100} = 4.0\text{(mg)}$$

解答 (1) **1.0×10^{-5}mol** (2) **4.0 mg/L**

参考　**COD（化学的酸素要求量）**

河川や湖沼などの淡水の COD は，本問のように，直接，$KMnO_4$ 水溶液と煮沸して酸化・分解して求めても構わない。しかし，海水や海水の混じった汽水中の COD を求める場合，試料水中の Cl^- は MnO_4^- と煮沸すれば Cl_2 に酸化されてしまうので，MnO_4^- の消費量が増加し，COD の値が大きく測定されてしまう。そこで，あらかじめ試料水に $AgNO_3$ 水溶液を加えて，Cl^- を $AgCl$ として除去しておく前処理が必要となる。* なお，COD の値が大きいほど，その水には有機物等の還元性物質が多く含まれていることになり，その水は汚れていることを示す。

COD	水の汚れの程度
$0 \sim 2$	きれいな水
$2 \sim 5$	少し汚れた水 （魚がすめる水）
$5 \sim 10$	比較的汚れた水 （魚がすめない水）
$10 \sim$	かなり汚れた水

* $AgNO_3$ 水溶液を加えた場合，$AgCl$ が沈殿した後，溶液中に残った NO_3^- は酸性条件では酸化剤としてはたらくので，MnO_4^- の消費量が少なくなり滴定誤差を生じる恐れがある。そのため，試料水に硫酸銀 Ag_2SO_4 の粉末を加えよくかくはんして Cl^- を $AgCl$ として除去する方法が最も適切である。

---

10 物質の状態変化

133 **[解説]** 物質には，固体・液体・気体の 3 つの状態が存在する。これらを**物質の三態**という。物質の三態間での変化を**状態変化**という。

固体は，形・体積がともに一定である。分子間には**分子間力**が強くはたらき，固体中の分子は定位置を中心に，振動・回転などの**熱運動**を行っている。

液体は，体積は一定であるが，形は変化できる。つまり，**流動性**をもつ。液体中の分子は，互いに移動することはできるので形は変化するが，分子間には，固体のときとほぼ同程度の分子間力がはたらいているので体積は一定である。

気体は，体積と形がいずれも決まっておらず自由に変化できる。気体中の分子は空間を自由に運動しており，分子間力はほとんどはたらいていない。

物質の状態変化は，温度・圧力を変えることによって起こる。たとえば，氷に熱エネルギーを加えていく場合，融点に達すると，水分子は互いに移動することができるようになり，液体となる。この現象が**融解**であり，このときの温度を**融点**という。液体では，液面付近にあって，一定以上の運動エネルギーをもった分子は，分子間力に打ち勝って，液面から空間へ飛び出す。この現象が**蒸発**である。さらに加熱を続けると，液体内部からも気泡が発生するようになる。この現象を**沸騰**といい，このときの温度を**沸点**という。

また，無極性の分子性物質の中には，ヨウ素，ナフタレン，ドライアイスのように，固体

―冷水
―ヨウ素

―砂皿
ヨウ素の昇華

から直接気体になる性質（**昇華性**）をもつ物質もある。

解答 ① **分子間力** ② **熱運動** ③ **融点** ④ **液体** ⑤ **融解** ⑥ **運動** ⑦ **蒸発** ⑧ **沸点** ⑨ **沸騰** ⑩ **昇華**

134 **[解説]** (1) a は固体が融解して液体となる温度（**融点**）である。b は液体が沸騰して気体となる温度（**沸点**）である。

(2) 固体を加熱すると温度が上昇し，図中の A 点で融解が始まる。AB 間は温度が一定の状態が続き，固体と液体が共存した状態にある。B 点になるとすべて液体となり，再び温度が上昇しはじめるが，C 点で沸騰が始まると再び温度が一定となり，CD 間では液体と気体が共存した状態にある。AB 間，CD 間で加えた熱エネルギーは，粒子の運動エネルギーの増加のためではなく，状態変化のため（すなわち，粒子間の平均距離を大きくして，粒子間の位

置エネルギー(ポテンシャルエネルギー)を増大させるため)に使われるので，加熱しているにも関わらず，温度が一定に保たれる。

(3) 固体を加熱したとき，粒子の配列がくずれて液体になる現象を**融解**といい，固体 1mol を液体にするのに必要な熱量を**融解熱**という。

AB 間で加えた熱量は，$(6 - 3) \times 10 = 30$〔kJ〕

融解熱は物質 1mol あたりで表すから，

$$\frac{30kJ}{5.0mol} = 6.0〔kJ/mol〕$$

液体 1mol を気体にするのに必要な熱量を**蒸発熱**という。CD 間で加えた熱量は，

$(30 - 10) \times 10 = 200$〔kJ〕

蒸発熱も物質 1mol あたりで表すから

$$\frac{200kJ}{5.0mol} = 40〔kJ/mol〕$$

(4) 融点において，融解により吸収される熱量(融解熱)よりも，沸点において，蒸発により吸収される熱量(蒸発熱)の方が数倍も大きい。それは，融解の際には粒子間にはたらく結合の一部を切断するだけでよいが，沸騰の際には粒子間にはたらくすべての結合を切断しなければならないためである。

解答 (1) a **融点**，b **沸点**

(2) AB 間 **融解，固体と液体**

CD 間 **沸騰，液体と気体**

(3) 融解熱 **6.0kJ/mol**

蒸発熱 **40kJ/mol**

(4) **粒子間の結合の一部を切断して粒子どうしの配列をくずすためのエネルギーよりも，粒子間の結合をすべて切断して粒子どうしをばらばらに引き離すためのエネルギーの方が大きいから。**

135 **解説** ①，② 気体分子は，いろいろな方向にいろいろな速さで運動している。この運動は，**熱運動**とよばれ，そのため，気体は自然に全体に広がり(**拡散**)，均一に混合していく。

気体分子は，同じ温度でもすべてが同じエネルギーをもって運動しているのではなく，右図のような一定の速度分布(**マクスウェル・ボルツマン分布**)を示す。

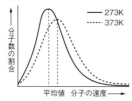

温度が高くなると，大きな運動エネルギーをもつ気体分子の割合が増加する。その結果，高温ほど，気体分子の速度分布を表す曲線のピークは右側へず

れる。しかし，気体分子の総数(グラフでは山の面積に相当する)は一定なので，グラフの山は少しずつなだらかになる。

③ **気体の圧力**は，気体分子が容器の壁(器壁)に衝突したときに，器壁におよぼす単位面積あたりの力で示される。**1m² の面積に 1N(ニュートン)の力がはたらくときの圧力を 1Pa(パスカル)という。**

④ 水銀柱 760mm に相当する圧力が **1 気圧(atm)** と決められている。すなわち，**1atm = 760mmHg** 水銀柱 608mm に相当する圧力(= 608mmHg)は，

$$\frac{608mmHg}{760mmHg} = 0.80 = 8.0 \times 10^{-1}〔atm〕$$

また，**1atm = 1.0 × 10⁵Pa** の関係を使うと，

$8.0 \times 10^{-1} \times 1.0 \times 10^5 = 8.0 \times 10^4〔Pa〕$

解答 ① **高い** ② **C** ③ **面積**

④ **8.0 × 10⁴**

136 **解説** (1) 物質の三態のうち，気体は分子間の平均距離，および分子のもつエネルギーが最も大きい。〔×〕

(2) 気体は，分子の熱運動が活発であり，空間を自由に動き回っている。〔○〕

(3) 液体は，固体よりもゆるやかに結合しており，分子相互の移動が可能で，流動性をもつ。ミクロに見たときの分子の配列は不規則である。〔○〕

(4) 液体の分子間距離は，一般に，固体よりもやや大きい。液体の分子の配列は固体のような規則的なものではない。〔×〕

(5) 固体は分子間の平均距離が最も小さく，分子間力が最も強くはたらいている。〔○〕

(6) 固体の熱運動は，物質の三態の中では最もゆるやかであるが静止しているわけではなく，定位置を中心とした振動・回転などが行われている。〔×〕

(7) 物質のもつエネルギーは，状態によって異なり，同じ物質では，固体＜液体＜気体の順に大きくなる。〔○〕

(8) 多くの物質では，固体，液体，気体の順に密度は小さくなる。しかし，水，ゲルマニウム Ge，ビスマス Bi などは例外で，固体が隙間の多い結晶構造をしているため，液体の方が密度がやや大きくなる。〔×〕

氷の結晶中の水分子の配置

液体の水の水分子の配置

(9) 物質の状態は，温度だけでなく，圧力を変えても変化する。たとえば，0℃の氷に強い圧力をかけると，氷は体積の減少する方向への状態変化，つまり，融解

が起こり，液体の水になる。この水が潤滑剤となり氷の上をスケートですべることができる。　〔×〕

参考　氷の圧力による融解と復氷

　右図のように，0℃に保った室内で，おもりをつけた糸で，氷に強い圧力をかけると，糸の下方では氷が融解し，糸が食い込む。しかし，糸が通り過ぎた上方では，おもりによる圧力がなくなるので，水は再び凝固する（復氷）。したがって，氷は切断されることなく，糸だけが上方から下方へ通り抜けていく。
　また，氷河は自身にはたらく重力によって生じる圧力でその底部の氷の一部が融け，ゆっくりとすべるように移動する。

解答　(2)，(3)，(5)，(7)

137　**解説**　一定温度の密閉容器に空気と少量の液体を入れて放置すると，液体は蒸発と凝縮を繰り返しながら，やがて**気液平衡**の状態となる。このとき，容器の空間を満たす蒸気（気体）の圧力を，液体の**飽和蒸気圧（蒸気圧）**という。
　気液平衡の状態では，単位時間あたり(蒸発する分子の数)＝(凝縮する分子の数)となり，液体の蒸発と凝縮が等しい速さで起こっている。
　液体の蒸気圧は，一定温度では，空間の体積，他の気体の存在，および液体の量によらず一定の値を示す。すなわち温度一定ならば，真空中でも空気中でも水の蒸気圧はまったく同じ値を示す。
(1)　温度を上げると水の蒸発が進み，水の蒸気圧は大きくなる。また，空間を占める水分子の数は増加する。
(2)　容器の空間の体積を大きくすると，一時的に水の蒸気圧は低下するが，さらに水の蒸発が進み，やがて水の蒸気圧は一定となる。ただし，容器の空間の体積が大きくなった分だけ，空間を占める水分子の数は増加している。
(3)　容器の空間の体積を小さくすると，一時的に水の蒸気圧は上昇するが，過剰な蒸気の凝縮が進み，やがて水の蒸気圧は一定となる。ただし，容器の空間の体積が小さくなった分だけ，空間を占める水分子の数は減少している。

参考　蒸気圧の性質
① 　一定温度では，空間の体積，他の気体の存在，液体の量によらず，一定の値をとる。
② 　高温ほど，大きくなる。
③ 　一定温度では，分子間力が小さい物質ほど，蒸気圧は大きく，分子間力が大きい物質ほど，蒸気圧は小さくなる。

解答　(1) 蒸気圧 (ア)，分子数 (ア)
　　　　(2) 蒸気圧 (ウ)，分子数 (ア)

(3) 蒸気圧 (ウ)，分子数 (イ)

138　**解説**　(1)　どちらも正四面体形の**無極性分子**であり，分子間にはファンデルワールス力だけがはたらく。分子量は CH_4(16)，CCl_4(154)であり，分子量の大きいCCl_4の方がファンデルワールス力が強くはたらき，沸点も高くなる。
(2)　どちらも16族元素の水素化合物で，折れ線形の**極性分子**である。分子間には分子の極性に基づくファンデルワールス力もはたらくが，H_2O 分子間には，O−H…Oのような水素結合がはたらくため，沸点は著しく高くなる。
(3)　どちらも17族元素の水素化合物で，**極性分子**である。分子量はHBr(81)の方がHF(20)よりも大きいが，HF分子間には，F−H…Fのような水素結合がはたらくため，沸点は著しく高くなる。
(4)　分子量は，F_2(38)とHCl(36.5)はほぼ同じだが，F_2 は**無極性分子**であるのに対してHClは**極性分子**である。極性分子では無極性分子に比べて静電気的な引力に基づくファンデルワールス力が強くはたらく。したがって，HClの方が沸点が高くなる。

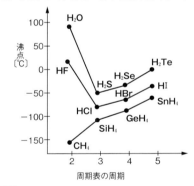

解答　(1) CCl_4，(a)　(2) H_2O，(c)
　　　　(3) HF，(c)　(4) HCl，(b)

139　**解説**　氷は，1個の水分子が4個の水分子と方向性をもった**水素結合**によって結合してできた**分子結晶**である。このとき，水分子のO原子だけに着目する

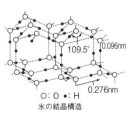

109.5°　0.096nm
0.276nm
O：O ●：H
氷の結晶構造

と，その結合角（∠OOO）はすべて109.5°となり，**正四面体構造**をとっている。このため，氷の結晶の配位数は4となり，配位数12の最密充填構造の面心立方

格子などと比べるとかなり隙間の多い結晶となる。氷が融解すると，水素結合の一部が切れ，自由になった水分子がその隙間に入り込むので，氷のときより体積は約10%減少する。

0℃より水の温度を上げると，分子間の水素結合が切れて体積が減少する効果と，分子の熱運動が活発となり，体積が増加する効果が同時に進行する。0 ～ 4℃の間では前者の影響の方が大きく，4℃以上になると後者の影響が大きくなる。この相反する効果の兼ね合いにより，水は4℃で密度が最大の$1.000g/cm^3$になる。

水は，分子間に**水素結合**がはたらくため，分子量が小さいにも関わらず，他の16族の水素化合物（H_2S，H_2Se，H_2Teなど）に比べて，融点・沸点が著しく高い。

参考　**水の特異的な性質について**

水は融点・沸点が高いだけでなく，**融解熱**，**蒸発熱**，**表面張力**（分子間力により生じる液体の表面積をできるだけ小さくしようとする力）も，他の液体に比べて大きな値をもつ。

また，水分子間にはたらく水素結合は，融解により氷がすべて液体になっても，部分的な氷の構造（**クラスター構造**）として，かなり（70 ～ 80%）残っている。液体の水を加熱する場合，この水素結合を切りながら温度が上昇していくので，水の**比熱**は他の液体に比べて特に大きな値となる。このため，水は地球の気候を穏やかにしたり，生物の体温の急激な変化を防ぐなど，生物が地球上に暮らしやすい環境をつくり出している。たとえば，氷は水よりも密度が小さいので，池の水は表面から凍り始め，底近くには密度の大きい4℃の水が常に存在する。また，氷は結晶中に多くの空気を含むため，熱を伝えにくい性質（断熱性）が高いので，ある程度以上の深さの池や湖であれば，どんなに寒くなっても水底までは凍らず，水中の魚は生

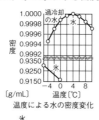

温度による水の密度変化

き続けることができる。もし，水が普通の物質のように固体の方が密度が大きかったら，冬，表面でできた氷はしだいに底へ沈んでいき，表面に残された最後の水が凍るとき，水中の生物はすべて凍死してしまうであろう。

解答　① **水素**　② **正四面体**　③ **大きい**　④ **小さい**　⑤ **減少**　⑥ **増加**　⑦ **最大**　⑧ **高**

---

140 [解説]　(1) 密閉容器中で，液体と気体（蒸気）が共存している状態を**気液平衡**といい，このとき単位時間あたり，(蒸発する分子の数) = (凝縮する分子の数)で，蒸発と凝縮は等しい速さで起こっている。〔×〕

(2) 液体の沸騰は，（液体の蒸気圧） = （外圧）になると起こる。したがって，外圧の低い高山の上の方では，平地よりも低い温度で液体が沸騰する。〔〇〕

(3) 同温度で蒸気圧の大きい物質ほど蒸発しやすく，より低い温度で沸騰する。〔×〕

(4) 同温度では，分子間力の大きい物質ほど蒸発しにくくなるので，蒸気圧は小さくなる。〔〇〕

(5) 気液平衡にあるとき，温度が一定ならば，液体を加えても，蒸気圧は変化しない。〔×〕

(6) 沸騰が起こると，液体の温度は一定に保たれる。これは，加えた熱エネルギーが液体の温度上昇ではなく，状態変化（液体→気体）のために使われるからである。〔×〕

(7) 開放容器で水を加熱すると，100℃で蒸気圧が $1.01 × 10^5 Pa$ となり沸騰が起こる。しかし，空気と水の入った密閉容器を加熱した場合，水蒸気の圧力は100℃で $1.01 × 10^5 Pa$ に達するが，これに空気の圧力を加えた容器全体の圧力は $1.01 × 10^5 Pa$ をはるかに超えてしまうので，100℃になっても水は沸騰しない。〔×〕

(8) 同じ純物質では，液体1 molが蒸発するときに吸収する熱量（**蒸発熱**）と，気体1 molが凝縮するときに放出する熱量（**凝縮熱**）とは等しい。〔〇〕

(9) 普通の物質では，固体の密度は液体の密度より大きいが，水は例外で，固体の密度は液体の密度より小さい。したがって，普通の物質の固体が融解すると密度は小さくなるが，氷が融解すると密度は大きくなる。〔×〕

[解答]　(1) ×　(2) 〇　(3) ×　(4) 〇　(5) ×
(6) ×　(7) ×　(8) 〇　(9) ×

141 [解説]　物質が温度や圧力によって，どんな状態をとるかを表した図を**状態図**という。

(1) 一般に，低温側に固体，高温側に気体の領域が存在するが，はっきりと領域を区別するには次のように考える。水は $1.0 × 10^5 Pa$ の下で加熱すると，0℃で水→水へ，100℃で水から水蒸気へと変化する。ゆえに，領域Ⅰが固体，領域Ⅱが液体，領域Ⅲが気体である。密閉容器に液体を入れ加熱すると，容器内の蒸気の圧力は上昇する。やがて，ある温度・圧力（**臨界点**，**A**）に達すると，気体と液体の密度が全く同じになり，これ以上の温度・圧力の領域Ⅳでは，液体と気体の区別ができなくなる。この状態を**超臨界状態**という。

(2)　曲線 OB 上では固体と液体の共存が可能で，圧力による融点の変化を示すので**融解曲線**，曲線 OA 上では液体と気体の共存が可能で，温度による蒸気圧の変化を示すので**蒸気圧曲線**，曲線 OC 上では固体と気体が共存でき，温度による昇華圧（固体が昇華したときに示す気体の圧力）の変化を示すので**昇華圧曲線**という。

　ただし，蒸気圧曲線は点 A で途切れており，これ以上の温度・圧力では液体と気体は共存できない。一方，融解曲線と昇華圧曲線には途切れはない。

(3)　点 O は**三重点**とよばれ，固体の氷と液体の水と気体の水蒸気が安定に共存している状態である。

　なお，水の三重点は，0.01℃，610Pa で，温度の定点として利用されている。点 A は**臨界点**とよばれ，これ以上の温度（**臨界温度**）・圧力（**臨界圧力**）にある物質は，**超臨界流体**とよばれ，液体と気体の中間的な性質をもつ。特に，水の超臨界流体は，無極性溶媒に近い性質をもち，多くの有機物をよく溶かす性質や，有機物に対する高い加水分解能力を利用して，難分解性の有機塩素化合物などの分解処理の研究が進められている。

> **参考**
> ## CO₂ の超臨界流体について
> 　二酸化炭素 CO₂ の超臨界流体は，気体のような低い粘性・高い拡散性と，液体のような高い溶解性をもつ。たとえば，コーヒー豆を CO₂ の超臨界流体の中に入れ，温度・圧力を調節することにより，コーヒーからカフェイン成分だけを抽出できるので，低カフェインコーヒーが製造できる。このほか，柑橘類からの香気成分，薬用植物からの薬効成分，かつお節からの旨味成分の抽出などにも利用されている。
>
>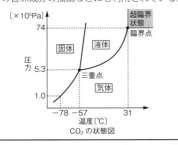
> CO₂ の状態図

(4)　(ア)　三重点より低圧の領域では，液体の領域が存在しないので，いかなる温度でも液体→気体の状態変化である沸騰は起こらない。（昇華や凝華の状態変化は起こる。）〔〇〕

(イ)　三重点より高圧の領域では固体，液体，気体の領域が存在する。このとき，水の融解曲線は右下がり（傾き負）なので，外圧が上昇すると，水の融点は下がる。水の蒸気圧曲線は右上がり（傾き正）

なので，外圧が上昇すると，水の沸点は上がる。したがって，水の融点・沸点がともに上昇することはない。〔×〕

(ウ)　臨界点（374℃，7.4×10⁶Pa）以上の温度では，気体と超臨界状態の領域のみが存在し，液体の領域は存在しないので，いかなる圧力でも水を凝縮させることはできない。〔〇〕

> **解答**　(1) Ⅰ 固体，Ⅱ 液体，Ⅲ 気体，
> 　　　　Ⅳ 超臨界状態（超臨界流体）
> (2) OA 蒸気圧曲線，OB 融解曲線，
> 　　OC 昇華圧曲線
> (3) 点 O 固体と液体と気体が安定に共存している状態。
> 　　点 A 液体と気体の区別ができない状態。
> 　　（液体と気体の中間的な状態）
> (4) (ア)と(ウ)

142 　**解説**　一般に，容器内に液体が存在するか否か（**気液の判定**）は，次のような要領で行う。

> ある液体がすべて気体で存在するとして求めた蒸気の圧力を P，その温度におけるその液体の飽和蒸気圧を P_V とすると，
> ① $P > P_V$ のとき，容器内に液体が存在し，その蒸気の圧力は P_V と等しくなる。
> ② $P \leqq P_V$ のとき，容器内に液体は存在せず，その蒸気の圧力は P と等しくなる。

(1)　容器内で，水・ベンゼンがどちらも気体であると仮定する。容器内には水・ベンゼンが 1mol ずつ入っており，容器内の圧力は 1.0×10⁵Pa に調節されているから，水蒸気の圧力とベンゼン蒸気の圧力は 1：1 で，ともに 5.0×10⁴Pa になる。この水蒸気の圧力 5.0×10⁴Pa（計算値）は，70℃の水の飽和水蒸気圧 3.0×10⁴Pa を超えており，一部が凝縮して液体となる。よって，真の水蒸気の圧力は 3.0×10⁴Pa である。一方，容器内の圧力は 1.0×10⁵Pa に保たれているから，ベンゼン蒸気の圧力は，1.0×10⁵－3.0×10⁴＝7.0×10⁴〔Pa〕である。この圧力 7.0×10⁴Pa（計算値）は，70℃のベンゼンの飽和蒸気圧 7.0×10⁴Pa とちょうど等しいのでベンゼンはすべて気体として存在する。…(a)

　容器内のベンゼン蒸気の圧力は 7.0×10⁴Pa，その物質量は 1mol である。一方，容器内の水蒸気の圧力は 3.0×10⁴Pa で，その物質量を x〔mol〕とすると，（圧力の比）＝（物質量の比）より，

$$7.0×10^4：3.0×10^4＝1：x \qquad x＝\frac{3}{7}≒0.43〔mol〕$$

よって，容器内の水が水蒸気として存在する割合は 43% であり，残りが液体として存在する。…(c)

(2)　水・ベンゼンがどちらも気体であるとして求めた

水蒸気の圧力，ベンゼン蒸気の圧力は，⑴より，ともに 5.0×10^4 Pa である。ベンゼンの蒸気圧曲線より，ベンゼンの飽和蒸気圧が 5.0×10^4 Pa になる温度は約 62 ℃ である。よって，62 ℃ 以上では，ベンゼンはすべて気体として存在する。水の蒸気圧曲線より，水の飽和蒸気圧が 5.0×10^4 Pa になる温度は約 82 ℃ である。よって，82 ℃ 以上では水はすべて気体として存在する。したがって，水・ベンゼンがすべて気体として存在するには，82 ℃ 以上にすればよい。

解答 ⑴ 水 **(c)**，ベンゼン **(a)**
　　　⑵ **82℃以上**

143 **解説** ⑴　右の図のように，一端を閉じたガラス管に水銀を満たして水銀槽に倒立させると，水銀柱は 760mm の高さになり，上端部は真空となる。この真空を**トリチェリーの真空**という。水銀槽の水銀面において，ガラス管内部の水銀柱の圧力と外部の圧力はつり合っているので，このとき，**水銀柱による圧力760mmHgと大気圧の大きさは等しい。**

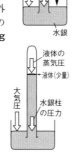

⑵　ガラス管の下からある液体を注入すると，液体の一部が蒸発して，ガラス管の上端部を満たす。そのため蒸気圧が生じ，水銀柱が押し下げられる。水銀槽の水銀面において，ガラス管内部の水銀柱の圧力と液体の蒸気圧の和が大気圧とつり合っているので，

（液体の蒸気圧）＋（水銀柱による圧力）＝（大気圧）

したがって，注入された液体の蒸気圧は，

$760 - 670 = 90$〔mmHg〕

図2より，20 ℃ で蒸気圧が 90mmHg となる物質はC。

⑶　図2より，物質Cの30 ℃ における蒸気圧は約 150 mmHg なので，水銀柱の高さは，$760 - 150 = 610$〔mm〕となる。

⑷　外圧が表示されていないときの液体の沸点は，蒸気圧が大気圧（＝ 760mmHg）になるときの温度を指す。

図2より，物質Cの蒸気圧が 760mmHg となる温度は約 65 ℃ である。

解答 ⑴ **760mmHg** ⑵ **C** ⑶ **約610mm**
　　　⑷ **約65℃**

144 **解説** ⑴　構造の似た分子どうしでは，分子量が大きいほど，沸点は高くなる。これは，分子の分子量が大きいほど，分子中に存在する電子の数が多く，分子どうしが接近したときにはたらく瞬間的な極性に基づく引力（**分散力**）が大きくなるからであ

る。14 族の水素化合物 CH_4，SiH_4，GeH_4，SnH_4 は，正四面体形の無極性分子である。この順に分子量が大きくなるので，分子間にはたらくファンデルワールス力も強くなり，沸点も高くなる。

⑵　一般に，水素化合物の融点・沸点は分子量が大きいほど高くなる。これは，分子量が大きいほど，分子間にはたらくファンデルワールス力が強くなるためである。しかし，H_2O，HF，NH_3 などは他の同族の水素化合物に比べて著しく高い沸点を示す。これは，電気陰性度が大きく負に帯電した原子（F，O，N）が，隣接する他の分子中の正に帯電した水素原子 H との間に静電気力に基づく**水素結合**を形成するためであり，H－F‥‥H－F のように‥‥で示される。

⑶　NH_3 分子間にも，負に帯電した N 原子と，他の分子中の正に帯電した H 原子の間に H－N‥‥H－N のような水素結合が形成されるので，同族の水素化合物の PH_3（ホスフィン）よりも高い沸点のa点を示す。

⑷　電気陰性度が N＜O＜F であるため，結合の極性は H－N＜H－O＜H－F である。したがって，1 本あたりの水素結合の強さは，H‥‥N＜H‥‥O＜H‥‥F である。しかし，分子間に形成される水素結合の数は，1 分子あたりの H 原子と非共有電子対の数のうち，少ない方で決まる。したがって，1 分子あたりの水素結合の強さは，NH_3＜HF＜H_2O となる。

	H 原子	非共有電子対	水素結合の数（1分子あたり）
HF	1個	3個	1本
H_2O	2個	2個	2本
NH_3	3個	1個	1本

参考 **水素結合とは**
　　HF，H_2O，NH_3 の各分子中に含まれる H－F，H－O，H－N の結合の極性は特に大きいため，隣り合った分子どうしでは，電気陰性度が大きく負に帯電した原子（F，O，N）が，正に帯電した H 原子を間にはさむように静電気的な引力に基づく**水素結合**を生じる。
　　水素結合はファンデルワールス力に比べて結合力がかなり強いだけでなく，ファンデルワールス力とは異なり方向性があり，電気陰性度の大きな原子（F，O，N）の非共有電子対と他の分子の水素原子が一直線上に並ぶとき，その結合力が最大となるという特徴がある。

解答 ⑴　**構造の似た分子では，分子量が大きくなるほど，分子間力が強くはたらくため。**
　　⑵　**水分子どうしが水素結合で引き合っているため。**
　　⑶　NH_3，a
　　⑷　**1分子あたりの水素結合の数が，HF よりも H_2O の方が多いため。**

145 〜 148

11 気体の法則

145 [解説]
気体の温度，圧力，体積の関係は**ボイル・シャルルの法則**を利用して求める。温度には，必ず，次の関係から求められる絶対温度〔K〕を用いること。

$$T〔K〕= t〔℃〕+ 273$$

また，体積は，L か mL のどちらを用いてもよいが，両辺を同じ単位で統一すること。

求める値を(1)，(2)は x，(3)では t とする。

(1) ボイル・シャルルの法則

$$\frac{P_1 V_1}{T_1} = \frac{P_2 V_2}{T_2}$$ を利用する。

$$\frac{3.0 \times 10^5 \times 50}{273 + 27} = \frac{2.0 \times 10^5 \times x}{273 + 47}$$

$$x = \frac{3.0 \times 10^5 \times 50 \times 320}{2.0 \times 10^5 \times 300} = 80〔L〕$$

(2) $$\frac{2.0 \times 10^5 \times 5.0}{273 + 27} = \frac{1.0 \times 10^5 \times x}{273}$$

$$x = \frac{2.0 \times 10^5 \times 5.0 \times 273}{1.0 \times 10^5 \times 300} = 9.1〔L〕$$

(3) $$\frac{8.0 \times 10^4 \times 2.5}{273 + 27} = \frac{6.0 \times 10^4 \times 4.0}{t + 273}$$

$$t + 273 = \frac{6.0 \times 10^4 \times 4.0 \times 300}{8.0 \times 10^4 \times 2.5}$$

$$t + 273 = 360 \quad \therefore \quad t = 87〔℃〕$$

[解答] (1) **80L** (2) **9.1L** (3) **87℃**

146 [解説] (1) **標準状態で気体 1mol の体積は
22.4L** なので，この気体 1mol の質量は，

$$0.76 \times 22.4 ≒ 17.0 = 17〔g〕。$$

気体の分子量は，気体 1mol の質量から単位〔g〕を除いた数値に等しい。分子量は 17。

〈別解〉 気体の状態方程式 $PV = \frac{w}{M}RT$ を利用する。

$$M = \frac{wRT}{PV} = \frac{0.76 \times 8.3 \times 10^3 \times 273}{1.0 \times 10^5 \times 1.0} = 17.2 ≒ 17$$

(2) **気体の状態方程式** $PV = \frac{w}{M}RT$ **を利用する。**

$$M = \frac{wRT}{PV} = \frac{7.0 \times 8.3 \times 10^3 \times 300}{1.5 \times 10^5 \times 4.15} = 28$$

(3) 気体は，同温・同圧で同数の分子を含む（**アボガドロの法則**）から，同体積あたりの気体の質量の比（**比重**）は，気体分子 1 個の相対質量（**分子量**）の比に等しい。

O_2 の分子量は 32 なので，この気体の分子量は，

$$32 \times 1.25 = 40$$

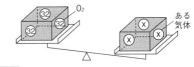

[解答] (1) **17** (2) **28** (3) **40**

147 [解説] 気体の状態方程式を変形して考える。

(1) $$PV = nRT \longrightarrow V = \frac{nRT}{P}$$

条件より，P，T および R は一定なので，これらを k にまとめると，$V = kn$

気体の体積 V は物質量 n に比例する。

よって，各気体の物質量 n を比較すればよい。

モル質量は，H_2 2.0g/mol，CH_4 16g/mol より，

(a) $$\frac{1.0}{2.0} = 0.50〔mol〕$$ (b) $$\frac{4.0}{16} = 0.25〔mol〕$$

(c) $$n = \frac{PV}{RT} = \frac{1.0 \times 10^5 \times 10}{8.3 \times 10^3 \times 300} ≒ 0.40〔mol〕$$

(d) $$n = \frac{PV}{RT} = \frac{2.0 \times 10^5 \times 5.0}{8.3 \times 10^3 \times 400} ≒ 0.30〔mol〕$$

$$\therefore (a)>(c)>(d)>(b)$$

(2) 気体の密度を d〔g/L〕とおくと，

$$PV = \frac{w}{M}RT \longrightarrow d = \frac{w}{V} = \frac{PM}{RT}$$

条件より，P，T および R は一定なので，これらを k にまとめると，$d = kM$

気体の密度 d は分子量 M に比例する。

よって，各気体の分子量 M を比較すればよい。

(a) $H_2 = 2.0$ (b) $CH_4 = 16$ (c) $O_2 = 32$
(d) $CO_2 = 44$

$$\therefore (d)>(c)>(b)>(a)$$

(3) $$PV = nRT \longrightarrow P = \frac{nRT}{V}$$

条件より，V，T および R は一定なので，これらを k にまとめると，$P = kn$

気体の圧力 P は物質量 n に比例する。

結果は，(1)と同じになる。

[解答] (1) **(a)>(c)>(d)>(b)**
(2) **(d)>(c)>(b)>(a)**
(3) **(a)>(c)>(d)>(b)**

148 [解説] グラフの問題も，気体 1mol の状態方程式 $PV = RT$ を変形し，一定値をとるものをすべて k でまとめると，関係がわかりやすくなる。

(1) T が一定のとき，P と V の関係は，

$$PV = RT \longrightarrow PV = k$$

$\therefore$ 圧力 P と体積 V は反比例する。

この関係を満たすのは①，②であるが，題意より，同じ圧力のとき T_2（高温）の体積の方が T_1（低温）の体積よりも大きくなる。よって，T_2 のときの曲線が T_1 のときの曲線よりも上位にくる②が正解となる。

(2) P が一定のとき，V と T の関係は，

$$PV = RT \longrightarrow V = kT$$

∴　体積 V は絶対温度 T に比例する。

この関係を満たすのは③，④であるが，題意より，同じ温度のとき，P_2（高圧）の体積が P_1（低圧）の体積よりも小さくなる。よって，P_2 のときの直線が P_1 のときの直線より下位にくる③が正解となる。

解答 (1)②　(2)③

参考 **状態方程式と気体定数の意味すること**

　気体の状態方程式 $PV = nRT$ の左辺 PV の次元を考えてみると，

$$PV = 圧力 \times 体積 = \frac{力}{面積} \times 体積$$

$$= 力 \times 長さ（距離）となり，$$

PV は仕事，またはエネルギーの次元をもつ。よって，PV は気体のもつエネルギー量を表し，その種類を問わず，物質量 n と絶対温度 T に比例することを示す。この比例定数が気体定数 R に他ならない。

　物理学によると，気体 1 分子のもつ平均運動エネルギー E は絶対温度 T に比例し，その比例定数を**ボルツマン定数** k_b（1.38×10^{-23} J/K）という。これにアボガドロ定数 N_A（6.02×10^{-23}/mol）をかけると気体定数 R（8.31J/mol）が得られることから，気体定数は，気体分子 1mol あたりの平均運動エネルギーと絶対温度を変換するための比例定数であるといえる。

149 解説 (1)　容器 A，B 内の Ar と N_2 の物質量を求めると，分子量は Ar = 40，$N_2 = 28$ より，

Ar $\dfrac{4.0}{40} = 0.10$〔mol〕

N_2 $\dfrac{8.4}{28} = 0.30$〔mol〕

混合後の気体の全圧を P〔Pa〕とおき，気体の状態方程式 $PV = nRT$ を適用する。

$$P \times 6.0 = (0.10 + 0.30) \times 8.3 \times 10^3 \times 300$$

$$P = \frac{0.40 \times 8.3 \times 10^3 \times 300}{6.0}$$

$$= 1.66 \times 10^5 \fallingdotseq 1.7 \times 10^5 〔Pa〕$$

窒素の分圧＝全圧×窒素のモル分率より，

$$\left(窒素のモル分率 = \frac{窒素の物質量}{気体の全物質量}\right)$$

$$p_{N_2} = 1.66 \times 10^5 \times \frac{0.30}{0.10 + 0.30}$$

$$= 1.24 \times 10^5 \fallingdotseq 1.2 \times 10^5 〔Pa〕$$

〈**別解**〉　気体の状態方程式は，混合気体についても適用できるし，その成分気体についても適用できる。必要に応じて，使い分けるとよい。

　混合気体中の窒素に対し，$PV = nRT$ を適用すると，窒素の分圧 p_{N_2} が求まる。

$$p_{N_2} \times 6.0 = 0.30 \times 8.3 \times 10^3 \times 300$$

$$p_{N_2} = \frac{0.30 \times 8.3 \times 10^3 \times 300}{6.0}$$

$$= 1.24 \times 10^5 \fallingdotseq 1.2 \times 10^5 〔Pa〕$$

(2)　混合気体の**平均分子量**（見かけの分子量）は，混合気体 1mol の質量を求め，その単位〔g〕を除いた数値に等しい。

　混合気体 0.40mol の質量が，$8.4 + 4.0 = 12.4$〔g〕だから，混合気体 1.0mol の質量は，

$$12.4 \times \frac{1.0}{0.40} = 31〔g〕 \quad ∴ \quad 平均分子量は 31$$

〈**別解**〉　混合気体の平均分子量を $\overline{M}$ とおくと，混合気体について，$PV = \dfrac{w}{M}RT$ を適用して，

$$1.66 \times 10^5 \times 6.0 = \frac{12.4}{\overline{M}} \times 8.3 \times 10^3 \times 300$$

$$\overline{M} = \frac{12.4 \times 8.3 \times 10^3 \times 300}{1.66 \times 10^5 \times 6.0} = 31$$

(3)　Ar 0.10mol が 67℃ で示す圧力を P とすると，

$$P \times 6.0 = 0.10 \times 8.3 \times 10^3 \times 340$$

$$P = \frac{0.10 \times 8.3 \times 10^3 \times 340}{6.0}$$

$$= 4.70 \times 10^4 \fallingdotseq 4.7 \times 10^4 〔Pa〕$$

同様に，H_2O 0.20mol がすべて気体であるとしたとき 67℃ で示す圧力は，Ar の分圧の 2 倍の 9.4×10^4 Pa である。この値は，67℃ での飽和水蒸気圧 2.7×10^4 Pa より大きいので，液体の水が存在する。よって，真の水蒸気の分圧は，67℃ の飽和水蒸気圧である 2.7×10^4 Pa を示す。

$$∴ \quad 全圧は，4.7 \times 10^4 + 2.7 \times 10^4 = 7.4 \times 10^4 〔Pa〕$$

普通の気体と水蒸気が混合した気体の場合，水蒸気とそれ以外の気体に分け，別々に圧力を計算すること。

　水蒸気は，液体の水が存在するか否かで，その圧力が変わってくるので，下記のように，常に，飽和蒸気圧との比較検討（**気液の判定**）を行い，正しい値を見つける習慣をつけておく必要がある。

容器内に液体が存在するか否か（気液の判定）
　まず，液体がすべて気体であるとして求めた蒸気の圧力（仮の圧力）を P，その温度における液体の飽和蒸気圧を P_V とすると，次の関係が成り立つ。

$P > P_V$ のとき，液体が存在する。
蒸気の圧力は P_V と等しい。

150 〜 152

$P \leqq P_V$ のとき，液体は存在しない。
蒸気の圧力は，P と等しい。

液体が存在する

液体が存在しない

$P > P_V$ のとき飽和蒸気圧を超えた分の蒸気が凝縮し圧力が P_V となる。

$P < P_V$ のとき蒸気が不飽和で凝縮せず圧力は P となる。

解答　(1) 全圧 **1.7 × 10⁵Pa**
　　　　窒素の分圧 **1.2 × 10⁵Pa**
　　　(2) **31**　(3) **7.4 × 10⁴Pa**

150 解説　(1)　ヘリウムに対して，気体の状態方程式を適用する。分子量は He = 4.0 より，

$$P \times 3.0 = \frac{0.40}{4.0} \times 8.3 \times 10^3 \times 300$$

$$\therefore \quad P = 8.3 \times 10^4 [\text{Pa}]$$

(2)　混合後，ヘリウムの分圧を p_{He} とおくと，
　ボイルの法則 $P_1 V_1 = P_2 V_2$ より，
　　$8.3 \times 10^4 \times 3.0 = p_{He} \times (3.0 + 7.0)$
　　$\therefore \quad p_{He} = 2.49 \times 10^4 \fallingdotseq 2.5 \times 10^4 [\text{Pa}]$
　よって，混合後の酸素の分圧は，
　　$7.6 \times 10^4 - 2.49 \times 10^4 = 5.11 \times 10^4$
　　　　　　　　　　　　$\fallingdotseq 5.1 \times 10^4 [\text{Pa}]$
　混合前の酸素の圧力を p_{O_2} とおくと，
　ボイルの法則 $P_1 V_1 = P_2 V_2$ より，
　　$p_{O_2} \times 7.0 = 5.11 \times 10^4 \times 10.0$
　　$\therefore \quad p_{O_2} = 7.3 \times 10^4 [\text{Pa}]$

(3)　一定体積の気体では，
　(分圧比)＝(物質量比)＝(分子数比) が成り立つ。
　He と O_2 の分圧比は，$2.49 \times 10^4 : 5.11 \times 10^4 \fallingdotseq 1 : 2$

解答　(1) **8.3 × 10⁴Pa**　(2) **7.3 × 10⁴Pa**　(3) **(b)**

151 解説　(1)　(A)〜(B)までは，液体が残っているので，気体の体積 V が増加しても，容器内の蒸気の圧力 P は 67℃ の飽和蒸気圧を保ち，一定である。

(C)で，液体がすべて気体になると，その後は気体の体積 V を大きくすると，ボイルの法則に従って圧力 P は変化する。P と V は反比例するから，双曲線のグラフになる。したがって，(ウ)。

(2)　(C)において，容器内の液体がすべて気体となったので，蒸気に対して気体の状態方程式を適用して，
　$PV = \frac{w}{M} RT$ より，

$$6.8 \times 10^4 \times 0.83 = \frac{1.0}{M} \times 8.3 \times 10^3 \times 340$$

$$M = \frac{1.0 \times 8.3 \times 10^3 \times 340}{6.8 \times 10^4 \times 0.83} = 50$$

(3)　(C)から(D)への変化には，
　ボイルの法則 $P_1 V_1 = P_2 V_2$ を適用して，
　　$6.8 \times 10^4 \times 0.83 = 2.0 \times 10^4 \times V$

$$\therefore \quad V = \frac{6.8 \times 10^4 \times 0.83}{2.0 \times 10^4} = 2.82 \fallingdotseq 2.8 [\text{L}]$$

解答　(1) **(ウ)**　(2) **50**　(3) **2.8 L**

152 解説　**水上捕集**した気体中には，必ず，飽和の水蒸気が含まれていることに留意する。

(1)　水上捕集した気体は，集めた気体と水蒸気の混合気体となり，その全圧が大気圧とつり合う。容器内では，水の気液平衡が成り立つから，水蒸気の分圧は，27℃ の飽和水蒸気圧の 4.0×10^3 Pa と等しい。

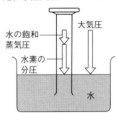

(水素の分圧)＝(大気圧)－(飽和水蒸気圧) より，
　$p_{H_2} = 9.7 \times 10^4 - 4.0 \times 10^3 = 9.3 \times 10^4 [\text{Pa}]$
H_2 について，$PV = nRT$ を適用して，
　$9.3 \times 10^4 \times 0.54 = n \times 8.3 \times 10^3 \times 300$

$$n = \frac{9.3 \times 10^4 \times 0.54}{8.3 \times 10^3 \times 300}$$

$$= 2.01 \times 10^{-2} \fallingdotseq 2.0 \times 10^{-2} [\text{mol}]$$

(2)　メスシリンダー内の気体の圧力は，直接測定できない。メスシリンダー内外の水面の高さを一致させると，メスシリンダー内の気体の圧力を大気圧に等しく合わせることができる。

参考　**メスシリンダー内の水面が高い場合**
　圧力のつり合いは，**大気圧＝捕集した気体の分圧＋飽和水蒸気圧＋水柱の圧力** となり，捕集した気体の分圧は，水蒸気圧の補正を行った値よりも，水柱の圧力分だけ真の値よりもさらに小さくなる。

153 〜 154

解答 (1) **2.0 × 10⁻²mol**

2.0×10^{-2}mol

(2) **メスシリンダー内の気体の圧力を，大気圧に合わせるため。**

153 解説 分子間力がはたらかず，分子自身の体積(大きさ)が0と仮定した気体を**理想気体**といい，気体の状態方程式は厳密に当てはまる。一方，現実に存在する気体を**実在気体**といい，分子間力がはたらき，分子自身が固有の体積をもつため，気体の状態方程式は厳密に当てはまらない。しかし，実在気体であっても，分子自身の体積が0とみなせる**低圧**や，分子間力の影響が小さくなる**高温**では，理想気体に近い性質を示すようになる。

実在気体では，NH_3のような極性分子よりも，CH_4のような無極性分子，さらにH_2や貴ガス(希ガス)(He, Ne など)のような分子量の小さい無極性分子の方が理想気体により近い挙動を示す。

高温	低温
熱運動さかん	熱運動ゆっくり
分子間力が無視できる	分子間力が無視できない
低圧	高圧
分子間距離大	分子間距離小
分子の体積が無視できる	分子の体積が無視できない

(1) 1molの理想気体では$PV = RT$ が成り立つから，圧力に関係なく，常に$\dfrac{PV}{RT} = 1.0$ が成り立つ。よって，Bのグラフが理想気体である。分子間力は分子量の大きい気体ほど強く，極性分子のNH_3ではさらに強くなり，理想気体のグラフBからより離れるのでD。3種の実在気体中では，無極性分子で分子量が最小のH_2が理想気体に最も近い挙動をするのでA。残るCがH_2よりも分子量の大きな無極性分子のメタンCH_4である。

(2) 理想気体1molならば，$\dfrac{PV}{RT}$は常に1.0である。

$\dfrac{PV}{RT}$が1より小さい気体Dは，分子間力の影響が大きく最も圧縮されやすい。一方，$\dfrac{PV}{RT}$が1より大きい気体Aは，分子間力の影響が小さく，最も圧縮されにくい。

(3) $\dfrac{PV}{RT} < 1$ となるのは，分子間力の影響が大きいためである。分子間力の大きさを決める要素としては，分子量と分子の極性があげられる。無極性分子のCH_4(分子量16)，極性分子のNH_3(分子量17)では，分子量にはほとんど差がないので，分子間力の

大きさには**極性の有無**が大きく影響している。

(4) 実在気体であっても，分子自身の体積の影響が小さくなる低圧や，分子間力の影響が小さくなる高温では理想気体に近い挙動を示す。よって，高温にすると，分子間力の影響が小さくなるため，実在気体の体積を減少させる効果が小さくなり，気体Cのグラフは上方へずれて，理想気体Bに近づくと考えられる。

解答 (1) A **水素**，B **理想気体**，C **メタン**，
　　　　D **アンモニア**
　　　(2) **A** 　　(3) **(イ)** 　　(4) **上方**

154 解説 (1) フラスコを満たしていた蒸気の質量wがわかれば，気体の状態方程式$PV = \dfrac{w}{M}RT$より，P, V, Tを測定することで，揮発性の液体Aの蒸気(蒸気A)の分子量Mが求められる。

2.0gの液体Aを加熱するとAが蒸発し，蒸気Aはフラスコ内の空気をゆっくりと押し出しながら，やがて，フラスコ内は完全に蒸気で満たされる(余分な蒸気は，空気中へ追い出される)。

実験後，フラスコを冷却すると圧力が下がるので，フラスコ内へ実験前と同量の空気が入り込む。一方，フラスコを満たしていた蒸気Aは外へ出ていくことなく，そのまま凝縮する。よって，実験前と実験後のフラスコの質量の差154.7 − 153.2 = 1.5〔g〕が，100℃でフラスコを満たしていた蒸気Aの質量に等しい。また，アルミ箔に穴が開いているので，フラスコ内の蒸気の圧力は大気圧とつり合う。また，湯浴の温度が100℃なので，フラスコ内の蒸気の温度も100℃と考えてよい。

a〔g〕　　　　　　　　　　b〔g〕

蒸気の質量は，$(b-a)$〔g〕で表される

100℃でフラスコ内の蒸気A(分子量M)について，気体の状態方程式$PV = \dfrac{w}{M}RT$ を適用すると，

$$1.0 \times 10^5 \times 0.50 = \frac{1.5}{M} \times 8.3 \times 10^3 \times 373$$

$$M = \frac{1.5 \times 8.3 \times 10^3 \times 373}{1.0 \times 10^5 \times 0.50}$$

$$= 92.8 \fallingdotseq 93$$

(2) $M = \dfrac{wRT}{PV}$で，Tが小さくなると，分子量Mの測定値は，(1)に比べて小さな値となる。

参考　液体の蒸気圧を考慮する場合

　　実際には，最後にフラスコを冷却したとき，室温の飽和蒸気圧分だけ蒸気 A が容器中に残り，その蒸気圧分の空気は外から入れない。したがって，質量 w の測定値は，この空気の質量分だけ真の値 w' よりも小さくなってしまう。

　　たとえば，室温での液体 A の蒸気圧を 1.0×10^4Pa，空気の密度を 1.2g/L とすると，蒸気 A によって排除された空気の質量は，

$$0.50 \times \frac{1.0 \times 10^4}{1.0 \times 10^5} \times 1.2 ≒ 0.060〔g〕$$

$$w' = 1.5 + 0.060 = 1.560〔g〕$$

この w' を使って蒸気 A の分子量を計算すると $M = 96.5 ≒ 97$ となる。

解答　(1) **93**　(2) **小さくなる。**

155　**解説**　理想気体では，状態方程式 $PV = nRT$（P 圧力，V 体積，n 物質量，R 気体定数，T 絶対温度）が完全に成り立つので，常に $\dfrac{PV}{nRT} = 1$ となる。なお，$\dfrac{PV}{nRT} = Z$ は **圧縮率因子** とよばれ，実在気体の理想気体からのずれを表す指標として用いられる。これに対して実在気体は，分子間力がはたらくこと，分子自身の体積がゼロでないことから，圧力の変化に伴って $\dfrac{PV}{nRT}$ の値が変化する。

(1)　各気体とも，$P = 0$ 付近では $\dfrac{PV}{nRT} = 1.00$ より，$PV = nRT$ が成り立つので，理想気体として扱うことができる。　〔○〕

(2)　$P = 4.5 \times 10^7$Pa のときの H_2 と CH_4 の $\dfrac{PV}{nRT}$ の値はほぼ等しい。このとき，$\dfrac{V}{n}$ が等しくなるが，どちらも同じ 1mol なので，体積もほぼ等しくなる。〔○〕

(3)　各気体はいずれも無極性分子であるが，分子量は，CO_2(44)，CH_4(16)，H_2(2)。分子量の最も小さい H_2 が，$\dfrac{PV}{nRT} = 1.00$ を示す理想気体に最も近いふるまいをする。　〔×〕

(4)　実在気体の体積 V が，理想気体の体積 V よりも小さいときは，$\dfrac{PV}{nRT}$ のグラフは 1.00 より下側へずれ，大きいときは，$\dfrac{PV}{nRT}$ のグラフは 1.00 より上側へずれる。　〔×〕

(5)　6.0×10^7Pa 以上では，いずれの気体も $\dfrac{PV}{nRT} > 1.00$ である。これを変形して，$PV > nRT \longrightarrow V > \dfrac{nRT}{P}$

$R = 8.3 \times 10^3$Pa・L/(K・mol)，$T = 273$K，$n = 1$mol を代入すると，$V > \dfrac{2.27 \times 10^6}{P}$　〔×〕

(6)　理想気体の温度を下げていくと，シャルルの法則に従い，0K では気体の体積は 0 になる。しかし，各気体は実在気体であるから，その温度を下げていくと，0K になるまでに，凝縮・凝固が起こり，体積は 0 にはならない。　〔×〕

(7)　どんな気体でも圧力を高くしていくと，理想気体からのずれは大きくなる。これは，分子自身に体積があるため，圧力がかなり大きい場合，それ以上圧力を大きくしても体積はきわめて減りにくくなるためである。したがって，圧力が大きいほど理想気体からのずれは大きくなる。　〔○〕

解答　(1)，(2)，(7)

参考　理想気体からの実在気体のずれを考える

　　1mol の気体（温度一定）について，理想気体では $PV = RT$ が完全に成立するので，$\dfrac{PV}{RT}$ の値は常に 1 となる。この $\dfrac{PV}{RT}$ を **圧縮率因子**（記号 Z）といい，実在気体の理想気体からのずれを表す指標としてよく用いられる。

　　多くの実在気体では，P を大きくすると，Z は 1 からいったん減少し，再び増加する。これは，実在気体を圧縮すると，分子どうしが接近するために，分子間力の影響によって，$V_{実在}$ が $V_{理想}$ よりも減少してしまうためである。さらに実在気体を圧縮すると，分子どうしは接近しすぎるため，分子自身の体積の影響，すなわち分子の表面に存在する電子雲の反発などによって，$V_{実在}$ が $V_{理想}$ よりも減少しにくくなるためである。また，H_2 や He のように，分子量が小さな無極性分子では，分子間力の影響がかなり小さく，分子自身の体積の影響だけがあらわれるため，Z は 1 からいったん減少することなく，1 から少しずつ増加するのみである。

156　**解説**　(1) 60℃では，ヘキサンはすべて気体として存在するから，混合気体中のヘキサンの分圧は，**分圧＝全圧×モル分率** より，

$$1.0 \times 10^5 \times \frac{0.20}{0.20 + 0.20} = 5.0 \times 10^4〔Pa〕$$

混合気体の全圧を 1.0×10^5Pa に保った定圧条件で冷却すると，ヘキサンの液体が生じるまでは，ヘキサンの分圧は 5.0×10^4Pa に保たれる。よって，ヘキサンの分圧 5.0×10^4Pa を示す直線と，ヘキサンの蒸気圧曲線との交点でヘキサンの凝縮が始まり，その温度をグラフで読み取ると，約 40℃ となる。

(2)　17℃ではヘキサンの液体が存在するので，ヘキサンの分圧は 17℃の飽和蒸気圧の 2.0×10^4Pa である。

（窒素の分圧）＝（全圧）－（ヘキサンの分圧）より，

$$p_{N_2} = 1.0 \times 10^5 - 2.0 \times 10^4$$
$$= 8.0 \times 10^4 \text{(Pa)}$$

このとき混合気体の体積を V〔L〕とおき，N_2について $PV = nRT$ を適用すると，

$$8.0 \times 10^4 \times V = 0.20 \times 8.3 \times 10^3 \times 290$$
$$V \fallingdotseq 6.0 \text{(L)}$$

（注意） ヘキサンは一部しか気体になっていないので，ヘキサンについて $PV = nRT$ は適用できない。

(3) 体積を膨張させて，ヘキサンがすべて気体になったとき，ヘキサンの分圧は17℃の飽和蒸気圧 2.0×10^4 Pa に等しい。このときの混合気体の体積を V'〔L〕とおき，ヘキサンについて $PV = nRT$ を適用すると，

$$2.0 \times 10^4 \times V' = 0.20 \times 8.3 \times 10^3 \times 290$$
$$V' \fallingdotseq 24 \text{(L)}$$

解答 (1) **40℃** (2) **6.0L**
　　　 (3) **24L**

157 **解説** (1) 燃焼前の混合気体に気体の状態方程式を適用すると，

$$P \times 10 = (0.10 + 0.40) \times 8.3 \times 10^3 \times 330$$
$$\therefore \quad P = 1.36 \times 10^5 \fallingdotseq 1.4 \times 10^5 \text{(Pa)}$$

(2) メタンが完全燃焼するときの量的関係は，

$$CH_4 + 2O_2 \longrightarrow CO_2 + 2H_2O$$

燃焼前	0.10	0.40	0	0	〔mol〕
（変化量）	(− 0.10)	(− 0.20)	(+ 0.10)	(+ 0.20)	〔mol〕
燃焼後	0	0.20	0.10	0.20	〔mol〕

燃焼後の O_2, CO_2 の分圧を p_{O_2}, p_{CO_2} として，各成分気体に気体の状態方程式を適用して，

$$p_{O_2} \times 10 = 0.20 \times 8.3 \times 10^3 \times 330$$
$$p_{O_2} \fallingdotseq 5.47 \times 10^4 \text{(Pa)}$$
$$p_{CO_2} \times 10 = 0.10 \times 8.3 \times 10^3 \times 330$$
$$p_{CO_2} \fallingdotseq 2.73 \times 10^4 \text{(Pa)}$$

H_2O については，液体が存在するか否かの判定（**気液の判定**）を次のように行う。

気液の判定
液体がすべて気体であるとして，気体の状態方程式を利用して，圧力 P を求める。その温度での液体の飽和蒸気圧を P_V とすると，
① $P > P_V$ のとき，液体が存在する。
蒸気の圧力は P_V と等しい。
② $P \leqq P_V$ のとき，すべて気体のみ。
蒸気の圧力は P と等しい。

H_2O 0.20mol がすべて気体であるとすると，その圧力は P_{O_2} と同じで 5.47×10^4 Pa である。
この値は，57℃ の水の飽和蒸気圧 2.0×10^4 Pa を超えているので，液体の水が存在する。
　∴ 真の水蒸気の分圧は，2.0×10^4〔Pa〕

よって，全圧 $P = p_{O_2} + p_{CO_2} + p_{H_2O}$ より，

$$P = 5.47 \times 10^4 + 2.73 \times 10^4 + 2.0 \times 10^4$$
$$= 1.02 \times 10^5 \fallingdotseq 1.0 \times 10^5 \text{(Pa)}$$

(3) 蒸発している水の物質量を n〔mol〕とおくと，水蒸気に気体の状態方程式を適用して

$$2.0 \times 10^4 \times 10 = n \times 8.3 \times 10^3 \times 330$$
$$n = \frac{2.0 \times 10^4 \times 10}{8.3 \times 10^3 \times 330}$$
$$\fallingdotseq 0.0730 \text{(mol)}$$

よって，凝縮している水の物質量は

$$0.20 - 0.0730 = 0.127 \fallingdotseq 0.13 \text{(mol)}$$

解答 (1) **1.4×10^5Pa** (2) **1.0×10^5Pa**
　　　 (3) **0.13mol**

158 **解説** (1) 問題文の「70℃では容器内にメタノールの液体は観察されなかった」との記述より，70℃では，メタノールはすべて気体として存在すると判断できる。

分圧＝全圧×モル分率より，メタノールの分圧は，

$$1.0 \times 10^5 \times \frac{0.30}{0.70 + 0.30} = 3.0 \times 10^4 \text{(Pa)}$$

混合気体の体積を一定に保った**定積条件**で冷却すると，混合気体の圧力は絶対温度に比例して減少する（当然，メタノールの分圧も絶対温度に比例して減少する）。

たとえば，20℃でメタノールがすべて気体として存在するときの圧力を x〔Pa〕とすると，

シャルルの法則 $\dfrac{P_1}{T_1} = \dfrac{P_2}{T_2}$ より，

$$\frac{3.0 \times 10^4}{343} = \frac{x}{293}$$
$$\therefore \quad x \fallingdotseq 2.56 \times 10^4 \fallingdotseq 2.6 \times 10^4 \text{(Pa)}$$

（70℃，3.0×10^4Pa）と（20℃，2.6×10^4Pa）の2点を結ぶ直線と，メタノールの蒸気圧曲線との交点の温度をグラフで読み取ると，約32℃。したがって，この温度以下でメタノールの液体が生じる。

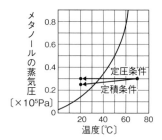

159 ～ 160

(2) 温度が 70℃ でのメタノールの飽和蒸気圧は, グラフより 1.2×10^5Pa だから, 加圧によりメタノールの液体の生じる混合気体の全圧を P〔Pa〕とすると, **全圧×メタノールのモル分率＝メタノールの分圧**より,

$$P \times \frac{0.30}{0.70 + 0.30} = 1.2 \times 10^5$$

$$\therefore \quad P = 4.0 \times 10^5 \text{〔Pa〕}$$

解答 (1)**約 32℃** (2)**4.0 × 10⁵Pa**

159 **解説** (1) 容器 A, B の気体について, **ボイル・シャルルの法則**を適用すると,

$$\frac{P_1 V_1}{T_1} = \frac{P_2 V_2}{T_2}$$

A $\dfrac{1.5 \times 10^5 \times 1.0}{300} = \dfrac{P_A \times 1.0}{273}$

$$\therefore \quad P_A = 1.36 \times 10^5 \doteqdot 1.4 \times 10^5 \text{〔Pa〕}$$

B $\dfrac{1.5 \times 10^5 \times 1.0}{300} = \dfrac{P_B \times 1.0}{373}$

$$\therefore \quad P_B = 1.86 \times 10^5 \doteqdot 1.9 \times 10^5 \text{〔Pa〕}$$

(2) 気体分子の移動がない状態では, (1)のように高温側 B は低温側 A より圧力が高いが, コックを開けると, B から A への気体分子の移動が起こり, A と B の圧力は等しくなり熱平衡の状態となる。この平衡状態での圧力を P〔Pa〕とする。

容器 A, B 内に存在する気体の物質量を, それぞれ n_A, n_B〔mol〕とし, 各容器ごとに, 気体の状態方程式 $PV = nRT$ を適用すると,

容器 A : $P \times 1.0 = n_A \times R \times 273$

容器 B : $P \times 1.0 = n_B \times R \times 373$

$$\therefore \quad n_A = \frac{P}{273R} \text{〔mol〕}, \quad n_B = \frac{P}{373R} \text{〔mol〕}$$

最初に加えた気体の物質量を n〔mol〕とすると,

$1.5 \times 10^5 \times 2.0 = n \times R \times 300$

$$\therefore \quad n = \frac{3.0 \times 10^5}{300R} = \frac{1.0 \times 10^3}{R} \text{〔mol〕}$$

容器 B から A への気体分子の移動があっても,

(A 内の気体の物質量)＋(B 内の気体の物質量)
＝(最初に加えた気体の物質量)の関係は成立する。

よって, $\dfrac{P}{273R} + \dfrac{P}{373R} = \dfrac{1.0 \times 10^3}{R}$

分母を払って整理すると,

$373P + 273P = 273 \times 373 \times 1.0 \times 10^3$

$$\therefore \quad P = 1.57 \times 10^5 \doteqdot 1.6 \times 10^5 \text{〔Pa〕}$$

解答 (1) A **1.4 × 10⁵Pa**, B **1.9 × 10⁵Pa**
(2)**A, B ともに, 1.6 × 10⁵Pa**

160 **解説** グラフが曲線から直線へと変化する A 点(120℃, 2.5×10^5Pa)で, 水はすべて水蒸気へと変化する。しかし, 120℃ での水の飽和蒸気圧が不明なので, この点では, 空気の物質量や質量を求めることはできないことに留意する。

(1) 120℃ で液体の水が消失するから, 100℃ では液体の水が存在する。また, 100℃ のとき, 水の飽和蒸気圧は 1.0×10^5Pa である(これは明らかなので, 条件として記載がなくても使用してよい)。よって, 100℃ での空気の分圧は

$1.5 \times 10^5 - 1.0 \times 10^5 = 5.0 \times 10^4 \text{〔Pa〕}$

空気の物質量を n〔mol〕として, 気体の状態方程式 $PV = nRT$ を適用すると,

$5.0 \times 10^4 \times 2.0 = n \times 8.3 \times 10^3 \times 373$

$$\therefore \quad n = 3.23 \times 10^{-2} \doteqdot 3.2 \times 10^{-2} \text{〔mol〕}$$

(2) 120℃ における空気の分圧を p〔Pa〕として, ボイル・シャルルの法則より

$$\frac{5.0 \times 10^4 \times 2.0}{373} = \frac{p \times 2.0}{393}$$

$$\therefore \quad p \doteqdot 5.26 \times 10^4 \text{〔Pa〕}$$

よって, 水蒸気の分圧は,

$2.5 \times 10^5 - 5.26 \times 10^4 = 1.97 \times 10^5$

$\doteqdot 2.0 \times 10^5 \text{〔Pa〕}$

(3) グラフが 120℃ 以上で直線になっているので, 水は 120℃ ですべて水蒸気になっている。このとき容器内の水蒸気の物質量を x〔mol〕とおき, 気体の状態方程式 $PV = nRT$ を適用すると,

$1.97 \times 10^5 \times 2.0 = x \times 8.3 \times 10^3 \times 393$

$$\therefore \quad x = 1.20 \times 10^{-1} \doteqdot 1.2 \times 10^{-1} \text{〔mol〕}$$

解答 (1)**3.2 × 10⁻²mol** (2)**2.0 × 10⁵Pa**
(3)**1.2 × 10⁻¹mol**

12　溶解と溶解度

161（解説）水 H_2O 分子は，H原子がやや正($\delta+$），O原子がやや負($\delta-$）に帯電した**極性分子**である。

　塩化ナトリウム NaCl のようなイオン結晶を水に加えると，結晶表面の Na^+ は水分子の O 原子と，Cl^- は水分子の H 原子とそれぞれ静電気力（クーロン力）で引き合う。このように，溶質粒子が何個かの水分子に取り囲まれて安定化する現象を**水和**といい，水和したイオンを**水和イオン**という。やがて，Na^+ と Cl^- は結晶から引き離され，それぞれ水和イオンとなって，水中に拡散し溶解していく。

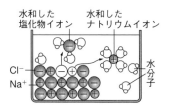

　一般に，溶質粒子が溶媒分子で取り囲まれて安定化する現象を**溶媒和**という。

　また，グルコース $C_6H_{12}O_6$ などの極性分子からなる分子結晶は，水などの極性溶媒に溶けやすい。これは，グルコース分子中にある親水性のヒドロキシ基$-OH$ の部分が水分子との間の**水素結合**によって水和され，水和分子となって水中に拡散し，溶解するためである。一方，ヨウ素 I_2 などの無極性分子は，水などの極性溶媒には溶けにくいが，ベンゼン C_6H_6，ヘキサン C_6H_{14} などの無極性溶媒には溶けやすい。これは，ヨウ素と水分子との間には静電気力がはたらかないため，水和されにくいので水に溶けにくいが，ヨウ素分子は分子間力によってベンゼンやヘキサンとは**溶媒和**されやすく，この状態で分子の熱運動によって溶媒中に拡散し，溶解していくからである。

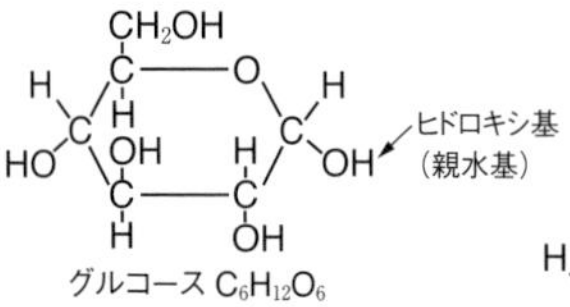

グルコース $C_6H_{12}O_6$
ヘキサン C_6H_{14} 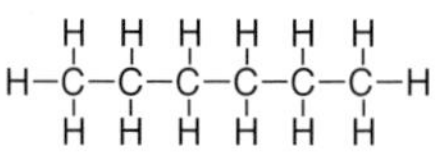
ベンゼン C_6H_6 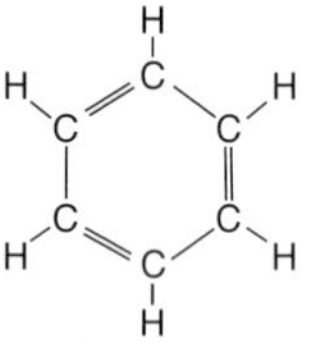

（解答）① 極性　② 酸素　③ 水素　④ 水和
⑤ 溶媒和　⑥ ヒドロキシ　⑦ 水素
⑧ 無極性　⑨ 熱運動

162（解説）(1), (4)　一般的なイオン結晶(NaCl や KNO_3 など)は水に溶けやすい。各イオンは静電気力（クーロン力）によって**水和**され，やがて水和イオン（下図）となって水（極性溶媒）に溶けていく。

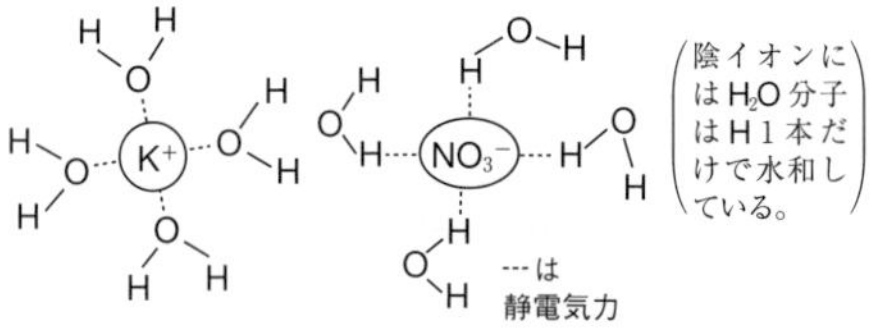

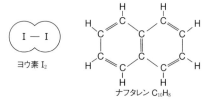

（陰イオンには H_2O 分子は H 1 本だけで水和している。）

…は静電気力

(2), (6)　ヨウ素 I_2 やナフタレン $C_{10}H_8$ は無極性分子なので水和は起こりにくいが，各分子は分子間力（ファンデルワールス力）によって**溶媒和**され，やがて分子の熱運動によってヘキサンなどの無極性溶媒に拡散し溶解していく。

$I - I$
ヨウ素 I_2

ナフタレン $C_{10}H_8$

(3)　グルコース分子には，親水性のヒドロキシ基 $-OH$ が多く存在する。この部分に**水素結合**による水和が起こるので，水によく溶ける。

(5)　イオン結晶であっても，イオン間の結合力が強い場合($CaCO_3$ や $BaSO_4$ など)は，各イオンに水和が起こっても結晶を崩すことはできないので，水に溶けにくい。もちろん，ヘキサンなどの無極性溶媒が溶媒和しても，結晶を崩すことができないので，ヘキサンにも溶けない。

(7)　エタノール分子は，水和されやすい原子団（**親水基**という）であるヒドロキシ基$-OH$ と，水和されにくい原子団（**疎水基**という）であるエチル基 C_2H_5- の両方をもつ。また，分子全体に占める親水基と疎水基の影響はほぼ等しいので，親水基に水和が起これば水に溶け，疎水基に溶媒和が起これば，ヘキサンにも溶ける。

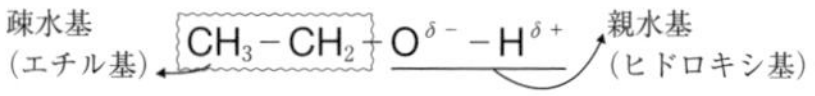

疎水基（エチル基）$CH_3-CH_2-O^{\delta-}-H^{\delta+}$ 親水基（ヒドロキシ基）

(8)　イオン結晶であっても，AgClのように Ag と Cl の電気陰性度の差が小さい場合，イオン結合性が小さくなり，代わりに共有結合性が大きくなる(**46** 参考 参照)ので，各イオンに水和が起こっても，結晶を崩すことができない。よって，$BaSO_4$ と同様に，水にもヘキサンにも溶けない。

163

	Na	Cl		Ag	Cl
電気陰性度	0.9	3.2		1.9	3.2
(差)		2.3			1.3
	イオン結合性大			共有結合性大	

以上をまとめると，次の(A)〜(D)のようになる。

(A) **水には溶けるが，ヘキサンには溶けにくい物質**に
は，グルコースのように，疎水基をもたず，親水基
の影響が強い極性分子や，$NaCl$, KCl のような一般
的なイオン結晶などが該当する。

(B) **水には溶けにくいが，ヘキサンには溶けやすい物
質**は，ヨウ素やナフタレンのように，親水基をもた
ず，疎水基の影響の強い無極性分子などが該当する。

(C) **水にもヘキサンにも溶ける物質**は，エタノール
のように，親水基と疎水基を両方もつ分子で，両基の
影響がほぼ等しい場合などが該当する。

(D) **水にもヘキサンにも溶けない物質**は，硫酸バリウ
ムのように，イオン間の結合力の強いイオン結晶や，
塩化銀のようにイオン結合性が小さいが，共有結合
性が大きいイオン結晶などが該当する。

〔**解答**〕 (1) **(A)**　(2) **(B)**　(3) **(A)**　(4) **(A)**
(5) **(D)**　(6) **(B)**　(7) **(C)**　(8) **(D)**

〔**参考**〕　**物質の溶解性**

「極性の似たものどうしはよく溶け合う。」と
表現されるように，物質の溶けやすさは，主に
極性の大小で決まるが，分子の形や大きさが似
ているほど溶けやすい傾向がある。これらは，
いずれも溶質粒子が**溶媒和される**ことが，物質
の溶解にとってきわめて重要であることを示唆
している。

極性分子と極性溶媒
は静電気力（クーロン力）に
よって積極的に溶け合う。

極性分子と無極性溶媒は
極性分子どうしで強く
引き合うので溶け合わない。

無極性分子と無極性溶媒は
分子間力（ファンデルワールス力）
によって消極的に溶け合う。

無極性分子と極性溶媒は
極性溶媒どうしで強く
引き合うので溶け合わない。

163 〔**解説**〕　**固体の溶解度**は，溶媒（水）100g に溶
ける溶質の最大質量〔g〕の数値で表される。したがっ
て，溶媒（水）の量がわかれば，比例計算で，何 g の
溶質が溶解するか，析出するかが計算できる。
飽和溶液では，次の2つの関係式が成り立つ。

$$\frac{溶質の質量}{溶媒の質量} = \frac{S}{100} \quad (S は溶解度)$$

$$\frac{溶質の質量}{溶液の質量} = \frac{S}{100 + S}$$

どちらで式を立てているかをよく確認し，左辺と右
辺で混乱の起こらないように立式すること。

(1) 40℃の飽和溶液 120g に溶けている KNO_3 を x〔g〕
とすると，

$$\frac{溶質量}{溶液量} = \frac{60}{100 + 60} = \frac{x}{120} \quad \therefore \quad x = 45〔g〕$$

　　∴　溶媒（水）の量 = 120 − 45 = 75〔g〕

60℃の水 75g には，$110 \times \dfrac{75}{100} = 82.5$〔g〕の溶質

が溶けるので，あと，82.5 − 45 = 37.5〔g〕溶ける。

〈**別解**〉　あと y〔g〕の KNO_3 が溶けるとすると，

$$\frac{溶質量}{溶液量} = \frac{45 + y}{120 + y} = \frac{110}{210}$$

　　∴　$y = 37.5$〔g〕

(2) 飽和溶液から水を蒸発させると，その水に溶けて
いた溶質が析出する。

蒸発した水 40g に溶けていた KNO_3 を x〔g〕とすると

$$\frac{溶質量}{溶媒量} = \frac{110}{100} = \frac{x}{40} \quad \therefore \quad x = 44〔g〕$$

したがって，44g の KNO_3 が析出する。

(3) 40℃の飽和溶液を 20℃に冷却すると，
溶液 100 + 60 = 160〔g〕あたり，溶解度の差 60 −
30 = 30〔g〕の結晶が析出する。
120g の飽和溶液から x〔g〕の結晶が析出するとして，

$$\frac{析出量}{溶液量} = \frac{60 - 30}{160} = \frac{x}{120} \quad \therefore \quad x = 22.5〔g〕$$

(4) 40℃の飽和溶液 120g から水 40g を蒸発させると，
まず，40g の水に溶けていた KNO_3 が析出する。

$$60 \times \frac{40}{100} = 24〔g〕$$

残った溶液量は，120 − 40 − 24 = 56〔g〕
残った溶液 56g を 20℃に冷却したとき，y〔g〕の結
晶が析出するとして，

$$\frac{析出量}{溶液量} = \frac{60 - 30}{160} = \frac{y}{56} \quad \therefore \quad y = 10.5〔g〕$$

よって，析出量の合計は，24 + 10.5 = 34.5〔g〕

〈**別解**〉　40℃の飽和溶液 120g には，(1)より溶質 45g
が含まれ，濃縮・冷却により合計 z〔g〕の結晶が析
出するとすると，結晶析出後の上澄み液は，20℃の
飽和溶液となるから，

$$\frac{溶質量}{溶液量} = \frac{45 - z}{120 - 40 - z} = \frac{30}{130} \quad \therefore \quad z = 34.5〔g〕$$

解答 (1) **37.5g** (2) **44g**
(3) **22.5g** (4) **34.5g**

164 **解説** (1)　**気体の溶解度**は，**気体の圧力**が
1.0×10^5 Pa のとき，水 1L に溶ける気体の物質量，
または体積(標準状態に換算した値)で表される。

ヘンリーの法則より，一定量の溶媒(水)に溶ける
気体の溶解度(物質量，質量)は，その気体の圧力に
比例する。

溶解する N_2 の質量は，5.0×10^5 Pa のときは 1.0×10^5 Pa のときの5倍になる。また，常識的ではあるが，
気体の溶解量は，溶媒(水)の量にも比例し，10L の
ときは 1.0L のときの 10 倍になる。

窒素 N_2 のモル質量は 28g/mol より，この水に溶
けている N_2 の質量は，

$$\underbrace{\frac{2.24 \times 10^{-2}}{22.4}}_{\text{物質量}} \times \underbrace{\frac{5.0 \times 10^5}{1.0 \times 10^5}}_{\text{圧力比}} \times \underbrace{\frac{10}{1.0}}_{\text{溶媒量比}} \times 28 = 1.40 \text{〔g〕}$$

(2)　ヘンリーの法則より，一定量の溶媒(水)に溶ける
気体の体積は，溶解した圧力の下では圧力に関係な
く一定である。

水 1.0L に溶ける N_2 の体積は，溶解した圧力(5.0×10^5 Pa)の下では，1.0×10^5 Pa で溶けた N_2 の体積
と同じ 2.24×10^{-2}L となる。

水 10L では，$2.24 \times 10^{-2} \times 10 = 0.224$L。

(3)　5.0×10^5 Pa の下で溶けた 0.224L の N_2 の体積を，1.0×10^5 Pa での体積(x〔L〕とする)で表すと
ボイルの法則 $P_1V_1 = P_2V_2$ より，
$5.0 \times 10^5 \times 0.224 = 1.0 \times 10^5 \times x$
$x = 1.12$〔L〕

解答 (1) **1.40g** (2) **0.224L**
(3) **1.12L**

参考　**ヘンリーの法則の体積表現に注意**
　気体の溶解度を体積で表現するときには，そ
の測定条件に十分に注意する必要がある。
　一定量の溶媒に溶解した気体の体積を，①溶
液中から取り出し，一定の圧力(通常，1.0×10^5 Pa)のもとで測定すると，下図の左側の
ような結果となる。
　一定量の溶媒に溶解した気体の体積を，②溶
液中から取り出さずに，溶解した圧力のもとで
測定すると，ボイルの法則より，下図の右側の
ような結果となる。
　つまり，ヘンリーの法則を体積で表現する
と，「一定量の溶媒に溶解した気体の体積は，
溶解した圧力のもとでは圧力に関係なく一定で
あるが，一定の圧力のもとでは加えた圧力に
比例する。」といえる。

ヘンリーの法則の体積表現

165 **解説** (1)　エタノール水溶液中でのエタノール
と水の分子数の比を求めるには，それぞれの物質
量を求め，比較すればよい。

分子量は $C_2H_5OH = 46$，$H_2O = 18$ より，エタノー
ルのモル質量は 46g/mol，水のモル質量は 18g/mol
である。

エタノール　$\dfrac{52 \times 0.79}{46} \fallingdotseq 0.893$〔mol〕

水　$\dfrac{48 \times 1.0}{18} \fallingdotseq 2.667$〔mol〕

よって，エタノール水溶液中での分子数の比は，
エタノール：水 $= 0.893 : 2.667 \fallingdotseq 1 : 3$
エタノール 1 分子に水 3 分子が水和している。
エタノールの −OH の O 原子には非共有電子対が 2
組あるので，それぞれが水分子の H 原子と水素結
合をつくる。また，エタノールの −OH の H 原子
は別の水分子の O 原子の非共有電子対と水素結合
をつくると考えられる。

CH₃—CH₂—O（水素結合の構造図）

(2)　エタノール水溶液の密度を x〔g/mL〕とすると，
エタノールと水の混合において質量保存の法則を適
用して，
$52 \times 0.79 + 48 \times 1.0 = 96.3 \times x$
$x \fallingdotseq 0.925$〔g/mL〕
よって，エタノール水溶液 1.0L(= 1000mL)の質量
は $1000 \times 0.925 = 925$〔g〕

解答 (1) **3個**
(2) **925g**

参考　**エタノールと水の混合による体積変化**
　氷は隙間の多い結晶構造をもち，水よりも密
度が小さい(0.92g/cm^3)。一方，氷が融けて
水になると，その隙間が少なくなり，密度がか
えって大きくなる(1.0g/cm^3)。
　実は，液体の水には部分的な氷の構造(**クラ**

スター構造)が 70～80％も残っており，まだ隙間がかなり多く存在する。ここへエタノールを一定量以上加えると，残っているクラスター構造がエタノールによって破壊され，バラバラになった水分子，すなわち，隙間が少なくなった密度の高い構造の水分子が増加するため，溶液の体積が減少すると考えられている。

166 [解説] (ア) エタノールは，親水基のヒドロキシ基 −OH と，疎水基のエチル基 −C$_2$H$_5$ の両方をもち，親水基と疎水基の影響がほぼ等しいので，水にもヘキサンなどの有機溶媒にも溶ける。アルコールは，一般に，炭化水素基の炭素数が多くなる(C$_4$ 以上)と，分子全体に占める疎水基の影響が強くなり，水に溶けにくくなる。〔○〕

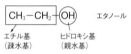

(イ) 硫酸バリウム BaSO$_4$ は，Ba^{2+} と SO$_4{}^{2-}$ からなるイオン結晶で，価数の大きい陽イオンと陰イオン間にはたらく静電気力(クーロン力)が強いため，水和が起こっても結晶を崩すことはできず，水には溶けにくい。〔○〕

(ウ) ナフタレンのような無極性分子は，ヘキサンなどの無極性溶媒には，分子間力によって**溶媒和**されてよく溶けるが，水などの極性溶媒には，水和が起こらないので溶けにくい。〔×〕

(エ) グルコース C$_6$H$_{12}$O$_6$ は，ヒドロキシ基 −OH どうしで，比較的強い**水素結合**によって分子結晶をつくっている。一方，グルコース(極性分子)とヘキサン(無極性分子)の間には弱い**ファンデルワールス力**しかはたらかない。そのため，グルコースにヘキサンを加えても，結晶を崩すことができず，グルコースはヘキサンに溶けにくい。〔○〕

(オ) Na$^+$ は，水分子の負の電荷を帯びた O 原子側で水和される。〔×〕

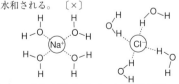

(カ) ヨウ素(無極性分子)は，水(極性溶媒)にはほとんど溶けないが，ヘキサン(無極性溶媒)にはよく溶ける。これは，ヨウ素分子がヘキサンによって溶媒和され，結晶が崩れるからである。〔×〕

[解答] (ア)○ (イ)○ (ウ)× (エ)○ (オ)× (カ)×

167 [解説] (1) **気体の溶解度**は，温度が低いほど大きく，温度が高いほど小さくなる。これは，温度が高くなると，溶液中の気体分子の熱運動が活発になり，溶液中から飛び出しやすくなるためである。よって，a 50℃，b 20℃，c 0℃

(2) 水素は，0℃，1.0×10^{5}Pa のとき，水 1.0L に 0.021L 溶けるから，水 20L に対して，0.021 × 20 = 0.42〔L〕溶ける。

　ヘンリーの法則によると，温度一定では，
①気体の溶解度(質量，物質量)は，気体の圧力に比例する。
②気体の溶解度(体積)は，溶解した圧力の下では，圧力に関係なく一定である。

　本問では，ヘンリーの法則の②が適用できる。
　水 20L に 4.0 × 10^{5}Pa の水素が接しているとき，水に溶けた水素の体積を，溶解した圧力(= 4.0 × 10^{5}Pa)の下で測定すれば，ボイルの法則から，体積が $\frac{1}{4}$ になるので，結局，1.0 × 10^{5}Pa で溶解した気体の体積と同じ 0.42L になる。

(3) **混合気体の溶解度**は，**各成分気体の分圧に比例する**から，まず，N$_2$ と O$_2$ の分圧を求める。

　(分圧)＝(全圧)×(モル分率) より，

$$p_{N_2} = 1.0 \times 10^5 \times \frac{3}{3+2} = 0.60 \times 10^5 \text{〔Pa〕}$$

$$p_{O_2} = 1.0 \times 10^5 \times \frac{2}{3+2} = 0.40 \times 10^5 \text{〔Pa〕}$$

　水が 1.0L あるとすると，20℃では，N$_2$，O$_2$ はそれぞれ 0.015L，0.030L(標準状態に換算した値)溶ける。したがって，水 1.0L に溶けた N$_2$ と O$_2$ の質量比は，モル質量が N$_2$ = 28g/mol，O$_2$ = 32g/mol より，

N$_2$:O$_2$ =

$$\frac{0.015}{22.4} \times \frac{0.60 \times 10^5}{1.0 \times 10^5} \times 28 : \frac{0.030}{22.4} \times \frac{0.40 \times 10^5}{1.0 \times 10^5} \times 32$$

= 7 : 8

[解答] (1) c (2) **0.42L** (3) **7：8**

168 [解説] 水和水をもつ物質(**水和物**)を水に溶解すると，**水和水**は溶媒に加わるので，溶媒の量は多くなる。つまり，溶液中においても溶質となるのは，水和物から水和水を除いた**無水物**だけである。

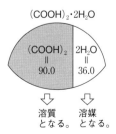

水和物中の無水物と水和水の質量は，その式量にし

たがって比例配分すればよい。

(1) 式量は，$(COOH)_2 \cdot 2H_2O = 126$，$(COOH)_2 = 90$
シュウ酸二水和物$(COOH)_2 \cdot 2H_2O$ 63g 中のシュウ酸(無水物)$(COOH)_2$ の質量は，

$$63 \times \frac{90}{126} = 45(g)$$

質量パーセント濃度は次式で求められる。

$$\therefore \quad \frac{溶質の質量}{溶液の質量} = \frac{45}{1000 \times 1.02} \times 100$$
$$= 4.41 \fallingdotseq 4.4(\%)$$

(2) 溶液 1L 中に含まれる溶質(無水物)の物質量で表した濃度が**モル濃度**となる。
シュウ酸二水和物 63g の物質量は，
$(COOH)_2 \cdot 2H_2O$ のモル質量が 126g/mol より，

$$\therefore \quad \frac{63}{126} = 0.50(mol)$$

$$(COOH)_2 \cdot 2H_2O \longrightarrow (COOH)_2 + 2H_2O$$
$$\underset{1mol}{} \qquad \underset{1mol}{} \qquad \underset{2mol}{}$$

シュウ酸二水和物の物質量とシュウ酸(無水物)の物質量は，上式の係数比 1:1 より等しい。
シュウ酸(無水物)0.50mol が溶液 1L 中に含まれるから，シュウ酸水溶液のモル濃度は 0.50mol/L。

(3) 溶媒 1kg(= 1000g) 中に含まれる溶質の物質量で表した濃度が**質量モル濃度**である。
質量モル濃度を求めるときは，必ず，溶媒の質量を求める必要がある。

(溶媒の質量)=(溶液の質量)-(溶質の質量)
$$= 1020 - 45 = 975(g)$$

質量モル濃度 = $\dfrac{溶質の物質量(mol)}{溶媒の質量(kg)}$

$$= \frac{0.500}{\frac{975}{1000}} = 0.512 \fallingdotseq 0.51(mol/kg)$$

解答 (1) **4.4%** (2) **0.50mol/L**
(3) **0.51mol/kg**

参考 **沸点上昇や凝固点降下で質量モル濃度を使う理由**

モル濃度は，溶液の体積(温度によりわずかに変化する)を基準としており，温度が変化するとその値が変化する。たとえば，20℃で調製した 0.10 mol/L グルコース水溶液の沸点上昇を調べる場合，測定時の約 100℃の温度では，水の体積膨張により，モル濃度は 0.10 mol/L よりもわずかに小さくなる。

質量モル濃度は，溶媒の質量(温度により変化しない)を基準としており，温度が変化してもその値は変化しない。たとえば，20℃で調製した 0.10 mol/kg グルコース水溶液の凝固点降下を調べる場合，測定時の約 0℃の温度

でも，水の質量変化はないので，質量モル濃度は 0.10mol/kg のままである。つまり，溶液の調製時と測定時の温度が大きく異なる沸点上昇や凝固点降下の実験では，温度変化によっても値が変化しない質量モル濃度を使う必要がある。

169 **[解説]** (1) 混合気体の場合，着目した気体の溶解度(物質量，質量)は，その気体の分圧に比例する。
空気中の N_2 の分圧は，

$$1.0 \times 10^5 \times \frac{4}{5} = 0.80 \times 10^5(Pa)$$

表より，20℃，1.0×10^5Pa では，N_2 は水 1L に
$\dfrac{0.015}{22.4}$ mol 溶ける。

よって，水 10L で N_2 の分圧 0.80×10^5Pa では，

$$\frac{0.015}{22.4} \times 10 \times \frac{0.80 \times 10^5}{1.0 \times 10^5} \fallingdotseq 5.35 \times 10^{-3}(mol) 溶ける。$$

モル質量 $N_2 = 28$g/mol より，その質量は，
$$5.35 \times 10^{-3} \times 28 = 0.149 \fallingdotseq 0.15(g)$$

(2) 0℃，1.0×10^5Pa では，O_2 は水 1L に $\dfrac{0.049}{22.4}$ mol 溶ける。水 10L で 1.0×10^6Pa では，O_2 は，

$$\frac{0.049}{22.4} \times 10 \times \frac{1.0 \times 10^6}{1.0 \times 10^5} = \frac{4.9}{22.4}(mol) 溶ける。$$

一方，50℃，1.0×10^5Pa では，O_2 は水 1L に $\dfrac{0.021}{22.4}$ mol 溶ける。
水 10L で 1.0×10^5Pa では，O_2 は，

$$\frac{0.021}{22.4} \times 10 \times \frac{1.0 \times 10^5}{1.0 \times 10^5} = \frac{0.21}{22.4}(mol) 溶ける。$$

よって，溶解できずに気体として発生する O_2 は，

$$\frac{4.9}{22.4} - \frac{0.21}{22.4} = \frac{4.69}{22.4} = 0.209 \fallingdotseq 0.21(mol)$$

解答 (1) **0.15g** (2) **0.21mol**

参考 **潜水病について**

潜水で呼吸に用いるボンベには 150 ～ 200 気圧の圧縮空気が充塡されていて，レギュレーターという装置によって，周囲の水圧と同圧の空気が吸えるように調節されている。

水中では 10m 潜るごとに水圧が 1 気圧ずつ増すので，水深 40m では約 5 気圧の空気(1気圧の O_2 と 4 気圧の N_2)を吸うことになる。高圧状態では，ヘンリーの法則によって血液中への空気の溶解度が増加する。このうち O_2 は体内で消費されるが，N_2 は体内で消費されないので，長時間潜水していると血液中にかなり蓄積されてしまう。

潜水後，急激に浮上すると，環境圧の低下により血液中に溶けていた N_2 が気泡となっ

て遊離し，この気泡が毛細血管を閉塞して血流を妨害するので，種々の運動障害や知覚障害などを伴う**潜水病**（減圧症）が現れる。
　この潜水病を防ぐために，浮上に時間をかけて圧力変化を緩やかにするほかに，特に，深い水中での潜水の場合には，圧縮空気の代わりにHe（N_2よりも溶解度が小さい）とO_2の混合気体を呼吸に用いるなどの対策が必要となる。

170 [解説]　水和水を含む水和物の結晶を水に溶かしたとき，水和水は溶媒に加わるので，溶質は無水物だけとなることに留意する。

(1)　式量が$CuSO_4·5H_2O = 250$，$CuSO_4 = 160$ より，$CuSO_4·5H_2O$100g 中の無水物と水和水の質量は，その式量にしたがって比例配分すればよい。

　　無水物 $CuSO_4$　$100 × \dfrac{160}{250} = 64〔g〕$

　　水和水 $5H_2O$　$100 - 64 = 36〔g〕$

　　加える水を$x〔g〕$とすると，60℃の飽和溶液になるための条件は，

$$\frac{溶質の質量}{溶媒の質量} = \frac{64}{x + 36} = \frac{40}{100}$$

　　$∴ \quad x = 124〔g〕$

(2)　60℃の飽和溶液210g中の$CuSO_4$を$y〔g〕$とおく。

$$\frac{溶質の質量}{溶液の質量} = \frac{40}{100 + 40} = \frac{y}{210}$$

　　$∴ \quad y = 60.0〔g〕$
　　水の質量 $210 - 60.0 = 150〔g〕$

$CuSO_4$の飽和溶液を冷却すると，析出する結晶には溶媒の一部が水和水として取り込まれ，硫酸銅（II）五水和物$CuSO_4·5H_2O$の結晶として析出する。

このため，結晶の析出により，溶媒である水の質量が減少することに留意する。

析出する$CuSO_4·5H_2O$の結晶を$x〔g〕$とおくと，その中に含まれる無水物と水和水の質量は，

　　無水物　$\dfrac{CuSO_4}{CuSO_4·5H_2O} × x = \dfrac{160}{250}x〔g〕$

　　水和水　$\dfrac{5H_2O}{CuSO_4·5H_2O} × x = \dfrac{90}{250}x〔g〕$

結局，結晶析出後の上澄み液は30℃における飽和溶液であるから，

上澄み液（飽和溶液）
結晶

$$\frac{溶質の質量}{溶液の質量} = \frac{60.0 - \dfrac{160}{250}x}{210 - x} = \frac{25}{125}$$

　　$∴ \quad x = 40.90 ≒ 40.9〔g〕$

〈別解〉

$$\frac{溶質の質量}{溶媒の質量} = \frac{60.0 - \dfrac{160}{250}x}{150 - \dfrac{90}{250}x} = \frac{25}{100}$$

　　$∴ \quad x = 40.90 ≒ 40.9〔g〕$

[解答]　(1) **124g**　(2) **40.9g**

171 [解説]　容器に封入したCO_2は，水溶液中（液相）と空間（気相）のいずれかに存在する。液相のCO_2の物質量はヘンリーの法則から，気相のCO_2の物質量は気体の状態方程式から求められる。

(1)　7℃，$1.0 × 10^5 Pa$ において，CO_2 は水 1L に $8.3 × 10^{-2} mol$ 溶ける。7℃，$2.0 × 10^5 Pa$ で水 10L に溶けるCO_2の物質量は，

$$8.3 × 10^{-2} × 10 × \frac{2.0 × 10^5}{1.0 × 10^5} = 1.66〔mol〕$$

気相中のCO_2の物質量は，$PV = nRT$ より，

$$n = \frac{PV}{RT} = \frac{2.0 × 10^5 × 20}{8.3 × 10^3 × 280} ≒ 1.72〔mol〕$$

CO_2の総物質量：$1.66 + 1.72 = 3.38 ≒ 3.4〔mol〕$

(2)　ピストンを動かすと，気相と液相に存在するCO_2の物質量はそれぞれ変化するが，その物質量の総和は，最初に加えたCO_2の物質量と等しい。

溶解平衡に達したときの容器内のCO_2の圧力を$P〔Pa〕$とする。

気相に存在するCO_2は，

$$n = \frac{P × 10}{8.3 × 10^3 × 280} ≒ 4.30 × 10^{-6}P〔mol〕$$

液相に存在するCO_2は，

$$8.3 × 10^{-2} × 10 × \frac{P}{1.0 × 10^5} = 8.30 × 10^{-6}P〔mol〕$$

（気相に存在するCO_2の物質量）＋（液相に存在するCO_2の物質量）＝（封入したCO_2の物質量）より，

$$4.30 × 10^{-6}P + 8.30 × 10^{-6}P = 3.38$$
　　$∴ \quad P = 2.68 × 10^5 ≒ 2.7 × 10^5〔Pa〕$

(3)　溶解平衡に達したときの容器内のCO_2の圧力を$P'〔Pa〕$とする。

気相に存在するCO_2は，

$$n = \frac{P' × 10}{8.3 × 10^3 × 300} ≒ 4.01 × 10^{-6}P'〔mol〕$$

液相に存在するCO_2は，

$$4.5 × 10^{-2} × 10 × \frac{P'}{1.0 × 10^5} = 4.50 × 10^{-6}P'〔mol〕$$

$$4.01 × 10^{-6}P' + 4.50 × 10^{-6}P' = 3.38$$
　　$∴ \quad P' = 3.97 × 10^5 ≒ 4.0 × 10^5〔Pa〕$

172

<table>
<tr><td>参考</td><td>密閉容器での気体の溶解量の取り扱い</td></tr>
</table>

　水の入った開放容器に大気中の窒素が溶ける場合，窒素は大量にあるから，いくら水に溶けても窒素の分圧は変化しない。

　一方，水の入った密閉容器に一定量の気体を封入し，その溶解量を考える場合，気体が水に溶解すると，気体の分圧はしだいに減少する。したがって，気体の溶解量は最初に与えられた気体の分圧ではなく，最終的には，もうこれ以上溶けることができなくなった状態(**溶解平衡**)時の気体の分圧に比例することになる。溶解平衡時の気体の分圧を求めようとすると，水に溶解した気体の物質量を知る必要があり，これを知るには，結局，溶解平衡時の気体の分圧が必要となる。

　このように，この溶解平衡時の気体の分圧は直接測定することが難しいので，次のような**物質収支の関係式**を使うことによって間接的に求めることができる。

$$\left(\begin{array}{c}\text{封入した気体}\\\text{の物質量}\end{array}\right)=\left(\begin{array}{c}\text{気相に存在する}\\\text{気体の物質量}\end{array}\right)+\left(\begin{array}{c}\text{液相に溶解した}\\\text{気体の物質量}\end{array}\right)$$

　こうして求めた溶解平衡に達したときの気体の分圧をもとにして，液相や気相に存在する気体の物質量を求めることができる。

解答 (1) **3.4mol** (2) **2.7 × 10⁵Pa**
(3) **4.0 × 10⁵Pa**

172 **解説** 　水に不揮発性物質を溶かした溶液の蒸気圧は純溶媒の蒸気圧よりも低くなる(**蒸気圧降下**)。この溶液の蒸気圧降下により，溶液の沸点は純溶媒の沸点よりも高くなる(**沸点上昇**)。

　また，溶液の凝固点は純溶媒の凝固点よりも低くなる(**凝固点降下**)。これは，溶液では溶質粒子の割合が増えるほど，相対的に溶媒分子の割合が減少し，溶媒分子の凝固が起こりにくくなるためである(溶液を冷却しても，凝固するのは溶媒分子だけであることに留意せよ)。

　溶液と純溶媒との沸点の差を**沸点上昇度**，溶液と純溶媒との凝固点の差を**凝固点降下度**という。濃度のうすい溶液(**希薄溶液**)の場合，溶液の沸点上昇度，凝固点降下度 Δt は，溶質の種類に関係なく，いずれも溶液の質量モル濃度 m に比例する。

$$\Delta t = k_b \cdot m \qquad \Delta t = k_f \cdot m$$

　上の式の比例定数 k_b, k_f をそれぞれ**モル沸点上昇**，**モル凝固点降下**といい，溶液の質量モル濃度が1mol/kgのときの沸点上昇度，凝固点降下度を表す。どちらも各溶媒に固有の定数である。また，同じ溶媒でも，k_b と k_f の値は異なるので，混同しないように注意したい。

　沸点上昇度や凝固点降下度のように，**温度差の単位**には温度の単位の[℃]ではなく，絶対温度と同じ[K]を用いることにも注意してほしい。

(1) まず，尿素水溶液の質量モル濃度 m を求める。

$$m = \frac{\dfrac{1.5}{60}}{0.10} = 0.25 \text{[mol/kg]}$$

　水のモル沸点上昇を k_b，沸点上昇度を Δt_b とすると，$\Delta t_b = k_b \cdot m$ より

$\Delta t_b = 0.52 \times 0.25 = 0.13$[K]

　水の沸点は100℃だから，この水溶液の沸点は，100 + 0.13 = 100.13[℃]

(2) NaCl ⟶ Na⁺ + Cl⁻ のように電離し，溶質粒子の数は電離前の2倍になる。よって，0.20mol/kgのNaCl水溶液は，0.40mol/kgの非電解質水溶液と同じ凝固点降下度を示す。

　水のモル凝固点降下を k_f，凝固点降下度を Δt_f とすると，$\Delta t_f = k_f \cdot m$

$\Delta t_f = 1.85 \times 0.40 = 0.74$[K]

　水の凝固点は0℃だから，NaCl水溶液の凝固点は，0 - 0.74 = - 0.74[℃]

解答 (1) **100.13℃** (2) **- 0.74℃**

173 〔解 説〕 (1) 海水(溶液)は真水(純溶媒)に比べて、**蒸気圧降下**により、水の蒸発が起こりにくくなっている。したがって、海水でぬれた水着は真水でぬれた水着よりも乾きにくい。

(2) 溶液の**凝固点降下**により、水の凝固点(0℃)以下になっても、ぬれた路面の水分が凍結しにくくなる。塩化カルシウムが道路の凍結防止剤に使われるのは、$CaCl_2 \longrightarrow Ca^{2+} + 2Cl^-$ のように電離して、粒子数が3倍となり、凝固点降下が大きくなるからである。

(3) 野菜に食塩をまぶしておくと、野菜の表面にできた濃い食塩水(溶液)の**浸透圧**によって、野菜の細胞内部の水分が奪われるために起こる。

(4) 溶液の**沸点上昇**により、水の沸点(100℃)になっても沸騰は起こらない(沸騰水に食塩を入れるとしばらく沸騰が止む)。さらに加熱すると、食塩水の沸点(100℃以上)に達して沸騰が起こり始める。

〔解 答〕 (1)(ウ) (2)(イ) (3)(エ) (4)(ア)

174 〔解 説〕 (1) 溶媒や溶液を冷却するとき、凝固点以下の温度になっても凝固しないで液体状態を保つことがある。この不安定な状態(図の a 〜 c)を**過冷却**という。過冷却の状態で c 点まで温度が下がると、水溶液中に小さな氷の結晶核が生成し、これを中心に急激に凝固が始まり、多量の凝固熱が発生するので、温度は凝固点付近まで一時的に上昇する。

(2) 溶液を冷却しても、溶媒と溶質が一緒に凝固するのではなく、溶媒だけが凝固していく。つまり、水溶液を冷却した場合、氷の析出が進行するにつれて、残った水溶液の濃度が大きくなるので、凝固点降下が大きくなり、溶液の凝固点は降下していき、グラフは右下がりの直線となる。

したがって、過冷却が起こらなかったとしたときの理想的な**溶液の凝固点**(溶液中から溶媒が初めて凝固し始める温度)は、冷却曲線の後半の直線部分を左に延長(外挿という)したものと、前半の冷却曲線との交点の a である。この a 点の温度を正しく読み取ると、その温度はイである。

(3) 溶液の凝固点降下度は、溶液の質量モル濃度に比例する。$\Delta t_f = k_f \cdot m$ より、
求める非電解質の分子量を M とおくと、

$$0.60 = 1.86 \times \frac{\dfrac{1.0}{M}}{0.050} \quad \therefore \quad M = 62.0 \doteqdot 62$$

(4) 溶液の凝固が進行し、x〔g〕の氷が析出したとき、残った溶液の凝固点降下度 Δt が 1.0 K になればよい。

$$1.0 = 1.86 \times \frac{\dfrac{1.0}{62.0}}{\dfrac{50-x}{1000}}$$

$$\frac{1.86}{62.0} = \frac{50-x}{1000}$$

$$\therefore \quad x = 20〔g〕$$

〔解 答〕 (1)c (2)イ (3)62
(4)**20g**

175 〔解 説〕 希薄溶液の浸透圧 Π〔Pa〕は、溶液の体積 V〔L〕、絶対温度 T〔K〕、溶質の物質量 n〔mol〕を用いると、$\Pi V = nRT$ となる(**ファントホッフの法則**)。この式で、R は**気体定数**と等しく、$R = 8.3 \times 10^3$〔Pa・L/(mol・K)〕である。

また、溶液のモル濃度 $C = \dfrac{n}{V}$〔mol/L〕を用いると $\Pi = CRT$ となる。

(1) グルコース $C_6H_{12}O_6$ は非電解質で、水中でも溶質粒子の数は変化しない。
ファントホッフの法則 $\Pi = CRT$ を用いる。
$\Pi = 0.10 \times 8.3 \times 10^3 \times 300$
$= 2.49 \times 10^5 \doteqdot 2.5 \times 10^5$〔Pa〕

(2) 塩化ナトリウム NaCl は電解質で、水中で Na^+ と Cl^- に電離するので、溶質粒子の数が2倍となり、溶液の浸透圧も、同濃度の非電解質水溶液の2倍になる。
$2.49 \times 10^5 \times 2 = 4.98 \times 10^5 \doteqdot 5.0 \times 10^5$〔Pa〕

(3) ファントホッフの法則 $\Pi V = \dfrac{w}{M}RT$ を用いる。
この非電解質の分子量を M とおくと、
$M = \dfrac{wRT}{\Pi V}$ に数値を代入して、
$$M = \frac{2.0 \times 8.3 \times 10^3 \times 300}{3.0 \times 10^2 \times 0.20}$$
$= 8.3 \times 10^4$

〔解 答〕 (1)**2.5 × 10⁵ Pa** (2)**5.0 × 10⁵ Pa**
(3)**8.3 × 10⁴**

176 〔解 説〕 次のことを覚えておくこと。
蒸気圧降下度、**沸点上昇度**、**凝固点降下度**は、いずれも溶質粒子の**質量モル濃度**に比例する。ただし、溶質が電解質の場合、電離によって生じた全溶質粒子の質量モル濃度に比例する。

溶質が電解質の場合の取り扱い：1mol の電解質が電離して i〔mol〕のイオンになったとすると、溶質粒子数は i 倍になるため、沸点上昇度・凝固点降下度は、同じ質量モル濃度の非電解質の水溶液の i 倍になる。同様に、浸透圧の場合も同じモル濃度の非電解質の水溶液の i 倍になる。

(1) グルコースは非電解質だが、塩化ナトリウムと塩化カルシウムは電解質で、とくに指示のない限り、完全に電離するものと考えればよい。

177 ～ 178

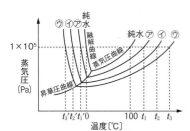

$$\left(\begin{array}{l} t_1, t_2, t_3 \text{ は溶液⑦, ⑦, ⑦の沸点を,} \\ t_1', t_2', t_3' \text{ は溶液⑦, ⑦, ⑦の凝固点を示す} \end{array}\right)$$

$$NaCl \longrightarrow Na^+ + Cl^-$$
$$CaCl_2 \longrightarrow Ca^{2+} + 2Cl^-$$

上のように完全に電離すると，$NaCl$, $CaCl_2$ の溶質粒子の数はそれぞれ電離前の2倍，3倍になる。よって，同温（たとえば t_1）で，最も蒸気圧の高い⑦がグルコース，最も低い⑦が塩化カルシウム，その中間の⑦が塩化ナトリウムの水溶液となる。

(2) 沸点上昇度も全溶質粒子の質量モル濃度に比例する。

0.10mol/kg と 0.20mol/kg の水溶液の沸点の差が 0.052K あるから，純水と 0.30mol/kg の水溶液との沸点の差は，

$$0.052 \times 3 = 0.156 [K]$$

水の沸点は100℃だから，

$$t_3 = 100 + 0.156 = 100.156 \fallingdotseq 100.16 [℃]$$

(3) (1)の図の通り，全溶質粒子の質量モル濃度の最も大きい⑦のグラフの水溶液の凝固点が最も低くなる。

解答 (1) ⑦　**グルコース**
　　　　　⑦　**塩化ナトリウム**
　　　　　⑦　**塩化カルシウム**
　　　　(2) **100.16℃** (3) **⑦**

---

177 **解説**　溶液と溶媒を半透膜で仕切ると，どんな現象が起こるか考えてみよう。

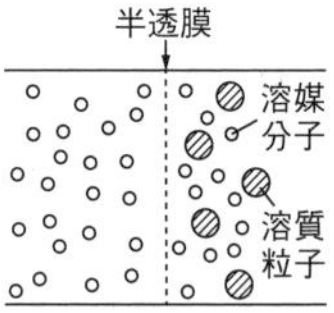

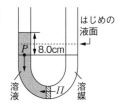

単位時間あたりに，溶媒側（左）から溶液側（右）へ移動できる溶媒分子を仮に10個とすると，溶液側（右）から溶媒側（左）へ移動できる溶媒分子は10個より少ない個数（たとえば，8個）に減少するはずである。この結果をミクロに見れば，単位時間あたりに，溶媒側から溶液側へ溶媒分子が2個ずつ移動し続けることになる。これを溶媒の**浸透**という。つまり，半透膜を通過できるのは溶媒分子だけであるから，その濃度の大きい溶媒側から，その濃度の小さい溶液側へと溶媒分子が移動していくのは，ごく当然のことである。また，溶液の浸透を防ぐためには，溶

液側にある圧力を加えればよい。この圧力が最初に与えられた溶液の**浸透圧**に等しくなる。

(1) 濃度の異なる水溶液を半透膜で仕切って放置しておくと，濃度の小さい水溶液中の水分子が，半透膜を通って，濃度の大きい水溶液側へ**浸透**する（右図）。

液面差が8.0cmになったということは，溶液側の液面が4.0cm上がり，溶媒側の液面が4.0cm下がったことを示す。

平衡に達したとき，溶液中に浸透した水は 4.0cm × 1.0cm² = 4.0cm³ で，6.0mg の溶質が 104.0mL の溶液中に溶けていることになる。

$$6.0 \times 10^{-3} \times \frac{1000}{104.0} = 5.76 \times 10^{-2} \fallingdotseq 5.8 \times 10^{-2} [g/L]$$

(2) 水分子が半透膜を通って溶液中へ浸透しようとする圧力（**溶液の浸透圧**）Π と，8.0cm の高さの溶液柱の圧力 P がつり合う。80mm の高さの溶液柱に相当する圧力は，題意より，1.0Pa = 0.10mm 溶液柱なので，

$$\frac{80}{0.10} = 8.0 \times 10^2 [Pa]$$

$\Pi = 8.0 \times 10^2 Pa$, $V = 0.104L$, $w = 6.0 \times 10^{-3}g$,

$T = 300K$ を $\Pi V = \dfrac{w}{M}RT$（ファントホッフの法則）

に代入して，

$$8.0 \times 10^2 \times 0.104 = \frac{6.0 \times 10^{-3}}{M} \times 8.3 \times 10^3 \times 300$$

$$\therefore M = 179.5 \fallingdotseq 180$$

〈**別解**〉 (1)で求めた溶液の濃度 5.76×10^{-2}g/L を用いてもよい。この場合は，$V = 1.0L$, $w = 5.76 \times 10^{-2}$g を上式に代入すればよい。

解答 (1) **5.8×10^{-2}g/L** (2) **1.8×10^2**

---

178 **解説**　溶液などの温度が下がるようすを時間経過とともに表したグラフを**冷却曲線**といい，溶液の凝固点の測定に利用される。温度変化を正確に測定するには，0.01K の最小目盛りをもつ**ベックマン温度計**（右図）を用いる。

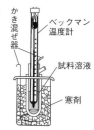

(1), (2) 純水を冷却すると，本来の凝固点（a_1 点）になっても結晶は析出せず，さらに低温になってはじめて結晶が析出する（a_2 点）。凝固点以下でありながら液体状態を保っている不安定な状態（a_1 ～ a_2 点）を**過冷却**という。

(3) a_2点まで温度が下がると，液体中に小さな氷の結晶核が生成し始め，これを中心に急激に凝固が起こる。このとき，多量の凝固熱の発生により，一時的に温度が上がる（$a_2 \sim a_3$点）。その後，温度は一定の凝固点を保ったまま水の凝固が続く（$a_3 \sim a_4$点）。すべて氷になると，凝固熱の発生は止み，再び，温度が下がり始める（a_4点〜）。

(4) 純溶媒が凝固するときは，凝固が終了するまでは，凝固熱による発熱量と寒剤による吸熱量とがつり合っているので，温度が一定に保たれる。

(5) 溶液の場合，飽和溶液に達するまでは，溶液中の溶媒だけが凝固するので，残りの溶液の濃度はしだいに大きくなる。それとともに凝固点降下も大きくなり，残った溶液の凝固点が低下していくので，冷却曲線は右下がりになる。

(6) 過冷却が起こらなかったとしたときの理想的な**溶液の凝固点**（溶液中から初めて溶媒が凝固し始める温度）は，冷却曲線の後半の直線部分（d〜e点）を左に延長した線と前半の冷却曲線との交点のb点である。このb点の温度を正しく読み取ると，その温度は**イ**である。

(7) 凝固点降下度は，溶液の質量モル濃度に比例する。
$\Delta t = k_f \cdot m$ より，
求める非電解質の分子量をMとおくと
$$0.24 = 1.86 \times \dfrac{\dfrac{0.40}{M}}{0.050} \quad \therefore \quad M = 62$$

解答 (1) **過冷却** (2) **a_2**
     (3) **a_2 から急激に凝固が始まり，多量の凝固熱が発生したため。**
     (4) **凝固熱による発熱量と寒剤による吸熱量がつり合っているから。**
     (5) **溶媒の水だけが凝固するので，溶液の濃度がしだいに大きくなり，溶液の凝固点降下により，凝固点が下がるから。**
     (6) **イ** (7) **62**

参考   **純溶媒と溶液の冷却曲線について**

純溶媒を冷却すると，凝固点を示すa_1点に達しても凝固は起こらず，液体の状態を保ったまま温度が下がっていく。この状態を**過冷却**という。過冷却は不安定な状態であって，何かの刺激が与えられれば，急激に凝固

図1
純溶媒の冷却曲線
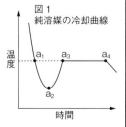

が進行することがある。一般に，粒子の配列が不規則な状態にある液体から，規則的な状態にある固体になるためには，結晶となるための微小な核（結晶核）が必要である。

a_1点では十分な量の結晶核が生成していないため凝固は起こらないが，さらにa_2点まで温度が下がると，液体中に微小な結晶核が多く生成し，それを中心に急激に凝固が始まる。

このとき，ごく短時間ではあるが，多量に発生した熱（凝固熱）によって，冷却しているにも関わらず，温度が一時的に上昇する。

その後，$a_3 \sim a_4$点までは，凝固熱による発熱量と寒剤（氷と$NaCl$の混合物）による吸熱量がつり合うように凝固が進行するので，一定の温度（純溶媒の凝固点）が保たれる。すべての液体が固体となったa_4点以降は，凝固熱の発生は止むので，再び温度は一定の割合で低下していく。

溶液を冷却した場合，b点からd点までは純溶媒の冷却曲線とほぼ同じであるが，d点以降では，純溶媒のように一定温度を保ち続けるのではなく，温度は徐々に低下していく点が異なる。これは，溶液を凝固点以下に冷却した場合，優先的に結晶として析出するのは溶媒だけであり，溶質は析出しないためである。したがって，残った溶液の濃度は上昇して，凝固点降下が大きくなり，溶液の凝固点が低下するためである。

図2
溶液の冷却曲線
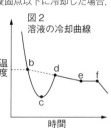

溶液の凝固点とは，過冷却が起こらず，溶液中から初めて溶媒の結晶が析出し始める温度のことだから，冷却曲線のd〜e点の直線部分を左に延長（外挿という）して求めた交点bの温度が溶液の凝固点となる。

また，d点以降は溶液の濃度が一定の割合で増大していくが，やがて飽和溶液となったe点以降は，溶液と溶質が一緒に析出するようになる。このとき析出した溶媒と溶質の混合物を**共晶**といい，これ以降は，溶液の濃度は一定となり，凝固点降下も起こらず，温度（**共晶点**という）も一定となる。残った溶液がすべて共晶となって析出し，すべて固体となったf点以降は，再び温度は一定の割合で低下し始める。

溶液の凝固の進行（モデル図）

179 〔解説〕　溶媒に不揮発性物質(スクロースや NaCl など)を溶かすと,純溶媒よりも溶液の蒸気圧が降下する。この現象を**蒸気圧降下**という。

(1)　質量モル濃度 = $\dfrac{溶質の物質量(mol)}{溶媒の質量(kg)}$ より,

NaCl $\dfrac{\frac{2.34}{58.5}}{0.100} = 0.400〔mol/kg〕$

$C_6H_{12}O_6$ $\dfrac{\frac{9.00}{180}}{0.100} = 0.500〔mol/kg〕$

(2)　グルコースは非電解質なので,B 液中の全溶質粒子の質量モル濃度は 0.500mol/kg のままである。一方,塩化ナトリウムは電解質であり,水溶液中では,

NaCl $\longrightarrow$ Na$^+$ + Cl$^-$

とほぼ完全に電離するので,A 液中の全溶質粒子の質量モル濃度は,

0.400 × 2 = 0.800〔mol/kg〕　になる。

溶液の蒸気圧降下は,全溶質粒子の質量モル濃度に比例するので,A 液の方が蒸気圧降下が大きくなる。すなわち,B 側では,凝縮する水分子より蒸発する水分子の数が多く,蒸発が進む。一方,A 側では,蒸発する水分子より凝縮する水分子の数が多く,凝縮が進む。したがって,B 側から A 側への水の移動が起こる。これは,両液の蒸気圧が等しくなるまで,すなわち,両液の全溶質粒子の質量モル濃度が等しくなるまで続く。

(3)　B 側から A 側に x〔g〕の水が水蒸気の形で移動したとすると,両液の全溶質粒子の質量モル濃度が等しくなったとき,水の移動は止まる。

$$\dfrac{\frac{2.34}{58.5} \times 2}{\frac{100+x}{1000}} = \dfrac{\frac{9.00}{180}}{\frac{100-x}{1000}}$$

∴　$x ≒ 23.076〔g〕$

A 液の総質量は,

100 + 2.34 + 23.076 = 125.416 ≒ 125.42〔g〕

(4)　**ラウールの法則**は次のように考えられる。

次ページの容器(a)では,純水と水蒸気が気液平衡になっており,10 個の水分子(○印)が空間を満たしている。容器(b)では,グルコース水溶液と水蒸気が気液平衡になっており,溶液中の水分子のうち $\dfrac{1}{10}$ をグルコース分子(●印)で入れ替えると,グルコース分子は不揮発性で蒸発しないので,空間を満たす水分子の数は 9 個で平衡状態となる。つまり,希薄溶液の蒸気圧 P は,溶液中を占める溶媒分子のモル分率に比例する。

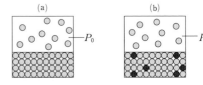

溶媒の物質量 $\dfrac{90}{18} = 5.0〔mol〕$

溶質の物質量 $\dfrac{18}{180} = 0.10〔mol〕$

(溶媒のモル分率) = $\dfrac{溶媒の物質量}{溶媒の物質量+溶質の物質量}$

$= \dfrac{5.0}{5.0 + 0.10} ≒ 0.980$

よって,27℃のグルコース水溶液の蒸気圧は,

$3.6 × 10^3 × 0.980 ≒ 3.5 × 10^3〔Pa〕$

〔解答〕　(1) NaCl **0.400mol/kg**,

$C_6H_{12}O_6$ **0.500mol/kg**

(2) **B → A**

(理由)A 液の方が B 液よりも蒸気圧降下が大きく,水蒸気圧の高い B 液側から水蒸気圧の低い A 液側へ水が移動するため。

(3) **125.42g**

(4) **3.5 × 10³Pa**

180 〔解説〕　(1)　希薄溶液の浸透圧 Π は,溶液のモル濃度 C と絶対温度 T に比例する。

$\Pi = CRT$　(R 気体定数)

このほか,気体の状態方程式と同じ $\Pi V = nRT$ の関係も成り立つ(**ファントホッフの法則**)。

グルコース $C_6H_{12}O_6$ の分子量 $M = 180$

溶質の質量 $w = 360mg = 0.360g$ を代入して,

$$\Pi × 1.0 = \dfrac{0.360}{180} × 8.3 × 10^3 × 300$$

∴　$\Pi = 4.98 × 10^3 ≒ 5.0 × 10^3〔Pa〕$

(2)　溶液の浸透圧は,半透膜を通って,溶媒分子が溶液中へ浸透しようとする圧力のことである。右図の装置を使うと,ガラス管に生じた溶液柱に相当する圧力と溶液の浸透圧がつり合うので,溶液の浸透圧を測定できる。

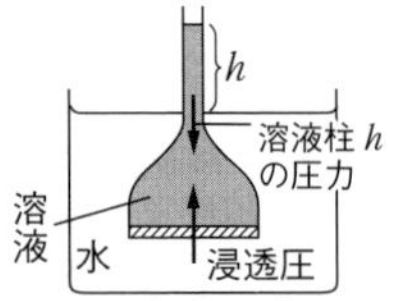

溶液柱 h の圧力

溶液　水　浸透圧

2 つの力がつり合うと水の浸透圧が止まる

溶液の浸透圧の計算値は,パスカル(Pa)単位で表されているが,溶液の浸透圧の実験で測定されるのは,上図のような溶液柱の高さ h である。そこで,パスカル〔Pa〕→水銀柱〔cmHg〕→溶液柱〔cm〕の順で単位を変換する。

$1.0 × 10^5Pa = 76cmHg$ より,

181

(1)で求めた $\Pi = 4.98 \times 10^3$〔Pa〕を水銀柱の圧力〔cmHg〕に変換すると

$$\frac{4.98 \times 10^3}{1.0 \times 10^5} \times 76 〔cmHg〕$$

圧力(g/cm²)＝溶液の密度(g/cm³)×高さ(cm)
より，水銀柱の圧力を溶液柱の圧力に変換できる。上記の水銀柱の圧力と等しい溶液柱の高さを x〔cm〕とおくと，

$$\underbrace{\frac{4.98 \times 10^3 \times 76}{1.0 \times 10^5}}_{\text{水銀柱の高さ}} \times \underbrace{13.5}_{\substack{\text{水銀の}\\\text{密度}}} = \underbrace{x}_{\substack{\text{溶液柱の}\\\text{高さ}}} \times \underbrace{1.0}_{\substack{\text{水溶液の}\\\text{密度}}}$$

$$\therefore \quad x \fallingdotseq 51.0 \fallingdotseq 51 〔cm〕$$

解答 (1) **5.0 × 10³Pa** (2) **51cm**

参考　逆浸透の利用
　溶液と溶媒を半透膜で仕切ると，溶媒が溶液側へ浸透し，溶液側の液面が高くなる。このとき生じた液面差に相当する圧力は，平衡状態に達したときの溶液の浸透圧に等しくなる。いま，溶液側にその溶液の浸透圧よりも大きい圧力を加えると，溶液中の溶媒分子だけが半透膜を通って溶媒側へ移動する。この現象は，通常の溶媒分子の浸透とは逆向きに移動するので，**逆浸透**という。また，これを利用した物質の分離・精製法を**逆浸透法**という。
　この方法を利用して，濃縮還元ジュースの製造や乾燥地帯や離島，長距離航路の船舶などでは，海水の淡水化が進められている。

181 **解説** (1)　$CaCl_2$ 水溶液の質量モル濃度 m は

$$m = \frac{\dfrac{0.333}{111}}{\dfrac{30.0}{1000}} = 0.100 〔mol/kg〕$$

$CaCl_2$ が水溶液中で完全に電離（電離度 1）したとすると，溶質粒子数は 3 倍に増加する。

$$CaCl_2 \longrightarrow Ca^{2+} + 2Cl^-$$

（したがって，0.100mol/kg の $CaCl_2$ 水溶液は，0.300mol/kg の非電解質水溶液と同じ凝固点降下度を示すことになる。）

　これを $\Delta t = k_f \cdot m$ の式に代入すると，予想される凝固点降下度 $\Delta t'$ は次のようになる。

$$\Delta t' = 1.85 \times 0.300 = 0.555 〔K〕$$

　実際の $CaCl_2$ 水溶液の凝固点降下度は $\Delta t = 0.520$〔K〕であるから，$CaCl_2$ は完全には電離していないことになる。そこで，$CaCl_2$ の電離度を $\alpha (0 < \alpha < 1)$ とおくと，$CaCl_2$ 水溶液中での各粒子の質量モル濃度は次のようになる。

$$CaCl_2 \underset{}{\overset{\alpha}{\rightleftharpoons}} Ca^{2+} + 2Cl^-$$
$$0.100(1-\alpha) \quad 0.100\alpha \quad 0.200\alpha \quad 〔mol/kg〕$$

全溶質粒子の質量モル濃度は，

$$0.100(1-\alpha) + 0.100\alpha + 0.200\alpha = 0.100(1+2\alpha) 〔mol/kg〕$$

これを $\Delta t = k_f \cdot m$ の式に代入すると，

$$0.520 = 1.85 \times 0.100(1+2\alpha)$$

$$\therefore \quad \alpha \fallingdotseq 0.905 \fallingdotseq 0.91$$

　このように，溶液が $CaCl_2$ のような電解質の場合，水溶液中で電離し，溶質粒子が増える。よって，Δt_f を考えるとき，電離して生じた全溶質粒子の物質量を考慮して凝固点降下を考える必要がある。

参考　電解質の電離度が 1 より小さい理由
　希薄な $NaCl$ 水溶液では，Na^+ と Cl^- はほとんど出会うことなく自由に動くことができる。しかし，濃度が大きくなると，Na^+ と Cl^- は接近することが多くなり，互いに静電気力で引き合うため，自由に動くことができなくなる。このため，見かけ上，粒子の数が減少した状態になり，$NaCl$ の電離度が 1 よりも小さくなるという結果が得られる。また，$CaCl_2$ や Na_2SO_4 のような電解質では，構成イオンの電荷が大きく，陽イオンと陰イオンの間にはたらく静電気力が強くなり，濃度が比較的薄くても電解質の電離度が 1 より小さな結果が得られる。

希薄な水溶液	濃厚な水溶液

静電気力を示す

(2)　酢酸 CH_3COOH は，水のような極性溶媒に溶けたときは，①式のようにその一部が電離する。

$$CH_3COOH \rightleftharpoons CH_3COO^- + H^+ \cdots ①$$

したがって，酢酸の水溶液の凝固点降下度からその分子量を求めると，酢酸の真の分子量の 60 に近い値が得られる。

　一方，酢酸が，ベンゼン C_6H_6 のような無極性溶媒に溶けたときは，極性の強い $-COOH$ どうしが次の図のように水素結合を形成し（**会合**という），大部分が**二量体**を形成する（②式）。

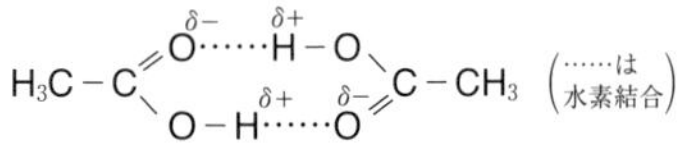

$$H_3C-C \begin{matrix} \overset{\delta-}{O}\cdots\cdots\overset{\delta+}{H}-O \\ O-H\cdots\cdots O \end{matrix} \overset{\delta+}{\underset{\delta-}{}} C-CH_3 \quad \left(\begin{smallmatrix}\cdots\cdots は \\ \text{水素結合}\end{smallmatrix}\right)$$

$$2CH_3COOH \rightleftharpoons (CH_3COOH)_2 \cdots ②$$

ベンゼン溶液中での酢酸のみかけの分子量を M とおくと，酢酸のベンゼン溶液の質量モル濃度 m は，

$$m = \frac{\dfrac{1.2}{M}}{\dfrac{50}{1000}} = \frac{24}{M} 〔mol/kg〕$$

この溶液の凝固点降下度 $\Delta t = 5.5 - 4.4 = 1.1$〔K〕より，これらを $\Delta t = k_f \cdot m$ の式に代入すると，

$$1.1 = 5.12 \times \frac{24}{M} \qquad \therefore \quad M = 111.7 \doteqdot 112$$

酢酸の真の分子量は 60 であるから，ベンゼン溶液中では，酢酸分子の大部分が会合して二量体を形成していることがわかる。

解答　(1) **0.91**　(2) **112**

参考　凝固点降下の利用

自動車のラジエーター（冷却器）の内部には，エンジンを冷却するための冷却水が流れている。この水が冬季に凍結したら，エンジンを冷却する効果がなくなり，エンジンは過熱状態になり走行できなくなる。また，水の凝固による体積膨張でラジエーターを破損してしまう恐れもある。

このような事態を防ぐために，特に寒冷地では冬季に冷却水に不凍液（エチレングリコール）を加える。エチレングリコールは水によく溶け，沸点が高く蒸発により失われにくく，塩類のように金属に対する腐食性がないので，凝固点降下によって冷却水の凍結を防ぐ効果が大きい。

たとえば，エチレングリコールの濃度が 35 ％では，水溶液の凝固点は約－20℃，50％では約－40℃まで下げることができるので，各地の冬季の最低気温に合わせて濃度をうまく調節しながら利用されている。

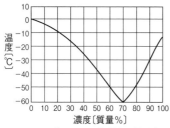

エチレングリコール水溶液の凝固点

また，冬季に道路が凍結すると，車輌の通行に支障をきたし，事故の原因にもなる。このような事態を避けるために，塩化カルシウムの凝固点降下が利用される。それは，$CaCl_2$ が安価で工業生産物であり，完全に電離すると粒子数が 3 倍になり，凝固点降下の効果が大きいためである。降雪前に $CaCl_2$ が路面上に散布されていれば，降雪があっても $CaCl_2$ 水溶液が生じ，水よりも凝固点が下がるため，水でぬれた路面は凍結しにくくなる。

さらに，降雪後に $CaCl_2$ を散布した場合も，$CaCl_2$ は潮解性が強く，周囲から水を吸収して溶ける。このとき溶解熱が発熱（約 82kJ/mol）のため，氷の一部を融解することができるので，融雪剤として冬季の路面の凍結防止に効果を発揮する。

14　コロイド

182　**解説**　コロイド粒子の大きさは，$10^{-7} \sim 10^{-4}$ cm，$10^{-9} \sim 10^{-6}$m，1nm $\sim$ 1μm などと表現される。

コロイド粒子が物質中に均一に分散している状態，あるいは，この状態にある物質をコロイドという。

コロイドには，1)気体中にコロイド粒子が分散している霧・煙など，2)液体中にコロイド粒子が分散している泡・乳濁液（液体）・懸濁液（固体）など，3)固体中にコロイド粒子が分散している軽石・シリカゲル・色ガラスなどがある。

コロイド粒子はろ紙は通過できるが，セロハンのような半透膜を通り抜けることができない。このことを利用して，不純物を含むコロイド溶液から，コロイド粒子以外の小さな分子やイオンを取り除くことができる。この操作を**透析**という。

普通の分子・イオンに比べて大きなコロイド粒子は，可視光線をよく散乱させる。そのため，コロイド溶液にレーザー光線などの強い光を当てると，光の進路が輝いて見える。このような現象を**チンダル現象**という。

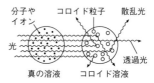

コロイド粒子を**限外顕微鏡**（チンダル現象を利用し，コロイド粒子の存在が観察できるように集光器をつけた顕微鏡）で見ると，暗視野の中に輝く光点が不規則に動く**ブラウン運動**が観察できる。これは，コロイド粒子の周囲にある水分子が不規則にコロイド粒子に衝突するために起こる見かけの現象である（コロイド粒子自身の動きによるものではない）。

コロイド粒子は正，または負に帯電している。たとえば，酸化水酸化鉄(Ⅲ)FeO(OH)のコロイド溶液に電極を浸して直流電圧をかけると，陰極側へと移動するので，正に帯電していることがわかる。このように，正または負に帯電したコロイド粒子が自身と反対符号の電極に向かって動く現象を**電気泳動**という。

硫黄や粘土のコロイドのように，水との親和力の小さいコロイドを**疎水コロイド**といい，少量の電解質を加えると沈殿する。このような現象を**凝析**という。一方，ゼラチンやデンプンのコロイドのように，水との親和力の大きいコロイドを**親水コロイド**といい，少量の電解質を加えても沈殿しないが，多量の電解質を加えると沈殿する。この現象を**塩析**という。

解答　① $10^{-9} \sim 10^{-6}$　② **半透膜**　③ **透析**　④ **チンダル現象**　⑤ **ブラウン運動**

⑥ 電気泳動　⑦ 負　⑧ 凝析
⑨ 疎水コロイド　⑩ 塩析
⑪ 親水コロイド

> **参考　疎水コロイドと親水コロイド**
>
> 　水和している水分子は少なく，コロイド粒子のもつ電荷の反発により安定化しているコロイドが**疎水コロイド**で，無機物のコロイドに多く見られる。一方，多数の水分子がコロイド粒子に水和することにより安定化しているコロイドが**親水コロイド**で，有機物のコロイドに多く見られる。
>
>
>
> 疎水コロイド　　　親水コロイド
>
> 金属，酸化水酸化鉄(Ⅲ)，　ゼラチン，寒天，豆乳，
> 炭素，硫黄，粘土など　　　デンプン，にかわなど

183 〔解説〕 (1) コロイド粒子は半透膜は通れないが，ろ紙の目よりも小さいので，ろ紙を通り抜けることができる。〔○〕

(2) 卵白(主成分はタンパク質)の水溶液は**親水コロイド**である。親水コロイドは水和により安定している。少量の電解質では凝析は起こらないが，多量の電解質を加えると，水和水を失い，凝集して沈殿が生じる(**塩析**)。〔×〕

(3) 流動性をもったコロイド溶液を**ゾル**，流動性を失い固化した状態を**ゲル**という。ゲルは，コロイド粒子が立体網目状につながり，その中に水が閉じ込められた状態にある。豆腐，寒天，こんにゃく，ゼリーなどがその例である。〔○〕

(4) 親水コロイドはその表面に親水基を多くもち，水和水を引きつけていることで安定化している。少量の電解質を加えただけでは，この水和水を奪うことができないので，凝析は起こらない。〔○〕

(5) 疎水コロイドの**凝析**には，反対符号で価数の大きいイオンを含む塩類が有効である。〔×〕

(6) **チンダル現象**は，コロイド粒子が光を吸収するためではなく，光を散乱するために起こる。〔×〕

(7) コロイド粒子が不規則に動く現象を**ブラウン運動**といい，これは分散媒である水分子がコロイド粒子に不規則に衝突することによって起こる見かけの現象である。〔○〕

(8) にかわの主成分はタンパク質で，親水コロイドである。にかわが炭素のコロイド(疎水コロイド)に対して**保護コロイド**としてはたらくので，墨汁に少量の電解質を加えただけでは沈殿しない。〔×〕

(9) 粘土のコロイドは負の電荷をもつ**疎水コロイド**なので，これを凝析するには，正電荷をもつ陽イオンで，価数の小さい Na^+ より価数の大きい Al^{3+} の方が有効である。〔○〕

(10) 金属のような不溶性の無機物質を適当な方法で分割して，コロイド粒子の大きさにしたコロイドを**分散コロイド**という。一方，デンプンのように，分子1個でできたコロイドを**分子コロイド**，セッケンのように，多くの分子が分子間力によって集合(**会合**という)してできたコロイドを**会合コロイド**という。〔○〕

> **参考　金のコロイド溶液のつくり方**
>
>
>
> 　右図のような装置で金を電極としてアーク放電(高電流による火花を伴わない放電)を行うと，高熱のため金がいったん蒸気となり，直ちに水で冷却され，金のコロイド溶液(赤紫色)ができる。電極の種類を変えると，銀や白金のコロイド溶液も，この方法でつくることができる。

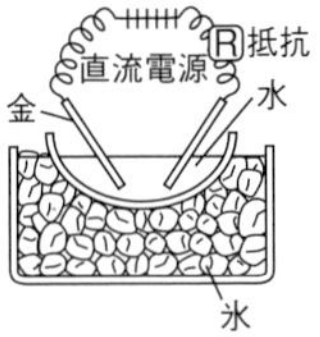

〔解答〕 (1) ○ (2) × (3) ○ (4) ○ (5) ×
(6) × (7) ○ (8) × (9) ○ (10) ○

184 〔解説〕 (1) 河川の水に含まれる粘土のコロイドは，水との親和力の小さい**疎水コロイド**であり，海水中の各種のイオンによって**凝析**され，河口に沈殿し，長い年月によって三角州をつくる。

(2) ばい煙は，大気中に種々の固体のコロイド粒子が分散した**分散コロイド**で，正または負に帯電している。したがって，煙突の内部に直流電圧をかけて**電気泳動**を行うと，ばい煙を一方の電極に集めることができる。

(3) 比較的濃厚(3〜5%)なゼラチンやデンプンの水溶液は，高温では流動性をもつ**ゾル**の状態であるが，冷却すると，内部に水を含んだまま立体網目状につながり合って流動性を失う。この状態を**ゲル**といい，豆腐，寒天，ゼリー，こんにゃく，温泉卵などがその例である。

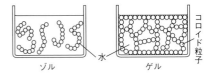

(4) 炭素のコロイドは，水との親和力の小さい**疎水コロイド**で凝析しやすい。しかし，親水コロイドであるにかわを加えておくと，その保護作用により凝析しにくくなる。このようなはたらきをする親水コロイドを，特に**保護コロイド**という。墨汁は，親水コ

ロイドであるにかわを保護コロイドとして加えた炭素のコロイド溶液である。

(5) 空気中に浮遊している塵や水滴に光が当たると，その表面で光が散乱されて光の進路が明るく輝いて見える（**チンダル現象**）。普通の分子・イオンに比べて大きなコロイド粒子は，可視光線をよく散乱させる。そのため，コロイド溶液にレーザー光線などの強い光を当てると，光の進路が輝いて見える。

(6) セッケンの水溶液は，多数（正確には数十〜百個程度）のセッケン分子が会合してできた会合コロイドである。その表面には多くの水分子が水和しており，**親水コロイド**に分類される。セッケンの水溶液に飽和食塩水を加えると，NaCl の電離で生じた Na$^+$ や Cl$^-$ に対して水分子が強く水和するため，これまでセッケンのコロイド粒子に弱く水和していた水分子が奪われる（脱水効果）。さらに，コロイド粒子の表面電荷が，加えた塩類の反対電荷のイオンで中和される（中和効果）などによって，セッケンの水への溶解度が低下し，沈殿する。この現象を**塩析**という。

(7) コロイド溶液中に小さな分子やイオンが含まれている場合，半透膜で純水と接した状態にしておくと，コロイド溶液中から小さな分子やイオンを除くことができる。この操作を**透析**という。血液は，赤血球や白血球などのほかに，タンパク質などのコロイド粒子，グルコース，各種の金属イオンなどを含む複雑なコロイド溶液である。腎臓の機能が低下した場合，血液中から不要な成分だけを取り除く人為的な透析（人工透析）を行う必要がある。

解答 (1)(ウ) (2)(カ) (3)(イ) (4)(ク) (5)(ケ)
(6)(エ) (7)(ア)

参考 **人工透析**
　血液中の不要成分（尿素，尿酸など）を人為的に取り除く**人工透析**の原理は次の通りである。
　酢酸セルロース系の半透膜でできた中空糸（細い筒状の糸）に血液をゆっくり通し，その外側に血液に必要な成分を含んだ透析液を，ゆっくり逆方向に流す。すると，血液中の必要成分（塩類，グルコースなど）は，半透膜の内外で濃度差がないので拡散しにくいが，不要成分は濃度差により膜外へゆっくりと拡散していく。数時間後には，血液中から不要成分だけが除かれて，血液はきれいに浄化されることになる。

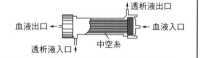

透析液出口
血液出口 ―― ―― 血液入口
中空糸
透析液入口

185 解説 (1),(2) 濃い塩化鉄(III)水溶液を沸騰水に加えると，酸化水酸化鉄(III)のコロイド溶液が生じる。この反応は塩の加水分解反応（中和の逆反応）で，常温ではわずかしか進行しないが，高温では反応が急激に進み，赤褐色の FeO(OH) のコロイド粒子が生成する。

$$FeCl_3 + 2H_2O \longrightarrow FeO(OH) + 3HCl$$

(3) 操作①でつくった溶液中には，FeO(OH) のコロイド粒子と H$^+$ と Cl$^-$ とが含まれる。これをセロハン袋（半透膜）に入れて流水に浸しておくと，小さな H$^+$ と Cl$^-$ だけが純水中に出ていき，袋の中には FeO(OH) のコロイド粒子だけを含んだ純粋なコロイド溶液が得られる。このようにしてコロイド溶液中の不純物を除き精製する操作を，**透析**という。

(4) BTB 溶液は酸塩基指示薬の1つで，酸性側で黄色，塩基性側で青色を示す。試験管 A では，透析により純水中へ H$^+$ が出てきたので，BTB 溶液が酸性側の黄色を示す。試験管 B では，Ag$^+$ + Cl$^-$ ⟶ AgCl より，塩化銀の白色沈殿を生成するが，Cl$^-$ が少量のときは白濁する程度である。

(5) **疎水コロイド**は，電気的な反発力によって安定化している。疎水コロイドに少量の電解質を加えると，帯電したコロイド粒子の表面には反対符号のイオンが吸着されやすいため，コロイド粒子間にはたらいていた電気的反発力が失われて沈殿する（**凝析**）。

(6) 酸化水酸化鉄(III)のコロイドは疎水コロイドなので，少量の電解質によって凝析が起こる。しかし，あらかじめゼラチン水溶液を加えておくと，少量の電解質を加えても凝析は起こらない。それは疎水コロイドが親水コロイドによって包まれて，凝析しにくくなるためである。このようなはたらきをする親水コロイドを，特に**保護コロイド**という。

(7) 疎水コロイドを凝析させる能力（**凝析力**）は，コロイド粒子の電荷と反対符号で，その価数が大きいイオンほど強くなる（**シュルツ・ハーディの法則**）。
　一般に，負の電荷をもつコロイド粒子（**負コロイド**）に対しては，

$$Na^+, K^+ < Mg^{2+}, Ca^{2+} < Al^{3+}$$

の順に凝析力が大きくなる。
　また，正の電荷をもつコロイド粒子（**正コロイド**）に対しては，

$$Cl^-, NO_3^- < SO_4^{2-} < PO_4^{3-}$$

の順に凝析力が大きくなる。
　(ア)〜(オ)の電解質のうち，価数の大きい陰イオンを含む塩の(オ)を選べばよい。
　(ア) Na$^+$, Cl$^-$　(イ) Al^{3+}, Cl$^-$　(ウ) Mg^{2+}, NO$_3^-$
　(エ) Na$^+$, SO$_4^{2-}$　(オ) Na$^+$, PO$_4^{3-}$

(8) コロイド 1 粒子あたりの Fe 原子の数は

185

$\dfrac{\text{Fe 原子〔mol〕}}{\text{コロイド粒子〔mol〕}}$ で求められる。

$FeCl_3$ のモル質量は 162.5g/mol だから，加えた Fe^{3+} の物質量は，

$$\dfrac{1 \times 0.45}{162.5} \fallingdotseq 2.76 \times 10^{-3}〔mol〕$$

コロイド粒子の物質量を n〔mol〕とすると，浸透圧の公式 $\varPi V = nRT$ より，

$$3.4 \times 10^2 \times 0.10 = n \times 8.3 \times 10^3 \times 300$$

$$n \fallingdotseq 1.36 \times 10^{-5}〔mol〕$$

$$\therefore \quad \dfrac{2.76 \times 10^{-3}}{1.36 \times 10^{-5}} = 2.02 \times 10^2 \fallingdotseq 2.0 \times 10^2〔個〕$$

[解答] (1) $FeCl_3 + 2H_2O \longrightarrow FeO(OH) + 3HCl$

(2) **赤褐色** (3) **透析**

(4) A **黄色を示す，H^+**

B **白濁する，Cl^-**

(5) **凝析** (6) **保護コロイド**

(7) **(オ)** (8) **2.0×10^2 個**

[参考] **FeO(OH)コロイドに対する凝析力について**

一般に，正の電荷をもつコロイド粒子(**正コロイド**)に対する凝析力は，価数の大きい陰イオンほど有効である。

$$Cl^- < NO_3^- < SO_4^{2-} < PO_4^{3-}$$

しかし，正コロイドである酸化水酸化鉄(Ⅲ)FeO(OH)コロイドの場合，上記の一般原則は当てはまらないので注意が必要である。$FeCl_3+2H_2O \longrightarrow FeO(OH)+3HCl$ の反応でつくられた FeO(OH)コロイド溶液の場合，透析を繰り返しても，コロイド溶液中には多量の H^+ を含み，強い酸性(pH = 1〜2)を示す。これに 0.1mol/L Na_3PO_4aq と Na_2SO_4aq をそれぞれ滴下していくと，予想に反して，Na_3PO_4 の凝析力は Na_2SO_4 の凝析力よりも小さいという結果が得られる。これは，FeO(OH)コロイド溶液が強い酸性のため，弱酸由来の PO_4^{3-} は液中から H^+ を受け取り，HPO_4^{2-} や $H_2PO_4^-$ などに変化し，その価数が小さくなり，凝析力も小さくなったためと考えられる(強酸由来の SO_4^{2-} は H^+ を受け取らないので，強い酸性の条件でも価数は変化せず，凝析力は低下しなかったと考えられる)。

[参考] **疎水コロイドの凝析力(DLVOの理論)**

疎水コロイドを凝析させるときに加える電解質は，コロイド粒子と反対符号の電荷をもち，しかも価数の大きいものほど有効である(つまり，より少量で凝析させることができる)。そして，イオンの価数が1価→2価→3価になると，凝析力は1倍→2倍→3倍ではなく，1倍→数十倍→数百倍(正確には 1^6 倍→2^6 倍→3^6 倍)と大きくなる。この関係を**シュルツ・ハーディの法則**という。一般にコロイ

ド粒子の周りには反対符号のイオンが取り巻き，**電気二重層**を形成している。電解質を加える前は，電気二重層が大きく広がっている(右図)。

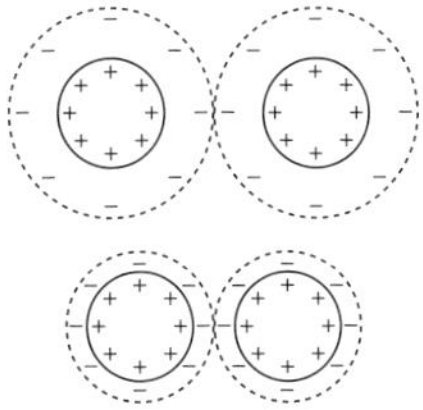

電解質を加えると，コロイド溶液中のイオンの総濃度が増加したため，コロイド粒子を取り巻く反対符号のイオンが，コロイド粒子に強く押しつけられ，電気二重層の厚さが減少する(上図)。したがって，コロイド粒子どうしがより接近できるようになり，コロイド粒子間にはたらく引力(分子間力)が強くはたらき，コロイド粒子が凝集・沈殿するようになると考えられる。

このような考え方を，発見者4名の頭文字をとって**DLVOの理論**[*]という。

[*]疎水コロイドの安定性を，コロイド粒子の電気二重層間の相互作用に基づいて説明した理論。デリャーギン(Derjaguin)，ランダウ(Landau)，フェルウェー(Verwey)，オーバービーク(Overbeek)によって提案された。

[参考] **水酸化鉄(Ⅲ)Fe(OH)₃ は存在せずに，酸化水酸化鉄(Ⅲ)FeO(OH)として存在する理由**

鉄(Ⅲ)イオン Fe^{3+} は，水中では淡紫色を示す八面体形のアクア錯イオン $[Fe(H_2O)_6]^{3+}$ として存在する。ただし，このイオンは pH = 0 程度の強い酸性でのみ安定に存在する。$[Fe(H_2O)_6]^{3+}$ は H^+ を電離する性質があり，かなり強い酸性を示す($K_a \fallingdotseq 6 \times 10^{-3}mol/L$)。この反応を**金属イオンの加水分解**という。

$$[Fe(H_2O)_6]^{3+} + H_2O \rightleftharpoons$$
$$[Fe(OH)(H_2O)_5]^{2+} + H_3O^+ \quad \cdots ①$$

$$[Fe(OH)(H_2O)_5]^{2+} + H_2O \rightleftharpoons$$
$$[Fe(OH)_2(H_2O)_4]^+ + H_3O^+ \quad \cdots ②$$

$$[Fe(OH)_2(H_2O)_4]^+ + H_2O \rightleftharpoons$$
$$[Fe(OH)_3(H_2O)_3] + H_3O^+ \quad \cdots ③$$

塩化鉄(Ⅲ)$FeCl_3$ 水溶液が黄褐色を示すのは，①式の加水分解が進行し，$[Fe(OH)(H_2O)_5]^{2+}$ のようなヒドロキシド錯イオンが生成しているためである。さらに，$FeCl_3$ 水溶液の pH を上げると，$[Fe(OH)_2(H_2O)_4]^+$ を生じ，さらに濃い褐色を示す。

$FeCl_3$ 水溶液に塩基を加えると，$[Fe(OH)_3(H_2O)_3]$ で表される水酸化鉄(Ⅲ)の赤褐色の沈殿を生じるはずである。しかし，この**単核錯体**[*1]は安定な物質ではなく，その配位子であるヒドロキシ基−OH と水 H_2O 分子の部分で，八面体の一辺を共有する形で脱水縮合して，**二核錯体**[*1]になる。

単核錯体　　　　　二核錯体
$[Fe(OH)_3(H_2O)_3]$　$\Longrightarrow$　$[Fe(OH)_3(H_2O)_2]_2$

＊1 配位結合で生じた化合物を**錯体**という。そのうち電荷をもつものを**錯イオン**，電荷をもたないものを**錯分子**という。1個の中心金属イオンを含む錯体を**単核錯体**という。一方，中心金属イオンを2個以上含む錯体を**多核錯体**という。多核錯体には，金属イオンが直接結合しているものと，配位子で架橋されているものがある。後者の場合，配位多面体が頂点，辺，面を共有している場合がある。

八面体の一辺を共有する二核錯体の形成では，単核錯体1単位あたり水1分子が失われることから，その化学式は$[Fe(OH)_3(H_2O)_2]_2$である。

　同様に，二核錯体が別の一辺を共有する形で脱水縮合すると，鎖状構造の多核錯体が生じる。その化学式は$[Fe(OH)_3(H_2O)]_n$である。脱水縮合がもう1回起こると，立体構造の多核錯体$[Fe(OH)_3]_n$（組成式：$Fe(OH)_3$）に変化する。*2

　この多核錯体はまだ安定な物質ではなく，さらに架橋配位子の$-OH$と$-OH$の部分で，八面体の一面を共有する形で脱水縮合を繰り返し，高分子化合物（沈殿）に変化していく。このとき，$[Fe(OH)_3]_n$の1単位あたり水1分子が失われることになるので，生成物の化学式は$[FeO(OH)]$（組成式：$FeO(OH)$）となり，名称は酸化水酸化鉄(Ⅲ)とよばれる。

　このように，これまで水酸化鉄(Ⅲ)$Fe(OH)_3$とよばれてきた赤褐色の物質は，含水量不定の酸化鉄(Ⅲ)$Fe_2O_3・nH_2O$で表され，このうち$n=1$のものを代表して**酸化水酸化鉄(Ⅲ)$FeO(OH)$**とよんでいる。

＊2 $[Fe(OH)_3(H_2O)_3]$の単核錯体には，$-OH$が3個，H_2Oが3個あるので，八面体の一辺を共有する脱水縮合は計3回可能であり，立体構造の多核錯体を形成できる。

15　固体の構造

186 [解説]（1）陽イオンに近い状態にある金属原子が自由電子によって結びつけられている結合が**金属結合**である。**金属結晶**は，金属原子が金属結合によってできた結晶である。

（2）　**イオン結晶**は，陽イオンと陰イオンが静電気力（クーロン力）による**イオン結合**によってできた結晶である。

（3）　**分子結晶**は，分子が**分子間力**によって集合してできた結晶である。

（4）　**共有結合の結晶**は，多数の原子が共有結合によって次々に結合してできた結晶である。

[解答] ① **金属結晶**　② **イオン結合**　③ **イオン結晶**
　　④ **分子間力**
　　⑤ **分子結晶**　⑥ **共有結合の結晶**

187 [解説]（1）この金属結晶の単位格子は，**体心立方格子**である。単位格子にある各頂点の原子は$\frac{1}{8}$個分ずつ，立方体の中心の原子は1個分が含まれる。したがって，単位格子中に含まれる原子の数は，

$$\frac{1}{8} \times 8 + 1 = 2 \,〔個〕$$

（2）　結晶中で，1つの粒子の周囲にある最も近接する他の粒子の数を**配位数**という。体心立方格子の立方体の中心の原子に着目すると，立方体の各頂点の原子8個と近接しており，配位数は8である。

（3）　体心立方格子では右図のように，単位格子の立方体の対角線上で原子が接している。単位格子の一辺の長さをaとすると，三平方の定理より，対角線の長さは$\sqrt{3}\,a$で，この長さは原子半径rの4倍に等しい。

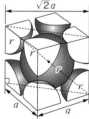

$$4r = \sqrt{3}\,a$$

$$\therefore\ r = \frac{\sqrt{3}\,a}{4} = \frac{1.73 \times 0.32}{4} \fallingdotseq 0.138 \fallingdotseq 0.14\,〔nm〕$$

（4）　この原子1molあたりの質量は51gだから，原子1個あたりの質量は，$\dfrac{51}{6.0 \times 10^{23}}$〔g〕

単位格子中には，この原子が2個分含まれるので，$0.32nm = 0.32 \times 10^{-9}m = 3.2 \times 10^{-8}cm$ より，

$$密度 = \frac{単位格子の質量}{単位格子の体積} = \frac{\dfrac{51}{6.0 \times 10^{23}} \times 2}{(3.2 \times 10^{-8})^3}$$

$$= 5.18 \fallingdotseq 5.2\,〔g/cm^3〕$$

[解答]（1）**2個**（2）**8個**

188 ～ 189

(3) **0.14nm** (4) **5.2g/cm³**

188 解説 (1) この金属結晶の単位格子は，**面心立方格子**である。単位格子の各頂点の原子は$\frac{1}{8}$個分ずつ，面の中心の原子は$\frac{1}{2}$個分ずつ含まれる。

したがって，単位格子中に含まれる原子の数は，

$$\frac{1}{8} \times 8 + \frac{1}{2} \times 6 = 4 \text{〔個〕}$$

(2) 面心立方格子の単位格子を右図のように2つ横につなぎ，その中央にある●の原子に着目すると，◯の12個の原子と近接しており，配位数は12である。

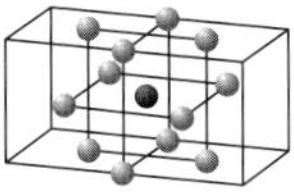

(3) 面心立方格子では右図のように，単位格子の面対角線上で原子が接している。単位格子の1辺の長さをaとすると，三平方の定理より，面対角線の長さは$\sqrt{2}\,a$で，この長さは原子半径rの4倍に等しい。

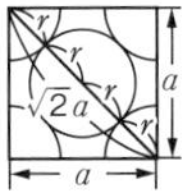

$$4r = \sqrt{2}\,a \quad \therefore \quad r = \frac{\sqrt{2}a}{4}$$

(4) この金属の原子量がMだから，この原子1molあたりの質量はM〔g〕である。

原子1個あたりの質量は，$\frac{M}{N}$〔g〕である。

単位格子中には，この原子が4個分含まれるので，

$$密度 = \frac{単位格子の質量}{単位格子の体積} = \frac{\frac{M}{N} \times 4}{a^3} = \frac{4M}{a^3 N} \text{〔g/cm}^3\text{〕}$$

解答 (1) **4個** (2) **12個** (3) $\dfrac{\sqrt{2}\,a}{4}$ **cm**
(4) $\dfrac{4M}{a^3 N}$ **g/cm³**

参考 **金属結晶の配位数**

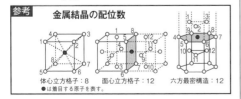

体心立方格子：8　　面心立方格子：12　　六方最密構造：12
●は着目する原子を表す。

189 解説 NaClの結晶では，Na⁺とCl⁻はそれぞれ**面心立方格子**の配列をとっている。

(1) イオン結晶では，あるイオンを取り囲む反対符号のイオンの数が**配位数**になる。これは，イオン結晶では最も近接する異符号のイオンどうしは必ず接触しているからである。

単位格子の中心のNa⁺に着目すると，その上下，左右，前後に合計6個のCl⁻がある。

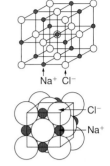

(2) 中心のNa⁺は，その周りを合計12個のNa⁺で取り囲まれている(これは配位数ではない)。

(3) 問題文の単位格子を実際のイオンの大きさと同じ大きさの比の球で表すと，右図のようになる。

Na⁺とCl⁻は，単位格子の各辺上で接している。

単位格子の長さと，各イオン半径との関係は，
(Na⁺の半径×2) + (Cl⁻の半径×2) = (一辺の長さ)
(Na⁺の半径×2) + (1.7×10⁻⁸×2) = 5.6×10⁻⁸

∴ Na⁺の半径 = 1.1×10^{-8}〔cm〕

(4) 単位格子中のNa⁺とCl⁻は，いずれも面心立方格子の配列をしており，単位格子中の各イオンの数は，

Na⁺ $\frac{1}{4}$(辺上) × 12 + 1(中心) = 4〔個〕

Cl⁻ $\frac{1}{8}$(頂点) × 8 + $\frac{1}{2}$(面心) × 6 = 4〔個〕

∴ 単位格子中には，NaClの粒子を4個分含む。

NaClの粒子1個分の質量は，NaCl 1molの質量が58.5gだから，$\dfrac{58.5}{6.0 \times 10^{23}}$〔g〕に等しい。

$$密度 = \frac{単位格子の質量}{単位格子の体積} = \frac{\dfrac{58.5}{6.0 \times 10^{23}} \times 4}{(5.6 \times 10^{-8})^3}$$

$$= 2.21 \fallingdotseq 2.2 \text{〔g/cm}^3\text{〕}$$

解答 (1) **6個** (2) **12個** (3) **1.1×10⁻⁸cm**
(4) **2.2g/cm³**

参考 **イオン結合の強さ**

イオン結合の結合力は，陽イオンと陰イオンとの間の**静電気力(クーロン力)**の大きさで決まる。静電気力fは，次式(**クーロンの法則**という)で表される。

$$f = k \times \frac{q^+ \times q^-}{(r^+ + r^-)^2}$$

$\begin{pmatrix} q^+, \ q^- は各イオンの電荷 \\ r^+, \ r^- は各イオンの半径 \\ k はクーロンの法則の定数 \end{pmatrix}$

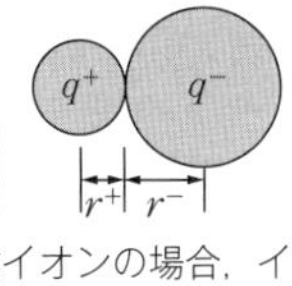

電荷が同じ陽イオンと陰イオンの場合，イオン半径が，Na⁺<K⁺< Rb⁺の順に大きくなると，静電気力は，NaCl > KCl > RbClの順に弱くなり，この順に融点が低くなる。

CaO(Ca²⁺ と O²⁻)は，NaCl(Na⁺ と Cl⁻)よりも，イオンの価数がそれぞれ2倍なので，静電気力はかなり強くなる。したがって，

190 ～ 192

CaO（融点 2572℃）は NaCl（融点 801℃）に比べてかなり融点が高くなる。

190 [解説] (1)　Cu^+ は単位格子中に $1 \times 4 = 4$〔個〕含まれる。

O^{2-} は，各頂点に 8 個，中心に 1 個存在するので，$\frac{1}{8} \times 8 + 1 = 2$〔個〕含まれる。

単位格子中に Cu^+ が 4 個と O^{2-} が 2 個含まれるので，各イオンの個数の比は，

$Cu^+ : O^{2-} = 4 : 2 = 2 : 1$　組成式は Cu_2O となる。

(2)　Cu^+ は対角線上にある O^{2-} 2 個と近接している。立方体の中心にある O^{2-} はその周囲にある Cu^+ 4 個と近接している。

[解答] (1) Cu_2O (2) Cu^+ **2 個**，O^{2-} **4 個**

参考　イオン結晶の配位数について

NaCl 結晶の場合，Na^+ は 6 個の Cl^- で取り囲まれるので，Na^+ の配位数は 6 である。一方，Cl^- も 6 個の Na^+ で取り囲まれるので Cl^- の配位数も 6 である。本問の Cu_2O 結晶の場合，Cu^+ は 2 個の O^{2-} で取り囲まれるので Cu^+ の配位数は 2 である。一方，O^{2-} は 4 個の Cu^+ で取り囲まれるので O^{2-} の配位数は 4 である。ホタル石 CaF_2 結晶の場合，Ca^{2+} が面心立方格子の配列をとり，F^- が単位格子を 8 等分した小立方体のすべての中心を占める。したがって，F^- は 4 個の Ca^{2+} に取り囲まれ配位数は 4，Ca^{2+} は 8 個の F^- に取り囲まれ配位数は 8 である。このように AB 型のイオン結晶では，陽イオン A の配位数と陰イオン B の配位数はそれぞれ等しいが，A_nB 型や AB_n 型のイオン結晶では，陽イオン A の配位数と陰イオン B の配位数は異なるので注意が必要である。

191 [解説] (1)　ヨウ素分子は，単位格子の頂点 8 か所と，面の中心 6 か所に位置している。

単位格子中に含まれる I_2 分子の数は，

$\frac{1}{8} \times 8 + \frac{1}{2} \times 6 = 4$〔個〕

(2)　直方体の体積 = （縦）×（横）×（高さ）より，

$5.0 \times 10^{-8} \times 7.0 \times 10^{-8} \times 1.0 \times 10^{-7}$
$= 3.5 \times 10^{-22}$〔cm^3〕

(3)　分子量が $I_2 = 254$ より，モル質量は 254g/mol。

I_2 分子 1 個の質量は，$\dfrac{254}{6.0 \times 10^{23}}$〔g〕

単位格子中には I_2 分子が 4 個含まれるから，

密度 = $\dfrac{\text{単位格子の質量}}{\text{単位格子の体積}} = \dfrac{\dfrac{254}{6.0 \times 10^{23}} \times 4}{3.5 \times 10^{-22}}$

$= 4.83 \fallingdotseq 4.8$〔g/cm^3〕

[解答] (1) **4 個** (2) **3.5 × 10⁻²² cm³** (3) **4.8g/cm³**

192 [解説] (1)　単位格子の一辺の長さを a とおく。ダイヤモンドにおける炭素原子は，単位格子の各頂点と各面の中心，および，一辺 $\dfrac{a}{2}$ の小立方体の中心を 1 つおきに占めている。したがって，単位格子中に含まれる炭素原子の数は，

$\frac{1}{8}$（頂点）$\times 8 + \frac{1}{2}$（各面）$\times 6 + 4$（中心）$= 8$〔個〕

(2)　小立方体の中心に位置する炭素原子は，その頂点に位置する 4 つの炭素原子と共有結合している。

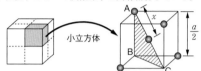

上図の斜線で示す△ ABC を考えると，炭素原子の中心間距離を x〔cm〕として，

$AB = \dfrac{a}{2}$, $BC = \sqrt{\left(\dfrac{a}{2}\right)^2 + \left(\dfrac{a}{2}\right)^2} = \dfrac{\sqrt{2}\,a}{2}$, $AC = 2x$

△ ABC について三平方の定理より，

$(2x)^2 = \left(\dfrac{a}{2}\right)^2 + \left(\dfrac{\sqrt{2}\,a}{2}\right)^2$

$x = \dfrac{\sqrt{3}\,a}{4} = \dfrac{1.73 \times 3.6 \times 10^{-8}}{4} \fallingdotseq 1.55 \times 10^{-8}$〔cm〕

(3)　C 原子 1 個の質量は，$\dfrac{12}{6.0 \times 10^{23}}$〔g〕

単位格子中には C 原子を 8 個含むから，

密度 = $\dfrac{\text{単位格子の質量}}{\text{単位格子の体積}} = \dfrac{\dfrac{12}{6.0 \times 10^{23}} \times 8}{(3.6 \times 10^{-8})^3}$

$= 3.42 \fallingdotseq 3.4$〔g/cm^3〕

(4)　結晶の密度 = $\dfrac{\text{単位格子の質量〔g〕}}{\text{単位格子の体積〔cm}^3\text{〕}}$ より，

炭素ケイ素 SiC とダイヤモンド C のように，同一構造をもつ結晶の場合，構成原子のモル質量（原子量）が増すと，単位格子の質量が増加し，結晶の密度も大きくなる。したがって，結晶の密度は構成原子のモル質量（原子量）に比例する。

一方，構成原子間の中心間距離が増すと，単位格子の体積が増加し，結晶の密度は小さくなる。なお，体積は距離の 3 乗に比例するから，結晶の密度は構成原子の中心間距離の 3 乗に反比例することになる。

結局，炭化ケイ素の Si-C 結合とダイヤモンドの C-C 結合を比較すると，SiC と C（ダイヤ）の密度の比は次のようになる。

$\dfrac{SiC}{C（ダイヤ）} = \underbrace{\left(\dfrac{12 + 28}{12 + 12}\right)}_{\text{原子量の比}} \times \underbrace{\left(\dfrac{1.55 \times 10^{-8}}{1.88 \times 10^{-8}}\right)^3}_{\substack{\text{原子の中心間距離の比}\\\text{（逆数）}}}$

193

$$= \frac{40}{24} \times 0.559 = 0.931（倍）$$

よって，炭化ケイ素 SiC の密度は，

$$3.42 \times 0.931 = 3.18 = 3.2〔g/cm^3〕$$

解答 (1) **8個** (2) **1.6×10⁻⁸cm** (3) **3.4g/cm³**
(4) **3.2g/cm³**

参考　**充填率とは**

単位格子の体積に占める原子（球）の体積の割合を**充填率**という。単位格子の一辺の長さを a，原子の半径を r とすると，

① 面心立方格子では，

$$\frac{\frac{4}{3}\pi r^3 \times 4}{a^3} \times 100〔\%〕 \quad r = \frac{\sqrt{2}}{4}a \text{ より,}$$

充填率は，$\dfrac{\sqrt{2}\,\pi}{6} \times 100 \rightarrow \underline{74.0\%}$

② 体心立方格子では，

$$\frac{\frac{4}{3}\pi r^3 \times 2}{a^3} \times 100〔\%〕 \quad r = \frac{\sqrt{3}}{4}a \text{ より,}$$

充填率は，$\dfrac{\sqrt{3}\,\pi}{8} \times 100 \rightarrow \underline{68.0\%}$

③ 六方最密構造の充填率も面心立方格子と同じ74.0%で**最密構造**（同じ大きさの球を最も密に詰め込んだ構造）である。

193 **解説** (1) マグネシウムの結晶は，**六方最密構造**であり，図に示された正六角柱の各頂点の原子は $\frac{1}{6}$ 個分ずつ，正六角柱の上・下面の中心の原子は $\frac{1}{2}$ 個分ずつ，さらに，内部に3個の原子が含まれる。正六角柱の結晶格子に含まれる Mg 原子の数は，

$$\frac{1}{6}（頂点）\times 12 + \frac{1}{2}（面心）\times 2 + 3（内部） = 6〔個〕$$

（**注意**）　六方最密構造の結晶の単位格子（最小の繰り返し単位）は正六角柱の $\frac{1}{3}$ の四角柱であるから，「単位格子中に含まれる Mg 原子の数を求めよ。」と問われたら，2個と答えなければならない。しかし，六方最密構造の結晶の密度を計算する場合は，単位格子で考えるよりも，正六角柱で考えるほうが少しだけ楽に計算することができる。

(2) 六方最密構造の底面の正六角形は，右図の一辺 a の正三角形を6つ合わせたものである。

したがって，正六角形の底面積 S は，

$$S = \frac{1}{2}\left(a \times \frac{\sqrt{3}}{2}a\right) \times 6 = \frac{3\sqrt{3}\,a^2}{2}〔nm^2〕$$

よって，正六角柱の体積 V は，

$$V = \frac{3\sqrt{3}\,a^2}{2} \times c = \frac{3\sqrt{3}\,a^2 c}{2}〔nm^3〕$$

ここへ　$a = 0.320\text{nm} = 3.20 \times 10^{-8}\text{cm}$

$c = 0.520\text{nm} = 5.20 \times 10^{-8}\text{cm}$　を代入すると

$$V = \frac{3 \times 1.73 \times (3.20 \times 10^{-8})^2 \times (5.20 \times 10^{-8})}{2}$$

$$= 1.381 \times 10^{-22} \fallingdotseq 1.38 \times 10^{-22}〔cm^3〕$$

(3) Mg のモル質量は 24.3g/mol であるから，

Mg 原子1個の質量は，$\dfrac{24.3}{6.0 \times 10^{23}}〔g〕$

この結晶格子中に Mg 原子6個分を含むから，

$$結晶の密度 = \frac{結晶格子の質量}{結晶格子の体積} = \frac{\dfrac{24.3}{6.0 \times 10^{23}} \times 6}{1.381 \times 10^{-22}}$$

$$= 1.760 \fallingdotseq 1.76〔g/cm^3〕$$

解答 (1) **6個** (2) **1.38 × 10⁻²²cm³**
(3) **1.76g/cm³**

16 化学反応と熱・光

194 (解説) 化学反応に伴って出入りする熱量を**反応熱(記号 Q)**といい，着目する物質1molあたりの熱量(単位 kJ/mol)で表される。

化学反応には，一定体積中で行われる**定積反応**もあるが，一定圧力下で行われる**定圧反応**が多く，高等学校では，主に定圧反応を学習する。定圧条件において，各物質のもつ化学エネルギーの量を，**エンタルピー(熱含量，記号 H)**といい，着目する物質1molあたりのエネルギー量(単位 kJ/mol)で表される。

また，定圧反応において，放出・吸収される熱量を**反応エンタルピー**といい，記号 ΔH で表す。

発熱反応($Q>0$)では，反応系外に熱エネルギーが放出されるので，反応系のエンタルピーが減少し，$\Delta H<0$ となる。

吸熱反応($Q<0$)では，反応系外から熱エネルギーが吸収されるので，反応系のエンタルピーが増加し，$\Delta H>0$ となる。

したがって，反応熱 Q と反応エンタルピー ΔH は，その大きさは等しいが，符号が逆になる。

熱化学反応式は，化学反応式の後に，反応エンタルピー ΔH を書き加えた式である。物質の状態を付記するのを原則とするが，25℃，1.013×10^5Pa(**熱化学の標準状態**)において，物質の状態が明らかなときは，省略してもよい。また，同素体の存在する物質(単体)では，C(ダイヤモンド)やC(黒鉛)のように，その種類を区別すること。

また，反応エンタルピー ΔH は，着目した物質1molあたりの値で示す約束があるので，熱化学反応式においては，その物質の係数が1になるように書く必要がある。すなわち，反応エンタルピーの種類を区別するには，まず，熱化学反応式中で係数が1の物質に着目すればよい。

反応エンタルピー	内　容
燃焼エンタルピー	物質1molが完全燃焼するときに放出する熱量。$\Delta H<0$ のみ。
生成エンタルピー	物質1molが**その成分元素の単体**から生成するときに放出・吸収する熱量。$\Delta H>0$, $\Delta H<0$ の両方あり。
溶解エンタルピー	物質1molが多量の水に溶解するときに放出・吸収する熱量。$\Delta H>0$, $\Delta H<0$ の両方あり。
中和エンタルピー	酸・塩基の水溶液の中和で水1molが生成するときに放出する熱量。$\Delta H<0$ のみ。
融解エンタルピー	固体1molが液体になるときに吸収する熱量。$\Delta H>0$ のみ。
蒸発エンタルピー	液体1molが気体になるときに吸収する熱量。$\Delta H>0$ のみ。
昇華エンタルピー	固体1molが気体になるときに吸収する熱量。$\Delta H>0$ のみ。

(1) NaCl が多量の水に溶けるときの**溶解エンタルピー**を表す。$\Delta H = 3.9$kJ(吸熱反応)

(2) H_2O の蒸発エンタルピーを表す。
$\Delta H = 44$kJ(吸熱反応)

(3) 左辺のC(黒鉛)に着目すれば燃焼エンタルピー。右辺のCO(気)に着目すれば**生成エンタルピー**となる。しかし，燃焼エンタルピーは物質1molの完全燃焼における発熱量のことだから，本問のような不完全燃焼の場合は燃焼エンタルピーとはいわない。

(4) 左辺のAlに着目すれば，Alの**燃焼エンタルピー**を表す。右辺の Al_2O_3 は係数が1ではないので，Al_2O_3 の生成エンタルピーではない。

(5) 左辺のS(斜方)に着目すれば，Sの**燃焼エンタルピー**。右辺の SO_2(気)に着目すれば，SO_2 の**生成エンタルピー**。どちらにも該当する。

(注意)硫黄の単体には同素体が存在するが，常温で安定な斜方硫黄が選ばれる。

(6) 酸と塩基の水溶液が中和して，水1molが生成しているから，**中和エンタルピー**を表す。

(注意)燃焼エンタルピー，生成エンタルピーなどの反応エンタルピーの単位は〔kJ/mol〕であるが，熱化学反応式の最後につける反応エンタルピーの単位は〔kJ〕だけである。熱化学反応式は，着目する物質の係数を1にして，その物質が1molあることを示しているから，あえて「1molあたり」を表す"kJ/mol"をつけずに，単に"kJ"だけを示す。

(解答) (1) (ウ)　(2) (オ)　(3) (イ)　(4) (ア)
(5) (ア), (イ)　(6) (カ)

195 (解説) (1) エチレン1molあたりでは，$141 \times 10 = 1410$〔kJ〕の発熱となる。エチレン C_2H_4 の完全燃焼では，CO_2 と H_2O(液)が生成する。
$$C_2H_4 + 3O_2 \longrightarrow 2CO_2 + 2H_2O$$
C_2H_4 の係数が1なので，$\Delta H = -1410$kJ を加える。

(2) メタノール CH_4O をつくるのに必要な単体は，C(黒鉛)，H_2，O_2 である。メタノールの生成エンタルピーだから，右辺の CH_4O の係数を1にする。
$$C(黒鉛) + 2H_2(気) + \frac{1}{2}O_2(気) \longrightarrow CH_4O(液)$$
上式に $\Delta H = -239$kJ を加える。

(3) NaOH(固)1molあたりでは，$4.4 \times 10 = 44$〔kJ〕の発熱がある。多量の水は aq，NaOHaq のように化学式の後らにつけた aq はその水溶液を表す。
$\Delta H = -44$kJ を加える。

(4) 気体分子中の共有結合1molを切断して，ばらばらの原子にするのに必要なエネルギーを，**結合エンタルピー**という。結合エンタルピーを熱化学反応式で表すときは次のようになる。

・結合を切断するとき…吸熱反応　$\Delta H>0$
・結合を生成するとき…発熱反応　$\Delta H<0$

196 〜 197

$Cl_2(気) \longrightarrow 2Cl(気)$　$\Delta H = 239 kJ$

$2Cl(気) \longrightarrow Cl_2(気)$　$\Delta H = -239 kJ$

どちらで表してもよい。(通常は上式を書く。)

(5)　**中和エンタルピー**は，酸・塩基の水溶液が中和して H_2O 1mol が生成するときの反応エンタルピーである。

　　　HCl　$1 \times 0.5 = 0.5$〔mol〕

　　　$NaOH$　$0.5 \times 1 = 0.5$〔mol〕

よって，両者は過不足なく中和し，水 0.5 mol 生成する。よって，H_2O 1mol あたりに換算すると，

　　　$28 \times 2 = 56$〔kJ〕

　　　$HClaq + NaOHaq \longrightarrow NaClaq + H_2O(液)$

上式に $\Delta H = -56kJ$ を加える。

(6)　物質の状態変化も熱化学反応式で表すことができる。このうち，**融解エンタルピー**（固体→液体），**蒸発エンタルピー**（液体→気体），**昇華エンタルピー**（固体→気体）はいずれも吸熱反応であり，$\Delta H > 0$ である。

(7)　気体分子中のすべての共有結合を切断して，ばらばらの原子にするのに必要なエネルギーを**解離エンタルピー**といい，その分子中にある結合エンタルピーの総和に等しい。CH_4 分子 1mol 中には，C−H 結合は 4mol 含まれるから，C−H 結合 1mol あたりの結合エンタルピーの平均値は，メタンの解離エンタルピーの1664kJ/mol より，$1664 \div 4 = 416$〔kJ/mol〕となる。

解答　(1) $C_2H_4(気) + 3O_2(気) \longrightarrow$

　　　　　$2CO_2(気) + 2H_2O(液)$　$\Delta H = -1410kJ$

(2) $C(黒鉛) + 2H_2(気) + \dfrac{1}{2}O_2(気) \longrightarrow$

　　　　$CH_3OH(液)$　$\Delta H = -239kJ$

(3) $NaOH(固) + aq \longrightarrow NaOHaq$　$\Delta H = -44kJ$

(4) $Cl_2(気) \longrightarrow 2Cl(気)$　$\Delta H = 239kJ$

(5) $HClaq + NaOHaq \longrightarrow$

　　　　　$NaClaq + H_2O(液)$　$\Delta H = -56kJ$

(6) $C(黒鉛) \longrightarrow C(気)$　$\Delta H = 715kJ$

(7) $CH_4(気) \longrightarrow C(気) + 4H(気)$　$\Delta H = 1664kJ$

196 **解説** (1)　必要なメタノールの質量を x〔g〕とおく。

メタノールのモル質量は $CH_3OH = 32.0g/mol$。

メタノールの燃焼エンタルピーが $-726kJ/mol$（発熱）なので，メタノール 1mol の完全燃焼で，726kJ の発熱があるから，

　　　$\dfrac{x}{32.0} \times 726 = 100$〔kJ〕

　　∴　$x = 4.407 \fallingdotseq 4.41$〔g〕

(2)　HCl と NaOH の物質量を比較する。少ない方が限定条件となり，生成物 H_2O の物質量を決定する。

　　　HCl　$1.00 \times \dfrac{500}{1000} = 0.500$〔mol〕

　　　$NaOH$　$2.00 \times \dfrac{500}{1000} = 1.00$〔mol〕

少ない方の HCl がすべてなくなるまで中和反応が起こり，生成する H_2O は 0.500mol である。NaOH の一部は反応せずに残る。よって，発生する熱量は，

　　∴　$0.500 \times 56.0 = 28.0$〔kJ〕

(3)　混合気体 112L（標準状態）の物質量は，5.00mol である。混合気体中のメタンを x〔mol〕，エタンを y〔mol〕とおくと，

物質量について，$x + y = 5.00$　　　…①

発熱量について，$890x + 1560y = 5254$　…②

①，②より，

$x = 3.80$〔mol〕，$y = 1.20$〔mol〕

気体では（物質量比）＝（体積比）より，

メタンの体積% $= \dfrac{3.80}{5.00} \times 100 = 76.0$〔%〕

解答 (1) **4.41g** (2) **28.0kJ** (3) **76.0%**

197 **解説**　化学反応で出入りする熱量を**反応熱**という。反応熱は 25℃，$1.013 \times 10^5 Pa$ において，着目する物質 1mol あたりの熱量で示され，その単位には，**キロジュール毎モル**（記号 kJ/mol）が用いられる。

物質はその種類や状態に応じて，決まった化学エネルギーをもつ。したがって，物質の種類や状態が変化すると，もっている化学エネルギーの量が変化し，その過不足が反応熱となって現れることになる。

なお，厳密には，定圧条件において，各物質 1mol のもつ化学エネルギーの量を**エンタルピー（熱含量）**といい，記号 H（単位 kJ/mol）で表す。

化学反応において，反応物のもつエンタルピーの総和が生成物のもつエンタルピーの総和よりも大きいときは，その差に相当する熱が放出される。このような反応を**発熱反応**という。一方，反応物のもつエンタルピーの総和が生成物のもつエンタルピーの総和よりも小さいときは，その差に相当する熱が吸収される。このような反応を**吸熱反応**という。

(7)　反応物のもつエンタルピーが生成物のもつエンタルピーよりも大きい場合，反応の進行によって熱が発生する（**発熱反応**）。この逆の場合は，**吸熱反応**となる。よって，発熱反応では，反応系のもつエンタル

ピーは減少するから，**エンタルピー変化** ΔH（$= H_{反応後}$ $- H_{反応前}$）は負の値（$\Delta H < 0$）になる。吸熱反応では，反応系のもつエンタルピーは増加するから，エンタルピー変化 ΔH は正の値（$\Delta H > 0$）になる。なお，エンタルピー変化 ΔH は，**反応エンタルピー**ともよばれる。〔×〕

(イ) 物質の燃焼はすべて発熱反応であるから燃焼熱はすべて正の値であり，そのエンタルピー変化 ΔH である**燃焼エンタルピー**はすべて負の値である。〔×〕

(ウ) 物質 1 mol を成分元素の単体から生成するときの反応エンタルピーを**生成エンタルピー**という。発熱反応（$\Delta H < 0$）と吸熱反応（$\Delta H > 0$）の両方の場合がある。〔〇〕

(エ) 物質 1 mol を多量の溶媒（通常，水 200 mol 程度）に溶解したときの反応エンタルピーを**溶解エンタルピー**という。発熱反応（$\Delta H < 0$）と吸熱反応（$\Delta H > 0$）の両方の場合がある。〔〇〕

(オ) 中和反応の本質をイオン反応式で示すと $H^+ + OH^- \longrightarrow H_2O$ となり，水中で完全に電離している強酸と強塩基による**中和エンタルピー**は，その種類によらず，ほぼ一定の値（-56.5 kJ/mol）を示す。〔×〕

ただし，弱酸と強塩基または強酸と弱塩基による中和エンタルピーは，弱酸または弱塩基の電離に必要な熱量（吸熱）が必要となるので，強酸と強塩基による中和エンタルピーよりもいくらか異なった値となる。たとえば，塩酸（強酸）とアンモニア（弱塩基）との中和エンタルピーは -50.2 kJ/mol を示す。

解答 (ウ)，(エ)

198 **解説** (1) H_2O（液）$\longrightarrow H_2O$（気）…③より，H_2O（液）1 mol を H_2O（気）に状態変化させると，ΔH $= 44$ kJ（吸熱）である。よって，0.5 mol の水を蒸発させると，22 kJ の熱が吸収される。〔×〕

(2) H_2（気）$+ \dfrac{1}{2} O_2$（気）$\longrightarrow H_2O$（気） $\Delta H = -242$ kJ…④

H_2O（液）$\longrightarrow H_2O$（気） $\Delta H = 44$ kJ…③

④$-$③より，H_2O（気）を消去すると，

H_2（気）$+ \dfrac{1}{2} O_2$（気）$\longrightarrow H_2O$（液）

という目的の熱化学反応式が得られる。ΔH についても同様の計算（④$-$③）を行うと，$\Delta H = (-242) - 44 = -286$〔kJ/mol〕〔×〕

(3) CO（気）$+ \dfrac{1}{2} O_2$（気）$\longrightarrow CO_2$（気） $\Delta H = -283$ kJ

…②

H_2（気）$+ \dfrac{1}{2} O_2$（気）$\longrightarrow H_2O$（気） $\Delta H = -242$ kJ…④

②$-$④より，O_2 を消去すると，

CO（気）$+ H_2O$（気）$\longrightarrow CO_2$（気）$+ H_2$（気）

という目的の熱化学反応式が得られる。ΔH についても，同様の計算（②$-$④）を行うと，$\Delta H = (-283) - (-242) = -41$ kJ 〔×〕

(4) C（黒鉛）$+ O_2$（気）$\longrightarrow CO_2$（気） $\Delta H = -394$ kJ …①

①式の $\Delta H = -394$ kJ は，左辺の C（黒鉛）に着目すれば，C（黒鉛）の完全燃焼による燃焼エンタルピーを表し，右辺の CO_2（気）に着目すれば，その単体 C（黒鉛）と O_2（気）から生成するときの生成エンタルピーも表している。〔〇〕

（一般に，各元素の単体を完全燃焼させたときの燃焼エンタルピーは，その燃焼生成物の生成エンタルピーと等しい。）

解答 (4)

199 **解説** 定圧条件において，各物質が保有する化学エネルギーを**エンタルピー**といい，各物質のもつエンタルピーの相対的な大きさ（大小関係）を表した図を**エンタルピー図**という。

エンタルピー図は，保有するエンタルピーの大きい物質を上位に，小さい物質を下位に書く。したがって，下に向かう反応が**発熱反応**で，そのエンタルピー変化は $\Delta H < 0$ となる。また，上に向かう反応が**吸熱反応**で，そのエンタルピー変化は $\Delta H > 0$ となる。（なお，エンタルピー変化 $\Delta H = H_{反応後} - H_{反応前}$ と約束されている。）

(1) C（黒鉛）の昇華エンタルピーを x〔kJ/mol〕として，その熱化学反応式は次の通り。

C（黒鉛）$\longrightarrow C$（気） $\Delta H = x$ kJ

エンタルピー図では，状態(ウ)から(イ)への変化に対応する。上向きの矢印（吸熱反応）なので，ΔH は正の値になる。

$\Delta H = 717$ kJ/mol

(2) $H-H$ 結合の結合エンタルピーを y〔kJ/mol〕として，その熱化学反応式は次の通り。

H_2（気）$\longrightarrow 2H$（気） $\Delta H = y$ kJ

エンタルピー図では，状態(イ)から(ア)への変化に対応する。上向きの矢印（吸熱反応）なので，ΔH は正の値になる。

$\Delta H = 436$ kJ/mol

(3) CH_4 の解離エンタルピーを z〔kJ/mol〕として，その熱化学反応式は次の通り。

CH_4（気）$\longrightarrow C$（気）$+ 4H$（気） $\Delta H = z$ kJ

エンタルピー図では，状態(エ)から(ア)への変化に対応
する。上向きの矢印なので，ΔH は正の値になる。

$\Delta H = 75 + 717 + (436 \times 2)$

$\qquad = 1664 \text{[kJ/mol]}$

(4)　CH_4 1分子中には $C-H$ 結合が4個含まれるから，
CH_4 1mol 中には $C-H$ 結合は4mol 存在する。

よって，$C-H$ 結合の結合エンタルピーは，

$$\Delta H = \frac{1664}{4} = 416 \text{[kJ/mol]}$$

解答　(1) **717kJ/mol**　　(2) **436kJ/mol**

(3) **1664kJ/mol**　(4) **416kJ/mol**

200　解説　問題文に，熱化学反応式が与えられて
いる場合，反応エンタルピーの計算は次のように行う。

①求めたい反応エンタルピーを x[kJ/mol] として，
　熱化学反応式で表す。

②与えられた熱化学反応式の中から，①に必要な物
　質を選び出す。

③それらを組み合わせて，求める熱化学反応式を組
　み立てる（**組立法**）。

④ΔH の部分に対して，③と同様の計算を行うと，
　反応エンタルピー x の値が求められる。

エタンの燃焼エンタルピーを x[kJ/mol] とおくと，
その熱化学反応式は次の通りである。

$C_2H_6(気) + \dfrac{7}{2}O_2(気)$

$\qquad \longrightarrow 2CO_2(気) + 3H_2O(液)$　$\Delta H = x\text{kJ}$　…④

④式の右辺の$2CO_2$(気)に着目 $\longrightarrow$ ①$\times 2$

④式の右辺の$3H_2O$(液)に着目 $\longrightarrow$ ②$\times 3$

④式の左辺のC_2H_6(気)に着目 $\longrightarrow$ ③$\times(-1)$

（C_2H_6は③式の左辺にあるが，④式では右辺に移項しなければ
ならない。このとき符号が逆になることを考慮して，③式は
あらかじめ(-1)倍しておく。）

したがって，①$\times 2 +$②$\times 3 -$③より，④式が求まる。
ΔH の部分に対して同様の計算を行うと，

$(-394) \times 2 + (-286) \times 3 - (-84)$

$= -1562 \text{[kJ]}$

〈**別解**〉　反応に関係するすべての物質の生成エンタル
ピーが与えられているので，次の公式が利用できる。

（反応エンタルピー）＝（生成物の生成エンタルピー
　　　　　　　　の和）－（反応物の生成エンタルピーの和）

ただし，単体 O_2 の生成エンタルピーは 0（定義）と
する。

$\Delta H = (-394 \times 3) + (-286 \times 3) - (-84 + 0)$

$\qquad = -1562 \text{[kJ]}$

エタンの燃焼エンタルピーは -1562[kJ/mol]。

解答　**－1562kJ/mol**

201　解説　(1)　求めたい熱化学反応式の反応エン
タルピーを x[kJ/mol] とおく。

$4NH_3 + 5O_2 \longrightarrow 4NO + 6H_2O(気)$　$\Delta H = x\text{kJ}$　…④

与えられた生成エンタルピーを熱化学反応式で表すと，

$\dfrac{1}{2}N_2 + \dfrac{3}{2}H_2 \longrightarrow NH_3$　$\Delta H = -46\text{kJ}$　…①

$\dfrac{1}{2}N_2 + \dfrac{1}{2}O_2 \longrightarrow NO$　$\Delta H = 90\text{kJ}$　…②

$H_2 + \dfrac{1}{2}O_2 \longrightarrow H_2O(気)$　$\Delta H = -242\text{kJ}$　…③

④式の右辺の $4NO$ に着目 $\longrightarrow$ ②$\times 4$

④式の右辺の $6H_2O$(気)に着目 $\longrightarrow$ ③$\times 6$

④式の左辺の $4NH_3$ に着目 $\longrightarrow$ ①$\times (-4)$

（①式の右辺に NH_3 があるが，④式では左辺に移項して$4NH_3$
にしなければならない。したがって，①式は(-4)倍しておく。）

$\therefore$　②$\times 4 +$③$\times 6 -$①$\times 4$ より，④式が求まる。
ΔH の部分に対して同様の計算を行うと，

$(90 \times 4) + (-242 \times 6) - (-46 \times 4)$

$= -908 \text{[kJ]}$

〈**別解**〉　反応に関係するすべての物質の生成エンタル
ピーが与えられている場合，次の公式が利用できる。

（反応エンタルピー）＝（生成物の生成エンタルピー
　　　　　　　　の和）－（反応物の生成エンタルピーの和）

ただし，単体O_2の生成エンタルピーは 0（定義）とする。

$\Delta H = (90 \times 4) + (-242 \times 6) - \{(-46 \times 4) + 0\}$

$\qquad = -908 \text{[kJ]}$

(2)　アセチレンの生成エンタルピーを y[kJ/mol] とお
くと，その熱化学反応式は次の通りである。

$2C(黒鉛) + H_2(気) \longrightarrow C_2H_2(気)$　$\Delta H = y\text{kJ}$ …④

また，与えられた燃焼エンタルピーを熱化学反応式
で表すと，

$C(黒鉛) + O_2(気) \longrightarrow CO_2(気)$　$\Delta H = -394\text{kJ}$ …①

$H_2(気) + \dfrac{1}{2}O_2 \longrightarrow H_2O(液)$　$\Delta H = -286\text{kJ}$　…②

$C_2H_2(気) + \dfrac{5}{2}O_2(気) \longrightarrow$

$\qquad 2CO_2(気) + H_2O(液)$　$\Delta H = -1301\text{kJ}$　…③

④式の左辺の 2C(黒鉛)に着目 $\longrightarrow$ ①$\times 2$

④式の左辺の H_2(気)に着目 $\longrightarrow$ ②そのまま

④式の右辺の C_2H_2(気)に着目 $\longrightarrow$ ③$\times(-1)$

①$\times 2 +$②$-$③より，④式が求まる。
ΔH の部分に対して，同様の計算を行うと，

$(-394 \times 2) + (-286) - (-1301) = 227 \text{[kJ]}$

解答　(1) **－908kJ/mol**　(2) **227kJ/mol**

202　解説　$N_2(気) + 3H_2(気) \longrightarrow 2NH_3(気)$ の反応
エンタルピーを x[kJ/mol] とする。

結合エンタルピーを使って反応エンタルピーを求め
る問題では，反応物をばらばらの原子に解離した状態
を経由して，生成物に変化するという反応経路を仮定

し，**エンタルピー図**を書くとよい。

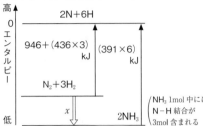

エンタルピー図を使って反応エンタルピーを求めるときは，まず，結合エンタルピーの符号を考慮せずに，数値だけを計算する。なぜなら，エンタルピー図では，上向き，下向きの矢印（→）で発熱，吸熱の符号が区別されているからである。最後に，エンタルピーは符号を区別して答える必要があるので，その反応の進行方向を表す矢印（⇨）が下向きであれば発熱反応（$\Delta H < 0$）なので，求めた数値に負の（−）と単位〔kJ/mol〕をつけて答える。逆に，上向きであれば吸熱反応（$\Delta H > 0$）なので，求めた数値にそのまま単位〔kJ/mol〕をつけて答えればよい。

$x = (391 \times 6) - (946 + 436 \times 3)$

$\quad = 92$〔kJ〕

$N_2 + 3H_2$（反応物）から $2NH_3$（生成物）に向かう矢印（⇨）が下向きなので，$\Delta H = -92$kJ/mol と答える。

〈**別解**〉　次の公式を使って反応エンタルピーを求める方法がある。

（反応エンタルピー）＝（反応物の結合エンタルピーの和）−（生成物の結合エンタルピーの和）

　ただし，反応物・生成物がともに気体の場合に限る。

　上の公式に，各結合エンタルピーの値を代入すると，

$\Delta H = 946 + (436 \times 3) - (391 \times 6)$

$\quad = -92$〔kJ〕

解答　**− 92kJ/mol**

203 解説　(1)　次図のA点でNaOHの水への溶解を開始し，B点で溶解が完了した。NaOH（固）をすべて水に溶解するには少し時間がかかる。この実験では断熱容器を用いているが，発生した熱の一部は一定の割合で外部へ逃げていく。したがって，B点以降，液温が少しずつ低下していく。

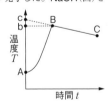

　B点の溶液の温度（29.0℃）は測定中での最高温度であるが，真の最高温度ではない。なぜなら，B点ではすでに周囲への放冷が始まっているからである。NaOHの水への溶解が瞬時に終了し，周囲に

全く熱が逃げなければ，もっと温度は上昇したはずである。そこで，真の最高温度は，周囲への放冷を示す直線BCを反応開始時（$t = 0$）まで延長して（**外挿という**）求められ，グラフからc点の温度（30.0℃）と求められる。

温度変化は，$\Delta T = 30.0 - 20.0 = 10.0$〔K〕

発熱量〔J〕＝比熱〔J/(g・K)〕×質量〔g〕×温度変化〔K〕

$Q = 4.20 \times (48.0 + 2.00) \times 10.0 = 2100$〔J〕$= 2.10$〔kJ〕

(2)　NaOH の式量 40.0 より，モル質量は 40.0g/mol。(1)での発熱量を NaOH 1mol あたりに換算して，

$$2.10 \times \frac{40.0}{2.00} = 42.0 \text{〔kJ〕}$$

NaOH（固）1mol の水への溶解では，42.0kJ 発熱するので，NaOH の水への溶解エンタルピーは，−42.0kJ/mol である。これを熱化学反応式で表すと，

NaOH（固）+ aq ⟶ NaOHaq　$\Delta H = -42.0$kJ …①

(3)　実験(b)の発熱量は，

$Q = 4.20 \times (50.0 + 2.00) \times 23.0 = 5023$〔J〕

$\quad = 5.023$〔kJ〕

加えた HCl の物質量は，

$$1.00 \times \frac{50.0}{1000} = 0.0500 \text{〔mol〕}$$

溶かした NaOH の物質量も 0.0500mol であるから，両者は完全に中和し，H_2O 0.0500mol が生成する。(3)の発熱量を H_2O 1.00mol あたりに換算すると，

$$5.023 \times \frac{1.00}{0.0500} = 100.46 \fallingdotseq 100.5 \text{〔kJ〕}$$

これを熱化学反応式で表すと，

HClaq + NaOH（固）⟶
　　NaClaq + H_2O（液）　$\Delta H = -100.5$kJ　…②

(4)　物質の最初の状態と最後の状態が同じであれば，途中の反応経路には関係なく，出入りする熱量の総和は一定である。これを**ヘスの法則**という。

　塩酸と水酸化ナトリウム水溶液との中和エンタルピーをx〔kJ/mol〕とおくと，

②式−①式より，NaOH（固）を消去すると，

HClaq + NaOHaq ⟶
　　NaClaq + H_2O（液）+ xkJ　…③

ΔHの部分に対して，同様の計算を行うと，

$x = (-100.5) - (-42.0) = -58.5$〔kJ〕

解答　(1)**2.10kJ**

(2)**− 42.0kJ/mol，**
　NaOH（固）+ aq ⟶
　　NaOHaq　$\Delta H = -42.0$kJ

(3)**HClaq + NaOH（固）⟶**
　　NaClaq + H_2O（液）　$\Delta H = -100.5$kJ

(4)**− 58.5kJ/mol**

204

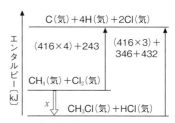

エンタルピー図より，

$x = (416 \times 3) + 346 + 432 - \{(416 \times 4) + 243\}$

$x = 119$〔kJ〕

$CH_4 + Cl_2$(反応物)から$CH_3Cl + HCl$(生成物)に向かう矢印（⇨）が下向きなので，発熱反応であるから，反応エンタルピーは，$- 119$kJ/mol である。

〈別解〉

（反応エンタルピー）＝（反応物の結合エンタルピーの和）
　　　　　　　　－（生成物の結合の配合エンタルピーの和）

②式の熱化学反応式に対して上記の関係式を利用する。各結合エンタルピーの値を代入すると，

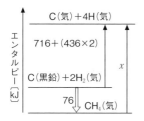

$\Delta H = \{(416 \times 4) + 243\} - \{(416 \times 3) + 346 + 432\}$
　　$= - 119$〔kJ〕

解答 (1) **416kJ/mol** (2) **− 119kJ/mol**

参考　**熱量の計算での注意点**

　NaOH の水への溶解熱を求める問題で，溶媒(水)の量が質量ではなく，体積で与えられた場合は注意が必要である。

〔問〕　水 50mL に NaOH(固)2.0g を加えてよくかき混ぜたら，10K の温度上昇があった。発熱量は何 J か。ただし，すべての水溶液の比熱を 4.2J/(g・K)，密度を 1.0g/mL とし，溶解による溶液の体積変化はないものとする。

〔解〕　題意より，水 50mL に NaOH2.0g を加えても溶液の体積は 50mL のままであり，溶液の密度が 1.0g/mL より，溶液の質量は 50g であることに留意する。
（本問では，下線のただし書きがあるので，溶液の質量は 50 + 2.0 = 52g ではない）
∴ 発熱量　$4.2 \times 50 \times 10 = 2100$〔J〕

204 〔解説〕 結合エンタルピーを使って反応エンタルピーを求める問題では，反応物をばらばらの原子に解離した状態を経由して生成物に変化すると仮定して，**エンタルピー図**を書くとよい。

> 結合エンタルピーは符号を考慮せず，その数値だけで計算すればよい。最後に，その反応の進行方向を表す矢印（⇨）が下向きであれば発熱反応（$\Delta H < 0$）なので，求めた値に負号（−）をつければよい。

(1)　①式をエンタルピー図で表すと次の通り。

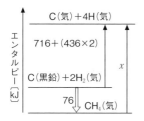

メタン CH_4 分子の解離エンタルピーを x〔kJ/mol〕とおくと，エンタルピー図より，

$x = 716 + (436 \times 2) + 76$

$x = 1664$〔kJ〕

メタン分子 1 mol 中には，C−H 結合が 4 mol 含まれるから，C−H 結合の結合エンタルピーは，

$\dfrac{1664}{4} = 416$〔kJ/mol〕

(2)　②式をエンタルピー図で表すと次の通り。

参考　**ダイヤモンドと黒鉛の炭素間の**
　　　　　　　　結合エンタルピー

　炭素の同素体であるダイヤモンドと黒鉛の炭素間の結合の結合エンタルピーは次のように求められる。

　まず，ダイヤモンドと黒鉛中の共有結合をすべて切断するのに必要なエネルギーはダイヤモンド，黒鉛の昇華エンタルピーとよばれ，次の熱化学反応式で表される。

C(ダイヤモンド) ⟶ C(気)　$\Delta H = 716$kJ
C(黒鉛) ⟶ C(気)　$\Delta H = 718$kJ

　ダイヤモンド中の C 原子は，他の 4 個の C 原子と共有結合して立体網目構造を形成している。

ダイヤモンド

　1 個の C 原子は 4 本の C−C 結合で囲まれているが，各 C−C 結合は 2 個の C 原子に共有されており，ダイヤモンド 1mol あたりに存在する C−C 結合は 2mol である。よって，ダイヤモンドの C−C 結合の結合エンタルピーは

黒鉛

$$\frac{716}{2} = 358\text{kJ/mol}$$

　黒鉛中の C 原子は，他の 3 個の C 原子と共有結合して平面層状構造を形成している。
　1 個の C 原子は 3 本の C-C 結合で囲まれているが各 C-C 結合は 2 個の C 原子に共有されており，黒鉛 1mol あたりに存在する C-C 結合は 1.5mol である。よって，黒鉛の C-C 結合の結合エンタルピーは，

$$\frac{718}{1.5} = 479\text{kJ/mol}$$

であり，この値は，ベンゼン C_6H_6 の C-C 結合の結合エンタルピーとほぼ等しく，約 1.5 重結合に相当する。

---

205 〔解説〕　尿素の水への溶解を A 点で開始し，B 点で完了した。このとき，尿素の水への溶解が吸熱反応であるため，溶解に伴って液温がしだいに低下する。B 点の溶液の温度（15.8℃）は測定中の最低温度ではあるが，真の最低温度ではない。なぜなら，B ～ C 点への温度上昇から，断熱容器ではあっても，周囲からの熱の流入が続いているからである。このことは，尿素の水への溶解過程（A ～ B 点）においても周囲からの熱の流入は起こっていたはずである。

　したがって，尿素の水への溶解が瞬時に終了し，周囲からの熱の流入がまったくなかったと仮定したときの真の最低温度は，周囲からの熱の流入を表す直線 BC を，溶解開始時（$t = 0$）まで延長（外挿という）して求められた E 点の温度（15.5℃）である。

　4.0g の尿素の水への溶解に伴う吸熱量は，

（吸熱量）＝（比熱）×（質量）×（温度変化） より

$4.2〔J/(g・K)〕×(46.0 + 4.0)〔g〕×(20.0 - 15.5)〔K〕$
$= 945〔J〕$

尿素 $CO(NH_2)_2$ の分子量は 60 より，
モル質量は 60g/mol である。
求めた吸熱量を尿素 1mol あたりに換算すると，

$$0.945〔J〕×\frac{60}{4.0} ≒ 14.2〔\text{kJ/mol}〕$$

尿素の水への溶解は吸熱反応なので，その溶解エンタルピー ΔH は正の値になる。

〔解答〕 **14.2kJ/mol**

---

206 〔解説〕　イオン結晶を加熱して，ばらばらのイオンの状態（**プラズマ**という）にするには，$10^5 \sim 10^6$K 程度の超高温が必要であり，通常，イオン結晶をばらばらの構成イオンに解離するのに必要なエネルギー（**格子エンタルピー**という）を直接測定することは困難である。そこで，ヘスの法則を用いて，イオン結晶の格子エンタルピーに関係するさまざまな反応エンタ

ピーのデータを計算することによって，間接的に格子エンタルピーを求めるという方法がとられる。

(1)　(A) は，Na(固) ⟶ Na(気)の状態変化に伴う反応エンタルピーで，Na の**昇華エンタルピー**を表す。$\Delta H > 0$ なので，この変化は吸熱反応であり，エンタルピー図では上向きの矢印で示す。

　(B)は Cl_2 分子中の Cl－Cl 結合を切断するのに必要なエネルギーで，Cl－Cl 結合の**結合エンタルピー**を表す。$\Delta H > 0$ なので，この変化も吸熱反応であり，エンタルピー図では上向きの矢印で示す。

　(C)は，Na 原子から電子 1 個を取り去り，1 価の陽イオンにするのに必要なエネルギーで，Na 原子の**イオン化エネルギー**を表す。$\Delta H > 0$ なので，この変化も吸熱反応であり，エンタルピー図では上向きの矢印で示す。

　(D)は，Cl 原子が電子 1 個を受け取り，1 価の陰イオンになるとき放出されるエネルギーで，Cl の**電子親和力**を表す。$\Delta H < 0$ なので，この変化は発熱反応であり，エンタルピー図では下向きの矢印で示す。

　(E)は NaCl(固)1 mol を，その成分元素の単体である Na(固)と $\frac{1}{2}Cl_2$(気)から生成するときの反応エンタルピーで，NaCl の**生成エンタルピー**を表す。$\Delta H < 0$ なので，この変化は発熱反応であり，エンタルピー図では下向きの矢印で示す。

(2)　(A)～(E)をエンタルピー図で表すと次の通り。

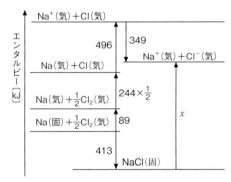

求める NaCl の格子エンタルピーを x〔kJ/mol〕とすると，その熱化学反応式は次の通り。

　　NaCl(固) ⟶ Na^+(気)+Cl^-(気)　$\Delta H = x$kJ

　　$x = 413 + 89 + \left(244×\frac{1}{2}\right) + 496 - 349$

　　　$= 771〔\text{kJ}〕$

この変化は，エンタルピー図では上向きの矢印で表されるから吸熱反応で，格子エンタルピーは，771kJ/mol である。

エンタルピー図を使って，NaCl の格子エンタルピーを求めるときは，(A)～(E)の反応エンタルピーはその符号を考慮せずに，その数値だけで計算すればよい。なぜなら，エンタルピー図では，上向き，下向きの矢印で発熱，吸熱が区別されているからである。

しかし，熱化学反応式を使って計算する場合は，その符号をきちんと考慮する必要があることは言うまでもない。

解答 (1)(A) **Na の昇華エンタルピー**
(B) **Cl－Cl 結合の結合エンタルピー**
(C) **Na のイオン化エネルギー**
(D) **Cl の電子親和力**
(E) **NaCl の生成エンタルピー**
(2) **771kJ/mol**

参考 **エンタルピーとは何か**

(1)定積反応と定圧反応

一定体積下で行われる反応を**定積反応**といい，反応系に加えた熱量 Q は，反応系の内部エネルギー*の増加量 ΔE に等しい。

*内部エネルギーとは，反応系内にある粒子の運動エネルギーと分子間力による位置エネルギーの総和を表すエネルギー。

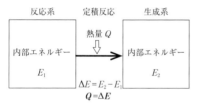

$$Q = \Delta E$$

一定圧力下で行われる反応を**定圧反応**といい，反応系に加えた熱量 Q は，反応系の内部エネルギーの増加量 ΔE と外部に対して行う仕事 $P\Delta V$ の和に等しい。

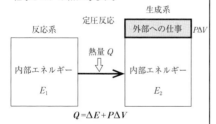

$$Q = \Delta E + P\Delta V$$

(2) エンタルピー（熱含量）について

自然界で起こる反応は定圧反応が多く，高等学校では主に定圧反応を学習する。そこで，定圧反応におけるエネルギーの出入りを正確に取り扱うためには，内部エネルギー E に外部への仕事 PV を加えた $H = E + PV$ という状態量を新たに定義する必要があり，この H を**エンタルピー（熱含量）**という。

定圧反応における反応系のエネルギーの出入りは，正確にはエンタルピー変化 ΔH で表され，これを**反応エンタルピー**という。なお，エンタルピー変化 ΔH は，$\Delta H = H_{反応後} - H_{反応前}$ で表す約束がある。

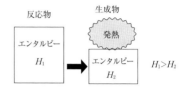

発熱反応が進行すると，反応系外に熱エネルギーが放出されるので，反応系のエンタルピーが減少し，発熱反応のエンタルピー変化 $\Delta H < 0$（負の値）になる。

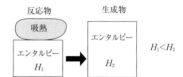

吸熱反応が進行すると，反応系外から熱エネルギーが吸収されるので，反応系のエンタルピーが増加し，吸熱反応のエンタルピー変化 $\Delta H > 0$（正の値）になる。

参考 **ギブズエネルギーについて**

化学反応は，系の**エンタルピー**（熱含量）が減少する方向に，系の**エントロピー**（乱雑さ）が増大する方向にそれぞれ進行しやすい。したがって，化学反応の進行方向を決める指標として，上記の 2 つの要因をまとめた**ギブズエネルギー**（記号 G）を用いると便利である。

これは，物質のエンタルピーを H，エントロピーを S，絶対温度を T とすれば，$G = H - TS$ で定義される。化学反応の進行方向については，反応前後の $\Delta G = \Delta H - T\Delta S$ の符号を調べれば，ほぼ予想できる。

たとえば，発熱反応（$\Delta H < 0$）で，気体の分子数が増加する反応など（$\Delta S > 0$）では，$\Delta G < 0$ となり，反応は自発的に進行する。逆に，吸熱反応（$\Delta H > 0$）で，気体の分子数が減少する反応など（$\Delta S < 0$）では，$\Delta G > 0$ となり，反応は自発的に進行しないと判断できる。

17 電池

207 解説 酸化還元反応を利用して電気エネルギーを取り出す装置を**電池**という。電池では，酸化反応と還元反応を別々の場所で行わせ，その間を導線で結び，授受された電子を電流として取り出している。

2種類の金属板を電解質の水溶液（電解液）に浸し，2つの金属板を導線でつなぐと，イオン化傾向の大きな金属は電子を放出して酸化され，陽イオンとなって溶け出す。このとき生じた電子は導線を通ってイオン化傾向の小さな金属へ移動し，電解液中の別の陽イオンが電子を受け取って還元される。一般に，電子の出入りに用いる金属などを**電極**という。酸化反応が起こり，導線へ電子が流れ出す電極を**負極**，還元反応が起こり，導線から電子が流れ込む電極を**正極**という。また，両電極間に生じる電位差（電圧）を電池の**起電力**という。

電池の場合，負極で実際に電子を放出している物質（還元剤）を**負極活物質**，正極で実際に電子を受け取っている物質（酸化剤）を**正極活物質**という。

なお，電池から電流を取り出すことを**放電**という。放電の逆反応を起こし，電池の起電力を回復させる操作を**充電**という。

電池の構成を化学式で表したものを**電池式**といい，**ボルタ電池**の電池式は，次の通りである。

$(-)Zn \mid H_2SO_4aq \mid Cu(+)$

このとき，負極活物質はZnであるが，正極活物質はCuではなくH^+である。

(1) 亜鉛のイオン化傾向は水素より大きいので，Znが酸化されてZn^{2+}となって溶け出し，極板に電子を残すので負極となる。一方，銅のイオン化傾向は水素より小さいので自身は変化しないが，亜鉛板から流れ込んできた電子によって，電解液中のH^+が還元されてH_2を発生する。

(2) 電子は負極の亜鉛板から正極の銅板へと流れる。この逆方向が電流の方向と定義されている。

(3) ボルタ電池の起電力は約1Vであるが，発生したH_2が銅板上に付着すると，$2H^+ + 2e^- \longrightarrow H_2$の反応が起こりにくくなるので，すぐに起電力が低下する。この現象を**電池の分極**という。

(4) 電池の分極を防ぐには，電解液にH_2O_2，$K_2Cr_2O_7$などの酸化剤を加えるとよい。この現象は，従来，酸化剤を加えると，正極表面のH_2を酸化してH_2Oに変えるため，起電力が回復すると説明されてきた。しかし，$K_2Cr_2O_7$などを加えると，一時的に，もとのボルタ電池の起電力を上回る電圧が測定される。このことから，現在では，加えた酸化剤が正極活物質となり，亜鉛（負極活物質）とともに新たな電池が形成されるためと説明されている。

解答 (1) 亜鉛板　　$Zn \longrightarrow Zn^{2+} + 2e^-$
　　　　銅板　　　$2H^+ + 2e^- \longrightarrow H_2$

(2) 電子 a，電流 b

(3) **電池の分極**
（理由）発生した水素が銅板上に付着し，H^+の還元反応が起こりにくくなるため。

(4) 加えた酸化剤が正極活物質となり，負極活物質の亜鉛とともに新しい電池が形成されるため。

208 解説 (1) 2種類の金属を電解質水溶液に浸し，両電極を導線でつなぐと**電池**ができる。このとき，イオン化傾向の大きい金属が負極，イオン化傾向の小さい金属が正極となる。電池の場合，負極では酸化反応が，正極では還元反応が起こる。

ダニエル電池の電池式は，

$(-)Zn \mid ZnSO_4aq \mid CuSO_4aq \mid Cu(+)$

と表される。ダニエル電池では，イオン化傾向の大きいZnがZn^{2+}となって溶け出す酸化反応が起こる。生じた電子は導線を通って銅板に達する。イオン化傾向の小さいCuはCu^{2+}となって溶け出すことはなく，電解液中のCu^{2+}が電子を受け取り，Cuとなって析出する還元反応が起こる。

すなわち，負極活物質（還元剤）は電子を放出したZn，正極活物質（酸化剤）は電子を受け取ったCu^{2+}である。

(2) 放電すると，負極液では$[Zn^{2+}]>[SO_4^{2-}]$となり，正極液では$[Cu^{2+}]<[SO_4^{2-}]$となる。各電解液中の正・負の電荷の不均衡を解消するため，素焼板の細孔を通って(i) Zn^{2+}が左から右へ，(ii) SO_4^{2-}が右から左へ移動して，両電解液の電気的中性が保たれると同時に，電池内にも電気回路が形成され，電流が流れることになる。

参考 **塩橋のはたらき**

素焼板（隔膜）の代わりに，KCl，KNO_3などの電極反応に関係しない電解質の濃厚水溶液を寒天やゼラチンなどで固めたもの（**塩橋**）が使われることがある。隔膜は記号(I)で，塩橋は記号(II)で表す。

負極（左）側では，陽イオンZn^{2+}が増加するので，塩橋からCl^-が流入する。正極（右）側では，陽イオンCu^{2+}が減少するので，塩橋からK^+が流入する。これで各電解液の正・負電荷の不均衡が解消され，2つの半電池が電気的に接続されたことになる。塩橋では大きな電流を取り出すことはできないので，電池の起電力の測定などに用いられる。

(3) 素焼板の細孔内をイオンが移動できるので，電池内にも電気回路が形成され，電流が流れる。その結果，外部回路にも継続的に電流が流れることになる。

(4) ガラス板は水やイオンを通さないので，電池内での電気回路が遮断される。その結果，外部回路への電流も流れなくなる。

> **参考　ダニエル電池で素焼き板（隔膜）を取り除くとどうなるだろうか。**
> 　正極側の電解液に含まれていた Cu^{2+} が負極側へ拡散してくる。そして，負極の亜鉛板上で次式のような酸化還元反応が起こってしまう。
> $$Zn + Cu^{2+} \longrightarrow Zn^{2+} + Cu$$
> 　したがって，外部回路への電子の移動がなくなり，電流が流れなくなる。

(5) この電池全体の反応式は，次のようになる。
$$Zn + Cu^{2+} \rightleftarrows Zn^{2+} + Cu$$
　この電池を放電すると，Zn^{2+} の濃度は高くなり，Cu^{2+} の濃度は低くなる。したがって，この電池をできるだけ長時間使用するには，Zn^{2+} の濃度を低く，Cu^{2+} の濃度を高くしておくのがよい。

(6) 正極と負極に用いる金属のイオン化傾向の差が大きいほど，電池の起電力は大きくなる。イオン化傾向は $\textcircled{大}$ $Zn > Ni > Cu$ $\textcircled{小}$ なのでダニエル電池の Cu 板と $CuSO_4$ 水溶液を Ni 板と $NiSO_4$ 水溶液に変えると，Zn とのイオン化傾向の差が小さくなり，この電池の起電力は小さくなる。

解答 (1) 負極　$Zn \longrightarrow Zn^{2+} + 2e^-$
　　　　　正極　$Cu^{2+} + 2e^- \longrightarrow Cu$
(2)(i) Zn^{2+}　(ii) SO_4^{2-}
(3) **両方の電解液の混合を防ぎつつ，電池内にも電気回路を形成するはたらき。**
(4) **0 になる**
(5) **C**　(6) **小さくなる**

209 [解説]

マンガン乾電池は，亜鉛を負極，酸化マンガン(IV)を正極，塩化亜鉛および塩化アンモニウムの水溶液を電解液とし，次の**電池式**で表される。

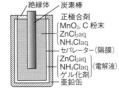
絶縁体　炭素棒
正極合剤
　MnO_2, C 粉末
　$ZnCl_2aq$
　NH_4Claq
セパレーター（隔膜）
　$ZnCl_2aq$
　NH_4Claq（電解液）
　ゲル化剤
亜鉛缶

$(-)Zn \mid ZnCl_2aq, NH_4Claq \mid MnO_2(+)$（起電力1.5V）
電子を放出する還元剤としての役割をしているのが亜鉛で，**負極活物質**とよばれる。

　一方，正極に使われている炭素棒は，化学変化しないので正極活物質ではなく，**集電体**とよばれる。電子を受け取る酸化剤としての役割を果たしている物質は酸化マンガン(IV)で，**正極活物質**とよばれる。

負極では，電極の Zn がイオン化して Zn^{2+} となり電子を放出する。
$$Zn \longrightarrow Zn^{2+} + 2e^-$$
正極では，負極から導線を通って移動してきた電子と溶液中を移動してきた H^+ が，MnO_2 と次式のように反応して，主に酸化水酸化マンガン(III)が生成する。
$$MnO_2 + H^+ + e^- \longrightarrow MnO(OH)$$
こうして，正極での H_2 の発生が防止され，**電池の分極**は起こらない（乾電池内の反応は，とても複雑で，よくわかっていないことも多い）。

電池は，自発的に起こる酸化還元反応によって放出される化学エネルギーを，熱ではなく電気エネルギーとしてとり出す装置であり，その放電時の反応はいずれも発熱反応である。

解答 ① 亜鉛　② 酸化マンガン(IV)
　　　③ 塩化亜鉛（または塩化アンモニウム）
　　　④ MnO(OH)

> **参考　マンガン乾電池について**
> 　従来のマンガン乾電池の電解質では NH_4Cl が多く含まれていたが，現在のマンガン乾電池には $ZnCl_2$ が多く加えられており，NH_4Cl を全く含まないものもある。この塩化亜鉛型のマンガン乾電池では，(1)液漏れが少ない，(2)電池の容量が大きい，という特長がある。
> 　現在のマンガン乾電池を放電すると，各電極では次のような反応が起こる。
> 　負極では亜鉛がイオン化して亜鉛イオンとなり，さらに電解液の $ZnCl_2$ や H_2O と次式のように反応する。
> $$4Zn \longrightarrow 4Zn^{2+} + 8e^- \qquad \cdots ①$$
> $$4Zn^{2+} + ZnCl_2 + 8H_2O$$
> $$\longrightarrow ZnCl_2 \cdot 4Zn(OH)_2 + 8H^+ \cdots ②$$
> このとき，水に溶けにくい塩基性塩（$ZnCl_2 \cdot 4Zn(OH)_2$）が生成する。
> 　正極では，MnO_2 が負極から移動してきた電子と H^+ を受け取り，酸化水酸化マンガン(III)$MnO(OH)$ に変化する。
> $$8MnO_2 + 8e^- + 8H^+$$
> $$\longrightarrow 8MnO(OH) \cdots ③$$
> 　②式の反応では，H_2O が消費されるので液漏れしにくくなっている。また，水に対する溶解度（25℃，水 100g）は，NH_4Cl が 39.3g，$ZnCl_2$ が 432g で $ZnCl_2$ の方が圧倒的に大きいので，電解液の濃度を大きくすることで，現在のマンガン乾電池の容量は従来のマンガン乾電池に比べて 40～50%増大した。

210 [解説] (1) 鉛蓄電池の電池式は，

$(-)Pb \mid H_2SO_4aq \mid PbO_2(+)$（起電力2.0V）
鉛蓄電池を放電すると，負極では Pb が酸化されて Pb^{2+} に，正極では酸化鉛(IV)PbO_2 が還元され

て Pb^{2+} になるが, いずれも直ちに液中の $SO_4{}^{2-}$ と結合し, 極板表面に水に不溶性の硫酸鉛(Ⅱ) $PbSO_4$ となり付着する。放電を続けると, 電解液中の H_2SO_4(溶質) が消費され, H_2O(溶媒) が生成するので, 電解液の濃度(密度)は減少する。鉛蓄電池を放電したときの, 負極($-$), 正極($+$)での反応は次式の通りである。

正極
電解液注入口
負極
負極板(Pb)
隔離板
希硫酸
正極板(PbO_2)

$(-)\ Pb + SO_4{}^{2-} \longrightarrow PbSO_4 + 2e^-$　…㋐

$(+)\ PbO_2 + SO_4{}^{2-} + 4H^+ + 2e^-$
$\qquad\qquad \longrightarrow PbSO_4 + 2H_2O$…㋑

(2) ㋐より電子 2mol が流れると, 負極では,
$Pb\ 1mol(207g) \longrightarrow PbSO_4\ 1mol(303g)$
の変化が起こり, $303 - 207 = 96$[g]が増加するので, 電子 1mol では, この $\frac{1}{2}$ の 48g が増加する。

㋑より電子 2mol が流れると, 正極では,
$PbO_2\ 1mol(239g) \longrightarrow PbSO_4\ 1mol(303g)$
の変化が起こり, $303 - 239 = 64$[g]が増加するので, 電子 1mol では, この $\frac{1}{2}$ の 32g が増加する。

(3) 電解液の濃度変化は, ㋐, ㋑を 1 つにまとめた化学反応式で考える。

㋐+㋑より,
$Pb + PbO_2 + 2H_2SO_4 \xrightarrow{2e^-} 2PbSO_4 + 2H_2O$…㋒
㋒より, 電子 1mol が流れると, H_2SO_4(溶質) 1mol(98g)が消費され, H_2O(溶媒) 1mol(18g)が生成する。

放電後の希硫酸の質量パーセント濃度は,
$$\frac{\text{溶質量}}{\text{溶液量}} = \frac{(1000 \times 0.35) - 98}{1000 - 98 + 18} \times 100 = 27.3 \fallingdotseq 27[\%]$$

参考　鉛蓄電池は起電力が 1.8V 以下になると, 硫酸鉛(Ⅱ)が結晶化してもとの状態に戻せなくなるので,それまでに充電する必要がある。また, 希硫酸の濃度よりも密度の方が測定しやすいので, 密度を測定し, 充電すべきかどうかを判断する。

(4) 放電時には鉛蓄電池の負極から電子を外部回路へ取り出していたので, 充電時には外部電源の負極から鉛蓄電池の負極へ電子を送り込む必要がある。したがって, 外部電源の($-$)極を鉛蓄電池の負極($-$)に接続すればよい。このとき, 放電時の逆反応が起こ

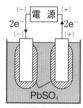

($-$) 電源 ($+$)
2e$^-$
($-$) ($+$) 2e$^-$
$PbSO_4$
鉛蓄電池の充電

り,電極は元へ戻り起電力が回復する。充電により, 負極($-$)では, $PbSO_4$ が還元されて Pb に, 正極($+$)では, $PbSO_4$ が酸化されて PbO_2 に戻る。
$$2PbSO_4 + 2H_2O \xrightarrow{2e^-} Pb + PbO_2 + 2H_2SO_4$$
鉛蓄電池のように, 充電が可能で, 繰り返し使用できる電池を二次電池という。乾電池のように, 充電が不可能で, 繰り返し使用できない電池を一次電池という。

解答　(1) ① 鉛　② 酸化鉛(Ⅳ)（二酸化鉛）
　　　③ Pb　④ $PbSO_4$　⑤ PbO_2
　　　⑥ 硫酸鉛(Ⅱ)　⑦ 減少
　　(2) 負極 48g 増加, 正極 32g 増加
　　(3) 27%　(4) 負極

211 **[解説]** ある金属（電極）と同種の金属イオン（電解質）水溶液で構成された電池を半電池という。異種の半電池を塩橋で接続した電池の場合, 一定の起電力が発生する。一方, 同種の半電池を塩橋で接続した電池の場合, 起電力は生じないはずだが, 電解液にわずかでも濃度差があれば, 微小な起電力を生じる。このように, 電解液の濃度差によってはたらく電池を濃淡電池という。濃淡電池は, 電解液の濃度差が原因となって成立している電池であるから, 両液の濃度が同じになるまで電流が流れる。

(1) 電解液の濃度の大きい A 槽では, 銅(Ⅱ)イオンは金属として析出しやすく, 次の反応が起こる。
$$Cu^{2+} + 2e^- \longrightarrow Cu$$
電解液の濃度の小さい B 槽では, 銅は銅(Ⅱ)イオンとなって溶解しやすく, 次の反応が起こる。
$$Cu \longrightarrow Cu^{2+} + 2e^-$$

(2) A 槽と B 槽を導線でつなぐと, B 槽で生じた電子が A 槽へ流れ込む。電流は電子の流れと逆向きと定義されているから, A 槽から B 槽へ電流は流れる。よって, A 槽が正極, B 槽が負極となる。

(3) B 槽の濃度を薄めると, A 槽との間の濃度差が大きくなり, 起電力もわずかに大きくなる。

(4) イオン化傾向が Cu > Ag だから,
$(-)Cu\ |\ CuSO_4aq\ \|\ AgNO_3aq\ |\ Ag(+)$
の電池が形成される。A 槽では, いままでの
$Cu^{2+} + 2e^- \longrightarrow Cu$　に代わって,
$Ag^+ + e^- \longrightarrow Ag$
の反応が起こるようになる。ともに還元反応で, 電流の向きは変わらないが, Cu^{2+} よりも Ag^+ の方が電子を受け取る力が強いので, 起電力は大きくなる。

解答　(1) A 槽　　$Cu^{2+} + 2e^- \longrightarrow Cu$
　　　　　B 槽　　$Cu \longrightarrow Cu^{2+} + 2e^-$
　　(2) A 槽から B 槽へ
　　(3) 大きくなる。

212〜213

(4) **電流の向きは変わらず，起電力は大きくなる。**

参考 濃淡電池の起電力について
　2種類の金属 A, B（イオン化傾向は A < B）とそれぞれ A^{n+}, B^{n+} を含む水溶液からなる半電池を塩橋で接続して電池を組み立てたとき $A^{n+}+B \rightarrow A+B^{n+}$ の反応が進行するので，A^{n+}, B^{n+} のモル濃度を $[A^{n+}]$, $[B^{n+}]$ とすると，A, B 両電極間の電位差（起電力）E は，次のネルンストの式で求められる。

$$E = E° - \frac{0.059}{n} \log_{10} \frac{[B^{n+}]}{[A^{n+}]} \quad \left(\begin{matrix} A^{n+} が正極側, \\ B^{n+} が負極側 \\ とする。 \end{matrix}\right)$$

$$\left(\begin{matrix} ただし，E° は A, B 電極の標準電極電位 \\ の差，n はイオンの価数の変化量を表す。 \end{matrix}\right)$$

たとえば，$(-)Cu \mid 0.1mol/L\ CuSO_4aq \parallel 1mol/L\ CuSO_4aq \mid Cu(+)$ の場合，両電極とも Cu で同種の金属だから $E° = 0$ 負極側 $[B^{n+}] = 0.1mol/L$, 正極側 $[A^{n+}] = 1mol/L$ を代入すると，

$$E = 0 - \frac{0.059}{2} \log_{10} \frac{0.1}{1}$$
$$= 0 - \frac{0.059}{2} \log_{10} 10^{-1}$$
$$= 0.0295 \fallingdotseq 0.030(V)$$

同様に，$(-)Ag \mid 0.1mol/L\ AgNO_3aq \parallel 1mol/L\ AgNO_3aq \mid Ag(+)$ の場合，

$$E = 0 - \frac{0.059}{1} \log_{10} 10^{-1} = 0.059(V)$$

212 [解説] ニッケル・水素電池の構成は，$(-)MH \mid KOHaq \mid NiO(OH)(+)$ の電池式で表され，その起電力は約1.3V である。
　放電時，負極・正極ではそれぞれ次の反応が起こる。
負極(-)　$MH + OH^- \longrightarrow$
　　　　　　　　　　　$M + H_2O + e^-$ …①
正極(+)　$NiO(OH) + e^- + H_2O \longrightarrow$
　　　　　　　　　　　$Ni(OH)_2 + OH^-$ …②
放電により負極で OH^- が消費されるが，正極では同量の OH^- が生成するので，OH^- の濃度は変化しない。全体の反応は，①＋②より e^- を消去すると，
　$NiO(OH)+MH \longrightarrow Ni(OH)_2+M$ …③
③式より，放電時の正極では，$NiO(OH)1mol$ が $Ni(OH)_2$ 1mol に変化すると，電子 e^-1mol 分の電気量が外部回路へ流れることになる。逆に，充電時の正極では，$Ni(OH)_2$ 1mol が $NiO(OH)$ 1mol に変化すると，電子 e^-1mol 分の電気量がこの電池に蓄えられることになる。
　$Ni(OH)_2$ の式量93 より，モル質量は93g/mol。

$Ni(OH)_2$ 9.3g の物質量は，$\frac{9.3}{93} = 0.10(mol)$

よって，この電池には最大で電子0.10mol 分の電気量が蓄えられることになる。この電気量を1A の電流で x(時間)放電したとすると，
電気量(C)＝電流(A)×時間(秒) の関係より
$$0.10 \times 9.65 \times 10^4 = 1 \times (x \times 3600)$$
$$x \fallingdotseq 2.68 \fallingdotseq 2.7(時間)$$

[解答] **2.7A·h**

213 [解説] (1) 水素－酸素型の**燃料電池**は，**水素の燃焼に伴って発生するエネルギーを熱エネルギーとして得る代わりに，直接，電気エネルギーとして取り出すようにつくられた電池**である。燃料電池には，電解液に KOH 水溶液を用いたアルカリ形（次の**参考**を参照）と，リン酸水溶液を用いたリン酸形とがある。
〈リン酸形の場合〉
　H_2（還元剤）は，電子 e^- を放出して H^+ になる。
　　$(-)\ H_2 \longrightarrow 2H^+ + 2e^-$ …①
　電子は導線を通って正極に達し，O_2（酸化剤）に受け取られる。その際，電解液中を移動してきた H^+ が一緒に反応し，水が生成する。
　　$(+)\ O_2 + 4H^+ + 4e^- \longrightarrow 2H_2O$ …②
①×2 ＋②で，電子 e^- を消去すると，
　　$2H_2 + O_2 \xrightarrow{4e^-} 2H_2O$ …③

参考 アルカリ形の燃料電池の場合
　H_2 は電子を放出して H^+ になるが，直ちに，液中の OH^- で中和され，水が生成する。
　　$(-)\ H_2 + 2OH^- \longrightarrow 2H_2O + 2e^-$ …④
　電子は導線を通って正極に達し，O_2（酸化剤）に受け取られる。その際，電解液中の H_2O が一緒に反応し，OH^- が再生される。
　　$(+)\ O_2 + 4e^- + 2H_2O \longrightarrow 4OH^-$ …⑤
④×2 ＋⑤より，電子 e^- を消去すると，
　　$2H_2 + O_2 \xrightarrow{4e^-} 2H_2O$ …⑥
　このアルカリ形の燃料電池は，アメリカの有人宇宙船アポロ号やスペースシャトルの電源として用いられた。また，発電によって生じた水は乗務員の飲料水としても使われた。

(2) 水素1.12L（標準状態）の物質量は，
$$\frac{1.12}{22.4} = 0.0500(mol)$$
　③式より，H_2 が1mol 反応すれば電子2mol 分の電気量が取り出せるから，反応した電子の物質量は
$$0.0500 \times 2 = 0.100(mol) である。$$
電子1mol のもつ電気量は 9.65×10^4C だから，この放電により得られた電気量は，
$$0.100 \times 9.65 \times 10^4 = 9.65 \times 10^3(C)$$

(3)　問題文に与えられている次の関係を利用する。

電気エネルギー〔J〕＝電気量〔C〕×電圧〔V〕

放電によって得られた電気エネルギーは，

$9.65 \times 10^3 C \times 0.700V$

$= 6.755 \times 10^3 \fallingdotseq 6.76 \times 10^3 \text{〔J〕} \Longrightarrow 6.76 \text{〔kJ〕}$

〔補足〕なお，H_2 0.0500mol の燃焼で生じる発熱量は，$286 \times 0.0500 = 14.3$〔kJ〕なので，

この燃料電池によって電気エネルギーに変換された化学エネルギーの割合（**エネルギーの変換効率**）は，

$\dfrac{6.76}{14.3} \times 100 \fallingdotseq 47\%$ である。

解答　(1) 負極　　$H_2 \longrightarrow 2H^+ + 2e^-$

　　　　　正極　　$O_2 + 4e^- + 4H^+ \longrightarrow 2H_2O$

　　　　(2) **$9.65 \times 10^3 C$**　(3) **6.76kJ**

参考　**電池のエネルギー変換効率とは**

燃料のもつ化学エネルギーを熱エネルギー→運動エネルギー→電気エネルギーと変換していく火力発電に比べて，**燃料電池**では，燃料のもつ化学エネルギーを直接電気エネルギーに変換している。使用した化学エネルギーのうち，電気エネルギーに変換された割合を**エネルギーの変換効率**といい，火力発電では 35 ～ 40% であるのに対して，燃料電池では 45 ～ 50% と高く，発電の際に出る排熱を利用することで，エネルギーの利用効率は 80% 近くに達する。

214　**解説**　(1) **リチウムイオン電池**は二次電池なので，放電時の反応は充電時の反応の逆反応と考えればよい。

リチウムイオン電池を放電すると，負極では，黒鉛の層状構造に収容されていた Li^+ の一部が電解液中に出ていく。（このとき，黒鉛から電子が放出される。）

$Li_xC_6 \longrightarrow C_6 + xLi^+ + xe^-$　…①

正極では，$Li_{(1-x)}CoO_2$ の層状構造の中に電解液中から Li^+ が収容され，コバルト酸リチウム $LiCoO_2$ に変化する。

$Li_{(1-x)}CoO_2 + xLi^+ + xe^- \longrightarrow LiCoO_2$　…②

(2)　①式より，（黒鉛から抜け出した Li^+ の物質量）と（外部に流出した e^- の物質量）は等しい。

Li の原子量 7.0 より，モル質量は 7.0g/mol。黒鉛から抜け出した Li^+ によって，負極の質量が減少するから，黒鉛から抜け出した Li^+ の物質量は，

$\dfrac{0.35}{7.0} = 0.050$〔mol〕

よって，外部に流出した電子の物質量も 0.050mol。

(3)　リチウムイオン電池の起電力は高い（約 4V）ため，電解液に Li^+ を含む水溶液を用いると，溶媒である

水の電気分解が起こり，負極で H_2，正極で O_2 が発生するので不適である（水の電気分解は約 2.0V 以上で起こる）。したがって，高い起電力であっても，溶媒自身が電気分解されない有機溶媒が用いられる。ただし，有機溶媒は電気伝導性が低いので，リチウム塩などを溶かして，その電気伝導性を高める工夫が必要である。

(4)　満充電の状態では，$x = 0.4$ を代入すると，負極活物質は $Li_{0.4}C_6$，正極活物質は $Li_{0.6}CoO_2$ と表せる。

放電時の負極・正極の反応式は，

$Li_{0.4}C_6 \longrightarrow C_6 + 0.4Li^+ + 0.4e^-$　…③

$Li_{0.6}CoO_2 + 0.4Li^+ + 0.4e^- \longrightarrow LiCoO_2$　…④

③，④より，放電によって外部に e^- を 0.40mol 取り出すには，負極活物質の $Li_{0.4}C_6$，正極活物質の $Li_{0.6}CoO_2$ がそれぞれ 1mol ずつ必要である。

$Li_{0.4}C_6$ の式量は，$(7 \times 0.4) + (12 \times 6) = 74.8$

$Li_{0.6}CoO_2$ の式量は，$(7 \times 0.6) + 59 + (16 \times 2) = 95.2$

よって，両電極に必要な活物質の質量は，

$74.8 + 95.2 = 170$〔g〕

解答　(1) 負極　　$Li_xC_6 \longrightarrow C_6 + xLi^+ + xe^-$

　　　　　正極　　$Li_{(1-x)}CoO_2 + xLi^+ + xe^-$

　　　　　　　　　　　　　　$\longrightarrow LiCoO_2$

　　　　(2) **0.050mol**

　　　　(3) **リチウム電池の起電力が高く，水の電気分解が起こるから。**

　　　　(4) **170g**

参考　**小数で表される組成式について**

化合物を構成する各原子数の比を整数比で表した化学式が**組成式**である。しかし，各原子数の比を整数比で表すことが難しい場合は，小数を用いて組成式を表してもよい。たとえば，黒鉛の層状構造には，C 原子 6 個につき最大 1 個の Li^+ が挿入できるので，このとき，LiC_6 という組成式で表される。C 原子 6 個につき 0.4 個の Li^+ しか挿入されていないとき，$Li_{0.4}C_6$ という組成式で表され，一般式では，Li_xC_6（$0 < x < 0.5$ の任意の数）と表す。

参考　**リチウムイオン電池について**

リチウムイオン電池の負極活物質には，層状構造の黒鉛（C_6），正極活物質にはコバルト酸リチウム（$LiCoO_2$）が用いられ，その間をセパレーターと呼ばれる微細な穴の開いたポリエチレンの薄膜で仕切り，電解液にはエチレンカーボネート（$(CH_2O)_2CO$）などの有機溶媒に $LiPF_6$ などの電解質を加えて電気伝導性を高めたものが使用されている。

正極の $LiCoO_2$ は，O^{2-} と Co^{3+}，または Co^{4+} が層状構造をとり，その間に Li^+ が収容された化合物である。

充電時の正極では，$LiCoO_2$ の層状構造から

215

Li$^+$ が出ていき，Co^{3+} が Co^{4+} に酸化される。
負極では Li$^+$ が電子を受け取るのではなく，代わりに黒鉛が電子を受け取り，それに伴って Li$^+$ が黒鉛の層状構造の中に収容される。

　放電時の負極では，黒鉛が電子を放出し，それに伴って Li$^+$ が黒鉛の層状構造から出ていく。一方，正極では Li$^+$ が CoO$_2$ の層状構造に収容され，Co^{4+} が Co^{3+} へ還元される。

（負極）$C_6 + x\text{Li}^+ + xe^- \underset{\text{放電}}{\overset{\text{充電}}{\rightleftarrows}} \text{Li}_x C_6$ *1

（正極）$\text{LiCoO}_2 \underset{\text{放電}}{\overset{\text{充電}}{\rightleftarrows}} x\text{Li}^+ + xe^- + \text{Li}_{(1-x)}\text{CoO}_2$ *2

*1)黒鉛の層状構造には，C原子6個あたり最大1個のLi$^+$が収容されるので，LiC$_6$と表す。
*2)LiCoO$_2$の層状構造は，Li$^+$が半分以上出ていくと不安定になるので，Li$_{0.5}$CoO$_2$で満充電とする。

　この電池の起電力は約 4V で Ni-H 電池や Ni-Cd 電池に比べて大きな起電力と電池容量をもつことから，スマートフォン，ノートパソコンなどの電子機器をはじめ，電気自動車，ハイブリッド自動車向けの二次電池として活用されている。
　2019 年，リチウムイオン電池の負極活物質の開発に貢献した吉野彰博士がノーベル化学賞を受賞した。

215 [解説] (1) (i) 負極は Fe，正極は Cu であり，[Fe^{2+}] = [Cu^{2+}] = 1mol/L であるから，この電池の標準起電力 E は，Fe の標準電極電位（$E° = -0.44$V）と，Cu の標準電極電位（$E° = +0.34$V）の差で求められる。

（電池の標準起電力 E）=（正極活物質の標準電極電位 $E°$）-（負極活物質の標準電極電位 $E°$）より，
$E = +0.34 - (-0.44) = 0.78$〔V〕

(ii) 負極は Zn，正極は Fe であり，[Zn^{2+}] = [Fe^{2+}] = 1mol/L であるから，①と同様にこの電池の標準起電力 E が求められる。
$E = (-0.44) - (-0.76) = 0.32$〔V〕

(2) (i) この電池の反応式は，
負極　$\text{Zn} \longrightarrow \text{Zn}^{2+} + 2e^-$　…①
正極　$\text{Cu}^{2+} + 2e^- \longrightarrow \text{Cu}$　…②
①+②より，$\text{Zn} + \text{Cu}^{2+} \longrightarrow \text{Zn}^{2+} + \text{Cu}$
[Zn^{2+}] = 1mol/L，[Cu^{2+}] = 1mol/L のときのこの電池の標準起電力 $E°$ は，
$E° = +0.34 - (-0.76) = 1.10$〔V〕
今回は，[Zn^{2+}] = 0.1mol/L，[Cu^{2+}] = 1mol/L。反応した電子 e$^-$ の物質量（$n=2$）をネルンストの式へ代入すると，

$E = E° - \dfrac{0.059}{n} \log_{10} \dfrac{[\text{Zn}^{2+}]}{[\text{Cu}^{2+}]}$

　$= 1.10 - \dfrac{0.059}{2} \log_{10} \dfrac{10^{-1}}{1}$

　$= 1.10 + \dfrac{0.059}{2}$

　$= 1.1295 \fallingdotseq 1.13$〔V〕

(ii) この電池の反応式は
負極　　$\text{Zn} \longrightarrow \text{Zn}^{2+} + 2e^-$　…①
正極　　$\text{Ag}^+ + e^- \longrightarrow \text{Ag}$　…③
①+③×2 より　$\text{Zn} + 2\text{Ag}^+ \longrightarrow \text{Zn}^{2+} + 2\text{Ag}$
[Zn^{2+}] = 1mol/L，[Ag$^+$] = 1mol/L のときのこの電池の標準起電力 $E°$ は，
$E° = +0.80 - (-0.76) = 1.56$〔V〕
今回は，[Zn^{2+}] = 1mol/L，[Ag$^+$] = 0.1mol/L
反応した電子 e$^-$ の物質量（$n=2$）をネルンストの式へ代入すると

$E = E° - \dfrac{0.059}{n} \log_{10} \dfrac{[\text{Zn}^{2+}]}{[\text{Ag}^+]^2}$

　$= 1.56 - \dfrac{0.059}{2} \log_{10} \dfrac{1}{(10^{-1})^2}$

　$= 1.56 - \dfrac{0.059}{2} \log_{10} 10^2$

　$= 1.56 - 0.059$

　$= 1.501 \fallingdotseq 1.50$〔V〕

(3) この電池の反応式は，
負極　　$\text{Ag} \longrightarrow \text{Ag}^+ + e^-$　…④
正極　　$\text{Ag}^+ + e^- \longrightarrow \text{Ag}$　…⑤
④+⑤より
$\text{Ag} + \text{Ag}^+_{\text{（正極）}} \longrightarrow \text{Ag}^+_{\text{（負極）}} + \text{Ag}$
この電池の標準起電力 $E°$ は，負極・正極とも Ag であるから，$E° = 0$〔V〕である。
[Ag$^+_{\text{（正極）}}$] = 1mol/L，[Ag$^+_{\text{（負極）}}$] = 0.1mol/L
反応した e$^-$ の物質量（$n=1$）をネルンストの式へ代入すると，この電池の起電力は，

$E = E° - \dfrac{0.059}{n} \log_{10} \dfrac{[\text{Ag}^+_{\text{（負極）}}]}{[\text{Ag}^+_{\text{（正極）}}]}$

　$= 0 - \dfrac{0.059}{1} \log_{10} \dfrac{10^{-1}}{1}$

　$= 0 + 0.059 = 0.059$〔V〕

この電池は，両電解液の Ag$^+$ の濃度が等しくなるまで電流が流れる。取り出せる電子 e$^-$ の物質量を x〔mol〕とすると，
$0.1 + x = 1 - x$
$x = 0.45$〔mol〕

[解答] (1)(i) **0.78V**　(ii) **0.32V**
(2)(i) **1.13V**　(ii) **1.50V**
(3) 起電力 **0.059V**，電子 **0.45mol**

18 電気分解

216 解説　水溶液の電気分解の各電極での反応は，次の順序で考える。

・電極の種類の確認…Pt，C以外の金属(CuやAgなど)を陽極に使うと，極板の溶解が起こる。

（例）$Cu \longrightarrow Cu^{2+} + 2e^-$

(陰極にどんな金属を使っても極板は溶解しない。)

・反応しやすいイオンの確認

陰極　陽イオンが電子を受け取る(**還元反応**)。

イオン化傾向の小さいAg^+，Cu^{2+}から反応する。

（例）$Ag^+ + e^- \longrightarrow Ag$

イオン化傾向の大きいK^+，Na^+，Ca^{2+}，Al^{3+}などは還元されず，代わりに水分子H_2O(酸性条件ではH^+)が還元されH_2を発生する。

（例）$2H_2O + 2e^- \longrightarrow H_2 + 2OH^-$

$2H^+ + 2e^- \longrightarrow H_2$

陽極　陰イオンが電子を放出する(**酸化反応**)。

ハロゲン化物イオン(Cl^-，Br^-，I^-など。F^-除く)は酸化されやすい。

（例）$2Cl^- \longrightarrow Cl_2 + 2e^-$

SO_4^{2-}，NO_3^-などのオキソ酸の陰イオンは水溶液中で安定で，酸化されない。代わりに水分子(塩基性条件ではOH^-)が酸化されてO_2が発生する。

（例）$2H_2O \longrightarrow O_2 + 4H^+ + 4e^-$

$4OH^- \longrightarrow 2H_2O + O_2 + 4e^-$

(a)，(b)　$CuSO_4$の電離

$CuSO_4 \longrightarrow Cu^{2+} + SO_4^{2-}$

白金電極は溶解しない。陽極では，SO_4^{2-}は酸化されずに，代わりにH_2Oが酸化される。

$(+)2H_2O \longrightarrow O_2 + 4e^- + 4H^+$

陽極ではH^+が生成し，反応しなかったSO_4^{2-}とともに水溶液中にH_2SO_4ができる。

陰極では，Cu^{2+}が還元される。

$(-)Cu^{2+} + 2e^- \longrightarrow Cu$

(c)，(d)　**電極がCuの場合，陽極では銅自身が酸化されて溶解**し，陰イオンは反応しない。

$(+)Cu \longrightarrow Cu^{2+} + 2e^-$

陰極では，Cu^{2+}が還元される。

$(-)Cu^{2+} + 2e^- \longrightarrow Cu$

(e)，(f)　$NaOH$の電離

$NaOH \longrightarrow Na^+ + OH^-$

陽極では，OH^-が酸化される。

$(+)4OH^- \longrightarrow 2H_2O + O_2 + 4e^-$　…①

陰極では，Na^+は還元されないので，代わりにH_2Oが還元される。

$(-)2H_2O + 2e^- \longrightarrow H_2 + 2OH^-$　…②

①+②×2より，$2H_2O \longrightarrow 2H_2 + O_2$

結局，$NaOH$は変化せず，水の電気分解となる。

(g)，(h)　$NaCl$の電離

$NaCl \longrightarrow Na^+ + Cl^-$

炭素電極は溶解しない。陽極ではCl^-が酸化される。

$(+)2Cl^- \longrightarrow Cl_2 + 2e^-$

陰極ではNa^+は還元されないので，代わりにH_2Oが還元される。

$(-)2H_2O + 2e^- \longrightarrow H_2 + 2OH^-$

陰極ではOH^-が生成し，反応しなかったNa^+とともに水溶液中に$NaOH$ができる。

解答　(a) O_2　H_2SO_4　(b) Cu　(c) Cu^{2+}　(d) Cu　(e) O_2　(f) H_2　(g) Cl_2　(h) H_2　$NaOH$

参考　**電気分解における陰極での還元反応**

イオン化傾向の小さいAg^+，Cu^{2+}はどんなに低濃度でも金属として析出する。一方，イオン化傾向の大きいNa^+〜Al^{3+}などは，どんなに高濃度でも決して金属として析出せず，代わりにH_2が発生する。しかし，イオン化傾向が中程度のNi^{2+}やZn^{2+}などでは，金属イオンの濃度が小さくなると水素の発生が優勢となり，逆に金属イオンの濃度が大きくなると金属の析出が優勢となるなど，金属の析出とH_2の発生が競合して起こることがある。

$Zn^{2+} + 2e^- \longrightarrow Zn$ (Zn^{2+}が高濃度，高電流では，

$2H^+ + 2e^- \longrightarrow H_2$ Znの析出が優勢となる。)

（電気分解に使われた総電気量）

=（Znの析出分の電気量）+（H_2発生分の電気量）

の関係が成り立ち，**222**のように，並列回路のときと同様の計算をすればよい。

217 解説　電気分解の計算方法は次の通り。

① 電気分解に使われた電気量を計算する。

電気量 Q〔C〕＝電流 I〔A〕×時間 t〔s〕

② **ファラデー定数 $F = 9.65 \times 10^4$ C/mol** を用いて，電子の物質量を求める。

③ 各電極反応式の係数比から，反応した電子の物質量と生成物の物質量の比を読み取る。

(1) $Q = It = 1.00 \times (32 \times 60 + 10)$

$= 1930 = 1.93 \times 10^3$〔C〕

(2) **ファラデー定数 $F = 9.65 \times 10^4$ C/mol** より，電気分解で反応した電子の物質量は，

$\dfrac{1.93 \times 10^3}{9.65 \times 10^4} = 0.0200$〔mol〕

陰極では，$Cu^{2+} + 2e^- \longrightarrow Cu$ より，

2molの電子が流れると，Cu1molが析出する。

モル質量は$Cu = 63.5$g/mol より，Cuの析出量は，

$0.0200 \times \dfrac{1}{2} \times 63.5 = 0.635$〔g〕

218〜219

(3) 陽極では　$2Cl^- \longrightarrow Cl_2 + 2e^-$　より，
2mol の電子が流れると，Cl_2 1mol が発生する。
発生した Cl_2 の体積（標準状態）は，

$$0.0200 \times \frac{1}{2} \times 22.4 = 0.224\,[L]$$

解答 (1) 1.93×10^3C　(2) **0.635g**　(3) **0.224L**

218 **解説** (1), (2)　塩化ナトリウム NaCl の水溶液を電気分解すると，次の反応が起こる。

陽極　$2Cl^- \longrightarrow Cl_2 + 2e^-$　…①
陰極　$2H_2O + 2e^- \longrightarrow H_2 + 2OH^-$　…②

陽極付近では塩化物イオン Cl^- が消費されるため，ナトリウムイオン Na^+ が余り，正電荷が過剰となる。

一方，陰極付近では水酸化物イオン OH^- が生じるため，負電荷が過剰となる。

電荷のつり合いを保つために，イオンが溶液中を移動することになるが，中央に設置した**陽イオン交換膜**は陽イオンだけを選択的に通すため，Na^+ が陽極側から陰極側に移動する。よって，電気分解を進めると，陰極側では Na^+ と OH^- が増加するので，結果的に水酸化ナトリウム NaOH が生じることになる。

A. 陽極側から陰極側へと陽イオン交換膜を通過できるのは Na^+
B. 陰極側で生成し，陽イオン交換膜を通過できないのは OH^-
C. 陰極で電子を受け取る物質 H_2O
D. 陽極で発生する気体は Cl_2
E. 陰極で発生する気体は H_2
F. 陰極で生成する物質は NaOH

(3) 反応した電子 e^- の物質量は，

$$\frac{2.00 \times (96 \times 60 + 30)}{9.65 \times 10^4} = 0.120\,[mol]$$

①式から，2mol の e^- が反応すると 1mol の Cl_2 が発生する。発生する Cl_2 の標準状態での体積は，

$$0.120 \times \frac{1}{2} \times 22.4 = 1.344 \fallingdotseq 1.34\,[L]$$

(4) ②式から，2mol の e^- が反応すると 2mol の OH^- が生成する。このとき，2mol の Na^+ が陽極側から移動してくるので，結果的に 2mol の NaOH が生成することになる。

(3)より，反応した電子は 0.120mol なので，生じた NaOH も 0.120mol である。これが 100L の溶液に含まれているので，そのモル濃度は，

$$\frac{0.120}{100} = 1.20 \times 10^{-3}\,[mol/L]$$

解答 (1) A Na^+, B OH^-, C H_2O, D Cl_2,

E H_2, F NaOH
(2) $2H_2O + 2e^- \longrightarrow H_2 + 2OH^-$　(3) **1.34L**
(4) 1.20×10^{-3}mol/L

219 **解説** **217** とは逆の計算が求められている。

① 各電極反応式の係数比から，生成物の物質量と反応した電子の物質量の比を読み取る。
② **ファラデー定数** $F = 9.65 \times 10^4$C/mol を用いて，電気量を求める。
③ **電気量** Q[C]＝**電流** I[A]×**時間** t[s] を用いて，電気分解に使われた電流値を計算する。
2つの電解槽を直列に接続した場合，回路に流れる電流はどこでも等しいので，
電解槽(a)に流れた電気量＝電解槽(b)に流れた電気量

(1) (a)槽の陰極では，$Ag^+ + e^- \longrightarrow Ag$ より，
電子1mol が流れると Ag 1mol が析出する。
モル質量は，$Ag = 108$g/mol より，

$$析出した\ Ag\ の物質量\ \frac{2.16}{108} = 0.0200\,[mol]$$

反応した電子の物質量も 0.0200mol である。
ファラデー定数 $F = 9.65 \times 10^4$C/mol より，
電気量は，$0.0200 \times 9.65 \times 10^4 = 1.93 \times 10^3$[C]
流れた平均電流を x[A] とすると，
電気量[C]＝電流[A]×時間[s] より，
　$1.93 \times 10^3 = x \times (64 \times 60 + 20)$
　$\therefore\ x = 0.500\,[A]$

(2) (a)槽の陽極では，NO_3^- は酸化されず，代わりに H_2O が酸化される。
$2H_2O \longrightarrow O_2 + 4H^+ + 4e^-$ より，
電子 4mol が反応すると，O_2 1mol が発生する。
発生する O_2 の体積（標準状態）は，

$$0.0200 \times \frac{1}{4} \times 22.4 \times 10^3 = 112\,[mL]$$

(b)槽の陽極では，Cl^- が酸化される。
$2Cl^- \longrightarrow Cl_2 + 2e^-$ より，
電子 2mol が反応すると，Cl_2 1mol が発生する。
発生する Cl_2 の体積（標準状態）は，

$$0.0200 \times \frac{1}{2} \times 22.4 \times 10^3 = 224\,[mL]$$

両電解槽あわせて，$112 + 224 = 336$[mL]

(3) 電気分解前，溶液中に存在した Cu^{2+} の物質量は，

$$0.500 \times \frac{200}{1000} = 0.100\,[mol]である。$$

(b)槽の陰極では，$Cu^{2+} + 2e^- \longrightarrow Cu$ より，電子 2mol が反応すると Cu 1mol が析出するから，析出した Cu の物質量は，

$$0.0200 \times \frac{1}{2} = 0.0100\,[mol]$$

よって，残った溶液中に含まれる Cu^{2+} の物質量は，

0.100 − 0.0100 = 0.0900〔mol〕

これが溶液 200mL 中に含まれるから，

$$[Cu^{2+}] = 0.0900 \times \frac{1000}{200} = 0.450〔mol/L〕$$

解答 (1)(ⅰ)**0.0200mol**　(ⅱ)**0.500A**
　　　　　(2)**336mL**　(3)**0.450mol/L**

参考 問題に，電解液の濃度と体積が明示されているときは要注意！　特に，うすい $CuSO_4aq$ の場合，陰極では，最初は Cu が析出するが，Cu^{2+} がすべてなくなると，H_2 が発生しはじめる。このような電極反応の途中変更が隠されている場合がある。

220 **解説** (1)　銅の主要な鉱石の黄銅鉱 $CuFeS_2$ にコークス C，石灰石 $CaCO_3$ などを加え，右図のような溶鉱炉の中で加熱すると，イオン化傾向が Fe > Cu なので，酸化されやすい成分である FeS が先に酸化されて FeO になる。これは，石灰石や鉱石中の 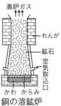 SiO_2 と化合して，$FeSiO_3$ や $CaSiO_3$ などの化合物をつくり，密度の小さな 鍰 （3.5g/cm³）となって上層に浮く。一方，CuS は酸化されにくいが，高温では Cu_2S と S に分解し，

$$2CuS \longrightarrow Cu_2S + S \quad \cdots ①$$

S はさらに燃焼して SO_2 になる。

$$S + O_2 \longrightarrow SO_2 \quad \cdots ②$$

①+②より，S を消去すると，

$$2CuS + O_2 \longrightarrow Cu_2S + SO_2$$

密度の大きい Cu_2S は鍰（5.6g/cm³）となって下層に沈み，分離される。

この鍰の部分を転炉に入れて，熱した空気を吹き込むと，次のような反応が起こり，純度 99% 程度の**粗銅**が生成する。

$$Cu_2S + O_2 \longrightarrow 2Cu + SO_2$$

銅を電気材料として使うためには，粗銅から不純物を除き，純度 99.99% の純銅を得る必要がある。一般に，電気分解を利用して，不純物を含む金属から純粋な金属を取り出す操作を**電解精錬**という。銅の電解精錬では，電解液に硫酸酸性の $CuSO_4$ 水溶液（硫酸を加えて，電気伝導性を大きくするためと，陽極で副生する CuO を溶解して $CuSO_4$ に戻す役割がある）を用い，粗銅を陽極，純銅を陰極として約 0.4V の低電圧で電気分解を行う。

(2)　陽極では主に粗銅中の銅が酸化されて，銅(Ⅱ)イオンとなり溶解する。

$$Cu \longrightarrow Cu^{2+} + 2e^-$$

一方，陰極では水溶液中の銅(Ⅱ)イオンが還元されて，銅が析出する。

$$Cu^{2+} + 2e^- \longrightarrow Cu$$

(3)　低電圧を保つことにより，陽極では Cu よりもイオン化傾向の小さい Ag や Au のイオン化を防ぎ，かつ，陰極では Cu よりもイオン化傾向の大きい Zn^{2+}，Fe^{2+}，Ni^{2+} などが金属として析出するのを防いでいる。

(4)　粗銅中の不純物のうち，銅よりイオン化傾向の大きい金属（Zn, Fe, Ni など）は，イオン化して溶解する。一方，銅よりイオン化傾向の小さい金属（Ag, Au など）はイオン化せず，陽極の下に単体のまま沈殿する。この沈殿を**陽極泥**という。

ただし，鉛 Pb は，いったんイオン化して Pb^{2+} となるが，直ちに溶液中の SO_4^{2-} と結合して $PbSO_4$ となり，陽極泥といっしょに沈殿することに注意したい。

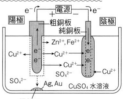

銅の電解精錬

(5)　（電気量）=（電流）×（時間）より，この電気分解で流れた電気量は，

$$1.0 \times (96 \times 60 + 30) = 5790〔C〕$$

ファラデー定数 $F = 9.65 \times 10^4 C/mol$ より，反応した電子の物質量は，

$$\frac{5790}{9.65 \times 10^4} = 6.0 \times 10^{-2}〔mol〕$$

陽極に沈殿した 0.03g の金属は Ag であり，残る 1.91g が溶解した Cu と Ni の質量である。

陽極では，$Cu \longrightarrow Cu^{2+} + 2e^-$

$Ni \longrightarrow Ni^{2+} + 2e^-$ の反応が起こる。

陽極で溶解した Cu を x〔mol〕，Ni を y〔mol〕とおく。反応した e^- の物質量に関して，

$$2x + 2y = 6.0 \times 10^{-2} \quad \cdots ①$$

溶解した Cu と Ni の質量に関して，

$$64x + 59y = 1.91 \quad \cdots ②$$

$$\therefore x = 2.8 \times 10^{-2}〔mol〕, y = 2.0 \times 10^{-3}〔mol〕$$

よって，粗銅中の Ni の質量パーセントは，

$$\frac{2.0 \times 10^{-3} \times 59}{1.94} \times 100 = 6.08 \fallingdotseq 6.1〔%〕$$

解答 (1)① **黄銅鉱**　② **硫酸銅(Ⅱ)**
　　　　③ **陽極泥**　④ **電解精錬**
　　　(2) 陽極 **粗銅**，陰極 **純銅**

(3) 電圧を高くすると，陽極では銀が溶解したり，陰極では亜鉛や鉄などが析出して，純銅の純度が低くなるから。

(4) **Ag, Au, Pb**

(5) **6.1％**

221 〔解説〕 (1)～(3)　アルミニウムの原料鉱石は，**ボーキサイト**($Al_2O_3 \cdot nH_2O$) である。これに濃 NaOH 水溶液を加えると，両性酸化物(本冊 p.71)である Al_2O_3 はテトラヒドロキシドアルミン酸ナトリウム $Na[Al(OH)_4]$ となり溶解するが，不純物の Fe_2O_3, SiO_2 などは不溶性の沈殿(赤泥という)となる。

$$Al_2O_3 + 2NaOH + 3H_2O \longrightarrow 2Na[Al(OH)_4]$$

この水溶液に適量の水を加えて加水分解すると，水酸化アルミニウムが沈殿する。

$$Na[Al(OH)_4] \longrightarrow Al(OH)_3 + NaOH$$

水酸化アルミニウムを加熱すると，純粋な酸化アルミニウム(**アルミナ**)が得られる。

$$2Al(OH)_3 \longrightarrow Al_2O_3 + 3H_2O$$

このような Al_2O_3 の精製法を**バイヤー法**という。

Al はイオン化傾向が大きいため，Al^{3+} を含む水溶液を電気分解すると，Al^{3+} は還元されずに，代わりに H_2O が還元されて H_2 が発生する。

$$2H_2O + 2e^- \longrightarrow H_2 + 2OH^-$$

そこで，Al_2O_3 を無水状態，つまり Al_2O_3 の融解液を電気分解することで Al の単体を得ている。

純物質よりも，融点の低い別の物質を含む混合物の方が融点が低くなる。この**融点降下**の原理を利用して酸化アルミニウムの電気分解が行われる。

Al_2O_3 は非常に融点が高い(2054℃)ので，**氷晶石** Na_3AlF_6(融点 1010℃)の融解液に少しずつ加える方法で融点を下げ，約960℃で電気分解を行う(**ホール・エルー法**)。このような電気分解を**溶融塩電解(融解塩電解)**という。このとき，氷晶石は全く電気分解されず，Al_2O_3 の融点を下げる役割をしている。

Al_2O_3 と Na_3AlF_6 の融解液では，次のように電離している。

$$\begin{cases} Al_2O_3 \longrightarrow 2Al^{3+} + 3O^{2-} \\ Na_3AlF_6 \longrightarrow 3Na^+ + Al^{3+} + 6F^- \end{cases}$$

陰極では，イオン化傾向の大きい Na^+ は還元されないが，イオン化傾向が Na よりもやや小さい Al^{3+} が還元される。

$$Al^{3+} + 3e^- \longrightarrow Al \quad \cdots①$$

陽極では，フッ化物イオン F^- は酸化されないので，代わりに酸化物イオン O^{2-} が酸化されて酸素 O_2 が発生するはずである。実際には電解槽内が高温のため，電極の炭素 C が酸化物イオン O^{2-} と反応して，一酸化炭素 CO や二酸化炭素 CO_2 が発生

する。ただし，$C(黒鉛) + CO_2 \rightleftharpoons 2CO$　$\Delta H = 172kJ$ の平衡が高温ほど右に移動するため，CO の割合が増加する。

$$C + O^{2-} \longrightarrow CO + 2e^- \quad \cdots②$$
$$C + 2O^{2-} \longrightarrow CO_2 + 4e^- \quad \cdots③$$

(このとき発生する多量の熱は電解槽を高温に保つのに利用される。)

(4) 発生した CO と CO_2 の混合気体の物質量は，

$$\frac{224}{22.4} = 10〔mol〕$$

発生した CO を x〔mol〕，CO_2 を y〔mol〕とおく。

$$x + y = 10 \quad \cdots④$$
$$y = 4x \quad \cdots⑤$$
$$\therefore x = 2.0〔mol〕, \quad y = 8.0〔mol〕$$

②，③式より，この電気分解で反応した電子の物質量は，$2x + 4y = 36〔mol〕$

①式より，e^- 3 mol が反応すると Al 1mol が生成するから，Al のモル質量は 27g/mol より，生成した Al の質量は，

$$36 \times \frac{1}{3} \times 27 = 324〔g〕$$

〔解答〕 (1) 陰極　　$Al^{3+} + 3e^- \longrightarrow Al$

　　　　陽極　　$C + O^{2-} \longrightarrow CO + 2e^-$

　　　　　　　　$C + 2O^{2-} \longrightarrow CO_2 + 4e^-$

(2) **酸化アルミニウムの融点を下げるため。**

(3) **Al^{3+} を含む水溶液の電気分解では，イオン化傾向の大きい Al^{3+} は還元されず，代わりに水分子が還元されて水素が発生するから。**

(4) **324g**

参考　　**電流効率について**

　電気分解において，どれだけの電気量が目的とする反応に利用されたかの割合を**電流効率**といい，次式で求められる。

$$電流効率〔\%〕 = \frac{実際の析出量}{理論的な析出量} \times 100$$

　通常の水溶液の電気分解での電流効率は約95％であるが，溶融塩は水溶液に比べて電気抵抗が大きいため，発熱量が大きくなり，溶融塩の電気分解の電流効率は約85％に下がる。アルミニウムの**溶融塩電解**では，炉内の高温を維持するのにも多量の電気エネルギーが使われる。

参考　　**Al の溶融塩電解について**

　電気分解を行うと，陽極の炭素電極 C は消費されるので，絶えず補給する必要がある。

　問題文に掲げた図は，あらかじめ別の工場でつくった炭素電極を電解槽に取り付ける方法で，**プリベーク式**という。陽極の構造は簡単であるが，陽極がなくなったら，新しいものと取り

換える必要がある。もう一つの方法は、**ゼータ
ーベルグ式**とよばれ、電解槽の上部から原料の
炭素を入れると、炉熱によって自動的に焼成さ
れて炭素電極がつくられる。連続操業が可能な
ので、多くの工場でこの方法が採用されていた
が、近年、地球環境を考慮して、CO_2 の排出量
が少ないプリベーク式が主流になりつつある。
（Al 1.0 t をつくるのに必要な炭素量は、ゼー
ターベルグ式が約 500kg、プリベーク式が約
400kg である。）

222 [解説]　電解槽を並列に接続すると、電源から
出た全電流 I は、(a)槽には i_a、(b)槽には i_b と分かれて
流れるから、$I = i_a + i_b$ より次の関係が成立する。

各電解槽を並列に接続した場合、**全電気量 Q は各
電解槽に流れた電気量 Q_a と Q_b の和に等しい。**

　　$Q = Q_a + Q_b + \cdots$

並列回路での電気分解では、各電解槽に流れた電気
量を求めることが先決である。

(1) 電源から流れ出た全電気量は、
　　$1.00 \times (16 \times 60 + 5) = 965$〔C〕
(2) (a)槽を流れた電気量は、陰極での Ag の析出量か
　ら求まる。
　　$(-) Ag^+ + e^- \longrightarrow Ag$ より、

　　析出した Ag の物質量 $\dfrac{0.648}{108} = 0.00600$〔mol〕

　　電子 1mol で Ag 1mol（108g）が析出するから、反
　　応した電子の物質量も 0.00600〔mol〕。
　　ファラデー定数 $F = 9.65 \times 10^4 C/mol$ より、
　　流れた電流を x〔A〕とおくと、
　　$x \times (16 \times 60 + 5) = 0.00600 \times 9.65 \times 10^4$
　　$x = 0.600$〔A〕

(3) **電解槽(b)を流れた電気量**
　　　＝全電気量－電解槽(a)を流れた電気量
　　(a)槽を流れた電気量は、
　　$0.00600 \times 9.65 \times 10^4 = 579$〔C〕
　　電源を流れ出た全電気量は、(1)より 965C なので、
　　(b)槽を流れた電気量は、
　　$965 - 579 = 386$〔C〕
　　(b)槽の陰極では、Na^+ は還元されず、代わりに
　　H_2O が還元される。陽極でも、SO_4^{2-} は酸化され
　　ず、代わりに H_2O が酸化される。結局、電解質の
　　Na_2SO_4 は変化せず、水の電気分解が起こることに
　　なる。
　　$2H_2O \xrightarrow{4e^-} 2H_2 + O_2$
　　電子 4mol が反応すると、H_2 2mol、O_2 1mol 合わ
　　せて 3mol の気体が発生する。
　　(b)槽を流れた電子の物質量は、

　　$\dfrac{386}{9.65 \times 10^4} = 0.00400$〔mol〕

　両極で発生した気体の標準状態での体積は、

　　$0.00400 \times \dfrac{3}{4} \times 22.4 \times 10^3 = 67.2$〔mL〕

(4) (a)槽の陽極では、NO_3^- は酸化されずに、代わり
　に H_2O が酸化される。
　　$2H_2O \longrightarrow O_2 + 4H^+ + 4e^-$
　　電子 4mol が反応すると、H^+ も 4mol 生成する。
　　(a)槽へは 0.00600mol の電子が流れたので、生成
　　した H^+ の物質量も 0.00600mol。これが溶液 100mL
　　中に含まれるから、

　　$[H^+] = \dfrac{0.00600}{0.100} = 6.00 \times 10^{-2}$〔mol/L〕

　　$pH = -\log_{10}[H^+] = -\log_{10}(2 \times 3 \times 10^{-2})$
　　　　$= 2 - \log_{10}2 - \log_{10}3 = 2 - 0.30 - 0.48$
　　　　$= 1.22 \fallingdotseq 1.2$

[解答]　(1) **$9.65 \times 10^2 C$**　(2) **0.600A**
　　　　(3) **67.2mL**　(4) **1.2**

参考　**電解槽の接続方法と電気量の関係**
　　　　　直列接続の場合

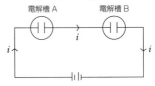

どの電解槽にも、同じ大きさの電流が同じ時間
だけ流れるから、各電解槽を流れる電気量はす
べて等しい。

　　　　　$Q_A = Q_B$

　　　　　並列接続の場合

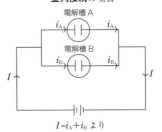

　　　　　$I = i_A + i_B$ より

回路全体を流れる全電気量は、各電解槽を流れ
る電気量の和に等しい。

　　　　　$Q = Q_A + Q_B$

19　化学反応の速さ

223 [解説]　反応の速さ(**反応速度**)は，単位時間あたりの反応物の減少量，または生成物の増加量で表される。その反応が一定体積中で進む場合には，単位時間あたりの反応物の濃度の減少量，または生成物の濃度の増加量で表されることが多い。

　反応速度を変える条件には，反応物の濃度，温度などの条件がある。反応物の**濃度**を大きくすると，反応物どうしの衝突回数が増加するので，反応速度が大きくなる。

　一般に，化学反応が起こるには，反応物の粒子どうしが衝突する必要があるが，すべての衝突で結合の組み換えが起こるわけではない。化学反応は，ある一定以上のエネルギーをもつ粒子どうしが衝突し，途中にエネルギーの高い不安定な状態(**遷移状態**)を経て進行する。遷移状態にある原子の複合体を**活性錯体**という。反応物から活性錯体1molを生じるのに必要な最小のエネルギーを，その反応の**活性化エネルギー**といい，単位は〔kJ/mol〕である。活性化エネルギーはその反応が起こるのに必要な最小のエネルギーを意味し，各反応ごとに固有の値をとる。一般的には次の関係がある。

活性化エネルギー小なら，反応速度は大きい
活性化エネルギー大なら，反応速度は小さい

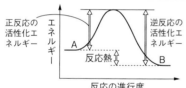

　固体の関与する反応では，固体を粉末にするとその**表面積**が大きくなり，固体表面にあって反応できる粒子の数が増加するので，反応速度は大きくなる。気体どうしの反応では，**圧力**を大きくすると反応物の濃度が大きくなるので，反応物どうしの衝突回数が増加し，反応速度は大きくなる。

　自身は変化せず，反応速度を大きくする物質を**触媒**という。触媒を使うと，活性化エネルギーの小さい別の経路で反応が進むようになり，反応速度が大きくなる。

参考　**高温ほど反応速度が大きくなる理由**
　温度が高くなると分子やイオンの熱運動の平均速度は大きくなり，衝突回数が増すから反応速度が大きくなると考えがちである。しかし，10K上昇で衝突回数の増加の割合は2～3%にすぎず，反応速度が2～3倍になることは説明できない。
　そこで，気体分子の平均速度を v，分子量を M，

絶対温度を T とすると，気体分子の平均運動エネルギー $\dfrac{1}{2}Mv^2$ は絶対温度に比例するから，

$$\frac{1}{2}Mv^2 = kT \quad \therefore v = \sqrt{\frac{2kT}{M}}$$

同種の気体分子ならば M は一定なので，

$\sqrt{\dfrac{2k}{M}}$ を k' とまとめると，$v = k'\sqrt{T}$ となる。

よって，気体分子の平均速度 v は $\sqrt{T}$ に比例する。たとえば，0℃ → 10℃と温度が10K上がる場合，

気体分子の熱運動の平均速度は，$\sqrt{\dfrac{283}{273}} =$ 1.02〔倍〕になるだけである。温度が高くなると，図で示すように，気体分子のもつ運動エネルギーの分布曲線が高エネルギー側へとずれる。すると，活性化エネルギーを上回る分子の割合が急激に増加し，反応速度が大きくなると考えることができる。

[解答]　① 反応物　② 生成物　③ 濃度　④ 衝突
⑤ 大きく　⑥ 運動　⑦ 活性化エネルギー
⑧ 表面積　⑨ 圧力　⑩ 触媒

224 [解説]　(1)　固体の関与する反応では，固体を塊状から粉末にすると，その**表面積**が大きくなり，これまで固体内部で反応できなかった粒子が固体表面に現れ，反応できるようになる。したがって，酸素分子との衝突回数が増すので，反応速度が大きくなる。

(2)　硝酸は光や熱の作用で分解反応が促進される。

$$4HNO_3 \longrightarrow 4NO_2 + O_2 + 2H_2O$$

そのため，硝酸は褐色びん中で光をさえぎって保存する。このように光によって促進される反応を**光化学反応**といい，塩化銀の分解反応なども知られている。

$$2AgCl \xrightarrow{\text{光}} 2Ag + Cl_2$$

(3)　過酸化水素水の分解反応には，ふつう，固体の触媒の MnO_2 が使われるが，Fe^{3+} のような遷移金属のイオンも**触媒**としてはたらく。

参考　**触媒の種類**
　過酸化水素水に加えた Fe^{3+} のように，反応物と触媒が均一に混じり合ってはたらく触媒を**均一触媒**という。多くの化学反応で使われる酸・塩基触媒(H^+ や OH^-)や，酵素(生体触媒)などもこれに属する。
　一方，MnO_2, Pt, V_2O_5 のような固体の触媒は，反応物と均一に混じり合わずに，触媒表面付近ではたらくので，**不均一触媒**という。たとえば，白金触媒を用いて，$H_2 + I_2 \longrightarrow 2HI$ の反応を行った場合，一般には，触媒表面への反

応物の吸着→活性錯体の形成→生成物の離脱
という過程を経て，触媒反応が進行すると考え
られている。

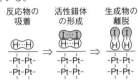

反応物の　　活性錯体　　生成物の
　吸着　　　の形成　　　　離脱

(4)　塩酸は強酸，酢酸は弱酸なので，同じモル濃度の
水溶液でも塩酸の方が酢酸に比べて水素イオン濃度
が大きい。酸の水素イオン濃度が大きいほど，金属
との反応は激しくなる。

(5)　空気の約20%(体積%)が酸素である。反応物(気
体)の分圧(すなわち濃度)が高い方が反応速度は大
きくなる。「濃度」は(4)で使ったので，ここは「圧力」
を選ぶ。

(6)　$2H_2O_2 \longrightarrow 2H_2O + O_2$
　　この分解反応は温度が低いほど遅くなるので，過
酸化水素水は低温で保存する。

解答　(1) **表面積**　(2) **光**　(3) **触媒**　(4) **濃度**
　　　　(5) **圧力**　(6) **温度**

225　**解説**　(1)　反応物の濃度が大きいほど，単位
時間あたりの反応物どうしの衝突回数が多くなり，
反応速度も大きくなる。〔×〕

(2)　反応熱が等しくても，活性化エネルギーが小さけ
れば反応速度は大きくなり，活性化エネルギーが大
きければ反応速度は小さくなる。つまり，反応熱の
大小と，反応速度の大小は関係しない。〔×〕

(3)　反応が起こるためには，反応物どうしが**活性化エ
ネルギー**以上のエネルギーをもって衝突する必要が
あり，活性化エネルギーよりも小さなエネルギーを
もつ反応物どうしが衝突した場合は，反応は起こら
ない。〔○〕

(4)　活性化エネルギーが大きくなると，反応を起こす
のに必要なエネルギーをもった分子の数が減少する
ため，活性化エネルギーが大きい反応ほど反応速度
は小さくなる。〔×〕

(5)　体積一定で温度を上昇させると，活性化エネルギ
ーを超えるエネルギーをもつ分子の割合が増加する
ため，反応速度が大きくなる。〔○〕

(6)　温度一定で，体積を大きくすると，反応物の濃度
は小さくなり，反応速度は小さくなる。〔×〕

(7)　体積一定で反応物を添加すると，反応物の濃度が
大きくなり，反応物どうしの衝突回数が増加するた
め，反応速度が大きくなる。〔○〕

(8)　触媒を加えると，活性化エネルギーの値が小さな

別の反応経路で
反応が進行する
ようになるので，
反応速度が大き
くなる。
　なお，反応物
のエネルギーと
生成物のエネルギーの差が反応熱であるから，反応
熱の値は触媒を加えても変わらない。〔×〕

E_a：活性化エネルギー(触媒なし)
E'_a：活性化エネルギー(触媒あり)

(9)　一般に，化学反応は正反応も逆反応も同じ遷移状
態を経て進行するとは限らないが，ここでは正反応
と逆反応が同じ遷移状態を経て進行する反応のみを
考えることにする。触媒は，触媒がない場合に比べ
て，活性化エネルギーを同じ値ずつ減少させるので，
正反応の速さ，逆反応の速さはどちらも速くなる。
〔×〕

(10)　触媒は，反応の途中では変化しているように見え
ても，反応後は再びもとの物質に戻っており，変化
は見られない。〔×〕

解答　(1) ×　(2) ×　(3) ○　(4) ×　(5) ○
　　　　(6) ×　(7) ○　(8) ○　(9) ×　(10) ×

226　**解説**　反応速度には，**瞬間の反応速度**と**平均
の反応速度**があり，化学の実験で測定できるのは，各
反応時間 Δt 内における平均の反応速度である。また，
反応速度の表し方には，次の4通りがある。

(i) $-\dfrac{反応物の濃度の減少量}{反応時間}$　(ii) $\dfrac{生成物の濃度の増加量}{反応時間}$

　　これらは，反応物・生成物が溶液の場合に用いら
れ，単位は〔mol/(L・s)〕か〔mol/(L・min)〕である。

(iii) $-\dfrac{反応物の減少量}{反応時間}$　(iv) $\dfrac{生成物の増加量}{反応時間}$

　　これらは，反応物・生成物が気体，固体の場合に
用いられ，単位は〔mol/s〕か〔mol/min〕である。

　　過酸化水素水H_2O_2は溶液なので，H_2O_2の分解速
度は(i)で，O_2は気体なので，O_2の発生速度は(iv)で
表される。

　　なお，(i)，(iii)のマイナスは，反応速度を常に正の
値で表すためにつけてある。

(1)　上の(iv)にデータを代入して，

$$\bar{v} = \dfrac{0.060 - 0}{(2 - 0) \times 60} = 5.0 \times 10^{-4} [mol/s]$$

(2)　$2H_2O_2 \longrightarrow 2H_2O + O_2$　より，H_2O_2 2mol が反応す
ると，O_2 1mol が発生するから，2分後の過酸化水
素水の濃度は，

$$\dfrac{0.50 - 0.060 \times 2}{1.0} = 0.38 [mol/L]$$

上の(i)にデータを代入して，

227

$$\bar{v} = -\frac{0.38 - 0.50}{(2-0) \times 60} = 1.0 \times 10^{-3}[\text{mol}/(\text{L·s})]$$

反応速度は，どの物質を基準にするかによって異なるので，注意が必要である。H_2O_2 の分解速度を $v_{H_2O_2}$，H_2O の生成速度を v_{H_2O}，O_2 の生成速度を v_{O_2} とすると，**反応速度の比＝反応式の各物質の係数の比**より，次の関係が成り立つ。

$$v_{H_2O_2} : v_{H_2O} : v_{O_2} = 2 : 2 : 1$$

(3) 温度が 10K 上昇するごとに，反応速度が2倍になるから，温度が 30K 上昇すると反応速度は，$2 \times 2 \times 2 = 8$[倍]になる。よって，反応に要する時間は，もとの $\frac{1}{8}$ になる。　∴ $40 \times \frac{1}{8} = 5$[分]

解答 (1) **5.0×10^{-4}mol/s**
(2) **1.0×10^{-3}mol/(L·s)**
(3) **5分**

227 **解説** 反応物の濃度と反応速度の関係を示した式を**反応速度式**といい，**反応速度定数**を k とすると，一般に，$v = k[\text{A}]^x[\text{B}]^y$ で表される。x と y は，**反応次数**とよばれ，この反応は，$[\text{A}]$ に対して x 次，$[\text{B}]$ に対して y 次，あわせて $(x + y)$ 次反応という。

このx，yの値は，反応式の係数から自動的に決まるのではなく，実験データの解析によって決められる。

反応開始直後の反応物 A の濃度$[\text{A}]$だけを変化させたとき，全体の反応速度 v の変化を調べれば，反応速度式における$[\text{A}]$の次数xが求められる。

(1) 実験2，3の結果より，$[\text{B}]$が一定で，$[\text{A}]$だけを2倍にすると，vは2倍になる。
　∴ vは$[\text{A}]$に比例する。
　実験1，2の結果より，$[\text{A}]$が一定で，$[\text{B}]$だけを2倍にすると，vは4倍になる。
　∴ vは$[\text{B}]^2$に比例する。
　以上をまとめると，この反応の反応速度式は，
　$v = k[\text{A}][\text{B}]^2$

(2) 反応速度式が決まると，実験1，2，3の任意のデータを用いて，k を求めることができる。
　$3.6 \times 10^{-2}\text{mol}/(\text{L·s})$
　$= k \times 0.30\text{mol/L} \times 1.20^2\text{mol}^2/\text{L}^2$
　∴ $k = 8.33 \times 10^{-2} \fallingdotseq 8.3 \times 10^{-2}[\text{L}^2/(\text{mol}^2 \cdot \text{s})]$

(3) このkの値と，$[\text{A}] = 0.40\text{mol/L}$，$[\text{B}] = 0.80\text{mol/L}$を，反応速度式に代入すると，
　$v = 8.33 \times 10^{-2} \times 0.40 \times 0.80^2$
　$= 2.13 \times 10^{-2} \fallingdotseq 2.1 \times 10^{-2}[\text{mol}/(\text{L·s})]$

(4) 温度が T[K]上昇すると，反応速度は $3^{\frac{T}{10}}$ 倍になるから，
　$3^{\frac{15}{10}} = 3^{\frac{3}{2}} = \sqrt{3^3} = 3\sqrt{3} = 5.19 \fallingdotseq 5.2$ 倍

参考 **反応速度式と反応次数**

反応が起こるとき，反応速度は反応物の粒子の衝突回数に比例する。したがって，反応速度 v は，衝突する反応物の粒子のモル濃度に依存する。しかし，化学反応式は最終的な結果のみを記したものであり，実際の反応は左辺の粒子が係数で示された数だけ同時に衝突して反応が起こるような単純なものではない。そのため，反応速度は反応物のモル濃度の何乗に比例するかは，必ずしも化学反応式の係数とは一致せず，実験的に求められるものである。

反応物 ●→● 生成物 ●→● ● ●
反応物自身が分解するような　同時に，反応物の2分子が衝突
反応は一次反応である。　して起こる反応は二次反応である。

たとえば，五酸化二窒素 N_2O_5 の分解反応式は次式で表される。

$$2N_2O_5 \longrightarrow 4NO_2 + O_2$$

N_2O_5 の分解速度 v を実験で調べると，$v = k[N_2O_5]^2$ ではなく，$v = k[N_2O_5]$ であり，反応式の係数と反応速度式の次数が一致しない。この理由を考えてみよう。実は，N_2O_5 の分解反応は，次のような3つの**素反応**(1段階で起こる反応)から成り立っている。

$$N_2O_5 \longrightarrow N_2O_3 + O_2 \quad \cdots ①$$
$$v_1 = k_1[N_2O_5] \quad (遅い)$$
$$N_2O_5 \longrightarrow NO + NO_2 \quad \cdots ②$$
$$v_2 = k_2[N_2O_5] \quad (速い)$$
$$N_2O_5 + NO \longrightarrow 3NO_2 \quad \cdots ③$$
$$v_3 = k_3[N_2O_5][NO] \quad (速い)$$

①の素反応が最も遅く，①の素反応が起これば，②，③の素反応は直ちに進むので，全体の反応速度は①の素反応の反応速度で決まる。このように，いくつかの素反応を経て進む反応を**多段階反応(複合反応)**といい，その各素反応の中で最も遅いものを**律速段階**という。

多段階反応では，全体の反応速度は律速段階の素反応(上の①)の反応速度によって決まる。

参考 **$H_2 + I_2 \longrightarrow 2HI$ の反応機構について**

水素分子 H_2 とヨウ素分子 I_2 が衝突して，ヨウ化水素分子 HI ができる反応は，ボーデンシュタイン(ドイツ)らの研究により，700K 程度では，次の図のように進行するということが明らかにされた。

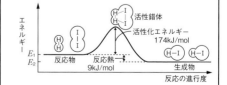

その後，この反応の活性化エネルギーを広い温度領域で求めてみると，温度によってその

値がかなり異なることがわかり，特に，700K
以上ではヨウ素原子(ラジカル)，水素原子(ラジ
カル)が関与し，次のような多段階反応が主要
な役割を果たしていることが明らかになった。

$$I_2 \rightleftarrows 2I$$
$$I + H_2 \longrightarrow HI + H$$
$$H + I_2 \longrightarrow HI + I$$

この事実は，反応のしくみが必ずしも一通り
ではなく，反応条件によっては，異なった反応
のしくみで進行することを示している。

解答 (1)(ウ)　(2)$8.3 \times 10^{-2} L^2/(mol^2 \cdot s)$
　(3)$2.1 \times 10^{-2} mol/(L \cdot s)$　(4)5.2 倍

228 [解説] 反応速度を大きくする条件

① 温度を高くする。
② 反応物の濃度を大きくする。
③ 触媒を加える。
④ 固体の表面積を大きくする。
⑤ 気体の圧力を大きくする。

　本問では，反応速度は，単位時間あたりの気体の
発生量で表されているが，このグラフの傾きが大き
いほど反応速度は大きいことを示す。

(1)　温度を高くすると，反応速度が大きくなる。グラ
フの傾きはアより大きくなるが，O_2の発生量には
変化がない。∴　エ

(2)　固体は，粉末より粒状の方が表面積が小さく，反
応速度は小さくなる。グラフの傾きは小さくなるが，
O_2の発生量には変化がない。∴　オ

(3)　反応物の濃度を大きくすると，反応速度が大きく
なる。グラフの傾きは大きくなり，O_2の発生量も
2倍になる。∴　イ

(4)　反応物の濃度を小さくすると，反応速度は小さく
なる。グラフの傾きは小さくなり，O_2の発生量は
$\frac{1}{2}$になる。∴　カ

(5)　反応物の濃度が変わらないので，反応速度は一定
である。グラフの傾きは同じであるが，O_2の発生
量は2倍になる。∴　ウ

参考 **均一触媒反応と不均一触媒反応の反応速
度について**

　(5)について，次のような質問を受けたことが
ある。「3%過酸化水素水が，10mL のときの
単位時間あたりのO_2発生量を$V[L]$とすると，
20mL のときは$2V[L]$になるはずなので，(5)
のグラフの傾きはもとの点線のグラフの傾きよ
りも大きくなるのではないか？」

　本問では，MnO_2(固)という**不均一触媒**を使
用している点が重要である。過酸化水素の分解
反応は，この触媒表面でしか起こらない。その
ため，3%過酸化水素水を 10mL から 20mL

に増やしても，触媒の表面積が一定なので，単
位時間あたりの酸素の発生量も変わらない。し
たがって，(5)のグラフの傾きは，もとの点線の
グラフの傾きと同じになる。

　ただし，$FeCl_3$水溶液のような**均一触媒**を使
用した場合には，反応速度が変化しうる。こ
のとき，過酸化水素の分解反応は溶液全体で
起こるから，3%過酸化水素水を 10mL から
20mL に増やすと，単位時間あたりの酸素の
発生量も多くなるはずである。したがって，(5)
のグラフの傾きは，もとの点線のグラフの傾き
よりも少し大きくなると考えられる。

解答 (1)エ　(2)オ　(3)イ　(4)カ　(5)ウ

229 [解説] 平均の分解

速度$\overline{v}$は，曲線上にとった
2点を結ぶ線分の傾きで表
される(右図)。この傾きが
大きいほど，平均の分解速
度は大きい。

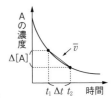

　また，**瞬間の分解速度v**
は，曲線上の1点に引いた接線の傾きで表され，この
傾きが大きいほど，瞬間の分解速度は大きい。

(1)　反応開始から1分間を考えた場合，2点の傾きが
最も大きいのは(c)である。

(2)　初めの濃度1.0mol/Lが$\frac{1}{2}$の0.5mol/Lになる時
間を比較すると，(a)は3分，(c)は1分である。反応
時間と反応速度は反比例の関係にあるから，(a)の分
解速度は(c)の分解速度の$\frac{1}{3}$倍である。

(3)　(d)の初めの濃度は(a)，(b)，(c)の$\frac{1}{2}$であるが，(d)
の濃度が$\frac{1}{2}$になる時間は1分後であるから，(c)と
(d)の反応速度は等しく，(c)と(d)は同一温度と考えら
れる。

(4)　高温になるほど，反応する分子のエネルギー分布
曲線が高エネルギー方向にずれ，活性化エネルギー
を上回るエネルギーをもった分子の割合が増すた
め，反応速度が大きくなる。(**223** 参考 を参照)

解答 (1)(c)　(2)$\frac{1}{3}$倍　(3)(c)

(4)**高温になると，活性化エネルギーを上回
るエネルギーをもった分子の割合が大き
くなるから。**

230 解説　通常は，反応物の濃度の時間変化が与えられているので，各時間間隔ごとに，**平均の反応速度** $\bar{v}$ と反応物の**平均の濃度** C から，反応速度定数 k の値が求められる。本問では，ある時刻における**瞬間の反応速度** v と，その時刻での**反応物の濃度** C が与えられているので，このデータを使っても k が求められる。

まず，五酸化二窒素 N_2O_5 の分解反応が一次反応 $v = kC$ であると仮定して，$k = \dfrac{v}{C}$ を求め，これが一定値になれば，この仮定は正しかったことになる。

k が一定にならなければ，C の次数 (x) を変え，$\dfrac{v}{C^x}$ が一定となる x を求めるほかはない。

(1) $v = k[N_2O_5]$ が成り立つと仮定すると，

$$k = \frac{v}{[N_2O_5]}\quad \text{ここへ各データを代入する。}$$

(i) $\dfrac{1.24 \times 10^{-3}}{2.00} = 6.200 \times 10^{-4}[/s]$

(ii) $\dfrac{9.30 \times 10^{-4}}{1.50} = 6.200 \times 10^{-4}[/s]$

(iii) $\dfrac{5.49 \times 10^{-4}}{0.90} = 6.100 \times 10^{-4}[/s]$

k の値がほぼ一致したので，$v = k[N_2O_5]$ であるとした仮定は正しかったことになる。

(2) $\dfrac{6.200 \times 10^{-4} + 6.200 \times 10^{-4} + 6.100 \times 10^{-4}}{3}$

　　$= 6.166 \times 10^{-4} \doteqdot 6.17 \times 10^{-4}[/s]$

(3) $v = k[N_2O_5]$ に，$k = 6.166 \times 10^{-4}[/s]$ と，$[N_2O_5] = 1.00[mol/L]$ を代入する。

　　$v = 6.166 \times 10^{-4} \times 1.00 \doteqdot 6.17 \times 10^{-4}[mol/(L \cdot s)]$

(4) 1 分間，溶液 10.0L で分解する N_2O_5 の物質量は，

　　$6.166 \times 10^{-4} \times 10.0 \times 60 \doteqdot 3.699 \times 10^{-1}[mol]$

反応式の係数比より，N_2O_5 2mol から O_2 1mol が発生するから，発生した O_2 の物質量は，

　　$\dfrac{3.699 \times 10^{-1}}{2} = 0.1849 \doteqdot 0.185[mol]$

解答　(1) 解説の網掛け部分を参照
　　　(2) **6.17×10⁻⁴/s**
　　　(3) **6.17×10⁻⁴mol/(L·s)**　(4) **0.185mol**

231 解説　$X \longrightarrow Y$ の反応速度を v，反応物 X の濃度を $[X]$ とすれば，両者の関係は次の反応速度式で表せる。

$$v = k[X]^x\quad (k\ 反応速度定数,\ x\ 反応次数)$$

一般に，反応速度は反応物の濃度，温度，触媒等の影響を受けるが，上式によれば，v に対する反応物の濃度の影響は $[X]^x$ の中に，残る温度と触媒等の影響は

k の中に含まれる。すなわち，k と絶対温度 T と活性化エネルギー E_a との関係は，次の**アレニウスの式**で表される。

$$k = Ae^{-\frac{E_a}{RT}}\ (R\ 気体定数,\ A\ 頻度因子)$$

2 つの温度 T_1，T_2 における反応速度定数を k_1，k_2 とする。アレニウスの式より，

$$k_1 = A \cdot e^{-\frac{E}{RT_1}}\quad \cdots ①$$
$$k_2 = A \cdot e^{-\frac{E}{RT_2}}\quad \cdots ②$$

両辺の自然対数をとると，

$$\log_e k_1 = \log_e A - \frac{E}{RT_1}\quad \cdots ①'$$

$$\log_e k_2 = \log_e A - \frac{E}{RT_2}\quad \cdots ②'$$

②$'$－①$'$ より，

$$\log_e \frac{k_2}{k_1} = \left(\log_e A - \frac{E}{RT_2}\right) - \left(\log_e A - \frac{E}{RT_1}\right)$$

$$= \frac{E}{R}\left(\frac{1}{T_1} - \frac{1}{T_2}\right) = \frac{E}{R}\left(\frac{T_2 - T_1}{T_1 \cdot T_2}\right)$$

題意の　$k_2 = 2k_1$ より，

$$\log_e 2 = \frac{E}{8.3}\left(\frac{310 - 300}{300 \times 310}\right)$$

$$0.69 = \frac{E}{8.3} \times \frac{10}{93000}$$

∴　$E = 53261J/mol \doteqdot 53.3kJ/mol$

解答　**53.3kJ/mol**

参考　**アレニウスの式について**

　反応速度と温度の関係について，アレニウス（スウェーデン）は，1889 年，反応速度定数 k と絶対温度 T の間に次の関係が成り立つことを発見した。この式を**アレニウスの式**という。

$$k = A \cdot e^{-\frac{E}{RT}}\quad \cdots ①$$

①式の両辺の自然対数をとると，②式が得られる。

$$\log_e k = -\frac{E}{RT} + \log_e A\quad \cdots ②$$

②式より，$\log_e k$ は $\dfrac{1}{T}$ に比例することがわかり，x 軸に $\dfrac{1}{T}$，y 軸に $\log_e k$ をプロットすると，そのグラフの傾き $-\dfrac{E}{R}$ から活性化エネルギー E，$\dfrac{1}{T} \to 0$ に外挿した y 軸の値（y 切片）から頻度因子 A（単位時間あたりの反応分子間の衝突回数を表す因子）が求められる。

反応の進行と反応経路図の関係

　反応の進行とエネルギー変化の様子を示した図を**反応経路図**という。反応経路図において，反応の途中にある山の高さ（**活性化エネルギー**）と，反応物と生成物とのエネルギーの差（**反応熱**）の大きさに着目すれば，反応の進行をある程度予想することができる。

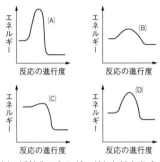

図(A)　活性化エネルギーがかなり大きく，反応速度はかなり小さい。反応熱が大きいので，いったん反応が進行し始めると，反応は完全に進むと予想される。**例** 物質の燃焼など

図(B)　活性化エネルギーがかなり小さいので反応速度は大きい。しかし，反応熱が小さいので，反応は完全には進まないと予想される。**例** カルボン酸とアルコールのエステル化反応など

図(C)　活性化エネルギーが小さいので，反応速度はきわめて大きい。反応熱も大きいので，反応は完全に進むと予想される。**例** 酸と塩基の中和反応

図(D)　活性化エネルギーがやや大きいので，反応速度はやや小さい。反応熱がそれほど大きくないので，反応は完全には進まないと予想される。**例** アンモニアの生成反応など

化学反応の進む方向は

　一般に，高い所にある物体が低い所へ向かって自然に転がるように，エネルギーが減少する方向へ向かう発熱反応は起こりやすい。なぜなら，自然界には，エネルギーの高い状態は不安定で，エネルギーを放出して，(1)エネルギーの低い安定な状態に移ろうとする傾向があるためである。

　一方，多くの固体物質の水への溶解は，吸熱反応であるにも関わらず進行する。自然界には，(2)粒子の散らばり具合い（**エントロピーという**）が大きくなろうとする傾向がある。これは，エントロピーの大きい状態の方が実現する確率が大きいためである。

　化学変化の進行方向には，**エネルギー**と**エントロピー**の２つの要因があり，その兼ね合い

により変化の方向が決まる。(1)，(2)の要因の両方を満たすときは，その変化は自発的に進行し，(1)，(2)の要因のいずれかのみを満たすときは平衡状態に，(1)，(2)の要因をともに満たさないときは，その変化は自発的に進行しない。

　なお，系のエントロピーは単位〔J/(K・mol)〕で表され，構成粒子の物質量と絶対温度に依存する。一方，系のエネルギーは単位〔kJ/mol〕で表され，構成粒子の物質量だけに依存し，絶対温度の影響を受けない。したがって，低温ほどエネルギーの要因による推進力の方が大きく，高温ほどエントロピーの要因による推進力が大きくなる傾向がある。

232 (解説) (1) (i) $[A] = [A]_0 e^{-kt}$

両辺の自然対数をとると，

$$\log_e[A] = \log_e[A]_0 - kt \quad \cdots ①$$

①式に $[A] = \dfrac{[A]_0}{2}$ を代入

$$kt = \log_e[A]_0 - \log_e\dfrac{[A]_0}{2}$$

$$kt = \log_e\dfrac{[A]_0}{\dfrac{[A]_0}{2}} = \log_e 2$$

$$\therefore t = \dfrac{\log_e 2}{k} \quad \cdots ②$$

$$= \dfrac{0.69}{1.0 \times 10^{-2}} = 69〔min〕$$

(ii) ①式に $[A] = \dfrac{[A]_0}{3}$，$[A]_0 = \dfrac{[A]_0}{2}$ を代入

$$kt = \log_e\dfrac{[A]_0}{2} - \log_e\dfrac{[A]_0}{3}$$

$$kt = \log_e\dfrac{\dfrac{[A]_0}{2}}{\dfrac{[A]_0}{3}} = \log_e\dfrac{3}{2}$$

$$\therefore t = \dfrac{\log_e 3 - \log_e 2}{k}$$

$$= \dfrac{1.10 - 0.69}{1.0 \times 10^{-2}} = 41〔min〕$$

(2) ②式より　$t = \dfrac{\log_e 2}{k}$

$$\therefore k = \dfrac{0.69}{5.7 \times 10^3} = 1.21 \times 10^{-4}〔年^{-1}〕$$

①式に $[A] = \dfrac{4}{5}[A]_0$ を代入

$$kt = \log_e[A]_0 - \log_e\dfrac{4}{5}[A]_0$$

$$kt = \log_e\dfrac{[A]_0}{\dfrac{4[A]_0}{5}} = \log_e\dfrac{5}{4}$$

$$\therefore t = \frac{\log_e 5 - \log_e 4}{k} = \frac{\log_e 5 - 2\log_e 2}{k}$$

$$= \frac{1.61 - 1.38}{1.21 \times 10^{-4}} \fallingdotseq 1.9 \times 10^3 \,(\text{年})$$

〈**別解**〉 半減期を x 回繰り返したとすると，

$$\left(\frac{1}{2}\right)^x = \frac{8}{10}$$

両辺の常用対数をとると

$$x\log_{10} 2^{-1} = \log_{10} 8 - \log_{10} 10$$

$$-x\log_{10} 2 = 3\log_{10} 2 - 1$$

$$x = \frac{1 - 3\log_{10} 2}{\log_{10} 2}$$

$$= \frac{1 - 0.90}{0.30} = \frac{1}{3}$$

$$\therefore 5700 \times \frac{1}{3} = 1.9 \times 10^3 \,(\text{年})$$

解答 (1)(i) **69min** (ii) **41min**
(2) **1.2×10^{-4} 年$^{-1}$, 1.9×10^3 年**

参考 **一次反応の速度式(積分型)の求め方**
　$v = k[\text{A}]$ で表される一次反応がある。ある時刻 t における A の瞬間の反応速度 v は A の濃度 $[\text{A}]$ を時間 t で微分した値となり，$[\text{A}]$ の1乗に比例するから，

$$-\frac{d[\text{A}]}{dt} = k[\text{A}]$$

左辺に $[\text{A}]$，右辺に t を変数分離すると，

$$\frac{d[\text{A}]}{[\text{A}]} = -k\,dt$$

$$\int \frac{d[\text{A}]}{[\text{A}]} = \int -k\,dt$$

（$\frac{1}{[\text{A}]}$ を積分すると $\log_e[\text{A}]$ となる）

$$\log_e[\text{A}] = -kt + C \quad (C：積分定数)$$

$t = 0$ のときの A の濃度を $[\text{A}]_0$ とすると，

$$C = \log_e[\text{A}]_0$$

$$\log_e[\text{A}] - \log_e[\text{A}]_0 = -kt$$

$$\log_e \frac{[\text{A}]}{[\text{A}]_0} = -kt$$

$$\frac{[\text{A}]}{[\text{A}]_0} = e^{-kt}$$

$$\therefore [\text{A}] = [\text{A}]_0 e^{-kt}$$

---

20 化学平衡

233 **解説** 可逆反応が平衡状態にあるとき，温度・圧力・濃度などの条件を変化させると，その変化の影響を打ち消す(緩和する)方向へ平衡が移動する。これを，**ルシャトリエの原理**という。ルシャトリエの原理を用いて，平衡移動の向きを考えさせる問題は必出であるから，完璧に理解しておくこと。

　発熱反応では，(反応物のエンタルピー)よりも(生成物のエンタルピー)が減少するので，エンタルピー変化 $\Delta H < 0$ である。吸熱反応では，(反応物のエンタルピー)よりも(生成物のエンタルピー)が増加するので，エンタルピー変化 $\Delta H > 0$ である。

(1) NO の生成は気体の分子数が変化しない反応なので，圧力を変えても，NO の生成量は変化しない。これに該当するのは，(キ), (ク)。
　また，NO の生成は吸熱反応なので，温度の高い T_2 の方がその生成量は増す。したがって，T_1 よりも T_2 が上位にある(ク)が適する。

(2) NH_3 の生成は気体の分子数が減少する反応なので，圧力を高くした方がその生成量は増す。これに該当するのは，(ア), (イ), (オ), (カ)。
　また，NH_3 の生成は発熱反応なので，温度の低い T_1 の方がその生成量は増す。
　したがって T_2 よりも T_1 の方が上位にある(ア), (オ)が該当する。ただし，(オ)は圧力を高くすると，NH_3 の生成量がいくらでも増えるので，不適である。よって，(ア)が適する。

解答 (1) **(ク)** (2) **(ア)**

234 **解説** 炭素 C(固体)の濃度は一定であるから，平衡の移動を考えるときは，これを除外して考えなければならない。

(A) 温度を上げると，その温度上昇を打ち消す(緩和する)吸熱反応の方向(右向き)へ平衡が移動する。

(B) 体積を小さくすると，ボイルの法則より，気体の圧力は増加する。この圧力増加の影響を打ち消す(緩和する)方向，つまり，気体の分子数が減少する方向(左方向)へ平衡が移動する。なお，**固体の炭素**は，常に濃度は一定であるとみなして，平衡の移動を考えるときは，これを除外して考えること。

参考 **ルシャトリエの原理の適用(その1)**
　気体の体積を小さくすると，その体積減少の影響を緩和する方向，つまり，気体の分子数を増加させる方向(右方向)へ平衡が移動すると考えてはいけない。体積，質量などは，反応系の粒子の数に比例する**示量変数**とよばれる。一方，温度，濃度，圧力などは，反応系の粒子

の数によらない**示強変数**とよばれる。ルシャトリエの原理は，厳密には示強変数を変化させた場合にしか成立しない。したがって，「体積の減少」は，「圧力の増加」と読みかえて，ルシャトリエの原理を適用しなければならない。

(C)　ルシャトリエの原理を適用すると，(A)で温度を上げると右向き，(B)で圧力を上げると左向きに移動するという結果となる。本問では，温度の影響が圧力の影響よりも大きければ右向き，その逆ならば左向きへ平衡が移動することになる。この問題文の条件だけでは，温度・圧力のどちらの影響が大きいのかが不明で，平衡の移動の向きは判断できない。

(D)　触媒を加えると，(正反応，逆反応とも)反応速度は大きくなるが，平衡の移動には関係しない。

参考　C(固)を加えた場合の平衡移動
　　C(固)を少量加えた場合，C(固)の濃度増加を緩和する方向(右向き)に平衡が移動するようにみえる。しかし，固体と気体が関係する平衡では，固体は必要な最少量が存在していればよく，C(固)は拡散しないので，その濃度は常に一定で，いくら多く加えても，その濃度は増加しない。よって，平衡は移動しない。

(E)　体積一定でアルゴン(貴ガス)を加える。→「圧力が増す」→「気体分子の数が減少する方向(左向き)に平衡が移動する」と考えてはいけない。圧力の変化で平衡が移動するのは，平衡に関係する気体の分圧が変化したときだけである。

　アルゴンを加えても，体積は一定なので，平衡に関係する気体の圧力(分圧)は変化しない。よって，平衡は移動しない。

(F)　圧力一定になるようにアルゴンを加えていくと，混合気体の体積が増加する。よって，平衡に関係する気体の圧力(分圧)が減少し，その圧力減少を打ち消す(緩和する)方向，すなわち，気体の分子数が増加する方向(右向き)へ平衡が移動する。

解答　(A) (イ)　(B) (ア)　(C) (エ)
　　　　(D) (ウ)　(E) (ウ)　(F) (イ)

235 **[解説]** ある可逆反応 $aA + bB \rightleftarrows xX + yY$ (a, b, x, y は係数)が平衡状態にあるとき，平衡時における各物質の濃度の間には次式が成り立つ。

$$\frac{[X]^x[Y]^y}{[A]^a[B]^b} = K(一定)$$

この関係を**化学平衡の法則(質量作用の法則)**といい，K を**平衡定数**という。温度が一定であれば，反応開始時の各物質の濃度に関係なく，K は一定の値をとる。

(1)　$CH_3COOH + C_2H_5OH \rightleftarrows CH_3COOC_2H_5 + H_2O$
反応前　　1.0　　　　　1.2　　　　　0　　　0 [mol]
平衡時 (1.0−0.80)　(1.2−0.80)　　0.80　0.80 [mol]

反応容器の容積を V [L] とすると，

$$K = \frac{[CH_3COOC_2H_5][H_2O]}{[CH_3COOH][C_2H_5OH]}$$

$$= \frac{\left(\dfrac{0.80}{V}\right)^2}{\left(\dfrac{0.20}{V}\right)\left(\dfrac{0.40}{V}\right)} = 8.0$$

(2)　酢酸エチルが x [mol] 生成して平衡に達したとき，
　　$CH_3COOH + C_2H_5OH \rightleftarrows CH_3COOC_2H_5 + H_2O$
平衡時 (2.0−x)　　(2.0−x)　　　　x　　　x [mol]

平衡定数 K は，　$\dfrac{\left(\dfrac{x}{V}\right)^2}{\left(\dfrac{2.0-x}{V}\right)^2} = 8.0$

左辺が完全平方式なので，両辺の平方根をとる。

$\dfrac{x}{2.0-x} = 2\sqrt{2}$ (負号は捨てる)

∴　$x = 1.47 ≒ 1.5$ [mol]

(3)　与えられたのは酢酸，エタノール，水であり，酢酸エチルだけは与えられていないので，平衡は必ず右向きに移動する。酢酸エチルが x [mol] 生成して平衡状態に達したとすると，
　$CH_3COOH + C_2H_5OH \rightleftarrows CH_3COOC_2H_5 + H_2O$
平衡時 (1.0−x)　　(1.0−x)　　　　　　(2.0+x)
　　　　　　　　　　　　　　　　　　　 [mol]

$$K = \frac{\left(\dfrac{x}{V}\right)\left(\dfrac{2.0+x}{V}\right)}{\left(\dfrac{1.0-x}{V}\right)^2} = 8.0$$

$7x^2 - 18x + 8 = 0$　∴　$(x-2)(7x-4) = 0$

$0 < x < 1$ より，$x = \dfrac{4}{7} = 0.571 ≒ 0.57$ [mol]

解答　(1) **8.0**　(2) **1.5mol**　(3) **0.57mol**

236 **[解説]**　**ルシャトリエの原理**をもとに，平衡が移動する向きを考える。

　NO_2 は赤褐色，N_2O_4 は無色の気体であるので，これらの気体の平衡混合物が，NO_2 側(左向き)に移動すれば赤褐色が濃くなり，N_2O_4 側(右向き)に移動すれば赤褐色が薄くなる。

　$2NO_2(赤褐色) \rightleftarrows N_2O_4(無色)$

(1)　ルシャトリエの原理から，温度を上げると，吸熱反応の向きに平衡が移動する。実験1の結果，高温側の試験管の色が濃くなったことから，高温にすると，NO_2 が増加する向きに平衡が移動することがわかる。このため，NO_2 が生成する向きが吸熱反

応である。したがって，NO_2 から N_2O_4 を生成する反応は発熱反応である。

(2) 圧縮した瞬間は，体積が小さくなるので，NO_2 も N_2O_4 も同じ割合で濃度が大きくなり，混合気体の色が濃くなる。その後，圧縮によって圧力が大きくなったので，気体分子の数が減少する向き（右向き）に平衡が移動し，気体の色はやや薄くなる。しかし，平衡の移動は，外部条件の変化をやわらげるが，もとの状態にまでは戻らないことに留意したい。

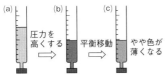

(a) 圧力を高くする　(b) 平衡移動　(c) やや色が薄くなる

> **参考　ルシャトリエの原理の適用（その2）**
> $2NO_2 \rightleftarrows N_2O_4$ $\Delta H = -57\text{kJ}$ の可逆反応に対してルシャトリエの原理を適用するとき，温度が上がると平衡は吸熱方向（左方向）に移動する。一方，加熱によって圧力が増加すると，平衡は気体の分子数が減少する方向（右方向）へ移動するという相反する結果が予想される。しかし，実際には，左方向へ平衡が移動したので，温度上昇の影響がそれに伴って生じる圧力増加の影響を上回っていたことになる。
> 　一般に，加熱による温度上昇という外部条件の変化に対してルシャトリエの原理を適用するのはよいが，加熱に伴って生じた圧力の増加という内部条件の変化に対して，ルシャトリエの原理を適用すると，誤った結論が得られてしまうので，注意が必要である。

(3) 平衡時の各物質のモル濃度は，
$[NO_2] = 0.010\text{(mol/L)}$，$[N_2O_4] = 0.030\text{(mol/L)}$
$$K = \frac{[N_2O_4]}{[NO_2]^2} = \frac{0.030}{0.010^2} = 300\text{(L/mol)}$$

（注意） 平衡定数の式には，必ず，平衡状態にある物質のモル濃度を代入する習慣をつけておく。物質量をそのまま代入しないよう十分に注意したい。なぜなら，$H_2 + I_2 \rightleftarrows 2HI$ のように，両辺の係数和が等しい場合，平衡定数では，反応容器の容積 V の項が消去されるので物質量をそのまま代入しても問題ないが，$2NO_2 \rightleftarrows N_2O_4$ のように，両辺の係数和が等しくない場合，平衡定数には，容積 V の項が消去されずに残るため，物質量をそのまま代入すると，誤った答が得られることになる。十分に留意すること。

解答 (1) 発熱反応　(2) ウ　(3) 3.0×10^2 L/mol

237 **解説** グラフから，低温ほど NH_3 の生成率が大きい。ルシャトリエの原理より，低温にすると平衡は発熱方向へ移動するから，NH_3 の生成反応は発熱反応とわかる。

また，グラフより，高圧にすると NH_3 の生成率が増加することから，平衡は気体の分子数が減少する右方向へ移動する。このように，ルシャトリエの原理によると，NH_3 の生成に関しては，**低温・高圧**の条件が有利なように思われる。しかし，低温（400℃）前後では反応速度が小さく，なかなか平衡に到達しない。一方，高温（600℃～）では短時間に平衡に達するが，NH_3 の生成率がかなり小さくなる。そこで，平衡に不利にならない500℃前後の温度を設定し，反応速度の低下を補うため，四酸化三鉄 Fe_3O_4 などの触媒を用いる。さらに，生じた平衡混合気体を冷却して NH_3 だけを液化させて反応系から除き，未反応の気体を原料気体に循環させ，再び反応を繰り返すことで，NH_3 をより効率的に製造している。この NH_3 の工業的製法を**ハーバー・ボッシュ法**という。

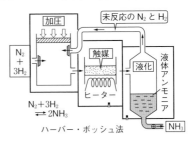

ハーバー・ボッシュ法

⑧ N_2 1mol，H_2 3mol から反応を開始し，NH_3 が $2x$ 〔mol〕生成して平衡に達したとする。

	N_2	$+$	$3H_2$	$\rightleftarrows$	$2NH_3$	
反応前	1mol		3mol		0	合計
平衡時	$(1-x)$		$(3-3x)$		$2x$	$(4-2x)$〔mol〕

グラフより，400℃，5×10^7 Pa で NH_3 の体積百分率は60％である。圧力一定では，気体の**（体積比）＝（物質量比）**の関係が成り立つから，

$$\frac{2x}{4-2x} \times 100 = 60 \quad \therefore \quad x = 0.75\text{(mol)}$$

よって，平衡時の混合気体中の N_2 の体積百分率は，

$$\frac{1-x}{4-2x} \times 100 = \frac{1-0.75}{4-1.5} \times 100 = 10\text{(\%)}$$

解答 ① 発熱　② 下げる　③ 減少　④ 低温　⑤ 高圧　⑥ 反応速度　⑦ 触媒　⑧ **10**

238 **解説** 反応条件の変化による平衡の移動と反応速度の変化を同時に考えさせる良問題である。グラフが横軸に平行になったとき，この反応は平衡状態に達したことを示す。また，平衡状態になるまでのグラフの傾きは，この反応の反応速度の大きさを表す。
反応条件の変化に伴う反応速度の変化と，平衡の移

動は区別して考える必要がある。

(1) 反応速度が増加するので，平衡状態に達する時間が短くなるが，平衡が左へ移動するので，NH_3の生成量は減少する。

(2) 反応速度が減少し，平衡状態に達する時間が長くなる。平衡は右へ移動するので，NH_3の生成量は増加する。

(3) 反応速度が増加し，平衡状態に達する時間が短くなる。平衡も右へ移動するので，NH_3の生成量は増加する。

(4) 反応速度が減少し，平衡状態に達する時間が長くなる。平衡が左へ移動するので，NH_3の生成量は減少する。

(5) 反応速度が増加し，平衡状態に達する時間が短くなる。平衡は移動しないので，NH_3の生成量は変化しない。

解答 (1) **d** (2) **c** (3) **b** (4) **e** (5) **a**

239 解説 (1) HI が 1.20mol 生成したので，H_2，I_2 はそれぞれ 0.60mol ずつ反応したことがわかる。
平衡時の各気体の物質量は，

	H_2	+	I_2	$\rightleftharpoons$	2HI	
平衡前	0.70		1.00		0	(mol)
変化量	-0.60		-0.60		+1.20	(mol)
平衡時	0.10		0.40		1.20	(mol)

反応容器の容積を V(L)とすると，

$$K = \frac{[HI]^2}{[H_2][I_2]} = \frac{\left(\dfrac{1.20}{V}\right)^2}{\left(\dfrac{0.10}{V}\right)\left(\dfrac{0.40}{V}\right)} = 36$$

参考　**平衡定数の導き方（一例）**

$H_2 + I_2 \rightleftharpoons 2HI$　の可逆反応の場合，
正反応の反応速度 $v_1 = k_1[H_2][I_2]$
逆反応の反応速度 $v_2 = k_2[HI]^2$ で表される。
平衡状態では，$v_1 = v_2$ となるから，
$k_1[H_2][I_2] = k_2[HI]^2 \cdots$①
①式を左辺にモル濃度，右辺に速度定数をまとめて整理すると，
$$\frac{[HI]^2}{[H_2][I_2]} = \frac{k_1}{k_2} = K(\text{一定}) \cdots ②$$
この K をこの反応の**平衡定数**といい，温度によってのみ変化する。また，②式で表される関係を**化学平衡の法則**という。

(2) 生成する H_2，I_2 をそれぞれ x(mol)とすると，

	2HI	$\rightleftharpoons$	H_2	+	I_2	
平衡前	2.0		0		0	(mol)
変化量	-2x		+x		+x	(mol)
平衡時	(2.0-2x)		x		x	(mol)

この反応の平衡定数 $\dfrac{1}{K}$ は次式で表される。

$$\frac{1}{K} = \frac{[H_2][I_2]}{[HI]^2}$$　（逆反応の平衡定数は，もとの正

反応の平衡定数 K とは逆数の関係にあり，$\dfrac{1}{36}$ である。）

$$\frac{\left(\dfrac{x}{V}\right)^2}{\left(\dfrac{2.0-2x}{V}\right)^2} = \frac{1}{36}$$

左辺が完全平方式より，両辺の平方根をとると，

$$\frac{x}{2.0-2x} = \frac{1}{6}$$　（負号は捨てる）

$2.0 - 2x = 6x$　∴　$x = 0.25$(mol)

(3) 各物質の任意の濃度を平衡定数の式に代入して得られた計算値を K'，真の平衡定数を K とすると，反応の移動する方向を次のように判断できる。
$K' < K$ のとき，正反応の向きに反応が進む。
$K' = K$ のとき，平衡状態で，平衡は移動しない。
$K' > K$ のとき，逆反応の向きに反応が進む。

解答 (1) **36** (2) H_2 **0.25mol**，I_2 **0.25mol**
(3) 反応容器の容積を V(L)として，与えられた数値を平衡定数の式へ代入すると，

$$K = \frac{[HI]^2}{[H_2][I_2]} = \frac{\left(\dfrac{1.0}{V}\right)^2}{\left(\dfrac{1.0}{V}\right)\left(\dfrac{1.0}{V}\right)} = 1.0$$

この値は，真の平衡定数の **36** より小さいので，この値が大きくなる右方向へ反応が進み，新たな平衡状態となる。

240 解説 (1) 平衡定数 K が大きいということは，平衡に達したとき，生成物の割合が大きいことを示し，活性化エネルギーが大きいこととは無関係である。活性化エネルギーは反応速度に関し，一般に，活性化エネルギーが大きい反応ほど，反応速度は小さいといえる。〔×〕

(2) 温度を変えると，平衡定数 K の値は変化する。吸熱反応の場合，温度を高くすると，平衡は右へ移動し，生成物の割合が多くなるので，平衡定数は大きくなる。
　逆に，発熱反応の場合は，温度を高くすると，平衡は左へ移動し，生成物の割合が少なくなるので，平衡定数は小さくなる。〔×〕

(3) 平衡定数 K の値は，温度によってのみ変化し，濃度，圧力，触媒の有無など，他の条件の変化によっては変化しない。〔×〕

(4) 平衡状態では，**（正反応の速さ）＝（逆反応の速さ）**となり，各物質の濃度が一定に保たれ，反応が止まったように見えているだけであって，すべての反応が完全に停止しているわけではない。〔×〕

(5) 温度を上げると，正反応の速さと逆反応の速さは
ともに大きくなるが，平衡状態では，(正反応の速さ)
＝(逆反応の速さ)が成り立つ。〔〇〕

(6) 温度が一定ならば，反応物の初濃度によらず平衡
定数 K は常に一定である。〔×〕

(7) 触媒を使っても平衡は移動せず，平衡定数 K の
値は変わらない。〔〇〕

解答 (1)× (2)× (3)× (4)× (5)〇 (6)×
(7)〇

241 **解説** (1) 平衡時の各気体の物質量を求めると，

$$N_2O_4 \rightleftharpoons 2NO_2$$

平衡前	1.0	0 〔mol〕
変化量	−0.50	＋1.0 〔mol〕
平衡時	0.50	1.0 〔mol〕

これを平衡定数の式へ代入する。

$$K = \frac{[NO_2]^2}{[N_2O_4]} = \frac{\left(\dfrac{1.0}{5.0}\right)^2}{\dfrac{0.5}{5.0}}$$

$$= \frac{1.0^2}{5.0 \times 0.5} = 0.40 \text{〔mol/L〕}$$

(注意) $H_2 + I_2 \rightleftharpoons 2HI$ の反応のように，両辺の係数和が等
しい場合，平衡定数の式に各物質のモル濃度 $\frac{n}{V}$ で代入
しても，反応容器の体積 V の項が分母・分子で消去さ
れるので，モル濃度の代わりに物質量をそのまま代入して
も平衡定数 K の値は同じである。一方，$N_2O_4 \rightleftharpoons 2NO_2$
の反応のように両辺の係数和が等しくない場合，平衡定数
の式に各物質のモル濃度 $\frac{n}{V}$ を代入したとき，V の項が分
母・分子で消去されずに残るので，必ず，モル濃度で代
入する必要がある。

(2) N_2O_4 1.0 mol のうち，x〔mol〕が反応して平衡状態
になったとする。平衡時の各気体の物質量は，

$$N_2O_4 \rightleftharpoons 2NO_2$$

平衡前	1.0	0 〔mol〕
変化量	−x	＋2x 〔mol〕
平衡時	1.0−x	2x 〔mol〕

これを平衡定数の式へ代入する。(1)と同温なので，
平衡定数 $K = 0.40$ で変化しない。

$$K = \frac{[NO_2]^2}{[N_2O_4]} = \frac{\left(\dfrac{2x}{10}\right)^2}{\dfrac{1.0-x}{10}} = 0.40$$

$$\frac{4x^2}{10(1.0-x)} = 0.40$$

$$x^2 + x - 1 = 0$$

$$x = \frac{-1+\sqrt{5}}{2} \quad (負号を捨てる)$$

$0 < x < 1.0$ より，$x = 0.615$ 〔mol〕
よって，容器内に存在する N_2O_4 の物質量は，
1.0 − 0.615 ＝ 0.385 ≒ 0.39 〔mol〕

解答 (1) **0.40 mol/L** (2) **0.39 mol**

242 **解説** (1) NH_3 が $2x$〔mol〕生成して平衡状
態に達したとすると，

$$N_2 + 3H_2 \rightleftharpoons 2NH_3$$

平衡前	3.0	9.0	0 〔mol〕
変化量	−x	−3x	＋2x 〔mol〕
平衡時	3.0−x	9.0−3x	2x 〔mol〕

全物質量 3.0−x＋9.0−3x＋2x＝(12.0−2x)〔mol〕
圧力一定では，気体の**(体積比)＝(物質量比)**より，

$$\frac{2x}{12.0-2x} \times 100 = 50 \quad \therefore \quad x = 2.0 \text{〔mol〕}$$

よって，平衡時の各気体の物質量は，

N_2 3.0 − 2.0 ＝ 1.0〔mol〕
H_2 9.0 − 3 × 2.0 ＝ 3.0〔mol〕
NH_3 2 × 2.0 ＝ 4.0〔mol〕

(2) 熱化学反応式より，NH_3 2mol が生成すると，
92kJ の発熱がある。NH_3 が 4.0mol 生成したので，

$$92 \times 2 = 184 \approx 1.8 \times 10^2 \text{〔kJ〕}$$

(3) 平衡状態の混合気体に $PV = nRT$ を適用して，

$$4.0 \times 10^7 \times V = 8.0 \times 8.3 \times 10^3 \times 723$$

$$\therefore \quad V = 1.20 \approx 1.2 \text{〔L〕}$$

(4) (1), (3)のデータを平衡定数の式に代入する。

$$K = \frac{[NH_3]^2}{[N_2][H_2]^3}$$

$$K = \frac{\left(\dfrac{4.0}{1.20}\right)^2}{\left(\dfrac{1.0}{1.20}\right)\left(\dfrac{3.0}{1.20}\right)^3} = \frac{4.0^2 \times 1.20^2}{1.0 \times 3.0^3}$$

$$= 0.853 \approx 0.85 \text{〔(L/mol)}^2\text{〕}$$

$\left(\begin{array}{l}\text{両辺の係数和が等しくないときは，平衡定数では体積 }V\text{ の}\\\text{項は消去されずに残ることに留意せよ。}\end{array}\right)$

解答 (1) N_2 **1.0mol**，H_2 **3.0mol**，NH_3 **4.0mol**
(2) **1.8×10²kJ** (3) **1.2L**
(4) **0.85 (L/mol)²**

243 **解説** (1) 全圧が 1.0×10^5 Pa で，CO の体
積百分率が 40%，C(固)の体積は無視できるので，
残る 60% が CO_2 の体積百分率である。よって，
CO の分圧 4.0×10^4 Pa
CO_2 の分圧 6.0×10^4 Pa

モル濃度の代わりに気体の分圧で表した平衡定数
を，**圧平衡定数** K_p という。
$aA + bB \rightleftharpoons cC + dD$ (a, b, c, d は係数)
平衡時の各気体の分圧を p_A, p_B, p_C, p_D とすると，
$$K_p = \frac{p_C{}^c \cdot p_D{}^d}{p_A{}^a \cdot p_B{}^b}$$ が成り立つ。

本問の反応においても，固体成分 C(固)の圧力は
非常に小さく，常に一定とみなせるので，圧平衡定
数 K_p の式には含めないこと。

$$K_p = \frac{(p_{CO})^2}{p_{CO_2}} = \frac{(4.0 \times 10^4)^2}{6.0 \times 10^4} = 2.66 \times 10^4$$

$$\fallingdotseq 2.7 \times 10^4 \text{[Pa]}$$

(2) 圧平衡定数 K_p に対し，モル濃度で表した平衡定数を，**濃度平衡定数 K_c** または，単に**平衡定数 K** という。容器内に存在する CO，CO_2 の物質量をそれぞれ n，n' とおくと，気体の状態方程式 $PV = nRT$ より，

$$4.0 \times 10^4 \times 1.0 = n \times 8.3 \times 10^3 \times 900$$

$$\therefore \quad n \fallingdotseq 5.35 \times 10^{-3} \text{[mol]}$$

$$6.0 \times 10^4 \times 1.0 = n' \times 8.3 \times 10^3 \times 900$$

$$\therefore \quad n' \fallingdotseq 8.03 \times 10^{-3} \text{[mol]}$$

$$K = K_c = \frac{[CO]^2}{[CO_2]} = \frac{\left(\frac{5.35 \times 10^{-3}}{1.0}\right)^2}{\left(\frac{8.03 \times 10^{-3}}{1.0}\right)}$$

$$= 3.56 \times 10^{-3} \fallingdotseq 3.6 \times 10^{-3} \text{[mol/L]}$$

〈別解〉　気体の状態方程式を用いて K_p と K_c を互いに変換することができる。すなわち，

$$p_{CO} = \frac{n_{CO}}{V}RT = [CO]RT$$

$$p_{CO_2} = \frac{n_{CO_2}}{V}RT = [CO_2]RT$$

$$K_p = \frac{(p_{CO})^2}{p_{CO_2}} = \frac{[CO]^2(RT)^2}{[CO_2](RT)} = K_c RT$$

$$\therefore \quad K_c = \frac{K_p}{RT} = \frac{2.66 \times 10^4}{8.3 \times 10^3 \times 900}$$

$$\fallingdotseq 3.56 \times 10^{-3} \text{[mol/L]}$$

解答　(1) CO の分圧　**4.0×10⁴Pa**
　　　　CO₂ の分圧　**6.0×10⁴Pa**
　　　　圧平衡定数　**2.7×10⁴Pa**
　　　(2) **3.6×10⁻³mol/L**

244 解説　(1) ある物質が可逆的に分解することを**解離**といい，物質がどの程度，解離したかを示す割合を**解離度**という。
　たとえば，C[mol] の N_2O_4 の一部が解離し，その解離度を α とすると，

$$N_2O_4 \quad \rightleftharpoons \quad 2NO_2$$

平衡時　$C(1-\alpha)$　　　$2C\alpha$　　[mol]

全物質量は，$C(1-\alpha) + 2C\alpha = C(1+\alpha)$ [mol]
N_2O_4 の解離が 0.20 だから，
平衡時の N_2O_4　$1.0 \times (1-0.20) = 0.80$ [mol]
平衡時の NO_2　$2 \times 1.0 \times 0.20 = 0.40$ [mol]
反応容器の容積は 10L だから，

$$K_c = \frac{[NO_2]^2}{[N_2O_4]} = \frac{\left(\frac{0.40}{10}\right)^2}{\left(\frac{0.80}{10}\right)} = 2.0 \times 10^{-2} \text{[mol/L]}$$

(2) 気体の状態方程式 $PV = nRT$ より，

$$P \times 10 = (0.80 + 0.40) \times 8.3 \times 10^3 \times 320$$

$$\therefore \quad P = 3.18 \times 10^5 \fallingdotseq 3.2 \times 10^5 \text{[Pa]}$$

(3) 平衡時の N_2O_4 と NO_2 の物質量比は，(1)より，
$N_2O_4 : NO_2 = 0.80 : 0.40 = 2 : 1$ だから，

$$K_p = \frac{(p_{NO_2})^2}{p_{N_2O_4}} = \frac{\left(3.18 \times 10^5 \times \frac{1}{3}\right)^2}{\left(3.18 \times 10^5 \times \frac{2}{3}\right)} = 5.30 \times 10^4 \text{[Pa]}$$

〈別解〉　$p_{NO_2} = \dfrac{n_{NO_2}}{V}RT = [NO_2]RT$

$$p_{N_2O_4} = \frac{n_{N_2O_4}}{V}RT = [N_2O_4]RT$$

$$K_p = \frac{(p_{NO_2})^2}{p_{N_2O_4}} = \frac{[NO_2]^2(RT)^2}{[N_2O_4]RT} = K_c RT$$

$$K_p = K_c RT = 2.0 \times 10^{-2} \times 8.3 \times 10^3 \times 320$$

$$= 5.31 \times 10^4 \fallingdotseq 5.3 \times 10^4 \text{[Pa]}$$

(4) 新しい平衡状態での N_2O_4 の解離度を α とすると，
（最初，N_2O_4 は 1.0 mol あったとする）

$$N_2O_4 \quad \rightleftharpoons \quad 2NO_2$$

平衡時　$1.0(1-\alpha)$　　　$1.0 \times 2\alpha$　[mol]

$$K = \frac{\left(\frac{2\alpha}{100}\right)^2}{\left(\frac{1-\alpha}{100}\right)} = \frac{4\alpha^2}{(1-\alpha) \times 100} = 2.0 \times 10^{-2}$$

$$\therefore \quad 2\alpha^2 + \alpha - 1 = 0 \quad (2\alpha - 1)(\alpha + 1) = 0$$

$$\alpha > 0 \text{ より，} \quad \alpha = 0.50$$

解答　(1) **2.0×10⁻²mol/L**　(2) **3.2×10⁵Pa**
　　　(3) **5.3×10⁴Pa**　(4) **0.50**

参考　**反応式と平衡定数の関係**
1000K における NO の生成反応

$$N_2 + O_2 \rightleftharpoons 2NO \quad \cdots ①$$

の平衡定数を $K = 2.5 \times 10^{-9}$ とする。
同じ反応を，

$$\frac{1}{2}N_2 + \frac{1}{2}O_2 \rightleftharpoons NO \quad \cdots ②$$

で表したとき，②式の平衡定数 K' はいくらになるだろうか。

①式の　$K = \dfrac{[NO]^2}{[N_2][O_2]}$

②式の　$K' = \dfrac{[NO]}{[N_2]^{\frac{1}{2}}[O_2]^{\frac{1}{2}}} = \sqrt{K}$

よって，$K' = \sqrt{2.5 \times 10^{-9}} = \sqrt{25 \times 10^{-10}}$
$$= 5.0 \times 10^{-5} \text{（単位なし）}$$

　このように，同じ反応であっても反応式の与え方によって平衡定数の値は異なる。したがって，問題文に与えられた反応式に従い平衡定数を求める必要がある。

21 電解質水溶液の平衡

245 [解説] 一般に, 弱酸・弱塩基などの弱電解質の水溶液中では, その一部が電離し, 未電離の電解質と電離によって生じたイオンとの間で平衡状態となる。このような平衡を**電離平衡**という。この電離平衡についても, **ルシャトリエの原理**を利用して, 平衡移動の方向を知ることができる。このとき, 共通イオンと水の存在に注意しなければならない。

(1) 酢酸ナトリウムを加えると, 電離して Na^+ と CH_3COO^- が生じ, 水溶液中の CH_3COO^- が増加する。この CH_3COO^- を減少させる方向(左方向)に平衡が移動する。

このように, 電解質の電離平衡に関係するイオン(**共通イオン**という)を含む電解質を加えると, 平衡の移動が起こり, 電解質の電離度や溶解度などが減少する。この現象を**共通イオン効果**という。

(2) $NaCl$ を加えると, 電離して Na^+ と Cl^- を生じるが, いずれも酢酸の電離平衡に関係しないので, 平衡は移動しない。

(3) $CH_3COOH \rightleftarrows CH_3COO^- + H^+$ において, H^+ は実際はオキソニウムイオン H_3O^+ を表しているので, 正しい電離式は次の通りである。

$$CH_3COOH + H_2O \rightleftarrows CH_3COO^- + H_3O^+$$

よって, 水を加えると, H_2O を減少させる方向(右方向)へ平衡は移動する。すなわち, 酢酸(弱酸)は, 水で薄めるほど, 電離度は大きくなる。これは, 弱酸分子に対して水分子が多くなると, 弱酸分子が H^+ を放出して, オキソニウムイオン H_3O^+ が生成しやすくなるためと考えられる。

縦軸: 電離度 α 0　0.2　0.4　0.6
横軸: 濃度[mol/L] 0.05　0.1

> **参考** 酢酸を水で薄めたときの電離平衡の移動
> 酢酸を水で10倍に薄めた瞬間を考えると, $[CH_3COOH]$, $[CH_3COO^-]$, $[H^+]$ がいずれも $\frac{1}{10}$ になる。これを電離定数の式 $\dfrac{[CH_3COO^-][H^+]}{[CH_3COOH]}$ に代入すると, 計算値は K_a の $\frac{1}{10}$ となる。これが真の電離定数 K_a に等しくなるためには, $[CH_3COOH]$ が減り, $[CH_3COO^-]$ と $[H^+]$ が増える方向, つまり右向きに平衡が移動する必要がある。

(4) 塩酸 HCl を加えると, 共通イオンである H^+ が増加する。この H^+ の増加を緩和するために, 左に移動する。

(5) 水酸化ナトリウム $NaOH$ の固体を加えると, 水溶液に溶けて電離する。このとき生じた OH^- が H^+ と中和するために, H^+ が減少する。この H^+ の減少を緩和するために, 平衡は右に移動する。

[解答] (1) 左 (2) 移動しない (3) 右 (4) 左 (5) 右

246 [解説] 酸の水溶液の場合, 水素イオン濃度 $[H^+]$ を求め, $pH = -\log[H^+]$ の公式を用いて pH を計算する。塩基の水溶液の場合, 最初に求まるのは水酸化物イオン濃度 $[OH^-]$ であるから, これを, **水のイオン積** $K_w = [H^+][OH^-] = 1.0 \times 10^{-14} (mol/L)^2$ の関係から $[H^+]$ に直した後に, pH を計算する。

(1) $Ba(OH)_2$ 水溶液のモル濃度は, 500mL = 0.50L で,

$$\frac{0.010}{0.50} = 0.020 [mol/L]$$

水酸化バリウムは2価の強塩基だから, 電離度は1.0
$[OH^-] = $ 塩基の濃度×価数×電離度 より,

$$[OH^-] = 0.020 \times 2 \times 1.0 = 4.0 \times 10^{-2} [mol/L]$$

水のイオン積の公式より,

$$[H^+] = \frac{K_w}{[OH^-]} = \frac{1.0 \times 10^{-14}}{4.0 \times 10^{-2}} = \frac{10^{-12}}{2^2} [mol/L]$$

$$pH = -\log_{10}(10^{-12} \times 2^{-2}) = 12 + 2\log_{10} 2 = 12.6$$

> **参考** 常用対数の計算規則
> 〔1〕 $\log_{10} 10 = 1$, $\log_{10} 10^a = a$,
> $\log_{10} 1 = 0$
> 〔2〕 $\log_{10}(a \times b) = \log_{10} a + \log_{10} b$
> 〔3〕 $\log_{10}(a \div b) = \log_{10} a - \log_{10} b$

〈別解〉 塩基の水溶液の pH を求めるのに, **水酸化物イオン指数 pOH** を用いる方法がある。

$[OH^-] = 1.0 \times 10^{-n} mol/L$ のとき, $pOH = n$,

つまり, $pOH = -\log_{10}[OH^-]$
水のイオン積 $[H^+][OH^-] = 1.0 \times 10^{-14} (mol/L)^2$ より, 両辺の常用対数をとり, さらに -1 をかけると,

$$\log_{10}[H^+][OH^-] = \log_{10} 10^{-14}$$
$$\log_{10}[H^+] + \log_{10}[OH^-] = -14$$
$$-(\log_{10}[H^+] + \log_{10}[OH^-]) = 14$$
$$\therefore \quad pH + pOH = 14$$

この関係から, 簡単に pH を求めることができる。
$$pOH = -\log_{10}(2^2 \times 10^{-2}) = -2\log_{10} 2 + 2 = 1.4$$
$pH + pOH = 14$ より, $pH = 14 - 1.4 = 12.6$

(2) 混合水溶液の pH を求めるときは, 液性を見極めることが大切である。酸性ならば, $[H^+]$ を求めると, すぐに pH が求まる。塩基性ならば, $[OH^-]$ を求め, K_w を使って $[H^+]$ に直してから pH を求める。

酸の出す H^+ $\quad 0.10 \times \dfrac{150}{1000} = \dfrac{15}{1000} [mol]$ ⋯①

塩基の出す OH^- $\quad 0.10 \times \dfrac{100}{1000} = \dfrac{10}{1000} [mol]$ ⋯②

①＞②より，混合水溶液は酸性を示す。

①－②より，残ったH$^+$の物質量を求めると，

$$H^+ \quad \frac{15}{1000} - \frac{10}{1000} = \frac{5.0}{1000} [mol]$$

これが混合水溶液 150 ＋ 100 ＝ 250〔mL〕中に含まれるから，モル濃度にするには，溶液1L あたりに換算する。

$$[H^+] = \frac{5.0}{1000} \times \frac{1000}{250} = 2.0 \times 10^{-2} [mol/L]$$

$$pH = -\log_{10}(2.0 \times 10^{-2}) = -\log_{10}2 + 2 = 1.7$$

(3) **硫酸は2価の強酸**だから，電離度は1.0。
[H$^+$]＝酸の濃度×価数×電離度より，

$$[H^+] = 3.0 \times 10^{-3} \times 2 \times 1.0 = 6.0 \times 10^{-3} [mol/L]$$

$$pH = -\log_{10}(6.0 \times 10^{-3}) = -\log_{10}(2 \times 3 \times 10^{-3})$$
$$= -\log_{10}2 - \log_{10}3 + 3 = 2.22 \doteq 2.2$$

(4)　pH = 1.0 の塩酸は，[H$^+$] = 1.0 × 10^{-1}[mol/L]
　　　pH = 4.0 の塩酸は，[H$^+$] = 1.0 × 10^{-4}[mol/L]
混合溶液中での H$^+$ の物質量は，

$$1.0 \times 10^{-1} \times \frac{100}{1000} + \underbrace{1.0 \times 10^{-4} \times \frac{100}{1000}}_{\text{(無視できるほど小)}} \doteq \frac{10}{1000} [mol]$$

これが混合溶液 200mL 中に含まれるから，モル濃度にするには，溶液1L あたりに換算する。

$$[H^+] = \frac{10}{1000} \times \frac{1000}{200} = \frac{10^{-1}}{2} [mol/L]$$

$$pH = -\log_{10}\left(\frac{10^{-1}}{2}\right) = 1 + \log_{10}2 = 1.3$$

> **参考**　pH=4.0の塩酸は，pH=1.0の塩酸に比べてかなり薄いため，pH=1.0の塩酸に同量の純水を加えた場合とほとんど同じ結果となる。つまり，混合溶液の体積が増加した分だけ，pH=1.0の塩酸の濃度が薄くなったと考えられる。

解答 (1) **12.6**　(2) **1.7**　(3) **2.2**　(4) **1.3**

247 [解説]　酢酸水溶液の電離平衡において，電離度と電離定数の関係は次のようになる。

(1)　濃度 C〔mol/L〕の酢酸の電離度を α とおくと，平衡時の各成分の濃度は，次のようになる。

$$CH_3COOH \rightleftharpoons CH_3COO^- + H^+$$

平衡時　$C(1-\alpha)$ 　　$C\alpha$ 　　$C\alpha$ 　〔mol/L〕

$$\therefore \quad K_a = \frac{[CH_3COO^-][H^+]}{[CH_3COOH]}$$

$$= \frac{C\alpha \cdot C\alpha}{C(1-\alpha)} = \frac{C\alpha^2}{1-\alpha}$$

酢酸水溶液の濃度がよほど薄くない限り $\alpha \ll 1$ なので，$1 - \alpha \doteq 1$ と近似できる。

$$\therefore \quad K_a = C\alpha^2, \quad \alpha = \sqrt{\frac{K_a}{C}} \quad \cdots ①$$

$$[H^+] = C\alpha = C \times \sqrt{\frac{K_a}{C}} = \sqrt{CK_a} \quad \cdots ②$$

以上の式の誘導はきわめて重要であるから，何度も練習をしておくこと。

①式に，$C = 0.040$mol/L，$\alpha = 0.026$ を代入。
$$K_a = C\alpha^2 = 0.040 \times (2.6 \times 10^{-2})^2$$
$$= 2.70 \times 10^{-5} \doteq 2.7 \times 10^{-5} [mol/L]$$

(2)　②式に $C = 0.010$mol/L，$K_a = 2.70 \times 10^{-5}$mol/L を代入して，

$$[H^+] = \sqrt{0.010 \times 2.70 \times 10^{-5}} = \sqrt{27 \times 10^{-8}} [mol/L]$$

$$pH = -\log_{10}(3^{\frac{3}{2}} \times 10^{-4}) = -\frac{3}{2}\log_{10}3 + 4$$

$$= 3.28 \doteq 3.3$$

解答 (1) **2.7 × 10^{-5}mol/L** (2) **3.3**

248 [解説]　アンモニア水の電離平衡において，電離度と電離定数の関係は次のようになる。

(1)　アンモニア水の濃度を C〔mol/L〕，電離度を α とすると，水溶液中の各成分の濃度は次のようになる。

$$NH_3 + H_2O \rightleftharpoons NH_4^+ + OH^-$$

平衡時　$C(1-\alpha)$ 　　　$C\alpha$ 　$C\alpha$ 　〔mol/L〕

したがって，アンモニアの電離定数 K_b は次のように表される。

$$K_b = \frac{[NH_4^+][OH^-]}{[NH_3]} = \frac{C\alpha \times C\alpha}{C(1-\alpha)} = \frac{C\alpha^2}{1-\alpha}$$

アンモニア水の濃度がよほど薄くない限り $\alpha \ll 1$ なので，$1 - \alpha \doteq 1$ と近似できる。

$$\therefore \quad K_b = C\alpha^2, \quad \alpha = \sqrt{\frac{K_b}{C}}$$

$$\therefore \quad [OH^-] = C\alpha = C \times \sqrt{\frac{K_b}{C}} = \sqrt{CK_b}$$

> **参考**　NH$_3$ の電離定数 K_b を表す場合，[H$_2$O]は K_b に含まれることに注意する。
> $$NH_3 + H_2O \rightleftharpoons NH_4^+ + OH^-$$
> の電離平衡において，化学平衡の法則により，
> $$\frac{[NH_4^+][OH^-]}{[NH_3][H_2O]} = K(一定)$$
> [H$_2$O]はアンモニア水中における水のモル濃度であるが，NH$_3$ の電離のために消費される分は非常に少ないので，[H$_2$O]＝一定と考えてよい。K[H$_2$O]を K_b とおくと，NH$_3$ の電離定数は次式のようになる。
> $$K_b = \frac{[NH_4^+][OH^-]}{[NH_3]}$$

(2)　アンモニア水のモル濃度 C は，

$$C = \frac{\frac{1.12}{22.4} \text{mol}}{0.250L} = 0.20 [mol/L]$$

249

$[OH^-] = C\alpha = C\sqrt{\dfrac{K_b}{C}} = \sqrt{CK_b}$

上式へ，各数値を代入して，

$[OH^-] = \sqrt{0.20 \times 2.3 \times 10^{-5}} = \sqrt{2.3 \times 10^{-6}}$

$pOH = -\log_{10}(2.3^{\frac{1}{2}} \times 2^{\frac{1}{2}} \times 10^{-3})$

$\qquad = -\dfrac{1}{2}\log_{10}2.3 - \dfrac{1}{2}\log_{10}2 + 3 = 2.67$

$pH + pOH = 14$ より，

$pH = 14 - 2.67 = 11.33 \fallingdotseq 11.3$

解答 (1) (エ) (2) **11.3**

249 解説 (ア) 強酸の電離度は，その濃度の大小によらずほぼ 1 で変わらない。しかし，弱酸の電離度は，酸の濃度が薄くなるほど大きくなる(下図参照)。この関係を式で表すと，

$\alpha = \sqrt{\dfrac{K_a}{C}}\quad \begin{pmatrix} C：弱酸の濃度 \\ K_a：電離定数 \end{pmatrix}$

この関係を，**オストワルトの希釈律**という。

K_a は酸の種類と温度によって決まり，酸の濃度によらない定数で，**酸の電離定数**とよばれる。

$C \to$ ⑰ になるほど，$\alpha \to$ ㉑ となる。〔×〕

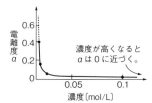

濃度が高くなると α は 0 に近づく。

酢酸の濃度と電離度の関係

(イ) 電離度が大きく，その値が 1 に近い酸・塩基が**強酸・強塩基**である。電離度が小さく，その値が 1 よりもかなり小さい酸・塩基が**弱酸・弱塩基**である。〔○〕

(ウ) 多価の弱酸の電離では，1 段目より 2 段目……になるほど電離度は小さくなる。これは，第一電離が中性分子からの H^+ の電離であるのに対し，第二電離は陰イオンからの H^+ の電離のため，静電気力がはたらき，H^+ が電離しにくくなるためである。〔×〕

(エ) C〔mol/L〕の酢酸の電離度を α とすると，

$CH_3COOH \rightleftharpoons CH_3COO^- + H^+$
平衡時 $C(1-\alpha)$　　　　$C\alpha$　　　$C\alpha$ 〔mol/L〕

したがって，$[H^+] = C\alpha$〔mol/L〕〔○〕

(オ) $H_2SO_4 \rightleftharpoons 2H^+ + SO_4^{2-}$ と電離する。

係数比は $H_2SO_4：H^+ = 1：2$ より，

$[H^+] = 0.14mol/L$ ということは，電離した $[H_2SO_4]$ は 0.070mol/L である。

電離度 $\alpha = \dfrac{電離した\ H_2SO_4\ の濃度〔mol/L〕}{溶解した\ H_2SO_4\ の濃度〔mol/L〕}$

$\alpha = \dfrac{0.070}{0.10} = 0.70$ 〔×〕

(カ) $pH = 2$ は，$[H^+] = 1.0 \times 10^{-2}mol/L$ である。一方，$pH = 12$ は，$[H^+] = 1.0 \times 10^{-12}mol/L$，すなわち，

$[OH^-] = \dfrac{K_w}{[H^+]} = \dfrac{1.0 \times 10^{-14}}{1.0 \times 10^{-12}} = 1.0 \times 10^{-2}〔mol/L〕$

である。よって，濃度・価数の等しい強酸と強塩基の水溶液を等体積ずつ混合すると，完全に中和し，$pH = 7$(中性)の水溶液になる。〔○〕

(キ) $pH = 2$ の塩酸の $[H^+]$ は $1.0 \times 10^{-2}mol/L$ である。これを水で 100 倍に薄めると $[H^+]$ は $1.0 \times 10^{-4}mol/L$ になる。

したがって，薄めた塩酸の水溶液の pH は，

$pH = -\log_{10}(1.0 \times 10^{-4}) = 4$ である。〔○〕

(このように，強酸を水で 10 倍に薄めるごとに，pH は 1 ずつ大きくなる。)

(ク) $pH = 5$ の塩酸の $[H^+]$ は $1.0 \times 10^{-5}mol/L$ である。これを水で 1000 倍に薄めると，$[H^+]$ は $1.0 \times 10^{-8}mol/L$ になり，$pH = 8$ になるように思える。

しかし，酸の濃度がきわめて薄くなると，水の電離による H^+ の影響が無視できなくなる。

つまり，水の電離により生じた H^+ により，水溶液の **pH は純水の 7 に限りなく近づくだけである**(酸をいくら水で薄めても，pH が 7 を超えて塩基性になることはない。下図参照)。〔×〕

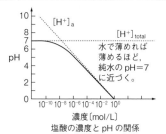

水で薄めれば薄めるほど，純水の pH=7 に近づく。

塩酸の濃度と pH の関係

(ケ) 水溶液の pH は，通常，$0 \leqq pH \leqq 14$ の範囲で使用される。しかし，10mol/L の塩酸の pH を求めてみると，$pH = -\log_{10}10^1 = -1$ となる。

10mol/L の NaOH 水溶液の場合，

$pOH = -\log_{10}10^1 = -1$

$pH + pOH = 14$ より，$pH = 14 - (-1) = 15$ となり，濃厚な酸，塩基の水溶液では，pH の値が上記の範囲を超えてしまうことがある。〔×〕

解答 (イ)，(エ)，(カ)，(キ)

250 解説　(1) pH から $[H^+]$ を求めるときは，$[H^+]$ = 10^{-pH} としたのち，指数部分を整数と小数部分に分解して計算すればよい。

$[H^+] = 10^{-pH}$ より，

$[H^+] = 10^{-9.7}$ (mol/L) とおける。

$[H^+] = 10^{-10+0.30} = 1.0 \times 10^{-10} \times 10^{0.30}$ (mol/L)

$10^{0.30} = x$ とおき，両辺の常用対数をとると，

$\log_{10}10^{0.30} = \log_{10}x$

$0.30 = \log_{10}x$　よって　$x = 2.0$

∴　$[H^+] = 2.0 \times 10^{-10}$ (mol/L)

$[OH^-] = \dfrac{K_w}{[H^+]} = \dfrac{1.0 \times 10^{-14}}{2.0 \times 10^{-10}}$

$= 0.50 \times 10^{-4} = 5.0 \times 10^{-5}$ (mol/L)

(2) H^+ の物質量と OH^- の物質量の過不足を調べ，その多い方のモル濃度から pH を求めていく。

H^+ の物質量　$0.0800 \times \dfrac{70.0}{1000} = \dfrac{5.60}{1000}$ (mol)

OH^- の物質量　$0.0400 \times \dfrac{130}{1000} = \dfrac{5.20}{1000}$ (mol)

H^+ の方が $\dfrac{0.40}{1000}$ mol だけ過剰で，これが混合した溶液 200mL 中に含まれる。モル濃度にするには，溶液 1L あたりに換算する。

$[H^+] = \dfrac{0.40}{1000} \times \dfrac{1000}{200} = 2.0 \times 10^{-3}$ (mol/L)

よって，pH $= -\log_{10}(2.0 \times 10^{-3})$

$= -(\log_{10}2.0 \cdot \log_{10}10^{-3})$

$= -\log_{10}2 + 3 = -0.30 + 3 = 2.7$

(3) 混合溶液は pH = 12（塩基性）なので，加えた酸の H^+ はすべて中和され，塩基の OH^- が過剰になっている。NaOH 水溶液を x (mL) 加えたとすると，

H^+ の物質量　$0.10 \times \dfrac{10.0}{1000} = \dfrac{1.0}{1000}$ (mol)

OH^- の物質量　$0.10 \times \dfrac{x}{1000} = \dfrac{0.10x}{1000}$ (mol)

残った OH^-　$\left(\dfrac{0.10x}{1000} - \dfrac{1.0}{1000}\right)$ (mol)

これが，混合溶液 $(10 + x)$ (mL) 中に含まれる。モル濃度にするには，溶液 1L あたりに換算する。

$[OH^-] = \left(\dfrac{0.10x - 1.0}{1000}\right) \times \dfrac{1000}{10 + x}$

$= \dfrac{0.10x - 1.0}{10 + x}$ (mol/L)

pH = 12 は，$[H^+] = 1.0 \times 10^{-12}$ mol/L

水のイオン積より，$[OH^-] = 1.0 \times 10^{-2}$ mol/L。

よって，$\dfrac{0.10x - 1.0}{10 + x} = 1.0 \times 10^{-2}$

これを解くと，$x = 12.22 \fallingdotseq 12.2$ (mL)

(4) きわめて薄い酸の水溶液では，酸の電離で生じた H^+ とともに，水の電離で生じた H^+ の存在もあわせて考えなければならない。これは，酸の濃度がきわめて薄くなると，水の電離平衡 $H_2O \rightleftharpoons H^+ + OH^-$ が右へ移動して，酸の電離で生じた H^+ に比べて，水の電離で生じた H^+ の方が多くなるからである。したがって，全水素イオン濃度 $[H^+]_{total}$ は，HCl の電離で生じた $[H^+]_a = 1.0 \times 10^{-7}$ (mol/L) と，水の電離で生じた $[H^+]_{H_2O} = x$ (mol/L) の和である。

$H_2O \rightleftharpoons H^+ + OH^-$

一定　　x　　x (mol/L)

$[H^+]_{total} = (1.0 \times 10^{-7} + x)$ (mol/L)

一方，水酸化物イオンは，水の電離で生じたものだけである。

$[OH^-]_{H_2O} = x$ (mol/L)

これを，水のイオン積 $[H^+][OH^-] = 1.0 \times 10^{-14}$ へ代入すると，

$(1.0 \times 10^{-7} + x) \times x = 1.0 \times 10^{-14}$

$x^2 + 10^{-7}x - 10^{-14} = 0$

$x > 0$ を考慮すると，解の公式より，

$x = \dfrac{-10^{-7} + \sqrt{10^{-14} + 4 \times 10^{-14}}}{2}$

$= \dfrac{-10^{-7} + \sqrt{5 \times 10^{-14}}}{2}$

$= \dfrac{-10^{-7} + 2.2 \times 10^{-7}}{2} = 0.6 \times 10^{-7}$

よって，$[H^+]_{total} = 1.0 \times 10^{-7} + 0.6 \times 10^{-7}$

$= 1.6 \times 10^{-7} = 16 \times 10^{-8}$ (mol/L)

pH $= -\log_{10}(2^4 \times 10^{-8})$

$= 8 - 4\log_{10}2 = 6.8$

解答　(1) **5.0×10^{-5}mol/L**

(2) **2.7**　　(3) **12.2mL**　(4) **6.8**

251 解説　硫化水素の電離平衡は次式で表される。

$H_2S \rightleftharpoons 2H^+ + S^{2-}$　…①

酸性が強くなると，①式の平衡は左へ移動して $[S^{2-}]$ は小さくなる。

塩基性が強くなると，①式の平衡は右へ移動して $[S^{2-}]$ は大きくなる。

硫化物 (MS) のように，水に難溶性の塩が水中で飽和溶液の状態にあるとき，沈殿とわずかに電離したイオンの間に，$MS(固) \rightleftharpoons M^{2+} + S^{2-}$ のような**溶解平衡**が成立し，その平衡定数は次式で表される。

$K = \dfrac{[M^{2+}][S^{2-}]}{[MS(固)]}$

ただし，$[MS(固)]$ のように，固体の濃度は常に一定とみなせるので，これを K にまとめると，

$[M^{2+}][S^{2-}] = K_{sp}$

この K_{sp} を塩 MS の**溶解度積**といい，水に溶けにくい塩ほど小さな値をとる。

　ある難溶性の塩が水中で沈殿するかどうかは，各イオンの濃度の積が溶解度積より大きいか小さいかで判断できる。すなわち，

　$[M^{2+}][S^{2-}] > K_{sp}$　ならば，沈殿を生じる。

　$[M^{2+}][S^{2-}] \leqq K_{sp}$　ならば，沈殿を生じない。

　CuS の溶解度積は，FeS の溶解度積に比べてかなり小さいので，$[S^{2-}]$ の小さい酸性溶液中でも，$[Cu^{2+}][S^{2-}]$ の値が CuS の K_{sp} を上回り，CuS の沈殿を生じる。しかし，$[Fe^{2+}][S^{2-}]$ の値は FeS の K_{sp} に達せず，FeS は沈殿しない。

　溶液の pH を上げていくと，$[S^{2-}]$ がしだいに大きくなる。すると，$[Fe^{2+}][S^{2-}]$ の値が FeS の K_{sp} を上回り，FeS の沈殿を生じるようになる。このように，2種類以上の金属イオンを溶解度の小さいものから順に，別々の沈殿として分離する操作を**分別沈殿**という。

(1) FeS が沈殿するための $[S^{2-}]$ を x〔mol/L〕とおく。

$[Fe^{2+}][S^{2-}] = 1.0 \times 10^{-2} \times x > 1.0 \times 10^{-16}$

∴　$x > 1.0 \times 10^{-14}$〔mol/L〕

CuS が沈殿するための $[S^{2-}]$ を y〔mol/L〕とおく。

$[Cu^{2+}][S^{2-}] = 1.0 \times 10^{-2} \times y > 6.0 \times 10^{-30}$

∴　$y > 6.0 \times 10^{-28}$〔mol/L〕

よって，CuS が沈殿し，FeS が沈殿しないための $[S^{2-}]$ は，

6.0×10^{-28} mol/L $< [S^{2-}] \leqq 1.0 \times 10^{-14}$ mol/L

(2) FeS が沈殿しないためには，

$[S^{2-}] \leqq 1.0 \times 10^{-14}$ mol/L　であればよい。ここで，

$K_1 = \dfrac{[H^+][HS^-]}{[H_2S]} \cdots ③$　　$K_2 = \dfrac{[H^+][S^{2-}]}{[HS^-]} \cdots ④$

　③，④式から K_1，K_2，$[S^{2-}]$，$[H^+]$ の関係は，③×④より，

$K_1 \cdot K_2 = \dfrac{[H^+]^2[S^{2-}]}{[H_2S]} = 1.0 \times 10^{-22}〔(mol/L)^2〕$

$[H_2S] = 1.0 \times 10^{-1}$ mol/L，　$[S^{2-}] = 1.0 \times 10^{-14}$ mol/L

$K_1 \cdot K_2$ の値を代入して，

$[H^+]^2 = \dfrac{K_1 \cdot K_2 \cdot [H_2S]}{[S^{2-}]} = \dfrac{1.0 \times 10^{-22} \times 1.0 \times 10^{-1}}{1.0 \times 10^{-14}}$

$= 1.0 \times 10^{-9}〔(mol/L)^2〕$

∴　$[H^+] = \sqrt{1.0 \times 10^{-9}} = 1.0 \times 10^{-\frac{9}{2}}$〔mol/L〕

$pH = -\log_{10}(1.0 \times 10^{-\frac{9}{2}}) = 4.5$

FeS が沈殿しないためには，pH≦4.5 であればよい。

解答　(1) 6.0×10^{-28} mol/L $< [S^{2-}] \leqq 1.0 \times 10^{-14}$ mol/L

　　　　(2) **4.5 以下**

252 解説　酢酸 CH_3COOH 水溶液中では，次式の電離平衡が成立している。

$$CH_3COOH \rightleftarrows CH_3COO^- + H^+ \cdots(A)$$

　一方，酢酸ナトリウム CH_3COONa は，水溶液中で次式のように完全に電離する。

$$CH_3COONa \longrightarrow CH_3COO^- + Na^+ \cdots(B)$$

この結果，酢酸と酢酸ナトリウムの混合水溶液では，水溶液中の $[CH_3COO^-]$ が増加し，酢酸の電離平衡は左へ移動する。そのため，水溶液中の $[H^+]$ が減少し，pH は酢酸だけのときよりも大きくなる。

　この混合水溶液中には，CH_3COOH と CH_3COO^- がともに多量に存在している。

　この水溶液に少量の酸を加えても，次の反応が起こって加えた H^+ の大部分が消費されるので，水溶液中の $[H^+]$ はあまり増えない。

$$CH_3COO^- + H^+ \longrightarrow CH_3COOH$$

　この水溶液に少量の塩基を加えても，次の中和反応が起こって，加えた OH^- の大部分が消費されるので，水溶液中の $[OH^-]$ はあまり増えない。

$$CH_3COOH + OH^- \longrightarrow CH_3COO^- + H_2O$$

　このように，少量の酸や塩基を加えても，その影響が緩和されて，水溶液の pH がほぼ一定に保たれるはたらきを**緩衝作用**といい，このようなはたらきをもつ水溶液を**緩衝溶液**という。

　また，純水を加えても，$\dfrac{[CH_3COO^-]}{[CH_3COOH]}$ の比は変わらないので，水溶液中の $[H^+]$ も一定である。

(1) CH_3COOH と CH_3COONa の混合水溶液中でも，酢酸の電離平衡は成立している。（重要）

$$CH_3COOH \rightleftarrows CH_3COO^- + H^+ \cdots(A)$$

$$K_a = \dfrac{[CH_3COO^-][H^+]}{[CH_3COOH]}$$

　この水溶液中に酢酸ナトリウムを溶かすと，酢酸ナトリウムは完全電離する。

$$CH_3COONa \longrightarrow CH_3COO^- + Na^+ \cdots(B)$$

　水溶液中の CH_3COO^- が増すので，(A)式の平衡は左に移動する。このとき，酢酸の電離平衡はかなり左に偏っているから，緩衝溶液中の $[CH_3COOH]$ は，溶かした CH_3COOH の濃度に等しい。また，$[CH_3COO^-]$ は，酢酸の電離による増加分を無視して，溶かした CH_3COONa の濃度に等しいとみなしてよい。

　両溶液の等量ずつの混合により，溶液の体積が2倍となり，各濃度はそれぞれもとの $\dfrac{1}{2}$ となる。

$[CH_3COOH] = 0.20 \times \dfrac{1}{2} = 0.10$〔mol/L〕

$[CH_3COO^-] = 0.10 \times \dfrac{1}{2} = 0.050$〔mol/L〕

これらの値を酢酸の電離定数を変形した式に代入すると,

$$[H^+] = K_a \frac{[CH_3COOH]}{[CH_3COO^-]} = 2.7 \times 10^{-5} \times \frac{0.10}{0.050}$$

$$= 5.4 \times 10^{-5}[mol/L]$$

$pH = -\log_{10}[H^+]$より,

$$pH = -\log_{10}(2.7 \times 2 \times 10^{-5})$$

$$= -\log_{10}2.7 - \log_{10}2 + 5 = 4.27 \doteqdot 4.3$$

(2) (1)の混合溶液にNaOHを加えると, 次式のような中和反応が起こる。

$$CH_3COOH + OH^- \longrightarrow CH_3COO^- + H_2O$$

$$\left(\begin{array}{l}CH_3COOH \, 0.010mol が消費され, \\ CH_3COO^- が0.010mol生成する。\end{array}\right)$$

よって, 中和反応後の$[CH_3COOH]$と$[CH_3COO^-]$は次のようになる。

$$[CH_3COOH] = \frac{0.020 - 0.010}{0.20} = 0.050[mol/L]$$

$$[CH_3COO^-] = \frac{0.010 + 0.010}{0.20} = 0.10[mol/L]$$

これらの値を酢酸の電離定数を変形した式に代入すると,

$$[H^+] = K_a \frac{[CH_3COOH]}{[CH_3COO^-]} = 2.7 \times 10^{-5} \times \frac{0.050}{0.10}$$

$$= 2.7 \times \frac{1}{2} \times 10^{-5}[mol/L]$$

$pH = -\log_{10}[H^+]$より,

$$pH = -\log_{10}(2.7 \times 2^{-1} \times 10^{-5})$$

$$= -\log_{10}2.7 + \log_{10}2 + 5 = 4.87 \doteqdot 4.9$$

解答 ① 酢酸イオン　② 左　③ 酢酸分子
　　　④ 緩衝溶液(緩衝液)
　　　(1) **4.3**　(2) **4.9**

253 **解説** AgClの沈殿を含む飽和水溶液中では,

$$AgCl(固) \rightleftarrows Ag^+ + Cl^-$$

のような**溶解平衡**が成立する。

(1) 水1LにAgClが$x[mol]$溶解したとすると,

$$AgCl(固) \rightleftarrows Ag^+ + Cl^- \quad \cdots ①$$

平衡時　一定　　x　　x　$[mol/L]$

AgClの飽和水溶液中では, 溶解度積K_{sp}は一定だから,

$$K_{sp} = [Ag^+][Cl^-] = x^2 = 1.8 \times 10^{-10}$$

$$\therefore \quad x = \sqrt{1.8 \times 10^{-10}} = 1.3 \times 10^{-5}[mol/L]$$

(2) AgClの飽和水溶液にNaClの結晶を溶かすと, 電離してCl^-を生じる。その**共通イオン効果**(p.127)で, ①の溶解平衡は左に移動し, 水溶液中の$[Ag^+]$はいくらか減少する。しかし, AgClの飽和水溶液中では, K_{sp}は常に一定に保たれる。

このとき, AgCl(固)が$y[mol/L]$だけ電離して溶解平衡に達したとすると, $[Ag^+] = y[mol/L]$であるが, $[Cl^-] = (0.010 + y)[mol/L]$であることに留意する。これを溶解度積$K_{sp} = [Ag^+][Cl^-]$の式に代入すると,

$$K_{sp} = [Ag^+][Cl^-] = y \times (0.010 + y) = 1.8 \times 10^{-10}$$

$y \ll 0.010$なので, $0.010 + y \doteqdot 0.010$と近似できる。

$$0.010y = 1.8 \times 10^{-10}$$

$$\therefore \quad y = 1.8 \times 10^{-8}[mol/L]$$

(3) $[Ag^+][Cl^-] > K_{sp}$となると, AgClの**沈殿**が生成する。NaCl水溶液を$x[mL]$加えたとき, 沈殿しはじめたとする。沈殿生成直前の各イオンの濃度は,

$$[Ag^+] = 1.0 \times 10^{-4} \times \frac{10}{10+x}[mol/L]$$

$$[Cl^-] = 1.0 \times 10^{-4} \times \frac{x}{10+x}[mol/L]$$

$$[Ag^+][Cl^-] = \frac{1.0 \times 10^{-7}x}{(10+x)^2} = 1.8 \times 10^{-10}$$

題意より, $10 + x \doteqdot 10$と近似できるから,

$$1.0 \times 10^{-7}x = 1.8 \times 10^{-8}$$

$$\therefore \quad x = 1.8 \times 10^{-1}[mL]$$

解答 (1) **1.3×10⁻⁵mol/L**
　　　(2) **1.8×10⁻⁸mol/L**
　　　(3) **1.8×10⁻¹mL**

254 **解説** 炭酸H_2CO_3の第一段階の電離定数K_1, 第二段階の電離定数K_2は, それぞれ次のように表される。

$$K_1 = \frac{[HCO_3^-][H^+]}{[H_2CO_3]} = 4.5 \times 10^{-7}[mol/L]$$

$$K_2 = \frac{[CO_3^{2-}][H^+]}{[HCO_3^-]} = 4.3 \times 10^{-11}[mol/L]$$

炭酸H_2CO_3のような2価の弱酸では, 第二段階の電離は, 第一段階の電離に比較してきわめて小さいので, これを無視して第一段階の電離だけで水素イオン濃度, およびpHを求めればよい。

多価の弱酸の電離では, 第一段階より第二, 第三, …になるほど電離度は小さくなる。これは, 第一段階の電離が中性分子からのH^+の電離であるのに対し, 第二段階の電離は陰イオンからのH^+の電離のため, 静電気的な引力がはたらき, 電離しにくくなるためである。別の見方をすれば, 第一段階の電離によって生じたH^+によって, 第二段階の電離がより強く抑えられているためとも考えられる。

(1) 生じた$[H^+]$を$x[mol/L]$とすれば, $[HCO_3^-]$も$x[mol/L]$となる。また, $[H_2CO_3]$は$(4.0 \times 10^{-3} - x)[mol/L]$であるが, xは4.0×10^{-3}に比べて小さい

ので，$[H_2CO_3] = 4.0 \times 10^{-3}$〔mol/L〕とみなせる。

$$K_1 = \dfrac{x^2}{4.0 \times 10^{-3}} = 4.5 \times 10^{-7}$$

$$x^2 = [H^+]^2 = 18 \times 10^{-10}$$

$$\therefore \ x = [H^+] = 3\sqrt{2} \times 10^{-5} = 3 \times 2^{\frac{1}{2}} \times 10^{-5}〔mol/L〕$$

$$pH = -\log_{10}(3 \times 2^{\frac{1}{2}} \times 10^{-5})$$

$$= 5 - \log_{10}3 - \dfrac{1}{2}\log_{10}2$$

$$= 5 - 0.48 - 0.15 = 4.37 \doteqdot 4.4$$

(2) $[CO_3^{2-}]$は第一段階の電離には含まれていないので，K_1からは求められない。また，$[CO_3^{2-}]$は第二段階の電離には含まれているが，$[HCO_3^-]$が不明なので求められない。したがって，

$[CO_3^{2-}]$は，H_2CO_3の第一段階と第二段階の電離をまとめた電離定数Kから求めるしかない。

$$H_2CO_3 \rightleftharpoons 2H^+ + CO_3^{2-}$$

$$K = \dfrac{[H^+]^2[CO_3^{2-}]}{[H_2CO_3]}$$

この式は，次のように変形できる。

$$K = \dfrac{[H^+][HCO_3^-]}{[H_2CO_3]} \times \dfrac{[H^+][CO_3^{2-}]}{[HCO_3^-]} = K_1 \times K_2$$

$$\therefore \ [CO_3^{2-}] = \dfrac{[H_2CO_3] \times K_1 \times K_2}{[H^+]^2}$$

$$= \dfrac{4.0 \times 10^{-3} \times 4.5 \times 10^{-7} \times 4.3 \times 10^{-11}}{18 \times 10^{-10}}$$

$$\doteqdot 4.3 \times 10^{-11}〔mol/L〕$$

参考　多段階の電離平衡からなる電離では，各段階をまとめた電離定数Kは，各段階の電離定数の積に等しくなる。

$$K = K_1 \times K_2 \times K_3 \cdots\cdots$$

解答　(1) **4.4** (2) **4.3×10^{-11}mol/L**

255 解説 (1) 滴定開始前の A 点の pH は，0.10 mol/L 酢酸水溶液の pH である。

$$CH_3COOH \rightleftharpoons CH_3COO^- + H^+$$

平衡時　$C-x$　　x　　x〔mol/L〕

弱酸の濃度Cがあまり薄くないとき（$C \gg K_a$），$C \gg x$より，$C - x \doteqdot C$と近似できる。

$$K_a = \dfrac{x^2}{C-x} \doteqdot \dfrac{x^2}{C}$$

$$\therefore \ x = [H^+] = \sqrt{CK_a}$$

$C = 0.10$，$K_a = 2.0 \times 10^{-5}$を代入して，

$$[H^+] = \sqrt{0.10 \times 2.0 \times 10^{-5}} = \sqrt{2.0 \times 10^{-6}}〔mol/L〕$$

$$pH = -\log_{10}\left(2^{\frac{1}{2}} \times 10^{-3}\right)$$

$$= -\dfrac{1}{2}\log_{10}2 + 3 = -0.15 + 3 = 2.85 \doteqdot 2.9$$

参考　**かなり薄い弱酸の$[H^+]$の求め方**

一般に，$C \gg K_a$でないとき，$1 - \alpha \doteqdot 1$の近似は使えなくなる。したがって，次の二次方程式を解いて電離度αを求める必要がある。

$$K_a = \dfrac{C\alpha^2}{1-\alpha} \quad よって，\ \boldsymbol{C\alpha^2 + K_a\alpha - K_a = 0}$$

例 $C = 1.0 \times 10^{-4}$mol/L の酢酸（$K_a = 2.0 \times 10^{-5}$〔mol/L〕）の水素イオン濃度$[H^+]$は，

$$10^{-4}\alpha^2 + 2 \times 10^{-5}\alpha - 2 \times 10^{-5} = 0$$

$$5\alpha^2 + \alpha - 1 = 0$$

$0 < \alpha \le 1$だから，$\sqrt{21} = 4.6$とすると，

$$\alpha = \dfrac{-1+\sqrt{21}}{10} \quad \therefore \ \alpha \doteqdot 0.36$$

$$[H^+] = C\alpha = 1.0 \times 10^{-4} \times 0.36$$

$$= 3.6 \times 10^{-5}〔mol/L〕$$

(2) (ア)の範囲は，中和滴定の途中（中間点）で，未反応の CH_3COOH と，中和反応で生じた CH_3COONa との混合溶液（**緩衝溶液**）になっている。

この溶液に少量の OH^- を加えても，次の反応で OH^- が消費されるので，pH はあまり変化しない。

$$CH_3COOH + OH^- \longrightarrow CH_3COO^- + H_2O$$

同様に，この溶液に少量の H^+ を加えても，次の反応で H^+ が消費されるので，pH はあまり変化しない。

$$CH_3COO^- + H^+ \longrightarrow CH_3COOH$$

(3) 中和されずに残っている酢酸のモル濃度は，

$$\left(0.10 \times \dfrac{20}{1000} - 0.10 \times \dfrac{10}{1000}\right) \times \dfrac{1000}{30} = \dfrac{1}{30}〔mol/L〕$$

生じた酢酸ナトリウムのモル濃度は，

$$\left(0.10 \times \dfrac{10}{1000}\right) \times \dfrac{1000}{30} = \dfrac{1}{30}〔mol/L〕$$

B 点（緩衝溶液中）でも，酢酸の電離平衡が成り立つので，$[H^+] = K_a \dfrac{[CH_3COOH]}{[CH_3COO^-]}$

$$[H^+] = 2.0 \times 10^{-5} \times \dfrac{\frac{1}{30}}{\frac{1}{30}} = 2.0 \times 10^{-5}〔mol/L〕$$

$$pH = -\log_{10}(2.0 \times 10^{-5}) = -\log_{10}2 + 5 = 4.7$$

(4) C 点は**中和点**で，酢酸ナトリウムの水溶液である。その濃度は，$\dfrac{0.10}{2} = 0.050$〔mol/L〕

C 点での酢酸ナトリウムの濃度をC〔mol/L〕，次式が平衡に達したときの$[OH^-]$をy〔mol/L〕とする。

酢酸イオンは次のように加水分解を行い平衡状態となる。

$$CH_3COO^- + H_2O \rightleftharpoons CH_3COOH + OH^-$$

平衡時　$(C-y)$　　一定　　　y　　y〔mol/L〕

この加水分解の平衡定数を**加水分解定数K_h**といい，次式で表される。

$$K_\mathrm{h} = \frac{[\mathrm{CH_3COOH}][\mathrm{OH^-}]}{[\mathrm{CH_3COO^-}]}$$

この式の分母・分子に$[\mathrm{H^+}]$をかけて整理し，酢酸の電離定数をK_a，水のイオン積をK_wとすると，

$$K_\mathrm{h} = \frac{[\mathrm{CH_3COOH}][\mathrm{OH^-}][\mathrm{H^+}]}{[\mathrm{CH_3COO^-}][\mathrm{H^+}]} = \frac{K_\mathrm{w}}{K_\mathrm{a}}$$

通常，加水分解はわずかしか起こらないから，$C \gg y$より，$C - y \fallingdotseq C$と近似できる。

$$K_\mathrm{h} = \frac{y^2}{C-y} \fallingdotseq \frac{y^2}{C} = \frac{K_\mathrm{w}}{K_\mathrm{a}}$$

$$y = [\mathrm{OH^-}] = \sqrt{\frac{CK_\mathrm{w}}{K_\mathrm{a}}} = \sqrt{\frac{0.050 \times 1.0 \times 10^{-14}}{2.0 \times 10^{-5}}}$$

$$= \sqrt{25 \times 10^{-12}} = 5.0 \times 10^{-6}\,[\mathrm{mol/L}]$$

$$[\mathrm{H^+}] = \frac{K_\mathrm{w}}{[\mathrm{OH^-}]} = \frac{1.0 \times 10^{-14}}{5.0 \times 10^{-6}} = 2.0 \times 10^{-9}\,[\mathrm{mol/L}]$$

$$\therefore\ \mathrm{pH} = -\log_{10}(2.0 \times 10^{-9}) = -\log_{10}2 + 9 = 8.7$$

(5) 中和点以降の水溶液の pH は次のように求める。
中和点以降に加えた 0.10mol/L NaOH 水溶液 10mL の物質量は，

$$0.10 \times \frac{10}{1000} = 1.0 \times 10^{-3}\,[\mathrm{mol}]$$

これが混合溶液 40mL 中に含まれるから，NaOH 水溶液のモル濃度は，

$$\frac{1.0 \times 10^{-3}}{0.040} = \frac{1}{4} \times 10^{-1}\,[\mathrm{mol}]$$

NaOH は 1 価の強塩基(電離度1)だから，

$$[\mathrm{OH^-}] = \frac{1}{4} \times 10^{-1} = \frac{1}{2^2} \times 10^{-1}\,[\mathrm{mol/L}]$$

$$\mathrm{pOH} = -\log_{10}(2^{-2} \times 10^{-1})$$
$$= 1 + 2\log_{10}2 = 1.6$$
$$\mathrm{pH} + \mathrm{pOH} = 14\ \text{より}$$
$$\mathrm{pH} = 14 - 1.6 = 12.4$$

[解答] (1) **2.9**
(2) **未反応の酢酸(弱酸)と，中和反応で生じた酢酸ナトリウム(弱酸の塩)により，緩衝溶液となっているから。**
(3) **4.7** (4) **8.7** (5) **12.4**

[参考] **塩の加水分解について**
弱酸と強塩基の塩の水溶液は塩基性，強酸と弱塩基の塩の水溶液は酸性を示す理由を考えよう。
酢酸ナトリウム CH₃COONa 水溶液の場合
水溶液中に存在する $\mathrm{CH_3COO^-}$ と $\mathrm{Na^+}$ のうち，$\mathrm{CH_3COO^-}$ は弱酸の酢酸が $\mathrm{H^+}$ を放出して生じた共役塩基であり，ブレンステッド・ローリーの塩基としてはたらく。すなわち，$\mathrm{CH_3COO^-}$ は水分子から $\mathrm{H^+}$ を受け取り弱酸の $\mathrm{CH_3COOH}$ に戻ろうとする。その結果，水溶液中に $\mathrm{OH^-}$ が生成して塩基性を示すことになる。

$$\mathrm{CH_3COO^-} + \mathrm{H_2O} \rightleftarrows \mathrm{CH_3COOH} + \mathrm{OH^-}$$
塩化アンモニウム NH₄Cl 水溶液の場合
水溶液中に存在する $\mathrm{NH_4^+}$ と $\mathrm{Cl^-}$ のうち，$\mathrm{NH_4^+}$ は弱塩基のアンモニアが $\mathrm{H^+}$ を受け取って生じた共役酸であり，ブレンステッド・ローリーの酸としてはたらく。すなわち，$\mathrm{NH_4^+}$ は水分子に $\mathrm{H^+}$ を与えて弱塩基の $\mathrm{NH_3}$ に戻ろうとする。その結果，水溶液中に $\mathrm{H_3O^+}$ が生成して酸性を示すことになる。

$$\mathrm{NH_4^+} + \mathrm{H_2O} \rightleftarrows \mathrm{NH_3} + \mathrm{H_3O^+}$$
このように，塩の電離で生じた弱酸の陰イオンや弱塩基の陽イオンは，それぞれ水分子と反応して，もとの弱酸の分子や弱塩基の分子に戻ろうとする。この現象を**塩の加水分解**という。上述のように，弱酸の陰イオンはブレンステッド・ローリーの塩基としてはたらくため，その水溶液は塩基性を示し，弱塩基の陽イオンはブレンステッド・ローリーの酸としてはたらくため，その水溶液は酸性を示す。

---

256 [解説] 塩化物イオン $\mathrm{Cl^-}$ を含む水溶液に適量のクロム酸カリウム $\mathrm{K_2CrO_4}$ 水溶液を指示薬として加えておく。ここへ，硝酸銀 $\mathrm{AgNO_3}$ 標準溶液を滴下すると，まず，溶解度の小さな塩化銀 AgCl の白色沈殿が生成し始める。さらに滴定を続けると AgCl の沈殿生成がほとんど終了した時点で，溶解度のやや大きいクロム酸銀 $\mathrm{Ag_2CrO_4}$ の赤褐色沈殿が生成し始める。そこで，この点をこの滴定の終点とする。このように，沈殿の生成，または消失を利用した滴定を**沈殿滴定**といい，沈殿の生成しはじめた点，または沈殿の消失した点が滴定の終点となる。とくに $\mathrm{CrO_4^{2-}}$ を指示薬として $\mathrm{AgNO_3}$ 水溶液による $\mathrm{Cl^-}$ 濃度を求める沈殿滴定を**モール法**という。

(1) NaCl 水溶液の濃度を $C\,[\mathrm{mol/L}]$ とおく。
イオン反応式 $\mathrm{Ag^+} + \mathrm{Cl^-} \longrightarrow \mathrm{AgCl}$ より，
反応する $\mathrm{Ag^+}$ と $\mathrm{Cl^-}$ の物質量は等しいので，次式が成り立つ。

$$C \times \frac{20}{1000} = 4.0 \times 10^{-2} \times \frac{5.0}{1000}$$
$$C = 1.0 \times 10^{-2}\,[\mathrm{mol/L}]$$

(2) $\mathrm{Ag_2CrO_4}$ の沈殿が生成し始めたとき，AgCl の沈殿が既に生成しており，それぞれ次式のように溶解度積 K_sp の関係を満たしている。
$$K_\mathrm{sp} = [\mathrm{Ag^+}][\mathrm{Cl^-}] = 2.0 \times 10^{-10}\,[\mathrm{mol/L}]^2 \cdots ①$$
$$K'_\mathrm{sp} = [\mathrm{Ag^+}]^2[\mathrm{CrO_4^{2-}}] = 4.0 \times 10^{-12}\,[\mathrm{mol/L}]^3 \cdots ②$$
水溶液中の $\mathrm{CrO_4^{2-}}$ の濃度は，
$$[\mathrm{CrO_4^{2-}}] = \left(1.0 \times 10^{-1} \times \frac{0.10}{1000}\right) \times \frac{1000}{25}$$
$$= 4.0 \times 10^{-4}\,[\mathrm{mol/L}]$$
これを②式に代入すると，

257 ～ 258

$[Ag^+]^2 = \dfrac{4.0 \times 10^{-12}}{4.0 \times 10^{-4}} = 1.0 \times 10^{-8}[(mol/L)^2]$

∴ $[Ag^+] = 1.0 \times 10^{-4}[mol/L]$

これを①式へ代入すると,

$[Cl^-] = \dfrac{2.0 \times 10^{-10}}{1.0 \times 10^{-4}} = 2.0 \times 10^{-6}[mol/L]$

滴定前の$[Cl^-]$は $1.0 \times 10^{-2}mol/L$ であったが, 滴定後には$[Cl^-]$は $2.0 \times 10^{-6}mol/L$ になったから,

$[Cl^-]$は滴定前に比べて $\dfrac{2.0 \times 10^{-6}}{1.0 \times 10^{-2}} = 2.0 \times 10^{-4}$,

すなわち 0.02 ％ に減少している。したがって, Ag_2CrO_4 が沈殿し始めたとき, AgCl はほぼ完全に沈殿し終わったとみなしてよく, K_2CrO_4 を指示薬として使用できることがわかる。

解答 (1) **1.0×10⁻²mol/L**
(2) **2.0×10⁻⁶mol/L**

257 解説 (1) 塩化鉛(Ⅱ)$PbCl_2$ の溶解平衡は, 次式で表される。

$PbCl_2(固) \rightleftharpoons Pb^{2+} + 2Cl^-$

ここで, $PbCl_2$ は 1L の水に $3.0 \times 10^{-3}mol$ 溶解するので, 飽和水溶液中の $PbCl_2$ の濃度は, $3.0 \times 10^{-3}mol/L$ となる。したがって, 飽和水溶液中の$[Pb^{2+}]$や$[Cl^-]$は, 次のようになる。

$[Pb^{2+}] = 3.0 \times 10^{-3}[mol/L]$

$[Cl^-] = 2 \times 3.0 \times 10^{-3} = 6.0 \times 10^{-3}[mol/L]$

$PbCl_2$ の溶解度積は, $K_{sp} = [Pb^{2+}][Cl^-]^2$ で表される。したがって,

$K_{sp} = 3.0 \times 10^{-3} \times (6.0 \times 10^{-3})^2$
$= 1.08 \times 10^{-7} \fallingdotseq 1.1 \times 10^{-7}[(mol/L)^3]$

(2) HCl は強酸で完全電離するから,

$[H^+] = [Cl^-] = 1.0 \times 10^{-1}mol/L$

ここへ $PbCl_2$ が $x[mol]$溶け, 溶解平衡に達したとすると, $[Pb^{2+}] = x[mol/L]$であるが,

$[Cl^-] = (1.0 \times 10^{-1} + 2x)[mol/L]$

になることに留意する。

共通イオン Cl^- を含んだ水溶液中でも, $[Pb^{2+}][Cl^-]^2 = K_{sp}$ の関係式は成立する。(重要) よって, $x(1.0 \times 10^{-1} + 2x)^2 = 1.08 \times 10^{-7}$

(x は非常に小さい値なので, $1.0 \times 10^{-1} + 2x$ $\fallingdotseq 1.0 \times 10^{-1}$で近似できる。)

∴ $1.0 \times 10^{-2}x = 1.08 \times 10^{-7}$

$x = 1.08 \times 10^{-5} \fallingdotseq 1.1 \times 10^{-5}[mol]$

(3) 酢酸鉛(Ⅱ)は水中で次のように完全電離する。

$(CH_3COO)_2Pb \longrightarrow Pb^{2+} + 2CH_3COO^-$

塩酸 $x[mL]$を加えたとき沈殿が生じ始め, そのときの水溶液中の Pb^{2+}の濃度は,

$[Pb^{2+}] = 3.0 \times 10^{-3} \times \dfrac{10}{10+x}[mol/L]$ ⋯①

題意より, 塩酸(少量)を加えたときの溶液の体積変化は無視できるので,$10+x \fallingdotseq 10[mL]$と近似できる。

①より, $[Pb^{2+}] = 3.0 \times 10^{-3}[mol/L]$

加えた塩酸も水中で次のように完全電離する。

$HCl \longrightarrow H^+ + Cl^-$

塩酸 $x[mL]$加えたとき沈殿が生じ始め, そのときの水溶液中の Cl^-濃度は,

$[Cl^-] = 1.0 \times 10^{-1} \times \dfrac{x}{10+x}[mol/L]$ ⋯②

題意より, 塩酸(少量)を加えたときの溶液の体積変化は無視できるので,$10+x \fallingdotseq 10[mL]$と近似できる。

②より, $[Cl^-] = 1.0 \times 10^{-1} \times \dfrac{x}{10}$

$= 1.0 \times 10^{-2}x[mol/L]$

$PbCl_2$ の沈殿が生成し始めたとき, $[Pb^{2+}][Cl^-]^2 = K_{sp}$ が成り立つ。よって,

$[Pb^{2+}][Cl^-]^2 = 3.0 \times 10^{-3} \times (1.0 \times 10^{-2}x)^2 = 1.08 \times 10^{-7}$

$3.0 \times 10^{-7}x^2 = 1.08 \times 10^{-7}$

$x^2 = \dfrac{1.08 \times 10^{-7}}{3.0 \times 10^{-7}} = 0.36$

∴ $x = 0.60[mL]$

解答 (1) **1.1×10⁻⁷(mol/L)³**
(2) **1.1×10⁻⁵mol** (3) **0.60mL**

参考 **分別沈殿の応用**

溶解度積 K_{sp} の小さい塩ほど, 溶液中に存在しうるイオン濃度が小さい。つまり, 溶解平衡 $MX(固) \rightleftharpoons M^+ + X^-$ は大きく左に偏っており, その塩は沈殿しやすいことを示す。たとえば, AgCl の $K_{sp} >$ AgBr の $K_{sp} >$ AgI の K_{sp} であるから, Cl^-, Br^-, I^- が等物質量ずつ含まれている溶液に Ag^+ を少しずつ加えていくと, まず AgI, 次に AgBr, 最後に AgCl という具合に, 溶解度積の小さいものから順に沈殿してくる。このように, 2 種以上の金属イオンを, 溶解度積の小さいものから順に別々の沈殿として分離することを**分別沈殿**という。

258 解説 (1)酸型指示薬 HA の場合,

$HA \rightleftharpoons H^+ + A^-$ ⋯①

酸性溶液では, H^+ が多量に存在するため, ①の平衡は左に偏り, 溶液は HA の色を示す。塩基性溶液では, H^+ がきわめて少量なので, ①の平衡は右へ偏り, 溶液は A^- の色を示す。

塩基型指示薬 BOH の場合,

$BOH \rightleftharpoons B^+ + OH^-$ ⋯②

酸性溶液では, OH^- がきわめて少量なので②の平衡は右へ偏り, 溶液は B^+ の色を示す。塩基性溶液

では，OH^- が多量に存在するため，②の平衡は左
へ偏り，溶液は BOH の色を示す。

(2) ブロモチモールブルー（BTB）の変色域の pH の

中間値は，$\dfrac{7.6 + 6.0}{2} = 6.8$

∴ $[H^+] = 10^{-6.8}[mol/L]$

このとき，$[HA] = [A^-]$ となるから，

これらを①式の電離定数に代入すると，

$$K_a = \dfrac{[H^+][A^-]}{[HA]} = 10^{-6.8}[mol/L]$$

$10^{-6.8} = 10^{0.2-7} = (10^{0.1})^2 \times 10^{-7}$
$\qquad = (1.26)^2 \times 10^{-7}$
$\qquad \fallingdotseq 1.6 \times 10^{-7}[mol/L]$

(3) ②式の電離定数は

$$K_b = \dfrac{[B^+][OH^-]}{[BOH]}$$

(i) $\dfrac{[B^+]}{[BOH]} = 0.1$ とすると

$2.0 \times 10^{-9} = 0.1[OH^-]$
$\quad [OH^-] = 2.0 \times 10^{-8}[mol/L]$
$pOH = -\log_{10}(2 \times 10^{-8}) = 8 - \log_{10}2 = 7.7$
$pH + pOH = 14$ より
$pH = 14 - 7.7 = 6.3$

(ii) $\dfrac{[B^+]}{[BOH]} = 10$ とすると

$2.0 \times 10^{-9} = 10[OH^-]$
$\quad [OH^-] = 2.0 \times 10^{-10}[mol/L]$
$pOH = -\log_{10}(2 \times 10^{-10}) = 10 - \log_{10}2 = 9.7$
∴ $pH = 14 - 9.7 = 4.3$
変色域は $4.3 \sim 6.3$

解答　(1) ア HA　イ A^-　ウ B^+　エ BOH
　　　　(2) $1.6 \times 10^{-7}mol/L$　(3) $4.3 \sim 6.3$

259 **解説**　(1) 硫酸の第一電離は完全に行われる
から，$[H^+] = 1.0 \times 10^{-2}mol/L$，$[HSO_4^-] = 1.0 \times 10^{-2}mol/L$ である。第二電離による HSO_4^- の電離
度を α とおく。

$$HSO_4^- \quad \rightleftharpoons \quad H^+ \quad + \quad SO_4^{2-}$$
$1.0 \times 10^{-2}(1-\alpha) \qquad 1.0 \times 10^{-2}\alpha \quad 1.0 \times 10^{-2}\alpha[mol/L]$

これを第二電離の電離定数の次式に代入する。

$$K = \dfrac{[H^+][SO_4^{2-}]}{[HSO_4^-]} \quad \cdots Ⓐ$$

Ⓐ式の $[H^+]$ には，第一電離による $1.0 \times 10^{-2}mol/L$
と，第二電離による $1.0 \times 10^{-2}\alpha$ の合計，すなわち，
$[H^+]_{total} = 1.0 \times 10^{-2}(1+\alpha)[mol/L]$ を代入しなけれ
ばならないことに留意する。（第一電離による H^+ と
第二電離による H^+ は区別できないためである。）

$$K = \dfrac{1.0 \times 10^{-2}(1+\alpha) \cdot 1.0 \times 10^{-2}\alpha}{1.0 \times 10^{-2}(1-\alpha)} = 1.0 \times 10^{-2}$$

∴ $1 \times 10^{-4}\alpha^2 + 2 \times 10^{-4}\alpha - 1 \times 10^{-4} = 0$
$(\times 10^4)\quad \alpha^2 + 2\alpha - 1 = 0$
$\qquad\qquad \alpha = -1 + \sqrt{2}$　（負号は捨てる）
$\qquad\qquad\quad = 0.41$

(2) $[H^+]_{total} = 1.0 \times 10^{-2}(1 + 0.41)$
$\qquad\quad = 1.41 \times 10^{-2}[mol/L]$
$\qquad\quad = \sqrt{2} \times 10^{-2}[mol/L]$
$pH = -\log_{10}(2^{\frac{1}{2}} \times 10^{-2})$
$\quad = 2 - \dfrac{1}{2}\log_{10}2 = 1.85 \fallingdotseq 1.9$

解答　(1) **0.41**　(2) **1.9**

260 **解説**　水と油のように，互いに溶け合わない
2種の液体が2相に分離した状態で，ある溶質 A を溶
かしたとすると，両液相中での溶質 A の存在状態が
同じならば，両液相中での溶質 A の濃度の比は一定
となる（ネルンストの分配の法則）。すなわち，水層，
有機層における溶質 A の濃度を C_1，C_2 とすると，温
度・圧力一定では，$\dfrac{C_2}{C_1} = K$（一定）となる。この K を
分配係数[*]という。分配係数 K が大きいほど，溶質が
有機層に抽出されやすいことを示す。

[*]分配係数は無名数（単位をもたない）ので，C_1, C_2 は同じ濃度
を用いればよく，$[mol/L]$ でなくてもよい。

(1) 有機層に抽出された薬品量を $x[g]$ とする。

$$K = \dfrac{C_{有機層}}{C_{水層}} = \dfrac{\dfrac{x}{50}}{\dfrac{1.0-x}{100}} = 8.0$$

$x = 0.80[g]$

(2) (1回目)有機層に抽出された薬品量を $y[g]$ とする。

$$K = \dfrac{C_{有機層}}{C_{水層}} = \dfrac{\dfrac{y}{25}}{\dfrac{1.0-y}{100}} = 8.0$$

∴ $y = \dfrac{2}{3}[g]$

水層に残る薬品量は $\dfrac{1}{3}[g]$

(2回目)有機層に抽出された薬品量を $z[g]$ とする。

$$K = \dfrac{C_{有機層}}{C_{水層}} = \dfrac{\dfrac{z}{25}}{\dfrac{\frac{1}{3}-z}{100}} = 8.0$$

∴ $z = \dfrac{2}{9}[g]$

有機層に抽出された全薬品量は

$$\frac{2}{3} + \frac{2}{9} = \frac{8}{9} ≒ 0.89〔g〕$$

一回で抽出するよりも，何回かに分けて抽出する方が，溶質をより多く有機層に抽出できる。

解答　(1) **0.80g**　(2) **0.89g**

参考　抽出回数と抽出率の関係

　溶質 $W〔g〕$ を含む水溶液 $V_w〔mL〕$ を有機溶媒 $V_o〔mL〕$ で n 回抽出した場合，水相に残る溶質 $W_n〔g〕$ を求める。（この溶質に対する水相と有機相の分配係数を K とする。）

　1 回目の抽出で $x_1〔g〕$ の溶質が有機相へ移動したとすると，

$$K = \frac{\frac{x_1}{V_o}}{\frac{W-x_1}{V_w}} \quad より \quad x_1 = \frac{KV_oW}{KV_o+V_w}$$

1 回目の抽出で水相に残った溶質を $W_1〔g〕$ とすると

$$W_1 = W - x_1 = W \cdot \frac{V_w}{KV_o+V_w}$$

2 回目の抽出で $x_2〔g〕$ の溶質が有機相へ移動したとすると

$$K = \frac{\frac{x_2}{V_o}}{\frac{W_1-x_2}{V_w}} \quad より \quad x_2 = \frac{KV_oW_1}{KV_o+V_w}$$

2 回目の抽出で水相に残った溶液を $W_2〔g〕$ とすると

$$W_2 = W_1 - x_2 = W_1 \frac{V_w}{KV_o+V_w}$$
$$= W\left(\frac{V_w}{KV_o+V_w}\right)^2$$

同様に，n 回目の抽出で水相に残った溶質を $W_n〔g〕$ とすると

$$W_n = W\left(\frac{V_w}{KV_o+V_w}\right)^n$$

水相での溶質の残存率を $\frac{W_n}{W}$ とおくと，

$$\frac{W_n}{W} = \left(\frac{V_w}{KV_o+V_w}\right)^n$$

（右辺の分母の値は分子の値よりも大きく．K，V_o，V_w はいずれも正の値なので，

$$0 < \frac{V_w}{KV_o+V_w} < 1$$）

よって，水相での溶質の残存率は，抽出回数 n を多くするほど小さくなる。逆に，有機相への溶質の抽出率は抽出回数を多くするほど大きくなる。

22　非金属元素①

261　**解説**　①〜⑦　本実験では，濃塩酸に酸化マンガン(Ⅳ)のような比較的穏やかな酸化剤を作用させているので，加熱すれば塩素が発生するが，加熱を止めると塩素の発生はすぐに止まる。しかし，濃塩酸に過マンガン酸カリウムのような強力な酸化剤を作用させた場合，常温でも塩素が発生するが，反応が始まると塩素の発生は止められない（そのため，塩素の発生実験には適さない）。

　濃塩酸を加熱しているため，この反応では発生する Cl_2 に塩化水素 HCl や水蒸気 H_2O が混じる。塩化水素は塩素よりも水に溶けやすいので，まず，洗気びん C の水に通して HCl を吸収させる。次に，洗気びん D の濃硫酸に通して H_2O を除去し，乾燥させる。

　なお，塩素は水に少し溶け，また空気より重いので，**下方置換**で捕集する。

(2)　ⓐ　$MnO_2 + 4H^+ + 2e^- \longrightarrow Mn^{2+} + 2H_2O$ …①
　　　　　$2Cl^- \longrightarrow Cl_2 + 2e^-$ …②
　　①＋②より　$MnO_2 + 4H^+ + 2Cl^- \longrightarrow$
　　　　　　　　　　　$Mn^{2+} + Cl_2 + 2H_2O$ …③

　③に $2Cl^-$ を加え整理すると，**解答**になる。

　ⓑ　塩素は水に少し溶け，その一部が水と反応して塩化水素 HCl と**次亜塩素酸 $HClO$** を生成する。　$Cl_2 + H_2O \rightleftarrows HCl + HClO$

　　次亜塩素酸 $HClO$ の酸性はかなり弱いが，次式のような反応により，強い**酸化作用**を示すので，殺菌・漂白作用がある。

　　$HClO + H^+ + 2e^- \longrightarrow Cl^- + H_2O$

　ⓒ　ハロゲンの単体は，原子番号が小さいものほど電子を取り込む力（**酸化力**）が強く，$F_2 > Cl_2 > Br_2 > I_2$ である。酸化力の強い Cl_2 は，Br^- や I^- から電子を奪って Br_2 や I_2 を遊離させる。

　　$2I^- + Cl_2 \longrightarrow I_2 + 2Cl^-$

　　上式に $2K^+$ を加えて整理すると，**解答**になる。

　　遊離した I_2 は次のように過剰の KI 水溶液に溶け，**三ヨウ化物イオン I_3^-** を生じて褐色を呈する。　$I_2 + I^- \rightleftarrows I_3^-$

　　生成した I_2 が多くなると，KI 水溶液に溶けきれなくなり，黒紫色のヨウ素 I_2 が沈殿する。

　ⓓ　ハロゲンの単体のうち，フッ素 F_2 の酸化力が最も大きく，水 H_2O から電子を奪って酸化し，酸素 O_2 を発生させる。（この反応は，水の電気分解の陽極反応と全く同じである。）

　　　$2H_2O \longrightarrow O_2 + 4e^- + 4H^+$
　＋）$2F_2 + 4e^- \longrightarrow 4F^-$
　　　――――――――――――――――――
　　　$2F_2 + 2H_2O \longrightarrow 4HF + O_2$

262

（e）SiO$_2$ とフッ化水素（気体）との反応は次の通り。

$$SiO_2 + 4HF \longrightarrow SiF_4\uparrow + 2H_2O$$

しかし，HF の水溶液（フッ化水素酸）との反応では，SiF$_4$（四フッ化ケイ素）は引き続いて2分子の HF と反応して，ヘキサフルオロケイ酸 H$_2$SiF$_6$ を生成する。

$$SiO_2 + 6HF \longrightarrow H_2SiF_6 + 2H_2O$$

（3）Cu + Cl$_2$ ⟶ CuCl$_2$

この反応により，褐色の塩化銅（Ⅱ）が生成する。

銅線

褐色
CuCl$_2$

> **参考** 無水状態の塩化銅（Ⅱ）CuCl$_2$は褐色であるが，水を加えると，[Cu(H$_2$O)$_4$]$^{2+}$を生じて青色の水溶液になる。

（4）高度さらし粉 Ca(ClO)$_2$·2H$_2$O に希塩酸を加えると，成分中の次亜塩素酸イオン ClO$^-$（酸化剤）が，塩酸中の HCl（還元剤）を酸化して，塩素 Cl$_2$ が発生する（加熱は不要である）。

$$2ClO^- + 4H^+ + 2e^- \longrightarrow Cl_2 + 2H_2O$$
$$+)\quad\quad\quad\quad 2Cl^- \longrightarrow Cl_2 + 2e^-$$
$$\overline{2ClO^- + 4H^+ + 2Cl^- \longrightarrow 2Cl_2 + 2H_2O}$$

両辺に Ca^{2+}，2Cl$^-$，2H$_2$O を加えて整理すると

$$Ca(ClO)_2·2H_2O + 4HCl$$
$$\longrightarrow CaCl_2 + 2Cl_2 + 4H_2O$$

（したがって，4HCl のうち，2分子は酸化されており還元剤としてはたらいているが，あと2分子は酸化されておらず，酸としてはたらいていることになる。）

希塩酸

塩素

高度さらし粉

（5）次亜塩素酸の化学式は HClO と表されるが，この順に原子が結合しているのではない。

（注意）原子価を調べると，H−(1)，Cl−(1)，−O−(2)であるから，中心には原子価の多い O，周辺には原子価の少ない H，Cl が結合している。よって，次亜塩素酸の構造式は H−O−Cl となる。

（オキソ酸（酸素を含む酸）は，陰性原子（Cl）にヒドロキシ基−OH が結合した化合物であることから考えてもよい。）

よって，電子式は，H:Ö:C̈l: となる。

（6）Cl$_2$ + H$_2$O ⇄ HCl + HClO

まず，上式の反応で生じた塩化水素 HCl は強い酸性を示し，青色リトマス紙は赤色になる。その後，次亜塩素酸 HClO の酸化作用が少し遅れて現れ，リトマス紙の赤色は漂白されて白色になる。（一般

に，酸・塩基反応よりも酸化還元反応の方が反応速度がやや小さいことが多い。）

解答 ① 酸化剤　② 塩化水素　③ 水蒸気（水）
④ 塩化水素　⑤ 次亜塩素酸　⑥ 褐
⑦ 塩化水素

（1）A 滴下ろうと　　B 丸底フラスコ
　　C 洗気びん　　E 集気びん

（2）ⓐ　MnO$_2$ + 4HCl ⟶ MnCl$_2$ + Cl$_2$ + 2H$_2$O
　　ⓑ　Cl$_2$ + H$_2$O ⇄ HCl + HClO
　　ⓒ　2KI + Cl$_2$ ⟶ 2KCl + I$_2$
　　ⓓ　2F$_2$ + 2H$_2$O ⟶ 4HF + O$_2$
　　ⓔ　SiO$_2$ + 6HF ⟶ H$_2$SiF$_6$ + 2H$_2$O

（3）CuCl$_2$

（4）Ca(ClO)$_2$·2H$_2$O + 4HCl
　　　　　⟶ CaCl$_2$ + 2Cl$_2$ + 4H$_2$O

（5）H:Ö:C̈l:

（6）塩素が水に溶けると，まず，生じた塩化水素の酸性によってリトマス紙は赤色になる。その後，次亜塩素酸の酸化作用によってリトマス紙は漂白されて白色になる。

262 **解説** （1）過酸化水素水の分解反応は次式で表される。

$$2H_2O_2 \longrightarrow 2H_2O + O_2$$

この反応は，同種の分子（H$_2$O$_2$）の間で行われる特殊な酸化還元反応（**自己酸化還元反応**という）である。

> **参考** **自己酸化還元反応について**
>
> 過酸化水素 H$_2$O$_2$ が水 H$_2$O になるとき，酸素の酸化数が−1から−2となり，相手から電子を奪う酸化剤としてはたらく。また，H$_2$O$_2$ が酸素 O$_2$ になるとき，酸素の酸化数が−1から0となり，相手に電子を与える**還元剤**としてはたらく。このように，酸化剤にも還元剤にもなり得る物質は，反応相手となる適当な酸化剤や還元剤が存在しない場合，同種の分子間で電子の授受を行うことがある。このような反応を，とくに**自己酸化還元反応**という。 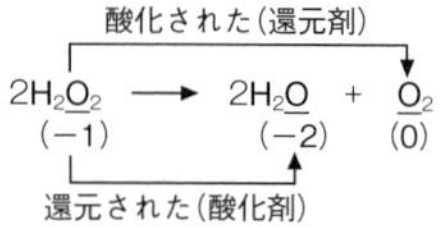
>
> 酸化された（還元剤）
> 2H$_2$O$_2$ ⟶ 2H$_2$O + O$_2$
> (−1)　　　(−2)　(0)
> 還元された（酸化剤）

ふた股試験管の突起のある方へ固体試薬の酸化マンガン（Ⅳ）MnO$_2$ を，突起のない方へ液体試薬の過酸化水素水を入れておく。これは，固体と液体を分離して反応を停止させるとき，固体が液体の方へ落ちないようにするためである（p.40）。

（2）MnO$_2$ のように，自身は変化せず，反応速度を大きくするはたらきをもつ物質を**触媒**という。触媒は

263〜264

反応式中には書かないこと。

(3) 反応式は 2KClO₃ ⟶ 2KCl + 3O₂
この反応でも MnO₂ は触媒として作用している。

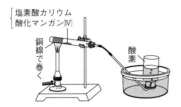

塩素酸カリウム
酸化マンガン(Ⅳ)
銅線で巻く
酸素

反応式の係数比より，KClO₃ 2mol から O₂ 3mol が発生する。

KClO₃ = 122.5 より，モル質量は 122.5g/mol。
発生する酸素の体積(標準状態)は，

$$\frac{4.90}{122.5} \times \frac{3}{2} \times 22.4 = 1.344 ≒ 1.34 〔L〕$$

(4) 金属元素の酸化物である**塩基性酸化物**が水と反応すると**水酸化物**を生じ，水溶液は塩基性を示す。一方，非金属元素の酸化物である**酸性酸化物**が水と反応すると**オキソ酸**を生じ，水溶液は酸性を示す。

(ア) CaO + H₂O ⟶ Ca(OH)₂

(イ) CO₂ + H₂O ⟶ H₂CO₃

(ウ) SO₃ + H₂O ⟶ H₂SO₄

(エ) Na₂O + 2H₂O ⟶ 2NaOH

参考 **水酸化物とオキソ酸の関係について**

いずれも中心原子 X に OH が結合している。

X-O-H ⟶ X⁺ + OH⁻(水酸化物)
⟶ XO⁻ + H⁺(オキソ酸)

中心原子の陽性が大きい場合，X-O 間の電子対は O の方へ強く引きつけられ，水の作用でこの結合が切れ，OH⁻ を生じる。

中心原子の陰性が大きい場合，X-O 間の結合は切れず，代わりに，O-H 間の電子対が O のほうへ強く引きつけられ，水の作用でこの結合が切れ，H⁺ を生じる。

亜硫酸 H₂SO₃ と硫酸 H₂SO₄ のように，同じ中心原子からなるオキソ酸では，中心原子に結合する O 原子の数が多くなるほど，その酸性は強くなる。

また，ケイ酸 H₂SiO₃，リン酸 H₃PO₄，硫酸 H₂SO₄ のように中心原子が異なるオキソ酸では，中心原子の陰性(電気陰性度)がこの順に大きくなるので，その酸性は強くなる。

解答 (1) A 酸化マンガン(Ⅳ) B 過酸化水素水
(2) 触媒としてはたらく。
(3) **1.34L**
(4) (ア) Ca(OH)₂ (イ) H₂CO₃ (ウ) H₂SO₄
(エ) NaOH

263 **解説** 硫黄の粉末を二硫化炭素 CS₂ という溶媒に溶かし，蒸発皿に移し，常温で風通しのよいところで CS₂ を蒸発させると，黄色八面体状の**斜方硫黄**の結晶が析出する。

硫黄の粉末を試験管に入れ，穏やかに約 120℃ まで加熱し，黄色の液体をつくる。これを空気中で放置すると，黄色針状の**単斜硫黄**の結晶が得られる。

硫黄の融解液を 250℃ くらいまで加熱し，生じた暗褐色の液体を，水中に流し込み急冷すると，暗褐色でやや弾性のある**ゴム状硫黄**が得られる。

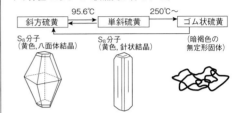

	95.6℃		250℃〜	
斜方硫黄	⟷	単斜硫黄	⟶	ゴム状硫黄

S₈分子
(黄色，八面体結晶)

S₈分子
(黄色，針状結晶)

(暗褐色の無定形固体)

斜方硫黄 S₈	単斜硫黄 S₈	ゴム状硫黄 Sₓ
105°	105°	
融点 113℃	融点 119℃	融点不定

解答 ① 斜方硫黄 ② S₈
③ 単斜硫黄 ④ ゴム状硫黄

264 **解説** 空気中での**貴ガス(希ガス)** の存在割合は，アルゴン Ar が圧倒的に多く(0.93%)，他の貴ガスはごく少量である。貴ガスの原子の電子配置は安定であり，すべて原子の状態で**単原子分子**として空気中に存在する。分子量が大きくなるほど，分子間力が強くなり，He < Ne < Ar < Kr < Xe の順に沸点は高くなる。

〔参考〕 大気中の Ar の存在率が他の貴ガスに比べて著しく大きいのは，地殻中の放射性元素 ₁₉⁴⁰K が核外電子1個を取り込む(**電子捕獲**という)，核内で電子＋陽子→中性子に変化し，₁₈⁴⁰Ar に変化するからである(半減期約 12.5 億年)。

ヘリウム He(分子量 4，沸点 −269℃)は，水素 H₂(分子量 2，沸点 −253℃)よりも分子量は大きいが，沸点はあらゆる物質中で最も低い。一般に，分子量の大きい物質ほど分子間力が大きくなるが，ヘリウムは球形をしているため，水素より分子間力が小さく沸点が低い。

ヘリウムは軽くて不燃性なので気球用の浮揚ガスや，液体ヘリウムは沸点が低いため，超伝導磁石*の冷却剤などに用いられる。ネオン Ne は低圧放電すると明るい赤色を出すのでネオンサインに，アルゴンは電球のフィラメント

(タングステンフィラメント)

のタングステン W の蒸発を防ぐための封入ガスとして用いる。なお，クリプトンやキセノンは，電球の封入ガスやストロボなどに用いられる。

〔参考〕＊ヘリウムの融点は－272℃（2.6×10⁶Pa）であるが，2.5×10⁶Pa 以下では絶対零度（－273℃）でも固体とならず，液体状態を示し，容器の壁を昇る**超流動**とよばれる性質を示す。
　　ある温度（T_c）以下になると，電気抵抗が0になる現象を**超伝導**という。超伝導を利用すると，強力な電磁石をつくることができる。超伝導磁石はリニアモーターカーや医療機器 MRI（核磁気共鳴画像診断装置）などに利用されている。

貴ガス（希ガス）は周期表の 18 族元素で，最外殻電子は He は 2 個，他はすべて 8 個であるが，他の原子と結合したり化合物をつくらないので，**価電子の数は 0** である。

〔解答〕① **アルゴン**　② **ヘリウム**　③ **低い**
④ **ネオン**　⑤ **18**　⑥ **0**

265 〔解説〕成層圏（地上約 10～50km の範囲）上部では，太陽から放射される強い紫外線を吸収して，酸素の一部がオゾンになり，地上 20～40km 付近にオゾンを 3×10^{-4}% 程度含む層（**オゾン層**）を形成している。

このオゾン層は，生物に有害な紫外線のほとんどを吸収し，地上の生物を保護するはたらきをもつ。

オゾン O_3 は，酸素中で**無声放電**（火花や音を伴わない静かな放電）を行うか，酸素に強い紫外線を当てて生成する。

オゾン発生器のしくみ
オゾン発生器では，ガラスを隔てた電極間に，誘導コイルで発生させた高電圧をかけて無声放電を行うことができる。

オゾン O_3 は，魚の腐ったような生臭いにおいのする淡青色の気体で，有毒である。酸性条件では①式のように反応して強い**酸化作用**を示し，飲料水の殺菌や消毒や消臭，および繊維の漂白などに利用される。

$$O_3 + 2H^+ + 2e^- \longrightarrow O_2 + H_2O \quad \cdots ①$$

(1) オゾンは，水で湿らせた**ヨウ化カリウムデンプン紙の青変**により検出される。この反応では，まず，オゾンが中性条件で酸化剤としてはたらき，ヨウ化カリウム KI を酸化してヨウ素 I_2 を遊離させる。このヨウ素が**ヨウ素デンプン反応**を起こして，青色を呈する。

中性条件では，H^+ の濃度はきわめて小さいので，①式のように左辺に H^+ を残しておくのは適切ではない。そこで，①式を H_2O が反応した形に改めるため，両辺に $2OH^-$ を加えて整理すると，次の②式が得られる。

$$O_3 + H_2O + 2e^- \longrightarrow O_2 + 2OH^- \quad \cdots ②$$

ヨウ化カリウム KI が還元剤としてはたらくと，

$$2I^- \longrightarrow I_2 + 2e^- \quad \cdots ③$$

②＋③より，e^- を消去するとイオン反応式になる。

$$O_3 + H_2O + 2I^- \longrightarrow I_2 + O_2 + 2OH^- \quad \cdots ④$$

④式の両辺に，$2K^+$ を加えて式を整理すると化学反応式になる。

$$O_3 + H_2O + 2KI \longrightarrow I_2 + O_2 + 2KOH$$

〔参考〕中性条件で O_3 と KI を反応させるのは，O_3 の酸化力は中性条件でも I^- を I_2 に酸化するには十分な強さがあるためである。もし，酸性条件で O_3 と KI を反応させると，I_2 はヨウ素酸イオン IO_3^- まで酸化されるので，ヨウ素デンプン反応は呈色しなくなるからである。

(2) オゾン分子 O_3 は，酸素分子 O_2 が酸素原子 O に配位結合して形成されると考えればよい。

$$:\overset{\cdots}{O}::\overset{\cdots}{O}: \quad \overset{\cdots}{O}: \longrightarrow :\overset{\cdots}{O}::\overset{\cdots}{O}:\overset{\cdots}{O}:$$

提供
非共有電子対　空軌道

酸素分子の一方の O 原子の非共有電子対が別の O 原子の空軌道に対して提供されて，配位結合が形成される。

オゾン分子の中央の O 原子には，二重結合の共有電子対と配位結合の共有電子対に加えて，非共有電子対の合計 3 組の電子対がある。これらが空間の最も離れた正三角形の頂点の方向に伸びるが，実際の分子の形は，共有電子対の伸びる方向で決まるので，**折れ線形**になる。

〔解答〕① **オゾン層**　② **紫外線**　③ **酸素**
④ **（無声）放電**　⑤ **紫外線**　⑥ **淡青**
⑦ **酸化**　⑧ **青**

(1) $O_3 + H_2O + 2KI \longrightarrow I_2 + O_2 + 2KOH$

(2) $:\overset{\cdots}{O}:\overset{\cdots}{O}:\overset{\cdots}{O}:$ 　**折れ線形**

〔参考〕**オゾン層の破壊について**

冷蔵庫やエアコンの冷媒，半導体の洗浄剤などに使われていた**フロン**（クロロフルオロカーボンとよばれ，炭化水素の H をハロゲンで置換した化合物の総称）は，およそ十数年かかって対流圏（地表～10km の範囲）を拡散して成層圏まで達し，そこで太陽の強い紫外線を受けて分解し，生じた塩素原子 Cl がオゾン分子 O_3 を連鎖的に破壊することが明らかになった。

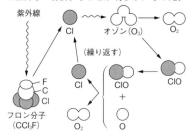

オゾン層破壊作用の強い**特定フロン類**のクロロフルオロカーボン CFC はすでに全廃され，現在では，オゾン層破壊作用の弱い**代替フロン類**のハイドロフルオロカーボン HFC やパーフルオロカーボン PFC などが使用されている。

オゾン層が破壊されると，地上に到達する紫外線量が増加する。これにより，皮膚がんや視力障害，動物の免疫機能の低下，植物やプランクトンの生育阻害などへの影響が心配されている。

266 (解説)　(2)　ⓐ　鉄と硫黄が反応して硫化鉄(Ⅱ)を生成する反応は，次のような酸化還元反応である。

$$\underset{(0)}{Fe} + \underset{(0)}{S} \longrightarrow \underset{(+2)}{Fe}\ \underset{(-2)}{S}\ (= Fe^{2+}S^{2-})$$

（上：還元，下：酸化）

ⓑ　$\underset{弱酸の塩}{FeS} + \underset{強酸}{H_2SO_4} \longrightarrow \underset{強酸の塩}{FeSO_4} + \underset{弱酸}{H_2S}$

FeS は Fe^{2+} と S^{2-} からなるイオン結晶である。弱酸由来のイオンである S^{2-} は共役塩基なので，強酸である H_2SO_4 が放出した H^+ を2個受け取り，弱酸の H_2S が生成する（**弱酸の遊離**）。一方，SO_4^{2-} は Fe^{2+} と新たに強酸の塩 $FeSO_4$ を生成する。

希硫酸の代わりに希塩酸も用いてもよい。

ⓒ　イオン反応式では，$2Ag^+ + S^{2-} \longrightarrow Ag_2S$ であるが，反応に関係しなかったイオン（$2NO_3^-, 2H^+$）を両辺に加えて整理すると，化学反応式になる。

$$2AgNO_3 + H_2S \longrightarrow Ag_2S + 2HNO_3$$

(3)　**キップの装置**は，固体と液体の試薬を反応させて気体を発生させる装置として用いる（加熱を要する反応には使えない）。活栓（コック）の開閉により，気体の発生量が自由に調節できて便利である。図のBに粒状の固体試薬（粉末ではBとCの隙間から下へ落ちてしまうので不可）を入れ，Aの約半分の高さまで液体試薬を入れる。Cには排液口の栓があるだけである。

活栓

A

B

C

(4)　活栓を開けると，B内の圧力が減少し，Aにたまっていた希硫酸がCを経てBに達する。こうして，硫化鉄(Ⅱ)と希硫酸とが接触し，気体が発生し始める。発生した気体は，活栓付きのガラス管を通って外へ出て行く。

活栓を閉じると，B内に発生した気体がたまり，その圧力で希硫酸がCを経てAまで押し上げられ，希硫酸と硫化鉄(Ⅱ)が分離される。このため，気体の発生は停止する。

(5)　希硝酸には酸化力があるため，硫化水素は酸化さ

れて単体の硫黄を遊離してしまうので，硫化水素を発生させる強酸としては不適である。

$$HNO_3 + 3e^- + 3H^+ \longrightarrow NO + 2H_2O \quad \cdots ①$$
$$H_2S \longrightarrow S + 2H^+ + 2e^- \quad \cdots ②$$

①×2＋②×3より，
$$3H_2S + 2HNO_3 \longrightarrow 3S + 2NO + 4H_2O$$

(6)　硫化水素 H_2S は酸性の気体なので，塩基性の乾燥剤である酸化カルシウム CaO とは中和して吸収されるので不適。また，硫化水素は還元性が強いため，酸化力を有する濃硫酸 H_2SO_4 とは常温でも酸化還元反応を起こし，吸収されてしまうので不適。したがって，硫化水素と反応しない酸性の乾燥剤である十酸化四リン P_4O_{10} と，中性の乾燥剤である塩化カルシウム $CaCl_2$ は使用可能である。

(解答)　(1)①　硫化鉄(Ⅱ)　②　腐卵
　　　　③　硫化銀
(2)ⓐ　$Fe + S \longrightarrow FeS$
　　ⓑ　$FeS + H_2SO_4 \longrightarrow FeSO_4 + H_2S$
　　ⓒ　$2AgNO_3 + H_2S \longrightarrow Ag_2S + 2HNO_3$
(3)　名称　**キップの装置**　装置　**B**
(4)　**発生した気体の圧力により，B内の希硫酸の液面がCへ押し下げられ，固体と液体の接触が断たれ，気体の発生が止まる。**
(5)　**硫化水素が希硝酸によって酸化されてしまうから。**
(6)(イ)，(エ)

267 (解説)　(1)　構造の類似した分子では，分子量が大きいほど，分子間力が強くなり，融点・沸点は高くなる。$F_2 < Cl_2 < Br_2 < I_2$ の順。〔×〕

(2)　ハロゲンの単体は，原子番号の小さいものほど，電子を取り込む力（**酸化力**）が大きく，$I_2 < Br_2 < Cl_2 < F_2$ の順に反応性が大きくなる。〔○〕

(3)　$X_2 + H_2O \rightleftarrows HX + HXO$ の反応を起こすハロゲン X_2 は，Cl_2 と Br_2 のみである。〔×〕

(4)　F_2 は水と激しく反応して O_2 を発生する。Cl_2，Br_2 は水に少し溶ける。また，I_2 は水にほとんど溶けない。〔×〕

(5)　ハロゲンの単体は，F_2(淡黄色)，Cl_2(黄緑色)，Br_2(赤褐色)，I_2(黒紫色)のように，いずれも有色で，分子量が増すほど色が濃くなる。〔○〕

(6)　ハロゲンの単体は，相手の物質から電子を取り込む（奪う）力（**酸化作用**）が強く，天然にはすべて化合物として存在し，単体として存在するものはない。〔×〕

(7)　ハロゲンの単体は，いずれも酸化作用があり，程度の差はあるが人体に有毒である。〔×〕

解答 (1) × (2) ○ (3) × (4) × (5) ○ (6) ×
(7) ×

268 解説

(1) 反応途中，SO_2 から SO_3 をつくる過程で，固体触媒の接触作用を利用することから，**接触法**とよばれる。

(2)〜(4) ⓐ　$FeS_2 + O_2 \longrightarrow Fe_2O_3 + SO_2$

登場回数の少ない原子の数から係数を決めていく。(Fe 2 回，S 2 回，O 3 回)

Fe 原子の数を合わせる。Fe_2O_3 の係数を 1 とおくと，FeS_2 の係数は 2。

S 原子の数を合わせる。FeS_2 の係数が 2 なので，SO_2 の係数は 4。

O 原子の数を合わせる。右辺の O 原子は 11 個なので，O_2 の係数は $\dfrac{11}{2}$。

全体を 2 倍して分母を払うと，
$$4FeS_2 + 11O_2 \longrightarrow 2Fe_2O_3 + 8SO_2$$

ⓑ　$2SO_2 + O_2 \longrightarrow 2SO_3$

この反応は，実際は可逆反応(左，右いずれにも進む反応)で最も進行しにくい。そこで，反応速度を大きくする目的で，触媒として，酸化バナジウム(V)(五酸化二バナジウム)V_2O_5 を利用する。

ⓒ　SO_3 を直接水に吸収させると，激しく発熱して水が沸騰し，生じた水蒸気に SO_3 が溶け込み，硫酸の霧となって空気中に発散してしまう。硫酸の霧の粒子の大きさは水分子に比べてかなり大きいため，容易に水に溶けない。そこで，水分の少ない濃硫酸にゆっくりと SO_3 を吸収させて**発煙硫酸**(濃硫酸に過剰の SO_3 を吸収させたもの)をつくり，必要に応じて希硫酸で薄めて所定の濃度の濃硫酸をつくる。

$$SO_3 + H_2SO_4 \longrightarrow H_2S_2O_7 (ピロ硫酸)$$
$$H_2S_2O_7 + H_2O \longrightarrow 2H_2SO_4$$

(5) $S \to SO_2 \to SO_3 \to H_2SO_4$ と段階的に反応していくが，最終的には，**$S\,1mol$ から $H_2SO_4\,1mol$ が生成する**(このような段階的な反応の場合，中間生成物を省略し，反応物と生成物の量関係だけを S 原子に着目して考えればよい)。

モル質量は，$S = 32g/mol$，$H_2SO_4 = 98g/mol$ より，生成する 98% 硫酸を $x\,[kg]$ とすると，
$$\frac{1.6 \times 10^3}{32} = \frac{x \times 10^3 \times 0.98}{98} \quad \therefore \quad x = 5.0\,[kg]$$

(6) 濃硫酸に吸収させた SO_3 を $x\,[mol]$ とおく。

$SO_3 + H_2O \longrightarrow H_2SO_4$ より，生成する H_2SO_4 も $x\,[mol]$ である。これと 18mol/L 濃硫酸 10mL 中の H_2SO_4 が，NaOH 水溶液と中和する。

H_2SO_4 は 2 価の酸，NaOH は 1 価の塩基より，

$$\left(x + 18 \times \frac{10}{1000} \right) \times 2 = \left(2.0 \times \frac{200}{1000} \right) \times 1$$
$$x = 2.0 \times 10^{-2}\,[mol]$$

解答 (1) 接触法
(2) ⓑ，V_2O_5
(3) ⓐ $4FeS_2 + 11O_2 \longrightarrow 2Fe_2O_3 + 8SO_2$
　　ⓑ $2SO_2 + O_2 \longrightarrow 2SO_3$
　　ⓒ $SO_3 + H_2O \longrightarrow H_2SO_4$
(4) 三酸化硫黄を直接水に吸収させると，激しい発熱によって，硫酸が霧状となり発煙するので，水への吸収率が悪くなるから。
(5) 5.0kg　　(6) $2.0 \times 10^{-2}mol$

269 解説

濃硫酸と希硫酸とでは，性質が大きく異なる。その違いを十分理解しておくこと。

〔濃硫酸の性質〕

①**不揮発性の酸である**　揮発性の酸 HCl の塩 NaCl に，不揮発性の濃硫酸 H_2SO_4 を加えて加熱すると，不揮発性の酸の塩 $NaHSO_4$ を生じ，揮発性の酸 HCl が遊離する。

$NaCl + H_2SO_4$
$\longrightarrow NaHSO_4 + HCl\uparrow$

②**吸湿性がある**　水分を吸収する力が強く，固体，気体の乾燥剤に利用される(右図)。

濃硫酸 デシケーター

③**脱水作用がある**　有機化合物中から，H と O を 2:1 の割合で奪う。たとえば，スクロースに濃硫酸を滴下すると，次の反応が起こって，炭素 C が遊離する。

$C_{12}H_{22}O_{11} \xrightarrow{H_2SO_4} 12C + 11H_2O$
濃硫酸

スクロース　炭素

スクロースに濃硫酸を滴下し，しばらくすると，激しく反応して，黒色の炭素が遊離する。

④**溶解熱が大きい**　濃硫酸の，水への溶解熱はきわめて大きい。濃硫酸に水を注ぐと，加えた水は密度の大きい硫酸の表面に浮かんだ状態となり，多量の溶解熱が発生して水が激しく沸騰し，硫酸が周囲に飛散して危険である。濃硫酸を水で希釈するときは，多量の水の中へ濃硫酸を少しずつ加えていくと，水の沸騰は起こらず，安全に希硫酸をつくることができる。

危険！
濃硫酸　水　濃硫酸　水

⑤**酸化作用がある**　加熱した濃硫酸(**熱濃硫酸**)は酸化力が強く，希塩酸や希硫酸に溶けない Cu や Ag も溶かし，二酸化硫黄 SO_2 を発生する。

$$Cu + 2H_2SO_4 \longrightarrow CuSO_4 + 2H_2O + SO_2\uparrow$$

〔希硫酸の性質〕

①**強い酸性**を示す。

②**金属と反応して水素を発生**する。

$$Zn + H_2SO_4 \longrightarrow ZnSO_4 + H_2\uparrow$$

解答　(1) (エ)　(2) (ア)　(3) (イ)　(4) (オ)　(5) (ウ)　(6) (カ)

270 **解説**　(1)　炎色反応を示す元素は，1族，2族元素が多い。1族のアルカリ金属元素の炭酸塩は水に溶けやすいが，2族元素の炭酸塩は水に溶けにくい。よって，**2族元素**が該当する。

2族元素の**アルカリ土類金属**のうち，Ca，Sr，Ba，Ra は，いずれも常温の水と反応して水素を発生するが，Mg は常温の水とは反応せず，熱水とは反応するので，(ア)は Mg が該当する(Be は熱水とも反応しないので，該当しない)。

(2)　陰イオンになりやすく，単体がすべて有色であることから，**17族元素(ハロゲン)** が該当する。

F_2(淡黄色・気体)，Cl_2(黄緑色・気体)，Br_2(赤褐色・液体)，I_2(黒紫色・固体)のように，分子量が大きくなるほど融点・沸点が高くなり，その色も濃くなる。

ハロゲンと水素の化合物(ハロゲン化水素)は，いずれも無色・刺激臭の気体で，水によく溶け酸性を示す。このうちフッ化水素 HF だけが弱酸であり，他の塩化水素 HCl，臭化水素 HBr，ヨウ化水素 HI はいずれも強酸である。

また，フッ化水素の水溶液(フッ化水素酸)には，ガラス(主成分 SiO_2)を溶かすという他の酸には見られない特異な性質がある。

よって，(イ)は F が該当する。

(3)　多くの金属は銀白色の金属光沢を示すが，例外的に Cu は赤色，Au は黄色という有色の金属光沢を示す。銅 Cu，金 Au は銀 Ag とともに **11族元素** に属する。11族元素のうち，Ag の化合物は光によって分解しやすい性質(**感光性**)があるので，褐色びんで保存しなければならない。よって(ウ)は Ag が該当する。

(4)　電子殻が最大数の電子で満たされた状態(**閉殻**)と，M殻以上の電子殻に8個の電子が入った状態(**オクテット**)は，いずれも化学的にきわめて安定な電子配置である。

よって，**18族元素(貴ガス，希ガス)** が該当する。

貴ガスの価電子の数はすべて0個であるが，最外殻電子の数を調べると，He だけが2個で，残り(Ne，Ar，Kr，Xe，Rn)はすべて8個である。よって，(エ)は He が該当する。

解答　(1) **2**　(2) **17**　(3) **11**　(4) **18**
　　　(ア) **Mg**　(イ) **F**　(ウ) **Ag**　(エ) **He**

271 **解説**　(1)　周期表の第3周期に属する1，2，13～17族の元素の最高酸化数，最高酸化物，その酸化物の性質の周期的変化は，下表の通りである。

族	1	2	13	14	15	16	17
元素	Na	Mg	Al	Si	P	S	Cl
最高酸化数	+1	+2	+3	+4	+5	+6	+7
酸化物	Na_2O	MgO	Al_2O_3	SiO_2	P_4O_{10}	SO_3	Cl_2O_7
酸性・塩基性	強い塩基性	弱い塩基性	両性	弱い酸性	酸性	強い酸性	強い酸性

第3周期では，族番号とともに最高酸化数は，+1，+2，……+7 と増加し，1，2族の酸化物は塩基性酸化物，13族の Al_2O_3 は両性酸化物，14～17族の酸化物は酸性酸化物である。

(2)　酸と反応する酸化物を**塩基性酸化物**という。塩基性酸化物が水と反応すると，**水酸化物**を生じる。塩基性酸化物の Na_2O，MgO のうち，常温の水と反応して強塩基を生成するのは，アルカリ金属の酸化物であり，第3周期では Na_2O である。

酸化ナトリウム Na_2O は塩基性酸化物で，水に溶けて強い塩基性を示す。

$$Na_2O + H_2O \longrightarrow 2NaOH$$

(3)　酸とも強塩基とも反応する酸化物を**両性酸化物**といい，両性金属の酸化物 Al_2O_3 が該当する。

酸化アルミニウムは水に溶けないが，酸の水溶液にも，強塩基の水溶液にも塩を生じて溶ける。

$$Al_2O_3 + 6HCl \longrightarrow 2AlCl_3 + 3H_2O$$
$$Al_2O_3 + 2NaOH + 3H_2O \longrightarrow 2Na[Al(OH)_4]$$

テトラヒドロキシドアルミン酸ナトリウム

両性酸化物には，ZnO，SnO，PbO もある。

(4)　塩基と反応する酸化物を**酸性酸化物**という。酸性酸化物が水と反応すると，**オキソ酸**(酸素を含む酸)を生じる。オキソ酸は，中心原子を X とすると，一般式 $XO_m(OH)_n$ で表される。X が同種の原子の場合，X に直接結合した酸素の数 m が多いほど強酸であり，X が異種の原子の場合，X の陰性(電気陰性度)が大きくなるほど強酸になる。

X の酸化数が +6 の硫酸 H_2SO_4 と +7 の過塩素酸 $HClO_4$ はいずれも強酸である。

(X の酸化数が +5 のリン酸 H_3PO_4 は中程度の強さの酸であるが，弱酸に分類されている。)

硫黄の酸化物には，二酸化硫黄 SO_2 と三酸化硫黄 SO_3 があり，これらの水溶液はいずれも酸性を示す。

$$SO_2 + H_2O \longrightarrow H_2SO_3(亜硫酸, 弱酸)$$
$$SO_3 + H_2O \longrightarrow H_2SO_4(硫酸, 強酸)$$

塩素の酸化物には，酸化数 + 1, + 3, + 5, + 7 のものがある。

$$\underline{Cl}_2O + H_2O \longrightarrow 2H\underline{Cl}O \quad 次亜塩素酸(弱酸)$$
$$(+1) \qquad\qquad\qquad (+1)$$

$$\underline{Cl}_2O_3 + H_2O \longrightarrow 2H\underline{Cl}O_2 \quad 亜塩素酸(弱酸)$$
$$(+3) \qquad\qquad\qquad (+3)$$

$$\underline{Cl}_2O_5 + H_2O \longrightarrow 2H\underline{Cl}O_3 \quad 塩素酸(強酸)$$
$$(+5) \qquad\qquad\qquad (+5)$$

$$\underline{Cl}_2O_7 + H_2O \longrightarrow 2H\underline{Cl}O_4 \quad 過塩素酸(強酸)$$
$$(+7) \qquad\qquad\qquad (+7)$$

解答 (1)(a)MgO　(b)Al_2O_3　(c)SiO_2

(2) 酸化ナトリウム
$$Na_2O + H_2O \longrightarrow 2NaOH$$

(3) 酸化アルミニウム

(4) 硫酸，過塩素酸

272 **解説** (1) **電気陰性度**(原子が共有電子対を引きつける強さ)は，貴ガス(希ガス)を除いて，周期表の右上に位置する元素が最大である(周期表の左下に位置する元素が最小である)。17族の最も上位にある(イ)Fが該当する。

(2) 酸とも塩基とも反応する金属は**両性金属**(Al，Zn，Sn，Pb)であるが，第3周期では(エ)Alと第4周期の(ロ)Znが該当する。

(3) **イオン化エネルギー**（原子から電子1個を取り去り1価の陽イオンにするのに必要なエネルギー)は，周期表では右上に位置する元素ほど大きく，左下に位置する元素ほど小さい。表中の元素の中では，18族のNeが最大で，1族の(カ)Kが最小である。

(4) **遷移元素**(内側の電子殻に電子が配置されていく元素)は，第4周期以降の3～12族の元素であり，$_{21}Sc$～$_{30}Zn$までの10元素が該当する。

(5) 常温・常圧で単体が液体である元素は，非金属元素では$_{35}Br$，金属元素では$_{80}Hg$のみである。第4周期までの元素では，臭素Br_2だけである。Hgは第6周期なので該当しない。

(6) 1族のアルカリ金属の単体は，原子半径が大きいほど，金属結合が弱くなり融点は低くなる。1族の最も下にある(カ)Kが該当する。

$$Li \quad > \quad Na \quad > \quad K$$
$$融点 \quad 181℃ \qquad 98℃ \qquad 64℃$$

一般に，1原子あたりの自由電子の数が少なく，原子半径が大きい金属ほど，自由電子の密度が小さいので，金属結合が弱くなり融点も低くなる。

解答 (1)F　(2)AlとZn　(3)K
(4)Zn　(5)Br　(6)K

273 **解説** (1) ハロゲン化水素は，水素とハロゲンを直接反応させて得られる。その水溶液はいずれも酸性を示す。

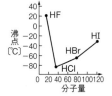

$$H_2 + X_2 \longrightarrow 2HX$$

ただし，フッ化水素HFだけは，H^+が電離しにくく弱酸である。これは，H-Fの結合エネルギーが特に大きいことが主な原因と考えられている。一方，塩化水素HCl，臭化水素HBr，ヨウ化水素HIはどれも強酸である。

(2) ハロゲン化水素の沸点を比較すると，HFだけは分子量が小さいにも関わらず，残りの分子よりも沸点が著しく高い。これは，HFの分子間には**水素結合**がはたらいており，この結合を切るのに余分なエネルギーを要するためである。

(3) Cl_2はBr^-やI^-から電子を奪ってBr_2やI_2を遊離させる。Br_2やI_2はいずれも褐色でよく似ている(同濃度ではI_2はBr_2より濃い褐色を示す)。

I_2にデンプン水溶液を少量加えると青紫色を呈する(**ヨウ素デンプン反応**)が，Br_2はデンプン水溶液とは呈色反応しない。

$$2KBr + Cl_2 \longrightarrow 2KCl + Br_2$$

(4) ハロゲン化物イオンを含む水溶液に硝酸銀$AgNO_3$水溶液を加えると，$AgCl$(白色)，$AgBr$(淡黄色)，AgI(黄色)は水に不溶で沈殿するが，AgFだけは水に可溶で沈殿しない。

参考 **なぜフッ化銀だけ水溶性なのか**
ハロゲンと銀の電気陰性度の差を比較すると，AgF(2.1)，$AgCl$(1.1)，$AgBr$(0.9)，AgI(0.6)。電気陰性度の差が大きいAgFではイオン結合性が強く水によく溶ける。一方，$AgCl$，$AgBr$，AgIの順に電気陰性度の差が減少し，イオン結合性が弱くなる代わりに，共有結合性が強くなるため，この順に水に溶けにくくなる。

(5) 塩化ナトリウムに不揮発性の酸(濃硫酸)を加えて熱すると，揮発性の酸(塩化水素)が発生する。このとき生成する塩は，正塩のNa_2SO_4ではなく，酸性塩の$NaHSO_4$である。これは，硫酸H_2SO_4の第一電離($H_2SO_4 \longrightarrow H^+ + HSO_4^-$)は起こりやすいが第二電離($HSO_4^- \longrightarrow H^+ + SO_4^{2-}$)はやや起こりにくいためである。したがって，

$$2NaCl + H_2SO_4 \longrightarrow Na_2SO_4 + 2HCl$$

の反応は，500℃以上の高温でないと進行しない。

参考 NaCl と濃 H_2SO_4 の反応で，酸性塩 $NaHSO_4$ が生成する理由

$$NaCl + H_2SO_4 \longrightarrow NaHSO_4 + HCl \quad \cdots①$$

H_2SO_4 と HCl は，ともに強酸であり，酸の強さは H_2SO_4（第一電離）≒ HCl であるから，①の反応はやがて平衡状態になる。しかし，加熱することで不揮発性の H_2SO_4 が揮発性の HCl を反応系から追い出すことになるので，①の反応は右へ進行する。

一方，NaCl と濃 H_2SO_4 の反応において，正塩 Na_2SO_4 が生成するには，次の②の反応が進行する必要がある。

$$NaCl + NaHSO_4 \longrightarrow Na_2SO_4 + HCl \quad \cdots②$$

このとき，酸の強さは HCl > HSO_4^-（第二電離）であるため，②の右向きの反応は進みにくく，むしろ左向きに進行しやすい。すなわち，弱い方の酸である HSO_4^- から H^+ が電離し，それを強い方の酸のイオンである Cl^- が受け取ることはない。

したがって，NaCl と濃硫酸の反応では，①の反応だけが進み，酸性塩の $NaHSO_4$ が生成するが，②の反応は起こらないので，正塩の Na_2SO_4 は生成しないと考えられる。

(6) 空気中で塩化水素（気体）とアンモニア（気体）が出会うと，直ちに反応して塩化アンモニウムの白煙を生じる。

$$HCl + NH_3 \longrightarrow NH_4Cl$$

この反応は HCl，NH_3 の互いの検出に利用される。

(7) ハロゲンの単体と水素との反応性は，次の通り。

F_2	Cl_2	Br_2	I_2
冷暗所でも爆発的に反応	常温，光照射で爆発的に反応	触媒・加熱で反応	触媒・加熱で一部が反応

解答 (1) HF

(2) HF　（理由）フッ化水素は，分子間で水素結合を形成しているから。

(3) KBr

(4) AgF

(5) $NaCl + H_2SO_4 \longrightarrow NaHSO_4 + HCl$

(6) 濃アンモニア水をつけたガラス棒を近づけ，塩化アンモニウムの白煙が生じるかどうかで検出する。

(7) 冷暗所 F_2，高温 I_2

参考 フッ化水素酸 HFaq が弱い酸性である原因
ハロゲン化水素 HX の H−X の結合エネルギーを比べると，H−F の結合エネルギーが他の H−X に比べて格段に大きい*。

	H−F	H−Cl	H−Br	H−I
結合エネルギー〔kJ/mol〕	566	431	366	299
電気陰性度の差	1.8	1.0	0.8	0.5

*異種の原子 A，B の電気陰性度度の差が大きいほど，A−B 結合の極性が大きくなり，その結合エネルギーも大きくなる傾向がある。

H−F の結合エネルギーが大きいことが，フッ化水素酸 HFaq の電離をエネルギー面で抑制している。一方，HF の電離で生じた F^- は小さく，その周囲に水分子を強く引きつけるので，系のエントロピーが大きく減少する。このこともフッ化水素酸 HFaq の電離を抑制している。この 2 つの要因がフッ化水素酸 HFaq が弱い酸性を示す理由と考えられる。

274 **解説** (1)　炎色反応を示すのは，Li，Na，K，Ca である。1 族元素のうち，原子番号は Li < Na < K である。したがって，K は原子半径が最も大きく，1 原子あたりの自由電子の密度が小さいため，金属結合が弱くなり，融点が最も低い。

また，2 族の Ca は 1 原子あたりの自由電子の数が 1 族のアルカリ金属に比べて多く，自由電子の密度が大きいため，融点が最も高い。

(2) 第 4 周期の**遷移元素**は最外殻（N 殻）の 1 つ内側の M 殻へ電子が配置されていくが，主に，N 殻の電子 1，2 個が最外殻電子となる。

(3) 最高酸化数が + 7 なので，7 族の Mn である。

Mn	Mn^{2+}	MnO_2	MnO_4^{2-}	MnO_4^-
0	+2	+4	+6	+7

Mn の酸化数

(4) 金属のほとんどは銀白色の光沢をもち，有色のものは，赤色の銅，黄色の金だけである。希塩酸に溶けず希硝酸に溶けることから，水素よりイオン化傾向の小さな Cu である。第 6 周期の 11 族元素の Au は硝酸にも溶けず，王水にしか溶けない。

(5) 第 3，4 周期で**両性金属**に該当するのは，Al と Zn である。このうち，典型元素で濃硝酸とは不動態となるのは Al である（両性金属の Zn は遷移元素に分類され，Sn は第 5 周期，Pb は第 6 周期でいずれも該当しない。）

(6) 大気，海水および地殻（地表〜16km まで）中の元素の質量百分率を**クラーク数**といい，多い順に O，Si，Al，Fe である。大気，海水，地殻のうち，質量割合が最も大きいのは地殻である。したがって，クラーク数は地殻中の元素の存在率とほぼ一致する。

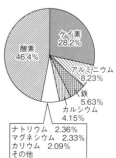

ケイ素 28.2%
酸素 46.4%
アルミニウム 8.23%
鉄 5.63%
カルシウム 4.15%
ナトリウム 2.36%
マグネシウム 2.33%
カリウム 2.09%
その他

275

(7) CO_2 は分子結晶をつくるが，SiO_2 は Si 原子と O 原子が共有結合だけで結びついた**共有結合の結晶**をつくる。

(8) **酸性雨**の主な原因物質は，硫黄酸化物 SO_x と窒素酸化物 NO_x である。下式のように変化し，雨水を酸性化する。

$$SO_2 \longrightarrow SO_3 \longrightarrow H_2SO_4（硫酸）$$
$$NO \longrightarrow NO_2 \longrightarrow HNO_3（硝酸）$$

解答 (1)（最低）K，（最高）Ca　(2) N 殻　(3) MnO_2
(4) Cu　(5) Al　(6) O　(7) SiO_2　(8) N，S

参考 **酸性雨について**
　ふつうの雨は空気中の CO_2 が飽和しているため，pH＝5.6 程度の弱い酸性を示す。一般に，pH が 5.6 より小さい酸性の強い雨を**酸性雨**という。かつては，日本の都市部において pH が 4.0 に近い酸性の雨が降ることもあったが，現在では pH が平均 5.0 程度である。
　化石燃料である石炭や石油には微量の硫黄や窒素が含まれているため，燃焼させると，二酸化硫黄などの**硫黄酸化物 SO_x**（ソックス）や，一酸化窒素 NO や二酸化窒素 NO_2 などの**窒素酸化物 NO_x**（ノックス）が生成する。また，自動車のエンジン内は高温になるため，通常の条件では反応しない窒素と酸素が反応して，窒素酸化物が生成してしまう。
　SO_x や NO_x が大気中に放出されると，太陽光や大気中の酸素や各種の酸化性物質などと化学反応を起こし，それぞれ硫酸 H_2SO_4，硝酸 HNO_3 となり雨水に溶け込む。これが主な酸性雨の原因となっている。
　日本では，石油中から硫黄分を除いておく**脱硫精製**の対策により，自動車の排ガス中の SO_x はかなり減少した。また，工場や発電所などから発生する SO_x は，石灰石（$CaCO_3$）の細粉と反応させ，ほとんどセッコウ（$CaSO_4$）に変えることによって除去している。一方，自動車のエンジン内で発生する NO_x は，自動車のマフラー内の白金 Pt，パラジウム Pd，ロジウム Rh などの触媒（**三元触媒**）層の中を通すことによって，窒素と水などに変えて無害化する方法がとられている。

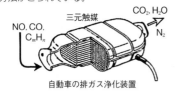

　　　　　自動車の排ガス浄化装置

---

23 非金属元素②

275 **解説** (1)　塩化アンモニウム（弱塩基の塩）に水酸化カルシウム（強塩基）を加えて加熱すると，塩化カルシウム（強塩基の塩）を生じて，アンモニア（弱塩基）が発生する（**弱塩基の遊離**）。

(2)　水によく溶け，空気よりも軽い気体の捕集には，**上方置換**を用いる（NH_3 のみ）。

(3)　水和水を含む固体（水和物）を加熱する場合だけでなく，無水物の固体であっても，加熱によって分解反応などが起こって水が生成することがある。この水が加熱部に流れ落ちると試験管が割れてしまう。そこで，固体を加熱する場合は，試験管の口を少し下げて試験管が割れないようにする。

試験管の口を少し下げて加熱する。

試験管の口を上げて加熱してはいけない。

(4)　NH_3 は塩基性の気体なので，ソーダ石灰（CaO + NaOH），酸化カルシウム CaO などの塩基性の乾燥剤が適当である。濃硫酸や十酸化四リン P_4O_{10} などの酸性の乾燥剤は中和反応によって，NH_3 を吸収してしまうので不適。また，$CaCl_2$ は中性の乾燥剤であるが，$CaCl_2 \cdot 8NH_3$ という分子化合物をつくって NH_3 を吸収するので適さない。

(5)　空気中でアンモニアと塩化水素が出会うと，直ちに反応して，塩化アンモニウムの白煙を生じる。この反応は，NH_3 と HCl の互いの検出に利用される。

$$NH_3 + HCl \longrightarrow NH_4Cl$$

塩基性の気体である NH_3 を検出するには，水で湿らせた赤色リトマス紙の青変でもよい。

(6)　塩化アンモニウム（弱塩基の塩）に，NaOH（強塩基）を加えて加熱しても塩化ナトリウム（強塩基の塩）を生じて，NH_3（弱塩基）が発生する（**弱塩基の遊離**）。

$$NH_4Cl + NaOH \longrightarrow NaCl + NH_3 + H_2O$$

通常，水酸化カルシウムが用いられるのは，安価なためと，細かい粉末状なので，塩化アンモニウムと混合しやすいためである。

解答 (1) $2NH_4Cl + Ca(OH)_2 \longrightarrow CaCl_2 + 2NH_3 + 2H_2O$
(2) **上方置換**
(3) **反応で生じた水が加熱部へ流れ落ちると，その部分で試験管が割れてしまうため。**
(4) (ア)
(5) **濃塩酸をつけたガラス棒をフラスコの口に近づけ，白煙を生じることで確認する。**
(6) (エ)

276 〔解説〕 (1), (3)〔反応(a)〕約800℃に加熱した白金網（触媒）に，NH_3 と空気の混合気体を短時間接触させると，無色の一酸化窒素 NO が生成する。

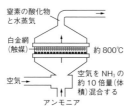

窒素の酸化物と水蒸気

白金網（触媒）　約800℃

空気　空気を NH_3 の約10倍量（体積）混合する

アンモニア

〔反応(b)〕 NO は140℃以下に冷却されると，空気中の O_2 により自然に酸化され，赤褐色の二酸化窒素 NO_2 が生成する。

〔反応(c)〕 NO_2 を水に吸収させて硝酸 HNO_3 を製造する。このとき副生する NO を，(b)の反応に戻して再び酸化し，(c)の反応を繰り返すことで，原料の NH_3 をすべて HNO_3 に変える。このような硝酸の工業的製法を**オストワルト法**という。

(a)の反応の係数つけは，例題20 参照。

(c)の反応の係数つけは，[**82**](6)参照。

この反応では，NO_2 3分子のうち，2分子は酸化されて HNO_3 に，残りの1分子は還元されて NO になる。このような同種の分子間で行われる酸化還元反応を**自己酸化還元反応**という。

(2) $4NH_3 + 5O_2 \longrightarrow 4NO + 6H_2O$ ……(a)
$2NO + O_2 \longrightarrow 2NO_2$ ……(b)
$3NO_2 + H_2O \longrightarrow 2HNO_3 + NO$ ……(c)

反応式(a)～(c)から反応中間体の NO, NO_2 を消去する。

$\{(a)+(b)×3+(c)×2\} ÷ 4$ より，
$NH_3 + 2O_2 \longrightarrow HNO_3 + H_2O$

(4) (i) オストワルト法では，(c)の反応で副生する NO を(b), (c)の反応を繰り返して再利用するから，NH_3 1mol から HNO_3 1mol が生成する。63%硝酸 x〔kg〕が生成するとすると，モル質量は NH_3 = 17g/mol，HNO_3 - 63g/mol より，

$$\frac{1.7 × 10^3}{17} = \frac{x × 10^3 × 0.63}{63} \quad ∴ x = 10〔kg〕$$

(ii) 題意より，(c)の反応で副生する NO の回収・再利用を行わないので，(c)では NO_2 3mol から HNO_3 2mol が生成する。N原子の数に着目すると，結局，NH_3 3mol から HNO_3 2mol が生成することになる。

63%硝酸 y〔kg〕が生成するとすると，

$$\frac{1.7 × 10^3}{17} × \frac{2}{3} = \frac{y × 10^3 × 0.63}{63}$$

$∴ y = 6.66 ≒ 6.7〔kg〕$

〔解答〕 ① 無　② 一酸化窒素　③ 赤褐
④ 二酸化窒素　⑤ 硝酸
(1)(a) $4NH_3 + 5O_2 \longrightarrow 4NO + 6H_2O$

(b) $2NO + O_2 \longrightarrow 2NO_2$
(c) $3NO_2 + H_2O \longrightarrow 2HNO_3 + NO$
(2) $NH_3 + 2O_2 \longrightarrow HNO_3 + H_2O$
(3) **オストワルト法**
(4)(i) **10kg** (ii) **6.7kg**

参考

$3NO_2 + H_2O \longrightarrow 2HNO_3 + NO$ の自己酸化還元反応について

NO_2 は酸性酸化物なので，水に溶けるとオキソ酸を生成するはずである。ところが窒素 N のオキソ酸には，硝酸 HNO_3（N の酸化数 + 5）と亜硝酸 HNO_2（N の酸化数 + 3）が存在するが，NO_2（N の酸化数 + 4）に相当するオキソ酸は存在しない。

NO_2 が冷水に溶けると，NO_2 2分子のうち，1分子は酸化されて硝酸 HNO_3 に，もう1分子は還元されて亜硝酸 HNO_2 となる自己酸化還元反応が起こる。

$2NO_2 + H_2O \longrightarrow HNO_3 + HNO_2$ …①

低温では，HNO_2 は水溶液中で存在可能であるが，温度が上がると不安定となり，次のように分解する。

$3HNO_2 \longrightarrow HNO_3 + 2NO + H_2O$ …②

①×3+②より，HNO_2 を消去すると，
$3NO_2 + H_2O \longrightarrow 2HNO_3 + NO$ …③

ただし，オストワルト法の最終段階では，実際には，温水ではなく常温の水に多量の NO_2 を吸収させて硝酸を製造している。しかし，このときかなりの発熱が起こるので，液温はしだいに上昇し，その反応は少量の NO_2 を温水に溶かしたときの③式と一致する。

---

277 〔解説〕 (1) 物質の状態と温度・圧力の関係を示した図を**状態図**という。CO_2 の状態を見ると，CO_2 を液体にするには，O（三重点），すなわち $5.1 × 10^5$Pa 以上の圧力が必要であり，また，A（臨界点），すなわち31℃以下の温度が必要である。そこで，0℃付近で約 $5 × 10^6$Pa に加圧し，凝縮させた状態でボンベに詰めて市販されている。この CO_2 を細孔から空気中へ噴出させると，気体が急激に膨張し，周囲に仕事をするので，自身の温度が急激に低下（**断熱膨張**）し，雪状に凝固する。これを押し固めたものが，

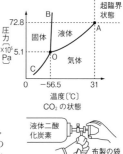

超臨界状態

B　液体

72.8　固体

圧力 ×10⁵Pa　5.1　O　気体

C

0　−56.5　31

温度〔℃〕
CO_2 の状態

液体二酸化炭素

布製の袋

固体二酸化炭素

ドライアイスである。
(2) (a)　CO_2 が水に溶けて生じた炭酸 H_2CO_3（水中のみで存在）は，きわめて弱い 2 価の弱酸である。ふつう，第一電離だけが起こると考えてよい。

$$CO_2 + H_2O \rightleftharpoons H^+ + HCO_3^-$$

(b)　酸性酸化物である CO_2 と塩基である $NaOH$ は，中和反応により炭酸ナトリウム Na_2CO_3（塩）と水を生成する。

(3)　CO_2 濃度は，1800 年以前は約 280ppm でほぼ一定であったが，1800 年以降，増加し続けている。産業革命期における CO_2 濃度の増加の主な原因は森林伐採であったが，1940 年代以降はエネルギー革命に伴う化石燃料の大量消費（森林伐採も含む）が主な原因となっている。近年では約 1.8 〜 2.0ppm/ 年の割合で増加している。

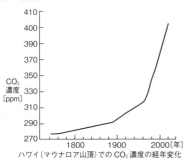

CO₂濃度
[ppm]
ハワイ（マウナロア山頂）での CO_2 濃度の経年変化

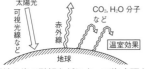

参考　大気中の CO_2 や H_2O は，太陽からの可視光線などはよく通すが，地球が宇宙空間に放出する赤外線をよく吸収し，それを地球に向かって再放射するので，地球を温めるはたらきをする。これを大気の**温室効果**という。現在，温室効果によって地球温暖化が起こり，次のような問題が懸念されている。

①極地の氷の融解などによって海水面が上昇し，低地や島国が水没したり，大型台風，高潮の被害が発生したりする。
②世界的な気候の変動により，耕地が砂漠化し，穀物生産が減少する。
③熱帯病や病害虫が増加し，生態系に影響をおよぼす。
　そこで，1997 年，先進国は 2017 年までに，**温室効果ガス**（CO_2，CH_4，N_2O，フロン，SF_6 など）の総排出量を 1990 年に比べて平均 5.2％（日本は 6％）削減するという京都議定書が採択され，2012 年，日本はこの目標を達

成した。しかし，地球温暖化には歯止めがかかっておらず，京都議定書に続く新たな国際的な枠組みとして，2015 年にパリ協定が採択された。その内容は，各国が温室効果ガスの削減目標を定め，そのための国内対策を推進する義務を負う。日本は，2050 年までに，2013 年比で温室効果ガス排出量を 46％削減する目標を定め，その達成に向けて努力を続けている。

解答　(1) ① **気体**　② **凝縮**　③ **凝固**
　　　④ **ドライアイス**　⑤ **温暖化**
(2) a **$CO_2 + H_2O \rightleftharpoons H^+ + HCO_3^-$**
　　b **$2NaOH + CO_2 \longrightarrow Na_2CO_3 + H_2O$**
(3) **化石燃料の大量消費**
　　　森林の大規模な過剰伐採

278 **[解説]**　ダイヤモンドは天然物質の中で最も硬く，各炭素原子は 4 個の価電子すべてを用いて共有結合をつくり，正四面体を基本単位とする**立体網目構造**をもつ結晶である。一方，**黒鉛**は各炭素原子が 3 個の価電子を使って共有結合して正六角形を基本単位とする**平面層状構造**を形成し，この平面構造が比較的弱い分子間力で層状に積み重なった結晶である。残る 1 個の価電子はこの平面構造内を比較的自由に動くことができるので，黒鉛は電気伝導性を示す。**無定形炭素**は，黒鉛の微結晶の集合体で，多孔質で吸着力が大きい。

　1985 年，クロトー（英）やスモーリー（米）らによって発見された分子式 C_{60} や C_{70} で表される球状の炭素分子は，建築家バックミンスター・フラーの建てたドーム状建造物にちなんで**フラーレン**と名付けられた。これは，C_{60}（サッカーボール形）や C_{70}（ラグビーボール形）などがあり，炭素の同素体に分類されている。

　フラーレンは無定形炭素と外観は似ているが，電気を導かない。また，ベンゼンやヘキサンなどの有機溶媒に溶ける。また，アルカリ金属を添加してつくられたフラーレンは，数十 K 程度の温度になると，電気抵抗が 0 になるという**超伝導体**としての性質を示す。

C_{60}

C_{70}

参考　**フラーレンの構造について**
　フラーレンは正五角形と正六角形からなる多面体であるが，正五角形はそのすべてに 12 個ずつ存在する（オイラーの定理）。
　C_{60} に存在する正六角形を x〔個〕とすると，頂点の総数は C 原子の数の 60 個に等しい。また，各頂点には 3 本ずつの辺が集まっているから

$$\frac{(5 \times 12) + (6 \times x)}{3} = 60$$

$$\therefore x = 20 \,〔個〕$$

同様に，C_{70} に存在する正六角形を y〔個〕とすると，

$$\frac{(5 \times 12) + (6 \times y)}{3} = 70$$

$$\therefore y = 25 \,〔個〕$$

参考 **カーボンナノチューブ，グラフェンについて**
　1991 年，飯島澄男博士は，黒鉛のもつ平面構造が筒状に丸まった構造をもつ**カーボンナノチューブ**を発見した。これには単層構造と多層構造のものがあるほか，層の巻き方によって電気的性質が異なり，(i)金属，(ii)半導体としての性質をもつものなどがある。現在，電子部品や電池の電極，および炭素繊維への補強材料などへの利用が始まっている。

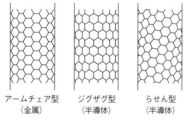

アームチェア型　ジグザグ型　らせん型
（金属）　　（半導体）　　（半導体）

　2004 年，ガイム（オランダ）とノボセロフ（ロシア）は，当時,不安定で単離は困難とされていた黒鉛のシートの 1 層分を粘着テープを使って剥がし取ることに成功した。この単離されたシートは，黒鉛（grphite）と二重結合(-ene)から**グラフェン**（graphene）と名付けられた。
　グラフェンが多層に積み重なったものが黒鉛，筒状に丸まったものがカーボンナノチューブであり，球状に閉じたものがフラーレンといえる。

　石灰水（水酸化カルシウムの水溶液）に CO_2 を通じると，水に不溶性の炭酸カルシウム $CaCO_3$ が沈殿する。ここへ，さらに CO_2 を過剰に通じると，炭酸イオン $CO_3{}^{2-}$ は水溶液中に生じた炭酸 H_2CO_3 から H^+ を受け取り，炭酸水素イオン $HCO_3{}^-$ となり，水に可溶性の炭酸水素カルシウム $Ca(HCO_3)_2$ となる。$Ca(HCO_3)_2$ が水に溶けやすいのは，Ca^{2+} と $HCO_3{}^-$ にはたらく静電気力（クーロン力）が，Ca^{2+} と $CO_3{}^{2-}$ にはたらく静電気力よりもかなり弱いためである。
　石灰岩（主成分 $CaCO_3$）が，CO_2 を溶かした地下水に長い年月にわたって侵食されると，地下に大きな洞穴（**鍾乳洞**）ができる。また，$Ca(HCO_3)_2$ を含む水が鍾乳洞の天井の隙間から染み出したり，滴下する際，H_2O や CO_2 が空気中に蒸発して，解答に示した⑥式

の逆反応が起こると，$CaCO_3$（鍾乳石，石筍 ^{せきじゅん} など）が生成する。

鍾乳洞　鍾乳石　　　　　　$CaCO_3$
　　　　　石筍 ^{せきじゅん}　　　石柱

　一酸化炭素 CO は無色・無臭であるが，きわめて有毒であり，空気中に濃度 0.1 % 含まれていても CO 中毒を起こす。生物に対する CO の毒性は，血液中のヘモグロビンと強く結合し，O_2 の運搬能力を失わせるためである。また，

$$Fe_2O_3 + 3CO \longrightarrow 2Fe + 3CO_2$$

のように，CO は高温では**還元性**を示し，酸化鉄（Ⅲ）から酸素を奪って鉄を遊離させる。この反応は鉄の製錬に利用されている。

参考 **一酸化炭素中毒**
　血液中の赤血球は，ヘモグロビンとよばれる色素タンパク質を含んでいる。このヘモグロビンの中心には Fe^{2+} があり，ここに O_2 が結合・解離することで，肺で取り入れた O_2 を体の各組織へ運ぶ役割をしている。一酸化炭素 CO は，この Fe^{2+} に O_2 の約 250 倍の強さで配位結合して，ヘモグロビンの酸素運搬能力を失わせる。その結果，体の各組織は酸素欠乏状態になり，一酸化炭素中毒になる。

解答 ① 同素体　② ダイヤモンド　③ 黒鉛
　　④ 無定形炭素　⑤ フラーレン　⑥ 二酸化炭素
　　⑦ 鍾乳洞　⑧ 鍾乳石（石筍）　⑨ 一酸化炭素
　　⑩ 還元
〔問〕 ⓐ　$Ca(OH)_2 + CO_2 \longrightarrow CaCO_3 + H_2O$
　　　ⓑ　$CaCO_3 + CO_2 + H_2O \longrightarrow Ca(HCO_3)_2$
　　　ⓒ　$HCOOH \longrightarrow CO + H_2O$
　　　ⓓ　$2CO + O_2 \longrightarrow 2CO_2$

279 解説　気体の発生装置は，使う試薬が(i)固体と固体か，(ii)固体と液体かで選ぶ（気体の発生では，液体と液体の組み合わせは少ない）。
(i) **固体と固体の場合**，いくら細かく砕いても，固体粒子間の接触面積は少ないため，加熱しないと反応は進まない。したがって，固体どうしの反応は加熱が必要である。
(ii) **固体と液体の場合**，加熱を要するものと，加熱を必要としないものがある。
　希塩酸や希硫酸は強い酸性を示し，H^+ が多く電離している典型的な**イオン反応**となり，その活性化エネルギーは小さい。よって，加熱は不要である。また，酸

化力の強い硝酸も強い酸性を示し，加熱は不要である。

　濃硫酸は水分が少なく電離度が小さい。よって，典型的な**分子反応**となり，その活性化エネルギーは大きい。したがって，加熱が必要となる。また，濃塩酸とMnO_2を使って塩素を発生させる場合，MnO_2は酸化力がさほど強くないので，その酸化力を補い，HClを揮発させるために加熱が必要と考えられる。

　なお，加熱する場合は，三角フラスコではなく，熱に強い丸底フラスコを用いる。

　捕集装置は，水に溶けにくい気体は**水上置換**，水に溶けて空気より軽い気体(NH_3だけ）は**上方置換**，水に溶けて空気より重い気体は**下方置換**で集める。

・水に溶けにくい気体…単体(H_2, O_2, N_2)
　　　　　低酸化数の酸化物(NO, CO, N_2O)
　　　　　炭化水素(CH_4, C_2H_4, C_2H_2など)
・水に溶けて空気より軽い気体(分子量< 29)
　　　　　…NH_3のみ
・水に溶けて空気より重い気体(分子量≧29)
　　　　　…HCl, H_2S, SO_2, CO_2, NO_2, Cl_2など

(1)～⑩の気体が発生する化学反応式は次の通りである。

(1)　$FeS + H_2SO_4 \longrightarrow FeSO_4 + H_2S$

(2)　$2NH_4Cl + Ca(OH)_2 \xrightarrow{加熱} CaCl_2 + 2NH_3 + 2H_2O$

(3)　$Cu + 2H_2SO_4 \xrightarrow{加熱} CuSO_4 + SO_2 + 2H_2O$

(4)　$MnO_2 + 4HCl \xrightarrow{加熱} MnCl_2 + Cl_2 + 2H_2O$

(5)　$Zn + H_2SO_4 \longrightarrow ZnSO_4 + H_2$

(6)　$Cu + 4HNO_3 \longrightarrow Cu(NO_3)_2 + 2NO_2 + 2H_2O$

(7)　$CaCO_3 + 2HCl \longrightarrow CaCl_2 + CO_2 + H_2O$

(8)　$HCOOH \xrightarrow{加熱} CO + H_2O$

(9)　$NaCl + H_2SO_4 \xrightarrow{加熱} NaHSO_4 + HCl$

⑩　$3Cu + 8HNO_3 \longrightarrow 3Cu(NO_3)_2 + 2NO + 4H_2O$

解答　(1) (オ), (c), (e)　　(2) (イ), (a), (d)
(3) (シ), (b), (e)　　(4) (コ), (b), (e)
(5) (ア), (c), (f)　　(6) (サ), (c), (e)
(7) (ケ), (c), (e)　　(8) (キ), (b), (e)
(9) (エ), (b), (e)　　⑩ (ク), (c), (f)

280 　**解 説**　リン P には，黄リン，赤リンなどの**同素体**が存在する。**黄リン**は，淡黄色のろう状の有毒な固体で，二硫化炭素 CS_2 に溶ける。黄リンは P_4 分子からなり，空気中で**自然発火**（発火点約35℃）するので水中に保存する。黄リンは危険物であるが，n 型半導体の製造に使用されている。黄リンを精製すると白色になるので，黄リンは**白リン**とよばれることがある。

　白リンは白色ろう状の固体で，紫外線が当たると表面からしだいに淡黄色に変化する。したがって，黄リンは白リンと微量の赤リンとの混合物と考えられている。黄リンを空気を絶って約250℃に加熱すると，ゆ

っくり赤リンに変化する。

　赤リンは暗赤色の粉末で，毒性は少なく，空気中に放置しても自然発火（発火点約260℃）することはない。赤リンは，P_4 分子が鎖状～立体網目状に連なった高分子化合物で，組成式で P と表す。また，CS_2 には溶解しない。赤リンは，マッチの側薬や農薬の原料などとして利用されている。

頭薬　　　　側薬
マッチ箱とマッチ棒

リン原子

黄リン　　　　　　　　　赤リン（一例）

　リンを空気中で燃焼させると，白煙をあげながら激しく燃焼し，**十酸化四リン** P_4O_{10} が生成する。

　　$4P + 5O_2 \longrightarrow P_4O_{10}$

　十酸化四リン P_4O_{10} は白色粉末で，吸湿性，脱水作用はいずれも濃硫酸よりも強力である。十酸化四リンを水に加えて煮沸すると，**リン酸** H_3PO_4 が生成する。

　　$P_4O_{10} + 6H_2O \longrightarrow 4H_3PO_4$

　純粋なリン酸は無色の結晶（融点42℃）であるが，通常は水分を含み，粘性の大きなシロップ状の液体である。水溶液は中程度の強さの酸性を示す。

　リン鉱石の主成分であるリン酸カルシウム $Ca_3(PO_4)_2$ は水に不溶であるが，適量の硫酸と反応させると，水溶性のリン酸二水素カルシウム $Ca(H_2PO_4)_2$ と難溶性の硫酸カルシウム $CaSO_4$ の混合物が得られる。これを**過リン酸石灰**といい，リン酸肥料に用いられる。

　　$Ca_3(PO_4)_2 + 2H_2SO_4 \longrightarrow Ca(H_2PO_4)_2 + 2CaSO_4$

〔問〕　リン鉱石中のP原子に着目すると，

　　$2Ca_3(PO_4)_2 \longrightarrow P_4O_{10} \longrightarrow P_4$

リン酸カルシウム $Ca_3(PO_4)_2$ 2mol から黄リン P_4 1 mol が得られる。

　モル質量は $Ca_3(PO_4)_2 = 310$g/mol, $P_4 = 124$g/mol より，黄リンが x〔g〕得られるとすると，

$$\frac{500 \times 0.82}{310} \times \frac{1}{2} = \frac{x}{124}$$

　　$\therefore x = 82$〔g〕

解 答　① 同素体　② 黄リン　③ 水　④ 赤リン
⑤ マッチ　⑥ 十酸化四リン
⑦ 乾燥剤（脱水剤）　⑧ リン酸
⑨ リン酸二水素カルシウム

〔問〕**82g**

281 〔解説〕 **ケイ素**の単体は黒灰色の金属光沢をもつ結晶で，ダイヤモンドと同じ正四面体構造をもつ**共有結合の結晶**である。しかし，C−C 結合よりも Si−Si 結合の方が結合エネルギーが小さいので，光や熱によって一部の結合が切れ，価電子の一部が移動できるようになり，わずかに電気伝導性を示す。このように，金属と絶縁体の中間程度の電気伝導性をもつ物質を**半導体**という。（ただし，金属は高温ほど電気伝導性が小さくなるが，半導体では高温ほど電気伝導性が大きくなる点が異なる。）

> 〔参考〕 **ケイ素の半導体**
> 　ケイ素の Si−Si 結合（226kJ/mol）は，ダイヤモンドの C−C 結合（354kJ/mol）に比べて結合エネルギーがやや小さい。したがって，ケイ素の結晶に光が当たると，Si−Si 結合の一部が切れ，価電子が移動できるようになる。これにより，**半導体**の性質を示すが，その電気伝導性はかなり小さい。そこで，Si に少量のヒ素 As やリン P（5 価）を加えると，結合に使われずに余った電子が結晶中を移動し，電気伝導性がやや大きくなる（**n 型半導体**）。
> 　同様に，Si に少量のホウ素 B やインジウム In（3 価）を加えると，電子の不足した場所（**正孔**，ホールという）が生じ，この移動により電気伝導性がやや大きくなる（**p 型半導体**）。これらの組み合わせによって，太陽電池や種々の集積回路などが作られる。
>
>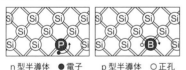
>
> n 型半導体 ●電子 　 p 型半導体 ○正孔

　二酸化ケイ素 SiO_2 は，自然界には**石英**という鉱物として存在するが，その透明で大きな結晶を**水晶**，砂状に風化したものを**ケイ砂**という。
　光ファイバーは，高純度の二酸化ケイ素 SiO_2（石英ガラス）を用いて，光が外へも出さないように二層構造にしたもので，光通信用のケーブルなどに用いられている。

> 〔参考〕 **光ファイバー**は，光の屈折率の高い中心部（コア）と，屈折率の少し低い周辺部（クラッド）の二層構造になっている。この構造により，中心部に入射した光は，二層の境界面で全反射を繰り返しながら，コア内だけを伝播していくため，情報をほとんど減衰させずにより遠くまで伝えることができる。
>
>
>
> 光　クラッド　コア

　この光ファイバーを利用すると，同じ太さの銅線に比べて数千倍の情報量を光の速さで伝送することができる。それゆえ，光ファイバー網は今日の情報化社会を支える大きな社会インフラとなっている。
　また，光ファイバーには 2 種類あり，ガラス製のものは光損失が少ないので，都市間の長距離通信に，プラスチック製のものは安価で曲げに強いので，胃カメラや LAN ケーブルなどの短距離通信にそれぞれ用いられている。

　SiO_2 は酸性酸化物に分類されるが，水とは直接反応しない。そこで，NaOH や Na_2CO_3 などの強塩基とともに融解すると，徐々に反応してケイ酸ナトリウム（塩）Na_2SiO_3 を生成する。ケイ酸ナトリウムは，Na^+ と長鎖状のケイ酸イオン（SiO_3）$_n{}^{2n-}$ からなる物質で，水を加えて長時間加熱すると，**水ガラス**とよばれる粘性の大きな液体になる。これに希硫酸を加えると，**ケイ酸** H_2SiO_3 とよばれる白色のゲル状沈殿が生成する。これは，（弱酸の塩）＋（強酸）→（強酸の塩）＋（弱酸）の反応で生じたものである。生じたケイ酸を水洗後，長時間穏やかに加熱すると，分子鎖の−OH どうしが脱水縮合して，不規則な立体網目構造をもつ**シリカゲル**ができる。
　シリカゲルの表面には親水基の−OH がかなり残っており，しかも，多孔質であるので，水素結合によって水蒸気や他の気体をよく吸着する。

$$
\begin{array}{ccc}
& \overset{\displaystyle O}{\underset{\displaystyle O}{|}} & \overset{\displaystyle O}{\underset{\displaystyle O}{|}} \\
-O-Si-O-Si-O- & \xrightarrow{\text{NaOH}} & \\
& & \text{二酸化ケイ素}
\end{array}
$$

二酸化ケイ素 → ケイ酸ナトリウム

ケイ酸 → シリカゲル

〔解答〕
① ダイヤモンド　② 共有結合　③ 半導体
④ 石英　⑤ 水晶　⑥ ケイ砂　⑦ 光ファイバー
⑧ ケイ酸ナトリウム　⑨ 水ガラス　⑩ ケイ酸
⑪ シリカゲル　⑫ 乾燥剤（吸着剤）

(1) ⓐ $SiO_2 + 2NaOH \longrightarrow Na_2SiO_3 + H_2O$
　 ⓑ $Na_2SiO_3 + 2HCl \longrightarrow H_2SiO_3 + 2NaCl$

(2) **ケイ酸イオンは長い鎖状のイオンで動きにくく，互いに絡み合っていて強い粘性を示すから。**

(3) **シリカゲルは多孔質の固体で，その表面に親水性の−OH 基を多くもち，水素結合によって水分子を吸着しやすいから。**

282 〔解説〕 混合気体 A では，酸性の気体である CO_2 が不純物として含まれるので，塩基性の乾燥剤であるソーダ石灰の中を通すと，二酸化炭素が吸収される。窒素 N_2 はソーダ石灰と反応しないので，吸収されない。

混合気体 B では，不純物として酸素 O_2 が含まれている。B を熱した銅網の中を通すと，酸素が酸化剤としてはたらいて次のように反応し，酸素を取り除くことができる。このとき，窒素は銅と反応しないので吸収されない。

$$2Cu + O_2 \longrightarrow 2CuO$$

混合気体 C では，不純物として水素 H_2 が含まれる。熱した酸化銅（Ⅱ）CuO の中を通すと，水素が還元剤としてはたらいて次のように反応する。

$$CuO + H_2 \longrightarrow Cu + H_2O$$

このとき水蒸気が生じるので，これを取り除くために塩化カルシウム $CaCl_2$ の中を通すと，窒素 N_2 だけが得られる。

混合気体 D から水分を除くには，アンモニアと反応しない乾燥剤を選べばよい。アンモニアは塩基性の気体であるから，塩基性の乾燥剤であるソーダ石灰を用いる。

混合気体 E から水分を除くには，塩素と反応しない乾燥剤を選べばよい。塩素は酸性の気体であるから，酸性の乾燥剤である濃硫酸を用いる。

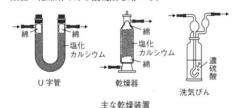

U字管　　　乾燥器　　　　洗気びん

主な乾燥装置

〔解答〕　(A) (ウ)　　(B) (ア)　　(C) (エ)　　(D) (ウ)　　(E) (イ)

24　典型金属元素

283 〔解説〕 水素を除く 1 族元素を**アルカリ金属元素**という。アルカリ金属元素の原子は価電子を 1 個もち，1 価の陽イオンになりやすい。単体は塩化物の**溶融塩電解（融解塩電解）**で得られ，融点が低く，いずれも密度の小さな軟らかい金属で，化学的に非常に活発である。たとえば，Na は空気中の酸素や水蒸気と容易に反応するので，石油（灯油）中に保存する。

$$4Na + O_2 \longrightarrow 2Na_2O$$
$$2Na + 2H_2O \longrightarrow 2NaOH + H_2$$

$NaOH$ の結晶を空気中に放置すると，水蒸気を吸収し，その水に溶けてしまう。この現象を**潮解**といい，$NaOH$ 以外でも KOH，$CaCl_2$，$FeCl_3$ などで見られる。これらの物質は水によく溶け，飽和溶液の質量モル濃度が大きいため，その蒸気圧がきわめて小さい。そのため，空気中の水蒸気圧が飽和溶液の水蒸気圧より大きく，空気中の水蒸気が飽和溶液に凝縮するため，潮解が進行する。

一方，$Na_2CO_3 \cdot 10H_2O$ や $Na_2SO_4 \cdot 10H_2O$ のように，水和物の飽和水蒸気圧が大気中の水蒸気圧よりも大きい物質では，結晶中から水和水が絶えず蒸発し続け，やがて，結晶は砕けて粉末状になる。

このように，水和水をもつ物質（**水和物**）が，大気中で自然に水和水の一部または全部を失う現象を**風解**という。炭酸ナトリウム十水和物を空気中に放置すると風解して，炭酸ナトリウム一水和物になる。

$$Na_2CO_3 \cdot 10H_2O \longrightarrow Na_2CO_3 \cdot H_2O + 9H_2O$$

しかし，$Na_2CO_3 \cdot H_2O$ は 100℃ 以上に加熱しないと無水物にはならないのでこの変化は風解とはいわない。

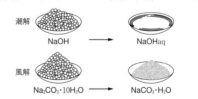

潮解　　　　　　　　　　　　　　
NaOH　　　　　　　　　　NaOHaq

風解
Na₂CO₃·10H₂O　　　　　NaCO₃·H₂O

〔解答〕　① **低**　② **大き**　③ **水素**　④ **強塩基**
　　　　　⑤ **石油**　⑥ **潮解**　⑦ **炭酸ナトリウム**
　　　　　⑧ **水和水（結晶水）**　⑨ **風解**

284 〔解説〕 (1)　食塩 $NaCl$ と石灰石 $CaCO_3$ を原料とする炭酸ナトリウムの工業的製法を**アンモニアソーダ法（ソルベー法）**という。主反応ⓐでは，単に $NaCl$ 飽和水溶液に CO_2 を溶解させるよりも，まず NH_3 を十分に溶かした塩基性の溶液に酸性気体の CO_2 を吹きこむ方が，CO_2 の溶解量を多くすることができる。水溶液中には $NaCl$ の電離で生じた

Na$^+$と Cl$^-$のほかに，NH$_3$(塩基)と CO$_2$(酸)＋H$_2$O が次のように反応して，NH$_4^+$と HCO$_3^-$が生成している。

$$NH_3 + CO_2 + H_2O \rightleftharpoons NH_4^+ + HCO_3^-$$

このとき，水溶液中に存在する4種のイオン(Na$^+$，Cl$^-$，HCO$_3^-$，NH$_4^+$)のうち，溶解度の比較的小さい NaHCO$_3$が反応溶液中から沈殿することにより，ⓐ式の反応が進行する。NaHCO$_3$をろ過し，約200℃に加熱すると熱分解して，炭酸ナトリウム Na$_2$CO$_3$が得られる(ⓑ式)。さらに，ろ液中に残った NH$_4$Cl を取り出し，石灰石を熱分解して得られた CaO に水を加えてできた Ca(OH)$_2$を加えて加熱すると，NH$_3$を回収することができる(ⓔ式)。

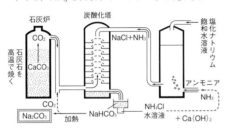

石灰炉　炭酸化塔　飽和塩化ナトリウム水溶液
石灰石を高温で焼く
CO$_2$　NaCl＋NH$_3$
CaCO$_3$
CO$_2$　NaCl　NH$_4$Cl水溶液　アンモニア　NH$_3$
Na$_2$CO$_3$　加熱　NaHCO$_3$　＋Ca(OH)$_2$

$$NaCl + NH_3 + CO_2 + H_2O$$
$$\longrightarrow NaHCO_3 + NH_4Cl \quad \cdots ⓐ$$
$$2NaHCO_3 \longrightarrow Na_2CO_3 + CO_2 + H_2O \quad \cdots ⓑ$$
$$CaCO_3 \longrightarrow CaO + CO_2 \quad \cdots ⓒ$$
$$CaO + H_2O \longrightarrow Ca(OH)_2 \quad \cdots ⓓ$$
$$2NH_4Cl + Ca(OH)_2$$
$$\longrightarrow CaCl_2 + 2NH_3 + 2H_2O \quad \cdots ⓔ$$

ⓐ×2＋ⓑ＋ⓒ＋ⓓ＋ⓔを計算すると，アンモニアソーダ法全体を表す次の反応式が得られる。

$$2NaCl + CaCO_3 \longrightarrow Na_2CO_3 + CaCl_2 \quad \cdots①$$

CaCO$_3$は沈殿するので，本来，①式は左向きに進む反応である。しかし，NH$_3$をうまく利用することによって，右向きに進行させている。

(3) 反応式ⓑ，ⓒは熱分解反応(吸熱反応)で加熱しなければ反応が進まない。ⓔは吸熱反応ではないが，NH$_4$Cl と Ca(OH)$_2$の固体どうしを反応させて，気体 NH$_3$を発生させており，加熱が必要である。

(4) 反応式①より，NaCl 2mol から Na$_2$CO$_3$ 1mol が生成する。

必要な塩化ナトリウムをx(t)とすると，NaCl＝58.5，Na$_2$CO$_3$＝106，1t＝1×10^{6}g より，

$$\frac{x \times 10^6}{58.5} \times \frac{1}{2} = \frac{2.0 \times 10^6}{106} \qquad \therefore \quad x \fallingdotseq 2.20 \fallingdotseq 2.2 \text{(t)}$$

[解答] (1) アンモニアソーダ法(ソルベー法)

(2) ⓐ NaCl ＋ NH$_3$ ＋ CO$_2$ ＋ H$_2$O
$$\longrightarrow NaHCO_3 + NH_4Cl$$

ⓑ 2NaHCO$_3$ ⟶ Na$_2$CO$_3$ ＋ CO$_2$ ＋ H$_2$O
ⓒ CaCO$_3$ ⟶ CaO ＋ CO$_2$
ⓓ CaO ＋ H$_2$O ⟶ Ca(OH)$_2$
ⓔ 2NH$_4$Cl ＋ Ca(OH)$_2$
$$\longrightarrow CaCl_2 + 2NH_3 + 2H_2O$$

(3) ⓑ，ⓒ，ⓔ　(4) 2.2t

285 [解説] (a) Na$_2$CO$_3$(弱酸の塩)から NaCl(強酸の塩)にするには，HCl を加えればよい。
$$Na_2CO_3 + 2HCl \longrightarrow 2NaCl + CO_2 + H_2O$$

(b) NaOH(強塩基)から Na$_2$CO$_3$(弱酸の塩)にするには，NaOH 水溶液を CO$_2$(酸性酸化物)で中和すればよい。
$$2NaOH + CO_2 \longrightarrow Na_2CO_3 + H_2O$$

(c) Na$_2$CO$_3$(炭酸塩)から NaHCO$_3$(炭酸水素塩)にするには，H$_2$CO$_3$(弱酸)で中和するか，HCl(強酸)で部分中和すればよい。
$$Na_2CO_3 + CO_2 + H_2O \longrightarrow 2NaHCO_3$$
$$Na_2CO_3 + HCl \longrightarrow NaCl + NaHCO_3$$

(d) NaHCO$_3$(弱酸の塩)から NaCl(強酸の塩)にするには，HCl(強酸)を加えればよい。
$$NaHCO_3 + HCl \longrightarrow NaCl + CO_2 + H_2O$$

(e) NaOH(強塩基)から NaCl(強酸の塩)にするには，HCl(強酸)で中和すればよい。
$$NaOH + HCl \longrightarrow NaCl + H_2O$$

(f) Na$_2$CO$_3$(弱酸の塩)から NaOH(強塩基)は，通常の酸・塩基の反応ではつくれない。そこで，次のような特別な反応を利用する。Na$_2$CO$_3$水溶液に Ca(OH)$_2$を反応させて CaCO$_3$を沈殿させることで反応が右向きに進行し，ろ液中に NaOH が生成する。以前はこの方法で NaOH がつくられていた。
$$Na_2CO_3 + Ca(OH)_2 \longrightarrow 2NaOH + CaCO_3$$

(g) NaHCO$_3$(炭酸水素塩)から Na$_2$CO$_3$(炭酸塩)をつくるには，炭酸水素塩の熱分解しやすい性質を利用する。
$$2NaHCO_3 \longrightarrow Na_2CO_3 + CO_2 + H_2O$$

(h) NaCl(強酸の塩)から NaHCO$_3$(弱酸の塩)は，通常の酸・塩基の反応ではつくれない。そこで，アンモニアソーダ法(本冊 p.210参照)の主反応を利用する。
$$NaCl + NH_3 + CO_2 + H_2O \longrightarrow NaHCO_3 + NH_4Cl$$

(i) NaCl(強酸の塩)から NaOH(強塩基)は，通常の酸・塩基の反応ではつくれない。そこで，NaCl 水溶液を電気分解すると，陽極に Cl$_2$，陰極に H$_2$ および NaOH が生成する。
$$2NaCl + 2H_2O \longrightarrow H_2 + Cl_2 + 2NaOH$$

[解答] (a) (エ)　(b) (ウ)　(c) (ウ)または(エ)
(d) (エ)　(e) (エ)　(f) (カ)　(g) (イ)
(h) (ア)　(i) (オ)

286 〔解説〕（ア）各原子の電子配置は次の通り。
　K(K2L8M8N1)　Li(K2L1)　Na(K2L8M1)。
K$^+$はAr型　Li$^+$はHe型　Na$^+$はNe型の電子配置
をとる。〔×〕

（イ）アルカリ金属の原子は，原子番号が大きいほどイ
オン化エネルギーが小さく，陽イオンになりやすい。
つまり，単体の反応性は，LiよりもKの方が大き
くなる。〔○〕

（ウ）1族元素の硫化物 K$_2$S，Li$_2$S，Na$_2$S はいずれも
水によく溶ける。〔×〕

（エ）アルカリ金属の結晶は，いずれも面心立方格子よ
りも少し詰まり方のゆるい**体心立方格子**である（こ
れは，アルカリ金属の金属結合が，他の金属に比べ
て弱いためである）。〔×〕

（オ）アルカリ金属の単体の融点は，原子番号が大きく
なるにつれて低くなる。これは，1原子あたりの自
由電子の数が同じでも，原子半径が大きくなるほど，
自由電子の密度が小さくなり，金属結合が弱くなる
ためである。〔×〕

（カ）K$^+$はAr型，Li$^+$はHe型，Na$^+$はNe型の電子配
置をしており，イオン半径はHe型＜Ne型＜Ar
型の順なので，Li$^+$＜Na$^+$＜K$^+$の順となる。〔○〕

（キ）同じ電子配置をもつLi$^+$などの1族元素のイオン
とBe^{2+}などの2族元素のイオンを比較した場合，
原子番号の大きいBe^{2+}のほうが原子核の正電荷が
大きく，電子を強く引きつけるから，イオン半径は
小さくなる。〔○〕

（ク）2族元素の酸化物は，すべて**塩基性酸化物**である
（ただし，BaO，CaOは水とよく反応するが，
MgOは水とはほとんど反応しない）。〔×〕

（ケ）BaSO$_4$，CaSO$_4$は水に溶けにくいが，MgSO$_4$
は水に可溶である。〔×〕

参考　**イオン結晶の水への溶解度**
　イオン結晶が水に溶解するときのエネルギー
変化は，(1)イオン結晶を，ばらばらの気体状の
イオンにするのに必要なエネルギー（**格子エンタ
ルピー** E_1）と，(2)気体状のイオンを水に溶かし，
水和イオンにするときに放出されるエネルギー
（**水和エンタルピー** E_2）の大小関係で考えられる。
　$E_1＞E_2$のときは，そのイオン結晶は水に溶け
にくく，$E_1＜E_2$のときは，水に溶けやすくなる。
　一般に，イオン半径の差が小さいイオン結晶
では，E_2よりもE_1の影響が大きく表れ，水に溶
けにくいものが多い。一方，イオン半径の差が
大きいイオン結晶では，E_1よりもE_2の影響が大
きく表れ，水に溶けやすいものが多い。
　たとえば，SO$_4{}^{2-}$の半径は約 0.23nm（1とす
る）であるが，Ba^{2+}の半径は 0.149nm（約 0.65）
に対して，Mg^{2+}の半径は 0.086nm（約 0.37）し
かない。したがって，Ba^{2+}とSO$_4{}^{2-}$のイオン半

径の差が小さいので，BaSO$_4$は水に溶けにくく，
Mg^{2+}とSO$_4{}^{2-}$のイオン半径の差が大きいので，
MgSO$_4$は水に溶けやすいことが理解できる。

（コ）イオン化傾向が大きい元素（イオン化列でK～
Al）の酸化物は，炭素で還元して金属単体を得るこ
とはできない（**溶融塩電解**を行うしかない）。〔×〕

（サ）2族元素の塩化物は，みな水に可溶である。〔○〕

解答　（イ），（カ），（キ），（サ）

287 〔解説〕MgとCaの相違点は次の通り。

	Mg	Ca
水との反応	熱水と反応し，Mg(OH)$_2$を生成。	常温の水と反応し，Ca(OH)$_2$を生成。
水酸化物	水にほとんど溶けず，**弱い弱い塩基性**を示す。	水に少し溶け，**強い塩基性**を示す。
炎色反応	なし	橙赤色
硫酸塩	MgSO$_4$は水に可溶。	CaSO$_4$は水に難溶。

　MgとCaの共通点は次の通り。
① 2族元素で，2価の陽イオンになる。
② 塩化物，硝酸塩は水に可溶。
③ 炭酸塩は水に不溶で，過剰のCO$_2$を通じると，
炭酸塩の沈殿は炭酸水素塩となり水に溶ける。
$$CaCO_3 + CO_2 + H_2O \longrightarrow Ca(HCO_3)_2$$
$$MgCO_3 + CO_2 + H_2O \longrightarrow Mg(HCO_3)_2$$
④ 2族の炭酸塩は熱分解して，CO$_2$を発生する。
$$CaCO_3 \longrightarrow CaO + CO_2$$
$$MgCO_3 \longrightarrow MgO + CO_2$$

　なお，上記④に対して，1族の炭酸塩は熱分解し
ない（融解するだけである）。

解答　(1) C　(2) A　(3) A　(4) C　(5) C
　　　(6) B　(7) C　(8) B

288 〔解説〕(1) 酸化カ
ルシウム CaO（**生石灰**）
は白色の固体で，吸湿性
が強く，水分を吸収する
と，多量の熱を発生しな
がら反応し，水酸化カル
シウム（**消石灰**）になる。

$$CaO + H_2O \longrightarrow Ca(OH)_2$$

(2) BaCl$_2$，Ba(NO$_3$)$_2$など水溶性のバリウム塩は有毒
であるが，硫酸バリウム BaSO$_4$ はほとんど水に不
溶で，化学的安定性も大きいので白色顔料に，また，
酸にも溶けずX線をよく吸収するので，胃・腸の
X線撮影の造影剤に用いられる。

(3) 塩化カルシウム CaCl$_2$ は無水物，二水和物とも
に吸湿性が強く，乾燥剤に用いられる。また，道路
の凍結防止剤や融雪剤にも利用される。

289

(4) 硫酸カルシウム二水和物(**セッコウ**)$CaSO_4 \cdot 2H_2O$ を約140℃に加熱すると，$CaSO_4 \cdot \frac{1}{2}H_2O$(**焼きセッコウ**)になる。これに水を加えて練ると，しだいに水和水を取り込んでセッコウに戻り固化する(やや体積が膨張する)。この性質を利用して，セッコウ像，建築材料(セッコウボード)や陶磁器の型などに利用される。

水と練った
焼きセッコウ

粘土の鋳型

焼きセッコウは，水和水を取り込みながら溶解度の小さいセッコウとなって固化する。

(5) 水酸化カルシウム $Ca(OH)_2$ は**消石灰**ともいい，水に少し溶け，水溶液は**石灰水**とよばれる。石灰水は，CO_2 の検出に利用される。
$$Ca(OH)_2 + CO_2 \longrightarrow CaCO_3 + H_2O$$
また，水酸化カルシウムは強塩基で，安価な土壌中和剤に利用される。

(6) 酸化カルシウム CaO と炭素 C を電気炉で強熱すると，炭化カルシウム(カーバイド)CaC_2 が得られる。
$$CaO + 3C \longrightarrow CaC_2 + CO$$
カーバイドに水を加えると，反応して可燃性のアセチレン C_2H_2 が発生する。
$$CaC_2 + 2H_2O \longrightarrow Ca(OH)_2 + C_2H_2$$

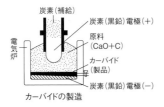

炭素(補給)

炭素(黒鉛)電極(+)

電気炉

原料
($CaO+C$)

カーバイド
(製品)

炭素(黒鉛)電極(−)

カーバイドの製造

(7) 炭酸カルシウム $CaCO_3$ は**石灰石**の主成分で，水にはほとんど溶けない。ただし強酸(HCl)を加えると，溶解して CO_2 を発生する。
$$CaCO_3 + 2HCl \longrightarrow CaCl_2 + CO_2 + H_2O$$
また，CO_2 を含んだ地下水に $CaCO_3$ が徐々に溶解して，地下に**鍾乳洞**ができることがある。
$$CaCO_3 + CO_2 + H_2O \rightleftarrows Ca(HCO_3)_2$$

(8) $Ca(ClO)_2 \cdot 2H_2O$ は高度さらし粉の主成分で，塩酸を加えると，次式のように反応して塩素が発生する。
$$Ca(ClO)_2 \cdot 2H_2O + 4HCl \longrightarrow CaCl_2 + 2Cl_2 + 4H_2O$$

解答 (1) (エ)　(2) (ウ)　(3) (ア)　(4) (イ)
(5) (カ)　(6) (オ)　(7) (ク)　(8) (キ)

289 **解説** ① 弱酸の塩＋強酸→強酸の塩＋弱酸の反応で，CO_2 の製法に利用される。
$$CaCO_3 + 2HCl \longrightarrow CaCl_2 + CO_2 + H_2O$$
② 900℃以上に加熱すると，石灰石 $CaCO_3$ は熱分解して酸化カルシウム(**生石灰**)CaO になる。
$$CaCO_3 \longrightarrow CaO + CO_2$$
③ 生石灰は水分をよく吸収し，乾燥剤に用いる。生石灰に水を加えると発熱しながら反応し，水酸化カルシウム(**消石灰**)$Ca(OH)_2$ になる。
$$CaO + H_2O \longrightarrow Ca(OH)_2$$
④ 酸化カルシウムを炭素 C と電気炉中で強熱すると，**炭化カルシウム**(カーバイド)CaC_2 が生成する(1000℃以上では，$C + CO_2 \rightleftarrows 2CO$ の平衡が右へ移動し，CO_2 ではなく CO が発生することに留意する)。
$$CaO + 3C \longrightarrow CaC_2 + CO$$
⑤ 炭化カルシウムに水を加えると，アセチレン C_2H_2 が発生し，水酸化カルシウムが生成する。
$$CaC_2 + H_2O \longrightarrow Ca(OH)_2 + C_2H_2$$
⑥ カルシウム Ca の単体は常温の水と反応し，水酸化カルシウムと水素が生成する。
$$Ca + 2H_2O \longrightarrow Ca(OH)_2 + H_2$$
⑦ 湿った水酸化カルシウム(消石灰)に塩素を十分に通じるとさらし粉が生成する。
$$Ca(OH)_2 + Cl_2 \longrightarrow CaCl(ClO) \cdot H_2O$$
さらし粉の正式名は塩化次亜塩素酸カルシウム一水和物で，二種の塩($CaCl_2$ と $Ca(ClO)_2$)が組み合わさった複塩である。次亜塩素酸イオンを含み，酸化作用を示し，殺菌・漂白剤などに用いられる。

参考 **硬水と軟水の話**
カルシウムイオン Ca^{2+} やマグネシウムイオン Mg^{2+} を多く含む水を**硬水**，これらを少量しか含まない水を**軟水**という。一般に，日本では河川水は軟水，地下水や温泉水は硬水であることが多い。
硬水でセッケンを使うと，セッケンが Ca^{2+} や Mg^{2+} などと反応して，不溶性の塩(セッケンのかす)を形成するので，泡が立たず，セッケンの洗浄力は低下するので不適である。
また，硬水をボイラー水に用いると，加熱によって炭酸カルシウムが沈殿し，ボイラーの熱伝導が悪くなったり，配管のパイプを詰まらせたりするので不適である。
このように，硬水は農業用水にはそのまま使用できるが，生活用水や工業用水に使用する場合には，あらかじめ軟水に変えておく必要がある。

解答 (1) (a) $Ca(HCO_3)_2$, 炭酸水素カルシウム
　　　(b) CaO, 酸化カルシウム
　　　(c) CaC_2, 炭化カルシウム（カーバイド）
　　　(d) $CaCl(ClO)\cdot H_2O$, さらし粉（塩化次
　　　　　亜塩素酸カルシウム一水和物）
　　　(e) Ca, カルシウム

(2) ① $CaCO_3 + 2HCl \longrightarrow CaCl_2 + CO_2 + H_2O$
　　② $CaCO_3 \longrightarrow CaO + CO_2$
　　③ $CaO + H_2O \longrightarrow Ca(OH)_2$
　　④ $CaO + 3C \longrightarrow CaC_2 + CO$
　　⑤ $CaC_2 + 2H_2O \longrightarrow Ca(OH)_2 + C_2H_2$
　　⑥ $Ca + 2H_2O \longrightarrow Ca(OH)_2 + H_2$
　　⑦ $Ca(OH)_2 + Cl_2 \longrightarrow CaCl(ClO)\cdot H_2O$

(3) **希硫酸を用いると，大理石の表面に水に
不溶性の硫酸カルシウム $CaSO_4$ を生成す
るので，大理石と酸との接触が妨げられて，
反応はやがて停止するから。**

290 **解説** (1) アルミニウム Al の単体は，**両性
金属**とよばれ，酸（塩酸），強塩基（$NaOH$）水溶液と
反応して水素を発生して溶ける。

$2Al + 6HCl \longrightarrow 2AlCl_3 + 3H_2$
$2Al + 3NaOH + 6H_2O$
　　　$\longrightarrow 2Na[Al(OH)_4] + 3H_2$

Al の放出した3個の価電子は，水分子3個に受け取られて
H_2 が発生する。一方，水溶液中には，Al^{3+} と $4OH^-$ からな
る錯イオン*$[Al(OH)_4]^-$ と Na^+ からなる錯塩 $Na[Al(OH)_4]$
が生成する。
*錯イオンは本冊 P.219 参照。錯塩は錯イオンを含む塩で
ある。

両性金属には，アルミニウム Al，亜鉛 Zn（第4
周期），スズ Sn（第5周期），鉛 Pb（第6周期）がある。

Al の単体と同様に，酸化アルミニウム Al_2O_3 も水
酸化アルミニウム $Al(OH)_3$ も，酸，強塩基の水溶
液と反応して溶ける。このような酸化物や水酸化物
を**両性酸化物**，**両性水酸化物**という。

$Al_2O_3 + 6HCl \longrightarrow AlCl_3 + 3H_2O$
$Al_2O_3 + 2NaOH + 3H_2O \longrightarrow 2Na[Al(OH)_4]$
$Al(OH)_3 + 3HCl \longrightarrow AlCl_3 + 3H_2O$
$Al(OH)_3 + NaOH \longrightarrow Na[Al(OH)_4]$

このとき，希塩酸では $AlCl_3$，$NaOH$ 水溶液では
テトラヒドロキシドアルミン酸ナトリウム
$Na[Al(OH)_4]$ という塩が生成することを押さえて
おくと，反応式を書きやすくなる。

また，Al，Fe，Ni などの金属は，濃硝酸中では
表面にち密な酸化被膜を生じ，内部を保護するため
反応が進行しない。このような状態を**不動態**という。

酸化アルミニウム Al_2O_3 のうち，酸・塩基とも反
応するのは結晶化していない無定形固体の γ-アル

ミナだけである。結晶化した α-アルミナには，赤色
のルビー（Cr_2O_3 を含有）や青色などのサファイア
（Fe_2O_3 や TiO_2 を含有）などがあり，これらは酸・塩
基と全く反応せず，ダイヤモンドに次ぐ硬さをもつ。

Al はイオン化傾向
が大きく酸化されやす
い。つまり，**強い還元
性**をもつ。したがって，
Al 粉末と Fe_2O_3 粉末
の混合物に，右図のよ

うに Mg リボンを埋め込み，その根元に少量の
$KClO_3$（酸化剤）を盛り，導火線に点火すると，激し
く反応が起こり，Al は Fe_2O_3 から酸素を奪って単体
の Fe を遊離させるとともに，自身は Al_2O_3 に変化
する。この反応を**テルミット反応**という。このとき，
Al の燃焼熱が非常に大きいので，この発熱量から
Fe_2O_3 の還元に必要な吸熱量を差し引いても，発熱
量が上回るので，融解状態の Fe が遊離する。

$Fe_2O_3 + 2Al \longrightarrow 2Fe + Al_2O_3$

ミョウバン $AlK(SO_4)_2\cdot 12H_2O$ の正式名称は，
硫酸カリウムアルミニウム十二水和物といい，
$Al_2(SO_4)_3$ と K_2SO_4 の2種類の塩が $1:1$ の割合で
結晶を構成している。このような塩を**複塩**とよぶ。
複塩の特徴は，水に溶かすと次式のように各成分イ
オンに電離することである。

$AlK(SO_4)_2\cdot 12H_2O$
　　$\longrightarrow Al^{3+} + K^+ + 2SO_4^{2-} + 12H_2O$

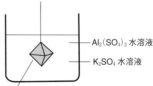

(2) Al^{3+} は水中ではアクア錯イオン $[Al(H_2O)_6]^{3+}$ の状
態で存在し，配位した水分子の一部が H^+ を電離し
て弱い酸性を示す。これは，金属イオンの配位子と
なった水分子が，もとの水分子に比べて，$O-H$ 結
合の電荷の偏り（極性）が大きくなり，H^+ を放出し
やすくなるためである。

一般に，価数の大きな金
属のアクア錯イオンほど，
金属イオンが H_2O の中の
O 原子を強く引きつけるた
め，H^+ が電離しやすくな
り，酸性は強くなる。この
ように，金属イオンが水分

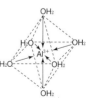

291〜292

子を引きつけて H^+ を電離する現象を**金属イオンの加水分解**という。

ミョウバンについて

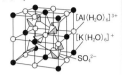

ミョウバンは，一般には1価の金属 M^I と3価の金属 M^{III} の硫酸塩からなる複塩である。化学式は $M^I M^{III}(SO_4)_2 \cdot 12H_2O$ で表され，いずれも同じ正八面体形の結晶をつくる。その構造は，$[Al(H_2O)_6]^{3+}$ と $[K(H_2O)_6]^+$ が，上図のように NaCl の結晶と同様の配列をしており，SO_4^{2-} はこれらを結ぶ対角線上の隙間に位置し，両イオンを結びつける役割をしている。ミョウバンの水和水のうち，6分子は Al^{3+} と強く結合しており**配位水**とよばれる。残り6分子は K^+ と弱く結合しており，結晶格子の特定の位置を占めているだけなので，**格子水**とよばれる。

したがって，ミョウバンの結晶を100℃付近まで熱すると，まず6分子の格子水を失って六水和物になる。200℃付近まで熱すると，残り6分子の配位水を失って，無水物(焼きミョウバン)となる。

① 両性 ② 水素
③，④ ルビー，サファイア(③，④順不同)
⑤ 両性酸化物 ⑥ 還元 ⑦ テルミット反応
⑧ ミョウバン ⑨ 複塩
(1) ⓐ $2Al + 2NaOH + 6H_2O$
$$\longrightarrow 2Na[Al(OH)_4] + 3H_2$$
ⓑ $2Al + Fe_2O_3 \longrightarrow Al_2O_3 + 2Fe$
ⓒ $Al(OH)_3 + NaOH \longrightarrow Na[Al(OH)_4]$
(2) ミョウバンは水溶液中で各成分イオンに電離し，このうち Al^{3+} が次のように加水分解するから。
$$[Al(H_2O)_6]^{3+} + H_2O$$
$$\longrightarrow [Al(OH)(H_2O)_5]^{2+} + H_3O^+$$

291 イオン化列で K, Ca, Na は常温の水，Mg は熱水，Al, Zn, Fe は高温の水蒸気と反応し，いずれも H_2 を発生する。同時に生成する物質は，K〜Mg の場合は水酸化物であるが，Al〜Fe の場合は高温のために水酸化物が脱水して酸化物を生成する。
$$Zn + H_2O \longrightarrow ZnO + H_2$$
Zn の単体，ZnO(酸化物)，$Zn(OH)_2$(水酸化物)は，Al と同様に，いずれも酸，強塩基の水溶液と反応するので，それぞれ**両性金属**，**両性酸化物**，**両性水酸化物**とよばれる。このとき，いずれの場合にも，希塩酸では $ZnCl_2$，希硫酸では $ZnSO_4$，NaOH 水溶液では**テトラヒドロキシド亜鉛(II)酸ナトリウム** $Na_2[Zn(OH)_4]$ と

いう塩が生成することを押さえておくと反応式が書きやすくなる。
$$Zn + 2HCl \longrightarrow ZnCl_2 + H_2$$
$$Zn + 2NaOH + 2H_2O \longrightarrow Na_2[Zn(OH)_4] + H_2$$
白色の酸化亜鉛 ZnO は**両性酸化物**で，希塩酸，NaOH 水溶液と反応して溶ける。
$$ZnO + 2HCl \longrightarrow ZnCl_2 + H_2O$$
$$ZnO + 2NaOH + H_2O \longrightarrow Na_2[Zn(OH)_4]$$
白色ゲル状の水酸化亜鉛 $Zn(OH)_2$ は**両性水酸化物**で，希塩酸，NaOH 水溶液と反応して溶けるだけでなく，過剰のアンモニア水にも**テトラアンミン亜鉛(II)イオン**という錯イオンをつくって溶ける。(重要)
$$Zn(OH)_2 + 2NaOH \longrightarrow Na_2[Zn(OH)_4]$$
$$Zn(OH)_2 + 4NH_3 \longrightarrow [Zn(NH_3)_4]^{2+} + 2OH^-$$
また，Zn^{2+} を含む水溶液に中性〜塩基性条件で硫化水素を通じると，硫化亜鉛 ZnS の白色沈殿を生じる。
$$Zn^{2+} + S^{2-} \longrightarrow ZnS$$
硫化物の沈殿で白色なのは ZnS だけであるから，この反応によって Zn^{2+} が検出できる。

(a) ZnO (b) $ZnCl_2$ (c) ZnS
(d) $Na_2[Zn(OH)_4]$ (e) $Zn(OH)_2$
(f) $[Zn(NH_3)_4](OH)_2$

ZnS が沈殿しはじめる pH
H_2S の電離定数 $H_2S \rightleftharpoons 2H^+ + S^{2-}$
$K = 1.2 \times 10^{-21}$〔$(mol/L)^2$〕
ZnS の溶解度積 $K_{sp} = 3.0 \times 10^{-18}$〔$(mol/L)^2$〕
H_2S の飽和水溶液 $[H_2S] = 0.10 mol/L$
$[Zn^{2+}] = 0.10 mol/L$ に H_2S を通じて，ZnS が沈殿し始めるときの pH は，
$[Zn^{2+}][S^{2-}] = 3.0 \times 10^{-18}$ に $[Zn^{2+}] = 0.10$ を代入すると，$[S^{2-}] = 3.0 \times 10^{-17} (mol/L)$
$$K = \frac{[H^+]^2[S^{2-}]}{[H_2S]} \Longrightarrow [H^+]^2 = \frac{K \cdot [H_2S]}{[S^{2-}]}$$
$$[H^+]^2 = \frac{1.2 \times 10^{-21} \times 0.1}{3.0 \times 10^{-17}} = 4 \times 10^{-6}$$
$\therefore [H^+] = 2.0 \times 10^{-3} (mol/L)$
$pH = -\log_{10}(2 \times 10^{-3}) = 3 - \log_{10}2 = 2.7$
ZnS は強い酸性(pH < 3)では沈殿しないが，弱い酸性(pH > 3)では沈殿することになる。

292 (a) 加熱すると熱分解するのは，**炭酸塩**と**炭酸水素塩**のいずれかであり，また，炎色反応が黄色より Na の化合物である。これに該当するのは Na_2CO_3 と $NaHCO_3$ であるが，Na_2CO_3 は加熱しても融解するだけで熱分解はしないから，$NaHCO_3$ に決定する(アルカリ金属の炭酸塩は熱分解しないと覚えておく。また，1族，2族の炭酸水素塩はいずれも熱分解しやすいと覚えておく)。

(b) 強酸で分解されることから，弱酸の塩の炭酸塩か炭酸水素塩のいずれかである。(1)の $NaHCO_3$ を除くと，Na_2CO_3 と $CaCO_3$ が該当するが，水に溶けにくいのは，$CaCO_3$ である。

(c) Ba^{2+} と沈殿をつくるのは，SO_4^{2-} か CO_3^{2-} である。ただし，硫酸塩は強酸の塩だから，加水分解せずに中性を示すのに対し，炭酸塩は弱酸の塩だから，加水分解して塩基性を示す。よって，水溶液が中性を示すので，硫酸塩の $CaSO_4$ か Na_2SO_4 が該当するが，水に可溶なのは Na_2SO_4 である。

(d),(e) NH_3 水を少量加えて生じる沈殿は水酸化物である。水酸化物が水に可溶で沈殿しないのは，アルカリ金属，アルカリ土類金属(Be, Mg を除く)である。したがって，水酸化物が水に溶けにくく沈殿するのは，Al^{3+} か Zn^{2+}。これらの水酸化物 $Al(OH)_3$, $Zn(OH)_2$ のうち，過剰の NH_3 水を加えると，アンミン錯イオンをつくるのは $Zn(OH)_2$ であるから，もとの(d)の化合物は $Zn(NO_3)_2$ である。

また，$Al(OH)_3$ と $Zn(OH)_2$ のうち，過剰の NH_3 水を加えても，アンミン錯イオンをつくらないのは $Al(OH)_3$ であるから，もとの(e)の化合物は $Al(NO_3)_3$ である。

解答 (a) **(カ)** (b) **(ウ)** (c) **(キ)** (d) **(ク)** (e) **(ア)**

293 **解説** 塩の種類を推定する問題では，問題で説明されている順番通りに決まっていくとは限らない。順番を少し変えたほうがわかりやすいということがしばしばある。すなわち，順番にこだわらずに，決まるところから決めていくことを原則としたい。

(1) Cl^- を加えて沈殿が生じるのは Pb^{2+} のみ。
　　∴ A は Pb^{2+}

(2) 炎色反応の色から，E は Ba^{2+}，F は Ca^{2+}

(3) $NaOH$ 水溶液を加えて沈殿が生じないのは，水酸化物が水に溶けるアルカリ土類金属(Be, Mg を除く)Ca^{2+} と Ba^{2+} である。$NaOH$ 水溶液を加えて生じる沈殿は**水酸化物**で，このうち，過剰の $NaOH$ 水溶液で溶解するのは**両性水酸化物**のみである。よって，A，B，C は Zn^{2+}, Pb^{2+}, Al^{3+} のどれかである。(1)より，A が Pb^{2+} なので，B，C は Zn^{2+} か Al^{3+} のどちらかである。一方，$NaOH$ 水溶液を加えて生じる水酸化物の沈殿が過剰の $NaOH$ 水溶液にも溶解しないのは $Mg(OH)_2$ である。
　　∴ D は Mg^{2+}

(4) $NaOH$ 水溶液を加えて生じる水酸化物の沈殿が過剰の NH_3 水にアンミン錯イオンをつくって溶けるのは Zn^{2+} である。
　　∴ C は Zn^{2+}，残った B は Al^{3+}

炎色反応のしくみ
　炎色反応は，その原子のもつ価電子が熱エネルギーを吸収して励起状態となり，再びもとの基底状態に戻るときに，そのエネルギーを可視光線の形で放出する現象である。

　Na の場合，M 殻の $3s$ 軌道の電子が熱により励起されて，1つ上の $3p$ 軌道へ移るが，直ちに再びもとの $3s$ 軌道へ戻る。このとき強い黄色の光を発する(右図)。

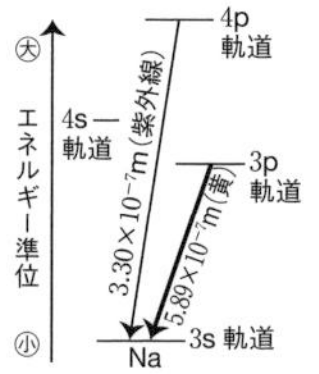

　ガスバーナーの炎(最高 1500℃)では，あまり大きな熱エネルギーは供給できないので，励起に必要なエネルギーが小さく，しかも，放出される光の波長が肉眼で観察可能な可視光線の範囲にある，アルカリ金属，アルカリ土類金属(Be, Mg を除く)は炎色反応を示しやすい。

炎色反応の覚え方

リアカー無き	K村(で)
Li 赤，Na 黄，K 紫	
動 力に馬 力を借ると	するも(貸して) くれない
Cu 緑，Ba 緑，Ca 橙，Sr	紅

解答 A Pb^{2+}　B Al^{3+}　C Zn^{2+}　D Mg^{2+}　E Ba^{2+}　F Ca^{2+}

294 **解説** 容器内の CO_2 の圧力は，次のように判断すればよい。

容器内での固・気の判定
　まず，炭酸塩がすべて解離したとして求めた CO_2 の圧力(仮の圧力)を P，その温度における炭酸塩の解離圧を P_v とすると，
(1) $P \geqq P_v$ のとき，容器内に炭酸塩(固)が存在し，解離平衡が成立するので，CO_2 の圧力は P_v と等しい。
(2) $P < P_v$ のとき，容器内に炭酸塩(固)は存在せず，解離平衡が成立しないので，CO_2 の圧力は P と等しい。

(1) $CaCO_3$ がすべて解離したとき，CO_2 の示す仮の圧力を P とする。
$$P = \frac{nRT}{V} = \frac{6.0 \times 10^{-3} \times 8.3 \times 10^3 \times 1000}{10}$$
$$= 4.98 \times 10^3 \fallingdotseq 5.0 \times 10^3 \text{[Pa]}$$
この圧力は 1000K の $CaCO_3$ の解離圧より小さいので，容器内に $CaCO_3$ は存在しない。よって，容器内の CO_2 の圧力は **5.0 × 10³Pa**。
$CaCO_3 \longrightarrow CaO + H_2O$ より，$CaCO_3$ 6.0×10^{-3}mol がすべて解離し，CaO が 6.0×10^{-3}mol 生成している。CaO のモル質量は 56g/mol より，その質量は，
$6.0 \times 10^{-3} \times 56 = 0.336$[g]

(2) $CaCO_3$ がすべて解離したとき，CO_2 の示す仮の

295

圧力を P' とする。

$$P' = \frac{nRT}{V} = \frac{1.0 \times 10^{-2} \times 8.3 \times 10^3 \times 1000}{10}$$

$$= 8.3 \times 10^3 \text{[Pa]}$$

この圧力は 1000K の $CaCO_3$ の解離圧より大きいので，容器内に $CaCO_3$ が存在する。

よって，$CaCO_3 \rightleftarrows CaO + CO_2$ の解離平衡が成立するので，容器内の CO_2 の圧力は $CaCO_3$ の解離圧の **5.4×10^3Pa** と等しい。

このとき，$CaCO_3$ が解離して生じた CO_2 を y〔mol〕とすると，

$$CaCO_3 \rightleftarrows CaO + CO_2$$

（平衡）$(1.0 \times 10^{-2} - y)$ 　　y 　　y〔mol〕

$$y = \frac{PV}{RT} = \frac{5.4 \times 10^3 \times 10}{8.3 \times 10^3 \times 1000}$$

$$\fallingdotseq 6.50 \times 10^{-3} \text{[mol]}$$

容器内に残る $CaCO_3$ は

$$1.0 \times 10^{-2} - 6.50 \times 10^{-3} = 3.50 \times 10^{-3} \text{[mol]}$$

$CaCO_3$ のモル質量は 100g/mol より，その質量は $3.50 \times 10^{-3} \times 100 = 0.350$〔g〕

生成した CaO の物質量は 6.50×10^{-3}mol。その質量は，$6.50 \times 10^{-3} \times 56 = 0.364$〔g〕

∴固体の全質量 $0.350 + 0.364 = 0.714$〔g〕

(3) 容器に入れた CO_2 の示す仮の圧力を P'' とする。

$$P'' = \frac{1.0 \times 10^{-2} \times 8.3 \times 10^3 \times 1000}{10}$$

$$= 8.3 \times 10^3 \text{[Pa]}$$

この圧力は，1000K の $CaCO_3$ の解離圧より大きいので，容器内に $CaCO_3$ が存在し，$CaCO_3$ の解離平衡が成立する。よって，容器内の CO_2 の圧力は **5.4×10^3Pa** と等しい。

（注意）　容器内に CaO が存在するので，解離圧を上回る CO_2 は CaO に吸収され，一部が $CaCO_3$ に変化する。このとき，$CaCO_3$ の解離平衡がやはり成立する。

$CaCO_3 \rightleftarrows CaO + CO_2$ の解離平衡が成立しているとき，容器内に存在できる CO_2 の物質量は，(2) と同じ 6.50×10^{-3}mol である。残る 3.50×10^{-3}mol の CO_2 は，容器内に存在する CaO によって吸収され，$CaCO_3$ に変化する。

$$CaO + CO_2 \longrightarrow CaCO_3$$

反応前　5.0×10^{-3} 　　3.5×10^{-3} 　　0 　〔mol〕
　　　　　↓　　　　　　↓　　　　　↓
反応後　1.5×10^{-3} 　　0 　　3.5×10^{-3} 〔mol〕

$CaCO_3$ の質量 $3.5 \times 10^{-3} \times 100 = 0.350$〔g〕
CaO の質量 $1.5 \times 10^{-3} \times 56 = 0.084$〔g〕
固体の全質量 $0.350 + 0.084 = 0.434$〔g〕

解答 (1) **5.0×10^3Pa, 0.34g**
　　　　(2) **5.4×10^3Pa, 0.71g**
　　　　(3) **5.4×10^3Pa, 0.43g**

---

25 遷移元素

295 [解説] **遷移元素**の特徴は次の通りである。

遷移元素は周期表の 3 ～ 12 族に属し，すべて金属元素である。原子番号の増加とともに，電子は最外殻より1つ内側の電子殻へと配置されていく。したがって，原子番号が増加しても，最外殻電子の数は 2 個または 1 個（Pt は例外で 0 個）で変化せず，その化学的性質もあまり変化しない。同族元素だけでなく，同周期元素も互いによく似た性質を示すものが多い。

(1) 遷移元素の化合物，イオンには有色のものが多い。たとえば，Cu^{2+}青，Fe^{2+}淡緑，Fe^{3+}黄褐，Cr^{3+}暗緑，Mn^{2+}淡赤，Ni^{2+}緑，Co^{2+}赤など。これらの色は，例題 102 で述べたように，すべて水分子を配位子とする**アクア錯イオン**の存在に基づく。ただし，Ag^+ と 12 族の Zn^{2+} などは無色である。

(2) 最外殻電子の数はどれも 2，1 個で，族番号と一致しない。

(3) すべて金属元素で，その単体は一般に融点が高く，密度も大きい。非金属元素は含まない。遷移元素では，最外殻電子だけでなく，内殻電子の一部が自由電子のようにはたらき，かつ，原子半径も比較的小さいので，典型元素の金属に比べて相対的に金属結合は強くなる。

(4) 遷移元素は，内殻が完全に閉殻ではないので，配位子を受け入れ，安定な**錯イオン**をつくりやすい。また，互いに化学的性質が似ているので，原子半径や結晶構造に大きな差がなければ，互いに**合金**をつくりやすい。

(5) 遷移元素の原子がイオン化するとき，最外殻電子だけでなく，内殻電子の一部が放出されることがある。したがって，価数が異なるイオンや，異なる酸化数をもつ化合物をつくるものが多い。

(6) 遷移元素の単体はほとんど重金属であるが，例外は，スカンジウム $_{21}Sc$（密度 3.0g/cm³），チタン $_{22}Ti$（密度 4.5g/cm³），イットリウム $_{39}Y$（密度 4.5g/cm³）で，軽金属（密度 4 ～ 5g/cm³ 以下）に分類される。

参考 遷移元素の酸化物には，酸化数が増加するにつれて，塩基性酸化物→両性酸化物→酸性酸化物へと変化する例が知られている。

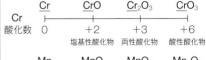

	Cr	CrO	Cr_2O_3	CrO_3
Cr 酸化数	0	+2	+3	+6
		塩基性酸化物	両性酸化物	酸性酸化物

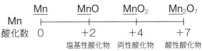

	Mn	MnO	MnO_2	Mn_2O_7
Mn 酸化数	0	+2	+4	+7
		塩基性酸化物	両性酸化物	酸性酸化物

解答 (1), (4), (5), (6)

296 [解説]　鉄の酸化物には，"酸化鉄(Ⅱ)FeO，黒色"，"酸化鉄(Ⅲ)Fe$_2$O$_3$，赤褐色"，"四酸化三鉄(酸化二鉄(Ⅲ)鉄(Ⅱ))Fe$_3$O$_4$，黒色"の3種類がある。

FeOは天然には存在せず，人工的にのみ得られる。Fe$_2$O$_3$は赤鉄鉱として天然に存在する。

Fe$_3$O$_4$はFeO・Fe$_2$O$_3$と書ける。つまり，Fe^{2+}とFe^{3+}を1：2の物質量比で含む複酸化物とみなすことができ，天然には磁鉄鉱として存在する。

鉄は希硫酸と反応して溶け，水素を発生する。

$$Fe + H_2SO_4 \longrightarrow FeSO_4 + H_2$$

鉄は希塩酸と反応して溶け，水素を発生する。鉄は濃硝酸とは**不動態**になるため反応しない。

$$Fe + 2HCl \longrightarrow FeCl_2 + H_2$$

塩化鉄(Ⅱ)の水溶液に塩素を通じると，酸化されて塩化鉄(Ⅲ)の水溶液に変化する。

$$2FeCl_2 + Cl_2 \longrightarrow FeCl_3$$

[参考]　空気中のようにO$_2$存在下では，Fe^{3+}の方が安定であるが，O$_2$の存在しない条件下では，Fe^{2+}の方がむしろ安定である。たとえば，鉄が希酸に溶解するとH$_2$が発生するが，このとき生成するのは鉄(Ⅱ)化合物であることに留意すること。しかし，Fe^{2+}の化合物を空気中で放置すると容易に酸化され，Fe^{3+}の化合物に変化しやすい性質がある。

(1)　ⓐ　鉄を高温の空気や水蒸気に触れさせると，四酸化三鉄の被膜(鉄の黒さび)が生成する。

$$3Fe + 4H_2O \rightleftharpoons Fe_3O_4 + 4H_2$$

　　ⓑ　硫酸鉄(Ⅱ)FeSO$_4$水溶液はFe^{2+}を含み淡緑色示す。これにNaOH水溶液やNH$_3$水を加えると，**水酸化鉄(Ⅱ)Fe(OH)$_2$**の緑白色沈殿を生成する。

$$Fe^{2+} + 2OH^- \longrightarrow Fe(OH)_2$$

　　ⓒ　塩化鉄(Ⅲ)FeCl$_3$水溶液はFe^{3+}を含み黄褐色を示す。これにNaOH水溶液やNH$_3$水を加えると，**酸化水酸化鉄(Ⅲ)FeO(OH)**の赤褐色沈殿を生成する。(→本冊 p.219)

$$Fe^{3+} + 3OH^- \longrightarrow FeO(OH) + H_2O$$

[参考]　**水酸化鉄(Ⅲ)Fe(OH)$_3$は存在しない**
　実際に存在するのは，[Fe(OH)$_3$(H$_2$O)$_3$]$_n$がOHとOHの間で脱水縮合を繰り返してできた[FeO(OH)]$_n$であり，これを組成式でFeO(OH)と表し，酸化水酸化鉄(Ⅲ)と呼んでいる。これを加熱して完全に脱水すると，酸化鉄(Ⅲ)Fe$_2$O$_3$が得られる。したがって，FeO(OH)は，　2Fe(OH)$_3$ $\xrightarrow{-2H_2O}$ 2FeO(OH) $\xrightarrow{}$ Fe$_2$O$_3$のように進行する脱水反応の中間生成物と考えればよい。(含水酸化鉄(Ⅲ)Fe$_2$O$_3$・H$_2$Oともよばれる。)

Fe^{2+}とFe^{3+}の検出反応は重要である。

	Fe^{2+}	Fe^{3+}
NaOHaq NH$_3$aq	Fe(OH)$_2$ 緑白色沈殿	FeO(OH) 赤褐色沈殿
K$_4$[Fe(CN)$_6$]aq	—	濃青色沈殿
K$_3$[Fe(CN)$_6$]aq	濃青色沈殿	—
KSCNaq	変化なし	血赤色溶液

——：反応はあるが，出題はされない。

$$Fe^{2+} + K_3[Fe(CN)_6]$$
ヘキサシアニド鉄(Ⅲ)酸カリウム
$$\longrightarrow KFe[Fe(CN)_6]\downarrow + 2K^+$$
ターンブル青

$$Fe^{3+} + K_4[Fe(CN)_6]$$
ヘキサシアニド鉄(Ⅱ)酸カリウム
$$\longrightarrow KFe[Fe(CN)_6]\downarrow + 3K^+$$
紺青(ベルリン青)

ターンブル青と紺青は，歴史的に異なる化合物と見られていたが，現在，同一組成をもつ化合物であることが明らかになっている。

○Fe^{2+} ●Fe^{3+} ○K$^+$

$$Fe^{3+} + nKSCN \longrightarrow$$
$$[Fe(SCN)_n]^{3-n} + nK^+$$
血赤色溶液(錯イオン，n=不定数)
(Fe^{2+}はKSCNとは呈色反応しない。)

(2)　Fe-Cr(18%)を18-ステンレス鋼といい，耐食性が大きい。Fe-Cr(18%)-Ni(8%)を18-8ステンレス鋼といい，耐食性がさらに大きい。

[参考]　**銑鉄と鋼の用途**
　鉄は，炭素量の違いにより，銑鉄，硬鋼と軟鋼に分けられ，それぞれの用途に利用される。

	炭素含有量(%)	用途
銑鉄	5～3	鋳物
鋼（硬鋼）	2～0.6	工具，刃物
	0.9～0.5	鉄道のレール
	0.5～0.3	ばね，機械の部品
鋼（軟鋼）	0.3～0.04	くぎ，鉄線 薄板

[解答]　① 酸化鉄(Ⅲ)　② 四酸化三鉄
③ **水素**　④ **不動態**　⑤ **水酸化鉄(Ⅱ)**
⑥ **酸化水酸化鉄(Ⅲ)**
⑦ **ヘキサシアニド鉄(Ⅲ)酸カリウム**
⑧ **ヘキサシアニド鉄(Ⅱ)酸カリウム**
⑨ **チオシアン酸カリウム**
(1) ⓐ 3Fe+4H$_2$O $\longrightarrow$ Fe$_3$O$_4$+4H$_2$
　ⓑ FeSO$_4$+2NaOH$\longrightarrow$Fe(OH)$_2$+Na$_2$SO$_4$
　ⓒ FeCl$_3$+3NaOH$\longrightarrow$FeO(OH)+H$_2$O+3NaCl
(2) **ステンレス鋼**

297

297 解説 (1) (a) 銅は水素よりもイオン化傾向が小さいので，酸化力のない塩酸，希硫酸には溶けないが，酸化力のある希硝酸，濃硝酸，熱濃硫酸にはそれぞれ一酸化窒素 NO，二酸化窒素 NO_2，二酸化硫黄 SO_2 を発生して溶ける。

$$3Cu + 8HNO_3(希) \longrightarrow$$
$$3Cu(NO_3)_2 + 2NO + 4H_2O$$
$$Cu + 4HNO_3(濃) \longrightarrow$$
$$Cu(NO_3)_2 + 2NO + 2H_2O$$
$$Cu + 2H_2SO_4(熱濃) \longrightarrow$$
$$CuSO_4 + SO_2 + 2H_2O$$

(b) 水酸化銅(Ⅱ)を加熱すると，脱水して黒色の酸化銅(Ⅱ)を生成する。

$$Cu(OH)_2 \longrightarrow CuO + H_2O$$

銅の酸化物には酸化数が +1 と +2 のものがあり，銅を空気中で加熱すると，1000℃ 以下では**酸化銅(Ⅱ)CuO(黒色)**が生成するが，さらに 1000℃ 以上で強熱すると熱分解が起こり，**酸化銅(Ⅰ)Cu_2O(赤色)**となる。

$$4CuO \longrightarrow 2Cu_2O + O_2$$

(c) 硫酸銅(Ⅱ)$CuSO_4$ 水溶液に NaOH 水溶液を加えると，青白色の水酸化銅(Ⅱ)$Cu(OH)_2$ が沈殿する。

$$CuSO_4 + 2NaOH \longrightarrow Cu(OH)_2 + Na_2SO_4$$

(d) 水酸化銅(Ⅱ)$Cu(OH)_2$ は両性水酸化物ではないので，過剰の NaOH 水溶液に溶けないが，過剰のアンモニア水にはテトラアンミン銅(Ⅱ)イオン$[Cu(NH_3)_4]^{2+}$ とよばれる深青色の錯イオンをつくって溶ける。

$$Cu(OH)_2 + 4NH_3 \longrightarrow [Cu(NH_3)_4]^{2+} + 2OH^-$$

(e) Cu^{2+} を含む水溶液に H_2S を通じると，黒色の硫化銅(Ⅱ)CuS が沈殿する。

$$Cu^{2+} + H_2S \longrightarrow CuS + 2H^+$$

化学反応式では，反応に関係しなかった SO_4^{2-} を両辺に加えて整理すると 解答 の式になる

(2) 銅の屋根や銅像の表面が青緑色を帯びてくるのは，**緑青(ろくしょう)**とよばれる銅のさびが生じたからである。緑青は，銅が空気中の水分や CO_2 と徐々に反応して生じた $Cu_2CO_3(OH)_2$ で表され，塩基性塩であることから，塩基性炭酸銅(Ⅱ)，または，炭酸二水酸化二銅(Ⅱ)などとよばれる。このさびは水に不溶で，内部の銅を保護するはたらきをもつ。

(3) 硫酸銅(Ⅱ)五水和物の結晶を加熱すると，段階的に水和水を失って，最終的には硫酸銅(Ⅱ)無水塩の白色粉末になる。

$$CuSO_4 \cdot 5H_2O \xrightarrow{110℃} CuSO_4 \cdot H_2O \xrightarrow{150℃} CuSO_4$$

硫酸銅(Ⅱ)無水塩は水分を吸収すると，再び硫酸銅(Ⅱ)五水和物に戻り青色になるので，微量の水分の検出に用いられる。

参考 **$CuSO_4 \cdot 5H_2O$ の構造と脱水過程**

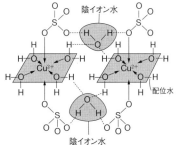

陰イオン水　配位水　←が配位結合，……が水素結合

$CuSO_4 \cdot 5H_2O$ の結晶中では，Cu^{2+} 1 個に対して 4 個の水分子が正方形の頂点方向から強く配位結合している(**配位水**という)。また，この平面の少し離れた位置には SO_4^{2-} があり，Cu^{2+} に少し弱く配位結合している。残る 1 個の水分子は SO_4^{2-} と配位水との間にあって水素結合でつながっている(**陰イオン水**という)。

$CuSO_4 \cdot 5H_2O$ の結晶を加熱すると，結合力の最も弱い陰イオン水と配位水 1 分子が失われる。このとき配位水が抜けた場所には SO_4^{2-} が平面方向から強く配位結合し，結晶の密度が増加する。続いて配位水 2 分子が失われ $CuSO_4 \cdot H_2O$ になる。この抜けた場所にも SO_4^{2-} が平面方向から強く配位結合し，結晶の密度はさらに増加する。この $CuSO_4 \cdot H_2O$ は，もとの $CuSO_4 \cdot 5H_2O$ の H_2O と SO_4^{2-} の配置を入れ替えたような構造をしており，この H_2O は Cu^{2+} と Cu^{2+} をつなぐ架橋配位子となっているので，加熱により最も脱離しにくくなっている。

解答 ① 一酸化窒素　② 水酸化銅(Ⅱ)
③ 酸化銅(Ⅱ)　④ 酸化銅(Ⅰ)
⑤ 硫酸銅(Ⅱ)五水和物　⑥ 青白(淡青)
⑦ テトラアンミン銅(Ⅱ)イオン　⑧ 深青
⑨ 硫化銅(Ⅱ)

(1) (a) $3Cu + 8HNO_3$
$\longrightarrow 3Cu(NO_3)_2 + 2NO + 4H_2O$
(b) $Cu(OH)_2 \longrightarrow CuO + H_2O$
(c) $CuSO_4 + 2NaOH$
$\longrightarrow Cu(OH)_2 + Na_2SO_4$
(d) $Cu(OH)_2 + 4NH_3$
$\longrightarrow [Cu(NH_3)_4]^{2+} + 2OH^-$
(e) $CuSO_4 + H_2S \longrightarrow CuS + H_2SO_4$

(2) 緑青

(3) 硫酸銅(Ⅱ)五水和物の結晶中には，銅のアクア錯イオン$[Cu(H_2O)_4]^{2+}$ が存在するため青色を呈するが，加熱すると水和水が失われ，結晶が壊れて白色粉末になる。

298 解説　銀の化合物には水に溶けにくいものが多いが，硝酸銀は水によく溶ける（220g/100g 水，20℃）。Ag_2SO_4 は溶解度が小さい（0.79g/100g 水，20℃）。

Ag^+ を含む水溶液に K_2CrO_4 水溶液を加えると，Ag_2CrO_4 の赤褐色沈殿を生成する。（→ア）

$$2Ag^+ + CrO_4{}^{2-} \longrightarrow Ag_2CrO_4(赤褐)\downarrow$$

また，Ag^+ を含む水溶液に塩基の水溶液を加えると，AgOH は不安定で生成せず，褐色の酸化銀 Ag_2O が沈殿する。（→オ）

$$Ag^+ + 2OH^- \longrightarrow Ag_2O\downarrow + H_2O$$

Ag_2O は過剰の NH_3 水には，ジアンミン銀（Ⅰ）イオンという無色の錯イオンをつくって溶ける。（→ク）

$$Ag_2O + H_2O + 4NH_3 \longrightarrow 2[Ag(NH_3)_2]^+ + 2OH^-$$

Ag^+ を含む水溶液にハロゲン化物イオン（F^-を除く）を加えると，それぞれ AgCl（白），AgBr（淡黄），AgI（黄）の沈殿を生じる。（→イ，カ，キ）

$$Ag^+ + Cl^- \longrightarrow AgCl(白)\downarrow$$
$$Ag^+ + Br^- \longrightarrow AgBr(淡黄)\downarrow$$
$$Ag^+ + I^- \longrightarrow AgI(黄)\downarrow$$

水に対する溶解度は AgCl ＞ AgBr ＞ AgI の順に小さくなり，過剰の NH_3 水を加えると，AgCl は[Ag$(NH_3)_2]^+$を生じて容易に溶けるが，AgBr はかなり溶けにくく，AgI は溶けない。しかし，AgBr や AgI にチオ硫酸ナトリウム $Na_2S_2O_3$ 水溶液や，シアン化カリウム KCN 水溶液を加えると，それぞれ[Ag$(S_2O_3)_2]^{3-}$，[Ag$(CN)_2]^-$という錯イオンを生じて溶ける。（→ケ，コ）Ag^+はいずれも配位数 2 の錯イオンをつくる。

$$AgBr + 2S_2O_3{}^{2-} \longrightarrow [Ag(S_2O_3)_2]^{3-} + Br^-$$
$$AgI + 2CN^- \longrightarrow [Ag(CN)_2]^- + I^-$$

このように，水に対する溶解度の小さい沈殿を錯イオンとして溶解するには，Ag^+に対する配位能力の大きい $Na_2S_2O_3$ や KCNなどの錯化剤（錯体をつくる配位子）を用いる必要がある。Ag^+を含む水溶液に H_2S を通じると，硫化銀 Ag_2S の黒色沈殿を生成する。（→エ）

$$2Ag^+ + S^{2-} \longrightarrow Ag_2S(黒)\downarrow$$

なお，Ag の化合物には，程度の差はあるが，光が当たると，分解しやすい性質（**感光性**）がある。塩化銀に光が当たると，白→紫→灰→黒色へと変化するのは，Ag の微粒子がしだいに生成するためである。（→ウ）

$$2AgCl \longrightarrow Ag + Cl_2$$

解答　(ア) Ag_2CrO_4　(イ) AgCl　(ウ) Ag
　　　(エ) Ag_2S　(オ) Ag_2O　(カ) AgBr
　　　(キ) AgI　(ク) [Ag$(NH_3)_2]^+$
　　　(ケ) [Ag$(S_2O_3)_2]^{3-}$　(コ) [Ag$(CN)_2]^-$

参考　**銀塩（フィルム）写真について**
臭化銀 AgBr に光が当たると銀を遊離する。
$$2AgBr \longrightarrow 2Ag + Br_2$$
この性質を利用して，臭化銀は銀塩写真の感光

剤として利用されている。
①**感光**　フィルムに光が当たると，AgBr が分解して銀 Ag の微粒子（潜像）が遊離する。
②**現像**　フィルムを還元剤の水溶液に浸すと，①で生じた Ag の微粒子が大きく成長し，目に見える黒い像（本像）ができる。
③**定着**　フィルムをチオ硫酸ナトリウム $Na_2S_2O_3$ 水溶液に浸すと，未反応の AgBr はビス（チオスルファト）銀（Ⅰ）酸イオン[Ag$(S_2O_3)_2]^{3-}$となって取り除かれ，実物の明暗とは逆の陰画（ネガ）ができる。
④**焼付**　陰画を印画紙に重ねて光を当て，現像・定着を行うと，通常見ている実物の明暗と同じ陽画（ポジ）ができる。

299 解説　A は NaOH 水溶液に溶けるので**両性金属**である。さらに，その水酸化物が過剰の NH_3 水に溶けるので Zn である。

$$Zn(OH)_2 + 4NH_3 \longrightarrow [Zn(NH_3)_4]^{2+} + 2OH^-$$

B は塩酸に溶けないので，水素よりイオン化傾向が小さい。さらに，その酸化物が褐色より Ag である。

$$2Ag^+ + 2OH^- \longrightarrow Ag_2O(褐)\downarrow + H_2O$$

参考　イオン化傾向の小さい Ag^+ と Hg^{2+} は，水酸化物が不安定であるため，かわりに，酸化物の Ag_2O（褐）・HgO（黄）が沈殿する。

金属 C のイオンは炭酸塩が沈殿するので 2 族のアルカリ土類金属である。このうち，C は常温の水と反応するので Ca，Sr，Ba のいずれかである。これらのイオン Ca^{2+}，Sr^{2+}，Ba^{2+}のうち，$CrO_4{}^{2-}$と黄色沈殿をつくるのは Ba^{2+}のみである。

$$Ba^{2+} + CrO_4{}^{2-} \longrightarrow BaCrO_4(黄)\downarrow$$

D は塩酸に溶けないので，水素よりイオン化傾向が小さい。さらに，水酸化物が青白色より Cu である。

$$Cu^{2+} + 2OH^- \longrightarrow Cu(OH)_2\downarrow$$
水酸化銅（Ⅱ）（青白色）

水酸化銅（Ⅱ）が過剰の NH_3 水に溶ける反応は次の通りである。

$$Cu(OH)_2 + 4NH_3 \longrightarrow [Cu(NH_3)_4]^{2+} + 2OH^-$$
テトラアンミン銅（Ⅱ）イオン（深青色）

錯イオンは金属イオンの種類によって配位数が決まる。また，配位子は金属イオンに対して空間的にできるだけ対称的に配置するので，錯イオンの立体構造は次のように決まる。

2 配位　Ag^+→直線形
4 配位　Zn^{2+}→正四面体形
　　　　Cu^{2+}→正方形
6 配位　Fe^{2+}，Fe^{3+}，Ni^{2+}，Cr^{3+}→正八面体形

300 ～ 301

参考　アンミン錯イオンの形成

水溶液中の Cu^{2+} は $[Cu(H_2O)_4]^{2+}$ というアクア錯イオンとして存在する。ここへ $NaOH$ や NH_3 水などの塩基を加えていくと，配位子である H_2O から順次 H^+ が電離し，加えた OH^- と中和する。やがて $[Cu(OH)_2(H_2O)_2]$ を生成するが，これが水酸化銅(Ⅱ)の沈殿の本当の姿である。ここへさらに NH_3 水を過剰に加えると，Cu^{2+} に対しては H_2O や OH^- よりも NH_3 の方が強い配位結合をつくることができるので，次々に配位子交換が起こり，最終的により安定度の大きなアンミン錯イオン $[Cu(NH_3)_4]^{2+}$ を生じ，水酸化銅(Ⅱ)の沈殿は溶解する。

解答　A Zn　B Ag　C Ba　D Cu
ⓐ $[Zn(NH_3)_4]^{2+}$，テトラアンミン亜鉛(Ⅱ)イオン，正四面体形
ⓑ $[Ag(NH_3)_2]^+$，ジアンミン銀(Ⅰ)イオン，直線形
ⓒ $[Cu(NH_3)_4]^{2+}$，テトラアンミン銅(Ⅱ)イオン，正方形

300　解説　(1) A は希塩酸に不溶で，希硝酸に溶ける金属なので，水素よりイオン化傾向の小さい Cu か Ag である。Cu の酸化物には，CuO(黒)と Cu_2O(赤)の2種類があるので，A は Cu である。
(2) B は空気中で加熱しても酸化されず，電気伝導度が最も大きい金属なので，Ag である。
(3) C は希塩酸に溶けにくく，希硝酸に溶ける金属なので，Cu，Ag 以外のものは選択肢より Pb である。Pb が希塩酸に溶けにくいのは，Pb の表面が水に不溶性の $PbCl_2$ で覆われ，酸との接触が妨げられて反応が停止するからである。Pb^{2+} を含む水溶液に塩基を加えると，水酸化鉛(Ⅱ)が沈殿する。
　$Pb^{2+} + 2OH^- \longrightarrow Pb(OH)_2$(白)
(4) 王水(濃硝酸と濃塩酸の1:3の混合物)にしか溶けない金属は，Pt と Au。このうち有色の金属光沢をもつことから，D は Au である。
(5) Fe，Al，Ni などの金属を濃硝酸に浸すと，表面がち密な酸化物で覆われ反応性を失う(**不動態**)。さらに，赤褐色の酸化物となることから E は Fe である。
　(Fe_2O_3 は赤褐色，Al_2O_3 は白色，NiO は緑色である。)
(6) F は希塩酸に溶ける金属なので，水素よりイオン化傾向が大きく，濃硝酸によって不動態となる Al，Ni が該当するが，水酸化物が緑色なので，Ni である。
　$Al^{3+} + 3OH^- \longrightarrow Al(OH)_3$(白)
　$Ni^{2+} + 2OH^- \longrightarrow Ni(OH)_2$(緑)
　よって，F は Ni である。

解答　A 銅　B 銀　C 鉛　D 金　E 鉄　F ニッケル

参考　不動態について

不動態の成因には3つある。
①特定の金属を酸化力の強い濃硝酸に浸すという方法で形成された不動態を**化学的不動態**という。
②電気分解を利用して，金属を陽極で酸化することにより形成された不動態を**電気化学的不動態**という。たとえば，鉄を陽極として希硫酸を電気分解する場合，加える電圧を上げていくと電流も増加するが，最初は Fe は Fe^{2+} となって溶解する。さらに電圧を上げていくと電流も増加するが，ある時点で電流は急激に減少(電圧は急に上昇)する。このとき，わずかに電流が流れており，酸素の発生が見られ，Fe の溶解は止まってしまう。
③特定の金属(Al や Cr など)や合金(ステンレス鋼)などが空気中に放置されたときに，自然に不動態が形成される場合もあるが，このような不動態は**自然不動態**ともいう。

301　解説　クロム Cr は周期表6族の遷移元素で，比較的イオン化傾向は大きいが，空気中では表面にち密な酸化被膜をつくるので，耐食性が大きい。そのため，メッキの材料に使われる。また，濃硝酸を加えても反応しない(**不動態**)。
　クロムの化合物の酸化数には，+2(不安定)，+3(安定)，+6(やや不安定)のものが知られている。
　クロム酸イオン CrO_4^{2-}，二クロム酸イオン $Cr_2O_7^{2-}$ はいずれも Cr の酸化数が+6で，水溶液中では次のような平衡状態を保つ。
　$2CrO_4^{2-} + H^+ \rightleftharpoons Cr_2O_7^{2-} + OH^-$　…①
酸性溶液中では，CrO_4^{2-} が $Cr_2O_7^{2-}$ に変化して赤橙色になる。
　$2CrO_4^{2-} + 2H^+ \longrightarrow Cr_2O_7^{2-} + H_2O$　…②
塩基性溶液中では $Cr_2O_7^{2-}$ が CrO_4^{2-} に変化して黄色になる。
　$Cr_2O_7^{2-} + 2OH^- \longrightarrow 2CrO_4^{2-} + H_2O$　…③
②，③式をまとめると，①式のようになる。
　$Cr_2O_7^{2-}$ は酸性条件では強い酸化剤としてはたらくが，沈殿はつくりにくい。
　$Cr_2O_7^{2-} + 14H^+ + 6e^- \longrightarrow 2Cr^{3+} + 7H_2O$
　一方，CrO_4^{2-} は酸化剤としてのはたらきはさほど強くないが，沈殿をつくりやすい。
　$2Ag^+ + CrO_4^{2-} \longrightarrow Ag_2CrO_4\downarrow$(赤褐色)
　$Pb^{2+} + CrO_4^{2-} \longrightarrow PbCrO_4\downarrow$(黄)
　$Ba^{2+} + CrO_4^{2-} \longrightarrow BaCrO_4\downarrow$(黄)

参考　$Cr_2O_7^{2-}$ に Ba^{2+} を加えると，$BaCr_2O_7$ よりも $BaCrO_4$ のほうが沈殿しやすいので，①の平衡が左へ移動し，結局，$BaCrO_4$ が沈殿する。一方，$BaCrO_4$ に強酸を加えると，①の平

衡が右へ移動して $CrO_4{}^{2-}$ は $Cr_2O_7{}^{2-}$ に変化し，$BaCrO_4$ の沈殿は溶解する。

H_2O_2 は通常は酸化剤としてはたらくが，$K_2Cr_2O_7$ に対しては還元剤としてはたらく。

$$Cr_2O_7{}^{2-} + 14H^+ + 6e^- \longrightarrow 2Cr^{3+} + 7H_2O \quad \cdots ④$$
$$H_2O_2 \longrightarrow 2H^+ + O_2 + 2e^- \quad \cdots ⑤$$

④＋⑤×3 より，**解答**のイオン反応式が得られる。

④式の通り，$Cr_2O_7{}^{2-}$ が酸化剤としてはたらくと，暗緑色のクロム（Ⅲ）イオン Cr^{3+} になる。

Cr^{3+} を含む水溶液に NaOH 水溶液を少量加えると，水酸化クロム（Ⅲ）の暗緑色沈殿を生じる。

$$Cr^{3+} + 3OH^- \longrightarrow Cr(OH)_3\downarrow$$

この沈殿は過剰の NaOH 水溶液に溶けて，テトラヒドロキシドクロム（Ⅲ）酸イオン $[Cr(OH)_4]^-$ に変化し，暗緑色溶液となる。これらの反応から，Cr が Al と同じ**両性金属**としての性質をもつことがわかる。

解答 ① 赤橙　② 黄　③ **クロム酸鉛（Ⅱ）**
④ **クロム酸銀**　⑤ **酸素**　⑥ （暗）緑
⑦ **水酸化クロム（Ⅲ）**
ⓐ $Cr_2O_7{}^{2-} + 2OH^- \longrightarrow 2CrO_4{}^{2-} + H_2O$
ⓑ $Cr_2O_7{}^{2-} + 8H^+ + 3H_2O_2$
$\longrightarrow 2Cr^{3+} + 3O_2 + 7H_2O$
ⓒ $Cr(OH)_3 + OH^- \longrightarrow [Cr(OH)_4]^-$

302 **解説** チタン Ti は窒素や酸素とも反応しやすく，製錬がかなり難しいため，その利用はかなり遅れたが，軽量，高強度であり，耐食性に優れることから，近年利用が拡大している。

(1) ［工程1］　酸化チタン（Ⅳ）TiO_2 から炭素 C が酸素を奪い取り，生じた Ti に塩素 Cl_2 が反応して，塩化チタン（Ⅳ）になると考えればよい。

C は，CO または CO_2 に変化する可能性があるが，温度が700℃程度なので，主に CO_2 が生成すると考えてよい。1000℃近くの高温になると，C（黒鉛）＋ $CO_2 \rightleftharpoons 2CO$ の平衡が右へ移動して，主に CO が生成する。

$$
\begin{array}{l}
TiO_2 + \ C \ \longrightarrow Ti + CO_2 \\
\underline{+)\ Ti\ +2Cl_2 \ \longrightarrow TiCl_4} \\
TiO_2 + \ C + 2Cl_2 \longrightarrow TiCl_4 + CO_2
\end{array}
$$

［工程2］　塩化チタン（Ⅳ）の沸点は136℃と比較的低いので，冷却すると液体になる。この液体を蒸留すると不純物を除去できる。

マグネシウム Mg は強力な還元剤で，$TiCl_4$ の Ti^{4+} に電子を与えて Ti とし，自身は Mg^{2+} となり，化合物 $MgCl_2$ を生成する。

$$TiCl_4 + 2Mg \longrightarrow Ti + 2MgCl_2$$

［工程3］　塩化マグネシウムを溶融塩電解すると，陰極に Mg，陽極に Cl_2 が得られるので，これらを［工程1］，［工程2］に再利用する。

$$MgCl_2 \xrightarrow{2e^-} Mg + Cl_2$$

(2) クロール法では，次の反応が段階的に進行する。

$$TiO_2 \longrightarrow TiCl_4 \longrightarrow Ti$$

TiO_2（式量 80）1 mol から Ti（原子量 48）1 mol が生成する。必要なチタン鉱石を x〔t〕とすると

$$\frac{x \times 10^6 \times 0.50}{80} = \frac{1.5 \times 10^6}{48}$$

$$\therefore x = 5.0〔t〕$$

(3) ［工程2］の反応式より，Ti 1mol をつくるには Mg 2mol が必要であり，［工程3］の反応式より，Mg 1mol つくるには電子 2mol が必要である。よって，Ti 1mol つくるには電子 4mol が必要である。必要な電子の物質量は，

$$\frac{1.5 \times 10^6}{48} \times 4 = 1.25 \times 10^5 〔mol〕$$

ファラデー定数 $F = 9.65 \times 10^4$ C/mol より，

$$1.25 \times 10^5 \times 9.65 \times 10^4 ≒ 1.2 \times 10^{10} 〔C〕$$

解答 (1)［工程1］$TiO_2 + C + 2Cl_2 \longrightarrow$
$\qquad\qquad\qquad\qquad TiCl_4 + CO_2$
　　［工程2］$TiCl_4 + 2Mg \longrightarrow$
$\qquad\qquad\qquad\qquad Ti + 2MgCl_2$
(2) **5.0t**
(3) **1.2×10^{10}C**

303 **解説** (1) Cl^- は，中心の Cr^{3+} に対して，(i)配位子として配位結合している場合と，(ii)配位子としてではなく，錯イオンとイオン結合している場合とがある。

錯塩 A～C に含まれる Cl^- のうち，AgCl を生成するのは中心金属イオンに配位結合していないものだけである（配位子となった Cl^- は水中でも解離できず，Ag^+ を加えても AgCl は生成しない）。

この反応性の違いで，Cl^- を区別できる。

㋐ $[Cr(H_2O)_6]Cl_3$ の Cl^- はすべて配位子ではないので，㋐の 0.01mol から AgCl が 0.03mol 生じる。したがって，A。

㋑ $[CrCl(H_2O)_5]Cl_2\cdot H_2O$ の配位子ではない Cl^- は 2 個より，㋑の 0.01mol から AgCl は 0.02mol 生じる。

㋒ $[CrCl_2(H_2O)_4]Cl\cdot 2H_2O$ の配位子ではない Cl^- は 1 個より，㋒の 0.01mol から AgCl は 0.01mol 生じる。したがって，B。

㋓ $[CrCl_3(H_2O)_3]\cdot 3H_2O$ の配位子ではない Cl^- は 0 個より，㋓の 0.01mol から AgCl は生じない。したがって，C。

(2) 2 個以上の配位子からなる錯イオンの場合，配位子どうしの立体配置の違いから立体異性体が存在する場合がある。中心原子に対して同種の配位子が隣

り合っているものを**シス形**，向かい合っているものを**トランス形**といい，両者は**シス‐トランス異性体**とよばれ，色，性質などがやや異なっている。

Bには，2個のCl^-どうしが中心金属に対して，隣り合うもの(図左：**シス形**)と，向かい合うもの(図右：**トランス形**)の2種類がある。

一般に，シス形は結合の極性が打ち消し合いにくく，錯体の極性は大きくなる。一方，トランス形は結合の極性が打ち消し合いやすく，錯体の極性は小さくなる。

Cには，3個のCl^-がすべて隣り合うもの(図左：シス・シスの場合)と，3個のCl^-のうち隣り合うものと向かい合うもの(図右：シス・トランスの場合)の2種類がある。なお，3個のCl^-がすべて向かい合うもの(すなわち，トランス・トランスの場合)は存在しない。

> **参考**　**配位子3個の置換体(シス‐トランス異性体)**
> 正八面体形の錯イオンの6個の配位子X(○)の代わりに，別の配位子Y(●)が3個置換したときは，以下の2種類の異性体が存在する。
>
>
>
> シス←→トランス
>
> *facial* 形…　　　　　*meridional* 形…
> 面をつくる　　　　　半円をつくる

解答　(1) A ㋐　　B ㋑　　C ㋓
(2) B **2種類**　　C **2種類**

錯イオンの化学式の書き方・読み方
① 中心金属と配位子を化学式で書き，配位数も書く。ただし，多原子の配位子は( )でくくり，配位数を書く。さらに，錯イオンの部分は[ ]をつけ，その電荷を右上に書く。
(錯イオンの電荷)
　　　＝(中心金属の電荷)＋(配位子の電荷の和)
② 配位子が複数あるときは，陰イオン・中性分子の順にそれぞれアルファベット順に書く。
　　 例 $[CoCl_2(H_2O)_4]^+$，$[Al(OH)(H_2O)_5]^{2+}$
③ 錯イオンの名称は，化学式のうしろから読む。すなわち，配位数(ギリシャ語の数詞)，配位子名，中心金属名とその酸化数をローマ数字で書き，( )でくくる。ただし，錯イオンが，陽イオンのときは「～**イオン**」とし，陰イオンのときは「**～酸イオン**」とする。また，配位子が複数あるときは，中心金属に近いほうから読む。

配位数	2	4	6
数詞	ジ	テトラ	ヘキサ

配位子	NH_3	H_2O	OH^-	CN^-	$S_2O_3^{2-}$
名称	アンミン	アクア	ヒドロキシド	シアニド	チオスルファト

④ **錯塩**(錯イオンを含む塩)は，錯イオンを先に，他のイオンはあとに読む。
　　 例 $[Cu(NH_3)_4]SO_4$　テトラアンミン銅(Ⅱ)硫酸塩
⑤ 配位子名が複雑でまぎらわしいときは，配位数の数詞は，2(ビス)，3(トリス)，4(テトラキス)を使い，配位子名を( )でくくって区別する。
　　 例 $[Ag(S_2O_3)_2]^{3-}$
　　　　ビス(チオスルファト)銀(Ⅰ)酸イオン

304 [解説]　(1) 鉄釘は純鉄ではなく，鋼(スチール)であるため，少量の炭素Cを含んでいる。したがって，鉄を希硫酸に溶かすと水素を発生し，硫酸鉄(Ⅱ)$FeSO_4$が生成するが，溶けずに残った黒い沈殿は炭素Cである。

$$Fe + H_2SO_4 \longrightarrow FeSO_4 + H_2$$

$FeSO_4$水溶液に$(NH_4)_2SO_4$を加えて完全に溶かし，冷却すると，組成式$Fe_x(NH_4)_y(SO_4)_z \cdot nH_2O$で表される鉄(Ⅱ)の複塩(物質A)が生成する。

沈殿Bは，$Ba^{2+} + SO_4^{2-} \longrightarrow BaSO_4$の反応で生成した硫酸バリウム(白色)である。

沈殿Cは，$Fe^{2+} + 2OH^- \longrightarrow Fe(OH)_2$の反応で生成した水酸化鉄(Ⅱ)(緑白色)である。

沈殿Dは，$Fe(OH)_2$が水中のO_2によって徐々に酸化されてできた酸化水酸化鉄(Ⅲ)(赤褐色)である。($Fe(OH)_3$は存在しないので，その脱水縮合してできた$FeO(OH)$で答えればよい。)

$$4Fe(OH)_2 + O_2 \longrightarrow 4FeO(OH) + 2H_2O$$

固体Eは，$FeO(OH)$を加熱し，完全に脱水した化合物なので，酸化鉄(Ⅲ)(赤褐色)である。

$$2FeO(OH) \longrightarrow Fe_2O_3 + H_2O$$

気体Fは，ろ液中に残っているNH_4^+と十分量の$NaOH$が加熱されて，次の反応により発生したアンモニア(刺激臭)である。

$$NH_4^+ + OH^- \longrightarrow NH_3 + H_2O$$

(2) (a) 物質Aを加熱したとき，失われた水和水の物質量は，$H_2O = 18g/mol$ より，

$$\frac{1.96 - 1.41}{18} ≒ 3.05 \times 10^{-2} [mol]$$

(b) $Ba^{2+} + SO_4^{2-} \longrightarrow BaSO_4$ より，物質Aに含まれるSO_4^{2-}の物質量は，生成した$BaSO_4$の物質量に等しい。$BaSO_4 = 233g/mol$ より，SO_4^{2-}の物質量は，$\dfrac{2.33}{233} = 1.00 \times 10^{-2} [mol]$

(c) $Fe^{2+} \longrightarrow Fe(OH)_2 \longrightarrow FeO(OH) \longrightarrow \dfrac{1}{2} Fe_2O_3$ の

ように反応したので，結局，物質 A に含まれる Fe^{2+} の物質量は，Fe_2O_3 の物質量の 2 倍に等しい。

Fe_2O_3 = 160g/mol より，

Fe_2O_3 の物質量は，$\dfrac{0.400}{160} = 2.50 \times 10^{-3}$〔mol〕

Fe^{2+} の物質量は $2 \times 2.50 \times 10^{-3} = 5.00 \times 10^{-3}$〔mol〕

(d)　発生した NH_3 の物質量は，物質 A に含まれていた NH_4^+ の物質量に等しい。発生した NH_3 の物質量を x〔mol〕とおく。

$0.400 \times \dfrac{20.0}{1000} \times 2 = x + 0.400 \times \dfrac{15.0}{1000} \times 1$

$x = 1.0 \times 10^{-2}$〔mol〕

よって，物質 A を構成する Fe^{2+} と NH_4^+ と SO_4^{2-} と H_2O の物質量(個数)の比は，

$x : y : z : n = 5.00 \times 10^{-3} : 1.00 \times 10^{-2} : 1.00 \times 10^{-2} : 3.05 \times 10^{-2} \fallingdotseq 1 : 2 : 2 : 6$

よって，物質 A の組成式は $Fe(NH_4)_2(SO_4)_2 \cdot 6H_2O$

この物質(硫酸アンモニウム鉄(Ⅱ)六水和物)は，$FeSO_4$ と $(NH_4)_2SO_4$ との複塩でモール塩ともよばれる。他の鉄(Ⅱ)塩($FeSO_4 \cdot 7H_2O$ など)よりも安定であり，鉄(Ⅱ)イオンの標準溶液の調製に用いられる。

解答　(1) B $BaSO_4$　　C $Fe(OH)_2$
　　　　D $FeO(OH)$　E Fe_2O_3
　　　　F NH_3
　　　(2) $Fe(NH_4)_2(SO_4)_2 \cdot 6H_2O$

305　**解説**　(1)　$AgCl$ の白色沈殿は，光が当たると分解し，Ag を遊離する性質(**感光性**)がある。

$2AgCl \longrightarrow 2Ag + Cl_2$

したがって，$AgCl$ の質量が変化しないように，強い光を当てないように注意する必要がある。

また，希硝酸を加えて微酸性にするのは，$AgNO_3$ 水溶液が空気中の CO_2 を吸収して，炭酸銀 Ag_2CO_3(淡黄色沈殿)を生成するのを防ぐためである。

(2)　錯塩 A において，錯イオン〔 〕の中にあって Co^{3+} と配位結合している内圏イオンの Cl^- は，水中でも解離しないので，$AgNO_3$ 水溶液を加えても，$AgCl$ の沈殿は生じない。一方，錯イオン〔 〕の外にあって Co^{3+} とは配位結合していない外圏イオンの Cl^- は，水中では解離し，十分量の $AgNO_3$ 水溶液を加えると，$AgCl$ として沈殿する。

実験(a)では外圏イオンの Cl^- の物質量がわかる。

$Ag^+ + Cl^- \longrightarrow AgCl$ より

生じた $AgCl$ の物質量は外圏イオンの Cl^- の物質量に等しい。

$AgCl$ の式量 143.5 より，モル質量は 143.5g/mol。

$AgCl$ の物質量 $= \dfrac{0.115}{143.5} \fallingdotseq 8.0 \times 10^{-4}$〔mol〕

錯塩 A の式量 250.5 より，モル質量 250.5g/mol。

錯塩 A の物質量 $= \dfrac{0.100}{250.5} \fallingdotseq 4.0 \times 10^{-4}$〔mol〕

よって，錯塩 A 1mol あたり 2mol の $AgCl$ が沈殿しており，錯塩 A には**外圏イオンの Cl^- が 2 個**存在する。

実験(b)では，錯塩 A に $NaOH$ 水溶液を加えて加熱すると，Co^{3+} に配位結合している NH_3 が Co^{3+} から離れるので，内圏イオンの Cl^- も Co^{3+} から離れてしまう。ここへ十分量の硝酸銀水溶液を加えると，内圏イオンの Cl^- と外圏イオンの Cl^- の両方とも $AgCl$ として沈殿することになる。

$AgCl$ の物質量 $= \dfrac{0.172}{143.5} \fallingdotseq 1.2 \times 10^{-3}$〔mol〕

よって，錯塩 A 1mol あたり 3mol の $AgCl$ が沈殿しており，錯塩 A には**内圏イオンの Cl^- が 1 個**存在する。

(3)　実験(c)では，錯塩 A に十分量の $NaOH$ 水溶液を加えて加熱すると，次の反応により NH_3 が発生する。

$NH_4^+ + OH^- \longrightarrow NH_3 \uparrow + H_2O$

発生した NH_3 の物質量を x〔mol〕とおくと，中和滴定の終点では，次の関係が成り立つ。

(硫酸の出した H^+ の総物質量) = (NH_3 の受け取った H^+ の物質量) + ($NaOH$ の出した OH^- の物質量)

$0.100 \times \dfrac{30.0}{1000} \times 2 = x + 0.100 \times \dfrac{40.0}{1000} \times 1$

∴ $x = 2.0 \times 10^{-3}$〔mol〕

錯塩 A 4.0×10^{-4}mol あたり NH_3 2.0×10^{-3}mol，つまり錯塩 A には NH_3 分子が 5 個結合している。

参考　**実験(c)の逆滴定で使用する指示薬**

実験(c)の中和滴定の中和点では，$(NH_4)_2SO_4$ と Na_2SO_4 という 2 種類の塩の水溶液が生成している。$(NH_4)_2SO_4$ は強酸と弱塩基の塩で，水溶液は弱酸性を示す。一方，Na_2SO_4 は強酸と強塩基の塩で，水溶液は中性を示す。全体として，水溶液は弱い酸性を示すので，弱い酸性側に変色域をもつメチルレッドを使用する必要がある。また，メチルレッドは酸性側が赤色，塩基性側が黄色である。中和滴定では，硫酸に $NaOH$ 水溶液を滴下していくので，水溶液の色は中和点の前後で赤色から黄色に変化する。

(4)　錯塩 A には，題意より Co^{3+} を 1 個含み，実験(a)より，外圏イオンの Cl^- は 2 個，実験(b)より，内圏イオンの Cl^- は 1 個，実験(c)より，NH_3 が 5 個配位結合している。よって，錯塩 A の化学式(示性式)は $[CoCl(NH_3)_5]Cl_2$ が適切と考えられる。(配位子は，陰イオン，中性分子の順に並べる。)

解答　(1) 光により $AgCl$ が分解するのを防ぐため。
　　　(2)(i) 1 個　(ii) 2 個　　(3) 5 個
　　　(4) $[CoCl(NH_3)_5]Cl_2$

306 ～ 307

26 金属イオンの分離と検出

306 解説 (1) Cu^{2+}は青色，Fe^{2+}は淡緑色である。

参考 **金属イオンの色について**
　水溶液中では，金属イオンはすべてアクア錯イオンとして存在しており，Cu^{2+}は$[Cu(H_2O)_4]^{2+}$（青色），Fe^{2+}は$[Fe(H_2O)_6]^{2+}$（淡緑色）を示す。
　11族の遷移金属の場合，Cu^{2+}は青色，Au^{3+}は黄色であるが，Ag^+やCu^+はともに無色である。これは，Ag^+とCu^+はそれぞれ内殻の4d軌道，3d軌道が閉殻であり，d軌道内での電子の移動（$d～d'$遷移）が起こらないためである。同様に，12族の遷移元素の場合，Zn^{2+}，Cd^{2+}，Hg^{2+}などは，内殻の3d軌道，4d軌道，5d軌道がそれぞれ閉殻であるため，無色となる。一方，3族のSc^{3+}の場合，3d軌道に電子をもたないので，$d～d'$遷移が起こらず無色となる。他の多くの遷移元素の錯イオンでは，内殻のd軌道に電子が存在し，かつ未閉殻なので，$d～d'$遷移に基づく可視光線の吸収により有色となる。

(2) $AgCl$，$PbCl_2$ はともに白色沈殿で，前者はアンモニア水に溶け，後者は熱湯に溶ける。

(3) $BaSO_4$，$PbSO_4$ はいずれも白色沈殿である。

(4)，(5) 硫化物の沈殿生成の条件は，イオン化列と深い関係がある。（重要）

大 K Ca Na Mg Al Zn Fe Ni Sn Pb Cu Hg Ag 小

| 硫化物が沈殿しない | 中～塩基性で硫化物が沈殿 | 酸性でも硫化物が沈殿 |

　硫化水素は水溶液中で電離し，生じた硫化物イオン S^{2-}と，金属イオンが反応して，硫化物の沈殿を生成する。

$$H_2S \rightleftharpoons 2H^+ + S^{2-} \quad \cdots ①$$

　溶液が酸性のときは，①の平衡は左へ移動し，硫化物イオンの濃度$[S^{2-}]$は小さくなる。一方，溶液が中～塩基性のときは，①の平衡が右へ移動し，$[S^{2-}]$は大きくなる。

(ⅰ) **イオン化傾向の小さい金属イオン**（Sn^{2+}～Ag^+）は硫化物の溶解度積が非常に小さく，硫化物が沈殿しやすい。したがって$[S^{2-}]$の小さい**酸性条件**でも硫化物が沈殿する。

(ⅱ) **イオン化傾向が中程度の金属イオン**（Al^{3+}～Ni^{2+}）は硫化物の溶解度積が比較的大きく，硫化物がやや沈殿しにくい。したがって$[S^{2-}]$の小さい酸性条件では硫化物が沈殿せず，$[S^{2-}]$の大きい**中性～塩基性条件**のとき硫化物が沈殿する。ただし，Al^{3+}はAl_2S_3でなく$Al(OH)_3$として少量の白色沈殿が生成する。

(ⅲ) **イオン化傾向の大きい金属イオン**（K^+～Mg^{2+}）は，硫化物の溶解度が大きく，いかなる条件を与えても**硫化物は沈殿しない**。

(6) 水酸化物のうち，**両性水酸化物**の$Zn(OH)_2$と$Pb(OH)_2$は過剰のNaOH水溶液にヒドロキシド錯イオンをつくって溶ける。

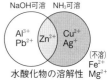
水酸化物の溶解性

$$[Zn(OH)_4]^{2-}，[Pb(OH)_3]^-，または[Pb(OH)_4]^{2-}$$

参考 **Pb^{2+}のヒドロキシド錯イオンについて**
　亜鉛イオンZn^{2+}の電子配置は$[Ar]3d^{10}$であるから，空の4s軌道と4p軌道3個からsp^3混成軌道をつくり，4個の配位子OH^-を受け入れて$[Zn(OH)_4]^{2-}$という4配位の錯イオンをつくることができる。一方，鉛(Ⅱ)イオンPb^{2+}の電子配置は$[Xe]4f^{14}，5d^{10}，6s^2$であり，6s軌道に非共有電子対が1組残っているから，空の6p軌道3個にOH^-3個を受け入れると，$[Pb(OH)_3]^-$という錯イオンをつくることは可能である。
　また，Pb^{2+}の6s軌道の電子対は，原子核の強い静電気力を受けて身動きがとれなくなり，化学結合には関与しにくくなる。
　この現象を**不活性電子対効果**という。したがって，Pb^{2+}の6s軌道の非共有電子対は分子や錯イオンの形（立体構造）には影響を与えず，NaOH水溶液の濃度によっては，$[Pb(OH)_4]^{2-}$という錯イオンをつくることも可能となる。

(7) Cu^{2+}，Zn^{2+}，Ag^+の水酸化物（酸化物），すなわち$Cu(OH)_2$，$Zn(OH)_2$，Ag_2Oは過剰のアンモニア水にアンミン錯イオンをつくって溶ける。

$$[Cu(NH_3)_4]^{2+}，[Ag(NH_3)_2]^+，[Zn(NH_3)_4]^{2+}$$
深青色　　　　無色　　　　　無色

　Fe^{2+}，Fe^{3+}，Mg^{2+}の水酸化物は，過剰のNaOH水溶液にも過剰のアンモニア水にも溶けない。

$$Fe(OH)_2，FeO(OH)，Mg(OH)_2$$
緑白色　　赤褐色　　　白色

解答 (1) Cu^{2+}，Fe^{2+}　　(2) Ag^+，Pb^{2+}
(3) Ba^{2+}，Pb^{2+}　(4) Cu^{2+}，Ag^+，Pb^{2+}
(5) Ba^{2+}，Mg^{2+}　(6) Zn^{2+}，Pb^{2+}
(7) Cu^{2+}，Zn^{2+}，Ag^+

307 解説 まず，強酸である塩酸，硫酸によって沈殿する次のイオンを沈殿させる。

Ag^+，Pb^{2+}（HClで沈殿）
Ca^{2+}，Ba^{2+}，Pb^{2+}（H_2SO_4で沈殿）

　それでも分離できないときは，塩基の水溶液で水酸化物を沈殿させる。そして，水酸化物がNaOH水溶

液や NH_3 水により錯イオンをつくるかどうかで沈殿とろ液に分離する。

それでも分離できないときは，硫化水素を使う。このとき，反応液の液性に注意し，酸性→塩基性の順に硫化水素を通じるとよい。

(1) HClによって Ag^+ だけが AgClの沈殿となる。

(2) NaOH水溶液を加えると，$Al(OH)_3$，$Zn(OH)_2$，FeO(OH)の沈殿を生じるが，NaOH水溶液を過剰に加えると，両性水酸化物である $Al(OH)_3$ と Zn $(OH)_2$ は，ヒドロキシド錯イオンを生じて溶けるが，FeO(OH)は溶けずに残る。

$$Al^{3+} \xrightarrow{OH^-} Al(OH)_3 \xrightarrow{OH^-} [Al(OH)_4]^-$$
$$Zn^{2+} \xrightarrow{OH^-} Zn(OH)_2 \xrightarrow{OH^-} [Zn(OH)_4]^{2-}$$
$$Fe^{3+} \xrightarrow{OH^-} FeO(OH)（このまま）$$

(3) Ba^{2+} だけが H_2SO_4 によって $BaSO_4$ の沈殿となる。

(4) 過剰の NaOH水溶液では，両性水酸化物でないFeO(OH)と $Cu(OH)_2$ がいっしょに沈殿するので，不適。

過剰の NH_3 水では，Cu^{2+} が $[Cu(NH_3)_4]^{2+}$，Zn^{2+} が $[Zn(NH_3)_4]^{2+}$ となってともに溶けるので，不適。

酸性条件で H_2S を通じると，Cu^{2+} だけが CuSの沈殿となる。

(5) 過剰の NaOH水溶液では，両性水酸化物でない Ag_2O，FeO(OH)がいっしょに沈殿するので，不適。

NH_3 水を少量加えると，Ag_2O，FeO(OH)の沈殿を生じるが，過剰の NH_3 水では，Ag_2O はアンミン錯イオンを生じて溶けるが，FeO(OH)は溶けずに残る。

$$Ag^+ \xrightarrow{OH^-} Ag_2O \xrightarrow{NH_3} [Ag(NH_3)_2]^+$$
$$Fe^{3+} \xrightarrow{OH^-} FeO(OH)　（このまま）$$

解答　(1) (イ)，AgCl　(2) (オ)，FeO(OH)
(3) (ア)，$BaSO_4$　(4) (エ)，CuS
(5) (カ)，FeO(OH)

308 解説　(1) 水酸化物が青白色沈殿だから，Cu^{2+} を含む。⇨(イ)
$$Cu^{2+} \xrightarrow{NH_3水} Cu(OH)_2 \downarrow \xrightarrow{NH_3水} [Cu(NH_3)_4]^{2+}$$
$$（青白）　　　　（深青）$$

Cu^{2+} を含む水溶液に NH_3 水を少量加えると，水酸化銅(II)$Cu(OH)_2$ の青白色沈殿を生じる。さらに，NH_3 水を過剰に加えると，$Cu(OH)_2$ は溶けてテトラアンミン銅(II)イオン $[Cu(NH_3)_4]^{2+}$ を含む深青色の溶液となる。

(2) 水酸化物が過剰の NaOH水溶液に溶けるから，両性金属の化合物である $ZnCl_2$，$Al_2(SO_4)_3$，$(CH_3COO)_2Pb$ のいずれかである。このうち，$BaCl_2$ を加えて白色沈殿を生じるのは，$Al_2(SO_4)_3$ か $(CH_3COO)_2Pb$ のいずれか（この段階ではどちらか決められない）。

(3) 水酸化物が赤褐色沈殿だから Fe^{3+} を含む。⇨(オ)

$$Fe^{3+} + 3OH^- \longrightarrow FeO(OH) \downarrow + H_2O$$
$$酸化水酸化鉄(III)$$

酸化水酸化鉄(III)FeO(OH)は，アンミン錯イオンをつくらないので，過剰の NH_3 水を加えても溶解しない。

(4) 塩化物が沈殿し，さらに，熱水に溶けるので，この沈殿は $PbCl_2$ である。よって Pb^{2+} を含む。⇨(カ)
$$Pb^{2+} \xrightarrow{Cl^-} PbCl_2 \downarrow（白）熱水に可溶$$
$$Pb^{2+} \xrightarrow{OH^-} Pb(OH)_2 \downarrow（白）\xrightarrow{OH^-} [Pb(OH)_3]^-,$$
$$または[Pb(OH)_4]^{2-}（無）$$

Pb^{2+} を含む水溶液に NaOH水溶液を少量加えると，水酸化鉛(II)$Pb(OH)_2$ の白色沈殿を生じる。$Pb(OH)_2$ は両性水酸化物なので，NaOH水溶液を過剰に加えると，ヒドロキシド錯イオン $[Pb(OH)_3]^-$ または $[Pb(OH)_4]^{2-}$ を含む無色の水溶液となる。

(4)が $(CH_3COO)_2Pb$ と決まったので，最後に(2)は $Al_2(SO_4)_3$ と(エ)と決まる。したがって，(2)の後半の反応は，
$$Ba^{2+} + SO_4^{2-} \rightarrow BaSO_4 \downarrow（白）$$
$$Al^{3+} \xrightarrow{OH^-} Al(OH)_3 \downarrow（白）\xrightarrow{OH^-} [Al(OH)_4]^-（無）$$

Al^{3+} を含む水溶液に NaOH水溶液を少量加えると，水酸化アルミニウム $Al(OH)_3$ の白色沈殿を生じる。$Al(OH)_3$ は両性水酸化物なので，NaOH水溶液を過剰に加えると，ヒドロキシド錯イオン $[Al(OH)_4]^-$ を含む無色の水溶液となる。

解答　(1) (イ)　(2) (エ)　(3) (オ)　(4) (カ)
① $Cu(OH)_2$　② $[Cu(NH_3)_4]^{2+}$　③ $BaSO_4$
④ $Al(OH)_3$　⑤ $[Al(OH)_4]^-$　⑥ FeO(OH)
⑦ $PbCl_2$　⑧ $Pb(OH)_2$

309 解説　(a) 炎色反応が青緑色より，Bは Cu^{2+}，炎色反応が黄色より，Dは Na^+。

(b) 酸性条件で H_2S を通じると，イオン化傾向の小さい $Sn^{2+} \sim Ag^+$ が硫化物として沈殿する。よって，B，Cに該当するのは Cu^{2+}，Ag^+。すなわち，BからはCuS↓(黒)が，CからはAg₂S↓(黒)が沈殿する。

∴　Cは Ag^+

イオン化傾向の大きい $K^+ \sim Mg^{2+}$ は，いかなる条件でも硫化物が沈殿しない。また，イオン化傾向が中程度の $Al^{3+} \sim Ni^{2+}$ は酸性条件では硫化物が沈殿しないが，中～塩基性条件では硫化物が沈殿する。よって，A，Dに該当するのは，Na^+，Mg^{2+}，Fe^{2+}，Ca^{2+}，Al^{3+} であるが，(a)より，Dは Na^+ と決まったので，Aは Mg^{2+}，Fe^{2+}，Ca^{2+}，Al^{3+} のいずれか。

(c) B，C，Dはすでに決まったので，Aだけについて考えると，NaOH水溶液によって生じる沈殿には，$Mg(OH)_2$，$Fe(OH)_2$，$Al(OH)_3$ があるが，これらのうち，過剰の NaOH水溶液に溶けるのは，両性水酸

310 ～ 312

化合物の Al(OH)$_3$ のみである。

∴ A は Al^{3+}

(d) C の Ag$^+$ は Cl$^-$ により, AgCl の白色沈殿を生成する。

【解答】 A Al^{3+} B Cu^{2+} C Ag$^+$ D Na$^+$

310 【解説】 金属イオンを沈殿の生成する条件によって, 次の6つのグループ(属)に分離する方法がある。

(ア) 酸性で硫化物が沈殿するもののうち, 塩化物が沈殿する Ag$^+$, Pb^{2+} を第1属, 残りを第2属とする。

(イ) 塩基性で硫化物が沈殿するもののうち, 弱い塩基性の条件でも水酸化物が沈殿しやすい3価の陽イオン Fe^{3+}, Al^{3+} を第3属, 残りを第4属とする。

(ウ) 硫化物が沈殿しないもののうち, 炭酸塩が沈殿する Ca^{2+}, Ba^{2+} を第5属, 残りを第6属とする。

これらの金属イオンの混合溶液に, 決まった試薬(分属試薬という)を加えて, 原則として, イオン化傾向の小さい金属イオンからイオン化傾向の大きい金属イオンの順序で各沈殿として分離する操作を, 金属イオンの系統分離という。

(1), (3) 操作①では, 第1属の Ag$^+$ が沈殿しているので, HCl を加えればよく, 沈殿(a)は AgCl となる。

操作②では, 第2属の Cu^{2+} が沈殿しているので, H$_2$S を通じればよく, 沈殿(b)は CuS となる。

操作②で還元剤のはたらきのある H$_2$S を通じていると, Fe^{3+} は Fe^{2+} へと還元されていることに留意すること。

操作③では, 煮沸して H$_2$S を除いたのち, 酸化剤である濃硝酸を少量加えて, Fe^{2+} を Fe^{3+} に戻す必要がある。これは, NH$_3$水を十分に加えたときに沈殿する Fe(OH)$_2$ は溶解度がやや大きいので, Fe^{2+} を完全に沈殿させることはできないが, FeO(OH) は溶解度がきわめて小さいので, Fe^{3+} を完全に沈殿させることができるからである。

【参考】 煮沸せずに濃硝酸だけを加えたとすると, 溶液中に残っている H$_2$S が HNO$_3$ によって酸化され, 多量の S の単体が遊離してくる。そのために, 濃硝酸が多量に必要になるばかりか, 生じた S のために, ろ過しなければ次の操作③には移れず, 不都合が生じる。

操作④では, 第3属の Fe^{3+} が沈殿しているので, NH$_3$ 水を加えればよく, 沈殿(c)は FeO(OH) となる。

操作⑤では, 第5属の Ca^{2+} が沈殿しているので, (NH$_4$)$_2$CO$_3$ 水溶液を加えればよく, 沈殿(d)は CaCO$_3$ となる。

操作⑤では, (NH$_4$)$_2$CO$_3$ のかわりに H$_2$SO$_4$ を加えても, Ca^{2+} は CaSO$_4$ として沈殿する。しかし, 硫酸塩を沈殿させてしまうと, あとで強酸を加えてもこれを溶解できない。炭酸塩ならば強酸に溶けるので, あとのイオンの検出・確認(炎色反応など)が容易となる。

(2) 沈殿(a)AgCl に NH$_3$ 水を加えると, ジアンミン銀(I)イオンという無色の錯イオンを生じ, 沈殿は溶解する。

AgCl + 2NH$_3$ ⟶ [Ag(NH$_3$)$_2$]$^+$ + Cl$^-$

【解答】 (1)① (ウ) ②(エ) ③(イ) ④(ア) ⑤(オ)
(2) ジアンミン銀(I)イオン
(3)(b) CuS (c) FeO(OH) (d) CaCO$_3$

311 【解説】 (1) NaOH 水溶液を加えて生じた水酸化物の沈殿が, 過剰の NaOH 水溶液に溶けるのは, 両性金属(Pb, Zn)の水酸化物。A, B は, Pb^{2+}, Zn^{2+} のいずれかを含む。

(2) A, B に NH$_3$ 水を加えて生じた水酸化物 Pb(OH)$_2$, Zn(OH)$_2$ のうち, NH$_3$ 水の過剰に溶けるのは, アンミン錯イオンをつくる Zn(OH)$_2$ のみ。

∴ B は ZnSO$_4$, A は Pb(NO$_3$)$_2$

(3) 有色の水酸化物(酸化物)は, FeO(OH)(赤褐), Ag$_2$O(褐), HgO(黄)で, 過剰の NaOH 水溶液, 過剰の NH$_3$ 水のいずれにも溶解しないのは, FeO(OH) と HgO である。

∴ C, E は, Fe^{3+} と Hg^{2+} のいずれかを含む。

(4) Fe^{3+} と Hg^{2+} に酸性条件で H$_2$S を通じたら, イオン化傾向の小さい Hg^{2+} は, HgS(黒)として沈殿するが, イオン化傾向が中程度の Fe^{3+} は H$_2$S により還元されて Fe^{2+} に変化しているため, FeS(黒)は沈殿しない(Fe^{2+} は中～塩基性条件でないと FeS としては沈殿しない)。

∴ E は HgCl$_2$, C は FeCl$_3$

(5) A(Pb(NO$_3$)$_2$)と B(ZnSO$_4$)に BaCl$_2$ 水溶液を加えて生じる沈殿は, それぞれ PbCl$_2$, BaSO$_4$ であり, これらは NH$_3$ 水には溶けない。D に BaCl$_2$ 水溶液を加えて生じた沈殿は, NH$_3$ 水に溶けることから AgCl である。 ∴ D は AgNO$_3$

【解答】 A (イ) B (エ) C (ウ) D (カ) E (キ)

312 【解説】 (1) 金属イオンの混合水溶液に希塩酸を加えると AgCl, PbCl$_2$ が沈殿する。このうち PbCl$_2$ は熱湯に可溶である。ゆえに, 熱湯に溶けない沈殿 C は AgCl である。PbCl$_2$ は熱湯に溶けて Pb^{2+} となり, K$_2$CrO$_4$ 水溶液を加えると PbCrO$_4$ の黄色沈殿 G が生成する。

沈殿 C(AgCl)は熱湯には不溶だが, NH$_3$ 水にはジアンミン銀(I)イオン [Ag(NH$_3$)$_2$]$^+$ という錯イオンをつくって溶ける。また, AgCl には感光性があり, 光に当たると, 銀の微粒子を生じて紫～黒色に変化する。

HCl 水溶液を加えたろ液 B は酸性で, H$_2$S を通じると CuS の黒色沈殿 E が生成する。このとき,

ろ液 F 中の Fe^{3+} は H_2S(還元剤)によって還元されて Fe^{2+} となっているので，HNO_3(酸化剤)を加えて Fe^{3+} に戻す操作が必要である。

続いて，NH_3 水を十分に加えると，3 価の金属イオンである Al^{3+} と Fe^{3+} がともに水酸化物 $Al(OH)_3$ と $FeO(OH)$ となって沈殿する(沈殿 H)。このとき，Ba^{2+}，Na^+ は変化せず，Zn^{2+} はアンミン錯イオンの $[Zn(NH_3)_4]^{2+}$ になる(ろ液 I)。

> **参考**　実際には NH_3 水を十分に加える前に，塩化アンモニウム NH_4Cl を加えておく。なぜなら，NH_4Cl の電離で生じた NH_4^+ により，アンモニアの電離平衡 $NH_3 + H_2O \rightleftharpoons NH_4^+ + OH^-$ は左に移動し，溶液中の $[OH^-]$ を低く保つことができる。こうしておくと，溶解度の特に小さい 3 価の金属イオン Al^{3+}，Fe^{3+}，Cr^{3+}(第 3 属)だけを水酸化物として沈殿させることができる(第 4 属の $Mn(OH)_2$ や第 6 属の $Mg(OH)_2$ は，この条件では沈殿しない)。

ろ液 I に塩基性条件で H_2S を通じると，ZnS の白色沈殿 J が生成する。

最後のろ液に，$(NH_4)_2CO_3$ 水溶液を加えると，$BaCO_3$ の白色沈殿 K が生成する。

(2) Na^+ は沈殿をつくらないので，炎色反応(黄色)で確認する。

(3) 煮沸して H_2S を追い出しておかないと，硝酸(酸化剤)を加えた段階で H_2S が酸化され，多量の S が遊離してしまう。また，次に NH_3 水を加えた段階で，ZnS など第 4 属グループが硫化物として沈殿してしまう恐れがある。

(4) Fe^{2+} のままだと NH_3 水を加えたとき $Fe(OH)_2$ が沈殿する。しかし，$FeO(OH)$ のほうが $Fe(OH)_2$ よりも溶解度が小さいので，試料溶液中の鉄イオンをより完全に沈殿として分離できる。

(5) $AgCl$ に NH_3 水を加えると，$[Ag(NH_3)_2]^+$ という錯イオンを生じて無色の溶液となる($PbCl_2$ は過剰の NH_3 水には溶けない)。

(6) $FeO(OH)$，$Al(OH)_3$ のうち，$Al(OH)_3$ は**両性水酸化物**なので，$NaOH$ 水溶液にはヒドロキシド錯イオンをつくって溶けるが，$FeO(OH)$ は溶解しない。
$$Al(OH)_3 + OH^- \longrightarrow [Al(OH)_4]^-$$

解答　(1) C $AgCl$　　E CuS　　G $PbCrO_4$
　　　H $Al(OH)_3$，$FeO(OH)$
　　　J ZnS　　K $BaCO_3$
(2) Na^+　(確認法)**炎色反応**
(3) **溶液中に溶けている H_2S を追い出すため。**
(4) Fe^{3+} は H_2S によって還元され Fe^{2+} になっているので，HNO_3 で酸化して，もとの Fe^{3+} に戻すため。

(5) $AgCl + 2NH_3 \longrightarrow [Ag(NH_3)_2]^+ + Cl^-$
(6) $Al(OH)_3 + NaOH \longrightarrow Na[Al(OH)_4]$

313　**解説**　(a) Ba^{2+} で生じる沈殿は，$BaSO_4$(白)，$BaCO_3$(白)，$BaCrO_4$(黄)のみである。
　　∴　D は CrO_4^{2-}
B，E は，SO_4^{2-} か CO_3^{2-} のいずれかを含む。

(b) B，E から生じた沈殿 $BaSO_4$，$BaCO_3$ のうち，塩酸(強酸)に溶けるのは，弱酸の塩である $BaCO_3$ であり，強酸の塩である $BaSO_4$ は強酸にも不溶である。
　　∴　B は CO_3^{2-}，E は SO_4^{2-}

(c) D に酸を加えて黄色から橙赤色に変化するのは，水溶液中で次の平衡が右へ移動するためである。よって D に存在するのは CrO_4^{2-} である。
$$2CrO_4^{2-} + H^+ \rightleftharpoons Cr_2O_7^{2-} + OH^-$$

(d) Ag^+ で生じる沈殿は，$AgCl$(白)，AgI(黄)，Ag_2CrO_4(赤褐)であるが，すでに D は CrO_4^{2-} と決まっているので，残る A，C は Cl^- か I^- のいずれかである。また，Ag^+ を加えても沈殿を生じない F は NO_3^- である。

(e) (d)で，A，C から生じた沈殿 $AgCl$，AgI の水への溶解度は，$AgCl$ より AgI のほうがはるかに小さい。したがって，これらの沈殿に NH_3 水を過剰に加えると，$AgCl$ は $[Ag(NH_3)_2]^+$ となって溶けるが，AgI は溶解しない。　∴　A は Cl^-，C は I^-

解答　(1) A Cl^-　　B CO_3^{2-}　　C I^-　　D CrO_4^{2-}
　　　E SO_4^{2-}　　F NO_3^-
(2) B $BaCO_3$，白　　D $BaCrO_4$，黄
　　E $BaSO_4$，白
(3) A $AgCl$，白　　C AgI，黄
　　D Ag_2CrO_4，赤褐

27 無機物質と人間生活

314 〔解説〕　金属の特徴は，**電気・熱の伝導性**が大きいこと，**展性**(たたくと薄く広がる性質)，**延性**(引っ張ると細く延びる性質)をもつこと，独特な**金属光沢**をもつことである。これらは，いずれも**自由電子**の存在によってもたらされる性質である。

参考　金属の分類について

密度が $4 \sim 5\,g/cm^3$ 以下の金属は**軽金属**とよばれ，アルカリ金属，アルカリ土類金属(Raを除く)，Al，Sc，Tiなどである。一方，密度が $4 \sim 5\,g/cm^3$ より大きい金属を**重金属**といい，Sc，Ti，Y以外の遷移金属や，Zn，Cd，Hg，Sn，Pbなどである。

空気中で容易にさびない金属を**貴金属**といい，Au，Ag，Ptなどがある。一方，空気中で容易にさびる金属を**卑金属**といい，Fe，Al，Pb，Znなどがある。また，地球上での存在量が少なかったり，採掘や製錬の難しい金属を**レアメタル**といい，経済産業省により47元素が指定されている。

参考　金属の利用の歴史

人類は，最初，天然に単体として産出した自然金や自然銀をそのまま装飾品などに利用していた。続いて利用が始まったのは銅で，クジャク石や赤銅鉱などの銅鉱石を木炭とともに加熱して銅を製錬する方法が，紀元前5000年頃メソポタミアで発明されたといわれる。何かの偶然から，銅とスズの合金がつくられ，硬さを増した青銅が銅に代わって盛んに利用されるようになったのは，紀元前3800年の頃といわれる。

その後，砂鉄などから鉄を製錬するようになったのは，紀元前1500年頃のヒッタイト帝国(現在のトルコ周辺)といわれる。鉄は武器，農機具などに利用された。このように鉄の利用が遅れたのは，鉄の製錬には銅の製錬よりも高温が必要だったことや，鉄の加工技術が難しかったためと考えられる。溶鉱炉とコークスを使って大量の鉄がつくられるようになったのは18世紀ごろで，このことで産業革命が起こった。

現代文明を支えるアルミニウムは，原料鉱石を炭素で還元することができなかったため，その利用は遅れた。19世紀末になって，溶融塩電解が発明されて以降，初めてその製錬が可能となった。

(1)　**銅**は銀の約94%の電気伝導度をもち，安価なので電線など電気材料に用いられる。銅とスズの合金(青銅)は，人類が最も古くから利用している合金である。

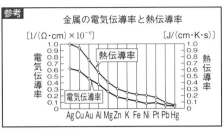

参考　金属の電気伝導率と熱伝導率

〔$1/(\Omega\cdot cm) \times 10^{-6}$〕　　〔$J/(cm\cdot K\cdot s)$〕

Ag Cu Au Al Mg Zn K Fe Ni Pt Pb Hg

(2)　**金**，白金，銀はいずれも貴金属であるが，自然に単体として産出するのは，金と白金である。このうち，語群にある金を選ぶ。

(3)　**鉄**は，2%以下の炭素を含む鋼(スチール)の形で，建物の構造材，機械器具などに利用されている。2020年現在，世界での金属の生産量は，鉄(約18.6億t)，アルミニウム(0.77億t)，銅(0.20億t)，亜鉛(0.12億t)，鉛(0.06億t)である。

日本では，古くから「たたら吹き」とよばれる方法で鉄がつくられてきた。

「たたら」とよばれる炉の中に，砂鉄，木炭を積み上げ，約70時間ふいごで送風して**鉄**をつくるのが，**たたら製鉄**である。

(4)　**亜鉛**の融点(420℃)は比較的低く，加工しやすい。乾電池の負極のほか，トタン(亜鉛めっき鋼板)や黄銅(銅との合金)などとして利用される。

(5)　金属の生産量は，**鉄>アルミニウム>銅>亜鉛>鉛**の順である。

(6)　**水銀**の融点は－39℃で，常温で唯一の液体の金属である。鉄，コバルト，ニッケルを除く多くの金属と**アマルガム**とよばれる合金をつくる。

(7)　**タングステン**は硬く，その融点は約3400℃で金属中で最高である。高温に熱しても蒸発しにくい性質を利用して，電球のフィラメントに用いる。

(8)　**銀**は，電気伝導度が最大である。かつてはハロゲン化銀(塩化銀，臭化銀)の形で写真材料に多量に用いられていたが，現在では太陽電池などへの利用が増加している。

(9)　**チタン**(融点1660℃)は，アルミニウム(融点660℃)，マグネシウム(融点649℃)と比べて，軽金属では融点がかなり高い。また，Ti，Al，V(バナジウム)等の合金は**チタン合金**とよばれ，軽量で強度が大きく，耐食性に富むため，眼鏡フレーム，ジェットエンジン，ゴルフクラブなどに使用される。

(10)　**鉛**(融点328℃)は融点が低く，軟らかいので加工

しやすく，耐食性に富む。鉛蓄電池の電極として多量に用いられるほか，X線などの放射線を吸収する能力が大きいので，放射線の遮蔽剤として利用される。また，Sn，Cd，Bi（ビスマス）などとの合金は易融合金とよばれ，ヒューズやスプリンクラー弁などに利用される。

解答 (1) Cu (2) Au (3) Fe (4) Zn (5) Al
(6) Hg (7) W (8) Ag (9) Ti (10) Pb

315 **解説** 一般に，金属以外の無機物質を高温で焼き固めてつくられたものを**セラミックス**（窯業製品）といい，セラミックスをつくる工業を，**ケイ酸塩工業**または**窯業**という。セラミックスには，ケイ砂（主成分 SiO_2）を主原料とする**ガラス**，粘土（主成分アルミノケイ酸塩）を主原料とする**陶磁器**，石灰石（主成分 $CaCO_3$）を主原料とする**セメント**などがある。

粘土や陶土（良質の粘土）などの材料を高温で焼き固めたものを**陶磁器**という。陶磁器は，古くから使われてきたセラミックスで，熱に強く，うわ薬をかけたものは表面が汚れにくく腐食もしない。

粘土を水でこねて成形し，乾燥させてから高温に加熱すると，全体が石のように固まって水に溶けなくなる。これは，粘土粒子が部分的に融けあい，互いにくっつきあって固まるからである。これを**焼結**という。

陶磁器は，焼成する温度や用いる粘土の種類によって，土器，陶器，磁器に分けられ，後者ほど高温で焼成されてつくられる。**土器**は瓦，植木鉢，土管など，**陶器**は食器，タイル，衛生陶器（トイレ器具）など，**磁器**は高級食器，美術品，碍子（電線を絶縁して支持する部品）などに用いられる。

種類	焼成温度[℃]	吸水性	焼結	打音
土器	700 〜 900	大	小	濁音
陶器	1100 〜 1250	小（ほとんどなし）	中	やや濁音
磁器	1300 〜 1450	なし	大	金属音

解答 ①(イ) ②(ア) ③(ウ) ④(エ) ⑤(カ)
⑥(オ) ⑦(ケ) ⑧(ク) ⑨(キ) ⑩(コ)
⑪(サ) ⑫(シ)

参考 **セメントについて**
ふつうのセメントは19世紀頃発明されたもので，**ポルトランドセメント**とよばれる。石灰石，粘土，ケイ石，スラグなどの原料を高温で焼いてできた塊（クリンカー）を粉末にして，少量のセッコウ（硫酸カルシウム二水和物）を加えたものである。セメントの主成分は，2CaO・SiO_2，または 3CaO・SiO_2 などで，その水和反応によって凝固が起こる。セッコウは，セメントの初期凝固を遅らせるはたらきがある。

316 **解説** 最も一般的なガラスを**ソーダ石灰ガラス**といい，ケイ砂（石英 SiO_2 でできた砂），炭酸ナトリウム Na_2CO_3，石灰石 $CaCO_3$ を加熱して融かしてつくられたものである。融けやすく安価なので，板ガラスやガラスびんなどに多量に用いられる。

Na_2CO_3 の代わりに K_2CO_3 を加えてつくられた**カリ石灰ガラス**は，ソーダ石灰ガラスより硬質で，薬品に侵されにくいので，理化学器具などに用いられる。

Na_2CO_3 と $CaCO_3$ のかわりにホウ砂（$Na_2B_4O_7$）を用いたものが**ホウケイ酸ガラス**で，アルカリ分が少ないため，軟化温度が高く薬品にも強いので，理化学器具や調理器具に用いられる。このガラスは**耐熱ガラス**ともよばれ，熱に対する膨張率が普通のガラスの約 $\frac{1}{3}$ と小さいため，温度を急に変化させても膨張や収縮でひずみが生じにくく，割れにくい。

$CaCO_3$ のかわりに PbO を含んだ**鉛ガラス**は，光の屈折率が大きいので，カメラなどの光学レンズに用いるほか，多面体にカットすると，美しく輝くので，カットガラスとして工芸品にも用いられる。さらに鉛の含有量の多いものは，放射線の遮蔽用ガラスとしても用いられる。

石英ガラス（主成分は SiO_2）は，不純物の少ないケイ砂を原料としてつくられ，赤熱したものを水中に投じても割れないので，電熱器のヒーターを覆うパイプなどに使われる。高純度の SiO_2 でできた石英ガラスは非常に透明なので，**光ファイバー**に用いられる。

参考 **ガラスの構造について**
石英は，Si 原子と O 原子が交互に規則正しく並んだ結晶である。これを約 1800℃に加熱して融解したものを冷却すると，温度が下がるにつれて粘性が大きくなり，結晶とはならずに固化する。これが**石英ガラス**である。石英ガラスも Si 原子と O 原子でできた四面体（SiO_4 四面体）が O を共有してつながっているが，その並び方は石英に比べて不規則になっている。

● ケイ素　○ 酸素　● Na^+

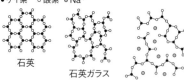

石英　　石英ガラス　　ソーダ石灰ガラス

純粋な SiO_2 からなる**石英ガラス**は，軟化点，硬度，耐熱性が大きい。Na_2O，CaO を成分として含む**ソーダ石灰ガラス**では，SiO_2 の立体網目構造がかなり破壊され，軟化点，硬度，耐熱性が低くなる。B_2O_3 を成分として含む**ホウケイ酸ガラス**では，SiO_2 の立体網目構造がいくらか

修復されているので, 軟化点, 硬度, 耐熱性は向上する。また, 重金属の酸化物 PbO を成分として含む**鉛ガラス**中では, 光の透過速度が遅くなり, 光の屈折率が大きくなる。

　光ファイバーは, 高純度の二酸化ケイ素を原料として, 屈折率の高い中心部(コア)と屈折率のやや低い周辺部(クラッド)の2層からできている。光の信号は, 屈折率の高い中心部を全反射しながら伝送される。

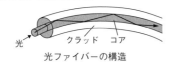

光ファイバーの構造

解答 (1) (ウ), (a)　　(2) (エ), (c)
　　　　(3) (ア), (b)　　(4) (イ), (d)

317 **解説** 2種以上の金属を混合して溶融させたものを**合金**といい, 成分金属とは異なる性質をもち, 実用的価値が大きいものが多い。

　多くの合金は, 結晶格子中において金属原子どうしが入れ換わったもので, **置換型合金**という。

　一方, 鋼のように鉄原子のつくる結晶格子の隙間に炭素原子のような小さな非金属原子などが入り込んでできた合金を**侵入型合金**という。一般に, 金属結晶内に金属原子以外の原子が入り込むと, 金属結合の連続性は失われ, 展性・延性は減少する。代わりに, 侵入した原子が金属原子の移動を妨げるため, 純金属よりも硬くなる。

(1)　**青銅**　ブロンズともいい, スズが2〜35%, 残りは銅からなる合金で, 古代から知られている。銅より融点が低く, 硬くて腐食しにくいので, 美術品や仏像, 銅像, 鐘などに使われる。

(2)　**黄銅(真鍮)**　銅と亜鉛からなる黄色の合金。銅より硬く, 加工しやすいので, 機械部品に多く用いられる。ブラスバンドの語源は, 金管楽器が真鍮(ブラス)でできていることに由来する。

(3)　**ステンレス鋼**　鉄にクロムとニッケルを混ぜた合金で, さびにくく機械的強度も大きい。

(4)　**ニクロム**　ニッケルとクロムの合金で, 大きな電気抵抗をもつので電熱線に用いられる。

(5)　**無鉛はんだ**　スズと銀との合金で, 融点が200℃前後と比較的低く, 電気部品の接合材料に用いられる。以前は, スズと鉛の合金からできた**はんだ**が利用されていたが, 鉛の有毒性に配慮して無鉛はんだへの切り換えが進められた。

(6)　**白銅**　銅とニッケルの合金で, キュプロニッケルともよばれる。加工性, 耐食性, 耐海水性がよいので, 硬貨, 熱交換器(ラジエーター)などに用いられる。

(7)　**ジュラルミン**　アルミニウムにマグネシウムや銅, マンガンなどを混ぜた合金で, 軽くて強度が大きいので, 航空機の機体などに用いられる。

(8)　**超伝導合金**　ある温度(臨界温度)以下になると, 電気抵抗が0になる現象を**超伝導**という。超伝導合金には, Nb_3Sn(7K), Nb_3Ga(20K), Nb_3Ge(23K), MgB_2(39K)などが知られている(Nbはニオブ)。

(9)　**水素吸蔵合金**　温度や圧力によって, 水素を吸収したり放出したりすることができる合金。Fe, Ti合金(自体積の650倍の水素を蓄える), La(ランタン), Ni合金(自体積の約1000倍の水素を蓄える)などがある。ニッケル-水素電池の負極材料に用いられる。

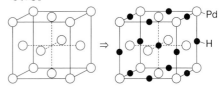

パラジウム(Pd)への水素(H)の吸蔵のようす
$2Pd + H_2 \rightarrow 2Pd \cdot H$　　$\Delta H = -Q$ kJ

(10)　**形状記憶合金**　ニッケルとチタンの合金で, 高温時の形を記憶しており, 変形しても加熱することにより, もとの形にもどる**超弾性**を示す。

参考 **超弾性のしくみ**
　図(a)に示すような高温で安定な状態にある母相が, 外力によって図(b)のように変形させられたとする。図(b)の状態(マルテンサイト相)は, 母相に比べて結晶内部に大きな歪みをもつ。この合金をある温度(変態温度)以上に加熱すると, 蓄えられていた歪みエネルギーは解放され, もとの母相に戻る。

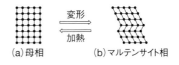

変形 ⇄ 加熱

(a)母相　　(b)マルテンサイト相

(11)　**アルニコ磁性体**　Al(8%)-Ni(14%)-Co(24%)の頭文字をとってこうよばれるが, 主成分は Fe である。安価で保磁力が強いので, 永久磁石として利用される。

解答 (1) (イ), (c)　　(2) (エ), (a)　　(3) (ウ), (d)
　　　　(4) (ア), (b)　　(5) (オ), (e)　　(6) (カ), (f)
　　　　(7) (ク), (g)　　(8) (キ), (k)　　(9) (ケ), (j)
　　　　(10) (サ), (i)　　(11) (コ), (h)

318 解説　金属の表面に環境中の酸素や水などが作用して生じる腐食生成物（酸化物や水酸化物，炭酸塩など）を**さび**という。さびの生成を防ぐには，金属を水や空気と触れないようにする必要がある。具体的には，金属の表面をさびにくい他の金属で覆ったり（**めっき**），ペンキなどを塗装すればよい。ステンレス鋼のように，**合金**にすることによってさびを防ぐこともできるし，アルマイトのように，金属表面をその金属自身の酸化物の被膜で覆う方法もある。

　トタンは，鋼（鉄）板に亜鉛を電気的にめっきするか，融けた亜鉛の中に鉄製品を投入し，表面を亜鉛の被膜で覆ったものである。亜鉛の方が鉄よりイオン化傾向が大きいが，亜鉛は酸化被膜を形成するため，内部までさびが進行しにくい。また，傷ついて鉄が露出しても，亜鉛のイオン化傾向が鉄より大きいため，亜鉛が先に腐食されるので，亜鉛が存在する限り，内部の鉄は腐食されずにすむ。トタンは屋外で傷がつきやすいところに多く用いられる。

　ブリキは鋼（鉄）板にスズを電気的にめっきするか，融けたスズの中に鉄製品を投入し，表面をスズの被膜で覆ったものである。ブリキは，スズの方がイオン化傾向が小さいため，鉄よりもさびにくい。しかし，傷がついて鉄が露出した場合には，内部の鉄はより腐食されやすくなる。ブリキは缶詰の缶の内壁など，傷がつきにくい容器に多く用いられる。

トタン　（イオン化傾向）Zn>Fe　ブリキ　Fe>Sn

　クロムは硬くさびにくい金属なので，鉄や真鍮（しんちゅう）に対してめっきして用いられることが多い。空気中では，表面に自然に酸化被膜ができて**不動態**となり，内部まで酸化されるのを防いでいる。

　アルミニウムの表面に生成する酸化被膜はち密で丈夫であり，内部を保護することができる。そこで，電気分解を利用して，適当な厚さの酸化被膜で覆ったアルミニウム製品が**アルマイト**である。アルミニウム製品の多くはアルマイト加工が施されている。

参考　**アルマイト加工について**
　アルミ製品を陽極につないで希硫酸やシュウ酸水溶液中で電気分解する。このとき生成した Al_2O_3 は多孔質（右図）なので，顔料を加えた後，加熱水蒸気で処理すると，着色されたち密な酸化被膜をつくることができる。このように，アルミニウムの表面に人工的に厚い酸化被膜をつくり，耐食性を高めた製品を**アルマイト**という。

酸化被膜
アルミニウム

解答　(1) **(ウ)**　(2) **(オ)**　(3) **(イ)**
　　　(4) **(エ)**　(5) **(ア)**　(6) **(カ)**

319 解説　(1) 絶縁体であるアルミナ Al_2O_3 に導電性成分（SnO_2, TiO_2, NiO など）を添加して焼成された導電性セラミックスが市販されている。これは，半導体と絶縁体の中間程度の電気伝導性を示すに過ぎず，現在，金属並みの電気伝導性をもつセラミックスは知られていない。〔×〕

(2) 陶磁器，ガラスのように，天然の鉱物を原料として焼き固めたり，融解してつくられた製品を，**伝統的セラミックス**といい，主にケイ酸塩などを原料としてつくられるが，Na，Ca，Al などの金属元素を少量含んでいる。〔×〕

(3)，(4) **セラミックス**は，粘土，石灰石，ケイ砂，長石，セッコウなど，比較的安価な無機物の原料を用いてつくられる。熱や腐食に強いものが多い。〔○〕

(5) **ソーダ石灰ガラス**は，ケイ砂（約70％），炭酸ナトリウム（約25％），石灰石（約5％）を混合し，約1400℃に加熱してつくられる。〔○〕

(6) 現在，最も多量に生産されているガラスは**ソーダ石灰ガラス**で，窓ガラス，飲料用びんなどに多く使用されている。〔×〕

(7) **コンクリート**は，セメント，砂，砂利を水とともに練り合わせたもので，セメントが固化する過程で，水酸化カルシウムを生じるため，塩基性を示す。したがって，アルカリには強いが，酸には弱く侵されやすい。〔×〕

(8) ガラスに CoO（青），Cr_2O_3（緑），MnO_2（紫），CdS（赤）を加えると，色ガラスができる。〔○〕

(9) 高純度の原料を用いて，精密な条件でつくったセラミックスを**ファインセラミックス**といい，Al_2O_3, ZrO_2, Si_3N_4, AlN, SiC など，金属元素を主成分としたものもある。

　ファインセラミックスは他の窯業製品とは異なり，天然の材料をそのまま用いるのではなく，純度の高い金属酸化物や窒化物などを原料として，焼成温度や時間を精密に制御してつくられる。

　ファインセラミックスは，通常のセラミックスには見られない特性をもつものが多い。たとえば，生体になじみやすい性質をもつヒドロキシアパタイト $Ca_5(PO_4)_3OH$ などは人工骨や人工歯に，光を当てると電気伝導性が変化する硫化カドミウム CdS などは光センサーに，圧力を加えると電気伝導性が変化するチタン酸ジルコン酸鉛（Ⅱ）$Pb(Zr, Ti)O_3$ などはガスコンロの圧電素子に用いられる。

解答　(1) ×　(2) ×　(3) ○　(4) ○　(5) ○　(6) ×
　　　(7) ×　(8) ○　(9) ○

28 有機化合物の特徴と構造

320 〔解説〕 炭素原子を骨格とする化合物を**有機化合物**という。ただし，一酸化炭素，二酸化炭素，炭酸塩，シアン化物は無機化合物に分類される。

(ア) 有機化合物を構成する元素の種類は少ないが(C, H, O, N, S など)，化合物の種類はきわめて多い(現在，約1億種以上の有機化合物の存在が知られている)。これは，炭素原子が鎖状や環状，単結合や二重結合，三重結合など多様な共有結合でつながることができるからである。〔×〕

(イ) 有機化合物は無機化合物に比べて，極性が小さいか無極性のものが多いので，極性溶媒である水に溶けにくく，無極性，または極性の小さな有機溶媒に溶けやすい。〔○〕

(ウ) 有機化合物の多くは分子性物質からなり，融点が低く，300℃以上では分解してしまうものが多い。〔×〕

(エ) 有機化合物は分子からなる物質が多く，常温では固体だけでなく液体や気体として存在するものもある。また，溶液中でも電離しない物質(**非電解質**)が多い。〔×〕

(オ) 有機化合物には可燃性の物質が多く，燃焼すると CO_2 や H_2O を生じる。また，加熱すると融点よりも低い温度で分解してしまうものもある。〔×〕

(カ) 有機化合物が反応するときには，共有結合の切断を伴う。これには大きな活性化エネルギーが必要となり，反応速度が小さい反応が多い。〔○〕

(キ) 炭素原子は互いに何個でも共有結合でつながる能力(**連鎖性**)をもち，分子量の大きな**高分子化合物**をつくることができる。〔○〕

〔解答〕 (イ), (カ), (キ)

321 〔解説〕 分子式が同じで構造・性質が異なる化合物を**異性体**という。異性体には次のような種類がある。

〔1〕 **構造異性体** 原子どうしの結合の順序，つまり，構造式が異なる異性体。

1) 炭素骨格の違い(**連鎖異性体**)

C−C−C−C　　C−C−C
直鎖　　　　　　C 枝分かれ

2) 官能基の種類の違い(**官能基異性体**)

C−C− OH 　　　C− O −C
アルコール　　　エーテル

3) 官能基や二重結合，置換基の位置の違い(**位置異性体**)

C−C−C− OH 　　C−C−C　　C=C−C
　　　　　　　　　　OH 　　　C−C=C−C

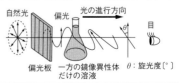

〔2〕 **立体異性体** 原子の結合の順序，つまり，構造式は同じだが，分子中の原子，原子団の立体配置が異なる異性体。

1) **シス−トランス異性体(幾何異性体)** 二重結合が分子内で回転できないために，原子，原子団の立体配置が固定されて生じた異性体。

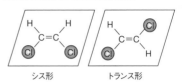

シス形　　　　　トランス形

2) **鏡像異性体** **不斉炭素原子**(4種の異なる原子(団)と結合した炭素原子)をもつ化合物に存在し，原子，原子団の立体配置が異なる異性体。

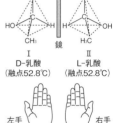

鏡像異性体は，互いに実像と鏡像の関係，または左手と右手の関係にあるので，**鏡像体**，あるいは**対掌体**ともよばれる。

鏡像異性体は，化学的性質やほとんどの物理的性質は同じであるが，**旋光性**(偏光面を回転させる性質)の方向が互いに逆であるので，**光学異性体**ともいう。また，鏡像異性体は味，匂いなど生物に対する作用(生理作用)が異なることがある。

参考 **旋光性について**

自然光はあらゆる方向に振動しているが，偏光板を通すと，一方向のみで振動する**偏光**が得られる。その振動面を**偏光面**という。通過してくる光に向かって偏光を左，右に回転させる性質を，それぞれ**左旋性**(−)，**右旋性**(＋)という。旋光性の大きさは**旋光度**で表され，鏡像体の一方の溶液が右旋性であれば，他方の溶液は左旋性となり，その回転角は等しい。たとえば，D−乳酸では− 3.8°，L−乳酸では＋ 3.8°であるが，必ずしも D 型が右旋性，L 型が左旋性とは限らない。

〔解答〕 ① (イ) ② (ア) ③ (カ) ④ (ウ) ⑤ (エ) ⑥ (オ)

322 [解説]　異性体だと思って書いた構造式が, 実は, 同じ化合物を書いていることがよくある。異性体を重複なくもれなく書き出すためには, 異性体であるか否かをしっかりと見分ける目を養う必要がある。

〈異性体を見分けるポイント〉

- C原子だけでまず骨格をかく。次に, H原子以外の原子(団)を結合させる(H原子は書かない)。
- 回転させたり, 裏返したりしたときに重なり合う化合物は, 同一物質である。
- C-C結合は自由に回転できるので, その自由回転で生じた化合物も, 同一物質である。
- 二重結合があれば, シス-トランス異性体に注意する。
- 不斉炭素原子があれば, 鏡像異性体が存在することに留意する。

(1)

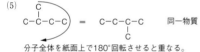

回転させる　同一物質

(2)　C-C-C-C　≠　C-C-C
　　　直鎖　　　　　　│
　　　　　　　　　　　C　枝分かれ　連鎖異性体

(3)　C-□O□-C　≠　C-C-□OH□　官能基異性体
　　　エーテル結合　　ヒドロキシ基

(4)
　　　　　　　　　　　　　□Cl□
　□Cl□-C-C-C　≠　　　C-C-C　　位置異性体

(5)

分子全体を紙面上で180°回転させると重なる。

(6)

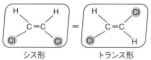

C=C結合は回転できないが, 上下に裏返すと重なる。　同一物質

> [参考]　C=C結合は, その結合を軸として回転できない。このため, 二重結合の炭素にそれぞれ異なる原子・原子団が結合している場合に限って, **シス-トランス異性体**が存在することに留意せよ。
>
> $$H_2C=CCl_2 \text{の図}$$
>
> シス形　　　　トランス形
>
> (6)のように, 二重結合の炭素のいずれかに同じ原子(団)が結合している場合は, シス-トランス異性体は存在しない。

(7)
　C-C-C-C-C　=　C-C-C-C-C　同一物質
　　　　　　│　　　　　　　　　│
　　　　　　C　　　　　　　　　C
　この部分を
　回転させる。

[解答]　(1)A　(2)B　(3)B　(4)B　(5)A　(6)A　(7)A

323 [解説]　(1)　濃い NaOH 水溶液または, ソーダ石灰(CaO＋NaOH の混合物)と加熱すると, 窒素 N は NH_3 となり発生する。

試験管の口に濃塩酸をつけたガラス棒を近づけると, NH_3(気)と HCl(気)は空気中で反応して, 塩化アンモニウム NH_4Cl(固)の白煙を生じることで検出される。

(2)　酸化銅(II)CuO は, 試料を完全燃焼させるための酸化剤としてはたらく。試料を完全燃焼させると, 炭素 C は CO_2 となる。

石灰水を白濁させる気体は, CO_2 である。

(3)　加熱した銅線に塩素を含む試料をつけてバーナーの外炎に入れると, 塩素 Cl は $CuCl_2$ となり, 青緑色の炎色反応を示す(**バイルシュタイン反応**という)。

(4)　金属 Na(または NaOH)と加熱すると, 硫黄 S は Na_2S となり, これに $(CH_3COO)_2Pb$ 水溶液を加えると, 硫化鉛(II)PbS の黒色沈殿を生成する。
$$Pb^{2+} + S^{2-} \longrightarrow PbS(黒)\downarrow$$

(5)　試料を完全燃焼させると, 水素 H は H_2O となる。塩化コバルト(II)紙は $CoCl_2$(青色)を含み, 乾燥した状態では青色を示すが, 水分を吸収すると $[Co(H_2O)_6]^{2+}$(淡赤色)に変色する。

水は, 白色の硫酸銅(II)無水塩 $CuSO_4$ が青色の硫酸銅(II)五水和物 $CuSO_4 \cdot 5H_2O$ に変化することでも検出できる。

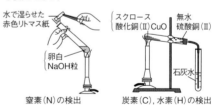

水で湿らせた赤色リトマス紙　　卵白　NaOH粒　　窒素(N)の検出

スクロース　酸化銅(II)CuO　無水硫酸銅(II)　石灰水　炭素(C), 水素(H)の検出

[解答]　(1)N　(2)C　(3)Cl　(4)S　(5)H

324 [解説]　有機化合物中の各元素の含有量を求め, 各成分元素の割合を求める操作を**元素分析**という。元素分析のデータは, 普通は, CO_2 と H_2O の質量で与えられているので, 炭素(C), 水素(H)の質量を求める必要がある。しかし, 本問のように, 各元素の質量百分率(%)で与えられている場合は, このような計算は省略できる。

(1)　質量百分率で, C60.0%, H13.3%, O26.7% の有機化合物 A が 100g あるとすると, 各元素の質量は, C60.0g, H13.3g, O26.7g となる。これらの値をそれぞれのモル質量(原子量)[g/mol]で割ると, 物質

量の比，つまり原子数の比が求められる。これを最も簡単な整数比に直した化学式が**組成式(実験式)**である。

$$\underset{\text{(原子数の比)}}{C : H : O} = \frac{60.0}{12} : \frac{13.3}{1.0} : \frac{26.7}{16}$$

$$\underset{\text{(最小のものを1とおく)}}{\doteqdot 5.00 : 13.3 : 1.67 \doteqdot 3 : 8 : 1}$$

∴　組成式は　C_3H_8O

分子式は組成式を整数倍したものだから，分子式を$(C_3H_8O)_n$(nは整数)とおく。

分子量は組成式の式量の整数倍に等しいから，

$$\underset{\text{式量}}{(12 \times 3 + 1.0 \times 8 + 16)} \times n = \underset{\text{分子量}}{60} \quad \therefore \quad n = 1$$

よって，分子式も　C_3H_8O

(2)　**構造式**は，各原子の**原子価**(原子のもつ価標の数)を過不足なく一致させるように書く。

$$\overset{|}{\underset{|}{-C-}} (4) \quad -N- (3) \quad -O- (2) \quad H- (1) \quad Cl- (1)$$

① 炭素骨格の形(直鎖か枝分かれか)を決める。
② O原子の結合位置を決める。O原子は2価なので，炭素骨格の末端につく場合と，炭素骨格の間に割り込む場合とがある。
③ 最後に，C原子の原子価4を考慮して，H原子を結合させ，構造式を完成する。

炭素数は3だから，炭素骨格は直鎖のみである(炭素数4以上で，枝分かれが出てくる)。
O原子が末端につく場合
(ⅰ)　C-C-C-O　　　　(ⅱ)　C-C-C
　　　　　　　　　　　　　　　　　|
　　　　　　　　　　　　　　　　　O

C原子の間にO原子が割り込む場合
(ⅲ)　C-O-C-C

各C原子にH原子を結合させると，答えになる。

[解答] (1)組成式　C_3H_8O，分子式　C_3H_8O

(2)

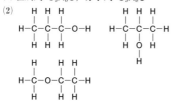

325 **[解説]** (1)　酸化銅(Ⅱ)CuOは，高温では**酸化剤**として作用し，試料の不完全燃焼で生じた**CO**などを完全燃焼させて，CO_2にするはたらきがある。よって，CuOは試料を入れた白金皿の右側に置く必要がある。
(2)　ソーダ石灰はCaOとNaOHの混合物で，強い塩基性を示し，CO_2を吸収するだけでなく，H_2O

も吸収する。先にソーダ石灰管をつなぐと，CO_2とH_2Oが一緒に吸収されるので，CとHの元素分析はできなくなる。したがって，吸収管Aには**塩化カルシウム**を入れてH_2Oだけを吸収させ，吸収管Bには**ソーダ石灰**を入れてCO_2だけを吸収させることで，それぞれの質量増加量を測定する。
(3)　試料X の45mg 中に含まれる各元素の質量は，

C $66 \times \dfrac{C}{CO_2} = 66 \times \dfrac{12}{44} = 18$〔mg〕

H $27 \times \dfrac{2H}{H_2O} = 27 \times \dfrac{2.0}{18} = 3.0$〔mg〕

O $45 - (18 + 3.0) = 24$〔mg〕

各元素の質量をモル質量(原子量)〔g/mol〕で割ると，物質量の比，つまり，各原子数の比が求まる。

$$\underset{\text{(原子数の比)}}{C : H : O} = \frac{18}{12} : \frac{3.0}{1.0} : \frac{24}{16}$$

$$= 1.5 : 3.0 : 1.5 = 1 : 2 : 1$$

∴　組成式は　CH_2O

化合物X(1価の酸)の分子量をMとすると，中和の関係式より，

(酸の出したH⁺の物質量)
＝(塩基の出したOH⁻の物質量)

$$\frac{0.27}{M} \times 1 = 0.10 \times \frac{45}{1000} \times 1 \quad \therefore \quad M = 60$$

分子式は組成式を整数倍したものだから，分子式を$(CH_2O)_n$(n：整数)とおくと，

$30n = 60 \quad \therefore \quad n = 2$

よって，分子式は$C_2H_4O_2$

[参考] **分子量の測定方法**
(ⅰ) 試料が揮発性物質の場合，蒸気の密度から気体の状態方程式を利用して求める。
(ⅱ) 試料が不揮発性物質の場合，溶液の凝固点降下度から求める。
(ⅲ) 試料が高分子化合物の場合，溶液の浸透圧から求める。
(ⅳ) 試料が酸・塩基性物質の場合，中和滴定から求める。

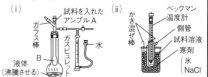

アンプルAをBに落として割り，試料を蒸発させ，蒸気の体積を測定し，分子量を求める。　溶媒と溶液の凝固点をはかり，その差から分子量を求める。

[解答] (1)試料を完全燃焼させるはたらき。
(2)ソーダ石灰の入った吸収管Bを先につなぐと，CO_2とH_2Oが一緒に吸収され，試

料中の炭素と水素の質量が求められなくなるから。

(3) 組成式 CH_2O　分子式 $C_2H_4O_2$

326 〔解説〕　有機化合物中の炭素と水素の質量は，前問 **325** の図に示した**炭素・水素分析装置**で求められる。一方，窒素の質量は，本問の図に示した**窒素分析装置**で求める必要がある。

CO_2 の気流中で，一定質量の試料を CuO（酸化剤）とともに加熱すると，試料中の C は CO_2，H は H_2O，N は N_2 となる。これから CO_2 と H_2O を濃い KOH 水溶液に吸収させた後，残った N_2 をアゾトメーター（窒素測定装置）に導き，正確に体積を測定することにより，試料中の窒素の含有量がわかる（ただし，捕集した N_2 には KOH 水溶液の水蒸気圧が含まれるので，その補正が必要である）。

(1) 炭素・水素分析の結果から，化合物中の C と H の質量は，

C　$55.0 \times \dfrac{12}{44} = 15.0$〔mg〕

H　$22.5 \times \dfrac{2.0}{18} = 2.50$〔mg〕

窒素分析の結果から，化合物中の N の質量は，N_2 の体積を気体のモル体積22.4L/molを用いて物質量に直し，さらに，N_2 のモル質量28g/molを用いて質量に変換すると，

$$\dfrac{6.96}{22.4 \times 10^3} \times 28 \times 10^3 = 8.70 \text{〔mg〕}$$

化合物中の O の質量は，

$36.2 - (15.0 + 2.50 + 8.70) = 10.0$〔mg〕

したがって，化合物 X 中の C，H，N，O の原子数の比は，

$$C : H : N : O \underset{\text{（原子数の比）}}{=} \dfrac{15.0}{12} : \dfrac{2.50}{1.0} : \dfrac{8.70}{14} : \dfrac{10.0}{16}$$

$= 1.250 : 2.500 : 0.621 : 0.625$

$≒ 2 : 4 : 1 : 1$　（最小のものを1とおく）

∴　組成式は　C_2H_4NO

(2) 分子式は組成式を整数倍したものだから，分子式を $(C_2H_4NO)_n$（n：整数）とおくと，

$58n = 116$　∴　$n = 2$

よって，分子式は　$C_4H_8N_2O_2$

> 〔参考〕 **有機化合物の分子式**
> 　有機化合物の分子式では，ふつう C，H の順に元素記号を並べ，これ以外の原子はアルファベット順に並べる。
> 　例　$C_2H_5NO_2$，$C_2H_3ClO_2$ など

〔解答〕　(1) C_2H_4NO　(2) $C_4H_8N_2O_2$

---

29 脂肪族炭化水素

327 〔解説〕　炭素と水素だけからなる化合物を**炭化水素**という。炭化水素は，有機化合物の基本となる化合物で，炭素骨格の形・構造に基づいて分類される。

炭化水素のうち，炭素間がすべて単結合（**飽和結合**という）であるものを**飽和炭化水素**，炭素間に二重結合や三重結合（**不飽和結合**という）を含むものを**不飽和炭化水素**という。また，炭素骨格が鎖状のものを**鎖式炭化水素（脂肪族炭化水素）**，環状のものを**環式炭化水素**という。また，32章で学習するが，ベンゼン環とよばれる独特な炭素骨格をもつものを**芳香族炭化水素**という。

以上の分類を組み合わせて，鎖式の飽和炭化水素を**アルカン**という。鎖式の不飽和炭化水素のうち，二重結合を1個もつものを**アルケン**，三重結合を1個もつものを**アルキン**という。

また，環式の飽和炭化水素を**シクロアルカン**という。環式の不飽和炭化水素のうち，二重結合を1個もつものを**シクロアルケン**という。環式炭化水素のうち，自然界に存在するのは構成する炭素原子が3個以上のものである。なお，シクロアルカン，シクロアルケンのように，芳香族炭化水素以外の環式炭化水素を**脂環式炭化水素**ということがある。

> 〔参考〕 **環式炭化水素**では，環状構造を構成している炭素原子の数によって，**三員環**，**四員環**，…という。三員環以上のものが存在するが，六員環が最も安定で，五員環がこれに次ぐ。
> （　）内は沸点
>
>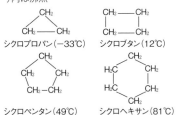
>
> シクロプロパン（−33℃）　　シクロブタン（12℃）
>
> シクロペンタン（49℃）　　シクロヘキサン（81℃）
>
> 三員環や四員環構造をもつシクロプロパンとシクロブタンの反応性はかなり大きい。それは，環を構成する C 原子の結合角（C−C 結合の角度）が，C−C 結合の本来の結合角 109.5° よりもかなり小さく，環に大きなひずみエネルギーが生じているためである。
>
> 一方，シクロヘキサンは平面構造ではなく，実際には次図のような立体構造（いす形と舟形）をとるが，いす形の方が舟形に比べて約23kJ だけエネルギー的に安定で，常温ではほとんどいす形（99.9%）として存在する。両者は，環内の C−C 結合を切らなくても，C−C 結合の回転だけで可逆的に変化し得るので，**配座異**

性体といい，立体異性体としては扱わない。
(a) いす形　　(b) 舟形

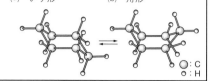

　　　　　　　　　　　　　　　　　○：C
　　　　　　　　　　　　　　　　　●：H

　アルカンのうち最も簡単な構造をもつ**メタン**分子は，中心にある C 原子が，正四面体の頂点の方向で 4 つの H 原子と共有結合している。つまり，**メタン**は，**正四面体形**の構造をしている。他のアルカンは，このメタンの正四面体が各頂点でつながったもので，実際の炭素鎖は，折れ曲がったジグザグ構造をしている。しかし，アルカンの構造式では，これを真っすぐに引き伸ばしたように表すので，十分に注意したい。
　エタンの C－C 結合は，それを軸として自由に回転できるが，エチレンの C＝C 結合は，それを軸として回転ができない。したがって，C＝C 結合をつくる 2 個の C 原子および，それに直結した 4 個の H 原子は，すべて**同一平面**上にある。すなわち，**エチレンは平面状分子**である。

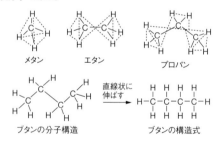

メタン　　　エタン　　　プロパン

直線状に
伸ばす

ブタンの分子構造　　　ブタンの構造式

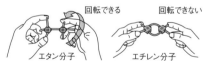

回転できる　　　　　回転できない

エタン分子　　　　エチレン分子

回転できない

アセチレン分子

　一方，アセチレンの C≡C 結合もそれを軸として回転できず，C≡C 結合をつくる 2 個の C 原子および，それに直結した 2 個の H 原子はすべて**同一直線**上にある。すなわち，**アセチレンは直線状分子**である。
解答　① 飽和炭化水素　　② 不飽和炭化水素
　　　　③ 鎖式炭化水素(脂肪族炭化水素)

④ **環式炭化水素**
⑤ **アルカン**　⑥ **アルケン**　⑦ **アルキン**
⑧ **シクロアルカン**　⑨ **シクロアルケン**
⑩ **3**　⑪ **同一平面**　⑫ **同一直線**

328　**解説**　(1)　**アルカン**には不飽和結合が存在しないので，付加反応は起こらないが，光の存在下ではハロゲンとは置換反応が起こる。たとえば，メタンに光を当てながら十分量の塩素を作用させると，H 原子と Cl 原子が次々に**置換反応**を起こし，種々の塩素置換体の混合物が生成する。

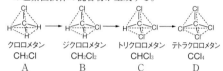

クロロメタン　ジクロロメタン　トリクロロメタン　テトラクロロメタン
CH_3Cl　　　CH_2Cl_2　　　$CHCl_3$　　　CCl_4
　A　　　　　　B　　　　　　C　　　　　　D

　メタンのハロゲン置換体は，アルカンの名称の前に，ハロゲンの置換基名(F フルオロ，Cl クロロ，Br ブロモ，I ヨード)と数(1 モノ(省略)，2 ジ，3 トリ，4 テトラ)をつけて命名する。

参考　　**メタンと塩素の置換反応について**
　塩素分子 Cl_2 に光(紫外線)を当てると，Cl －Cl 結合が切れて塩素原子 Cl• を生じる。
　Cl• のように不対電子をもった化学種を**ラジカル(遊離基)**といい，きわめて反応性が大きい。
　Cl• のようなラジカルにより進行する反応を**ラジカル反応**という。メタンと塩素の置換反応はこの反応に属していて，次のように反応が進行する。
1.　CH_4 分子に Cl• が作用して，H• を引き抜く(同時に，HCl 分子が生成する)。
2.　1 で生じた •CH_3 が Cl_2 分子から Cl• を引き抜くと，CH_3Cl(クロロメタン)が生じる(同時に，Cl• が再生する)。
3.　Cl• が CH_3Cl 分子から H• を引き抜くと，•CH_2Cl を生じ，これが Cl_2 分子から Cl• を引き抜くと，CH_2Cl_2(ジクロロメタン)を生じる(同時に，Cl• が再生する)。
4.　Cl• が CH_2Cl_2 分子から H• を引き抜くと，•$CHCl_2$ を生じ，これが Cl_2 分子から Cl• を引き抜くと，$CHCl_3$(トリクロロメタン)を生じる(同時に Cl• が再生する)。
5.　Cl• が $CHCl_3$ 分子から H• を引き抜くと，•CCl_3 を生じ，これが Cl_2 分子から Cl• を引き抜くと，CCl_4(テトラクロロメタン)を生じる(同時に，Cl• が再生する)。
　このように，Cl• と CH_4 とのラジカル反応では，反応途中にさまざまなラジカルが生成し，結局，種々のメタンの塩素置換体が混合物として得られることになる。
　一般に，反応物の CH_4 量に対して Cl_2 量が

多ければ，より多くの Cl 原子が置換した化合物（$CHCl_3$ や CCl_4 など）が多く得られ，CH_4 量に対して Cl_2 量が少なければ，置換した Cl 原子の数の少ない化合物（CH_3Cl，CH_2Cl_2 など）が多く得られることになる。

[解答]　A　CH_3Cl，**クロロメタン（塩化メチル）**
　　　　B　CH_2Cl_2，**ジクロロメタン（塩化メチレン）**
　　　　C　$CHCl_3$，**トリクロロメタン（クロロホルム）**
　　　　D　CCl_4，**テトラクロロメタン（四塩化炭素）**

[参考]　**メタンの立体構造の発見**
　メタンには，歴史的には(a)正方形，(b)四角錐，(c)正四面体の３種類の構造が考えられた。
　いま，メタンの塩素二置換体のジクロロメタン B の異性体の数を調べてみると，(a)，(b)にはそれぞれ２種類の異性体が考えられるが，実際のジクロロメタンには，異性体は存在しなかった。

　(a) 正方形　　　(b) 四角錐　　　(c) 正四面体

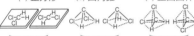

　異なる化合物　　異なる化合物　　同じ化合物

　このような事実から，**ファントホッフ**はメタンが(c)のような**正四面体構造**をとっていることを明らかにした。

329　**[解説]**　アセチレンには，三重結合という不飽和結合が存在するが，これは，二重結合が強い**σ結合**１本と少し弱い**π結合**１本からなるのと同様に，三重結合は，強いσ結合１本と少し弱いπ結合２本からなる。アセチレンもエチレンとほぼ同様に**付加反応**が起こるが，**二段階の付加反応**が特徴である。

　アセチレンに触媒なしで付加するのはハロゲンだけで，他の分子は触媒存在下でのみ付加反応を行う。

① アセチレンに酢酸が付加すると，**酢酸ビニル**になる。

$$CH \equiv CH + CH_3COOH \longrightarrow CH_2 = CHOCOCH_3$$

② アセチレンに塩化水素が付加すると，**塩化ビニル**を生じる。

$$CH \equiv CH + H - Cl \longrightarrow CH_2 = CHCl$$

　なお，エチレン $CH_2 = CH_2$ から H 原子を１個除いた炭化水素基 $CH_2 = CH-$ を**ビニル基**という。

③ $CH \equiv CH + 2Br_2 \longrightarrow CHBr_2CHBr_2$
　炭素骨格の形からこの炭化水素名はエタン，その前にハロゲンの置換基名の「ブロモ」と，その数「テトラ」および，位置番号「1,1,2,2-」をつけて表す。

④ アセチレンにシアン化水素 HCN が付加すると，**アクリロニトリル**が生成する。

$$CH \equiv CH + H - CN \longrightarrow CH_2 = CHCN$$

⑤ アセチレン（$\equiv C-H$）の水素は，ごく弱い酸の性質をもち，塩基性条件では Ag^+ と置換され**銀アセチリド**（乾燥すると爆発性をもつ）とよばれる白色沈殿を生成する。

$$HC \equiv CH + 2[Ag(NH_3)_2]^+$$
$$\longrightarrow Ag - C \equiv C - Ag \downarrow + 2NH_3 + 2NH_4^+$$
銀アセチリド（白）

　しかし，$CH_3 - C \equiv C - CH_3$ のように，炭素骨格の末端に三重結合をもたないアルキンでは，この反応は起こらない。したがって，この反応は，アルキンの炭素骨格の末端にある三重結合（$C \equiv C - H$）の検出に使われる。

⑥ アセチレンに硫酸水銀（Ⅱ）を触媒として水を付加して生じたビニルアルコールは不安定であるため，H 原子の分子内移動（**水素転位**という）により，直ちに安定な異性体の**アセトアルデヒド**に変わる。

$$CH \equiv CH + H - OH$$
$$\xrightarrow{(HgSO_4)} [CH_2 = CHOH] \longrightarrow CH_3CHO$$
ビニルアルコール

[参考]　**ケト・エノール転位について**
　ビニルアルコールのように，一般に，二重結合している C 原子に $-OH$ が結合した化合物（**エノール**という）は不安定で，分子内で H（厳密には H^+）の移動によって，安定な異性体（ケト形）に変化する。この変化を，とくに**ケト・エノール転位**という。
　たとえば，プロピン（メチルアセチレン）への水の付加反応で，アセトンが生成する。このときも同様の変化が起こっている。

$$CH_3 - C \equiv C - H \Rightarrow CH_3 - C = C - H \Rightarrow CH_3 - C - CH_3$$
$$(HO \ H) \qquad \overset{|}{\underset{}{O - H}} \qquad \overset{O}{\underset{||}{}}$$
プロピン　　　　　　　　　　　　　　アセトン
（➝は電子の移動，→は H^+ の移動）

　エノール形からケト形への変化が起こりやすい理由は，次のように考えられる。O 原子は C 原子よりも電気陰性度が大きいので，$C = O$ 結合は強く分極しており，結合エンタルピーが大きい。すなわち，$C = O$ の結合エンタルピー（799kJ/mol）は $C - O$ の結合エンタルピー（351kJ/mol）の２倍よりも大きい。一方，全く分極していない $C = C$ の結合エンタルピー（719kJ/mol）は $C - C$ の結合エンタルピー（366kJ/mol）の２倍よりも小さい。したがって，ケト・エノール転位において，エノール形からケト形への変化は発熱反応となり，ケト形の方が熱力学的に安定となるからである。

解答 ① $CH_2=CHOCOCH_3$　**酢酸ビニル**
② $CH_2=CHCl$　**塩化ビニル**
③ $CHBr_2CHBr_2$
　1,1,2,2-テトラブロモエタン
④ $CH_2=CHCN$　**アクリロニトリル**
⑤ $AgC\equiv CAg$　**銀アセチリド**
⑥ CH_3CHO　**アセトアルデヒド**

330 **解説** 各炭化水素を構造式に直して考える。

(ア) エチレン　(イ) アセチレン

(ウ) エタン　(エ) プロペン

(オ) シクロヘキサン
いす形(安定)　舟形(不安定)

(1)(ア)　二重結合の炭素原子に直結した原子は，常に同一平面上にある。
(イ)　三重結合の炭素原子に直結した原子は，常に同一直線上にある。
(ウ)　メタンの正四面体が2個連結した構造をとる。
(エ)　メチル基の炭素は，他の炭素原子と同一平面上にあるが，メチル基の水素は同一平面上にはない。
(オ)　通常，シクロヘキサンはいす形の構造をとり，同一平面上にはない。
(2)　アルカンの(ウ)とシクロアルカンの(オ)には，不飽和結合が存在しないので，ハロゲンとの付加反応は起こらず，光の存在下でハロゲンとの**置換反応**が起こる。
(3)　アルケンの(ア)と(エ)，アルキンの(イ)には，不飽和結合が存在するので，ハロゲンとの**付加反応**が起こる。
(4)　炭化水素では，「$C_1 \sim C_4$が気体」，「$C_5 \sim C_{16}$が液体」，「$C_{17} \sim$が固体」を目安とする。
(5)　炭素間の不飽和結合をもつアルケン，アルキンは，硫酸酸性の$KMnO_4$(酸化剤)によって，炭素間の不飽和結合が酸化・開裂され，MnO_4^-の赤紫色が消失する。
解答 (1) (ア)　(2) (ウ), (オ)　(3) (ア), (イ), (エ)
(4) (オ)　(5) (ア), (イ), (エ)

331 **解説** 炭化水素の異性体を，もれなく，重複なく書き出すには，かなりの訓練が必要である。

> 炭化水素の異性体を，大まかなグループに分類してみると，
> 1. C_nH_{2n+2} ………………アルカン(C ≧ 1)
> 2. C_nH_{2n} …………………アルケン(C ≧ 2)
>   シクロアルカン(C ≧ 3)
> 3. C_nH_{2n-2} ………………アルキン(C ≧ 2)
>   アルカジエン(C ≧ 3)
>   シクロアルケン(C ≧ 3)
> 以上より，アルカンからH原子が2個減少(**不飽和度**が1増加)するごとに，二重結合または環構造が1つずつ増えていく(三重結合は不飽和度は2と考える)。
> ① アルカン C_nH_{2n+2}
>   アルケン，シクロアルカン C_nH_{2n}
>   アルキン，シクロアルケン C_nH_{2n-2}
> の一般式のどれに該当するかを考える(ハロゲン置換体では，その置換基をHに戻すと，もとの炭化水素が何であったかがわかる)。
> ② (i)直鎖状のもの　(ii)枝分かれ1つ　(iii)枝分かれ2つ　という順に漏れがないように炭素骨格を書く。
> ③ ②に不飽和結合や置換基をつけて異性体を区別する。二重結合があれば**シス-トランス異性体**，不斉炭素原子があれば**鏡像異性体**の存在に注意すること。
> ④ 最後にC原子の原子価4を考慮して，H原子を結合させ，C-H結合の価標を省略した簡略構造式で表す。
> ※異性体の総数を問われたら，構造異性体のほかに**立体異性体(シス-トランス異性体，鏡像異性体)**も含めた数を答えること。

以下，炭素骨格のみで異性体を示す。
(1)　$C_2H_2Cl_2$の置換基ClをHに戻すと，C_2H_4になる。すなわち，$C_2H_2Cl_2$はエチレンC_2H_4の塩素二置換体である。考えられる異性体には，次の3種類がある。

シス形　トランス形

(2)　まず炭素骨格の直鎖と枝分かれを考え，Cl原子の置換位置を重複しないように考える。
(i) C-C-C-C　(iii) C-C-C*-C
　　　　　　　　　　　Cl
(ii) C-C-C　(iv) C-C-C
　　　C　　　　　　C
なお，(ii)には不斉炭素原子が1個存在するので，1組の鏡像異性体が存在する。よって，異性体の総数は5種類。
(3)　分子式C_5H_{10}の鎖式化合物には**アルケン**が該当する。炭素骨格を直鎖，枝1つ，枝2つの順で考え，さらに，C=C結合の位置の違いを考える。

〔直鎖〕　　　　　〔枝1つ〕　　　〔枝2つ〕

(i) C=C−C−C−C　(iii) C=C−C−C　(vi)
　　　　　　　　　　　　　　｜
　　　　　　　　　　　　　　C
　　　　　　　　　　　　　　　　　　　C
　　　　　　　　　　　　　　　　　C−C−C
　　　　　　　　　　　　　　　　　　　C

(ii) C−C=C−C−C　(iv) C−C=C−C
　シス形・トランス形　　　　　　｜
　立体異性体あり　　　　　　　　C

　　　　　　　　　　　(v) C−C−C=C
　　　　　　　　　　　　　　　｜
　　　　　　　　　　　　　　　C

〈C=C結合を入れると，中央のC原子が5価となり不適〉

よって，異性体の総数は(i)，(ii)のシス形とトランス形，(iii)，(iv)，(v)の6種類ある。

(4) 分子式 C_5H_{10} の環式化合物にはシクロアルカンが該当する。炭素骨格を五員環，四員環＋枝1つ，三員環＋枝1つ，三員環＋枝2つの順で考える。

(i) 　　　　　(ii) 　　　　　(iii)

　C　C ＊は不斉炭素原子　C　　　C

よって，異性体の総数は7種類ある。

参考 **シス−トランス異性体(幾何異性体)について**

　シス−トランス異性体は，主として二重結合がその軸を中心として回転できないことにより生じる。着目した置換基が二重結合に対して同じ側にあるものを**シス形**，反対側にあるものを**トランス形**という。これらの異性体では，各原子の結合状態は同じであるため，化学的性質はよく似ているが，置換基どうしの距離に違いがあるため，物理的性質では少なからず違いが見られる。

　トランス形はシス形よりも分子の対称性が高いので，結晶をつくりやすく融点が高くなる。

例 トランス-2-ブテン(融点−106℃)，シス-2-ブテン(融点−139℃)

　シス形はトランス形よりも分子の極性が大きいので，分子間力が強く沸点は高くなる。

例 シス-2-ブテン(沸点4℃)，トランス-2-ブテン(沸点1℃)

　また，環式化合物では，環内の C−C 結合は回転できないので，シス−トランス異性体が存在することがある。

　上記の(i)は，環平面に対してメチル基が同じ側に出ているのでシス形。

　上記の(ii)と(iii)は，メチル基が互いに反対側に出ているのでトランス形。実は，(i)，(ii)，(iii)には**不斉炭素原子**が2個ずつ存在し，(ii)と(iii)は実像と鏡像の関係にある**鏡像異性体**である。

　一方，(i)は，分子内に対称面をもつので，それぞれの不斉炭素原子による旋光性が打ち消し合い，旋光性を示さない**メソ体**となる。

---

332 **解説** **有機化合物の構造決定の方法**

① 与えられた分子式に可能な構造式(炭素骨格と官能基だけでよい)を，もれなく，重複のないように書き出す。その際，立体異性体の存在にも注意すること。

② その中から，問題の条件に合うものを選び出す。これが，構造決定の最も一般的な解法である。

(1) アルケンの一般式を C_nH_{2n} とおくと，アルケンの臭素付加の反応式は，

$$C_nH_{2n} + Br_2 \longrightarrow C_nH_{2n}Br_2$$

分子量について，$14n \times 3.8 = 14n + 160$

$$39.2n = 160 \ (n \text{は整数}) \quad \therefore \quad n \fallingdotseq 4$$

よって，A，Bの分子式は C_4H_8 である。

C_4H_8 のアルケンに考えられる異性体は次の通り。

(i) C=C−C−C　(ii) C−C=C−C　(iii) C−C−C
　　　　　　　(シス-トランス異性体あり)　　　　　　｜
　↓H₂　　　　　↓H₂　　　　　　C
　　　　　　　　　　　　　　　　↓H₂
C−C−C−C　　C−C−C−C　　C−C−C
　　　　　　　　　　　　　　　　｜
　　　　　　　　　　　　　　　　C

　A，Bを水素付加すると，同一のアルカンが得られるから，A，Bの炭素骨格の形は同じである。よって，A，Bは直鎖の炭素骨格をもつ(i)か(ii)である。

　C=C 結合が炭素骨格の末端にある(i)，(iii)にはシス−トランス異性体は存在せず，C=C 結合が炭素骨格の中央にある(ii)のみにシス−トランス異性体が存在する。よって，Bはシス−トランス異性体が存在するから，(ii)の**2-ブテン**。よって，Aは(i)の**1-ブテン**。また，Cは C_4 のアルカンで直鎖の炭素骨格をもつ**ブタン**である。

参考 **アルケンの命名法**

　アルケンの命名では，二重結合の位置は二重結合を含む最長の炭素骨格の端からつけた番号で示す。その際，より小さくなるように番号をつける。たとえば，$CH_2=CH−CH_2−CH_3$ では，左端から番号をつけると，二重結合は1と2の炭素に属しているが，そのうち小さい方の1を位置番号として，1-ブテンと命名する。

(2) A，Bに臭素付加すると，次の通り(＊は不斉炭素原子を示す)。

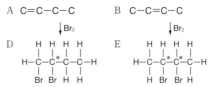

A　C=C−C−C　　B　C−C=C−C

　↓Br₂　　　　　　　↓Br₂

D　　　　　　　　　E

　Dには，不斉炭素原子が1個あるので，1対，つまり2種類の鏡像異性体が存在する。

333

E には，不斉炭素原子が 2 個あるので，2 対，つまり 4 種類の立体異性体が下図(a)〜(d)として存在するはずである。

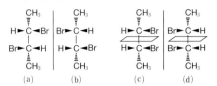

(a)　　　(b)　　　(c)　　　(d)

　　▶　　紙面手前側へ向かう結合
　　‖‖‖　紙面奥側へ向かう結合
　　―　　紙面上にある結合
　　▱　　対称面

　(a)，(b)は回転しても，裏返しても重なり合わないので，互いに**鏡像異性体**である。

　(c)，(d)は紙面上で 180° 回転させると互いに重なり合うので，同一の化合物である。

　また，(c)には，分子内に対称面が存在するため，分子内でそれぞれの不斉炭素原子による旋光性（**331** 参考参照）が打ち消し合って，旋光性を示さない（このような化合物を**メソ体**という）。したがって，E には，(a)，(b)，それに，(c)または(d)の 3 種類の**立体異性体**しか存在しない。

> 参考　一般に，分子中に 2 個以上の不斉炭素原子をもち，かつ，分子内に対称面または対称中心をもつ化合物には**メソ体**が存在することに留意する。
> 　したがって，メソ体が存在する化合物では，メソ体の鏡像異性体が存在しないことから，立体異性体の数は，不斉炭素原子の数（n）から予想される理論値（2^n）から，メソ体の数を減じたものに等しくなる。
> 　一方，鏡像異性体の関係にある D 体と L 体の等量混合物に偏光をあてた場合，左・右の旋光性が互いに打ち消し合って旋光性を示さない。このような鏡像異性体の等量混合物を**ラセミ体**という。

(3)　一般式 C_nH_{2n} で臭素付加が起こらない化合物群は，**シクロアルカン**（$n \geqq 3$）である。考えられる異性体は次の 2 種類ある。
(i)　CH₂—CH₂
　　　|　　　|
　　　CH₂—CH₂
　　　シクロブタン
(ii)　　　　CH₂
　　　　　／　　＼
　　　CH₂—CH—CH₃
　　　メチルシクロプロパン

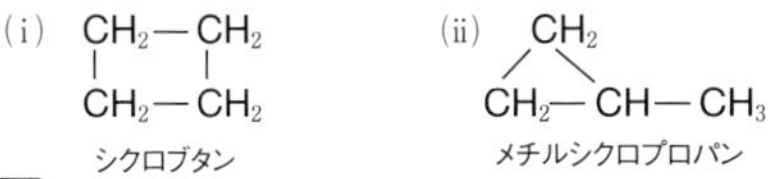

解答　(1) A **CH₃−CH=CH−CH₂−**，**1-ブテン**
　　　　B **CH₃−CH=CH−CH₃**，**2-ブテン**
　　　　C **CH₃−CH₂−CH₂−CH₃**，**ブタン**

　　(2) D **2 種類**　E **3 種類**

　　(3)　CH₂—CH₂　　　　CH₂
　　　　　|　　　|　　　／　　＼
　　　　 CH₂—CH₂ ，　CH₂—CH—CH₃

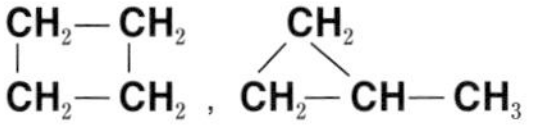

333 解説　A 〜 D の分子式 C_4H_6 は，同数の炭素数をもつアルカン C_4H_{10} に比べて H 原子が 4 個少ないので，不飽和度は 2 である。つまり，鎖式化合物では，三重結合を 1 個有する**アルキン**，または二重結合を 2 個有する**アルカジエン**のいずれかである。（題意より，環式化合物は除外して考える。）

　A 〜 D に該当する構造は，次の通りである。
　(i) C≡C−C−C　　(ii) C−C≡C−C
　(iii) C=C−C=C　　(iv) C=C=C−C

アンモニア性硝酸銀溶液によって，水に不溶性の白色沈殿を生成するのは，炭素鎖の末端に三重結合のあるアルキン，すなわち，H−C≡C−の部分構造をもつ(i)である。よって，A は(i)と決まる。

　H−C≡C−CH₂−CH₃ + [Ag(NH₃)₂]⁺
　　⟶ Ag−C≡C−CH₂−CH₃↓ + NH₃ + NH₄⁺

(i)〜(iv)の各 1mol に Br₂ 2mol を付加した化合物は次の(i)′〜(iv)′である。

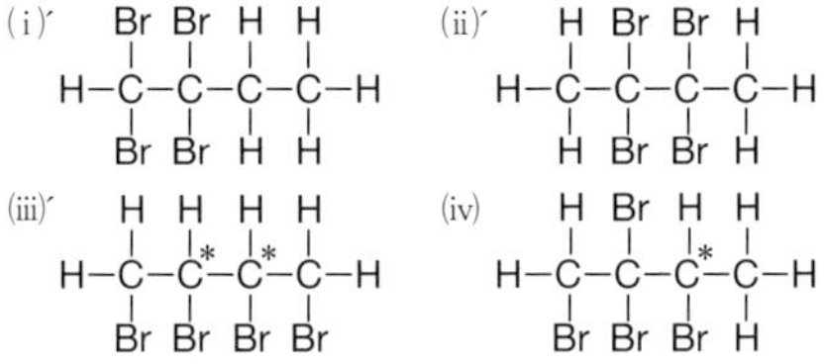

(i)′　Br Br H H
　　　|　|　|　|
　　—C—C—C—C—
　　　|　|　|　|

(ii)′　H Br Br H
　　　 |　|　|　|
　　 —C—C—C—C—
　　　 |　|　|　|

(iii)′　H　H
　　　 |　 |
　 H−C−*C−*C−C−H
　　　 |　 |
　　　 Br Br Br Br

(iv)′　H
　　　 |
　 —C−*C−C−
　　　 |
　　　 Br Br

このうち，(i)′は E と決定している。

　(iii)′，(iv)′に不斉炭素原子が存在するが，その数の多い(iii)′が F，少ない(iv)′が G である。
よって，B が(iii)，C が(iv)，また，D が(ii)と決まる。

　A に硫酸水銀(Ⅱ) HgSO₄ を触媒として水を付加させると，まず，C=C 結合に −OH が結合した化合物（**エノール**という）が得られるが，この化合物は不安定で，ケト・エノール転位により，H 原子が隣の C 原子に移動して安定なカルボニル化合物が生成する。

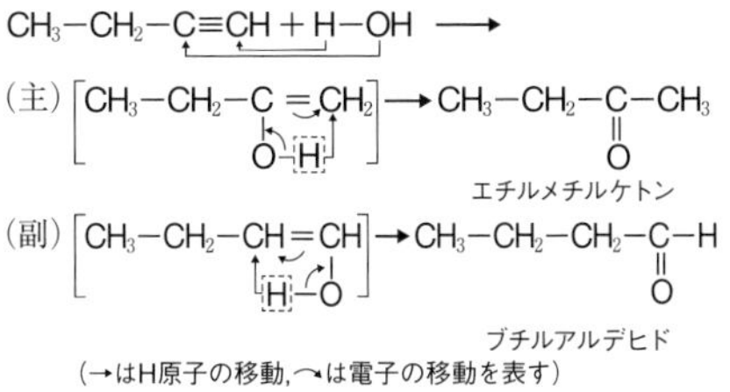

CH₃−CH₂−C≡CH + H−OH ⟶

(主) [CH₃−CH₂−C=CH₂] ⟶ CH₃−CH₂−C−CH₃
　　　　　　　　|　　　　　　　　　　　‖
　　　　　　　 OH　　　　　　　　　　 O
　　　　　　　　　　　　　　エチルメチルケトン

(副) [CH₃−CH₂−CH=CH] ⟶ CH₃−CH₂−CH₂−C−H
　　　　　　　　　　|　　　　　　　　　　　　‖
　　　　　　　　　 OH　　　　　　　　　　　 O
　　　　　　　　　　　　　　ブチルアルデヒド

（→は H 原子の移動，⌒は電子の移動を表す）

J はヨードホルム反応を示すから，メチルケトン基 CH₃CO−の構造をもつエチルメチルケトンと決まる。

> C≡C 結合に対する HX の付加反応においても，C=C 結合と同様に，**マルコフニコフの法則**（p.193）が成り立つ。すなわち，H 原子の数の多い方の C 原子に H が付加しやすく，H 原子の数の少ない方の C 原子に X が付加しやすい。

解答 A CH≡C−CH₂−CH₃　B CH₂=CH−CH=CH₂
C CH₂=C=CH−CH₃　D CH₃−C≡C−CH₃
J CH₃−CH₂−C−CH₃
　　　　　　　‖
　　　　　　　O

334 **解説**　この問題は，まず，①分子式を求める。
次に，②構造式を決める。という手順で行う。
①分子式を求める。

　A，B，Cは鎖式炭化水素で，(a)と(b)より，同じ分
子式をもつことがわかる。各 1mol に水素 1mol が付
加してアルカンに変化するので，**アルケン**である。

　その一般式を C_nH_{2n} とおくと，(a)の完全燃焼から，

$$C_nH_{2n} + \frac{3}{2}nO_2 \longrightarrow nCO_2 + nH_2O$$

　気体の反応では，反応式の**係数比＝体積比**より，

$$\frac{3}{2}n = 7.5 \ (n \text{ は整数}) \quad \therefore \quad n = 5$$

　∴　A，B，Cの分子式は C_5H_{10} である。

②構造式を決める。

　したがって，アルケンA〜Cに考えられる構造と，
硫酸酸性の $KMnO_4$ による酸化生成物は次の通り。

(i) C≡C−C−C−C
　　⇓
　　CO₂とカルボン酸

(iv) C≡C−C−C
　　　　　|
　　　　　C
　　⇓
　　CO₂とカルボン酸

(ii) C−C≡C−C−C
　　⇓
　　カルボン酸とカルボン酸

(iii) C≡C−C−C
　　　　　|
　　　　　C
　　⇓
　　CO₂とケトン

(v) C−C≡C−C
　　　　　|
　　　　　C
　　⇓
　　カルボン酸とケトン

　(b)より，Cに水素付加すると，直鎖のアルカンF
に変化するから，Cは直鎖の炭素骨格をもつ(i)，(ii)
のいずれかである。

　A，Bに H_2 を付加すると，Fの異性体であるE
に変化するから，A，Bは枝分かれの炭素鎖をもつ
(iii)，(iv)，(v)のいずれかである。

　(c)の説明より，直鎖状の部分のC＝C結合を
$KMnO_4$ で酸化するとカルボン酸を生成するが，枝
分かれのある部分のC＝C結合を $KMnO_4$ で酸化す
るとケトンが生成する。また，末端の H\H>C＝C結
合の部分を $KMnO_4$ で酸化すると，CO₂が生成する
ことがわかる。

　A，Bは，炭素鎖に枝分かれのある(iii)，(iv)，(v)の
いずれかであるが，Aを酸化すると CO₂ とケトンを

生成するから，Aは(iii)と決まる。Bを酸化するとカル
ボン酸と CO₂ を生成するから，Bは(iv)と決まる。

　Cは，直鎖の炭素鎖をもつ(i)，(ii)のいずれかであ
るが，Cを酸化するとカルボン酸のみを生じるから，
Cは(ii)と決まる。

解答

シス形　　　　　トランス形

参考　**アルケンの構造決定**

　アルケンのC＝C結合は，強い酸化剤によ
って酸化・開裂され，カルボン酸またはケトン
が生成する。したがって，この生成物の種類か
ら，もとのアルケンの構造が決定できる。

　アルケンの構造決定には，次の2つの方法が
ある。

〔1〕**オゾン分解**　オゾンによるアルケンの二重
結合の酸化・開裂を利用する方法。

　アルケンを有機溶媒に溶かしておき，低温で
オゾンを通じると，C＝C結合が開裂して，不
安定なオゾニドとよばれる油状物質ができる。
これを還元剤とともに加水分解すると，アルデ
ヒドまたはケトン（**カルボニル化合物**と総称す
る）が生成する。これをもとに，アルケンの構
造が決定できる。

オゾニド

アルデヒド　　ケトン

　たとえば，オゾン分解で，アセトアルデヒド
CH_3CHO と，アセトン CH_3COCH_3 が生成し
たとすると，カルボニル基（C＝O）のO原子の
部分を向かい合わせにして並べ，それを取り去
ると，もとのアルケンになる。

Oをとって
つなぐ　　　　　　　　　アルケン

　よって，もとのアルケンは2-メチル-2-ブ
テンである。

〔2〕**KMnO₄分解**　硫酸酸性の **KMnO₄** による
アルケンの二重結合の酸化・開裂を利用する方法。
　アルケンを硫酸酸性の **KMnO₄** 水溶液で酸
化すると，**C=C** 結合が完全に切断されて，カ
ルボン酸やケトンを生成する。これは，生成し
たアルデヒドが **KMnO₄** によってさらにカル
ボン酸まで酸化されるからである。

$$\overset{R_1}{\underset{R_2}{}}C=C\overset{R_3}{\underset{H}{}} \quad\xrightarrow{KMnO_4}\quad \overset{R_1}{\underset{R_2}{}}C=O \;+\; O=C\overset{R_3}{\underset{OH}{}}$$

アルケン　　　　　　　　　ケトン　　カルボン酸

　ただし，R_3＝H のときは，生成物のギ酸
HCOOH はさらに **KMnO₄** によって酸化され，
CO₂ と **H₂O** が生成することになる。
　ただし，〔1〕，〔2〕いずれの方法でも，シス
形とトランス形を区別することはできない。

335　〔解説〕　(1)　炭化水素 A ～ D の組成式は **CH₂**
なので分子式はその n（整数）倍の C_nH_{2n} である。し
かも，臭素が付加するので**アルケン**である。その反
応式は，

$$C_nH_{2n} + Br_2 \longrightarrow C_nH_{2n}Br_2$$

　アルケン 1mol には，**Br₂** 1mol が付加するので，
求める A ～ D の分子量を M とおくと，

$$\frac{2.1}{M} = \frac{4.0}{160} \qquad \therefore \quad M = 84$$

一方，C_nH_{2n} の分子量は $14n + 2n = 14n$ より，

$$14n = 84 \qquad \therefore \quad n = 6$$

よって，A ～ D の分子式は C_6H_{12} である。

(2)　アルケンに低温でオゾン **O₃** を作用させると，オ
ゾニド（アルケンとオゾンの不安定な化合物）を生じ
る。これを亜鉛と酢酸を用いて還元的条件で加水分
解すると，アルデヒドまたはケトンが生成する。この
一連の反応を**オゾン分解**という。オゾン分解は **C=C**
結合をもつ化合物の構造決定に利用される。
　CH₃-CH= のように，炭素骨格に枝分かれのな
い **C=C** 結合からはアルデヒドが生じ，$CH_3-\underset{CH_3}{\overset{|}{C}}=$
のように，炭素骨格に枝分かれのある **C=C** 結合か
らはケトンが生成する。

（A について）
　アセトアルデヒド $CH_3-\overset{O}{\overset{\|}{C}}-H$ とともに生成し
たケトンの炭素数は $6 - 2 = 4$ であり，その構造
はエチルメチルケトンが該当する。

$$CH_3-\overset{O}{\overset{\|}{C}}-CH_2-CH_3$$

この 2 つの化合物の **C=O** を向かい合わせに並
べ，互いに **O** を取り除くと，もとのアルケン A
の構造がわかる。

$$\overset{H_3C}{\underset{H}{}}C\div O \;+\; O\div C\overset{CH_3}{\underset{CH_2-CH_3}{}}$$

除く

$$\overset{H_3C}{\underset{H}{}}C=C\overset{CH_3}{\underset{CH_2-CH_3}{}} , \quad \overset{H_3C}{\underset{H}{}}C=C\overset{CH_2-CH_3}{\underset{CH_3}{}}$$

3-メチル-2-ペンテン

（B について）
　1 種類のケトンのみが生成したので，**C=C** 結合
を中心とした対称的な構造をもつ。よって，この
ケトンは炭素数が 3 のアセトンが該当する。

$$CH_3-\overset{O}{\overset{\|}{C}}-CH_3$$

アセトンの **C=O** を向かい合わせに並べて **O** を
取り除くと，もとのアルケン B の構造がわかる。

$$\overset{H_3C}{\underset{H_3C}{}}C\div O \;+\; O\div C\overset{CH_3}{\underset{CH_3}{}}$$

除く

$$\overset{H_3C}{\underset{H_3C}{}}C=C\overset{CH_3}{\underset{CH_3}{}}$$

2,3-ジメチル-2-ブテン

（C について）
　1 種類のアルデヒドのみが生成したので，B と
同様に，**C=C** 結合を中心とした対称的な構造を
もつ。よって，このアルデヒドは炭素数が 3 のプ
ロピオンアルデヒドが該当する。

$$CH_3-CH_2-\overset{O}{\overset{\|}{C}}-H$$

B と同様にして，

$$\overset{H}{\underset{CH_3-CH_2}{}}C\div O \;+\; O\div C\overset{H}{\underset{CH_2-CH_3}{}}$$

除く

$$\overset{H}{\underset{CH_3-CH_2}{}}C=C\overset{H}{\underset{CH_2-CH_3}{}} , \quad \overset{H}{\underset{CH_3-CH_2}{}}C=C\overset{CH_2-CH_3}{\underset{H}{}}$$

3-ヘキセン

（D について）
　ホルムアルデヒド $H-\overset{O}{\overset{\|}{C}}-H$ とともに生成した
ケトンの炭素数は $6 - 1 = 5$ であり，次の構造が
考えられる。

①　$\overset{O}{\overset{\|}{C}}$
　　$C-C-C-C-C$

②　$\overset{O\;\;C}{\overset{\|\;\;}{C-C-C-C}}$

③　$\overset{O}{\overset{\|}{C}}$
　　$C-C-C-C-C$

　このうち，対称的な構造をもつのは，③のジエ
チルケトンである。
B と同様にして，

$$\overset{H}{\underset{H}{}}C\div O \;+\; O\div C\overset{CH_2\;\;CH_3}{\underset{CH_2-CH_3}{}}$$

除く

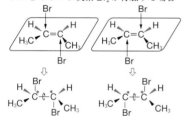

H₂C=C(CH₂-CH₃)(CH₂-CH₃) with H and H

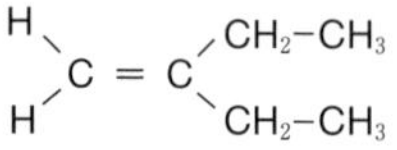

2-エチル-1-ブテン

(3) A〜Dのうち，シス-トランス異性体をもつのは C=C 結合に結合している炭素原子に，それぞれ異なる原子，原子団が結合した A と C である。

解答 (1) C_6H_{12}

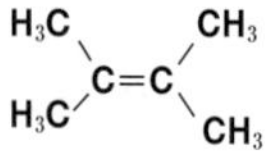

(2) A

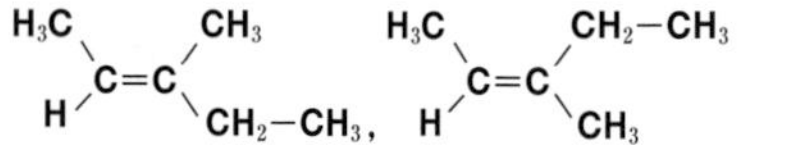

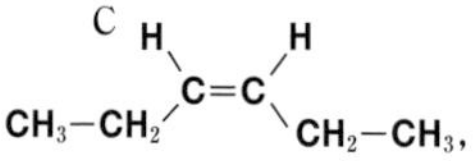

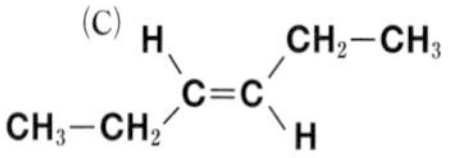

H₃C   CH₃   H₃C   CH₂-CH₃
 C=C   C=C
H   CH₂-CH₃,   H   CH₃

B H₃C   CH₃   C H   H
    C=C   C=C
  H₃C   CH₃   CH₃-CH₂   CH₂-CH₃,

(C) H   CH₂-CH₃   D H   CH₂-CH₃
      C=C   C=C
CH₃-CH₂   H   H   CH₂-CH₃

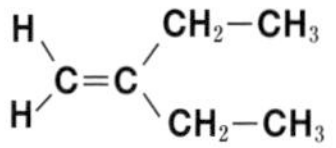

(3) **A と C**

336 **解説** 2個の臭素原子がそれぞれアルケンの二重結合に対して反対側から付加（**トランス付加**）する。このとき，次の2通りの場合があり，その反応確率はちょうど50%ずつである。

[1] シス-2-ブテンに臭素 Br_2 が付加する場合

（右側の*C を C-C 結合を軸として180° 回転させる。）（左側の*C を C-C 結合を軸として180° 回転させる。）

両者は実像と鏡像の関係にあり，**鏡像異性体**である。

鏡

ただし，反応 A と反応 B の起こる確率は 50% ずつであるから，生成物は鏡像異性体の等量混合物（**ラセミ体**）となり，旋光性を示さない（**光学不活性**）。

[2] トランス-2-ブテンに臭素 Br_2 が付加する場合。

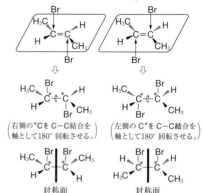

（右側の*C を C-C 結合を軸として180° 回転させる。）（左側の C* を C-C 結合を軸として180° 回転させる。）

対称面　　**対称面**

両者は，紙面上で 180° 回転させると重なり合うので，同一物質である。しかも，分子内に対称面があり，2個の不斉炭素原子による旋光性が分子内でちょうど打ち消し合い，旋光性を示さない（**光学不活性**）。このような化合物を**メソ体**という。

解答 **シス-2-ブテンからの生成物**

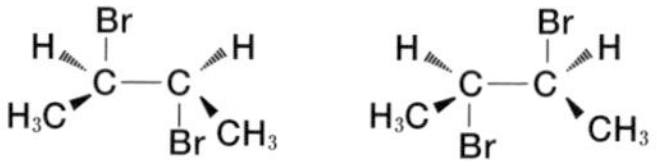

トランス-2-ブテンからの生成物

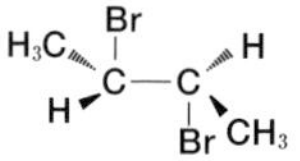

参考 **アルケンの臭素付加のしくみ**

　アルケンに臭素 Br_2 が付加するとき，Br_2 がアルケンに接近すると一種の錯体を生じる。これが臭素原子を含む三員環構造をもつ陽イオン中間体（環状ブロモニウムイオン）と臭化物イオン Br^- に変化する。

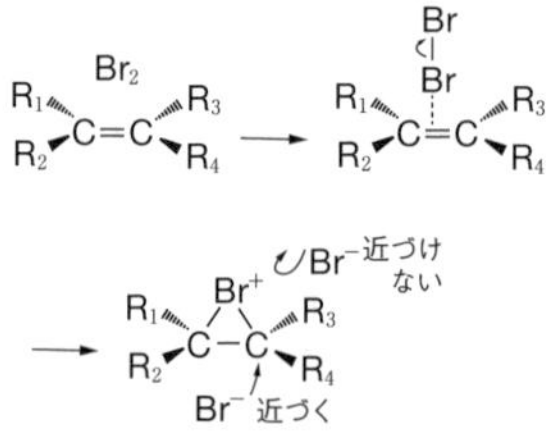

$R_1R_2C=CR_3R_4$ → （Br₂が近づく）→ $R_1R_2C^+-C^+R_3R_4$（Br⁻ 近づけない／Br⁻ 近づく）

　あとは問題文にあるように，Br^- が三員環の炭素原子に結合するが，臭素原子が大きく，三員環の臭素原子のある側からは接近しにくいため，その反対側から結合することになる。

337 〜 338

30 アルコールとカルボニル化合物

337 [解説] (1)〜(3) 第一級アルコールのエタノールを酸化(→①)すると，(ア)の**アセトアルデヒド**を経て，(イ)の**酢酸**へと酸化される。

酢酸を水酸化カルシウムで中和後(→②)，得られた(ウ)の酢酸カルシウムの固体を**乾留**(空気を絶って加熱すること)すると，(エ)の**アセトン**が生成する。

$$(CH_3COO)_2Ca \longrightarrow CaCO_3 + CH_3COCH_3$$

また，アセトンは，2-プロパノールの酸化でも生成する。

$$CH_3CH(OH)CH_3 \xrightarrow{(O)} CH_3COCH_3 + H_2O$$

130 〜 140℃でエタノールを濃硫酸で脱水すると，**分子間脱水**が起こり，(ク)の**ジエチルエーテル**が生成する。分子間脱水のことを**脱水縮合**，または単に**縮合**ともいう(→③)。

$$2C_2H_5OH \longrightarrow C_2H_5OC_2H_5 + H_2O$$

一方，160 〜 170℃でエタノールを濃硫酸で脱水すると，**分子内脱水**が起こり，(カ)の**エチレン**が生成する(→⑥)。分子内脱水のことを**脱離反応**ともいう。

反応温度による生成物の違いに注意する。

$$C_2H_5OH \longrightarrow CH_2=CH_2 + H_2O$$

(オ)のアセチレンに硫酸水銀(II)を触媒として水を付加させると，**アセトアルデヒド**が生成する(→④)。

$$CH \equiv CH + H_2O \xrightarrow{(HgSO_4)} [CH_2=CHOH] \longrightarrow CH_3CHO$$
ビニルアルコール(不安定)　アセトアルデヒド

生成するビニルアルコールは，C＝C結合に−OHが直接結合した構造(**エノール**という)をもち不安定である。直ちに−OHのH原子が隣のC原子に移動して，安定なアセトアルデヒドを生成する。

> 現在，エチレンに塩化パラジウム(II)PdCl₂を触媒として，空気中の酸素で酸化して，アセトアルデヒドがつくられている。
> $$2CH_2=CH_2 + O_2 \xrightarrow{(PdCl_2)} 2CH_3CHO$$
> この方法を，ヘキスト・ワッカー法という。

エタノールに金属Naを加えると，ヒドロキシ基の−HとNaとの置換反応(→⑤)が起こり，H₂が発生するとともに，(ケ)の**ナトリウムエトキシド**C₂H₅ONaという塩が生成する。

$$2C_2H_5OH + 2Na \longrightarrow 2C_2H_5ONa + H_2$$

この反応は，−OHの検出に利用される。

(ケ)のナトリウムエトキシドとヨウ化メチルCH₃Iを無水状態で加熱すると(→⑦)，(コ)のエチルメチルエーテルC₂H₅OCH₃が得られる。

$$C_2H_5ONa + CH_3I \longrightarrow C_2H_5OCH_3 + NaI$$

この方法は，非対称エーテルR−O−R′の合成に利用される。

(4) 飽和1価アルコールと金属Naとの反応式は，

$$2C_nH_{2n+1}OH + 2Na \longrightarrow 2C_nH_{2n+1}ONa + H_2$$

すなわち，アルコール2molから水素1molが発生する。

アルコールの分子量をMとおくと，

$$\frac{3.70}{M} \times \frac{1}{2} = \frac{0.560}{22.4} \quad \therefore \quad M = 74.0$$

このアルコール$C_nH_{2n+2}O$の分子量は，

$$14n + 18 = 74.0$$

$\therefore \quad n = 4$　　よって，分子式は$C_4H_{10}O$

考えられる飽和1価アルコールの構造は，

(i) C−C−C−C−OH　(ii) C−C−C
　　　　　　　　　　　　　　　　　OH

(iii) C−C−C−OH　(iv) C−C−C
　　　　C　　　　　　　　　OH
　　　　　　　　　　　　(iv) の上に C

[解答] (1) (ア) CH₃CHO　(イ) CH₃COOH
　　(ウ) (CH₃COO)₂Ca　(エ) CH₃COCH₃
　　(オ) CH≡CH　(カ) CH₂=CH₂
　　(キ) CH₃CH₃　(ク) C₂H₅OC₂H₅
　　(ケ) C₂H₅ONa　(コ) C₂H₅OCH₃

(2) ① (ア)　② (イ)　③ (エ)　④ (カ)　⑤ (オ)

(3) ③ $2C_2H_5OH \longrightarrow C_2H_5OC_2H_5 + H_2O$
　⑥ $C_2H_5OH \longrightarrow CH_2=CH_2 + H_2O$
　⑦ $C_2H_5ONa + CH_3I \longrightarrow C_2H_5OCH_3 + NaI$

(4) CH₃(CH₂)₃OH
　CH₃CH₂CH(OH)CH₃
　(CH₃)₂CHCH₂OH
　(CH₃)₃COH

> **参考　鎖式化合物の示性式の書き方**
> 分子式から官能基だけを抜き出して表した化学式を**示性式**という。示性式は，炭化水素基と官能基を組み合わせた化学式でもある。示性式は次のように書く。
> ①炭素間の不飽和結合(C＝C, C≡C結合)の価標は，官能基とみなして省略しない。ただし，上記以外の不飽和結合(C＝O, C≡N, N＝O結合など)は省略してよい。
> ②枝分かれした原子団は，主鎖の中に( )をつけて表す。
> ③同じ原子団が複数あるときは，( )数のようにまとめてもよい。
> ④構造異性体が存在する化合物では，炭化水素基の種類がわかるように区別して示す。
> ⑤炭化水素基と官能基の間の価標(−)は，残すこともある。

338 [解説] $2Cu + O_2 \longrightarrow 2CuO$ の反応で生じた酸化銅(II)は，メタノールの蒸気に触れると還元されて銅に戻るとともに，メタノールは酸化されてホルムアルデヒドが生成する。

$$CH_3OH + CuO \longrightarrow HCHO + Cu + H_2O$$

上記の反応では，全体として銅は Cu→CuO→Cu のように変化して元に戻り，自身は変化しなかったが，反応を進める役割を果たした。したがって，この反応は「メタノールを銅を触媒として空気酸化すると，ホルムアルデヒドが生成する」と表現されることがある。

ホルムアルデヒドは無色・刺激臭の気体で，水によく溶け，その約 40% 水溶液を**ホルマリン**という。これは，消毒薬・防腐剤，合成樹脂の原料などに利用される。

銀鏡反応に用いる**アンモニア性硝酸銀溶液**の主成分は，ジアンミン銀（Ⅰ）イオン $[Ag(NH_3)_2]^+$ という銀のアンミン錯イオンである。

銀鏡反応ではアルデヒドが還元剤としてはたらくので，アルデヒド自身は酸化されて，カルボン酸となるが，塩基性条件のため，カルボン酸は中和されてカルボン酸塩が生成することになる。

$$[Ag(NH_3)_2]^+ + e^- \longrightarrow Ag + 2NH_3 \cdots ①$$
$$HCHO + 3OH^- \longrightarrow HCOO^- + 2e^- + 2H_2O \cdots ②$$
①×2＋②より，
$$HCHO + 3OH^- + 2[Ag(NH_3)_2]^+$$
$$\longrightarrow HCOO^- + 2Ag + 4NH_3 + 2H_2O$$

一方，**フェーリング液**（Cu^{2+} に NaOH と酒石酸ナトリウムカリウムを溶かしたもの）中には，銅（Ⅱ）イオン Cu^{2+} が，塩基性溶液でも安定な酒石酸

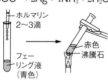
ホルマリン2〜3滴
フェーリング液（青色）
赤色
沸騰石

イオンとのキレート錯イオンとして存在している。ここへ，還元性物質を加えて加熱すると，Cu^{2+} が還元されて Cu^+ となり，さらに OH^- と反応し，酸化銅（Ⅰ）Cu_2O の赤色沈殿が生成する（**フェーリング液の還元**）。

$$HCHO + 5OH^- + 2Cu^{2+}$$
$$\longrightarrow HCOO^- + Cu_2O + 3H_2O$$

ギ酸分子中には，カルボキシ基だけでなく，ホルミル基（アルデヒド基）も存在しているので，**還元性**を示す（自身は，酸化されて CO_2 になる）。

ギ酸の還元性については，硫酸酸性の過マンガン酸カリウム水溶液の赤紫色を脱色したり，銀鏡反応は起こるが，フェーリング液の還元は起こりにくい（p.195）。

解答 ① 酸化銅（Ⅱ）　② ホルムアルデヒド
③ 酸化銅（Ⅰ）　④ 銀鏡反応
⑤ ギ酸　⑥ ホルミル（アルデヒド）

参考　**銀鏡反応とフェーリング反応の反応式の書き方**
　まず，アルデヒド R-CHO がカルボン酸 R-COOH に酸化される半反応式を書く。ただし，塩基性条件では，カルボン酸は中和され

てカルボン酸イオンとなることに留意する。
$$R-CHO \longrightarrow R-COO^-$$
$$\quad [x] \qquad\qquad [y]$$
ホルミル基の C の酸化数を x，カルボン酸イオンの C の酸化数を y とおく。
$x + (+1) + (-2) = 0$ より　$x = +1$
$y + (-2) \times 2 = -1$ より　$y = +3$

> ① 酸化数の変化分だけ，電子 e^- を加える。
> $$R-CHO \longrightarrow R-COO^- + 2e^-$$
> ② 電荷を H^+（塩基性のときは OH^-）で合わせる。
> $$R-CHO + 3OH^- \longrightarrow R-COO^- + 2e^-$$
> ③ 原子の数を H_2O で合わせる。
> $$R-CHO + 3OH^- \longrightarrow R-COO^- + 2H_2O + 2e^- \cdots ①$$

銀鏡反応では，$[Ag(NH_3)_2]^+$ 中の Ag^+ が Ag へ還元される。
$$[Ag(NH_3)_2]^+ + e^- \longrightarrow Ag + 2NH_3 \cdots ②$$
①＋②×2 より，e^- を消去すると
$$R-CHO + 2[Ag(NH_3)_2]^+ + 3OH^-$$
$$\longrightarrow R-COO^- + 2Ag + 4NH_3 + 2H_2O$$
フェーリング液の還元では，Cu^{2+} が Cu^+ へと還元され，塩基性条件なので，酸化銅（Ⅰ）の赤色沈殿を生成する。
$$2Cu^{2+} + 2e^- + 2OH^- \longrightarrow Cu_2O + H_2O \cdots ③$$
①＋③より，e^- を消去すると
$$R-CHO + 2Cu^{2+} + 5OH^-$$
$$\longrightarrow R-COO^- + Cu_2O + 3H_2O$$

339 **解説** (1) (a) エタノールと濃硫酸を約 130 ℃で反応させるためには，反応液の温度を確かめながら反応を進める必要があるので，温度計の球部を反応液に浸す必要がある。〔○〕

> 蒸留するときは，蒸気の温度を正確に測る必要があるので，温度計の球部を枝付きフラスコの枝元に置く。混同しないこと。

(b) 可燃性の物質を加熱するときは，蒸気などへの引火を防ぐため，バーナーのかわりに，電気ヒーターを用いるのがよい。〔○〕

(c) 液体をまんべんなく加熱するには，直火ではなく水浴や金網などを用いて間接的に加熱するのがよい。しかし，**水浴では温度は 100℃ までしか上がらない**ので，この実験では不適。100 〜 180℃ までは**油浴**を用いる。180℃ 〜は**砂浴**を用いる。〔×〕

(d) リービッヒ冷却器へ流す冷却水は，下から入れ上から出す。そうしないと，冷却器全体に冷却水が満たされず，冷却効果がきわめて悪くなる。〔×〕

(e) ジエチルエーテルなどの揮発性の液体を受器（三角フラスコ）へ集めるときは，冷却する必要がある。〔○〕

参考　エーテルをつくる実験操作では，エタノールと濃硫酸の混合液をフラスコに入れて温度を調節しながら加熱する。また，留出した量とほぼ同量ずつ，エタノールを滴下ろうとから加えていく。

(2) 反応温度が130℃なので，次式の反応で生成する
H$_2$O(A)が水蒸気となって，ジエチルエーテルとと
もに留出してくる。

$$2C_2H_5OH \xrightarrow[濃硫酸]{130℃} C_2H_5OC_2H_5 + H_2O$$

留出後に，酸化カルシウム CaO(乾燥剤)を加え
て，次の反応により水分を除去している。

$$CaO + H_2O \longrightarrow Ca(OH)_2$$

有機化学の実験では，乾燥剤は，ふつう CaCl$_2$ や
Na$_2$SO$_4$ がよく使われる。この実験では，濃硫酸を
加熱しているので，SO$_2$ の発生が少し見られる。そ
こで，CaO という塩基性の乾燥剤を使うと，水分と
同時に，この SO$_2$ も除去できるので好都合である。

H$_2$O を除去した後，100℃以下で蒸留するとジエ
チルエーテルとともに未反応のエタノールが留出し
てくる。ここへ，金属 Na を加えると，**エタノール(B)**
だけが反応し，ナトリウムエトキシドが生成する。

$$2C_2H_5OH + 2Na \longrightarrow 2C_2H_5ONa + H_2$$

これは，イオン結合性の物質(塩)で，不揮発性物
質なので，再び蒸留しても留出せず，純粋な**ジエチ
ルエーテル(C)**だけが得られる。

(3) (ア) ジエチルエーテルは引火性，麻酔性があり，
その蒸気は空気より重い。　〔○〕

（ジエチルエーテルが気体になると，その分子量
が74だから，空気の平均分子量29と比較して，
約2.6倍の密度をもつ。）

(イ) エタノールは水と任意の割合で溶け合うが，ジ
エチルエーテルは水に溶けにくい。　〔×〕

(ウ) 酸化剤により，エタノールは，アセトアルデヒ
ド，酢酸へと酸化されるが，ジエチルエーテルは，
通常，酸化剤の作用を受けない。　〔○〕

(エ) ジエチルエーテルは，エステルのように加水分
解されない。　〔×〕

解答 (1) (c)，(d)
(2) A H$_2$O　　B CH$_3$CH$_2$OH
　　C CH$_3$CH$_2$OCH$_2$CH$_3$
(3) (ア)，(ウ)

340 **解説** (1) 一般式が C$_n$H$_{2n+2}$O で，ヒドロキ
シ基をもつ化合物は**アルコール**である。分子式
C$_4$H$_{10}$O をもつアルコール A〜D の構造は，次の4
種類が考えられる。(炭素骨格と官能基のみで示す)

(i) C-C-C-C-OH　　(ii) C-C-C-OH
　　　　　　　　　　　　　　　　|
　　　　　　　　　　　　　　　　C

(iii) C-C-C*-C　　(iv) 　　　　C
　　　　　|　　　　　　　　　　　|
　　　　　OH　　　　　　　　C-C-C
　　　　　　　　　　　　　　　　|
　　　　　　　　　　　　　　　　OH

$*$は不斉炭素原子

A，B の酸化生成物の E，F が銀鏡反応を示すア
ルデヒドであるから，A，B は第一級アルコール。
よって，A，B は(i)，(ii)のいずれかである。

一般に，同じ官能基をもつ異性体では，直鎖の化
合物のほうが側鎖をもつ化合物に比べて，表面積が
大きい分だけ分子間力が強くなり，沸点が高くなる。
したがって，A は直鎖の1-ブタノール((i))。B は
側鎖をもつ 2-メチル-1-プロパノール((ii))。

C は不斉炭素原子をもつから，2-ブタノール((iii))。
D は最も酸化されにくいので第三級アルコールの
2-メチル-2-プロパノール((iv))である。

参考 **ブタノールの沸点・融点の高低**

(i) CH$_3$-CH$_2$-CH$_2$-CH$_2$-OH　(ii) CH$_3$-CH-CH$_2$-OH
　〔−90℃〕(117℃)　　　　　　　　　　　|
　　　　　　　　　　　　　　　　　　　CH$_3$
　　　　　　　　　　　　　　　〔−108℃〕(108℃)

(iii) CH$_3$-CH$_2$-CH-CH$_3$　(iv)　　　　CH$_3$
　　　　　　　|　　　　　　　　　　　|
　　　　　　　OH　　　　　　CH$_3$-C-OH
　〔−115℃〕(99℃)　　　　　　　|
　　　　　　　　　　　　　　　　CH$_3$
　　　　　　　　　　　　　　〔26℃〕(83℃)
〔 〕は融点，( )は沸点

上の(i)〜(iv)の沸点は，第一級＞第二級＞第
三級アルコールの順になる。これは，この順に
立体障害の影響が大きくなり，隣の分子の−OH
との**水素結合**が形成されにくくなるためであ
る。また，同じ第一級アルコール(i)，(ii)の沸点は，
炭素骨格の形によって決まり，直鎖＞分枝の順に
なる。これは，分子の形が球形に近づくほど
分子の表面積が減り，分子間力が小さくなるた
めである。このように，沸点には分子間力が大
きく影響する。

一方，融点には分子の形状(対称性)が大き
く影響する。対称性の高い(iv)の融点が最も高
く，対称性の低い(ii)や(iii)の融点が低い。とくに，
第二級アルコールの(iii)は第一級アルコールの
(ii)に比べて水素結合が形成されにくく，(iii)の融
点が最も低くなる。

(2) アルコールの−OH は，分子間に**水素結合**を形成
するため，同程度の分子量をもち水素結合を形成し
ない化合物に比べて，その沸点はかなり高くなる。
また，カルボン酸の−COOH中には電子吸引性の
あるカルボニル基 >C=O が存在するので，アルコー
ルの−OH よりもさらに強く水素結合を形成す
る。そのため，カルボン酸の沸点は同程度の分子量
をもつアルコールの沸点よりやや高くなる。

また，アルコールは水分子との間に水素結合を形
成することで水に溶解する(炭素数3までは水にい
くらでも溶ける)。

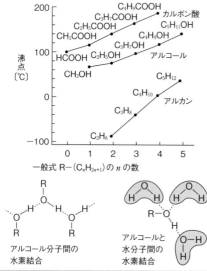

アルコール分子間の
水素結合

アルコールと
水分子間の
水素結合

(3) **ヨードホルム反応**は，
CH_3CO-R（または H），$CH_3CH(OH)-R$（または H）
の部分構造をもつ化合物に陽性である。これらの化
合物を，ヨウ素と NaOH 水溶液とともに加熱する
と，特異臭のある黄色結晶の**ヨードホルム**(CHI_3)
が沈殿するとともに，反応液中には炭素数の 1 つ減
少したカルボン酸塩が生成する。

本問では，2-ブタノール(C)には $CH_3CH(OH)-$
の部分構造があり，その酸化生成物のエチルメチル
ケトン(G)には CH_3CO- の部分構造があり，いず
れもヨードホルム反応が陽性である。

(4) 金属 Na と反応しないのはエーテル類である。
考えられる構造は，次の 3 種類である。
(i) C-O-C-C-C (ii) C-O-C-C
(iii) C-C-O-C-C
           C

解答 (1) A $CH_3-CH_2-CH_2-CH_2-OH$
      B $CH_3-CH-CH_2-OH$
               CH_3
      C $CH_3-CH_2-CH-CH_3$
                  OH
                CH_3
      D CH_3-C-CH_3
                 OH

(2) **極性のあるヒドロキシ基の部分**で，**水素
結合を形成している**から。

(3) **C，G**

(4) $CH_3O(CH_2)_2CH_3$
    $CH_3OCH(CH_3)_2$
    $C_2H_5OC_2H_5$

解説 (1) アルデヒドとケトンはともにカル
ボニル基をもつので，総称して**カルボニル化合物**と
いう。

ホルミル基 $-CHO$，カルボニル基 $>C=O$ には炭
素原子が 1 個ずつ含まれるから，残りの炭化水素基
を構成する炭素原子は 5 個である。したがって，5
個の炭素骨格を考え，それぞれについて，ホルミル
基とカルボニル基の結合位置(→で示す)を考えれば
よい。ただし，カルボニル基は炭素鎖の末端部以外の
C-C 結合にしか入れない。

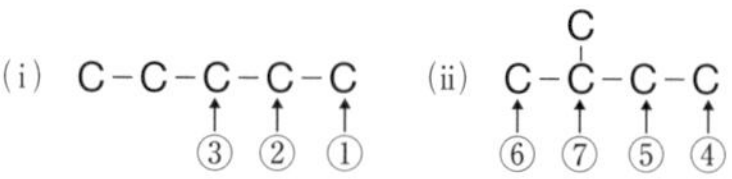

                             C
(i) C-C-C-C-C   (ii) C-C-C-C
   ↑ ↑ ↑   ↑ ↑ ↑ ↑
   ③ ② ①   ⑥ ⑦ ⑤ ④

参考

**アセトンのヨードホルム反応の反応式の
書き方**

アセトン CH_3COCH_3 のカルボニル基 $>\overset{\oplus}{C}=\overset{\ominus}{O}$
の極性は大きく，O はやや負，C はやや正に帯
電しており，全体として電子吸引性を示す。こ
れが隣の $-CH_3$ に影響して，その H がわずかに
酸の性質を示す。塩基性条件では，$-CH_3$ とヨ
ウ素 I_2 の間で，$3H^+$ と $3I^+$ の形で置換反応が
起こる（同時に，3HI も生成する）。

生成したトリヨードアセトン（下図）の $C^\oplus$ に
OH^- が付加すると，一瞬，C 原子が 5 価にな
ってしまうが，直ちに点線部分の結合が切れ，
C 原子は 4 価に戻る。

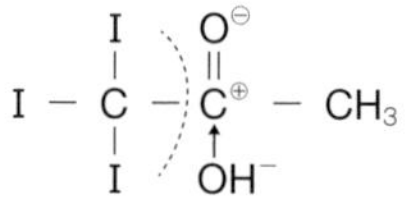

$$I-\overset{\overset{\displaystyle I}{|}}{\underset{\underset{\displaystyle I}{|}}{C}} \overset{\overset{\displaystyle O^\ominus}{|}}{\underset{\underset{\displaystyle OH^-}{|}}{C^\oplus}} -CH_3$$

脱離した $CI_3^\ominus$ は水 H_2O から H^+ を受け取り，
ヨードホルム CHI_3 の黄色沈殿が生成する。
残る CH_3COOH の部分は，塩基性では中和
されて，カルボン酸塩 CH_3COONa が生成す
ることになる。

(1) アセトンの $-CH_3$ 中の 3H を 3I で置換す
るには，I_2 3mol だけでなく，NaOH 3mol
（副生する HI 3mol を中和するため）も必要で
ある。

(2) トリヨードアセトン 1mol の加水分解に
は，さらに NaOH 1mol が必要である。

合計，アセトン 1mol に対して，I_2 3mol，
NaOH 4mol 必要であり，反応後には，ア
セトンの $-CH_3$ に由来する CHI_3 1mol，$-CH_3$
以外の部分に由来する CH_3COONa 1mol
および，HI 3mol と NaOH 3mol の中和で
生成した NaI 3mol と H_2O 3mol を生成する。

$$CH_3COCH_3 + 3I_2 + 4NaOH \longrightarrow$$
$$CHI_3 + CH_3COONa + 3NaI + 3H_2O$$

342

(iii)
$$\begin{array}{c} C \\ | \\ C-C-C \\ | \quad\uparrow \\ C \quad ⑧ \end{array}$$

（①～⑧はホルミル基
の結合位置を示す。）

(i) $\underset{\underset{ⓑ}{\uparrow}\ \underset{ⓐ}{\uparrow}}{C-C-C-C-C}$

(ii) $\begin{array}{c} C \\ | \\ C-C-C-C \\ \uparrow\ \ \uparrow\ \ \uparrow \\ ⓔ\ \ ⓓ\ \ ⓒ \end{array}$

(iii)
$$\begin{array}{c} C \\ | \\ C-C-C \\ | \\ C \\ \uparrow \\ ⓕ \end{array}$$

（ⓐ～ⓕはカルボニル基
の結合位置を示す。）

① C-C-C-C-C-CHO

② $\begin{array}{c} C-C-C-\overset{*}{C}-C \\ | \\ CHO \end{array}$

③ $\begin{array}{c} C-C-C-C-C \\ | \\ CHO \end{array}$

④ $\begin{array}{c} C \\ | \\ C-C-C-CHO \\ | \\ C \end{array}$

⑤ $\begin{array}{c} C \\ | \\ C-\overset{*}{C}-C \\ | \\ CHO \end{array}$

⑥ $\begin{array}{c} C \\ | \\ C-\overset{*}{C}-C \\ | \\ CHO \end{array}$

⑦ $\begin{array}{c} C \\ | \\ C-C-C \\ | \\ CHO \end{array}$

⑧ $\begin{array}{c} C \\ | \\ C-C-C-CHO \\ | \\ C \end{array}$

ⓐ $\begin{array}{c} O \\ \| \\ C-C-C-C-C-C \end{array}$

ⓑ $\begin{array}{c} O \\ \| \\ C-C-C-C-C-C \end{array}$

ⓒ $\begin{array}{c} C \\ | \ O \\ C-\overset{}{C}-C-\overset{\|}{C}-C \end{array}$

ⓓ $\begin{array}{c} O\ \ C \\ \| \ | \\ C-C-C-C-C \end{array}$

ⓔ $\begin{array}{c} O\ \ C \\ \| \ | \\ C-C-\overset{*}{C}-C-C \end{array}$

ⓕ $\begin{array}{c} C\ O \\ | \ \| \\ C-C-C-C \\ | \\ C \end{array}$

(1)　アルデヒドの構造異性体が①～⑧の8種類。ケトンの構造異性体がⓐ～ⓕの6種類。

(2)　不斉炭素原子（*で示す）をもつものは，②，⑤，⑥の3種類。

(3)　ヨードホルム反応を示すのは，CH_3CO-の部分構造をもつ，ⓐ，ⓒ，ⓔ，ⓕの4種類。

(4)　1-ヘキサノール $CH_3(CH_2)_5OH$ は第一級アルコールなので，その酸化生成物には，C_6 のカプロンアルデヒドと C_6 のカプロン酸の2種類がある。

解答 (1)(a) **8種類** (b) **6種類**
(2) **3種類** (3) **4種類**

(4) $CH_3-CH_2-CH_2-CH_2-CH_2-\overset{\displaystyle O}{\overset{\|}{C}}-H$

$CH_3-CH_2-CH_2-CH_2-CH_2-\overset{\displaystyle O}{\overset{\|}{C}}-OH$

342 **解説** まず分子式から，次のような可能性を検討する。

(1)　分子式 C_3H_6O は，一般式 $C_nH_{2n}O$ に該当するので，①アルデヒド，②ケトン，③C＝C結合をもつア

ルコール（不飽和アルコール），④C＝C結合をもつエーテル（不飽和エーテル），⑤環式構造をもつアルコール，⑥環式構造をもつエーテルのいずれかである。

題意より，A～Dは鎖式化合物だから，①～④が該当し，次の(i)～(iv)の構造が考えられる（炭素骨格と官能基のみでこれを示す，以下同様）。

(i) $\begin{array}{c} O \\ \| \\ C-C-C-H \end{array}$

(ii) $\begin{array}{c} O \\ \| \\ C-C-C \end{array}$

(iii) C＝C-C-OH

(iv) C＝C-O-C

参考　二重結合している炭素原子にヒドロキシ基 $-OH$ が直接結合した化合物は，**エノール**とよばれ，非常に不安定で，水素原子の移動（**水素転位**）により，安定なアルデヒドやケトン（**カルボニル化合物**）に変化する。したがって，次のエノールの構造はアルコールの異性体からは除外して考えること。

$$\left(CH_3-\underset{\underset{[H]}{|}}{\overset{\|}{C}}=CH_2 \right) \longrightarrow CH_3-\overset{\displaystyle O}{\overset{\|}{C}}-CH_3$$

$$\left(CH_3-\underset{\underset{[H]}{|}}{\overset{\ }{C}}H=CH \right) \longrightarrow CH_3-CH_2-\overset{\displaystyle O}{\overset{\|}{C}}-H$$

A，Bは臭素水を脱色することから，C＝C結合をもつ(iii)か(iv)である。また，Ni触媒下で水素付加を受け，その生成物のうち，沸点の高いEを生成するAは不飽和アルコールの(iii)，沸点の低いFを生成するBは不飽和エーテルの(iv)である。

Cは容易に酸化されてカルボン酸に変化するので，アルデヒドの(i)である。

Dは酸化を受けないので，ケトンの(ii)である。

なお，アセトン（D）は，CH_3CO-の部分構造をもつので，ヨードホルム反応が陽性である。

(2)　環式化合物は三員環以上を考えればよく，該当するのは，アルコールかエーテルである。考えられる構造異性体は，次の(i)，(ii)，(iii)の3種類である。ただし，(iii)には不斉炭素原子 C^* が1個存在するので，1対の鏡像異性体が存在する。したがって，異性体の総数は4種類となる。

(i) $\begin{array}{c} CH_2 \\ \diagup\ \diagdown \\ CH_2-CH \\ | \\ OH \end{array}$

(ii) $\begin{array}{c} O \\ \diagup\ \diagdown \\ CH_2\ \ \ CH_2 \\ \diagdown\ \diagup \\ CH_2 \end{array}$

(iii) $\begin{array}{c} O \\ \diagup\ \diagdown \\ CH_2-\overset{*}{C}H \\ \ \ \ | \\ \ \ \ CH_3 \end{array}$

〔環式のエーテルについては，炭素数が多くなると，エーテル結合が，(i)環内，(ii)環外の2通りが考えられるので注意が必要である。〕

解答 (1) A　$CH_2=CH-CH_2-OH$
(2) B　$CH_2=CH-O-CH_3$

C
$$CH_3-CH_2-\overset{\overset{\displaystyle O}{\|}}{C}-H$$

D
$$CH_3-\overset{\overset{\displaystyle O}{\|}}{C}-CH_3$$

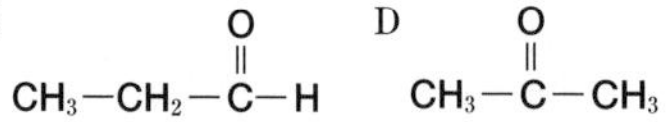

(2) **4種類**

343 (解説) 与えられた分子式 $C_5H_{12}O$ は，一般式 $C_nH_{2n+2}O$ に該当する。したがって，この化合物は飽和1価アルコールかエーテルである。

(a) 金属 Na と反応するから，A～H はすべて $-OH$ をもつアルコールで，考えられる構造は次の通りである。*は不斉炭素原子を示す。

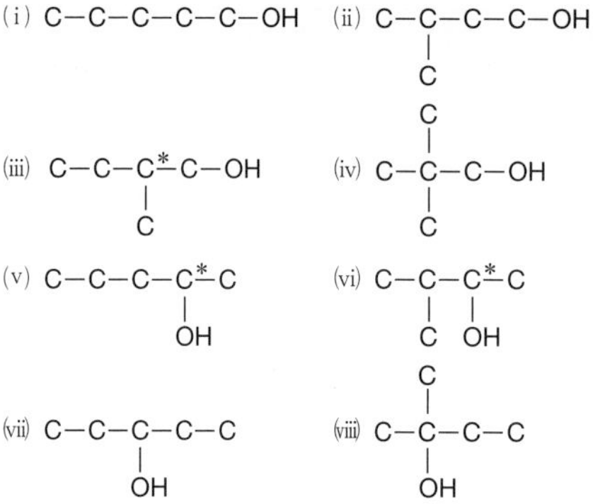

(ⅰ) C－C－C－C－C－OH

(ⅱ) C－C－C－C－OH
      |
      C

(ⅲ) C－C－C*－C－OH
          |
          C

(ⅳ) C－C－C－OH
        |
        C
        |
        C

(ⅴ) C－C－C－C*C
          |
          OH

(ⅵ) C－C－C*C
        |
        OH
        |
        C

(ⅶ) C－C－C－C
            |
            OH

(ⅷ) C－C－C
      |
      C
      |
      OH

(b) A～D を酸化すると，銀鏡反応が陽性の化合物(**アルデヒド**)を生じるから，A～D は**第一級アルコール**。よって，(ⅰ)，(ⅱ)，(ⅲ)，(ⅳ)のいずれかである。

E～G を酸化すると，銀鏡反応に陰性の化合物(**ケトン**)を生成するから，E～G は**第二級アルコール**。よって，(ⅴ)，(ⅵ)，(ⅶ)のいずれかである。

H は酸化剤で酸化されないから，**第三級アルコール**。 ∴ H は(ⅷ)と決まる。

(c) CH_3CO- または $CH_3CH(OH)-$ が，いずれも R－(炭化水素基)，または水素 H に結合した化合物は，ヨウ素と NaOHaq を加えて加熱すると，特異臭のあるヨードホルム CHI_3 の黄色沈殿を生成する。この反応を**ヨードホルム反応**という。

E，G は，ヨードホルム反応が陽性だから，$CH_3CH(OH)-$ の構造をもつ(ⅴ)か(ⅵ)のいずれか。
      ∴ 残った第二級アルコール F は(ⅶ)である。

(d) E，G はともに不斉炭素原子をもつが，残る B は第一級アルコールで，しかも不斉炭素原子をもつのは(ⅲ)のみ。 ∴ B は(ⅲ)と決まる。

(e) G は第二級アルコールで(ⅴ)か(ⅵ)かは未決定である。それぞれを濃硫酸で脱水したときの生成物を予想してみると，

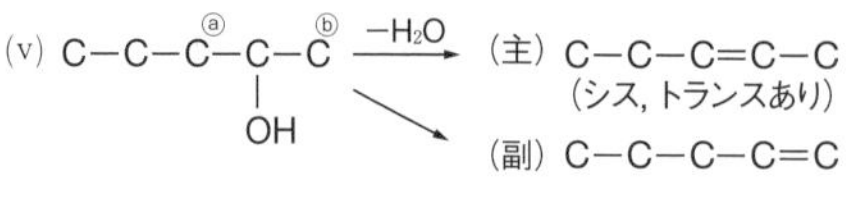

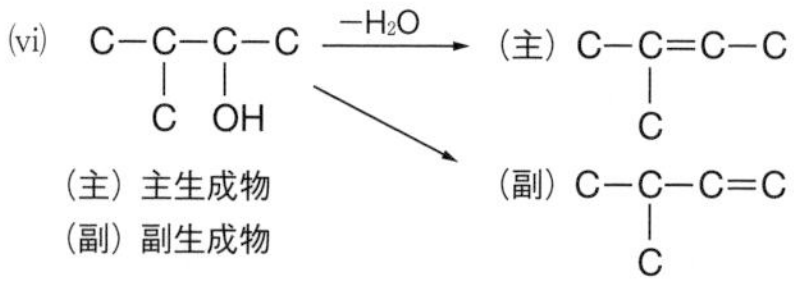

(ⅴ) C－C－C$\overset{ⓐ}{C}$－C$\overset{ⓑ}{C}$ $\xrightarrow{-H_2O}$ (主) C－C－C＝C－C (シス，トランスあり)
        |
        OH
                    (副) C－C－C－C＝C

(ⅵ) C－C－C－C $\xrightarrow{-H_2O}$ (主) C－C＝C－C
      | |
      C OH   C
      | (副) C－C－C＝C
                                      |
                                      C

(主) 主生成物
(副) 副生成物

(ⅴ)の 2-ペンタノールの脱水では，$-OH$ の結合した C 原子の左隣，右隣の C 原子をそれぞれⓐ，ⓑとおく。ⓐには2個の H 原子，ⓑには3個の H 原子がそれぞれ結合しているので，**ザイチェフの法則**により，H 原子の少ないⓐに結合した H と隣の OH から水が脱離して生じた 2-ペンテンが主生成物となり，H 原子の多いⓑに結合した H と隣の OH から水が脱離して生じた 1-ペンテンは副生成物となる。

(ⅵ)の 3-メチル-2-ブタノールの脱水についても，同様に考えると上図のようになり，(ⅵ)の脱水反応で生じたアルケンにはいずれも，シス-トランス異性体が存在しない。 ∴ G は(ⅵ)と決まる。
  ∴ 残る第二級アルコールの E は(ⅴ)と決まる。

> **参考** **ザイチェフの法則**
>
> アルコールの脱水反応では，隣接する C 原子にそれぞれ結合した $-OH$ と $-H$ から水が脱離してアルケンが生成する。 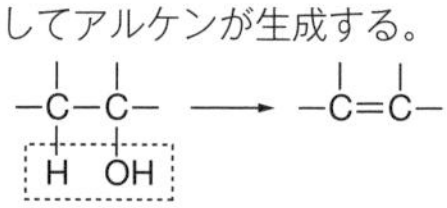
>
> $$-\underset{\underset{\boxed{H}}{|}}{C}-\underset{\underset{\boxed{OH}}{|}}{C}- \longrightarrow -C＝C-$$
>
> (ⅴ)や(ⅵ)を濃硫酸で脱水したとき，2種のアルケンが生成するが，どちらがより多く生成するかを予測できる。すなわち，ヒドロキシ基 $-OH$ の結合した C 原子の両隣の C 原子に結合した H 原子の数を比較して，H 原子の少ないほうの C 原子から H 原子が脱離して生じたアルケンが主生成物となる。これを**ザイチェフの法則**という。これは，C＝C 結合に対して，より多くのアルキル基が結合した熱力学的に安定なアルケンの方が生成しやすいことを示している。この法則は，脱離反応の方向性を予測するのに利用される。たとえば，2-ブタノールの脱水では，下図のように 2-ブテンが主生成物，1-ブテンが副生成物となる。 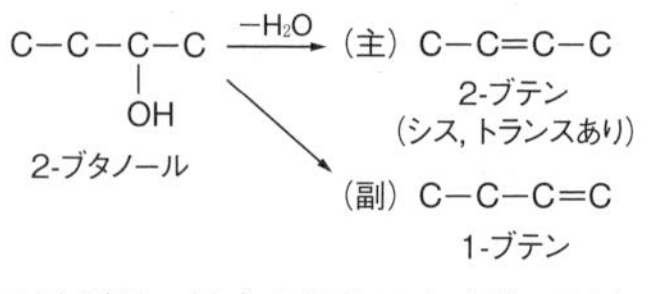
>
> C－C－C－C $\xrightarrow{-H_2O}$ (主) C－C＝C－C
> | 2-ブテン
>   OH   (シス，トランスあり)
> 2-ブタノール
>   (副) C－C－C＝C
>   1-ブテン
>
> この法則は，反応中間体の安定性ではなく，生成物の熱力学的な安定性から次のように説明される。
>
> C＝C 結合の π 電子は，アルキル基を構成する C－H 結合の σ 電子と互いに相互移動すること(電子の**非局在化**という)によって安定化

することができる。すなわち，C＝C結合に対して，メチル基が2個結合した2-ブテンの方が，エチル基が1個結合した1-ブテンより電子の非局在化による安定化が幾分大きくなる。よって，2-ブタノールの脱水による主生成物は2-ブテンとなることが理解できる。

ところで，2-ブテンにはシス形とトランス形の2種のシス-トランス異性体が存在する。大きな置換基(−CH₃)が互いに接近したシス形は，互いに離れたトランス形よりも置換基どうしの反発(**立体障害**という)が大きく，熱力学的にはやや不安定になる。したがって，生成割合は安定なトランス形が最も多く(約62%)，不安定なシス形が少なく(約21%)，最も少ないのは1-ブテン(約17%)となる。

(f) Dは濃硫酸で脱水されないということは，−OHの結合したC原子の両隣に，いずれもH原子が結合していないことを示す。この条件を満たすのは(iv)である。　　∴　Dは(iv)と決まる。

(g) Fは(vii)で直鎖の炭素骨格をもつので，脱水して生じたアルケンを，さらに水素付加すると，次のような直鎖のアルカンを生成する。

$$C\text{-}C\text{-}C\text{-}C\text{-}C \underset{(H_2SO_4)}{\overset{-H_2O}{\longrightarrow}} C\text{-}C\text{-}C\text{=}C\text{-}C \overset{+H_2}{\longrightarrow} C\text{-}C\text{-}C\text{-}C\text{-}C$$
（OH）

以上より類推すると，Aも直鎖の炭素骨格をもつことがわかる。　　∴　Aは(i)と決まる。

最後に残ったCが(ii)と決まる。

(2) 分子式がC₅H₁₂Oで，金属Naと反応しないのは，エーテル類で，次の構造が考えられる。

(i) C-O-C-C-C-C 　(ii) C-O-C*-C-C
　　　　　　　　　　　　　　　　｜
　　　　　　　　　　　　　　　　C

(iii) C-O-C-C-C 　(iv) C-C-O-C-C-C
　　　　　　｜
　　　　　　C

(v) C-C-O-C-C 　(vi) C-O-C-C
　　　　　　｜　　　　　　　｜
　　　　　　C　　　　　　　C

構造異性体の数は6種類だが，異性体の総数と問われたら，立体異性体(シス-トランス異性体，鏡像異性体)を含めて答える必要がある。(ii)には，1対の鏡像異性体が存在するから，異性体の総数は7種類である。

解答 (1) A　CH₃−CH₂−CH₂−CH₂−CH₂−OH

　　　　　B　CH₃−CH₂−CH−CH₂−OH
　　　　　　　　　　　　　　｜
　　　　　　　　　　　　　　CH₃

　　　　　C　CH₃−CH−CH₂−CH₂−OH
　　　　　　　　　　｜
　　　　　　　　　　CH₃

　　　　　D　CH₃−C−CH₂−OH
　　　　　　　　　｜
　　　　　　CH₃（上）　CH₃（下）

　　　　　E　CH₃−CH₂−CH₂−CH−CH₃
　　　　　　　　　　　　　　　　｜
　　　　　　　　　　　　　　　　OH

　　　　　F　CH₃−CH₂−CH−CH₂−CH₃
　　　　　　　　　　　　　｜
　　　　　　　　　　　　　OH

　　　　　G　CH₃−CH−CH−CH₃
　　　　　　　　　　｜　｜
　　　　　　　　　　　　OH

　　　　　H　CH₃−C−CH₂−CH₃
　　　　　　　　　｜
　　　　　　　　　OH

(2) **7種類**

マルコフニコフの法則

プロペンのような非対称のアルケンに，HX型(HCl，H₂O，H₂SO₄など)の分子が付加する場合，2種類の物質が生成する可能性がある。この場合，どちらが多く生成するかについては次の経験則が知られている。

$$\overset{\text{Hが②}}{H} \quad \overset{\text{Hが③}}{H}$$

CH₃−CH＝CH₂＋HCl 　→ （主生成物）CH₃−CHCl−CH₃

　　　　　　　　　　　　→ （副生成物）CH₃−CH₂−CH₂Cl

非対称のアルケンにHX型の分子が付加する場合，二重結合炭素のうち，H原子が多く結合したC原子にはH原子が，もう一方のC原子にはXが付加した化合物が主生成物になる。これを，**マルコフニコフの法則**という。

これは，プロペンに先にH⁺が付加して生じる反応中間体(i)，(ii)の安定性が関係している。(少し遅れてX⁻が付加する。)

(i) CH₃−⁺CH−CH₃ $\xrightarrow{Cl⁻}$ CH₃−CHCl−CH₃
　　（安定）　　　　　　　　（主生成物）

(ii) CH₃−CH₂−⁺CH₂ $\xrightarrow{Cl⁻}$ CH₃−CH₂−CH₂Cl
　　（不安定）　　　　　　　　（副生成物）

炭化水素基には電子供与性があるため，エチル基だけがC⁺に結合した(ii)よりも，2個のメチル基がC⁺に結合した(i)の方が＋電荷が分子全体に分散されて安定化する。したがって，(i)の中間体を経由する反応が起こりやすくなるためである。

31 カルボン酸・エステルと油脂

344 解説 (a)〜(e)の各反応の反応式は，次の通り。

(a) $CH \equiv CH + CH_3COO-H \xrightarrow{\text{付加}} CH_2 = CH$
　　　　　　　　　　　　　　　　　　　　　$|$
　　　　　　　　　　　　　　　　　　　　OCOCH_3
　　　　　　　　　　　　　　　A 酢酸ビニル

(b) $2CH_3COOH + Ca(OH)_2 \xrightarrow{\text{中和}} (CH_3COO)_2Ca + 2H_2O$
　　　　　　　　　　　　　　　　　B 酢酸カルシウム

(c) $(CH_3COO)_2Ca \xrightarrow[\text{乾留}]{\text{熱分解}} CH_3COCH_3 + CaCO_3$
　　　　　　　　　　　　　C アセトン

(d) $2CH_3COOH \xrightarrow{\text{縮合}} (CH_3CO)_2O + H_2O$
　　　　　　　　　　　D 無水酢酸

(e) $CH_3COOH + C_2H_5OH \xrightarrow{\text{縮合}} CH_3COOC_2H_5 + H_2O$
　　　　　　　　　　　　　　　E 酢酸エチル

(3) ① アセトンは，やや芳香のある無色の液体で，水にも有機溶媒にもよく溶ける。

（酢酸エチルも芳香のある無色の液体であるが，水に溶けにくいので，該当しない。）

② 酢酸エチルはエステルなので，加水分解すると，もとの酢酸とエタノールを生じる。

③ ビニル基($CH_2 = CH-$)をもつ化合物は，適当な条件下で**付加重合**を行い，分子量の大きな化合物(**高分子化合物**)になる。

④ 無水酢酸は徐々に加水分解して，酢酸に戻る性質がある。

$(CH_3CO)_2O + H_2O \longrightarrow 2CH_3COOH$

参考 **無水酢酸**は，酢酸2分子から水1分子が取れてできた化合物で，$-COOH$ をもたないので，酸性を示さない。水に溶けにくい油状の液体である。一般に，2個のカルボン酸から1分子の水が取れて縮合した化合物を**酸無水物**といい，もとのカルボン酸よりも反応性が大きい。一方，水分を含まない純粋な酢酸(融点17℃)は，冬季には氷結するので**氷酢酸**という。

⑤ 酢酸カルシウムはイオン結晶からなる塩の1つで，水によく溶ける。弱酸と強塩基からなる塩なので，水溶液は弱い塩基性を示す(酢酸塩はみな水によく溶ける)。

解答 (1) A $CH_2 = CHOCOCH_3$
　　　B $(CH_3COO)_2Ca$　　C CH_3COCH_3
　　　D $(CH_3CO)_2O$　　E $CH_3COOC_2H_5$
　(2)(a) **付加**　(b) **中和**　(c) **熱分解**　(d) **縮合**
　　　(e) **縮合**
　(3)① C　② E　③ A　④ D　⑤ B

345 解説 (1) **エステル化**の反応機構は，^{18}O という同位体を使った実験で明らかになった。すなわち，CH_3COOH と $C_2H_5{}^{18}OH$ を用いてエステルを

生成した場合，^{18}O は H_2O ではなくエステル中に含まれる。つまり，酸の$-OH$ とアルコールの$-H$から水がとれてエステルが生成する。

カルボン酸$R-COOH$ とアルコール $R'-OH$ とのエステルの示性式は，カルボン酸を先に書くと$R-COO-R'$となり，アルコールを先に書くと$R'-OCO-R$と表さねばならない。これを$R'-COO-R$と書いてしまうと，$R'-COOH$と$R-OH$ とのエステルということになり，異なるエステルを表してしまうことになるので注意すること。

参考 **エステル化の反応機構について**

1. カルボン酸のカルボニル基$>C=O$は極性が強く分極している。
2. カルボニル基の$O^{\delta-}$にH^+(触媒)が付加した後，カルボニル基の$C^{\delta+}$にアルコールのOの非共有電子対が攻撃する。
3. カルボン酸の$-OH$とアルコールの$-H$から水 H_2O が脱離する。
4. 最後に，カルボン酸に結合していたH^+(触媒)が脱離し，エステル化が終了する。

$$R-\overset{\overset{\displaystyle O}{\|}}{\underset{\underset{\displaystyle O-H}{|}}{C}}-O-H + H^+ \xrightarrow{\text{(触媒)}} R-\overset{\overset{\displaystyle O-H}{|}}{\underset{\underset{\displaystyle O-H}{|}}{C}}-OH$$

$$R-\overset{\overset{\displaystyle O-H}{|}}{C}{}^+-OH + R'-OH \longrightarrow$$

$$R-\overset{\overset{\displaystyle O}{|}}{\underset{\underset{\displaystyle O-H}{|}}{C}}\cdots\overset{\overset{\displaystyle H}{|}}{\underset{\underset{\displaystyle -H_2O}{}}{O}}\cdots R' \longrightarrow R-\overset{\overset{\displaystyle O}{\|}}{C}-O-R' + H_2O$$

($\curvearrowright$は電子の移動，⊕は$\delta+$，⊖は$\delta-$を示す。)

(2) このようなはたらきをする冷却器を**還流冷却器**といい，簡易な実験ではガラス管で代用するが，普通は，リービッヒ冷却器(a)，球管冷却器(b)，蛇管冷却器(c)などを用いる。冷却効果は(a)<(b)<(c)である。

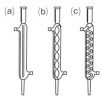

(3) エステル化は，反応熱が小さく，典型的な**可逆反応**である。たとえば，エタノール1.0mol，酢酸1.0 molを使って約70℃で反応させると，酢酸エチル，水が約0.67mol ずつ生成したところで，見かけ上反応が止まったような**平衡状態**になる。すなわち，反応後の溶液は，酢酸，エタノール，濃硫酸，エステル，水の混合物なので，ここからエステルだけを取り出すには，何回かの抽出操作が必要となる。

ⓐ 濃硫酸の溶解熱が大きいので，必ず，エタノールと酢酸の混合溶液に，濃硫酸を少しずつ加えるようにする。

ⓒ 未反応の酢酸はエステル中では，主に**二量体**

（右図）をつくって溶けている。これを水層へ分離するために，

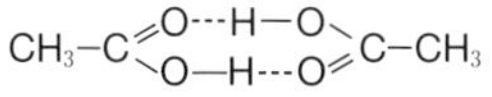

$$CH_3-C{\overset{\text{O}\cdots\text{H}-\text{O}}{\underset{\text{O}-\text{H}\cdots\text{O}}{<}}}C-CH_3$$

（…は水素結合）

$$CH_3COOH + NaHCO_3$$
（強い酸）　　（弱い酸の塩）

$$\longrightarrow CH_3COONa + CO_2 + H_2O$$
（強い酸の塩）　　　（弱い酸）

の反応を利用すると，酢酸は水溶性の塩となってエステル中から水層へと分離される。

⑥ エステル中に混入しているエタノールは，濃い $CaCl_2aq$ と反応して $CaCl_2\cdot4C_2H_5OH$ という分子化合物をつくることで，水層へ分離される。

⑥ エステル中の水分は，塩化カルシウム（**乾燥剤**）に水和水となって取り込まれて除去される。

(4) エタノール 0.15mol と酢酸 0.10mol が完全に反応したとすると，酢酸エチル $CH_3COOC_2H_5$（分子式：$C_4H_8O_2$，分子量 88）は 0.10mol 生成し，その質量は $0.10 \times 88 = 8.8$〔g〕である。

$$\therefore \quad 収率 = \frac{5.3}{8.8} \times 100 ≒ 60.2 ≒ 60〔\%〕$$

解答 (1) $CH_3COOH + C_2H_5OH$

$$\longrightarrow CH_3COOC_2H_5 + H_2O$$

濃硫酸はエステル化の触媒として反応速度を大きくする。また，脱水剤として平衡を右へ移動させ，エステルの収率を高めるはたらきもある。

(2) **蒸発した反応物や生成物を冷却して液体にし，反応容器に戻すはたらき。**

(3) ⑧ **濃硫酸の混合によって激しく発熱し，突沸するのを防ぐため。**

⑥ **未反応の酢酸を水溶性の塩にして，エステル中から分離するため。**

⑥ **エステル中に含まれるエタノールを除くため。**

⑥ **エステル中に含まれる水分を除くため。**

(4) **60%**

346 **解説** エステルの構造決定は，有機化学では必須の重要問題であり，何回も練習しておくこと。エステルの構造を決めるときは，その加水分解の生成物であるカルボン酸とアルコールに分け，それぞれの構造を決定する。最後に，それらをつなぎ合わせると，エステルの構造が決まる。

エステル A，B，C，D の加水分解で得られたカルボン酸を a, b, c, d，アルコールを a′, b′, c′, d′ とする。

過マンガン酸イオン MnO_4^- の赤紫色を脱色するカルボン酸は，**還元性をもつギ酸のみである。**

よって，a, d はギ酸 HCOOH である。

ヨードホルム反応は，炭素数 2 のアルコールではエタノール，炭素数 3 のアルコールでは 2-プロパノールだけが陽性である。したがって，これらが a′, c′ のいずれかである。

a はギ酸 HCOOH だったので，その結合相手の a′ は炭素数 3 の 2-プロパノールと決まる。

よって，c′ はエタノール C_2H_5OH と決まるので，その結合相手の c は炭素数 2 の酢酸と決まる。

また，アルコールの沸点は，分子量が大きいほど（分子量が同じならば，炭素鎖の枝分かれが少ないほど）分子間力が強くなるため，高くなる。したがって，沸点は，メタノール＜エタノール＜ 2-プロパノール＜ 1-プロパノールの順となる。よって，最も沸点の高い d′ が 1-プロパノール。最も沸点の低い b′ がメタノールだから，その結合相手の b は炭素数 3 のプロピオン酸 CH_3CH_2COOH と決まる。

解答

A $H-\overset{\overset{\text{O}}{\|}}{C}-O-\overset{\overset{}{|}}{CH}-CH_3$ ，**ギ酸イソプロピル**
$|$
CH_3

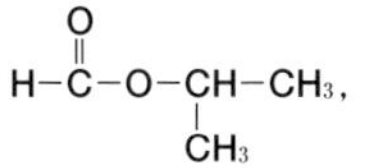

B $CH_3-CH_2-\overset{\overset{\text{O}}{\|}}{C}-O-CH_3$ ，**プロピオン酸メチル**

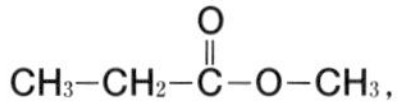

C $CH_3-\overset{\overset{\text{O}}{\|}}{C}-O-CH_2-CH_3$ ，**酢酸エチル**

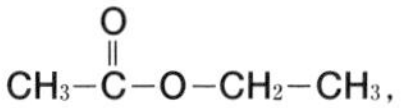

D $H-\overset{\overset{\text{O}}{\|}}{C}-O-CH_2-CH_2-CH_3$ ，**ギ酸プロピル**

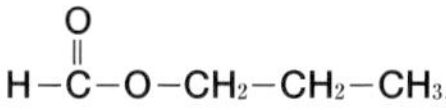

参考 **ギ酸の還元性について**

ギ酸は最も簡単な構造のカルボン酸で，カルボキシ基 −COOH とホルミル基 −CHO をもつ。このうち，ホルミル基により還元性を示し，銀鏡反応は陽性であるが，フェーリング液の還元は，pH の調整を適切に行わないと起こりにくい。

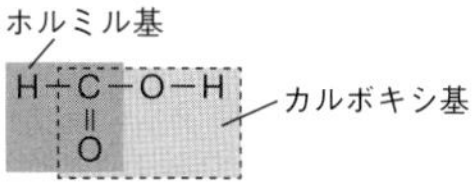

強い塩基性のフェーリング液中では，ギ酸の電離が進み，ギ酸イオンとして存在する。

ホルミル基
$H-\overset{\overset{}{|}}{\underset{\underset{\text{O}}{\|}}{C}}-O-H$ カルボキシ基

フェーリング液に加えるギ酸が少量のときは，ギ酸イオンが Cu^{2+} と安定なキレート錯体* を形成するため，還元性を示さない。また，アルデヒドの還元性は，カルボニル基 $\overset{\delta+}{C}=O$ の $C^{\delta+}$ 原子に対する OH^- の攻撃により進行するので，フェーリング液に加えるギ酸が多量のときは，反応液中の OH^- が少なくなり，還元性を示さない。反応液の pH が 8 〜 10 の弱い塩基性の条件では，ギ酸はフェーリング液を還元し，Cu_2O の赤褐色沈殿を生じたとの報告がある。

*キレート錯体は，1 個の配位子が 2 か所以上で中心の金属原子と配位結合して生じた環状構造の錯体である。

347

参考　エステルの命名は，カルボン酸名にアルコールの炭化水素基名をつけて表される。

例　**ギ酸**と**1-プロパノール**のエステル名は，
　　　　　　　　（アルコール名）
ギ酸と**プロピル**アルコールのエステルと考え，
　　　　　　　（炭化水素基名）
ギ酸プロピルとなる。
　すなわち，普段あまり使わないアルコールの慣用名を覚えておく必要がある。

示性式	組織名	慣用名
CH₃OH	メタノール	**メチル**アルコール
C₂H₅OH	エタノール	**エチル**アルコール
CH₃(CH₂)₂OH	1-プロパノール	**プロピル**アルコール
(CH₃)₂CHOH	2-プロパノール	**イソプロピル**アルコール
CH₃(CH₂)₃OH	1-ブタノール	**ブチル**アルコール
(CH₃)₂CHCH₂OH	2-メチル-1-プロパノール	**イソブチル**アルコール
C₂H₅CH(OH)CH₃	2-ブタノール	セカンダリー **s-ブチル**アルコール
(CH₃)₃COH	2-メチル-2-プロパノール	ターシャリー **t-ブチル**アルコール

347 解説

セッケンの分子は，右図のように，炭化水素基からなる**疎水基**

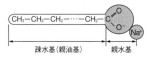

と，カルボン酸イオンからなる**親水基**を合わせもつ。このような物質を**界面活性剤**という。セッケンが水に溶けると，水と空気，水と油などの境界面（界面）に配列するので，水の表面張力を低下させるはたらきがある。このため，セッケン水は純水よりも繊維などの細かな隙間にも浸透しやすくなり，その洗浄作用に大きく貢献している。

　セッケン水は一定濃度以上になると，数十〜百個程度の分子どうしが分子間力によって会合して，コロイド粒子（ミセル）をつくるようになる。

　セッケン水中でミセルが形成しはじめる濃度は約0.2%で，この濃度を**臨界ミセル濃度**という。セッケン水の濃度を大きくしていくと，臨界ミセル濃度に達するまでは水の表面張力は低下するが，これを超えると，水の表面張力はほぼ一定値を示す。

　セッケン分子は疎水基の部分を内側に向けて繊維上にある油汚れを取り囲み，外側に向けた親水基の部分を使って細かな微粒子（ミセル）となって水中に分散させるので，繊維上から油汚れが落ちる。このような作用をセッケンの**乳化作用**といい，できたコロイド溶液を**乳濁液**（エマルション）という。

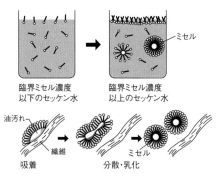

臨界ミセル濃度　　　　臨界ミセル濃度
以下のセッケン水　　　以上のセッケン水

油汚れ

繊維
吸着　　　　　　　　　分散・乳化

　セッケンは弱酸（脂肪酸）と強塩基（NaOH）からなる塩で，水溶液中で加水分解して**弱い塩基性**を示す。また，硬水中で使用すると，Ca 塩や Mg 塩が水に不溶であるため，洗浄力を示さない。

　石油などを原料としてつくられた界面活性剤を総称して**合成洗剤**という。合成洗剤は強酸（硫酸やスルホン酸）と強塩基（NaOH）からなる塩で，水溶液中でも加水分解せず**中性**を示す。また，Ca 塩や Mg 塩が水に可溶であるため，硬水中で使用しても洗浄力を失わない。

　LAS（R─◯─SO₃Na，直鎖アルキルベンゼンスルホン酸ナトリウム）を代表とする合成洗剤は，セッケンに比べて洗浄能力は優れているが，微生物による分解速度はセッケンに比べてかなり遅く，環境への負荷が大きいという欠点がある。

　合成洗剤の構造は次の通りである。

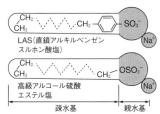

LAS（直鎖アルキルベンゼンスルホン酸塩）

高級アルコール硫酸エステル塩

疎水基　　　　親水基

解答　① 油脂　② けん化　③ 疎水(親油)
　　　④ 親水　⑤ 界面活性剤　⑥ ミセル
　　　⑦ 表面張力　⑧ 乳化作用　⑨ 乳濁液
　　　⑩ 弱塩基性　⑪ 羊毛　⑫ 硬水　⑬ 不溶性
　　　⑭ 中

参考　**セッケンが硬水で沈殿する理由**

塩	化学式	溶解度(20℃)
酢酸カルシウム	(CH₃COO)₂Ca	35〔g/100g水〕
シュウ酸カルシウム	(COO)₂Ca	7×10⁻⁴〔g/100g水〕

　上表は，1 価のカルボン酸の Ca²⁺塩は比較的水に溶けやすいが，2 価のカルボン酸の Ca²⁺塩は水に溶

けにくい傾向を示している。これは, シュウ酸イオンはCa^{2+}を両側からはさみ込むようにして配位結合して, 安定度の大きな錯体(**キレート錯体**)をつくるからである。

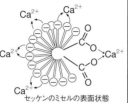

つまり, 脂肪酸イオン$R-COO^-$は**単座配位子**(配位原子が1個の配位子)で, Ca^{2+}に対する配位能力は強くない。一方, シュウ酸イオン$(COO^-)_2$は**二座配位子**(配位原子が2個の配位子)で, Ca^{2+}に対する配位能力はかなり強い。セッケンのコロイド溶液は**ミセル**を形成しており, その表面には$-COO^-$が並んで存在するため, Ca^{2+}をはさみ込むようにしてキレート錯体をつくることが可能となる。その結果, ミセルのもつ負電荷が中和され, コロイド粒子が急速に不安定化し, 沈殿を形成すると考えられる。

セッケンのミセルの表面状態

一方, 合成洗剤の水溶液でも$R-SO_3^-$, $R-OSO_3^-$がセッケン水と同様にミセルをつくる。しかし, これらのイオンはCa^{2+}に対する配位能力が弱いため, 硬水中でもミセルのもつ負電荷は失われることなく, 沈殿を形成しないと考えられる。

348 〔**解説**〕 (1) セッケンは油脂のけん化でつくるが, 合成洗剤は主に石油を原料としてつくられる。〔×〕

(2) セッケンは, 脂肪酸(弱酸)とNaOH(強塩基)からなる塩であり, 水溶液は弱い塩基性を示す。しかし, アルキルベンゼンスルホン酸塩は, 強酸と強塩基からなる塩であり, 水溶液は中性を示す。このため, フェノールフタレインを加えても, 無色のまま変化しない。〔×〕

(3) セッケンの水溶液は弱い塩基性なので, 塩基性に弱い動物性の天然繊維(絹・羊毛)の洗浄には適さないが, 合成洗剤の水溶液は中性なので, 天然繊維, 合成繊維の両方の洗浄に有効である。〔×〕

(4) **セッケン**は, 海水中のCa^{2+}やMg^{2+}と不溶性の塩をつくり, 洗浄力を失う。〔×〕

(5) セッケンやアルキルベンゼンスルホン酸塩は, 疎水性の炭化水素基の部分と, 親水性のイオンの部分からなる。疎水性の炭化水素基の部分を内側に向けて油滴を包み込み, 親水性のイオンの部分を外側に向けて集まり, コロイド粒子(**ミセル**)となって

セッケンのミセル

水溶液中に分散する。〔○〕

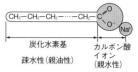

〈セッケンの構造〉

(6) セッケンや合成洗剤の疎水性(親油性)の部分が繊維に付着した油汚れを取り囲み, コロイド粒子(**ミセル**)の状態にして水中に分散させる。この作用を**乳化作用**といい, 生じたコロイド溶液は**乳濁液**である。〔○〕

〔**解答**〕 (1) ×　(2) ×　(3) ×　(4) ×
　　　　(5) ○　(6) ○

349 〔**解説**〕 (1) 油脂は高級脂肪酸とグリセリン(3価アルコール)とのエステルであるから, **油脂1分子中には3個のエステル結合を含む**。

油脂をアルカリで加水分解(けん化)する反応式の係数比より, **油脂1molを完全にけん化するにはアルカリが3mol必要である**。

$$(RCOO)_3C_3H_5 + 3KOH \longrightarrow 3RCOOK + C_3H_5(OH)_3$$

油脂Aの分子量をMとおくと, $KOH = 56$より,

$$\frac{30.0}{M} \times 3 = \frac{7.00}{56} \qquad \therefore \quad M = 720$$

(2) 飽和脂肪酸Bの分子量をM'とおくと, 脂肪酸は鎖式の1価カルボン酸だから, 中和の公式より,

$$\frac{0.520}{M'} \times 1 = 0.100 \times \frac{26.0}{1000} \times 1 \qquad \therefore \quad M' = 200$$

飽和脂肪酸の一般式は, $C_nH_{2n+1}COOH$だから,
$C_nH_{2n+1}COOH = 200$より,
$14n + 46 = 200 \qquad \therefore \quad n = 11$
$\therefore$ Bの示性式は, $C_{11}H_{23}COOH$(ラウリン酸)

不飽和脂肪酸Cでは, 分子中のC=C結合1個につき, I_2分子1個が付加するから, 油脂Aの1分子中に含まれるC=C結合の数(**不飽和度**)をx個とすると, $I_2 = 254$より,

$$\frac{100}{720} \times x = \frac{35.3}{254} \qquad \therefore \quad x \fallingdotseq 1\,〔個〕$$

不飽和脂肪酸の場合, C=C結合が1個増すごとに, 飽和脂肪酸のH原子の数から2個ずつ少なくなるから, 不飽和脂肪酸Cの示性式は, $C_nH_{2n-1}COOH$と表せる。

したがって, 油脂Aの示性式は,
$C_3H_5(OCOC_{11}H_{23})_2(OCOC_nH_{2n-1})$
と表せる。この分子量が720であるから,
$41 + (199 \times 2) + (14n + 43) = 720 \quad \therefore \quad n = 17$
$\therefore$ Cの示性式は, $C_{17}H_{33}COOH$(オレイン酸)

油脂のけん化価とヨウ素価

　一般に，天然の油脂は複雑な混合物であって，分子量や融点は一定ではない。そこで，油脂の平均分子量や不飽和度を推定するのに，けん化価やヨウ素価が利用される。

けん化価　油脂 1g をけん化するのに必要な水酸化カリウムの質量[mg]の数値。油脂 1mol を完全にけん化するには，アルカリ 3mol が必要で，油脂の平均分子量を M とすると，

$$けん化価　\frac{1}{M} \times 3 \times 56(KOH の式量) \times 10^3$$

ヨウ素価　油脂 100g に付加するヨウ素の質量[g]の数値。油脂中の C=C 結合 1mol につき，I_2 1mol が付加するので，油脂の不飽和度(C=C 結合の数)を n とすると，

$$ヨウ素価　\frac{100}{M} \times n \times 254(I_2 の分子量)$$

(3)　油脂 A の構造においては，不飽和脂肪酸 C がグリセリンの両端(1 位または 3 位)の -OH に結合した場合は(i)，中央(2 位)の -OH に結合した場合は(ii)の，2 種類の構造異性体が存在する。

(i)
CH₂-OCO-C₁₁H₂₃
C*H-OCO-C₁₁H₂₃
CH₂-OCO-C₁₇H₃₃

(ii)
CH₂-OCO-C₁₁H₂₃
CH-OCO-C₁₇H₃₃
CH₂-OCO-C₁₁H₂₃

(　(i)には不斉炭素原子*が存在するので 1 対の鏡像異性体が存在するが，(ii)には不斉炭素原子が存在しないので，鏡像異性体は存在しない。なお，自然界に存在する油脂は，(ii)のようにグリセリンの 2 位(中央)の炭素に不飽和脂肪酸が結合したものが多い。)

(4)　不飽和脂肪酸を多く含む液体の脂肪油に Ni 触媒などを用いて H_2 を付加すると，融点が上がり，固化する。この操作で得られる油脂は**硬化油**とよばれ，マーガリンやセッケンの原料に用いられる。

　この油脂 1 分子中には，C=C 結合が 1 個含まれるから，完全に付加するのに必要な H_2 の体積は，

$$\frac{100}{720} \times 1 \times 22.4 \fallingdotseq 3.111 \fallingdotseq 3.11[L]$$

解答　(1) **720**
(2) B **C₁₁H₂₃COOH**，C **C₁₇H₃₃COOH**
(3) CH₂-OCO-C₁₁H₂₃　　CH₂-OCO-C₁₁H₂₃
　　CH-OCO-C₁₁H₂₃　　CH-OCO-C₁₇H₃₃
　　CH₂-OCO-C₁₇H₃₃　　CH₂-OCO-C₁₁H₂₃
(4) **3.11L**

350 [解説]　**リンゴ酸**は，分子中に -COOH を 2 個もつ 2 価カルボン酸であると同時に，-OH をもつ**ヒドロキシ酸**でもある。

　リンゴ酸の脱水には，次の[1]と[2]の 2 通りの可能性があるが，通常は[1]の反応が起こる。

[1]
HOOC-CH-CH-COOH
　　　　OH　H

[2]
HO-CH-CH-COOH
　　CO　OH COOH H

(i)
H　　　H
　C=C
HOOC　　COOH
マレイン酸

(ii)
H　　　COOH
　C=C
HOOC　　H
フマル酸

(iii)
HO-CH-CH-COOH
　　　CO　O
無水リンゴ酸

　A，B は臭素水を脱色するから，C=C 結合をもつ(i)，(ii)となる。C は臭素水を脱色しないから，C=C 結合をもたない(iii)と決まる。

(　リンゴ酸の脱水反応では，[1]，[2]のほかに，-OH と -COOH の脱水縮合による環状エステル(ラクトン)の生成が考えられる。しかし，このエステルは四員環の構造となり，不安定である。よって，化合物 C の解答は，五員環構造の酸無水物と考えるのが妥当である。)

　リンゴ酸を約 160℃で脱水すると，フマル酸(約 90%)とマレイン酸(約 10%)を生じる。フマル酸が多く生成するのは，大きな置換基(-COOH)が離れているトランス形の方がエネルギー的に安定であることによる。

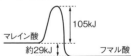

マレイン酸
約 29kJ
105kJ
フマル酸

　分子式 $C_4H_4O_4$ のマレイン酸とフマル酸は互いに**シス-トランス異性体**の関係にある。シス形のマレイン酸は -COOH どうしが互いに近い位置にあり，加熱すると約 160℃で脱水して**無水マレイン酸(酸無水物)**になる。

H-C-COOH
H-C-COOH
マレイン酸

加熱

H-C-C
　　　O + H₂O
H-C-C
無水マレイン酸

　一方，トランス形のフマル酸は -COOH どうしが離れた位置にあり，上記の条件では脱水されない。

(　しかし，フマル酸を高温で長時間加熱すると，シス形のマレイン酸に異性化したのち，無水マレイン酸が生成する。これは，高温では C=C 結合が回転可能であることを示す。)

　よって，加熱により酸無水物 D に変化しやすい A がシス形のマレイン酸(i)，D は無水マレイン酸である。一方，加熱により酸無水物に変化しなかった B

はトランス形のフマル酸(ii)である。

マレイン酸，フマル酸は，白金触媒を使って水素付加すると，ともにコハク酸Eになる。

$$HOOC-CH=CH-COOH$$
$$\xrightarrow[\text{(Pt)}]{H_2} HOOC-CH_2-CH_2-COOH$$
コハク酸

参考　**マレイン酸とフマル酸の相違点**

①マレイン酸の融点(133℃)よりもフマル酸の融点(300℃，封管中)の方が高い。理由は，フマル酸は分子間だけで水素結合を形成しているのに対して，マレイン酸では分子間だけでなく分子内で水素結合を形成しており，その分子内で水素結合をした分だけ，分子間の水素結合の数が少なくなり，分子間にはたらく引力(分子間力)が弱くなるためである。

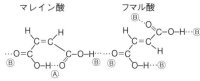

マレイン酸　　　　　　フマル酸

Ⓐ 分子内水素結合，Ⓑ 分子間水素結合を示す。

②マレイン酸は電子吸引性のカルボキシ基−COOHがC=C結合に対して同じ側にあるので，極性分子となり，水に溶けやすい。一方，フマル酸は−COOHが，C=C結合に対して反対側にあるので，無極性分子となり，水にあまり溶けない。

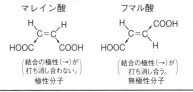

マレイン酸　　　　　　フマル酸

(結合の極性(→)が打ち消し合わない。)
極性分子

(結合の極性(→)が打ち消し合う。)
無極性分子

参考　カルボン酸2分子から水1分子がとれた形の化合物を**酸無水物**という。酸無水物には，無水酢酸のように，別々の分子間で脱水結合が起こってできたものと，無水マレイン酸のように，同一分子内で脱水縮合が起こってできたものとがある。後者では，五員環や六員環の構造ができる場合が多い。一般に，酸無水物は普通のカルボン酸に比べて反応性が大きいので，触媒がなくても次のように容易にエステル化が起こり，マレイン酸メチルが生成する。

解答

A　H₂C=CH₂ (HOOC−C=C−COOH, H on top both)

B　(HOOC−C=C−H / H−C top, COOH)

C　HO−CH−CH₂ / O=C−C=O / O

D　(ring structure)

E　HOOC−CH₂−CH₂−COOH

351 解説 (1) 完全燃焼で生じる CO_2 と H_2O の質量から，化合物Aに含まれるCとHの質量を求め，Aの組成式と分子式を求めると，

C　$264 \times \dfrac{12}{44} = 72$〔mg〕

H　$90.0 \times \dfrac{2.0}{18} = 10$〔mg〕

O　$114 − (72 + 10) = 32$〔mg〕

$$C : H : O = \underset{\text{(原子数の比)}}{\dfrac{72}{12} : \dfrac{10}{1.0} : \dfrac{32}{16}} = 6 : 10 : 2 = 3 : 5 : 1$$

したがって，Aの組成式は C_3H_5O

分子式は組成式を整数倍したものだから，

$(C_3H_5O) \times n = 228$　(n は整数)

$57n = 228$　∴　$n = 4$

よって，Aの分子式は，$C_{12}H_{20}O_4$

(2) Aは加水分解を受けるからエステルで，しかも，分子式中にO原子が4個含まれる。また，Aを加水分解すると，B，C，Dという3種類の化合物が得られることから，Aは，その1分子中にはエステル結合を2個もつエステル(**ジエステル**)と考えられる。

エステルAをけん化したとき，エーテル層から得られた化合物B，Cは，その分子式 $C_4H_{10}O$ より，いずれも1価のアルコールである。

参考　一般に，エステルのけん化では，カルボン酸ナトリウムとアルコールが得られる。前者は塩であるから，常に水層へ分離されるが，水に溶けにくいアルコール($C \geqq 4$)はエーテル層へ，水に溶けやすいアルコール($C \leqq 3$)は水層へ分離される。

分子式 $C_4H_{10}O$ のアルコールに考えられる異性体は，次の通りである。

(i) C−C−C−C−OH

(ii) C−C−C*−C / OH

(iii) C−C−C−OH / C

(iv) C / C−C−C / OH

Bを酸化するとアルデヒドになるから，Bは第一

級アルコールの(i)か(iii)である。Cは酸化されないから，第三級アルコールの(iv)と決まる。

BとCを脱水すると同一のアルケンが得られることから，BはCと同様に炭素骨格に枝分かれをもつことがわかる(直鎖の炭素骨格をもつアルコールの脱水では，枝分かれをもつアルケンは生成しない)。よって，Bは炭素骨格に枝分かれをもつ(iii)と決まる。

一方，水層を酸性にして得られた化合物Dは，カルボン酸である。その分子式は，ジエステルAの加水分解より得られるので，

$$A + 2H_2O \xrightarrow{加水分解} B + C + D$$
$$C_{12}H_{20}O_4 + 2H_2O \longrightarrow 2(C_4H_{10}O) + C_4H_4O_4$$

Dは2価カルボン酸R-(COOH)$_2$で，R=C$_2$H$_2$はC$_2$H$_4$に比べてHが2個少ないので，不飽和結合(二重結合)を1つ含む。分子式C$_4$H$_4$O$_4$の二価カルボン酸には，次の3種類が考えられる。

(v)
(vi)
(vii)

題意より，Dは160℃の加熱でも脱水せず，そのシス-トランス異性体の関係にあるEが脱水して酸無水物に変化する。よって，Eがシス形の(v)マレイン酸，Dはトランス形の(vi)フマル酸と決まる。

(vii)のメチレンマロン酸は，(v)，(vi)とはシス-トランス異性体ではなく，炭素原子の結合順序が異なるから，構造異性体の関係にある。また，加熱すると，容易にCO$_2$が脱離(脱炭酸反応)して，1価のカルボン酸のアクリル酸CH$_2$＝CHCOOHに変化する。

Aは，フマル酸と2-メチル-2-プロパノールと，2-メチル-1-プロパノールとのジエステルである。

これら3つの化合物をエステル結合させて，Aの構造式を書き直すと，解答の構造式となる。

解答 (1) C$_{12}$H$_{20}$O$_4$

(2) B　2-メチル-1-プロパノール
　　C　2-メチル-2-プロパノール
　　D　フマル酸　　E　マレイン酸

Aの構造式

---

352 **解説**　油脂は，グリセリンと高級脂肪酸3分子がエステル結合してできた化合物である。たとえば，ステアリン酸3分子とグリセリン1分子がエステル結合してできた油脂を，ステアリン酸トリグリセリド，略して，トリステアリンともいう。天然の油脂の場合，このような1種類の脂肪酸からできた油脂(**単純グリセリド**)はほとんどなく，何種類かの脂肪酸からできた油脂(**混成グリセリド**)が，さらに任意の割合で混ざり合った複雑な混合物となっている。しかし，これでは油脂の量的計算ができない。そこで，問題文で述べている「3種類の脂肪酸からなる純粋な油脂A」とは，天然の油脂のような複雑な混合物ではなく，グリセリン1分子にリノレン酸とステアリン酸と未知の脂肪酸X各1分子がエステル結合した混成グリセリドのみからなる油脂であるとして解答すればよい。

次表にあげた脂肪酸は，油脂の計算によく出てくるものなので，名称と化学式は覚えておくこと。

飽和脂肪酸の一般式は$C_nH_{2n+1}COOH$で表される。

名称と示性式	融点(℃)	C=C結合の数
パルミチン酸 $C_{15}H_{31}COOH$	63	0
ステアリン酸 $C_{17}H_{35}COOH$	71	0

不飽和脂肪酸の一般式は，分子中のC=C結合の数(**不飽和度**)をmとすると，$C_nH_{2n+1-2m}COOH$で表される。

名称と示性式	融点(℃)	C=C結合の数
オレイン酸 $C_{17}H_{33}COOH$	13	1
リノール酸 $C_{17}H_{31}COOH$	−5	2
リノレン酸 $C_{17}H_{29}COOH$	−11	3

なお，リノール酸とリノレン酸は，ヒトの体内では合成できない**必須脂肪酸**である。

参考　同一炭素数ならば，飽和脂肪酸の融点は不飽和脂肪酸の融点よりも高い。

　この理由は，天然油脂を構成する不飽和脂肪酸に含まれるC=C結合はすべてシス形であるので，二重結合が多くなるほど，分子の形が屈曲して分子どうしの接触面積が減り，分子間力が小さくなるためである。

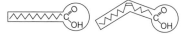

飽和脂肪酸分子　　　不飽和脂肪酸分子

　なお，油脂の融点は，構成脂肪酸の融点の高低によって強く影響されると考えられる。

　また，分子中にC=C結合を多く含む脂肪酸で構成された油脂では，空気中に放置するとしだいに流動性がなくなり樹脂状に固化する。この現象を**油脂の乾燥**という。これは，空気中のO$_2$によって油脂中のC=C結合が酸化され，O原子を仲立ちとして重合反応が進んでいくためである。このような脂肪油を**乾性油**とい

う。一方，C＝C 結合をあまり含まない脂肪酸
で構成された油脂では，空気中に放置しても，
油脂の乾燥は起こりにくい。このような脂肪油
を**不乾性油**という。また，両者の中間の性質を
もつ脂肪油を**半乾性油**という。

(1) 油脂 A を加水分解すると，グリセリンと高級脂
肪酸を生成する。このとき生成する高級脂肪酸はリ
ノレン酸 $C_{17}H_{29}COOH$，ステアリン酸 $C_{17}H_{35}COOH$
と，構造の不明な脂肪酸 X RCOOH である。した
がって，この油脂の加水分解の反応式は，次のよう
に書くことができる。

```
CH₂-OCO-C₁₇H₂₉
|
C*H-OCO-C₁₇H₃₅  + 3H₂O    *は不斉炭素原子
|
CH₂-OCO-R
```
　　　油脂 A

```
          CH₂-OH      C₁₇H₂₉COOH
          |
  ──→     CH-OH   +   C₁₇H₃₅COOH
          |
          CH₂-OH      RCOOH
          グリセリン    高級脂肪酸
```

油脂の加水分解で得られるグリセリンは，3 価ア
ルコールで，分子内に -OH を 3 個ももつため，沸点
が高く，粘性や吸湿性があり，やや甘味もある。
グリセリンに濃硝酸と濃硫酸の混合物(**混酸**)を作
用させると，**ニトログリセリン**が生成する。

$$C_3H_5(OH)_3 + 3HO-NO_2$$
$$\longrightarrow C_3H_5(ONO_2)_3 + 3H_2O$$

(H_2SO_4 は触媒なので，反応式中には書かない)

参考　**ニトログリセリンはニトロ化合物ではない!**
　ニトログリセリンは淡黄色の液体で，爆発性
がありダイナマイトなどの原料に用いられる。
ニトログリセリンはニトロ基(-NO₂)をもつ
が，ニトロ化合物ではない。**ニトロ化合物**と
は C 原子にニトロ基が直接結合した化合物を
指す。
　一般に，オキソ酸(硫酸，硝酸など)の -OH
とアルコールの -H から脱水縮合してできた
化合物を広義の**エステル**といい，それぞれ，硫
酸エステル，硝酸エステルなどとよばれる。
すなわち，ニトログリセリンは，グリセリンの
硝酸エステルなのである。硝酸エステルでは，
ニトロ基がアルコールの O 原子と結合してい
るが，C 原子とは結合していない。

(2) 次の(3)にあるように，油脂 B は，ステアリン酸
トリグリセリドであるから，その分子量は，
　$C_3H_5(OCOC_{17}H_{35})_3 = 41 + (283 \times 3) = 890$
油脂 1mol のけん化には，常にアルカリ 3mol が
必要であるから，NaOH = 40 より，

$$\frac{100}{890} \times 3 \times 40 ≒ 13.5〔g〕$$

(3) 油脂 A に水素を付加させてできた油脂 B1mol か
らステアリン酸ナトリウムが 3mol 得られることか
ら，油脂 B はステアリン酸トリグリセリドである。
これより，油脂 A を構成する脂肪酸はいずれも同
じ炭素数をもち，C＝C 結合の数(不飽和度)だけが
異なることがわかる。
　油脂 A1mol に水素 5mol が付加することから，
この油脂 1 分子中には，C＝C 結合を 5 個含む。リ
ノレン酸 $C_{17}H_{29}COOH$ は，ステアリン酸に比べて
H 原子が 6 個少ないので，C＝C 結合は 3 個含まれ
る。よって，脂肪酸 X には C＝C 結合が 2 個含ま
れることになる。よって脂肪酸 X に含まれる H 原
子はステアリン酸よりも 4 個少なく，脂肪酸 X は
$C_{17}H_{31}COOH$(リノール酸)であることがわかる。

(4) グリセリンの -OH への 3 種の脂肪酸の結合位置
の違いにより，3 種類の構造異性体が存在する。

(いずれもグリセリンの 2 位の C が不斉炭素原子と
なり，1 対の鏡像異性体が存在する。ただし，本
問では構造異性体の種類を問うているので，これ
らは考慮しなくてよい。)

解答　(1) **ニトログリセリン**
(2) **13.5g**　(3) $C_{17}H_{31}COOH$
(4)
```
CH₂-OCO-C₁₇H₃₅   CH₂-OCO-C₁₇H₃₅
|                |
CH-OCO-C₁₇H₂₉    CH-OCO-C₁₇H₃₁
|                |
CH₂-OCO-C₁₇H₃₁   CH₂-OCO-C₁₇H₃₅

CH₂-OCO-C₁₇H₂₉
|
CH-OCO-C₁₇H₃₅
|
CH₂-OCO-C₁₇H₃₁
```

353 解説　(1) 問題に与えられた立体構造をもつ
酒石酸を A とすると，A の中央の C-C 結合を軸と
して，分子の右半分を 180° 回転させると下図の A′に
なる。A′は分子内に対称面をもつので**メソ体**(分子内
で旋光性が打ち消し合い，光学不活性な化合物)であ
る。よって，A もメソ体である。

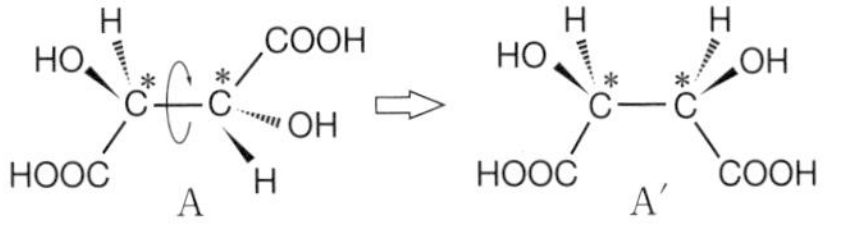

したがって，A の右半分の立体配置の 1 か所(たと
えば，-H と -OH)を入れ替えた B は，A の立体異
性体になる。同様に，A の左半分の立体配置の 1 か所
(たとえば，-H と -OH)を入れ替えた C は，A の立

体異性体になる。なお，B，Cの中央のC−C結合を軸として，分子の右半分を180°回転すると，下図のB′，C′となり，B′とC′は互いに鏡像異性体の関係にあるから，BとCも互いに鏡像異性体である。

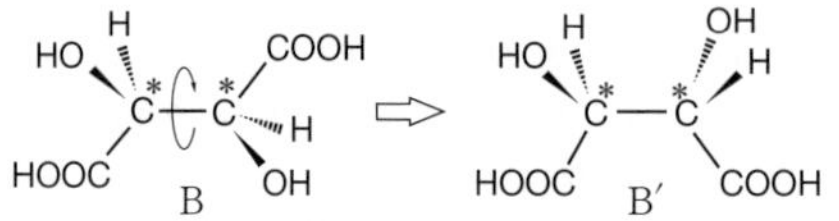

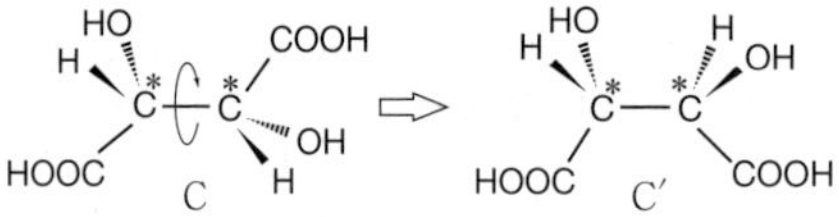

一般に，不斉炭素原子を2つ以上もつ化合物では，すべての不斉炭素原子の立体配置を1か所ずつ入れ替えた化合物どうしが**鏡像異性体（エナンチオマー）**となり，一部の不斉炭素原子の立体配置を1か所入れ替えた化合物どうしはすべて**ジアステレオマー**（鏡像異性体ではない立体異性体）となる。

(2) 化合物aは，2, 3−ブタンジオールとよばれる2価アルコールで，3種類の立体異性体（D体，L体，メソ体）をもつ。化合物aの中央のC−C結合を軸として分子の右半分を180°回転させると，下図のa′のようになる。

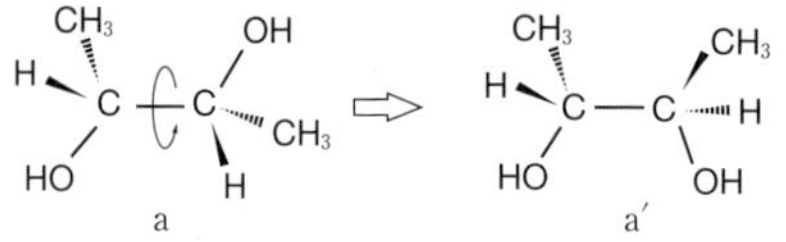

a′は分子内に対称面をもたないので，メソ体ではない。よって，aは鏡像異性体（D体かL体）である。
bはaの右半分の立体配置の1か所（−Hと−OH）を入れ替えたものだから，aのジアステレオマーであり，メソ体に相当する。

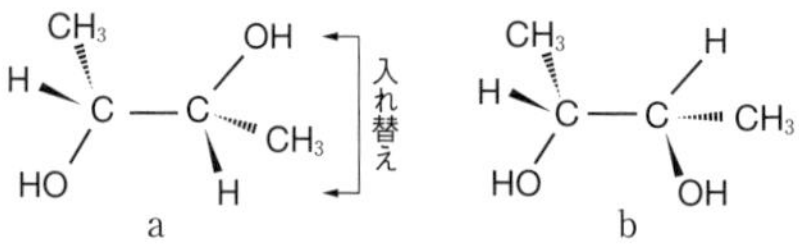

cはaの左半分の立体配置の1か所（−CH₃と−OH）を入れ替えたものだから，aのジアステレオマーであり，メソ体に相当する。

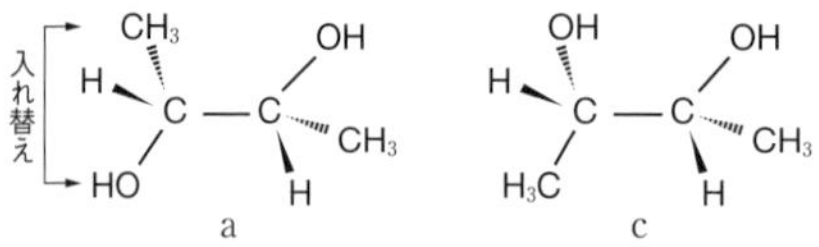

dはaの左半分の立体配置の1か所（−CH₃と−OH）と，aの右半分の立体配置の1か所（−Hと

−OH）をそれぞれ入れ替えたものだから，aの鏡像異性体（L体かD体）になる。

解答

(1)

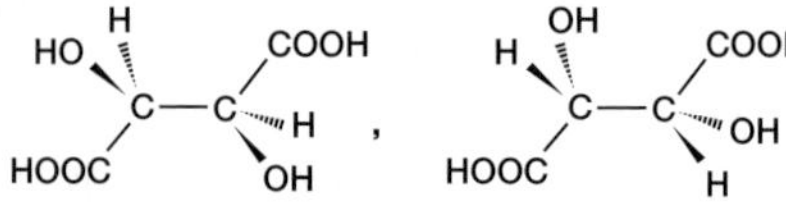

(2) d

354 解説 (1) 各元素の質量をモル質量（原子量）〔g/mol〕で割ると，物質量の比，つまり，各原子数の比が求まる。

$$\underset{\text{（原子数の比）}}{C:H:O} = \frac{53.8}{12} : \frac{5.1}{1.0} : \frac{41.1}{16}$$

$$= 4.48 : 5.1 : 2.56 \text{（最小を1とおく）}$$

$$\fallingdotseq 1.75 : 1.99 : 1 \fallingdotseq 7 : 8 : 4$$

$$130 \leqq (C_7H_8O_4)_n \leqq 170$$

$$n \text{は整数より，} n = 1$$

$$\therefore \text{Aの分子式は } C_7H_8O_4$$

(2) Aの加水分解で，Bのナトリウム塩が得られたのでBはカルボン酸である。しかも，Bは臭素と容易に反応するのでC＝C結合を含み，加熱すると容易に分子内脱水されて酸無水物になるのは，シス形の二価カルボン酸である。Bの示性式をR−(COOH)₂とおくと，R−の分子量は116−90＝26であり，C＝C結合を含むので，R−の構造は−CH＝CH−である。よって，Bはマレイン酸と決まる。

また，エステルAが酸性を示すことから，マレイン酸の2個の−COOHのうち，1個が残っており，もう1つの−COOHがエステル化されている。よって，Aはエステル結合を1個もつモノエステルである。

上記より，化合物Cの分子式は，
C₇H₈O₄＋H₂O−C₄H₄O₄(B)＝C₃H₆Oである。

Cは，金属Naと反応しないので，−OHをもたず，アルコールではない。また，フェーリング液を還元しないので，アルデヒドでもない。ヨードホルム反応を示すので，メチルケトン基CH₃CO−の構造をもつアセトンと決まる。B（マレイン酸）とC（アセトン）がエステル結合をつくるためには，下式で示すような**ケト・エノール転位**（p.180）を考慮すればよい。

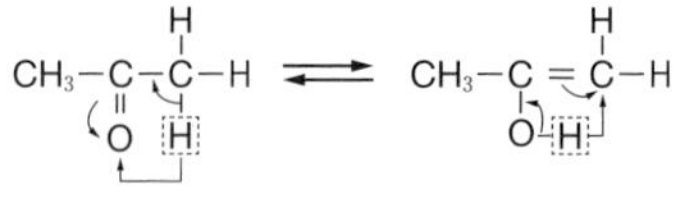

ケト形（安定）　　　　エノール形（不安定）
（⌢は電子の移動，→はH原子の移動を示す）

一般に，C＝C 結合に直接−OH が結合した化合物（**エノール**という）は不安定で，H 原子の移動（転位反応）により安定なカルボニル化合物に変化する。しかし，今回は，カルボン酸とアセトンではエステル結合できないので，化合物 A はアセトンがケト・エノール転位によってエノール形に変化したのち，マレイン酸の−COOH の 1 つとエステル結合したと考えればよい。

$$
\begin{array}{c}
\underset{\text{HOOC}}{\overset{\text{H}}{}}\text{C}=\text{C}\overset{\text{H}}{\underset{\text{CO}\boxed{\text{OH}}}{}} \quad + \quad \text{CH}_3-\text{C}=\text{CH}_2 \\
 \boxed{\text{O}\,\text{H}}
\end{array}
$$
$$-\text{H}_2\text{O}$$

B（マレイン酸）　　　　C（アセトンのエノール形）

$$
\longrightarrow \quad
\begin{array}{c}
\underset{\text{HOOC}}{\overset{\text{H}}{}}\text{C}=\text{C}\overset{\text{H}}{\underset{\text{COO}-\text{C}=\text{CH}_2}{}} \\
\overset{|}{\text{CH}_3}
\end{array}
$$

A（エステル）

(3)　化合物 A には C＝C 結合が 2 個含まれるので，A 1 分子には最大，臭素 2 分子が付加できる。

$$
\begin{array}{c}
\underset{\text{HOOC}}{\overset{\text{H}}{}}\text{C}=\text{C}\overset{\text{H}}{\underset{\text{COO}-\text{C}=\text{CH}_2}{}} \\
\overset{|}{\text{CH}_3}
\end{array}
\quad + 2\text{Br}_2 \longrightarrow
$$

$$\text{HOOC}-\overset{*}{\text{C}}\text{HBr}-\overset{*}{\text{C}}\text{HBr}-\text{COO}-\overset{*}{\underset{\overset{|}{\text{CH}_3}}{\text{C}}}\text{Br}-\text{CH}_2\text{Br}$$

生成物には不斉炭素原子を 3 個含み，分子中には対称面も存在しないので，立体異性体の総数は，$2^3 = 8$ 種類となる。

【解答】　(1) $\text{C}_7\text{H}_8\text{O}_4$

(2) A
$$
\begin{array}{c}
\underset{\text{HO}-\underset{\text{O}}{\overset{\|}{\text{C}}}}{\overset{\text{H}}{}}\text{C}=\text{C}\overset{\text{H}}{\underset{\overset{\|}{\text{O}}\overset{|}{\text{CH}_3}}{\text{C}-\text{O}-\text{C}=\text{CH}_2}}
\end{array}
$$

B
$$
\begin{array}{c}
\underset{\text{O}=\underset{\text{OH}}{\overset{|}{\text{C}}}}{\overset{\text{H}}{}}\text{C}=\text{C}\overset{\text{H}}{\underset{\overset{|}{\text{OH}}}{\text{C}=\text{O}}}
\end{array}
$$

C
$$\text{CH}_3-\underset{\overset{\|}{\text{O}}}{\text{C}}-\text{CH}_3$$

D
$$
\begin{array}{c}
\underset{\text{O}=\text{C}}{\overset{\text{H}}{}}\text{C}=\text{C}\overset{\text{H}}{\underset{\text{C}=\text{O}}{}} \\
\underset{\text{O}}{\diagdown\diagup}
\end{array}
$$

(3) **8 種類**

32　芳香族化合物①

355　【解説】　ベンゼン C_6H_6 に含まれる炭素骨格を，**ベンゼン環**という。ベンゼン環の中に含まれる二重結合は，アルケンのように 1 か所に固定されたものではなく，分子全体に広がっている。すなわち，ベンゼン環の炭素間の結合は，C＝C 結合と C−C 結合のちょうど中間的な状態にある。したがって，~~ベンゼンはアルケンのような付加反応は起こりにくく，むしろ，ベンゼン環が保存される置換反応が起こりやすい。~~

参考　6 個の炭素原子が単結合と二重結合で交互に結合した正六角形の環状構造（**ベンゼン環**という）をもつのが，ベンゼン C_6H_6 である。

ベンゼン

ベンゼンの分子をよく見ると，3 つのエチレンの部分構造が認められる。これらがつながってできたベンゼンもエチレンと同様に，**平面構造を**もつ。

炭素原子間の結合距離は，C−C ＞ C＝C ＞ C≡C の順である。ただし，ベンゼンの炭素原子間の結合は，単結合と二重結合の中間的な状態にあり，結合距離もエタンの C−C 結合（0.154nm）と，エチレンの C＝C 結合（0.134nm）のほぼ中間の値の 0.140nm を示す。

ベンゼン環では，二重結合を形成する π 電子はアルケンのように固定されているのではなく，分子全体に広がった状態になっており（**非局在化**という），エネルギー的に安定化している。この安定化エネルギーは次のように求められる。

シクロヘキセンの水素化エンタルピーは −120kJ/mol である。

$$\bigcirc\!\!\!\diagdown + \text{H}_2 \longrightarrow \bigcirc \quad \Delta H = -120\text{kJ}$$
シクロヘキセン　シクロヘキサン

ベンゼンをアルケンのような固定された 3 つの二重結合が存在する，1,3,5-シクロヘキサトリエン（仮想の化合物）と仮定すると，水素化エンタルピーは −360kJ/mol と予想される。

$$\bigcirc\!\!\!\!\bigcirc + 3\text{H}_2 \longrightarrow \bigcirc \quad \Delta H = -360\text{kJ} \quad \cdots\text{①}$$
1,3,5-シクロヘキサトリエン　シクロヘキサン

実際のベンゼンの水素化エンタルピーは −208kJ/mol と測定されている。

$$\bigcirc\!\!\!\!\bigcirc + 3\text{H}_2 \longrightarrow \bigcirc \quad \Delta H = -208\text{kJ} \quad \cdots\text{②}$$

①−②より，$\bigcirc\!\!\!\!\bigcirc \longrightarrow \bigcirc \quad \Delta H = -152\text{kJ}\cdots$③

③のように，ベンゼンは 1,3,5-シクロヘキサトリエンよりも 152kJ だけ水素化エンタルピーが小さい。この分のエネルギーが電子の非局在化により得られるベンゼンの安定化エネルギー（**共鳴エネルギー**）である。

次の@〜@は，ベンゼンの重要な置換反応であるから，しっかりと理解しておくこと。

@　ベンゼン環の水素原子が，塩素（ハロゲン）原子で置換される反応を**塩素化（ハロゲン化）**という。

ⓑ　ベンゼン環の水素原子が，スルホ基−SO₃Hで置換される反応を**スルホン化**という。水溶性で強い酸性の**ベンゼンスルホン酸**が生成する。

ⓒ　ベンゼンのH原子が，ニトロ基−NO₂で置換される反応を**ニトロ化**という。生成物の**ニトロベンゼン**は水より重い淡黄色油状の液体で水に溶けにくい。一般に，C原子に−NO₂が結合した化合物を**ニトロ化合物**という。ニトロ化における濃硝酸は主剤なので反応式中に書き表すが，濃硫酸は触媒なので，反応式中には書かないこと。

ⓓ　ベンゼンにAlCl₃のような触媒を用いて，ハロゲン化アルキルを反応させると，ベンゼンの−Hがアルキル基（−R）で置換される。この反応を**アルキル化**という（**フリーデル・クラフツ反応**ともいう）。

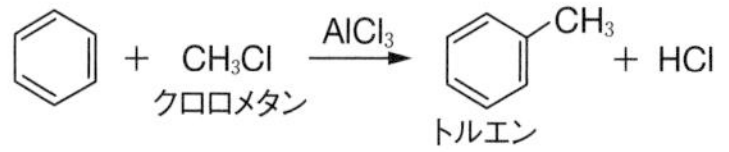

$$\bigcirc + CH_3Cl \xrightarrow{AlCl_3} \bigcirc^{CH_3} + HCl$$
クロロメタン　　　　トルエン

ベンゼンの二置換体のキシレン C₆H₄(CH₃)₂には次の3種類の構造異性体がある。

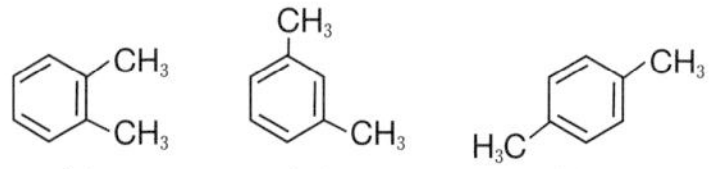

o-キシレン　　　m-キシレン　　　p-キシレン

また，キシレンと構造異性体の関係にある芳香族炭化水素にはエチルベンゼンがあり，下のような方法でつくられる。

$$\bigcirc + CH_3CH_2Cl \xrightarrow{AlCl_3} \bigcirc^{CH_2-CH_3} + HCl$$
クロロエタン　　　エチルベンゼン

エチルベンゼン C₆H₅−CH₂CH₃ を触媒（Fe₂O₃）を用いて水蒸気とともに高温に加熱して脱水素すると，スチレン C₆H₅−CH=CH₂ が生成する。

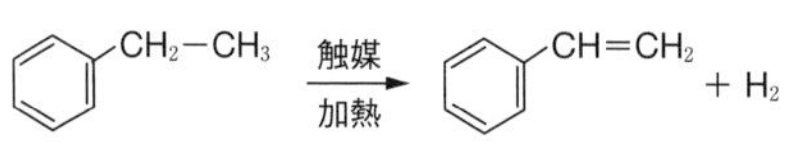

$$\bigcirc^{CH_2-CH_3} \xrightarrow[加熱]{触媒} \bigcirc^{CH=CH_2} + H_2$$

スチレンにはC=C結合が存在するので，容易に臭素が付加して脱色が起こる。

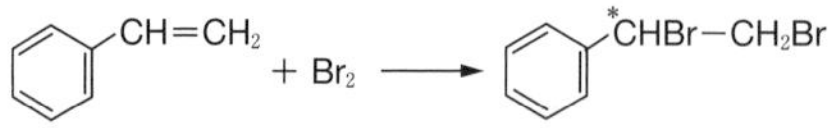

$$\bigcirc^{CH=CH_2} + Br_2 \longrightarrow \bigcirc^{*CHBr-CH_2Br}$$

また，スチレンはビニル基CH₂=CH−をもつので，分子どうしが付加重合を行い，高分子化合物を生成する。したがって，スチレンは合成樹脂（プラスチッ

ク）の原料となる。

ⓔ，ⓕ　ベンゼンは付加反応よりも置換反応のほうがずっと起こりやすいが，特別な条件下では付加反応が起こることもある。

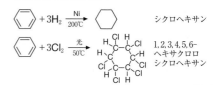

$$\bigcirc + 3H_2 \xrightarrow{Ni} \text{シクロヘキサン}$$
$$\bigcirc + 3Cl_2 \xrightarrow[50℃]{光} \text{1,2,3,4,5,6-ヘキサクロロシクロヘキサン}$$

参考　**ベンゼンの構造と反応性について**

ベンゼンのC原子がもつ4個の価電子のうち3個は，同一平面上で重なり合って強い**σ結合**をつくり，正六角形の平面構造をつくる（下図の(a)）。各C原子に残る1個の価電子は，σ結合のつくる平面に対して上下方向に広がる別の軌道に存在し，これらが側面で重なり合い，やや弱い**π結合**をつくる（下図の(b)）。

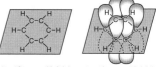

ベンゼンのσ結合(a)　ベンゼンのπ結合(b)

このπ結合に関与する6個の電子（**π電子**）は，特定のC原子だけでなく，軌道の重なりを利用して，ベンゼンの6個のC原子間に広がって存在（**非局在化**という）する。電子が非局在化すると，電子の自由度が大きくなり，エネルギー的に安定な状態になることが知られている。具体的にベンゼンの構造は，σ結合でつくられた正六角形の平面が，その上下にある大きなドーナツ状のπ電子雲によってはさまれたような構造をしているといえる。

したがって，芳香族化合物では，安定なベンゼン環が保存される置換反応は起こりやすいが，安定なベンゼン環が壊れてしまう付加反応は起こりにくいといえる。

解答
① **クロロベンゼン**　② **ベンゼンスルホン酸**
③ **ニトロベンゼン**　④ **トルエン**
⑤ **キシレン**　⑥ 3　⑦ **エチルベンゼン**
⑧ **スチレン**　⑨ **シクロヘキサン**
⑩ **ヘキサクロロシクロヘキサン**

@ $C_6H_6 + Cl_2 \longrightarrow C_6H_5Cl + HCl$
ⓑ $C_6H_6 + H_2SO_4 \longrightarrow C_6H_5SO_3H + H_2O$
ⓒ $C_6H_6 + HNO_3 \longrightarrow C_6H_5NO_2 + H_2O$
ⓓ $C_6H_6 + CH_3Cl \longrightarrow C_6H_5CH_3 + HCl$
ⓔ $C_6H_6 + 3H_2 \longrightarrow C_6H_{12}$
ⓕ $C_6H_6 + 3Cl_2 \longrightarrow C_6H_6Cl_6$

356 解説 常温で，エタノール C_2H_5OH は無色の液体(沸点78℃)，フェノール C_6H_5OH は無色の固体(融点41℃)であり，その性質には相違点と共通点がある。

(1) エタノール，フェノールともにヒドロキシ基のHと金属Naとの置換反応が起こり，水素が発生する。

$$2C_2H_5OH + 2Na \longrightarrow 2C_2H_5ONa + H_2$$
$$2C_6H_5OH + 2Na \longrightarrow 2C_6H_5ONa + H_2$$

(2), (3) フェノールは弱い酸性の物質で，NaOH 水溶液と中和反応するが，エタノールは中性の物質で，NaOH 水溶液とは反応しない。

$$C_6H_5OH + NaOH \longrightarrow C_6H_5ONa + H_2O$$
$$C_2H_5OH + NaOH \longrightarrow (反応しない)$$

(4) フェノール類は Fe^{3+} と錯イオンをつくり青〜赤紫色(フェノールは紫色)に呈色するが，エタノールは Fe^{3+} とは呈色反応しない。

(5) エタノールは水にいくらでも溶けるが，フェノールは水に少ししか溶けない。

フェノールは，水 100g に 8.2g(20℃)溶けるので，水に少し溶けると表現されることもある。

(6) エタノールは第一級アルコールで，酸化するとアセトアルデヒドを経て酢酸になる。フェノールを酸化しても，アルデヒドやカルボン酸は生成しない。フェノールを強く酸化すると，有色のキノン(ベンゼン環に二重結合を2個，環外に二重結合を2個もつ化合物)型の化合物になる。

参考

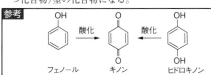

ベンゼン環に複数のフェノール性−OH をもつ化合物を多価フェノール(ポリフェノール)といい，特に酸化されやすく，還元剤として利用される。

(7) エタノール，フェノールともに−OH をもつので，氷酢酸，無水酢酸と反応してエステルを生成する(フェノールは反応性が小さく，無水酢酸を使わないとエステル化されない)。

$$C_2H_5OH + CH_3COOH \longrightarrow C_2H_5OCOCH_3 + H_2O$$
酢酸エチル

$$C_6H_5OH + (CH_3CO)_2O \longrightarrow C_6H_5OCOCH_3 + CH_3COOH$$
酢酸フェニル

(8) エタノール，フェノールの水溶液にはともに殺菌・消毒作用がある。しかし，フェノールの濃い水溶液には皮膚を激しく侵す腐食性があるので，取り扱いには注意が必要である(エタノールの濃い水溶液にはフェノールのような腐食性はない)。

参考 **フェノール類が弱い酸性を示す理由**

フェノール類では，O 原子の非共有電子対の軌道はベンゼン環平面に対して上下方向に広がっており，これがベンゼン環の上下にあるドーナツ状の π 電子雲と側面で重なっている(下図)。したがって，O 原子の非共有電子対の一部はベンゼン環の方へ流れ込み(**非局在化**という)安定化することができる。このため，O 原子自身はやや電子不足の状態になり，O−H 結合の共有電子対を強く引きつけて，フェノール類ではヒドロキシ基から H^+ が放出されやすくなり，弱い酸性を示す。

一方，ヒドロキシ基がベンゼン環に直結していないベンジルアルコールでは，フェノール類のような電子軌道の重なりはないので，ヒドロキシ基からの H^+ の放出は見られず，中性を示す。

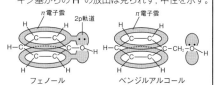

解答 (1)○ (2)P (3)P (4)P (5)E (6)E
(7)○ (8)P

357 解説 (1), (2) ベンゼンからフェノールを合成する工業的製法には，次のような方法がある。

(a) **クメン法**
(b) ベンゼンスルホン酸ナトリウムの**アルカリ融解法**
(c) クロロベンゼンの**加水分解法**

現在，日本では 100%**クメン法**でフェノールが製造されている(問題の図の①)。概略は次の通りである。

① ベンゼンを酸触媒の存在下で，プロペンに付加させて**クメン(イソプロピルベンゼン)**をつくる。

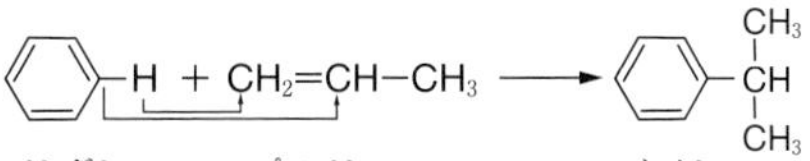

$$\text{ベンゼン} \quad \text{H} + CH_2=CH-CH_3 \longrightarrow \text{クメン}$$
ベンゼン　　　　　プロペン　　　　　　クメン

② クメンを空気酸化してクメンヒドロペルオキシドとする。

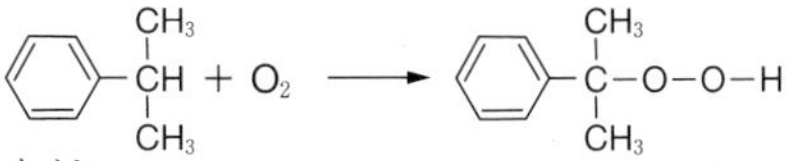

クメン + $O_2 \longrightarrow$ クメンヒドロペルオキシド

③ クメンヒドロペルオキシドを希硫酸で分解すると，フェノールとアセトンが生成する。

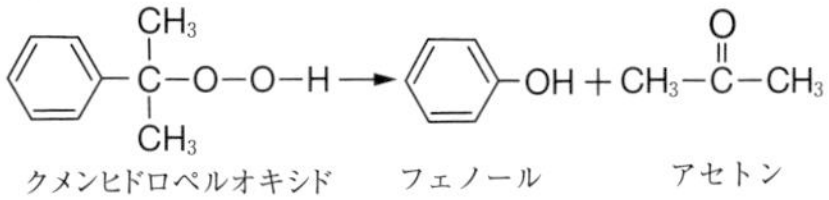

クメンヒドロペルオキシド $\longrightarrow$ フェノール −OH + CH_3-C-CH_3 アセトン

参考　クメンの合成は，プロペンに対するベンゼンの付加反応と考えるとわかりやすい。このとき，マルコフニコフの法則(p.193)に従う。

$$\underset{②}{CH_2}=\underset{①}{CH}-CH_3 + H-\text{〈ベンゼン〉}$$

(主) CH₃-CH-CH₃ 〈ベンゼン〉　(副) CH₂-CH₂-CH₃ 〈ベンゼン〉

→ イソプロピルベンゼン(クメン)　プロピルベンゼン

　問題の図の②は，古典的なフェノールの製法である，ベンゼンスルホン酸の**アルカリ融解法**である。

〈ベンゼン〉 $\xrightarrow{H_2SO_4}$ 〈SO₃H〉

$\xrightarrow[\text{NaOHaq}]{\text{中和}}$ 〈SO₃Na〉 $\xrightarrow[\substack{\text{NaOH(固)}\\約300℃}]{\text{アルカリ融解}}$ 〈ONa〉 $\xrightarrow{\text{HClaq}}$ 〈OH〉

① ベンゼンを濃硫酸で**スルホン化**して，ベンゼンスルホン酸をつくる。

② ベンゼンスルホン酸を NaOH 水溶液で中和して，ベンゼンスルホン酸ナトリウム(塩)とする。

③ この結晶を NaOH(固体)とともに約300℃の融解状態で反応させる(**アルカリ融解**)と，ナトリウムフェノキシドが生成する。

④ これに塩酸を加え酸性にすると，フェノールが生成する。この方法は，③のアルカリ融解の段階で，多量のエネルギーや NaOH を必要とし，副生成物の Na_2SO_3 の処理などの問題から，現在，日本では全く行われていない。

　このほか，古典的なフェノールの製法には，問題の図の③のクロロベンゼンの**加水分解法**もある。

〈ベンゼン〉 $\xrightarrow[\text{(Fe)}]{Cl_2}$ 〈Cl〉 $\xrightarrow[\text{高温・高圧}]{\text{NaOHaq}}$ 〈ONa〉 $\xrightarrow{\text{HClaq}}$ 〈OH〉

① ベンゼンに鉄触媒を用いて塩素と反応させて，クロロベンゼンをつくる。

② クロロベンゼンを高温・高圧の条件で，NaOH 水溶液と反応させる(加水分解)と，ナトリウムフェノキシドが生成する。

③ これに塩酸を加え酸性にすると，フェノールが生成する。この方法も，②の加水分解の段階で，多量のエネルギーや NaOH を必要とするなどの理由から，現在，日本では全く行われていない。

(3) (a) フェノールのヒドロキシ基-OHのHとナトリウム Na との置換反応が起こり，ナトリウムフェノキシド(塩)を生成し，水素 H_2 が発生する。

$$2\,\text{〈OH〉} + 2Na \longrightarrow 2\,\text{〈ONa〉} + H_2$$

(b) フェノールは水酸化ナトリウムと中和して，ナトリウムフェノキシド(塩)を生じ溶ける。

$$\text{〈OH〉} + NaOH \longrightarrow \text{〈ONa〉} + H_2O$$

　フェノールは水に少ししか溶けないが，ナトリウムフェノキシドは水によく溶ける。

(c) フェノールに無水酢酸を反応させるとフェノールの-OHの-Hがアセチル基 CH_3CO- で置換されて(**アセチル化**)，エステルである酢酸フェニルが生成する。

$$\text{〈OH〉} + (CH_3CO)_2O \longrightarrow \text{〈OCOCH₃〉} + CH_3COOH$$

解答 (1)

A 〈CH-CH₃ (CH₃)₂〉, **クメン(イソプロピルベンゼン)**

B $CH_3-\overset{O}{\overset{\|}{C}}-CH_3$, **アセトン**

C 〈-SO₃H〉, **ベンゼンスルホン酸**

D 〈-ONa〉, **ナトリウムフェノキシド**

E 〈-Cl〉, **クロロベンゼン**

(2) ① **クメン法**　(a) **スルホン化**　(b) **アルカリ融解**

(3) (a) 〈ONa〉　(b) 〈ONa〉　(c) 〈OCOCH₃〉

358 [解説] (1) 分子式 C_8H_{10} の芳香族炭化水素には，次の(i)〜(iv)の構造が考えられる。

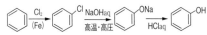

(i) 〈CH₂CH₃〉 $\xrightarrow[酸化]{(O)}$ (v) 〈COOH〉

(ii) 〈CH₃, CH₃ (o)〉 $\xrightarrow[酸化]{(O)}$ (vi) 〈COOH, COOH (o)〉

(iii) 〈CH₃, CH₃ (m)〉 $\xrightarrow[酸化]{(O)}$ (vii) 〈COOH, COOH (m)〉

(iv) 〈CH₃, H₃C (p)〉 $\xrightarrow[酸化]{(O)}$ (viii) 〈COOH, HOOC (p)〉

ベンゼン環に直接結合した炭化水素基(**側鎖**)は，KMnO₄などの強い酸化剤で十分に酸化すると，その炭素数に関係なく，すべて−COOHになる。

参考　　ベンゼン環の側鎖の酸化
　　炭化水素基(側鎖)をもつ芳香族化合物を酸化すると，ベンゼン環に直接結合した炭素原子が酸化されて−COOHとなる。たとえば，エチルベンゼンをKMnO₄で酸化すると，まず側鎖から1個のHが引き抜かれ，次のような中間体(ラジカル)が生成する可能性がある。
　　(i) $C_6H_5\overset{\cdot}{C}HCH_3$　　(ii) $C_6H_5CH_2\overset{\cdot}{C}H_2$
　　(i)の中間体はベンゼン環との相互作用を行うことにより，(ii)の中間体に比べてやや安定性が大きい。したがって，エチルベンゼンの酸化反応は(i)を経由して進行するようになり，生成物は安息香酸C_6H_5COOHと二酸化炭素CO_2となると考えられる。

　酸化すると安息香酸になるAは(i)のエチルベンゼンである。フタル酸(vi)は，−COOHが隣接しており，加熱すると容易に脱水されて無水フタル酸になる。したがって，Bは(ii)のo−キシレンである。
　ベンゼンのo−，m−，p−異性体のそれぞれにもう1つ別の置換基(−X)を導入したとき生じる異性体の数から，o−，m−，p−異性体を区別することができる。たとえば，(vi)～(viii)の芳香族ジカルボン酸の臭素一置換体の異性体数は，次の通りである。

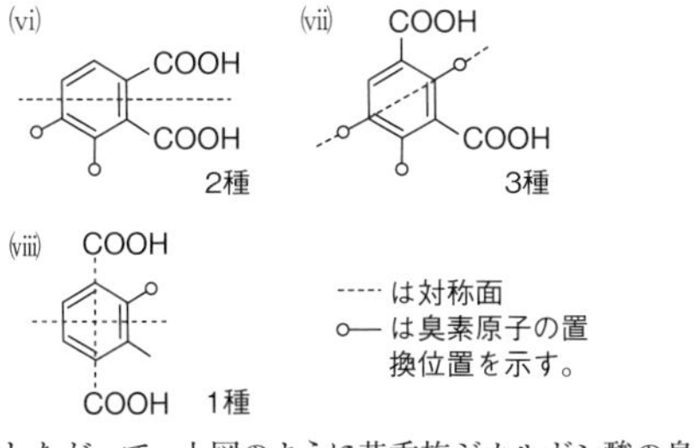

　したがって，上図のように芳香族ジカルボン酸の臭素一置換体の異性体数より，2種の異性体を生じるB′が(vi)のフタル酸，3種の異性体を生じるD′が(vii)のイソフタル酸，1種の異性体を生じるC′が(viii)のテレフタル酸と決まる。
　したがって，C′は(viii)のテレフタル酸なので，Cは(iv)のp−キシレン。D′は(vii)のイソフタル酸なので，Dは(iii)のm−キシレンである。
(2)　B′(フタル酸)を加熱して生成したEは無水フタル酸である。また，ナフタレン$C_{10}H_8$と空気の混合気体を，酸化バナジウム(V)V_2O_5触媒の存在下で約400℃で反応させると，ナフタレンの一方(右側)のベンゼン環だけが開裂し，フタル酸になるはずであ

るが，高温のために直ちに脱水して，無水フタル酸が生成する。この変化を反応式で書くと，

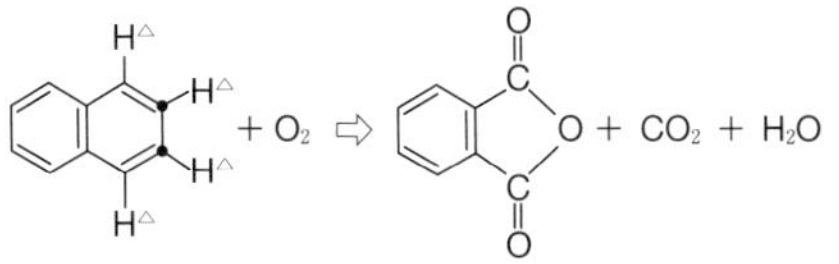

　ここで，●印の炭素はCO_2に，△印の水素はH_2Oになる。化学反応式を完成させるために，すべてを分子式に直してから，係数をつける。
　(　)$C_{10}H_8$+(　)O_2
　　　　　⟶(　)$C_8H_4O_3$+(　)CO_2+(　)H_2O
$C_{10}H_8$の係数を1とおく。
Cの数より，$C_8H_4O_3$の係数は1，CO_2の係数は2。
Hの数より，H_2Oの係数も2。
Oの数は右辺が9個より，O_2の係数は$\dfrac{9}{2}$。
全体を2倍して，分母を払う。

解答　(1)　A　　　　　　　　　B

C　　　　　D　　　　　E

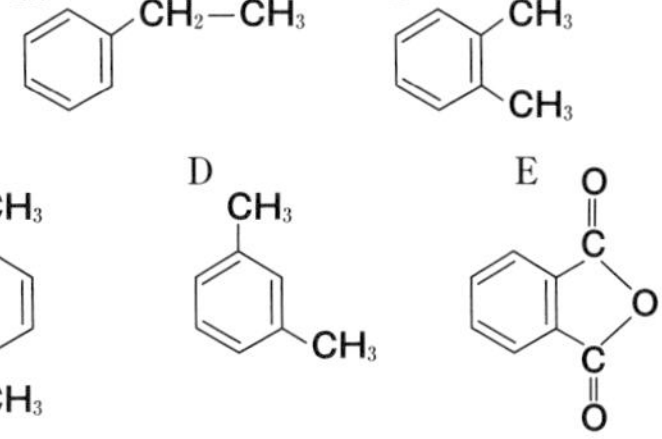

(2)

2 ナフタレン $+9O_2 \longrightarrow 2$ 無水フタル酸 $+4CO_2+4H_2O$

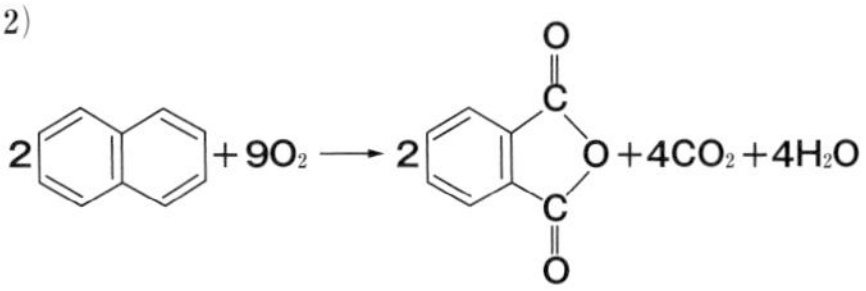

359 解説　(1)　生成したCO_2とH_2Oの物質量の比が7:4であることから，その中に含まれるCとHの原子数の比は7:8である。化合物A～Cの組成式を$C_7H_8O_n$とおくと，分子量が108だから，
　　$92+16n=108$　　∴　$n=1$
　よって，分子式はC_7H_8O
(2)　分子式がC_7H_8Oの芳香族化合物には，次の(i)～(v)の異性体が存在する。
　①　ベンゼンの一置換体(C_6H_5X)とすると，
　　　X=C_7H_8O−C_6H_5=CH_3O
　　これより，(i)-CH_2OHと(ii)-OCH_3が考えられる。
　②　ベンゼンの二置換体(X-C_6H_4-Y)とすると，
　　　X+Y=C_7H_8O−C_6H_4=CH_4O
　　これを2つに分割すると，置換基X，Yは-OHと-CH_3になる。

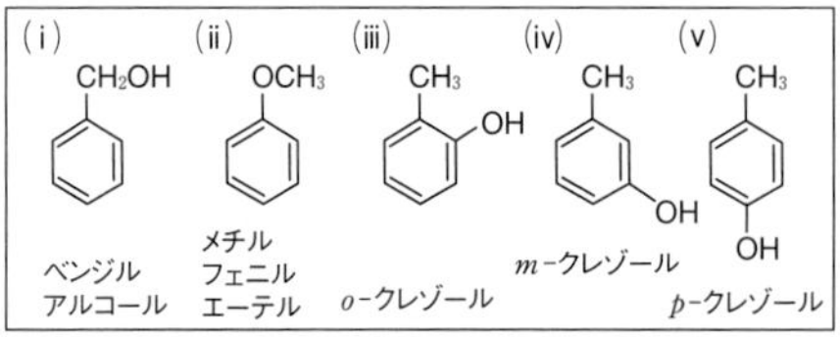

360

(i)	(ii)	(iii)	(iv)	(v)
CH₂OH	OCH₃	CH₃ OH	CH₃ OH	CH₃ OH
ベンジルアルコール	メチルフェニルエーテル	o-クレゾール	m-クレゾール	p-クレゾール

Bは金属Naと反応しないので,エーテル類の(ii)。

Aは金属Naと反応するので−OHをもつが,NaOH水溶液と反応しないので,アルコール類の(i)である(ベンジルアルコールは中性物質である)。

CはNaOH水溶液によく溶けるので,弱い酸性の物質のクレゾールの(iii), (iv), (v)のいずれかである。

なお,ベンジルアルコールを硫酸酸性の$K_2Cr_2O_7$で酸化すると,次式のように酸化され,最終生成物として安息香酸Dが得られる。

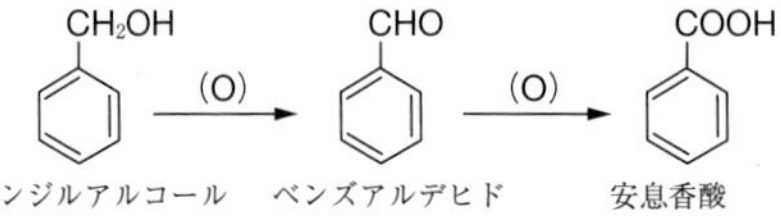

ベンジルアルコール
無色液体
(沸点205℃)

ベンズアルデヒド
無色液体
(沸点179℃)

安息香酸
無色結晶
(融点123℃)

ベンジルアルコールを穏やかな酸化剤MnO_2で酸化すると,途中のベンズアルデヒドの段階で反応を止めることができる。ベンズアルデヒドは芳香のある液体で,空気中で徐々に酸化され,安息香酸に変化しやすい(**還元性**をもつ)。ただし,銀鏡反応は陽性であるが,フェーリング液は還元しない。

反応性の高い−**OH**をアセチル化で保護した化合物を酸化した後,適切な酸化剤で加水分解するとサリチル酸が得られることから,Cはオルト体で,(iii)のo-クレゾールである。

一連の反応は次の通りである。

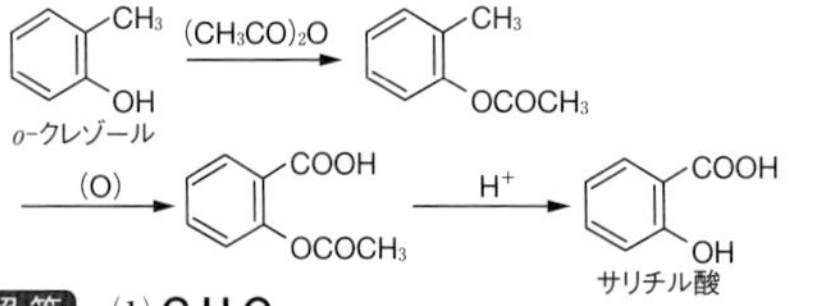

解答 (1) C_7H_8O

(2)
A	B	C	D
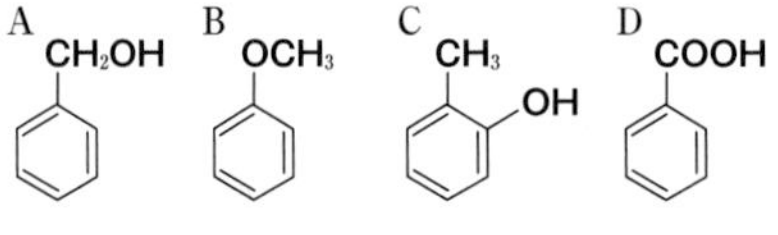 CH₂OH	OCH₃	CH₃ OH	COOH

360 **解説** (1) 分子式C_9H_{12}の芳香族炭化水素には,ベンゼン環が1個存在する。

(i) ベンゼンの一置換体とすると,その側鎖の分子式は,$C_9H_{12} - C_6H_5 = C_3H_7$より,次の2種類の構造

異性体が存在する。

$$C-C-C \quad C-C-C$$

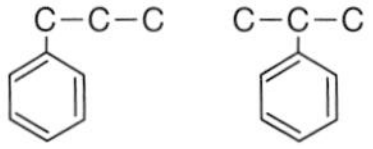

(構造式は,炭素骨格のみで示す)

(ii) ベンゼンの二置換体とすると,次の3種類の構造異性体が存在する。

o体 m体 p体

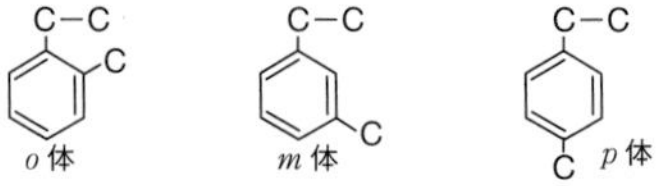

(iii) ベンゼンの三置換体とすると,次の3種類の構造異性体が存在する。

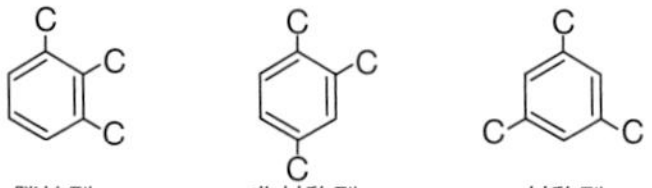

隣接型   非対称型   対称型

合わせて,8種類の構造異性体が存在する。

(2) A〜Eをベンゼンの一置換体とすると,その側鎖の分子式は,$C_9H_{10} - C_6H_5 = C_3H_5$。飽和の炭化水素基(アルキル基)$C_3H_7$と比べるとHが2個少ないので,不飽和度は1。題意より,側鎖には環状の構造をもたないので,C=C結合が1個存在し,次の(i)〜(iii)の構造が考えられる。また,触媒を用いてH_2を反応させると,それぞれ(a), (b)を生成する。

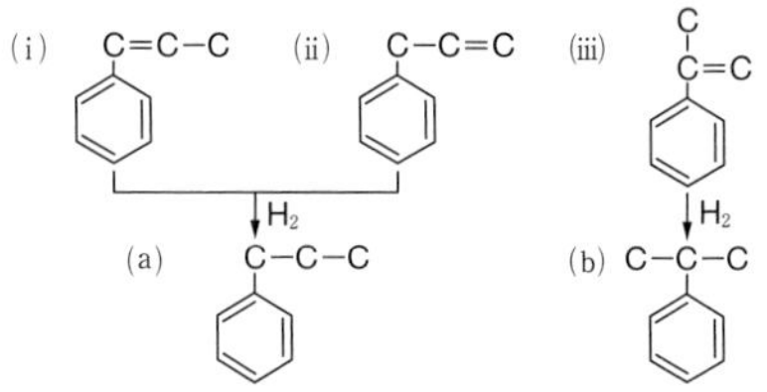

(ii), (iii)には,C=C結合が末端部にあり,シス−トランス異性体は存在しない。一方,(i)にはC=C結合にそれぞれ異なる原子(団)が結合しており,シス−トランス異性体が存在する。よって,A, Bはいずれも(i)である。

A, B, Cに触媒を用いて水素付加すると,同一の化合物(F)を生成するから,Cは(ii)と決まる。

また,Dに水素付加した化合物Gは,フェノールの工業的製法に使用されるから,クメン(イソプロピルベンゼン)(b)である。よって,Dは(iii)と決まる。

残るEはベンゼンの二置換体で,次の(iv)〜(vi)の構造が考えられ,水素付加すると,それぞれ(c), (d), (e)を生成し,さらに,触媒を用いて空気酸化すると,側鎖部分はその炭素数に関わらず−COOHに変化し,(c′), (d′), (e′)を生成する。

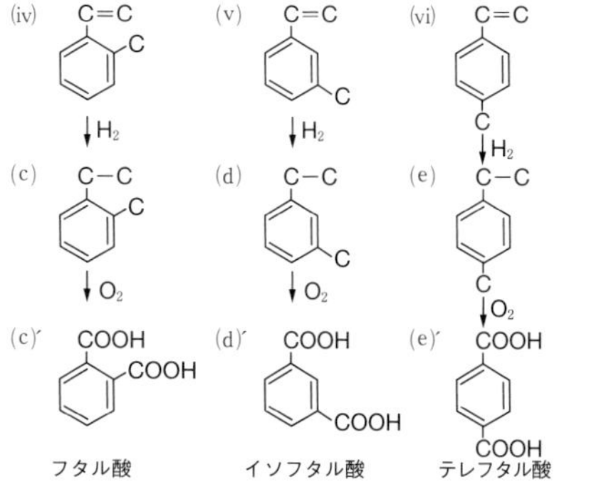

(iv) C=C (v) C=C (vi) C=C

↓H₂ ↓H₂ ↓H₂

(c) C-C (d) C-C (e) C-C

↓O₂ ↓O₂ ↓O₂

(c)′ COOH (d)′ COOH (e)′ COOH
COOH COOH COOH

フタル酸　イソフタル酸　テレフタル酸

PET樹脂の原料となるテレフタル酸(e)′が得られることから，逆上って考えると，H は(e)，E は(vi)と決まる。最後に，A，B はシス-トランス異性体の関係にあるので，その構造は，次のいずれかである。

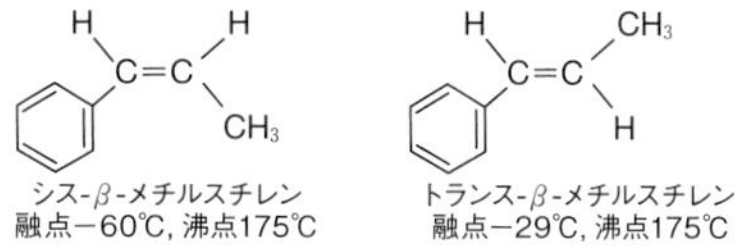

シス-β-メチルスチレン
融点−60℃，沸点175℃

トランス-β-メチルスチレン
融点−29℃，沸点175℃

一般に，分子の対称性の高いトランス形の方が，対称性の低いシス形よりも融点が高い傾向がある。よって，融点の高い方のAがトランス形，融点の低いBがシス形と考えられる。

解答 (1) **8 種類**

(2) A
B
C
D
E

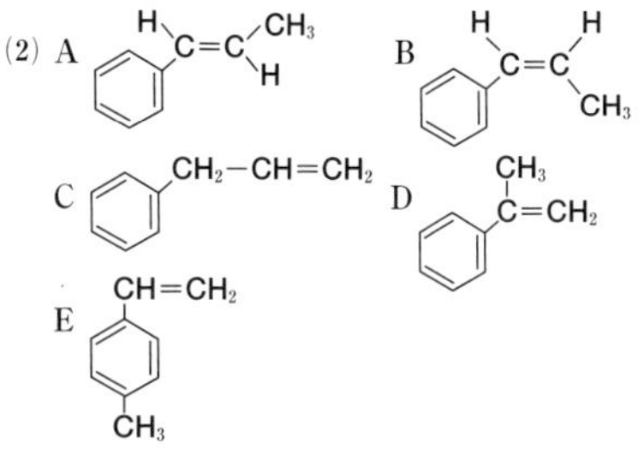

33 芳香族化合物②

361 **解説** (1) フェノールは弱い酸性の物質なので，NaOH 水溶液を加えると，中和反応が起こり，ナトリウムフェノキシド(→ A)となる。

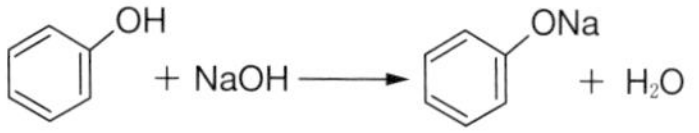

〇OH + NaOH ⟶ 〇ONa + H₂O

なお，フェノールの酸性は炭酸 H_2CO_3 よりも弱いので，ナトリウムフェノキシドの水溶液に常温・常圧で CO_2 を通じると，弱酸のフェノール(→ B)が遊離する。

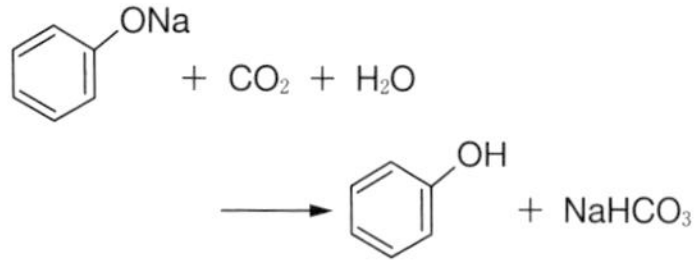

〇ONa + CO₂ + H₂O ⟶ 〇OH + NaHCO₃

問題文の後半は，サリチル酸の製法(コルベ・シュミットの反応)に関しての記述である。

ナトリウムフェノキシドを，5×10^5Pa 程度に加圧した CO_2 とともに約125℃に加熱すると，サリチル酸ナトリウム(→ C)が得られ，これに塩酸(強酸)を加えると，弱酸であるサリチル酸(→ D)が遊離する。

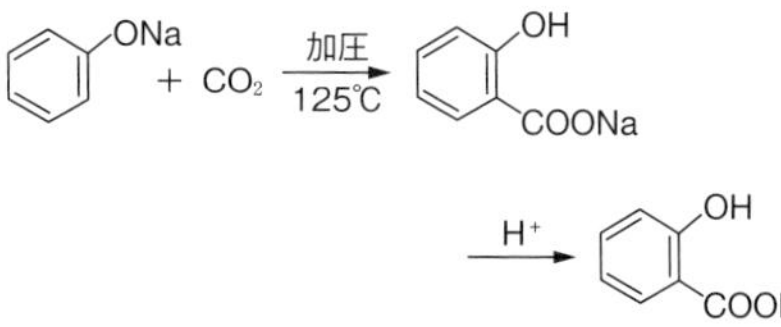

〇ONa + CO₂ 加圧/125℃⟶ OH COONa

H⁺⟶ OH COOH

(CO₂ は，ナトリウムフェノキシドの o-位に置換する。このとき脱離した H⁺ は，酸として強い方の−COO⁻ ではなく，弱い方の − O⁻ に受け取られて−OH となる。一方，−COO⁻ は Na⁺ とイオン結合したサリチル酸ナトリウム(塩)を生成する。)

サリチル酸は，分子内にカルボキシ基−COOH と，フェノール性ヒドロキシ基−OH を o-位にもつ化合物で，カルボン酸とフェノール類の両方の反応を行う。

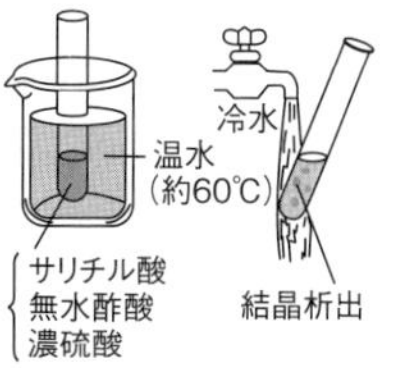

冷水
温水(約60℃)
サリチル酸
無水酢酸
濃硫酸
結晶析出
アセチルサリチル酸の製法

サリチル酸に無水酢酸を作用させると，**アセチル化**が起こり，**アセチルサリチル酸**(→ E)の無色の結晶が生成する。アセチルサリチル酸は解熱・鎮痛作用があるので内服薬として用いられる。

一方，サリチル酸をメタノールに溶かして濃硫酸を少量加えて加熱すると，**エステル化**が起こり，芳香のある**サリチル酸メチル**(→ F)の無色の液体が生成する。サリチル酸メチルには消炎・鎮痛作用があるので

外用薬として用いられる。

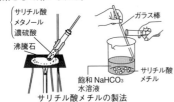

サリチル酸メチルの製法

(2) 酸の強さは，カルボン酸＞炭酸＞
フェノール類だから，Fのサリチル
酸メチルが最も弱い。D, Eにはいず
れにも–COOHがある。しかし，D
のサリチル酸は，右図のように–COOHの電離で生
じた–COO⁻が隣の–OHとの間で六員環の分子内
水素結合を形成して安定化するので，H⁺がより電離
しやすく，最も酸性が強くなる。

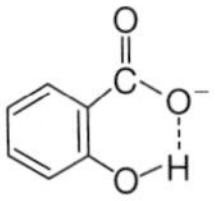

(3) フェノールはベンゼンよりも置換反応が起こりや
すく（特に _o_-, _p_- 位の電子密度が高く反応性が大
きい），濃硝酸と濃硫酸の混合物（混酸）を加えて**ニ
トロ化**すると，最終的に，フェノールの _o_- 位と _p_-
位にニトロ基が3個導入された**ピクリン酸(2,4,6-
トリニトロフェノール)**が生成する。**368 参考（オ
ルト・パラ配向性）**参照のこと。

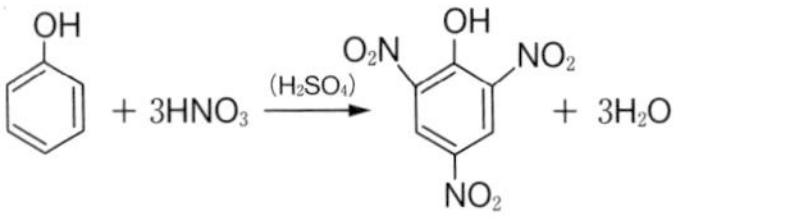

(4) フェノールは触媒なしでも
臭素と容易に置換反応して，
**2,4,6-トリブロモフェノー
ル**という白色沈殿を生成す
る。この反応は，フェノール
の検出にも使われる。

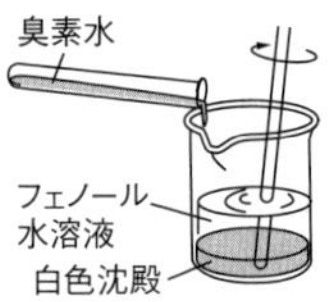

解答 (1)A ◯ONa　B ◯OH

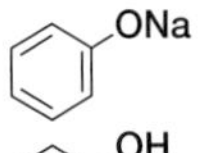

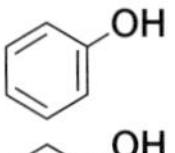

C ◯OH　D ◯OH COOH

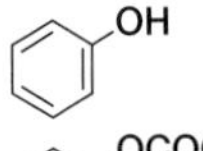

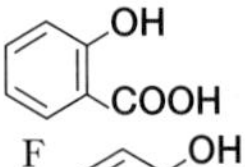

E ◯OCOCH₃ COOH　F ◯OH COOCH₃

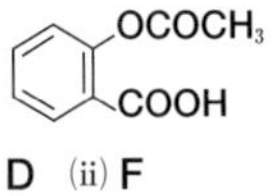

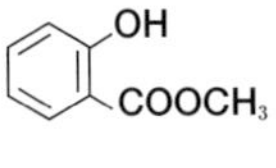

(2)(ⅰ) D　(ⅱ) F
(3) **ピクリン酸(2,4,6-トリニトロフェノール)**
(4) Br◯OH Br
Br

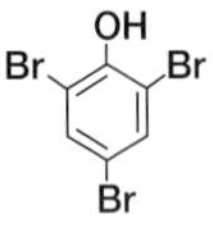

362 [解説] (1), (2)　A，B：ニトロベンゼンにス
ズ（工業的には鉄）と濃塩酸を加えて加熱すると，ニ
トロベンゼン（油滴）が還元されて，**アニリン塩酸塩**
の均一な水溶液ができる。

$$2C_6H_5NO_2 + 3Sn + 14HCl$$
$$\longrightarrow 2C_6H_5NH_3Cl + 3SnCl_4 + 4H_2O$$

（アニリンが生成するのではない。アニリンは塩基性物質
なので，酸性水溶液で反応させると，アニリンの中和反応
が起こり，アニリン塩酸塩として生成する。）

C：アニリン塩酸塩（弱塩基の塩）に水酸化ナトリウ
ム水溶液（強塩基）を加えると，直ちにアニリン（弱
塩基）が遊離するわけではない。

(3)　加えた NaOH 水溶液は，まず，過剰の HCl を中
和するので目立った変化はない（中和熱の発生を伴
うので，冷却すること）。続いて，次のように水酸
化スズ(Ⅳ)Sn(OH)₄の白色沈殿を生じる。

$$SnCl_4 + 4NaOH \longrightarrow Sn(OH)_4\downarrow + 4NaCl$$

過剰に NaOH 水溶液を加えると，両性水酸化物
の Sn(OH)₄ はヒドロキシド錯イオン[Sn(OH)₆]²⁻
を生じて溶ける。

$$Sn(OH)_4 + 2NaOH \longrightarrow Na_2[Sn(OH)_6]$$

この後，油状物質のアニリンが遊離し，乳濁液と
なるので，冷却後，ジエチルエーテルを加えてアニ
リンを抽出する。

$$C_6H_5NH_3Cl + NaOH \longrightarrow C_6H_5NH_2 + NaCl + H_2O$$

(4)　アニリンは水（下層）に溶けにくく，エーテル（上
層）に溶けやすい。

(5)　アニリンは無色の油状の液体であるが，空気中に
放置すると，徐々に酸化されて褐色～赤褐色になる。
この性質を利用して，**アニリンにさらし粉水溶液（酸
化剤）を加えると，赤紫色になる**。これは，アニリ
ンの検出に利用される。

(6)　–NH₂ の H がアセチル基(CH₃CO–)で置換され
る反応を**アセチル化**，生じた化合物を**アミド**という。
アニリンをアセチル化すると，**アセトアニリド（融
点135℃）**の白色結晶が生成する。

参考　**融点の測定**
　生成したアセトアニリ
ドの結晶が純粋であるか
どうかは，図のような装
置で融点を測定すればわ
かる。融け始める温度と
融け終わる温度の差が1
～2℃であれば，ほぼ純
物質と判断してよい。

温度計
試料
グリセリン

アセトアニリドのようなアミドは，酸や塩基の水溶液との加熱によって加水分解され，もとのアミンとカルボン酸に戻る性質がある。

〔解答〕(1) ① **スズ**　② **濃塩酸**　③ **水酸化ナトリウム**
　　　④ **アセトアニリド**
(2) B **ニトロベンゼン**，C **アニリン**
(3) $SnCl_4 + 4NaOH \longrightarrow Sn(OH)_4 + 4NaCl$
$Sn(OH)_4 + 2NaOH \longrightarrow Na_2[Sn(OH)_6]$
$C_6H_5NH_3Cl + NaOH \longrightarrow$
　　　　　　　$C_6H_5NH_2 + NaCl + H_2O$
(4) **上層**
(5) **さらし粉水溶液を加えて赤紫色になるかどうかを調べる。**
(6) $C_6H_5NH_2 + (CH_3CO)_2O$
　　　$\longrightarrow C_6H_5NHCOCH_3 + CH_3COOH$

363 〔解説〕(1) ベンゼンに濃硝酸と濃硫酸の混合物(混酸)を反応させると，**ニトロ化**が起こり，**ニトロベンゼン**(→ A)が生成する。

$$\bigcirc + HNO_3 \xrightarrow{(H_2SO_4)} \bigcirc NO_2 + H_2O$$

(2) ニトロベンゼンにスズと濃塩酸を加えて加熱すると，ニトロベンゼンが**還元**されて，アニリン塩酸塩(弱塩基の塩)が生成する。これに NaOH 水溶液を加えると，**アニリン**(→ B)(弱塩基)が遊離する。

ニトロベンゼン
スズ
濃塩酸
ニトロベンゼンの油滴が消えるまで反応させる。

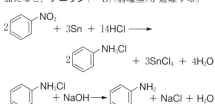

$$2\,\bigcirc^{NO_2} + 3Sn + 14HCl \longrightarrow$$
$$2\,\bigcirc^{NH_3Cl} + 3SnCl_4 + 4H_2O$$
$$\bigcirc^{NH_3Cl} + NaOH \longrightarrow \bigcirc^{NH_2} + NaCl + H_2O$$

(3) アニリンを希塩酸に溶かし，氷冷しながら亜硝酸ナトリウム水溶液を加えると，**ジアゾ化**が起こり，**塩化ベンゼンジアゾニウム**(→ C)が生成する。

ガラス棒
10%亜硝酸ナトリウム水溶液
アニリン塩酸塩
氷水
ジアゾ化で塩化ベンゼンジアゾニウムの水溶液をつくる。

$$\bigcirc^{NH_2} + 2HCl + NaNO_2$$
$$\longrightarrow \bigcirc^{N^+ \equiv NCl^-} + NaCl + 2H_2O$$
塩化ベンゼンジアゾニウム

（冷却せずにジアゾ化を行うと，ジアゾニウム塩が容易に分解して，窒素とフェノールが生成する(したがって，ジアゾ化は冷却して行う必要がある)。）

$$\bigcirc^{N^+ \equiv NCl^-} + H_2O$$
$$\longrightarrow \bigcirc^{OH} + N_2 \uparrow + HCl$$

(4) 塩化ベンゼンジアゾニウムの水溶液にナトリウムフェノキシドの水溶液を加えると，**カップリング**反応が起こり，アゾ染料として利用される赤橙色の **p-ヒドロキシアゾベンゼン**(→ D)を生成する。

塩化ベンゼンジアゾニウム溶液
フェノールの水酸化ナトリウム水溶液に浸したもめん布
カップリング反応を利用してアゾ化合物をつくり，布を染色する。

$$\bigcirc^{N^+ \equiv NCl^-} + \bigcirc^{ONa}$$
$$\longrightarrow \bigcirc^{N = N}\bigcirc^{OH} + NaCl$$
p-ヒドロキシアゾベンゼン

〔解答〕

A $\bigcirc^{NO_2}$　B $\bigcirc^{NH_2}$

C $\bigcirc^{N_2Cl}$　D $\bigcirc^{N = N}\bigcirc^{OH}$

364 〔解説〕(1) 乾いた試験管を用いる理由は次の通り。試験管の水が加わると，無水酢酸が水と徐々に反応(加水分解)して酢酸に戻っていくため，反応性の高い無水酢酸が減り，反応性の低い酢酸が増える。したがって，(3)の反応式が右向きに進みにくくなり，アセチルサリチル酸の収量が減少するためである。そのため，無水酢酸をできるだけ加水分解させずにサリチル酸と反応させるために，乾いた試験管を用いて実験を行う。

$$(CH_3CO)_2O + H_2O \longrightarrow 2CH_3COOH$$

(2) 生成したアセチルサリチル酸は，残っている無水酢酸中に溶けている。よって，反応液に冷水を加え

てかき混ぜると，無水酢酸が加水分解されるので，その中に溶解していたアセチルサリチル酸が結晶として析出しやすくなる。

(3)　無水酢酸$(CH_3CO)_2O$は，サリチル酸の$-COOH$とは反応せず，$-OH$のHとアセチル基CH_3CO-が置換反応を行うので，この反応を**アセチル化**という。

(4)　(3)の反応式の係数比より，サリチル酸1molからアセチルサリチル酸1molが生成する。サリチル酸（分子量138）1.0gから生成するアセチルサリチル酸（分子量180）の理論値をx〔g〕とすると，

$$\frac{1.0}{138} = \frac{x}{180} \quad \therefore \quad x ≒ 1.30〔g〕$$

$$収率〔\%〕 = \frac{実際の生成量}{理論的な生成量} \times 100$$

$$= \frac{0.95}{1.30} \times 100 ≒ 73.0 ≒ 73〔\%〕$$

[解答] (1) **水があると，無水酢酸と水が反応して酢酸となり反応性が低下し，アセチルサリチル酸の収量が減少するため。**

(2) **過剰の無水酢酸を加水分解することにより，アセチルサリチル酸の結晶化を促すため。**

(3)

(4) **73%**

[参考]　アセチルサリチル酸（アスピリン）の歴史
古代より，ヤナギの樹皮には解熱作用があることが知られていた。ヤナギの樹皮の有効成分は，セイヨウシロヤナギの学名 *Salix alba* からサリシンと名付けられ，1827年，サリシンから芳香族化合物のサリチル酸が単離された。しかし，サリチル酸をそのまま飲むと，酸性が強く，胃を荒らす副作用が大きい。そこで，サリチル酸をアセチル化して，サリチル酸の酸性を弱めた**アセチルサリチル酸**（商品名**アスピリン**）として，1899年に発売が開始されて以降，現在も広く解熱鎮痛剤として利用されている。また，サリチル酸からは消炎作用のあるサリチル酸メチルも合成され，筋肉痛などを和らげる湿布薬として広く利用されている。

365 **[解説]** まず，5種類の芳香族化合物は，次のように分類される。

塩基性物質：アニリン（酸に溶ける）
酸性物質：サリチル酸，フェノール（塩基に溶ける）
中性物質：ニトロベンゼン，トルエン（酸・塩基いずれにも溶けない）
サリチル酸，フェノールは酸性物質であるから，

NaOH水溶液を加えると，いずれも水溶性の塩となって水層に分離される。**アニリンは塩基性物質**だから，HCl水溶液を加えると，アニリン塩酸塩となって水層に分離される。しかし，**トルエン，ニトロベンゼンは中性物質**だから，酸・塩基のいずれとも反応せず，最後までエーテル層に残る。

ここで厄介なのが，2種類の酸性物質を分離することである。これには，酸の強さの違いと，次の原則をよく理解しておく必要がある。

（弱酸の塩）＋（強酸）→（強酸の塩）＋（弱酸）
なお，酸としての強さの順は，
塩酸，硫酸＞カルボン酸＞炭酸＞フェノール類

この関係は，(i)強い方の酸を水溶性の塩に変えたいとき，(ii)水溶性の塩から弱い方の酸を遊離させたいときに利用される。

(i)の例として，炭酸水素ナトリウム$NaHCO_3$という弱酸の塩の水溶液を用いると，炭酸より強いカルボン酸は塩となって溶解するが，炭酸より弱いフェノール類は溶解しない。こうして，2種類の酸性物質は分離できる。

(ii)の例として，フェノール類とカルボン酸がいずれもナトリウム塩となって溶けている水溶液に，CO_2を十分に通じると，水溶液中に炭酸H_2CO_3ができる。このとき，炭酸より弱いフェノール類は，弱酸の分子となって遊離するが，炭酸より強いカルボン酸は塩のままで水溶液中に存在する。こうして，2種類の酸性物質は分離できる。

(1)　サリチル酸に炭酸水素ナトリウム水溶液を加えると，次式のようにCO_2を発生しながら溶け，| 水層A |へ分離される。

サリチル酸ナトリウム
（水層A）

一方，フェノールは$NaHCO_3$とは反応しないから，| エーテル層I |にとどまる。

$NaHCO_3$aqと反応して溶けるのは，炭酸よりも強いカルボン酸などである。炭酸よりも弱いフェノール類は$NaHCO_3$aqとは反応しない。

続いて，NaOH水溶液を加えると，酸性物質のフェノールが反応して溶け，| 水層B |に分離される。

ナトリウムフェノキシド
（水層B）

最後に，アニリンは塩基性物質なので，これを分離するために希塩酸(A)を加えると反応して溶け，| 水層C |に分離される。

NH₂ + HCl ⟶ NH₃Cl
アニリン塩酸塩
（水層C）

　中性物質のニトロベンゼンとトルエンは，いかなる酸・塩基とも反応せず，エーテル層D に残る。

(2)　水層では，それぞれの塩は電離してイオンになっているから，その状態を構造式で示すこと。

(3)　① 　水層 A のサリチル酸ナトリウムに強酸の塩酸を加えると，弱酸であるサリチル酸が遊離する。

OH COONa + HCl ⟶ OH COOH + NaCl

　② 　水層 B のナトリウムフェノキシドに CO₂ を十分に通じると，フェノールより強い炭酸 H₂CO₃ によって，弱酸であるフェノールが遊離する。

ONa + CO₂ + H₂O ⟶ OH + NaHCO₃

　③ 　水層 C のアニリン塩酸塩に強塩基の NaOH 水溶液を加えると，弱塩基であるアニリンが遊離する。

NH₃Cl + NaOH ⟶ NH₂ + NaCl + H₂O

　④ 　エーテル層 D には，ニトロベンゼンとトルエンが存在する。これを蒸留すると，低沸点のトルエン（沸点110℃）が留出して除かれ，高沸点のニトロベンゼン（沸点211℃）が容器中に残る。
　これは，ニトロベンゼン（分子量123）の方がトルエン（分子量92）よりも分子量が大きいため，分子間力が強くはたらき，沸点が高くなるためである。

(4)　(ア)　HO—⟨　⟩—N（H）—C（=O）CH₃
　弱い酸性　　　　　中性

(イ)　C₂H₅O—⟨　⟩—N（H）—C（=O）CH₃
　中性　　　　　　　中性

(ウ)　H₃C／CH—CH₂—⟨　⟩—*CH（CH₃）—C（=O）CH
H₃C
　中性　　　　　　　弱い酸性

（不斉炭素原子＊のため，1 対の鏡像異性体が存在する。
その一方に薬効があるが，他方にはない。）

　(ア)のアセトアミノフェンには，フェノール性−OH 基があるので，フェノールと同様に，水層 B に分離される。
　(イ)のフェナセチンには，アミド結合−NHCO− があるが，酸性も塩基性も示さない。また，エーテル結合−O− も中性であるため，トルエンやニトロベンゼンと同様に，エーテル層 D に

残る。
　(ウ)のイブプロフェンには，カルボキシ基−COOH があるため，サリチル酸と同様に水層 A に分離される。

参考　**分液ろうとを使用する際の注意点**

　分液ろうとのコックを閉じ，試料溶液と混ざり合わない有機溶媒を加える。次に，手のひらで栓を押さえて逆さにし，分液ろうとを上下に振って溶液を混合する。このとき，有機溶媒がさかんに蒸発して，ろうと内部の圧力が上昇する。そこで，ときどきコックを開いて，ろうと内の圧力を外圧に合わせる（ガス抜きという）必要がある。特に，NaHCO₃ 水溶液を用いる場合は，有機溶媒の蒸発に加えて，CO₂ の発生を伴うので，より頻繁にガス抜きをする必要がある。
　その後，分液ろうとをスタンドのリングにかけ，しばらく静置する。下層液を取り出したいときは，空気孔を開いた状態でコックを開き，2 層の境界面がコックの位置に来たところで，コックを閉じる。なお，上層液は，栓をはずして上方の口から別の容器に取り出すようにする。上層液を取り出す際，下層液を取り出したときと同様に，分液ろうとの脚部から液を流出させると，脚部に付着していた下層液が混入するので良くない。

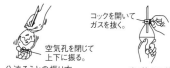

コックを開いてガスを抜く。
空気孔を閉じて上下に振る。
分液ろうとの振り方　　　　ガス抜きの仕方

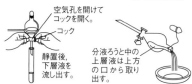

空気孔を開けてコックを開く。
コック
静置後，下層液を流し出す。
下層液の取り出し方

分液ろうと中の上層液は上方の口から取り出す。
上層液の取り出し方

参考　問題によっては，水層・エーテル層ではなく，上層・下層と書いてある場合もある。このとき，代表的な有機溶媒の水に対する比重（密度）の知識が必要である。
　ジエチルエーテルの密度は 0.71g/cm³ なので，上層がエーテル層になる。一方，クロロホルム CHCl₃（1.5g/cm³）や，ジクロロメタン CH₂Cl₂（1.3g/cm³）など塩素系の有機溶媒を使うと，有機溶媒層は下層となることに注意を要する。

解答　(1) (ウ)

(2) A　OH COO⁻　B　O⁻　C　NH₃⁺

(3) ①
②
③
④

(4) (ア) **水層B** (イ) **エーテル層D** (ウ) **水層A**

366 〔解説〕 アゾ色素の一種であるプロントジルは，スルファニルアミドのジアゾニウム塩と芳香族ジアミンとのカップリングにより合成される。

プロントジルの左半分は*m*-ジアミノベンゼンであるから，*m*-ジニトロベンゼンをスズと濃塩酸で還元してつくられる。

ベンゼンを濃硝酸と濃硫酸の混合物（混酸）で，約60℃で反応させるとニトロベンゼンが生成するが，90〜95℃で反応させると，Aの*m*-ジニトロベンゼン（黄色固体）が生成する。

ニトロ基−NO_2は，ベンゼン環から電子を引っ張る性質（**電子吸引性**）があるので，次の置換反応は，*m*-位で起こりやすい。**368** 参考 （メタ配向性）参照のこと。

m-ジニトロベンゼンをスズと濃塩酸で還元した後，塩基性にすると，*m*-ジアミノベンゼン（→B）が生成する。…〔操作1〕

一方，プロントジルの右半分はスルファニル酸であるから次の反応でつくられる。

スルファニル酸（*p*-アミノベンゼンスルホン酸）を濃NH_3水と反応させると，スルホ基−SO_3Hの−OHがアミノ基−NH_2で置換されて，スルファニルアミド（→C）が生成する。…〔操作Ⅱ〕

スルファニルアミドを塩酸に溶かし，氷冷下で亜硝酸ナトリウム水溶液を少しずつ加えて，スルファニルアミドのジアゾニウム塩（→D）をつくる。この反応を**ジアゾ化**という。…〔操作Ⅲ〕

なお，操作Ⅱ，操作Ⅲを逆の順で行ってはならない。操作Ⅱでジアゾ化したとすれば，生成物のジアゾニウム塩は不安定だから，次の操作Ⅲを行う前に分解してしまうので不適となる。

スルファニルアミドのジアゾニウム塩（→D）と，*m*-ジアミノベンゼン（→B）を弱い塩基性の条件で混合すると，**カップリング**反応が起こり，アゾ色素の一種で

あるプロントジルを生じる。なお，−NH_2はベンゼン環に電子を与える性質（**電子供与性**）があるので，次の置換反応は*o*-，*p*-位で起こりやすい（**オルト・パラ配向性**）。したがって，カップリング反応は，*m*-ジアミノベンゼンの2つの−NH_2から*o*-，*p*-位にある矢印→の位置で起こりやすい。

〔解答〕 (1) A, B
C H_2N—◯—SO_2NH_2

D $\bar{C}l N\equiv\overset{+}{N}$—◯—$SO_2NH_2$

(2) 操作Ⅰ **(オ)**，操作Ⅱ **(ウ)**，操作Ⅲ **(カ)**

(3) ① **還元** ② **ジアゾ化** ③ **カップリング**

367 〔解説〕 A, B, Cはいずれもベンゼン環をもち，$NaHCO_3$と反応して塩をつくって溶けたことから，−COOHをもつ。なお，ベンゼン環に直接結合した炭化水素基（**側鎖**）は，十分に酸化されると，炭素数に関係なく最終的に−COOHに変化する。A, B, Cとして考えられる構造式は次の通りである。

Aの分子式$C_8H_8O_2$と酸化生成物Dの分子式$C_7H_6O_2$を比較すると，炭素原子が1個減少している。また，Dはトルエンの酸化生成物（**安息香酸**）と同一であるから，Aはベンゼンの一置換体の(i)（フェニル酢酸）である。

AをKMnO₄aqで酸化すると，ベンゼン環に直接結合した炭素原子で酸化がおこり，−COOHに変化する。このときもとから存在していた−COOHはCO_2として脱離（**脱炭酸**）すると考えられる。

B, Cの分子式$C_8H_8O_2$の場合，その酸化生成物E, Fの分子式$C_8H_6O_4$と比較すると，ともに炭素原子の数は変化していないが，酸素原子が2個増加している。このことは，ベンゼン環の側鎖が酸化されて−COOHに変化したことを示す。よって，B, Cはベンゼンの二置換体の(ii), (iii), (iv)のいずれかである。

さらに，Eを加熱すると1分子の水を失った化合物（**酸無水物**）になるので，Eはオルト体のフタル酸である。よって，Bもオルト体の(ii)（*o*-トルイル酸）である。

Fは加熱しても酸無水物ができないことと，Cのベ

ンゼン環の水素原子1つを臭素原子で置換した化合物が，2種類の異性体しか生じないことから，C はパラ体の(iv)(p－トルイル酸)である。よって，F もパラ体のテレフタル酸である。

4種類　　　　4種類　　　　2種類

ベンゼン環の水素原子1つを Br 原子で置換したベンゼンの三置換体に可能な構造式(臭素の置換位置を→で表す)

解答

A CH₂COOH

B CH₃ COOH

C CH₃ COOH

D COOH

E COOH COOH

F COOH COOH

368 解説　(1)　分子式 $C_8H_8O_2$ で表される芳香族エステルは R－COO－R′ と表されるので，R と R′ の組み合わせにより，次の①～③の場合が考えられる。

① R＝C_6H_5(芳香族カルボン酸)のとき，R′＝CH_3 なので R′ のアルコールはメタノール。

② R＝CH_3(酢酸)のとき，R′＝C_6H_5(芳香族化合物)なので R′ のアルコールはフェノール。

③ R＝H(ギ酸)のとき，R′＝C_7H_7(芳香族化合物)なので R′ のアルコールはベンジルアルコール。

よって，ベンゼンの一置換体である芳香族エステル A，B，C として考えられる構造式は次の通りである。

(i) COOCH₃
(ii) OCOCH₃
(iii) CH₂OCOH

安息香酸メチル　　酢酸フェニル　　ギ酸ベンジル

芳香族化合物 D は NaOH 水溶液とは反応せず，金属 Na と反応する。$KMnO_4$ で酸化すると芳香族カルボン酸 F になったことから，D は芳香族のアルコールのベンジルアルコール。よって D を成分にもつ A は(iii)である。

また，ベンジルアルコールの酸化生成物の F は安息香酸だから，F を成分にもつ C は(i)となる。

よって，残りの B は(ii)と決まり，E はその成分のフェノールとなる。

(2)　A ～ F の中で，$FeCl_3$ 水溶液を加えて呈色するのは，フェノール類の E のみである。

(ベンジルアルコール D は，フェノール類ではないので呈色しない。また，B のフェノール性ヒドロキシ基－OH はアセチル化されているので，呈色しない。)

(3)　フェノールの o－，p－位は反応性が大きく(**オルト・パラ配向性**)，濃硝酸と濃硫酸の混合物(混酸)を作用させると，これらすべてがニトロ化され，2，4，6－トリニトロフェノール(**ピクリン酸**)とよばれる黄色結晶を生成する。この化合物は爆発性をもち，かなり強い酸性を示す。

OH + 3HNO₃ (H₂SO₄) → O₂N NO₂ NO₂ + 3H₂O

解答　(1) A CH₂－O－C－H B O－C－CH₃

C C－O－CH₃ D CH₂OH

E OH F C－OH

(2) **E**

(3)

O₂N OH NO₂ NO₂

**ピクリン酸
(2，4，6－トリニトロフェノール)**

参考　　**ピクリン酸の酸性**

ピクリン酸のフェノール性－OH は，ベンゼン環に電子吸引性の強い－NO_2 が3つも結合していることで，H^+ が電離しやすくなっており，ベンゼンスルホン酸に匹敵するほど強い酸性を示す。

参考　　**置換基の配向性**

ベンゼンの一置換体に対して置換反応を行う場合，既に入っている置換基の種類によって次の置換基の位置が決まる。これを**置換基の配向性**という。

(1) **オルト・パラ配向性**

－OH，－NH_2，－CH_3，－Cl などベンゼン環に電子を与える性質(**電子供与性**)の官能基が結合していると，o－，p－位の電子密度が高くなり，この位置で次の置換反応が起こりやすくなる。

CH₃ ニトロ化 → CH₃ NO₂ および CH₃ NO₂

トルエン　　o－ニトロトルエン(58%)

p－ニトロトルエン(38%)

(2) **メタ配向性**

－NO_2，－COOH，－SO_3H などベンゼン環から電子を引きつける性質(**電子吸引性**)の官能基が結合していると，o－，p－位の電

子密度が低くなり，相対的に電子密度の高い m-位で，次の置換反応が起こりやすくなる。

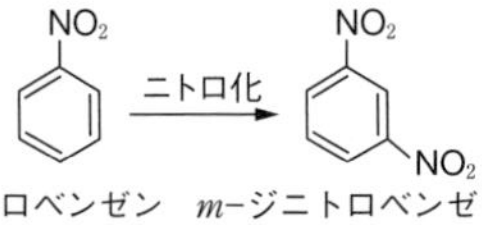

NO₂ → ニトロ化 → NO₂ NO₂

ニトロベンゼン　m-ジニトロベンゼン(93%)

369　[解説]　(1)　題意より，A〜E はカルボニル基をもつから，芳香族のアルデヒドまたはケトンである。考えられる構造は次の通りである。

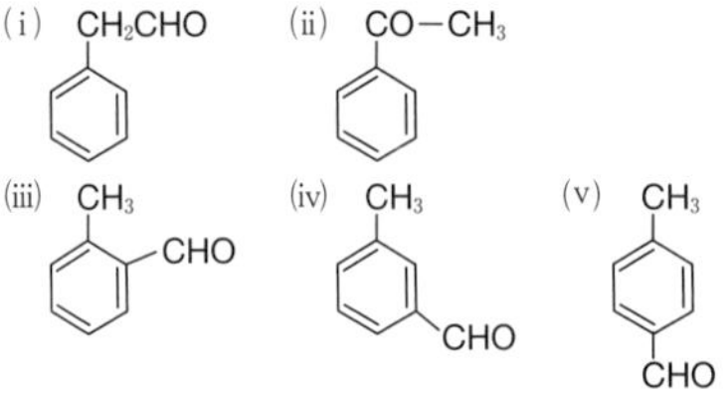

(i) CH₂CHO
(ii) CO−CH₃
(iii) CH₃ CHO
(iv) CH₃ CHO
(v) CH₃ CHO

A，B，C は空気中で −COOH へと酸化されやすい(還元性をもつ)から，ホルミル基 −CHO をもつ。さらに KMnO₄ で強く酸化すると，側鎖の −CH₃ も −COOH となる。A，B，C を十分に酸化すると，分子式 $C_8H_6O_4$ の 2 価カルボン酸に変化するから，(iii)，(iv)，(v)のいずれかである。

加熱すると，酸無水物になるのは，オルト体のフタル酸。よって，A は(iii)と決まる。

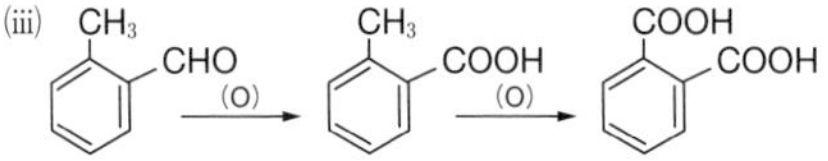

(iii) CH₃ CHO →(O)→ CH₃ COOH →(O)→ COOH COOH

合成繊維の原料となるのは，パラ体のテレフタル酸。よって，B は(v)と決まる。

残る C は，メタ体の(iv)と決まる。

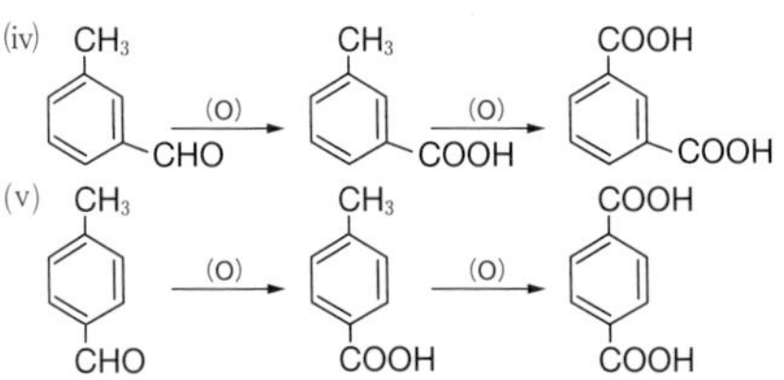

(iv) CH₃ CHO →(O)→ CH₃ COOH →(O)→ COOH COOH

(v) CH₃ CHO →(O)→ CH₃ COOH →(O)→ COOH COOH

また，D，E はともにベンゼンの一置換体である。D は還元性があるからホルミル基をもつ(i)，E は還元性がないのでケトン基をもつ(ii)と決まる。

D(アルデヒド)と E(ケトン)に触媒 Ni を用いて水素 H₂ で還元すると，それぞれ第一級アルコール(I)と第二級アルコール(J)に変化する。J には不斉炭素原子が存在するので，1 対の鏡像異性体が存在する。

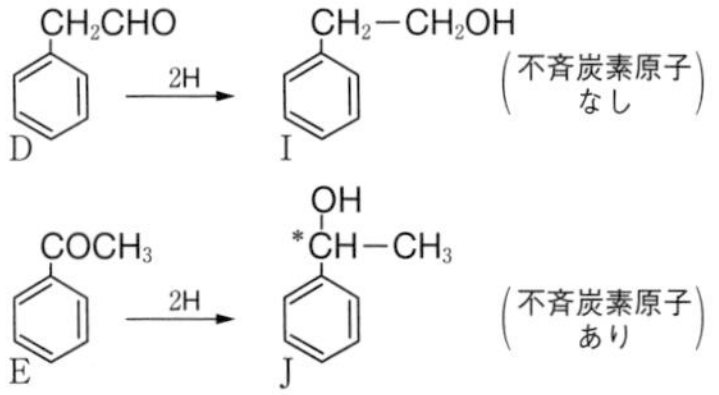

CH₂CHO →2H→ CH₂−CH₂OH （不斉炭素原子なし）
D I

COCH₃ →2H→ *CH−CH₃ OH （不斉炭素原子あり）
E J

(2)　物質の融点の高低は，分子間の引力だけでなく，分子の形(対称性)にも影響される。一般に対称性の高い分子では，結晶格子に組み込まれやすいので，融点は高くなり，逆に，対称性の低い分子では，結晶格子に組み込まれにくいので，融点は低くなる。

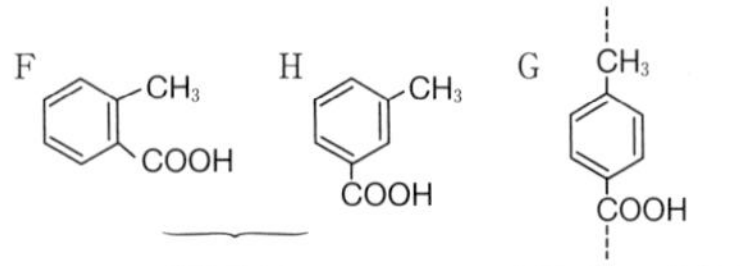

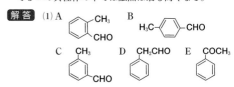

F CH₃ COOH
H CH₃ COOH
G CH₃ COOH

対称面なし		対称面(------)あり
o-トルイル酸 (融点 108℃)	m-トルイル酸 (融点 115℃)	p-トルイル酸 (融点 182℃)

o-トルイル酸，m-トルイル酸では，分子内に対称面が存在しないので，分子の対称性が低く，結晶格子に組み込まれにくく融点は低くなる。一方，p-トルイル酸には，分子内に対称面が存在し，分子の対称性が高く，結晶格子に組み込まれやすいので 3 つの異性体の中では融点は最も高くなる。

[解答]　(1) A CH₃ CHO　B H₃C−CHO

C CH₃ CHO　D CH₂CHO　E COCH₃

(2)　**G は p-置換体であるため，o-，m-置換体よりも分子の形が対称的である。したがって，結晶化しやすいため，融点は最も高くなる。**

[参考]　**ペンタン C₅H₁₂ の異性体の融点について**

たとえば，ペンタン C₅H₁₂ の構造異性体には，直鎖状のペンタン，枝分かれ 1 つのイソペンタン，枝分かれ 2 つのネオペンタンがある。

これらの分子内にある対称面の数と結晶格子への組み込まれやすさを模式図で示すと，次のようになる。

対称面 1 つ

---CH₃−CH₂−CH₂−CH₂−CH₃---
ペンタン

結晶格子

分子内に対称面が 1 つあり，2 方向 (↑，↓)のいずれからでも結晶格子に組み込まれる。

370

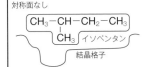

対称面なし

分子内に対称面がなく，1方向（↓）のみからしか結晶格子に組み込まれない。

結晶格子

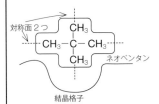

対称面2つ

ネオペンタン

分子内に対称面が2つあり，4方向（↑，↓，→，←）のいずれからでも結晶格子に組み込まれる。

結晶格子

以上より，対称面を2つもつネオペンタンの融点（－17℃）が最も高く，対称面をもたないイソペンタンの融点（－160℃）が最も低く，対称面を1つもつペンタンの融点（－130℃）が両者の中間の値を示すことが理解できる。

370 〔解説〕 (1) (a)の元素組成の値から，A を構成する各原子数の比を求めると，

$$C : H : N : O = \frac{79.98}{12} : \frac{6.69}{1.0} : \frac{6.22}{14} : \frac{7.11}{16}$$

$$\fallingdotseq 6.67 : 6.69 : 0.444 : 0.444$$

$$\fallingdotseq 15 : 15 : 1 : 1$$

よって，組成式は $C_{15}H_{15}NO$（式量225）

$(C_{15}H_{15}NO)_n \leqq 300$ より，$n = 1$

∴ A の分子式は $C_{15}H_{15}NO$

(2) (b)～(d)の実験で，化合物 A は窒素を含み，酸（触媒）を加えて加熱すると，B，C に加水分解されたので，**アミド**であることがわかる。

また，A は N 原子と O 原子を1個ずつ含むことから，分子内にはアミド結合を1個もつ。

アミド A の加水分解の反応式は，次式の通り。

$Ar_1-CONH-Ar_2 + H_2O \longrightarrow Ar_1-COOH + Ar_2-NH_2$
（芳香族炭化水素基は，アリール基（Ar–）と表される）

> **参考** アミドは，酸・塩基のどちらを触媒として用いても加水分解できる。
> (ⅰ) 酸を用いた場合
> $R-CONH-R' + HCl + H_2O$
> $\longrightarrow R-COOH + R'-NH_3Cl$
> (ⅱ) 塩基を用いた場合
> $R-CONH-R' + NaOH$
> $\longrightarrow R-COONa + R'-NH_2$

酸触媒で加水分解後，反応液にエーテルを加えて振り混ぜると，生成が予想される芳香酸カルボン酸 B はエーテル層Ⅰに移り，芳香族アミン C の塩酸塩は水層Ⅱに残るので，B と C が互いに分離できる。

水層Ⅱに強塩基の NaOHaq を加えると，次式のように反応して，弱塩基の芳香族アミン C が遊離する。

$Ar-NH_3Cl + NaOH \longrightarrow Ar-NH_2 + NaCl + H_2O$

(e)より，化合物 C はベンゼン環をもち，それに直接結合する H 原子が4個あるので，ベンゼンの二置換体である。この H 原子のうち1個を Cl 原子で置換した化合物に2種の異性体が存在するのは，次のように側鎖 –R と –NH$_2$ が p-位にあるときだけである。

4種 　　　 4種 　　　 2種

(f)より，化合物 B は芳香族カルボン酸で，その酸化生成物を加熱することにより，容易に脱水して酸無水物 D に変化したことから，次の反応が考えられる。

化合物 B

$\xrightarrow{KMnO_4}$

$\xrightarrow{230℃}$ ＋ H_2O

化合物 D

B と C から生じるアミド A の炭素数が15であるから，B と C のベンゼン環に炭素が 6 × 2 = 12 個，アミド結合に炭素が1個含まれるので，B と C の側鎖のうち，(R + R′)に含まれる炭素数は2。したがって，R と R′ の炭素数はそれぞれ1個ずつであり，R = R′ = CH$_3$ と決まる。

よって，B は o-メチル安息香酸（o-トルイル酸），C は p-アミノトルエン（p-トルイジン）である。

よって，A は，B の –COOH と C の –NH$_2$ が脱水縮合してできたアミドである。

〔解答〕 (1) $C_{15}H_{15}NO$

(2)

A

B 　　　 C 　　　 D

371 〔解説〕 (1) ヒドロキシ基−OH をもつ A，B，C はベンゼンの一置換体か二置換体で，アルコールかフェノール類のいずれか。一置換体とすると，側鎖の分子式は，$C_8H_{10}O-C_6H_5$ より C_2H_5O となる。二置換体とすると，側鎖の分子式は $C_8H_{10}O-C_6H_4$ より C_2H_6O となり，この C_2H_6O を2つに分けると(CH_3，CH_2OH)または(C_2H_5，OH)の組み合わせになる。A ～ C に考えられる構造は次の(i)～(ⅷ)になる。

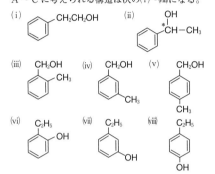

A の酸化生成物の E が銀鏡反応を示すことから，E はアルデヒド。よって，A は第一級アルコールなので，(i)，(iii)，(iv)，(v)のいずれか。A は濃硫酸で脱水反応をするので，(i)と決まり，その脱水生成物 F は次のようになる。

(iii)，(iv)，(v)は，−OH の隣接する C 原子に H 原子が結合していないので，脱水反応は起こらない。

A（2-フェニルエタノール） $\xrightarrow[-H_2O]{(H_2SO_4)}$ F（スチレン）

A を硫酸酸性の $KMnO_4$ で強く酸化すると，α 位の C 原子から酸化が起こるので生成物は安息香酸と CO_2 となる。しかし，硫酸酸性の $K_2Cr_2O_7$ で穏やかに酸化すると，β 位の C 原子で酸化が起こるので，次のアルデヒドが得られる。

A $\xrightarrow[K_2Cr_2O_7]{(O)}$ E（フェニルアセトアルデヒド）

B を濃硫酸で脱水してもやはり F（スチレン）が得られるので，B は(ii)と決まる。

B（1-フェニルエタノール） $\xrightarrow[-H_2O]{(H_2SO_4)}$ F

C は $FeCl_3$ 水溶液で呈色しないのでフェノール類ではない。よって(iii)，(iv)，(v)のいずれか。核磁気共鳴分析装置（NMR）によって，有機化合物中の物理的・化学的な性質の異なる H 原子の種類とその割合を調べることができる。(iii)，(iv)，(v)について，環境の異なる H 原子を①，②…で区別すると，

(iii)
①②③④⑤⑥⑦
1, 2, 1, 1, 1, 1, 3
7種類
（o-メチルベンジルアルコール）

(iv)
①②③④⑤⑥⑦
1, 2, 1, 1, 1, 3, 1
7種類
（m-メチルベンジルアルコール）

(v)
①②③④⑤
1, 2, 2, 2, 3
5種類
（p-メチルベンジルアルコール）

よって，環境の異なる5種類の H 原子が存在するのは(v)と決まる。

(2) D はベンゼンの三置換体で，側鎖の分子式は，$C_8H_{10}O-C_6H_3$ より C_2H_7O

この C_2H_7O を3つに分けると(CH_3，CH_3，OH)の組み合せのみ。また，D は $FeCl_3$ 水溶液で呈色するのでフェノール類。考えられる構造は，2個のメチル基の位置を o-，m-・p- に固定し，それぞれについて−OH の結合位置(→)を考えると，次の6種類になる。

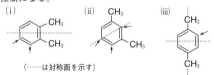

（……は対称面を示す）

〔解答〕 (1)

A CH_2-CH_2-OH

B OH $CH-CH_3$

C CH_2-OH ・ CH_3

E CH_2-CHO

F $CH=CH_2$

(2) **6 種類**

34 有機化合物と人間生活

372 [解説] **染料**は，**天然染料**と**合成染料**に分類され，天然染料は，動物，植物，鉱物染料に分類される。

現在，多くの天然繊維・合成繊維の染色に使用されている染料のほとんどは合成染料である。

染料分子が繊維に結びつくことを**染着**という。水に可溶で繊維に染着する色素を**染料**，水に不溶で繊維に染着しない色素を**顔料**という。

> [参考] 繊維と染料の結合（染着）の方法には下のようなものがあり，これは繊維中の結晶部分ではなく，染料分子の染み込みやすい非結晶部分で主に行われる。 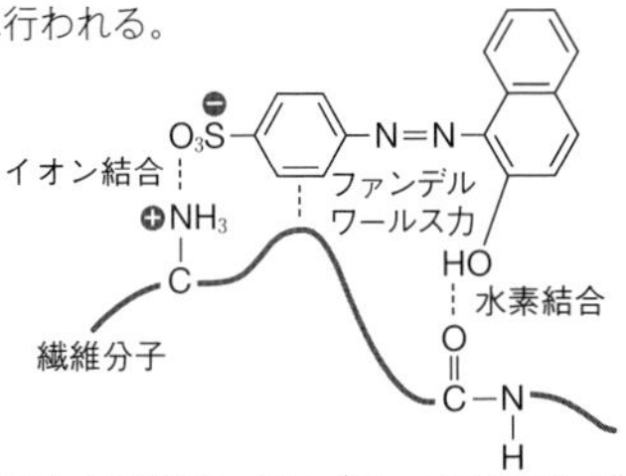
>
> イオン結合
> ファンデルワールス力
> 水素結合
> 繊維分子
>
> 繊維中の官能基$-NH_3^+$や$-COO^-$などの部分にはたらくイオン結合，$-OH$などの部分にはたらく水素結合などで結びつく。さらに，繊維と染料分子の間にはファンデルワールス力もはたらいている。

直接染料 多くはポリアゾ染料（アゾ基を複数もつ染料）で，$-SO_3Na$をもつため水溶性である。染料分子が繊維中に入り込み，分子間力などで染着するが，染着力はさほど強くはない。

酸性染料 分子中に酸性基（$-COONa$，$-SO_3Na$）をもち，繊維中の$-NH_3^+$とイオン結合で染着する。

塩基性染料 分子中に塩基性基（$-NH_3Cl$，$-NH_2RCl$）をもち，繊維中の$-COO^-$とイオン結合で染着する。

なお，タンパク質からなる羊毛や絹は，$-NH_3^+$，$-COO^-$などの官能基をもつので，酸性・塩基性染料でよく染まる。

媒染染料 金属イオンの媒介により，繊維と染料分子が結合する。この目的で加える金属塩を**媒染剤**という。媒染剤の種類で色調が変化する。

> [参考] **媒染染料について**
> 媒染染料は，金属イオンと染料分子とが配位結合して特殊な錯体をつくることで染着する。アリザリン（下図）は，代表的な媒染染料で，媒染剤の種類によりその色調が変わる。 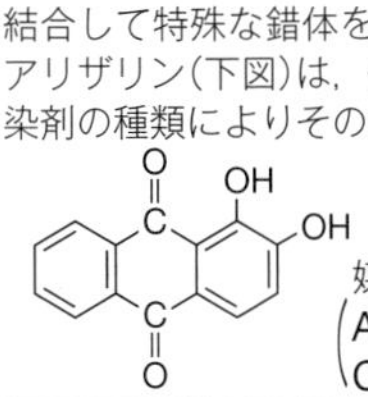
>
> 媒染剤
> （Al^{3+} 赤色，Fe^{3+} 褐色
> Cr^{3+} 紫色）

建染染料 水に不溶性の染料を還元して水溶性に変え，繊維に吸着させた後，空気に曝して酸化して発色，不溶化させ染着する。インジゴは代表的な建染染料である。

> [参考] **インジゴの染色法**
> **インジゴ**は，藍の葉から得られる青色の色素である。インジゴは水に不溶だが，これをハイドロサルファイト$Na_2S_2O_4$（還元剤）などで還元すると，水溶性のロイコインジゴ（無色）となる。これを布の繊維に吸着させた後，空気にさらして酸化すると，もとのインジゴ（青色）にもどり染着する。この染色法を**建染法**という。 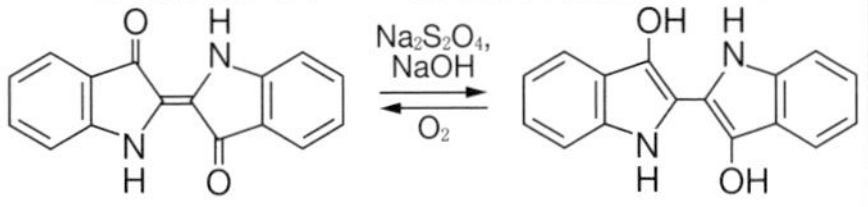
>
> $$\xrightarrow[O_2]{\substack{Na_2S_2O_4 \\ NaOH}}$$
>
> インジゴ（青色，難溶性）　　ロイコインジゴ（無色，水溶性）

分散染料 不溶性の染料を分散剤（界面活性剤）で乳化した後，繊維に分散させ染着する。

反応性染料 染料と繊維中の官能基が，互いに共有結合をつくって染着する。

アゾイック染料 繊維上でカップリング反応させることで不溶性のアゾ染料をつくり，染色する。

繊維の種類に応じて，最も適した染料（染色法）を使用する必要がある。直接染料は綿，酸性・塩基性染料は絹・羊毛，建染染料やアゾイック染料は綿・レーヨンなど，分散染料はポリエステル・アクリル繊維などの染色に適している。

[解答] (1) **カ** (2) **ウ** (3) **ケ** (4) **ア** (5) **エ** (6) **オ**

> [参考] **染料の構造と発色のしくみ**
> 染料（色素）分子が発色するためには，その構造の中に，二重結合と単結合を交互に含んだ共役二重結合などの電子が動きやすい原子団（**共役系**という）が必要である。このように，色素分子の発色の原因となる原子団を**発色団**といい，次のようなものがある。
>
> $$>C=C<, \ >C=O, \ -N=N-, \ -N=O$$
>
> 一方，発色団となる共役二重結合に電子を送り込んで電子を動きやすくして発色を強める原子団を**助色団**といい，次のようなものがある。また，染料分子を水溶性にして繊維への染着性を高める原子団も助色団となる。
>
> $$-OH, \ -NH_2, \ -N<^R_{R'}, \ -SO_3H$$
>
> [例] オレンジⅡ
>
>
>
> NaO_3S　助色団（染着性を高める）
> $-N=N-$　発色団
> OH　助色団（発色を強める）

373 〔解説〕(1) 医薬品が人間や動物に与える作用を**薬理作用**という。そのうち治療目的にかなう有益な作用を**主作用(薬効)**といい，それ以外の望ましくない作用を**副作用**という。薬理作用は，医薬品の分子が，各細胞や酵素に存在する受容体と結合することで発現する。したがって，構造のよく似た分子は，同じような薬理作用を示すことが期待される。このような原理に基づいて，新しい医薬品を設計することを**ドラッグデザイン**という。

参考	医薬品の薬理作用
アスピリン　炎症によって生じる痛みを神経系に伝える物質(プロスタグランジン)の生成を阻害する。
サルファ剤　細菌の生命活動に必要な葉酸の合成を阻害する。
ペニシリン　細菌の細胞壁をつくるはたらきを阻害する。
ニトログリセリン　体内で分解されて生じたNOが，血管を拡張させる。
ストレプトマイシン　細菌のタンパク質合成を阻害する。
シスプラチン　ガン細胞のDNA合成を阻害し，その増殖を抑制する。

(2) **副作用**は，医薬品を多量に，長時間使用したり，別の物質との相互作用などが原因で起こることがある。

(3) 動物には，異物が体内に侵入するのを防いだり，侵入した異物を排除したりするしくみが備わっており，この異物を**免疫**という。特に，ヒトなどでは，異物が侵入すると，それを**抗原**と認識し，それと特異的に反応する**抗体**を生成して異物を排除するしくみが発達している。抗原と抗体の反応を**抗原抗体反応**といい，この反応により抗原としてのはたらきが失われたり，白血球が抗原を分解処理しやすくなる。さらに，次に同じ抗原が侵入したときは，直ちに多量の抗体が生成される(**免疫記憶**)ので，発症しにくくなる。

参考	アレルギー
抗原抗体反応のうち，生物体に好ましくない過剰な反応が現れた場合，**アレルギー**という。じんましん，花粉症，喘息などがその例である。

(4) 体内に免疫をつくらせる目的で用いる，病原性を弱めた病原体や死菌，不活性化した毒素などの抗原を**ワクチン**という。結核の予防に用いるBCG，はしか(麻疹)，風疹，ポリオなどのワクチンがある。2020年から世界的に流行したCOVID-19(通称，新型コロナウイルス)に対しては，核酸の一種であるmRNA(p.237 参照)を抗原とするワクチン(**mRNAワクチン**)が使用された。

(5) 抗生物質などの薬剤に対して抵抗性をもつ細菌類を**耐性菌**という。抗生物質を乱用すると，耐性菌を増加させることになるので，注意しなければならない。MRSA(メチシリン耐性黄色ブドウ球菌)や，VRE(バンコマイシン耐性腸球菌)などは耐性菌の一種で，これによる院内感染が問題となっている。

(6), (7) 医薬品には，病気の根本原因を取り除いて治療する**化学療法薬**と，病気に伴う不快な症状を緩和する**対症療法薬**がある。

この他，病原体の増殖を阻止・死滅させる**消毒薬**，病気の診断に役立つ**診断薬**，健康を増進するための**保健薬**などもある。

〔解答〕**(1) 主作用(薬効)　(2) 副作用　(3) 免疫
(4) ワクチン　(5) 耐性菌　(6) 化学療法薬
(7) 対症療法薬**

374 〔解説〕　分子内に親水基と疎水基の部分を合わせ持った物質は**界面活性剤**とよばれる。

界面活性剤は，水と油のような溶け合わない液体どうしを，互いに混じり合わせる作用(**乳化作用**)を示し，セッケンや合成洗剤として用いられている。界面活性剤は，親水基が水溶液中でどのような状態で存在するかによって，次の4種類に分類される。

親水基の部分が陰イオンであるものを**陰イオン界面活性剤**とよび，セッケンやアルコール系合成洗剤(アルキル硫酸ナトリウムなど)，石油系合成洗剤(直鎖アルキルベンゼンスルホン酸ナトリウムなど)がある。

親水基の部分が陽イオンであるものを**陽イオン界面活性剤**とよび，洗浄力は弱いが殺菌力が強いので，リンス，殺菌剤，消毒剤，柔軟仕上剤や帯電防止剤などに用いられる。殺菌・消毒剤の場合には**逆性セッケン**ということがある。

親水基の部分がイオンでないものは**非イオン界面活性剤**とよび，皮膚に対する刺激が少ないので，液体洗剤のほか，化粧品の乳化剤にも用いられる。

親水基の部分が陽イオンになったり，陰イオンになったりするものは**両性界面活性剤**といい，リンスインシャンプーや工業用洗剤，食品の乳化剤などに用いる。

参考	非イオン界面活性剤について
非イオン界面活性剤の親水基は，オキシエチレン基−CH_2−CH_2−O−で，この基の数が増すと親水性が強くなる。一方，疎水基は，炭化水素基で，その炭素数が増すほど，疎水性が強くなる。非イオン界面活性剤は，電離しないので皮膚に対する刺激性や脱脂力は小さく，泡立ちは少ないが，洗浄力はかなり大きい。

〔解答〕　① (イ)　② (ウ)　③ (エ)　④ (ア)

35 糖類(炭水化物)

375 〔解説〕(1)　一般式 $C_m(H_2O)_n(m≧3, m>n)$ で表され，分子中に複数の−OHをもつ化合物を**糖類(炭水化物)**という。糖類は，加水分解される，されないによって次のように分類される。

> **単糖類**　分子式 $C_6H_{12}O_6$
> 　　　　加水分解されない糖類。
> 　　　　(例)グルコース，フルクトース
> **二糖類**　分子式 $C_{12}H_{22}O_{11}$
> 　　　　2分子の単糖が脱水縮合した糖類。
> 　　　　加水分解によって単糖を生じる。
> 　　　　(例)マルトース，スクロース，ラクトース
> **多糖類**　分子式 $(C_6H_{10}O_5)_n$
> 　　　　多数の単糖が脱水縮合した糖類。
> 　　　　(例)デンプン，セルロース，グリコーゲン

　グルコースが環状構造をとったとき，新たに不斉炭素原子となった①(1位)の炭素に結合するヒドロキシ基が，環の下側にあるものを**α型**，環の上側にあるものを**β型**と区別する。これらは同一の単糖に属するが，物理的性質などがやや異なる立体異性体で，互いに**アノマー**という。α−グルコースとβ−グルコースは立体異性体の関係にあるが，グルコースとフルクトースは構造式が異なり，構造異性体の関係にある。

　また，グルコースのように，炭素数6の単糖を**六炭糖**(ヘキソース)といい，分子式は $C_6H_{12}O_6$ である。リボースのように，炭素数5の単糖を**五炭糖**(ペントース)といい，分子式は $C_5H_{10}O_5$ である。

れらのように，②〜④(2〜4位)の−OHの立体配置の1か所だけが逆である立体異性体を**エピマー**という。D−グルコースの立体異性体(全部で8種類)のうち，天然に多く存在するのは，D−マンノース，D−ガラクトースだけであり，その他5種類はほとんど存在しない。

　グルコースは，水溶液中でα型，β型および，鎖状構造のものが，1：2：微量　の割合で平衡状態となっている。その鎖状構造に**ホルミル基(アルデヒド基)**があるため，グルコースの水溶液は還元性を示す。すなわち，銀鏡反応を示したり，フェーリング液を還元して酸化銅(Ⅰ)Cu_2O の赤色沈殿を生じる。

　フルクトースの水溶液中では，その鎖状構造にヒドロキシケトン基−$COCH_2OH$ が存在するため，グルコースの水溶液と同様に還元性を示す。

　二糖類のうち，α−グルコースと別のグルコースが脱水縮合した二糖が**マルトース**，β−ガラクトースと別のグルコースが脱水縮合した二糖が**ラクトース**，α−グルコースとβ−フルクトースが脱水縮合した二糖が**スクロース**である。また，二糖類は，酸や酵素によって単糖類に加水分解される。

$$マルトース \xrightarrow{マルターゼ} グルコース＋グルコース$$
$$ラクトース \xrightarrow{ラクターゼ} グルコース＋ガラクトース$$
$$スクロース \xrightarrow{スクラーゼ} グルコース＋フルクトース$$

　スクロースはα−グルコースの①(1位)の炭素原子に結合した−OHと，β−フルクトースの②(2位)の炭素原子に結合した−OH，すなわち，ともに還元性を示す構造(**ヘミアセタール構造** p.224 参照)どうしで脱水縮合した二糖である。そのため，水溶液中で鎖状構造がとれず還元性を示さない。

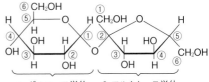

α−グルコース単位　　　β−フルクトース単位

(2)　α−グルコースの①(1位)の−OHと，別のグル

コースの④(4位)の−OHとが脱水縮合すると，**マ
ルトース**ができる。また，*α*-グルコースの①(1位)
の−OHと，*β*-フルクトースの②(2位)の−OHと
が脱水縮合すると，**スクロース**ができる。

(3)　スクロースの加水分解の反応式は，
$$C_{12}H_{22}O_{11} + H_2O \longrightarrow 2C_6H_{12}O_6$$
スクロース 1mol から単糖 2mol を生じる。また，
フェーリング液との反応より，単糖 1mol から酸化
銅(Ⅰ)Cu_2O 1mol が生成する。したがって，スク
ロース 1mol から酸化銅(Ⅰ)2mol が生成する。
$C_{12}H_{22}O_{11} = 342$, $Cu_2O = 143$ より，
$$\frac{2.4}{342} \times 2 \times 143 ≒ 2.00 ≒ 2.0〔g〕$$

解答 (1) ア $C_6H_{12}O_6$　イ　**単糖類**
　　　　ウ **ホルミル(アルデヒド)**　エ　**構造**
　　　　オ **ヒドロキシケトン**　カ $C_{12}H_{22}O_{11}$
　　　　キ **二糖類**　ク　**示さない**
　　　　ケ **スクラーゼ(インベルターゼ)**
　　　　コ **転化糖**　サ　**示す**

(2)
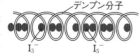
マルトース
スクロース
(3) **2.0g**

376 **解説** デンプンは*α*-グルコースの縮合重合
体で，1,4-グリコシド結合のみからなる直鎖状構造の
アミロースと，1,4-グリコシド結合の他に1,6-グリ
コシド結合をもつ枝分かれ構造の**アミロペクチン**から
なる。アミロースは比較的分子量が小さく(数万~数
十万)，熱水に可溶である。一方，アミロペクチンは
分子量がかなり大きく(数十万~数百万程度)，熱水に
も不溶である。

デンプンの水溶液にヨウ素溶液(ヨウ素ヨウ化カリ
ウム水溶液)を加えると，デンプン分子の**らせん構造**
の中にI_3^-(三ヨウ化物イオン)やI_5^-(五ヨウ化物イ
オン)が取り込まれることで呈色する。この呈色反応を
ヨウ素デンプン反応という。加熱すると，デンプンのらせん構造からI_3^-
などが出ていくた
め，色は消えてし
まうが，冷却する

とらせん構造にI_3^-などが入り込むため，もとの呈色
が見られるようになる。アミロースは枝分かれがなく，
1本のらせんが長いので，ヨウ素デンプン反応は濃青
色を示す。一方，アミロペクチンは枝分かれしていて，
1本のらせんが短いので，ヨウ素デンプン反応では赤
紫色を示す。

また，動物の肝臓中には**グリコーゲン**という多糖が
貯蔵されている。これは，アミ
ロペクチンよりもさらに枝分
かれが多く，1本のらせんが
さらに短いので，ヨウ素デ
ンプン反応は赤褐色を示す。
枝分かれが多いため酵素ア
ミラーゼの作用を受けやす
く，速やかに加水分解され，
大量のグルコースを供給することができる。

グリコーゲンの構造

アミロースにアミラーゼを作用させると，完全にマ
ルトースまで加水分解される。しかし，アミロペクチ
ンにアミラーゼを作用させても，枝分かれ部分の 1,
6-グリコシド結合は切断できずに，枝分かれ部分を多
く残した**デキストリン**(デンプンが部分的に加水分解
されてできた多糖の総称)と**マ
ルトース**が生成する。

セルロースは*β*-グルコース
の 1位と 4位の−OH の間で
脱水縮合してできた高分子で
ある。**直線状構造**をもち，平行に並んだ分子間では数
多くの水素結合が形成され，強い繊維状の物質となる。
セルロースが熱水にも溶けないのは，水素結合により
多くの部分(70~85%)で結晶化しているためである。
セルロースは，酵素セルラーゼによって加水分解さ
れ，二糖の**セロビオース**となり，さらに酵素セロビアー
ゼによって単糖のグルコースに加水分解される。

デキストリン

参考 **セルロースのはたらき**
　セルロースは，食品栄養学上は，不消化性の
食物繊維に分類される。動物は，セルロースの
加水分解酵素であるセルラーゼをもっていな
いが，植食性動物(ウシ，ウマ，ヒツジ，ヤギなど)
は消化管内にセルラーゼを産出する細菌が共
生していて，セルロースを栄養として利用できる。
　食物繊維は，私たちには栄養とはならないが，
便秘を防いだり，腸内細菌の栄養分となってそ
の発酵で生成する有害物質などを速やかに体
外に排出するなどの有効なはたらきを示す。

参考 **デンプンとセルロースの構造**
　デンプンでは，*α*-グルコースがすべて同じ
方向に結合しているので，その 1つの構成単
位に曲がりがあると，それが繰り返されて高分
子ができると，大きな曲がりをもつ**らせん構造**

（左巻き）となる。

　一方，セルロースでは，β-グルコースが1単位ごとにその向きを反転しながら結合しているので，たとえその1つの構成単位に曲りがあったとしても，分子全体としては曲りが打ち消し合って，真っすぐに伸びた**直線状構造**となる。

〔問〕$(C_6H_{10}O_5)_n + nH_2O \longrightarrow nC_6H_{12}O_6$ より，デンプン1molからグルコース n〔mol〕が生成する。

分子量は $(C_6H_{10}O_5)_n = 162n$，$C_6H_{12}O_6 = 180$ より，

$$\frac{9.0}{162n} \times n \times 180 = 10 \text{〔g〕}$$

解答
① α-グルコース　　② らせん
③ ヨウ素デンプン反応　④ アミロース
⑤ アミロペクチン　　　⑥ グルコース
⑦ デキストリン　　　　⑧ グリコーゲン
⑨ β-グルコース　　⑩ 直線
⑪ セルラーゼ　　　　　⑫ セロビオース
⑬ セロビアーゼ　　　　⑭ グルコース
〔問〕**10g**

377 **解説** (1) A〜Fはいずれも常温の水によく溶けるので，単糖類か二糖類である。G, Hは常温の水に溶けないので，多糖類であり，熱水に溶けるGはデンプン，溶けないHはセルロースである。

(2) 単糖類の水溶液はすべて還元性を示し，多糖類はすべて還元性を示さない。多くの二糖類の水溶液は還元性を示すが，スクロースとトレハロースは還元性を示さない。還元性を示さないDは二糖のスクロースである。

(3) スクロースを加水分解すると，単糖A, Cの等量混合物（転化糖）が得られるから，A, Cはグルコースかフルクトースのいずれかである。

(4) Bを加水分解するとただ1種の単糖Aが得られるから，Bはマルトース，Aはグルコースである。
よって，Cはフルクトースである。残る二糖Eはラクトースで，加水分解すると，グルコースと共に生成する単糖Fは，ガラクトースである。

参考　**トレハロースについて**
　トレハロースはα-グルコース2分子が還元性を示す1位の-OHどうしで脱水縮合してできた二糖である。水溶液中でも開環できず，鎖状構造をとれないので，その水溶液は還元性を示さない。

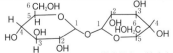

トレハロースはスクロースの半分軽度の甘味を示し，水分を強く保持する作用を示し，食品や化粧品の保湿成分として利用される。

参考　**糖類の甘味**
　糖類の甘味は，ふつう，スクロースを基準の1として示される。フルクトースの甘味が最も強く約1.5，グルコースは約0.5，マルトースは約0.4，ラクトースは0.2程度である。

解答　A **グルコース**　　B **マルトース**
C **フルクトース**　D **スクロース**
E **ラクトース**　　F **ガラクトース**
G **デンプン**　　　H **セルロース**

378 **解説** (1) フルクトースは，水溶液中でヒドロキシケトン基 $-COCH_2OH$ をもつ鎖状構造を生じ，還元性を示す。〔×〕

(2) 二糖類のうち，スクロースは還元性を示さない。（**375** **解説** 参照）〔×〕

(3) 鎖状構造，環状構造のいずれも5個の-OHが存在する。〔○〕

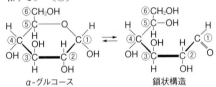

α-グルコース　　　　　　　　鎖状構造

(4) グルコースの水溶液は次式のようにアルコール発酵を行う。$C_6H_{12}O_6 \longrightarrow 2C_2H_5OH + 2CO_2$〔○〕

(5) セルロースは酵素セルラーゼによって二糖のセロビオースへと加水分解されるが，グルコースまで加水分解されるのではない。セロビオースは酵素セロビアーゼによって単糖のグルコースへと加水分解される。また，セルロースに希硫酸を加えて長時間熱すると，単糖のグルコースへ加水分解される。〔×〕

(6) グルコースとフルクトースは同じ分子式 $C_6H_{12}O_6$ をもつが，互いに構造式が異なるので，立体異性体ではなく構造異性体の関係にある。なお，単糖類は，グルコースのようにホルミル基をもつ**アルドース**，フルクトースのようにカルボニル基をもつ**ケトース**に分類されている。〔×〕

(7) デンプンはα-グルコースの縮合重合体，セルロースはβ-グルコースの縮合重合体である。しかし，これらを加水分解すると，セルロースからはβ-グルコースのみが，デンプンからはα-グルコースのみが得られるというわけでなく，いずれもグルコース（$\alpha:\beta \fallingdotseq 1:2$の平衡混合物）が得られる。〔×〕

(8) セルロースに濃硝酸と濃硫酸の混合物（混酸）を作用させると，セルロースを構成するグルコース1単位に含まれる3個の-OHすべてが硝酸によってエステル化され，**トリニトロセルロース**が得られる。

$$[C_6H_7O_2(OH)_3]_n + 3nHNO_3 \xrightarrow{\text{エステル化}}$$
セルロース
$$[C_6H_7O_2(ONO_2)_3]_n + 3nH_2O$$
トリニトロセルロース

　トリニトロセルロースは綿火薬として用いられる。ニトロセルロースやニトログリセリンでは，ニトロベンゼンのようにニトロ基−NO_2 が C 原子に結合しておらず，ニトロ基が O 原子に結合しているので，ニトロ化合物ではなく，いずれも**硝酸エステル**である。〔×〕

解答　(3)，(4)

379 **解説**　(2)　**グルコース(ブドウ糖)**は，水溶液中では下図のように3種類の構造が**平衡状態**となっている。

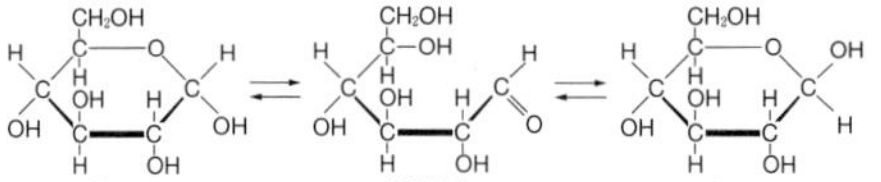

α-グルコース　　鎖状構造　　β-グルコース

　鎖状構造のグルコースがもつホルミル基(アルデヒド基)−CHO が還元性を示す。

参考　**ヘミアセタール構造について**
　グルコースの環状構造中の①位の C 原子には，−OH 基と−O−結合が1個ずつ結合している。この構造を**ヘミアセタール構造**という。水溶液中ではヘミアセタール構造の−OH から H^+ が放出され，環内の O 原子に転位すると，電子の移動とともにヘミアセタール構造が開環し，−OH 基 a と−CHO 基 b をもつ鎖状構造に変化し，還元性を示す。

(3)　4種類の異なる原子・原子団と結合している炭素原子を，**不斉炭素原子**という。図 A の α-グルコースの場合，着目した C 原子から環を左右に一周したときの，立体構造の違いを比較する。たとえば，②(2位)の C 原子に着目した場合，−H と−OH が異なるだけでなく，環の右回りに③→④→⑤→ O →①と見た立体構造と，環の左回りに①→ O →⑤→④→③と見た立体構造では異なるので，不斉炭素原子と判断する。したがって，1〜5位の炭素原子がすべて不斉炭素原子である。

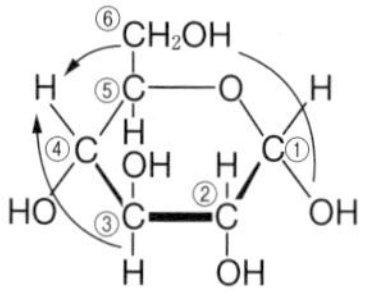

(4)　フルクトース(果糖)は，水溶液中では下図のような平衡状態にあり，鎖状構造の中にあるヒドロキシケトン基−$COCH_2OH$ が還元性を示す。

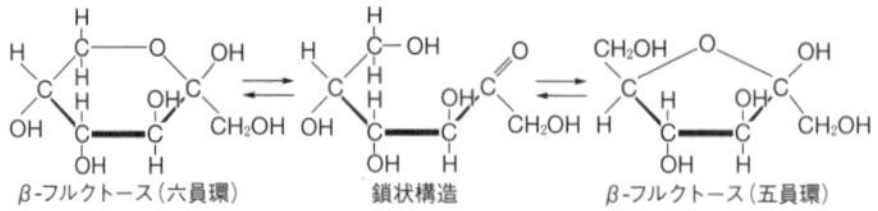

β-フルクトース(六員環)　　鎖状構造　　β-フルクトース(五員環)

参考　**フルクトースの還元性について**
　結晶中のフルクトースは六員環構造をとるが，水溶液中では，鎖状構造や五員環構造のものと左下図のような平衡状態にある。このうち，鎖状構造の中にあるヒドロキシケトン基−$COCH_2OH$ の部分が還元性を示す。

　ヒドロキシケトン基 $-\overset{|}{\underset{|}{C}}-CH_2-OH$ は，カルボニル基 $\overset{}{>}C=O$ に隣接する C−H 結合の H がわずかに酸の性質をもち，塩基性条件では H^+ として脱離し，カルボニル基の−$O^{\ominus}$ に転位して**エンジオール構造**(C=C 結合に2個の−OH が結合した構造)に変化する。

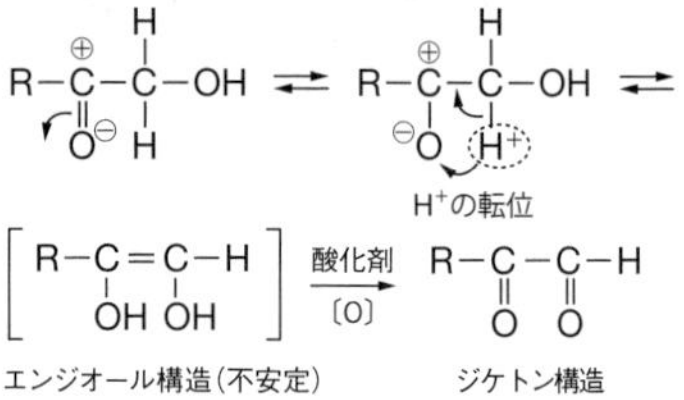

$$R-\overset{\oplus}{\underset{|}{C}}-\overset{H}{\underset{|}{C}}-OH \rightleftarrows R-\overset{\oplus}{\underset{|}{C}}-\overset{H}{\underset{|}{C}}-OH \rightleftarrows$$

H^+ の転位

$$\left[R-\overset{}{\underset{OH}{C}}=\overset{}{\underset{OH}{C}}-H \right] \xrightarrow{\text{酸化剤}}_{[O]} R-\overset{}{\underset{O}{C}}-\overset{}{\underset{O}{C}}-H$$
エンジオール構造(不安定)　　　ジケトン構造

　ビタミン C にも含まれるエンジオール構造はきわめて酸化されやすく，ケトン基を2個もつ構造(**ジケトン構造**)となり，還元性を示す(p.62)。したがって，フルクトースのヒドロキシケトン基はエンジオール構造を経由して，フェーリング液中の Cu^{2+} を還元し，Cu_2O の赤色沈殿を生成すると考えられる。

解答　(1)① **単糖類**　② **ヒドロキシ**　③ **ブドウ糖**
　　④ **ホルミル(アルデヒド)**　⑤ Cu_2O
　　⑥ **エタノール**　⑦ **アルコール発酵**
　　⑧ **果糖**　⑨ **構造**
　　(2) A **α-グルコース**，B **β-グルコース**
　　　a OH，b CHO，c OH，d H
　　(3) **5個**　(4) **(オ)**

380 **解説**　単糖分子のヘミアセタール構造の−OH と別の単糖の−OH とが脱水結合してできたエーテル結合(−O−)を，特に**グリコシド結合**という。

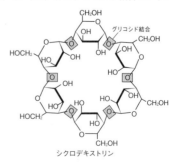

シクロデキストリン

加水分解によって，シクロデキストリン中のグリコシド結合（−O−）が切断されて，−OH になる。このとき，グリコシド結合 1 個に対して，水分子 H_2O 1 個が反応する。

このシクロデキストリン 1 分子中にはグリコシド結合が 6 個あり，また，題意より，シクロデキストリンは完全に加水分解されてすべてグルコースになっているので，このグリコシド結合はすべて切断されていることがわかる。

したがって，シクロデキストリン 0.10mol の加水分解で反応した水の物質量は，0.10mol × 6 ＝ 0.60〔mol〕

水 H_2O のモル質量が 18g/mol なので，その質量は，

0.60mol × 18g/mol ＝ 10.8〔g〕

〔解答〕 ⑥

381 〔解説〕 ① デンプンの分子式は，その重合度を n とすると，$(C_6H_{10}O_5)_n$ で表される。このデンプンの分子量が 4.05×10^5 だから，

$162n = 4.05 \times 10^5$ ∴ $n = 2500$

② A，B，C の分子量は，それぞれ 222，208，236 であるから，モル質量は，222g/mol，208g/mol，236g/mol となる。A，B，C の物質量の比が，それぞれ A，B，C の分子数の比に等しいから，

$$A : B : C = \frac{3.064}{222} : \frac{0.125}{208} : \frac{0.142}{236} ≒ 23 : 1 : 1$$

③ デンプンを構成するグルコース単位は，右の 4 種類に区別できる。

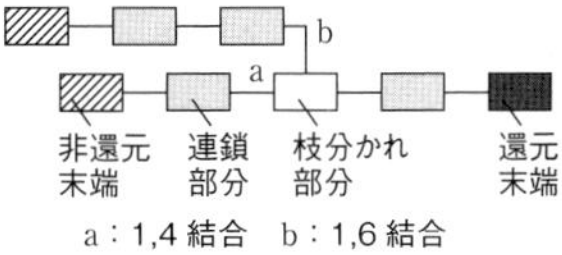

デンプンの −OH のうち，メチル化されるものは，他のグルコースと結合していないフリーの状態にあるものである。

A には，1 位と 4 位に −OH が残っているから，A は 1，4 位で他のグルコースと結合していた**連鎖部分**にあったことがわかる。

B には，1 位，4 位，6 位に −OH が残っているから，B は 1 位，4 位，6 位で他のグルコースと結合していた**枝分かれ部分**にあったことがわかる。

C には 1 位だけに −OH が残っているから，C は 1 位だけで他のグルコースと結合していた**非還元末端**にあったことがわかる。

上図では枝分かれ部分を x〔個〕とすると，非還元末端は $x+1$〔個〕であるが，x が大きくなると，$x ≒ x+1$ となり，枝分かれ部分の数と非還元末端の数は等しいと考えてよい。

よって，このデンプンでは，（連鎖部分 23 ＋枝分かれ部分 1 ＋非還元末端 1）のあわせてグルコース 25 分子あたり 1 個の枝分かれが存在する。

④ ①より，このデンプン 1 分子は 2500 個のグルコースからなる。

③より 25 分子あたり 1 か所の枝分かれがある。

よって，このデンプン 1 分子には $\frac{2500}{25} = 100$ か所の枝分かれが存在する。

参考 **還元末端部分はどう扱うか**

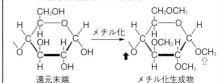

還元末端 メチル化生成物

還元末端のグルコース単位には 4 個の −**OH** があるので，メチル化すると，上右のメチル化生成物が生じる。これを酸で加水分解すると，グリコシド結合（↑）の部分だけでなく，反応性の高い 1 位に結合した −**OCH₃**（⇧）も加水分解されるので，−**OH** に戻ってしまう。したがって，最終生成物は，**CH₃O** 基を 3 個もつ主生成物 A が得られる。

このデンプン分子には 2500 個のグルコース単位を含むが，そのうち還元末端はたった 1 個，すなわち 0.04％しか含まれないので，これを無視して計算しても構わない。

参考 **多糖類の還元性について**

デンプンやセルロースなどの多糖類は，いずれも高分子化合物である。このうち，直鎖状構造をとるアミロースとセルロースでは，長い分子鎖の中に，還元性を示さない末端（**非還元末端**）と，還元性を示す末端（**還元末端**）が 1 個ずつ存在するだけである。一方，枝分かれ構造をとるアミロペクチンやグリコーゲンでは，（枝分かれの数＋ 1）個の非還元末端が存在するが，枝分かれの数に関わらず，還元末端はただ 1 個しか存在しない。

したがって，いずれの多糖類においても，分子鎖の末端にはただ 1 個の還元末端しか存在しない。これは分子全体から見ると無視できるほど少量なので，多糖類は実際には還元性を示さないのである。

参考 **αデンプンとβデンプンの違い**

生のデンプンは，多くの枝分かれの構造をもったアミロペクチンの隙間に，直鎖状のアミロースがはさみ込まれたような構造をしている。

そして，アミロペクチンは，デンプンの分子鎖が密に配列した**結晶部分**と，不規則に配列した**非結晶部分**が入り混じった状態にある。このようなデンプンを**βデンプン**という。

一方，デンプンに水を加えて熱すると，結晶部分の水素結合が緩み，水を吸って膨れ，やが

て粘性のあるコロイド溶液となる。このような現象をデンプンの**糊化**といい，このようなデンプンを**αデンプン**という。

　αデンプンでは，水と熱のはたらきによってアミロペクチンの枝部分が広がり，βデンプンに存在していた結晶部分が消失しているため，柔らかくて消化にも良い。

　一方，αデンプンを放置しておくと，内部の水分子が抜けていくことによって，もとの結晶部分が復活し，βデンプンに戻っていく。この現象をデンプンの**老化**という。βデンプンは硬くて消化にも良くない。

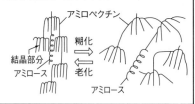

アミロペクチン

糊化 ⇄ 老化

結晶部分
アミロース

アミロース

解答　① **2500**　② **23**　③ **25**　④ **100**

382 解説　グルコースの環状構造には，1位(図の①)の C 原子に対して，−OHと−O−が1個ずつ結合した構造(**ヘミアセタール構造**)を含むので，水溶液中では，この部分で開環して，ホルミル基(アルデヒド基)をもつ鎖状構造に変化し，還元性を示す。

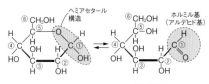

α−グルコース　　　　鎖状構造

すなわち，グルコースの1位の−OHが還元性に関与していると考えてよい。

ア　グルコースの還元性を示す1位の−OHどうしで脱水縮合してできた二糖分子は，水溶液中で開環できないので，還元性を示さない。ただし，各グルコースにはα型，β型の立体異性体があるので，その組み合わせは次の4種類が考えられる。

(i) ⟨α⟩−O−⟨α⟩　(ii) ⟨α⟩−O−⟨β⟩
(iii) ⟨β⟩−O−⟨α⟩　(iv) ⟨β⟩−O−⟨β⟩
（①−O−①，1,1−グリコシド結合を示す。）

　このうち，(ii)と(iii)は裏返すと重なるので同一物である。したがって，グルコース2分子からなる非還元性の二糖分子 A の立体異性体は3種類である(このうち，(i)が天然に存在する**トレハロース**である)。

イ　グルコースの還元性を示す1位の−OHが別のグ

ルコースの2位(②)，3位(③)，4位(④)，6位(⑥)の−OHと脱水縮合してできた二糖分子は，水溶液中では，ヘミアセタール構造をもつ右側の環だけが開環できて，還元性を示す。グリコシド結合の仕方には，次の4種類が考えられる。

Ⓐ ⟨ ⟩①−O−②⟨ ⟩　Ⓑ ⟨ ⟩①−O−③⟨ ⟩
Ⓒ ⟨ ⟩①−O−④⟨ ⟩　Ⓓ ⟨ ⟩①−O−⑥⟨ ⟩

ただし，各グルコースにはα型，β型があるので，Ⓐ，Ⓑ，Ⓒ，Ⓓについて，上記の(i)，(ii)，(iii)，(iv)のそれぞれ4通りの組み合わせがある。したがって，グルコース2分子からなる還元性の二糖分子 A の立体異性体は，全部で4×4＝16種類ある。

ウ　非還元性の二糖の水溶液では，左側のグルコースも右側のグルコースもどちらも開環しない。したがって，その水溶液の種類は，アと同じ3種類である。

　還元性の二糖の水溶液では，左側のグルコースは開環しないので，α型，β型の立体構造は変化しない。一方，右側のグルコースにはヘミアセタール構造が存在し，水溶液中では開環するので，平衡状態では，α型とβ型の混合物となる(右側のグルコースの立体構造はしだいに変化し，やがて同じ平衡混合物となる)。したがって，(i)と(ii)，(iii)と(iv)は平衡状態においては区別できないので，還元性の二糖分子 A の水溶液の種類は4×2＝8種類となる。

解答　ア **3**　イ **16**　ウ **8**

383 解説　三糖類 X を部分的に加水分解すると，マルトースとイソマルトースが得られるから，三糖類 X には，マルトースの構造とイソマルトースの構造を合わせ持つ。その構造として，(i)〜(iii)の3種類が考えられ，それぞれをメトキシ化した化合物で表すと次の通り。

(i)

CH₂OCH₃
CH₃O　OCH₃
H CH₃O
A
B　CH₂OCH₃
CH₃O OCH₃　C
CH₃O OCH₃*

(ii)

CH₂OCH₃
A　CH₃O OCH₃
H CH₃O
A　CH₂OCH₃
CH₃O　OCH₃ B
CH₃O OCH₃*

(iii)

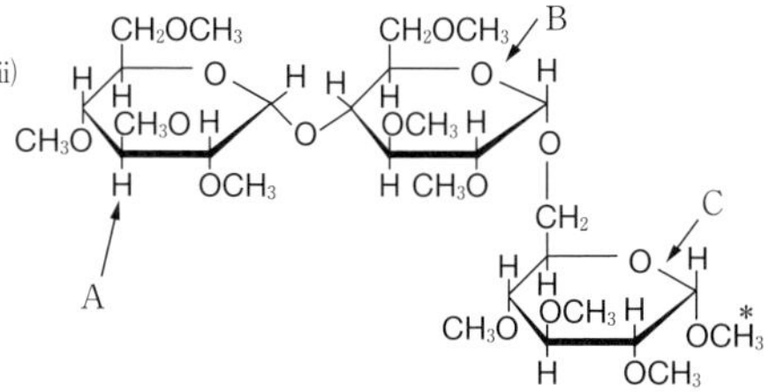

(i)の場合，Aの部分を加水分解すると，－OCH₃を4個もつ化合物が1つ得られる。Bの部分を加水分解すると，－OCH₃を3個もつ化合物が1つ得られる。Cの部分を加水分解すると－OCH₃を4個もつ化合物が1つ得られるはずだが，1位の－OCH₃(＊印)は加水分解されるので－OCH₃を3個もつ化合物が1つ得られる。

∴ 3種類の化合物が1：1：1で生じる。(不適)

(ii)の場合，Aの部分を加水分解すると，－OCH₃を4個もつ化合物が2つ得られる。Bの部分を加水分解すると，－OCH₃を3個もつ化合物が1つ得られるはずだが，1位の－OCH₃(＊印)は加水分解されるので，－OCH₃を2個もつ化合物が1つ得られる。

∴ 2種類の化合物(YとZ)が2：1で生じる(題意に適する)。

(iii)の場合，Aの部分を加水分解すると，－OCH₃を4個もつ化合物が1つ得られる。Bの部分を加水分解すると，－OCH₃を3個もつ化合物が1つ得られる。Cの部分を加水分解すると－OCH₃を4個もつ化合物が1つ得られるはずだが，1位の－OCH₃(＊印)は加水分解されるので－OCH₃を3個もつ化合物が1つ得られる。

∴ 3種類の化合物が1：1：1で生じる。(不適)
よって，三糖類Xは(ii)のような構造をもつ。

解答

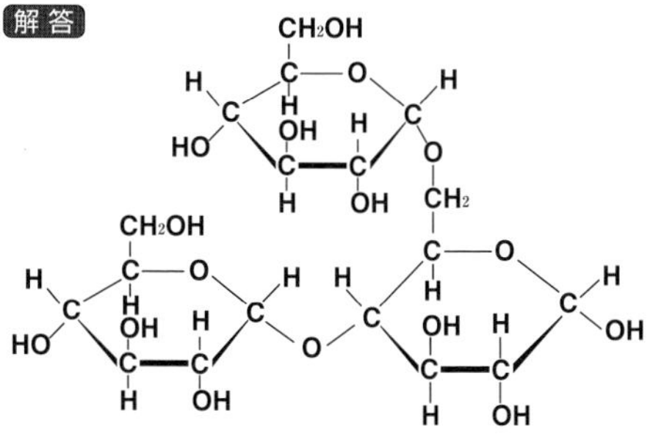

384 解説 (1) 三糖類Aの－OHをすべて－OCH₃に変えたのち，加水分解して得られるX，Y，Zの構造は次の通り。

Xは，1位以外に－OHが残っておらず，この部分で他の糖と脱水縮合している。よって，Xは三糖類Aの末端部に位置する。

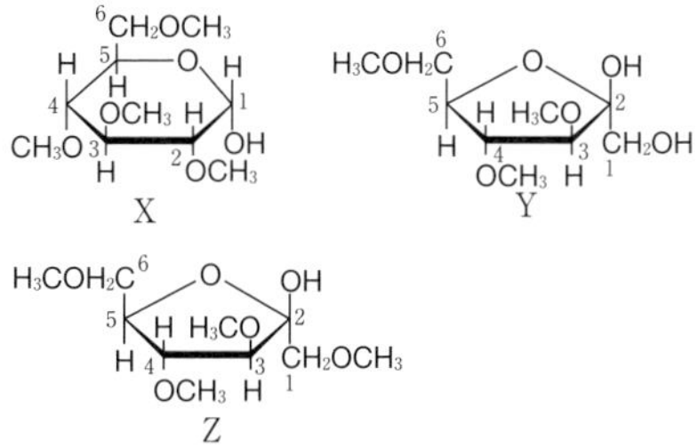

Yは，2位の－OHと1位の－CH₂OHが残っており，これらの部分で他の糖と脱水縮合している。よって，Yは三糖類Aの中央部に位置する。

Zは，2位以外に－OHが残っておらず，この部分で他の糖と脱水縮合している。よって，Zも三糖類Aの末端部に位置する。

Yを中央に，XとZを両端に置き，脱水縮合させる方法には，次の2通りが考えられる。

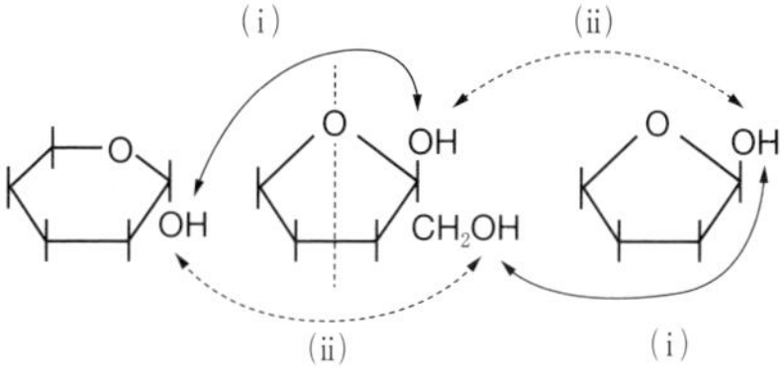

(i)の場合，三糖類Aには，α-グルコースの1位の－OHとβ-フルクトースの2位の－OHが脱水縮合したフルクトースの部分構造をもつ(題意に適する)。

(ii)の場合，三糖類Aには，α-グルコースの1位の－OHと，β-フルクトースの1位の－CH₂OHが脱水縮合したフルクトースではない部分構造をもつので不適。よって，三糖類Aは(i)のように脱水縮合していることがわかる。

α-グルコースの1位の－OHとβ-フルクトースの2位の－OHをつなげるには，－OHどうしを向かい合わせに並べなければならない。α-グルコースの構造を固定し，β-フルクトースを点線を軸として180°回転させ裏返すと，2，3，4，5位のC原子に結合した置換基の上下関係はすべて逆になる。こうして，α-グルコースの1位の－OH(下向き)とβ-フルクトースの2位の－OH(下向き)どうしを脱水縮合させると，スクロースになる。

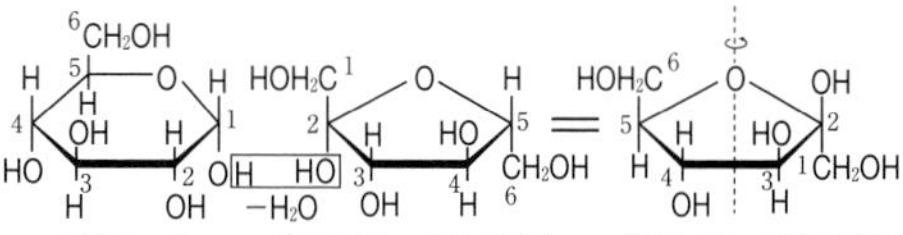

α-グルコース　β-フルクトース(回転後)　β-フルクトース(回転前)

さらに，スクロース中の1位の-CH₂OH(上向き)と別のβ-フルクトース(回転後)の2位の-OH((下向き)を下図のように脱水縮合させると，三糖類A(ケストース)が得られる。

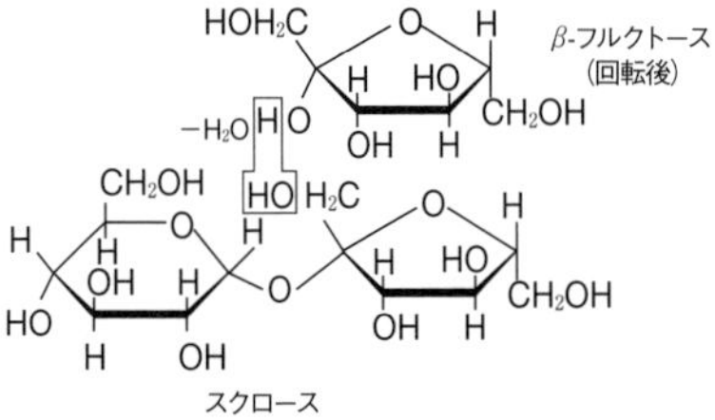

(2) 三糖類Aでは，α-グルコースの1位の-OH，およびβ-フルクトースの2位の-OH(2つ)，ともに還元性を示すヘミアセタール構造の-OHの部分どうしで脱水縮合しているので，水溶液中で開環して鎖状構造には変化しない。よって，三糖類Aは還元性を示さない。

(3) 二糖類Bは，β-フルクトースの1位の-CH₂OHとβ-フルクトースの2位の-OHが脱水縮合したもので，その構造は下右図のように表される。

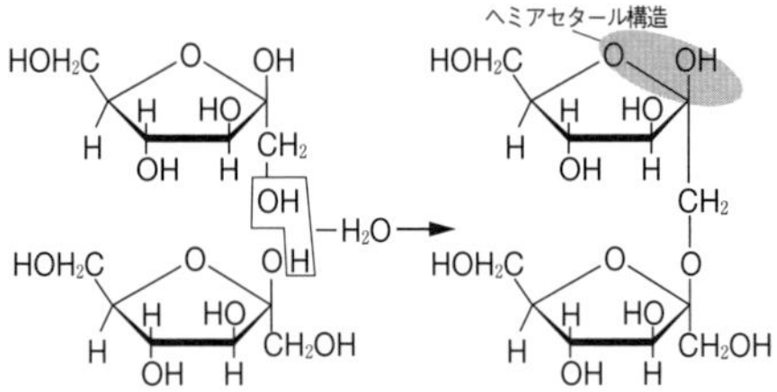

二糖類Bを構成する上側のβ-フルクトースには2位のヘミアセタール構造の-OHが残っているので，水溶液中で開環してケトン基をもつ鎖状構造になることは可能である。(下側のβ-フルクトースには2位の-OHが脱水縮合しているので開環せず，鎖状構造にはなれない。)しかし，上側のβ-フルクトースには1位の-CH₂OHがないので，鎖状構造になってケトン基を生じたとしても，ヒドロキシケトン基-COCH₂OHを生じるわけではないので，還元性は示さない。(通常のフルクトースでは，1位に-CH₂OHがあるので，鎖状構造になると，ヒドロキシケトン基を生じ，還元性を示す。)ヒドロキシケトン基は，水溶液中では，二重結合に2個の-OHが結合した構造(**エンジオール構造**)に変化し，還元性を示す。(隣接する位置にヒドロキシ基をもたない単なるケトン基では，エンジオール構造に変化できないので，還元性を示さない。)

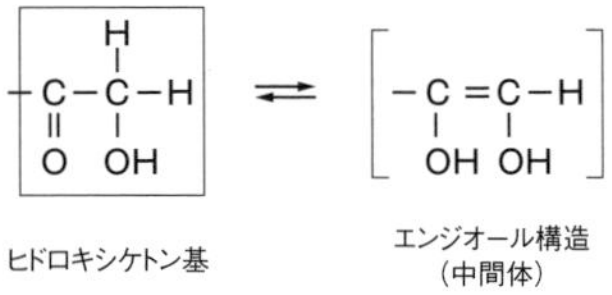

ヒドロキシケトン基 ⇌ エンジオール構造(中間体)

解答 (1)

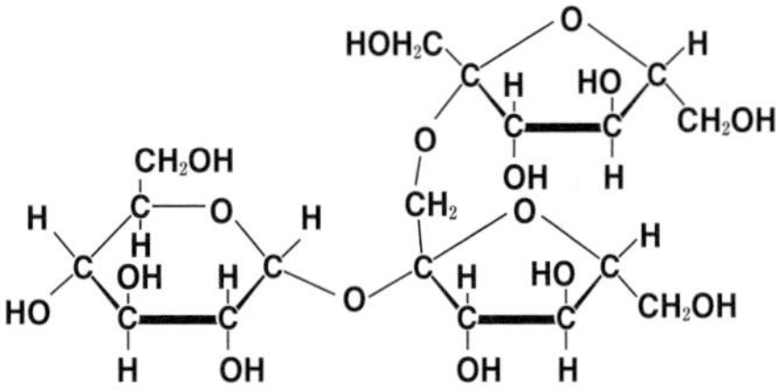

(2) なし (理由)グルコースの1位の-OHおよび，フルクトースの2位の-OHをすべて使って脱水縮合しており，水溶液中で還元性を示す鎖状構造に変化できないから。

(3)

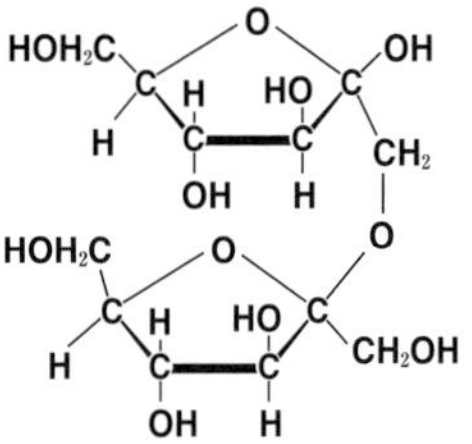

(4) なし (理由)フルクトースの2位の-OHが残っているので，水溶液中でケトン基をもつ鎖状構造にはなれるが，1位に-CH₂OHがないので，還元性を示すエンジオール構造に変化できないから。

36 アミノ酸とタンパク質, 核酸

385 [解説] 同一の炭素原子にアミノ基とカルボキシ基が結合した化合物を,**α-アミノ酸**という。α-アミノ酸は,R−CH(NH₂)COOH の一般式で表され,R−の部分をアミノ酸の**側鎖**という。アミノ酸の種類は,この側鎖の構造によって決まる。タンパク質の加水分解で得られるα-アミノ酸は約20種類で,R=Hであるグリシンを除いて,いずれも不斉炭素原子をもつので,**鏡像異性体**が存在する。

参考
アミノ酸の鏡像異性体
鏡像異性体は,D型,L型で区別されるが,天然のα-アミノ酸はすべてL型,天然の糖類はすべてD型の立体構造をとっていることが知られている。

(a) COOH　　(b) COOH

H₂N−C*−H　　H−C*−NH₂　　C*: 不斉炭素原子

CH₃　鏡　　H₂C

D-アラニン　　　　L-アラニン

アミノ酸は分子中に塩基性の−NH₂と,酸性の−COOHの両方をもつので,**両性化合物**である。結晶中では,−COOHから−NH₂へH⁺が移動し,分子内で中和して塩となり,**双性イオン**として存在する。そのため,有機物でありながら,イオン結晶のように融点が高く,水に溶けやすいが,有機溶媒には溶けにくいものが多い。α-アミノ酸は,水溶液のpHに応じて,その電荷の状態が変化し,次のような平衡状態にある。

酸性溶液中　　　　　　　中性溶液中

$$R-CH(NH_3^+)COOH \underset{H^+}{\overset{OH^-}{\rightleftharpoons}} R-CH(NH_3^+)COO^-$$

陽イオン　　　　　　　双性イオン

塩基性溶液中

$$\underset{H^+}{\overset{OH^-}{\rightleftharpoons}} R-CH(NH_2)COO^-$$

陰イオン

アミノ酸の双性イオンは,酸性水溶液中では H⁺ を受け取って陽イオンになり,塩基性水溶液中では H⁺ を放出して陰イオンとなる。

アミノ酸の水溶液は,それぞれ特定のpHにおいて,分子内で正・負の電荷が打ち消しあう。このときのpHをそのアミノ酸の**等電点**という。等電点では,アミノ酸はほとんど双性イオンになっており,直流電圧をかけてもアミノ酸はどちらの電極へも移動しない。

α-アミノ酸 R−CH(NH₂)COOH のうち,側鎖Rに−COOHも−NH₂ももたず,分子中に−COOHと−NH₂を1個ずつもつものを**中性アミノ酸**,側鎖

Rに−COOHをもつものを**酸性アミノ酸**,側鎖Rに−NH₂をもつものを**塩基性アミノ酸**という。なお,生体内で十分に合成できず,食物から摂取しなければならないα-アミノ酸を**必須アミノ酸**といい,ヒトの場合9種類である。

アミノ酸の等電点は,グリシンやアラニンのような中性アミノ酸では6付近に,グルタミン酸やアスパラギン酸のような酸性アミノ酸では3付近に,リシンのような塩基性アミノ酸では10付近にある。

[解答] ① **20** ② **グリシン** ③ **鏡像異性体**
④ **L** ⑤ **両性** ⑥ **双性イオン** ⑦ **高い**
⑧ **陽** ⑨ **双性** ⑩ **陰** ⑪ **等電点**

〔問〕(A) R−CH−COOH

NH₃⁺

(B) R−CH−COO⁻

NH₃⁺

(C) R−CH−COO⁻

NH₂

386 [解説] (1) アミノ酸は,結晶中では,分子内で−COOHから−NH₂へH⁺が移動し,分子内で塩をつくり,**双性イオン**の状態で存在する。

各アミノ酸は,それぞれ特定のpHにおいて,分子内で正・負の電荷がちょうど打ち消し合った状態となる。このときのpHをアミノ酸の**等電点**という。等電点では,アミノ酸はほとんど双性イオンになっており,直流電圧をかけてもどちらの電極へも移動しない。

また,等電点より酸性の水溶液中では,双性イオンの−COO⁻はH⁺を受け取って−COOHとなり,アミノ酸は陽イオンとなる。逆に,等電点より塩基性の水溶液中では,双性イオンの−NH₃⁺はH⁺を放出して−NH₂となり,アミノ酸は陰イオンになる。アミノ酸の等電点の違いを利用して,各アミノ酸を分離する方法を,アミノ酸の**電気泳動**という。

アミノ酸を検出するには,ニンヒドリン水溶液を噴霧して加熱すると紫色に呈色する反応(**ニンヒドリン反応**)を利用するのが最適である。

(2) 中性アミノ酸であるアラニンの等電点は6.0であるから,pH = 6.0では双性イオンの状態にあり,電気泳動によって移動せずにbの位置にとどまる。酸性アミノ酸であるグルタミン酸の等電点は3.2であるから,pH = 6.0では陰イオンの状態にあり,陽極側のaに移動している。塩基性アミノ酸であるリシンの等電点は9.7であるから,pH = 6.0では陽イオンとして存在し,陰極側のcに移動している。

[解答] (1)① **等電点** ② **電気泳動** ③ **ニンヒドリン**
④ **紫**
(2)a **グルタミン酸**, b **アラニン**, c **リシン**

387 〔解説〕　(1)　α-アミノ酸の一般式は, $R-CH$
$(NH_2)COOH$ で, 分子量が最小の X は, $R=H$ の
グリシン(分子量75)。分子量が2番目に小さいYは,
$R=CH_3$ のアラニン(分子量89)である。

(2)　このペプチドの加水分解に要した水の質量は,

　　$(22.5 + 17.8) - 32.2 = 8.1$〔g〕

　　X と Y と H_2O の物質量の比は, 分子数の比に等
しいから,

$$X : Y : H_2O = \frac{22.5}{75} : \frac{17.8}{89} : \frac{8.1}{18.0}$$

$$= 0.30 : 0.20 : 0.45 = 6 : 4 : 9$$

アミノ酸 n 個がペプチド結合したペプチドでは,
$(n-1)$ 個のペプチド結合が存在し, 脱水縮合の際
に取れた水分子の数も $(n-1)$ 個である。

　　よって, このペプチドは, グリシン6個とアラニ
ン4個, 合計 10 個のアミノ酸が脱水縮合してでき
たペプチドである。したがって, ペプチドの分子量
は, グリシン6個+アラニン4個の分子量の和から,
脱水縮合でとれた9個の水の分子量を引けばよい。

　　$75 \times 6 + 89 \times 4 - 18 \times 9 = 644$

> 本問の場合, その分子量があまり大きくないので, 分子の末
> 端の原子(−H)や原子団(−OH)を考慮しなければならない。
> よって, アミノ酸 n 個が脱水縮合してペプチドが生成したと
> きにとれた水分子の数は n 個ではなく, $(n-1)$ 個としてペプ
> チドの分子量を計算しなければならない。

〔解答〕　(1) X　**グリシン**, Y　**アラニン**　(2) **644**

388 〔解説〕　(1)　このポリペプチドの単位構造は,

$2nH_2N-CH_2-COOH + nH_2N-CH(CH_3)-COOH$
$\longrightarrow \{(HN-CH_2-CO)_2-(NH-CH(CH_3)-CO)_1\}_n$
　　　　　　　分子量57　　　　　　　　分子量71
　　　　　　　　　　　　　　　　　　　　　$+ 3nH_2O$

分子量は, $(57 \times 2 + 71) \times n = 185n$ より,

$185n = 3.7 \times 10^4$

　　$\therefore$　$n = 200$(重合度)

このポリペプチド1分子中のペプチド結合の数
は, 脱水縮合の際に取れた水分子の数に等しい。

$3 \times 200 = 600$　よって, 6.0×10^2〔個〕

> 高分子化合物の場合, その分子量が大きいため, 高分子
> の末端の原子(−H)や原子団(−OH)などを考慮せずに,
> 重合度 n の計算を行っても構わない。

(2)　アミノ酸 A 2 分子と B 1 分子からなる鎖状トリペ
プチドの結合順序は, A, B のどちらが中央にある
かの違いによって A−A−B と A−B−A の2通り
ある。さらに, ペプチド結合には2通りの結合の仕
方がある。すなわち, ペプチド結合の方向の違いに
よる−CONH−と−NHCO−は, それぞれの末端
にあるアミノ末端(**N 末端**といい, 次図では◯N で表

す)と, カルボキシ末端(**C 末端**といい, 下図では
◯C で表す)で区別することができる。

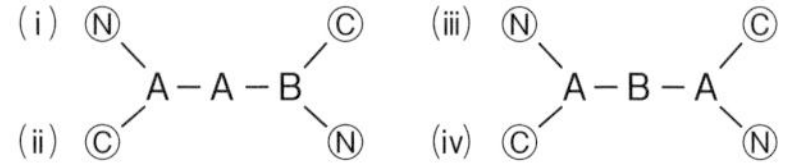

(i) ◯N　　　　◯C　(iii) ◯N　　　　◯C
　　\A−A−B/　　　　\A−B−A/
(ii) ◯C　　　　◯N　(iv) ◯C　　　　◯N

ただし, (iii)と(iv)は回転させると重なり合うので同
一物質である。

　　$\therefore$　構造異性体は, (i), (ii), (iii)の3種類。

(3)　アミノ酸 A, B, C の結合順序は, A, B, C の
うちどれが中央にあるかの違いによって3通りあ
る。また, ペプチド結合の方向性の違い−CONH−
と−NHCO−を N 末端, C 末端で区別すると, 次
のようになる。

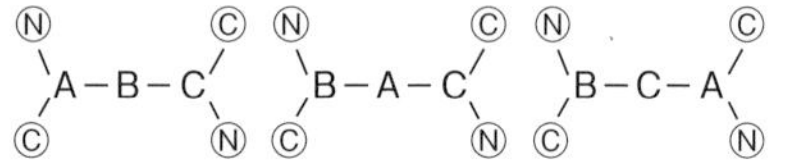

◯N　　　◯C　　　◯N　　　◯C　　　◯N　　　◯C
\A−B−C/　　\B−A−C/　　\B−C−A/
◯C　　　◯N　　　◯C　　　◯N　　　◯C　　　◯N

(これら6種類の構造異性体がある。)

〔解答〕　(1) **6.0×10^2個**　(2) **3 種類**　(3) **6 種類**

389 〔解説〕　(1)　アミノ酸 A は, 旋光性を示さな
いので光学不活性である。よって, 不斉炭素原子を
もたないグリシン $CH_2(NH_2)COOH$ である。

アミノ酸 B はキサントプロテイン反応が陽性なの
で, ベンゼン環をもつ。また, 塩化鉄(III)水溶液で呈
色するので, フェノール性−OH をもつ。側鎖(R−)
の分子式は

$C_9H_{11}NO_3 - C_2H_4NO_2 - C_6H_4OH$
　　　　　　　　　(共通部分)　（フェノール性−OH
　　　　　　　　　　　　　　　　をもつベンゼン環）

　　$= CH_2$(メチレン基)

これを満たす天然の α-アミノ酸はチロシンしか
ない。

アミノ酸 B　$HO-\langle\bigcirc\rangle-CH_2-\underset{NH_2}{\overset{|}{CH}}-COOH$
　　　　　　　　　　　　　　　　チロシン

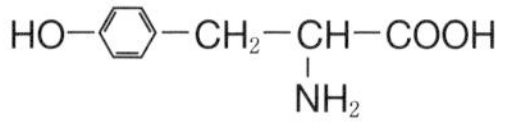

S の質量百分率は, $100 - (25.8 + 5.8 + 11.6 +$
$26.4) = 26.4$(%)となるので, アミノ酸 C の組成式は

$$C : H : N : O : S = \frac{29.8}{12} : \frac{5.8}{1.0} : \frac{11.6}{14} : \frac{26.4}{16} : \frac{26.4}{32}$$
　　　(原子数の比)

$\fallingdotseq 2.48 : 5.8 : 0.83 : 1.65 : 0.83$

$\fallingdotseq 3 : 7 : 1 : 2 : 1$

よって, $(C_3H_7NO_2S)_n = 121$ であり, $n = 1$
したがって, 分子式も $C_3H_7NO_2S$ である。
側鎖(R−)の分子式は,

$C_3H_7NO_2S - C_2H_4NO_2 = CH_3S$
　　　　　　　　　(共通部分)

したがって, 考えられる構造は,

(i) CH_3S-　　(ii) $HS-CH_2-$

の2通りあるが, 天然の α-アミノ酸に該当し, メ

390

チル基をもたないのは, (ii)のシステインである。

$$HS-CH_2-CH(NH_2)-COOH$$

(2) グリシン(Gly), システイン(Cys), チロシン(Tyr)からなる鎖状トリペプチドの構造異性体は, まず, Gly, Cys, Tyr の結合順序を考え, 次に, ペプチド結合の方向性($-NHCO-$か$-CONH-$)をN末端(記号Ⓝ), C末端(記号Ⓒ)で, 次のように区別すればよい。

(i) Ⓝ／Ⓒ Gly－Cys*－Tyr ＜Ⓒ／Ⓝ

(ii) Ⓝ／Ⓒ Cys*－Gly－Tyr ＜Ⓒ／Ⓝ

(iii) Ⓝ／Ⓒ Cys*－Tyr*－Gly ＜Ⓒ／Ⓝ

＊は不斉炭素原子を含むアミノ酸

合計6種類の構造異性体があり, それぞれに$2^2＝4$種類の立体異性体が存在する。よって, 立体異性体の総数は, $6×4＝24$種類が考えられる。

解答 (1) A　CH₂－COOH
　　　　　　　 │
　　　　　　　 NH₂

　　　　　B　HO－⟨ ⟩－CH₂－CH－COOH
　　　　　　　　　　　　　　　 │
　　　　　　　　　　　　　　　 NH₂

　　　　　C　HS－CH₂－CH－COOH
　　　　　　　　　　　　 │
　　　　　　　　　　　　 NH₂

(2) **24種類**

参考　アスパラギン酸とリシンのジペプチドの構造異性体

$$HOOC-CH_2-CH-COOH\quad アスパラギン酸(Asp)$$
$$\underset{NH_2}{|}$$

$$H_2N-\underset{\varepsilon}{CH_2}-\underset{\delta}{CH_2}-\underset{\gamma}{CH_2}-\underset{\beta}{CH_2}-\underset{\alpha}{CH}-COOH\ リシン$$
$$\underset{NH_2}{|}\quad(Lys)$$

アスパラギン酸のα位の$-COOH$をⒸ₁, $-NH_2$をⓃと, β位の$-COOH$をⒸ₂と区別する。リシンのα位の$-COOH$をⒸと, $-NH_2$をⓃ₁, ε位の$-NH_2$をⓃ₂と区別する。

(1) Ⓝ － Asp ＜Ⓒ₁／Ⓒ₂ ✕ Ⓝ₁／Ⓝ₂＞ Lys － Ⓒ

(2) Ⓒ₁／Ⓒ₂＞ Asp － Ⓝ － Ⓒ － Lys ＜Ⓝ₁／Ⓝ₂

(1)には4種類の構造異性体があるが, (2)には1種類の構造異性体のみである。
よって, 構造異性体は全部で5種類ある。

390 **解説** (1) グリシンは, 水溶液のpHの低い方から順に, 陽イオン(A^+), 双性イオン(B), 陰イオン(C^-)として存在する。

$$K_1 = \frac{[B][H^+]}{[A^+]} = 5.0×10^{-3}\text{(mol/L)}\quad\cdots①$$

$$K_2 = \frac{[C^-][H^+]}{[B]} = 2.0×10^{-10}\text{(mol/L)}\quad\cdots②$$

pH=3.5, つまり$[H^+] = 1.0×10^{-3.5}\text{mol/L}$のときの$[A^+]$と$[C^-]$の濃度比を求めるには, ①, ②式より$[B]$を消去して,

$$K_1×K_2 = \frac{[B][H^+]}{[A^+]}×\frac{[C^-][H^+]}{[B]}$$
$$= \frac{[C^-][H^+]^2}{[A^+]} = 1.0×10^{-12}\text{((mol/L)}^2)\quad\cdots③$$

③に, $[H^+] = 1.0×10^{-3.5}\text{(mol/L)}$を代入して,

$$\frac{[C^-]}{[A^+]}×1.0×10^{-7} = 1.0×10^{-12}$$

$$∴\ \frac{[C^-]}{[A^+]} = 1.0×10^{-5} \Longrightarrow \frac{[A^+]}{[C^-]} = 1.0×10^5$$

(2) 3種のイオンが存在する平衡混合物の電荷が, 全体として0となるときのpHをアミノ酸の**等電点**といい, 水溶液全体で正・負の電荷がつりあっている。

B は双性イオンなので, 分子中の正電荷と負電荷は等しい。よって, 陽イオンA^+のモル濃度$[A^+]$と陰イオンC^-のモル濃度$[C^-]$が等しくなると, 水溶液中に存在するアミノ酸の電荷の総和が0となる。つまり, アミノ酸の等電点の条件は$[A^+]＝[C^-]$である。

③に, $[A^+]＝[C^-]$を代入して,

$$[H^+]^2 = 1.0×10^{-12}\text{(mol/L)}^2$$

$$∴\ [H^+] = 1.0×10^{-6}\text{(mol/L)}$$

よって, pH $= -\log_{10}(1.0×10^{-6}) = 6.0$

(3) グリシン水溶液(双性イオン)に, NaOH水溶液を加えると, 次式のように中和反応が起こる。

$$H_3N^+-CH_2-COO^- + OH^- \longrightarrow$$
$$H_2N-CH_2-COO^- + H_2O$$

つまり, グリシンの双性イオン1molは, 水酸化ナトリウム1molとちょうど中和する。よって, このとき中和されて生じたグリシンの陰イオンは,

$$0.10×\frac{6.0}{1000} = \frac{0.60}{1000}\text{(mol)}$$

残ったグリシンの双性イオンは,

$$0.10×\frac{10-6.0}{1000} = \frac{0.40}{1000}\text{(mol)}$$

いずれも, $(10+6.0)$mLの混合水溶液中に含まれるから, C^-とBのモル濃度の比と物質量の比は等しい。したがって, 上記の値を②式に代入して,

$$K_2 = \frac{[C^-][H^+]}{[B]} = \frac{\frac{0.60}{1000}×[H^+]}{\frac{0.40}{1000}} = 2.0×10^{-10}$$

$$∴\ [H^+] = \frac{4}{3}×10^{-10}\text{(mol/L)}$$

$$pH = -\log_{10}\left(\frac{2^2}{3}×10^{-10}\right)$$
$$= 10 - 2\log_{10}2 + \log_{10}3 = 9.88 ≒ 9.9$$

参考　**グリシンの滴定曲線**
　(1)はa点, (2)はb点, (3)はc点で表される。

0.0mL　6.0mL

pH ... pH6.0

加えた0.10mol/L　　加えた0.10mol/L水酸化
塩酸の量[mL]　　　　ナトリウム水溶液の量[mL]

参考　**グルタミン酸の電離平衡について**
　グルタミン酸(略号 Glu)水溶液を強い酸性にすると, 1価の陽イオン Glu^+ となる。これに NaOH 水溶液を加えると, 順次 H^+ を電離して, 双性イオン $Glu^{\pm}$, 1価の陰イオン Glu^-, 2価の陰イオン Glu^{2-} と変化する。

$$HOOC(CH_2)_2-\underset{\underset{NH_3^+}{|}}{\overset{\overset{H}{|}}{C}}-COOH \rightleftarrows HOOC(CH_2)_2-\underset{\underset{NH_3^+}{|}}{\overset{\overset{H}{|}}{C}}-COO^-$$
Glu⁺　　　　　　　　　　　Glu±

$$\rightleftarrows {}^-OOC(CH_2)_2-\underset{\underset{NH_3^+}{|}}{\overset{\overset{H}{|}}{C}}-COO^- \rightleftarrows {}^-OOC(CH_2)_2-\underset{\underset{NH_2}{|}}{\overset{\overset{H}{|}}{C}}-COO^-$$
Glu⁻　　　　　　　　　　　Glu²⁻

　α位とγ位の $-COOH$ のどちらが先に H^+ を電離するかは, 両者の酸としての強さを比較すればよい。
　α位の $-NH_3^+$ は電子吸引性*を示すから, より近い距離にあるα位の $-COOH$ の酸性が強められ, 相対的に遠いγ位の $-COOH$ の酸性が弱くなる。
　*$-NH_2$ では, N 原子の非共有電子対により電子供与性を示すが, $-NH_3^+$ では, N 原子に非共有電子対がないので, 電子吸引性を示す。
　したがって, Glu^+ はα位の $-COOH$ から先に H^+ を電離して $Glu^{\pm}$ となり, 続いて, γ位の $-COOH$ から H^+ を電離して Gul^- となる。その後, α位の $-NH_3^+$ から H^+ を電離して, Glu^{2-} となる。

解答　(1) **$1.0 × 10^5$**　(2) **6.0**　(3) **9.9**

391 解説　(1) **キサントプロテイン反応**　ベンゼン環のニトロ化に基づく呈色反応であり, フェニルアラニン(呈色は弱い), チロシン, トリプトファン(呈色は強い)などのベンゼン環をもつ**芳香族アミノ酸**および, それらを構成成分とするタンパク質で反応が起こる。
　卵白水溶液に濃硝酸を加えると, まず, タンパク質の**変性**により白色沈殿を生じる。これを加熱すると, しだいにベンゼン環に対するニトロ化が進行し

て黄色に変化する。冷却後, アンモニア水を加えて溶液を塩基性にすると呈色が強くなり, 橙黄色を示す。
(2)　**ビウレット反応**　ペプチド結合 $-NHCO-$ 中の N 原子が Cu^{2+} に配位結合して生じたキレート錯イオンの形成に基づいて起こる呈色であり, 赤紫色を示す。2つ以上のペプチド結合をもつトリペプチド以上のペプチドでこれが起こる。ペプチド結合を1つしかもたないジペプチドではこの反応は起こらない。
(3)　**タンパク質の変性**　タンパク質に熱, 強酸, 強塩基, 有機溶媒, 重金属イオン(Cu^{2+}, Ag^+, Pb^{2+}, Hg^{2+} など)を加えると, 凝固・沈殿する。これは, タンパク質の立体構造を維持するのにはたらいていた水素結合などが切断され, その立体構造が壊れてしまうためである。いったん変性したタンパク質はもとに戻らないことが多い。

 変性

(4)　**ニンヒドリン反応**　ニンヒドリン反応では, アミノ酸やタンパク質中で, ペプチド結合に使われていない遊離のアミノ基 $-NH_2$ が, ニンヒドリン分子と複雑な縮合反応により紫色に呈色する。
(5)　**硫黄反応**　システイン, シスチンなどの硫黄を含むアミノ酸および, それを構成成分とするタンパク質が, 強い塩基性の条件で分解されて, 生じた S^{2-} が Pb^{2+} と反応して PbS の黒色沈殿を生成する。

$$\underset{\underset{NH_2}{|}}{HS-CH_2-CH-COOH} \qquad \underset{\underset{S-CH_2-CH(NH_2)COOH}{|}}{S-CH_2-CH(NH_2)COOH}$$
システイン　　　　　　　　シスチン

参考　**メチオニンの硫黄反応について**
　システインの $-SH$ は強い塩基性の条件では, HS^- として脱離し, 直ちに中和されて S^{2-} となり PbS に変化する。一方, メチオニンの $-S-CH_3$ は, 強い塩基性の条件でも CH_3S^- として脱離しにくいため, NaOH 水溶液を加えて加熱する方法では, PbS に変化できないと考えられる。

解答　(1) **キサントプロテイン反応**
　(2) **ビウレット反応**　(3) **(タンパク質の)変性**
　(4) **ニンヒドリン反応**　(5) **硫黄反応**
　(ア)(c)　(イ)(f)　(ウ)(e)　(エ)(a)　(オ)(h)　(カ)(b)

392 解説　1つのアミノ酸のアミノ基 $-NH_2$ と, 他のアミノ酸のカルボキシ基 $-COOH$ との間で, 1分子の水が取れてできる結合($-CONH-$)を**ペプチド結合**という。多数のアミノ酸がペプチド結合でつながったものを, **ポリペプチド**といい, そのうち特有の機能

をもつものは**タンパク質**とよばれる。。

　タンパク質の構造は, 次のように分類される。

一次構造　タンパク質を構成するポリペプチド鎖のアミノ酸の配列順序。一次構造は, DNA の遺伝情報によって決まる。

二次構造　ポリペプチドのペプチド結合の部分で, ＞C＝O‑‑H‑N＜のようにはたらく**水素結合**によってつくられる部分的な立体構造。らせん状の**α‑ヘリックス構造**と, 波形状の**β‑シート構造**, および約180°に折り返された**β‑ターン構造**などがある。

三次構造　ポリペプチドの側鎖(‑R)間にはたらく,

‑NH₃⁺…⁻OOC‑(イオン結合)

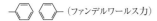(ファンデルワールス力)

‑S‑S‑(ジスルフィド結合)

などの相互作用によって, 折りたたまれたそのタンパク質に見られる特有の立体構造。

四次構造　三次構造をもつポリペプチド鎖が, さらにいくつか集合してできた構造。

ヘモグロビンは, 4つのタンパク質の三次構造(サブユニット)が集まったもので, それぞれのサブユニットには, Fe 原子を含むヘム(色素)が存在する。

酸素が結合する部分(ヘム)

(1)　ポリペプチド鎖にある側鎖(‑R)間で, 次のような相互作用がはたらき, 三次構造を形成する。

ポリペプチド鎖

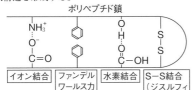

| イオン結合 | ファンデルワールス力 | 水素結合 | S‑S結合(ジスルフィド結合) |

　問題文に, S‑S 結合が書かれているので, これを除いた残り3つの中から, 2つを答える。

(2)　S‑S 結合は, 2つの‑SH が酸化されることによって形成される結合である。タンパク質に見られるS‑S 結合は, 2つのシステインの‑SH 間に形成され, タンパク質の立体構造を維持するうえで重要な役割を果たす。タンパク質中の S‑S 結合には, 分子内のS‑S 結合と, 分子間の S‑S 結合とがある。

2HS‑CH₂‑CH(NH₂)COOH
　　　システイン

酸化／還元

S‑CH₂‑CH(NH₂)COOH
S‑CH₂‑CH(NH₂)COOH
　　　シスチン

(3)　コラーゲンは軟骨・腱など結合組織に繊維状で存在する**構造タンパク質**としてはたらく。

　ヘモグロビンは酸素を運搬する赤血球中に存在する**色素タンパク質**としてはたらく。

　アクチンとミオシンは筋肉中に存在し, 筋収縮に関係する**運動タンパク質**としてはたらく。

　免疫グロブリンは, 免疫のはたらきをもつ抗体をつくる**防御タンパク質**としてはたらく。

　ケラチンは, 毛髪, 爪, 皮膚などに存在する**構造タンパク質**としてはたらく。

　アルブミンは, 血しょう中に存在し, 体液の浸透圧の維持にはたらく。また, 栄養分を必要な所へ運搬する**輸送タンパク質**の役割もある。

[解答]　① **ペプチド**　② **一次構造**　③ **水素**
④ **α‑ヘリックス**　⑤ **β‑シート**
⑥ **二次構造**　⑦ **三次構造**　⑧ **四次構造**
(1)**イオン結合, ファンデルワールス力, 水素結合など**
(2)**システイン**
(3) A (ア), (カ)　　B (エ)　　C (オ)
　　D (キ)　　E (ウ)　　F (イ)

393 **[解説]** (1)　**酵素**は, 生体内で触媒として機能するタンパク質であるが, タンパク質の中には毛髪・爪に含まれるケラチンのように, 酵素の機能をもたないものが数多くある。〔×〕

(2)　タンパク質には, 加水分解すると α‑アミノ酸だけを生じる**単純タンパク質**と, アミノ酸に加えて色素や糖類なども生じる**複合タンパク質**がある。後者には, 糖タンパク質, 核タンパク質, リポタンパク質, 色素タンパク質, リンタンパク質, 金属タンパク質などがある。〔×〕

(3)　タンパク質には水に溶けやすい**球状タンパク質**(アルブミン, グロブリンなど)のほか, 水に溶けにくい**繊維状タンパク質**(ケラチンやフィブロインなど)がある。生体内では, 球状タンパク質は血液や細胞内で水に溶けた形で存在するが, 繊維状タンパク質は骨や筋肉, 腱などの結合組織をつくる構造成分として存在する。〔×〕

繊維状タンパク質　　球状タンパク質

[参考]　**タンパク質の種類**
タンパク質の主なものは次の通りである。

タンパク質	性質	所在
アルブミン	水に可溶	卵白, 血液
グロブリン	塩類溶液に可溶	卵白, 血液
グルテリン	希酸・希アルカリに可溶	小麦, 大豆, 米

フィブロイン	溶媒に不溶	絹糸, クモの糸
ケラチン		毛髪, 爪, 羊毛
コラーゲン	熱水に可溶	軟骨, 腱, 皮膚
カゼイン	リン酸を含む	牛乳
ヘモグロビン	ヘム(色素)を含む	血液(赤血球)
ミオグロビン	ヘム(色素)を含む	筋肉
ヒストン	染色体の構成要素	細胞の核
ムチン	多糖を含む	だ液, 粘液

(4) タンパク質の立体構造は,分子内や分子間における水素結合やイオン結合などによって決まる。タンパク質を加熱したり,強酸や強塩基,有機溶媒,重金属イオンなどを加えると,これらの結合が切断され,高次構造が壊れることによって変性が起こるが,ペプチド結合が切断されるわけではない。〔×〕

 変性

(5) この**硫黄反応**は,タンパク質中に含まれる硫黄 S 元素の存在によって起こる。〔○〕

(6) **ビウレット反応**は,分子内に 2 つ以上のペプチド結合をもつ場合に見られる。タンパク質は分子内に多数のペプチド結合をもつので,すべてビウレット反応を示す。〔○〕

(7) **キサントプロテイン反応**は,芳香族アミノ酸を含むタンパク質では陽性であるが,ゼラチンのように,芳香族アミノ酸の極端に少ないタンパク質では,その呈色がきわめて弱い。〔×〕

(8) タンパク質の**変性**は,その高次構造(二次構造以上)が変化することで起こるが,アミノ酸の配列順序(一次構造)は変化していない。〔×〕

(9) 水に溶けたタンパク質は,親水コロイドとしての性質を示し,多量の電解質を加えると,水和水が奪われて沈殿する(**塩析**)。〔○〕

(10) タンパク質中の窒素 N 元素の検出は,濃 NaOH 水溶液を加えて加熱し,発生した NH_3 に濃塩酸を近づけ,白煙(NH_4Cl)を生じることで検出する。NaOH と酢酸鉛(II)水溶液を加えて加熱し,黒色沈殿(PbS)を生じることで検出するのは,硫黄 S 元素である。〔×〕

(11) 生体内で十分な量を合成できず,食物から摂取しなければならないアミノ酸を**必須アミノ酸**といい,ヒト(成人)では 9 種類ある。〔×〕

解 答 (1) × (2) × (3) ○ (4) × (5) ○ (6) ○ (7) × (8) × (9) ○ (10) × (11) ×

394 **[解 説]** (1) システインに穏やかな酸化剤を作用させると,側鎖のチオール基 $-SH$ が酸化され,**ジスルフィド結合**($-S-S-$)が形成されて,システインの二量体であるシスチンに変化する。

$$2HS-CH_2-CH(NH_2)COOH \underset{還元}{\overset{酸化}{\rightleftharpoons}} \begin{array}{l} S-CH_2-CH(NH_2)COOH \\ | \\ S-CH_2-CH(NH_2)COOH \end{array}$$

(シスチンをスズと塩酸で穏やかに還元すると,システインが得られる。)

(2)・ペプチド X は 5 個のアミノ酸からなる鎖状のペンタペプチドである。

・ペプチド X の N 末端のアミノ酸は,酸性アミノ酸のグルタミン酸(Glu)である。

・ペプチド X の C 末端のアミノ酸の構造は次のように考えられる。アミノ酸を亜硝酸ナトリウムと塩酸によってジアゾ化した後,加水分解すると,アミノ酸中のアミノ基 $-NH_2$ がヒドロキシ基 $-OH$ に変化する。生成物が乳酸であるから,もとのアミノ酸の側鎖(R)はメチル基 CH_3- になり,C 末端のアミノ酸はアラニン(Ala)である。

$$\begin{array}{l} R-CH-COOH \\ | \\ NH_2 \end{array} \xrightarrow{HNO_2} \begin{array}{l} R-CH-COOH \\ | \\ N_2Cl \end{array}$$

$$\xrightarrow{H_2O} \begin{array}{l} R-CH-COOH \\ | \\ OH \end{array}$$

・塩基性アミノ酸(リシン)の $-COOH$ 側のペプチド結合を特異的に切断する酵素(トリプシン)で加水分解するとペプチド I, II を生成する。ペプチド X がペンタペプチドだから,ビウレット反応が陽性なペプチド II はトリペプチド,ビウレット反応が陰性なペプチド I はジペプチドである。

この酵素による切断所は,次の(i),(ii)の 2 通りが考えられる。

ペプチド I は,NaOH 水溶液と Pb^{2+} により,硫化鉛(II)PbS の黒色沈殿を生じたことから,硫黄を含むアミノ酸のシステイン(Cys)を含む。

ペプチド II は,キサントプロテイン反応を示したことからベンゼン環をもつチロシン(Tyr)を含む。

この酵素の切断所が(i)のとき,ジペプチド I の C 末端はリシン(Lys)でなければならないが,ジペプチド I が硫黄 S を含むシステイン(Cys)をもつという問題の条件に反するので,不適。

したがって,この酵素の切断所は,(ii)が正しい。

Ⓝ-Glu-Tyr-Lys-Ⓒ　Ⓝ-Cys-Ala-Ⓒ
　ペプチド II　　　　ペプチド I

395～396

よって，ペプチドXのアミノ酸配列は，N末端から順に並べると，次のようになる。

Ⓝ－Glu－Tyr－Lys－Cys－Ala－Ⓒ

(3) pH＝2.5の酸性水溶液中では，ペプチドⅡに含まれる各アミノ酸は，H^+を受け取り陽イオンとして存在する。

$HOOC-(CH_2)_2-\underset{\underset{NH_3^+}{|}}{CH}-COOH$ 　酸性アミノ酸のグルタミン酸（等電点pH3.2）は，1価の陽イオンとなる。

$HO-\bigcirc-CH_2-\underset{\underset{NH_3^+}{|}}{CH}-COOH$ 　中性アミノ酸のチロシンも1価の陽イオンとなる。

$H_3N^+(CH_2)_4-\underset{\underset{NH_3^+}{|}}{CH}-COOH$ 　塩基性アミノ酸のリシンは2価の陽イオンとなる。

リシンは正電荷が大きいので，他のグルタミン酸やチロシンに比べて陰極側に移動しやすい（電気泳動によるアミノ酸の移動速度が大きい）。

〖解答〗(1) **ジスルフィド結合**
(2) **Glu － Tyr － Lys － Cys － Ala**
(3) (a) **リシン**　(b) **陰極**

395 〖解説〗(1)　タンパク質に濃硫酸および分解促進剤として硫酸銅(Ⅱ)，硫酸カリウムを加えて煮沸すると，タンパク質中の窒素はすべて硫酸アンモニウム$(NH_4)_2SO_4$となる。これを水で薄めた後，水酸化ナトリウムなどの強塩基を加えて加熱すると，次式のように反応が起こり，弱塩基のアンモニアが発生する。

$(NH_4)_2SO_4 + 2NaOH$
　　　　　　$\longrightarrow Na_2SO_4 + 2NH_3\uparrow + 2H_2O$
(（弱塩基の塩）＋（強塩基）→（強塩基の塩）＋（弱塩基）の反応)
を利用している。

この反応で発生したアンモニアを硫酸の標準溶液に吸収させた後，残った硫酸を別の塩基の水溶液で**逆滴定**すると，アンモニアの物質量がわかる。H_2SO_4は2価の酸，NaOHとNH_3は1価の塩基なので，中和点では，

（酸の出したH^+の物質量）
　　　　＝（塩基の出したOH^-の物質量）
の関係が成り立つ。

よって，発生したNH_3をx〔mol〕とすると，

$0.050 \times \dfrac{50}{1000} \times 2 = x + 0.050 \times \dfrac{30}{1000} \times 1$

$\therefore\ x = 3.5 \times 10^{-3}$〔mol〕

(2) NH_3 1mol 中には，N原子も1mol含まれる。NH_3 3.5×10^{-3}mol 中に含まれるN原子の質量は，

$3.5 \times 10^{-3} \times 14 = 4.9 \times 10^{-2}$〔g〕

よって，もとの食品中に含まれていたN原子も，

4.9×10^{-2}gである。

大豆中のタンパク質の割合をy〔%〕とすると，タンパク質中には窒素Nを16%含むから，

$1.0 \times \dfrac{y}{100} \times \dfrac{16}{100}$
　　　$= 4.9 \times 10^{-2}$
$\therefore\ y = 30.6 ≒ 31$〔%〕

大豆　タンパク質 $y\%$　16%がN

〖解答〗(1) **3.5×10^{-3}mol** (2) **31%**

396 〖解説〗生体内の細胞でつくられる物質で，生体内で起こる種々の化学反応（**代謝**という）を促進する触媒の作用をもつ物質を**酵素**という。酵素は単純タンパク質であるもの（アミラーゼ，ペプシンなど）と，複合タンパク質であるもの（チマーゼ，デカルボキシラーゼなど）に大別される。後者は，タンパク質部分の**アポ酵素**と，非タンパク質の低分子である**補酵素**とからなり，両者が結合した状態（**ホロ酵素**という）ではじめて酵素のはたらきを示すようになる。

アポ酵素　補酵素　ホロ酵素

酵素の特性として，1)特定の物質（**基質**という）だけに作用するという**基質特異性**が顕著である。2)**最適温度**（35～40℃）をもつ，3)**最適pH**（中性付近にあるものが多いが，各酵素で異なる）をもつことがあげられる。

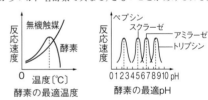
酵素の最適温度　酵素の最適pH

酵素の主成分はタンパク質であるため，加熱すると変性し，触媒としての作用を失う（**失活**）。酵素は，一般に，35～40℃付近で最も活性が大きくなる。また，酸性や塩基性が強くなりすぎると変性して失活する。ほとんどの酵素の最適pHは，中性（pH＝7）付近である。しかし，胃液は塩酸を含んでいてpHは2前後の強い酸性であり，胃ではたらくペプシンの最適pHはおよそ2である。また，トリプシン，リパーゼがはたらく小腸のpHは，およそ8～9の弱い塩基性であり，小腸ではたらくトリプシン，リパーゼの最適pHは8～9である。

〖参考〗　**酵素の基質特異性**
　酵素の触媒作用は，酵素分子の全体で行われるのではなく，酵素分子中の特定の部分（**活性部位**という）で行われる。
　酵素はその種類ごとに特定の基質としか反応しない。この性質を酵素の**基質特異性**とい

う。これは, 酵素の活性部位にちょうど合致する基質とのみ結合し, **酵素-基質複合体**をつくって酵素反応が進行するからである。このような酵素と基質の関係を, フィッシャー（ドイツ）は, 鍵と鍵穴の関係にたとえた。

酵素-基質複合体

解答　① 代謝　② 触媒　③ タンパク質
④ 変性　⑤ 最適温度　⑥ 最適 pH
⑦ ペプシン　⑧ トリプシン（リパーゼ）
⑨ 基質　⑩ 基質特異性

参考　**主な酵素のはたらき**
主な酵素の種類とはたらきは次の通り。

	酵素名	はたらき
加水分解酵素	アミラーゼ	デンプン→マルトース
	マルターゼ	マルトース→グルコース+グルコース
	スクラーゼ	スクロース→グルコース+フルクトース
	ラクターゼ	ラクトース→グルコース+ガラクトース
	ペプシン	タンパク質→ポリペプチド
	トリプシン	特定のペプチド結合を切断。
	ペプチダーゼ（各種）	ポリペプチド→アミノ酸, ペプチド鎖末端のペプチド結合を切断。
	リパーゼ	脂肪→脂肪酸+モノグリセリド
呼吸酵素	脱水素酵素	有機物から水素を取りはずす。
	酸化酵素	有機物に酸素を結合させる。
	脱炭酸酵素	カルボキシ基（-COOH）から CO_2 を取りはずす。
その他	カタラーゼ	過酸化水素を分解する。$2H_2O_2 \longrightarrow 2H_2O + O_2$
	ATP アーゼ	ATP を分解・合成する。$ATP \rightleftarrows ADP + リン酸$

参考　**膵リパーゼのはたらき**
　かつては, 油脂が消化されると, 最終的にグリセリンと3分子の脂肪酸になると考えられていた。しかし, 近年の研究により, 膵臓から分泌されるリパーゼ（膵リパーゼ）は, 油脂の分子中に存在する3つのエステル結合のうち, 2個しか加水分解しないことが明らかになった。すなわち, 油脂（トリグリセリド）中の1, 3位のエステル結合を特異的に加水分解する。したがって, 2位に結合した脂肪酸（不飽和脂肪酸が多い傾向がある）は加水分解されることなく, モノグリセリドの形で体内へ吸収される。

R_1-COO-CH$_2$　　　　　　HO-CH$_2$
R_2-COO-CH +2H$_2$O → R_2-COO-CH + R_1-COOH
R_3-COO-CH$_2$　　　　　　HO-CH$_2$　R_3-COOH
油脂（トリグリセリド）　モノグリセリド　脂肪酸

397 解説　α-アミノ酸の一般式は, R-CH(NH$_2$)-COOH と表せる。側鎖（R-）以外の共通部分は $C_2H_4NO_2$ でその分子量は 74 である。

(1) アミノ酸 A の側鎖 R は $C_9H_{11}NO_3 - C_2H_4NO_2$ より C_7H_7O である。ベンゼン環を含み, FeCl$_3$ 水溶液で呈色するから, フェノール性 -OH をもつ。よって, A はベンゼンの二置換体と考えられ, C_7H_7O -C$_6$H$_4$-OH より CH$_2$（メチレン基）が残る。アミノ酸 A の側鎖に考えられる構造は,

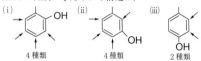

(i)～(iii)のうち, ニトロ基の置換位置を→で示すと, 題意に合うのは, (iii)のパラ二置換体だけである。
　よって, アミノ酸 A はチロシンである。

(2) アミノ酸 B の側鎖 R は, $C_4H_9NO_3 - C_2H_4NO_2$ より C_2H_5O である。
　B には不斉炭素原子を2個含むが, -C$_2$H$_4$NO$_2$ の部分に不斉炭素原子を1個含むから, R の部分にもう1つの不斉炭素原子が存在する。1つの炭素に4種の異なる原子（団）を結合させると, $-\overset{H}{\underset{OH}{\overset{|}{\underset{|}{C^*}}}}-CH_3$ の構造が考えられる。
　また, CH$_3$-CH(OH)- の部分構造をもつので, ヨードホルム反応が陽性となる。
　よって, アミノ酸 B はトレオニンである。

(3) アミノ酸 C の側鎖 R は, $C_4H_7NO_4 - C_2H_4NO_2$ より $C_2H_3O_2$ である。
　C の等電点が酸性側にあるから, 酸性アミノ酸と考えられ, -COOH をもつ。
$C_2H_3O_2$-CHO より CH$_2$（メチレン基）が残るので R は -CH$_2$-COOH となる。
　よって, アミノ酸 C はアスパラギン酸である。
（C を濃硫酸存在下でエタノールと反応させると, 分子中の2か所の -COOH がともにエステル化される。1か所のエステル化につき, -COOH → -COOC$_2$H$_5$ となり分子量は 28 増加する。よって, アスパラギン酸の分子量 133 に対して, そのジエチルエステルの分子量は, 133 + (28 × 2) = 189 で題意に合致する。）

(4) アミノ酸 D の側鎖 R は, $C_3H_7NO_2S - C_2H_4NO_2$ より CH$_3$S
　D はフェーリング液を還元するので還元性を有する。しかし, R の部分には O が存在しないので, ホルミル基（-CHO）は存在しない。これ以外に酸化されやすい（還元性がある）官能基で S を含むものは -SH である。酸化剤の作用によって, チオール基 -SH どうしが酸化されて, ジスルフィド結合 -S-S- に変化すると考えればよいので, R は -CH$_2$SH となる。

398

よって,アミノ酸 D はシステインである。

$\left(\begin{array}{l}\text{R は}-\text{SCH}_3\text{とも考えられるが,メチル基が脱離して}-\text{S}-\text{S}- \\ -\text{結合に変化することはないので除外される。}\end{array}\right)$

アミノ酸 E の側鎖 R は,$C_6H_{13}NO_2-C_2H_4NO_2$ より C_4H_9

アミノ酸 B と同様に,$C_2H_4NO_2$ の部分に不斉炭素原子を 1 つ含むから,R の部分にもう 1 つの不斉炭素原子が存在する。

C_4H_9- はアルキル基で,その構造は次の 4 種類が考えられる。

(ⅰ) C－C－C－C　　　(ⅱ) $\overset{*}{-\text{C}}-\text{C}-\text{C}$
$\qquad\qquad\qquad\qquad\qquad\quad |$
$\qquad\qquad\qquad\qquad\qquad\quad \text{C}$

(ⅲ) $-\text{C}-\text{C}-\text{C}$　　(ⅳ) $-\overset{|}{\underset{|}{\text{C}}}-\text{C}$
$\qquad\quad |$
$\qquad\quad \text{C}$

このうち不斉炭素原子をもつのは(ⅱ)のみ。

よって,アミノ酸 E はイソロイシンである。

$\left(\begin{array}{l}\text{R}-\text{の構造が(ⅲ)であるのがロイシンである。R}-\text{の構造が(ⅰ),(ⅳ)} \\ \text{のものは,天然のアミノ酸には存在しない。}\end{array}\right)$

【解答】

A　HO—◯—CH₂—CH—COOH
$\qquad\qquad\qquad\qquad\quad |$
$\qquad\qquad\qquad\qquad\quad \text{NH}_2$

B　H₃C—CH—CH—COOH
$\qquad\qquad |\qquad |$
$\qquad\qquad \text{OH}\quad \text{NH}_2$

C　HOOC—CH₂—CH—COOH
$\qquad\qquad\qquad\qquad\quad |$
$\qquad\qquad\qquad\qquad\quad \text{NH}_2$

D　HS—CH₂—CH—COOH
$\qquad\qquad\qquad\quad |$
$\qquad\qquad\qquad\quad \text{NH}_2$

E　CH₃—CH₂—CH—CH—COOH
$\qquad\qquad\qquad\quad |\qquad |$
$\qquad\qquad\qquad\quad \text{CH}_3\quad \text{NH}_2$

398 【解説】(1)　遺伝情報の保存・伝達に関わる高分子化合物を**核酸**という。DNA(**デオキシリボ核酸**)と RNA(**リボ核酸**)の共通点は,五炭糖,窒素 N を含む環状構造の塩基(核酸塩基),リン酸からなる**ヌクレオチド**が多数結合した鎖状の高分子化合物のポリヌクレオチドでできている点である。

(2)　塩基の種類は,DNA では,アデニン(A),**チミン**(T),グアニン(G),シトシン(C)であるが,RNA では,アデニン,**ウラシル**(U),グアニン,シトシンである。

(3)　糖の種類が,DNA が**デオキシリボース** $C_5H_{10}O_4$,RNA は**リボース** $C_5H_{10}O_5$ である。

(4)　DNA は 2 本鎖の構造であるが,RNA は多くが 1 本鎖の構造である。

(5)　DNA(**デオキシリボ核酸**)は,遺伝子の本体をなし,主に核に含まれる。RNA(リボ核酸)は,DNA

の遺伝情報に基づいて,タンパク質の合成に直接関与し,核や細胞質に含まれる。

(6)　核酸の構成元素は C, H, O, N, P である。なお,タンパク質の構成元素は C, H, O, N, S である。

【解答】 (1) **C**　(2) **A**　(3) **A**　(4) **B**　(5) **B**　(6) **D**

【参考】 **タンパク質の合成のしくみ**

DNA の遺伝情報をもとに,目的とするタンパク質の合成は次のような順序で行われる。

① 核の DNA の遺伝情報のうち,ほどけた二重らせんの一方を鋳型として,特定の塩基配列が RNA に写しとられる(遺伝情報の**転写**)。転写された RNA は,不要な部分が除かれ,必要な部分だけからなる **mRNA** となる(この過程を**スプライシング**という)。

② mRNA は核から細胞質へ出ていき,**リボソーム**に付着する。なお,mRNA の塩基配列において,3 個並びの塩基配列が 1 つのアミノ酸を指定する遺伝暗号(**コドン**)となっている。

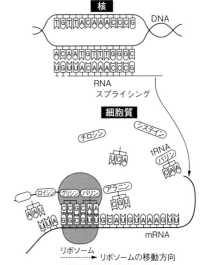

遺伝情報の転写と翻訳

③ 細胞質にある **tRNA** は,mRNA に相補的な 3 個並びの塩基配列(**アンチコドン**)をもっており,特定のアミノ酸と結合した後,これをリボソームまで運搬する。

④ リボソーム上では,mRNA のコドンに基づいて特定のアミノ酸と結合した tRNA が順次並び,**rRNA** によってアミノ酸どうしがペプチド結合で連結され,目的のタンパク質が合成される(遺伝情報の**翻訳**)。

※ mRNA はメッセンジャー RNA,伝令 RNA,tRNA はトランスファー RNA,運搬 RNA,rRNA はリボソーム RNA という。

399 ～ 400

399 [解説]　(1), (2)　DNA(デオキシリボ核酸)と
RNA(リボ核酸)の共通点は, 五炭糖, 窒素 N を含
む環状構造の塩基(**核酸塩基**という), リン酸からな
るヌクレオチドが多数結合した鎖状の高分子化合物
であるポリヌクレオチドでできている点である。相
違点は, 糖の種類が, DNA が**デオキシリボース**
$C_5H_{10}O_4$, RNA は**リボース** $C_5H_{10}O_5$ であり, 塩基
の種類は, DNA では, アデニン(A), **チミン**(T),
グアニン(G), シトシン(C)であるが, RNA では,
アデニン, **ウラシル**(U), グアニン, シトシンででき
ている点である。また, 構造は, DNA が 2 本鎖の
構造であるが, RNA では主に 1 本鎖の構造である。
(3)　多くの生物の DNA を構成する塩基の組成を調べ
た結果, A＝T, G＝C の関係が明らかとなった(**シ
ャルガフの法則**)。また, ウィルキンスやフランク
リンによる DNA の X 線回折の研究から, DNA は
規則的な**らせん構造**の繰り返しでできていることが
示唆された。以上のことから, **ワトソン**(アメリカ),
クリック(イギリス)は, DNA は, 2 本のポリヌク
レオチド鎖どうしが, 互いに塩基を内側に向け, 水
素結合によって結ばれ, 分子全体が大きならせんを
描いた, **二重らせん構造**をしていることを明らかに
した(1953 年)。
(4), (5)　ヌクレオチドは, 糖とリン酸との間にできる
エステル結合で結びついて, ポリヌクレオチドをつ
くる。また, 各塩基は A と T, G と C のように,
それぞれ決まった相手とのみ水素結合で結びつく。
この塩基どうしの関係を**相補性**という。
(6)　二重らせん構造をとる DNA では, A＝T, G＝
C の関係が成り立つから,
　　A＝27.5％ ということは, T＝27.5％
　　残り, 100－27.5×2＝45〔％〕
　　これは, G と C の和を表し, G＝C の関係より,
　　45÷2＝22.5〔％〕　これが C の mol％ である。
(7)　炭素 C, 水素 H, 酸素 O, 窒素 N は, タンパク質,
核酸に共通に存在する元素である。硫黄 S はタンパ
ク質には存在するが核酸には存在せず, リン P は核酸
には存在するがタンパク質には存在しない。
(8)　ヒト DNA のらせんの 1 回転には塩基対 10 個分
を含むから, 塩基対全体では,
$$\frac{30\times10^8}{10}＝3.0\times10^8〔回転〕$$
　　DNA の 1 回転の長さ(1 ピッチ)は 3.4nm だから,
ヒト DNA のらせんの長さは,
　　$3.4\times3.0\times10^8＝1.02\times10^9〔nm〕$
　　$1nm＝1\times10^{-9}m$ より, $1m＝1\times10^9nm$
　　よって, $\dfrac{1.02\times10^9}{1\times10^9}≒1.0〔m〕$

[解答]　(1) **デオキシリボ核酸**　(2) **ヌクレオチド**
(3) **二重らせん構造, ワトソンとクリック**
(4) a. **リン酸**　b. **デオキシリボース**
　　c. **チミン**　d. **グアニン**
(5) **水素結合**　(6) **22.5％**　(7) **窒素, リン**
(8) **1.0m**

400 [解説]　問題文のシトシン‐グアニン塩基対に
見られる水素結合には, 次の 2 通りがある。
(i)　環から出た置換基の間で形成される水素結合。

　　カルボニル基　アミノ基

(ii)　H 原子を介して, 環をつくる N 原子の間で形
成される水素結合。

　　イミノ基　二重結合の N

一方, 塩基 A には上記の水素結合の形成部位は 3
か所ある。

　　塩基 A　　水素結合　　相手の塩基

塩基 A と相補的な水素結合をつくる相手の塩基に
は, アミノ基, イミノ基, カルボニル基がこの順に並
んでいなければならない。

　　塩基①

　　塩基②

　　塩基③

よって, 塩基 A と相補的な水素結合をつくるのは,
塩基②である。

解答 ②.

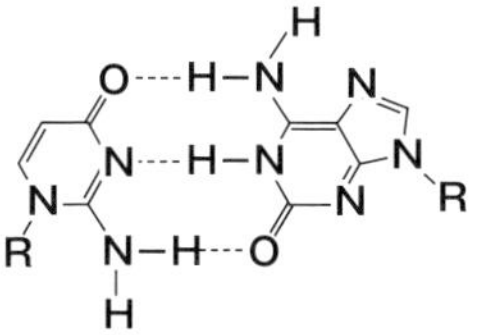

参考 **DNA の核酸塩基間の水素結合**

DNA を構成する 4 種類の核酸塩基の構造は次のとおりである。アデニンとグアニンのように,2 個の環構造をもつ塩基を**プリン塩基**,シトシンやチミンのように,1 個の環構造をもつ塩基を**ピリミジン塩基**という。

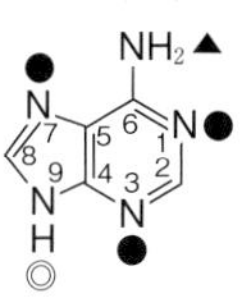

アデニン(A) 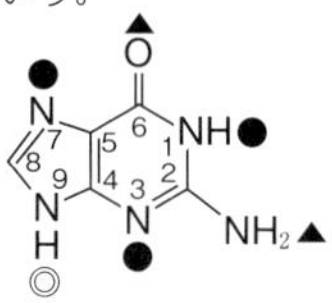 グアニン(G)

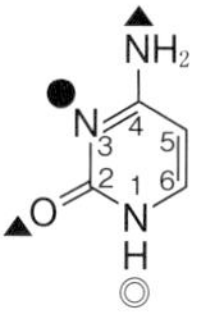

シトシン(C) 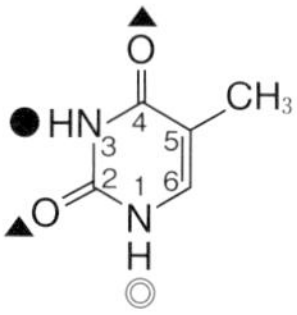 チミン(T)

水素結合が可能な部位は,カルボニル基 $>C=O$ とアミノ基 $-N\!<^H_H$(▲と表す)

および N の二重結合 $-N=$ とイミノ基 $>N-H$(●と表す)である。

まず各塩基が糖(デオキシリボース)の 1 位の $-OH$ と結合できるのは,イミノ基 $>N-H$ の $-H$ だけであり,生じた $-C-N<$ 結合を **N-グリコシド結合**という。糖と N-グリコシド結合をつくるのは,2 個の環構造をもつプリン塩基のアデニンとグアニンでは 9 位,1 個の環構造をもつピリミジン塩基のシトシンとチミンでは 1 位と決まっている(◎印)。

実際に,塩基間で相補的な水素結合を形成しているのは,水素結合が可能な部位(▲または●)が連続している部分でなければならない。それは,糖と N-グリコシド結合をつくる位置(◎印)からみて,最も遠い場所でもある。したがって,アデニンでは 1,6 位,グアニンでは 1,2,6 位,シトシンでは 2,3,4 位,チミンでは 2,3,4 位である。

グアニンの(▲●▲)とシトシンの(▲●▲)では相補的な 3 本の水素結合を形成する。

アデニンの(▲●)とチミンの(▲●)では相補的な 2 本の水素結合を形成する。

また,アデニンの(▲●)とチミンの(▲●)が

相補的な 2 本の水素結合を形成するためには,チミンを裏返しにしなければならない。したがって,この位置での水素結合は形成されないと考えられる。

401 解説 ① 無水酢酸によるアセチル化は,アミノ酸のアミノ基に対して起こる。

$$R-\underset{分子量16}{NH_2} + (CH_3CO)_2O \longrightarrow$$
$$R-\underset{分子量58}{NHCOCH_3} + CH_3COOH$$

アミノ基 1 か所をアセチル化するごとに,分子量は $58-16=42$ 増加する。

よって,A はアミノ基を 1 個もつ。

参考 ジペプチドは,本来,ペプチド結合を 1 個しかもたないので,ビウレット反応は陰性である(**ビウレット反応**は,ペプチド結合を 2 個以上,すなわち,トリペプチド以上のペプチドで陽性)。しかし,ジペプチドをアセチル化すると,分子内にはペプチド結合が 2 個存在することになり,銅(Ⅱ)イオンと右図のような錯イオンを形成して,ビウレット反応が陽性となる。

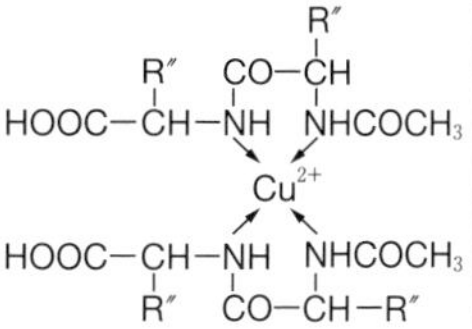

→ は配位結合を示す。

② エタノールによるエステル化は,アミノ酸のカルボキシ基で起こる。

$$R-\underset{分子量45}{COOH} + C_2H_5OH \longrightarrow$$
$$R-\underset{分子量73}{COOC_2H_5} + H_2O$$

カルボキシ基 1 か所をエステル化するごとに,分子量は $73-45=28$ 増える。

よって,A はカルボキシ基を $56\div28=2$ 個もつ。

③ ジペプチド A の構造式は,次のとおりである。

$$H_2N-\underset{R_1}{CH}-CONH-\underset{R_2}{CH}-COOH$$

$R_1+R_2+\underset{分子量130}{C_4H_6N_2O_3}=204$ より,$R_1+R_2=74$

一方,R_1 または R_2 には $-COOH$(分子量 45)を 1 個含むので,残りの分子量は,

$74-45=29$ となる。

よって,R_1,R_2 には,次の組み合わせがある。

(i) $-H$(グリシン),$-(CH_2)_2COOH$(グルタミン酸)

(ii) $-CH_3$(アラニン),$-CH_2COOH$(アスパラギン酸)

(iii) $-C_2H_5$,$-COOH$(天然の α-アミノ酸には該当するものはない。)

(i) グリシン(Gly)とグルタミン酸(Glu)のジペプ

チドの構造異性体は3種類ある。

$$\begin{array}{l}\text{グルタミン酸の}\alpha\text{位}\\ \text{の}-\text{COOH を Ⓒ,}\\ \gamma\text{位の}-\text{COOH を}\\ \text{Ⓒ とする。}\end{array}$$

$$\left(\begin{array}{l}-\text{COOH の結合した炭素から順に,}\alpha,\beta,\gamma,\\ \cdots\text{位という。}\end{array}\right)$$

(ii)　アラニン(Ala)とアスパラギン酸(Asp)のジペ
プチドの構造異性体は3種類ある。

$$\begin{array}{l}\text{アスパラギン酸の}\alpha\\ \text{位の}-\text{COOH を Ⓒ,}\\ \beta\text{位の}-\text{COOH を}\\ \text{Ⓒ とする。}\end{array}$$

(i)には分子内に不斉炭素原子が1個存在するの
で,$3\times2=6$〔種類〕の立体異性体が存在する。

(ii)には分子内に不斉炭素原子が2個存在するの
で,$3\times2^2=12$〔種類〕の立体異性体がある。

∴　合計　$6+12=18$〔種類〕

解答　① 1　② 2　③ 18

402　**解説**　(1) A の組成式は,

$$\underset{(\text{原子数の比})}{C:H:N:O}=\frac{57.1}{12}:\frac{6.2}{1.0}:\frac{9.5}{14}:\frac{27.2}{16}$$

$$\fallingdotseq 4.76:6.2:0.68:1.7$$

$$\fallingdotseq 7:9:1:2.5$$

2倍して,組成式は,$C_{14}H_{18}N_2O_5$

分子量が294より,$(C_{14}H_{18}N_2O_5)_n=294$

∴　$n=1$,分子式も $C_{14}H_{18}N_2O_5$

(2) A はジペプチドのエステルで,その加水分解の
反応式は,

$$C_{14}H_{18}N_2O_5+2H_2O\xrightarrow{H^+}B+C+CH_3OH\cdots①$$

$$C_{14}H_{18}N_2O_5+H_2O\xrightarrow{\text{酵素}}B+D\cdots②$$

よって,D は C とメタノールとのエステルで,D
の分子式が $C_{10}H_{13}NO_2$ だから,
C の分子式は,

$$C_{10}H_{13}NO_2+H_2O-CH_4O=C_9H_{11}NO_2$$

よって,B の分子式は,②より

$$C_{14}H_{18}N_2O_5+H_2O-C_{10}H_{13}NO_2=C_4H_7NO_4$$

B の水溶液は弱酸性を示すから,側鎖(R-)に
-COOH を含む酸性アミノ酸である。

α-アミノ酸の一般式から考えると,側鎖の分子
式は,共通部分を差し引いて,

$$C_4H_7NO_4-C_2H_4NO_2$$
$$=C_2H_3O_2$$

$$\boxed{R}\boxed{\begin{array}{l}\text{CH-COOH}\\ \text{NH}_2\end{array}}$$
側鎖　　共通部分
　　　　$C_2H_4NO_2$

さらに,側鎖は -COOH を
含むので,残りは -CH$_2$-(メ
チレン基)である。よって,B の構造式は,

$$\underset{\text{アスパラギン酸}}{\begin{array}{l}\text{HOOC-CH}_2-\text{CH-COOH}\\ \hspace{3.5em}\text{NH}_2\end{array}}$$

次に,C はベンゼン環をもつ芳香族アミノ酸であ
るから,側鎖の分子式は,共通部分を引いて,

$$C_9H_{11}NO_2-C_2H_4NO_2=C_7H_7$$

また,側鎖はベンゼン環 C_6H_5- を含むので,残
りは $-CH_2-$ 。したがって,C の構造式は

フェニルアラニン

D は C とメタノールとのエステルなので,

フェニルアラニンのメチルエステル

(3)　A は,B と D のジペプチドで,そのペプチド結
合の仕方には,次の(i)と(ii)の2通りがある。

D の $-NH_2$ が,B の α 位の $-COOH$(i)とペプチ
ド結合したとすると,

アスパルテーム

D の $-NH_2$ が,B の β 位の $-COOH$(ii)とペプチ
ド結合したとすると,

$$\left(\begin{array}{l}-\text{COOH の結合した炭素から順に,}\alpha,\beta,\gamma,\\ \cdots\text{位という。}\end{array}\right)$$

(i)で生じたジペプチドは,$-COOH$ の β 位にアミ
ノ $-NH_2$ をもつ。すなわち,β-アミノ酸としての構
造をもつので適するが,(ii)で生じたジペプチドは,
$-COOH$ の α 位にアミノ基をもつ α-アミノ酸とし
ての構造をもつので不適である。

よって,A の構造式は(i)と決まる。

解答　(1) $C_{14}H_{18}N_2O_5$

(2) B　$\begin{array}{l}\text{HOOC-CH}_2-\text{CH-COOH}\\ \hspace{3em}\text{NH}_2\end{array}$

C　

(3)

$$\begin{array}{l}\text{HOOC-CH}_2-\text{CH-CONH-CH-CH}_2-\text{◇}\\ \hspace{3.5em}\text{NH}_2\hspace{3.5em}\text{COOCH}_3\end{array}$$

403 解説　① 　ペプチドAはα-アミノ基とα-カルボキシ基が脱水縮合したペプチド結合をもつ。つまり,グルタミン酸(Glu)の側鎖の−COOHやリシン(Lys)の側鎖の−NH₂がペプチド結合に関与していることはない直鎖状のペプチドである。

② 　ペプチドAは6種類のアミノ酸を組み合わせてできた7個のアミノ酸からなるペプチドである。したがって,ペプチドAには同種のアミノ酸が2個含まれる。

③ 　ペプチドAのC末端は,酸性アミノ酸なのでグルタミン酸,N末端は不斉炭素原子をもたないアミノ酸なのでグリシン(Gly)である。

④ 　ペプチドAを酵素(トリプシン)で加水分解すると,ペプチドB,Cおよびグルタミン酸が生成したことから,ペプチドB,CのC末端は,塩基性アミノ酸のリシンである。これより,ペプチドAに2個含まれるアミノ酸はリシンである。

⑤ 　ビウレット反応は,2個以上のペプチド結合を含むトリペプチド以上で呈色するが,ペプチド結合を1個しか含まないジペプチドでは呈色しない。ペプチドBはビウレット反応が陽性で,ペプチドCはビウレット反応が陰性であるから,ペプチドBは4個のアミノ酸,ペプチドCは2個のアミノ酸から構成されていることになる(ペプチドB,Cがともに3個のアミノ酸で構成されている場合,ともにビウレット反応が陽性となり,題意に反する)。

　ここまでにわかった情報を図にまとめると,

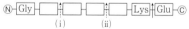

　この酵素の切断場所の1つは,1番右端のペプチド結合であるが,もう1つの切断場所は,(i)と(ii)の2通り考えられる。

⑥ 　4個のアミノ酸からなるペプチドBにグリシンが含まれることから,この酵素のもう1つの切断箇所は(ii)と決まる。

Ⓝ−Gly−①−②−Lys−Ⓒ　Ⓝ−③−Lys−Ⓒ
　　　　ペプチドB　　　　　ペプチドC

　ペプチドBをさらに2つのペプチドに加水分解すると,リシンとロイシン,アラニンとグリシンからなるペプチドが得られることから,①がアラニン(Ala),②がロイシン(Leu)と決まる。また,ペプチドCのN末端の③は残ったセリン(Ser)である。

解答　Gly−Ala−Leu−Lys−Ser−Lys−Glu

404 解説
(2)より,アミノ酸4は,不斉炭素原子をもたないグリシン(Gly)とわかる。

(3)より,アミノ酸8は,チロシン(Tyr)とわかる。この反応はキサントプロテイン反応とよばれ,ベンゼン環をもつ芳香族アミノ酸に特有な反応である。

　アミノ酸の水溶液中では,次の電離平衡が成り立つ。

$$R-\underset{\underset{NH_3^+}{|}}{CH}-COOH \rightleftharpoons R-\underset{\underset{NH_3^+}{|}}{CH}-COO^- \rightleftharpoons R-\underset{\underset{NH_2}{|}}{CH}-COO^-$$

　　陽イオン　　　　　　双性イオン　　　　　陰イオン

酸性水溶液 ←――――――――――→ 塩基性水溶液

　各アミノ酸は,その等電点においては双性イオンとして存在するが,等電点より酸性の水溶液中では陽イオン,塩基性の水溶液中では陰イオンとして存在する。

(4)より,pH5.1の水溶液中で,アミノ酸5,6は陰イオンになっているから,これらの等電点は5.1より低い。すなわち,アミノ酸5,6は酸性アミノ酸のアスパラギン酸(Asp)かグルタミン酸(Glu)のいずれかである。

　pH5.1の水溶液中で,アミノ酸2,4,7,8は陽イオンになっているから,これらの等電点は5.1より高い。すなわち,アミノ酸2,4,7,8は中性アミノ酸のグリシン(Gly),アラニン(Ala),チロシン(Tyr),または塩基性アミノ酸のリシン(Lys)のいずれかである。

　このうち,アミノ酸4はグリシン(Gly),アミノ酸8はチロシン(Tyr)と決まっているので,アミノ酸2,7は,アラニン(Ala)かリシン(Lys)のいずれかである。pH5.1の水溶液中で,アミノ酸1,3は双性イオンになっているから,等電点が5.1のシステイン(Cys)である。

(4),(5)よりアミノ酸5は酸性アミノ酸であることがわかっていて1分子中に−COOHが2個あるから,アミノ酸5 1molにはメタノール2molが反応する。

　アミノ酸5の分子量をMとすると,そのジメチルエステルの分子量は$(M+14×2)$なので,

$$\frac{0.190}{M}=\frac{0.230}{M+28}$$

$$∴ M=133$$

表より,アミノ酸5はアスパラギン酸(Asp)とわかり,アミノ酸6はグルタミン酸(Glu)である。

(6)より,pH8.0の水溶液中で,アミノ酸2,8は陰イオンとなっているから,その等電点は8.0より低い。よって,アミノ酸2は中性アミノ酸のアラニン(Ala)である(アミノ酸8はチロシン(Tyr)と決定している)。アミノ酸7は陽イオンになっているから,その等電点は8.0より高い。よって,アミノ酸7は塩基性アミノ酸のリシン(Lys)である。

解答　アミノ酸1 Cys,　アミノ酸2 Ala
　　　アミノ酸3 Cys,　アミノ酸4 Gly
　　　アミノ酸5 Asp,　アミノ酸6 Glu
　　　アミノ酸7 Lys,　アミノ酸8 Tyr

405 [解説]　(1)　アミノ酸Xは分子間でジスルフィド結合(−S−S−)を形成できるので,側鎖が−CH₂−SHのシステインである。アミノ酸Yは不斉炭素原子をもたないので,側鎖が−Hのグリシンである。アミノ酸Zはその1molがメタノール2molとエステルをつくるので,分子中に−COOH基を2個もつ酸性アミノ酸,すなわち,側鎖が−(CH₂)₂−COOHのグルタミン酸である。

次に,これらのアミノ酸の配列順序を考える。

グルタチオンを部分的に加水分解して得られるジペプチドは,側鎖に−COOHをもたない,アミノ酸X(システイン)とアミノ酸Y(グリシン)が通常のα位の炭素に結合した−COOHと−NH₂どうしでペプチド結合したものである。そのN末端がアミノ酸Xであるから,その配列順はⓃ−X−Y−ⓒ(Ⓝ
はN末端,ⓒはC末端を表す)である。

このジペプチドがもう1つのアミノ酸Zの側鎖の−COOHとアミド結合を形成してトリペプチド(グルタチオン)を形成するのは,上記のジペプチドのN末端のアミノ酸Xの方である。

よって,グルタチオンのアミノ酸配列は,Ⓝ−Z−X−Y−ⓒの順になっていると考えられる。
(2)　システインが酸化されると,その側鎖のチオール基−SHがHを失い,ジスルフィド結合を形成し,二量体であるシスチンとなる。

HOOC−C*H−CH₂SH　＋　HS−CH₂−C*H−COOH
　　　　　NH₂　　　　　　　　　　　　NH₂

→HOOC−C*H−CH₂−S−S−CH₂−C*H−COOH+2H
　　　　　NH₂　　　　　　　　　　　　NH₂
　　　　　　　　　　　対称面
　　　　　シスチン(システインの二量体)

(メチオニンHOOC−CH−(CH₂)₂−S−CH₃では,メチル基
　　　　　　　　　NH₂
−CH₃が容易に脱離しないため,ジスルフィド結合をもつ二量体は形成しない。)

シスチン分子中には不斉炭素原子が2個存在するが,鏡像異性体(D型,L型)に加えて,分子内に対称面をもつメソ体(鏡像異性体は存在しない)が存在するので,立体異性体は,2²−1(メソ体) ＝ 3種類しか存在しない。
(3)　グルタミン酸(Glu),システイン(Cys),グリシン(Gly)からなる環状トリペプチドの構造異性体は,アミノ酸の結合順序は,どのアミノ酸が中央にくるかによって,(i),(ii),(iii)の3通りある。また,ペプチド結合の方向性の違い−CONH−か−NHCO−はN末端をⓃ,C末端をⓒで区別すると次のようになる。ただし,グルタミン酸については,α位の−COOHをⓒ₁,γ位の−COOHをⓒ₂で区別するものとする。

(i)　Ⓝ−Glu−ⓒ₁−Ⓝ−Cys−ⓒ−Ⓝ−Gly−ⓒ
　　　　　　　　　　　ⓒ₂

　　ⓒ₁⟩Glu−Ⓝ−ⓒ−Cys−Ⓝ−ⓒ−Gly−Ⓝ
　　ⓒ₂

(ii)　Ⓝ−Cys−ⓒ−Ⓝ−Glu−ⓒ₁−Ⓝ−Gly−ⓒ
　　　　　　　　　　　　　　ⓒ₂

　　ⓒ−Cys−Ⓝ−ⓒ₁−Glu−Ⓝ−ⓒ−Gly−Ⓝ
　　　　　　　　　ⓒ₂

(iii)　Ⓝ−Cys−ⓒ−Ⓝ−Gly−ⓒ−Ⓝ−Glu−ⓒ₁
　　　　　　　　　　　　　　　　　　ⓒ₂

　　ⓒ−Cys−Ⓝ−ⓒ−Gly−Ⓝ−ⓒ₁−Glu−Ⓝ
　　　　　　　　　　　　　　ⓒ₂

もう1つ忘れてはいけないのが,Gluが中央にありⓒ₁,ⓒ₂を同時にペプチド結合した(iv)である。

(iv)　ⓒ−Cys−Ⓝ−ⓒ₁−Glu−ⓒ₂−Ⓝ−Gly−ⓒ
　　　ⓒ−Cys−Ⓝ−ⓒ₂−Glu−ⓒ₁−Ⓝ−Gly−ⓒ

よって,(i)に3種類,(ii)に4種類,(iii)に3種類,(iv)に2種類の合計12種類の構造異性体がある。

[解答]　(1)
H₂N−CH−(CH₂)₂−CONH−CH−CONH−CH₂−COOH
　　　COOH　　　　　　　CH₂SH
(2)
HOOC−CH−CH₂−S−S−CH₂−CH−COOH
　　　　NH₂　　　　　　　　　NH₂
3種類

(3)　**12種類**

[参考]　**グルタチオンのはたらきについて**
酸素呼吸を行う多くの生物がもつグルタチオンには,そのシステイン残基がチオール基(−SH)の状態にある単量体の還元型と,ジスルフィド結合(S−S)の状態にある二量体の酸化型とがある。
2グルタチオン ⇄ (グルタチオン)₂+2e⁻
グルタチオンは,還元型から酸化型に変化しやすい性質(**還元作用**)があるので,生体内に生じた種々の**活性酸素**(不対電子をもつ反応性に富む酸素の総称)を還元して無害化し,細胞を活性酸素による酸化から守る**抗酸化作用**を示す。

37 プラスチック・ゴム

406 解説　熱や圧力を加えると成型・加工のできる合成高分子化合物を,**プラスチック(合成樹脂)**という。

低分子化合物から高分子化合物をつくる反応を**重合反応**という。このうち,分子内の二重結合(不飽和結合)が開裂して付加反応を繰り返しながら行う重合を**付加重合**,単量体から水などの簡単な分子がとれる縮合反応を繰り返しながら行う重合を**縮合重合**という。

合成樹脂は,その熱に対する性質から熱可塑性樹脂と熱硬化性樹脂に分けられる。ポリエチレンやポリスチレンのような付加重合体のすべてと,ナイロンやポリエステルのように2官能性モノマー(重合に関与する官能基を2個もつ単量体)どうしの間の縮合重合で得られる高分子は,**鎖状構造**をもち,加熱すると分子間の結合が弱いところから軟化するが,冷却すると再び硬くなる。このような合成樹脂を**熱可塑性樹脂**という。

一方,フェノール樹脂や尿素樹脂のように,3個以上の官能基をもつモノマー(**多官能性モノマー**)が付加縮合,または縮合重合してできる高分子は,**立体網目構造**をもち,合成する際に加熱すると,重合がさらに進んで硬化する。このような合成樹脂は**熱硬化性樹脂**とよばれる。

熱可塑性樹脂	熱硬化性樹脂
	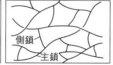
・鎖状構造。	・立体網目構造。
・溶媒にやや溶けやすい。	・溶媒に溶けない。
・耐熱性がやや小さい。	・耐熱性が大きい。

解答　① **プラスチック**　② **付加重合**
③ **鎖状**　④ **熱可塑性樹脂**　⑤ **付加縮合**
⑥ **立体網目**　⑦ **熱硬化性樹脂**

補足　**合成樹脂のつくり方**
(1) **付加重合**　不飽和結合(二重結合)が開裂して次々に分子が結合する。
　　例 ポリエチレン,ポリスチレン,ポリ塩化ビニル
(2) **縮合重合**　分子間で小さな水分子などがとれて次々に分子が結合する。
　　例 ポリエチレンテレフタラート,ナイロン66
(3) **開環重合**　環が開きながら次々に分子が結合する。
　　例 ナイロン6
(4) **付加縮合**　付加反応と縮合反応を繰り返しながら次々に分子が結合する。
　　例 フェノール樹脂,尿素樹脂,メラミン樹脂

407 解説　(1)〜(3) (ア)　**ポリスチレン**(c)に発泡剤(有機溶媒)を染み込ませたものを加熱すると,発泡ポリスチレンが得られ,食品トレー,断熱材,梱包材などに用いられる。

(イ)　分子中に C＝C 結合をもつ**ポリブタジエン**(a)に,硫黄を加えて加熱すると,C＝C 結合に S 原子による架橋結合が形成され,ゴムの弾性,強度,耐久性が向上する(**加硫**)。加硫は,天然ゴムだけでなく合成ゴムに対しても行われる。

(ウ)　分子中に多数のアミド結合 −CONH− をもつ高分子を**ポリアミド**といい,溶融状態の熱可塑性樹脂を,そのまま冷やすとプラスチックになる。また,外力を与えながら延伸すると,分子の方向が揃って合成繊維(**ナイロン66**(b))に加工することができる。

(エ)　尿素のアミノ基の H がメチレン基 −CH₂− でつながり,立体網目構造をもつ熱硬化性樹脂が**尿素樹脂**(d)で,各種の家庭用品に利用される。

(オ)　**ポリメタクリル酸メチル**(e)は**アクリル樹脂**ともよばれ,大きな側鎖をもつので結晶化しにくく,透明度が大きい。飛行機の窓,胃カメラの光ファイバー,水族館の巨大水槽などに利用される。

(カ)　メラミンのアミノ基の H がメチレン基でつながり,立体網目構造をもつ熱硬化性樹脂が**メラミン樹脂**(f)である。耐熱性,強度に優れ,硬くて傷つきにくいので,食器,化粧板などに用いられる。

メラミン

解答　(1) (a) **ポリブタジエン**　(b) **ナイロン66**
　　　(c) **ポリスチレン**　(d) **尿素樹脂**
　　　(e) **ポリメタクリル酸メチル**
　　　(f) **メラミン樹脂**
(2) (a) **ブタジエン**
　　(b) **アジピン酸,ヘキサメチレンジアミン**
　　(c) **スチレン**
　　(d) **尿素,ホルムアルデヒド**
　　(e) **メタクリル酸メチル**
　　(f) **メラミン,ホルムアルデヒド**
(3) (ア) (c)　(イ) (a)　(ウ) (b)　(エ) (d)
　　(オ) (e)　(カ) (f)

408 解説　**プラスチックの長所(利点)**
・熱や電気を通しにくい。
・熱を加えると,成型・加工がしやすい。
・化学的に安定で,薬品に侵されにくい。
・密度が小さく,製品を軽くできる。
プラスチックの短所(欠点)
・熱に対して弱い。
・軟らかく,傷がつきやすい。

・微生物による生分解がしにくく，廃棄処分がむずかしい。

㋐　電気伝導性をもつプラスチックも開発されているが，一般のプラスチックは電気絶縁性であり，熱に弱い。〔○〕

㋑　酸・塩基などの薬品には，侵されにくい。〔×〕

㋒　高分子中に顔料（水に不溶性の色素）を分散させると，着色できる。〔×〕

㋓　金属より密度は小さく，機械的強度は小さい。〔×〕

㋔　生分解性プラスチックも開発されているが，一般のプラスチックは腐食しにくく，自然界では，微生物により分解されにくい。〔○〕

参考　今までのプラスチックには耐熱性や機械的強度に弱点があったが，金属の代わりになり得る強度をもつように改良されたプラスチックができており，それを**エンジニアリングプラスチック（エンプラ）**という。

解答　㋐，㋔

409 解説　(1)　合成高分子は，多数の低分子（**単量体**）が付加重合や縮合重合などによって共有結合でつながってできたものである。〔×〕

(2)　一般に，合成高分子は一定の分子量をもたず，重合度の異なる種々の分子量をもつ分子が混在するため，平均分子量が用いられる。〔○〕

(3)　合成高分子では，分子量の異なる分子が混在するとともに，固体内に**結晶部分**や**非結晶部分**がある。このため，分子間にはたらく引力が一様ではないので，加熱すると，結合の弱いところからしだいに軟化していく。すなわち，一定の融点は示さない。〔○〕

非結晶部分　　結晶部分

(4)　合成高分子には，加熱によって軟らかくなる**熱可塑性樹脂**のほかに，加熱によってしだいに硬くなる**熱硬化性樹脂**もある。〔×〕

(5)　合成高分子は，分子量が大きく，しかも，分子量が一定ではないので，低分子のように結晶をつくることは稀である。〔×〕

(6)　合成高分子を加熱すると，しだいに軟化し，やがて融解する。さらに加熱すると，熱分解するか，燃焼するのが一般的で，気体になることはない。なかには，融解せずに熱分解するものもある。〔×〕

(7)　立体網目構造の熱硬化性樹脂は溶媒には溶けないが，鎖状構造の熱可塑性樹脂の中には溶媒に溶けるものもある（ポリ酢酸ビニル，ポリアクリル酸メチルなど）。こうして溶媒に溶かした高分子は，接着

剤などとして利用される。たとえば，ポリ酢酸ビニルは木工用の接着剤，アルキド樹脂（グリセリンと無水フタル酸からつくる）は自動車用の塗料に使われる。〔○〕

解答　(2)，(3)，(7)

410 解説　それぞれの高分子の構成単位は，

a.　**ポリエチレンテレフタラート**（略称 PET）は，分子中にエステル結合をもつポリエステルであり，合成繊維として各種の衣料や，ペット（PET）ボトルとして飲料水の容器として広く利用される。

b.　アミノ基をもつ単量体からつくられる尿素樹脂，メラミン樹脂を合わせて**アミノ樹脂**という。

c.　分子鎖中の C＝C 結合がシス形になると，分子は折れ曲がった構造になり，結晶化しにくく，軟らかく弾性をもつゴム状物質になる。

d.　ポリ塩化ビニルには Cl が結合していて分子量が大きく，分子間力が強くはたらくため，硬質のプラスチックになる。適当な異分子（**可塑剤**という）を数十％加えると，分子鎖どうしが動きやすくなり，軟質のプラスチックになる。また，難燃性である。

e.　−CN の置換基名を**シアノ基**といい，R−CN（R：炭化水素基）の化合物を**ニトリル**という。すなわち，有機化合物中の−CNを置換基として命名するときは「シアノ」，−CN を含む化合物として命名するときは「ニトリル」とする。

　　(例)　$C_6H_4(CH_3)CN$（シアノトルエン），
　　　　C_6H_5CN（ベンゾニトリル）

f.　カプロラクタムは環状構造のアミドであり，**開環重合**によって**ナイロン6**になる。

$$n\begin{bmatrix}(CH_2)_5\\NH-C\\\quad\ \ O\end{bmatrix} \xrightarrow{H_2O} \begin{bmatrix}NH-(CH_2)_5-C\\\qquad\qquad\quad O\end{bmatrix}_n$$

g.　ポリ酢酸ビニルの軟化点（約50℃）は低く，ふつう，プラスチックとしては用いない。乳化状態のものは，木工用ボンドとして接着剤に用いられる。

h.　**フェノール樹脂**はベークライトともよばれる熱硬化性樹脂で，電気絶縁性に優れ，電気部品に多く用いられる。

411 〜 412

参考　**フェノール樹脂の合成法**

　　フェノールにホルムアルデヒドを加え，触媒を作用させると，フェノール2分子とホルムアルデヒド1分子から水1分子がとれる形で重合反応が進みフェノール樹脂が生成する。この反応は，(1)フェノールに対する HCHO の付加反応と，(2)その生成物と別のフェノールとの縮合反応が連続的に繰り返されて進行するので，**付加縮合**に分類されている。

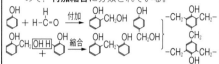

　　酸を触媒とすると，主に縮合反応が起こり，分子量が 1000 程度の直鎖状の固体(**ノボラック**)が得られる。これを加熱しても立体網目状の高分子にはならないで，硬化剤とともに加熱・加圧するとフェノール樹脂となる。

　　一方，塩基を触媒とすると，主に付加反応が起こり，分子量が 100 〜 300 程度の粘性のある液体(**レゾール**)が得られる。これは熱処理するだけでフェノール樹脂となる。

(n＝0 〜 10)ノボラック　　　　レゾール

　　ノボラックを原料とするフェノール樹脂は，電気絶縁性が高く電子部品などに，レゾールを原料とするフェノール樹脂は耐熱性が高く断熱材などに利用される。

解答　(1) **ア，エ，h**　(2) **コ，d**　(3) **ア，キ，b**
　　　(4) **イ，c**　(5) **ク，f**　(6) **カ，e**　(7) **オ，ケ，a**
　　　(8) **サ，g**

411 解説　(1) **ナイロン 66，ポリエチレンテレフタラート**は，いずれも 2 官能性モノマーが**縮合重合**してできたポリマーである。残りは付加重合で合成されたポリマーで，いずれも熱可塑性を示す。

(2)　ポリエステルである**ポリエチレンテレフタラート**は主鎖にエステル結合をもち，ポリ酢酸ビニルは側鎖にエステル結合をもつ。なお，主鎖にエステル結合をもつ高分子は**ポリエステル**に分類されるが，側鎖にエステル結合をもつポリ酢酸ビニルはポリエステルに分類されない。

(3)　ポリエチレンテレフタラート(PET)は，丈夫で，紫外線を通さないので，飲料水の容器(ペットボトル)に多量に利用されている。

(4)　ポリイソプレン(天然ゴム)に数%の硫黄を加えて加熱(加硫)すると，弾性，強度，耐久性に優れた**弾性ゴム**が得られるが，数十%の硫黄を加えて長時間加熱(加硫)すると，黒色で硬いプラスチック状の**エボナイト**が得られる。

(5)　分子構造中に N を含む高分子には，アミド結合 −CONH− をもつナイロン 66 と，シアノ基 −CN をもつポリアクリロニトリルが該当する。

解答　(1)**イ，オ**　(2)**エ，オ**　(3)**オ**　(4)**カ**　(5)**イ，キ**

412 解説　ゴムの木から得られる白い樹液を**ラテックス**という。これは炭化水素(ポリイソプレン)がタンパク質の保護作用により水中に分散したコロイド溶液である。これに酢酸などを加えて酸性にすると，タンパク質中の側鎖 −COO⁻ が −COOH に変化して負電荷を失い，凝固・沈殿する。これを水洗・乾燥させたものを**天然ゴム(生ゴム)**という。

　　天然ゴムは，**イソプレン** $CH_2 = C(CH_3)CH = CH_2$ が付加重合した構造をもつ高分子であり，乾留(熱分解)すると，単量体であるイソプレンが得られる。したがって，天然ゴムはイソプレンが付加重合した，ポリイソプレンの構造をもつ。

　　イソプレンの両端にある 1,4 位のC原子どうしで付加重合が起こる(**1,4 付加**)ので，ポリイソプレンでは，構成単位の中央部の 2,3 位に新たに C＝C 結合が形成される。このとき，分子中の C＝C 結合が**シス形**になると，分子は折れ曲がった構造になり，結晶化は起こらず，軟らかく弾性のあるゴム状の物質になる。

$nCH_2 = C(CH_3)CH = CH_2 \longrightarrow$

$\{\!-CH_2C(CH_3) = CHCH_2\!-\}_n$

　　天然ゴムに数%の硫黄を加えて加熱すると，二重結合部分に硫黄原子が結合し，鎖状のゴム分子間に S 原子による**架橋構造**が形成される。

　　このため，ゴム分子は立体網目構造となり，引っ張っても分子鎖どうしのすべりがなくなり，弾性・強度・耐久性がいずれも向上する。この操作を**加硫**という(加硫は，天然ゴムだけでなく合成ゴムに対しても行われる)。加硫されたゴムを**弾性ゴム**という。

　　加硫の際に加える硫黄の量を増やすと，ゴム分子の立体網目構造がさらに発達するため，弾性を失い，黒色の硬いプラスチック状の物質(**エボナイト**)になる。

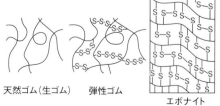

天然ゴム(生ゴム)　　弾性ゴム

エボナイト

解答　① **ラテックス**　② **酢酸(またはギ酸)**
　　　③ **天然ゴム(生ゴム)**　④ **イソプレン**
　　　⑤ $CH_2 = C(CH_3) - CH = CH_2$　⑥ **付加**

⑦ ⬚CH₂−C(CH₃)＝CH−CH₂⬚ₙ
⑧ **架橋**　⑨ **加硫**　⑩ **エボナイト**

413 解説 (1) **フェノール樹脂**は，1907 年，ベークランド(アメリカ)によって発明された合成樹脂で，**ベークライト**ともよばれる。耐熱性，電気絶縁性に優れた熱硬化性樹脂である。
(2) 常温・常圧で触媒を使ってつくられる**高密度ポリエチレン**は，不透明で硬質である。一方，高温・高圧で触媒を使わずにつくられる**低密度ポリエチレン**は，透明で軟質である(**414** 解説 参照)。
(3) **ポリ塩化ビニル**は難燃性であるが，燃やすと有毒な HCl を発生する。

参考 ポリ塩化ビニルの自己消火性
　　ポリ塩化ビニルを燃やすと熱分解が起こり，不対電子をもつ塩素原子を生じる。この塩素原子は遊離基(ラジカル)とよばれ，反応性が高い。燃焼時にはさまざまなラジカルが生成，消滅しているが，活性な塩素ラジカルはその近くに存在する，燃焼の継続に必要とされるラジカルともよく結合するので，燃焼の連鎖反応を止めてしまう性質(**自己消火性**)がある。

(4) ポリメタクリル酸メチルを**アクリル樹脂**といい，透明度が大きいので，飛行機の窓，胃カメラの光ファイバー，水族館の巨大水槽などに用いられる。
(5) 耐熱性が大きいのは熱硬化性樹脂であるが，アミノ樹脂(尿素樹脂，メラミン樹脂など)のうち，最も耐熱性，強度，耐薬品性に富むのは，**メラミン樹脂**。
(6) ポリテトラフルオロエチレン⬚CF₂−CF₂⬚ₙ はテフロンともよばれ，耐熱性・耐薬品性に富み，摩擦係数が小さく，金属の表面加工に用いられる。

解答 (1)エ　(2)ウ　(3)ア　(4)カ　(5)イ　(6)オ

414 解説 **高密度ポリエチレン**は，チーグラー触媒(TiCl₄ と Al(C₂H₅)₃)を用いて，$1 \times 10^5 \sim 5 \times 10^6$Pa，60 〜 80℃で付加重合させたもので，分子に枝分かれが少なく，結晶化しやすい。結晶部分が多くなるほど硬くなり，微結晶により光の反射が起こりやすく，不透明になる。ポリ容器などに利用される。
　低密度ポリエチレンは，無触媒で $1 \times 10^8 \sim 2.5 \times 10^8$Pa，150 〜 300℃で付加重合させたもので，分子に枝分かれが多く，結晶化しにくい。結晶部分が少なくなるほど軟らかくなり，微結晶による光の反射は起こりにくく，透明になる。ポリ袋やフィルムなどに利用される。

⇨ 密　度：0.94 〜 0.97g/cm³
　　軟化点：約 120 〜 130℃

高密度ポリエチレン

⇨ 密　度：0.91 〜 0.93g/cm³
　　軟化点：約 100 〜 110℃

低密度ポリエチレン

〔問〕 結晶部分の少ない(A)が低密度ポリエチレン。結晶部分が多い(C)が高密度ポリエチレン。結晶部分が見られない(B)はゴムである。

解答 ①(イ)　②(ア)　③(オ)　④(ク)
　　　⑤(ケ)　⑥(エ)
　　〔問〕@ (A)　ⓑ (C)

415 解説 (1) フェノール(C₆H₆O)$\xrightarrow{反応1}$化合物 A(C₇H₈O₂)より，反応 1 では分子式で CH₂O だけ増加している。よって，A はフェノールにホルムアルデヒド HCHO が付加してできた化合物である。
　フェノールの −OH には電子供与性があるので，ベンゼン環に電子が流れ込む。したがって，ベンゼン環の o，p 位の電子密度が大きくなり，その反応性が大きくなる(**o，p-配向性**)。
(i) フェノールの o 位に HCHO が付加すると，

(ii) フェノールの p 位に HCHO が付加すると，

(2) A(C₇H₈O₂) ＋ フェノール(C₆H₆O)$\xrightarrow{反応2}$化合物 B(C₁₃H₁₂O₂)より，反応 2 では，分子式で H₂O だけ減少している。よって，B は A とフェノールが脱水縮合してできた化合物である。
① 化合物 A₁ がフェノールの o 位で脱水縮合すると，

② 化合物 A₁ がフェノールの p 位で脱水縮合すると，

③ 化合物 A₂ がフェノールの o 位で脱水縮合すると，

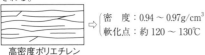

416

④ 化合物 A_2 がフェノールの p 位で脱水縮合すると,

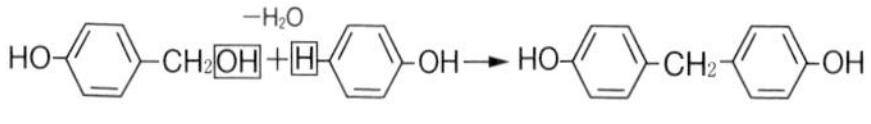

$$\text{化合物B}_4$$

（なお, 化合物 B_2 と化合物 B_3 は同一物質である。）
　フェノールとホルムアルデヒドとが(1)のような付加反応と(2)のような縮合反応を繰り返しながら, 立体網目構造をもつ熱硬化性樹脂のフェノール樹脂となる。このような重合反応を, **付加縮合**という。
(3) 酸性条件では, 付加反応より縮合反応が起こりやすい。そこで, フェノール過剰で生成した中間体(**ノボラック**)は, 分子量は比較的大きいが, 結合しているメチロール基 $-CH_2OH$ の数が少ない。そこで, ノボラックを加熱しても立体網目構造のフェノール樹脂はできにくい。

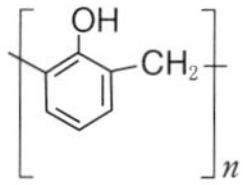

ノボラックの構造
$(n<5)$

塩基性条件では, 縮合反応より付加反応が起こりやすい。そこで, ホルムアルデヒド過剰で生成した中間生成物(**レゾール**)は分子量は比較的小さいが, 結合しているメチロール基の数は多い。そこで, レゾールを加熱すると立体網目構造のフェノール樹脂ができやすい。

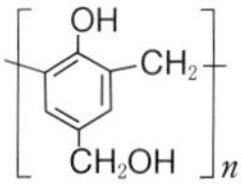

レゾールの構造
$(n=1, 2)$

(4) フェノール 2 分子とホルムアルデヒド 1 分子が反応する(下図)が,

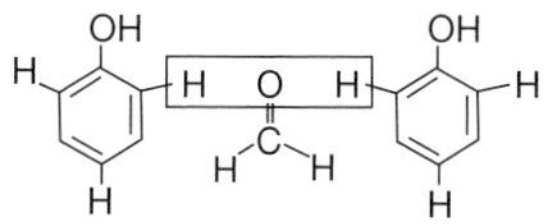

フェノールは, $o, p-$ 配向性で 1 分子中に反応場所が 3 か所ある 3 官能性モノマーである。したがって, フェノール 1 分子は最大でホルムアルデヒド 1.5 分子と反応することができる。よって, フェノールとホルムアルデヒドが完全に重合したときの反応式は次の通りである。

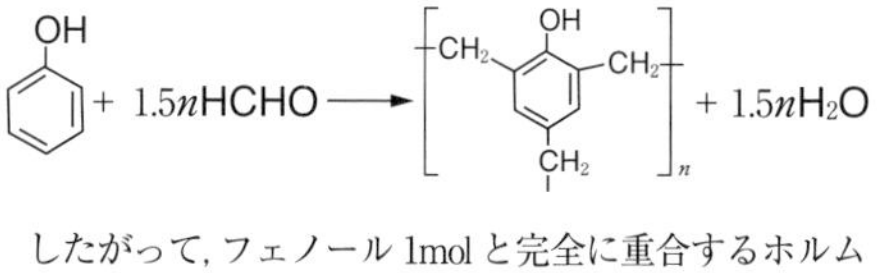

したがって, フェノール 1mol と完全に重合するホルムアルデヒドは 1.5mol である。フェノールのモル質量は 94g/mol, HCHO のモル質量は 30g/mol より,

フェノールの物質量 $\dfrac{94}{94} = 1.0$〔mol〕

HCHO の物質量 $\dfrac{45}{30} = 1.5$〔mol〕

両者は過不足なく完全に反応する。
　反応式の係数比より, 生成する H_2O の物質量は, 反応した HCHO の物質量と同じ 1.5mol である。よって, 生成するフェノール樹脂の質量は, H_2O のモル質量は 18g/mol より,

$$94 + 45 - (1.5 \times 18) = 112〔g〕$$

解答 (1)

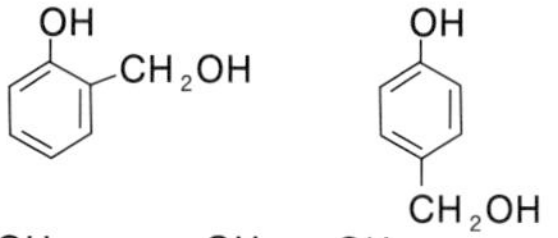

(2)

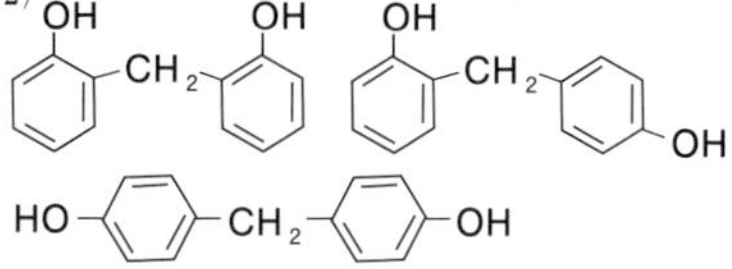

(3) 酸性条件で生じたノボラックには $-CH_2OH$ の数が少なく, 加熱しても立体網目構造のフェノール樹脂はできにくい。一方, 塩基性条件で生じたレゾールには $-CH_2OH$ の数が多く, 加熱すると立体網目構造のフェノール樹脂ができやすい。

(4) 112g

416 **解説** (1) ブタジエンやクロロプレンを付加重合してできる合成ゴムを, それぞれ**ブタジエンゴム**, **クロロプレンゴム**という。
　ブタジエンが付加重合する場合, 分子の両端の 1, 4 位の炭素原子どうしで付加重合(**1, 4 付加**)が起こる。このとき, 二重結合が分子の中央部の 2, 3 位に移り, C＝C 結合に関してシス形とトランス形の**シス–トランス異性体**が生じる。
　トランス形のポリイソプレン構造をもつ**グッタペルカ**では, C＝C 結合の両側で分子鎖はほとんど曲がっていないために, 分子がかなり規則的に配列して結晶化するので, ゴム弾性を示さない。したがって, 硬いプラスチック状の物質となる。
　一方, シス形のポリイソプレン構造をもつ**天然ゴム**では, C＝C 結合の両側で分子鎖が折れ曲がっているために, 分子が規則的に配列することができずに, 結晶化しにくい。

参考 **ゴム弾性について**
　シス形のポリイソプレンは分子鎖が折れ曲がっており, 分子間力があまり強く作用せず, 結晶化しにくい。そのため, 分子中の C–C

結合の部分が比較的自由に回転できる。このような分子内での部分的な熱運動を**ミクロブラウン運動**という。

ゴム分子はこのミクロブラウン運動によっていろいろな配置が可能で，通常はエントロピー(乱雑さ)が大きくて安定な丸まった形をとっている。

ゴム分子に外力を加えて引き伸ばしてエントロピーの小さな配置にしても，加えた外力を除くと，もとの丸まった形に戻っていく。これを**ゴム弾性**というが，ゴム分子が自身のミクロブラウン運動によって，エントロピーの大きな状態に戻っていくことが原因である。

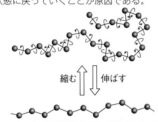

縮む　伸ばす

一方，トランス形のポリイソプレンは**グッタペルカ**とよばれ，分子鎖は真っすぐに伸びており，分子間力が強く作用し，結晶化しやすい。そのため，分子中の C−C 結合が回転しにくく，ゴム弾性を示さず，硬いプラスチック状の物質となる。

(2) 天然ゴムを空気中に放置すると，ゴム分子中に含まれる C＝C 結合は，主に O_2(微量の O_3)などの作用によって酸化されて，C＝C 結合の一部が切断される。本来の天然ゴムの分子量は大きく，非晶質のみであり，軟らかいものであるが，O_2 によるゴム分子の切断によって，ゴムの分子量が小さくなると，しだいに結晶化が進み，硬くなり，ゴム弾性を失う。この現象をゴムの**老化**という。

非晶質のみ(軟らかい)

老化

一部結晶化あり(硬い)
微結晶

(3) 合成ゴムの原料の合成法は次の通り。

$$CH \equiv CH + CH \equiv CH \xrightarrow[①]{触媒} CH_2 = CH - C \equiv CH$$
ビニルアセチレン

$$CH_2 = CH - C \equiv CH + H_2 \xrightarrow[②]{触媒} CH_2 = CH - CH = CH_2$$
ブタジエン

$$CH_2 = CH - C \equiv CH + HCl \xrightarrow[①]{触媒} CH_2 = CH - CCl = CH_2$$
クロロプレン

触媒①では，$CuCl + NH_4Cl$ を用いる。$C \equiv C$ 結合への $CH \equiv CH$ や HCl の付加反応を促進させるためである。

触媒②では，Pd に Pb^{2+} を加えて活性を弱めた触媒(リンドラー触媒)を用いる。$C = C$ 結合への H_2 の付加反応を抑制するためである。

合成ゴムは，クロロプレンやブタジエンの付加重合，およびブタジエンとスチレン，あるいはブタジエンとアクリロニトリルの共重合などによってつくられる。

(4) ブタジエンとスチレンを共重合させると，合成ゴムの**スチレン‐ブタジエンゴム**(SBR)を生じる。題意を満たす SBR の構造式は次の通り。

$$\left[\left\{ CH_2-CH \right\}_1 \left\{ CH_2-CH=CH-CH_2 \right\}_4 \right]_n$$
分子量104　　分子量54

分子量は，$(104 + 54 \times 4) \times n = 320n$ である。この SBR には，最大 $4n$〔mol〕の H_2 が付加するから，その体積(標準状態)は，

$$\frac{4.0}{320n} \times 4n \times 22.4 = 1.12 \fallingdotseq 1.1〔L〕$$

(5) ブタジエンとアクリロニトリルを共重合させると，合成ゴムの**アクリロニトリル‐ブタジエンゴム**(NBR)が得られる。NBR の構造式は次式で表せる。

$$\left[\left\{ \begin{array}{c} CH_2-CH \\ | \\ CN \end{array} \right\}_x \left\{ CH_2-CH=CH-CH_2 \right\}_y \right]_n$$
分子量53　　分子量54

窒素の質量百分率より，$\dfrac{14x}{53x + 54y} = 0.0875$

これを解くと，$x : y \fallingdotseq 1 : 2$

NBR 10kg 中に含まれるブタジエンの質量は，分子量にしたがって比例配分すればよい。

$$10 \times 10^3 \times \frac{54 \times 2}{53 + 54 \times 2} \fallingdotseq 6.70 \times 10^3〔g〕\Rightarrow 6.7〔kg〕$$

解 答 (1) ① **イソプレン**　② **加硫**

③
$$\begin{array}{c} H \quad\quad H \\ C=C \\ -CH_2 \quad CH_2- \end{array}$$

④
$$\begin{array}{c} H \quad\quad CH_2- \\ C=C \\ -CH_2 \quad H \end{array}$$

⑤ **スチレン‐ブタジエンゴム(SBR)**

⑥ **アクリロニトリル‐ブタジエンゴム(NBR)**

(2) **天然ゴム中に含まれる二重結合の部分が空気中の酸素と反応して，その一部が切断されるため。**

(3) $2CH \equiv CH \longrightarrow CH_2 = CH - C \equiv CH$

$CH_2 = CH - C \equiv CH + H_2$
$\longrightarrow CH_2 = CH - CH = CH_2$

(4) **1.1L**　(5) **6.7kg**

38 繊維・機能性高分子

417 解説　動・植物由来の繊維を**天然繊維**という。
天然繊維以外の繊維を**化学繊維**といい，天然繊維を
溶媒に溶かしてから繊維状に再生させた**再生繊維**，天
然繊維の官能基の一部を変化させた**半合成繊維**，石油
などからつくられた合成高分子を繊維状にした**合成繊
維**が含まれる。日本での生産量は，合成繊維60%，天
然繊維30%，その他10%である。

天然繊維は植物繊維と動物繊維に分けられ，植物繊
維の代表である綿や麻の主成分は**セルロース**，動物繊維
の代表である羊毛や絹の主成分は**タンパク質**である。

セルロースは分子間にはたらく水素結合により，多く
の部分(70〜85%)で結晶化しており，熱水や有機溶媒
にも溶けない。そこで，セルロース中の−OHをエステ
ル化し，−OH間にはたらく水素結合の数を減らすと，
溶媒に溶けるようになる。

銅アンモニアレーヨン
セルロースを，テトラア
ンミン銅(II)水酸化物
$[Cu(NH_3)_4](OH)_2$の水
溶液(**シュワイツァー試
薬**)に溶かしたのち，希

硫酸中に押し出して繊維状にした再生繊維である。
キュプラともいう。

ビスコースレーヨン　セルロースを濃い水酸化ナト
リウム水溶液に浸してアルカリセルロースとし，これ
を二硫化炭素CS_2と反応させて，セルロースキサ
ントゲン酸ナトリウムとする。これを薄い水酸化ナ
トリウム水溶液に溶かすと，赤褐色のコロイド溶液
(**ビスコース**)が生成する。これを，細孔から希硫酸
中に押し出して繊維状にした再生繊維である。ビ
スコースを膜状に加工したものを**セロハン**という。

アセテート繊維　セルロース
を無水酢酸と濃硫酸(触媒)
でアセチル化して**トリアセ
チルセルロース**をつくる。
さらに，その一部を加水分
解して**ジアセチルセルロー
ス**としてアセトンに溶かし

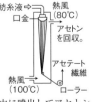

たのち，細孔から温かい空気中に噴出してアセトン
を蒸発させ，繊維状にした半合成繊維である。

$$[C_6H_7O_2(OH)_3]_n$$
セルロース
$$\xrightarrow{無水酢酸}[C_6H_7O_2(OCOCH_3)_3]_n$$
トリアセチルセルロース
$$\xrightarrow[(一部)]{加水分解}[C_6H_7O_2(OH)(OCOCH_3)_2]_n$$
ジアセチルセルロース

アセテート繊維のように，セルロースのヒドロキシ
基の一部を化学変化させた化学繊維を**半合成繊維**とい
う。一方，銅アンモニアレーヨン，ビスコースレーヨ
ンのように，セルロースのヒドロキシ基に化学変化の
ない化学繊維を**再生繊維**という。

解答　① **合成繊維**　② **セルロース**　③ **タンパク質**
④ **レーヨン**　⑤ **シュワイツァー試薬**
⑥ **銅アンモニアレーヨン(キュプラ)**
⑦ **ビスコース**　⑧ **ビスコースレーヨン**
⑨ **セロハン**　⑩ **アセテート繊維**
⑪ **無水酢酸**

418 解説　(1), (2)　脂肪族のポリアミド系合成繊
維を**ナイロン**といい，いずれも分子中に多数の**アミ
ド結合**−CONH−をもつ。**ナイロン66**は，ヘキサ
メチレンジアミンとアジピン酸の縮合重合で生成す
る。**ナイロン6**は環状アミドの構造をもつカプロラ
クタムの**開環重合**で得られる。一方，タンパク質で
できた絹は，α-アミノ酸が縮合重合した高分子で，
分子中にペプチド結合−CONH−をもつ。

テレフタル酸とエチレングリコールの縮合重合に
より，ポリエステル系合成繊維の**ポリエチレンテレ
フタレート(PET)**が得られる。PETは，分子中に
親水基をもたないので，吸湿性がほとんどなく，水
にぬれても乾きやすい。

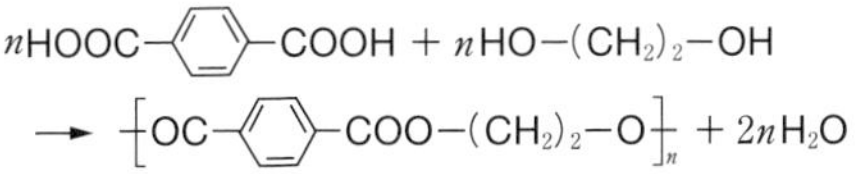

$$n\,HOOC-\!\!\bigcirc\!\!-COOH + n\,HO-(CH_2)_2-OH$$
$$\longrightarrow \left[OC-\!\!\bigcirc\!\!-COO-(CH_2)_2-O\right]_n + 2n\,H_2O$$

ポリアクリロニトリルは，アクリロニトリルの付
加重合で得られ，羊毛に似た風合いをもつが，染色
性がよくない。そこで，アクリロニトリルを塩化ビ
ニル，アクリル酸メチルなどと共重合したものは，
アクリル繊維として利用される。

$$n\,CH_2=CH(CN) \longrightarrow \left[CH_2-CH(CN)\right]_n$$

芳香族のポリアミド系合成繊維を**アラミド繊維**と
いい，高強度，高耐熱性の性質をもつ。特に，テレ
フタル酸ジクロリドと，p-フェニレンジアミンの
縮合重合でつくられるポリ-p-フェニレンテレフタ
ルアミドを**ケブラー®**とよぶ。

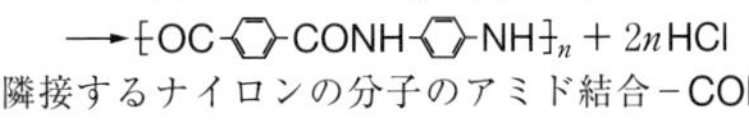

$$n\,ClOC-\!\!\bigcirc\!\!-COCl + n\,H_2N-\!\!\bigcirc\!\!-NH_2$$
$$\longrightarrow \left[OC-\!\!\bigcirc\!\!-CONH-\!\!\bigcirc\!\!-NH\right]_n + 2n\,HCl$$

(3)　隣接するナイロンの分子のアミド結合−CONH
−の間には，下図のように水素結合(----)が形成さ
れるためである。

$$>C\!\!\overset{\delta-}{=}\!\!O\text{----}H\!\!\overset{\delta+}{-}\!\!N<$$

(4) $n\mathrm{H_2N-(CH_2)_6-NH_2} + n\mathrm{HOOC-(CH_2)_4-COOH}$

$$\longrightarrow \begin{bmatrix} \mathrm{H} & & \mathrm{H} & \mathrm{O} & & \mathrm{O} \\ \mathrm{N-(CH_2)_6-N-C-(CH_2)_4-C} \end{bmatrix}_n + 2n\mathrm{H_2O}$$
分子量 226n

ナイロン66の重合度を n とすると，その分子量は226nであるから，

$226n = 2.0 \times 10^5$　∴ $n ≒ 885$

反応式より，水1分子が脱離するごとにアミド結合が1個生成する。すなわち，ポリマー1分子中のアミド結合の数は，脱離した水分子 $2n$ 個と等しい。

$2n = 2 \times 885 = 1770 ≒ 1.8 \times 10^3〔個〕$

参考　**繊維の性質はどの構造で決まるのか**
　ナイロンでは，水素結合を形成するアミド結合

$$\begin{matrix} \mathrm{O} & \mathrm{H} \\ \mathrm{-C-N-} \end{matrix}$$

が，繊維に硬さや強度を与える部分なので**ハードセグメント**（硬質相），メチレン鎖 $\mathrm{-(CH_2)_n^-}$ が繊維に軟らかさや伸縮性を与える部分なので**ソフトセグメント**（軟質相）という。したがって，ナイロン4とナイロン6を比較した場合，ナイロン4はメチレン鎖が短く軟化点が高くなり，ナイロン6ではメチレン鎖が長く軟化点が低くなる。

$$\begin{bmatrix} \mathrm{O} & & \mathrm{H} \\ \mathrm{C-(CH_2)_3-N} \end{bmatrix}_n \quad \begin{bmatrix} \mathrm{O} & & \mathrm{H} \\ \mathrm{C-(CH_2)_5-N} \end{bmatrix}_n$$
ナイロン4　　　　　ナイロン6

ポリエステルではベンゼン環の部分だけがハードセグメント，他の部分はソフトセグメントとしてはたらく。
　一方，アラミド繊維では，ベンゼン環とアミド結合の部分がともにハードセグメントとしてはたらき，分子中にソフトセグメントを含まないので，高弾性で高強度の繊維となる。

$$\begin{bmatrix} \mathrm{O} & & \mathrm{O} \\ \mathrm{C-\phi-C-O-(CH_2)_2-O} \end{bmatrix}_n$$
ポリエチレンテレフタラート
（ポリエステル）

$$\begin{bmatrix} \mathrm{O} & & \mathrm{O} & \mathrm{H} & & \mathrm{H} \\ \mathrm{C-\phi-C-N-\phi-N} \end{bmatrix}_n$$
ポリ（p-フェニレンテレフタルアミド）
（アラミド繊維）

解答　(1)(ア)**アジピン酸**　(イ)**縮合**　(ウ)**開環**
　　　(エ)**エステル**　(オ)**エチレングリコール**
　　　(カ)**付加**　(キ)**共**　(ク)**縮合**
(2)①

$$\begin{bmatrix} \mathrm{O} & & \mathrm{O} & \mathrm{H} & & \mathrm{H} \\ \mathrm{C-(CH_2)_4-C-N-(CH_2)_6-N} \end{bmatrix}_n$$

②

$$\begin{bmatrix} \mathrm{O} & & \mathrm{H} \\ \mathrm{C-(CH_2)_5-N} \end{bmatrix}_n$$

③

$$\begin{bmatrix} \mathrm{O} & & \mathrm{O} \\ \mathrm{C-\phi-C-O-(CH_2)_2-O} \end{bmatrix}_n$$

④

$$\begin{bmatrix} \mathrm{CH_2-CH} \\ \quad\quad \mathrm{CN} \end{bmatrix}_n$$

⑤

$$\begin{bmatrix} \mathrm{O} & & \mathrm{O} & \mathrm{H} & & \mathrm{H} \\ \mathrm{C-\phi-C-N-\phi-N} \end{bmatrix}_n$$

(3)**隣接するナイロン分子のアミド結合の間に，多くの水素結合が形成されるから。**
(4) **1.8 × 10³ 個**

419 解説　結合している官能基の化学変化などにより，特殊な機能を発揮する高分子を，**機能性高分子**といい，多方面で利用されている。

導電性高分子　ポリアセチレン $\mathrm{+CH=CH\,\}_n}$ は単結合と二重結合が交互にあり，これを**共役二重結合**という。共役二重結合をつくっている電子は，金属の自由電子のように両隣りの炭素原子の間を移動できる。ここにヨウ素 $\mathrm{I_2}$ などを少量添加すると，電気伝導性がさらに増加し，金属と同程度になる。導電性高分子は，ポリマー型の二次電池や，さまざまな電子部品に利用されている。白川英樹は，2000年，この研究によりノーベル化学賞を受賞した。

感光性高分子　光を当てると，側鎖の部分に架橋構造を生じて立体網目構造となり，溶媒に対して不溶となるような高分子。印刷用の製版材料，プリント配線などに用いられる。
　たとえば鎖状構造のポリケイ皮酸ビニルに光（紫外線）が当たると，側鎖の C＝C 結合部分どうしが付加して二量体となり，立体網目構造となる。

$$2\begin{bmatrix} \mathrm{CH_2-CH} \\ \mathrm{OCO-CH=CH} \\ \phi \end{bmatrix} \xrightarrow{光} \begin{bmatrix} \mathrm{CH_2-CH} \\ \mathrm{OCO-CH-CH} \\ \mathrm{CH-CH-COO} \\ \mathrm{CH-CH_2} \end{bmatrix}_n$$
ポリケイ皮酸ビニル　　ポリケイ皮酸ビニル（二量体）

　残したい部分に光（紫外線）を当てると，プラスチックが不溶性になり，不要な部分を溶媒に溶かしてしまえば印刷用の凸版ができる。また，歯科用の充填剤への利用もある。虫歯の部分を切削したあと，充填剤を詰め込み，紫外線を照射すると1分程度で硬化し，治療が終わる。

高吸水性高分子　ポリアクリル酸ナトリウム $\mathrm{+CH_2-}$

420

CH(COONa)$\frac{}{}_n$ は，アクリル酸ナトリウム CH$_2$=CHCOONa の付加重合体をエチレングリコールなどで架橋したものである。吸水して−COONa が電離すると−COO$^-$ の反発により立体網目構造が拡大する。樹脂内部はイオン濃度が大きいので，浸透圧によって吸収された多量の水が内部に水和水として閉じこめられ，加圧しても外部へは容易に出ていかない。紙おむつ，土壌保水剤に利用される。

生分解性高分子　ポリグリコール酸やポリ乳酸などの脂肪族のポリエステルは，芳香族のポリエステルに比べて生体や微生物による生分解性が大きい。特に，グリコール酸 HO−CH$_2$−COOH，乳酸 HO−CH(CH$_3$)−COOH などのヒドロキシ酸のポリエステルは生分解性高分子として，外科手術用の縫合糸や釣り糸，砂漠緑化用の資材などに用いられている。

ポリ乳酸　　　　ポリグリコール酸

光透過性高分子　ポリメタクリル酸メチルは光の透過性に優れており，有機ガラスとして，眼鏡レンズや医療用の光ファイバー，水族館の巨大水槽などに用いられる。

ポリメタクリル酸メチル

解答　(1) 高吸水性高分子
　　(2) 導電性高分子
　　(3) 生分解性高分子
　　(4) 感光性高分子
　　(5) 光透過性高分子

420 **解説**　(1) **羊毛**　主成分のケラチンは硫黄を多く含み，分子間に S−S 結合を形成し，弾力性があり，しわになりにくい。鱗状の表皮により撥水性があり，その開閉により繊維内部に水分を吸収・蓄積できるので，吸湿性は天然繊維中で最大である。塩基にかなり弱く，洗濯がむずかしい。

(2) **ナイロン**　1935 年にアメリカのカロザースが絹に似た繊維として発明した合成繊維で，1937 年に工業化された。ヘキサメチレンジアミンとアジピン酸が縮合重合した構造をもつ。高強度(切れにくい)，高弾性(伸びにくい)で，しわになりにくい。吸湿性が小さく，洗っても乾きやすい。肌ざわりや光沢は絹に似ている。

(3) **絹**　カイコガのまゆから取り出される動物繊維の代表で，塩基にかなり弱く，洗濯がむずかしい。光で黄ばみやすい。

(4) **綿**　セルロースからなる植物繊維で，綿花を撚り合わせてつくられる。酸に比較的弱く，塩基には比較的強い。また，ヒドロキシ基−OH をもち，この部分が水素結合で水を引きつけるので，吸湿性に優れ，下着に用いられる。水にぬれるとかえって強くなる性質があるので，洗濯にも強い。

(5) **ポリエステル**　エチレングリコールとテレフタル酸の縮合重合によってつくられる。化学薬品に対して安定で，しわにならず吸湿性がほとんどないため，洗っても乾きやすい。熱可塑性があるので，熱加工して付けた折り目は，なかなか消えない。

(6) **レーヨン**　天然にあるセルロース(木材パルプや綿くず)を一度薬品と反応させて溶かした溶液を，凝固液中に押し出して再び繊維としたもの。綿と同じセルロースからできており，性質もよく似ていて光沢があり，吸湿性もあるが，水にぬれると弱くなる性質がある。

(7) **アクリル繊維**　アクリロニトリルの付加重合によってつくられる。羊毛に似た柔軟性と風合いをもち，保温性に優れている。

(8) **ビニロン**　1939 年，桜田一郎が発明した日本初の合成繊維。強度，耐摩耗性が大きいうえに，吸湿性があり，綿に似た性質がある。

(9) **炭素繊維**　アクリル繊維を，約 1000℃ で熱処理して水素を除く。約 2000℃ で熱処理して窒素を除き，残った炭素が黒鉛型の構造に変化し，丈夫で電

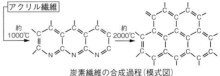

炭素繊維の合成過程(模式図)

気伝導性をもつ炭素繊維ができる。

(10) **アラミド繊維**　芳香族のポリアミド系合成繊維で，高強度，高弾性を利用し，飛行機の複合材料，防弾チョッキなどに，高耐熱性を利用し，消防服にも使われる。

解答　(1) **ウ**　(2) **カ**　(3) **イ**　(4) **ア**　(5) **エ**
　　(6) **ク**　(7) **オ**　(8) **キ**　(9) **コ**　(10) **ケ**

天然繊維について

　綿は，直径 0.01mm 程度，長さ数 cm の繊維の集まりである。各繊維には，天然の撚りがあるので繊維を互いにからみ合わせて強い糸にする。これを紡糸という。綿も麻もセルロースからできている。また，内部には，中空部分（ルーメン）があって，ここに空気や水蒸気をよく吸収するので，吸湿性が大きい。酸には比較的弱いが，塩基には比較的強い。

　羊毛は，羊の毛から得られる。成分は，毛髪やつめと同じ**ケラチン**というタンパク質である。羊毛の表面は，無数のウロコ状の表皮（**キューティクル**）があるので水をはじき，かつ，からみ合いやすい。また，キューティクルの隙間を通じて，空気や水蒸気が出入りしり，内部にこれらを蓄えるので，羊毛は保温性，吸湿性に優れる。なお，繊維の断面は円形であるが，大きさは不揃いである。酸には比較的強いが，塩基にはかなり弱い。

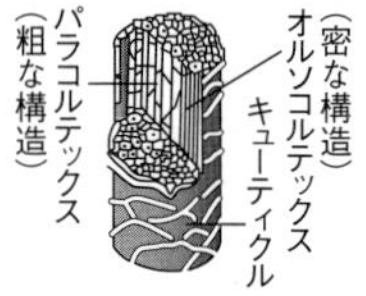

羊毛の構造 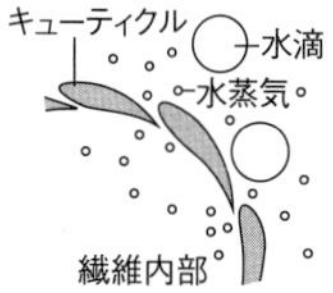　　キューティクルの構造

　絹は**フィブロイン**というタンパク質からできている。カイコガのまゆからとった生糸はフィブロインの繊維をセリシンという水溶性のタンパク質で包んだ構造をしている。

生糸の構造

これを湯で煮てセリシンを除くと特有の光沢をもつ絹糸となる。これを**絹の精練**という。

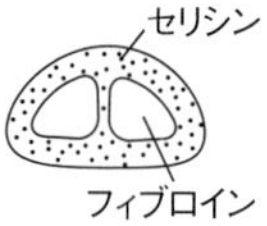

　1 個のまゆから 1000～1500m の長繊維が得られる。断面は丸みを帯びた三角形で，この形が，絹特有の光沢，手ざわり，絹鳴りの原因となっている。絹は，塩基にかなり弱く，光により黄ばみやすい。

421 解説　2 種類以上の単量体を任意の割合で混合したものを重合させることを**共重合**，得られた高分子化合物を**共重合体**という。

　アクリロニトリル $CH_2 = CHCN$ とアクリル酸メチル $CH_2 = CHCOOCH_3$ を $x:y$（物質量比）の割合で共重合すると，次式のように反応し，共重合体のアクリル繊維が得られる。

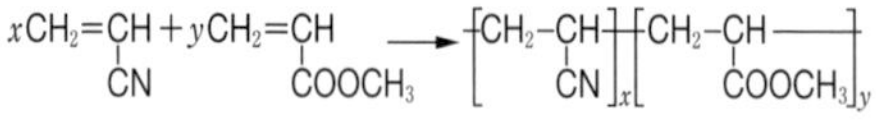

$$xCH_2=CH + yCH_2=CH \longrightarrow \left[CH_2-CH\right]_x\left[CH_2-CH\right]_y$$
$$\quad\quad\ CN \quad\quad\quad COOCH_3 \quad\quad\quad CN \quad\quad\quad COOCH_3$$

共重合体の平均重合度について，

$x + y = 500$ …①

分子量は，$CH_2 = CHCN$ が 53，$CH_2 = CHCOOCH_3$ が 86 より，共重合体の分子量について，

$53x + 86y = 29800$ …②

②－①×53 より，$y = 100$，$x = 400$

よって　$x : y = 4 : 1$

解答　**4 : 1**

422 解説　乳酸とグリコール酸を物質量比 3:1 で共重合させた高分子の構造は，次のように表せる。

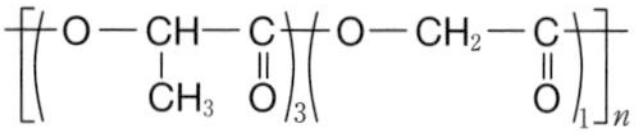

$$\left[O-\underset{\underset{CH_3}{|}}{C}H-\underset{\underset{O}{\|}}{C}\right]_3\left[O-CH_2-\underset{\underset{O}{\|}}{C}\right]_1{}_n$$

（問題文より，高分子の平均分子量が大きいため，高分子の末端の構造（−H，−OH）は考慮しなくてよい。）

　繰り返し単位の式量は，$(72 \times 3) + 58 = 274$

　繰り返し単位の数（重合度）を n とすると，

$$274n = 1.37 \times 10^5$$
$$n = 500$$

繰り返し単位 1 つあたり 4 個のエステル結合をもつので，この高分子のエステル結合の数は

$$500 \times 4 = 2000 = 2.0 \times 10^3 \text{（個）}$$

解答　**2.0×10^3 個**

423 解説　(1)　スチレンと p-ジビニルベンゼンを過不足なく完全に共重合したので，反応に用いたスチレンと p-ジビニルベンゼンの物質量の比が，生成した共重合体中の分子数の比に等しい。

　スチレン（分子量 104），p-ジビニルベンゼン（分子量 130）より，

$$\frac{8.32}{104} : \frac{1.30}{130} = 8 : 1$$

(2)　この共重合体の構造式は下図の通りで，その重合度を n とすると，

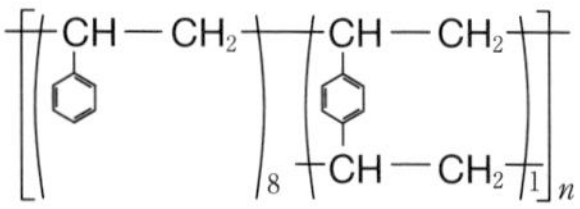

$$\left[CH-CH_2\right]\left[CH-CH_2\right]$$
$$\quad\left[\bigcirc\right]\quad\quad\quad\left[\bigcirc\right]$$
$$\quad\quad\quad{}_8\quad CH-CH_2{}_1\right]_n$$

この共重合体の分子量に関して，次式が成り立つ。

$$(104 \times 8 + 130) \times n = 8.0 \times 10^4$$
$$\therefore \quad n \fallingdotseq 83.2$$

1 分子中のスチレン単位の数は，

$$83.2 \times 8 = 665.6 \fallingdotseq 6.7 \times 10^2 \text{（個）}$$

(3)　スルホン化により，−H がとれ −SO_3H が結合するので，式量は 80 ずつ増加する。

　スルホン化は，スチレン部分だけで起こるから，生成した陽イオン交換樹脂の分子量は，

$$8.0 \times 10^4 + 80 \times 6.65 \times 10^2 \fallingdotseq 1.33 \times 10^5$$

生じた陽イオン交換樹脂の質量を x〔g〕とすると，もとの共重合体と生じた陽イオン交換樹脂の物質量は変わらないから，

$$\frac{50}{8.0 \times 10^4} = \frac{x}{1.33 \times 10^5} \quad \therefore \quad x = 83.1 = 83〔g〕$$

(4) 得られた陽イオン交換樹脂に含まれるスルホ基の物質量は，

$$\frac{5.61}{1.33 \times 10^5} \times 6.65 \times 10^2 = 2.80 \times 10^{-2}〔mol〕$$

通じた Na^+ の物質量は，

$$0.50 \times \frac{100}{1000} = 5.00 \times 10^{-2}〔mol〕$$

$Na^+ : H^+ = 1 : 1$（物質量比）でイオン交換が起こる。ただし，通じた Na^+ の物質量よりも交換できる H^+ の物質量の方が少ないので，流出する H^+ は 2.80×10^{-2} mol である。これが水溶液 400mL 中に含まれるから，

$$[H^+] = \frac{2.80 \times 10^{-2}}{0.40} = 7.0 \times 10^{-2}〔mol/L〕$$

$$pH = -\log_{10}[H^+] = -\log_{10}(7.0 \times 10^{-2})$$
$$= 2 - \log_{10}7 = 1.15 = 1.2$$

解答 (1) 8：1 (2) 6.7 × 10² 個 (3) 83g
(4) 1.2

424 解説 本問のように，互いに混じり合わない2種の溶液の境界面で，縮合重合を行わせる方法を**界面縮合**という。この方法は，高温を必要としない。また，一般の縮合重合のように反応物質の物質量を正確に合わせる必要がなく，一方の物質がなくなれば，反応は自動的に停止する。耐熱性の芳香族ポリアミド（**アラミド繊維**）などは，この方法ではじめてつくることが可能となった。

(1) 本実験に使える有機溶媒 A は，水と混じり合わずに二層に分離することで，その境界面で縮合重合が起こり，**ナイロン 66** の薄膜が生じるものである。したがって，アセトンは水に可溶なので不適である。〔1〕の溶液に〔2〕の溶液を静かに加え，界面にできるだけ薄いナイロン 66 の膜を形成させるには，〔1〕の溶液の密度は，〔2〕の溶液の密度よりも大きい方がよい。よって，ジクロロメタン CH_2Cl_2（1.3g/cm³）は適するが，ジエチルエーテル $C_2H_5OC_2H_5$（0.7g/cm³）は好ましくない。

(2), (3) $n H_2N-(CH_2)_6-NH_2 + n ClCO-(CH_2)_4-COCl$
   ヘキサメチレンジアミン   アジピン酸ジクロリド
$\longrightarrow \{NH(CH_2)_6-NHCO-(CH_2)_4-CO\}_n + 2n HCl$
   ナイロン 66   分子量226n

の反応式が示すように，縮合重合が進行すると，HCl が生成するので，NaOH を加えて中和するこ

とにより，この反応をより右へ進行させることができる。

参考 **アジピン酸ジクロリドを使う理由**
アジピン酸よりもヘキサメチレンジアミンとの反応速度が大きいこと，アジピン酸ジクロリドは水に不溶で，有機溶媒に可溶なので，ヘキサメチレンジアミン水溶液との界面縮重合を行いやすいためである。

(4) 反応式より，ヘキサメチレンジアミンとアジピン酸ジクロリドは等物質量ずつ反応する。したがって，アジピン酸ジクロリドが，$0.010 \text{mol} \times 0.70 = 7.0 \times 10^{-3}〔mol〕$反応すると，ヘキサメチレンジアミンも 7.0×10^{-3} mol 反応する。

反応式の係数比より，ヘキサメチレンジアミンとアジピン酸ジクロリドが n〔mol〕ずつ反応すると，ナイロン 66 が 1 mol 生成するから，ヘキサメチレンジアミン，アジピン酸ジクロリドが 7.0×10^{-3} mol ずつ反応するとき，生成するナイロン 66 の質量は，次のようになる。

ナイロン 66 の分子量は $226n$ だから，

$$7.0 \times 10^{-3} \times \frac{1}{n} \times 226n = 1.58 = 1.6〔g〕$$

解答 (1) イ (2) ヘキサメチレンジアミン
(3) $n H_2N-(CH_2)_6-NH_2 + n ClCO-(CH_2)_4-COCl$
 $\longrightarrow \{NH(CH_2)_6-NHCO-(CH_2)_4-CO\}_n + 2n HCl$
(4) 1.6g

425 解説 スチレンと p–ジビニルベンゼン（少量）を**共重合**させると，立体網目構造の合成樹脂 A となる。この高分子中ではポリスチレンのパラ位の反応性が高く，濃硫酸（発煙硫酸）でスルホン化すると，水に不溶性の**陽イオン交換樹脂**が得られる。すなわち，p–ジビニルベンゼンで架橋したポリスチレンに，スルホ基 $-SO_3H$ などの酸性の官能基を導入した陽イオン交換樹脂をカラムに詰め，上部から電解質水溶液を流すと，樹脂中の $-SO_3H$ に含まれる H^+ と，水溶液中に含まれる陽イオンと交換される。

一方，p–ジビニルベンゼンで架橋したポリスチレンに，$-CH_2-N(CH_3)_3OH$ などの塩基性の官能基を導入したものが**陰イオン交換樹脂**である。これをカラムに詰め，上部から電解質水溶液を流すと，樹脂中に含まれる OH^- と，水溶液中に含まれる陰イオンとが交換される。

(1) 陽イオン交換樹脂に電解質水溶液を通すと，樹脂中の $-SO_3H$ に含まれる H^+ と水溶液中の陽イオンが交換される。

$$R-SO_3H + Na^+ \rightleftarrows R-SO_3^-Na^+ + H^+ \cdots ①$$
（R はイオン交換樹脂の炭化水素基）

したがって，NaCl水溶液を通すとNa$^+$がH$^+$と交換されるので，流出液にはHClが含まれる。

(2)　①式のイオン交換反応は可逆反応であって，高濃度の塩酸を陽イオン交換樹脂に流すと，①式の平衡は左に移動して，もとの状態に再生される（この後，塩酸が流出しなくなるまで，十分に純水で洗浄する必要がある）。

(3)　一般に，塩類（イオン）を含んだ水を，陽イオン交換樹脂と陰イオン交換樹脂の両方を通過させると，陽イオンはH$^+$に，陰イオンはOH$^-$に交換され，生じたH$^+$とOH$^-$は中和して，陽・陰イオンを含まない純水が得られる。この純水を**脱イオン水**といい，各種の研究室，工場などで用いられている（ただし，非電解質や多くの有機物は除去できない）。

(4)　$2RSO_3H + Ca^{2+} \longrightarrow (R-SO_3)_2Ca + 2H^+ \cdots$②
②式より，$Ca^{2+}:H^+ = 1:2$（物質量比）で交換され，かつ，$H^+:OH^- = 1:1$（物質量比）で中和されるから，$CaCl_2$水溶液の濃度をx〔mol/L〕とおくと，

$$\left(x \times \frac{10}{1000}\right):\left(0.10 \times \frac{40}{1000}\right) = 1:2$$

$$\therefore \quad x = 0.20〔mol/L〕$$

解答　① スチレン　② 共　③ スルホ　④ 陽イオン
　　　⑤ 陽イオン交換樹脂　⑥ 陰イオン
　　　⑦ 陰イオン交換樹脂
　　　(1) 希塩酸
　　　(2) 希塩酸を流した後，十分に水洗しておく。
　　　(3) 純水　(4) 0.20mol/L

426　解説　酢酸ビニルは，従来，アセチレンに酢酸を付加させる方法でつくられていたが，現在は，O_2存在下で，エチレンと酢酸との気相反応でつくられる。

$$CH \equiv CH + CH_3COOH$$
$$\longrightarrow CH_2 = CHOCOCH_3$$

$$CH_2 = CH_2 + CH_3COOH + \frac{1}{2}O_2$$
$$\longrightarrow CH_2 = CHOCOCH_3 + H_2O$$

酢酸ビニルを付加重合させると，ポリ酢酸ビニルを生じる。この化合物は側鎖にエステル結合をもち，NaOH水溶液で**けん化**すると，**ポリビニルアルコール**と酢酸ナトリウムになる。（実際には，ポリ酢酸ビニルは水に溶けにくいので，メタノール中でNaOHで処理してけん化される。）

$$\begin{bmatrix} CH_2-CH \\ \quad\ |\ \\ \quad OCOCH_3 \end{bmatrix}_n + nNaOH$$

$$\longrightarrow \begin{bmatrix} CH_2-CH \\ \quad\ |\ \\ \quad OH \end{bmatrix}_n + nCH_3COONa$$

ポリビニルアルコールは炭素鎖の1つおきに親水性の$-OH$をもつため水に溶けやすい。

まず，ポリビニルアルコールの濃厚溶液を細孔から飽和硫酸ナトリウム水溶液に押し出すと，親水コロイドであるポリビニルアルコールが塩析されて凝固し，繊維状となる。しかし，この状態の糸はまだ水溶性のため，30～40％のホルムアルデヒド水溶液で処理して，親水性の$-OH$を疎水性の$-O-CH_2-O-$のように，同一の炭素に2個の$-O-$結合が結合した構造（**アセタール構造**という）に変える。この処理を**アセタール化**という。こうしてできた水に不溶性の繊維を**ビニロン**という。

〔問〕　ビニロンでは，ポリビニルアルコールの$-OH$のうち30～40％だけがアセタール化されており，親水性の$-OH$が60～70％残っているので，適度な吸湿性をもち，また，分子間に水素結合が形成されることで強い丈夫な繊維となる。

解答　① 付加重合　② けん化（加水分解）
　　　③ ホルムアルデヒド　④ ヒドロキシ
　　　⑤ アセタール化
　　　〔問〕親水性のヒドロキシ基が残っているから。

427　解説　ポリビニルアルコール（PVA）からビニロンを合成する反応の量的計算は，入試では必出の重要事項であり，これを完璧にマスターしておく必要がある。

(1)　PVAの$-OH$の40％をホルムアルデヒドと反応させたビニロンをつくる反応式は，次の通りである。

$$\begin{bmatrix} CH_2-CH-CH_2-CH \\ \quad\quad\ |\quad\quad\quad\ |\ \\ \quad\quad OH\quad\quad\ OH \end{bmatrix}_n \xrightarrow[\text{アセタール化}]{nHCHO}$$
分子量88n

$$\begin{bmatrix} CH_2-CH-CH_2-CH \\ \quad\quad\ |\quad\quad\quad\ |\ \\ \quad\quad OH\quad\quad\ OH \end{bmatrix}_{0.6} \begin{pmatrix} CH_2-CH-CH_2-CH \\ \quad\quad\ |\quad\quad\quad\ |\ \\ \quad\quad O-CH_2-O \end{pmatrix}_{0.4} \Bigg]_n$$
（=88）　　　　　　（=100）

分子量$(88 \times 0.6 + 100 \times 0.4)n = 92.8n$

（ビニロンの繰り返し単位中の分子の長さと，PVAの繰り返し単位中の分子の長さを揃えておく必要がある。）

PVA500gをアセタール化して得られるビニロンをx〔g〕とおくと，アセタール化では，PVAとビニロンの物質量は変化しないので，次式が成り立つ。

$$\frac{500〔g〕}{88n〔g/mol〕} = \frac{x〔g〕}{92.8n〔g/mol〕}$$

$$x \fallingdotseq 527.2 \fallingdotseq 5.3 \times 10^2〔g〕$$

〈別解〉　PVAの$-OH$の100％をホルムアルデヒド

と反応させたビニロンをつくる反応式は，次のように表せる。

分子量 $88n$　　　　分子量 $100n$

（ビニロンと PVA の繰り返し単位中の分子の長さを揃えておく。）

PVA 500g を完全にアセタール化して得られるビニロンを y〔g〕とおくと，アセタール化では，PVA とビニロンの物質量は変化しないので，次式が成り立つ。

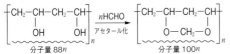

$$\frac{500〔g〕}{88n〔g/mol〕}=\frac{y〔g〕}{100n〔g/mol〕}$$

$y ≒ 568.1$〔g〕

PVA500g の $-$OH を 100%アセタール化したときの質量増加量は 68.1g なので，PVA500g の $-$OH を 40%だけアセタール化したときの質量増加量は，

$68.1 \times 0.40 ≒ 27.2$〔g〕

（アセタール化された$-$OH の割合と，アセタール化による質量増加量の割合は比例する。）

よって，得られるビニロンの質量は，

$500+27.2 = 527.2 ≒ 5.3\times10^2$〔g〕

(2) PVA の$-$OH のすべてがホルムアルデヒドでアセタール化されて生じたビニロンの質量を x〔g〕とする。

分子量 $88n$　　　　分子量 $100n$

（PVA とビニロンの繰り返し単位中の分子の長さを揃えておく。）

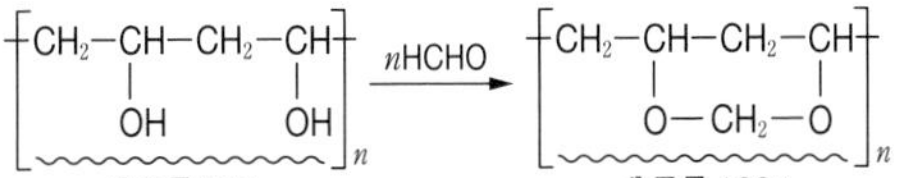

アセタール化では，PVA とビニロンの物質量は変化しないので次式が成り立つ。

$$\frac{100〔g〕}{88n〔g/mol〕}=\frac{x〔g〕}{100n〔g/mol〕}$$

$x≒113.6$〔g〕

PVA からビニロンの製造において，PVA の$-$OH のアセタール化された割合は，アセタール化による質量増加量の割合に比例するから，

$$\frac{4.5}{13.6}\times100 ≒ 33.08 ≒ 33〔\%〕$$

(3) PVA の$-$OH の 100%を HCHO と反応させてビニロンをつくる反応式は次の通りである。

分子量 $88n$

分子量 $100n$

（PVA とビニロンの繰り返し単位中の分子の長さを揃えておく。）

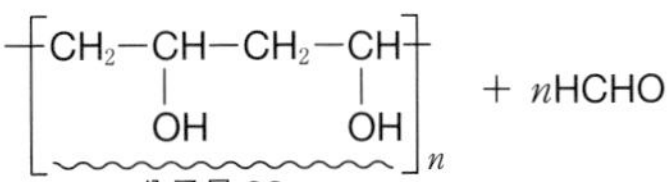

結局，PVA 1mol を完全にアセタール化するには HCHO は n〔mol〕必要であり，PVA100g を完全にアセタール化するのに必要な HCHO の物質量は

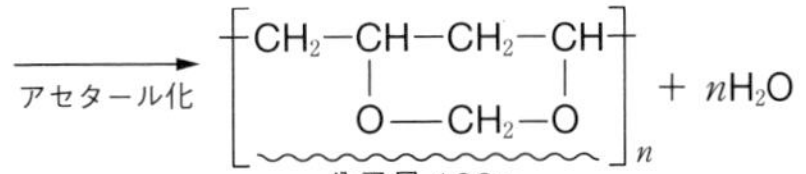

$$\frac{100〔g〕}{88n〔g/mol〕}\times n=\frac{25}{22}〔mol〕$$

題意により，PVA の$-$OH の 44%アセタール化するのに必要な 30% HCHO 水溶液を x〔g〕とすると，

$$\frac{25}{22}〔mol〕\times 0.44=\frac{x〔g〕\times0.30}{30〔g/mol〕}$$

$\therefore\ x = 50$〔g〕

解答 (1) **5.3×10^2g**
(2) **33%** (4) **50g**

428 解説 (1) **セルロース**$(C_6H_{10}O_5)_n$ は右図のような構造式をもち，各グルコース単位には 3 個の$-$OH が含まれるので，セルロースの示性式は $[C_6H_7O_2(OH)_3]_n$ と表される。

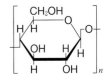

セルロースを無水酢酸と反応させると，セルロース分子中のすべての$-$OH の H がアセチル基$-COCH_3$で置換され（**アセチル化**），トリアセチルセルロースが得られる。

(2) 解答(1)に示した反応式の係数比より，セルロース 1mol を完全にアセチル化するのに，$3n$〔mol〕の無水酢酸が必要である。分子量は，

$(C_6H_{10}O_5)_n = 162n$，$(CH_3CO)_2O = 102$

より，必要な無水酢酸を x〔g〕とすると，

$$\frac{324}{162n}\times3n=\frac{x}{102}\qquad\therefore\ x = 612〔g〕$$

(3) トリアセチルセルロースの繰り返し単位の中にはアセチル基は 3 個ある。その一部(y)個だけが加水分解されたとすると，残るアセチル基は$(3-y)$個となる。

$[C_6H_7O_2(OCOCH_3)_3]_n + nyH_2O \longrightarrow$
$[C_6H_7O_2(OH)_y(OCOCH_3)_{3-y}]_n + nyCH_3COOH$

加水分解して得られたアセチルセルロースの分子量は，$(288-42y)n$ （$0<y<3$ の任意の値）

上の反応式の係数比より，トリアセチルセルロース（分子量 $288n$）と，加水分解して得られたアセチルセルロースの物質量は等しいから，

429

$$\frac{576}{288n} = \frac{508}{(288-42y)n} \qquad \therefore \quad y \fallingdotseq 0.809$$

アセチル化の割合 $\dfrac{3-0.809}{3} \times 100 \fallingdotseq 73〔\%〕$

解答 (1) $[C_6H_7O_2(OH)_3]_n + 3n(CH_3CO)_2O$
$\longrightarrow [C_6H_7O_2(OCOCH_3)_3]_n + 3nCH_3COOH$

(2) **612g**

(3) **73%**

429 **解説**　トウモロコシ等に含まれるデンプンはグルコースに変換され、微生物の作用によってつくられた乳酸を原料として、**ポリ乳酸**がつくられる。

脂肪族ポリエステルのうち、ヒドロキシ酸のポリマーには、生分解性に優れたものが多く、**生分解性プラスチック**として注目されている。

生分解性プラスチックには、ポリアミド系(ポリグルタミン酸、ポリリシンなど)のものと、ポリエステル系(ポリ乳酸、ポリグリコール酸)のものとがある。

(1) 高分子 I (ポリ乳酸)は、乳酸 $CH_3CH(OH)COOH$ の $-COOH$ と $-OH$ の間で脱水縮合により高分子を形成している。このため、NaOH 水溶液で十分にけん化すると、$-COOH$ が中和され $-COO^-Na^+$ となり、乳酸ナトリウム(化合物 A)が生成する。

$$\left[O-\underset{\underset{H}{|}}{\overset{\overset{CH_3}{|}}{C}}-\underset{O}{\overset{|}{C}}\right]_n + nNaOH \longrightarrow nHO-\underset{\underset{H}{|}}{\overset{\overset{CH_3}{|}}{C}}-\underset{O}{\overset{|}{C}}-ONa$$

(2) 乳酸ナトリウム(弱酸の塩)に塩酸(強酸)を加えると、乳酸(弱酸)が遊離する。

$$HO-\underset{\underset{H}{|}}{\overset{\overset{CH_3}{|}}{C}}-\underset{O}{\overset{|}{C}}-ONa + HCl$$

$$\longrightarrow HO-\underset{\underset{H}{|}}{\overset{\overset{CH_3}{|}}{C}}-\underset{O}{\overset{|}{C}}-OH + NaCl$$

(3) 乳酸 2 分子から水 2 分子が失われて脱水縮合すると、次のような六員環構造をもつ化合物 C を生成する。

(ラクチドとは、ヒドロキシ酸の脱水縮合で得られる環状ジエステルの総称である。)

(4) 化合物 C には、不斉炭素原子 * が 2 個あるので、立体異性体(鏡像異性体)として、$2^2 = 4$ 種類が考えら

れる。しかし、(a)、(b)は互いに鏡像異性体であるが、(c)、(d)には対称中心があるため、2 つは同一物となる。したがって、立体異性体は全部で 3 種類となる。

(a) | (b)
鏡

(a)と(b)は裏返しても回転しても重ならないので、互いに鏡像異性体である。

(c) | (d)
●対称中心　鏡

(c)を 180° 回転させると(d)に重なるので同一物である(H と H、CH_3 と CH_3 を結ぶ線の交点が対称中心となる)。

——：紙面上の結合　　：紙面の手前側に向かう結合
……：紙面の奥側へ向かう結合

(5) 高分子 I の重合度 n を求めればよい。高分子 I の構造式より、

$$(C_3H_4O_2)_n = 1.8 \times 10^5$$
$$72n = 1.8 \times 10^5 \qquad \therefore \quad n = 2.5 \times 10^3$$

乳酸の環状ジエステルである乳酸のラクチドをつくり、これを開環重合させる方法で高分子量のポリ乳酸がつくられる。

(乳酸を直接縮合重合させると、ジ、トリ、テトラ…などいろいろな環状のラクチドを生じ、これらはそれ以上脱水縮合できないからである。)

nCH_3-*CH　　　$CH-CH_3$　　開環重合

L-乳酸のラクチド

ポリ L-乳酸

解答 (1)

$$HO-\underset{\underset{H}{|}}{\overset{\overset{CH_3}{|}}{C}}-\underset{O}{\overset{|}{C}}-ONa$$

(2) **乳酸**

(3)

(4) **3 種類**

(5) **2.5 × 10³ 分子**

原子量概数

水 素	H	……	1.0	アルゴン	Ar	……	40
ヘリウム	He	……	4.0	カリウム	K	……	39
リチウム	Li	……	7.0	カルシウム	Ca	……	40
炭 素	C	……	12	クロム	Cr	……	52
窒 素	N	……	14	マンガン	Mn	……	55
酸 素	O	……	16	鉄	Fe	……	56
フッ素	F	……	19	ニッケル	Ni	……	59
ネオン	Ne	……	20	銅	Cu	……	63.5
ナトリウム	Na	……	23	亜 鉛	Zn	……	65.4
マグネシウム	Mg	……	24	臭 素	Br	……	80
アルミニウム	Al	……	27	銀	Ag	……	108
ケイ素	Si	……	28	ス ズ	Sn	……	119
リン	P	……	31	ヨウ素	I	……	127
硫 黄	S	……	32	バリウム	Ba	……	137
塩 素	Cl	……	35.5	鉛	Pb	……	207

基本定数

アボガドロ定数 $N_A = 6.02 \times 10^{23} \, [/mol]$

モル体積 標準状態(0℃, 1013hPa)の気体 22.4〔L/mol〕

水のイオン積 $K_w = 1.0 \times 10^{-14} \, [mol/L]^2$

ファラデー定数 $F = 9.65 \times 10^4 \, [C/mol]$

気体定数 $R = 8.31 \times 10^3 \, [Pa \cdot L/(K \cdot mol)] = 8.31 \, [J/(K \cdot mol)]$

体積の単位に〔m^3〕を用いると $8.31 \, [Pa \cdot m^3/(K \cdot mol)]$

単位の関係

長さ $1nm(ナノメートル) = 10^{-7}cm = 10^{-9}m$

圧力 1013hPa(ヘクトパスカル) $= 1.013 \times 10^5 Pa$(パスカル)
$= 1$気圧(atm) $= 760mmHg$

熱量 1cal = 4.18J(ジュール), 1J = 0.24cal

大学入学共通テスト・理系大学 受験

化学の
新標準演習 第3版

化学基礎収録

【解答・解説集】